山西灾害史（上）

王建华／著

山西出版传媒集团
三晋出版社

本书创作和出版获得

国家社科基金年度项目（13BZS071）
长治学院“三晋民间信仰研究学术团队”项目
山西省社科联2012至2013年度重点课题
（SSKLZDKT2012117）
山西省高等学校哲学社会科学研究项目（2012278）

基金资助

《山西灾害史》内容提要

《山西灾害史》所述内容起自先秦，迄于当代，是一部从历史学、社会学的角度对山西区域灾害整体历史进行全面梳理的史学著述。灾害史概述部分采集了几百种信史文献，用列表的方式汇聚了山西先秦至2010年的灾害资料，是目前研究山西历史灾害时间跨度最长、灾害文献收集较全的史料集合。同时，对历史时期山西发生的旱灾、水(洪涝)灾、雹灾、雪(寒霜)灾、风灾、地震、农作物病虫害、疫灾等主要自然灾害，从时空分布和频次、灾害特征及成因、灾害危害与社会应对等方面进行分析。该书兼具资料性与学术性的双重意义和使用价值，既是一部深入解析山西历史灾害的研究性著作，同时也为学界研究山西灾害提供了重要线索和历史素材。

目　录

第一章　先秦秦汉

第一节　先秦秦汉山西自然灾害概论

本书所讨论的先秦秦汉灾害史的时间断限为西元前800年至曹魏黄初元年(220)[①]。从历史的整体和长时段看,先秦秦汉时期是中国历史发展的重要阶段,这一时期奠定了中国历史文明的物质和文化基础。对于自然灾害而言,这一时期也是一个重要的历史震荡期,即两个重要的自然灾异群发期——"夏禹洪水期"和"两汉宇宙期"[②]均发生于此间。研究认为,距今4000余年的大禹时期及其前后,在中国存在一个大的洪水期,同时也是一个自然灾害的多发期[③];而此后的两汉时期,中国的自然灾害又一次进入多发和群发期,这些灾害的群发现象与天象之间存在某种关联,因此被称为"两汉宇宙期"。对于"夏禹洪水期"和"两汉宇宙期"的灾害认识,学者已经从考古学、生物学、地理学、地质学、历史学、水文学及气候学的视野进行了比较充分的研究并肯定了这一结论。在"夏禹洪水期",

①此年代之前历史文献记录的自然灾害数量极少,且未能提供自然灾害发生的确切年代,故确定其上限为前800年。因王朝建立和灭亡存在时间重叠问题,一般将前一个时段(章)的最后一年的灾害计入下一个时段(章)统计。

②高建国:《两汉宇宙期的初步探讨》,《历史自然学进展》,海洋出版社,1988,第22~23页。

③宋正海、高建国、孙关龙等:《中国古代自然灾异——群发期》,安徽教育出版社,2002,第15~45页。

舜都蒲坂(今山西永济)发生了中国历史上最早的地震及其它自然灾害。《墨子·非攻下》曰:"昔者三苗大乱,天命殛之,日妖宵出,雨血三朝,龙生于庙,犬哭乎市,夏冰,地坼及泉,五谷变化,民乃大振。"[①]本书认为阳光异常(或被认为是傍晚时日食)、雨血、夏寒、地坼及生物动物异常反应等现象应当是对当时多发频发的自然灾害的一种综合的描述,而非仅仅是对地震一种自然灾害的叙述。此外,《山西通志》也有较早的自然灾害记录,如"神农之时天雨粟",大禹之时"天雨稻"[②]等,研究者认为,粟和稻上天的最大可能是龙卷风或特大风暴所致。当然,这些认识仅仅是对当时可能存在的自然灾害的一种推测,没有相关资料进行佐证。进入两汉时期,由于天文气候的变化和文献记录的增加,自然灾害的数量也逐渐增加,反映"两汉宇宙期"相关历史资料也多了起来。先秦秦汉山西自然灾害的历史记录在一定程度上也反映着中国历史灾害发生发展的基本特点。

关于自然灾害的历史记忆,最早通过历史传说得以流传。虽然许多史家认为这些传说不足为信,但是,近年的考古研究发现了多处史前时期大洪水[③]和地震证据。南京大学的任美锷教授认为,"4000a B. P. 前,黄河下游曾发生过大洪水。圣经里也记载那时曾有过大洪水。是否大禹治水时,用人力在太行山东麓开挖一条河道,把黄河下游洪水引到那里,向北流去。"他认为这是不现实的。任教授引用美国马萨诸塞州大学物理系梁恩佐教授的观点认为,在大禹治水前,太行山区曾经发生过一次强震[④],造成太行山东麓谷

---

①吴毓江撰、孙啟治点校:《墨子校注》(上),中华书局,2007,第22页。

②雍正《山西通志》卷一百六十三《祥异二》,雍正十二年刻本。

③夏正楷、杨晓燕:《我国北方4kaB. P. 前后异常洪水事件的初步研究》,《第四纪研究》,2003年第6期,第667~674页。

④任美锷:《4280aB. P. 太行山大震与大禹治水后(4070aB. P.)的黄河下游河道》,《地理科学》,2002年第5期第22卷,第543~545页。

地，致使“禹贡河”和“山经河”河道都在今郑州附近北折而沿太行山东麓的谷地流到今石家庄附近。太行山大地震的资料不见于信史，其来源为《淮南子》“共工怒触不周山”的神话。史前的洪水和大地震制造了两个神话巨人——大禹和共工。太行山东麓为今河北省，西麓为山西省，这一重大水涝灾害和地震灾害对当时的影响是可以想象的，但通过文献资料我们可能永远不能获得有关的历史记录了。“史籍是人类保留自身记忆的所有方式中最好的一种，但历史上的天灾人祸，使史籍中的大部分灭失”[①]两汉以来，虽然自然灾害的历史记录在逐步增加，但由于时代久远，历史文献的亡佚和灭失，山西历史灾害记录的总量相对其后的历史灾害记录尤其是明清以来的历史灾害记录而言，其绝对数量仍然很小（这也是本书将先秦秦汉合并的原因）。

表 1－1 先秦秦汉时期山西自然灾害 100 年频次表

时间	旱	水	雹	霜雪寒	风	地震	农作物	瘟疫	合计
前 800—前 701	1	0	0	1	0	0	0	0	2
前 700—前 601	3	0	0	0	0	0	1	0	4
前 600—前 501	0	1	0	1	0	2	0	1	5
前 500—前 401	8	4	0	2	0	3	0	0	17
前 400—前 301	1	1	0	1	0	2	0	0	5
前 300—前 201	3	1	0	3	2	1	0	0	10
前 200—前 101	6	0	0	2	0	1	2	1	12
前 100—前 1	4	2	0	0	0	1	0	0	7
1—100	3	1	1	0	0	0	0	1	6
101—200	6	5	2	1	4	14	1	0	33
合计	35	15	3	11	6	24	4	3	101
年频次	0.035	0.015	0.003	0.011	0.006	0.024	0.004	0.003	0.101

说明：本表及同类表中所录灾害年次统计方法，不同地方、同时间发生一次，计一次；勿论何地，若多时段发生，则计多次。此外，为了能统计其年频次，本书将先秦的起止上限定为西元前 800 年，将发生在此前的史料另外列出。

以历史时期山西自然灾害为例，统计显示，先秦秦汉山西各种

①王建华：《文本的历史与真实的历史——历史认识论考实层面的解析》，《历史教学问题》，2011 年第 3 期，第 93 页。

自然灾害的总计为101次，灾害发生频度为0.101弱，而清代(1644—1911)各种自然灾害达到1481次，年频次为5.55。可见先秦秦汉时期的自然灾害数据与清代的自然灾害数据有大的悬距，即使与其距离较近的魏晋时期相比也不可同日而语。

一　旱灾

旱灾是久不降水，地面水分过少形成的自然灾害。旱灾容易造成大气干燥、农作物受害等后果，因引发后果不同又可以称为"气象旱灾"和"农业旱灾"。先秦秦汉的一千年间(前800—200)，山西旱灾记录共35年(次)，年频次为0.035。系这一时期第一大类型的自然灾害。

表1－2　先秦秦汉时期山西旱灾年表

纪年	灾区	灾象	应对措施	资料出处
商成汤二十四年	桑林*	大旱。	王祷于桑林。	《竹书纪年》 雍正《泽州府志》卷之五十《祥异》
周平王四十八年(前723)	晋	晋庄伯元年，不雨雪。		《太平御览》卷八百七十九咎徵部引《史记》，《史记》无此语。
周惠王十六年(前661)	晋	晋献公伐霍，霍公求奔齐。晋大旱，卜之，曰，霍太山为祟。	使赵夙召霍君于齐，复之，以奉霍太山之祀，晋复穰。	雍正《山西通志》卷一百六十二《祥异一》
		晋国大旱，卜之，曰：霍太山为祟。	使赵夙召霍公奉祀，晋复穰焉。	《晋乘蒐略》卷之三
周襄王五年(前647)	晋	冬，晋荐饥冬，使乞籴于秦。		《左传·僖公十三年》
		晋旱。		《史记·秦本纪》
		晋麦禾皆不熟，荐饥。	秦输粟于晋。	《晋乘蒐略》卷之三

* 桑林，说法不一。有研究认为在今阳城县境内。

续 表

纪年	灾区	灾象	应对措施	资料出处
周襄王三十年(前622)	晋	晋襄公六年,洛绝于泑。		《古本竹书纪年》见于《水经·洛水注》
周敬王二十八年(前492)	晋	晋定公二十年,洛绝于周。		《古本竹书纪年》见于《水经·洛水注》
周敬王三十六年(前484)	晋	晋定公二十八年,淇绝于旧卫。		《古本竹书纪年》见于《水经·淇水注》
周元王六年(前471)	浍*、丹水*	浍绝于梁,丹水三日绝不流。		《竹书纪年》 雍正《山西通志》卷一百六十二《祥异一》 雍正《平阳府志》卷之三十四《祥异》
	晋	晋出公五年,浍绝于梁。		《古本竹书纪年》见于《水经·浍水注》
	丹水	(晋出公五年),丹水三日绝不流。		《古本竹书纪年》见于《水经·沁水注》 雍正《泽州府志》卷之五十《祥异》 乾隆《高平县志》卷之十六《祥异》
	浍、丹水	晋浍绝于梁,丹水三日绝不流。		乾隆《凤台县志》卷之十二《纪事》
	浍	晋浍绝于梁。		光绪《续修曲沃县志》卷之三十二《祥异》
周贞定王六年(前463)	晋	戊寅,晋,河绝于河扈。		雍正《山西通志》卷一百六十二《祥异一》

* 汾河左岸支流。

* 丹水,说法不一。有研究认为即今山西晋城和河南焦作境内的丹河,古称丹水。

续　表

纪年	灾区	灾象	应对措施	资料出处
晋出公二十二年（前453）	晋	晋出公二十二年，河绝于扈。		《古本竹书纪年》见于《水经·河水注》
晋幽公七年（前427）	晋	晋幽公七年，大旱，地长生盐。		《古本竹书纪年》见于《北堂书钞》卷一百四十六酒食部
周威烈王三年（前423）	晋	晋（地）大旱，地生盐。		雍正《山西通志》卷一百六十二《祥异一》 雍正《泽州府志》卷之五十《祥异》 雍正《平阳府志》卷之三十四《祥异》 民国《浮山县志》卷三十七《灾祥》
	太原、曲沃	大旱，地生盐。		乾隆《太原府志》卷四十九《祥异》 道光《太原县志》卷之十五《祥异》 光绪《续修曲沃县志》卷之三十二《祥异》
鲁穆公（前407—前377）	晋	岁旱。		《礼记·檀弓下》
赵幽缪王六年（前230）	赵	赵大饥，民讹言曰："赵为号，秦为笑。"以为不信，视地之生毛。		雍正《山西通志》卷一百六十二《祥异一》 雍正《朔平府志》卷之十一《外志·祥异》
秦始皇四年（前218）	河东	大旱。（旧通志）		雍正《平阳府志》卷之三十四《祥异》
汉文帝二年（前178）	崞县	荒。	赐名田租之半，十二年免租。	乾隆《崞县志》卷五《祥异》
			赐名田租之半。	光绪《续修崞县志》卷之八《志余·灾荒》

续　表

纪年	灾区	灾象	应对措施	资料出处
汉文帝三年（前177）	天下	秋，天下旱。		雍正《山西通志》卷一百六十二《祥异一》 雍正《平阳府志》卷之三十四《祥异》 民国《浮山县志》卷三十七《灾祥》
	曲沃	秋，旱。		光绪《续修曲沃县志》卷之三十二《祥异》
汉景帝初元三年（前154）	上郡以西*	孝景二年，……其后，上郡以西旱。	复修卖爵令，而裁其贾以招民；及徒复作，得输粟于县官以除罪。	《汉书·食货志》
汉景帝后元二年（前142）	河东*	秋，大旱。		《汉书·景帝纪》
	并州	十月，……大旱。		《史记·孝景本纪》
	晋	秋，晋大旱。		雍正《山西通志》卷一百六十二《祥异一》 乾隆《太原府志》卷四十九《祥异》 雍正《平阳府志》卷之三十四《祥异》 民国《临汾县志》卷六《杂记类·祥异》 民国《浮山县志》卷三十七《灾祥》
	平定州、乐平、绛州	秋，大旱。		光绪《平定州志》卷之五《祥异·乐平乡》 民国《昔阳县志》卷一《舆地志·祥异》

* 上郡以西：今晋北。

* 河东代指山西永济。因黄河流经山西省的西南境，则山西在黄河以东，故称河东。秦汉时指河东郡地，在今山西运城、临汾一带。唐代以后泛指山西。

续　表

纪年	灾区	灾象	应对措施	资料出处
汉景帝后元二年（前142）	平定州、乐平、绛州	秋，大旱。		光绪《平定州志》卷之五《祥异·乐平乡》 民国《昔阳县志》卷一《舆地志·祥异》 光绪《直隶绛州志》卷之二十《灾祥》 民国《新绛县志》卷十《旧闻考·灾祥》
	解州	大旱。		光绪《解州志》卷之十一《祥异》 民国《解县志》卷之十三《旧闻考》
汉元光六年（前129）	并州	夏，大旱，蝗，亦以为马邑之应。		雍正《山西通志》卷一百六十二《祥异一》
汉元朔五年（前124）	代郡、定襄	代郡、定襄，五年春，大旱。		雍正《山西通志》卷一百六十二《祥异一》
汉始元二年（前85）	并州	冬，无水，以为上年九岁，大將军霍光秉政之应。		雍正《山西通志》卷一百六十二《祥异一》
	崞县	荒。	免租。	乾隆《崞县志》卷五《祥异》 光绪《续修崞县志》卷之八《志余·灾荒》
汉本始三年（前71）	天下	春，大旱。	郡国伤旱甚者，民毋出租赋。三辅民就贱者，且毋收事，尽四年。师古曰：“收谓租赋也，事谓役使也。尽本始四年而止。”	《汉书·宣帝纪》

续　表

纪年	灾区	灾象	应对措施	资料出处
汉本始三年（前71）	天下	夏，大旱，东西数千里。		《汉书·五行志》
新莽天凤元年（14）	并州	缘边大饥，人相食。		雍正《山西通志》卷一百六十二《祥异一》
新莽地皇元年（20）	天下	地皇时，天下大饥，盗贼蜂起。		民国《翼城县志》卷十四《祥异》
汉章和二年（88）	并州	并、凉少雨，麦根枯焦，牛死日甚。		《后汉书·鲁公传》
汉永初二年（108）	河内	正月，禀河南下邳、东莱、河内贫民（古今注曰：时州郡大饥，米石二千，人相食，老弱相弃道路）。（后汉书）		雍正《泽州府志》卷之五十《祥异》
汉永初三年（109）	并州*	（并州）大饥，人相食。		雍正《山西通志》卷一百六十二《祥异一》 光绪《山西通志》卷八十三《大事记一》 乾隆《太原府志》卷四十九《祥异》 道光《太原县志》卷之十五《祥异》

* 汉武帝元封中年置并州刺史部，为十三州部之一，领太原、上党、西河、云中、定襄、雁门、朔方、五原、上郡等九郡。东汉时，并州始治晋阳（今太原市晋源区，隋改太原，在今山西太原市西南），建安十八年（213）并入冀州。三国魏黄初元年（220）复置，领太原、上党、西河、雁门、乐平、新兴等六郡，仍治晋阳。晋沿用，建兴后沦没。隋唐以后亦有并州，然其地屡有缩小。开元十一年（723）改为太原府。宋太平兴国四年（979）置并州于榆次（今晋中市榆次区），五月更名新并州，七年（982）移治阳曲县（今太原城区），嘉祐四年（1059）改名太原府，并州之名遂废。

续 表

纪年	灾区	灾象	应对措施	资料出处
汉永初三年(109)	并州	(并州)大饥,人相食。		乾隆《凤台县志》卷之十二《纪事》 乾隆《大同府志》卷之二十五《祥异》 民国《临县志》卷三《谱大事》
汉永初五年(111)	并州	并州大饥,人相食。		《晋乘蒐略》卷之九
汉永和四年(139)	太原	(秋)八月,太原郡旱,民庶流冗(亡)。	(癸丑),遣光禄大夫案行禀贷,除更赋。	《后汉书·顺帝纪》 雍正《山西通志》卷一百六十二《祥异一》 光绪《山西通志》卷八十三《大事记一》 乾隆《太原府志》卷四十九《祥异》
		秋八月,旱,民庶流亡。	癸丑,遣光禄大夫按行禀贷,除更赋。	道光《太原县志》卷之十五《祥异》
汉熹平五年(176)	天下	夏旱,蔡邕作伯夷叔齐碑曰:熹平五年,天下大旱。	祷请名山,求获答应。	雍正《山西通志》卷一百六十二《祥异一》 《晋乘蒐略》卷之十
汉兴平元年(194)	并州	是年大旱,数月不雨,长安谷一斛值五十万,人相食。		《中国历史大事年表》

(一) 时间分布

从总的时间分布看,先秦秦汉山西旱灾数量呈现不规则震荡上升趋势,年际分布存在很大的不均衡性,前500年(前800—前301)旱灾的历史文献记录数量为13次,后500年(前300—200)为22次。但高发时段出现在先秦时期的前500年—前401年间,为8次,接近整个先秦秦汉时期旱灾总量的22.9%。研究表明，在前600年—前501年前后，中国历史旱灾记录的百年年频次达到先秦旱灾的最高峰值，较山西历史旱灾出现的最高峰值早一个世纪。统计数据表明，同时期山西水（洪涝）灾、震灾也呈现一个峰值[①]，所以，据此判断，在“夏禹洪水期”和“两汉宇宙期”中间，应当存在一个包括旱灾在内的自然灾害的群发期。

表1－3 先秦秦汉山西干旱季节分布表

季节	春季	夏季	秋季	冬季	连旱	不明确
次数（年/次）	2	3	3	3	2	22
占总量比（%）	6.7	8.7	8.7	8.7	6.7	63

从季节分布看，由于历史文献记录的缺失造成在“书法”上的“详近略远”，先秦秦汉时期山西发生的35次旱灾中，有63%旱灾记录没有确切的时间，而季节分布数据极少，无法进行具体分析。

（二） 空间分布

表1－4 先秦秦汉时期山西旱灾空间分布表

今地	灾区（次）	灾区数
太原	太原（2）	1
晋城	桑林（1）丹水（1）	2
阳泉	平定（1）	1
忻州	定襄（1）代郡（1）崞县（2）	3
晋中	乐平（1）	1
临汾	平阳（1）曲沃（3）	2
运城	河东（4）绛州（1）解州（1）	3
其它	浍（1）晋（13）天下（3）并州（8）上郡以西（1）河内（1）	6

①宋正海、高建国、孙关龙等：《中国古代自然灾异——群发期》，安徽教育出版社，2002，第119页。

先秦秦汉时期旱灾记录的大部无明确地点，这也反映了早期历史书写的特点，即主要关注灾害结果而往往忽略灾害的过程。从表1－4反映的情况看，有明确地点记录的旱灾主要集中分布在晋城、忻州和临汾地区，而长治、大同、朔州和吕梁地区的历史文献中则没有旱灾的历史记载。这种情况说明，一方面，早期历史灾害记录文献缺失十分严重，另一方面，也反映出旱灾发生的特性，即旱灾尤其是重大旱灾一旦发生，必然具有广泛性和危害性。《今本竹书纪年》记载，商汤十九年至二十四年（约前1400）天下连续5年大旱[①]，为先秦秦汉时期最严重的旱情，《泽州府志》对此进行了记录。部分学者认为，“王祷于桑林”的“桑林”即在今天的阳城境内。而山西民间传说，历史上最早的也被认为是最严重的旱情，是源于尧时“后羿射日”的传说，而山西境内的传说地则是晋东南的屯留一带，但典出无据，难以考实。

二　水（洪涝）灾

先秦秦汉时期，山西水（洪涝）灾记录共17次，前800年以降共计15次，年频次为0.015。系这一时期第三大类型的自然灾害。

①王国维：《今本竹书纪年疏证》，载方诗铭、王修龄：《古本竹书纪年辑证》附三，上海古籍出版社，1981，第216～217页。

表1－5 先秦秦汉时期山西水(洪涝)灾年表

纪年	灾区	灾象	应对措施	资料出处
夏	太谷	帝尧陶唐氏□□载，司空鲧筑长城。(洪水为患，鲧筑长城以陻之，故址在今县东南八十里马岭上)		民国《太谷县志》卷一《年纪》
商	耿都*	河决，迁于亳，改商曰殷。		光绪《河津县志》卷之十《祥异》
周灵王二十三年(前549)	晋	秋，齐侯闻将有晋师……将以伐齐。水，不克。		《左传·襄公二十四年》
周元王五年(前472)	丹水	丹水反击。		《竹书纪年》 雍正《泽州府志》卷之五十《祥异》
		晋丹水反击(一作洁)。		乾隆《凤台县志》卷之十二《纪事》
周贞定王十六年(前453)	赵	知伯从韩、魏兵以攻赵，围晋阳而水之。		《战国策·赵策一》
		知伯……以攻赵于晋阳，决水灌之。		
		使张孟谈见韩，魏之君曰："夜期杀守堤之吏，而决水灌知伯军。知伯军救水而乱。"		
晋幽公九年(前425)	丹水	晋幽公九年，丹水出相反击。		《古本竹书纪年》见于《水经·沁水注》

* 耿都，今河津境。

续 表

纪年	灾区	灾象	应对措施	资料出处
周威烈王五年（前421）	丹水	丹水出反击。（击一作洁，竹书纪年）		《竹书纪年》 乾隆《高平县志》卷之十六《祥异》
周显王七年（前362）	全境	大雨三月。		雍正《山西通志》卷一百六十二《祥异一》 乾隆《太原府志》卷四十九《祥异》 道光《太原县志》卷之十五《祥异》
	浍	大雨三月，魏败韩、赵兵于浍。		雍正《平阳府志》卷之三十四《祥异》 光绪《直隶绛州志》卷之二十《灾祥》 民国《新绛县志》卷十《旧闻考·灾祥》
	晋	晋大雨三月。		民国《临汾县志》卷六《杂记类·祥异》
秦始皇四年（前218）	洪洞	大雨。		民国《洪洞县志》卷十八《杂记志·祥异》
汉建始三年（前30）	全境	夏，大水，郡国十九雨，山谷水出，凡杀四千余人，坏官寺、民舍八万三千余所。曰，简宗庙，不祷祠，废祭祀，逆天时，则水不润下此。元年，有司奏徙河东后土于长安之应也。		《汉书·五行志》 雍正《山西通志》卷一百六十二《祥异一》

续　表

纪年	灾区	灾象	应对措施	资料出处
汉阳朔二年（前23）	关东*	秋，关东大水，流民欲入函谷、天井、壶口、五阮关者，勿苛留。	遣谏大夫博士分行视。（光绪《山西通志》卷八十三《大事记一》）	《汉书·成帝纪》 雍正《山西通志》卷一百六十二《祥异一》 光绪《山西通志》卷八十三《大事记一》 雍正《泽州府志》卷之五十《祥异》
		秋，关东大水，流民入壶关口。		道光《壶关县志》卷二《纪事》
		秋，关东大水，流民欲入天井等关者，勿苛留。		乾隆《凤台县志》卷之十二《纪事》
		汉书成帝纪：阳朔二年秋，关东大水，诏流民欲入天井关者，勿苛留。	诏流民欲入天井关者，勿苛留。	《晋乘蒐略》卷之八
汉元始元年（1）	洪洞	正月，天雨草状，如永光时。		民国《洪洞县志》卷十八《杂记志·祥异》
汉延平元年（106）	郡国三十七	五月，郡国三十七大水伤稼。注引《袁山松书》曰："六州河、济、渭、洛、洧水盛长，泛滥伤稼。"		《后汉书·五行志》
		六月，郡国三十七年雨水。		《后汉书·殇帝纪》
	全境	大水伤稼，仓廪为虚。		《后汉书·五行志》

*这里指函谷关、潼关以东地区。

续　表

纪年	灾区	灾象	应对措施	资料出处
汉永初三年(109)	并州	大水。	三月癸巳,司徒鲁恭以灾异策罢。(《后汉纪》)四月己巳,诏上林、广成苑可垦辟者,赋与贫民。《后汉书·安帝纪》)。七月庚子,诏长吏案行在所,皆令种宿麦蔬食,务尽地力,其贫者给种饷。(《后汉书·安帝纪》)	《后汉书·五行志》
汉永建四年(129)	司隶*	五月,司隶、荆、豫、兖、冀五州雨水。	秋八月庚子,遣使实核死亡,收敛禀赐。*	《后汉书·顺帝纪》
		司、冀复有大水。		《后汉书·左雄传》
		司隶、荆、豫、兖、冀部淫雨伤稼。		《后汉书·五行志》
	曲沃	霪雨,伤稼。		光绪《续修曲沃县志》卷之三十二《祥异》

* 司隶,西汉武帝所设,下辖河南、河内、河东、弘农、京兆尹、左冯翊、右扶风。历代所辖地域不同。

* 丁巳,太尉刘光,司空张皓免。《东观记》曰:"以阴阳不和,久托病,策罢。"(《后汉书·顺帝纪》)

续　表

纪年	灾区	灾象	应对措施	资料出处
汉永兴元年（153）	黄河	河溢，民饥。		民国《临汾县志》卷六《杂记类·祥异》
汉建宁四年（171）	河东	五月，河东地裂，雨雹、山水暴出。	秋七月司空来艳免。……司徒桥玄免。（《后汉书·灵帝纪》）	《后汉书·灵帝纪》
		河东地裂十二处，裂合长十里百七十步，广者三十余步，深不见底。山水大出，漂坏庐舍五百余家。		《后汉书·五行志》
		五月，河东雨雹，山水大出，漂坏庐舍五百余家。（注：袁山松书曰，是河东水暴出也，河东地裂十二处，裂合长十里，百七十步，深不见底）		雍正《山西通志》卷一百六十二《祥异一》

续 表

纪年	灾区	灾象	应对措施	资料出处
汉建宁四年(171)	河东	五月,河东雨雹,山水大出,漂坏庐舍五百余家。河东地裂十二处,裂合长十里,百七十步广者三十步。		光绪《山西通志》卷八十三《大事记一》
		灵帝建宁四年夏五月,河东地裂,雨雹,山水暴出。(后汉书)		雍正《泽州府志》卷之五十《祥异》
		五月,雨雹,山水大出,漂坏庐舍五百余家。注:袁山松书曰,是河东水暴出也。河东地裂十二处,裂合长十里,百七十余步,广者三十余步,深不见底。(五行志)(按:两汉时平阳县河东郡,凡祥异貌言河东者,平阳所属咸在内,例得并书)		《后汉书·五行志》 雍正《平阳府志》卷之三十四《祥异》
		雨雹,山水大出,漂屋舍五百余家,地裂十二处,裂长十里,广或三十余步,深不见底。		光绪《永济县志》卷二十三《事纪·祥沴》
		雨雹,山水大出,漂屋舍五百余家。		乾隆《蒲州府志》卷之二十三《事纪·五行祥沴》

（一） 时间分布

山西属于典型的大陆性季风气候。全省降雨季节分布不均匀，夏秋两季降水高度集中且多暴雨，易形成洪涝。

表1－6 先秦秦汉山西水(洪涝)灾季节分布表

季节	春季	夏季	秋季	冬季	不明确
次数(年/次)	1	4	2	1	9
占总量比(%)	5.9	23.5	11.8	5.9	52.9

从表1－6先秦秦汉山西水(洪涝)灾季节分布表来看，水(洪涝)灾在春季和冬季较少发生，秋季次之，仅占总量的11.8%；以夏季居多，约占到总量的四分之一，与历史时期水(洪涝)灾发生的情况趋向是一致的。

（二） 空间分布

表1－7 先秦秦汉时期山西水(洪涝)灾空间分布表

今地	灾区(次)	灾区数
晋中	太谷(1)	1
临汾	曲沃(1) 洪洞(1) 平阳(1)	3
运城	河东(1) 绛州(1) 耿都(1)	3
其它	全境(2) 晋(2) 赵(1) 关东(1) 丹水(3) 浍(1)郡国三十七(1) 并州(1) 司隶(1) 黄河(1)	10

先秦秦汉时期山西水(洪涝)灾的分布区域多有空白，历史文献中太原、长治、阳泉、朔州、忻州、吕梁等地区的水(洪涝)灾记录为零，晋中仅1次，水(洪涝)灾主要集中在传统水(洪涝)灾的多发区域山西南部，其中晋南地区临汾和运城共有6次，晋东南的晋城为3次。而地区记载不明确的达到10次，占到此时期空间总水(洪涝)灾次数的50%。这与山西先秦秦汉时期水(洪涝)灾发生的实际状况是存在一定的差距的。

三　雹灾

冰雹与其它气象灾害不同，作为一种强对流天气现象，它多出现在夏季。先秦秦汉时期山西雹灾的历史记录极少，仅有3次，这严重背离雹灾发生的历史实际。

表1－8 先秦秦汉时期山西雹灾年表

纪年	灾区	灾象	应对措施	资料出处
汉建武十二年（36）	平阳	（七月），平阳雨雹大如杯，坏吏民庐舍。		《后汉书·五行志》注引《古今注》 光绪《山西通志》卷八十三《大事记一》 雍正《平阳府志》卷之三十四《祥异》
		七月丁丑，月犯昴头两星，平阳雨雹大如杯，坏败吏民庐舍。		雍正《山西通志》卷一百六十二《祥异一》
	浮山	雨雹大如杯，坏败吏民庐舍。		民国《浮山县志》卷三十七《灾祥》
汉永初三年（109）	并州	三年，大水，并、凉二州雨雹，大如雁子，伤稼。	三月癸巳，司徒鲁恭以灾异策罢。（《后汉纪》）*	《后汉书·五行志》
汉建宁四年（171）	河东	五月，河东地裂，雨雹、山水暴出。	秋七月司空来艳免。……司徒桥玄免。	《后汉书·灵帝纪》

* 四月己巳，诏上林、广成苑可垦辟者，赋与贫民。（《后汉书·安帝纪》）七月庚子，诏长吏案行在所，皆令种宿麦蔬食，务尽地力，其贫者给种饷。（《后汉书·安帝纪》）

续　表

纪年	灾区	灾象	应对措施	资料出处
汉建宁四年（171）	河东	五月，河东雨雹，山水大出，漂坏庐舍五百余家。（注：袁山松书曰，是河东水暴出也，河东地裂十二处，裂合长十里，百七十步，深不见底）		雍正《山西通志》卷一百六十二《祥异一》
		五月，河东雨雹，山水大出，漂坏庐舍五百余家。河东地裂十二处，裂合长十里，百七十步，广者三十步。		光绪《山西通志》卷八十三《大事记一》
		夏五月，河东地裂，雨雹，山水暴出。（后汉书）		雍正《泽州府志》卷之五十《祥异》
		五月，河东雨雹，山水大出，漂坏庐舍五百余家。注：袁山松书曰，是河东水暴出也。河东地裂十二处，裂合长十里，百七十余步，广者三十余步，深不见底。（五行志）（按：两汉时平阳县河东郡，凡祥异貌言河东者，平阳所属咸在内，例得并书）		《后汉书·五行志》 雍正《平阳府志》卷之三十四《祥异》

续 表

纪年	灾区	灾象	应对措施	资料出处
汉建宁四年（171）	河东	五月，雨雹，地裂。（裂十二处，各长十里百七十步，广三十余步，深不见底）		民国《临汾县志》卷六《杂记类·祥异》
		五月，河东雨雹，山水大出，漂坏庐舍五百余家。注：袁山松书曰，是河东水暴出也。河东地裂十二处，裂合长十里，百七十步，广者三十余步，深不见底。		民国《浮山县志》卷三十七《灾祥》
	太平	夏五月，雨雹，地裂。		光绪《太平县志》卷十四《杂记志·祥异》
	解州	五月，雨雹，地裂十二处。		光绪《解州志》卷之十一《祥异》 民国《解县志》卷之十三《旧闻考》
	河东	河东雨雹，山水坏庐舍，地裂十二处。		光绪《绛县志》卷六《纪事·大事表门》
		河东雨雹，山水大出，漂屋舍五百余家，地裂十二处，裂长十里，广或三十余步，深不见底。		乾隆《蒲州府志》卷之二十三《事纪·五行祥沴》 光绪《永济县志》卷二十三《事纪·祥沴》
	河津	雨雹。		光绪《河津县志》卷之十《祥异》
	稷山	雨雹，山水大出地表。		同治《稷山县志》卷之七《古迹·祥异》

从季节分布看，先秦秦汉的3次雹灾有2次有明确的时间记录，分别发生于五月和七月，这与山西历史雹灾多在夏季发生的事实一致。从雹灾空间分布表来看，3次雹灾有2次集中在晋南地区。

四　雪（寒霜）灾

在中国北方地区，霜冻和雨雪本为正常的气象现象，只是霜冻和雨雪过量或不合节令时就会造成灾害，影响农业生产和民众生活。又因为二者的直接后果都是气温骤降，形成寒冷，故将雪、寒、霜放在一起进行讨论。先秦秦汉时期山西雪、霜、寒的灾害记录共11次。分类统计，在这11次灾害中，其中雪灾7次，极寒天气出现2次，霜害1次，此外还有1次木冰。

表1－9 先秦秦汉时期山西雪（寒霜）灾年表

纪年	灾区	灾象	应对措施	资料出处
周平王四十一年（前730）	曲沃	辛亥春，大雨雪。		光绪《续修曲沃县志》卷之三十二《祥异》
周简王十二年（前574）	绛	春正月，雨，木冰。或曰今之长老名木冰，为木介介者，甲甲兵象也。		雍正《山西通志》卷一百六十二《祥异一》
周考王四年（前437）	曲沃	夏四月，大雨雪。		光绪《续修曲沃县志》卷之三十二《祥异》
周威烈王四年（前422）	晋	（夏）四月，（晋）大雨雪。		雍正《山西通志》卷一百六十二《祥异一》 乾隆《太原府志》卷四十九《祥异》 光绪《续修曲沃县志》卷之三十二《祥异》 民国《洪洞县志》卷十八《杂记志·祥异》 民国《浮山县志》卷三十七《灾祥》

续　表

纪年	灾区	灾象	应对措施	资料出处
周烈王三年（前373）	赵	夏六月，赵雨雪。		雍正《山西通志》卷一百六十二《祥异一》 乾隆《太原府志》卷四十九《祥异》
	太原	夏六月，雨雪。		道光《太原县志》卷之十五《祥异》
秦王政元年（前246）	太原	封嫪毐为长信侯，以太原郡为毐国，宫室苑囿自恣，政事断焉。故天冬雷，始皇既冠诛毐，四月大寒，民有冻死者。		雍正《山西通志》卷一百六十二《祥异一》
		四月，大寒，民有冻死者。		乾隆《太原府志》卷四十九《祥异》
	乐平*	天冬雪。		民国《昔阳县志》卷一《舆地志・祥异》
秦王政四年（前243）	晋	晋大雪。		雍正《山西通志》卷一百六十二《祥异一》 民国《浮山县志》卷三十七《灾祥》
		（四年）夏四月，（晋）大雨雪。		乾隆《太原府志》卷四十九《祥异》 道光《太原县志》卷之十五《祥异》
	平定、乐平、绛	大雪。		光绪《平定州志》卷之五《祥异・乐平乡》 民国《昔阳县志》卷一《舆地志・祥异》 光绪《直隶绛州志》卷之二十《灾祥》 民国《新绛县志》卷十《旧闻考・灾祥》

* 乐平，今昔阳。

续 表

纪年	灾区	灾象	应对措施	资料出处
汉高祖七年（前200）	楼烦*	冬十月，（时刘邦攻打韩王信）至楼烦，会大寒，士卒堕指者十二三。		《汉书·高帝纪》
	平城*	会大寒，士卒堕指十二三，随至平城，为匈奴所困七日，用陈平秘计得出。		光绪《山西通志》卷八十三《大事记一》
		冬，平城大寒，士卒坠指十二三。		《云中郡志》
汉元光四年（前131）	全境	四月，陨霜杀草木，亦以为武州塞之应。		雍正《山西通志》卷一百六十二《祥异一》
汉元嘉二年（152）	平城	十月，平城大雪落数尺。		雍正《阳高县志》卷之五《祥异》

（一） 时间分布

雪灾一般发生在冬季，但先秦秦汉间的历史记录显示多次夏季雨雪的情况。其间雪灾历史记录仅7次，但夏季雨雪竟有4次：周考王四年（前437）“夏四月，大雨雪”①；周威烈王四年（前422）“（夏）四月，（晋）大雨雪”②；周烈王三年（前373）“夏六月，雨雪。”③；秦王政四年（前243）“夏四月，（晋）大雨雪”④。而且在秦王政元年

* 楼烦，今宁武、神池一带。

* 平城，战国时汉置平城县，即今大同。

①光绪《续修曲沃县志》卷之三十二《祥异》。

②雍正《山西通志》卷一百六十二《祥异一》。

③道光《太原县志》卷之十五《祥异》。

④道光《太原县志》卷之十五《祥异》。

(前246)四月出现"大寒,民有冻死者"[①]的极寒天气。夏季雪灾的出现应当是极端气候的表现。极端气候一般表现为小概率事件,其年频次出现为50年到100年一遇。从先秦秦汉山西历史雪灾的不完全记录看,其极端天气的间隔时间最短仅为3年。对照雍正《山西通志》卷一百六十二《祥异一》所载"夏六月,赵雨雪"的情形,说明在周秦之际,山西或华北地区曾经出现一个较长极端气候时段。所以,所谓的"两汉宇宙期"的上限至少应当延时到东周晚期。

(二) 空间分布

表1-10 先秦秦汉时期山西雪(寒霜)灾空间分布表

今地	雪灾(次)	极寒(次)	霜冻(次)	灾区数
太原	太原(1)	太原(1)		2
大同	平城(1)	平城(1)		2
晋中	乐平(2)			1
临汾	曲沃(2)			1
运城	绛(1)	绛(1)		2
其它	晋(2)赵(1)	楼烦(1)	全境(1)	3

表1-10显示,先秦秦汉时期山西三种自然灾害所涉及区域主要是太原、大同、晋中、临汾和运城,而长治、吕梁和晋城等地则没有相关的记录。

五 风灾

空气的水平运动形成风,不同的风力带来不同的后果,当风力超过一定限度时,就会形成破坏,影响正常的生产生活秩序。受所处地理区位的影响,历史时期山西大风出现的几率是比较高的,但由于文献的缺失,先秦秦汉时期山西风灾仅有7次相关记录。而这7次记录中周安王十七年(前385)的大风,有可能系周安王十五年(前387)那次大风的误记。

①雍正《山西通志》卷一百六十二《祥异一》。

表 1－11 先秦秦汉时期山西风灾年表

纪年	灾区	灾象	应对措施	资料出处
周安王十五年（前387）	魏	魏大风，昼昏。		雍正《山西通志》卷一百六十二《祥异一》 民国《浮山县志》卷三十七《灾祥》 民国《芮城县志》卷十四《祥异考》
	绛州	大风，昼晦。		光绪《直隶绛州志》卷之二十《灾祥》 民国《新绛县志》卷十《旧闻考·灾祥》
周安王十七年（前385）	魏	魏大风，昼昏。		雍正《平阳府志》卷之三十四《祥异》
汉永初二年（108）	全境	二年六月，京都及郡国四十大风拔树。		《后汉书》志第十六《五行四》
汉延光二年（123）	河东	春正月丙辰，河东大风；三月丙申，河东大风拔树。		《后汉书》志第十六《五行四》 雍正《山西通志》卷一百六十二《祥异一》 雍正《平阳府志》卷之三十四《祥异》 民国《浮山县志》卷三十七《灾祥》
	濩泽	三月，濩泽大风拔树。（阳城志）		雍正《泽州府志》卷之五十《祥异》 同治《阳城县志》卷之一八《灾祥》
	河东	春三月，大风拔木。		民国《临汾县志》卷六《杂记类·祥异》 民国《洪洞县志》卷十八《杂记志·祥异》 光绪《太平县志》卷十四《杂记志·祥异》

续 表

纪年	灾区	灾象	应对措施	资料出处
汉延光二年（123）	河东	大风拔木。		同治《稷山县志》卷之七《古迹·祥异》 光绪《虞乡县志》卷之一《地舆志·星野·附祥异》
		三月，河东大风拔木。		乾隆《蒲州府志》卷之二十三《事纪·五行祥沴》 光绪《永济县志》卷二十三《事纪·祥沴》
		正月，河东大风拔树。		光绪《绛县志》卷六《纪事·大事表门》
汉延光三年（124）	河东	正月，河东大风；三月河东大风拔树。		光绪《山西通志》卷八十三《大事记一》
	曲沃	春三月，大风拔木。		光绪《续修曲沃县志》卷之三十二《祥异》

从先秦秦汉大风历史记录的时间分布看，春季为山西风灾多发时节，而且大风所造成的后果也比较严重。从大风发生的空间分布看，主要在今天的晋南地区。这当然仅仅反映了历史文本的客观，但绝非历史真实的反映。

六 地震（地质）灾害

地震灾害是自然界中最为严重的自然灾害类型，而中国则是多地震灾害的国家，山西又是中国地震灾害较严重的省份。虽然由于历史的久远，史料不可避免产生漏记的情况，但与其它历史时期的灾害情况有较大的不同，地震灾害超越水（洪涝）灾成为先秦秦汉时期山西第二大类型自然灾害。

表 1－12 先秦秦汉时期山西地震(地质)灾害年表

纪年	灾区	灾象	应对措施	资料出处
周定王一十一年(前596)	梁山*	梁山崩,遏河三日不流。	晋君召伯宗问焉,对曰:“君亲素缟,率群臣而哭之。”既而祝焉,遂流。	康熙《永宁州志》附《灾祥》
周定王二十一年(前586)	梁山	夏,梁山崩,壅河三日不流。	晋帅群臣哭之,乃流。(穀梁传)	《谷梁传·成公五年》光绪《河津县志》卷之十《祥异》
周敬王四十三年(前477)	丹水	丹水壅不流。		乾隆《高平县志》卷之十六《祥异》
周贞定王三年(前466)	晋	(乙亥),晋地震。		雍正《山西通志》卷一百六十二《祥异一》 乾隆《太原府志》卷四十九《祥异》 《平阳府志》卷之三十四《祥异》 民国《临汾县志》卷六《杂记类·祥异》 民国《浮山县志》卷三十七《灾祥》
	曲沃、太平、绛州空桐*	(乙亥),地震。		光绪《续修曲沃县志》卷之三十二《祥异》 光绪《太平县志》卷十四《杂记志·祥异》 《直隶绛州志》卷之二十《灾祥》

*《蔡氏书传》曰:“梁、岐皆冀州山。梁山,吕梁也,在今石州离石东北。”

*绛州空桐,今新绛东北。

续 表

纪年	灾区	灾象	应对措施	资料出处
周威烈王十三年（前413）	龙门*、底柱*	（戊辰），晋河（两）岸崩，壅龙门至于底柱。		雍正《山西通志》卷一百六十二《祥异一》 光绪《河津县志》卷之十《祥异》 乾隆《解州平陆县志》卷之十一《祥异》 《文献通考·物异考八》 《晋乘蒐略》卷之五
	龙门、汾阴*、砥柱	晋河岸崩，壅龙门、汾阴至底柱。		光绪《荣河县志》卷十四《记三·祥异》
周安王三年（前399）	北虢*	虢山崩，壅河。		《晋乘蒐略》卷之五
周显王二十三年（前346）	绛中	绛中地坼，西绝于汾。		雍正《山西通志》卷一百六十二《祥异一》 《平阳府志》卷之三十四《祥异》 光绪《续修曲沃县志》卷之三十二《祥异》
赵幽缪王五年（前231）	代地*	代地大动，自乐徐以西，北至平阴，台屋墙垣大半坏，地坼东西百三十步。		《史记·赵世家》 雍正《山西通志》卷一百六十二《祥异一》 《晋乘蒐略》卷之六

* 龙门，今山西河津西北。

* 底柱，即底柱山，亦作砥柱，今山西平陆东黄河中流。

* 汾阴，在今山西万荣西南。

* 北虢，今平陆境。

* 代地，今晋北。

续　表

纪年	灾区	灾象	应对措施	资料出处
赵幽缪王五年（前231）	代地	代地震坼，长数里，横一百三十步，坏房屋大半。		雍正《朔平府志》卷之十一《外志·祥异》
		代地大动，台屋墙垣大半坏，地坼东西百三十步。《史记·赵世家》		乾隆《大同府志》卷二十五《祥异》
汉文帝十一年（前169）	代地	上幸代，地动。		《史记·汉兴以来名臣将相年表》
汉建平四年（前3）	上党	上党地裂。		雍正《山西通志》卷一百六十二《祥异一》 雍正《泽州府志》卷之五十《祥异》
汉延平元年（106）	河东	（夏五月壬辰），河东恒山崩。		《后汉书·五行志》 雍正《山西通志》卷一百六十二《祥异一》 光绪《山西通志》卷八十三《大事记一》 《晋乘蒐略》卷之九
		河东山崩。（五行志）		光绪《绛县志》卷六《纪事·大事表门》
汉永初初	河东	是时河东地陷，日南地坼，长百八十二里，广五十六里。……自安帝即位，十三年以来，郡国地震无虚日。永初元、二、三年，郡国震凡四十一、十三至九。五、七两年，郡国震凡十至十八。		《晋乘蒐略》卷之九

续 表

纪年	灾区	灾象	应对措施	资料出处
汉永初初	河东	元初元年，郡国震凡十五。三、四、五、六年，郡国震凡九，及十三、十四至四十二，至后震亦不已。……		《晋乘蒐略》卷之九
汉永初元年（107）	河东	六月丁巳，河东地陷。	秋九月庚午，诏三公明伸旧令，禁奢侈，无作浮巧之物，弹财厚葬。是日，太尉徐防免。（注：以灾异屡见也）*。	《后汉书·安帝纪》
		六月丁巳，河东杨地陷，东西百四十步，南北百二十步，深三丈五尺。十一月，民讹言相惊，司隶并冀州民人流移。		雍正《山西通志》卷一百六十二《祥异一》 雍正《平阳府志》卷之三十四《祥异》
		正月禀并州贫民谷，六月河东地陷，东西百四十步，南北百二十步。		光绪《山西通志》卷八十三《大事记一》

* 辛未，司空尹勤免。（注：以水雨漂流也）癸酉，调扬州五郡租米，赡给东郡、济阴、陈留、梁国、下邳、山阳。壬午，诏太仆、少府减黄门鼓吹，以补羽林士；厩马非乘舆常所御者，皆减半食；诸所造作，非供宗庙园陵之用，皆且止。丙戌，诏死罪以下及亡命赎，各有差。（《后汉书·安帝纪》）永初元年……其秋，以寇贼水雨策免防、勤，而禹不自安，上书乞骸骨，更拜太尉。《后汉书·张禹传》）其年以灾异寇贼策免，始自防也。（《后汉书·徐防传》）

续　表

纪年	灾区	灾象	应对措施	资料出处
汉永初元年（107）	河东	（后汉安帝永初元年）六月丁巳，河东杨地陷，东西百四十步，南北百二十步，深三丈五尺。		雍正《泽州府志》卷之五十《祥异》 民国《洪洞县志》卷十八《杂记志·祥异》
		六月丁巳，河东平阳地陷。（东西百四十余步，南北百二十余步，深二丈五尺余）		民国《临汾县志》卷六《杂记类·祥异》
		河东地陷。		光绪《绛县志》卷六《纪事·大事表门》 乾隆《蒲州府志》卷之二十三《事纪·五行祥沴》
汉永初五年（111）	河东	是年，河东杨地陷，东西百四十步，南北百二十步，深三丈五尺。		《晋乘蒐略》卷之九
汉元初元年（114）	河东	（六月丁巳），河东地陷。		《后汉书·安帝纪》 雍正《山西通志》卷一百六十二《祥异一》 光绪《山西通志》卷八十三《大事记一》 雍正《平阳府志》卷之三十四《祥异》 民国《洪洞县志》卷十八《杂记志·祥异》 光绪《永济县志》卷二十三《事纪·祥沴》
		地陷。		民国《临汾县志》卷六《杂记类·祥异》 同治《稷山县志》卷之七《古迹·祥异》

续 表

纪年	灾区	灾象	应对措施	资料出处
汉汉安元年(142)	并州	并、凉地震,凉州自九月至十一月,地八十震,山谷折裂,败诸城寺,民压死者甚众。		《晋乘蒐略》卷之九
汉建康元年(144)	太原、雁门	九月丙年,……太原府、雁门地震,三郡水流土裂。	庚戌,诏三公、特进、侯、卿、校尉,举贤良方正,幽逸修道之士各一人,百僚皆上奉事。	《后汉书·顺帝纪》
		九月,太原、雁门地震,水涌土裂,此亦由西边之大震,余气所及者。		《晋乘蒐略》卷之九
		九月丙午,太原、雁门地震。		雍正《山西通志》卷一百六十二《祥异一》 光绪《山西通志》卷八十三《大事记一》
	太原	九月丙午,太原地震。		乾隆《太原府志》卷四十九《祥异》 道光《太原县志》卷之十五《祥异》
	雁门	九月丙午,雁门地震。《后汉书·顺帝纪》		乾隆《大同府志》卷二十五《祥异》 光绪《代州志·记三》卷十二《大事记》
	太原、雁门、马邑	秋八月,帝崩,太子即位,年二岁,是为冲帝。九月京师及太原、雁门、马邑地震。		雍正《朔州志》卷之二《星野·祥异》

续 表

纪年	灾区	灾象	应对措施	资料出处
汉建和三年(149)	河东	七月,河东地裂。		光绪《山西通志》卷八十三《大事记一》 民国《翼城县志》卷十四《祥异》 民国《洪洞县志》卷十八《杂记志·祥异》
		秋七月,地裂。		民国《临汾县志》卷六《杂记类·祥异》 光绪《太平县志》卷十四《杂记志·祥异》
汉永寿二年(156)	河东	七月,地裂。		光绪《解州志》卷之十一《祥异》
		河东地裂。		光绪《永济县志》卷二十三《事纪·祥沴》
汉永寿三年(157)	河东	(桓帝永寿三年秋)七月,河东地裂。		雍正《山西通志》卷一百六十二《祥异一》 雍正《泽州府志》卷之五十《祥异》 雍正《平阳府志》卷之三十四《祥异》
		河东地震。(五行志)		光绪《绛县志》卷六《纪事·大事表门》
		七月,地裂。		光绪《河津县志》卷之十《祥异》
汉永康元年(167)	上党	五月丙申,……上党地裂。	五月……诏公、卿、校尉举贤良方正。六月庚申,大赦天下,悉除党锢,改元永康。	《后汉书·桓帝纪》

第一章 先秦秦汉

续　表

纪年	灾区	灾象	应对措施	资料出处
汉永康元年（167）	上党、泫氏*	五月丙午，……上党、泫氏地各裂。		《后汉书·五行志》 光绪《山西通志》卷八十三《大事记一》
	上党	五月丙申，上党地裂。		雍正《山西通志》卷一百六十二《祥异一》
	泫氏	汉永康元年秋八月己亥，泫氏县地裂。旧志：按汉纪永康元年八月十五日夜，泫氏地裂数十丈，即今王报、寺庄、白方等村是也。省志又云，考五行志作五月丙午，上党泫氏地各裂。		乾隆《高平县志》卷之十六《祥异》
		永康元年秋八月己亥，泫氏县地裂。（按汉纪，永康元年八月十五日夜，泫氏地裂数十丈，即今王报、寺庄、白方等村是也，见高平志。省志又云，考五行志作五月丙午，上党泫氏地各裂）		雍正《泽州府志》卷之五十《祥异》
汉建宁四年（171）	河东	五月，河东地裂，雨雹、山水暴出。	秋七月司空来艳免。……司徒桥玄免。	《后汉书·灵帝纪》

* 泫氏，今晋城境内。

续 表

纪年	灾区	灾象	应对措施	资料出处
汉建宁四年(171)	河东	地裂十二处,裂合长十里百七十步,广者三十余步,深不见底。山水大出,漂坏庐舍五百余家。		《后汉书·五行志》
		五月,河东雨雹,山水大出,漂坏庐舍五百余家,河东地裂十二处,裂合长十里百七十步,广者三十步。		光绪《山西通志》卷八十三《大事记一》
		五月,河东雨雹,山水大出,漂坏庐舍五百余家。(注:袁山松书曰,是河东水暴出也,河东地裂十二处,裂合长十里百七十步,深不见底)		雍正《山西通志》卷一百六十二《祥异一》
	上党	建宁四年,上党地裂。		雍正《山西通志》卷一百六十二《祥异一》
	河东	夏五月,河东地裂,雨雹,山水暴发。		雍正《泽州府志》卷之五十《祥异》
		五月,河东雨雹,山水大出,漂坏庐舍五百余家。注:袁山松书曰,是河东水暴出也。河东地裂十二处,裂合长十里百七十余步,广者三十余步,深不见底。(五行志)(按:两汉时平阳县河东郡,凡祥异貌言河东者,平阳所属咸在内,例得并书)		雍正《平阳府志》卷之三十四《祥异》

续 表

纪年	灾区	灾象	应对措施	资料出处
汉建宁四年（171）	河东	雨雹，地裂。（裂十二处，各长十里百七十步，广三十余步，深不见底）		民国《临汾县志》卷六《杂记类·祥异》
	河东、平阳	五月，河东、平阳地裂十二处，广狭不等。有长十七里七步者，深不见底。		民国《洪洞县志》卷十八《杂记志·祥异》
	太平	夏五月，雨雹，地裂。		光绪《太平县志》卷十四《杂记志·祥异》
	解州	（四年）五月，雨雹，地裂十二处。		光绪《解州志》卷之十一《祥异》民国《解县志》卷之十三《旧闻考》
	安邑	地裂，深不见底。		乾隆《解州安邑县志》卷之十一《祥异》
	河东	河东雨雹，山水坏庐舍，地裂十二处。（五行志）		光绪《绛县志》卷六《纪事·大事表门》
	河东	河东雨雹，山水大出，漂屋舍五百余家，地裂十二处，裂长十里，广或三十余步，深不见底。		乾隆《蒲州府志》卷之二十三《事纪·五行祥沴》光绪《永济县志》卷二十三《事纪·祥沴》
	河东	五月，河东雨雹，又地裂十二处，汾阴地裂，长十里百七十步，广三十余步，深不可底。（通志）		光绪《荣河县志》卷十四《记三·祥异》

续　表

纪年	灾区	灾象	应对措施	资料出处
汉建宁四年（171）	河东	灵帝建宁四年五月，河东地裂十二处，裂合长十里百七十步，广者三十余步，深不见底。		《晋乘蒐略》卷之十
汉光和元年（178）	全境	夏四月，地震。		《晋乘蒐略》卷之十
汉光和六年（183）	五原*	秋，五原山岸崩。		雍正《山西通志》卷一百六十二《祥异一》
		夏，五原山岸崩。		光绪《山西通志》卷八十三《大事记一》

（一）　时间分布

从总的时间分布看，先秦秦汉山西震灾数量在西元前呈现平衡发展趋势，而进入西元之后则呈现突然加剧之态势。年际分布不均衡性主要表现在2世纪的骤增，前900年（前800—100）震灾的历史文献记录的数量为10次，后100年（101—200）为14次。高发时段的2世纪比此前9个世纪的总和还多，占到整个先秦秦汉时期震灾总量的58%强。以朝代计，先秦为8次，西汉为2次，而东汉则多达14次。先秦秦汉时期山西历史地震在东汉年间爆发，显然系山西历史震灾在“两汉宇宙期”的极端表现。若从季节来看，先秦秦汉时期山西的地震主要发生在夏秋两季，尤以五月和七月居多，这两个月共发生地震6次，占到这一时期地震总量的四分之一。

* 五原，郡名。汉武帝元朔二年（前127）置，郡治在九原县（今内蒙古包头市九原区麻池镇西北），隶属于朔方刺史部。东汉时属并州。

（二） 空间分布

表1－13 先秦秦汉时期山西震灾空间分布表

今地	灾区（地震次数）	灾区数
太原	太原(1)	1
长治	上党(3)	1
晋城	泫氏(2) 丹水(1)	2
朔州	马邑(1)	1
忻州	代地(2) 雁门(1)	2
吕梁	梁山(2)	1
临汾	平阳(3) 太平(3)曲沃(1)	3
运城	河东(9) 安邑(1) 绛州(1) 河津(1) 稷山(1) 解州(2) 龙门(1) 砥柱(1) 汾阴(1) 北虢(1) 绛中(1) 汾阴(1)	12
其它	晋(1)并州(1)全境(1)五原(1)	4

山西境内的断陷带总体呈北北东走向的S形，属鄂尔多斯断块东缘与南缘断裂带，夹峙于鄂尔多斯断块东部吕梁山隆起与太行山断块隆起之间，面积约35522平方千米。断陷带由两部分组成：山西断陷带南起侯马、北到河北怀来一带，有怀来、蔚县、大同、灵丘、忻定、太原、临汾等断陷盆地，绝大部分在山西境内；运城盆地及平陆、芮城所在的灵宝盆地，是渭河断陷带的东北部和东部。据统计，近4000年中山西省内120余次大于或等于4.7级的地震中，约66%发生在断陷带，占全省面积77.23%的隆起区仅发生中级地震40余次。[①]

表1－13数据显示，先秦秦汉时期山西地震主要分布在晋南的临汾、运城地区以及忻州地区等断陷带上。这一时期，阳泉、大同和晋中地区没有地震活动记录。

①武烈、贾宝卿、赵学普编著：《山西地震》，地震出版社，1993年版，第11页。

七 农作物病虫害

农作物病虫害又称作虫灾,是对农作物危害较大的一种自然灾害。农作物病虫害严重时,其直接后果就是田禾被扫荡一空,进而造成饥荒。先秦秦汉时期山西农作物病虫害的历史记录有 3 次,2 次蝗灾,1 次螟灾。这几次农作物病虫害的相关记录中,具体时间和地点情况语焉不详,这也是早期自然灾害记录的普遍特点。

表 1 - 14 先秦秦汉时期山西农作物病虫害年表

纪年	灾区	灾象	应对措施	资料出处
周襄王五年(前 647)	晋	晋麦禾皆不熟,荐饥。	秦输粟于晋。	《晋乘蒐略》卷之三
汉元光六年(前 129)	全境	夏,大旱,蝗,亦以為馬邑之应。		雍正《山西通志》卷一百六十二《祥异一》
汉太初元年(前 104)	黄河流域	太初元年,蝗大起。		《史记 · 孝武本纪》
汉永寿三年(157)	并州	并州雨水,灾螟互生,稼穑耗。	(延熹元年)十二月,帝乃下诏除并、凉一年租赋,以赐吏民。(《后汉书 · 桓帝纪》)	《后汉书 · 陈龟传》

八 疫灾

先秦秦汉时期的疫灾是这一时期发生数量较少的一种自然灾害,历史记录共 3 次。研究认为,历史疫情的出现总是与其它灾害相伴生,或因其它灾害衍生疾疫灾害。先秦秦汉山西疫灾的历史记录显示,当时的疫情的出现和水旱灾害的发生有一定关联。

表 1－15 先秦秦汉时期山西疫灾年表

纪年	灾区	灾象	应对措施	资料出处
周敬王十二年（前508）	晋	春三月，水潦方降，疾疟方起。		《左传》
汉后元二年（前142）	河东	十月，……大旱。衡山、河东、云中郡民疫。		《史记·孝景本纪》
汉建安十六年（211）	河东郡大阳县*	后疫疠作，人多死者，县常使埋瘗之。		萧常《续后汉书·焦先传》

第二节 先秦秦汉山西自然灾害特征及成因

一 先秦秦汉山西自然灾害特征

（一） 历史记录不完全反映自然灾害的历史实际

时间愈后灾害发生的频度越快，且灾害的损害程度愈烈，这是中国历史灾害发生和记录的特征，更是山西历史灾害发生的特征。造成这种特性的原因，除受自然生态及天文背景的影响外，其中明清之前历史文献记录的缺失是一个非常重要的因素。

首先，先秦秦汉时期灾害数量和频度均低于魏晋之后，其主要原因在于史料的缺失。能够反映地方历史灾害的文献主要是地方志，而中国地方志（总志、通志、府志、州志、县志）以县志种类最多，占方志总数的70%。修志最盛时期是清代，方志达6500余种，占到我国现存方志的70%。山西现存的471种行政区划性质的方志，约

* 河东郡大阳县，县治在今平陆县西南。

占全国方志数的5%[①]。与其它历史文献相比，地方志的发展较为迟滞，山西历史时期最早的地方志《上党记》成书于魏晋时期的约320—333年间，最迟在隋代该书已经亡佚，而有关记录山西历史灾害的亡佚之作、亡佚之灾其不知几何也。方志中有关早期灾害的资料大都通过辑佚的方式取得，大致来源有二：一是采自本地的其它方志，如雍正《泽州府志·卷之五十·祥异一》："慎靓王时，月生齿，龁毕大星。（阳城志）"二是采自正史或其它重要的史书，仍以雍正《泽州府志·卷之五十·祥异一》为例："商成汤二十四年大旱，王祷于桑林。周元王五年，丹水反击。六年丹水三日绝不流。（竹书纪年）"所采内容几乎与原书的内容没有二致。

其次，灾害信息传递过程流失又是造成包括先秦秦汉历史在内的山西早期历史灾害史料缺失的最主要原因。山西地方志中有关早期灾害的历史记录与中国古代灾害记录的不对等，也从一个侧面说明古代方志记录存在问题。由于古代通讯技术和交通技术的限制，有些远离权力中心的、较为偏僻的区域或人类的活动范围不至的区域，灾害信息无法传达，即使能够传达，在传达过程中，也会出现这样或那样的问题，或缺失或扭曲。在信息传递过程中，统治者隐匿灾害也是造成方志灾害资料不完整的一个因素。虽然历代中央政府对于灾害比较重视，且要求地方官员如实上报，但是出于各种利益需要，隐匿不报或者虚报的情况仍较常见。即使到了清代，隐匿灾害的情况仍然存在。清康熙三十六年（1697）夏，永宁州大旱，"秋，瘟疫盛行，民死亡殆尽。连岁奇灾，巡抚委公竟未入告。"[②]救灾制度相对完备的康乾盛世尚且如此，其它时期不难猜度。山西为典型的黄土覆盖的山地高原，地形以山地、丘陵为主，全省大部分

①任小燕：《山西古今方志纂修与研究述略》，《晋阳学刊》，2001年第5期，第6页。

②康熙《永宁州志》附《灾祥》。

地区海拔在1500米以上,最高点为五台山主峰北台顶(叶斗峰)海拔3058米,有"华北屋脊"之称;最低点为垣曲县亳清河入黄河处的河滩,海拔仅180米[1]。特殊的地理环境造成"十里不同天",致使一些局部的灾害无法被上报和记录,这可以通过各种文献的比对得到验证。为体现信息的对称,我们以《山西通志》和《潞安府志》、《泽州府志》作标本,就汉代记录的灾害作比较。

表1-16 方志文献记录历史灾害对照表

纪年	雍正《泽州府志》卷之五十《祥异八》	乾隆《潞安府志》卷十一《纪事·祥异》	雍正《山西通志》卷一百六十二《祥异一》
建平四年	潞、泽、沁地裂。	无	哀帝建平……四年上党地裂
永康元年	秋八月己亥,泫氏县地裂。(按汉纪,永康元年八月十五日夜,泫氏地裂数十丈,即今王报寺庄白方等村是也)	(丁未)潞、泽、沁地裂。	五月丙申潞、泽、沁地裂……(后汉书同上,宋符瑞志五行志五行志作五月丙午潞、泽、沁□氏地各裂)
建宁四年	无	无	建宁四年,潞、泽、沁地裂。

由上表可以看出,信息传递过程存在几种情况:一是信息转移出现量的损耗,如省志中崇祯七年"春无雨,阳城饥,人相食"在省志中仅言"皆饥";二是信息完全丢失,如"十一年,沁水蝗",在省志中则完全没有记录;三是信息传递过程中,由于整合或文字压缩的需要而使原信息不能完整表现,如崇祯十三年阳城"夏无麦,秋无禾,是岁斗米千钱。阳城、陵川、沁水民多饿死,人相食。"在省志中表达为"是年省郡大饥,甚至斗米千钱,人相食。"由此可见,历史灾害信息传递过程所造成信息流失的严重性[2]。

①据统计,山西省目前山地、丘陵面积为12.5万平方千米,占全省总面积的80.1%,历史时期山西的地形地貌有所变化,但总体变化不明显。

②王建华:《明清时期上党地区灾害频度加快的成因分析》,《长治学院学报》,2009年第1期,第23~24页。

历史灾害文献的缺失是绝对的,而在不同时期缺失的数量则是相对的。当然,文本失忆不仅仅表现在先秦秦汉时期,同时也表现在魏晋以降的各个历史时期。

(二) 自然灾害尤其是地震灾害在东汉时期集中高发

就整个山西历史灾害而言,先秦秦汉时期山西自然灾害的历史记录缺失很多,不能够反映山西先秦秦汉历史灾害的实际。而将这些缺失的历史记录放到现有的框架内进行研究就会发现,先秦秦汉山西自然灾害的发生总体呈现波动性上升趋势,在大约春秋战国交替之际(前500—前401)出现短暂的峰值,一直到东汉后期(101—200),出现一个极高值。整个先秦秦汉千年历史中,文献记录山西自然灾害共101次,东汉后期一百年计33次,占到全部自然灾害的近1/3。以震灾为例,先秦秦汉时期山西震灾共发生24次,其中东汉就占有14次。而且,这些地震灾害不仅在时间上集中高发,而且在地域上也集中高发,高发区域主要在河东地区,即今临汾和运城一带。如:汉延平元年(106)"河东山崩"。[①]汉永初元年(107)"六月丁巳,河东地陷。……"[②]。在整个先秦秦汉时期的24次历史震灾中,明确记录为发生于今晋南地区的达13次之多。自然灾害地域性集中高发除了这些地区文化发达造成影响灾害记录因素之外,还有一个比较重要的因素就是,这些地区是人类早期居住和开发的地方。所谓"尧都平阳(今临汾市)、舜都蒲坂(今永济市)、禹都安邑(今夏县)",山西晋南地区是山西历史同时也是中国文明的发祥地,人类的活动会影响自然灾害的发生,同时,自然灾害也会影响人类的生活并引发人们对自然灾害的更多的关注。

---

①光绪《绛县志》卷六《纪事·大事表门》。

②(南朝宋)范晔撰,(唐)李贤等注:《后汉书》卷五《孝安帝纪第五》,中华书局,1965,第207页。

（三）一些自然灾害呈现出伴生的现象

统计山西自然灾害,发现一些自然灾害的发生总是和其它自然灾害相伴生,比如:汉元光六年(前129)"夏,大旱,蝗"[①];汉永寿三年(157)"并州雨水,灾螟互生稼穑耗"[②];汉后元二年(前142)"十月,……大旱。衡山、河东、云中郡民疫"[③],等等不一而足。研究表明,在中国古代,由于缺乏测定自然灾害微观变化的有效科学手段,人们只能调动感官去观察宏观世界的自然异常,研究各种自然灾异之间的互相关系及其发生机理,并用于自然灾害的预报。所以,在中国传统灾害认识论中,自然界中的一切事物有着复杂的有机联系,反映在对自然灾害的联系上,即认为一种自然现象在一定层次上与其它现象之间存在着一定的关联性。而研究表明,各种自然灾害也存在着一定的相关性,如"大灾之后有大疫"等。为此,中国国内的一些学者开始致力于这方面的研究,并出版《中国古代自然灾异—相关性年表总汇》[④]。当然,对自然灾害的相关性问题的研究是一个极为复杂而困难的事情,相关学者也在努力进行探讨,我们也期待新的研究成果面世。

二　先秦秦汉山西自然灾害成因探析

灾害是多因素结果,宏观言之,主要是自然因素和社会因素。自然因素是指与自然灾害发生相关的天文、气候及地理环境等因素,而社会因素主要是指因人类活动影响自然环境的有关因素。早期,

①雍正《山西通志》卷一百六十二《祥异一》。

②(南朝宋)范晔撰,(唐)李贤等注:《后汉书》卷五十一《李陈庞陈桥列传第四十 一·陈龟》,中华书局,1965,第1692。

③(西汉)司马迁撰:《史记》卷十一《孝景本纪第十一》,中华书局,1982年版,第447页。

④宋正海、高建国、孙关龙等:《中国古代自然灾异——相关性年表总汇》,安徽教育出版社,2002,第1~710页。

由于人口的数量较少和人类活动的范围较小，所以，人类对自然环境的影响比较小，但随着人口的增长和人类活动范围的逐步增大，人类的一些不当活动对自然环境的影响也逐步增大。

（一） 自然因素

1. 天文气候因素

影响和导致灾害的自然因素，是指客观存在而又与人类生活密切相关的自然要素，主要包括天文气候因素、地形地质因素和地理区位因素。

在自然灾害形成的自然因素中，天文因素是一个不可或缺的因子。学界长期致力于对天文和自然灾害之间关系的探索，研究表明：太阳和太阳系天体等天文因素与自然灾害之间的关系相当密切，“它们对某些自然灾害的发生可能起了诱导、触发和调制作用，”尤其是先秦秦汉时期山西自然灾害的发生更离不开天文因素的影响。一些研究已经表明，两汉时期地震等灾害的群发现象就与当时的天文因素有重大关联，学者称之为“两汉宇宙期”。“在我国的两汉时期存在着自然灾害群发，这种灾害群发现象与天象有着某种联系，故称为‘两汉宇宙期’。”[①]杨本有、凌兆芬也认为，影响自然灾害发生的各种天文因素，太阳活动是处于中心地位，太阳活动强度和频率影响厄尔尼诺现象的出现频次，影响旱涝发生，引发地震。此外，地球自转的速度也与地震发生形成关联[②]。

---

①宋正海、高建国、孙关龙等：《中国古代自然灾异——群发期》，安徽教育出版社，2002年版，第41页。

②杨本有、凌兆芬：《天文因素对自然灾害的影响》，《紫金山天文台台刊》，1996年12月，第15卷第4期。

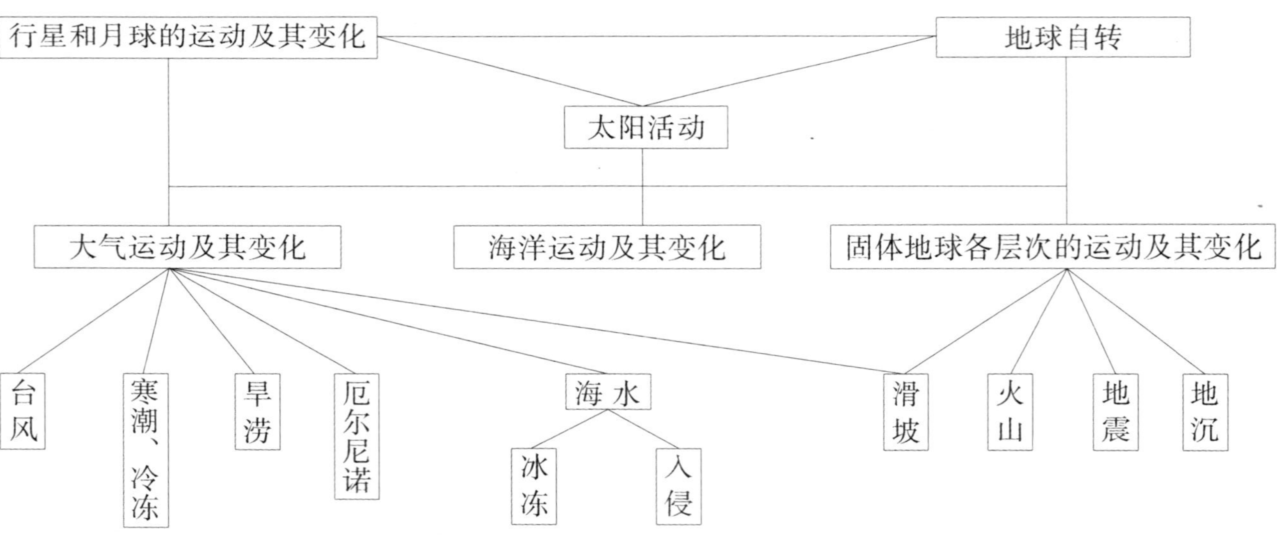

图1-1 天文因素与自然灾害关联图

说明：此图参考杨本有、凌兆芬：《天文因素对自然灾害的影响》，紫金山天文台台刊，1996年第15卷第4期。图有变动。

研究普遍认为,历史时期的气候变化是致灾的重要因素,学者对中国历史气候进行研究后认为,气候变迁的主要表现为历史时期气温的变化,而气温变化则表现为天气的冷暖。竺可桢根据历史文献和考古发掘材料认为,五千年来,中国历史气温明显地呈现出四个冷暖期[①]。

表 1-17 竺可桢五千年中国历史气候变迁表

时期	一	二	三	四
温暖期(世纪)	前30—前12	前7—前1	7—10	13
对应朝代(约)	商朝及之前	东周秦西汉	隋唐五代	宋末元初
寒冷期(世纪)	前11—前8	1—6	11—12	14—19
对应朝代(约)	西周	东汉魏晋南北朝	宋	明清

美国哈佛大学教授布雷特·辛斯基在对中国历史时期的气候进行研究后,也认可中国历史存在冷暖期的观点,不同的是布雷特·辛斯基将14世纪中国历史气候归入相对温暖期。任振球也认为,从西元1000年到20世纪中期,"中国共出现过五个低温期:十二世纪上半叶,十四世纪初,十五世纪末,十七世纪和十九世纪中期。"在低温期内,"各种气候灾害具有群发性的特点,而且往往发生百年一遇的严冬、大旱、大涝等严重灾害。"[②]而在先秦秦汉时期,各种自然灾害的多发群发,即形成所谓的"夏禹洪水期"和"两汉宇宙期"。其表现最为突出的是地震在东汉的高发。正是由于东汉时期地震高发频发,才催生张衡发明候风地动仪和促使他将地震仪通过一次强震进行验证。研究认为,东汉时期的山西历史地震处于山西历史地震

①竺可桢:《中国近五千年来气候变迁的初步研究》,《考古学报》,1972年第1期,第18~31页。

②任振球:《中国近五千年来气候的异常期及其天文成因》,《农业考古》,1986年第1期,第298页。

的第一地震活跃期[①]，东汉延平元年（106）至光和六年（183）的短短77年间，山西地震历史记录多达14次，几乎5.5年1次。

“历史时期气候是有过变化的，而且相当频繁，并非短暂稀少。”[②]这些频繁变化的气候是影响自然灾害发生的重要因素，关于这一关系目前已经成为了定论，所以，在分析自然灾害发生的自然因素时，必须考虑气候因子。中国历史上存在着的冷暖期相互交替变化，先秦时期的气候比较复杂，夏商和西周时期基本上是暖期，东周后期为气候寒冷期；秦朝和西汉时期总体上是属于气候温暖期，东汉又进入了一个寒冷期。表1－18显示，气候变化在先秦秦汉山西自然灾害中有明显的反映。

表1－18 先秦秦汉山西冷暖期灾害年频次表

冷暖期	灾数	年频次
夏商西周温暖期（约前2000—前800）	2	0.002
东周寒冷期（约前800－前200）	41	0.068
秦、西汉温暖期（约前200—100）	25	0.083
东汉寒冷期（约100—200）	33	0.33

2. 地形地质因素

山西省地处黄土高原东部，深居内陆，距海较远，且处于东亚季风的北部边缘，为温带季风型大陆性气候。境内地形又比较复杂，东部是太行山系及其山间盆地，西部是吕梁山山地和黄土高原区，中部为盆地。自然条件的特殊性决定了旱、涝灾害是山西最常发生的两种自然灾害。此外，山西全省位于华北地震带上，而华北地震带是中国大陆地区地震活动最强烈的区域，其中汾渭地震带是我国

①武烈、贾宝卿、赵学普编著的《山西地震》认为，山西历史地震存在7个活跃期：一、2世纪前后的第一活跃期；二、5世纪前后的第二地震活跃期；三、7世纪前后的第三地震活跃期；四、11世纪的第四地震活跃期；五、13世纪—14上半期的第五地震活跃期；六、16—17世纪的第六地震活跃期；七、19世纪至今的第七地震活跃期。

②史念海：《中国历史地理纲要》（上册），山西人民出版社，1991年版，第110页。

东部的强烈地震活动带，它北起河北宣化—怀安盆地、怀来—延庆盆地，向南经阳原盆地、蔚县盆地、大同盆地、忻定盆地、灵丘盆地、太原盆地、临汾盆地、运城盆地至渭河盆地。1981 年出版的《中国地震烈度区划工作报告》在华北区划出的三个地震亚区中，山西被列为其中之一；1987 年《新的华北地震区划》所列出汾渭地震带中的两个地震亚带，一个是渭河地震亚带，另一个是山西地震亚带，这两个地震亚带东北起自北京延庆，西南止于陕西西安，其中山西地震亚带东北—西南向贯穿山西的大同、忻定、太原、临汾、运城等断陷盆地。

"地震与地质的关系极为密切。岩层断裂是造成一切大地震和大多数小地震的主要原因。根据历史上破坏性地震的记载，我国地震主要分布在：台湾省太平洋板块与欧亚板块边界构造带，黄河中下游地区的汾渭断陷带，太行山、燕山山前断裂带和营口——郯城深断裂带控制下的渤海沿岸地区。"[①]这是造成山西历史多震的地质原因。

3. 地理区位因素

山西省地处黄土高原东部，介于北纬 34°34′ ~ 40°43′和东经 110°14′ ~ 114°34′，南北长约 550 千米，东西宽约 300 千米，平面轮廓略呈由东北斜向西南的平行四边形，地处暖温带和中温带（雁北地区）。由于深居内陆，距海洋较远，正处于东亚季风北部边缘，为明显的温带季风型大陆性气候。山西境内地形复杂，山峦起伏、沟壑纵横、海拔高低悬殊，各类地形分布全省。山区、丘陵占全省总土地面积的 80.3%，大小河流 1000 余条，分属黄河、海河两大水系。[②]

"干旱是山西的主要自然灾害，省内素有'十年九旱'之说。明

①孟昭华：《中国灾荒史记》，中国社会出版社，1999，第 31 页。

②郭太平：《两千多年来山西主要气象灾害浅析》，《山西师大学报（自然科学版）》，1996 年 9 月，第 10 卷第 3 期，第 68 页。

曹尔祯在《横渠记》中写道:‘三晋……山多,天旱地冷,十年旱常八九……’。”[①]这与山西所处的位置和气候条件有关。山西是一个以山地为主的地域,山地和丘陵面积占总面积的80%以上。境内山形破碎、植被差、生态环境破坏严重。山西距海较远,加上东部山地的阻挡,来自海洋的暖湿气流难以深入,降水量少,水资源严重不足,构成了易发生干旱的基调。地理位置决定了山西属温带大陆性季风气候,冬季来自内陆的偏北风盛行,寒冷干燥,降水甚少。夏季的偏南风把低纬度的热量和海洋的水汽输送到此,呈现高温、高湿、多雨的气候特征。季风活动异常往往导致山西旱涝的发生并决定其严重程度。夏季风强,推进位置偏西,偏北,山西则雨水多;夏季风弱,位置偏南偏东山西则雨水少,易发生干旱。[②]

(二)社会因素

先秦秦汉时期灾害的形成虽然主要是自然因素所致,但是随着人类活动范围的逐步扩大及其不当活动的增加和致灾因素中社会因素的增加,自然灾害的数量也在慢慢增加。

1. 土地开发引发自然因素变异的增加

生态环境的破坏基于人口的增长。据范文澜在其《中国通史简编》中根据晋国拥有4000乘兵车的数量推测,认为晋国当有人口约80万。三晋农业的发展和土地的开发,引起了秦国的兴趣。秦国商鞅变法,为发展农业,就曾经招徕三晋人民。到西汉平帝元始二年(2)山西地区有明确的史料记载的人口数字为2527368。由于人口大量繁衍,必然引发人们的不当活动,引起人类对土地的盲目开发。土地开发程度越高,则引发自然因素变异的机率也随之加大。

①肖树文:《山西的干旱问题》,《山西师院》,1978年第3期,第71页。

②张永国,亢晋勇,李秀英:《全球气候变暖背景下山西旱涝灾害研究》,《忻州师范学院学报》,2005年4月第21卷,第2期。

在土地开发中，农牧业的发展首当其冲。在生产力相对低下的古代，解决人口吃饭问题是一个异常重要和困难的事情。人口增加后，就需要有更多的耕地面积来供养，而扩大耕地面积进行粗放型经营就成为解决吃饭问题的唯一办法。山西为我国农业发展较早地区，三、四千年以前，我们的祖先就在汾河谷地开垦种田，传说后稷教民稼穑，螺祖创始蚕业，均在今晋南汾、涑流域。当然最初垦殖仅限于汾河流域中南部的狭长地带。但春秋战国时就开始发生变化，魏国领有河东（晋南汾、涑流域），魏文候规定土地的利用，只除山泽邑居，其余皆为农田①，大概此时平原森林已经开始蜕化。随着人口压力的逐渐增加，土地的争夺刺激了人们对山林土地的开发。秦汉之际，河东地区曾经多次向北部移民屯田，“西汉初中时期，农田垦辟大增，农田北移至雁北一带。”②耕地的增加，就意味着植被森林资源被砍伐和破坏。

在土地开发中，统治者的不当作为也是造成植被森林破坏的重要因素。史载，晋文公为寻找介子推，“狩猎为名”火烧绵山三天三夜；“趙襄子率徒十萬狩于中山，藉艿燔林，扇赫百里。”③所谓“狩”即“火畋”，系古代帝王的日常行为，这种日常行为也是造成森林植被及生态环境破坏的重要原因。一般情况下，对于帝王“狩”这种行为，在史书中作淡化处理，赵襄子因打猎而引出其践踏杂草、烧毁树林的事件在史书中被渲染是因为在“火畋”时遭遇奇人之故。山西地据历代都城开封、洛阳、长安之间，兼有黄河、汾河及陆路之便，在诸都附近森林砍伐殆尽时，必取于山西地区。秦汉时期，建造富丽堂皇的宫殿群，烧造秦砖汉瓦和烧铸金属器皿都需要大量的木材，

①（汉）班固著，（唐）颜师古注：《汉书》卷二十四上《食货志第四上》，中华书局，1962，第1124页。

②《山西自然灾害》编辑委员会：《山西自然灾害》，山西科学教育出版社，1989年8月，第18页。

③杨伯俊：《列子集释》卷第二《黄帝篇》，第68页。

这些大型工程所用的木材均有涉及山西林木。当然,森林植被的破坏不单单是由人口数量增加单方面的原因引起的,还与统治阶级实施的一些政策有关,如:西汉实行的牧马业,太原养马事业开始兴盛,太原郡有"家马官",说明官家养马匹较多,《太原府志》载:"清源城西15里有马名山,城西20里有印驹城,汉文帝时牧马于此,专筑此城。"使西山的植被森林逐步遭到破坏,后牧马业进一步发展,古交附近的丘陵区乔木林开始向灌草植被演替[①]。

山西作为早期人类文明发源地之一,与其自然环境的良好有着重要关系的。数据显示,约在新石器末期,山西的植被森林覆盖率达到63%。但是到战国后期,山西省植被森林覆盖率由63%下降到50%左右[②]。直至秦汉时期,山西植被森林进一步缩减。土地盲目开发降低了植被森林调节气候的能力,从而加重自然灾害的发生率。随着土地开发程度的提高,生态的平衡更加脆弱,引发自然因素变异的机率也随之加大。当然先秦秦汉时期,山西人地冲突的矛盾还不是十分突出,土地开发并非自然灾害中的重要变量。但这个变量随着时间的推移,将越来越对自然灾害的发生产生重要影响。

2. 战争频繁诱发和加剧自然灾害

先秦秦汉时期,尤其是春秋战国时期,各侯国为了兼并土地和人民,频繁发动战争。当时,在山西分布的侯国晋国以及三家分晋后的韩、赵和魏三国均参与到列国战争之中。战争对自然灾害的影响主要表现为:一是战争直接加剧自然灾害的程度,使国家和人民的抗灾能力大大减弱,使小灾变大灾。二是战争中的克敌行为也可能会直接导致灾害的发生。周贞定王十六年(前453)智氏胁迫韩、魏两家共同出兵攻打赵氏,赵襄子退居晋阳固守。智瑶围困晋阳而

①腾崇德、张启耀:《山西植被的历史变迁》,《河东学刊》,1998年6月第2期,第31页。

②凌大燮:《我国森林资源的变迁》,《中国农史》,1983年第2期,第33页。

不能下，于是引水淹灌晋阳城。人为制造水患是自然灾害的一种延伸。

3. 生产力水平低而致社会应对能力差

“技术之落后，从若干文献考察，似亦为促进灾荒，使灾荒不易克服之一因。……我国农业技术之落后，诚为无可讳言之事实。自西周以来，直至今日，三千年间农业技术之进步，实属微小……，技术拙劣，效率极低，平时生产不丰，人力浪费，稍稍遇自然之灾害，即束手无策。故虽轻微之变动也足以引起重大之打击。于是或因天久不雨，河水浅时，高田因人力畜力引吸不及，致成旱灾之事实，时有所闻，可知技术落后对于灾荒影响之严重矣。”[1]先秦秦汉时期是“中国历史上大动荡、大分化、大组合时期。这一时期虽说生产水平有了很大提高，但它不足以防御自然灾害的袭击，各种自然灾害仍然层见辄出，给人民的生命财产带来了很大的损失。”[2]这论断充分说明在先秦秦汉时期，由于社会发展水平相对较低，社会应对自然灾害的能力是极其薄弱的。

有的学者认为，政治腐败、战乱等人类的一切不当行为虽然不是致灾的直接因素，但却会加重自然灾害的危害程度，秦王政元年（前246），“封嫪毐为长信侯，以太原郡为毐国，宫室苑囿自恣，政事断焉。故天冬雷，始皇既冠诛毐，四月大寒，民有冻死者。”[3]有时人们的一些行为还会诱发自然灾害，甚至有人认为，两汉专制主义制度下的国家体制是灾害发生的根本原因[4]，这当然是从社会学的角度对自然灾害的发生机理所作的阐释。客观来说，社会因素作为自然灾害中的一个重要变量，随着时间的推移，其作用在逐渐增大增

①邓云特：《中国救荒史》，上海书店，1984年据商务印书馆1937年影印版，第124～126页。

②孟昭华编著：《中国灾荒史记》，中国社会出版社，1999，第84页。

③雍正《山西通志》卷一百六十二《祥异一》。

④陈业新：《灾害与两汉社会研究》，上海人民出版社，2004，第135～139页。

强，甚至在一定的时间内、在某些特定的空间内可以起决定的作用。但是，就先秦秦汉时期自然灾害尤其是同时期的山西自然灾害而言，气候因素仍是自然灾害中变量的主要方面，而社会因素则居于自然灾害变量的次要方面，虽然这个变量变得愈来愈重要。

第三节　先秦秦汉山西自然灾害的危害和社会应对

一　先秦秦汉山西自然灾害的危害

（一）　对人的生命和财产安全的危害

灾害来临时，除了财产会受到损害，可能还会夺去人的生命。先秦秦汉时期山西自然灾害中，洪涝和地震是对人的生命和财产危害最大的两种灾害。洪水和地震具有突发性和毁灭性，其来势凶猛且破坏性极大。洪水不但会淹没房屋，甚至还会淹没农田和冲走人畜，造成大量人员伤亡和粮食缺乏而引发饥荒。“汉建始三年（前30）夏，大水，郡国十九雨，山谷水出，凡杀四千余人，坏官寺、民舍八万三千余所。”[①]“汉永兴元年（153），临汾河溢，民饥 。”[②]同样地，地震在瞬间可造成废墟一片，造成大量房屋坍塌和人员的伤亡。“赵幽缪王五年（前231）代地大动，自乐徐以西，北至平阴，台屋墙垣大半坏，地拆东西百三十步。[③]“汉汉安元年（142）”并、凉地震，……民压死者甚众。”[④]此外，旱灾也会间接地危及到人的生命，如遇到特大

①雍正《山西通志》卷一百六十二《祥异一》。

② 民国《临汾县志》卷六《杂记类·祥异》。

③ 雍正《山西通志》卷一百六十二《祥异一》。

④《晋乘蒐略》卷之九。

旱灾,还会出现人相食的惨状。“汉永初五年(111)并州大饥,人相食。”[①]其它诸如雹、风、霜雪等灾害对人的生命和财产安全也会造成严重危害。“秦王政元年(前246)……四月大寒,民有冻死者。”[②]“汉建武十二年(36)七月丁丑,月犯昴头两星,平阳雨雹大如杯,坏败吏民庐舍。”[③]

(二) 对农业生产的破坏

作为传统的农业社会,自然灾害的首要危害就是对农业的破坏,主要是体现在对农业生产秩序的破坏和粮食减产,如农作物的生长、粮食产量等。自然灾害中,气象灾害是影响农业生产最严重的灾害,其中旱灾是造成粮食歉收和绝收最重要的农业灾害。汉章和二年(88),“并、凉少雨,麦根枯焦,牛死日甚。”[④]其它灾害也可能造成严重的后果,汉永初三年(109)“雨雹,大如雁子,伤稼”[⑤];其次,灾害破坏农业的生态环境,“周威烈王三年(前423)晋(地)大旱,地生盐。”[⑥]旱灾造成盐碱地会影响农作物的生长和收成。

(三) 对社会正常生活秩序的破坏

自然灾害一旦发生,其影响和危害是多方面的。在传统的农业社会中,灾害发生后,普通百姓所面临的首要问题就是食物短缺的问题。由于粮食匮乏,民众无处就食,由此引出一系列社会问题,一是商人趁机抬高物价,出现物价的波动。汉高祖二年(前205),“关

---

①《晋乘蒐略》卷之九。

②雍正《山西通志》卷一百六十二《祥异一》。

③雍正《山西通志》卷一百六十二《祥异一》。

④(南朝宋)范晔撰,(唐)李贤等注:《后汉书》卷二十五《卓鲁魏刘列传第十五·鲁恭》,中华书局,1965,第887页。

⑤(南朝宋)范晔:《后汉书》志第十五《五行三·雹》,中华书局,1965,第3314页。

⑥雍正《泽州府志》卷之五十《祥异》。

中大饥,米斛万钱,人相食。"[①];二是在吃饭问题无法解决的情况下,就会有流亡人群和盗贼的出现,引发社会动乱,从而影响社会的安定,比如,新莽地皇元年(20)"天下大饥,盗贼蜂起。"[②]汉永和四年(139)(秋)八月,"太原郡旱,民庶流冗(亡)。"[③];三是当所有财物买卖殆尽、可食之物荡然无存之时,求生的欲望使民众失去理智,以致做出种种极端的事情来,最终演化为惨绝人寰的"人食人"事件,新莽天凤元年(14)"缘边大饥,人相食"[④]。

二　先秦秦汉山西自然灾害的社会应对

先秦秦汉时期灾害频发,既影响人民的生活和生产,同时也威胁王朝的统治。而且,先秦秦汉时期流行失德天遣观念,认为灾害之所以发生,是上天对人们的不当行为尤其是对统治者失德行为的警告。若统治者置若罔闻,甚至变本加厉,就会受到上天更为严厉的处罚。所以统治者高度重视救灾。大体来说,先秦秦汉时期是在天命神意观念的指导下,将修德弭灾视为主要手段,并积极进行救灾活动的。

(一)　祈禳修德

中国古代,人们对自然灾害发生的原因主要归结为阴阳失序、鬼神作祟等所谓的天谴灾异,汉始元二年(前85)冬,"无水,以为上年九岁,大将军霍光秉政之应。"[⑤]认为只要敬畏鬼神并祭祀和祈祷,就可以达到消灾免难的目的。因此,每当灾害出现时,他们主要会求助于鬼神,通过对鬼神的祭祀和祝祷,希望可以减少和免除灾害。

①沈起炜编著:《中国历史大事年表》,上海辞书出版社,2001,第92页。

②民国《翼城县志》卷十四《祥异》。

③乾隆《太原府志》卷四十九《祥异》。

④雍正《山西通志》卷一百六十二《祥异一》。

⑤雍正《山西通志》卷一百六十二《祥异一》。

周定王年间，“梁山崩，遏河三日不流。”“晋君召伯宗问焉，对曰：‘君亲素缟，率群臣而哭之。’既而祝焉，遂流。”[①]同时，古人认为祭祀高山、大河可以达到消除灾害的目的，周惠王十六年（前661），“晋献公伐霍，霍公求奔齐。晋大旱，卜之，曰，霍太山为祟。使赵夙召霍君于齐，复之，以奉霍太山之祀，晋复穰。”[②]汉熹平五年（176），“夏旱，蔡邕作伯夷叔齐碑曰：熹平五年，天下大旱。祷请名山，求获答应。”[③]这种求助鬼神的祭祀和祷祝的做法，是否有助于缓解灾情，在今天看来，当然是存疑的。但是这种敬天畏神的思想，也制约着统治者的行为，使他们修德行善，顺天行事。汉永初元年（107）“六月丁巳，河东地陷。秋九月庚午，诏三公明伸旧令，禁奢侈，无作浮巧之物，弹财厚葬。是日，太尉徐防免。（注：以灾异屡见也）。”[④]灾害的出现也促使统治者反思自身的施政方式，促使其免除行为不端的官员，举用贤良和大赦天下。汉建宁四年（171）“五月，河东地裂，雨雹、山水暴出。秋七月司空来艳免。……司徒桥玄免。”[⑤]汉建康元年（144），“九月丙年，……太原府、雁门地震，三郡水流土裂。庚戌，诏三公、特进、侯、卿、校尉，举贤良方正、幽逸修道之士各一人，百僚皆上奉事。”[⑥]汉永康元年（167）“五月丙申，……上党地裂。诏公、卿、校尉举贤良方正。六月庚申，大赦天下，悉除党锢，改元永康。”[⑦]

①康熙《永宁州志》附《灾祥》。

②雍正《山西通志》卷一百六十二《祥异一》。

③雍正《山西通志》卷一百六十二《祥异一》。

④（南朝宋）范晔撰，（唐）李贤等注：《后汉书》卷五《孝安帝纪第五》，中华书局，1965，第207页。

⑤（南朝宋）范晔撰，（唐）李贤等注：《后汉书》卷八《孝灵帝纪第八》，中华书局，1965，第333页。

⑥（南朝宋）范晔撰，（唐）李贤等注：《后汉书》卷六《孝顺孝冲孝质帝纪第六·顺帝》，中华书局，1965，第275页。

⑦（南朝宋）范晔撰，（唐）李贤等注：《后汉书》卷七《孝桓帝纪第七》，中华书局，1965，第319页。

（二） 蠲免

在先秦秦汉的救灾措施中，蠲免是最为常见和普遍的，而且对于民众百姓来说，也是最需要的。先秦秦汉山西灾害史料显示，蠲免的措施主要是实行免田租和减更赋等。汉本始三年（前71）“春，大旱。郡国伤旱甚者，民毋出租赋。三辅民就贱者，且毋收事，尽四年”。汉始元二年（前85）“崞县荒，免租。”[①]同时，在蠲免的过程中，事先要派官员到地方进行核实，再根据受灾程度制定不同的蠲免措施。汉永和四年（139）“（秋）八月，太原郡旱，民庶流冗（亡）。（癸丑），遣光禄大夫案行禀贷，除更赋。”[②]汉永寿三年（157）“并州水雨，灾螟互生，稼穑荒耗，租更空阙。……下诏‘为陈将军除并、凉一年租赋，以赐吏民’。”[③]汉文帝二年（前178）“崞县荒，赐名田租之半，十二年免租。”[④]

（三） 劝耕和拜粟入官

在先秦秦汉时期，由于社会生产力发展水平相对较低，面对自然灾害的发生，仅依靠蠲免有时难以为继。为此，政府有时会动员社会力量进行救灾。一是通过劝耕，使土地的利用率达到最大，汉永初三年（109）“七月庚子，诏长吏案行在所，皆令种宿麦蔬食，务尽地力，其贫者给种饷。”[⑤]汉永初三年（109）“四月己巳，诏上林、广成

---

①光绪《续修崞县志》卷之八《志余·灾荒》。

②乾隆《太原府志》卷四十九《祥异》。

③（南朝宋）范晔撰，（唐）李贤等注：《后汉书》卷五十一《李陈庞陈桥列传第四十一·陈龟》，中华书局，1965，第1692～1693页。

④乾隆《崞县志》卷五《祥异》。

⑤（汉）班固著，（唐）颜师古注：《汉书》卷二十四上《食货志第四上》，中华书局，1962，第1135页。

苑可垦辟者,赋与贫民。”[①]二是通过重修卖爵令,来使富人拜粟入官,汉景帝“后十三岁,孝景二年,令民半出田租,三十而税一也。其后,上郡以西旱,复修卖爵令,而裁其贾以招民;及徒复作,得输粟于县官以除罪。”[②]

(四) 诸侯互助

周代曾制定“以国为邑,以邑为乡,以乡为闾,祸福相恤”[③]的互救政策,以应对小范围的灾害。针对范围更大的自然灾害,各诸侯国之间也通过盟约的形式,视盟国的救灾抚恤为己任,即使敌国之间也不应趁火打劫。如果见灾不救,则会受到谴责甚而会引发战争。《左传》就记载了晋国与秦国之间因救灾引发战争的史实:

冬,晋荐饥,使乞籴于秦。秦伯谓子桑:“与诸乎?”

对曰:“重施而报,君将何求?重施而不报,其民必携,携而讨焉,无众,必败。”谓百里:“与诸乎?”对曰:“天灾流行,国家代有,救灾、恤邻,道也。行道有福。”丕郑之子豹在秦,请伐晋。秦伯曰:“其君是恶,其民何罪?”秦于是乎输粟于晋,自雍及绛相继,命之曰泛舟之役。……

冬,秦饥,使乞籴于晋,晋人弗与。庆郑曰:“背施,无亲;幸灾,不仁;贪爱,不祥;怒邻,不义。四德皆失,何以守国?”虢射曰:“皮之不存,毛将安傅?”庆郑曰:“弃信、背邻,患孰恤之?无信,患作,失授,必毙。是则然矣。”虢射曰:“无损于怨,而厚于寇,不如勿与。”庆郑曰:“背施、幸灾,民所弃也。近犹仇之,况怨敌乎?”弗听。退曰:“君其悔是哉!”

---

①(南朝宋)范晔撰,(唐)李贤等注:《后汉书》卷五《孝安帝纪第五》,中华书局,1965,第213页。

②(汉)班固著,(唐)颜师古注:《汉书》卷二十四上《食货志第四上》,中华书局,1962,第1135页。

③黄怀信:《〈逸周书〉校补注译》,西北大学出版社,1996,第27页。

……

十有一月壬戌，晋侯及秦伯战于韩，获晋侯。

……

是岁，晋又饥，秦伯又饩之粟，曰："吾怨其君，而矜其民。"[①]

晋乞籴于秦事发僖公十三年即周襄王五年（前647）冬，第二年冬，秦发生饥荒并乞籴于晋，晋惠公与虢射君臣不但不听取庆郑的建议施以援手，反而想趁火打劫，结果，周襄王七年（前645）秦国年丰人定，穆公率军攻打晋国，发生韩原之役。由于惠公君臣忘善背德，不得人心，所以士气不振，一交战就溃败；而秦军将士同仇敌忾大获全胜，并俘虏了晋惠公。同年，晋国再度饥荒，秦国不计前嫌，再次赠送粮食予晋。这场战争的胜负，既反映出"得道多助，失道寡助"这样一个永恒的真理；同时也说明，在面对灾情时，应当不计前嫌甚而摒弃政见，联手应对。否则，将受到自然的惩罚，为历史所唾弃。

①杨伯峻：《春秋左传注》，中华书局，1990，第334～367页。

第二章　魏晋南北朝

第一节　魏晋南北朝山西自然灾害概论

本书讨论的魏晋南北朝灾害史的时间断限为曹魏黄初元年(220)三国鼎立始至隋建立的开皇元年(581)止。从整个中国灾害史的情况看,魏晋时期是中国历史自然灾害集中发生的历史时期之一,也是灾害历史记录逐步增长的时期。由于魏晋时期天下大乱、兵戈扰攘,且因年代久远,使得历史文献大量亡佚或灭失,但留存下来的自然灾害史料"可以得到一个近似数,在某种程度上可以显示客观历史的真实性"[①]。而同时期山西自然灾害文献记录也存在亡佚和灭失的情况,但就留存的历史资料显示,魏晋南北朝361年间,山西自然灾害的主要类型为地震、大风和干旱,自然灾害的数量较先秦秦汉时期有了较大的增加,且随着时间的推移呈现逐步上升的态势,在一定程度上展示了魏晋山西自然灾害的基本轮廓和反映了魏晋时期山西自然灾害的基本状况。

进入魏晋以来,中国历史自然灾害和山西历史自然灾害出现多发群发的态势。造成这一后果的原因是复杂的。但一个根本的因素是天文因素。天文因素与自然灾害的相关性已经为学者所认可。

① 邓云特:《中国救荒史》,北京出版社,1998年,第7页。

有学者发现，自然灾害的异常期和严重异常（恶化）期，仅仅从太阳系内部是不能作出合理解释的，这些现象的发生与当时异常的天文背景有关联，认为宇宙线是造成灾害峰值的较可能的因素。所谓的宇宙线是指宇宙空间包括太阳在内的某些星体发射出来的各种高能粒子流。学者认为，宇宙线的成因主要是与超新星的爆发有关，超新星爆发时若正好靠近太阳系，那么，不仅太阳会受到较大影响，而且地球也会受到牵连。由于超新星的爆发，使宇宙射线明显增强而抑制了太阳的活动，从而引发气象和地象的剧烈变化[①]。

表 2－1 西元前 2900 年以来发生在冬半年、地心张角 <70° 的九星会聚表[②]

会聚时间	地心张角	会聚季节	气候趋势
－2133，12，26	58	冬	冷
－1953，1，30	40	冬	冷
－1774，2，28	47	冬	冷
－1099，3，3	34	冬	冷
－918，3，21	40	冬	冷
450，9，25	59	冬	冷
631，10，26	60	冬	不明
1126，9，21	52	冬	冷
1304，10，21	54	冬	冷
1483，11，16	51	冬	冷
1665，1，6	43	冬	冷
1844，1，24	63	冬	冷
1982，11，2	63	冬	冷

地球大气作为一个开放的系统，其内部的能量来自于太阳，如果没有太阳的辐射并因太阳的带动造成的地球自转提供的能量，地球大气内部的能量将会在一周之内用完。所以，地球本身的变化，包括气候的变化、地壳的变化不能不考虑太阳的因素。而且，科学家研究已经证实，历史时期周期为 10 万年左右的冰河期是由地球轨

①徐道一，李树菁，高建国：《明清宇宙期》，《大自然探索》，1984 年第 4 期，第 155 页。

②任振球：《中国近五千年来气候的异常期及其天文成因》，《农业考古》，1986 年第 1 期，第 303 页。

道参数（偏心率、黄赤交角和岁差）变化引起的，根据测算，中国五千年来温度变迁与九星会聚的季节和张角大小是吻合的。九大行星地心会聚（地球单独在太阳一侧，其余行星在太阳另一侧）在冬半年，此时由于地球公转半径冬长夏短，必然引起地球速度冬慢夏快，即冬半年季节延长和夏半年季节缩短，致使北半球接受太阳的总辐射量减少，因而造成北半球气温下降，气候变冷。九星会聚冬半年时的地心张角愈小，气候变冷的趋势愈显著。九星地心会聚时，由于地球公转速度交替加速和减速，加之气候变冷，又进而会影响地球的自转速度，这些都可能引起大气环流反常和地应力异常[①]。从1世纪到19世纪，九星会聚出现在冬半年，地心张角又<70°者共有7次（450年、631年、1126年、1304年、1483年、1665年、1844），其中除631年一次情况不明之外，其余6次附近都出现了气候异常[②]。

表2－2 魏晋南北朝时期山西自然灾害间隔50年频次表

时间	旱	水	雹	霜雪寒	风	地震	农作物	瘟疫	总计
220—250	0	1	0	0	0	0	0	0	1
251—300	2	7	17	8	9	9	2	0	54
301—350	8	5	7	5	5	4	12	1	47
351—400	2	1	0	2	0	1	1	1	8
401—450	5	4	1	6	12	8	0	1	37
451—500	27	18	1	15	19	15	6	2	103
501—550	15	6	2	14	5	13	1	1	58
551—581	4	2	0	3	0	2	4	1	15
总计	63	44	28	53	50	52	26	7	323
年频次	0.17	0.12	0.07	0.15	0.14	0.14	0.07	0.02	0.89

作为一种罕见的天文现象，九星会聚发生在冬半年、地心张角又小的机会很少。当九星会聚发生在冬半年时，由于地球公转半径冬长夏短，必然引起地球公转速度冬慢夏快，即冬半年季节延长和

①任振球，李致森：《行星运动对中国五千年来气候变迁的影响》，《全国气候变化讨论会文集》[C]（1978），北京：科学出版社，1981年，第1～5页。

②张建民，宋俭：《灾害历史学》，长沙：湖南人民出版社，1998年，第148～149页。

夏半年季节缩短,使得北半球接受太阳总辐射量减少。由此日积月累,造成北半球气候变冷。而且,九星会聚在冬半年时的地心张角愈小,则气候变冷的趋势就愈加明显。而魏晋则处于气候变冷区间。

一　旱灾

干旱与其他灾害相比,由于其持续时间长、影响范围大,加之其对环境的潜在影响以及未来气候增暖的重叠效应,因而是中国历史时期对社会尤其是对农业生产影响最大的自然灾害种类,更是北方地区最严重的自然灾害种类[①]。地处华北地区的山西,自然成为旱灾多发、频发之地。

魏晋南北朝时期361年时间内,山西历史记录旱灾63年(次),年频次为0.17,系这一时期第一大类型自然灾害。

表2-3 魏晋南北朝时期山西旱灾年表

纪年	灾区	灾象	应对措施	资料出处
魏甘露三年(258)	黄河流域	高贵乡公甘露三年正月,自去秋至此旱。		《晋书》卷二十八《五行志中》
晋永宁元年(301)	并州*	(永宁元年),自夏及秋,青、徐、幽、并四州旱。		《晋书》卷二十八《五行志中》 雍正《山西通志》卷一百六十二《祥异一》
		自夏及秋,并州旱。		乾隆《太原府志》卷四十九《祥异》

①李克让:《大力加强我国北方的干旱研究》,载施雅风等主编:《中国自然灾害灾情分析与减灾对策》,湖北科学技术出版社,1992年版,第227页。

*并州即今太原。三国魏黄初元年(220年)复置,领太原、上党、西河、雁门、乐平、新兴等六郡,仍治晋阳。晋沿用。隋唐以后亦有并州,然其地屡有缩小。宋太平兴国四年(979)置并州于榆次,五月更名新并州,七年(982)移治唐明镇,嘉佑四年(1059)改名太原府,并州之名遂废。

续　表

纪年	灾区	灾象	应对措施	资料出处
晋永宁元年（301）	晋阳、和顺	自夏及秋，旱。		道光《太原县志》卷之十五《祥异》 民国《重修和顺县志》卷之九《风俗·祥异》
	并州	自夏及秋，幽、并二州旱。（《宋书·五行志》）		乾隆《大同府志》卷二十五《祥异》
晋永兴二年（305）	离石	大饥。		康熙《永宁州志》附《灾祥》
晋永嘉二年（308）	建兴*	（怀帝永嘉）二年夏，大旱。		雍正《泽州府志》卷之五十《祥异》 乾隆《凤台县志》卷之十二《纪事》
晋永嘉四年（310）	平阳	夏，大旱。		雍正《山西通志》卷一百六十二《祥异一》 雍正《平阳府志》卷之三十四《祥异》 民国《临汾县志》卷六《杂记类·祥异》
晋建兴五年（317）	平阳	春正月，帝在平阳。庚子，虹霓弥天，三日并照。秋七月，大旱，司州螽、蝗。石言于平阳，聪境内大蝗，平阳、冀雍尤甚。河汾大溢，漂没千余家，东宫灾异，门阁宫殿荡然。		雍正《山西通志》卷一百六十二《祥异一》

* 建兴郡，晋太元中年西燕慕容永于阳阿县置，北魏太平真君九年（448）废，和平五年（464）复置，永安中（528～530）改为建州，领高都郡、长平郡、安平郡、泰宁郡。故治在今山西晋城市境。

续　表

纪年	灾区	灾象	应对措施	资料出处
晋建兴五年(317)	平阳	七月平阳大旱，蝗。河汾大溢，漂没千余家。东宫灾异，门阁宫殿荡然。		光绪《山西通志》卷八十三《大事记一》
晋咸康元年(335)	晋	晋大旱，会稽米价每斗五百，人相食。		《中国历史大事年表》
晋咸康二年(336)	全境	赵*大旱，金一斤值粟二斗。百役俱兴，民不堪命。		《中国历史大事年表》
晋太元元年(376)	高都	秋九月，泽州旱，饥，井渴（竭）。(旧省志：按隋开皇初改长平郡为泽州，已不知何考)		乾隆《凤台县志》卷之十二《纪事》
晋太元九年(384)	高都	秋九月，泽州旱，饥，井涸。(旧省志。今省志云：按隋开皇初改长平郡为泽州，此不知何考)*		雍正《山西通志》卷一百六十二《祥异一》 雍正《泽州府志》卷之五十《祥异》
北魏神瑞元年(414)	代京	二月，填入东井，犯天尊，旱象也。		雍正《山西通志》卷一百六十二《祥异一》
北魏神瑞二年(415)	京师	三月河西饥……九月河南流民前后三千余家内属。	百姓饥寒不能自存者甚众，出布帛仓谷以赈贫穷。	光绪《山西通志》卷八十三《大事记一》

* 赵，即晋时后赵，石勒为帝，尽有十州之地，山西为其中之一。

* 此格所录疑与上一格同为一事。

续　表

纪年	灾区	灾象	应对措施	资料出处
北魏神瑞二年(415)	代郡*、云中*	八月,代郡民饥出山东就食。		雍正《山西通志》卷一百六十二《祥异一》
北魏泰常八年(423)	全境	十月,广西宫起外墙周回二十里。是岁饥。	诏所在开仓赈给。	《北史·魏本纪第一》光绪《山西通志》卷八十四《大事记二》
北魏延和三年(434)	代京	太延元年(435)六月甲午,诏曰:"去春小旱"。		《魏书》卷四《世祖纪上》
北魏太延元年(435)	代京	太延元年,白雉三只,集于平阳。太祖之庙自三月不雨至六月。	使有司遍请群神,数日大雨。是日有妇人持一玉印至潞县侯孙家卖之,孙家得印奇之,求访妇人,莫知所在。其文曰,"旱疫平,"寇天师曰:"《龙文纽书》云:此神中三字印也。"	雍正《山西通志》卷一百六十二《祥异一》
		自三月不雨至六月。		乾隆《大同府志》卷二十五《祥异》
北魏太安四年(458)	六镇*、云中、高平	八月,荧惑守毕,值微垣之南,占曰岁馑。十二月,六镇、云中、高平饥。	诏开仓廪赈之,流徙者谕还桑梓。	雍正《山西通志》卷一百六十二《祥异一》

* 代郡:今代县。

* 云中:今大同。

* 六镇指的是北魏前期在都城平城以北边境设置的六个军镇,自西而东为沃野、怀朔、武川、抚冥、柔玄、怀荒六镇,后来变成北方各镇的总称。

续　表

纪年	灾区	灾象	应对措施	资料出处
北魏太安五年（459）	六镇、云中、高平	冬十二月戊申，诏曰："而六镇、云中、高平、二雍、秦州通遇灾旱，年谷不收"。		《魏书》卷五《高宗纪》
	六镇	十二月，六镇饥。		乾隆《大同府志》卷二十五《祥异》
		……十二月，诏以六镇、云中灾旱，年谷不收。	开仓廪以赈之，有流徙者谕还桑梓市粜他界，为开傍郡通其交易之路。若典司之官分职不均，使上恩不达于下民，不赡于时，加以重罪，无有攸纵。	光绪《山西通志》卷八十四《大事记二》
北魏和平元年（460）	代京	四月，旱。	下诏州郡，于其界内神无大小，悉洒扫荐以酒脯。	《魏书》卷一百零八《礼志一》
北魏和平五年（464）	代京	旱。	四月戊资，帝以旱故，减膳责躬。是夜澍雨大降。	《魏书》卷五《高宗纪》
北魏天安元年（466）	全境	（九月）是岁，州镇十一旱，民饥。	开仓赈恤。	《魏书》卷六《显祖纪》
北魏皇兴二年（468）	全境	后岁夏，旱，河决，州镇二十七皆饥，寻又天下大疫。		《魏书》卷一百零五之三《天象志三》
		十有一月，以州镇二十七水旱。	开仓赈恤。	《魏书》卷六《显祖纪》
		……十一月，以州镇水、旱。	开仓赈恤。	光绪《山西通志》卷八十四《大事记二》

续 表

纪年	灾区	灾象	应对措施	资料出处
北魏延兴三年（473）	全境	是岁，州镇十一水、旱，丐民田租，开仓赈恤。相州民饿死者二千八百四十五人。	丐民田租，开仓赈恤。	《魏书》卷七《高祖纪上》
北魏延兴四年（474）	云中	二月甲寅，月犯岁星，占曰饥，越二年，云中饥。		雍正《山西通志》卷一百六十二《祥异一》
北魏承明元年（476）	云中	……云中饥。	开仓赈恤。	光绪《山西通志》卷八十四《大事记二》
北魏太和元年（477）	代京		五月乙酉，车驾祈雨于武州山，俄而澍雨大降。	《魏书》卷七《高祖纪上》
	全境	十二月丁未，诏以州郡八水、旱、蝗，民饥。	开仓赈恤。	《魏书》卷七《高祖纪上》
	云中	五月，代京有雌鸡二，头上生冠如角，与众鸡异。辛亥，有狐魅截人髪，是岁云中又饥。	五月乙酉，车驾祈雨于武州山。俄而澍雨大洽。	雍正《山西通志》卷一百六十二《祥异一》
			魏主祈雨于武州山。	《晋乘蒐略》卷十二
北魏太和二年（478）	京师	（四月）京师旱。	甲辰，祈天灾于北苑，亲自礼焉。灭膳，避正殿。	《魏书》卷七《高祖纪上》
		夏四月，代京蝗旱。		乾隆《大同府志》卷二十五《祥异》
北魏太和三年（479）	代京	旱。	（五月丁巳），帝祈雨于北苑，闭阳门，是日澍雨大洽。	《魏书》卷七《高祖纪上》 雍正《山西通志》卷一百六十二《祥异一》

续　表

纪年	灾区	灾象	应对措施	资料出处
北魏太和四年（480）	代京	二月癸巳，以旱故，诏天下祀山川群神及能兴云雨者，修饰祠堂，荐以牲璧。	诏天下祀山川群神及能兴云雨者，修饰祠堂，荐以牲璧。人有疾苦，所在存问。	《北史》卷三《魏本纪第三·高祖孝文帝纪》
北魏太和五年（481）	代京	（四月）诏曰：时雨不沾，春苗萎悴。		《魏书》卷三《高祖纪上》
北魏太和九年（485）	代京	是年，京师及州镇十三水旱伤稼。		《魏书》卷七《高祖纪上》
		代京及州镇十三水旱，伤稼。		雍正《山西通志》卷一百六十二《祥异一》
北魏太和十年（486）	代京		十一年九月庚戌，诏曰：去夏以岁旱民饥，需遣就食。	《魏书》卷七《高祖纪上》
北魏太和十一年（487）	京师	故顷年山东遭水，而民有馁终。今秋京师遇旱，谷价踊贵。实有农人不劝，素无储积故也。		《魏书》卷八十《韩麒麟转》
	雁门、代郡	二月甲子，肆州之雁门及代郡民饥，开仓赈恤。是岁大旱，都民饥，牛又疫。	开仓赈恤。	雍正《山西通志》卷一百六十二《祥异一》
		（太和）十有一年二月甲子，肆州之雁门及代郡民饥，开仓赈恤。是岁大旱，都民饥，牛又疫，或以马、驴、橐、驼供驾、挽、耕、载，诏听民就丰，行者十五六。	开仓赈恤。诏听民就丰，行者十五六。	光绪《山西通志》卷八十四《大事记二》

续 表

纪年	灾区	灾象	应对措施	资料出处
北魏太和十一年（487）	代郡	十有一年二月，代郡民饥。（北史）是岁大旱，都民饥，牛疫。		乾隆《大同府志》卷二十五《祥异》
	怀仁	大饥。		光绪《怀仁县新志》卷一《分野》
	崞县	大旱，牛疫民死。	七月赈贷。	乾隆《崞县志》卷五《祥异》 光绪《续修崞县志》卷八《志余·灾荒》
北魏太和十五年（491）	代京	（十月）司空穆亮谏曰："……今和气不应，风旱为灾，愿陛下袭轻服，御常膳，銮舆时动，咸秩百神，庶使天下交庆。"		《资治通鉴》卷一百三十七《齐纪三》
	全境	……四月癸亥，帝始进疏食。乙丑谒禾固陵，自正月不雨至于癸酉。	有司奏祈百神，下诏责己，乙卯经始明堂改太庙。	光绪《山西通志》卷八十四《大事记二》
北魏太和十七年（493）	代京	旱。	五月丁丑，以旱撤膳。	《魏书》卷七《高祖纪下》
北魏正始元年（504）	山西北部	（九月）今定鼎成周，去北遥远，代表诸蕃北固，高车外叛，寻遭旱俭，戎马兵甲，十分阙八。		《魏书》卷四十一《源贺传附子怀传》
北魏正始四年（507）	司州*	九月丙戌，司州民饥。	开仓赈恤。	雍正《山西通志》卷一百六十二《祥异一》

* 司州，三国魏司隶校尉部，治所河南（今洛阳），辖今陕西中部、山西西南部及河南西部，称为"司州"。西晋、北朝以京师周围地区为司州。

续 表

纪年	灾区	灾象	应对措施	资料出处
北魏永平三年(510)	全境	秋,州郡二十大水,冀定旱,饥。		《魏书》卷一百零五之四《天象志四》
北魏熙平元年(516)	肆州*	二月,赤乌见肆州秀容郡。三月,肆州献白雉。四月,肆州表送白鼠。十一月,肆州献一角兽。十二月甲辰,月晕东井、觜、参五车,占曰,大旱。		雍正《山西通志》卷一百六十二《祥异一》
	平阳、浮山	十二月甲辰,月晕东井、觜、参、五车,占曰:大旱。		雍正《平阳府志》卷之三十四《祥异》 民国《浮山县志》卷三十七《灾祥》
北魏建明元年(530)	并州、定襄	居无何,又使刘贵请兆,以并、肆频岁霜旱,降户掘黄鼠而食之,皆面无谷色,徒污人国土。	请令就食山东,待温饱而处分之。	《北齐书》卷一《神武帝纪上》
东魏天平三年(536)	建州*	秋八月,建州陨霜大饥。	四年二月,高欢以霜旱人饥流散,请所在开仓赈给。	雍正《泽州府志》卷之五十《祥异》
	肆州	八月,肆州陨霜大饥。		光绪《忻州志》卷三十九《灾祥》
		天平三年八月,肆州陨霜大饥。	四年春,诏所在开仓振恤。	光绪《代州志·记三》卷十二《大事记》

* 肆州即今忻州一带。

* 建州前身即建兴郡,在今晋城市境。

续 表

纪年	灾区	灾象	应对措施	资料出处
东魏天平四年(537)	并、肆、汾*、建、晋*、东雍*、南汾*	二月乙酉,神武以并、肆、汾、建、晋、东雍、南汾、泰、陕九州霜旱,人饥流散,请所在开仓赈给。	请所在开仓赈给。	《北齐书》卷二《神武帝纪下》
		春,诏所在开仓赈恤。四年四月乙酉,并、肆、汾、建、晋、东雍、南汾、秦、陕九州霜旱,人饥流散。	开仓赈恤。	雍正《山西通志》卷一百六十二《祥异一》
	并州	四月乙酉,并州霜旱,人饥。		乾隆《太原府志》卷四十九《祥异》
	建州	旱。	四年二月,高欢以霜、旱人饥流散,请所在开仓赈给。	雍正《泽州府志》卷之五十《祥异》
	肆州	大旱。		光绪《忻州志》卷三十九《灾祥》
	并、肆、汾、建、晋、东雍、南汾	十月乙酉,并、肆、汾、建、晋、东雍、南汾、秦、陕九州霜旱,人饥流散。	开仓赈恤。(北齐书)	雍正《平阳府志》卷之三十四《祥异》
	稷山	霜旱,人饥流散。	开仓赈恤。	同治《稷山县志》卷之七《古迹·祥异》

* 汾州即今山西省汾阳市。

* 北周初于绛郡置晋州,建德五年(576)废,故治在今新绛县。

* 北魏太武帝始光四年(427)于今山西新绛县置东雍州。北周明帝武成二年(560)改东雍州为绛州。

* 东魏置南汾州,北周改曰汾州,北齐复曰南汾州,周曰西汾州,隋废,唐置耿州,寻改汾州,又寻曰南梁州,又国慈州,故治即今山西吉县。

续　表

纪年	灾区	灾象	应对措施	资料出处
东魏天平四年（537）	河津	四月乙酉，霜旱，人饥流散。	开仓赈恤。	光绪《河津县志》卷之十《祥异》
	汾州	四月，汾州霜旱，人饥流散。	所在开仓赈给。	乾隆《汾州府志》卷之二十五《事考》
	并、肆、汾、建、晋、东雍、南汾	天平四年四月乙酉，并、肆、汾、建、晋、东雍、南汾、秦、陕九州霜旱，人饥流散。	开仓赈恤。	光绪《吉州全志》卷七《祥异》
		四月巳酉，并、肆、汾、建、晋、东雍、南汾、秦、陕九州霜旱，人饥流散。	开仓赈恤。	民国《浮山县志》卷三十七《灾祥》
	东雍	天平四年乙酉，霜旱，人饥流散。	开仓振恤。	民国《新绛县志》卷十《旧闻考·灾祥》
		东雍一带，霜旱，人饥流散。	开仓振恤。	光绪《绛县志》卷六《纪事·大事表门》
	南汾	南汾、秦、陕诸州霜旱，人饥流散。	开仓赈恤。时蒲州为秦州。	乾隆《蒲州府志》卷之二十三《事纪·五行祥沴》 光绪《永济县志》卷二十三《事纪·祥沴》
东魏元象元年（538）	曲沃	戊午，大旱。		光绪《续修曲沃县志》卷之三十二《祥异》
东魏孝静帝元象四年*	霍州、东雍	大旱。		光绪《直隶绛州志》卷之二十《灾祥》 民国《新绛县志》卷十《旧闻考·灾祥》
东魏兴和三年（541）	绛	绛大旱。		雍正《山西通志》卷一百六十二《祥异一》 民国《新绛县志》卷十《旧闻考·灾祥》

* 年份有误。

续　表

纪年	灾区	灾象	应对措施	资料出处
东魏太平八年(545)	肆州	四月,肆州霜旱。		光绪《忻州志》卷三十九《灾祥》
北齐河清二年(563)	并、汾、晋、东雍、南汾	夏四月,并、汾、晋、东雍、南汾五州虫旱伤稼。	遣使赈恤。	《北史·齐本纪》下第八 雍正《山西通志》卷一百六十二《祥异一》 雍正《平阳府志》卷之三十四《祥异》
	并州、绛州	四月,并州虫旱伤稼。	遣使赈恤。	乾隆《太原府志》卷四十九《祥异》 光绪《直隶绛州志》卷之二十《灾祥》
	太原	虫旱伤稼。	遣使赈恤。	道光《太原县志》卷之十五《祥异》
	河津	四月,虫旱伤稼。		光绪《河津县志》卷之十《祥异》
北齐天统五年(569)	太原	五月,大旱。		乾隆《太原府志》卷四十九《祥异》
北齐武平五年(574)	晋阳*	夏五月,大旱,晋阳得旱魃,长二尺,面顶各二目。	帝闻之,使刻木为其形以献。庚午,大赦。	《北齐书》卷七《后主纪》
		五年五月,大旱,晋阳得死魃,长二尺,面顶各二目。	帝闻之,使刻木为其形以献。	雍正《山西通志》卷一百六十二《祥异一》 光绪《山西通志》卷八十四《大事记二》
	晋阳、蒲州	五月,大旱,晋阳得死魃;十月,蒲州饥。	诏绝者向郡州以西及荆州就食。	雍正《山西通志》卷一百六十二《祥异一》
	太原	五月,大旱,得死魃长二尺,面顶各二目。	帝闻之,使刻木为形以献。	道光《太原县志》卷之十五《祥异》
	蒲州	十月,蒲州饥。	诏乏绝者令向鄜城以西及荆州管内就食。	乾隆《蒲州府志》卷之二十三《事纪·五行祥沴》

* 即今太原市晋源区。

（一） 时间分布

从年际分布来看，魏晋前期（220—450）231年间，旱灾的历史记录比较少，总计为17年（次），年频次为0.07；魏晋后期（451—581）的130年间，共计46年（次），年频次为0.35，比前期有了巨大的增幅。这种比率上的巨大变化虽然能够反映魏晋时期山西自然灾害的历史走势，但它可能不是旱灾的真实反映，而仅仅是文本记录的写照。

表2-4 魏晋南北朝时期山西旱灾季节分布表

季节	春旱	夏旱	秋旱	冬旱	不明确
次数（年/次）	12	22	17	4	8
占总量比（%）	19.0	35.0	27.0	6.3	12.7

受资料和时间等因素的影响，历史文献在记录早期自然灾害时，不仅存在数量缺失问题，也存在书写过于简略的问题。魏晋时期的历史灾害记录虽然相对于汉代之前有了较大进步，但仍然少有具体详尽的历史书写。此间山西63年（次）旱灾中，有12.7%未能提供具体的月份或季节。从旱灾的季节分布来看，夏旱和秋旱是这一时期主要的干旱类型，占到整个干旱总量的62%，而春旱则位列其后，成为这一时期的第三大干旱类型。研究认为，山西冬旱也属于高发的旱象，但由于干旱的历史记录主要反映"灾异"及与农业生产紧密关联的内容，所以，冬旱历史记录较少。

（二） 空间分布

山西地区发生旱灾的空间分布，与山西地区的气候条件以及其地理位置密切相关。山西地处黄土高原东部，地形地貌复杂，生态环境脆弱。山西气候具有四季分明，雨热同步，光照充足，南北气候差异显著，冬夏气温悬殊，昼夜温差大的特点，因此，旱、涝、雹、风、冻等气象灾害频繁[①]。山西又是内陆山区,距海较远,加上东部山地的阻挡,来自海洋的暖湿气流难以深入,降水量少,水资源严重不足,构成了易发生干旱的基调[②]。

表2-5 魏晋南北朝时期山西旱灾空间分布表

今地	灾区(次)	灾区数
太原	并州(4) 晋阳(4)	2
晋城	建兴郡(4) 建州(1) 高平(2) 高都(2)	3
大同	代京(16) 云中(6) 司州(1)	3
朔州	怀仁(1)	1
忻州	雁门(1) 肆州(5) 定襄(1) 代郡(2) 崞县(1)	5
晋中	和顺(1)	1
吕梁	离石(1) 汾州(4)	2
临汾	平阳(3) 曲沃(1) 浮山(1) 南汾(4) 霍州(2)	5
运城	绛州(1) 河津(2) 稷山(1) 蒲州(2) 东雍(3) 晋州(1)	6
其它	黄河流域(1)后赵(1)全境(9)山西北部(1)六镇(2)晋(1)	6

表2-5显示,魏晋南北朝时期山西干旱发生的地区分布情况比较复杂,与历史时期旱灾的发生有着重大的变化。北部的大同地区为旱灾的集中高发区,共23年(次),居各地区之首。北魏建国后,天兴元年(398)七月,将都城迁至平城(今大同),当时平城也是司州、代郡的治所,称为代京。所以大同地区旱灾高发和北魏建都于此有密切的关联。北中部的忻州地区可能因近邻都城而被记录者关注,也成为旱灾的高发区之一。山西南部的临汾和运城地区旱灾依然位居前列,而传统的自然灾害高发频发的晋中地区仅有1年(次)旱灾的历史记录。值得思考的是,历史上旱灾的多发区域,处于晋东南的长治则无旱灾的相关记录,这多多少少和该地区所处区位有一定关系。魏晋南北朝时期,长治处于西晋、北魏、东魏、北齐

①任健美,王尚义,刘彩英:《山西省历史时期洪、旱灾害统计特征分析》,太原师范学院地理系,《中国气象学会2007年年会气候变化分会场论文集》,2007年,第922页。

②张永国,亢晋勇,李秀英:《全球气候变暖背景下山西旱涝灾害研究》,《忻州师范学院学报》,2005年第2期,第64页。

等王朝政治中心的边缘地带,关注度被降低是情理中的事。

二　水(洪涝)灾

历史时期山西的水(洪涝)灾主要是大雨造成的洪涝以及河水涨溢,这是由山西的气候条件以及地理环境所决定的。魏晋南北朝时期山西水(洪涝)灾的发生,除了以上因素,与当时特殊的历史背景也存在一定关联。当时,少数民族大量内迁,更多的土地被开垦,人口的增加对环境造成了负担。加上连年的战乱,对生态环境的破坏也很严重,这是该时期水(洪涝)灾发生的又一个不能忽视的原因。

魏晋南北朝时期,山西历史记录水(洪涝)灾 37 次,年频次为 0.10,相对而言是魏晋及历史时期山西所有自然灾害中数量较少和频次较低的。

表 2－6 魏晋南北朝时期山西水(洪涝)灾年表

纪年	灾区	灾象	应对措施	资料出处
晋泰始七年(271)	沁河	七年六月,大雨霖,河、洛、伊、沁皆溢,二百余人。		《晋书》卷二十七《五行志》上 雍正《泽州府志》卷之五十《祥异》
晋咸宁四年(278)	司州	七月,司州大水,伤秋稼,坏屋室,有死者。		雍正《山西通志》卷一百六十二《祥异一》
晋太康六年(285)	新兴*	十月,新兴山崩,涌水出。		雍正《山西通志》卷一百六十二《祥异一》
		六月,新兴山崩,水涌出。		雍正《朔州志》卷之二《星野·祥异》

* 今忻州一带。东汉建安二十年(215)置,治九原县(今山西忻州市)。西晋改为晋昌郡,寻复旧。北魏永安中改为永安郡,治定襄县。北齐废。隋开皇初置,唐武德元年(613)改置为忻州。表格中所记内容一致,其中之一疑为误记。

续　表

纪年	灾区	灾象	应对措施	资料出处
晋建兴元年(313)	绛州	汾水大溢。		光绪《直隶绛州志》卷之二十《灾祥》 民国《新绛县志》卷十《旧闻考·灾祥》
晋建兴五年(317)	平阳	春正月,帝在平阳。庚子,虹霓弥天,三日并照。秋七月,大旱,司州螽蝗。石言于平阳,聪境内大蝗,平阳,冀雍尤甚。河汾大溢,漂没千余家,东宫灾异,门阁宫殿荡然。		雍正《山西通志》卷一百六十二《祥异一》 雍正《平阳府志》卷之三十四《祥异》
晋永昌元年(322)	并州	十二月,幽、并大雨。		雍正《山西通志》卷一百六十二《祥异一》 乾隆《大同府志》卷二十五《祥异》
晋太宁元年(323)	并州	永昌二年十二月,幽、冀、并三州大雨。		《晋书》卷二十九《五行志下》
前秦符洪时(285－350)	蒲州	大雨霖,河、渭溢。		乾隆《蒲州府志》卷之二十三《事纪·五行祥沴》 光绪《永济县志》卷二十三《事纪·祥沴》
晋永和十年(354)	河津	大雨霖,河、渭溢蒲津。		雍正《山西通志》卷一百六十二《祥异一》
北魏泰常三年(418)	平城*、雁门	平城涌泉;八月,雁门大雨水伤稼。		雍正《山西通志》卷一百六十二《祥异一》

* 平城,今大同。

续 表

纪年	灾区	灾象	应对措施	资料出处
北魏泰常三年(418)	雁门	八月，雁门大雨，(水伤稼)。	复其租税。	雍正《山西通志》卷一百六十二《祥异一》 光绪《山西通志》卷八十三《大事记一》 光绪《代州志·记三》卷十二《大事记》
北魏泰常五年(420)	平城	十二月壬辰，涌泉出于平城。		雍正《山西通志》卷一百六十二《祥异一》
北魏延和元年(432)	京师	世祖延和元年六月甲戌，京师水溢，坏民庐舍数百家。		《魏书》卷一百一十二《灵征志上》
	代京	六月甲戌，代京水溢，坏民庐舍数百家。		雍正《山西通志》卷一百六十二《祥异一》 乾隆《大同府志》卷二十五《祥异》
北魏太延元年(435)	全境	……六月雨。	诏天下酺守宰祀界内名山大川。	光绪《山西通志》卷八十四《大事记二》
北魏和平二年(461)	代京	三月壬午，代京大风晦冥。七月甘露降于代京。十一月，雁门泉水穿石涌出。闰月戊子，帝以旱故减膳，责躬，澍雨大降。		雍正《山西通志》卷一百六十二《祥异一》
北魏和平四年(463)	全境	和平五年二月，诏以州镇十四去岁虫水。	开仓赈恤。	《魏书》卷五《高宗纪》
北魏皇兴二年(468)	全境	十有一月，以州镇二十七水旱。	开仓赈恤。	《魏书》卷六《显祖纪》 光绪《山西通志》卷八十四《大事记二》

续　表

纪年	灾区	灾象	应对措施	资料出处
北魏延兴二年(472)	全境	九月乙酉,诏以州镇十一水。	丐民田租,开仓赈恤。又诏流进之民,皆令还本。	《魏书》卷七《高祖纪上》
北魏延兴三年(473)	全境	是岁,州镇十一水旱,丐民田租,开仓赈恤。相州民饿死者二千八百四十五人。	丐民田租,开仓赈恤。	《魏书》卷七《高祖纪上》
北魏承明元年(476)	全境	……五月,车驾祈雨于武州山,俄而澍雨大洽。		光绪《山西通志》卷八十四《大事记二》
北魏太和元年(477)	全境	十二月丁未,诏以州郡八水、旱、蝗,民饥,开仓赈恤。	开仓赈恤。	《魏书》卷七《高祖纪上》
	神池	四月乙酉,车驾祈雨于五州山,澍雨大浃。	车驾祈雨于五州山。	光绪《神池县志》卷之九《事考》
北魏太和二年(478)	代京	三月,白燕见于并州。夏四月,代京蝗。甲辰,祈天灾于北苑,亲自礼焉,减膳,避正殿。丙午,澍雨大洽,曲赦京师。七月庚申,武川镇大风,吹失六家羊角而上,不知所在。丁卯,并州地震,有声。九月,白乌见于京师。	甲辰,祈天灾于北苑,亲自礼焉,减膳,避正殿。	雍正《山西通志》卷一百六十二《祥异一》
北魏太和三年(479)	代京	三月,肆州献一角鹿。五月丁巳,帝祈雨于北苑闭阳门。是日澍雨大洽。		雍正《山西通志》卷一百六十二《祥异一》 光绪《山西通志》卷八十四《大事记二》

续　表

纪年	灾区	灾象	应对措施	资料出处
北魏太和三年（479）	代京	戊午，震东、庙东、中门、屋南，鸱尾。七月，朔州吐京镇大霜，禾豆尽死。十月丁卯，代京地震。四年五月己酉，并州地震。九月甲子朔，代京大风，雨雪三尺。		雍正《山西通志》卷一百六十二《祥异一》 光绪《山西通志》卷八十四《大事记二》
北魏太和四年（480）	代京	……六月以澍雨大洽，曲赦京师。	曲赦京师。	光绪《山西通志》卷八十四《大事记二》
北魏太和五年（481）	代京	（是岁）代京大霖雨。		雍正《山西通志》卷一百六十二《祥异一》 乾隆《大同府志》卷二十五《祥异》
北魏太和七年（483）	代京	六月，武周水泛滥，坏民居舍。		《晋乘蒐略》卷之十二
北魏太和八年（484）	代京	六月戊辰，武州水泛滥，坏民居舍。		《魏书》卷七《高祖纪上》
	全境	（十二月）诏以州镇十五水旱，民饥。	遣使者循行，问所疾苦，开仓赈恤。	
		是年，京师及州镇十三水旱伤稼。		
北魏太和九年（485）	全境	八月庚申，诏曰：数州灾水，饥谨荐臻，至有卖鬻男女者。		《魏书》卷七《高祖纪上》
	朔州	九年九月，南豫、朔二州各大水，杀千余人。		《魏书》卷一百一十二《灵征志上》

续 表

纪年	灾区	灾象	应对措施	资料出处
北魏太和九年（485）	全境	正月丁丑，月在参，晕觜、参两肩，东井北河五车三星，占曰，水，是年代京水伤稼。六月，肆州及司州、灵丘、广昌镇陨霜。庚戌，肆州及灵丘、广昌镇暴风折木。九月，朔州大水，杀千余人。代京及州镇十三水旱，伤稼。		雍正《山西通志》卷一百六十二《祥异一》
北魏永平元年（508）	全境	自元年二月不雨至六月雨，大水。……是夏，州郡十二大水。		《魏书》卷一百零五之四《天象志四》
北魏永平三年（510）	全境	永平三年七月，州郡二十大水。		《魏书》卷一百一十二《灵征志上》
		秋，州郡二十大水，冀定旱饥。		《魏书》卷一百零五之四《天象志四》
北魏延昌元年（512）	全境	三月甲午，州郡十一大水。	诏开仓赈恤。以京师谷贵，出仓粟八十万石以赈贫者。	《魏书》卷八《世宗纪》
		延昌元年夏，京师及四方大水。		《魏书》卷一百一十二《灵征志上》

续 表

纪年	灾区	灾象	应对措施	资料出处
北齐天保元年（550）	全境	……时连雨，自秋及冬，马驴多死。		光绪《山西通志》卷八十四《大事记二》
北齐河清三年（565）	晋阳	……六月，大雨，昼夜不止。		光绪《山西通志》卷八十四《大事记二》
北齐天统三年（567）	并州	并州汾水溢。		雍正《山西通志》卷一百六十二《祥异一》 乾隆《太原府志》卷四十九《祥异》 道光《太原县志》卷之十五《祥异》

（一） 时间分布

从年际分布来看，魏晋前期（220—450）的231年间，水（洪涝）灾的历史记录12次，年频次迫近0.05，但是此间历史文献记录显示，黄河流域发生特大洪灾，晋武帝泰始“七年（271）六月，大雨霖。河、洛、伊、沁水皆溢，杀二百余人”[①]；魏晋后期（451—581）的130年间，共计25次，年频次为0.19，虽然在频次上比前期有了巨大的增幅，但相对历史水（洪涝）灾而言，仍然属于低发水平。

表2-7 魏晋南北朝时期山西水（洪涝）灾季节分布表

季节	春	夏	秋	冬	不明确
次数（年/次）	4	16	12	6	6
占总量比（%）	9.1	36.4	27.3	13.6	13.6

从季节分布看，夏、秋两季的水（洪涝）灾占到水（洪涝）灾总量的近2/3，远高于春冬两季，这主要跟山西的气候条件有关。山西气候具有明显的季风环流特征，夏季受太平洋副热带高压和印度低压

①（唐）房玄龄等：《晋书》卷二十七《志第十七·五行上》，中华书局，1974年，第813页。

的控制，暖湿的东南季风和西南季风由海洋吹向大陆，与大陆极地南下的冷气团交汇，易产生锋面降水，且雨量大，范围广。入秋以后，随着副热带高压的南移，雨区也相应南移。秋季虽暴雨和大暴雨天气较少出现，但有时会出现连绵淫雨的天气，持续时间较长，使土壤充分饱和形成径流，引发灾害[①]。此外，魏晋时期有6次冬季水(洪涝)灾的历史记录，如晋永昌元年(322)“十二月，幽、并大雨”，这应当是气候极端变化的表现。

(二) 空间分布

魏晋南北朝时期，水(洪涝)灾的历史记录最多的地区为今大同地区，这与该地作为北魏的政治中心有密切关系。此外，长治、阳泉、晋中、吕梁没有任何水(洪涝)灾的历史记录。可见，魏晋时期历史灾害记录相比汉代之前，虽然在数量上有了较大提升，但是漏记缺失的情况还是相当严重的。

表2-8 魏晋南北朝时期山西水(洪涝)灾空间分布表

今地	灾区(次)	灾区数
太原	并州(3) 晋阳(1)	2
晋城	沁河(1)	1
大同	代京(司州、平城12)	1
朔州	朔州(2)	1
忻州	雁门(1) 神池(1) 新兴(2)	3
临汾	平阳(1) 蒲县(1)	2
运城	绛州(1) 河津(1) 蒲州(1)	3
其它	全境(13)	1

三 雹灾

魏晋南北朝时期的雹灾也是历史记录较少的一种，总计为28次，年频次仅为0.07，约占该时期灾害总数的8%。

---

①王林旺:《山西省洪水干旱灾害及减灾措施》,《山西水利》,2003年第3期,第10页。

表 2－9 魏晋时期山西雹灾年表

纪年	灾区	灾象	应对措施	资料出处
晋泰始元年（265）	解州	三月，霜雹伤桑麦。		民国《解县志》卷之十三《旧闻考》
晋泰始四年（268）	河东	河东雨雹，地裂。		雍正《山西通志》卷一百六十二《祥异一》 雍正《泽州府志》卷之五十《祥异》 光绪《绛县志》卷六《纪事·大事表门》
	平阳、解州	雨雹。		光绪《解州志》卷之十一《祥异》 民国《临汾县志》卷六《杂记类·祥异》 民国《解县志》卷之十三《旧闻考》
晋咸宁二年（276）	洪洞	十月，风雹折木伤稼。		民国《洪洞县志》卷十八《杂记志·祥异》
晋咸宁三年（277）	新兴	闰月，新兴雨雹。		光绪《忻州志》卷三十九《灾祥》
	雁门	五月辛卯，雁门雨雹伤秋稼。		光绪《代州志·记三》卷十二《大事记》
晋武帝咸宁五年（279）	雁门、新兴、河东	五月辛卯，雁门雨雹伤秋稼。闰月壬子，新兴又雨雹。八月庚子，河东又雨雹，兼伤秋稼三豆。		雍正《山西通志》卷一百六十二《祥异一》 光绪《山西通志》卷八十三《大事记一》
	雁门、新兴	五月辛卯，雁门雨雹伤秋稼。闰月壬子，新兴又雨雹。		乾隆《大同府志》卷二十五《祥异》

续　表

纪年	灾区	灾象	应对措施	资料出处
晋武帝咸宁五年(279)	新兴	闰七月壬子,新兴雨雹。		雍正《朔平府志》卷之十一《外志·祥异》 雍正《朔州志》卷之二《星野·祥异》 民国《马邑县志》卷之一《舆图志·杂记》
	崞县*	五月,雨雹伤稼。		乾隆《崞县志》卷五《祥异》 光绪《续修崞县志》卷八《志余·灾荒》
	河津	雨雹,兼伤秋稼三豆。		光绪《河津县志》卷之十《祥异》
晋太康元年(280)	平阳、上党*、雁门	(五月)东平、平阳、上党、雁门、济南又雨雹,伤禾麦三豆。		《晋书》卷二十九《五行志下》
	河东、平阳、上党、雁门	三月,河东霜雹伤桑麦。夏四月,河东雨雹伤秋稼。五月,平阳、上党、雁门雨雹伤禾麦三豆。		雍正《山西通志》卷一百六十二《祥异一》 光绪《山西通志》卷八十三《大事记一》
	上党	三月,上党雨雹伤桑麦。五月,雨雹伤禾麦三豆。		顺治《潞安府志》卷十五《纪事三·灾祥》 光绪《潞城县志》卷三《大事记》

* 崞县,今原平市。

* 上党,今长治市一带。

续 表

纪年	灾区	灾象	应对措施	资料出处
晋太康元年（280）	河东	春三月，河东霜雹伤桑麦（桑方吐叶，麦正扬播，农夫相与庆于野，以为有年之兆。未几，霜陨雨雹交作，桑麦为之尽枯。高平志）五月，上党雨雹伤禾麦三豆。		雍正《泽州府志》卷之五十《祥异》
	建兴	雨雹伤禾。		乾隆《凤台县志》卷之十二《纪事》
	高平	春三月，霜雹伤桑麦。桑方吐叶，麦正扬播，农夫相与庆于野，以为有年之兆。未几，霜陨雨雹交作，桑麦为之尽枯。		乾隆《高平县志》卷之十六《祥异》
	雁门	（夏）五月，雁门雨雹，伤禾麦三豆。		乾隆《大同府志》卷二十五《祥异》 光绪《代州志·记三》卷十二《大事记》
	平阳	平阳雨雹，伤禾麦三豆。		雍正《平阳府志》卷之三十四《祥异》
		四月，雨雹伤麦豆。		民国《临汾县志》卷六《杂记类·祥异》
	曲沃	春三月，霜雹伤桑麦。夏四月，雨雹伤禾麦三豆。		光绪《续修曲沃县志》卷之三十二《祥异》
	洪洞	五月，雨雹伤麦豆。		民国《洪洞县志》卷十八《杂记志·祥异》

续 表

纪年	灾区	灾象	应对措施	资料出处
晋太康元年(280)	浮山	雨雹伤禾麦三豆。		民国《浮山县志》卷三十七《灾祥》
	太平	夏五月,雨雹伤豆麦。		光绪《太平县志》卷十四《杂记志·祥异》
	河东	三月,河东霜雹伤禾。四月,雨雹伤秋稼。		光绪《绛县志》卷六《纪事·大事表门》
	河津	夏四月,雨雹伤秋稼。		光绪《河津县志》卷之十《祥异》
	河东	河东霜雹伤桑麦。		乾隆《蒲州府志》卷之二十三《事纪·五行祥沴》
		三月,河东霜雹伤桑麦。四月,雨雹伤豆麦。		光绪《永济县志》卷二十三《事纪·祥沴》
晋太康二年(281)	河东	(五月)庚寅,河东、乐安、东平、济阴、弘农、濮阳、齐国、顿丘、魏郡、河内、汲郡、上党雨雹伤禾稼。		《晋书》卷二十九《五行志下》
	上党	秋七月,上党又暴风雨雹。		《晋书》卷三《武帝纪》
		五月,上党雨雹伤稼。		《潞州志》卷第三《灾祥志》 顺治《潞安府志》卷十五《纪事三·灾祥》
	建兴	雨雹伤桑麦。		雍正《泽州府志》卷之五十《祥异》 乾隆《凤台县志》卷之十二《纪事》
	河东、上党	五月庚寅,河东、上党雨雹伤禾稼。七月,上党又暴风,雨雹伤秋稼。		雍正《山西通志》卷一百六十二《祥异一》 光绪《山西通志》卷八十三《大事记一》

续 表

纪年	灾区	灾象	应对措施	资料出处
晋太康二年(281)	和顺	五月庚寅,雨雹伤禾。		民国《重修和顺县志》卷之九《风俗·祥异》
	河东	五月,河东雨雹,伤禾稼。		光绪《永济县志》卷二十三《事纪·祥沴》
晋太康三年(282)	解州	三月,霜雹伤桑麦。		光绪《解州志》卷之十一《祥异》
晋太康六年(285)	雁门	六月荥阳、汲郡、雁门雨雹。		《晋书》卷二十九《五行志下》
		六月,雁门雨雹。		雍正《山西通志》卷一百六十二《祥异一》 乾隆《大同府志》卷二十五《祥异》 光绪《代州志·记三》卷十二《大事记》
晋永宁元年(301)	高平、平阳	十月襄城、河南、高平、平阳又风雹折木伤稼。		《晋书》卷二十九《五行志下》
	端氏*	冬十月乙亥,端氏风雹折木。		雍正《泽州府志》卷之五十《祥异》
	高平	雹大如鸡卵,自昼至夜,平地几三尺,树木尽折。		乾隆《高平县志》卷之十六《祥异》
	雁门	五月,雁门雨雹。		雍正《山西通志》卷一百六十二《祥异一》
	平阳	……七月,平阳风雹折木伤稼。		雍正《山西通志》卷一百六十二《祥异一》 光绪《山西通志》卷八十三《大事记一》

* 端氏,今沁水境内。

续　表

纪年	灾区	灾象	应对措施	资料出处
晋永宁元年（301）	平阳	十月（光绪《山西通志》：永宁元年辛酉七月），平阳风雹折木伤稼；太原、新兴青虫食禾甚者，十伤五六。		雍正《山西通志》卷一百六十二《祥异一》
		十月，平阳风雹折木伤稼。		雍正《平阳府志》卷之三十四《祥异》
	浮山	十月，风雹折木伤稼。		民国《浮山县志》卷三十七《灾祥》
晋咸和三年（328）	太原	雨雹，大如鸡子，平地三尺，人畜多死，禾稼荡然。		道光《太原县志》卷之十五《祥异》
	襄垣	石勒称赵王，时雹大如鸡卵，平地三尺，树木摧折，禾稼荡然。		乾隆《重修襄垣县志》卷之八《祥异志·祥瑞》 民国《襄垣县志》卷之八《旧闻考·祥异》
晋咸和六年（331）	蒲州、荣河	雹起西河介山，大如鸡子，平地三尺，洿下丈余，行人禽兽死者万数。		乾隆《蒲州府志》卷之二十三《事纪·五行祥沴》 光绪《荣河县志》卷十四《记三·祥异》
晋咸和七年（332）	西河介山*、太原、乐平*、武乡	雹起西河介山，大如鸡子，平地三尺，洿下丈余，行人禽兽死者万数。历太原、乐平、武乡、赵郡、广平、巨鹿千余里，树木摧折，禾稼荡然。		《晋书》卷二十九《五行志下》 雍正《山西通志》卷一百六十二《祥异一》 光绪《山西通志》卷八十三《大事记一》 光绪《平定州志》卷之五《祥异·乐平乡》 民国《昔阳县志》卷一《舆地志·祥异》

* 介山，亦名绵上，因春秋晋国介之推携母隐居被焚又称介山。在今介休市境内。

* 乐平郡，今昔阳一带。

续 表

纪年	灾区	灾象	应对措施	资料出处
晋咸和七年（332）	太原	太原大雨雹，如鸡子大，平地三尺，人畜多死，树木摧折，禾稼荡然。		乾隆《太原府志》卷四十九《祥异》
	介山、太原、乐平、武乡	大雨雹。（后赵石勒建平三年也。时雹起介山，大如鸡子，平地三尺，洿下丈余。行人禽兽死者万数。历太原、乐平、武乡等郡千余里树木摧折，禾稼荡然。旧志通志俱作咸和三年。今即《晋书·载记》前后事考之，当在是年）		乾隆《沁州志》卷九《灾异》
	介山	雹起西河介山，大如鸡子，平地三尺，洿下丈余，行人禽兽，死者万数，树木摧折，禾稼荡然。		嘉庆《介休县志》卷一《兵祥·祥灾附》
	西河、太原、乐平、武乡	夏六月忽暴风大作，雨雹起西河介山，大者如丸，平地水深三尺，洿下丈余，历太原、乐平（昔阳）、武乡以北千余里，树木摧折，禾稼荡然。		《晋乘蒐略》卷之十二
北魏神瑞元年（414）	沁州	雨雹。（大如鸡子，晋义熙十年也，见旧志）		乾隆《武乡县志》卷之二《灾祥》 乾隆《沁州志》卷九《灾异》

续　表

纪年	灾区	灾象	应对措施	资料出处
北魏承明元年(476)	乡郡[*]	八月庚申，并州乡郡大雹，平地尺，草木禾稼皆尽。癸未，定州大雹杀人，大者方圆二尺。		《魏书》卷一一二《灵征志上》
		八月庚申，并州乡郡大雹，平地尺，草木禾稼皆尽。	九月，曲赦京师。	雍正《山西通志》卷一百六十二《祥异一》 光绪《山西通志》卷八十四《大事记二》
		八月庚申，并州乡郡大雹，平地尺，草木禾稼皆尽。		乾隆《太原府志》卷四十九《祥异》
	太原	八月，大雹，平地尺余，草木禾稼皆尽。		道光《太原县志》卷之十五《祥异》
	武乡	八月，大雨雹。		乾隆《武乡县志》卷之二《灾祥》
	乡郡	承明元年八月，乡郡大雨雹。（平地尺。草木禾稼皆尽。宋元徽四年也。见《魏书·灵徵志》）		乾隆《沁州志》卷九《灾异》
北魏景明二年(501)	汾州	五月癸酉，汾州大雨雹。六月乙巳，又大雨雹，草木、稼、雉兔皆死。七月甲戌，暴风大雨雹，起自汾州，经并、相、司、兖至徐州而止，广十里，所过草木无遗。		乾隆《汾州府志》卷之二十五《事考》

* 乡郡，北魏延和二年(433)置乡郡，领乡县（今山西榆社县社城镇）、襄垣、铜鞮等县，隋开皇初废郡，故治在今山西武乡县境。

续　表

纪年	灾区	灾象	应对措施	资料出处
北魏景明四年（503）*	汾州	四年五月癸酉汾州大雨雹。六月乙巳，汾州大雨雹，草木、禾稼、雉兔皆死。七月甲戌，暴风，大雨雹，起自汾州，经并、相、司、兖，至徐州而止，广十里，所过草木无遗。		《魏书》卷一百一十二《灵征志上》 雍正《山西通志》卷一百六十二《祥异一》
	绛县	（后魏宣武帝景明）四年，正平大风拔木，又大风雨雹，草木无遗。		光绪《绛县志》卷六《纪事·大事表门》

（一）　时间分布

从年际分布来看，魏晋时期雹灾的历史记录，主要集中于前期的（220—450）231年间，这一时期雹灾的历史记录达到25次，接近魏晋雹灾总量的90%，尤其是251—300年，历史记录达17次之多，占魏晋雹灾总量的61%。魏晋后期（451—581）的130年间，仅有3次雹情记录。这与历史时期自然灾害增长的方式大不相同。尤其值得注意的是，在251—350年这个时间段内，各种自然灾害如震灾、农作物病虫害等多发频发。历史记录显示，晋武帝咸宁五年（279）、晋太康元年（280）、晋太康二年（281）、晋太康三年（282）连续四年出现影响范围较大、灾情后果较严重的冰雹灾害，这是此前历史记录鲜见的。而且，查阅中国历史灾害相关数据，此间的自然灾害也呈现多发频发态势。所以，考虑251—350年这个时间段存在一个自然灾害的异常恶化期。

---

* 北魏景明二年（501）和景明四年（503）所列灾象类同，疑有误记。

表 2－10 魏晋南北朝时期山西雹灾季节分布表

季节	春	夏	秋	冬	不明确
次数(年/次)	3	14	5	2	4
占总量比(%)	10.7	50.0	17.9	7.2	14.2

从季节分布看，魏晋山西雹灾出现主要在夏季，历史记录的一半显示为夏季。但是历史文献有两次冬十月的雹灾记录：一次是发生于晋南洪洞，晋咸宁二年(276)“十月，风雹折木伤稼”[①]；另一次发生于晋东南地区，晋永宁元年(301)“冬十月乙亥，端氏风雹折木。雹大如鸡卵，自昼至夜，平地几三尺，树木尽折”[②]。这两次异常的雹灾也发生于251—350年之间，这也从一个侧面反映了魏晋时期存在着异常期的可能。

(二) 空间分布

魏晋南北朝时期，尽管雹灾发生的次数较少，但是雹灾分布的范围却很广。就发生次数而言，忻州和运城位居前列。

表 2－11 魏晋南北朝时期山西雹灾空间分布表

今地	灾区(次)	灾区数
太原	太原(3)	1
长治	上党(4) 襄垣(1) 沁州(2) 武乡(1) 乡郡(1)	5
晋城	建兴(2) 高平(2) 端氏(1)	3
忻州	新兴(2) 雁门(5) 崞县(1)	3
晋中	乐平(2) 乡郡(1) 和顺(1)	3
吕梁	汾州(2) 介山(1)	2
临汾	平阳(3) 曲沃(1) 洪洞(1) 浮山(2) 太平(1)	5
运城	绛县(1) 河津(2) 蒲州(1) 荣河(1) 河东(4) 解州(2)	6

①民国《洪洞县志》卷十八《杂记志・祥异》。

② 雍正《泽州府志》卷之五十《祥异》。

四　雪(寒霜)灾

魏晋南北朝时期的山西雪(寒霜)灾仅次于旱灾,361 年间,共有历史记录 53 次,年频次为 0.15,是魏晋南北朝时期山西第二大类型自然灾害。

表 2-12 魏晋时期山西雪(寒霜)灾年表

纪年	灾区	灾象	应对措施	资料出处
晋泰始五年(269)	河东	八月庚子,河东雪伤禾。		雍正《山西通志》卷一百六十二《祥异一》
	平阳	八月庚子,雪伤禾。		民国《临汾县志》卷六《杂记类・祥异》
晋咸宁二年(276)	河东	三月,河东陨霜害桑。		雍正《山西通志》卷一百六十二《祥异一》
	高都	咸宁二年八月,霜杀菽。		乾隆《凤台县志》卷之十二《纪事》
	平阳	三月,陨霜害桑。		民国《临汾县志》卷六《杂记类・祥异》
晋咸宁三年(277)	上党	三年八月,上党霜害三豆。		雍正《山西通志》卷一百六十二《祥异一》 光绪《山西通志》卷八十三《大事记一》 雍正《泽州府志》卷之五十《祥异》
		八月,安平、上党、泰山霜害三豆。		《潞州志》卷第三《灾祥志》
晋太康元年(280)	河东	太康元年春三月,河东霜雹伤桑麦。桑方吐叶,麦正扬播,农夫相与庆于野,以为有年之兆。未几,霜陨雨雹交作,桑麦为之尽枯。		《晋书・五行志》 雍正《山西通志》卷一百六十二《祥异一》 光绪《绛县志》卷六《纪事・大事表门》 乾隆《蒲州府志》卷之二十三《事纪・五行祥沴》 光绪《永济县志》卷二十三《事纪・祥沴》

续 表

纪年	灾区	灾象	应对措施	资料出处
晋太康元年（280）	河东	太康元年春三月，河东霜雹伤桑麦。桑方吐叶，麦正扬播，农夫相与庆于野，以为有年之兆。未几，霜陨雨雹交作，桑麦为之尽枯。		雍正《泽州府志》卷之五十《祥异》 乾隆《高平县志》卷之十六《祥异》
	曲沃	（春）三月，霜雹伤桑麦。		光绪《续修曲沃县志》卷之三十二《祥异》 光绪《解州志》卷之十一《祥异》 民国《解县志》卷之十三《旧闻考》
晋太康二年（281）	并州	十二月，并州大雪。		雍正《山西通志》卷一百六十二《祥异一》
	河东	（二年）三月（甲午），河东陨霜害桑。		雍正《山西通志》卷一百六十二《祥异一》 光绪《绛县志》卷六《纪事·大事表门》 乾隆《蒲州府志》卷之二十三《事纪·五行祥沴》 光绪《永济县志》卷二十三《事纪·祥沴》
	平阳、河津	二年三月，陨霜害桑。		民国《临汾县志》卷六《杂记类·祥异》 光绪《河津县志》卷之十《祥异》
晋太兴元年（318）	平阳	雨血于平阳，广袤十里，刘粲改元汉昌，雨血于平阳。		雍正《平阳府志》卷之三十四《祥异》
晋永昌元年（322）	并州	东晋元帝永昌元年冬十二月，幽、并大雪。（省志云：宋志作并州大雪）		《晋书·五行志》 雍正《泽州府志》卷之五十《祥异》

续　表

纪年	灾区	灾象	应对措施	资料出处
晋太宁元年（323）	并州	明帝太宁元年十二月，幽、并大雪。		《晋书·五行志》 雍正《山西通志》卷一百六十二《祥异一》 雍正《泽州府志》卷之五十《祥异》 乾隆《大同府志》卷二十五《祥异》
		东晋明帝太宁元年十二月，并州大雪。		乾隆《太原府志》卷四十九《祥异》
	高都	十二月，大雪。		光绪《凤台县续志》卷之四《纪事》
晋永和三年（347）	平阳	八月，大雪。（人马多冻死）		雍正《山西通志》卷一百六十二《祥异一》 民国《临汾县志》卷六《杂记类·祥异》
	太原	七、八月，大雪。		道光《太原县志》卷之十五《祥异》
晋永和十年*（354）	并地	七、八月，大雪。		雍正《山西通志》卷一百六十二《祥异一》
	高都	八月，大雪。		雍正《泽州府志》卷之五十《祥异》
北魏始光二年（425）	山西	十月，大雪数尺。		光绪《山西通志》卷八十四《大事记二》 雍正《泽州府志》卷之五十《祥异》
北魏始光三年（426）	云中	十月，车驾西伐，幸云中，临君子津，会天暴寒数日，冰结。		光绪《山西通志》卷八十四《大事记二》
北魏太延元年（435）	代京	世祖太延元年七月庚辰，大陨霜，杀草木。		《魏书》卷一百一十二《灵征志上》

*《山西通志》内容为“永和三月”，未著年，且与永和十一年事一起书写。

续 表

纪年	灾区	灾象	应对措施	资料出处
北魏太平真君八年(447)	北镇	(八年五月),(是岁)北镇寒雪,人畜多冻死。		雍正《山西通志》卷一百六十二《祥异一》 光绪《山西通志》卷八十四《大事记二》 乾隆《大同府志》卷二十五《祥异》
北魏和平六年(465)	代京	四月己丑,陨霜。		《魏书》卷一百一十二《灵征志上》
北魏天安元年(466)	黄河中下游地区	高宗和平六年四月乙丑,陨霜。		《魏书》卷一百一十二《灵征志上》
北魏太和三年(479)	朔州	高祖太和三年七月,雍、朔二州及枹罕、吐京、薄骨律、敦煌、仇池镇并大霜,禾豆尽死。		《魏书》卷一百一十二《灵征志上》
	朔州吐京镇	七月,朔州吐京镇大霜,禾豆尽死。		雍正《山西通志》卷一百六十二《祥异一》
北魏太和四年(480)	代京	高祖太和四年,九月甲子朔,京师大风,雨雪三尺。	(九月)戊子,诏曰:"隆寒雪降,诸在徽纆及转输在都或有冻馁,朕用愍焉。可遣侍臣诣慰狱及有囚之所,周巡省察,饥寒者给以衣食,桎梏者代以轻锁"。	《魏书》卷七《高祖纪上》 《魏书》卷一百一十三《灵征志上》
		(四年)九月甲子朔,代京大风,雨雪三尺。		雍正《山西通志》卷一百六十二《祥异一》 乾隆《大同府志》卷二十五《祥异》

续　表

纪年	灾区	灾象	应对措施	资料出处
北魏太和四年（480）	平城	九月，平城大风雪，深三尺。		雍正《阳高县志》卷之五《祥异》
北魏太和七年（483）	肆州	太和七年三月，肆州风霜杀菽。		雍正《山西通志》卷一百六十二《祥异一》 光绪《山西通志》卷八十四《大事记二》 光绪《忻州志》卷三十九《灾祥》
北魏太和九年（485）	肆州、灵丘	六月，洛、肆、相三州及司州灵丘、广昌镇陨霜。		《魏书》卷一百一十二《灵征志上》
		六月，肆州及司州灵丘、广昌镇陨霜；庚戌，肆州及灵丘、广昌镇暴风折木。		雍正《山西通志》卷一百六十二《祥异一》 光绪《山西通志》卷八十四《大事记二》
	灵丘	六月，司州灵丘陨霜；庚戌，灵丘暴风折木。		乾隆《大同府志》卷二十五《祥异》
	肆州	九年六月，肆州陨霜。		光绪《忻州志》卷三十九《灾祥》
齐高帝建元九年（487）	阳高	六月，陨雪普泰。		雍正《阳高县志》卷之五《祥异》
北魏太和十四年（490）	汾州	（十四年）八月乙未，汾州陨霜。		《南齐书》卷三《武帝纪》 雍正《山西通志》卷一百六十二《祥异一》 光绪《山西通志》卷八十四《大事记二》 乾隆《汾州府志》卷之二十五《事考》

续　表

纪年	灾区	灾象	应对措施	资料出处
	建兴郡、并、朔、汾、平阳	六月丁亥，建兴郡陨霜杀草。八月乙亥，雍、并、朔、夏、汾五州，司州之正平、平阳频暴风陨霜。		《魏书》卷一百一十二《灵征志上》
	汾州	八月乙亥，汾州暴风陨霜。		乾隆《汾州府志》卷之二十五《事考》
	建兴郡	六月丁亥，建兴郡陨霜杀草。八月乙亥，并、朔、汾州，司州之正平，平阳，频暴风陨霜。		雍正《山西通志》卷一百六十二《祥异一》
北魏景明元年（500）	建兴郡、并、朔、汾州、司州之正平、平阳	六月丁亥，建兴郡陨霜杀草。八月乙亥，并、朔、汾州、司州之正平、平阳，频暴风陨霜。	五月，以北镇饥，遣兼侍中杨播巡抚赈恤。	光绪《山西通志》卷八十四《大事记二》
	建兴郡	景明元年六月丁未，陨霜杀禾。		乾隆《凤台县志》卷之十二《纪事》
		六月丁亥，建兴郡陨霜杀草。		光绪《凤台县续志》卷之四《纪事》
	平阳	宣武帝景明元年八月乙亥，司州之平阳，频暴风陨霜。		雍正《平阳府志》卷之三十四《祥异》
	绛州	八月乙亥，频暴风陨霜。		民国《新绛县志》卷十《旧闻考·灾祥》

续　表

纪年	灾区	灾象	应对措施	资料出处
北魏正始元年(504)	武川镇、怀朔镇、东泰州*	五月壬戌,武川镇陨霜,大雨雪。六月辛卯,怀朔镇陨霜。七月,河东郡上言闻喜县木连理。戊辰,东泰州陨霜,暴风拔树发屋。		雍正《山西通志》卷一百六十二《祥异一》
	武川镇	五月壬戌,武川镇陨霜,大雨雪。		光绪《山西通志》卷八十四《大事记二》
	介休	五月壬申,陨霜杀稼。		嘉庆《介休县志》卷一《兵祥·祥灾附》
北魏正始二年(505)	恒*、汾	五月壬申,二州陨霜杀稼。		《魏书》卷一百一十二《灵征志上》
		壬申,恒、汾二州陨霜,杀稼。七月戊戌,恒州陨霜。		雍正《山西通志》卷一百六十二《祥异一》
	恒州	二年五月壬申,恒州陨霜杀稼。七月戊戌,恒州陨霜。		乾隆《大同府志》卷二十五《祥异》
	汾州	五月,汾州陨霜杀稼。		乾隆《汾州府志》卷之二十五《事考》
北魏永平元年(508)	并州	三月乙丑,并州陨霜。		雍正《山西通志》卷一百六十二《祥异一》 乾隆《太原府志》卷四十九《祥异》
北魏永平二年(509)	武川镇	二年四月,司州上言恒农北,陕县木连理;辛亥,武川镇陨霜。		雍正《山西通志》卷一百六十二《祥异一》

* 东泰州在今内蒙古境内。

* 恒州,即今大同。

续　表

纪年	灾区	灾象	应对措施	资料出处
北魏熙平元年(516)	全境	肃宗熙平二年七月,河南北十一州霜。		《魏书》卷一百一十二《灵征志上》
北魏建明元年(530)	并州、肆州	居无何,又使刘贵请兆,以并、肆频岁霜旱,降户掘黄鼠而食之,皆面无谷色,徒污人国土。	请令就食山东,待温饱而处分之。	《北齐书》卷一《神武帝纪上》
东魏天平三年(536)	并、肆、汾、建	八月,并、肆、汾、建四州陨霜大饥。		《魏书》卷十二上《孝静纪》
	并州	三年八月,并州陨霜大饥。	十一月,诏尚书遣使巡检河北流移饥人,入井径滏口所经之处,若有死尸即为藏掩。	光绪《山西通志》卷八十四《大事记二》
		三年八月,并州陨霜大饥。		乾隆《太原府志》卷四十九《祥异》
	建州	东魏天平三年秋八月,建州陨霜大饥。	四年二月,高欢以霜旱人饥流散,请所在开仓赈给。	雍正《泽州府志》卷之五十《祥异》
	沁州*	七月,沁源陨霜。(杀禾稼)		乾隆《沁州志》卷九《灾异》
	肆州	天平三年八月,肆州陨霜大饥。		光绪《忻州志》卷三十九《灾祥》
东魏天平四年(537)	并州、肆州、汾州、建兴、晋、东雍、南汾	二月乙酉,神武以并、肆、汾、建、晋、东雍、南汾、泰、陕九州霜旱,人饥流散。	请所在开仓赈给。	《北齐书》卷二《神武帝纪下》

* 今长治市的沁县、武乡、沁源三县一带。

续 表

纪年	灾区	灾象	应对措施	资料出处
东魏天平四年(537)	并、肆、汾、建	春,诏所在开仓赈恤。四年四月乙酉,并、肆、汾、建、晋、东雍、南汾、秦、陕九州霜旱,人饥流散。	开仓赈恤。	雍正《山西通志》卷一百六十二《祥异一》 光绪《山西通志》卷八十四《大事记二》
	并州	四年四月乙酉,并州霜旱,人饥。		乾隆《太原府志》卷四十九《祥异》
	汾州	四月,汾州霜旱,人饥流散。	所在开仓赈给。	乾隆《汾州府志》卷之二十五《事考》
	并、肆、汾、建、东雍、南汾	四月乙酉,并、肆、汾、建、晋、东雍、南汾、秦陕九州霜旱,人饥流散。	开仓赈恤。	民国《浮山县志》卷三十七《灾祥》
	东雍	四年,东雍一带霜旱,人饥流散。	开仓赈恤。	光绪《绛县志》卷六《纪事·大事表门》
	绛州	乙酉,霜旱,人饥流散。	开仓赈恤。	民国《新绛县志》卷十《旧闻考·灾祥》
	河津	霜旱,人饥流散。	开仓赈恤。	同治《稷山县志》卷之七《古迹·祥异》
	稷山	霜旱,人饥流散。	开仓赈恤。	同治《稷山县志》卷之七《古迹·祥异》
	南汾	南汾、秦、陕诸州霜旱,人饥流散。	开仓赈恤。时蒲州为秦州。	乾隆《蒲州府志》卷之二十三《事纪·五行祥沴》 光绪《永济县志》卷二十三《事纪·祥沴》
	临县	霜旱降,人饥流散。	开仓赈恤。	民国《临县志》卷三《谱大事》
东魏武定四年(546)	晋州	(九月)大军将还山东,行达晋州,忽值寒雨,士卒饥冻,至有死者。		《北齐书》卷二十五《张纂传》

续 表

纪年	灾区	灾象	应对措施	资料出处
北齐河清二年（563）	全境	（十二月）是时，大雨连月，南北千余里，平地数尺，霜昼下，雨血于太原。		《北齐书》卷七《武成帝纪》 光绪《山西通志》卷八十四《大事记二》
		十二月，大雨雪连月，南北千余里，平地数尺霜，昼下雨血于太原。		雍正《山西通志》卷一百六十二《祥异一》 乾隆《太原府志》卷四十九《祥异》
		十二月，大雨雪连月，南北千余里，平地数尺，霜昼下。		雍正《平阳府志》卷之三十四《祥异》 民国《浮山县志》卷三十七《灾祥》
北齐河清三年（564）	晋阳	四年正月朔，攻晋阳。是时大雪数旬，风寒惨烈，齐人乃悉其精锐，鼓噪而出。		《周书》卷十九《杨忠传》

（一） 时间分布

从年际分布来看，魏晋时期的雪（寒霜）灾历史记录，前期（220—450）的231年间，历史记录达到21次，年频次为0.09；后期（451—581）的130年间，雪（寒霜）灾的历史记录达到了32次，年频次接近0.25，其数量和频次大大超过了前期，尤其是451—550年的100年间，雪（寒霜）灾的历史记录达到29次，年频次达到0.29。此间，也是包括旱灾、水（洪涝）灾、风灾、地震在内的其它自然灾害的多发期。

表2-13 魏晋南北朝时期山西雪（霜寒）季节分布表

季节	春	夏	秋	冬	不明确
次数（年/次）	8	16	20	6	3
占总量比（%）	15.1	30.1	37.7	11.4	5.7

从季节分布看，秋夏两季的灾害数量比较多，主要是由于霜冻较多，尤其是451—550年间，山西中北部地区多发霜冻，这与当时气候变化有关。魏晋时期是中国历史上的寒冷期，这个时期气候寒冷，往往在秋七、八月份就会出现严重霜冻，东魏天平三年（536）“七月，沁源陨霜。（杀禾稼）”；在夏季五六月陨霜是经常发生的，有时，夏六月在山西南部仍然有陨霜的情况。北魏景明元年（500）“六月丁亥，建兴郡陨霜杀草。八月乙亥，并、朔、汾州，司州之正平、平阳，频暴风陨霜”[1]，而北部地区更是如此。而且这一时期历史记录了一次严重异常的雪灾。北魏太平真君八年（447）“（八年五月），（是岁）北镇寒雪，人畜多冻死”[2]。

（二） 空间分布

表2-14 魏晋时期山西雪（寒霜）灾空间分布表

今地	雪灾灾区（次）	极寒灾区（次）	霜冻灾区（次）	灾区数
太原	并州（4）晋阳（1）		并州（6）	2
长治			上党（1）沁州（1）	2
晋城	高都（2）		建州（4）	2
大同	代京（1）阳高（1）北镇（1）	云中（1）北镇（1）	代京（2）灵丘（1）恒州（1）	6
朔州			朔州（2）	1
忻州			肆州（5）	1
晋中			介休（1）	1
吕梁			吐京镇（1）汾州（7）临县（1）	3
临汾	平阳（3）		平阳（4）曲沃（1）河津（1）晋州（1）南汾（1）	5
运城	河东（1）		河东（4） 正平（1）绛州（2）东雍（1）河津（1）稷山（1）	6
其它	全境（1）	全境（1）	全境（2）	1

① 雍正《山西通志》卷一百六十二《祥异一》。

② 乾隆《大同府志》卷二十五《祥异》。

魏晋时期的雪灾贯穿于从东北向西南一线，分布于北部的大同、中部的太原和南部的临汾。极寒天气主要出现在北部地区，且数量比较少；霜冻是魏晋时期三种自然灾害中最严重的，全省分布比较分散，除阳泉没有历史记录外，全省各地均出现不同程度的灾情。

五　风灾

魏晋南北朝时期山西风灾的历史记录计 50 次，年频次为 0.14，排在该时期自然灾害发生总数的第四位。

表 2－15 魏晋时期山西风灾年表

纪年	灾区	灾象	应对措施	资料出处
晋泰始三年（267）	洪洞	二月丁未，昼晦。		民国《洪洞县志》卷十八《杂记志·祥异》
晋咸宁二年（276）	洪洞	十月，风雹折木伤稼。		民国《洪洞县志》卷十八《杂记志·祥异》
晋太康二年（281）	上党、高平	秋七月，上党又暴风、雨雹。六月，高平大风折木，发坏邸阁四十余区。七月，上党又大风伤秋稼。		《晋书》卷三《武帝纪》
	上党	七月，上党又暴风、雨雹伤秋稼。		雍正《山西通志》卷一百六十二《祥异一》
晋太康三年（282）	上党	三年夏六月，上党大风折木坏屋。		雍正《山西通志》卷一百六十二《祥异一》
	高都	三年，大风折木坏屋。		雍正《泽州府志》卷之五十《祥异》 光绪《凤台县续志》卷之四《纪事》

续　表

纪年	灾区	灾象	应对措施	资料出处
晋太康三年（282）	上党	九月，上党灾风伤禾。（案：上党郡治潞，故采晋书上党事入之）		光绪《潞城县志》卷三《大事记》
晋太康八年（287）	郡国	八年六月，郡国八大风。		《晋书》志第二十四《五行五》
晋元康元年（291）	上党	九月，上党灾风伤禾。		光绪《潞城县志》卷三《大事记》
晋元康四年（294）	雁门、新兴、太原、上党	九月，雁门、新兴、太原、上党灾风伤稼。		雍正《山西通志》卷一百六十二《祥异一》
	太原	九月，太原灾风伤稼。		乾隆《太原府志》卷四十九《祥异》
	上党	九月，上党灾风伤稼。		雍正《泽州府志》卷之五十《祥异》
	高都	秋灾，风伤稼。		乾隆《凤台县志》卷之十二《纪事》
	雁门、新兴	九月，雁门、新兴灾，风伤稼。		乾隆《大同府志》卷二十五《祥异》
晋元康五年（295）	雁门、新兴、太原、上党	九月，雁门、新兴、太原、上党灾风伤稼。		《晋书》卷四《惠帝纪》 雍正《山西通志》卷一百六十二《祥异一》 《潞州志》卷第三《灾祥志》
	太原、榆次、新兴	九月，太原、榆次、新兴大风伤禾稼。		乾隆《太原府志》卷四十九《祥异》
	太原	九月，大风伤稼。		道光《太原县志》卷之十五《祥异》

续 表

纪年	灾区	灾象	应对措施	资料出处
晋元康五年（295）	上党	九月，上党大风伤禾稼。		雍正《泽州府志》卷之五十《祥异》 顺治《潞安府志》卷十五《纪事三·灾祥》
	高都	秋，大风伤禾稼。		乾隆《凤台县志》卷之十二《纪事》
	雁门、新兴	九月，雁门、新兴等郡大风伤稼。		乾隆《大同府志》卷二十五《祥异》 雍正《朔平府志》卷之十一《外志·祥异》 雍正《朔州志》卷之二《星野·祥异》 光绪《代州志·记三》卷十二《大事记》
	雁门、马邑	九月，雁门、马邑大风损禾。		民国《马邑县志》卷之一《舆图志·杂记》
	左云	九月，大风。		光绪《左云县志》卷一《祥异》
	新兴	九月，新兴大风伤禾稼。		光绪《忻州志》卷三十九《灾祥》
	榆次	九月，烈风伤稼。		同治《榆次县志》卷之十六《祥异》
晋永康元年（300）	高平、平阳	十月又风雹，折木伤稼。		《晋书》卷二《五行志下》
	平阳	风折木。		民国《临汾县志》卷六《杂记类·祥异》
晋永宁元年（301）	高平、平阳	十月襄城、河南、高平、平阳又风雹，折木伤稼。		《晋书》卷29《五行志下》
	平阳	十月，平阳风雹折木伤稼。		雍正《山西通志》卷一百六十二《祥异一》 雍正《平阳府志》卷之三十四《祥异》

续 表

纪年	灾区	灾象	应对措施	资料出处
晋永宁元年（301）	端氏	冬十月乙亥，端氏风雹折木。（雹大如鸡卵，自昼至夜，平地几三尺，树木尽折）		雍正《泽州府志》卷之五十《祥异》 乾隆《高平县志》卷之十六《祥异》
晋永安元年*（304）	崞县	秋，大风杀禾。		乾隆《崞县志》卷五《祥异》
晋永和三年（347）	山西	筑赵华林园遂发近郡男女十六万人，车十万乘，运土筑华林园，及长墙于邺北，燃烛夜作，暴风大雨，死者数万人。		《晋乘蒐略》卷之十二
北魏永兴三年（411）	代京	二月，代京民赵温家有白鼠以献。甲午，代京大风，北苑获白鼠一，割之腹中有三子，尽白。六月庚子，月犯岁星，在毕。占曰，有边兵。后上党民劳。聪士臻羣聚为盗。六月，代京获白燕。十一月丙午，代京又大风。		雍正《山西通志》卷一百六十二《祥异一》
		代京大风，十一月代京又大风。		光绪《山西通志》卷八十三《大事记一》

* 甲子正月改元“永安”，7 月庚申改元“建武”，11 月丙午又改元“永安”，12 月丁亥改元“永兴”。

续 表

纪年	灾区	灾象	应对措施	资料出处
北魏永兴三年(411)	代京	二月,代京民赵温家有白鼠,以献。甲午,代京大风,北苑获白鼠一,割之腹中有三子,尽白。(灵征志)六月庚子,月犯岁星在毕。(天象志)是月,代京获白燕。十一月丙午,代京又大风。十二月,云朔之间获玉板二,以献。		乾隆《大同府志》卷二十五《祥异》
北魏永兴四年(412)	代京	正月癸卯,元会[*]而大风晦冥乃罢。		雍正《山西通志》卷一百六十二《祥异一》
		正月癸卯,元会大风晦冥。		光绪《山西通志》卷八十三《大事记一》
		正月癸卯,元会而大风晦冥乃罢。……十一月,代京大风起自西方。		乾隆《大同府志》卷二十五《祥异》
北魏永兴五年(413)	代京	十一月庚寅,代京大风起自西方。		雍正《山西通志》卷一百六十二《祥异一》
		……十二月庚寅,代京大风起自西方。		光绪《山西通志》卷八十三《大事记一》
北魏神瑞元年(414)	代京	二月,填入东井,犯天尊,旱象也。先是,月犯岁于毕,占曰,饥在晋代。四月代京大风。		雍正《山西通志》卷一百六十二《祥异一》

* 元会是是古神话记时单位(量劫);皇帝于元旦朝会群臣称正会,也称元会。

续 表

纪年	灾区	灾象	应对措施	资料出处
北魏神瑞元年（414）	代京	四月，代京大风。		乾隆《大同府志》卷二十五《祥异》
北魏神瑞二年（415）	代京	二年正月，代京大风。		雍正《山西通志》卷一百六十二《祥异一》 乾隆《大同府志》卷二十五《祥异》
北魏太延二年（436）	代京	四月甲申，代京暴风，宫墙倒杀数十人。		雍正《山西通志》卷一百六十二《祥异一》 光绪《山西通志》卷八十四《大事记二》 乾隆《大同府志》卷二十五《祥异》
北魏太延三年（437）	代京	十二月，代京大风，扬沙折树。		雍正《山西通志》卷一百六十二《祥异一》 光绪《山西通志》卷八十四《大事记二》 乾隆《大同府志》卷二十五《祥异》
北魏太平真君元年（440）	代京	（二月）京师有黑风竟天，广五丈余。		《魏书》卷一百一十二《灵征志上》
		二月，代京有黑风竟天，广五丈余。		雍正《山西通志》卷一百六十二《祥异一》 光绪《山西通志》卷八十四《大事记二》 乾隆《大同府志》卷二十五《祥异》
		二月，平城黑风坏屋，杀百余人。		雍正《阳高县志》卷之五《祥异》
北魏和平二年（461）	代京	高宗和平二年三月壬午，京师大风瞑。		《魏书》卷一百一十二《灵征志上》

续　表

纪年	灾区	灾象	应对措施	资料出处
北魏和平二年（461）	代京	三月壬午，代京大风晦。		雍正《山西通志》卷一百六十二《祥异一》
		和平二年三月壬辰，代京大风晦冥。		乾隆《大同府志》卷二十五《祥异》
北魏延兴五年（475）	代京	五月，代京赤风。		《魏书》卷一百一十二《灵征志上》
		五月，代京赤风。		雍正《山西通志》卷一百六十二《祥异一》 光绪《山西通志》卷八十四《大事记二》 乾隆《大同府志》卷二十五《祥异》
北魏太和二年（478）	武川镇	七月庚申，武川镇大风，吹失六家羊角而上，不知所在；丁卯，并州地震有声。		雍正《山西通志》卷一百六十二《祥异一》 光绪《山西通志》卷八十四《大事记二》
北魏太和四年（480）	代京	九月甲子朔，京师大风，雨雪三尺。	（九月）戊子，诏曰："隆寒雪降，诸在徽纆及转输在都或有冻馁，朕用愍焉。可遣侍臣诣慰狱及有囚之所，周巡省察，饥寒者给以衣食，桎梏者代以轻锁"。	《魏书》卷一百一十二《灵征志上》 《魏书》卷七《高祖纪上》
		九月甲子朔，代京大风，雨雪三尺。		雍正《山西通志》卷一百六十二《祥异一》 光绪《山西通志》卷八十四《大事记二》 乾隆《大同府志》卷二十五《祥异》

续　表

纪年	灾区	灾象	应对措施	资料出处
北魏太和七年（483）	肆州	四月，肆州暴风蝗。		光绪《山西通志》卷八十四《大事记二》
		三月，肆州风霜杀菽。九月，暴风折木。		光绪《忻州志》卷三十九《灾祥》
北魏太和八年（484）	肆州	四月，济、光、幽、肆、雍、齐六州暴风。		《魏书》卷一百一十二《灵征志上》
		四月，肆州暴风、蝗、白燕集于代京。		雍正《山西通志》卷一百六十二《祥异一》
		四月，肆州蝗暴风。		光绪《忻州志》卷三十九《灾祥》
北魏太和九年（485）	灵丘、肆州	六月庚戌，暴风折木。		《魏书》卷一百一十二《灵征志上》
	肆州、灵丘	正月丁丑，月在参，晕觜、参两肩，东井北河五车三星……庚戌，肆州及灵丘、广昌镇暴风折木。九月，朔州大水，杀千余人。		雍正《山西通志》卷一百六十二《祥异一》 光绪《山西通志》卷八十四《大事记二》
北魏太和十二年（488）	代京	高祖太和十二年十一月丙戌，土雾竟天，六月不开，到甲夜仍复浓密，勃勃如火烟，辛惨人鼻。		《魏书》卷一百一十二《灵征志上》
		十二年五月壬寅，京师连夜大风，甲辰尤甚，发屋拔树。六月壬申，京师大风。		《魏书》卷一百一十二《灵征志上》 雍正《山西通志》卷一百六十二《祥异一》 乾隆《大同府志》卷二十五《祥异》

续 表

纪年	灾区	灾象	应对措施	资料出处
北魏太和十二年(488)	代京	六月壬申,代京大风。		光绪《山西通志》卷八十四《大事记二》
北魏太和十四年(490)	代京	十四年七月丁酉朔,京师大风,拔树发屋。		《魏书》卷一百一十二《灵征志上》
		七月丁酉朔,代京大风,拔树发屋。		雍正《山西通志》卷一百六十二《祥异一》 光绪《山西通志》卷八十四《大事记二》 乾隆《大同府志》卷二十五《祥异》
北魏景明元年(500)	汾州	八月乙亥,汾州暴风陨霜。		乾隆《汾州府志》卷之二十五《事考》
	平阳	八月乙亥,司州之平阳频暴风陨霜。		雍正《平阳府志》卷之三十四《祥异》
	绛州	八月乙亥,频暴风陨霜。		光绪《直隶绛州志》卷之二十《灾祥》 民国《新绛县志》卷十《旧闻考·灾祥》
	河北	春三月,河北大风拔树。		民国《芮城县志》卷十四《祥异考》
北魏景明三年(502)	东秦州	九月丙辰,东秦州暴风,昏雾拔树发屋。		雍正《山西通志》卷一百六十二《祥异一》
	平阳	三月己未,司州之平阳大风拔树。		雍正《平阳府志》卷之三十四《祥异》
北魏景明四年(503)	河东、平阳	四年三月乙未,大风拔树。		《魏书》卷一百一十二《灵征志上》
	司州之河北、河东、正平*、平阳	三月己未,司州之河北,河东、正平、平阳大风拔树。		雍正《山西通志》卷一百六十二《祥异一》

* 正平即今新绛。太和十八年(494)废东雍州,征平改正平郡。

续 表

纪年	灾区	灾象	应对措施	资料出处
北魏景明四年(503)	曲沃	三月,大风拔树。		光绪《续修曲沃县志》卷之三十二《祥异》
	太平	春正月,大风拔木。		光绪《太平县志》卷十四《杂记志·祥异》
	绛州	三月,大风拔树。		光绪《直隶绛州志》卷之二十《灾祥》 民国《新绛县志》卷十《旧闻考·灾祥》
	正平	正平大风拔木,又大风雨雹,草木无遗。		光绪《绛县志》卷六《纪事·大事表门》
北魏正始元年(504)	东泰州	七月,河东郡上言闻喜县木连理;戊辰,东泰州陨霜,暴风拔树发屋。		雍正《山西通志》卷一百六十二《祥异一》

(一) 时间分布

从年际分布看,把魏晋时期的风灾划分为两个时期,风灾的历史记录频次有差异、分布极其不均衡。魏晋前期(220—450)的231年间,风灾的历史记录26次,年频次为0.11,其中401—450年间,风灾的记录达到12次,是魏晋前期风灾记录的峰值;魏晋后期(451—581)的130年间,共计24次,年频次为0.18,尤其是451—500年间,风灾的历史记录达到19次之多,占到整个魏晋风灾总量的38%。

表2-16 魏晋南北朝时期山西风灾季节分布表

季节	春	夏	夏	冬
次数(年/次)	15	12	13	10
占总量比(%)	30	24	26	20

魏晋时期风灾的季节分布是比较均衡的。夏秋的风灾次数差不多相当,风灾次数比较多的春季所占比重比风灾最少的冬季差10个百分点。

(二) 空间分布

魏晋时期风灾的地区分布极不均衡,大风的发生地区主要在山西的北部。统计数据显示,仅大同地区的风灾就达到19次之多,占到魏晋风灾总量的38%。这其中有一个不能忽略的因素,当时北魏都城平城位于今大同地区,因此,北魏时期的文献中更多关注大同地区的自然灾害,留存的史料也较为丰富。因此,要科学分析和正确估量魏晋南北朝时期山西风灾的空间分布是比较困难的事情。

表2-17 魏晋南北朝时期山西风灾空间分布表

今地	灾区(次)	灾区数
太原	太原(2)	1
长治	上党(6)	1
晋城	高都(3) 高平(3) 端氏(1)	3
大同	代京(司州18) 灵丘(1)	2
忻州	雁门(2) 新兴(2) 肆州(4) 崞县(1)	3
吕梁	汾州(1)	1
临汾	平阳(4) 洪洞(2) 太平(1) 曲沃(1)	4
运城	河东(4) 绛县(1) 正平(1) 泰州(1)	4
其它	全境(2) 郡国(1)	2

六 地震(地质)灾害

山西地震带是中国大陆最重要的强震带之一,有史以来,在华北地区所经过的所有地震活跃期中,山西地震带是最具活跃的区域。魏晋时期地震是山西位居前例的自然灾害类型,除了山西处于地震活跃区域之外,还有一个重要因素,就是因为在古代,记录者不仅仅把地震作为自然灾害来看待,而更主要的是作为异象来附会政治。

魏晋北朝时期，山西震灾的历史记录52次，年频次为0.14，与风灾基本相当，系这一时期第三大类型自然灾害。

表2-18 魏晋时期山西地震(地质)灾害年表

纪年	灾区	灾象	应对措施	资料出处
魏咸熙二年(265)	太行山	(魏元帝咸熙二年)二月，太行山崩。		《宋书》卷一百三十四《五行志五》 雍正《山西通志》卷一百六十二《祥异一》 光绪《山西通志》卷八十三《大事记一》
晋泰始三年(267)	太行山	春三月，太行山崩。		雍正《山西通志》卷一百六十二《祥异一》 雍正《泽州府志》卷之五十《祥异》 乾隆《凤台县志》卷之十二《纪事》
晋泰始四年(268)	河东	(河东)雨雹，地裂。		雍正《山西通志》卷一百六十二《祥异一》 光绪《山西通志》卷八十三《大事记一》 雍正《泽州府志》卷之五十《祥异》 光绪《绛县志》卷六《纪事·大事表门》 光绪《解州志》卷之十一《祥异》 民国《解县志》卷之十三《旧闻考》
	平阳	地震。		民国《临汾县志》卷六《杂记类·祥异》
晋咸宁元年(275)	河东、平阳	咸宁元年八月庚辰，河东、平阳地震。		雍正《泽州府志》卷之五十《祥异》
	河东	河东地震。		乾隆《蒲州府志》卷之二十三《事纪·五行祥沴》

续 表

纪年	灾区	灾象	应对措施	资料出处
晋咸宁元年（275）	河津、虞乡	地震。		光绪《河津县志》卷之十《祥异》 光绪《虞乡县志》卷之一《地舆志·星野·附祥异》
晋武帝咸宁二年（276）	河东、平阳	咸宁二年八月庚辰，河南、河东、平阳地震。		《晋书》卷二十九《五行志下》
		六月，龙二见于新兴井中；八月庚辰，河东、平阳地震。		雍正《山西通志》卷一百六十二《祥异一》 光绪《山西通志》卷八十三《大事记一》
	曲沃、浮山	八月，地震。		光绪《续修曲沃县志》卷之三十二《祥异》 民国《浮山县志》卷三十七《灾祥》
	平阳	八月庚辰，平阳地震。		民国《洪洞县志》卷十八《杂记志·祥异》
	稷山	地震。		同治《稷山县志》卷之七《古迹·祥异》
	河东	八月，河东地裂。		光绪《永济县志》卷二十三《事纪·祥沴》
晋武帝咸宁三年（277）	新兴	白龙二见新兴井中。		雍正《朔平府志》卷之十一《外志·祥异》
晋咸宁四年（278）	广武*	六月丁未，广武地震，甲子又震。		雍正《山西通志》卷一百六十二《祥异一》 雍正《朔州志》卷之二《星野·祥异》 光绪《代州志·记三》卷十二《大事记》

* 广武，今代县。

续 表

纪年	灾区	灾象	应对措施	资料出处
晋咸宁四年(278)	阴平、广武	四年六月丁未,阴平、广武地震,甲子又震。		雍正《朔平府志》卷之十一《外志·祥异》
咸宁六年(280)	平阳	八月庚辰,地震。		民国《临汾县志》卷六《杂记类·祥异》
晋太康六年(285)	新兴	十月,新兴山崩,涌水(水涌)出。		雍正《山西通志》卷一百六十二《祥异一》 光绪《忻州志》卷三十九《灾祥》
		六月,新兴山崩,水涌出。		雍正《朔州志》卷之二《星野·祥异》
晋建兴元年(313)	河东	十二月,河东地震,雨肉。		《晋书》卷五《孝愍帝纪》
		愍帝建兴元年十二月,河东地震,雨肉。		雍正《山西通志》卷一百六十二《祥异一》 光绪《山西通志》卷八十三《大事记一》 雍正《泽州府志》卷之五十《祥异》
		(河东)地震,雨肉。		乾隆《蒲州府志》卷之二十三《事纪·五行祥沴》 光绪《解州志》卷之十一《祥异》 民国《解县志》卷之十三《旧闻考》 光绪《永济县志》卷二十三《事纪·祥沴》
	平阳	星陨化为肉,雨血,(广袤十里)地震。		民国《临汾县志》卷六《杂记类·祥异》
	翼城	天雨肉状。二年有星流陨化为血。三年正月地复震。		民国《翼城县志》卷十四《祥异》

续　表

纪年	灾区	灾象	应对措施	资料出处
晋建兴元年（313）	洪洞	正月，地震。		民国《洪洞县志》卷十八《杂记志·祥异》
晋建兴三年（315）	平阳	刘聪伪建元元年正月，平阳地震，其崇明观陷为池，水赤如血，赤气至天，有赤龙奋迅而去。		《晋书》卷五《五行志中》
		正月，平阳地震，其崇明观陷为池，水赤如血，赤气至天，有赤龙奋迅而去。流星起于牵牛，入紫微，龙形委蛇，其光照地，落于平阳北十里，视之则肉，臭闻于平阳，长三十步，广二十七步，肉旁常有哭声，昼夜不止。数日，聪后刘氏产一蛇一兽，各害人而走，寻之不得。顷之，见于陨肉之旁。刘聪改年，雨血于其东宫延明殿，彻瓦在地者深五寸，平阳地震，雨血于东宫，广袤顷余，武库陷入地一丈五尺。		雍正《山西通志》卷一百六十二《祥异一》

续 表

纪年	灾区	灾象	应对措施	资料出处
晋建兴三年（315）	平阳	河东大蝗，唯不食黍豆。靳准率部人收而埋之，后乃鑚土飞出，复食黍豆。平阳饥甚。		雍正《山西通志》卷一百六十二《祥异一》
		（建兴三年）……是年平阳地震，其崇明观陷为池水，赤如血赤气至天，有赤龙奋迅而去……		光绪《山西通志》卷八十三《大事记一》
		正月，平阳地震。*		雍正《平阳府志》卷之三十四《祥异》
	河津	地震。		光绪《河津县志》卷之十《祥异》
晋建武元年（317）	平阳	五月，聪所居螽斯则百堂灾，平阳西明门牡自亡，霍山崩。		雍正《山西通志》卷一百六十二《祥异一》
	霍州	五月，霍山崩。		道光《直隶霍州志》卷十六《禨祥》 民国《霍山志》卷之六《杂识志》

* 正月，平阳地震。其崇明观陷为池，水赤如血，赤气至天，有赤龙奋迅而去。流星起于牵牛，入紫微，龙形委蛇，其光照地，落于平阳北十里，视之则肉，臭闻于平阳，长三十步，广二十七步，肉旁常有哭声，昼夜不止，数日聪后刘氏产一蛇一兽，各害人而走，寻之不得。顷之，见于陨肉之旁。（晋·五行志）刘聪改年，雨血于其东宫延明殿，彻瓦在地者，深五寸，平阳地震，雨血于东宫，广袤顷余。武库陷入地一丈五尺，平阳饥甚。犬与豕交，有豕著进贤观，升聪坐，犬冠武冠带绶，与豕并。俄而斫死，殿上宿卫莫有见其入者。

续 表

纪年	灾区	灾象	应对措施	资料出处
晋太兴元年（318）	平阳	雨血于平阳广袤十里，五月汉主所居螽斯则百堂灾焚，子会稽王以下二十一人，平阳西明门牡自亡，霍山崩。		光绪《山西通志》卷八十三《大事记一》
晋升平五年（361）	曲沃	开裂，声如雷。		光绪《续修曲沃县志》卷之三十二《祥异》
北魏天赐六年（409）	恒山	春三月，恒山崩；四月，震。		雍正《山西通志》卷一百六十二《祥异一》 光绪《山西通志》卷八十三《大事记一》
		义熙五年，恒山崩。		《晋乘蒐略》卷之十二
		义熙五年春三月，恒山崩。		雍正《山西通志》卷一百六十二《祥异一》
		天赐六年三月，恒山崩。四月，震天安殿东序，命左校以冲车，攻殿东西两序屋毁之。		雍正《山西通志》卷一百六十二《祥异一》
晋义熙十一年（415）	霍山	五月（己酉），霍山崩，出铜钟六枚。		雍正《山西通志》卷一百六十二《祥异一》 民国《霍山志》卷之六《杂识志》
		霍山崩。		道光《直隶霍州志》卷十六《禨祥》
晋恭帝元熙元年（419）	雁门	二月，大同地震。		雍正《朔平府志》卷之十一《外志·祥异》
	左云	二月，地震。		光绪《左云县志》卷一《祥异》

续　表

纪年	灾区	灾象	应对措施	资料出处
北魏太延二年（436）	并州	十一月丁卯，并州地震。		雍正《山西通志》卷一百六十二《祥异一》 《魏书》卷一百一十二《灵征志上》 雍正《山西通志》卷一百六十二《祥异一》 光绪《山西通志》卷八十四《大事记二》 乾隆《太原府志》卷四十九《祥异》
北魏太武帝太延四年（438）	京师	三月己未，京师地震。		《魏书》卷一百一十二《灵征志上》 雍正《山西通志》卷一百六十二《祥异一》 乾隆《大同府志》卷二十五《祥异》
北魏太平真君元年（440）	河东	五月丙午，河东地震。		《魏书》卷一百一十二《灵征志上》 雍正《山西通志》卷一百六十二《祥异一》
		河东地震。		光绪《绛县志》卷六《纪事·大事表门》
北魏延兴四年（474）	雁门	（五月）雁门琦城有声如雷，自上西引十余声，声止地震。		《魏书》卷一百一十二《灵征志上》
	京师	十月己亥，京师地震。		

续 表

纪年	灾区	灾象	应对措施	资料出处
北魏延兴四年（474）	雁门、代京	五月，雁门崎城，有声如雷，自上西十余声，声止地震。……十月，代京地震。		雍正《山西通志》卷一百六十二《祥异一》
	代京	十月乙亥，代京地震。		乾隆《大同府志》卷二十五《祥异》
	雁门	五月，雁门崎城有声如雷，自上西引十余声，声止地震。（《魏书·灵徵志》）		光绪《代州志·记三》卷十二《大事记》
	代京	……是岁，代京地震。		光绪《山西通志》卷八十四《大事记二》
北魏太和元年（477）	代京	四月辛酉，京师地震。		《魏书》卷一百一十二《灵征志上》 雍正《山西通志》卷一百六十二《祥异一》
		四月辛酉，代京地震。		乾隆《大同府志》卷二十五《祥异》
		平城雌雉二，头上生冠如角。四月，地震。		雍正《阳高县志》卷之五《祥异》
北魏太和二年（478）	并州	七月丁卯，并州地震有声。		《魏书》卷一百一十二《灵征志上》 乾隆《太原府志》卷四十九《祥异》
北魏太和三年（479）	京师	七月丁卯，京师地震。		《魏书》卷一百一十二《灵征志》

续　表

纪年	灾区	灾象	应对措施	资料出处
北魏太和三年（479）	并州、代京	三月，肆州献一角鹿。五月丁巳，帝祈雨于北苑闭阳门，是日澍雨大洽。戊午，震东庙东中门屋南鸱尾。七月，朔州吐京镇大霜，禾豆尽死。十月丁夘，代京地震。		雍正《山西通志》卷一百六十二《祥异一》 光绪《山西通志》卷八十四《大事记二》
	代京	五月戊午，震东庙东中门屋南鸱尾。十月丁卯，代京地震。		乾隆《大同府志》卷二十五《祥异》
北魏太和四年（480）	并州	五月乙酉，并州地震。		《魏书》卷一百一十二《灵征志上》 雍正《山西通志》卷一百六十二《祥异一》
	平城	九月，平城地震。		雍正《阳高县志》卷之五《祥异》
北魏太和七年（483）	肆州	四月丁卯，肆州地震有声。		《魏书》卷一百一十二《灵征志上》 雍正《山西通志》卷一百六十二《祥异一》 光绪《忻州志》卷三十九《灾祥》
	东雍	六月甲子，东雍州地震有声。		《魏书》卷一百一十二《灵征志上》
北魏太和八年（484）	并州	十一月丙申，并州地震。		《魏书》卷一百一十二《灵征志上》 雍正《山西通志》卷一百六十二《祥异一》 乾隆《太原府志》卷四十九《祥异》

续 表

纪年	灾区	灾象	应对措施	资料出处
北魏太和十年（486）	并州、代京	十年正月辛未，并州地震，殷殷有声。二月甲子，京师地震。		《魏书》卷一百一十二《灵征志上》
		正月辛未，并州地震，殷殷有声。二月甲子，代京地震，丙寅又震，三月壬子又震。		雍正《山西通志》卷一百六十二《祥异一》 光绪《山西通志》卷八十四《大事记二》
	并州	正月辛未，并州地震，殷殷有声。		乾隆《太原府志》卷四十九《祥异》
	代京	二月甲子，代京地震，丙寅又震，三月壬子又震。		乾隆《大同府志》卷二十五《祥异》
北魏太和二十年（496）	并州	正月辛未，并州地震。		《魏书》卷一百一十二《灵征志上》 雍正《山西通志》卷一百六十二《祥异一》 光绪《山西通志》卷八十四《大事记二》 乾隆《太原府志》卷四十九《祥异》
北魏太和二十二年（498）	并州	九月辛卯，并州地震。		《魏书》卷一百一十二《灵征志上》 雍正《山西通志》卷一百六十二《祥异一》 光绪《山西通志》卷八十四《大事记二》
		九月辛未，并州地震。		乾隆《太原府志》卷四十九《祥异》

续 表

纪年	灾区	灾象	应对措施	资料出处
北魏景明四年（503）	恒山	四年十一月丁巳，恒山崩。		《魏书》卷一百一十二《灵征志上》
	并州	正月壬申，并州地震。		《魏书》卷一百一十二《灵征志上》
		正月壬申，并州地震。三月己未，司州之河北、河东、正平、平阳，大风拔树。四月，汾州上言五城郡木连理。五月癸酉，汾州大雨雹。六月乙巳，又大雨雹，草木稼雉兔皆死。七月甲戌，暴风大雨雹起，自汾州，经并、相、司、兖至徐州而止，广十里，所过草木无遗。十一月丁巳，恒山崩。		雍正《山西通志》卷一百六十二《祥异一》
		正月壬申，并州地震。三月己未，司州之河北、河东、正平、平阳，大风拔树。四月，汾州上言五城郡木连理。五月癸酉，汾州大雨雹。六月，又大雨雹，草木稼雉兔皆死。七月甲戌，暴风大雨雹起，自汾州，经并、相、司、兖至徐州而止，广十里，所过草木无遗。		光绪《山西通志》卷八十四《大事记二》

续　表

纪年	灾区	灾象	应对措施	资料出处
北魏景明四年(503)	并州	正月,并州地震。		乾隆《太原府志》卷四十九《祥异》
北魏正始元年(504)	恒山	正始元年十一月癸亥,恒山崩。		《魏书》卷一百一十二《灵征志上》
		十一月甲寅,朔州雷电。癸亥,恒山崩。		雍正《山西通志》卷一百六十二《祥异一》
北魏正始二年(505)	恒州*	二年九月乙丑,恒州地震。		《魏书》卷一百一十二《灵征志上》
		九月癸未,月在昴十五分蚀十,占曰饥。己丑,恒州地震。		雍正《山西通志》卷一百六十二《祥异一》
北魏正始四年(507)	恒州	五月庚戌,恒州地震,殷殷有声。十月己巳,又震,有声如雷。		光绪《山西通志》卷八十四《大事记二》
北魏永平四年(511)	恒州、庚戌、繁峙、桑乾、灵丘、秀容、雁门	四年五月庚戌,恒、定二州地震,殷殷有声。繁峙、桑乾、灵丘、秀容、雁门地震陷裂,天崩泉涌,杀八千余人。		《魏书》卷一百一十二《灵征志上》 《魏书》卷一百零五之四《天象志四》
		十月乙巳,恒州地震,有声如雷。		《魏书》卷一百一十二《灵征志上》
		五月庚戌地震殷殷有声。十月己巳又震有声如雷。		雍正《山西通志》卷一百六十二《祥异一》

* 恒州,今大同。

续　表

纪年	灾区	灾象	应对措施	资料出处
北魏延昌元年（512）	肆州	四月癸未，诏曰：肆州地震陷裂，死伤甚多。	亡者不可复追，生病宜加疗救，可遣太医，折伤衣并给所须之药，克治之。	《魏书》卷八《世宗纪》
	并州、朔州，繁峙、桑干*、灵丘，秀容、雁门	四月庚辰，并、朔州地震，恒州之繁峙、桑干、灵丘，肆州之秀容、雁门地震陷裂，山崩泉涌，杀五千三百一十人，伤者二千七百二十二人，牛马杂畜死伤者三千余。十一月己酉，肆州地震。	戊辰……诏河北民就谷燕恒二州。*	雍正《山西通志》卷一百六十二《祥异一》 光绪《山西通志》卷八十四《大事记二》 道光《繁峙县志》卷之六《祥异志·祥异》
	并州、朔州	四月庚辰，并、朔州地震。		雍正《山西通志》卷一百六十二《祥异一》
	繁峙、桑乾、灵丘	四月庚辰，恒州之繁峙、桑乾、灵丘地震陷裂，山崩泉涌。		乾隆《大同府志》卷二十五《祥异》
	朔州	地震。		雍正《朔州志》卷二《详异》

* 桑干，今山阴境内。

* 戊辰……诏河北民就谷燕恒二州。辛未诏饥民，就谷六镇……癸未诏曰：肆州地震陷裂，死伤甚多，有酸怀抱亡者不可复返，生病之徒宜加療就。可遣太医折伤医，并给所须之药就治之……二年二月，以六镇大饥，开仓赈恤……十月诏以恒肆地震，人多灾离。其有课丁没尽，老幼单立，家无受复者，各赐廪粟以接来稔……三年二月乙未，诏肆州、秀容郡、敷城、雁门郡、原平县，并自去年四月以来山鸣地震于今不已，告谴彰咎，朕甚惧焉，可恤瘼宽刑以答天谴。（《北史·魏本纪第四》）。

续 表

纪年	灾区	灾象	应对措施	资料出处
北魏延昌元年（512）	秀容、肆州	四月，秀容郡地震陷裂，山崩泉涌伤人畜。十一月，肆州地震。		光绪《忻州志》卷三十九《灾祥》
	秀容、雁门	四月庚辰，肆州之秀容、雁门地震陷裂，山崩泉涌。		光绪《代州志·记三》卷十二《大事记》
北魏延昌二年（513）	恒州、肆州	（十月）诏以恒、肆地震，民多死伤，蠲两河一年租赋。	（十二月）乙巳，诏以恒、肆地震，民多离灾，其有课丁没尽，老幼单亲，家无受复者，各赐廪以接来稔。	《魏书》卷八《世宗纪》
		……延昌二年，魏恒、肆二州地震山鸣，逾年不已，民覆压死伤者甚众。		《晋乘蒐略》卷之十二
		……肆州上年地震陷裂，本年恒、肆又大地震，寿阳大水入城，房屋均没。		《山西历史大事年表》
	恒州*	恒州地震山鸣。		雍正《朔平府志》卷之十一《外志·祥异》
	秀容	四月，秀容郡地震山鸣至三年正月不止。		光绪《忻州志》卷三十九《灾祥》

* 北魏太和十八年（494），孝文帝把都城由平城迁到洛阳，改旧都平城（今山西省大同市）的司州为恒州。北齐北周因之。隋初废入马邑郡。唐高祖李渊武德六年（623）在此置北恒州（大同市）。贞观十四年（640）改名为云州，治定襄县。947 年耶律德光建立辽国，称云州，设西京，并设西京道大同府作为辽的陪都。宋宣和五年（1123）收复云州，升为云中府，并为云中路，领一府八州。1115，金灭辽建立金国，改云中府为大同府。元改西京道大同府为大同路，治所在今大同市，领八州五县。

续　表

纪年	灾区	灾象	应对措施	资料出处
北魏延昌二年（513）	崞县	地震频连。		乾隆《崞县志》卷五《祥异》
北魏延昌三年（514）	敷城*、原平	肆州秀荣郡敷城县、雁门郡原平县，并自去年四月以来，山鸣地震，于今不已。	告遣彰咎，朕甚惧焉；祗畏兢兢，若临渊谷。可恤瘼宽刑，以答灾谪。	《魏书》卷八《世宗纪》
	敷城	正月辛亥，有司奏："肆州上言秀容郡敷城县，自延昌元年四月地震于今不止。"		雍正《山西通志》卷一百六十二《祥异一》
北魏延昌四年（515）	代州	闰月，汾州献白狐二，八月，恒州献白雀。（又按：旧志载，正始元年，甘露降于九原山）延昌元年夏，代州地拆，秋八月，平阳郡献白乌。		雍正《山西通志》卷一百六十二《祥异一》
北魏出帝普泰二年（532）	平城	九月，平城地震。		雍正《山西通志》卷一百六十二《祥异一》 道光《大同县志》卷二《星野·岁时》
	怀仁	九月，地震。		光绪《怀仁县新志》卷一《分野》
东魏武定二年（544）	西河*	十（有）一月，西河地陷，有火出。		《魏书》卷十二上《孝静帝纪》 雍正《山西通志》卷一百六十二《祥异一》

* 敷城，北魏太平真君七年（446）改敷城郡为县，属秀容郡，隋时改叫鄜城，故治在今山西原平县境。

* 西河，今汾阳。

续 表

纪年	灾区	灾象	应对措施	资料出处
东魏武定二年（544）	西河	十（有）一月，西河地陷，有火出。		光绪《山西通志》卷八十四《大事记二》 光绪《永济县志》卷二十三《事纪·祥沴》 乾隆《蒲州府志》卷之二十三《事纪·五行祥沴》
东魏武定三年（545）	并州	静帝武定三年冬，并州地震。		《魏书》卷一百一十二《灵征志上》
	代州、并州	代地震。 三年八月，并州献嘉禾。冬，并州地震，汾州西河北山有火潜行地下，热气上出。		雍正《山西通志》卷一百六十二《祥异一》
	并州	八月，并州献嘉禾；冬，并州地震。		乾隆《太原府志》卷四十九《祥异》
东魏武定四年（546）	乡郡	七月夏*，并州乡郡地震。		乾隆《太原府志》卷四十九《祥异》
东魏武定七年（549）	乡郡	七年夏，并州乡郡地震。		《魏书》卷一百一十二《灵征志上》 雍正《山西通志》卷一百六十二《祥异一》 光绪《山西通志》卷八十四《大事记二》
		夏，乡郡地震。		乾隆《沁州志》卷九《灾异》
		夏，地震。		乾隆《武乡县志》卷之二《灾祥》
北齐河清二年（563）	并州	后齐河清二年，并州地震。		《隋书》卷二十三《五行志下》
		二年四月，并、汾、晋、东雍、南汾五州虫旱伤稼，遣使赈恤，并州地震。		雍正《山西通志》卷一百六十二《祥异一》

*“七月夏”疑为“七年夏”。

续　表

纪年	灾区	灾象	应对措施	资料出处
北齐河清二年（563）	并州	四月,并州虫旱伤稼。遣使赈恤。是年,地震。十二月,大雨雪连月,南北千余里,平地数尺,霜昼下,雨血于太原。		乾隆《太原府志》卷四十九《祥异》
	太原	四月,虫旱伤稼。遣使赈恤。是年地震。十二月雨血。		道光《太原县志》卷之十五《祥异》
北齐武平七年（576）	河东	河东地震。		《周书》卷六《武帝纪下》 光绪《绛县志》卷六《纪事·大事表门》
		十一月乙卯,河东地震。		雍正《山西通志》卷一百六十二《祥异一》 光绪《山西通志》卷八十四《大事记二》
	河津	十一月巳卯,地震。		光绪《河津县志》卷之十《祥异》

（一）　时间分布

学者研究认为,西元 145 年以后,山西地震带和华北地震区进入平静时期,一直到 5 世纪初;从 5 世纪中后期开始一直到 6 世纪初,山西进入第二地震活跃期[①]。从年际分布来看,魏晋前期（220—450）的 230 年间,山西地震的历史记录比较少,总计为 22 次,年频次为 0. 10。魏晋后期（451—581）的 130 年间,高达 30 次,年频次为 0. 23,比前期有了巨大的增幅,此间,北魏宣武帝延昌元年（512）,发生了波及整个北部山西的代县 7 级地震。比照魏晋时期山西地震前后期比率上的

①武烈、贾宝卿、赵学普编著:《山西地震》,地震出版社,1993 年版,第 32 页。

变化，山西魏晋时期的地震时间分布与学者对于中国历史地震的研究结论基本吻合。

（二） 空间分布

山西省地处黄河中游，东有太行山屹立，西、南有黄河逶迤东流，中间大同、忻定、灵丘、太原、临汾、运城等一系列断陷盆地呈雁列形分置南北；桑干河、滹沱河、汾河流贯其间。由一系列断陷盆地构成的山西断陷带，是强烈地震活动的区域。

表 2－19 魏晋南北朝时期山西地震（地质）灾害空间分布表

今地	灾区（次）	灾区数
太原	并州（11）	1
长治	乡郡（2）	1
大同	代京（8） 恒州（6）灵丘（1）左云（1）恒山（3）	5
朔州	新兴（3）桑乾（1）	2
忻州	雁门（3）肆州（4）秀容（2）新兴（3）代州（1）崞县（1）敷城（2）广武（1）	8
吕梁	西河（2）	1
临汾	平阳（9）翼城（1）曲沃（2）洪洞（1）霍州（1）霍山（1）浮山（1）	7
运城	河东（5）绛县（1）河津（3）稷山（1）虞乡（1）东雍（1）	6
其他	太行山（2）	1

魏晋南北朝时期的山西地震基本上分布在这几个断裂带上。此间历史地震记载 52 次，其中 3/4 以上主要集中在大同盆地、太原盆地、忻定盆地、临汾盆地和运城盆地。魏晋南北朝时期震灾频繁，究其原因，主要与中国特殊的地理位置、地质构造及地壳运动状况有关。中国处于欧亚、太平洋及印度洋三大板块交汇处，新构造运动活跃，极易引起地震。研究表明，我国绝大部分地震属浅源地震，而构造地震又占浅源地震的 90% 以上，因此震灾与地质构造关系密切，且多集中在板块交界地带、巨大破裂带及构造带上。新生代以来，我国构造运

动活跃，故而震灾也较频繁[①]。魏晋时期，山西几个主要的断裂带运动也相对频繁，这也成为魏晋南北朝时期山西地震灾害频发的重要因素。

七　农作物病虫害

魏晋南北朝时期，农作物病虫害在山西的自然灾害中属于较少的一种，历史文献共记录26次，年频次为0.07。农作物病虫害的种类主要有蝗灾、青虫、螽斯等，其中以蝗灾最为常见，总计17次，占这一时期农作物病虫害的65.4%。

表2-20 魏晋时期山西农作物病虫害年表

纪年	灾区	灾象	应对措施	资料出处
晋咸宁四年（278）	司州	六月丁未，广武地震，甲子又震，司州螟。		雍正《山西通志》卷一百六十二《祥异一》
晋元康六年（296）	马邑	明年，氐羌叛。十月，青虫食禾叶殆尽。		民国《马邑县志》卷之一《舆图志·杂记》
晋永宁元年（301）	太原、新兴	十月，南安、巴西、江阳、太原、新兴、北海青虫食禾叶，甚者十伤五六。		《晋书》卷二十九《五行志下》
		十月，平阳风雹，折木伤稼；太原、新兴青虫食禾甚者，十伤五六。		雍正《山西通志》卷一百六十二《祥异一》
		太原、新兴青虫食禾甚者，十伤五六。		光绪《山西通志》卷八十三《大事记一》
		十月，太原、新兴青虫食禾叶。		乾隆《太原府志》卷四十九《祥异》

①李善邦：《中国地震》，地震出版社，1981年版，第285页。

续　表

纪年	灾区	灾象	应对措施	资料出处
晋永宁元年（301）	太原	七月，青虫食禾叶。		道光《太原县志》卷之十五《祥异》
	新兴	十月，新兴青虫食禾，甚者十伤五六。		乾隆《大同府志》卷二十五《祥异》
		七月，新兴青虫食禾，十伤七六。		雍正《朔平府志》卷之十一《外志·祥异》 雍正《朔州志》卷之二《星野·祥异》
		七月，新兴青虫食禾叶，甚者十伤五六。		光绪《忻州志》卷三十九《灾祥》
晋怀帝永嘉四年（310）	并州	五月，幽、并、司、冀、秦、雍等六州大蝗，食草木牛马毛，皆尽。		《晋书》卷五《孝怀帝纪》
		五月，幽、并、司州大蝗，食草木牛马毛，皆尽。		雍正《山西通志》卷一百六十二《祥异一》
		并州大蝗，食草木牛马毛，皆尽。		光绪《山西通志》卷八十三《大事记一》
	河东	刘聪改年，雨血于其东宫延明殿，彻瓦在地者深五寸，平阳地震，雨血于东宫，广袤顷余，武库陷入地一丈五尺。河东大蝗，唯不食黍豆。靳准率部人收而埋之，后乃鑚土飞出，复食黍豆。平阳饥甚。		雍正《山西通志》卷一百六十二《祥异一》
	并州	五月，并州大蝗，食草木牛马毛，皆尽。		乾隆《太原府志》卷四十九《祥异》

续　表

纪年	灾区	灾象	应对措施	资料出处
晋怀帝永嘉四年(310)	太原	六月,大蝗,食草木牛马毛,皆尽。		道光《太原县志》卷之十五《祥异》
	并州	五月,幽、并大蝗,食草木牛马毛,皆尽。		乾隆《大同府志》卷二十五《祥异》
	翔山*	五月,翔山大蝗。		雍正《平阳府志》卷之三十四《祥异》 民国《翼城县志》卷十四《祥异》
晋永嘉五年(311)	司州	司州螽。		雍正《山西通志》卷一百六十二《祥异一》
晋建兴元年(313)	河东	河东大蝗。(刘聪时,河东大蝗,虽不食黍豆,其将靳准率部众捕蝗,而埋之一夕,蝗浴土飞出遂并食黍豆)		乾隆《蒲州府志》卷之二十三《事纪·五行祥沴》
晋建兴三年(315)	河东	河东大蝗。		光绪《绛县志》卷六《纪事·大事表门》
晋建兴四年(316)	建兴	大蝗,民流殍者半。		雍正《泽州府志》卷之五十《祥异》
		大蝗(民多流殍)。		乾隆《凤台县志》卷之十二《纪事》
	平阳	七月,大蝗(流殍者十五六)。		民国《临汾县志》卷六《杂记类·祥异》
	芮城	大蝗,民流殍者殆半。		民国《芮城县志》卷十四《祥异考》

* 翔山为中条山支脉,位于翼城县城东南15千米处。

续　表

纪年	灾区	灾象	应对措施	资料出处
晋建兴五年（317）	河朔*	五月，聪所居螽斯则百堂灾。平阳西明门社（“社”当为“牡”）自亡，霍山崩。河朔大蝗，初穿地而生，二旬则化状若蚕，七八日而卧，四日蜕而飞，弥亘百草，唯不食三豆及麻，并冀尤甚。（同上即晋书）		雍正《山西通志》卷一百六十二《祥异一》 雍正《平阳府志》卷之三十四《祥异》
	司州	春正月，帝在平阳。庚子，虹霓弥天，三日并照。秋七月，大旱，司州螽、蝗。石言于平阳，聪境内大蝗，平阳、冀雍尤甚。河汾大溢，漂没千余家，东宫灾异，门阁宫殿荡然。		雍正《山西通志》卷一百六十二《祥异一》
	河东	七月，河东大蝗，初未伤稼。有司靳准率部人收而埋之，后有钻土飞出者，复食黍豆。		民国《洪洞县志》卷十八《杂记志·祥异》
	河津	大蝗。		光绪《河津县志》卷之十《祥异》

*河朔，古代指黄河以北的地区，大体包括今山西、河北和山东部分地区。

续　表

纪年	灾区	灾象	应对措施	资料出处
晋太兴元年(318)	平阳	雨血于平阳广袤十里,五月汉主所居螽斯则百堂灾,焚子会稽王以下二十一人,平阳西明门牡自亡,霍山崩。		光绪《山西通志》卷八十三《大事记一》
晋永和十二年(356)	崞县	大蝗,百草无遗,牛马相啖毛。		乾隆《崞县志》卷五《祥异》 光绪《续修崞县志》卷之八《志余·灾荒》
北魏太安三年(457)	全境	十有二月,以州镇五蝗,民饥。	使使者开仓以赈之。	《魏书》卷五《高宗纪》
北魏和平四年(463)	全境	和平五年二月,诏以州镇十四去岁虫水。	开仓赈恤。	《魏书》卷五《高宗纪》
北魏和平五年(464)	全境	二月诏以州镇十四,去岁虫水。	开仓赈恤。	光绪《山西通志》卷八十四《大事记二》
北魏太和元年(477)	全境	十二月丁未,诏以州郡八水旱蝗,民饥。	开仓赈恤。	《魏书》卷七《高祖纪上》
北魏太和二年(478)	代京	三月,白燕见于并州。夏四月,代京蝗。	甲辰,祈天灾于北苑,亲自礼焉,减膳,避正殿。丙午,澍雨大洽,曲赦京师。	雍正《山西通志》卷一百六十二《祥异一》
		……四月幸崞山,京师蝗。	甲辰,祈天灾于北苑,亲自礼焉。减膳过正殿。丙午澍雨大洽,曲赦京师。	光绪《山西通志》卷八十四《大事记二》
		夏四月,代京蝗旱。(北史)		乾隆《大同府志》卷二十五《祥异》

续　表

纪年	灾区	灾象	应对措施	资料出处
北魏太和八年（484）	肆州	（四月）济、光、幽、肆、雍、齐、平七州蝗。		《魏书》卷一百一十二《灵征志上》
		四月，肆州暴风蝗，白燕集于代京。		雍正《山西通志》卷一百六十二《祥异一》
		四月，肆州暴风蝗。		光绪《山西通志》卷八十四《大事记二》 光绪《忻州志》卷三十九《灾祥》
北魏正始元年（504）	司州	正始元年六月，夏、司二州蝗害稼。		《魏书》卷一百一十二《灵征志上》
北齐天保八年（557）	全境	自夏至九月，河北六州、河南十二州、畿内八郡大蝗。是月，飞至京师，蔽日，声如风雨。	甲辰，诏今年遭蝗之处免租。	《北齐书》卷四《文宣帝纪》
	建兴	蝗。		雍正《泽州府志》卷之五十《祥异》
北齐天宝九年（558）	山东*	（夏）山东大蝗。	差夫役捕而坑之。	《北齐书》卷四《文宣帝纪》
北齐河清二年（563）	并、汾、晋、东雍、南汾	二年四月，并、汾、晋、东雍、南汾五州虫旱伤稼。	遣使赈恤。	雍正《山西通志》卷一百六十二《祥异一》 雍正《平阳府志》卷之三十四《祥异》 民国《浮山县志》卷三十七《灾祥》
	并州	四月，并州虫旱伤稼。	遣使赈恤。	乾隆《太原府志》卷四十九《祥异》

* 山东，今崤山以东。

续 表

纪年	灾区	灾象	应对措施	资料出处
北齐河清二年（563）	汾州	四月，汾州虫旱伤稼。	遗使赈恤。	乾隆《汾州府志》卷之二十五《事考》
	曲沃	夏四月，旱虫伤稼。	遣官赈恤。	光绪《续修曲沃县志》卷之三十二《祥异》
	绛州	四月，虫伤稼。	遣官赈恤。	《直隶绛州志》卷之二十《灾祥》 民国《新绛县志》卷十《旧闻考·灾祥》
	河津	大蝗。		光绪《河津县志》卷之十《祥异》
	稷山	虫旱伤稼。		同治《稷山县志》卷之七《古迹·祥异》

（一） 时间分布

从年际分布看，魏晋农作物病虫害呈现特定时段集中高发频发的特点。魏晋361年中的26次灾害，有12次发生于301—350年间，50年时间段占灾害总量的46%，这与同时期雹灾的年际分布具有同样的特征。但是，农作物病虫害与雹灾之间是否存在关联尚需进行深入研究。

表2－21 魏晋南北朝时期山西农作物病虫害季节分布表

季节	春	夏	秋	冬
次数（年/次）	3	12	2	4
占总量比（%）	14.3	57.1	9.5	19.1

同时，魏晋南北朝时期，山西农作物病虫害发生于春季3次，夏季12次，秋季2次，冬季4次，余者未有确定的时间记载。统计显示，夏季农作物病虫害的次数最多，占总数的57.1%。这与历史时期山西农作物病虫害发生的季节特征基本是一致的。

（二） 空间分布

表 2－22 魏晋南北朝时期山西农作物病虫害空间分布表

今 地	灾区（次）	灾区数
太 原	太原（2） 并州（2）	2
晋 城	建兴（3）	1
大 同	代京（司州 8）	1
朔 州	马邑（1）	1
忻 州	肆州（1）崞县（1）新兴（2）	3
吕 梁	汾州（1）	1
临 汾	平阳（1）翔山（1）曲沃（1）	3
运 城	河东（4）绛州（2）东雍（2）河津（1）稷山（1）芮城（1）南汾（1）	7
其他地区	山东（1） 河朔（1） 全境（6）	3

魏晋南北朝时期，农作物病虫害发生的次数虽少，但是分布范围广。除长治和阳泉外，历史文献反映，其它地区均有不同程度的发生。从各地发生范围看，运城和大同分布最为广泛。

八 疫灾

魏晋南北朝时期，瘟疫是山西所有灾害中最少的一种，历史文献仅记录 8 次，年频次为 0.02。这一时期的瘟疫有一重要特点，就是出现动物染疫的历史记录。

表2-23 魏晋时期山西疫灾年表

纪年	灾区	灾象	应对措施	资料出处
晋永嘉四年(310)	天下	天下大疫,死者十之二三。		《中国救荒史》邓云特著,三联书店印。
	全境	是岁大疫。石勒军将攻建邺,会大雨,三月不止,军饥疫,死者大半。		《晋书》卷五《孝怀帝纪》《晋书》卷一百四十《石勒载记上》
晋穆帝永和七年(351)	山东	七年十月,刘显杀石祗及诸将帅,山东大乱,疾疫死亡。		《晋书》卷十三《天文志下》
北魏天兴五年(402)	全境	五年十月戊申,月晕左角,时攻姚兴弟,平于干壁克之。太史令晁崇奏:“角虫将死。”上虑牛疫,乃命诸军并重焚车。丙戌,车驾北引,牛大疫,死者十八九。官军所驭巨犗数百,同日毙于路侧,首尾相属,麋鹿亦多死。		雍正《山西通志》卷一百六十二《祥异一》光绪《山西通志》卷八十三《大事记一》
北魏皇兴二年(468)	全境	后岁夏旱,河决,州镇二十七皆饥,寻又天下大疫。		《魏书》卷一百零五之三《天象志三》
北魏太和十一年(487)	雁门、代郡	二月甲子,肆州之雁门及代郡民饥,开仓赈恤。是岁大旱,都民饥,牛又疫,或以马、驴、橐、驼供驾、挽、耕、载。	诏聽民就丰,行者十五六。	雍正《山西通志》卷一百六十二《祥异一》

续　表

纪年	灾区	灾象	应对措施	资料出处
北魏太和十一年(487)	雁门、代郡	肆州之雁门及代郡民饥，开仓赈恤。……是年，迤北大疫，牛疫多死。	听民出关就食。	《晋乘蒐略》卷之十二
	崞县	大旱，牛疫民死。		乾隆《崞县志》卷五《祥异》
		魏文帝太和十一年，大旱，牛疫民死，七月赈贷。		光绪《续修崞县志》卷之八《志余·灾荒》
北魏永平三年(510)	禽昌*、襄陵*	夏四月，平阳郡之禽昌、襄陵二县大疫，自正月至此月，死者两千七百三十人。	(十月)丙辰，诏曰："可敕太常于闲敞之处，别立一馆……使知救患之术耳。"	《魏书》卷八《世宗纪》
		四月，平阳之禽昌、襄陵二县大疫，自正月至此月死者二千七百三十人。		雍正《山西通志》卷一百六十二《祥异一》
		永平三年夏四月，平阳之禽昌、襄陵两县大疫，自正月至此月，死者两千七百三十人。(北史)		雍正《平阳府志》卷之三十四《祥异》
		北魏永平三年夏四月，禽昌、襄陵二县大疫，自正月至此月，死者两千七百三十人。		民国《浮山县志》卷三十七《灾祥》
北齐武平四年(573)	并州	正月，并州有狐媚多截人发。		光绪《山西通志》卷八十四《大事记二》

* 禽昌，今临汾吉县一带。

* 襄陵在今襄汾县境。襄汾县系1954年由襄陵、汾城(又名太平)二县合并而成。襄陵以晋襄公陵而得名；汾城系古晋国都，因汾河流经得名。

从年际分布看，魏晋时期疫灾的发生较为均衡，7 次瘟疫灾害基本上平均分布于 310—573 年间。从季节分布看，正月、十月各 1 次，四月 2 次，余者无具体的时间记录。其中，北魏永平三年(510)“四月，平阳郡之禽昌、襄陵二县大疫，自正月至此月，死者二千七百三十人”[①]，是此间最严重的瘟疫灾害。

第二节　魏晋南北朝山西自然灾害的特征、成因及社会应对

一　魏晋南北朝山西自然灾害的特征

自然灾害的发生有其自身特点，比如群发性、多发性和多因性等。一些自然灾害又具有季节性特征和地域特征，魏晋时期山西自然灾害也同样具有这些特点。但与先秦秦汉时期相比，这一时期的自然灾害又具有以下几个特点：

（一）　自然灾害总体高发，但灾害时间分布极不平衡

总体来说，由于受到气候变化的影响，魏晋时期山西自然灾害数量有明显的增加。如前文所述，先秦秦汉的千年时间内，自然灾害的总量为 101 次，年频次仅为 0. 101，意味着该时期自然灾害百年一遇。而魏晋时期的 361 年内，自然灾害的总量达到史无前例的 323 次，年频次为 0. 89，差不多每年均有自然灾害的出现。而且，学术界也普遍认为魏晋时期是中国自然灾害高发频发时期之一，所以，魏晋时期山西自然灾害的发生与中国自然灾害的发生是同步的。但是，魏晋时期山西自然灾害的年际分布并不均衡，而是呈现高—低—高的基本走

①雍正《山西通志》卷一百六十二《祥异一》。

势。在251—350年间，出现一个百年的峰值，351—450年出现一个100年的谷值，然后到451—500年又出现一个峰值，大约从西元501年开始，自然灾害的频率逐步降低，慢慢渡入隋唐低发期。

（二） 自然灾害地理分布相对广泛

首先，灾害发生频繁，影响范围大，后果严重。正如前文所述，魏晋山西自然灾害几乎每年都有历史记录，比先秦秦汉时期的年频次高出近9倍，而且，灾害的空间分布广。有时，动辄覆盖数郡甚至全境。东魏天平四年（537）“四年四月乙酉，并、肆、汾、建、晋、东雍、南汾、秦、陕九州霜旱，人饥流散”[①]。有时，同一地方同一时期出现不同灾害，这种灾害虽然受灾范围看似较小，但是危害却很大。晋咸宁四年（278）“六月丁未，广武地震，甲子又震，司州螟。七月，司州大水，伤秋稼，坏屋室，有死者”[②]；晋太康二年（281）“三月甲午，河东陨霜害桑。五月庚寅，河东、上党雨雹，伤禾稼。七月，上党又暴风，雨雹，伤秋稼”[③]。有时，同一地方不同时期出现不同灾害。北魏太和九年（485）“正月丁丑，月在参，晕觜、参两肩，东井北河五车三星，占曰，水，是年代京水伤稼。六月，肆州及司州、灵丘、广昌镇陨霜。庚戌，肆州及灵丘、广昌镇暴风折木。九月，朔州大水，杀千余人。代京及州镇十三水旱，伤稼”[④]。有时，不同地方同一时期发生同一种灾害。北魏景明元年（500）“八月乙亥，汾州暴风陨霜”[⑤]，“八月乙亥，司州之平阳频暴风陨霜。”[⑥]，“八月乙亥，频暴风陨霜。”[⑦]

---

①雍正《山西通志》卷一百六十二《祥异一》。

②雍正：《山西通志》，卷一百六十二，《祥异一》。

③雍正：《山西通志》，卷一百六十二，《祥异一》。

④雍正：《山西通志》，卷一百六十二，《祥异一》。

⑤乾隆《汾州府志》卷之二十五《事考》。

⑥乾隆《平阳府志》卷之三十四《祥异》。

⑦光绪《直隶绛州志》卷之二十《灾祥》。

（三） 各类灾害频发连发

灾害的连发指灾害的多年连续发生，即某一种灾害连续两年或者两年以上发生。灾害的连发是灾害加重的重要表现。灾害的连发期反映了灾害在年际时间序列上的发生情况，也反映着灾害的发生在更长的时间尺度上的年际发生的特点。以旱灾为例，魏晋时期旱灾共有8个连发期，尤其是北魏承明元年（476）、北魏太和元年（477）、北魏太和二年（478）、北魏太和三年（479）、北魏太和四年（480）、北魏太和五年（481）连续6年持续旱灾。

二 魏晋南北朝山西自然灾害的成因

"魏晋南北朝时期是中国古代自然灾害集中发生的重要历史时期之一"[①]。相比先秦秦汉时期，山西的自然灾害发生的密度随着时间推移在增加。究其原因，除文本记录的增加和受天文因素及山西的地理环境影响外，气候变化、人类不当活动也是不可忽视的因素。

（一）自然因素

研究认为，太阳长期活动影响地球气候、地震以及人类活动。有的学者考察了太阳活动和气候变化之间的关系、太阳活动影响气候变化的途径，分析了太阳活动与我国水（洪涝）灾面积之间的关系，并对未来几年的水（洪涝）灾面积作了预报。此外，对地震爆发周期和太阳活动周期的密切联系以及可能触发地震爆发的天文因素进行了探究，发现中国中纬度的大地震几乎都发生在太阳活动周的降段和谷段，而这些年份经常发生大洪水，认为在研究地震的触发机制时，应结合地

①袁祖亮主编，张美莉、刘继先、焦培民著：《中国灾害通史》（魏晋南北朝卷），郑州大学出版社，2009，第14页。

震发生时的降雨等气象原因进行研究[①]。

当然，研究人员也意识到，“在天文学与自然灾害的相关研究中，目前的许多工作还主要是探讨他们之间的相关规律，涉及的范围和内容较广泛，但缺乏系统性，物理机制的研究虽也在进行，但尚不深入。”[②]但是，天文影响气候变化的事实是存在的，正如前文所述，九星会聚在冬半年时气候变冷被认为是可靠的结论，而且这一结论与竺可桢对近5000年来的中国气候变化的结论高度吻合。魏晋南北朝时期是我国历史上的一个低温期，这个低温期从东汉初一直持续到唐前期[③]。而在历史上，自然灾害的发生存在一个异常期和严重异常（恶化）期，它们的共同特点是：气温降低，寒冷加重，自然灾异多发、群发。

而且，魏晋时期山西进入第二地震活跃期。2世纪前后的山西第一地震活跃期过后，山西地震带和华北地震区的其他地震带进入百年尺度的平静时期，从晋建兴元年（313）开始，山西地震开始活跃，到北魏延昌元年（512）代县大震爆发前的200年间，山西共发生地震33次之多，年频次达到0.16，接近同时期旱灾的频次。就史料反映的情况，北魏延昌元年（512）代县大震前，地震活动的主要区域在太原盆地和大同盆地，而此后忻定盆地的几次地震记载，可能是余震系列。代县大震后，山西地震带又进入百年的平静时段，直到唐贞观二十三年（649）年临汾发生6级地震。

（二）社会因素

魏晋南北朝时期频繁发生的自然灾害不仅仅是地理环境、气候变迁的结果，还与人们的经济活动息息相关。魏晋时期天下大乱，政权

①苏同卫：《太阳长期活动的地球响应》，中国科学院研究生院硕士论文，2006年6月。

②韩延本、赵娟：《天文学与自然灾害研究》，《地球物理学进展》，1998年第3期，第115页。

③竺可桢：《中国近五千年来气候变迁的初步研究》，《考古学报》，1972年第1期，第20～25页。

更替频繁,山西首当其冲。由于人类的不当活动,导致了生态平衡的破坏,加剧灾害后果。

首先,人类的不当活动基于人口的增长。魏晋南北朝时期,虽然整体上是一个动乱的年代,但是因为有了曹魏、西晋以及北魏的短暂统一,这个时期生产力得到一定程度的恢复和发展,人口也有所增加。"西晋末年,由于'八王之乱'及'十六国之乱',山西百姓大量死亡、迁徙,人口数量再次减少,直至北魏定都平城,始有恢复。北魏曾多次向晋北移民,使晋北人口大增。东魏孝静帝武定年间(543—550)山西人口总数恢复到 1012761 人。"[①]人口的增加就不可避免的带来环境破坏,而当北方少数民族内迁之后,山西北部地区及边远地区的土地得到开发,而其中不合理的开发造成了水土流失、植被破坏等一系列不良后果,这也是魏晋南北朝时期自然灾害多发的一个原因。

其次,森林植被的破坏加剧使生态环境恶化,从而引发自然灾害。历史时期的黄河中游地区,除内蒙古西部和宁夏部分地区为荒漠地带外,其余均有森林草原覆盖。那时这里的气候温暖湿润、河水流量大、池沼湖泊星罗棋布、绿色遍野、水草丰茂,是人类栖息的理想之地[②]。到魏晋时期,森林植被整体上还算完好,但是已经开始遭到一定程度的破坏。北魏定都平城大肆修筑宫殿历时近一个世纪,经历两次大规模修建,第一次道武帝、明元帝及武帝三代基本确定了平城的城市格局,"太祖欲广宫室,规度平城,四方数十里,将模邺、洛、长安之制。运材数百万根,以题[③]机巧,征令监之。"[④]孝文帝时期又一次大肆营建;迁至洛阳后,又修建规模更为宏大的新宫。一系列营建所需木材皆取

①侯春燕:《山西人口数量变迁及思考》,《沧桑》,1998 年第 6 期,第 30 ~ 31 页。

②马雪芹:《历史时期黄河中游地区森林与草原的变迁》,《宁夏社会科学》,1999 年第 6 期,总第 97 期,第 80 页。

③题即莫题,祖籍雁门繁畤人,平城宫城的负责人。

④(北齐)魏收:《魏书》卷二十三《莫含传》,中华书局,1974,第 603 页。

自西河[①]。“东魏在邺(今河北临漳)建都,大造宫殿,取材于上党”[②]。由于森林植被的破坏,魏晋时期水土流失逐渐加重起来,黄河、汾河等水患的历史记录逐渐多了起来,生态环境恶化影响自然灾害已经初见端倪。“森林植被破坏同时导致旱灾频发。森林对区域小气候具有很强的调节作用,可以减少水分蒸发,使少雨地区保持一定的湿润度。森林破坏后,暴雨直接泄入谷道,地下水得不到补充,就进一步促成干旱。山西灾害次数的增加、范围扩大,就说明了这一问题。”[③]

第三,战乱使致灾因素增加。魏晋南北朝时期社会动荡,战乱频仍。“这一时期,社会经济遭到人为的战乱破坏和自然灾害的频繁袭击”[④]。就全国而言,“魏晋南北朝“共发生战争1033次,平均每年2.6次,为中国历史之最”[⑤]。东汉末年,军阀混战,匈奴、鲜卑、乌桓等少数民族长驱直入今山西省境;而董卓、袁绍、曹操等军阀势力及晋阳侯张扬、丁原等地方军阀势力又盘据其间;同时黄巾军余部白波等农民义军仍在山西境内坚持斗争,各种力量犬牙交错,相互角逐并吞,使山西境内形成一种十分复杂的军政局面。曹魏时期,山西的政治局面相对稳定。西晋“八王之乱”后,进入中原的羯、鲜卑、氐、羌等少数民族相继建立政权,使北方出现从东晋开始到隋统一,此起彼伏的十六国争斗近三个世纪的南北对峙局面。期间,匈奴汉国、后赵、前燕、前秦、西燕、后燕、北魏、东魏、北齐逐鹿山西,对山西政治、经济及生态环境造成了不良影响。战争与水旱等灾害的关系,是通过战争对生态的破

---

①滕崇德、张启耀:《山西植被的历史变迁》,《河东学刊》,1998年第2期,第31页。

②(西晋)陈寿:《三国志》卷十五《魏书·刘司马梁张温贾传》,中华书局,1964,第469页。

③《山西自然灾害》编辑委员会:《山西自然灾害》,山西科学教育出版社,1989年8月,第20页。

④孟昭华:《中国灾荒史记》,中国社会出版社,1999,第185页。

⑤袁祖亮主编,张美莉、刘继先、焦培民著:《中国灾害通史》(魏晋南北朝卷),郑州大学出版社,2009年5月,第35页。

坏,进而引发灾害这一链节发生联系的,兵燹所及,造成大量人口的死亡,增加瘟疫出现的可能;战争破坏环境,造成了植被减少,致水土流失,大风扬沙以及洪涝灾害也随之而来;战争耗费大量的人力物力财力,又增加徭役及苛捐杂税,使得人们降低甚至丧失抵御自然灾害的能力。

三 魏晋南北朝山西自然灾害的社会应对

(一) 祷祝祈雨

古代社会,祷祝祈雨是统治者应对自然灾害的重要方式。在反映魏晋南北朝时期自然灾害的文献中,屡见祷祝祈雨记载,其方式也是多种多样。有要求各地州郡不管大小神等全部祭祀者:北魏和平元年(460),"四月旱,下诏州郡,于其界内神无大小,悉洒扫荐以酒脯。"[①]北魏太和四年(480),"二月癸巳,以旱故,诏天下祀山川群神及能兴云雨者,修饰祠堂,荐以牲璧。人有疾苦,所在存问。"[②]有帝王以身作则,减膳自省甚至绝食告天者:北魏文成帝和平五年(464),"(四月)闰月戊子,帝以旱故,减膳责躬。是夜,澍雨大降。"[③]北魏孝文帝太和二年(478),"(四月)京师旱。甲辰,祈天灾于北苑,亲自礼焉。减膳,避正殿。"[④]北魏太和三年(479),"五月丁巳,帝祈雨于北苑闭阳门。是日澍雨大洽。"[⑤]有亲自远足祈雨者:北魏孝文帝太和元年(477),"五月乙酉,车驾祈雨于武州山,俄而澍雨大洽。"[⑥]亦有采取措施后效果不

①(北齐)魏收撰:《魏书》卷一百八之一《志第十·礼志一》,中华书局,1974,第2739页。

②(唐)李延寿撰:《北史》卷三《魏本纪第三·高祖孝文帝元宏》,中华书局,1974,第96页。

③(北齐)魏收撰:《魏书》卷五《帝纪第五·高宗文成帝濬》,中华书局,1974,第122页。

④(北齐)魏收撰:《魏书》卷七上《帝纪第七上·高祖孝文帝宏》,中华书局,1974,第145页。

⑤雍正《山西通志》卷一百六十二《祥异一》。

⑥(北齐)魏收撰:《魏书》卷七上《帝纪第七上·高祖孝文帝宏》,中华书局,1974,第144页。

佳而采用其它办法者：北魏孝文帝太和十五年(491)，“……四月癸亥，帝始进疏食。乙丑谒禾固陵自正月不雨，至于癸酉，有司奏祈百神，下诏责己，乙卯，经始明堂改太庙。”①

（二） 赈恤

救荒之政，莫大于赈恤。魏晋时期赈恤的措施主要有三项内容：一是蠲免，也叫豁免，就是免去受灾地区老百姓的钱粮和差役；二是放赈，就是发救济粮款项，或借一部分实物或钱钞让老百姓度饥荒，以后再还欠。此外，民间亦有赈灾活动，是官府赈恤的重要补充，但魏晋时期反映山西荒政的历史文献未有相关记录。

1. 蠲免

蠲免政策是缓解剥削繁重的重要政策。蠲免多因自然灾害发生而施行，统治者在自觉不自觉中将其视为缓解严重灾情和维护社会稳定的方略，政策的临时性和应急性特质较为显著。魏晋的蠲免在总体质量上和规模上与两汉时期不可相提并论，一方面是由于社会动荡不安，造成救灾制度方面存在问题，另一方面，魏晋的经济总量和实力与两汉存在一定差距，制约了魏晋的救灾水平。魏晋时期山西有关灾后实行蠲免政策的记录很少，仅二条。一是北魏延昌二年(513)恒州、肆州地震，北魏宣武帝延昌二年(513)，“冬十月，诏以恒、肆地震，民多死伤，蠲两河一年租赋。（十二月）乙巳，诏以恒、肆地震，民多离灾，其有课丁没尽、老幼单辛、家无受复者，各赐廪以接来稔。”②北齐天宝八年(557)，“自夏至九月，河北六州、河南十二州、畿内八郡大蝗。是月，飞至京师，蔽日，声如风雨。甲辰，诏今年遭蝗之处免租。”③

①光绪《山西通志》卷八十四《大事记二》。

②（北齐）魏收撰：《魏书》卷八《帝纪第八・世宗宣武帝恪》，中华书局，1974，第214页。

③（唐）李百药撰：《北齐书》卷四《帝纪第四・文宣高洋》，中华书局，1972，第64页。

2. 放赈

在反映魏晋山西自然灾害的历史文献中,开仓赈济所见最多,涉及自然灾害的类型也最丰富,几乎每一种自然灾害中均有政府赈济的历史记录。北魏皇兴二年(468)“十有一月,以州镇二十七水旱,开仓赈恤”[①];北魏太安三年(457),“十有二月,以州镇五蝗,民饥,使使者开仓以赈之。”[②]东魏天平四年(537),“霜旱,人饥流散,开仓赈恤。”[③]

赈恤的方式也有不同,有遣使赈恤者:北齐河清二年(563 年)“夏四月,并、汾、晋、东雍、南汾五州虫旱伤稼,遣使振恤”[④];有开仓赈恤者:北魏和平四年(464),“二月诏以州镇十四,去岁虫水,开仓赈恤”。[⑤]有赐食者:北魏宣武帝延昌元年(512)代州大震后,“十月诏以恒肆地震,人多灾。离其有课丁没尽,老幼单立,家无受复者,各赐廪粟以接来稔。”[⑥]也有以借贷方式进行赈济者:北魏太和十一年(487),“崞县,大旱,牛疫民死,七月赈贷。”[⑦]

(三) 其他措施

灾害的形式是多种多样的,灾后发生的状况也是难以预料的,魏晋时期山西荒政历史文献除记录祷祝祈雨和赈恤等措施外,还有一些其它零星的荒政措施的记录。

一是转移他处就食。北齐后主武平五年(574),“十月,蒲州饥。诏:乏绝者令向鄜城以西及荆州管内就食。”[⑧]北魏太和十一年

---

①光绪《山西通志》卷八十四《大事记二》。

②(北齐)魏收撰:《魏书》卷五《帝纪第五·高宗文成帝濬》,中华书局,1974,第 145 页。

③同治《稷山县志》卷之七《古迹·祥异》。

④雍正《山西通志》卷一百六十二《祥异一》。

⑤ 光绪:《山西通志》卷八十四《大事记二》。

⑥光绪《山西通志》卷八十四《大事记二》。

⑦乾隆《崞县志》卷五《祥异》。

⑧乾隆《蒲州府志》卷之二十三《事纪·五行祥沴》。

(487 年),“肆州之雁门及代郡民饥,开仓赈恤。迤北大疫,牛疫多死,听民出关就食。[①]”北魏太和十一年(487),“二月甲子,肆州之雁门及代郡民饥,开仓赈恤,是岁大旱。都民饥,牛又疫,或以马、驴、橐、驼供驾、挽、耕、载。诏聴民就丰,行者十五六。”[②]

二是招募或派出医疗人员救治。“北魏永平三年(510)“夏四月,平阳郡之禽昌、襄陵二县大疫,自正月至此月,死者两千七百三十人,(十月)丙辰,诏曰:‘可敕太常于闲敞之处,别立一馆…使知救患之术耳’”[③];北魏延昌元年(512),“四月癸未,诏曰:肆州地震陷裂,死伤甚多。亡者不可复追,生病宜加疗救,可遣太医,折伤衣并给所须之药,克治之”[④]。

三是捕蝗。晋永嘉四年(310),“刘聪改年,雨血于其东宫延明殿,彻瓦在地者深五寸,平阳地震,雨血于东宫,广袤顷余,武库陷入地一丈五尺。河东大蝗,唯不食黍豆。靳准率部人收而埋之,后乃鑽土飞出,复食黍豆。平阳饥甚。”[⑤]北齐天宝九年(558)夏,“山东大蝗,差夫役捕而坑之。”[⑥]

四是宽刑。北魏延昌三年(514),“肆州秀荣郡敷城县、雁门郡原平县,并自去年四月以来,山鸣地震,于今不已。告遣彰咎,朕甚惧焉;祗畏兢兢,若临渊谷。可恤瘼宽刑,以答灾谪。”[⑦]

五是遣人瘗埋。东魏天平三年(536)“三年八月,并州陨霜,大饥。十一月,诏尚书遣使巡检河北流移饥人,入井径滏口所经之处,若有死

①《晋乘蒐略》卷之十二。

②雍正《山西通志》卷一百六十二《祥异一》。

③(北齐)魏收撰:《魏书》卷八《帝纪第八 · 世宗宣武帝恪》,中华书局,1974,第 209 ~ 210 页。

④(北齐)魏收撰:《魏书》卷八《帝纪第八 · 世宗宣武帝恪》,中华书局,1974,第 212 页。

⑤雍正《山西通志》卷一百六十二《祥异一》。

⑥(唐)李百药撰:《北齐书》卷四《帝纪第四 · 文宣高洋》,中华书局,1972,第 64 ~ 65 页。

⑦(北齐)魏收撰:《魏书》卷八《帝纪第八 · 世宗宣武帝恪》,中华书局,1974,第 214 页。

尸即为藏掩。"[①]

六是招抚流亡。北魏太安四年"十二月,六镇、云中、高平饥,诏开仓廪赈之,流徙者谕还桑梓"[②];北魏延兴二年(472),"九月乙酉,诏以州镇十一水,丐民田租,开仓赈恤。又诏流进之民,皆令还本。"[③]

七是强化对官员的管理。北魏文成帝太安五年(459),"……十二月诏以六镇云中灾旱,年谷不收,开仓廪以赈之,有流徙者谕还桑梓市粜他界,为开傍郡通其交易之路。若典司之官分职不均,使上恩不达于下民,不赡于时,加以重罪,无有攸纵。"[④]

①光绪《山西通志》卷八十四《大事记二》。

②雍正《山西通志》卷一百六十二《祥异一》。

③(北齐)魏收撰:《魏书》卷七上《帝纪第七上·高祖孝文帝宏》,中华书局,1974,第137页。

④光绪《山西通志》卷八十四《大事记二》。

第三章　隋唐五代

第一节　隋唐五代山西自然灾害概论

本书所讨论的隋唐五代灾害史的时间断限为隋开皇元年(581)至北宋建隆元年(960)。在中国历史上,隋唐五代是由分裂走向统一,再由统一走向分裂的历史时期。开皇九年(589),隋灭南陈,自是,经过魏晋南北朝360多年的分裂割据,重新建立了统一的帝国,为后来的大唐盛世奠定了基础。继隋而立的唐朝享国289年,唐代各君主都致力于劝课农桑,宽政缓刑,积极应对自然灾害。自907年,朱全忠废唐末帝自立为帝,开始了五代十国的历史时期,中国陷入四分五裂的局面。

山西自然灾害的统计数据显示,隋唐五代山西各种自然灾害总量虽然超出此前的先秦秦汉的灾害总量,但在数量及频次上不仅远远逊于其后的宋、元、明、清时期,而且与此前的魏晋南北朝时期存在较大差距。魏晋南北朝361年间山西历史文献计有323次灾害历史记录,频次为0.89,差不多1年1次灾害记录;而隋唐五代的379年间,山西历史灾害记录仅为165次,年频次为0.44,2年都平均不到1次灾害记录,尤其是雹灾记录仅1次。那么是什么因素造成这一结果呢?研究认为,早期历史灾害数量主要受两种因素影响:

一是受历史文献记录的影响。尤其是地方历史灾害的数量受到来自于历史文献影响几乎是决定性的,有关这一问题在前文已经进行讨论，且后文也有涉及。

二是气候变化的影响。虽然目前要准确地定量气候变化对自然灾害的强度和出现频率的影响还不现实，但是，气候变化对历史灾害影响及其两者的关联性几乎为学界共识。那么，隋唐五代自然灾害数量较少，历史文献缺失肯定是一个重要因素，但我们有理由相信，在历史文献缺失方面，魏晋灾害历史文献的缺失应当不输于隋唐五代。所以，隋唐五代自然灾害数量较少于魏晋，其决定性因素是气候变化因素。

竺可桢先生通过对梅树、柑桔物候和农作物生长期的对比，从物候学角度研究认为，7 世纪的中国是一个温暖湿润的时代。进一步研究也表明，630 年到 834 年这 200 多年是中国近 3000 年来历时最长的多雨期[①]。而历史灾害统计显示，隋唐五代时期，是中国历史上水（洪涝）灾最高的时期，而统计山西历史水（洪涝）灾在自然灾害中的比重，隋唐五代时期的比重仅次于清代，居于第二位。水（洪涝）灾的出现是和降水密切关联的，而降水的增加则意味着气温的增高。同时，近年来已有学者注意到气候温暖时期往往与王朝的兴盛在时间上相对应。温暖湿润的气候不仅使唐代农牧业界线北移，农耕区扩大，农产品复种指数提高，为农业经济的发展乃至物质文明的发展奠定了基础，而且唐代物质文明的发展为其政治稳定、国力强盛和文化发展创造了条件。值得注意的是，中国历史上的大治时期与温暖期相对应，而大乱时期尤其是北方游牧民族南迁则与寒冷期相对应。西周时期北方游牧民族南迁对应西元前 1000 年左右的寒冷期，东汉两晋南北朝时期游牧民族南迁对应着西元 100 年至 500 年左右的寒冷期，南宋时期游牧民族南迁对应着西元 1100 年至

①王邨、王松梅：《近五千余年来我国中原地区气候在年降水量方面的变迁》，《中国科学》1987 年第 1 期，第 104 ~ 112 页。

1200 年左右的寒冷期，明末清初满清民族南下对应着“明清宇宙期”[①]。当然，这种对应并非简单意义上的气候与历史事件偶然关联，北方游牧民族周期性南迁是基于中高纬度地区的寒冷气候为潜在动力的因果必然。

表 3－1 隋唐五代时期山西自然灾害间隔 50 年频次表

时间	旱	水	雹	霜雪寒	风	地震	农作物	瘟疫	总计
581—600	0	0	0	0	0	1	3	1	5
601—650	16	5	1	3	0	12	5	6	48
651—700	3	1	0	0	0	4	2	0	10
701—750	7	2	0	1	1	2	2	0	15
751—800	3	8	0	0	0	5	4	0	20
801—850	10	4	0	0	0	1	5	0	20
851—900	1	5	0	4	7	10	5	1	33
901—950	2	3	0	0	1	3	1	2	12
951—960	0	0	0	0	0	0	0	2	2
总计	42	28	1	8	9	38	27	12	165
年频次	0.11	0.07	0.003	0.02	0.024	0.1	0.07	0.03	0.44

一　旱灾

隋唐五代时期 379 年间，历史文献记录旱灾 42 年（次），年频次为 0.11。旱灾占全部灾害的 25.3%，是这一时期第一大类型自然灾害。

①蓝勇：《从天地生综合研究的角度看中华文明的东移南迁的原因》，《学术研究》1995 年 6 期，第 71～76 页。

表3－2 隋唐五代时期山西旱灾年表

纪年	灾区	灾象	应对措施	资料出处
隋大业四年（608）	燕、代*缘边诸郡	燕、代边缘诸郡旱，太原厩马死者大半。	帝怒，遣使案问。主者曰："每夜厩中马无故自惊，因而致死。"帝令巫者视之。巫者知帝将有辽东之役，因希旨言曰："先帝令杨素、史万岁取之，将鬼兵以伐辽东也。"帝大悦，因释主者。	雍正《山西通志》卷一百六十二《祥异一》 光绪《山西通志》卷八十四《大事记二》
		旱。		乾隆《大同府志》卷之二十五《祥异》
隋大业五年（609）	代郡	代郡饥。		雍正《山西通志》卷一百六十二《祥异一》 光绪《山西通志》卷八十四《大事记二》
		饥。（五行志）		乾隆《大同府志》卷之二十五《祥异》
隋大业八年（612）	天下	天下大旱，百姓流亡，六军冻馁死者十之八九。		雍正《山西通志》卷一百六十二《祥异一》 乾隆《平阳府志》卷之三十四《祥异》
	平定、乐平	旱，百姓流亡。		光绪《平定州志》卷之五《祥异·乐平乡》 民国《昔阳县志》卷一《舆地志·祥异》
	河津	大旱，百姓流亡。（隋·五行志）		光绪《河津县志》卷之十《祥异》

* 代，代郡，战国时治，西晋末废，东魏复置。故治在河北蔚县西南，山西灵邱，代县均属之。

续 表

纪年	灾区	灾象	应对措施	资料出处
唐武德三年（620）	河东[*]	旱，七年复旱。		同治《稷山县志》卷之七《古迹·祥异》 乾隆《蒲州府志》卷之二十三《事纪·五行祥沴》 光绪《虞乡县志》卷之一《地舆志·星野·附祥异》
		七月，河东旱；七年复旱。		光绪《永济县志》卷二十三《事纪·祥沴》
唐武德七年（624）	河东	七年七月戊寅，岁星犯毕。占曰：有边兵。河东旱。		雍正《山西通志》卷一百六十二《祥异一》
	曲沃、解州、河津	旱。	上亲祷雨，宫中设坛席，暴立三日。	光绪《续修曲沃县志》卷之三十二《祥异》 光绪《解州志》卷之十一《祥异》民国《解县志》卷之十三《旧闻考》 光绪《河津县志》卷之十《祥异》
唐武德八年（625）	河东	河东旱。		光绪《山西通志》卷八十五《大事记三》 光绪《绛县志》卷六《纪事·大事表门》
唐武德二十一年（637[*]）	绛州	高祖武德二十一年，旱。		光绪《直隶绛州志》卷之二十《灾祥》
		旱。		民国《新绛县志》卷十《旧闻考·灾祥》
唐贞观九年（635）	全境	九年秋，剑南、关东州二十四，旱。		《新唐书》卷三十五《五行志二》

* 河东，秦汉时指河东郡地，在今山西运城、临汾一带。唐代以后泛指山西。

* 唐武德共九年。县志记述有误。

续 表

纪年	灾区	灾象	应对措施	资料出处
唐贞观二十一年（647）	绛州、蒲州	秋，陕、绛、蒲等州旱。		《新唐书》卷三十五《五行志二》
		二十一年秋，绛、蒲等州旱。		雍正《山西通志》卷一百六十二《祥异一》 光绪《山西通志》卷八十五《大事记三》 乾隆《蒲州府志》卷之二十三《事纪·五行祥沴》
	曲沃、太平、绛州、稷山	秋，旱。		光绪《续修曲沃县志》卷之三十二《祥异》 光绪《太平县志》卷十四《杂记志·祥异》 光绪《直隶绛州志》卷之二十《灾祥》 民国《新绛县志》卷十《旧闻考·灾祥》 同治《稷山县志》卷之七《古迹·祥异》
	芮城、虞乡	旱。		民国《芮城县志》卷十四《祥异考》 光绪《虞乡县志》卷之一《地舆志·星野·附祥异》
	蒲州	秋，蒲州旱。		光绪《永济县志》卷二十三《事纪·祥沴》
唐永徽元年（650）	绛州	京畿雍、同、绛等州十，旱。	秋七月丙寅，以旱，亲录囚徒。	《新唐书》卷三十五《五行志二》
	曲沃	旱蝗。		光绪《续修曲沃县志》卷之三十二《祥异》
	绛州	四月已巳*，旱蝗。		光绪《直隶绛州志》卷之二十《灾祥》

* 通志作六月庚辰。

续 表

纪年	灾区	灾象	应对措施	资料出处
唐永徽元年（650）	绛州	四月已巳，旱蝗。		民国《新绛县志》卷十《旧闻考·灾祥》
	河津	秋，旱。		光绪《河津县志》卷之十《祥异》
	稷山	旱蝗，地震。		同治《稷山县志》卷之七《古迹·祥异》
	芮城	旱蝗。四月，地震，至六月连震。		民国《芮城县志》卷十四《祥异考》
	河东	秋，河东旱蝗。		乾隆《蒲州府志》卷之二十三《事纪·五行祥沴》 光绪《永济县志》卷二十三《事纪·祥沴》
唐咸亨元年（670）	蒲州	咸亨元年春，旱；秋，复大旱。	二月戊申，以旱，亲录囚徒，祈祷名山大川。癸丑，日色出如赭。（《旧唐书》卷5《高宗纪下》） 三月，甲戌朔，以旱，赦天下，改元。（《资治通鉴》卷201）八月，以久旱，避正殿，尚食减膳。（《旧唐书》卷5《高宗纪下》） 六月，丁亥，以旱，亲录囚徒。（《旧唐书》卷5《高宗纪下》）	《新唐书》卷三十五《五行志二》
		咸亨元年七月，蒲州旱。		雍正《山西通志》卷一百六十二《祥异一》 光绪《山西通志》卷八十五《大事记三》

续　表

纪年	灾区	灾象	应对措施	资料出处
唐咸亨元年（670）	蒲州	七月，蒲州旱。		光绪《永济县志》卷二十三《事纪·祥沴》 乾隆《蒲州府志》卷之二十三《事纪·五行祥沴》
唐武后垂拱三年（687）	天下	武后垂拱三年，天下饥。		雍正《山西通志》卷一百六十二《祥异一》 民国《浮山县志》卷三十七《灾祥》
	平定州	民饥。		光绪《平定州志》卷之五《祥异·乐平乡》
	乐平	饿。		民国《昔阳县志》卷一《舆地志·祥异》
	河东	旱。		光绪《吉州全志》卷七《祥异》 民国《芮城县志》卷十四《祥异考》
唐久视元年（700）	河东	久视元年夏，关内、河东旱。		《新唐书》卷三十五《五行志二》
		河东旱。		雍正《山西通志》卷一百六十二《祥异一》 光绪《山西通志》卷八十五《大事记三》
		睿宗久视元年，河东旱。（本纪）		光绪《绛县志》卷六《纪事·大事表门》
唐长安元年（701）	文水	并州文水县猷水竭，武氏井溢长安中，并州晋祠水赤如血。		雍正《山西通志》卷一百六十二《祥异一》
		并州文水县猷水竭，武氏井溢。（五行志）		光绪《山西通志》卷八十五《大事记三》
		猷水竭，武氏井溢。		乾隆《太原府志》卷四十九《祥异》 光绪《文水县志》卷之一《天文志·祥异》

续 表

纪年	灾区	灾象	应对措施	资料出处
唐开元八年(720)	曲沃	旱。		乾隆《平阳府志》卷之三十四《祥异》 光绪《续修曲沃县志》卷之三十二《祥异》
唐开元十二年(724)	河东	十二年七月,河东、河北旱……九月蒲、同等州旱。	帝亲祷雨宫中,社坛席,暴立三日。	《新唐书》卷三十五《五行志二》
		十二年五月,太原献异马驹、两肋各十六,肉尾无毛。河东旱。	帝亲祷雨,宫中设坛席,暴立三日。	雍正《山西通志》卷一百六十二《祥异一》 光绪《山西通志》卷八十五《大事记三》
	曲沃	荣光出于河,赤兎见于坛,曲沃旱。		雍正《山西通志》卷一百六十二《祥异一》
	蒲州	九月,蒲州旱。	上亲祷雨宫中,设坛席,暴立三日。(光绪《永济县志》卷二十三《事纪 · 祥沴》)	雍正《山西通志》卷一百六十二《祥异一》 光绪《山西通志》卷八十五《大事记三》 光绪《永济县志》卷二十三《事纪 · 祥沴》
	泽、潞	(六月),泽、潞大旱。	帝设坛宫中,亲祷,暴立三日。(光绪《长治县志》卷之八《记一 · 大事记》 雍正《泽州府志》卷之五十《祥异》)	顺治《潞安府志》卷十五《纪事三 · 灾祥》 乾隆《潞安府志》卷十一《纪事》 光绪《长治县志》卷之八《记一 · 大事记》 雍正《泽州府志》卷之五十《祥异》
	潞城	开元十二年,大旱。八月,霜杀稼。		光绪《潞城县志》卷三《大事记》
	曲沃	夏五月,旱。		光绪《续修曲沃县志》卷之三十二《祥异》

续 表

纪年	灾区	灾象	应对措施	资料出处
唐开元十二年（724）	河东	旱。	上亲祷雨宫中，设坛席，暴立三日。	光绪《解州志》卷之十一《祥异》 同治《稷山县志》卷之七《古迹·祥异》 乾隆《蒲州府志》卷之二十三《事纪·五行祥沴》 光绪《虞乡县志》卷之一《地舆志·星野·附祥异》
唐乾元二年（759）	泽州	肃宗乾元二年，秋不雨。（高平志：自夏六月不雨至秋九月不雨，禾黍一空，有司发仓廪以赈贷，仍告籴于怀孟）	有司发仓廪以赈贷，仍告籴于怀孟。	雍正《泽州府志》卷之五十《祥异》
	高平	唐肃宗乾元二年，秋不雨。旧志，自夏六月不雨至秋九朋禾黍一空，有司发仓廪以赈贷，仍告籴于怀孟。		乾隆《高平县志》卷之十六《祥异》
唐太和元年（827）	河中*	夏，京畿、河中、同州旱。	乙卯，以旱降京畿死罪以下。（《新唐书》卷八《本纪第八·文宗》）	《新唐书》卷三十五《五行志二》
		文宗太和元年夏，河中旱。		雍正《山西通志》卷一百六十二《祥异一》 光绪《山西通志》卷八十五《大事记三》
	芮城	旱。		民国《芮城县志》卷十四《祥异考》
	河中	夏，河中旱。六年，复旱。		乾隆《蒲州府志》卷之二十三《事纪·五行祥沴》

* 河中，辖晋（临汾）、绛、慈（吉县）、隰等州。

续　表

纪年	灾区	灾象	应对措施	资料出处
唐太和元年（827）	虞乡	夏，旱。		光绪《虞乡县志》卷之一《地舆志·星野·附祥异》
唐太和四年（830）	太原	秋七月，太原饥。	八月，太原柳公绰奏：云、代、蔚三州山谷间石化为麫，人取食之。	雍正《山西通志》卷一百六十二《祥异一》 光绪《山西通志》卷八十五《大事记三》 乾隆《太原府志》卷四十九《祥异》
		饥。		道光《太原县志》卷之十五《祥异》
		七月，太原饥。	八月，柳公绰奏云、代、蔚三州山谷间石化为面，人取食之。	光绪《代州志·记三》卷十二《大事记》
唐太和五年（831）	太原	春，太原旱。		雍正《山西通志》卷一百六十二《祥异一》 光绪《山西通志》卷八十五《大事记三》 乾隆《太原府志》卷四十九《祥异》
唐太和六年（832）	河东	六年，河东、河南、关辅旱。	六年（壬子，八三二）。春，正月，壬子，诏以水旱降系囚。群臣上尊号曰太和文武至德皇帝；右补阙韦温上疏，以为“今水旱为灾，恐非崇饰徽称之时。”（《资治通鉴》卷二百四十四，《唐纪六十·文宗太和五年—六年（八三一—八三二）》）	《新唐书》卷三十五《五行志二》

续 表

纪年	灾区	灾象	应对措施	资料出处
唐太和六年（832）	河中、绛州	六年秋，河中、绛州旱。（旧书、新书五行志云：六年河东旱，八年夏陕州旱）		雍正《山西通志》卷一百六十二《祥异一》
		六年秋，河中、绛州旱。	七年正月壬子，京兆府振关辅、河东、同华、陕虢、晋州各粟十万石，河南、河中、绛州各七万石，并以常平义仓物充。	光绪《山西通志》卷八十五《大事记三》
	曲沃、芮城	旱。		光绪《续修曲沃县志》卷之三十二《祥异》 民国《芮城县志》卷十四《祥异考》
	绛州	秋，旱。		光绪《直隶绛州志》卷之二十《灾祥》
		秋，旱。	七年正月，赈粟七万石，以常平义仓物充。	民国《新绛县志》卷十《旧闻考·灾祥》

续 表

纪年	灾区	灾象	应对措施	资料出处
唐太和九年(835)	河中	九年秋,京兆、河南、河中、陕、华、同等州旱。		《新唐书》卷三十五《五行志二》
		河中、陕州旱。		雍正《山西通志》卷一百六十二《祥异一》 光绪《山西通志》卷八十五《大事记三》
唐太和十一年(837)	肆州	二月甲子,肆州之雁门民饥。	诏开仓赈恤。	光绪《代州志·记三》卷十二《大事记》
唐中和元年(881)	河东	秋,河东旱霜杀稼。		《新唐书》卷三十六《五行志三》 光绪《永济县志》卷二十三《事纪·祥沴》 光绪《吉州全志》卷七《祥异》 光绪《绛县志》卷六《纪事·大事表门》
	曲沃	春,霜杀稼;秋,旱。		光绪《续修曲沃县志》卷之三十二《祥异》
	河津	秋,旱霜杀稼。		光绪《河津县志》卷之十《祥异》
后唐应顺元年(934)	同、华、蒲、绛	岁秋、冬旱,民多流亡,同、华、蒲、绛尤甚。		《资治通鉴》卷二百七十九
	龙门	唐废帝清泰元年十二月庚寅,幸龙门,旱。		雍正《山西通志》卷一百六十二《祥异一》
后晋天福二年(937)	北京*	四月庚午,北京、邺都、徐、兖二州并奏旱。		《旧五代史》卷七十六《晋高主纪二》

* 北京,今太原。

（一） 时间分布

从年际分布看，隋唐五代时期山西旱灾呈现两个峰值和两个谷值。其中旱灾出现频率最高的时间段是601—650年间，旱灾总量为16年（次），约占此间旱灾总量的38%，年频次也达到0.32。此后进入第一个谷值；到801—850年间，又出现第二个峰值，旱灾总量为10，此后进入第二个谷值，一直到宋朝建立。

表3-3 隋唐五代山西干旱季节分布表

季节	春季	夏季	秋季	冬季	连旱	不明确
次数（年/次）	2	6	11	0	3	20
占总量比（%）	4.8	14.2	26.1	0	7.1	47.6

表3-3隋唐五代干旱季节分布表显示，有明确时间的旱灾中，夏秋两季旱灾占到此期总量的40.3%，是此间山西主要的干旱类型。冬季仅有的一次记载，即后唐应顺元年（934）以秋冬连旱的形式出现。需要指出，夏秋季节是农作物的重要生长期，夏旱、秋旱势必影响粮食产量，而干旱往往还会伴随其他灾害，如唐永徽元年（650）绛州、芮城等地出现“旱蝗”；唐中和元年（881）河东、河津等地出现“旱霜杀稼”。所以，以农业立国的古代社会，与农业生产密切相关的灾害自然是社会各阶层关注的重点。当然，由于存在高达47.6%时间不明确旱灾记录，因而，隋唐五代时期山西旱灾时间分布缺乏全面性和客观性。

（二） 空间分布

由表3-4可知，隋唐五代时期山西地区的旱灾发生次数最多的是今运城地区，临汾其次。其他各地也均有旱灾出现，为数较少，大同没有旱灾记载。然而，我们也发现：运城地区不仅旱灾出现的次数最多，且灾害分布的地区也最多。可见运城地区旱灾发生的集中性，不仅体现在灾次数量上，还同时体现在灾区数量上。这两个数据与山西其他各地区的数据形成巨大的悬殊，足以说明隋唐五代运城地区是山西旱灾的重灾区。

表 3－4 隋唐五代时期山西旱灾空间分布表

今地	灾区(次)	灾区数
太原	太原(3)	1
长治	潞城(1) 潞州(1)	2
晋城	高平(1) 泽州(2)	2
阳泉	平定(2)	1
忻州	代郡(2) 肆州(1)	2
晋中	乐平(2)	1
吕梁	文水(1)	1
临汾	太平(1) 曲沃(6) 河中(3)	3
运城	蒲州(4) 龙门(1) 河津(4) 绛州(6) 解州(2) 稷山(2) 芮城(4) 虞乡(1)	8
其它	全境(1) 天下(2) 河东(10)	3

二　水(洪涝)灾

水(洪涝)灾是隋唐五代时期主要的自然灾害之一，文献记录28次，年频次为0.07。水(洪涝)灾所占灾害总量的比率仅次于旱灾和地震，约为17%，是这一时期第三大自然灾害。

表 3－5 隋唐五代时期山西水(洪涝)灾年表

纪年	灾区	灾象	应对措施	资料出处
隋大业七年(611)	底柱山*	七年十月乙卯，底柱山崩，偃河逆流数十里。		雍正《山西通志》卷一百六十二《祥异一》
		冬十月，底柱山崩，偃河逆流三十里。		《晋乘蒐略》卷之十四
	砥柱山	十月，砥柱崩偃，河逆流数十里，按：砥柱未崩其或傍山耳。		乾隆《解州平陆县志》卷之十一《祥异》

* 底柱山，在平陆县东。

续　表

纪年	灾区	灾象	应对措施	资料出处
隋大业十一年（615）	霍邑	秋七月丙辰，义师次灵石县，隋武牙郎将宋老生屯霍邑，会霖雨，积旬馈运不给，高祖命旋师。有白衣老父诣军门，曰："余为霍山神使。"谒唐皇帝曰："八月，雨止，路出霍邑东南，吾当济师。"高祖曰："此神不欺赵无恤，岂负我哉？"		雍正《山西通志》卷一百六十二《祥异一》
唐武德九年（626）	沁州	九年，沁州秋水害稼。		雍正《山西通志》卷一百六十二《祥异一》
唐贞观十一年（637）	黄河、陕州河北*	是年，谷水、洛水、黄河泛涨，黄水坏陕州河北县及太原仓，谷水、洛水溢入洛阳宫。		《中国历史大事年表》第313页
	陕州河北	十一年九月丁亥，河溢，坏陕州河北县。	赐濒河遭水家粟帛。	雍正《山西通志》卷一百六十二《祥异一》
		十一年九月丁亥，河溢，坏陕州河北县，毁河阳中泙。	幸白司马坂观之，赐濒河遭水家粟帛。（本纪）	光绪《山西通志》卷八十五《大事记三》
		九月，河溢，坏河北县。	赐濒河遭水家粟帛。	《晋乘蒐略》卷之十五

*陕州河北县，今山西平陆西南。

续 表

纪年	灾区	灾象	应对措施	资料出处
唐贞观十九年(645)	沁州	十九年秋,沁州水害稼。		雍正《山西通志》卷一百六十二《祥异一》 光绪《山西通志》卷八十五《大事记三》
		秋,沁州水害稼。(旧志作武德十九年,讹谬。通志:武德九年,沁州秋水害稼与是年重出。考《唐书五行志》不载武德年水,当只记是年为正)		乾隆《沁州志》卷九《灾异》
唐永徽五年(654)	恒州、蒲州汾阴	六月,恒州大雨,沱河泛滥,溺五千余家。癸丑,蒲州汾阴县暴雨,漂溺居人,浸坏庐舍。丙寅,河北诸州大水。	六月癸亥,柳罢。丙寅,河北大水,遣使虑囚。	《旧唐书》卷四《高宗纪上》
	恒州	六月,恒州大水,滹沱溢,漂没五千余家。		《晋乘蒐略》卷之十六
	蒲州汾阳	五年六月癸丑,蒲州汾阴县暴雨,漂没居人,浸坏庐舍。		雍正《山西通志》卷一百六十二《祥异一》 光绪《山西通志》卷八十五《大事记三》
		六月,蒲州汾阴县,瀑雨,漂溺人居。		乾隆《蒲州府志》卷之二十三《事纪・五行祥沴》
	荣河	六月,暴雨,漂溺人居。		光绪《荣河县志》卷十四《记三・祥异》 民国《荣河县志》

续　表

纪年	灾区	灾象	应对措施	资料出处
唐神龙元年(705)	河南北十七州	河南北十七州大水。	西河人宋务光上书,以为:水阴类,臣妾之象,恐后庭有干外朝之政者,宜杜绝其萌。今霖雨不止,乃闭坊门以禳之,至使里巷谓坊门为宰相,言朝廷使之燮理阴阳也。*	《晋乘蒐略》卷之十六
唐开元十五年(727)	晋州*	十五年五月,晋州大水。七月,邓州大水,溺死数千人;洛水溢,入鄜城,平地丈余,死者无算,坏同州城市及冯翊县,漂居民二千余家。八月,涧谷溢,毁渑池县。是秋,天下州六十三大水,害稼及居人庐舍,河北尤甚。		《新唐书》卷三十六《五行志三》
		晋州大水。		雍正《山西通志》卷一百六十二《祥异一》 光绪《山西通志》卷八十五《大事记三》 雍正《平阳府志》卷之三十四《祥异》
		五月,大水。		民国《临汾县志》卷六《杂记类·祥异》

* 唐制,久雨则闭坊市北门以祈祷。阳陷于阴,而水溢沴,不关坊门也。务光以防微杜渐而为是言,得其要矣。

* 晋州,今山西临汾。

续 表

纪年	灾区	灾象	应对措施	资料出处
唐开元十五年(727)	晋州	大水。		民国《浮山县志》卷三十七《灾祥》
唐大历二年(767)	河东	二年秋,湖南及河东、河南、淮南、浙东西、福建等道州五十五水灾。		《新唐书》卷三十六《五行志三》
		三月丁巳,河中献狐,河东水灾。		雍正《山西通志》卷一百六十二《祥异一》
		(未丁)河东水灾。(五行志)		光绪《山西通志》卷八十五《大事记三》
	曲沃	水。		光绪《续修曲沃县志》卷之三十二《祥异》
唐大历三年(768)	河东	河东水灾。		光绪《绛县志》卷六《纪事·大事表门》
唐大历十二年(777)	河中	霖雨,度支奏河中有瑞盐。……大历丁巳,秋雨为灾,……。		《晋乘蒐略》卷之十七
唐贞元四年(788)	陕州至河阴	七月乙亥,河自陕州至河阴,水色如墨,流入汴口,至汴州一宿而复。		雍正《山西通志》卷一百六十二《祥异一》
唐贞元十二年(796)	岚州	(贞元十二年)四月,岚州暴雨,水深二丈。		雍正《山西通志》卷一百六十二《祥异一》 光绪《山西通志》卷八十五《大事记三》 乾隆《太原府志》卷四十九《祥异》 《晋乘蒐略》卷之十七
唐元和七年(812)	振武	七年正月癸酉,振武河溢,毁东受降城,文水武士彟碑失其龟头。		雍正《山西通志》卷一百六十二《祥异一》

续　表

纪年	灾区	灾象	应对措施	资料出处
唐元和七年(812)	振武	振武河溢,毁东受降城。		雍正《朔平府志》卷之十一《外志·祥异》
		振武河溢。		《朔州志》卷之二《星野·祥异》
唐元和八年(813)	振武	先是,振武河溢,毁受降城。		《晋乘蒐略》卷之十七
唐元和十二年(817)	河中、潞、泽、晋、隰	(十二年)六月,河中、潞、泽、晋、隰水害稼。		《唐书·五行志》 雍正《山西通志》卷一百六十二《祥异一》 光绪《山西通志》卷八十五《大事记三》 雍正《泽州府志》卷之五十《祥异》
	河中、江陵、幽、泽、潞、晋、隰、苏、台、越州	河中、江陵、幽、泽、潞、晋、隰、苏、台、越州水害稼。		《潞州志》卷第三《灾祥志》
	平阳、曲沃、浮山	(夏)六月,水害稼。		雍正《平阳府志》卷之三十四《祥异》 光绪《续修曲沃县志》卷之三十二《祥异》 民国《浮山县志》卷三十七《灾祥》
	隰州	大雨,未害稼。		康熙《隰州志》卷之二十一《祥异》
	河中	大水。		乾隆《蒲州府志》卷之二十三《事纪·五行祥沴》
唐乾符五年(878)	汾河流域,黄河中下游地区	秋,大霖雨,汾、浍及河溢流害稼。		《新唐书》卷三十四《五行志一》 雍正《山西通志》卷一百六十二《祥异一》

续 表

纪年	灾区	灾象	应对措施	资料出处
唐乾符五年(878)	汾河流域,黄河中下游地区	秋,大霖雨,汾、浍及河溢流害稼。		光绪《山西通志》卷八十五《大事记三》 雍正《平阳府志》卷之三十四《祥异》
	翼城	大霖雨,浍水大涨溢害稼。		民国《翼城县志》卷十四《祥异》
	曲沃	秋,大霖雨,汾、浍溢流害稼。		光绪《续修曲沃县志》卷之三十二《祥异》
	浮山	秋,大霖雨,河水溢流害稼。		民国《浮山县志》卷三十七《灾祥》
	绛州	秋,大雨,汾溢流害稼。		光绪《直隶绛州志》卷之二十《灾祥》 民国《新绛县志》卷十《旧闻考·灾祥》
	绛县	秋,大雨,汾、浍溢流害稼。		光绪《绛县志》卷六《纪事·大事表门》
	河津	秋,大霖雨,河溢害稼。		光绪《河津县志》卷之十《祥异》
唐广明元年(880)	太原	六月乙巳,太原,大风雨拔木千株,害稼百里。		雍正《西山通志》卷一百六十二《祥异一》
		乙巳,大风雨拔木千株,害稼百里。		道光《太原县志》卷之十五《祥异》
唐中和二年(882年)	泽州	夏,昼积阴六十日(州志。按省志又云:僖宗光启二年夏,积阴六十日)。		雍正《泽州府志》卷之五十《祥异》
唐光启二年(886)	河东	夏,河东积阴六十日。		雍正《山西通志》卷一百六十二《祥异一》 光绪《山西通志》卷八十五《大事记三》
唐文德元年(888)	太原	文德元年,太原大风雨拔木。		雍正《山西通志》卷一百六十二《祥异一》
		大风雨,拔木。		乾隆《太原府志》卷四十九《祥异》

续 表

纪年	灾区	灾象	应对措施	资料出处
后梁乾化五年(915)	乐平	四月,刘鄩自洹水潜师由黄泽路西趋晋阳,至乐平县,值霖雨积旬,乃班师还。		《旧五代史》卷八《梁末帝纪上》
后唐天成三年(928)	绛州	壬戌,契丹复遣其酋长惕隐将七千骑救定州,王晏球逆战于唐河北,大破之;甲子,追至易州,时久雨水涨,契丹为唐所俘斩及陷溺死者,不可胜数。		《资治通鉴》卷二百七十五
后唐清泰三年*(936)	晋阳*	帝闻契丹许石敬瑭以仲秋赴援,屡督张敬达急攻晋阳,不能下。每有营构,多值风雨,长围复为水潦所坏,竟不能合。晋阳城中日窘,粮储浸乏。	六月,……庚午,诏曰:"时雨稍衍,颇伤农稼,分命朝臣祈祷。"	《资治通鉴》卷二百八十
北汉天会十三年(969)	潞州	八月宋帝驻潞州,积雨累日未止。		光绪《山西通志》卷八十五《大事记三》
北汉天会十四年(970)	解州	宋解州水害民田。		光绪《山西通志》卷八十五《大事记三》
北汉天会十六年(972)	河北诸州	宋河北诸州霖雨,绛州大水。		光绪《山西通志》卷八十五《大事记三》

* 后唐清泰三年即后晋天福元年。

* 晋阳,今山西太原南。

（一） 时间分布

从年际分布看，隋唐五代山西水（洪涝）灾呈现不规则震荡分布。此间水（洪涝）灾的第一个峰值出现在601—650年，共计5次；第二个峰值出现在751—800年间，计8次；第三个峰值出现在851—900年间，计5次。唐代山西水（洪涝）灾三次峰值出现的时段基本上也是唐代山西整个自然灾害峰值出现的时段，所以唐朝水旱灾害的发生和发展态势在一定程度上反映隋唐五代自然灾害的走向。

表3-6 隋唐五代山西水（洪涝）灾季节分布表

季节	春	夏	秋	冬	不明确
次数（年/次）	2	8	8	2	8
占总量比（%）	7.1	28.6	28.6	7.1	28.6

由于山西处于温带内陆地区，降雨基本上集中于夏秋季节，很容易造成一定时间内的雨量过大，形成水（洪涝）灾，因此山西历史水（洪涝）灾的季节性较为明显。隋唐五代山西水（洪涝）灾季节分布表也基本上反映了这一状况，这一时期，夏秋两季水（洪涝）灾发生的比率占到水（洪涝）灾总量的57.2%，且在总体上与历史时期水（洪涝）灾发生的情况趋向是一致的。需要指出的是，此期夏、秋两季水（洪涝）灾比重是相对平均的，一般而言，在降水量集中的夏秋两季，夏季要高于秋季，隋唐五代时期山西水（洪涝）灾情况没有体现这一特点。

隋唐五代山西水（洪涝）灾多为暴雨或淫雨导致，即由强降雨或者是连绵阴雨造成，史料有时也记载为“水”、“大水”、“大霖雨”。此外，还有由于地震或山崩而引发的水（洪涝）灾，属非季节性水（洪涝）灾。较为明显的表现为山石阻塞，河道不通，引起河水逆流，如，隋大业七年（611）“十月乙卯，底柱山崩，偃河逆流数十里。”[①]这种水（洪涝）灾也同样会导致很多其他的不良后果，比如：淹没附近房舍农田、人畜，

①雍正《山西通志》卷一百六十二《祥异一》。

造成道路不畅通等等。相比“雨”灾来说,这种水(洪涝)灾的影响范围和发生率相对较小。但就灾害后果来说,由于此类灾害常常发生于山区,救灾难度加大,致害后果可能更为严重。

(二) 空间分布

山西省的地势东北高、西南低,地形复杂,水(洪涝)灾带有明显的地域性。盆地、山地、河流中下游平原地区都是水(洪涝)灾的多发区。隋唐五代时期,山西地区的水(洪涝)灾主要发生在晋南地区(临汾、运城),也就是山西省的黄河、汾河流域。

表3-7 隋唐五代时期山西水(洪涝)空间分布表

今地	灾区(次)	灾区数
太原	太原(3)	1
长治	沁州(1) 潞州(2)	2
晋城	泽州(2)	1
大同	恒州(1)	1
忻州	岚州(1)	1
晋中	乐平(1)	1
临汾	晋州(2) 霍邑(1) 平阳(1) 浮山(2) 隰州(1)曲沃(3) 翼城(1) 河中(2)	8
运城	砥柱(1) 陕州河北县(1) 荣河(1) 绛州(1)绛县(1) 河津(1) 解州(1) 汾阴县(1)	8
其他	振武*(2) 陕州至河阴(1) 河南北十七州(1)河北诸州(1) 河东(3)	5

* 振武,唐方镇名。乾元元年(758)置。治所在单于都护府(今内蒙古和林格尔西北)。辖境屡有变动,较长期领有单于都护府、东受降城及麟、胜二州,约相当今陕西秃尾河以北、内蒙古伊克昭盟东北部、乌兰察布盟西南部和呼和浩特、包头等市地。五代初(916)地入契丹,废。

晋南地区水(洪涝)灾严重程度不仅表现在灾害数量上,而且也表现在受灾地区的数量上。就从此期发生的全国性水(洪涝)灾来看,晋南地区也在波及的范围内。这一时期,发生了两次范围广、影响大的水(洪涝)灾。一次是发生于唐大历二年(767)的大规模水(洪涝)灾,"秋,湖南及河东,河南,淮南,浙东西,福建等道州五十五水灾。"[①]范围遍及全国;还有唐乾符五年(878)发生在汾河、黄河流域的大水灾,受灾地区遍及晋南各地。

三 雹灾

隋唐五代时期山西雹灾的历史记录仅1次。这一记录的时间为唐贞观四年(630),发生于永和境内,载于民国《永和县志》,且仅仅3个字:"秋,雨雹。"[②]这个数量不仅仅是隋唐五代时期山西所有自然灾害中数量最少的,而且也是本书所列各时期雹灾数量最少的。从雹灾发生的实际思考,整个隋唐五代379年间只发生一次雹灾当然是不可思议的事情。

四 雪(寒霜)灾

霜雪寒属于冷冻灾害,主要由北方而来的寒潮引起,一般伴随着雨雪、霜冻等天气现象。隋唐五代时期的雪(寒霜)灾主要发生在北部地区,其造成的后果也是灾难性的,所谓"霜雪损稼,夏麦不登,无所收入也"[③]。隋唐五代时期山西有关雪、寒、霜的灾害记录共8次,年频次为0.02,与同时期水旱灾害相比其发生率要低得多。分类统计,在这8次灾害中,其中雪灾4次;极寒天气只出现1次;霜害3次。

①(宋)欧阳修、宋祁:《新唐书》卷三十六《志第二十六·五行三》,中华书局,1975,第932页。

②民国《永和县志》卷十四《祥异考》。

③(后晋)刘昫等撰:《旧唐书》卷八十九《列传第三十九·王方庆》,中华书局,1975,第2900页。

表 3-8 隋唐五代时期山西雪(寒霜)灾年表

纪年	灾区	灾象	应对措施	资料出处
隋大业八年(612)	天下	八年,天下旱,百姓流亡,六军冻馁死者十八九。		雍正《山西通志》卷一百六十二《祥异一》 民国《浮山县志》卷三十七《灾祥》
唐武德初(武德元年618)	云州	雨雪三日。		道光《大同县志》卷二《星野·岁时》
唐贞观二年(628)	朔州	颉利引兵入朔州地,声言会狐。时漠北大雪,羊马多冻死。人饥,惧王师乘其敝,先举兵入塞。		《晋乘蒐略》卷之十五
唐开元十二年(724)	潞州	开元十二年八月,潞、绥等州霜杀稼。		《新唐书》卷三十六《五行志三》
		八月,潞州霜杀稼。		雍正《山西通志》卷一百六十二《祥异一》 光绪《山西通志》卷八十五《大事记三》 光绪《长治县志》卷之八《记一·大事记》
	潞、泽诸州	八月,潞、泽诸州霜杀稼。		顺治《潞安府志》卷十五《纪事三·灾祥》 乾隆《潞安府志》卷十一《纪事》 雍正《泽州府志》卷之五十《祥异》
	潞城	八月,霜杀稼。		光绪《潞城县志》卷三《大事记》
唐咸通五年(864)	隰、石、汾等州	咸通五年冬,隰、石、汾等州大雨雪,平地深五尺。		《新唐书》卷三十六《五行志三》 雍正《山西通志》卷一百六十二《祥异一》 光绪《山西通志》卷八十五《大事记三》

续 表

纪年	灾区	灾象	应对措施	资料出处
唐咸通五年（864）	隰、石、汾等州	咸通五年冬，隰、石、汾等州大雨雪，平地深五尺。		乾隆《汾州府志》卷之二十五《事考》
	隰州	冬，大雨雪。		康熙《隰州志》卷之二十一《祥异》
	永宁州	咸通五年冬，大雪，平地深至五尺。		康熙《永宁州志》附《灾祥》
唐中和元年（881）	河东	中和元年五月辛酉，李克用与沙陀战于晋王岭，陷榆次阳曲而退，是日大风，天雨土。秋，河东霜禾。（唐五行志作河东旱霜杀稼）		雍正《山西通志》卷一百六十二《祥异一》
	地点不详	中和元年春，霜。		雍正《山西通志》卷一百六十二《祥异一》
	曲沃	春，霜杀稼；秋，旱。		光绪《续修曲沃县志》卷之三十二《祥异》
	河东	（中和元年）秋，河东旱霜杀稼。		光绪《吉州全志》卷七《祥异》 光绪《绛县志》卷六《纪事·大事表门》
	河津、稷山	（中和元年）秋，旱霜杀稼。		光绪《河津县志》卷之十《祥异》 同治《稷山县志》卷之七《古迹·祥异》
	芮城	春，大霜；秋，旱霜杀稼。		民国《芮城县志》卷十四《祥异考》
	河东	秋，河东旱霜杀稼；九月，河东大雪，雾。		光绪《永济县志》卷二十三《事纪·祥沴》
北汉天会十六年（972）	云州	七月，辽主如云州。十二月，大雨雪，是岁大饥。		光绪《山西通志》卷八十五《大事记三》

（一） 时间分布

通常雪灾和寒冷会发生在冬季，受到北方寒冷气候的影响，当较大势力的寒冷气流冲击北方地区时，往往会伴随着雨雪天气，带来寒冷。当这种天气持续时间较长时或者寒潮猛烈时就会形成灾害。表3-9显示，雪灾多发生于秋冬季节，极寒天气只有一次。

表3-9 隋唐五代山西雪（寒霜）灾时间分布表

灾害分类	季节分布（次数）	合计（次）	占总量比（%）
雪	秋（1）、冬（1）、不明确（2）	4	50
寒	不明确（1）	1	12
霜	春（1）、秋（2）	3	38

除了冬季大暴雪造成的雪灾之外，“非正常”时期的雪也被认为是灾，光绪《永济县志》中记载了关于唐中和元年（881）的一次雪灾：“秋，河东旱霜杀稼；九月，河东大雪，雾。”[①]

（二） 空间分布

表3-10 隋唐五代时期山西雪（寒霜）灾空间分布表

今地	雪灾灾区（次）	极寒灾区（次）	霜冻灾区（次）	灾区数
长治			潞州（1） 潞城（1）	2
晋城			泽州（1）	1
大同	云州（2）			1
朔州	朔州（1）			1
吕梁	石州（1）永宁（1）汾州（1）			3
临汾	隰州（1）		曲沃（1）	2
运城			河津（1） 稷山（1） 芮城（2） 河东（1）	4
其它		天下（1）	不详（1）	2

①光绪《永济县志》卷二十三《事纪·祥沴》。

从表 3－10 隋唐五代时期山西雪（寒霜）灾空间分布表来看，雪灾多发生于晋北地区（大同、朔州）和晋中地区（晋中、吕梁）。这些地区纬度相对较高，受到来自北方的强冷空气影响较大，体现了雪灾地域性的特点。极寒天气仅有一次，属全国性的，没有明显的地域特征。霜冻灾害多发生于晋东南（泽、潞）、晋南地区（今临汾、运城），为山西农作物的主要产区。因此，任何时期，霜冻对农作物的影响均不容忽视。

五　风灾

隋唐五代时期，山西风灾共 9 次，发生年频次为 0.024。较之同时期的水、旱、地震等自然灾害，其发生率是较低的。

表 3－11 隋唐五代时期山西风灾年表

纪年	灾区	灾象	应对措施	资料出处
唐开元四年（716）	陕州	六月辛未，陕州大风拔木。		雍正《山西通志》卷一百六十二《祥异一》
唐至德二年（757）	邺城	泽、潞节度使王思礼败安庆绪于相州。（王思礼整军还镇。九节度使围邺城久不下。史思明引兵来救，大风昼晦，各镇兵俱溃，惟思礼全军而还）		乾隆《潞安府志》卷十一《纪事》
唐咸通六年（865）	曲沃	大风拔树有十围者。		《新唐书》卷三十五《五行志二》
	绛州	咸通六年正月，绛州大风拔木，有十围者。十一月己卯晦，潼关夜中大风，山如吼雷，沙喷石鸣，群鸟乱飞，重关倾侧。十二月，大风拔木。		《新唐书》卷三十五《五行志二》

续　表

纪年	灾区	灾象	应对措施	资料出处
唐咸通六年(865)	绛州	六年正月,绛州大风拔木,有十围者。		雍正《山西通志》卷一百六十二《祥异一》 光绪《山西通志》卷八十五《大事记三》
	曲沃	春正月,大风拔树,有十围者。		光绪《续修曲沃县志》卷之三十二《祥异》
	绛州	正月,大风拔树,有十围者。		光绪《直隶绛州志》卷之二十《灾祥》 民国《新绛县志》卷十《旧闻考·灾祥》
唐广明元年(880)	太原	六月乙巳,太原大风雨,拔木千株,害稼百里。		雍正《山西通志》卷一百六十二《祥异一》 乾隆《太原府志》卷四十九《祥异》
		乙巳,大风雨拔木千株,害稼百里。		道光《太原县志》卷之十五《祥异》
唐中和元年(881)	榆次、阳曲	中和元年五月辛酉,李克用与沙陀战于晋王岭,陷榆次、阳曲而退,是日大风,天雨土。秋,河东霜禾。(唐五行志作河东早霜杀稼)		雍正《山西通志》卷一百六十二《祥异一》
	榆次	五月辛酉,大风,雨土。		同治《榆次县志》卷之十六《祥异》
唐中和五年(885)	榆次、阳曲	五月辛酉,李克用战于晋王岭,陷榆次、阳曲而退,是日,大风,天雨土。		乾隆《太原府志》卷四十九《祥异》
唐文德元年(888)	太原	文德元年,太原大风雨拔木。		雍正《山西通志》卷一百六十二《祥异一》 乾隆《太原府志》卷四十九《祥异》

续 表

纪年	灾区	灾象	应对措施	资料出处
后汉乾祐二年(949)	蒲州	五月,…十七日,下令攻城,会西北大风,扬沙晦冥,帝令祷河伯祀,奠讫而风止。自是昼夜攻之。		《旧五代史》卷一百一十《周太主纪》
北汉天会八年(964)	潞州	四月,宋河中府旱,饥。六月,宋潞州风雹。		光绪《山西通志》卷八十五《大事记三》

(一) 时间分布

从表3-12隋唐五代山西风灾时间分布表来看,在隋唐五代时期山西仅有的9次大风灾害中,只有两次没有明确的月份记载,其余有明确月份记载的大风均发生在夏季和冬季,且以夏季为多。

表3-12 隋唐五代山西风灾时间分布表

月份(月)	正	五	六	十一	十二	不明确
次数	1	2	2	1	1	2
占总量比(%)	11.1	22.2	22.2	11.1	11.1	22.2

发生在五月、六月的大风多是伴随性的,如"天雨土"①、"扬沙晦冥"②、"大风雨"③等记载,我们可以理解为沙尘暴、暴风雨等天气性大风。而在冬季发生的几次大风则只有"大风拔木"④的相关描述。可

①雍正《山西通志》卷一百六十二《祥异一》。

②(宋)薛居正等撰:《旧五代史》卷一百一十《周书一·太祖纪第一》,中华书局,1976,第1451页。

③雍正《山西通志》卷一百六十二《祥异一》。

④雍正《山西通志》卷一百六十二《祥异一》;光绪《山西通志》卷八十五《大事记三》。

见，就风力来看，冬季大风要强于夏季风；就其破坏力来看，则后果均是严重的。唐僖宗广明元年(880)“六月乙巳，太原，大风雨，拔木千株，害稼百里。”[①]唐文德元年(888)“文德元年，太原大风雨拔木。”[②]

(二) 空间分布

表 3-13 隋唐五代时期山西风灾空间分布表

今 地	灾区(次)	灾区数
太 原	太原(2) 阳曲(2)	2
长 治	潞州(1)	1
晋 中	榆次(2)	1
临 汾	曲沃(1)	1
运 城	绛州(1) 蒲州(1) 陕州(1)	3

隋唐五代山西风灾的历史记录比较少，所涉及的区域范围也仅限于中南部。理论上易遭受风灾的山西北部地区呈现空白记录。这在多大程度上能够反映隋唐五代山西风灾的历史实际，值得进一步深入研究。

六 地震(地质)灾害

由于地震灾害的突发性、破坏性和不可预见性，它被视为最严重的自然灾害之一。隋唐五代时期山西地震灾害文献记录的数量仅次于旱灾，达到38次，年频次为0.1，占总灾害数的23.5%，是此间第二大类型自然灾害。

①雍正《山西通志》卷一百六十二《祥异一》。(乾隆《太原府志》卷四十九《祥异》中记载为：“六月乙巳，太原大风，拔木千株，害稼百里。”道光《太原县志》卷之十五《祥异》中记载为：“乙巳，大风雨拔木千株，害稼百里。”)

②雍正《山西通志》卷一百六十二《祥异一》；乾隆《太原府志》卷四十九《祥异》。

表 3－14 隋唐五代时期山西地震(地质)灾害年表

纪年	灾区	灾象	应对措施	资料出处
隋开皇二十一年(591)	天下	十一月戊子,立晋王广为皇太子,是日天下地震。		民国《翼城县志》卷十四《祥异》 民国《洪洞县志》卷十八《杂记志·祥异》 民国《浮山县志》卷三十七《灾祥》
隋大业七年(611)	底柱山	七年十月乙卯,底柱山崩,偃河逆流数十里。		雍正《山西通志》卷一百六十二《祥异一》 光绪《山西通志》卷八十四《大事记二》
唐贞观八年(634)	汾州	八年七月,汾州青龙见,吐物,在空中光明如火,堕地地陷,掘之得元金,广尺长七寸。		雍正《山西通志》卷一百六十二《祥异一》
唐贞观十三年(639)	绛州	地震,乙亥又震。		民国《新绛县志》卷十《旧闻考·灾祥》
唐贞观二十三年(649)	河东、晋州*	八月癸酉朔,河东地震,晋州尤甚,坏庐舍,压死者五千余人。三日又震。	诏遣使存问,给复二年,压死者赐绢三匹。	《旧唐书》卷四《高宗纪上》
		二十三年八月癸酉,河东地震,乙亥又震;冬十一月乙丑,晋州又地震。	给复二年,赐压死者人绢三疋。	雍正《山西通志》卷一百六十二《祥异一》

* 晋州,唐代时治临汾,辖临汾、襄陵、神山(今浮山)、岳阳、洪洞、霍邑、赵城(今洪洞北)、汾西、冀氏等9县。

续　表

纪年	灾区	灾象	应对措施	资料出处
唐贞观二十三年（649）	河东	二十三年八月癸酉，河东地震，乙亥又震，晋州尤甚，压杀五千余人，庚辰遣使存问给复二年。	赐压死者人绢三匹。（高宗本纪）	光绪《山西通志》卷八十五《大事记三》
	晋州	冬十一月乙丑，晋州地震。（旧书按五行志：河东地震，晋州尤甚，压死五十余人）	给复二年，赐压死者人绢三匹。	乾隆《平阳府志》卷之三十四《祥异》
	平阳	八月癸酉朔，地震（压死五十多人），乙亥又震。		民国《临汾县志》卷六《杂记类·祥异》
	曲沃	秋八月，地震，冬十一月又震。	给复二年。赐压死者八绢三疋。	光绪《续修曲沃县志》卷之三十二《祥异》
	吉州	八月癸酉，河东地震，乙亥又震。	给复二年。	光绪《吉州全志》卷七《祥异》
	浮山	冬十一月乙丑，晋地震。（旧书千余人，按五行志河东地震，晋州尤甚，压死五千余人）	给复二年，赐压死者人绢三疋。	民国《浮山县志》卷三十七《灾祥》
	解州、河津、稷山、芮城、虞乡	八月，地震。		光绪《解州志》卷之十一《祥异》 民国《解县志》卷之十三《旧闻考》 光绪《河津县志》卷之十《祥异》 同治《稷山县志》卷之七《古迹·祥异》 民国《芮城县志》卷十四《祥异考》 光绪《虞乡县志》卷之一《地舆志·星野·附祥异》

续 表

纪年	灾区	灾象	应对措施	资料出处
唐贞观二十三年（649）	河东	河东，地震。	遣使存问，给复二年，赐死者人绢三匹。（本纪五行志）	光绪《绛县志》卷六《纪事·大事表门》
	河中	八月，河中地震，已而复震。		乾隆《蒲州府志》卷之二十三《事纪·五行祥沴》
	河东	八月朔夜，河东地震，已而复震。		光绪《永济县志》卷二十三《事纪·祥沴》
		地震，晋州尤甚，坏庐舍，压死五十余人，河东道亦震。		《山西地震目录》第9页
唐永徽元年（650）	晋州	四月己巳朔，晋州地震；己卯，又震。六月庚辰，又震，有声如雷。		《新唐书》卷三十五《五行志二》
		四月，晋州地震。六月，晋州再震。次年十月，晋州又震。先时，贞观末年，河东地震，越月又震；十一月，晋州地震，凡三见矣。至是，晋州一岁三震，岁无宁时。*		《晋乘蒐略》卷之十六
		高宗永徽元年四月己巳，晋州地震；绛州旱蝗。		雍正《山西通志》卷一百六十二《祥异一》

* 按：贞观、永徽易世之际，河东地震不已，何屡震之祲独在河东也？武氏生长河东，沴戾发于所生之地；然必于易世之际，何也？太宗英明神武，武氏方为才人，犹太阳出而爝火无光耳。洎乎传代，阳消而不长，阴长而将盛，气极方萌，川原震动，坤载为之不宁，故变徵如此。

续　表

纪年	灾区	灾象	应对措施	资料出处
唐永徽元年(650)	晋州	四月己巳,晋州地震;六月庚辰,又震。绛州旱蝗。		光绪《山西通志》卷八十五《大事记三》
	朔州	四月,朔州地震。		雍正《朔平府志》卷之十一《外志·祥异》 《朔州志》卷之二《星野·祥异》
	晋州	四月己巳,晋州地震。		乾隆《平阳府志》卷之三十四《祥异》
	平阳	十月,地震。		民国《临汾县志》卷六《杂记类·祥异》
	曲沃	旱蝗。夏四月己巳,地震。己卯又震。六月庚辰又震。		光绪《续修曲沃县志》卷之三十二《祥异》
	晋州	四月己巳朔,晋州地震。		民国《浮山县志》卷三十七《灾祥》
	稷山	元年旱蝗,地震。		同治《稷山县志》卷之七《古迹·祥异》
	芮城	旱蝗。四月,地震,至六月连震。		民国《芮城县志》卷十四《祥异考》
	河东	四月巳巳,河东地震,巳卯,又震,六月庚辰,河东地复震。(并唐书)		乾隆《蒲州府志》卷之二十三《事纪·五行祥沴》
唐永徽二年(651)	晋州、忻州	二年十月辛卯,晋州地震。十一月……戊寅,忻州地震。		《新唐书》卷三《本纪第三·高宗皇帝·李治》
	晋州	(二年冬)十月辛卯,晋州地震。		雍正《山西通志》卷一百六十二《祥异一》

续 表

纪年	灾区	灾象	应对措施	资料出处
唐永徽二年(651)	晋州	(二年冬)十月辛卯,晋州地震。		光绪《山西通志》卷八十五《大事记三》 乾隆《平阳府志》卷之三十四《祥异》 民国《浮山县志》卷三十七《灾祥》
	忻州	十一月(戊寅),忻州地震。		雍正《山西通志》卷一百六十二《祥异一》 光绪《山西通志》卷八十五《大事记三》 光绪《忻州志》卷三十九《灾祥》
	定襄	十一月,地震。		康熙《定襄县志》卷之七《灾祥志·灾异》
	平阳	四月、六月,又震。		民国《临汾县志》卷六《杂记类·祥异》
唐景云二年(711)	并、汾、绛三州	正月甲戌,并、汾、绛三州地震。坏庐舍,压死百余人。		雍正《山西通志》卷一百六十二《祥异一》 光绪《山西通志》卷八十五《大事记三》
	并州	正月甲戌,并州地震,坏庐舍,压死百余人。		乾隆《太原府志》卷四十九《祥异》
	太原	正月甲戌,地震,坏庐舍,压死百余人。		道光《太原县志》卷之十五《祥异》
	介休	正月甲戌,地震,坏庐舍,民有压死者。(五行志按旧唐书作三年)		嘉庆《介休县志》卷一《兵祥·祥灾附》
	汾州	正月甲戌,汾州地震,坏庐舍,有压死者。		乾隆《汾州府志》卷之二十五《事考》

续　表

纪年	灾区	灾象	应对措施	资料出处
唐景云二年（711）	曲沃、稷山	（春）正月，地震。		光绪《续修曲沃县志》卷之三十二《祥异》 同治《稷山县志》卷之七《古迹·祥异》
	绛州	正月甲戌，地震，坏庐舍，覆压百余人。（五行志）		光绪《直隶绛州志》卷之二十《灾祥》 民国《新绛县志》卷十《旧闻考·灾祥》
唐先天元年*（712）	并州、汾州、绛州	景云三年正月甲戌，并、汾、绛三州地震，坏庐舍，压死百余人。		《新唐书》卷三十五《五行志二》
唐至德元年（756）	河西	十一月辛亥朔，河西地震，裂有声，陷庐舍，至二载三月乃止。		雍正《山西通志》卷一百六十二《祥异一》
唐建中二年（781）	霍山	霍山裂。		雍正《山西通志》卷一百六十二《祥异一》 民国《洪洞县志》卷十八《杂记志·祥异》 道光《直隶霍州志》卷十六《禨祥》
唐贞元三年（787）	蒲州	三年十一月丁丑夜，京师、东都、蒲、陕地震。		《新唐书》卷三十五《五行志二》
	河中	三年十一月己卯，河中地震。		雍正《山西通志》卷一百六十二《祥异一》
	河津、稷山	十一月（巳卯），地震。		光绪《河津县志》卷之十《祥异》 同治《稷山县志》卷之七《古迹·祥异》

* 唐先天元年，即唐太极元年与唐延和元年。壬子正月改元“太极”，五月又改“延和”。

续　表

纪年	灾区	灾象	应对措施	资料出处
唐贞元三年（787）	蒲州	三年十一月丁丑夜，京师、东都、蒲、陕地震。		《新唐书》卷三十五《五行志二》
	河中	三年十一月己卯，河中地震。		雍正《山西通志》卷一百六十二《祥异一》
	河津、稷山	十一月（已卯），地震。		光绪《河津县志》卷之十《祥异》 同治《稷山县志》卷之七《古迹·祥异》
	蒲州	十月夜，蒲州地震。		光绪《永济县志》卷二十三《事纪·祥沴》
	河东	十一月，河东地震。		乾隆《蒲州府志》卷之二十三《事纪·五行祥沴》
唐贞元九年（793）	晋、绛*、慈*、隰*、河中	九年四月辛酉，又震，有声如雷，河中、关辅尤甚，坏城壁庐舍，地裂水漏。		《新唐书》卷三十五《五行志二》
	河中	九年四月辛酉，地震有声如雷，河中尤甚，坏城壁庐舍，地裂水涌。		雍正《山西通志》卷一百六十二《祥异一》 光绪《山西通志》卷八十五《大事记三》

* 绛，今新绛。

* 慈，今吉县。

* 隰，今隰县。

续 表

纪年	灾区	灾象	应对措施	资料出处
唐贞元九年（793）	云州	四月，大同路地震，有声如雷，坏官民庐舍五千余间，压死二千余人。又，地裂二所，涌水尽黑，漂出松柏朽木。其一广十八步、深十五丈，其一广六十六步、深一丈。	遣使赈之。	光绪《怀仁县新志》卷一《分野》
	稷山	四月，地震，有声如雷。		同治《稷山县志》卷之七《古迹·祥异》
	河东	九年四月，河东地震，坏城壁庐舍，地裂水涌。		光绪《永济县志》卷二十三《事纪·祥沴》
	河中	四月，地震，有声如雷，河中尤甚。		乾隆《蒲州府志》卷之二十三《事纪·五行祥沴》光绪《虞乡县志》卷之一《地舆志·星野·附祥异》
唐大中三年（849）	振武	宣宗大中三年十月辛巳，振武地震。（新书五行志云：振武、河西、天德等处地震，坏庐舍，压死数千人）		雍正《山西通志》卷一百六十二《祥异一》
	振武、河西、天德*	宣宗大中三年十月辛巳，振武、河西、天德等处地震，坏庐舍，压死数千人。		光绪《山西通志》卷八十五《大事记三》

* 振武、河西、天德。唐代振武军、天德军皆在今内蒙古呼和浩特市境内；河西泛指黄河以西之地，其意在古代有过变化，唐代河西指河西节度使。三地地震盖对山西造成影响，故山西方志录入。

续　表

纪年	灾区	灾象	应对措施	资料出处
唐大中三年（849）	天德、振武	十月辛巳，天德军、镇武军地震坏庐舍，压死者数千人。		雍正《朔平府志》卷之十一《外志·祥异》
	振武	十月辛巳，振武军地震，坏庐舍，压死数千人。		雍正《朔州志》卷之二《星野·祥异》
	马邑	十月辛巳，地震有声，坏民庐舍。		民国《马邑县志》卷之一《舆图志·杂记》
唐大中十二年（858）	太原	八月丁巳，太原地震。		《新唐书》卷三十五《五行志二》 雍正《山西通志》卷一百六十二《祥异一》 光绪《山西通志》卷八十五《大事记三》 乾隆《太原府志》卷四十九《祥异》
唐咸通二年（861）	河东	正月，河东地大震，坏庐舍，人有死者。		光绪《永济县志》卷二十三《事纪·祥沴》
唐咸通三年（862）	晋州	十二月，晋州地震。（五行志云：坏庐舍，地裂泉涌，泥出青色）		乾隆《平阳府志》卷之三十四《祥异》 民国《浮山县志》卷三十七《灾祥》
唐咸通四年（863）	翼城	（咸通四年）正月，翼城地震。		雍正《山西通志》卷一百六十二《祥异一》 乾隆《平阳府志》卷之三十四《祥异》
唐咸通六年（865）	晋、绛二州	十二月，晋、绛二州地震。（五行志云：坏庐舍，地裂泉涌，泥出青色）		雍正《山西通志》卷一百六十二《祥异一》

续表

纪年	灾区	灾象	应对措施	资料出处
唐咸通六年（865）	晋、绛二州	十二月，晋、绛二州地震，坏庐舍，地裂泉涌，泥出青色。		光绪《山西通志》卷八十五《大事记三》
	平阳	十二月，地震。（坏庐舍，地裂泉涌，泥出青色）		民国《临汾县志》卷六《杂记类·祥异》
	曲沃	春正月，大风拔树有十围者。冬十二月，地震坏庐舍，地裂泉涌，泥出青色。		光绪《续修曲沃县志》卷之三十二《祥异》
	太平、稷山	十二月，地震。		光绪《太平县志》卷十四《杂记志·祥异》 同治《稷山县志》卷之七《古迹·祥异》
	绛州	十二月，地震，地裂泉涌，泥出青色。		光绪《直隶绛州志》卷之二十《灾祥》 民国《新绛县志》卷十《旧闻考·灾祥》
唐咸通八年（867）	河中、晋、绛	八年正月丁未，河中、晋、绛三州地大震，坏庐舍，人有死者。		《新唐书》卷三十五《五行志二》
		八年正月丁未，河中府、晋、绛二州地震。（旧书五行志云：河中、晋、绛三州地震，坏庐舍，又有死者）		雍正《山西通志》卷一百六十二《祥异一》
		八年正月丁未，河中、晋、绛地大震。		光绪《山西通志》卷八十五《大事记三》

续 表

纪年	灾区	灾象	应对措施	资料出处
唐咸通八年(867)	晋州	正月丁未,晋州地震。(旧书五行志云:河中、晋、绛三州地震,坏庐舍,人有死者)		乾隆《平阳府志》卷之三十四《祥异》
	平阳	正月丁未,地大震。		民国《临汾县志》卷六《杂记类·祥异》
	翼城	正月,地大震,坏庐舍,压死者甚众。		民国《翼城县志》卷十四《祥异》
	曲沃	春正月,地大震。坏庐舍无算。		光绪《续修曲沃县志》卷之三十二《祥异》
	太平	春正月丁未,地大震。		光绪《太平县志》卷十四《杂记志·祥异》
	绛州	正月,地震,坏庐舍,压人,有死者,有伤残者。		光绪《直隶绛州志》卷之二十《灾祥》 民国《新绛县志》卷十《旧闻考·灾祥》
	河津	正月,地震。(旧唐书)		光绪《河津县志》卷之十《祥异》
	稷山	正月,又地震。		同治《稷山县志》卷之七《古迹·祥异》
唐中和二年(882)	平阳	地震,有声如雷。		民国《临汾县志》卷六《杂记类·祥异》
唐中和三年(883)	晋州	(三年)秋,晋州地震。		雍正《山西通志》卷一百六十二《祥异一》 光绪《山西通志》卷八十五《大事记三》 乾隆《平阳府志》卷之三十四《祥异》

续 表

纪年	灾区	灾象	应对措施	资料出处
唐中和三年(883)	晋州	晋州地震。		民国《浮山县志》卷三十七《灾祥》
唐乾宁二年(895)	河东	昭宗乾宁二年三月庚午,河东地震山摧。		雍正《山西通志》卷一百六十二《祥异一》
		三月,河东地震山摧。		光绪《山西通志》卷八十五《大事记三》 光绪《绛县志》卷六《纪事·大事表门》
		三月,河东地震。		光绪《吉州全志》卷七《祥异》 光绪《永济县志》卷二十三《事纪·祥沴》
	曲沃、稷山	(春)三月,地震。		光绪《续修曲沃县志》卷之三十二《祥异》 同治《稷山县志》卷之七《古迹·祥异》
唐乾宁三年(896)	芮城	三月,地震。		民国《芮城县志》卷十四《祥异考》
唐乾宁八年(901)	芮城	正月,地震坏庐舍,人有死者。		民国《芮城县志》卷十四《祥异考》
后唐长兴二年(931)	太原	长兴二年六月,太原地震,自二十五日子时至二十七日申时,二十余度。……十一月,雄武军士上言,洛阳地震。	冬十月戊午,……辛酉,左补阙李详上疏:“以北京地震多日,请遣使臣往彼慰抚,察问疾苦,祭祀山川。”从之。(《旧五代史》卷四十二)	《旧五代史》卷一百四十一《五行志》

（一） 时间分布

从年际分布情况看，在601—650年和851—900年间，隋唐五代山西地震出现两个峰值，这两个时间段的地震总量达到22次，占此间地震总数的58%，其地震次数远远超过其他时间段。其中，唐大中十二年(858)到唐咸通八年(867)为地震多发期，在这10年中受灾年份就有6个。其中，咸通二年(861)、咸通三年(862)、咸通四年(863)连续三年发生了地震。

表3－15 隋唐五代时期山西地震灾害间隔50年地区灾次表

时段	灾区(次)	次数	灾区数
581—600	翼城、洪洞、浮山	1	3
601—650	朔州、汾州、晋州、吉州、浮山、河东、砥柱山、解州、河津、稷山、芮城、蒲州、虞乡	12	13
651—700	忻州、定襄、晋州、临汾	4	4
701—750	并州、介休、汾州、曲沃、绛州、稷山	2	6
751—800	云州、霍山、晋、慈、隰、河中、河津、稷山、绛、蒲州、虞乡、河西	5	12
801—850	马邑、振武、河西、天德	1	4
851—900	太原、晋州、临汾、曲沃、慈、隰、太平、河东、翼城、绛州、稷山、蒲州、河津、芮城	10	14
901—950	太原、芮城	3	2

（二） 空间分布

数据显示，隋唐五代时期山西地震主要分布在晋南的临汾、运城地区以及忻州、朔州地区等断陷带上。其中，晋南地震占到总数的78.2%。而长治、晋城、阳泉地区没有地震活动记录。

表 3 – 16 隋唐五代时期山西地震灾害空间分布表

今 地	灾区(次)	灾区数
太 原	太原(2)	1
大 同	云州(1)	1
朔 州	朔州(1) 马邑(1)	2
忻 州	忻州(1) 定襄(1)	2
晋 中	介休(1)	1
吕 梁	汾州(1)	1
临 汾	晋州(8) 平阳(6) 吉州(1) 太平(2) 慈(1) 隰(1) 翼城(2) 霍山(1) 曲沃(6) 河中(3)	10
运 城	砥柱山(1) 解州(2) 河津(3) 稷山(8) 芮城(4) 虞乡(1)绛州(5) 蒲州(1)	8
其 它	天下(1) 河西(2) 并州(2) 振武(1) 天德(1) 河东(4)	6

北魏延昌元年(512)代县 7 级地震后,山西地震带又进入百年尺度的平静时段。唐贞观二十三年(649)临汾发生 6 级地震,山西地震进入到第三活跃期:唐先天元年(712)太原$5\frac{1}{2}$级,唐贞元九年(793)永济 6 级,唐咸通六年(865)临汾$5\frac{1}{2}$级,唐咸通八年(867)临汾$5\frac{1}{2}$级。这个活跃期,山西地震带无 7 级以上地震发生,而且地震活动分散,5 次中强地震分别分布在太原、临汾、运城三个盆地中①。

(三) 隋唐五代山西地震主要类型

从地震发生的方式来说,隋唐五代时期山西地震主要类型有三类:

一是地壳活动地震。地震是隋唐五代时期的主要地质灾害,而这些地震中以地壳活动地震为多。唐贞观二十三年(649)"八月癸酉朔,河东地震,晋州尤甚,坏庐舍,压死者五千余人。三日又震。"②唐永徽元年(650)"四月,晋州地震。六月,晋州再震。次年十月,晋州又震。

①武烈、贾宝卿、赵学普编著:《山西地震》,地震出版社,1993 年版,第 32 页。

②(后晋)刘昫等撰:《旧唐书》卷四《本纪第四 · 高宗李治上》,中华书局,1975,第 67 页。

先时，贞观末年，河东地震，越月又震；十一月，晋州地震，凡三见矣。至是，晋州一岁三震，岁无宁时。”[①]唐永徽二年(651)“二年十月辛卯，晋州地震。十一月……戊寅，忻州地震。”[②]唐朝这三次连续发生的地震灾害都是属于上述地震类型，破坏性较大，“坏庐舍”，“人有死者”，危害人民的生命和财产安全。

二是山体运动地震。这一类的灾害主要表现为“山崩”，根据隋唐五代时期有关山西地震的资料，此类灾害共3次。如唐昭宗乾宁二年(895)“三月庚午，河东地震山摧。”[③]一般这种地震多发生在地质活动比较强烈的地区，如，隋大业七年(611)“十月乙卯，底柱山崩，偃河逆流数十里。”[④]唐建中二年(781)“霍山裂。”[⑤]而且山崩势必会造成山石滚落，或砸毁房屋，损害农田，甚至伤人性命。

三是地面运动地震。这种灾害以“地裂”、“地陷”为主，在隋唐五代时期发生的地震灾害中，此类地震有6次。从现有的资料统计可以看出，此期的地裂多数是由于地震衍生的。如，唐至德元年(756)“十一月辛亥朔，河西地震，裂有声，陷庐舍，至二载三月乃止。”[⑥]唐贞元三年(787)“十月夜，蒲州地震。九年四月，河东地震，坏城壁庐舍，地裂水涌。”[⑦]地震引发地面运动，造成地裂、地陷，导致“水涌”、“陷庐舍”，进而伤及人畜、庄稼。

七　农作物病虫害

隋唐五代时期山西农作物病虫害文献记录的数量为38次，年频

---

①《晋乘蒐略》卷之十六。

②(宋)欧阳修、宋祁:《新唐书》卷三《本纪第三·高宗皇帝·李治》，中华书局，1975，第53页。

③雍正《山西通志》卷一百六十二《祥异一》。

④雍正《山西通志》卷一百六十二《祥异一》。

⑤雍正《山西通志》卷一百六十二《祥异一》。

⑥雍正《山西通志》卷一百六十二《祥异一》。

⑦光绪《永济县志》卷二十三《事纪·祥沴》。

次为0.07,占到这个阶段山西灾害总数的16.3%。

表3-17 隋唐五代时期山西农作物病虫害年表

纪年	灾区	灾象	应对措施	资料出处
隋开皇十四年(594)	并州	并州大蝗。		雍正《山西通志》卷一百六十二《祥异一》 乾隆《太原府志》卷四十九《祥异》
	太原	蝗。		道光《太原县志》卷之十五《祥异》
隋开皇十六年(596)	并州	六月,……并州大蝗。		《隋书》卷二《高祖纪下》 光绪《山西通志》卷八十四《大事记二》
		并州蝗。		雍正《山西通志》卷一百六十二《祥异一》 乾隆《太原府志》卷四十九《祥异》
唐贞观四年(630)	辽州*	四年秋,观、兖、辽等州蝗。		《新唐书》卷三十六《五行志三》
		太宗贞观四年秋,辽州蝗。		雍正《山西通志》卷一百六十二《祥异一》
	乐平	秋,蝗。		光绪《平定州志》卷之五《祥异·乐平乡》 民国《昔阳县志》卷一《舆地志·祥异》

* 辽州,今左权。

续 表

纪年	灾区	灾象	应对措施	资料出处
唐贞观十三年(639)	泽州府	太祖贞观十三年,州鼠害稼。		雍正《泽州府志》卷之五十《祥异》
唐永徽元年(650)	绛,雍,同等州	永徽元年,绛,雍,同等州蝗。		《新唐书》卷三十六《五行志三》
	绛州	高宗永徽元年四月己巳,晋州地震,绛州旱蝗。		雍正《山西通志》卷一百六十二《祥异一》
	曲沃、稷山、芮城	旱蝗。		光绪《续修曲沃县志》卷之三十二《祥异》 同治《稷山县志》卷之七《古迹·祥异》 民国《芮城县志》卷十四《祥异考》
	绛州	四月己巳,旱蝗。		光绪《直隶绛州志》卷之二十《灾祥》 民国《新绛县志》卷十《旧闻考·灾祥》
	河东	秋,河东旱蝗。		乾隆《蒲州府志》卷之二十三《事纪·五行祥沴》 光绪《永济县志》卷二十三《事纪·祥沴》
唐永淳元年(682)	岚、胜州	岚、胜州兔害稼,千万为群,食苗尽,兔亦不复见。		雍正《山西通志》卷一百六十二《祥异一》 光绪《山西通志》卷八十五《大事记三》 乾隆《太原府志》卷四十九《祥异》

续　表

纪年	灾区	灾象	应对措施	资料出处
唐开元二十二年(734)	平定州	八月,蚜蚄害稼。	有群雀来食之,一日而尽。	光绪《平定州志》卷之五《祥异》
唐天宝五年(746)	文水	冬,蚕成茧。		光绪《文水县志》卷之一《天文志·祥异》
唐兴元元年(784)	泽潞、河东	乙亥,诏宋亳、淄青、泽潞、河东、恒冀、幽、易定、魏博等八节度,螟蝗为害,蒸民饥馑。	每节度赐米五万石,河阳、东畿各赐三万石,所司般运,于楚州分付。	《旧唐书·本纪第十二》
		(冬)十月,潞、泽、河东等节度螟蝗为害,(蒸)民饥馑。	每节度赐米五万石。	雍正《山西通志》卷一百六十二《祥异一》 光绪《山西通志》卷八十五《大事记三》 雍正《泽州府志》卷之五十《祥异》
	河东	河东等节度螟蝗为害者。	每节度赐米五万石。	光绪《吉州全志》卷七《祥异》
	河津、稷山	蝗,民饥。	诏赐粟以赈。(同治《稷山县志》卷之七《古迹·祥异》)	光绪《河津县志》卷之十《祥异》 同治《稷山县志》卷之七《古迹·祥异》
	河东	河东蝗,民饥。	诏赐五万石粟以赈。	乾隆《蒲州府志》卷之二十三《事纪·五行祥沴》 光绪《永济县志》卷二十三《事纪·祥沴》
唐贞元元年(785)	曲沃	夏,蝗。		光绪《续修曲沃县志》卷之三十二《祥异》

续　表

纪年	灾区	灾象	应对措施	资料出处
唐长庆四年（824）	绛州	长庆四年，绛州虸蚄虫害稼。		《新唐书》卷三十五《五行志二》
		四年，绛州虸蚄害稼。		雍正《山西通志》卷一百六十二《祥异一》 光绪《山西通志》卷八十五《大事记三》
	曲沃	虸蚄虫害稼。		光绪《续修曲沃县志》卷之三十二《祥异》
	太平、绛州、稷山、芮城	虸蚄害稼。		光绪《太平县志》卷十四《杂记志·祥异》 光绪《直隶绛州志》卷之二十《灾祥》 民国《新绛县志》卷十《旧闻考·灾祥》 同治《稷山县志》卷之七《古迹·祥异》 民国《芮城县志》卷十四《祥异考》
唐太和元年（827）	河东*	太和元年秋，河东同等州蚄虫害稼。		《新唐书》卷三十五《五行志二》
		文宗太和元年夏，河中旱；秋，河东虸蚄害稼。		雍正《山西通志》卷一百六十二《祥异一》 光绪《山西通志》卷八十五《大事记三》

* 河东，河东节度使，治今太原府。

续　表

纪年	灾区	灾象	应对措施	资料出处
唐太和元年（827）	曲沃	虸蚄虫害稼。		光绪《续修曲沃县志》卷之三十二《祥异》
	河东	秋，河东虸蚄害稼。（五行志）		光绪《绛县志》卷六《纪事·大事表门》
唐开成元年（836）	河中*	开成元年夏，缜州，河中蝗，空稼。		《新唐书》卷三十六《五行志三》
		河中，蝗害稼。		雍正《山西通志》卷一百六十二《祥异一》 光绪《山西通志》卷八十五《大事记三》 乾隆《蒲州府志》卷之二十三《事纪·五行祥沴》 光绪《永济县志》卷二十三《事纪·祥沴》
	芮城	夏，蝗。		民国《芮城县志》卷十四《祥异考》
	虞乡	蝗害稼。		光绪《虞乡县志》卷之一《地舆志·星野·附祥异》
唐开成二年（837）	昭义节度使*	二年六月，魏博、昭义、缁青、沧州、兖海、河南蝗。		《新唐书》卷三十六《五行志三》

* 河中，河中节度使，治河中府，管蒲，晋，绛，慈，隰等州。

* 昭义节度使，治潞州，领潞（今长治）、泽（今晋城）、邢（今邢台）、洺（今永年）、磁（今磁县）五州。

续　表

纪年	灾区	灾象	应对措施	资料出处
唐开成二年(837)	昭义	二年(夏),昭义蝗。		雍正《山西通志》卷一百六十二《祥异一》 光绪《山西通志》卷八十五《大事记三》
	泽、潞等州	田补:唐文宗开成二年,泽、潞等州并奏蝗害稼。		雍正《泽州府志》卷之五十《祥异》
唐咸通六年(865)	陕州	八月,陕州蝗。		雍正《山西通志》卷一百六十二《祥异一》
唐咸通七年(866)	陕州	七年夏,陕州蝗。		雍正《山西通志》卷一百六十二《祥异一》
唐咸通十二年(871)	汾州	十二年正月,汾州孝义县民家鼠多,衔蒿刍、巢树上。		乾隆《汾州府志》卷之二十五《事考》
唐乾符三年(876)	太原府*	乾符三年秋,河东诸州多鼠,穴屋,坏衣,八月止。		《新唐书》卷三十四《五行志一》
	河东诸州	秋,河东诸州多鼠,穴屋坏衣,三月止,鼠盗也。		雍正《山西通志》卷一百六十二《祥异一》
		秋,河东诸州多鼠,穴屋坏衣,三月至八月止。		光绪《解州志》卷之十一《祥异》 民国《解县志》卷之十三《旧闻考》
		河东诸州多鼠,穴屋坏衣。(同上即五行志)		光绪《绛县志》卷六《纪事·大事表门》
	河津	秋,鼠穴屋坏衣,三月止。		光绪《河津县志》卷之十《祥异》

* 太原府,辖汾(今汾阳)、辽(今左权)、沁(今沁源)、岚(今岚县北)、石(今离石)、忻(今忻县)、宪(今岚县东南)。

续 表

纪年	灾区	灾象	应对措施	资料出处
唐乾符三年(876)	芮城	多鼠。		民国《芮城县志》卷十四《祥异考》
后晋天福八年(943)	天下	四月,天下诸道飞蝗害稼,食草木叶皆尽。		民国《翼城县志》卷十四《祥异》 民国《洪洞县志》卷十八《杂记志·祥异》 民国《浮山县志》卷三十七《灾祥》
北汉天会七年(963)	绛州	是年,宋绛州蝗,晋、绛、蒲并饥,发廪振之。		光绪《山西通志》卷八十五《大事记三》

(一) 时间分布

从年际看,隋唐五代山西农作物病虫害分布比较平均,未出现大的峰值和谷值。仅有901—960年时段较少,历史记录仅1次。若按朝代来看,农作物病虫害主要是集中于唐朝,大约为23次,把唐朝分为三个时段,前期(601—700)7次、中期(701—800)6次、后期(801—900)10次。其增长趋势符合中国历史灾害的发展走向。

表3-18 隋唐五代山西农作物病虫害季节分布表

季节	春季	夏季	秋季	冬季	不明确
次数(年/次)	0	7	6	3	11
占总量比(%)	0	25.9	22.2	11.1	40.7

从季节分布表来看,除大部分灾情时间记录不明确外,有明确时间记载的农作物病虫害主要集中分布于夏、秋两季,冬季次之,春季则没有灾害记载。且夏秋季节多螟、蝗灾害,这与农作物的生长期关系密切。

（二） 空间分布

表3－19 隋唐五代时期山西农作物灾害空间分布表

今地	灾区(次)	灾区数
太原	太原(1)太原府(1)	2
长治	潞州(2)昭义节度使(1)	2
晋城	泽州(3)	1
阳泉	乐平乡(1)平定(1)	2
忻州	岚州(1)	1
晋中	辽州(1)乐平(1)	2
吕梁	文水(1)汾州(1)	2
临汾	太平(1)曲沃(4)河中(1)	3
运城	绛州(4)稷山(3)芮城(4)虞乡(1)河津(2)陕州(1)	6
其它	并州(2)天下(1)雍州(1)胜州(1)河东(3)	5

隋唐五代时期山西地区的农作物病虫害集中分布于运城地区,其灾区数量和灾害总数都远远超过了其它地区。此外,除大同、朔州两地出现农作物病虫害历史记录空白以外,其他各地灾害数量较为平均,且为数不多。

（三） 隋唐五代山西农作物病虫害的主要类型

隋唐五代时期山西主要的农作物病虫害有蝗虫、螟虫、蚜蚄、鼠等。这些生物主要通过破坏庄稼、植物等,造成粮食歉收,其后果严重。“唐朝末年以及五代之一的后汉末年,蝗灾导致赋税收入减少,而政府救灾不力,其大灾之年横加赋税,加剧社会矛盾,造成了最后的衰亡。”①在影响粮食产量上,除了水、旱、风、雹等自然灾害,病虫害也是一个很重要的方面,其破坏力不容忽视。

一是“蝗、螟害稼”。此系隋唐五代时期山西农作物病虫害中的主

①袁祖亮主编,闵祥鹏著:《中国灾害通史》(隋唐五代卷),郑州大学出版社,2008,第147页。

要类型。据资料记载，此间在山西地区多次出现大规模的蝗、螟灾害。如，隋开皇十四年(594)“并州大蝗。”[①]仅隔一年，隋开皇十六年(596)“六月，并州大蝗。”[②]唐兴元元年(784)“冬十月，潞、泽、河东等节度螟蝗为害，蒸民饥馑。”[③]可见，“螟、蝗食稼”可能会出现在不同的季节，主要影响粮食产量，严重时可造成饥荒。

二是“蚜蚄害稼”。这一类数量较少，但是，同样会对农作物造成损害，使粮食减产。尤其是发生在粮食生长期，会严重影响农作物生长。唐开元二十二年(734)平定“八月，蚜蚄害稼”[④]这类灾害可能会同时出现在不同的地方，波及范围较广。在唐长庆四年(824)，绛州、曲沃、太平、新绛、稷山、芮城等地都出现了“蚜蚄害稼”的情况，此次灾害被记录在了相关的县志中。(见隋唐五代时期山西农作物病虫害表)

除以上两种虫灾外，此间山西地区还出现了“鼠、兔害稼”的情况。如，唐贞观十三年(639)泽州府，“州鼠害稼。”[⑤]唐永淳元年(681)“岚、胜州兔害稼，千万为群，食苗尽，兔亦不复见。”[⑥]由于此类灾害相对于前两者来说较少，对于具体的月份很少有详细的记载。因此，此处不做详细的讨论。

八 疫灾

疫病是一种流行性传染病，易传播，而且死亡率高。隋唐五代时

---

①雍正《山西通志》卷一百六十二《祥异一》;乾隆《太原府志》卷四十九《祥异》。

②(唐)魏征等撰:《隋书》卷二《帝纪第二·高祖下》,中华书局,1973,第四一页。

③雍正《山西通志》卷一百六十二《祥异一》。

④光绪《平定州志》卷之五《祥异》。

⑤雍正《泽州府志》卷之五十《祥异》。

⑥雍正《山西通志》卷一百六十二《祥异一》。

期山西地区瘟疫文献记录相对较少，有 12 次，占到此间灾害总数的 7.2%，年频次为 0.03。

表 3－20 隋唐五代时期山西疫灾年表

<table>
<tr><th>纪年</th><th>灾区</th><th>灾象</th><th>应对措施</th><th>资料出处</th></tr>
<tr><td>隋开皇三年（583）</td><td>白道*</td><td>与沙钵略可汗遇于白道。……其军无食，粉骨为粮。疾疫，死者甚众。</td><td></td><td>《晋乘蒐略》卷之十四</td></tr>
<tr><td rowspan="2">隋大业四年（608）</td><td rowspan="2">太原</td><td>大业四年，太原厩马死者大半。</td><td>帝怒，遣使案问。主者曰：“每夜厩中马无故自惊，因而致死。”帝令巫者视之。巫者知帝将有辽东之役，因希旨言曰：“先帝令杨素、史万岁取之，将鬼兵以伐辽东也。”帝大悦，因释主者。</td><td>《隋书》卷二十三《五行志下》</td></tr>
<tr><td>燕、代边缘诸郡旱，太原厩马死。</td><td>帝怒，遣使案问。主者曰：“每夜厩中马无故自惊，因而致死。”帝令巫者视之。巫者知帝将有辽东之役，因希旨言曰：“先帝令杨素、史万岁取之，将鬼兵以伐辽东也。”帝大悦，因释主者。</td><td>雍正《山西通志》卷一百六十二《祥异一》</td></tr>
</table>

* 白道即白道川，在今呼和浩特市西北。

续　表

纪年	灾区	灾象	应对措施	资料出处
唐贞观十年(636)	河东	贞观十年,关内、河东大疫。		《新唐书》卷三十六《五行志三》
		十年,河东疾疫。	命医赍药疗之。	雍正《山西通志》卷一百六十二《祥异一》 光绪《山西通志》卷八十五《大事记三》
	曲沃	大疫。		光绪《续修曲沃县志》卷之三十二《祥异》
	河东	河东疾疫。	命医疗之。	光绪《绛县志》卷六《纪事·大事表门》
唐贞观十五年(641)	泽州	十五年三月,泽州疫。		雍正《山西通志》卷一百六十二《祥异一》
		十五年,疫。		雍正《泽州府志》卷之五十《祥异》
唐贞观十七年(643)	泽州	十七年,泽州疫。(本纪·五行志)		光绪《山西通志》卷八十五《大事记三》
		十七年夏,疫。		雍正《泽州府志》卷之五十《祥异》
唐咸通十一年(870)	沁州、绵上、和川	沁州、绵上及和川牡马生子皆死。(旧志作咸通二年,牝马生子二字。牝字并误,今从《唐书五行志》更正)		乾隆《沁州志》卷九《灾异》
唐天复元年(901)	洞涡*	时霖雨积旬,汴军屯聚既众,刍粮不给,复多痢疟,师人多死。		《旧五代史》卷二十六《武皇本纪下》

* 洞涡,今清徐东。

续 表

纪年	灾区	灾象	应对措施	资料出处
唐天复二年（902）	太原	梁军大疫。		《新五代史》卷四《唐庄宗纪上》
后周广顺元年（951）	泽、潞	后周广顺元年辛亥，河南北旬日皆无鸟，聚泽、潞山中，压树枝尽折。是岁，病疫死者甚众。		乾隆《潞安府志》卷十一《纪事》
后周广顺二年（952）	泽、潞	广顺二年，河南北，旬日无鸟，皆聚泽、潞山中，压树枝尽折。是岁，疾疫死者甚众。		顺治《潞安府志》卷十五《纪事三·灾祥》

（一） 时间分布

隋唐五代时期山西疫灾年际分布很有特点。前期从隋开皇三年（583）到唐贞观十七年（643）的60年间，共有历史记录7次；中期从唐贞观十八年（644）一直到唐咸通十年（869）长达225年历史记录呈现空白；后期从唐咸通十一年（870）到后周广顺二年（952）的82年间，共5次历史记录。其中，后周广顺元年（951）和后周广顺二年（952）所记内容一致，疑为误记。

（二） 空间分布

就现有的文献记载来看，隋唐五代时期山西疫病发生的次数较少，阳泉、大同、朔州、忻州、吕梁等地出现疫病灾害的空白记录。其中发生较集中的当属泽州。

表3－21 隋唐五代时期山西疫灾空间分布表

今地	灾区(次)	灾区数
太原	太原(2) 洞涡(1)	2
长治	沁州(1) 潞州(2)	2
晋城	泽州(4)	1
晋中	绵上(1)	1
临汾	和川(1) 曲沃(1)	2
其它	白道(1) 河东(1)	2

(三) 隋唐五代山西疫灾类型

隋唐五代时期山西发生的瘟疫主要有两种:一是战事引发瘟疫。隋唐初期和唐末五代时期,战事频仍,由于粮草缺乏或者其他原因导致瘟疫流行于军中。如,隋开皇三年(583)“与沙钵略可汗遇于白道。……其军无食,粉骨为粮,疾疫,死者甚众。”[①]这次瘟疫就是由于粮草缺乏,军士“粉骨为粮”才导致疫病流行。另外,天复二年(902)“梁军大疫”[②],也是军事活动引发的疫情。二是水旱灾害引发瘟疫。除了人为的因素造成瘟疫,因自然因素(如水、旱灾害)而引发的疫病,表现为伴随性的疫灾。如,隋大业四年(608)“燕代边缘诸郡旱,太原厩马死者大半”[③];天复元年(901)“时霖雨积旬,汴军屯聚既众,刍粮不给,复多痢疟,师人多死。”[④]由于“霖雨”而导致在军中出现了一场瘟疫,带来“师人多死”的后果。

此间有关瘟疫的新的动向是在文献中出现马疫、痢疾等明确记载。

①《晋乘蒐略》卷之十四。

②(宋)欧阳修:《新五代史》卷四《唐本纪第四·庄宗李存勖上》,中华书局,1974,第38页。

③雍正《山西通志》卷一百六十二《祥异一》。

④(宋)薛居正:《旧五代史》卷二十六《唐书二·武皇本纪下》,中华书局,1976,第358页。

第二节　隋唐五代山西自然灾害特征及成因

一　隋唐五代山西自然灾害特征

（一）　灾害年际分布对比差异小，但灾种数量差距悬殊

表3－1隋唐五代时期山西自然灾害间隔50年频次表统计数据显示，以50年为单元计，从601到950的7个时间段上，灾害分布呈现不规则波动状态，其峰值出现在第一个50年时段即601—650年间，灾害数量达到48次，这与山西历史时期灾害数量一般所呈现的逐步递增的特点有很大区别。而且，此后6个时段上的灾害数量差距较小，灾害数量最少的651—700年时段为10次。但是，在各类自然灾害的数量分布上，却存在较大的悬距。此间数量最多的自然灾害为旱灾，历史文献记录有42次，而最少数量的雹灾仅有1次，且记录异常简略。从灾害发生比例看，旱灾和震灾是隋唐五代时期最主要的自然灾害，两种灾害的数量达到80次，差不多占到同时期灾害总量的一半。

（二）　山西地震带活动频繁，并体现着一定的规律性

山西地震带起自河北的延庆、怀来，经大同、忻定、太原、临汾、运城等一系列断陷盆地，与关中盆地相接。唐代河东道的地震基本发生在这些盆地之中，649—652年是这条地震带较为活跃的时期，共出现7次地震，其中6次出现在晋州（治山西临汾）、1次出现在定襄。贞观二十三年（649）八月癸酉朔，“河东地震，晋州尤甚，坏庐

舍,压死者五千人。三日又震”[①]。永徽元年(650)“四月己巳朔,晋州地震。己卯,又震。六月庚辰,又震,有声如雷。二年(651)十月,又震。十一月戊寅,定襄地震”[②]。这几次出现在高宗即位之初,高宗本封晋王,而晋州屡次地震,因此他非常重视,曾专门下“诏五品以上极言得失”[③]。五代以后,地震记录虽少,但这里仍然出现了928年绛州地震,931年太原地震等记录。山西地震带不仅是我国地震历史记录较早、强震活动较为频繁的地震带之一,也是唐代较为频发的地震带。[④]

(三) 隋唐五代山西地区旱灾伴生性特点显著

自然灾害的发生往往有一定的关联性和继起性,隋唐五代时期山西地区发生的自然灾害集中表现为,旱灾的发生伴有其它自然灾害的发生。一是旱灾伴生蝗灾。永徽元年(650)“四月己巳,旱蝗”[⑤],“秋,河东旱,蝗。”[⑥]二是旱灾伴生霜冻。“开元十二年,大旱。八月,霜杀稼。”[⑦]唐中和元年(881)“秋,河东旱霜杀稼”[⑧]。有蝗不一定是因为旱灾,但所谓有旱必蝗。“旱蝗”、“旱霜”、“旱震”的伴生绝不是偶然,它们之间可能存在着一定的关联,而且研究人员也通过丰富的灾害史料记录发现了许多新的灾害的相关性现象,并编写出《中国古代自然灾异——相关性年表总汇》,有关研究也在深入进行中。

---

①(后晋)刘昫:《旧唐书》卷四《高宗纪上》,中华书局,1975,第67页。

②(宋)欧阳修、宋祁:《新唐书》卷三十五《五行志二》,中华书局,1975,第907页。

③(宋)欧阳修、宋祁:《新唐书》卷一〇四《张行成传》,中华书局,1975,第4013页。

④袁祖亮主编,闵祥鹏著:《中国灾害通史》(隋唐五代卷),郑州大学出版社,2008,第129页。

⑤民国《新绛县志》卷十《旧闻考·灾祥》。

⑥乾隆《蒲州府志》卷之二十三《事纪·五行祥沴》。

⑦光绪《潞城县志》卷三《大事记》。

⑧(宋)欧阳修、宋祁:《新唐书》卷三十六《志第二十六·五行三》,中华书局,1975,第943页。

二　隋唐五代山西自然灾害成因探析

（一） 自然因素

隋唐五代时期山西地区已经成为人类活动较为活跃的地区之一，这一时期自然灾害的发生与山西独有的地理环境和气候条件有关。尤其是这一时期出现的集中高发的地震灾害与地质地貌关系密切。

1. 地理环境因素

山西省地处华北，深居内陆，距海较远，为典型的温带季风性气候，这使得隋唐五代时期旱灾高发，成为此期第一大灾害。另外，山西境内地形较为复杂，山地、丘陵、高原、盆地等多种地形地貌交错分布，河流众多。且由于山区面积广大，地形破碎，河流大都短小，河道比较大，集水容易而排水不畅。所以，水（洪涝）旱灾害依旧是此间最常见的自然灾害类型。

除此之外，隋唐五代山西呈现地震灾害集中高发的特点，除因山西地处地震带外，隋唐五代时期山西进入第三地震活跃期①也是其中重要因素。以唐贞观二十三年（649）发生在临汾的6级地震为例，“从地震学方面分析，这次的地震发生在山西强震活动区之一的临汾盆地，历史上有2次8级地震都发生于此，此次地震具有发生强震的构造背景。”②

2. 气候因素

竺可桢《中国近五千年来气候变迁的初步研究》对中国气候变迁进行分析后认为，隋唐五代时期中国历史气候进入第三个温暖期（7—10世纪）。美国哈佛大学教授布雷特·辛斯基在对中国历史时期的

①武烈、贾宝卿、赵学普编著：《山西地震》，地震出版社第1993年版，第32页。

②宋正海、高建国、孙关龙等：《中国古代自然灾异—群发期》，安徽教育出版社，2002，第150页。

气候进行研究后也认为,大体上中国历史时期的气候可分为4个冷暖期。其中,第三个冷暖期从7世纪开始到18世纪早期结束,期间7—10世纪为温暖期,大致相当于隋唐五代[①]。同时,布雷特·辛斯基也认可气候周期性的变化与天文现象有关联,认为降雨量与诸如日全食之类的天文现象也存在联系,但对有关天文与气候之间的关系问题没有展开进行讨论。此外,有的研究人员从太阳长期活动与地球气候、地震以及人类活动的关系方面进行研究,发现中国中纬度的大地震几乎都发生在太阳活动周的降段和谷段,而这些年份经常发生大洪水,认为在研究地震的触发机制时,应结合地震发生时的降雨等气象原因进行研究[②]。当然"在天文学与自然灾害的相关研究中,目前的许多工作还主要是探讨他们之间的相关规律,涉及的范围和内容较广泛,但缺乏系统性,物理机制的研究虽也在进行,但尚不深入。"[③]

当然,隋唐五代山西历史灾害少,在一定程度上与该时期处于中国历史气候温暖期的基本判断是相契合的。而且,统计资料显示,在601—650年和801—900年时段,山西自然灾害处于高发时段,同时这两个时段也是水旱、地震灾害的高发频发时段;隋唐五代时期长达379年时间内,山西雹灾的历史记录仅仅1次,雪(寒霜)灾也仅有8次(其中极寒天气1次),这两种自然灾害是此间发生数量最少和年频次最低的自然灾害,同时也是山西历史时期发生较少的。这些数据基本上也能够支持气候周期的观点。但由于整个隋唐五代时期山西历史灾害史料的总量较少,相关性研究还是受到很大制约。

(二) 社会因素

历史灾害固然与自然因素关系密切,但人为因素也不可忽视。

①布雷特·辛斯基著;蓝勇、刘建、钟春来、严奇岩译:《气候变迁和中国历史》,《中国历史地理论丛》,2003年第6期,第64页。

②苏同卫:《太阳长期活动的地球响应》,中国科学院研究生院硕士论文,2006年6月。

③韩延本、赵娟:《天文学与自然灾害研究》,《地球物理学进展》,1998年第3期,第115页。

"自然的气候变迁与地理环境虽然可能随时发生灾害,然而它之所以成为灾害甚至成为严重灾害则与社会内部政治经济条件很有关系,自然环境的外部条件通过社会政治经济结构才能发生影响"①。

1. 过度开发导致生态环境逐步恶化

隋唐五代是中国古代社会大发展时期,同时也是人口大增长时期。同时期,山西人口也有大的增加。隋炀帝大业五年(609),山西境内户数由东魏武定年间的242154户增加到854487户,人口数由1012761增加到3850000人。隋末农民战争后,山西人口总数虽有所下降,但因太原为李唐王朝发迹之地,加之唐朝继续实行北魏以来的均田制及租庸调制,山西经济继续繁荣;同时,山西境内陆续有内迁的少数民族及驻军,使山西人口迅速恢复并发展。贞观十四年(640)山西人口为1147000,玄宗开元元年(713)为3685000人,天宝九年(740)为3803403人,天宝十一年(742)又增为3971000人。②

人口的增长,必然使得人类活动的区域不断扩大并带动国土的开发,最终毁坏森林植被,破坏生态环境。战争、营造宫殿、樵采、开荒等等均可造成森林植被大面积毁损,而隋唐五代时期山西森林植被的破坏因素主要有两个:一是在人口增加和生产力提高的情况下,人类有能力开发和利用更多的自然资源,而对于粮食需求的增长及人地矛盾的突出,土地大量拓殖也成为现实的需求。毁林开荒,轮垦轮种等盲目开发、过度开发等现象必然造成森林植被减少;二是政府大肆营建,使森林覆盖率逐步减少。隋唐五代每一朝建立后均大兴土木,山西则成为建材的主要供应地。柳宗元《晋问》曰:"晋之北山有异材,梓匠工师之为宫室求木者,天下皆归焉。"当秋季来临,必"万工举斧以入",不惟如是,因山西境内林木材质优良,历史时期从未间断采伐,所

①孟昭华:《中国灾荒史记》,中国社会出版社,1999,第32页。

②侯春燕:《山西人口数量变迁及思考》,《沧桑》,1998年第6期,第31页。

谓“唯良工之指顾,丛台、阿房、长乐、未央、建章、昭阳之隆丽诡特,皆是之自出。”[①]隋唐五代营建长安时取木材于河东道,大肆摧毁了山西北部的山林。所以,618 年唐朝建立时,平原森林虽日趋消失,但丘陵区还有不少森林,但到开元年间(713—747),却因“近山无巨木,求之岚、胜间”。[②](岚即指今天吕梁山,胜即胜州,今鄂尔多斯高原上的准格尔旗)而整个山西的森林植被覆盖率下降为 40%—30%。[③]

“森林的破坏伴随着水土流失,接踵而来的是洪涝灾害。由于泥沙淤积,河床抬高,植被破坏,地表滞留蓄水能力大大降低,一遇到大雨,滔滔山洪呼啸而下,常常造成河流漫溢和决堤,冲毁房屋、道路,淹没村庄、耕地和庄稼。”[④]

2. 战乱引发和加剧自然灾害

“战争是促进灾荒发展的重要因素之一。而灾荒的不断扩大和深入,又可在一定程度上助长战争的蔓延。”[⑤]

山西,唐代称河东道,唐后期设河东节度使,治所太原。唐朝灭亡之后,在我国中原地区先后出现了后梁、后唐、后晋、后汉、后周五个王朝;同时在南方和河东地区先后存在过十个割据政权,史称“五代十国”。在这些割据政权中,五代的后唐、后晋、后汉,十国中的北汉,都是由担任河东节度使的军阀建立的。他们利用山西“表里山河”的险绝形势,招兵买马,连年混战,加之契丹贵族不断南下,使山西社会经济遭到严重的破坏。唐末天复年间,辽兵南下河东,俘去“生口 95000,驼马羊牛不可胜记”;后梁时期,盘踞河东的李克用,在朱温灭唐以后,他以拥护唐朝为名与后梁长期交兵,使河东大量壮丁死于非命;后唐

①(清)董诰等编:《全唐文》卷五八六《柳宗元》,中华书局,1983,第五 5917 ~ 5918 页。

②(宋)欧阳修、(宋)宋祁撰:《新唐书》卷一百六十七《列传第九十二·裴延龄》,中华书局,1975,第 5107 页。

③腾崇德、张启耀:《山西植被的历史变迁》《河东学刊》,1998 年第 2 期,第 31 页。

④《山西自然灾害》编辑委员会:《山西自然灾害》,山西科学教育出版社,1989,第 20 页。

⑤孟昭华:《中国灾荒史记》,中国社会出版社,1999,第 35 页。

泰清三年(936),石敬瑭在契丹支持下与后唐张敬达在太原交战数月;辽太宗会同四年(941),朔州赵崇抗辽兵败,契丹贵族屠杀全城壮丁;后汉时,河中李守贞等镇发动叛乱,郭威发兵围困长达八个多月,战饿而死者达20多万,使整个河东地区由盛唐时的28万户,降到北汉时的万余户,特别是石敬瑭割让燕云十六州,不仅增强了契丹的经济实力,更使河北大平原从此无险可守,门户洞开,辽兵由此长驱直入,放肆杀掠,给中原、也给河东地区造成严重灾难。而战事一起,苛捐杂税,抓兵拉夫,全由农民负担;兵燹之后,百业衰竭,农民益乏,若遭受自然灾害,则无力抵御。而战事开端,必烽火连天、死亡相继,不仅破坏生态环境,而且给瘟疫的发生提供了温床,唐天复元年(901)"时霖雨积旬,汴军屯聚既众,刍粮不给,复多痢疟,师人多死"[①]。

①(宋)薛居正等撰:《旧五代史》卷二十六《唐书二·武皇本纪下》,中华书局,1976,第358页。

第三节 隋唐五代山西自然灾害的危害和社会应对

一 隋唐五代山西自然灾害的危害

（一） 对人的生命和财产安全的危害

自然灾害一旦发生，必定会使一定区域内人民的生命和财产安全蒙受损失。隋唐时期山西自然灾害对人的生命财产安全危害较大的有洪涝、地震等。

洪涝不但淹没房屋和人口，造成大量人员伤亡，而且还卷走粮食，淹没农田，毁坏作物，导致粮食大幅度减产，从而造成饥荒，甚至可能会引起土地盐渍化、瘟疫流行等次生灾害。唐开元十五年（727）“五月，晋州大水。七月，邓州大水，溺死数千人；洛水溢，入鄜城，平地丈余，死者无算，坏同州城市及冯翊县，漂居民二千余家。八月，涧谷溢，毁渑池县。是秋，天下州六十三大水，害稼及居人庐舍，河北尤甚。”[①]此次大水波及晋州大部，“溺死数千人”，“毁渑池县”，“害稼”，还伴随着其它灾害，导致饥民遍布州县。唐末以后，黄河“结束了东汉以来800年相对安流的局面，进入了多灾多难的历史时期。五代十国期间，黄河灾患相当严重。”[②]在山西，“黄河泛滥曾使河津城一迁再迁，保德半座城池被吞没。由气候条件所决定夏季雨水集中且多大暴雨，造成

①（宋）欧阳修、（宋）宋祁撰：《新唐书》卷三十六《志第二十六·五行三》，中华书局，1975，第931页。

②孟昭华：《中国灾荒史记》，中国社会出版社，1999，第261页。

七八月间常有局部地区遭受洪涝灾害。”[①]此外，地震灾害也对人民的生命财产安全造成威胁，轻则坏庐毁屋，重则致人死亡。唐景云二年(711)，“正月甲戌，并、汾、绛三州地震。坏庐舍，压死百余人。”[②]地震还可能表现为“山崩”，引发次生灾害。隋大业七年(611)“十月乙卯，底柱山崩，偃河逆流数十里。”[③]河流堵塞，严重地威胁人民的生命财产安全。

(二) 对农业生产的破坏

隋唐五代时期山西发生的干旱、冰雹、霜冻、大风等气象灾害，都不同程度地造成“害稼”、“伤禾”等现象，使粮食减产，影响着山西的农业发展，进而带来饥荒。

发展农业的关键要素便是水源，充足的水资源是保证粮食产量的重要前提。而山西地区由于其特殊的气候和地理条件，极易形成干旱气候。统计显示，旱灾为隋唐五代时期最多发的灾害。而旱灾一般多发于农作物生长成熟期的春秋时节，且旱蝗往往连发，对粮食产量影响甚大。唐永徽元年(650)绛州、曲沃、稷山、芮城、永济等地出现旱蝗，波及范围广，造成很大危害。此外，冰雹、霜雪寒、大风等灾害性天气也会影响到农作物的生长。唐开元十二年(724)“八月，潞州霜杀稼。”[④]唐僖宗广明元年(880)“六月乙巳，太原，大风雨拔木千株，害稼百里。”[⑤]这些灾害的发生，必然对农作物的生长带来不利影响，造成粮食减产，从而导致物价波动，进而影响社会秩序。

---

①《山西自然灾害》编辑委员会：《山西自然灾害》，山西科学教育出版社，1989，第24页。

②雍正《山西通志》卷一百六十二《祥异一》。

③光绪《山西通志》卷八十四《大事记二》。

④雍正《山西通志》卷一百六十二《祥异一》。

⑤道光《太原县志》卷之十五《祥异》。

二 隋唐五代山西自然灾害的社会应对

（一） 赈济

旱灾极易引发饥荒，造成饥民盈野，影响社会秩序。因此，统治者极为重视。史书记载的隋唐时期山西荒政中的赈济方式，一是"发仓赈济"。唐太和六年(832)"秋，河中、绛州旱。七年正月壬子，京兆府振关辅、河东、同华、陕虢、晋州各粟十万石，河南、河中、绛州各七万石，并以常平、义仓物充。"[①]唐太和十一年(837)"二月甲子，肆州之雁门民饥。诏开仓振恤"[②]。"唐王朝通过义仓、太仓、正仓等对生产施行赈济，以及常平仓的平籴平粜，同社会再生产的环节相联系；通过正仓、太仓和军仓同分配以及再分配环节和消费环节相联系；通过常平仓同交换环节相联系。通过仓廪系统这一渠道既能使封建王朝更有效的联系和控制再生产的四个环节，又能让封建国家的财政收入得到可靠的保障。"[③]上述史料中提到的"常平仓、义仓"等在赈灾中起到赈济的作用，加强了对社会的控制，利于百姓生产生活，同时，也强化了其防灾抗灾的职能。二是赈贷。唐乾元二年(759)"秋不雨。有司发仓廪以赈贷，仍告籴于怀孟。"[④]三是赐帛、粟。在自然灾害发生后，政府多采用"赐帛、粟"的方式控制和缓减灾情。唐贞观十一年(637)"十一年九月丁亥，河溢，坏陕州河北县。赐濒河遭水家粟、帛。"[⑤]四是易地转运赈济。唐开元十五年(727)，"是秋，六十三州水，十七州霜

①光绪《山西通志》卷八十五《大事记三》。

②光绪《代州志·记三》卷十二《大事记》。

③孟昭华：《中国灾荒史记》，北京：中国社会出版社，1999年，第291页。

④雍正《泽州府志》卷之五十《祥异》。

⑤雍正《山西通志》卷一百六十二《祥异一》。

旱，河北饥。转江淮之南租米百万石以赈给之。”[①]根据灾区、灾情的不同，政府会制定出不同的救灾措施，赐米、赈济往往出现在灾区较小、灾情相对缓和的情况下。

（二） 遣使慰问

“遣使是隋唐五代时期救灾的一个主要方式，尤其是一些大规模灾害发生后，由皇帝亲自派遣使臣对灾情进行现场勘查，制定救灾计划、赈灾额度，以及安抚灾民等。”[②]遣使救灾是传递中央政策的有效途径之一。派遣使臣不仅有效地传递了统治者的政策，使救灾进程有效落实，而且可实现中央对地方的控制。长兴二年（931）“辛酉，左补阙李详上疏：‘以北京地震多日，请遣使臣往彼慰抚，察问疾苦，祭祀山川。’从之。”[③]唐贞观二十三年（649）“八月癸酉朔，河东地震，晋州尤甚，坏庐舍，压死者五千余人。三日又震。诏遣使存问，给复二年，压死者赐绢三匹。”[④]唐贞元九年（793）“四月，大同路地震，有声如雷，坏官民庐舍五千余间，压死二千余人。又，地裂二所，涌水尽黑，漂出松柏朽木。其一广十八步、深十五丈，其一广六十六步、深一丈。遣使赈之。”[⑤]

（三） 祷祝祭祀

祭祀祈祷是古代统治者主要行政方式之一，所谓“国之大事，惟祀与戎”。通过举行祭祀仪式，一方面表达诚意，以稳定民心、缓和矛盾；另一方面，统治者也冀望于以这种方式感动上天以缓减灾情。当然，

①（后晋）刘昫等撰：《旧唐书》卷八《本纪第八·玄宗上》，中华书局，1975，第 191 页。

②袁祖亮主编，闵祥鹏著：《中国灾害通史》（隋唐五代卷），郑州大学出版社，2008，第 150 页。

③（宋）薛居正：《旧五代史》卷四十二，《唐书十八·明宗纪第八·校勘记》，中华书局，1976，第 583 页。

④（后晋）刘昫等撰：《旧唐书》卷四《本纪第四·高宗李治上》，中华书局，1975，第 67 页。

⑤光绪《怀仁县新志》卷一《分野》。

祷祝祭祀的方式也是不拘形式的。有亲自祷告者：唐开元十二年(724)“七月，河东、河北旱……九月蒲、同等州旱。帝亲祷雨宫中，社坛席，暴立三日”[①]；有大赦改元者：唐咸亨元年(670)天下大旱，高宗李治于当年三月大赦天下，并将年号“总章”改为“咸亨”；亦有减膳以表诚意者：在高宗大赦改元当年，估计收效一般，故有当年八月的“避正殿，尚食减膳”的举措。

(四) 释放囚徒

受“天人感应”的影响，统治者认为“国家将有失道之败，而天乃先出灾害以谴告之，不知自省，又出怪异以警惧之，尚不知变，而伤败乃至。”[②]若稍有冤滞，就会伤及阳和，故因灾虑囚，平理冤狱以感天动地。所以在抗灾救灾过程中，统治者除了赈济、遣使慰问和祈祷祭祀外，有时也会采用“释放囚徒”、“大赦天下”等措施，以减少灾害带来的社会不稳定因素，尽最大可能稳定民心和缓减矛盾。唐太(大)和元年(827)“夏，京畿、河中、同州旱。”[③]“乙卯，以旱降京畿死罪以下。”[④]唐太和六年(832)“河东、河南、关辅旱。”[⑤]“六年。春，正月，壬子，诏以水旱降系囚。群臣上尊号曰太和文武至德皇帝；右补阙韦温上疏，以为‘今水旱为灾，恐非崇饰徽称之时。’”[⑥]

---

①(宋)欧阳修、宋祁:《新唐书》卷三十五《志第二十五·五行二》,中华书局,1975,第916页。

②(东汉)班固:《汉书》卷五十六《董仲舒传》,中华书局,1962年,第2498页。

③(宋)欧阳修、(宋)宋祁撰:《新唐书》卷三十五《志第二十五·五行二》,中华局,1975,第97页。

④(宋)欧阳修、(宋)宋祁撰:《新唐书》卷八《本纪第八·文宗》,中华书局,1975,第230页。

⑤(宋)欧阳修、(宋)宋祁撰:《新唐书》卷三十五《五行志二》,中华书局,1975,第917页。

⑥(宋)司马光编著:《资治通鉴》卷二百四十四,《唐纪六十·文宗太和五年——六年(831~832)》,中华书局,1956,第7879页。

第四章 宋 元

第一节 宋元山西自然灾害概论

宋元时期起自陈桥兵变(960)止于明朝建立(1368)。这一时期是中国古代历史上的多事之秋,局部统一的宋朝持续时间达320年,历时长度仅次于汉朝。宋朝经济发达,但却积贫积弱,军人众多却屡战屡败。宋朝存续时间内,周边政权不断与其展开政治军事斗争,直到被元朝所灭。同时,宋元时期又是中国历史灾害数量骤增的时代,自然灾害的数量和危害程度达到空前地步。邓拓先生对中国历史灾害研究后认为:"两宋灾害频度之密,盖与唐代相若,而其强度与广度则更有过之。"[①]对于宋元时期的山西来讲,自然灾害在频度和强度上均有空前的增幅,其影响较之隋唐五代更是有过之而无不及。

宋元时期自然灾害的骤增与中国历史气候长时段变迁有着密切的关系。进入宋代,中国历史气候又进入新一轮寒冷期,寒冷期的到来意味着自然灾害又进入群发和多发期,而这一时期少数民族南下滋扰现象的增多,也从另一个方面应证这一时期气候的恶化。在气候温暖期,相应的良好生存条件使北方少数民族的政权日益强大,人口逐渐增多,良好的生态环境同时也为其提供了维持生存的

①邓云特:《中国救荒史》,上海书店,1984年据商务印书馆1937年影印版,第22页。

资源。一旦气候急剧转冷，北方草场大面积沙化，给草原依赖性很强的游牧民族生存带来了严重挑战和危机。少数民族觊觎中原发达的文化，若本身又遇到生存危机，适逢中原王朝贫弱之机，于是便南下，先是进行以谋生存为目的的掠夺，一旦时机适当，这种谋求生存的掠夺行为便会演变为谋求政权的行动。这个过程早在西周就已经开始，周幽王十一年（前771），在戎狄叛周的形势下，申侯联合缯国和犬戎大举进攻宗周（即丰、镐两京，今西安西），迫使周朝迁都雒邑（今河南洛阳）。而进入东汉和魏晋时期，中国的气候又一次进入寒冷期，大漠南北经历了2000年来最严重的一次干旱，大旱灾席卷整个欧亚大草原。晋惠帝元康时期（约295），匈奴残部攻上党和上郡（今陕西榆林一带），当时少数民族又蜂拥南下，形成所谓"五胡十六国"的乱局。所以，气候的变化是导致魏晋社会动乱的重要原因，也是匈奴等五胡南下、"北民南迁"的重要原因。正是在这样的背景下，中原的汉族一次次越过淮河、渡过长江，之至更远的地方。匈奴、蒙古族、满州南下的史实就证实了这种猜测。当然，在游牧民族所居住的北方草原变得寒冷干旱时，我国黄河流域也面临着同样的恶劣气候，北方汉族地区的农耕经济因此遭到巨大破坏，北方地区由此失去了与南下的游牧民族抗衡的经济实力。

表4－1 宋元时期山西自然灾害间隔50年频次表

时间	旱	水	雹	霜雪寒	风	地震	农作物	瘟疫	总计
960—1000	13	10	4	3	4	4	3	0	41
1001—1050	7	7	0	1	0	13	6	0	34
1051—1100	19	7	2	1	0	11	1	0	41
1101—1150	4	0	0	0	0	12	1	0	17
1151—1200	9	3	2	3	1	2	3	0	23
1201—1250	9	1	0	0	0	2	1	0	13
1251—1300	33	13	17	11	3	4	10	0	91
1301—1368	58	38	37	20	11	52	14	4	234
总计	152	79	62	39	19	100	39	4	494
年频次	0.37	0.19	0.15	0.10	0.05	0.24	0.10	0.01	1.21

一 旱灾

宋元408年间(960—1368),山西旱灾记录共152年(次),年频次为0.37。系这一时期第一大类型的自然灾害。

表4-2 宋元时期山西旱灾年表

纪年	灾区	灾象	应对措施	资料出处
宋建隆三年(962)	河中府*、泽州	三年,京师春夏旱。河北大旱,霸州苗皆焦仆。又河南、河中府、孟、泽、濮、郓、齐、济、滑、延、隰、宿等州并春夏不雨。		《宋史》卷六十六《五行四》
	河中府、隰州*	河北大旱,晋州民家多生魃,河中府、隰州春夏不雨。		雍正《山西通志》卷一百六十二《祥异一》 光绪《山西通志》卷八十五《大事记三》
	蒲、晋、慈	十二月戊戌,蒲、晋、慈饥。	赈之。	雍正《山西通志》卷一百六十二《祥异一》 光绪《吉州全志》卷七《祥异》
		蒲、晋、慈饥。	赈之。	光绪《山西通志》卷八十五《大事记三》
	泽州、隰州、河东	春夏大旱。		雍正《泽州府志》卷之五十《祥异》 康熙《隰州志》卷之二十一《祥异》 光绪《永济县志》卷二十三《事纪·祥沴》

* 河中府,今山西省永济县蒲州镇。唐开元八年(720),开蒲州为河中府,因位于黄河中游而得名。同年改为蒲州。乾元(758—759)时又改称河中府。以后历代屡有变动。明洪武二年(1369)河中府改为蒲州。

* 隰州,汉河东郡地;隋曰隰州;唐因之,亦曰大宁郡,领隰川等县六。唐属平阳府,属县二:大宁县、永和县。

续　表

纪年	灾区	灾象	应对措施	资料出处
宋建隆三年（962）	晋州	十二月戊戌，晋州饥。	命发廪赈之。	雍正《平阳府志》卷之三十四《祥异》 民国《浮山县志》卷三十七《灾祥》
宋乾德二年（964）	河中府	旱甚。		《宋史》卷六十六《五行四》
		河中府旱甚。四月戊申，河中饥。	赈之。	雍正《山西通志》卷一百六十二《祥异一》
		四月，宋河中府旱饥。		光绪《山西通志》卷八十五《大事记三》
	芮城	大旱，自春至冬。		民国《芮城县志》卷十四《祥异考》
宋乾德三年（965）	河中	旱甚。	四月戊申赈河中饥。	乾隆《蒲州府志》卷之二十三《事纪·五行祥沴》
宋开宝元年（968）	垣曲	春正月，垣曲饥。	赈之。	雍正《山西通志》卷一百六十二《祥异一》
		绛之垣曲饥。	赈之。	光绪《垣曲县志》卷之十四《杂志》
宋开宝二年（969）	芮城	夏，旱。		民国《芮城县志》卷十四《祥异考》
宋开宝七年（974）	晋、绛	夏旱。		《宋史》卷六十六《五行四》
	河中府	六月丙申，河中府饥。	发粟三万赈之。	雍正《山西通志》卷一百六十二《祥异一》
		六月，宋河中府饥。	宋帝令发粟三万，振之。	光绪《山西通志》卷八十五《大事记三》
	曲沃	十一月，旱。	免晋绛等州逋赋。	光绪《续修曲沃县志》卷之三十二《祥异》

续 表

纪年	灾区	灾象	应对措施	资料出处
宋开宝七年(974)	绛州	旱。		光绪《直隶绛州志》卷之二十《灾祥》 民国《新绛县志》卷十《旧闻考·灾祥》
	河中府	饥。	发粟三万石赈之。	乾隆《蒲州府志》卷之二十三《事纪·五行祥沴》
	永济	六月,饥。	发粟三万石赈之。	光绪《永济县志》卷二十三《事纪·祥沴》
宋太平兴国七年(982)	绛州	……绛州旱。		雍正《山西通志》卷一百六十二《祥异一》 光绪《山西通志》卷八十五《大事记三》
	太平	春,旱。		光绪《太平县志》卷十四《杂记志·祥异》
	霍州	七年春,旱,赤地。		光绪《直隶绛州志》卷之二十《灾祥》
	绛州	春,旱,赤地。		民国《新绛县志》卷十《旧闻考·灾祥》
	稷山	旱。		同治《稷山县志》卷之七《古迹·祥异》
宋端拱元年*(988)	云州	六年八月,节度使耶律抹只奏今岁霜旱乏食。	乞增价折粟,以利贫民,诏从之。	雍正《山西通志》卷一百六十二《祥异一》 光绪《山西通志》卷八十五《大事记三》 道光《大同县志》卷二《星野·岁时》

* 辽圣宗统和六年(988)。

续 表

纪年	灾区	灾象	应对措施	资料出处
宋端拱元年（988）	云州	霜，旱。		乾隆《大同府志》卷之二十五《祥异》
宋淳化二年（991）	绛、河中	是岁，河中、绛等州旱。		《宋史》卷五《太宗纪二》
	河中、绛、晋、汾等州	……河中、绛、晋、汾等州旱。		雍正《山西通志》卷一百六十二《祥异一》 光绪《山西通志》卷八十五《大事记三》
	汾州	四月，汾州旱。		乾隆《汾州府志》卷之二十五《事考》
	汾阳	二年四月，旱。		光绪《汾阳县志》卷十《事考》
	河中、绛、晋、汾等州	旱。		雍正《平阳府志》卷之三十四《祥异》
	曲沃	春旱，冬复大旱。		光绪《续修曲沃县志》卷之三十二《祥异》
	晋州、霍州、绛州、稷山、河中	旱。		民国《浮山县志》卷三十七《灾祥》 光绪《直隶绛州志》卷之二十《灾祥》 民国《新绛县志》卷十《旧闻考・灾祥》 同治《稷山县志》卷之七《古迹・祥异》 光绪《永济县志》卷二十三《事纪・祥沴》
宋淳化三年（992）	河东	旱灾		《宋史》卷六十六《五行四》

续 表

纪年	灾区	灾象	应对措施	资料出处
宋淳化三年(992)	河东、河北、解州、虞乡、河津	旱。		雍正《山西通志》卷一百六十二《祥异一》 光绪《山西通志》卷八十五《大事记三》 光绪《吉州全志》卷七《祥异》 光绪《解州志》卷之十一《祥异》 民国《解县志》卷之十三《旧闻考》 光绪《绛县志》卷六《纪事·大事表门》 光绪《虞乡县志》卷之一《地舆志·星野·附祥异》 光绪《河津县志》卷之十《祥异》
	云、朔等州	云、朔等州饥。	辽主诏免税赋给复流民三年。	光绪《山西通志》卷八十五《大事记三》
宋至道元年[*](995)	崞县	大旱。		乾隆《崞县志》卷五《祥异》
宋景德三年(1006)	河北	河北饥。		雍正《山西通志》卷一百六十二《祥异一》
宋大中祥符元年(1008)	泽州、高平	真宗大中祥符元年,五龙跃于丹水。(时方大饥,民艰于食,五龙见于丹河之上,光映数里,雨泽随降,岁丰稔,斗米仅数十钱。高平志)		雍正《泽州府志》卷之五十《祥异》 乾隆《高平县志》卷之十六《祥异》

* 淳化只有5年。疑方志误记。

续 表

纪年	灾区	灾象	应对措施	资料出处
宋大中祥符五年(1012)	慈州	四月,慈州民饥。	乡宁县山生石脂如麸,可为饼饵,民用渡荒。	雍正《山西通志》卷一百六十二《祥异一》 光绪《吉州全志》卷七《祥异》 乾隆《乡宁县志》卷十四《祥异》
宋天禧元年(1017)	辽南京路	十月,辽南京路饥。	转云应等州粟,振之。	光绪《山西通志》卷八十五《大事记三》
宋天禧五年(1021)	慈州	四月慈州饥。		雍正《山西通志》卷一百六十二《祥异一》 光绪《山西通志》卷八十五《大事记三》
宋天圣三年(1025)	晋、绛、陕、解	十一月辛卯,晋、绛、陕、解饥。	发粟赈之。	雍正《山西通志》卷一百六十二《祥异一》 光绪《山西通志》卷八十五《大事记三》
	平阳府	十一月辛卯,晋州饥。	发粟赈之。	雍正《平阳府志》卷之三十四《祥异》
	临汾、曲沃、霍州、绛州、稷山、晋州	饥。	发粟赈之。	民国《临汾县志》卷六《杂记类·祥异》 光绪《续修曲沃县志》卷之三十二《祥异》 光绪《直隶绛州志》卷之二十《灾祥》 民国《浮山县志》卷三十七《灾祥》 民国《新绛县志》卷十《旧闻考·灾祥》 同治《稷山县志》卷之七《古迹·祥异》
	解州	十一月,饥。		光绪《解州志》卷之十一《祥异》 民国《解县志》卷之十三《旧闻考》

续 表

纪年	灾区	灾象	应对措施	资料出处
宋景佑三年(1036)	河北	六月,河北久旱。	遣使诣北岳祈雨。	雍正《山西通志》卷一百六十二《祥异一》
宋嘉祐二年(1057)	芮城	久旱。		民国《芮城县志》卷十四《祥异考》
	河东	久旱。		光绪《永济县志》卷二十三《事纪・祥沴》
宋嘉祐七年(1062)	芮城	春夏,大旱。		民国《芮城县志》卷十四《祥异考》
宋治平元年(1064)	晋、河中府、庆城军	晋等州,河中府,庆城军旱。		《宋史》卷六十六《五行四》 雍正《山西通志》卷一百六十二《祥异一》 光绪《山西通志》卷八十五《大事记三》 乾隆《蒲州府志》卷之二十三《事纪・五行祥沴》 光绪《荣河县志》卷十四《记三・祥异》
	潞州	春,潞州不雨。		光绪《长治县志》卷之八《记一・大事记》
	河中	春,河中府庆成军,踰时不雨,大旱。		光绪《永济县志》卷二十三《事纪・祥沴》
宋治平三年(1066)	河东	……旧志载:"治平七年春夏,河东大旱。"按:治平无七年当属讹。		雍正《山西通志》卷一百六十二《祥异一》
宋熙宁元年(1068)	西京、应州、朔州	正月辛卯,西京饥。三月甲申,应州饥。庚寅,朔州饥。	遣使赈之。	雍正《山西通志》卷一百六十二《祥异一》
	西京、应州	饥。		乾隆《大同府志》卷之二十五《祥异》

续　表

纪年	灾区	灾象	应对措施	资料出处
宋熙宁元年（1068）	应州	三月，赈应州饥民。	赈应州饥民。	乾隆《应州续志》卷一《方舆志·灾祥》
	河东	二月壬戌，河东饥。	贷饥民粟。	光绪《山西通志》卷八十五《大事记三》
	辽西京、应、朔	十二月，……辽西京、应朔州饥。	遣使振之西北路雨谷三十里。	光绪《山西通志》卷八十五《大事记三》
	河东	二月壬戌，河东饥，贷饥民粟。七年自春及夏，河北、河东久旱。	贷饥民粟。	光绪《吉州全志》卷七《祥异》
	稷山	饥。	贷饥民粟。	同治《稷山县志》卷之七《古迹·祥异》
宋熙宁三年（1070）	河北	河北旱。		雍正《山西通志》卷一百六十二《祥异一》
宋熙宁七年（1074）	河北、河东	八月，河北，京东，京西，河东，陕西旱。		《宋史》卷六十六《五行四》
		自春及夏，河北、河东久旱。		雍正《山西通志》卷一百六十二《祥异一》
	河东	自春及夏，河东久旱。		光绪《山西通志》卷八十五《大事记三》
	威胜军	……河北威胜军饥。 威胜军饥。		雍正《山西通志》卷一百六十二《祥异一》 乾隆《沁州志》卷九《灾异》
	曲沃	大旱，自去秋七月不雨至夏四月。		光绪《续修曲沃县志》卷之三十二《祥异》
	河津、稷山	自春至夏，久旱。		光绪《同治《稷山县志》卷之七《古迹·祥异》 光绪《河津县志》卷之十《祥异》
宋熙宁八年*（1075）	两河	两河饥。		雍正《山西通志》卷一百六十二《祥异一》

＊辽太康元年（1075）。

续　表

纪年	灾区	灾象	应对措施	资料出处
宋熙宁八年(1075)	云州、怀仁	正月壬寅,云州饥。	赈之。	雍正《山西通志》卷一百六十二《祥异一》 乾隆《大同府志》卷之二十五《祥异》 道光《大同县志》卷二《星野·岁时》 光绪《怀仁县新志》卷一《分野》
	河东	八月,河东旱。		光绪《山西通志》卷八十五《大事记三》
宋熙宁九年(1076)	河北、河东	八月,河北、河东旱。		雍正《山西通志》卷一百六十二《祥异一》 光绪《吉州全志》卷七《祥异》
宋元丰二年(1078)	河东	旱。		雍正《山西通志》卷一百六十二《祥异一》
宋元丰七年(1084)	河东、河津、稷山	饥。	诏蠲税。	雍正《山西通志》卷一百六十二《祥异一》 光绪《吉州全志》卷七《祥异》 光绪《绛县志》卷六《纪事·大事表门》 光绪《河津县志》卷之十《祥异》 同治《稷山县志》卷之七《古迹·祥异》
宋元符二年(1099)	辽州	冬十月戊辰,辽州饥。	赈之。	雍正《山西通志》卷一百六十二《祥异一》
辽寿昌五年(1099)	河东	五月癸巳,河东饥。	诏帅臣计度赈恤。	光绪《吉州全志》卷七《祥异》
宋元符三年(1100)	河东	……癸巳,河东饥。	诏帅臣计度赈恤。	雍正《山西通志》卷一百六十二《祥异一》

续　表

纪年	灾区	灾象	应对措施	资料出处
宋元符三年(1100)	河东	五月,河东饥。	诏师臣计度赈粟。	光绪《绛县志》卷六《纪事·大事表门》
宋崇宁元年(1102)	崞县	大饥,斗米钱数千。		乾隆《崞县志》卷五《祥异》 光绪《续修崞县志》卷八《志余·灾荒》
宋宣和五年*(1123)	宁乡	大饥。		康熙《宁乡县志》卷之一《灾异》
金天眷三年(1140)	西京	六月,大旱。	使萧彦让、田彀,决西京囚。	雍正《山西通志》卷一百六十二《祥异一》 光绪《山西通志》卷八十五《大事记三》
金皇统四年(1144)	蒲州	饥。	流民典雇为奴婢者,官给绢,赎为良,放还其家。	雍正《山西通志》卷一百六十二《祥异一》
金大定元年(1161)	平定	春正月,……民大饥。		雍正《山西通志》卷一百六十二《祥异一》
金大定三年(1163)	荣河	三、四年,荣河相继蝗,旱。		乾隆《蒲州府志》卷之二十三《事纪·五行祥沴》
	河东	三年二月,河东大旱。		乾隆《蒲州府志》卷之二十三《事纪·五行祥沴》
	荣河	秋蝗,明年大旱。		光绪《荣河县志》卷十四《记三·祥异》
金大定四年(1164)	河东	五月,旱。	乙巳,诏礼部尚书王竞祷雨于北岳。	雍正《山西通志》卷一百六十二《祥异一》

* 金天会元年(1123)。

续　表

纪年	灾区	灾象	应对措施	资料出处
金大定十二年(1172)	西京、河东		正月以水旱免西京河东山西去年租税。	光绪《山西通志》卷八十五《大事记三》
	河东		以水旱免河东去年租税。	《晋乘蒐略》卷之二十三下
	绛县		正月,以水旱免河东去年租税。	光绪《绛县志》卷六《纪事·大事表门》
金大定十六年(1176)	河东	河东路旱,蝗。		雍正《山西通志》卷一百六十二《祥异一》 光绪《山西通志》卷八十五《大事记三》 光绪《吉州全志》卷七《祥异》 光绪《绛县志》卷六《纪事·大事表门》 光绪《永济县志》卷二十三《事纪·祥沴》
金大定十八年(1178)	云州、云中	饥。		雍正《山西通志》卷一百六十二《祥异一》 雍正《朔平府志》卷之十一《外志·祥异》
金大定二十九年(1189)	宁化、保德、岚州	……十二月戊戌,河东南北路提刑司言,宁化、保德、岚州饥。		雍正《山西通志》卷一百六十二《祥异一》
金明昌二年(1191)	桓、抚等州	五月,桓、抚等州旱。		雍正《山西通志》卷一百六十二《祥异一》 乾隆《大同府志》卷之二十五《祥异》
金承安元年(1196)	河东	夏四月戊寅,以久不雨。	命礼部尚书张祎祈于北岳。	雍正《山西通志》卷一百六十二《祥异一》
金大安元年(1209)	平阳府	十一月丙申……六月大旱。	赈贫民缺食者。	雍正《平阳府志》卷之三十四《祥异》

续　表

纪年	灾区	灾象	应对措施	资料出处
金大安二年(1210)	平阳	六月,大旱。	赈贫民缺食者。曲赦西京、太原两路杂犯,死罪减一等徒以下免。	雍正《山西通志》卷一百六十二《祥异一》 光绪《山西通志》卷八十五《大事记三》
金大安三年(1211)	河东、虞乡	二月,大旱。		雍正《山西通志》卷一百六十二《祥异一》 光绪《吉州全志》卷七《祥异》 光绪《虞乡县志》卷之一《地舆志·星野·附祥异》
	曲沃、河津、稷山	大旱。		光绪《续修曲沃县志》卷之三十二《祥异》 光绪《河津县志》卷之十《祥异》 同治《稷山县志》卷之七《古迹·祥异》
	河东	旱,蝗。		光绪《永济县志》卷二十三《事纪·祥沴》
金崇庆元年(1212)	河东	旱。……五月,河东大饥,斗米钱数千,流殍满野。	赈之。	雍正《山西通志》卷一百六十二《祥异一》
		五月,河东、陕西大饥。斗米钱数千,流莩满野。		光绪《山西通志》卷八十五《大事记三》
	临县	大饥,斗米数千钱,流莩满野。		民国《临县志》卷三《谱大事》
	平阳府	十一月,河东南路旱灾。		雍正《平阳府志》卷之三十四《祥异》
	曲沃	旱,大饥,斗米钱数千。		光绪《续修曲沃县志》卷之三十二《祥异》
	河东	五月,河东大饥,斗米钱数千,流莩满野。	十一月,赈河东南路旱灾。	光绪《绛县志》卷六《纪事·大事表门》

续　表

纪年	灾区	灾象	应对措施	资料出处
金崇庆元年（1212）	河津	五月大饥。二年，复大旱。		光绪《河津县志》卷之十《祥异》
	稷山	五月大饥，斗米钱数千，饿殍满野。		同治《稷山县志》卷之七《古迹·祥异》
	河东	五月，河东旱，大饥，斗米钱数千，流殍满野。二年，复大旱。		乾隆《蒲州府志》卷之二十三《事纪·五行祥沴》
		旱，大饥，斗米钱数千，流殍满野。三年，复大旱。		光绪《永济县志》卷二十三《事纪·祥沴》
	虞乡	五月旱，大饥，斗米钱数千，流殍遍地。		光绪《虞乡县志》卷之一《地舆志·星野·附祥异》
金崇庆二年（1213） 金至宁元年（1213） 金贞祐元年（1213）	河东	大旱。		雍正《山西通志》卷一百六十二《祥异一》
	河东、陕西	正月，河东、陕西饥。	赈之。	雍正《山西通志》卷一百六十二《祥异一》
	河东	七月，河东旱。	遣工部尚书高道拉祈雨岳渎，至是雨足，时斗米至万二千者。（旧志又载：“崇宁三年，曲沃旱。”考金史无崇宁年号，岂以“崇庆”、“至宁”讹而为一耶？）	雍正《山西通志》卷一百六十二《祥异一》 光绪《山西通志》卷八十五《大事记三》
	曲沃	旱，大饥，斗钱万二千。		光绪《续修曲沃县志》卷之三十二《祥异》
	河东	正月，河东陕西饥……七月河东旱。	赈之。……遣工部尚书高朶祈雨於岳渎，至是雨足。	光绪《吉州全志》卷七《祥异》

续　表

纪年	灾区	灾象	应对措施	资料出处
金崇庆二年(1213)	河津	旱。		光绪《河津县志》卷之十《祥异》
金至宁元年(1213)	稷山	旱,斗米有值钱万二千者。		同治《稷山县志》卷之七《古迹·祥异》
金贞祐元年(1213)	虞乡	复大旱。		光绪《虞乡县志》卷之一《地舆志·星野·附祥异》
金贞祐二年(1214)	曲沃	曲沃旱。		雍正《平阳府志》卷之三十四《祥异》
宋嘉定十六年(1223)	河北	春,河北路新附山西民饥。		雍正《山西通志》卷一百六十二《祥异一》
蒙中统元年(1260)	泽州、潞州	世祖中统元年五月,泽州饥。八月癸亥,泽州、潞州旱,民饥。	敕赈之。	《元史》卷四《本纪第四》 雍正《山西通志》卷一百六十二《祥异一》 雍正《泽州府志》卷之五十《祥异》
蒙中统四年(1263)	西京	是年,大同饥。		乾隆《大同府志》卷之二十五《祥异》 雍正《平阳府志》卷之三十四《祥异》
蒙至元元年(1264)	太原、平阳	夏四月壬子,平阳大旱,民饥。(五行志,作二月)	分遣西僧祈雨。	雍正《山西通志》卷一百六十二《祥异一》
	太原	夏四月壬子,太原大旱,民饥。	遣西僧祈雨。	乾隆《太原府志》卷四十九《祥异》
	曲沃	旱。		光绪《续修曲沃县志》卷之三十二《祥异》
蒙至元六年(1269)	丰州、云内、东胜	九月戊戌,丰州、云内、东胜旱。	免其租税。	雍正《山西通志》卷一百六十二《祥异一》

续 表

纪年	灾区	灾象	应对措施	资料出处
蒙至元七年(1270)	西京	九月，西京饥。	勅诸王阿济格所部就食太原。	雍正《山西通志》卷一百六十二《祥异一》 光绪《山西通志》卷八十六《大事记四》
		饥。		乾隆《大同府志》卷之二十五《祥异》
		饥。	敕诸王阿只吉所部就食太原。	道光《大同县志》卷二《星野·岁时》
元至元八年(1271)	西京	二月，西京饥。	赈之。	雍正《山西通志》卷一百六十二《祥异一》
			二月，振西京饥。	光绪《山西通志》卷八十六《大事记四》
	广灵	四月，广灵县旱。(五行志)		雍正《山西通志》卷一百六十二《祥异一》 光绪《山西通志》卷八十六《大事记四》 乾隆《大同府志》卷之二十五《祥异》
	西京	饥。	赈之。	道光《大同县志》卷二《星野·岁时》
元至元九年(1272)	西京等州县	二月，以去岁西京等州县旱蝗水潦。免其租税。	免其租税。	光绪《山西通志》卷八十六《大事记四》
		戊戌，旱。	免其租赋。	道光《大同县志》卷二《星野·岁时》
元中统十三年*(1274)	河津	元中统十三年，旱。		光绪《河津县志》卷之十《祥异》
元至元十二年(1275)	太原路	是岁，卫辉、太原等路旱。	凡赈米三千七百四十八石，粟二万四千二百六石。	《元史》卷八《世祖纪五》 雍正《山西通志》卷一百六十二《祥异一》

* 元中统年号仅有5年。疑县志误记。

续　表

纪年	灾区	灾象	应对措施	资料出处
元至元十二年（1275）	太原路	是岁，卫辉、太原等路旱。	凡赈米三千七百四十八石，粟二万四千二百六石。	光绪《山西通志》卷八十六《大事记四》
		旱。		乾隆《太原府志》卷四十九《祥异》
元至元十三年（1276）	平阳路	平阳路旱，（济宁路及高丽沈州水）并免今年田租。	并免今年田租。	《元史》卷九《世祖纪六》
		平阳路旱。		雍正《山西通志》卷一百六十二《祥异一》 光绪《山西通志》卷八十六《大事记四》 雍正《平阳府志》卷之三十四《祥异》
	曲沃	旱。		光绪《续修曲沃县志》卷之三十二《祥异》
元至元十五年（1278）	西京	春正月癸巳，西京饥。	发粟一万石赈之。仍谕阿哈玛特广积贮以备阙乏。	雍正《山西通志》卷一百六十二《祥异一》 光绪《山西通志》卷八十六《大事记四》
		饥。		乾隆《大同府志》卷之二十五《祥异》
		饥。	发粟一万石，赈之，仍谕阿合马广积贮，以备阙乏。	道光《大同县志》卷二《星野·岁时》
元至元十七年（1280）	平阳	（八月）大都、北京、怀孟、保定、南京、许州、平阳旱。		《元史》卷十一《世祖纪八》
		八月，平阳旱。		雍正《山西通志》卷一百六十二《祥异一》 光绪《山西通志》卷八十六《大事记四》 雍正《平阳府志》卷之三十四《祥异》

续　表

纪年	灾区	灾象	应对措施	资料出处
元至元十八年(1281)	平阳路	平阳路松山县旱。(元史按:元地理志平阳路无此县,岂或志失之耶)		雍正《山西通志》卷一百六十二《祥异一》 雍正《平阳府志》卷之三十四《祥异》
		六月,……平阳路旱。		光绪《山西通志》卷八十六《大事记四》
	交城	辛巳,饥。		光绪《交城县志》卷一《天文门・祥异》
元至元十九年(1282)	潞城	大饥,人相食。		光绪《潞城县志》卷三《大事记》
元至元二十年(1283)	介休	自四月至秋不雨。		嘉庆《介休县志》卷一《兵祥・祥灾附》
元至元二十二年(1285)	平阳	五月戊戌,平阳旱。		雍正《山西通志》卷一百六十二《祥异一》 雍正《平阳府志》卷之三十四《祥异》
	高平	夏,大旱历三月,空无片云,盗贼蜂起。		乾隆《高平县志》卷之十六《祥异》
元至元二十三年(1286)	太原	(十一月)平滦、太原、汴梁水旱为灾。	免民租二万五千六百石有奇。	《元史》卷十四《世祖纪十一》
	平阳	秋七月壬申,平阳饥民就食邻郡。	所在发仓赈之。以比岁不登免贫民租税。	雍正《山西通志》卷一百六十二《祥异一》 雍正《平阳府志》卷之三十四《祥异》 光绪《山西通志》卷八十六《大事记四》
	石楼、宁乡	夏,大旱。		乾隆《汾州府志》卷之二十五《事考》 雍正《石楼县志》卷之三《祥异》 雍正《山西通志》卷一百六十二《祥异一》

续 表

纪年	灾区	灾象	应对措施	资料出处
元至元二十三年(1286)	石楼、宁乡	夏,大旱。		康熙《宁乡县志》卷之一《灾异》
	曲沃	饥。		光绪《续修曲沃县志》卷之三十二《祥异》
元至元二十四年(1287)	平阳路	……平阳春旱,二麦枯死,秋种不入土。		《元史》卷十四《世祖纪十一》 雍正《山西通志》卷一百六十二《祥异一》 光绪《山西通志》卷八十六《大事记四》 雍正《平阳府志》卷之三十四《祥异》
	徐沟、曲沃	旱,二麦枯死。		康熙《徐沟县志》卷之三《祥异》 光绪《续修曲沃县志》卷之三十二《祥异》
元至元二十五年(1288)	绛州	绛州大旱。		《元史》卷五十《五行志》
元至元二十六年(1289)	绛州	……大旱。		雍正《山西通志》卷一百六十二《祥异一》 光绪《山西通志》卷八十六《大事记四》
元至元二十六年(1289)	桓州	十一月己巳,饥。		雍正《山西通志》卷一百六十二《祥异一》
	曲沃	旱,大雨雹。		光绪《续修曲沃县志》卷之三十二《祥异》
	霍州、绛州	夏,大旱。		光绪《直隶绛州志》卷之二十《灾祥》 民国《新绛县志》卷十《旧闻考·灾祥》
元至元二十七年(1290)	兴州	春二月己卯,兴州饥。		雍正《山西通志》卷一百六十二《祥异一》

续 表

纪年	灾区	灾象	应对措施	资料出处
元至元二十七年（1290）	河东山西道	……九月壬寅，河东山西道饥。	敕宣慰使阿里火者近发大同钞本二十万锭口米振之。	雍正《山西通志》卷一百六十二《祥异一》 光绪《山西通志》卷八十六《大事记四》
	兴州	二月，兴州大饥。		《晋乘蒐略》卷之二十六
	河东	元世祖圣元* 二十七年，河东饥。		乾隆《蒲州府志》卷之二十三《事纪·五行祥沴》 光绪《永济县志》卷二十三《事纪·祥沴》
元至元二十八年（1291）	平阳、太原等路	三月，平阳、太原等路饥民流移就食，有饥而死者。		雍正《山西通志》卷一百六十二《祥异一》
	太原	……五月辛亥，太原饥。	免本年田租。	雍正《山西通志》卷一百六十二《祥异一》
	桓州	……甲寅，桓州饥。	赈之。	雍正《山西通志》卷一百六十二《祥异一》
	太原	饥民流移就食，有饥而死者。五月辛亥，太原饥。	免本年田租。	乾隆《太原府志》卷四十九《祥异》
		饥。	免本年田租。	道光《太原县志》卷之十五《祥异》
	平阳	三月，平阳等路饥民流移就食，有饥而死者。		雍正《平阳府志》卷之三十四《祥异》
	曲沃	春，饥民流移就食。		光绪《续修曲沃县志》卷之三十二《祥异》
元至元二十九年（1292）	宁乡、石楼	饥。		雍正《山西通志》卷一百六十二《祥异一》 乾隆《汾州府志》卷之二十五《事考》

* 此处有误，元世祖无圣元年号，疑为“至元”年号。

续　表

纪年	灾区	灾象	应对措施	资料出处
元至元二十九年（1292）	宁乡、石楼	饥。		雍正《石楼县志》卷之三《祥异》 康熙《宁乡县志》卷之一《灾异》
	高平	大饥。旧志：时霖雨、冰雹相兼，夏麦秋禾尽废，百里皆赤地，死者枕籍，流离载道，呻吟之声至不忍闻。		乾隆《高平县志》卷之十六《祥异》
元元贞元年（1295）	太原、平阳、河间	七月，太原、平阳、河间等路旱。		《元史》卷十七《成宗纪一》 雍正《山西通志》卷一百六十二《祥异一》 光绪《山西通志》卷八十六《大事记四》 乾隆《太原府志》卷四十九《祥异》 雍正《平阳府志》卷之三十四《祥异》
	河津	饥。		光绪《河津县志》卷之十《祥异》
元元贞二年（1296）	太原路	是岁，太原、开元、河南、芍陂旱。	蠲其田租。	《元史》卷十九《成宗纪二》
	绛州	四月，平阳之绛州饥。	赈之。	雍正《山西通志》卷一百六十二《祥异一》
	太原	……十二月，太原旱。		雍正《山西通志》卷一百六十二《祥异一》 乾隆《太原府志》卷四十九《祥异》
	霍州、绛州	四月，饥。（五行志）	赈之。	光绪《直隶绛州志》卷之二十《灾祥》 民国《新绛县志》卷十《旧闻考·灾祥》

续　表

纪年	灾区	灾象	应对措施	资料出处
元元贞三年*	平阳	顺德、河间、大名、平阳旱。		《元史》卷十九《成宗纪二》
元大德元年(1297)	平阳、曲沃	夏六月,旱。		雍正《山西通志》卷一百六十二《祥异一》 雍正《平阳府志》卷之三十四《祥异》 光绪《续修曲沃县志》卷之三十二《祥异》
	乡宁	旱。		民国《乡宁县志》卷八《大事记》
元大德六年(1302)	西京	饥。	以粮赈之。	雍正《山西通志》卷一百六十二《祥异一》 道光《大同县志》卷二《星野・岁时》
		六月,大同路饥。	以粮振之。	光绪《山西通志》卷八十六《大事记四》
元大德七年(1303)	太原	五月,太原饥。		雍正《山西通志》卷一百六十二《祥异一》
	太原、西京	二月,太原、大同饥。	减直粜粮以赈之。	雍正《山西通志》卷一百六十二《祥异一》
	太原	饥,减直粜粮以赈之。五月,太原饥。	遣使分道赈济,仍免本年差税。	乾隆《太原府志》卷四十九《祥异》
	大同	大同饥。	减值粜粮赈之。	乾隆《大同府志》卷之二十五《祥异》 道光《大同县志》卷二《星野・岁时》
		秋,大同路饥。		雍正《朔平府志》卷之十一《外志・祥异》
元至大二年(1309)	河津	蝗,旱。		光绪《河津县志》卷之十《祥异》

* 元元贞只有 2 年。疑方志误记。

续　表

纪年	灾区	灾象	应对措施	资料出处
元皇庆二年（1313）	冀宁路	二月，冀宁路饥。……五月，又饥。		雍正《山西通志》卷一百六十二《祥异一》 乾隆《太原府志》卷四十九《祥异》
	晋宁、大同、大宁	……三月，晋宁、大同、大宁饥。		雍正《山西通志》卷一百六十二《祥异一》
	大同	饥。		乾隆《大同府志》卷之二十五《祥异》
	大同	八月，大同路雨雹，大饥。		雍正《朔平府志》卷之十一《外志·祥异》
	平阳府、曲沃	三月，饥。		雍正《平阳府志》卷之三十四《祥异》 光绪《续修曲沃县志》卷之三十二《祥异》
	河津	饥。		光绪《河津县志》卷之十《祥异》
元皇庆七年*	大同	（元仁宗皇庆）七年，大同路饥。		雍正《朔平府志》卷之十一《外志·祥异》
	左云	（元）仁宗皇庆七年，饥。		光绪《左云县志》卷一《祥异》
元延祐二年（1315）	晋宁等处*	正月戊辰，晋宁等处民饥。	给钞赈之。	雍正《山西通志》卷一百六十二《祥异一》 光绪《山西通志》卷八十六《大事记四》 雍正《平阳府志》卷之三十四《祥异》
	曲沃	二月，饥。		光绪《续修曲沃县志》卷之三十二《祥异》
	稷山	饥。		同治《稷山县志》卷之七《古迹·祥异》

---

* 元仁宗皇庆年号仅有2年。疑方志误记。

* 元大德九年（1305）以地震原因，改平阳路名晋宁路。

续　表

纪年	灾区	灾象	应对措施	资料出处
元延祐三年(1316)	大同	饥。		道光《大同县志》卷二《星野·岁时》
元延祐七年(1320)	大同丰胜诸驿	二月,大同丰胜诸驿饥,赈之。五月,命僧祷雨。大同云内丰胜诸郡县饥。	五月,命僧祷雨。	雍正《山西通志》卷一百六十二《祥异一》
		二月,大同丰州诸驿饥,赈之。	赈之。	光绪《山西通志》卷八十六《大事记四》
	河东	(元)仁宗至顺*七年四月,河东大旱,民多饥死。	遣使赈之。	《绛县志》卷六《纪事·大事表门》
元至治元年(1321)	大同	……六月,大同路旱。		《元史》卷五十《五行志一》 雍正《山西通志》卷一百六十二《祥异一》 乾隆《大同府志》卷之二十五《祥异》 雍正《朔平府志》卷之十一《外志·祥异》
	诸王斡罗思部	正月,诸王斡罗思部饥。	发净州平地仓粮振之。	光绪《山西通志》卷八十六《大事记四》
	左云	夏,旱。		光绪《左云县志》卷一《祥异》
元至治二年(1322)	马邑	五月,大同路雁门屯田旱,损麦。		民国《马邑县志》卷之一《舆图志·杂记》
	永和	春,大旱,秋大饥。		民国《永和县志》卷十四《祥异考》

* 元仁宗无至顺年号,疑为延祐年号。

续　表

纪年	灾区	灾象	应对措施	资料出处
元至治三年（1323）	大同路雁门*	（五月）大同路雁门屯田旱损麦。		《元史》卷二十八《英宗纪二》 雍正《山西通志》卷一百六十二《祥异一》 光绪《山西通志》卷八十六《大事记四》
	冀宁路*	顺德、真定、冀宁大旱。		《元史》卷五十《五行志一》
	冀宁	五月……冀宁大旱。		雍正《山西通志》卷一百六十二《祥异一》 光绪《山西通志》卷八十六《大事记四》 乾隆《太原府志》卷四十九《祥异》
	大同路	五月，大同路旱，损麦。七月，兴和*、大同路属县陨霜。（英宗纪）		乾隆《大同府志》卷之二十五《祥异》
元泰定元年（1324）	冀宁、石州、离石、宁乡	三月，冀宁、石州、离石、宁乡县旱、饥。	赈米两月。	《元史》卷二十九《泰定帝纪一》 雍正《山西通志》卷一百六十二《祥异一》 光绪《山西通志》卷八十六《大事记四》
元泰定元年（1324）	临汾	（六月）景、清、沧、莫等州，临汾、泾川、灵台、寿春、六合等县旱。		《元史》卷五十《五行志一》

* 大同路雁门，今代县。
* 冀宁路，元大德九年（1305）以地震改太原路置。明洪武元年（1368）改置为太原府。
* “兴和路”治所在高原县（今河北省张北县），辖今河北省的张北、怀安，山西省的天镇，内蒙古的集宁、太仆寺等旗县之间地。

续 表

纪年	灾区	灾象	应对措施	资料出处
元泰定元年(1324)	晋宁路	(六月)河间、晋宁、泾州、扬州、寿春等路,湖广、河南诸屯田皆旱。		《元史》卷二十九《泰定帝纪一》
	晋宁	六月,晋宁饥。		雍正《山西通志》卷一百六十二《祥异一》 光绪《山西通志》卷八十六《大事记四》
	临汾	临汾县旱。		雍正《山西通志》卷一百六十二《祥异一》 光绪《山西通志》卷八十六《大事记四》
	大同	饥。		道光《大同县志》卷二《星野·岁时》
	石州、离石、宁乡	三月,石州离石宁乡县旱饥。	赈米二月。	乾隆《汾州府志》卷之二十五《事考》
	晋宁路	三月,晋宁路饥。	赈之。	雍正《平阳府志》卷之三十四《祥异》
	晋宁、临汾	六月,晋宁饥。(元史)临汾县旱。(五行志)		雍正《平阳府志》卷之三十四《祥异》
元泰定三年(1326)	河中府	八月,河中府饥。		光绪《山西通志》卷八十六《大事记四》
	荣河	三年、四年,荣河蝗旱相继。		乾隆《蒲州府志》卷之二十三《事纪·五行祥沴》
元泰定四年(1327)	潞、霍二州	(六月)潞、霍、绥德三州旱。		《元史》卷五十《五行志一》 雍正《山西通志》卷一百六十二《祥异一》 光绪《山西通志》卷八十六《大事记四》

续 表

纪年	灾区	灾象	应对措施	资料出处
元泰定四年(1327)	晋宁路	(六月)真定、晋宁、延安、河南等路屯田旱。		《元史》卷三十《泰定帝纪二》
	晋宁	八月,晋宁旱。		雍正《山西通志》卷一百六十二《祥异一》 光绪《山西通志》卷八十六《大事记四》
	荣河	秋,荣河旱。		雍正《山西通志》卷一百六十二《祥异一》
	霍州、晋宁	六月,霍州旱。八月,晋宁路旱。		雍正《平阳府志》卷之三十四《祥异》
	曲沃	秋八月,旱。		光绪《续修曲沃县志》卷之三十二《祥异》
	霍州	六月,旱。		道光《直隶霍州志》卷十六《禨祥》
	荣河	三年、四年,旱蝗相继。		光绪《荣河县志》卷十四《记三·祥异》
元致和元年(1328)	晋宁路、冀宁路、平定州	三月晋宁路及冀宁路、平定州饥。	赈粜米三万石。	雍正《山西通志》卷一百六十二《祥异一》 光绪《山西通志》卷八十六《大事记四》
	大同	五月,大同饥。		雍正《山西通志》卷一百六十二《祥异一》 光绪《山西通志》卷八十六《大事记四》 乾隆《大同府志》卷之二十五《祥异》
	平定	三月,大饥。	赈粜米三万石。	光绪《平定州志》卷之五《祥异》
	乐平	三月饥。	赈粮米三万石。	民国《昔阳县志》卷一《舆地志·祥异》
元天历元年(1328)	大同路	(正月)大同路言,去年旱且遭兵,民多流殍。	命以本路及东胜州粮万三千石,减时直十之三赈粜之。	《元史》卷三十三《文宗纪二》

续　表

纪年	灾区	灾象	应对措施	资料出处
元天历元年（1328）	冀宁路	（十二月）冀宁路旱。	赈粮两千九百石。	《元史》卷五十《五行志一》 《元史》卷三十三《文宗纪二》
元天历二年（1329）	忻州	八月己酉，冀宁之忻州兵后荐饥。	赈钞万锭。	雍正《山西通志》卷一百六十二《祥异一》 光绪《山西通志》卷八十六《大事记四》
	冀宁	十二月甲午，冀宁路旱，饥。	赈粮二千九百石。	雍正《山西通志》卷一百六十二《祥异一》 乾隆《太原府志》卷四十九《祥异》
		十一月，冀宁路旱，饥。	振粮二千九百石。	光绪《山西通志》卷八十六《大事记四》
	晋宁	癸丑，晋宁路饥。		雍正《山西通志》卷一百六十二《祥异一》
	关西	关西连年不雨，岁大饥，人相食。	命养浩往赈之。道经华山，祷雨于岳祠，一雨三日。	《晋乘蒐略》卷之二十六
	大同	饥。	赈粜粮万三千石。	乾隆《大同府志》卷之二十五《祥异》 雍正《山西通志》卷一百六十二《祥异一》 道光《大同县志》卷二《星野・岁时》
		春，大同路饥。		雍正《朔平府志》卷之十一《外志・祥异》
	左云	春，饥。		光绪《左云县志》卷一《祥异》
	晋宁路	癸丑，晋宁路饥。		雍正《平阳府志》卷之三十四《祥异》

续　表

纪年	灾区	灾象	应对措施	资料出处
元至顺元年（1330）	大同、冀宁	大同冀宁自夏至于是月不雨，……（五行志云：兴州东胜州及榆次县旱，……）		雍正《山西通志》卷一百六十二《祥异一》
	大同、冀宁诸路	四月，……大同冀宁诸路自夏至七月不雨。		光绪《山西通志》卷八十六《大事记四》
	晋宁	四月，晋宁路民饥。	发粮钞振之。	光绪《山西通志》卷八十六《大事记四》
	大同	七月，自夏至于是月，不雨。		道光《大同县志》卷二《星野·岁时》
	大同路、左云	夏，旱。		雍正《朔平府志》卷之十一《外志·祥异》 光绪《左云县志》卷一《祥异》
	冀宁	冀宁路民饥。是年，又蝗。	发粮钞赈之。	民国《临县志》卷三《谱大事》
	乡宁	旱。		民国《乡宁县志》卷八《大事记》
元至顺二年（1331）	大同路	（三月）大同路累岁水旱，民大饥。		《元史》卷三十五《文宗纪四》
	晋宁路、冀宁路、大同路	（四月）晋宁、冀宁、大同、河间诸路属县，皆以旱不能种告饥。		《元史》卷三十五《文宗纪四》
	霍州、隰、石	二年霍、隰、石三州，阜成、平地二县旱。		《元史》卷五十《五行志一》
	晋宁路	（六月）晋宁、亦集乃二路旱。		《元史》卷三十五《文宗纪四》
	冀宁路	是岁，冀宁、河南二路旱，大饥。		《元史》卷三十五《文宗纪四》
	晋宁、冀宁、大同诸路属县	晋宁、冀宁、大同诸路属县皆旱不能种，告饥。（五行志云霍隰石三州旱）		雍正《山西通志》卷一百六十二《祥异一》 光绪《山西通志》卷八十六《大事记四》

续　表

纪年	灾区	灾象	应对措施	资料出处
元至顺二年（1331）	大同路	大同路累岁水旱，民人饥，裁节卫士马刍粟。	命西僧于五台及雾灵山作佛寺。五月，振李陵台驿钞二百。	光绪《山西通志》卷八十六《大事记四》
	冀宁路属县	四月，冀宁路属县皆旱，不能种，告饥。		乾隆《太原府志》卷四十九《祥异》 光绪《平定州志》卷之五《祥异》
	冀宁	七月，冀宁自夏至于是月不雨。		乾隆《太原府志》卷四十九《祥异》
	太原	四月，旱。		道光《太原县志》卷之十五《祥异》
	冀宁路	四月，冀宁路皆旱不能种，告饥。		光绪《盂县志·天文考》卷五《祥瑞、灾异》
	大同、怀仁、石、隰等州	四月，旱不能种，告饥。		乾隆《大同府志》卷之二十五《祥异》 光绪《怀仁县新志》卷一《分野》 乾隆《汾州府志》卷之二十五《事考》
	晋宁诸路	四月壬戌，晋宁诸路属县皆旱，不能种，告饥。（五行志云霍、隰、石三州旱）		雍正《平阳府志》卷之三十四《祥异》
元至顺三年（1332）	曲阳*、河曲	（八月）冀宁路之曲阳、河曲二县及荆门州皆旱。		《元史》卷三十七《宁宗纪》
	阳曲、河曲	八月，……冀宁路之阳曲、河曲二县旱。		雍正《山西通志》卷一百六十二《祥异一》 光绪《山西通志》卷八十六《大事记四》

* 曲阳，今太原。

续 表

纪年	灾区	灾象	应对措施	资料出处
元至顺三年(1332)	阳曲	旱。		乾隆《太原府志》卷四十九《祥异》
元元统二年(1334)	河东	河东旱。		光绪《续修曲沃县志》卷之三十二《祥异》 光绪《永济县志》卷二十三《事纪·祥沴》
元至元二年(1336)	榆次	饥。		雍正《山西通志》卷一百六十二《祥异一》 乾隆《太原府志》卷四十九《祥异》
元至元四年(1338)	太原	夏,太原大旱。		雍正《山西通志》卷一百六十二《祥异一》 乾隆《太原府志》卷四十九《祥异》
元至元五年(1339)	桓州	春正月,……桓州饥。	赈钞二千锭。	雍正《山西通志》卷一百六十二《祥异一》
	交城	正月,冀宁路交城等县饥。	赈米七千石。	雍正《山西通志》卷一百六十二《祥异一》 光绪《山西通志》卷八十六《大事记四》 乾隆《太原府志》卷四十九《祥异》
元至正元年(1341)	崞县	饥,七年大旱。		乾隆《崞县志》卷五《祥异》
		饥。		光绪《续修崞县志》卷八《志余·灾荒》
元至正二年(1342)	大同、平晋、榆次、徐沟、孝义、忻州	至正二年,彰德、大同二郡及冀宁平晋、榆次、徐沟县、汾州孝义县、忻州皆大旱。		《元史》卷五十一《五行志二》

续　表

纪年	灾区	灾象	应对措施	资料出处
元至正二年(1342)	大同	春正月,大同饥,人相食。	运京师粮振之。	雍正《山西通志》卷一百六十二《祥异一》 光绪《山西通志》卷八十六《大事记四》
	大同路、浑源州	二月,大同路、浑源州饥。	以钞六万锭、米一万石,赈之。	雍正《山西通志》卷一百六十二《祥异一》 光绪《山西通志》卷八十六《大事记四》
	冀宁路	三月辛巳,冀宁路饥。	赈粜米三万石。	雍正《山西通志》卷一百六十二《祥异一》 光绪《山西通志》卷八十六《大事记四》
		八月,冀宁路饥……(五行志云:大同郡及冀宁、平晋、榆次、徐沟县、汾州、孝义县、忻州皆大旱,自春至秋,人有相食者。保德州大饥)	赈粜米万五千石。	雍正《山西通志》卷一百六十二《祥异一》 光绪《山西通志》卷八十六《大事记四》
		春三月,冀宁路饥。赈粜米三万石。夏四月辛丑,平晋县地震,声鸣如雷,裂地尺余,民居皆倾。八月,冀宁路饥。	冀宁路饥。赈粜米三万石。	乾隆《太原府志》卷四十九《祥异》
	平定	夏四月辛丑,地震,声鸣如雷,裂地尺余,民居皆倾,又大旱,自春至秋有人相食者。		光绪《平定州志》卷之五《祥异·乐平乡》
	大同、浑源州	春,大同饥,人相食。浑源州饥。(顺帝纪)		乾隆《大同府志》卷之二十五《祥异》
	大同	饥,人相食。		道光《大同县志》卷二《星野·岁时》

续　表

纪年	灾区	灾象	应对措施	资料出处
元至正二年（1342）	浑源	二月，饥。	以钞六万锭米一万石，赈之。	乾隆《浑源州志》卷七《祥异》
	大同路、左云	春，饥。		雍正《朔平府志》卷之十一《外志·祥异》 光绪《左云县志》卷一《祥异》
	忻州	大旱。		光绪《忻州志》卷三十九《灾祥》
	榆次	饥，大旱。自春至秋不雨，人有相食者。		同治《榆次县志》卷之十六《祥异》
元至正三年（1343）	忻州	忻州，大饥。		雍正《山西通志》卷一百六十二《祥异一》
		正月，忻州，大饥。		光绪《山西通志》卷八十六《大事记四》
		三月至四月，忻州风霾昼晦，岁大饥，人相食。		光绪《忻州志》卷三十九《灾祥》
	乐平	……又大旱，自春至秋，人有相食者。		民国《昔阳县志》卷一《舆地志·祥异》
元至正六年（1346）	河津	六年、七年，大旱，人多饥死。		光绪《河津县志》卷之十《祥异》
元至正七年（1347）	河东	怀庆、卫辉、河东及凤翔之岐山、汴梁之祥福、河南之孟津皆大旱。		《元史》卷五十一《五行志二》
		（四月）大旱，民多饥死，遣使赈之。	大旱，民多饥死，遣使赈之。	《元史》卷四十一《顺帝纪四》
		夏四月，河东大旱，民多饥死。	遣使赈之。	雍正《山西通志》卷一百六十二《祥异一》 光绪《山西通志》卷八十六《大事记四》

续　表

纪年	灾区	灾象	应对措施	资料出处
元至正七年(1347)	晋宁	……十二月，晋宁饥。	振之。	雍正《山西通志》卷一百六十二《祥异一》 光绪《山西通志》卷八十六《大事记四》
	大同	大同饥，人相食。	令民入粟补官，以备赈。	《晋乘蒐略》卷之二十六
	河东	河东大旱，饥，人相食，民多饥死。		《晋乘蒐略》卷之二十六
	崞县、乡宁	大旱。		光绪《续修崞县志》卷八《志余·灾荒》 民国《乡宁县志》卷八《大事记》
	河东、曲沃	夏四月，大旱，民多饥死。	遣官赈恤。	民国《翼城县志》卷十四《祥异》 光绪《续修曲沃县志》卷之三十二《祥异》 民国《洪洞县志》卷十八《杂记志·祥异》
	霍州	春夏，大旱。		道光《直隶霍州志》卷十六《禨祥》
	霍州、灵石	有六月，霍州、灵石旱。		道光《直隶霍州志》卷十六《禨祥》
	稷山	大旱，人多饥死，其五月地裂涌水，崩城陷屋。		同治《稷山县志》卷之七《古迹·祥异》
	芮城、河东	大旱，民多饥死。		民国《芮城县志》卷十四《祥异考》 光绪《永济县志》卷二十三《事纪·祥沴》
	河东	夏四月河东大旱，民多饥死。	遣使赈之。	雍正《山西通志》卷一百六十二《祥异一》
	晋宁	十二月，晋宁饥。		雍正《山西通志》卷一百六十二《祥异一》

续　表

纪年	灾区	灾象	应对措施	资料出处
元至正七年(1347)	晋宁	十二月,晋宁饥。		雍正《平阳府志》卷之三十四《祥异》
	河东	大旱,人多饥死。其五月,地裂水涌,崩城陷屋。		乾隆《蒲州府志》卷之二十三《事纪·五行祥沴》
元至正八年(1348)	西北	西北边军民饥。	遣使赈之。	《晋乘蒐略》卷之二十六
元至正十年(1350)	曲沃	大饥。		光绪《续修曲沃县志》卷之三十二《祥异》
元至正十三年(1353)	临汾	春,旱。		民国《临汾县志》卷六《杂记类·祥异》
元至正十五年(1355)	大同	正月丙戌,大同路饥。	出粮一万石,减价粜之。	雍正《山西通志》卷一百六十二《祥异一》 光绪《山西通志》卷八十六《大事记四》
		饥。	出粮一万石,减价义粜之。	乾隆《大同府志》卷之二十五《祥异》 道光《大同县志》卷二《星野·岁时》
	大同路、左云	春,饥。		雍正《朔平府志》卷之十一《外志·祥异》 光绪《左云县志》卷一《祥异》
元至正十八年(1358)	霍州	莒州、滨州、般阳、淄川县、霍州、凤翔岐山县春夏皆大旱。莒州家人自相食,岐山人相食。		《元史》卷五十一《五行志二》
		春,饥。		雍正《山西通志》卷一百六十二《祥异一》

续 表

纪年	灾区	灾象	应对措施	资料出处
元至正十八年(1358)	霍州	春夏大旱。		雍正《山西通志》卷一百六十二《祥异一》 雍正《平阳府志》卷之三十四《祥异》
元至正十九年(1359)	晋宁路	晋宁、凤翔、广西梧州、象州皆大旱。		《元史》卷五十一《五行志二》
	潞城	春夏旱蝗;秋复大水。(并见旧志。案:北宋之末,金元之季,潞州被兵最甚,而县无专志,其府志所载多统属县,言之不备,书)		光绪《潞城县志》卷三《大事记》
	灵石	饥。		道光《直隶霍州志》卷十六《禨祥》
元至正二十年(1360)	介休	汾州介休县自(四月)至秋不雨。		《元史》卷五十一《五行志二》
	汾州、孝义	汾州、孝义县自四月至秋不雨。		雍正《山西通志》卷一百六十二《祥异一》 光绪《山西通志》卷八十六《大事记四》 乾隆《汾州府志》卷之二十五《事考》
元至正二十二年(1362)	泽州	夏大旱,三月盗起。		雍正《泽州府志》卷之五十《祥异》
元至正二十三年(1363)	临汾	春旱(二麦枯死)。		民国《临汾县志》卷六《杂记类·祥异》
元至正二十八年(1368)	泽州	大饥。		雍正《山西通志》卷一百六十二《祥异一》 雍正《泽州府志》卷之五十《祥异》
	徐沟	徐沟大饥。	朝廷遣使赈之。	光绪《补修徐沟县志》卷五《祥异》

（一） 时间分布

从总的时间分布看，宋元时期山西旱灾呈现极不规则震荡态势，其中10世纪后半期、11世纪后半期、13世纪后半期和14世纪前半期共出现5次峰值，而1301—1368年间出现极值，68年中旱灾达到58年（次），年频次为0.85。同时，11世纪前半期、12世纪及13世纪前半期出现谷值，其中1101—1150旱灾频率最低，50年中共发生旱灾4年（次），年频次为0.08。

表4-3 宋元时期山西干旱季节分布表

季节	春季	夏季	秋季	冬季	不明确
次数（年/次）	33	40	19	18	42
占总量比（%）	21.7	26.3	12.5	11.9	27.6

从表4-3中可得出：此阶段山西地区有明确月份记载的旱灾共110次，其中，夏旱最多为40次，春旱次之有33次，秋旱又次之为19次，冬旱相对最少出现了18次，而且仅春夏两季就占总干旱次数的66%。所以，春夏两季是宋元时期山西地区旱灾发生最频繁且旱灾程度最严重的季节。由于历史记录的缺失，不明确记录占到旱灾总量的27.6%，所以，统计结果并非完全真实再现。

（二） 空间分布

从上表4-4可知，以地区计，宋元时期山西旱灾发生次数较多的地区依次分别为运城、临汾地区，其次是大同、吕梁和太原，阳泉发生的次数最少；以县计，则大同高居榜首，而未有任何旱灾记录的县则居太半。

若以县域划分，就比例而言，晋南地区的临汾和运城地区旱灾记录的县次是比较高的。究其原因，这与晋南地区农业发达程度有关。在历史上，晋南地区由于其得天独厚的自然条件，农业发展向来走在山西的前列，所以，对于与农业生产关系密切的自然灾害比较重视。加上历史上该地区文化发达，也为历史灾害的记录奠定了深远的文化基础。

表4－4 宋元时期山西旱灾空间分布表

今地	灾区(次)	灾区数
太原	太原(13) 徐沟(2)	2
长治	潞州(1) 沁州(1) 潞城(2)	3
晋城	泽州(4) 高平(3)	2
阳泉	平定(2) 盂县(1)	2
大同	大同(西京22) 浑源(1) 左云(6)	3
朔州	怀仁(2) 朔平(8) 马邑(1)	3
忻州	忻州(2) 崞县(4)	2
晋中	榆次(1) 乐平(2) 介休(1)	3
吕梁	交城(1) 汾州(6) 汾阳(1) 石楼(2) 宁乡(3) 临县(2)	6
临汾	平阳(24) 临汾(3) 翼城(1) 曲沃(20) 吉州(10) 隰州(1) 永和(1)洪洞(1)霍州(3)浮山(4)太平(1)乡宁(4)	12
运城	解州(2) 解县(4) 绛州(7) 垣曲(1) 绛县(5) 河津(12) 稷山(12) 芮城(4) 蒲州(9) 永济(12) 虞乡(5) 荣河(3)	12
其它	河东(33)	1

二　水(洪涝)灾

宋元时期，山西水(洪涝)灾记录共79次，年频次为0.19，相比同时旱灾，在数量和发生频次上有较大的差距。其数量和频次仅次于旱灾和震灾，系这一时期第三大类型的自然灾害。

表4－5 宋元时期山西水(洪涝)灾年表

纪年	灾区	灾象	应对措施	资料出处
宋建隆二年(961)	晋州神山、浮山	七月，邑之北谷中有铁水流出，方二丈三尺，其重七千觔。		雍正《山西通志》卷一百六十二《祥异一》 光绪《山西通志》卷八十五《大事记三》 民国《浮山县志》卷三十七《灾祥》

续 表

纪年	灾区	灾象	应对措施	资料出处
宋乾德三年(965)	河中府	河中府,孟州并河水涨。		《宋史》卷六十一《五行一上》
	河中府、蒲州、永济	七月,河涨,坏军营民舍数百区,石台百余步。		雍正《山西通志》卷一百六十二《祥异一》 乾隆《蒲州府志》卷之二十三《事纪·五行祥沴》 光绪《永济县志》卷二十三《事纪·祥沴》
宋开宝二年(969)	潞州	八月,驻潞州,积雨累日未止。		《宋史》卷六十五《五行三》 雍正《山西通志》卷一百六十二《祥异一》 光绪《山西通志》卷八十五《大事记三》
宋开宝三年(970)	解州	是岁,解水灾,害民田。		《宋史》卷六十一《五行一上》
		水害民田。		雍正《山西通志》卷一百六十二《祥异一》 光绪《解州志》卷之十一《祥异》 民国《解县志》卷之十三《旧闻考》
宋开宝五年(972)	绛州、曲沃	河北诸州霖雨,降州大水。		《宋史》卷六十一《五行一上》 雍正《山西通志》卷一百六十二《祥异一》 光绪《直隶绛州志》卷之二十《灾祥》 光绪《续修曲沃县志》卷之三十二《祥异》 民国《新绛县志》卷十《旧闻考·灾祥》
	河北诸州	河北诸州霖雨。		雍正《山西通志》卷一百六十二《祥异一》

续　表

纪年	灾区	灾象	应对措施	资料出处
宋太平兴国六年（981）	河中府	七月，延州、鄜、宁、河中大水。		《宋史》卷四《太宗纪一》 光绪《山西通志》卷八十五《大事记三》
		河中府河涨，水害。		雍正《山西通志》卷一百六十二《祥异一》
		河中府河溢，水害稼。		乾隆《蒲州府志》卷之二十三《事纪·五行祥沴》
		河中府河涨，陷连堤溢入城，坏军营七所，民舍百余区。		光绪《永济县志》卷二十三《事纪·祥沴》
宋太平兴国八年（983）	陕州	陕州水。		雍正《山西通志》卷一百六十二《祥异一》
宋淳化二年（991）	虞乡等七县	四月，河水溢，虞乡等七县民饥。		雍正《山西通志》卷一百六十二《祥异一》 光绪《山西通志》卷八十五《大事记三》 光绪《虞乡县志》卷之一《地舆志·星野·附祥异》 乾隆《蒲州府志》卷之二十三《事纪·五行祥沴》
宋淳化三年（992）	朔平、马邑	七月，桑干河溢，漂禾坏屋，溺人甚众。		雍正《朔平府志》卷之十一《外志·祥异》 雍正《朔州志》卷之二《星野·祥异》 民国《马邑县志》卷之一《舆图志·杂记》
宋咸平元年（998）	宁化军	七月庚午，宁化军汾水涨。		雍正《山西通志》卷一百六十二《祥异一》 光绪《山西通志》卷八十五《大事记三》

续　表

纪年	灾区	灾象	应对措施	资料出处
宋大中祥符二年（1009）	河中府	……九月，河决河中府白浮梁村。		雍正《山西通志》卷一百六十二《祥异一》 光绪《山西通志》卷八十五《大事记三》
宋大中祥符三年（1010）	河中府	九月，河决河中府白浮梁村。		《宋史》卷六十一《五行一上》
		……是年九月河决，河中府白浮梁村。		乾隆《蒲州府志》卷之二十三《事纪·五行祥沴》
宋大中祥符四年（1011）	荣光	二月，……荣光溢河。		雍正《山西通志》卷一百六十二《祥异一》
宋大中祥符五年（1012）	荣河	又有荣光溢河，故改名为荣河。		光绪《荣河县志》卷十四《记三·祥异》
宋乾兴元年（1022）	云州、应州	三月，地震。云、应二州屋摧地陷，嵬白山裂，数百步，泉涌成流。		光绪《山西通志》卷八十五《大事记三》
宋天圣五年（1027）	辽山	七月壬寅，辽山旧河凌地摧，搭获古钱一百四十六千五百四十二文。		雍正《山西通志》卷一百六十二《祥异一》
宋庆历六年（1046）	河东、忻、代	七月丁亥，河东大雨，坏忻、代等州城壁。		《宋史》卷六十五《五行三》 雍正《山西通志》卷一百六十二《祥异一》 光绪《山西通志》卷八十五《大事记三》 光绪《忻州志》卷三十九《灾祥》 光绪《代州志·记三》卷十二《大事记》 光绪《绛县志》卷六《纪事·大事表门》

续　表

纪年	灾区	灾象	应对措施	资料出处
宋庆历六年(1046)	稷山	大雨。		同治《稷山县志》卷之七《古迹·祥异》
宋嘉祐二年(1057)	河东	八月,河东久雨,民多流移。		雍正《山西通志》卷一百六十二《祥异一》 光绪《山西通志》卷八十五《大事记三》 光绪《绛县志》卷六《纪事·大事表门》
宋嘉祐七年(1062)	代州	六月,代州大雨,山水暴入城。		雍正《山西通志》卷一百六十二《祥异一》 光绪《山西通志》卷八十五《大事记三》
宋熙宁七年(1074)	平陆	……六月,陕州大雨,漂溺陕平陆二县。		雍正《山西通志》卷一百六十二《祥异一》 光绪《山西通志》卷八十五《大事记三》 乾隆《解州平陆县志》卷之十一《祥异》
宋熙宁八年(1075)	太原	七月,……太原府汾河夏秋霖雨,水大涨。		雍正《山西通志》卷一百六十二《祥异一》 光绪《山西通志》卷八十五《大事记三》
宋熙宁九年(1076)	河朔*	频年水灾。		《宋史》卷六十一《五行一上》
	太原	汾河夏秋霖雨,水大涨。		《宋史》卷六十一《五行一上》
	太原府	七月,太原府汾河,夏秋霖雨,水大涨。秀容县*间四垄皆异垄同颖。		乾隆《太原府志》卷四十九《祥异》

* 河朔,陕西、山西、河北北部。

* 秀容是山西省忻州市的旧称。唐称忻州,隶属定襄郡。民国时期改州为县,隶属于山西雁门道。1983 年,忻县地区改为忻州地区。2000 年,经国务院批准撤销忻州地区和县级忻州市,设立地级忻州市。

续　表

纪年	灾区	灾象	应对措施	资料出处
宋元丰四年(1081)	绛县		诏河东路提点刑狱刘定等专赈被水民。七月,诏河东路讨夏人。	光绪《绛县志》卷六《纪事·大事表门》
元符间	文水	元符间大水,古城沦圮无遗,遂议迁城于章多里,即今县治。		光绪《文水县志》卷之一《天文志·祥异》
金大定十二年(1172)	西京、河东		正月以水旱免西京河东山西去年租税。	光绪《山西通志》卷八十五《大事记三》
	绛县		正月,以水旱免河东去年租税。	光绪《绛县志》卷六《纪事·大事表门》
金大定十七年(1177)	滹沱	秋七月,大雨,滹沱溢。		雍正《山西通志》卷一百六十二《祥异一》光绪《盂县志·天文考》卷五《祥瑞、灾异》
金大定二十六年(1186)	河东	河东大水。		《大金国志》卷十八《世宗皇帝纪年下》
金贞祐二年(1214)	崞县	金宣宗真祐二年夏月,暴雨,关南外十余里落羊头一,大如车毂,角上竖高三尺,以物怪,由代州下军资库收闻之朝。		光绪《续修崞县志》卷八《志余·灾荒》
蒙中统六年(1265)	浑源	元世祖中统六年[*]十二月,浑源大水。		乾隆《浑源州志》卷七《祥异》
蒙至元四年(1267)	应州	五月乙未,应州大水。		雍正《山西通志》卷一百六十二《祥异一》光绪《山西通志》卷八十六《大事记四》

* 元世祖中统有5年。疑方志误记。

续 表

纪年	灾区	灾象	应对措施	资料出处
蒙至元四年(1267)	应州	五月乙未,应州大水。		乾隆《大同府志》卷之二十五《祥异》
	朔州、应州	五月,朔、应大水。		雍正《朔平府志》卷之十一《外志·祥异》 雍正《朔州志》卷之二《星野·祥异》
蒙至元六年(1269)	丰州、浑源	……十二月,丰州及浑源县大水。		雍正《山西通志》卷一百六十二《祥异一》 乾隆《大同府志》卷之二十五《祥异》
元至元八年(1271)	西京等州县	二月,以去岁西京等州县旱蝗水潦,免其租税。	免其租税。	光绪《山西通志》卷八十六《大事记四》
元至元十九年(1282)	太原等路	十月,太原等路沁河水涌,溢坏民田。		光绪《山西通志》卷八十六《大事记四》
元至元二十年(1283)	太原、沁河	六月,太原、怀孟、河南等路沁河水涌溢,坏民田一千六百七十余顷。		《元史》卷十《五行志》 雍正《山西通志》卷一百六十二《祥异一》
	泽州	六月,沁河水溢,坏民田。		雍正《泽州府志》卷之五十《祥异》
元至元二十二年(1285)	潞州	密州安丘县,潞州,汴梁许州及钧州之密县,淫雨害稼。		《元史·五行志》
元至元二十四年(1287)	太原	保定、太原、河间、般阳、顺德、南京、真定、河南等路霖雨害稼,太原尤甚,屋坏,压死者众。	钞米敕宣慰使钞米赈之,以大同钞本二十万锭籴米赈饥民。	《元史》卷十四《世祖纪十一》 《晋乘蒐略》卷之二十六 雍正《山西通志》卷一百六十二《祥异一》 乾隆《太原府志》卷四十九《祥异》

续 表

纪年	灾区	灾象	应对措施	资料出处
元至元二十四年(1287)	太原	保定、太原、河间、般阳、顺德、南京、真定、河南等路霖雨害稼,太原尤甚,屋坏,压死者众。	钞米敕宣慰使钞米赈之,以大同钞本二十万锭籴米赈饥民。	光绪《山西通志》卷八十六《大事记四》 道光《太原县志》卷之十五《祥异》
元至元二十五年(1288)	太原	(十二月)太原、汴梁二路河溢,害稼。		《元史》卷五十《五行志》 雍正《山西通志》卷一百六十二《祥异一》
元至元二十六年(1289)	阳城	六月,沁水溢,坏民田。		同治《阳城县志》卷之一八《灾祥》
元至元二十七年(1290)	晋宁	(六月)以霖雨免河间等路丝料之半。	免河间等路丝料之半。	《元史》卷九十六《食货志四》
	沁水	八月,沁水溢。		《元史·五行志》 雍正《山西通志》卷一百六十二《祥异一》 光绪《山西通志》卷八十六《大事记四》
	泽州、阳城	六月,沁水溢,坏民田。		雍正《泽州府志》卷之五十《祥异》 同治《阳城县志》卷之一八《灾祥》 乾隆《阳城县志》卷之四《兵祥》
元元贞二年(1296)	太原之平晋*	(五月)太原之平晋,献州之交河、乐寿,莫州之莫亭、任丘,及湖南醴陵州皆水。		《元史》卷十九《成宗纪二》
	平晋	……五月,……太原平晋水。		雍正《山西通志》卷一百六十二《祥异一》 光绪《山西通志》卷八十六《大事记四》

* 平晋,今太原市小店区境内。

续 表

纪年	灾区	灾象	应对措施	资料出处
元元贞二年(1296)	平晋	……五月,……太原平晋水。		《晋乘蒐略》卷之二十六 乾隆《太原府志》卷四十九《祥异》
元大德五年(1301)	大宁	水。		雍正《山西通志》卷一百六十二《祥异一》
元大德十年(1306)	晋宁	保定、河间、晋宁等郡水。		《元史》卷二十二《武宗纪一》
元大德十一年(1307)	文水、平遥、祁、霍邑*	(八月)隆平、文水、平遥、祁、霍邑、竭海、容城、束鹿等县水。		《元史》卷二十二《武宗纪一》
	晋宁	七月,晋宁路水。		雍正《山西通志》卷一百六十二《祥异一》
	文水、平遥、祁、霍邑	八月,……文水、平遥、祁、霍邑水。(五行志作文水县汾水溢)		雍正《山西通志》卷一百六十二《祥异一》 光绪《山西通志》卷八十六《大事记四》
	文水、祁县	八月,冀宁路地震,文水、祁县水。		乾隆《太原府志》卷四十九《祥异》
	文水、平遥、祁、霍邑	八月,文水、平遥、祁、霍邑水。		光绪《增修祁县志》卷十六《祥异》
	平遥	八月,平遥县水。		乾隆《汾州府志》卷之二十五《事考》
	晋宁、霍邑	七月,晋宁路水。八月霍邑水。(《元史·五行志》作文水县汾水溢)		雍正《平阳府志》卷之三十四《祥异》

* 霍邑,今霍州市。

续　表

纪年	灾区	灾象	应对措施	资料出处
元大德十一年(1307)	霍州	八月,水。*		道光《直隶霍州志》卷十六《禨祥》
	稷山	大水。		同治《稷山县志》卷之七《古迹·祥异》
元至大三年(1310)	太原	……七月,太原霖雨伤稼。		雍正《山西通志》卷一百六十二《祥异一》 雍正《山西通志》卷一百六十二《祥异一》 光绪《山西通志》卷八十六《大事记四》 乾隆《太原府志》卷四十九《祥异》
元至大四年(1311)	太原	太原、河间、真定、顺德、彰德、大名、广平等路,德、濮、恩、通等州霖雨伤稼。		《元史》卷二十四《仁宗纪一》
	潞州、襄垣	六月,潞州雨害稼。		光绪《长治县志》卷之八《记一·大事记》 乾隆《重修襄垣县志》卷之八《祥异志·祥瑞》 民国《襄垣县志》卷之八《旧闻考·祥异》
元皇庆二年*(1313)	漳水	漳水溢,坏民田二千余顷。		光绪《长治县志》卷之八《记一·大事记》
元延佑四年(1317)	解州盐池	(正月)解州盐池水。		《元史》卷五十《五行志一》
	解州	正月壬戌,……解州盐池水。		雍正《山西通志》卷一百六十二《祥异一》 光绪《山西通志》卷八十六《大事记四》

* 所记时间错误,"霍邑水"应发生于成宗大德间。依《平阳府志》及其它相关县志改。

* 至大只有4年。疑方志误记。

续 表

纪年	灾区	灾象	应对措施	资料出处
元延佑四年(1317)	解州、安邑、运城	解池霖潦,损坏堤堰,盐花不生。		乾隆《解州安邑县运城志》卷之十一《祥异》
元延佑六年(1319)	潞城	漳水溢,毁民田。		光绪《潞城县志》卷三《大事记》
元延祐七年(1320)	平遥	八月,水。		《元史》卷五十《五行志一》 雍正《山西通志》卷一百六十二《祥异一》 光绪《山西通志》卷八十六《大事记四》 乾隆《汾州府志》卷之二十五《事考》
元英宗时期(1321)	内郡*	(十月)以内郡水,免不急工役。	免不急工役。	《元史》卷二十七《英宗纪一》
元泰定元年(1324)	大同	(六月)大同浑源河、真定滹沱河,陕西渭水、黑水、渠州江水皆溢,并漂民庐舍。		《元史》卷二十九《泰定帝纪一》
	汾州*	(六月)陈、汾、顺、晋、恩、深六州雨水害稼。		《元史》卷五十《五行志一》
	大同、浑源、应州、汾阳	六月,河水溢漂民庐舍。		雍正《山西通志》卷一百六十二《祥异一》 光绪《山西通志》卷八十六《大事记四》 乾隆《大同府志》卷之二十五《祥异》 乾隆《浑源州志》卷七《祥异》 乾隆《应州续志》卷一《方舆志·灾祥》

* 内郡,约今山西、山东、河南北部、内蒙古中部、河北、北京与天津市。

* 汾州,今汾阳、孝义、介休、平遥等境。

续　表

纪年	灾区	灾象	应对措施	资料出处
元泰定元年（1324）	大同、浑源、应州、汾阳	六月，河水溢漂民庐舍。		光绪《汾阳县志》卷十《事考》
元泰定三年（1326）	大同	（六月）大同县大水（赈钞）。	赈钞。	《元史》卷五十《五行志一》
	浑源	（七月）大同浑源河溢。		《元史》卷三十《泰定帝纪二》
	平遥	（九月）汾州平遥县汾水溢。		《元史》卷三十《泰定帝纪二》
	大同属县、怀仁	六月，大水。		雍正《山西通志》卷一百六十二《祥异一》 光绪《山西通志》卷八十六《大事记四》 乾隆《大同府志》卷之二十五《祥异》 光绪《怀仁县新志》卷一《分野》
	平遥	九月，汾州平遥汾水溢。		雍正《山西通志》卷一百六十二《祥异一》 光绪《山西通志》卷八十六《大事记四》 乾隆《汾州府志》卷之二十五《事考》
	大同、浑源	秋七月，大同浑源河溢。		雍正《山西通志》卷一百六十二《祥异一》 光绪《山西通志》卷八十六《大事记四》 乾隆《大同府志》卷二十五《祥异》
	浑源	秋八月，河溢。		乾隆《浑源州志》卷七《祥异》
	汾阳	九月，汾水溢。		光绪《汾阳县志》卷十《事考》

续 表

纪年	灾区	灾象	应对措施	资料出处
元至顺二年(1331)	潞城	四月,潞城县大雨水。潞城县大雨,漳河决。		《元史·五行志》顺治《潞安府志》雍正《山西通志》卷一百六十二《祥异一》光绪《山西通志》卷八十六《大事记四》光绪《潞城县志》卷三《大事记》
	冀宁路	是岁,大水,连年水旱祲灾,北边大饥,人相食。	诏令民入粟补官,以备赈济,而恤政不闻。	《晋乘蒐略》卷之二十六
元至顺三年(1332)	汾州	六月,汾州大水。		雍正《山西通志》卷一百六十二《祥异一》光绪《山西通志》卷八十六《大事记四》乾隆《汾州府志》卷之二十五《事考》
		六月,大水。		光绪《汾阳县志》卷十《事考》
元至元三年(1337)	沁河、浑河	六月,沁河、浑河,水溢,没人畜、庐舍甚众。	诏赐孝子靳昺碑。	雍正《山西通志》卷一百六十二《祥异一》光绪《山西通志》卷八十六《大事记四》
元至元四年(1338)	应州	五月,大水。		乾隆《应州续志》卷一《方舆志·灾祥》
元至正二年(1342)	汾水	六月,汾水大溢。		雍正《山西通志》卷一百六十二《祥异一》光绪《山西通志》卷八十六《大事记四》
元至正七年(1347)	灵石	水。		道光《直隶霍州志》卷十六《禨祥》
	河东	其五月,地裂,水涌,崩城陷屋。		乾隆《蒲州府志》卷之二十三《事纪·五行祥沴》

续　表

纪年	灾区	灾象	应对措施	资料出处
元至正十年(1350)	平遥	(七月)汾州平遥县汾水溢。		《元史》卷五十一《五行志二》 雍正《山西通志》卷一百六十二《祥异一》 光绪《山西通志》卷八十六《大事记四》 乾隆《汾州府志》卷之二十五《事考》
	灵石	(六月)霍州灵石县雨水暴涨,决堤堰,漂民居甚众。		《元史》卷五十一《五行志二》
	孝义	十二月庚子,孝义县雷雨。		雍正《山西通志》卷一百六十二《祥异一》 光绪《山西通志》卷八十六《大事记四》
元至正十一年(1351)	冀宁路、平晋、文水	七月,冀宁路、平晋、文水二县大水,汾河泛溢东西两岸,漂没田禾数百顷。		《元史》卷五十一《五行志二》 雍正《山西通志》卷一百六十二《祥异一》 光绪《山西通志》卷八十六《大事记四》
	文水、平晋	七月,文水、平晋大水,汾河泛溢,漂没田禾数百倾。		乾隆《太原府志》卷四十九《祥异》
元至正十二年(1352)	冀宁路、保德州	……九月壬午,冀宁、保德州雨水冰。		雍正《山西通志》卷一百六十二《祥异一》
元至正十三年(1353)	冀宁路、榆次	四月,冀宁、榆次县雨毛如马鬃。		雍正《山西通志》卷一百六十二《祥异一》 光绪《山西通志》卷八十六《大事记四》
	汾州	十二月庚戌,……汾州雷雨;大同路疫死者大半。		雍正《山西通志》卷一百六十二《祥异一》 光绪《山西通志》卷八十六《大事记四》

续　表

纪年	灾区	灾象	应对措施	资料出处
元至正十三年（1353）	汾阳	十二月，雷雨。		光绪《汾阳县志》卷十《事考》
元至正十四年（1354）	孝义	十二月辛卯，……孝义县雷雨。		雍正《山西通志》卷一百六十二《祥异一》 光绪《山西通志》卷八十六《大事记四》
	河东	春，大雨，凡八十余日。		《晋乘蒐略》卷之二十六
元至正十九年（1359）	汾水	夏四月癸亥朔，汾水暴涨。		雍正《山西通志》卷一百六十二《祥异一》 光绪《山西通志》卷八十六《大事记四》 乾隆《汾州府志》卷之二十五《事考》 光绪《汾阳县志》卷十《事考》
	潞城	春夏旱蝗。秋复大水。（并见旧志。案：北宋之末，金元之季，潞州被兵最甚，而县无专志，其府志所载多统属县，言之不备，书）		光绪《潞城县志》卷三《大事记》
元至正二十五年（1365）	潞州	秋，潞州淫雨害稼。		雍正《山西通志》卷一百六十二《祥异一》 光绪《山西通志》卷八十六《大事记四》
元至正二十六年（1366）	介休	七月辛巳朔，大水。		《元史》卷五十一《五行志二》 雍正《山西通志》卷一百六十二《祥异一》 光绪《山西通志》卷八十六《大事记四》 嘉庆《介休县志》卷一《兵祥·祥灾附》

续　表

纪年	灾区	灾象	应对措施	资料出处
元至正二十六年（1366）	汾州	七月，汾州水溢。		光绪《汾阳县志》卷十《事考》
	闻喜	戊子六月十五日戌时，大水坏驿宅民舍。		民国《闻喜县志》卷二十四《旧闻》

（一）　时间分布

宋元时期山西水（洪涝）灾的发生呈现"哑铃型"架构，即从10世纪数量始增大，此后一直到12世纪呈现缓慢下降趋势，到13世纪后半期突然爆发，14世纪前半期出现这一时期的峰值极点，即1301—1368计68年共有38次水（洪涝）灾历史记录，年频次达到0.57。值得注意的是，水（洪涝）灾出现频率最低的时间段是1101—1150，竟无一次水（洪涝）灾的历史记录。从总体情况看，水旱灾害最高频率和最低频率出现的时段是相一致的。

山西所处地理位置决定了水（洪涝）灾发生的季节性。表4－6显示，夏秋两季是宋元时期山西地区水（洪涝）灾发生最频繁且程度最严重的季节，其中月份主要集中于六、七和八月份，尤其以七月份最为集中，达到19次，三月最少，仅1次。值得注意的是，这一时期的水（洪涝）灾记录出现于十月有2次、十二月6次，这是历史记录中少有的，应当是气候极端变化的表现。

表4－6 宋元时期山西水（洪涝）灾季节分布表

季节	春季	夏季	秋季	冬季	不明确
次数（年/次）	5	22	29	8	15
占总量比（%）	6.3	27.9	36.7	10.1	19

（二） 空间分布

表 4 – 7 宋元时期山西水（洪涝）灾空间分布表

今地	灾区（次）	灾区数
太原	太原(6)	1
长治	潞州(2) 襄垣(1) 潞城(3)	3
晋城	泽州(2) 阳城(2)	2
阳泉	盂县(1)	1
大同	大同(4) 浑源(4)	2
朔州	怀仁(1) 应州(2) 朔平(3) 马邑(1)	4
忻州	忻州(1) 代州(1) 崞县(1)	3
晋中	祁县(1) 介休(1)	2
吕梁	文水(1) 汾州(4) 汾阳(6)	3
临汾	平阳(1) 曲沃(1) 霍州(2) 浮山(1)	4
运城	解县(1) 安邑(1) 绛州(2) 闻喜(1) 绛县(4) 稷山(2)平陆(1) 蒲州(3) 永济(2) 虞乡(1) 荣河(1)	11
其它	河东(5)	1

从总的数量上看，此间山西地区的水（洪涝）灾发生次数较多的是运城、吕梁；若以县区计，则吕梁的汾阳和太原地区居首。

此外，若将山西划分为晋北、晋中、晋南和晋东南四部分，可统计其出现次数依次为：晋北（大同、雁北、忻州）共发生水（洪涝）灾 18 次；晋中（太原、晋中、阳泉、吕梁）发生 20 次；晋南（临汾、运城）发生 24 次；晋东南（晋城、长治）有 10 次。晋南的河流水量较大且流经的地势较为平坦，一旦发生水（洪涝）灾，立刻成汪洋大海，民舍、禾田被淹没，此种现象晋南有许多的文字记载，如：宋开宝三年(970)，“解州水害民田。”[①]宋太平兴国六年(981)，“河中府河涨，陷连堤溢入城，坏军营七所，民舍百余区。”[②]元至正二十六年(1366)“戊子六月十五日戌时，闻喜大水坏驿宅民舍”[③]。

①民国《解县志》卷之十三《旧闻考》。

②光绪《永济县志》卷二十三《事纪 · 祥沴》。

③民国《闻喜县志》卷二十四《旧闻》。

三　雹灾

宋元时期，山西雹灾记录共62次，年频次为0.15，是这一时期发生次数较多的自然灾害之一。

表4－8 宋元时期山西地区冰雹灾害年表

纪年	灾区	灾象	应对措施	资料出处
宋建隆三年（962）	潞州	七月丁卯，潞州大雨雹。		《宋史》卷一《太祖纪一》 雍正《山西通志》卷一百六十二《祥异一》 光绪《山西通志》卷八十五《大事记三》
	武乡	七月，潞州武乡雨雹。		光绪《长治县志》卷之八《记一·大事记》 乾隆《沁州志》卷九《灾异》 乾隆《武乡县志》卷之二《灾祥》
宋乾德二年（964）	潞州	风雹。		《宋史》卷六十二《五行一下》
		六月，宋潞州风雹。		雍正《山西通志》卷一百六十二《祥异一》 光绪《山西通志》卷八十五《大事记三》
		潞州风雹伤禾。		光绪《长治县志》卷之八《记一·大事记》
宋至道二年（996）	代州	风雹伤田稼。		《宋史》卷六十二《五行一下》
		十一月，代州风雹，伤田稼。		雍正《山西通志》卷一百六十二《祥异一》 光绪《代州志·记三》卷十二《大事记》
		五月，代州风雹伤稼。		光绪《山西通志》卷八十五《大事记三》

续 表

纪年	灾区	灾象	应对措施	资料出处
宋至道二年（996）	崞县	烈风雨雹。		乾隆《崞县志》卷五《祥异》 光绪《续修崞县志》卷八《志余·灾荒》
宋至和二年（1055）	河东	雹灾。		《宋史》卷六十二《五行一下》
宋元丰六年（1083）	永和	七月，雨雹如鸡子大。		民国《永和县志》卷十四《祥异考》
金大定十一年（1171）	博啰海水之地	六月戊申，西南路招讨司，博啰海水之地，雨雹三十余里，小者如鸡卵，其一最大者，广三尺，长丈余，四五日始消。		雍正《山西通志》卷一百六十二《祥异一》 光绪《山西通志》卷八十五《大事记三》
金大定二十一年（1181）	苾里海水之地	六月戊申，西南路招讨司，苾里海水之地，雨雹三十余里，小者如鸡卵，其一最大者，广三尺，长丈余，四五日始消。		乾隆《大同府志》卷之二十五《祥异》
蒙中统三年（1262）	西京、平阳	五月，西京、平阳雨雹。		雍正《山西通志》卷一百六十二《祥异一》 雍正《平阳府志》卷之三十四《祥异》 光绪《山西通志》卷八十六《大事记四》
蒙中统四年（1263）	兴、松、云三州	七月，兴、松、云三州雨雹害稼。		雍正《山西通志》卷一百六十二《祥异一》
	大同	七月，雨雹。		道光《大同县志》卷二《星野·岁时》
蒙至元二年（1265）	太原	八月，太原雨雹陨霜。		雍正《山西通志》卷一百六十二《祥异一》 光绪《山西通志》卷八十六《大事记四》

续　表

纪年	灾区	灾象	应对措施	资料出处
蒙至元六年(1269)	西京	七月壬戌,西京大雨雹。		雍正《山西通志》卷一百六十二《祥异一》 光绪《山西通志》卷八十六《大事记四》 乾隆《大同府志》卷之二十五《祥异》
	大同	七月壬戌,大雪雹。		道光《大同县志》卷二《星野·岁时》
	绛州	五月辛卯,雨雹,大者二尺余。		光绪《直隶绛州志》卷之二十《灾祥》
元至元十一年(1274)	洪洞	至元* 十一年,洪洞县,长至日*,雷雹,大雨雪。		雍正《平阳府志》卷之三十四《祥异》
元至元二十四年(1287)	西京	西京风雹害稼。		雍正《山西通志》卷一百六十二《祥异一》 光绪《山西通志》卷八十六《大事记四》 乾隆《大同府志》卷之二十五《祥异》
	大同	风雹害稼。		道光《大同县志》卷二《星野·岁时》
元至元二十五年(1288)	阳曲	雨雹。		雍正《山西通志》卷一百六十二《祥异一》 乾隆《太原府志》卷四十九《祥异》
	盂州*	五月辛亥,盂州乌河驿雨雹五寸,大者如拳。		光绪《山西通志》卷八十六《大事记四》

* 至元是元世祖忽必烈的年号。忽必烈是拖雷的第四子,也是成吉思汗的孙子。至元从1264年到1294年共历经30年。另外元惠宗在位时有6年也是使用这个年号的,所以元朝使用至元这个年号一共36年。此处的“至元”当为惠帝年号。

* 指夏至。“长至日”,意为最长的一天。有时也指冬至,因为冬至的夜间最长。

* 盂州,今盂县。

续　表

纪年	灾区	灾象	应对措施	资料出处
元至元二十六年（1289）	平阳、大同	夏，平阳、大同大雨雹。		雍正《山西通志》卷一百六十二《祥异一》 光绪《山西通志》卷八十六《大事记四》 乾隆《大同府志》卷之二十五《祥异》 道光《大同县志》卷二《星野·岁时》
	平遥、平阳、曲沃	旱，大雨雹。		光绪《平遥县志》卷之十二《杂录志·灾祥》 雍正《平阳府志》卷之三十四《祥异》 光绪《续修曲沃县志》卷之三十二《祥异》
元至元二十七年（1290）	徐沟	大风雨雹，拔木害稼。		光绪《补修徐沟县志》卷五《祥异》
元元贞元年（1295）	平定	六月，大雨雹。		光绪《平定州志》卷之五《祥异》
	寿阳	六月，大雨雹。（按：寿阳无岁无雹灾，特有轻重之殊，说者谓黄岭低陷之故。城东碧石所，人旧传，每岁二月初一日晚，会众宿五龙祠，预备黄表纸、古连纸各一批，俟初二日鸡鸣第一声未断时，用斧鑿将纸凿透，名日雷笺，后逢天大雷电，急焚纸三张可止，雹灾多焚，反主旱。至今遵行不改）		光绪《寿阳县志》卷十三《杂志·异祥第六》

续 表

纪年	灾区	灾象	应对措施	资料出处
元元贞二年（1296）	太原	六月，太原雹，七月，又雨雹。		雍正《山西通志》卷一百六十二《祥异一》 光绪《山西通志》卷八十六《大事记四》 乾隆《太原府志》卷四十九《祥异》
	大同、太原	六月，大同、太原雹。（五行志作太原、交河、离石、寿阳等县雨雹）		雍正《山西通志》卷一百六十二《祥异一》 光绪《山西通志》卷八十六《大事记四》
	猗氏	雨雹。		雍正《山西通志》卷一百六十二《祥异一》
		五月，河中府猗氏雹。		光绪《山西通志》卷八十六《大事记四》
	大同、离石	六月，大同、离石雨雹。		乾隆《大同府志》卷之二十五《祥异》 道光《大同县志》卷二《星野・岁时》 乾隆《汾州府志》卷之二十五《事考》
元大德元年（1297）	太原	六月，太原风雹。（五行志作太原、崞州雨雹害稼）		雍正《山西通志》卷一百六十二《祥异一》 光绪《山西通志》卷八十六《大事记四》 乾隆《太原府志》卷四十九《祥异》
	崞县	雨雹伤稼。		光绪《续修崞县志》卷八《志余・灾荒》
元大德三年（1299）	大同	八月，大同雨雹。		雍正《山西通志》卷一百六十二《祥异一》 乾隆《大同府志》卷之二十五《祥异》 道光《大同县志》卷二《星野・岁时》

续　表

纪年	灾区	灾象	应对措施	资料出处
元大德八年(1304)	灵仙、阳曲、白登、天城	……五月，蔚州之灵仙、太原之阳曲、大同之白登、隆兴之天城大风雨雹害稼，人有死者。		雍正《山西通志》卷一百六十二《祥异一》 光绪《山西通志》卷八十六《大事记四》
	交城、阳曲、管州*、岚州、怀仁	……八月，太原之交城、阳曲、管州、岚州、大同之怀仁雨雹陨霜杀禾。		雍正《山西通志》卷一百六十二《祥异一》 光绪《山西通志》卷八十六《大事记四》
	阳曲、交城、管州、岚州	阳曲大风雨雹害稼，人有死者。八月，交城、阳曲、管州、岚州雨雹陨霜杀禾。		乾隆《太原府志》卷四十九《祥异》
	白登、怀仁	五月，白登县大风雨雹害稼，人有死者。八月，怀仁县雨雹，陨霜杀禾。		乾隆《大同府志》卷之二十五《祥异》
元大德九年(1305)	桓州、冀宁路、大同	六月，大雨雹，害稼。		雍正《山西通志》卷一百六十二《祥异一》 乾隆《太原府志》卷四十九《祥异》 乾隆《大同府志》卷之二十五《祥异》 道光《大同县志》卷二《星野·岁时》
	晋宁、冀宁路、大同	六月，……晋宁、冀宁、大同等郡大雨雹害稼。		雍正《山西通志》卷一百六十二《祥异一》

* 即今静乐县。春秋归晋国汾阳邑，西汉为汾阳县，晋置三堆县，北魏为三堆城。隋开皇三年岢岚县来治，十八年改为汾源县，大业四年改称静乐县。唐代另置北管州，五代北宋均属宪州治，元为管州治，并废县入州。明洪武年间复置静乐县，沿用至今。

续 表

纪年	灾区	灾象	应对措施	资料出处
元大德九年（1305）	阳曲、管州、岚州	太原之阳曲大风，雨雹伤稼。管州、岚州雨雹，陨霜杀禾。		《晋乘蒐略》卷之二十六
	晋宁	五月癸亥，以地震改平阳路为晋宁。六月，晋宁等郡大雨雹害稼。		雍正《平阳府志》卷之三十四《祥异》 民国《洪洞县志》卷十八《杂记志·祥异》
元至大元年（1308）	大宁	……八月戊子，大宁雨雹。		雍正《山西通志》卷一百六十二《祥异一》
元至大二年（1309）	崞州	六月，崞州雨雹。		雍正《山西通志》卷一百六十二《祥异一》 光绪《山西通志》卷八十六《大事记四》
	金城	六月，金城县雨雹。		乾隆《应州续志》卷一《方舆志·灾祥》
元至大三年（1310）	宣宁	大同宣宁县雨雹，积五寸，苗稼尽陨。		雍正《山西通志》卷一百六十二《祥异一》
元至大四年（1311）	宣宁	闰七月，大同宣宁县雹积五寸，苗稼尽陨。		光绪《山西通志》卷八十六《大事记四》 乾隆《大同府志》卷之二十五《祥异》
元皇庆二年（1313）	平定州	七月，平定州雨雹。		雍正《山西通志》卷一百六十二《祥异一》 光绪《山西通志》卷八十六《大事记四》 光绪《平定州志》卷之五《祥异》
	怀仁	八月，大同怀仁县雨雹。		雍正《山西通志》卷一百六十二《祥异一》 光绪《怀仁县新志》卷一《分野》

续 表

纪年	灾区	灾象	应对措施	资料出处
元皇庆二年(1313)	怀仁	八月,大同怀仁县雨雹。		光绪《山西通志》卷八十六《大事记四》
	大同路	八月,大同路雨雹大饥。		雍正《朔平府志》卷之十一《外志·祥异》
	左云	八月,雨雹大饥。		光绪《左云县志》卷一《祥异》
元延祐元年(1314)	白登	六月,白登县雨雹,损稼伤人畜。		雍正《山西通志》卷一百六十二《祥异一》 光绪《山西通志》卷八十六《大事记四》 乾隆《大同府志》卷之二十五《祥异》
元延祐二年(1315)	大同	五月,大同路雷雹害稼。		雍正《山西通志》卷一百六十二《祥异一》 光绪《山西通志》卷八十六《大事记四》 乾隆《大同府志》卷之二十五《祥异》 道光《大同县志》卷二《星野·岁时》
元延祐五年(1318)	金城	九月,大同路金城县大雨雹。		雍正《山西通志》卷一百六十二《祥异一》 光绪《山西通志》卷八十六《大事记四》 乾隆《大同府志》卷之二十五《祥异》 乾隆《应州续志》卷一《方舆志·灾祥》
元延祐六年(1319)	大同	六月庚戌,大同县雨雹,大如鸡卵。		雍正《山西通志》卷一百六十二《祥异一》 光绪《山西通志》卷八十六《大事记四》 乾隆《大同府志》卷之二十五《祥异》

续 表

纪年	灾区	灾象	应对措施	资料出处
元延祐六年(1319)	大同	六月庚戌,大同县雨雹,大如鸡卵。		道光《大同县志》卷二《星野·岁时》
元延祐七年(1320)	大同	五月,雨雹。大者如鸡卵。	发粟万三石贷之。	雍正《山西通志》卷一百六十二《祥异一》 道光《大同县志》卷二《星野·岁时》
		八月,大同路雷风雨雹。		光绪《山西通志》卷八十六《大事记四》
		五月,又雨雹。(仁宗纪)八月大同路雷风雨雹。		乾隆《大同府志》卷之二十五《祥异》
	武州	武州雨雹害稼。		乾隆《宁武府志》卷之十《事考》
元至治元年(1321)	大同	……大同路雷风雨雹。		雍正《山西通志》卷一百六十二《祥异一》
		六月丁卯,雨雹。		雍正《山西通志》卷一百六十二《祥异一》 乾隆《大同府志》卷之二十五《祥异》 道光《大同县志》卷二《星野·岁时》
		六月,大同路雨雹。		光绪《山西通志》卷八十六《大事记四》
	武州	武州雨雹害稼。		光绪《神池县志》卷之九《事考》
元泰定元年(1324)	大同	六月丁巳,雨冰雹,大如鸡子。		道光《大同县志》卷二《星野·岁时》
	武州	武州雹害稼。		乾隆《宁武府志》卷之十《事考》 光绪《神池县志》卷之九《事考》

续　表

<table>
<tr><th>纪年</th><th>灾区</th><th>灾象</th><th>应对措施</th><th>资料出处</th></tr>
<tr><td rowspan="2">元泰定元年(1324)</td><td>阳曲</td><td>五月,阳曲县雨雹害稼。</td><td></td><td>雍正《山西通志》卷一百六十二《祥异一》
光绪《山西通志》卷八十六《大事记四》
乾隆《太原府志》卷四十九《祥异》</td></tr>
<tr><td>白登</td><td>八月,大同白登县雨雹。</td><td></td><td>雍正《山西通志》卷一百六十二《祥异一》
光绪《山西通志》卷八十六《大事记四》
乾隆《大同府志》卷之二十五《祥异》</td></tr>
<tr><td rowspan="3">元泰定四年(1327)</td><td>定襄、武州、应州</td><td>七月,冀宁定襄县,大同武、应二州雨雹害稼。</td><td></td><td>雍正《山西通志》卷一百六十二《祥异一》
光绪《山西通志》卷八十六《大事记四》</td></tr>
<tr><td>冀宁路</td><td>五月,……冀宁路属县雨雹。</td><td></td><td>光绪《山西通志》卷八十六《大事记四》</td></tr>
<tr><td>应州</td><td>应州雨雹,害稼。</td><td></td><td>乾隆《应州续志》卷一《方舆志・灾祥》</td></tr>
<tr><td rowspan="3">元致和元年(1328)</td><td>冀宁路</td><td>五月,……冀宁路属县雨雹。</td><td></td><td>雍正《山西通志》卷一百六十二《祥异一》
乾隆《太原府志》卷四十九《祥异》</td></tr>
<tr><td>平定州</td><td>五月雹害稼。</td><td></td><td>光绪《平定州志》卷之五《祥异》</td></tr>
<tr><td>冀宁路</td><td>冀宁路属县雨雹。</td><td></td><td>光绪《盂县志・天文考》卷五《祥瑞、灾异》</td></tr>
<tr><td>元天历二年(1329)</td><td>阳曲</td><td>七月丙子,冀宁阳曲县雨雹,大者如鸡子。</td><td></td><td>光绪《山西通志》卷八十六《大事记四》
雍正《山西通志》卷一百六十二《祥异一》
乾隆《太原府志》卷四十九《祥异》</td></tr>
</table>

续 表

纪年	灾区	灾象	应对措施	资料出处
元至顺元年(1330)	曲沃	雨雹。		光绪《续修曲沃县志》卷之三十二《祥异》
元至顺二年(1331)	冀宁路	……秋七月,冀宁路属县雨雹伤稼。		雍正《山西通志》卷一百六十二《祥异一》 乾隆《太原府志》卷四十九《祥异》
		七月,冀宁路属县雨雹伤稼。	免今年田租。	光绪《山西通志》卷八十六《大事记四》
	太原	四月,旱。七月雨雹,伤稼。		道光《太原县志》卷之十五《祥异》
	平定州、盂县	六月,雨雹伤稼。		光绪《平定州志》卷之五《祥异》 光绪《盂县志·天文考》卷五《祥瑞、灾异》
元至顺三年(1332)	曲沃	雨雹。		光绪《续修曲沃县志》卷之三十二《祥异》
元至正六年(1346)	绛州	五月辛卯,雨雹,大者二尺余。		光绪《山西通志》卷八十六《大事记四》 民国《新绛县志》卷十《旧闻考·灾祥》
	稷山	雨雹。		同治《稷山县志》卷之七《古迹·祥异》
元至正十年(1350)	平遥	五月,汾州平遥县雨雹。		雍正《山西通志》卷一百六十二《祥异一》 光绪《山西通志》卷八十六《大事记四》 乾隆《汾州府志》卷之二十五《事考》
	汾阳	五月,雨雹。		光绪《汾阳县志》卷十《事考》

续　表

纪年	灾区	灾象	应对措施	资料出处
元至正十一年(1351)	文水	五月癸丑，文水县雨雹。		雍正《山西通志》卷一百六十二《祥异一》 光绪《山西通志》卷八十六《大事记四》 乾隆《太原府志》卷四十九《祥异》
	洪洞	洪洞县冬至日，雷雹大雨雪。		雍正《山西通志》卷一百六十二《祥异一》
元至正二十三年(1363)	永和	七月，隰州永和县大雨雹，害稼。		雍正《山西通志》卷一百六十二《祥异一》 光绪《山西通志》卷八十六《大事记四》
元至正二十六年(1366)	平遥	六月壬子朔，平遥县大雨雹。		雍正《山西通志》卷一百六十二《祥异一》 光绪《山西通志》卷八十六《大事记四》 乾隆《汾州府志》卷之二十五《事考》
	临汾	大雨雹。		民国《临汾县志》卷六《杂记类·祥异》
元至正二十七年(1367)	徐沟	秋，冀宁路徐沟县大风雨雹，拔木害稼。		光绪《山西通志》卷八十六《大事记四》 乾隆《太原府志》卷四十九《祥异》

（一）　时间分布

宋元时期山西62次雹灾，主要集中于13世纪后半期和14世纪前半期，1301—1368达到37次，占到整个宋元时期雹灾总量的近60%。结合水旱灾害情况，可以断定，雹灾所呈现出与水旱灾害基本一致的发展态势，其原因有二：一是13世纪以降，山西历史灾害的文献记录逐渐丰富起来，灾害记录的数量也呈现不断增加的趋势；二是宋元时期中国气候又进入新一轮寒冷期，寒冷期的出现即意味灾害的多发频发。

宋元时期气候恶化不仅仅表现在灾害总量的增加，还表现在灾害发生的异常。前文所述，宋元时期水（洪涝）灾提供了十月有2次、十二月6次的异常记录，而雹灾记录也是如此。

表4-9 宋元时期山西雹灾季节分布表

季节	春季	夏季	秋季	冬季	不明确
次数（年/次）	0	31	19	2	10
占总量比（%）	0	50	30.7	3.2	16.1

山西历史雹灾具有明显季节性，宋元时期山西雹灾夏季占总量的50%，这一数据也验证了山西历史雹灾的季节特征。而从统计数据看，山西此间雹灾主要发生于五月和六月，五月共出现雹情15次、六月16次，七月之后呈现逐步下降趋势。但是，此间历史记录在十一月出现2次雹情。宋至道二年（996）“十一月，代州风雹，伤田稼”[①]；元至正十一年（1351）“洪洞县冬至日，雷雹，大雨雪”[②]。

（二） 空间分布

宋元时期山西地区的雹灾集中分布于大同、太原。晋城无雹灾历史记录。

此外，此间雹灾的发生还存在值得关注的现象：一是数量和体型大。元至元二十五年（1288）“五月辛亥，盂州乌河驿雨雹五寸，大者如拳”[③]；元至大三年（1310）大同宣宁县“雨雹，积五寸，苗稼尽陨”[④]；宋元丰六年（1083）七月，“永和雨雹如鸡子大”[⑤]；至元六年

①雍正《山西通志》卷一百六十二《祥异一》。

②雍正《山西通志》卷一百六十二《祥异一》。

③光绪《山西通志》卷八十六《大事记四》。

④雍正《山西通志》卷一百六十二《祥异一》。

⑤民国《永和县志》卷十四《祥异考》。

(1269)“五月辛卯,绛州雨雹,大者二尺余”[①]。二是多伴生性灾害。此间山西的雹灾很多时候并不是孤立发生的,而是相伴随其他灾害发生的:大风灾害——宋至道二年(996)“十一月,代州风雹,伤田稼”[②]。霜雪灾害——至元二年(1265)“八月,太原雨雹陨霜”[③];元大德八年(1304)八月,“太原之交城、阳曲、管州、岚州、大同之怀仁,雨雹陨霜杀禾”[④]。蝗灾——元元贞二年(1296)七月,“太原雹蝗”等[⑤]。

表4-10 宋元时期山西雹灾空间分布表

今地	灾区(次)	灾区数
太原	徐沟(1) 太原(10)	2
长治	潞州(2) 武乡(1)	2
阳泉	平定(4) 盂县(2)	2
大同	大同(18)	1
朔州	怀仁(1) 应州(2) 朔平(1)	3
忻州	宁武(3) 崞县(2) 代州(1)	3
晋中	平遥(1) 寿阳(1)	2
吕梁	汾州(4)	1
临汾	平阳(3) 临汾(1) 沃(3) 永和(1) 洪洞(1)	5
运城	稷山(1) 绛州(2)	2
其它	河东(1)	1

四 雪(寒霜)灾

雪(寒霜)灾是所有自然灾害中常见多发但危害性较小的一种。

---

①光绪《直隶绛州志》卷之二十《灾祥》。

②光绪《代州志·记三》卷十二《大事记》。

③雍正《山西通志》卷一百六十二《祥异一》。

④雍正《山西通志》卷一百六十二《祥异一》。

⑤雍正《山西通志》卷一百六十二《祥异一》。

宋元时期，山西雪（寒霜）灾记录共39次，年频次为0.10。是此时段自然灾害中历史记录较少的一种。

表4－11 宋元时期山西地区雪（寒霜）灾年表

纪年	灾区	灾象	应对措施	资料出处
宋建隆三年（962）	永和	春，雪盈尺，沟洫复冰。		民国《永和县志》卷十四《祥异考》
辽统和六年（988）*	大同	六年八月，节度使耶律抹只奏今岁霜旱乏食。	乞增价折粟，以利贫民，诏从之。	《辽史》卷十二《圣宗纪三》 雍正《山西通志》卷一百六十二《祥异一》 光绪《山西通志》卷八十五《大事记三》 道光《大同县志》卷二《星野·岁时》
宋咸平二年（999）	岚州	春霜害稼。	发粟赈之。	雍正《山西通志》卷一百六十二《祥异一》 光绪《山西通志》卷八十五《大事记三》 乾隆《太原府志》卷四十九《祥异》
宋庆历三年（1043）	河北	……十二月丁巳，河北雨赤雪。		雍正《山西通志》卷一百六十二《祥异一》
宋至和二年（1055）	河东	河东自春陨霜杀桑。	并州太宗神御殿火。	雍正《山西通志》卷一百六十二《祥异一》 光绪《山西通志》卷八十五《大事记三》
	河东、解州、解县、河津、稷山、芮城	春月，陨霜杀桑。		民国《洪洞县志》卷十八《杂记志·祥异》 光绪《解州志》卷之十一《祥异》 民国《解县志》卷之十三《旧闻考》 光绪《绛县志》卷六《纪事·大事表门》

* 宋端拱元年（988）。

续　表

纪年	灾区	灾象	应对措施	资料出处
宋至和二年(1055)	河东、解州、解县、河津、稷山、芮城	春月,陨霜杀桑。		光绪《河津县志》卷之十《祥异》 同治《稷山县志》卷之七《古迹·祥异》 民国《芮城县志》卷十四《祥异考》 光绪《永济县志》卷二十三《事纪·祥沴》
金大定元年(1161)	平定、乐平	春正月,风雷,大雨雪,民大饥。		雍正《山西通志》卷一百六十二《祥异一》 光绪《平定州志》卷之五《祥异》 民国《昔阳县志》卷一《舆地志·祥异》
金[*]	神池	邑中陨霜杀禾稼。	漕司督赋,急系人于狱。远令康公弼上书朝廷,乃释之,因免邑中租赋。	光绪《神池县志》卷之六《事考》
宋淳熙十六年(1189)	阳城	秋七月,阳城陨霜杀稼几尽。		雍正《山西通志》卷一百六十二《祥异一》 雍正《泽州府志》卷之五十《祥异》 同治《阳城县志》卷之一八《灾祥》
蒙中统二年(1261)	西京	秋七月庚辰,西京陨霜杀稼。		雍正《山西通志》卷一百六十二《祥异一》 光绪《山西通志》卷八十六《大事记四》 乾隆《大同府志》卷之二十五《祥异》
	大同	秋七月庚辰,陨霜杀稼。		

* 方志未记录具体时间。

续　表

纪年	灾区	灾象	应对措施	资料出处
蒙中统二年（1261）	西京	秋七月庚辰，西京陨霜杀稼。		道光《大同县志》卷二《星野·岁时》
	大同	秋七月庚辰，陨霜杀稼。		
蒙中统三年（1262）	西京	五月甲申，西京陨霜。		雍正《山西通志》卷一百六十二《祥异一》 乾隆《大同府志》卷之二十五《祥异》
		八月，西京陨霜害稼。		光绪《山西通志》卷八十六《大事记四》
	大同	五月甲申，大同陨霜。		道光《大同县志》卷二《星野·岁时》
蒙中统四年（1263）	武州	四月，武州陨霜杀稼。		雍正《山西通志》卷一百六十二《祥异一》 光绪《神池县志》卷之九《事考》
		四月十七日，武州陨霜杀稼。		乾隆《宁武府志》卷之十《事考》
蒙至元元年（1264）	大同	六月，陨霜。		道光《大同县志》卷二《星野·岁时》
	云中	六月，云中陨霜。		雍正《朔平府志》卷之十一《外志·祥异》
蒙至元二年（1265）	太原	八月，太原雨雹陨霜。		光绪《山西通志》卷八十六《大事记四》 乾隆《太原府志》卷四十九《祥异》
元至元二十七年（1290）	大同、平阳、太原	……七月，大同、平阳、太原陨霜杀禾。		雍正《山西通志》卷一百六十二《祥异一》 光绪《山西通志》卷八十六《大事记四》
	兴、松二州	……十一月，兴、松二州陨霜杀禾。		雍正《山西通志》卷一百六十二《祥异一》
	太原路	二月，……太原路陨霜杀禾。	民流移就食，有路毙者。	《晋乘蒐略》卷之二十六

续　表

纪年	灾区	灾象	应对措施	资料出处
元至元二十七年(1290)	太原	秋七月,太原陨霜杀禾。		乾隆《太原府志》卷四十九《祥异》
	太原、曲沃	陨霜杀禾。		道光《太原县志》卷十五 光绪《续修曲沃县志》卷之三十二《祥异》
	大同、平阳	七月,陨霜杀稼。		乾隆《大同府志》卷之二十五《祥异》 道光《大同县志》卷二《星野·岁时》 雍正《平阳府志》卷之三十四《祥异》
元至元二十九年(1292)	云中	二月壬申,泽州献嘉禾。又旧志载:“至元元年六月, 云中陨霜。”		雍正《山西通志》卷一百六十二《祥异一》
元大德五年*(1301)	怀仁	八月,怀仁雨雹,陨霜杀禾。		光绪《怀仁县新志》卷一《分野》
元大德六年(1302)	大同、太原	八月,大同、太原陨霜杀禾。		雍正《山西通志》卷一百六十二《祥异一》 乾隆《太原府志》卷四十九《祥异》 光绪《山西通志》卷八十六《大事记四》 乾隆《大同府志》卷之二十五《祥异》 道光《大同县志》卷二《星野·岁时》
元大德七年(1303)	左云	二月,暴风大雪,坏民庐舍,人畜冻死。		光绪《左云县志》卷一《祥异》

* 元贞只有两年,1301 年应该是元大德五年。

续　表

纪年	灾区	灾象	应对措施	资料出处
元大德八年（1304）	交城、阳曲、管州、岚州、怀仁	八月，太原之交城、阳曲、管州、岚州、大同之怀仁，雨雹陨霜杀禾。		雍正《山西通志》卷一百六十二《祥异一》 光绪《山西通志》卷八十六《大事记四》 乾隆《太原府志》卷四十九《祥异》 乾隆《大同府志》卷之二十五《祥异》
元大德九年（1305）	管州、岚州	管州、岚州雨雹，陨霜杀禾。		《晋乘蒐略》卷之二十六
元大德十年（1306）	大同、左云	二月，暴风大雪，坏民庐舍，人畜冻死。		雍正《山西通志》卷一百六十二《祥异一》 光绪《山西通志》卷八十六《大事记四》 乾隆《大同府志》卷之二十五《祥异》 道光《大同县志》卷二《星野·岁时》 光绪《左云县志》卷一《祥异》
	浑源	七月，大同之浑源陨霜杀禾。		雍正《山西通志》卷一百六十二《祥异一》 光绪《山西通志》卷八十六《大事记四》 乾隆《浑源州志》卷七《祥异》
元至大元年（1308）	大同	八月己酉，大同陨霜杀禾。		雍正《山西通志》卷一百六十二《祥异一》 光绪《山西通志》卷八十六《大事记四》 乾隆《大同府志》卷之二十五《祥异》 道光《大同县志》卷二《星野·岁时》

续　表

纪年	灾区	灾象	应对措施	资料出处
元延祐元年(1314)	冀宁路	七月,冀宁陨霜杀稼。		雍正《山西通志》卷一百六十二《祥异一》 乾隆《太原府志》卷四十九《祥异》
元至治三年(1323)	冀宁路、兴和路、大同路、乐平	七月冀宁、兴和、大同三路属县陨霜。		雍正《山西通志》卷一百六十二《祥异一》 光绪《山西通志》卷八十六《大事记四》 乾隆《大同府志》卷之二十五《祥异》 乾隆《太原府志》卷四十九《祥异》 光绪《平定州志》卷之五《祥异》 光绪《盂县志·天文考》卷五《祥瑞、灾异》 民国《昔阳县志》卷一《舆地志·祥异》
	定襄	秋,忻州定襄县陨霜杀禾。		雍正《山西通志》卷一百六十二《祥异一》
元泰定元年(1324)	忻州	秋,忻州陨霜杀禾。		光绪《忻州志》卷三十九《灾祥》
元至顺元年(1330)	大同、晋宁诸路属县	闰七月辛卯,大同、晋宁诸路属县陨霜杀稼。(五行志云:大同、山阴、晋宁、潞城、隰州等县)		雍正《山西通志》卷一百六十二《祥异一》 光绪《山西通志》卷八十六《大事记四》 雍正《平阳府志》卷之三十四《祥异》
元至顺二年(1331)	兴和路	十一月,兴和路鹰房及蒙古民万一千一百余户大雪,畜牧冻死。	振米五千石。	光绪《山西通志》卷八十六《大事记四》
元至顺三年(1332)	浑源、云内二州	八月,浑源、云内二州陨霜杀禾。		雍正《山西通志》卷一百六十二《祥异一》

续　表

纪年	灾区	灾象	应对措施	资料出处
元至顺三年(1332)	浑源、云内二州	八月,浑源、云内二州陨霜杀禾。		光绪《山西通志》卷八十六《大事记四》 乾隆《大同府志》卷之二十五《祥异》
元至正二年(1342)	定襄	忻州定襄县陨霜杀禾。		雍正《山西通志》卷一百六十二《祥异一》
元至正十一年(1351)	洪洞	洪洞县冬至日,雷雹大雨雪。		雍正《山西通志》卷一百六十二《祥异一》 雍正《平阳府志》卷之三十四《祥异》
元至正十二年(1352)	保德州	九月壬午,冀宁保德州雨水冰。		雍正《山西通志》卷一百六十二《祥异一》 光绪《山西通志》卷八十六《大事记四》
元至正二十一年(1361)	石州	……十二月,冀宁路石州河水清,至明年春冰泮始如故。		雍正《山西通志》卷一百六十二《祥异一》
元至正二十七年(1367)	大同	五月辛巳,陨霜杀麦。		雍正《山西通志》卷一百六十二《祥异一》 光绪《山西通志》卷八十六《大事记四》 乾隆《大同府志》卷之二十五《祥异》 道光《大同县志》卷二《星野·岁时》
	徐沟、介休	……徐沟、介休二县雨雪。		雍正《山西通志》卷一百六十二《祥异一》 光绪《山西通志》卷八十六《大事记四》
	介休	七月,介休县雨雪。		乾隆《汾州府志》卷之二十五《事考》

（一） 时间分布

宋元时期山西地区的39年雪（寒霜）灾记录，一如水旱雹灾的情况，在10世纪出现3次记录后，从11世纪到14世纪的400年间，总计历史记录为4次，其间，从11世纪到13世纪竟只1次记录，11世纪、12世纪前半期和13世纪前半期无雪（寒霜）灾记录。从13世纪开始，雪（寒霜）灾的历史记录逐步多了起来，到14世纪前半期达到此间的峰值，占整个宋元时期的一半以上。

表4－12 宋元时期山西地区雪（寒霜）灾季节分布表

月份	二	三	四	五	六	七	八	十一
次数	1	1	1	2	2	9	7	1
占总量比（%）	4.16	4.16	4.16	8.33	8.33	37.5	29.2	4.16

在霜雪寒三种自然灾害中，霜害是多发的自然灾害种类。霜灾在年内的时间分布状况如下：除一月、九月、十月和十二月未见记载外，其他月份均有数量不均的历史记录。最为严重的七月和八月占到整个霜冻总量的66.7%，而七月和八月，在山西历史时期是天气温度相对较为温暖的时节。这也正是宋元时期气候异常和气候恶化的反映。

（二） 空间分布

宋元时期山西雪（寒霜）灾的空间分布以北部、中部居多。以三种灾害最多的霜灾为例，发生最多的系大同，达12次之多，太原以4次居其次。而山西南部的晋城仅1次，长治和运城则无有三种灾害中的任何一种灾害记录。

综合时间和空间统计来看，宋元时期山西地区的霜灾主要发生于七、八月的晋北地区。

表4-13 宋元时期山西雪(寒霜)灾空间分布表

今地	雪灾(次)	极寒(次)	霜冻(次)	灾区数
太原	徐沟(1)		太原(4)冀宁(4)阳曲(1)	4
晋城			阳城(1)	1
阳泉	平定(1)			1
大同	大同(1)左云(2)兴和(1)		大同(西京12)浑源(2)云内(1)武州(1)兴和(1)松州(1)	7
朔州			怀仁(2)	1
忻州			忻州(1)定襄(2)管州(2)保德(1)神池(1)	5
晋中	乐平(1)介休(1)		乐平(1)	2
吕梁			交城(1)岚州(3)兴州(1)	3
临汾	永和(1)洪洞(1)		平阳(1)曲沃(1)晋宁(1)	5
其它	河北(1)		全境(1)河东(1)	3

五 风灾

大风是山西常见的气象灾害之一。但宋元时期山西大风历史记录比较少,仅19次,年频次为0.05。

表4-14 宋元时期山西风灾年表

纪年	灾区	灾象	应对措施	资料出处
宋乾德二年(964)	潞州	六月,宋潞州风雹。		雍正《山西通志》卷一百六十二《祥异一》 光绪《山西通志》卷八十五《大事记三》 光绪《长治县志》卷之八《记一·大事记》
宋开宝二年(969)	太原	三月,帝驻太原城下,大风一夕而止。		雍正《山西通志》卷一百六十二《祥异一》 乾隆《太原府志》卷四十九《祥异》
宋至道二年(996)	代州	十一月,代州风雹,伤田稼。		雍正《山西通志》卷一百六十二《祥异一》
		五月,代州风雹伤稼。		光绪《山西通志》卷八十五《大事记三》

续 表

纪年	灾区	灾象	应对措施	资料出处
宋至道二年(996)	崞县	烈风雨雹。		乾隆《崞县志》卷五《祥异》 光绪《续修崞县志》卷八《志余·灾荒》
金大定元年(1161)	平定州	春正月,风雷。		雍正《山西通志》卷一百六十二《祥异一》 光绪《平定州志》卷之五《祥异》
元至元十四年(1277)	襄垣	七月甲子,潞州襄垣县大风拔木偃禾。		《元史》 乾隆《重修襄垣县志》卷之八《祥异志·祥瑞》 民国《襄垣县志》卷之八《旧闻考·祥异》
元至元二十四年(1287)	西京	风雹害稼。		雍正《山西通志》卷一百六十二《祥异一》
元大德元年(1297)	太原	六月,太原风雹。(五行志作太原、崞州雨雹害稼)		雍正《山西通志》卷一百六十二《祥异一》 光绪《山西通志》卷八十六《大事记四》
元大德七年(1303)	高平	秋八月朔丁亥,高平地震。(时夜将半,大风起,须臾地震,如摇撸状,官舍民庐坏者无算,高平志)		雍正《泽州府志》卷之五十《祥异》
元大德八年(1304)	灵仙、阳曲、白登	……五月,蔚州之灵仙、太原之阳曲、大同之白登,大风雨雹害稼,人有死者。		雍正《山西通志》卷一百六十二《祥异一》
	阳曲、天城、白登	……五月,太原之阳曲、隆兴之天城、大同之白登大风雨雹害稼。		光绪《山西通志》卷八十六《大事记四》

续表

纪年	灾区	灾象	应对措施	资料出处
元大德十年(1306)	大同路	二月,大同路暴风,大雪,坏民庐舍,人畜冻死。		雍正《山西通志》卷一百六十二《祥异一》 光绪《山西通志》卷八十六《大事记四》 乾隆《大同府志》卷之二十五《祥异》 雍正《朔平府志》卷之十一《外志·祥异》
元大德十二年(1308)	大同	二月,暴风,大雪,坏民庐舍。明日,雨沙,阴霾,马牛多毙,人亦有死者。		道光《大同县志》卷二《星野·岁时》
元延佑七年(1320)	大同路	八月,……大同路雷风雨雹。		雍正《山西通志》卷一百六十二《祥异一》 光绪《山西通志》卷八十六《大事记四》
元至治元年(1321)	大同	三月己丑,……大风走沙土,壅没麦田一百余顷。		雍正《山西通志》卷一百六十二《祥异一》 光绪《山西通志》卷八十六《大事记四》 道光《大同县志》卷二《星野·岁时》 乾隆《大同府志》卷之二十五《祥异》
元至正元年(1341)	大同路	三月,大同路大风,飞沙壅没麦田。		光绪《怀仁县新志》卷一《分野》
元至正三年(1343)	忻州	三月至四月,忻州风霾昼晦,岁大饥,人相食。		雍正《山西通志》卷一百六十二《祥异一》 光绪《山西通志》卷八十六《大事记四》 光绪《忻州志》卷三十九《灾祥》
元至正十四年(1354)	潞城、襄垣	潞城、襄垣大风拔木偃禾。		《元史》

续 表

纪年	灾区	灾象	应对措施	资料出处
	襄垣	……秋七月甲子,潞州襄垣县大风拔禾偃木。		雍正《山西通志》卷一百六十二《祥异一》 光绪《山西通志》卷八十六《大事记四》
元至正二十一年(1361)	石州	正月癸酉,石州大风拔木,六畜俱鸣,民所持枪,忽生火焰,抹之即无,摇之即有。		雍正《山西通志》卷一百六十二《祥异一》 《晋乘蒐略》卷之二十六
		正月癸酉,石州大风拔木。		乾隆《汾州府志》卷之二十五《事考》
元至正二十七年(1367)	徐沟	秋,冀宁路*徐沟县大风雨雹,拔木害稼。		雍正《山西通志》卷一百六十二《祥异一》 光绪《山西通志》卷八十六《大事记四》
		大风雨雹,拔木害稼。		光绪《补修徐沟县志》卷五《祥异》
		秋,徐沟大风雨雹,拔木害稼。		乾隆《太原府志》卷四十九《祥异》

从时间分布看,此阶段山西地区的大风灾害主要集中发生于1301—1368阶段,即元朝后期的68年中,计11次,占到整个宋元时期的57.9%。其中1001—1150年、1201—1250年没有任何文献记录。

从季节分布看,19次风灾中,发生在春季的有8次,夏季有3次,秋季有4次,冬季有1次。结合历史风灾情况判断,春天多风是山西气候的特征之一。

从空间分布看,山西北部地区发生有10次,中部5次,山西南部

* 冀宁路,元大德九年(1305)以地震改太原路置,治阳曲县(今山西太原市)。辖境相当今山西省中阳、孝义、昔阳以北,黄河以东,河曲、宁武、繁峙以南及太行山以西广大地区。明洪武元年(1368)改置为太原府。

4 次。但值得注意的是，晋南的临汾和运城无风灾记录。

此外，宋元时期山西多伴生性风灾。如风雷：金大定元年（1161）“春正月，平定风雷”[①]。元延佑七年（1320）“八月，……大同路雷风雨雹”[②]。风雪：元大德十年（1306）“二月，大同路暴风，大雪，坏民庐舍，人畜冻死”[③]；元大德十二年（1308）“二月，暴风，大雪，坏民庐舍。明日，雨沙，阴霾，马牛多毙，人亦有死者”[④]。风雹：宋乾德二年（964）“六月，宋潞州风雹”[⑤]。宋至道二年（996）“崞县烈风雨雹”[⑥]。当然，一般情况下雹灾伴生大风灾害。所以，在历史文献中所记录的伴生性最多的为风雹。宋元时期的所有风灾中，风雹次数为 8 次，占到总量将近一半。

六 地震（地质）灾害

宋元时期处于山西地震第四地震活跃期（11 世纪）和第五地震活跃期（13 世纪—14 世纪前半期），这一时期山西震灾活动异常频繁，历史文献记录达到 100 次，年频次为 0.24，系在数量上位列此间第二的自然灾害。

表 4－15 宋元时期山西震灾年表

纪年	灾区	灾象	应对措施	资料出处
宋端拱二年（989）	崞县	九月地震。		乾隆《崞县志》卷五《祥异》 光绪《续修崞县志》卷八《志余·灾荒》

①光绪《平定州志》卷之五《祥异》。

②雍正《山西通志》卷一百六十二《祥异一》。

③雍正《朔平府志》卷之十一《外志·祥异》。

④道光《大同县志》卷二《星野·岁时》。

⑤光绪《山西通志》卷八十五《大事记三》。

⑥乾隆《崞县志》卷五《祥异》。

续 表

纪年	灾区	灾象	应对措施	资料出处
宋至道二年（996）	晋州	九月丙戌，晋州地昼夜十二震。		光绪《山西通志》卷八十五《大事记三》
	曲沃	曲沃地震。		雍正《平阳府志》卷之三十四《祥异》
		春三月，地震。		光绪《续修曲沃县志》卷之三十二《祥异》
宋咸平元年（998）	宁华军*	汾水涨，坏北水门，山石摧圮，军士有压死者。		《宋史》卷六十七《五行五》
宋景德元年（1004）	石州	地震。		《宋史》卷七《真宗纪二》
		十一月癸丑，石州地震。		雍正《山西通志》卷一百六十二《祥异一》 乾隆《汾州府志》卷之二十五《事考》
		十一月甲子，石州地震。		光绪《山西通志》卷八十五《大事记三》
	永宁	十月，地震。		康熙《永宁州志》附《灾祥》
宋景德二年（1005）	代州	……五月，代州地震。		光绪《山西通志》卷八十五《大事记三》 雍正《山西通志》卷一百六十二《祥异一》
宋大中祥符二年（1009）		地震。		《宋史》卷六十七《五行五》 《宋史》卷七《真宗纪二》 光绪《代州志·记三》卷十二《大事记》

* 宁华军，山西静乐北。

续 表

纪年	灾区	灾象	应对措施	资料出处
宋乾兴元年(1022) 辽圣宗太平二年(1022)	云州、应州	三月,地震。云、应二州屋摧地陷,嵬白山裂,数百步泉涌成流。		光绪《山西通志》卷八十五《大事记三》 乾隆《大同府志》卷之二十五《祥异》 乾隆《应州续志》卷一《方舆志·灾祥》 《山西地震目录》
	大同	三月,地震。		道光《大同县志》卷二《星野·岁时》
	怀仁	地震。		光绪《怀仁县新志》卷一《分野》
宋天圣五年(1027)	辽山	七月,辽山旧河棱地摧揚,获古钱一百四十六千五百四十二。		光绪《山西通志》卷八十五《大事记三》
宋景祐四年(1037)	并、代、忻州	甲申,并、代、忻州并言地震,吏民压死者三万两千三百六人,伤五千六百人,畜扰死者五万人。		《宋史》卷十《仁宗纪二》
	忻、代、并	……十二月甲申,忻、代、并三州地震,坏庐舍,覆压吏民,忻州死者万九千七百四十二人,伤者五千六百五十五人,畜扰死者五万余;代州死者七百五十九人;并州千八百九十八。	遣使抚存其民,赐死伤者之家钱有差。(《宋史·五行志》)	雍正《山西通志》卷一百六十二《祥异一》 光绪《山西通志》卷八十五《大事记三》 乾隆《太原府志》卷四十九《祥异》 道光《太原县志》卷之十五《祥异》 光绪《忻州志》卷三十九《灾祥》 光绪《代州志·记三》卷十二《大事记》
	崞县	十二月,地震。	遣使赈恤。	乾隆《崞县志》卷五《祥异》

续 表

纪年	灾区	灾象	应对措施	资料出处
宋景祐五年（1038）宋宝元元年（1038）	并、代、忻	地大震。		《宋史》卷六十七《五行五》 《资治通鉴长编》卷一百二十二
	并、忻、代	正月庚申，并、忻、代三州地震。		雍正《山西通志》卷一百六十二《祥异一》
	并、代、忻	正月，除并、代、忻州压死民家去年秋粮。	二年……五月，遣使体粮安抚河东。	光绪《山西通志》卷八十五《大事记三》
	定襄、河东	宝元元年十二月，定襄地震，五日不止。河东境内南北皆震。		《晋乘蒐略》卷之二十
	并州、忻州、代州、定襄	正月，地震，坏城郭、覆庐舍，死者数万人。	诏转运使、提举刑狱按所部官吏，除压死民家去年秋粮。	乾隆《太原府志》卷四十九《祥异》 光绪《忻州志》卷三十九《灾祥》 康熙《定襄县志》卷之七《灾祥志·灾异》 光绪《代州志·记三》卷十二《大事记》
宋庆历三年（1043）	河东	地震。		《宋史》卷十一《仁宗纪三》
		十二月，河东地震。		雍正《山西通志》卷一百六十二《祥异一》
	忻州	五月九日，忻州地大震。		雍正《山西通志》卷一百六十二《祥异一》
		五月，忻州地大震。		光绪《山西通志》卷八十五《大事记三》
		正月，忻州大地震。		光绪《忻州志》卷三十九《灾祥》
	定襄	五月九日，地大震。		光绪《定襄县补志》卷之一《星野志·祥异》

续 表

纪年	灾区	灾象	应对措施	资料出处
宋庆历三年(1043)	崞县	五月,地震如雷。		乾隆《崞县志》卷五《祥异》 光绪《续修崞县志》卷八《志余·灾荒》
	曲沃、河东	冬十二月,地震。		光绪《续修曲沃县志》卷之三十二《祥异》 光绪《吉州全志》卷七《祥异》
	安邑、芮城	地震。		乾隆《解州安邑县志》卷之十一《祥异》 民国《芮城县志》卷十四《祥异考》
宋庆历四年(1044)	忻州	地震有声如雷。		《宋史》卷十一《仁宗纪三》
		五月庚午,忻州地震,西北有声如雷。		雍正《山西通志》卷一百六十二《祥异一》 光绪《山西通志》卷八十五《大事记三》
	忻州、定襄	五月,地震,西北有声如雷。		光绪《忻州志》卷三十九《灾祥》 光绪《定襄县补志》卷之一《星野志·祥异》
宋元祐二年(1087)	忻州	地震。		《宋史》卷十七《哲宗纪一》
	代州	二月辛亥,代州地震有声。		雍正《山西通志》卷一百六十二《祥异一》
		二月辛亥,代州地震。		光绪《山西通志》卷八十五《大事记三》 光绪《代州志·记三》卷十二《大事记》
宋元祐七年(1092)	朔州	十月庚戌,朔州地震。		雍正《朔州志》卷之二《星野·祥异》

续 表

纪年	灾区	灾象	应对措施	资料出处
宋元祐七年(1092)	马邑、左云	十月庚戌，地震。		民国《马邑县志》卷之一《舆图志·杂记》 光绪《左云县志》卷一《祥异》
宋元祐九年(1094) 宋绍圣元年(1094)	太原	地震。		《宋史》卷十八《哲宗纪二》 《宋史》卷六十六《五行五》
		十一月丙戌，太原府地震。		雍正《山西通志》卷一百六十二《祥异一》
		六月，太原府地震，十一月丙戌，太原府地震。		乾隆《太原府志》卷四十九《祥异》
		十一月，地震。		道光《太原县志》卷之十五《祥异》
宋绍圣二年(1095)	太原	八月甲戌，太原府地震。		雍正《山西通志》卷一百六十二《祥异一》
		十一月丙戌，太原地震。		光绪《山西通志》卷八十五《大事记三》
		六月已酉，地震。		道光《太原县志》卷之十五《祥异》
宋绍圣四年(1097)	太原	地震。		《宋史》卷十八《哲宗纪二》
		六月己酉，太原府地震，有声。		乾隆《太原府志》卷四十九《祥异》 雍正《山西通志》卷一百六十二《祥异一》
宋元符二年(1099)	太原	地震。	冬十月戊辰，辽州饥，赈之。	《宋史》卷十八《哲宗纪二》
		八月甲戌，太原府地震。		乾隆《太原府志》卷四十九《祥异》
宋元符三年(1100)	太原	地震。		《宋史》卷六十七《五行五》

续 表

纪年	灾区	灾象	应对措施	资料出处
宋元符三年（1100）	太原	五月己巳，太原府又震。		雍正《山西通志》卷一百六十二《祥异一》 乾隆《太原府志》卷四十九《祥异》
宋建中靖国元年（1101）	太原	一月十五日河东太原地震，坏城墙房屋，人畜多死。		《宋史》卷六十七《五行五》
	太原、潞、晋、隰、代、石、岚、岢岚、威胜、保化、宁化	……十一月辛亥，太原府、潞、晋、隰、代、石、岚等，岢岚、威胜、保化、宁化军，地震弥旬昼夜不止，坏城壁屋宇，人畜多死。	自后有司多抑而不奏。	雍正《山西通志》卷一百六十二《祥异一》 光绪《山西通志》卷八十五《大事记三》 乾隆《太原府志》卷四十九《祥异》
	太原	十二月辛亥，地震弥旬不止，坏城壁屋宇，人畜多死。		道光《太原县志》卷之十五《祥异》
	潞州	十二月，潞州地震弥旬，坏城壁、屋宇，压死人畜不可胜计。		光绪《长治县志》卷之八《记一・大事记》
	襄垣	十二月，地震弥月，坏城屋，压死人畜。		乾隆《重修襄垣县志》卷之八《祥异志・祥瑞》 民国《襄垣县志》卷之八《旧闻考・祥异》
	威胜军、武乡	十一月，威胜军地震。（弥旬昼夜不止，坏城壁屋宇，人畜多死。时有司方言祥瑞，抑而不奏。右五条并见《宋史・五行志》）		乾隆《沁州志》卷九《灾异》 乾隆《武乡县志》卷之二《灾祥》
	潞城	十二月，地震，坏屋宇。		光绪《潞城县志》卷三《大事记》

续　表

纪年	灾区	灾象	应对措施	资料出处
宋建中靖国元年（1101）	宁化	宁化军地震弥旬，昼夜不止，坏城舍，人畜多死。		乾隆《宁武府志》卷之十《事考》
	代州、石州、岚州	十一月辛亥，代、石、岚等州地震弥旬，昼夜不止，坏城壁屋宇，人畜多死。（《宋史·五行志》）		光绪《代州志·记三》卷十二《大事记》
	崞县	地震弥旬。		乾隆《崞县志》卷五《祥异》 光绪《续修崞县志》卷八《志余·灾荒》
	保德	太原路宁化岚羌诸军地震旬日不止，坏城倾屋，死者甚众。		乾隆《保德州志》卷之三《风土·祥异》
	永宁	地震弥旬。		康熙《永宁州志》附《灾祥》
	临汾	十二月辛亥，地震。（震弥旬，昼夜不止，坏城垣屋宇，人畜多死）		民国《临汾县志》卷六《杂记类·祥异》
宋崇宁元年（1102）	太原府等十一郡	春正月河东地震，太原府等十一郡震甚，兼旬不止。十二月辛亥，太原府晋、隰、代、石、岚等州，岢岚、威胜、保化、宁化等十一郡，地震弥旬昼夜不止，坏城壁屋宇，人畜多死。		《宋史》卷十九《徽宗纪一》 《山西地震目录》
	太原等十一郡	春正月丁丑，太原等十一郡地震。	诏赐钱有差。	雍正《山西通志》卷一百六十二《祥异一》 光绪《山西通志》卷八十五《大事记三》 乾隆《太原府志》卷四十九《祥异》

续 表

纪年	灾区	灾象	应对措施	资料出处
宋崇宁元年(1102)	太原府、岚州、岢岚军	太原府、岚州、岢岚军地震弥旬,昼夜不止,坏城壁屋宇,人畜死者甚众。		《晋乘蒐略》卷之二十二
	汾阳、曲沃	正月,地震,死者甚众。	赐钱有差。	光绪《汾阳县志》卷十《事考》 光绪《续修曲沃县志》卷之三十二《祥异》
	太原等十一郡	春正月丁丑,太原等十一郡地震。	诏赐钱有差。(宋史)。	雍正《平阳府志》卷之三十四《祥异》
	浮山	春正月丁丑,地震。	诏赐钱有差。	民国《浮山县志》卷三十七《灾祥》
	芮城	地震。		民国《芮城县志》卷十四《祥异考》
宋政和六年(1116)	河东	河东地大震。		光绪《绛县志》卷六《纪事·大事表门》
宋政和七年(1117)	河东	七月,河东路地大震,裂至数十丈。(同上即五行志)		光绪《绛县志》卷六《纪事·大事表门》
宋宣和元年(1119)	芮城	闰三月,地震。		民国《芮城县志》卷十四《祥异考》
宋宣和二年(1120)	河东	七月,河东路地震裂至数十丈。		光绪《山西通志》卷八十五《大事记三》
宋宣和六年(1124)	河东	地震。		《宋史》卷二十二《徽宗纪四》 雍正《山西通志》卷一百六十二《祥异一》
	曲沃	闰三月,地震。		光绪《续修曲沃县志》卷之三十二《祥异》
宋宣和七年(1125)	河东路、解州、解县、安邑	地震,有裂数十丈者。		《宋史》卷二十二《徽宗纪四》 光绪《解州志》卷之十一《祥异》

续　表

纪年	灾区	灾象	应对措施	资料出处
宋宣和七年（1125）	河东路、解州、解县、安邑	地震，有裂数十丈者。		民国《解县志》卷之十三《旧闻考》 乾隆《解州安邑县志》卷之十一《祥异》
	河东诸郡	七月己亥，河东诸郡或震裂。		雍正《山西通志》卷一百六十二《祥异一》
	曲沃、河津、河东、芮城	秋七月，地震。		光绪《续修曲沃县志》卷之三十二《祥异》 光绪《河津县志》卷之十《祥异》 同治《稷山县志》卷之七《古迹·祥异》 民国《芮城县志》卷十四《祥异考》
	河东	地震。		光绪《永济县志》卷二十三《事纪·祥沴》
金天眷三年（1140）	泽州、并州、宁乡	地震。		雍正《山西通志》卷一百六十二《祥异一》 乾隆《汾州府志》卷之二十五《事考》 康熙《宁乡县志》卷之一《灾异》
	高平	夏五月庚申，地震，惊死者数百人。		乾隆《高平县志》卷之十六《祥异》
金正隆二年（1157）	芮城	地震。		民国《芮城县志》卷十四《祥异考》
金正隆五年（1160）	河东、曲沃	二月辛未，地震。		雍正《山西通志》卷一百六十二《祥异一》 光绪《山西通志》卷八十五《大事记三》 光绪《续修曲沃县志》卷之三十二《祥异》 光绪《吉州全志》卷七《祥异》

续　表

纪年	灾区	灾象	应对措施	资料出处
金正隆五年（1160）	河东	河东地震，禁河东军民网捕禽兽。（同上即五行志）		光绪《绛县志》卷六《纪事·大事表门》
	稷山、河东	二月，地震。		同治《稷山县志》卷之七《古迹·祥异》 光绪《永济县志》卷二十三《事纪·祥沴》
金大安元年（1209）	平阳	十一月丙申，平阳地震，有声自西北来。戊戌，夜又震，自此时复震动，浮山县尤剧，城廨居民圮者十七八，死者凡二三人。	二年，诏免租税，给钱有差。	雍正《山西通志》卷一百六十二《祥异一》 光绪《山西通志》卷八十五《大事记三》 雍正《平阳府志》卷之三十四《祥异》
	曲沃	冬十一月，丙申，地震，有声自西北来，戊戌又震。	二年，诏免租税，给葬钱有差。六月大旱，赈贫民缺食者。	光绪《续修曲沃县志》卷之三十二《祥异》
	太平	地震。		光绪《太平县志》卷十四《杂记志·祥异》
元至元十四年（1277）	介休	夏四月癸巳朔，地震，泉涌。（元史）		嘉庆《介休县志》卷一《兵祥·祥灾附》
元至元二十六年（1289）	介休	六月壬子朔，地震。		嘉庆《介休县志》卷一《兵祥·祥灾附》
元至元二十八年（1291）	平阳	八月乙丑朔，平阳地震，坏民庐舍万八百二十六区，压死百五十人。		雍正《山西通志》卷一百六十二《祥异一》 光绪《山西通志》卷八十六《大事记四》
		平阳地震，坏民居八万余区，压死百五十人。		《晋乘蒐略》卷之二十六
		秋八月二十五日地震。		《山西地震目录》

续　表

纪年	灾区	灾象	应对措施	资料出处
元至元二十八年（1291）	介休	六月壬戌，地震。		嘉庆《介休县志》卷一《兵祥·祥灾附》
	朔平	八月乙丑，朔平地震，坏民庐舍共八百二十六区，压死百五十人。		雍正《平阳府志》卷之三十四《祥异》
	临汾	地震。（坏民居万有八百二十六区，压死甚众）。		民国《临汾县志》卷六《杂记类·祥异》
	曲沃	春饥，民流移就食，秋八月，地震。		光绪《续修曲沃县志》卷之三十二《祥异》
	洪洞	……八月乙丑，地震，平都郡尤甚。		民国《洪洞县志》卷十八《杂记志·祥异》
元大德六年（1302）	潞州	潞州地震，坏学宫。		光绪《长治县志》卷之八《记一·大事记》
	襄垣	地震。		乾隆《重修襄垣县志》卷之八《祥异志·祥瑞》 民国《襄垣县志》卷之八《旧闻考·祥异》
	潞城	八月，地震，殿宇廨舍尽倾。		光绪《潞城县志》卷三《大事记》
元大德七年（1303）	平阳、太原	……八月辛卯夜，地震，平阳、太原尤甚，村堡移徙，地裂成渠，人民压死不可胜计。	遣使分道赈济仍免大原、平阳本年差税。平阳赵城县范宣义郇堡徙十余里，时郇保山移所过，居民庐舍皆摧压倾圮，将近孝子李忠家忽分为二，行五十余步复合，忠家独完。	雍正《山西通志》卷一百六十二《祥异一》 光绪《山西通志》卷八十六《大事记四》

续 表

纪年	灾区	灾象	应对措施	资料出处
元大德七年(1303)	太原、徐沟、祁县、汾州、平遥、介休、西河、孝义	太原徐沟、祁县及汾州、平遥、介休、西河、孝义等县地震成渠，泉涌黑沙。		雍正《山西通志》卷一百六十二《祥异一》
	汾州	汾州北城陷，长一里。东城陷七十余步。		雍正《山西通志》卷一百六十二《祥异一》
	太原、平阳	丙寅，以太原平阳地震。	禁诸王阿只吉小薛所部扰民，仍减太原岁饲马之半。	光绪《山西通志》卷八十六《大事记四》
	太原、平阳、大同路	八月，辛卯夕，地震，太原、平阳尤甚。平阳赵城县范宣义郇堡徙十余里，太原、徐沟、祁县及汾州、平遥、介休、西河、孝义等县地裂成渠，泉涌黑沙，汾州北城陷，长一里，东城陷七十余步，平阳震数日不止，大同路地震有声。以地震改平阳路为晋宁，太原路为冀宁。		《晋乘蒐略》卷之二十六
	太原、徐沟、祁县	二月，太原饥，减直粜粮以赈之。五月，太原饥。八月辛卯夜，太原地震，村堡移徙，地裂成渠，人民死者不可胜计。徐沟、祁县亦地震成渠，泉湧黑沙。	遣使分道赈济，仍免本年差税。	乾隆《太原府志》卷四十九《祥异》

续 表

纪年	灾区	灾象	应对措施	资料出处
元大德七年(1303)	沁州、武乡	八月,地震。(时太原、平阳、汾潞皆震。连三四载屡震)		乾隆《沁州志》卷九《灾异》 乾隆《武乡县志》卷之二《灾祥》
	高平	秋八月朔丁亥,高平地震。(时夜将半,大风起,须臾地震,如摇橹状,官舍民庐坏者无算,高平志)		雍正《泽州府志》卷之五十《祥异》
		八月朔丁亥,地震。旧志:时夜将半,大风起,须臾地震,如摇橹状。官舍民庐坏者无算。		乾隆《高平县志》卷之十六《祥异》
	崞县	七月,地震。		乾隆《崞县志》卷五《祥异》 光绪《续修崞县志》卷八《志余·灾荒》
	太谷	癸卯,地震,县学圮。(庐舍多坏,人民压死者甚众)		民国《太谷县志》卷一《年纪》
	平遥	八月六日夜,地震。(元大德七年八月六日夜,地震,县人死者三千六百三十名口,伤者四千三百九十名口,头畜死者五百二十,房屋倒塌二万四千六百间,公廨倒塌殆尽,地涌黑沙与水不止,是时乏食之家计一万三百五十口)		光绪《平遥县志》卷之十二《杂录志·灾祥》
	太原、徐沟、祁县、汾州、平遥、介休、西河、孝义	八月辛卯夜,太原徐沟、祁县及汾州、平遥、介休、西河、孝义等县,地震成渠,泉涌黑沙。(五行志)		光绪《增修祁县志》卷十六《祥异》

续 表

纪年	灾区	灾象	应对措施	资料出处
元大德七年(1303)	永宁	秋,地大震。		康熙《永宁州志》附《灾祥》
	汾州、平遥、介休、西河、孝义	汾州、平遥、介休、西河、孝义等县地震成渠,泉涌黑沙,汾州北城陷一里,东城陷七十余步。		乾隆《汾州府志》卷之二十五《事考》
	汾阳	北城陷一里许,东城陷七十余步。		光绪《汾阳县志》卷十《事考》
	孝义	地震,村堡移徙,地裂成渠,坏屋舍万余间,城垣官署悉圮。		乾隆《孝义县志·胜迹·祥异》
	石楼、宁乡	地大震。		雍正《石楼县志》卷之三《祥异》 康熙《宁乡县志》卷之一《灾异》
	平阳、太原	八月,辛卯夜地震,平阳及太原尤甚,村堡移徙,地裂成渠,人民压死不可胜计。(元史)平阳赵城县范宣义郇堡徙十余里。(五行志)时郇堡山移,所过居民庐舍皆摧压倾圮,将近孝子李忠家忽分为二,行五十余步复合,忠家独完。(元孝友传)	遣使分道赈济,仍免太原平阳本年差税。	雍正《平阳府志》卷之三十四《祥异》
	临汾、翼城	秋八月,地大震。(居民官舍多圮,地裂成渠,人民多压死,不可胜计)		民国《临汾县志》卷六《杂记类·祥异》 民国《翼城县志》卷十四《祥异》
	曲沃、河东、夏县	八月,河东地震,平都郡尤甚。村堡移徙,地裂成渠,人民压死不可胜记。		光绪《续修曲沃县志》卷之三十二《祥异》 民国《洪洞县志》卷十八《杂记志·祥异》 光绪《夏县志》卷五《灾祥志》

续 表

纪年	灾区	灾象	应对措施	资料出处
元大德七年(1303)	太平	秋七月,地大震。		光绪《太平县志》卷十四《杂记志·祥异》
	河南	八月六日,河南地震,压杀二千余人。乡宁稍轻。		民国《乡宁县志》卷八《大事记》
	解州、绛州	地(大)震。		光绪《解州志》卷之十一《祥异》 民国《解县志》卷之十三《旧闻考》 光绪《直隶绛州志》卷之二十《灾祥》 民国《新绛县志》卷十《旧闻考·灾祥》
	闻喜	癸卯,地震,关圣庙悉圮。		民国《闻喜县志》卷二十四《旧闻》
	垣曲	八月,地震,文庙公廨多圮。		光绪《垣曲县志》卷之十四《杂志》
	芮城	地大震。民居官舍多圮,地裂成渠,人民压死者甚众。		民国《芮城县志》卷十四《祥异考》
	孝义、介休、文水、汾阳、临汾、乡宁、浮山、夏县	八级地震(烈度十一)总情况:坏城廓、堰渠、毁官民庐舍十万计,寺观亦倾倒千四百余所,压死人无数,破坏面纵长四百余公里。余震三、四年。民居官舍:震撼摧压,荡然无遗。房屋倒塌两万四千六百间,公廨倒塌殆尽,死伤近八千余人,地涌沙水不止。		《山西地震目录》

续 表

纪年	灾区	灾象	应对措施	资料出处
元大德七年(1303)	泽州、高平、潞州、虞乡、壶关、太谷、潞城、沁源、榆社、辽州、石楼、蒲县、定襄、太原	庙宇、学宫、城坛、官舍悉圮,坏庐舍万余间,地裂成渠。官舍民房率皆崩陷,庙宇震圮,地裂成渠,泉涌黑沙。民室公廨、庙宇震圮,扫地一空,民多伤其命。汾州北城陷一里许,东城陷七十余步。城郭庐舍摧压,儒学、会仙观、祠庙亦毁。		《山西地震目录》
元大德八年(1304)	平阳	正月,平阳地震不止,已修民屋复坏。		雍正《山西通志》卷一百六十二《祥异一》 光绪《山西通志》卷八十六《大事记四》
	平阳、太原	五月,以去岁平阳、太原地震,宫觀摧圮者千四百余区,道士死伤者千余人。	命振恤之。	光绪《山西通志》卷八十六《大事记四》
		十一月,以平阳、太原去岁地大震免税课一年。	免税课一年。	
	平阳	正月,平阳地震不止。已修民屋復坏。		《晋乘蒐略》卷之二十六 雍正《平阳府志》卷之三十四《祥异》

续　表

纪年	灾区	灾象	应对措施	资料出处
元大德八年（1304）	临汾、汾阳、稷山、河津、曲沃、阳城	均震，震级（5又二分之一），烈度七。		《山西地震目录》《太原地震目录》
	武村	甲辰，武村地震。（平地水湧数尺，漂没庐舍、人民无算）		民国《太谷县志》卷一《年纪》
	汾阳	正月，地震；五月，又震。		光绪《汾阳县志》卷十《事考》
	临汾	正月，地震不止；五月癸亥，以地震改平阳路为晋宁路。		民国《临汾县志》卷六《杂记类·祥异》
	曲沃	地震，已修民居复坏。		光绪《续修曲沃县志》卷之三十二《祥异》
	河津	正月，地震。九年，亦地震，改平阳路为晋宁路。十年，复地震。		光绪《河津县志》卷之十《祥异》
	稷山	正月，地震。		同治《稷山县志》卷之七《古迹·祥异》
元大德九年（1305）	大同	……四月己酉，大同路地震，有声如雷，坏官民庐舍五千余间，压死二千余人，怀仁县地裂，二所涌水尽黑，漂出松柏朽木。……（五行志作地裂二所，其一广十八步，深十五丈，其一广六十六步，深一丈）五月癸亥，以地震改平阳路为晋宁，太原路为冀宁。	遣使以钞四千锭、米二万五千石赈之。是年租赋税课徭役一切除免。	雍正《山西通志》卷一百六十二《祥异一》乾隆《大同府志》卷之二十五《祥异》光绪《山西通志》卷八十六《大事记四》

续 表

纪年	灾区	灾象	应对措施	资料出处
元大德九年(1305)	太原、平阳	八月,地震。太原、平阳尤甚。村堡移徙,地裂成渠,人民压死者众。摧圮宫观千四百余区。站户被灾,给钞一万二千五百锭以赈之。诏差发税粮自大德八年始,与免三年。	给钞一万二千五百锭以赈之。诏差发税粮自大德八年始,与免三年。	《晋乘蒐略》卷之二十六
	大同路	地震有声如雷,坏官民庐舍五百余间,压死两千余人。		《山西地震目录》
	太原府、平定州、盂县	五月癸亥,地震,改太原路为冀宁。六月,冀宁大雨雹,害稼。		乾隆《太原府志》卷四十九《祥异》 光绪《平定州志》卷之五《祥异》 光绪《盂县志·天文考》卷五《祥瑞、灾异》
	大同	六月,大雨雹害稼。十一月壬子,地震。十二月丙子,又震。(五行志)		道光《大同县志》卷二《星野·岁时》
	大同路、崞县	四月,大同路地震有声如雷,坏官民庐舍五千余间,压死二千余人。		雍正《朔平府志》卷之十一《外志·祥异》 光绪《续修崞县志》卷八《志余·灾荒》
	太谷	乙巳,地复震。		民国《太谷县志》卷一《年纪》
	平阳府、翼城	五月癸亥,以地震改平阳为晋宁路。		雍正《平阳府志》卷之三十四《祥异》 民国《翼城县志》卷十四《祥异》
	曲沃、太平、闻喜、稷山	以地震不止,改平阳为晋宁路。		光绪《续修曲沃县志》卷之三十二《祥异》 光绪《太平县志》卷十四《杂记志·祥异》 民国《闻喜县志》卷二十四《旧闻》

续 表

纪年	灾区	灾象	应对措施	资料出处
元大德九年(1305)	曲沃、太平、闻喜、稷山	以地震不止,改平阳为晋宁路。		同治《稷山县志》卷之七《古迹·祥异》
元大德十年(1306)	冀宁路、晋宁	闰正月,冀宁、晋宁地震不止。		雍正《山西通志》卷一百六十二《祥异一》 乾隆《太原府志》卷四十九《祥异》 雍正《平阳府志》卷之三十四《祥异》
	太原	地震不止。		道光《太原县志》卷之十五《祥异》
	临汾、曲沃	正月,地震不止。		民国《临汾县志》卷六《杂记类·祥异》 光绪《续修曲沃县志》卷之三十二《祥异》
	稷山	复地震。		同治《稷山县志》卷之七《古迹·祥异》
元大德十一年(1307)	冀宁路	八月……冀宁路地震。		雍正《山西通志》卷一百六十二《祥异一》 光绪《山西通志》卷八十六《大事记四》 乾隆《太原府志》卷四十九《祥异》
	泽州、高平	夏四月庚戌,地震。(先是上都地震,坏及宫寝,至是高平亦震,自午及申凡三日乃止。高平志)		雍正《泽州府志》卷之五十《祥异》 乾隆《高平县志》卷之十六《祥异》
	冀宁路	夏四月壬午,冀宁路属县,多地震,半月乃止。		光绪《平定州志》卷之五《祥异》
元至大元年(1308)	蒲县、陵县	……九月丙寅,蒲县地震。十月癸巳,蒲县、陵县地震。		雍正《山西通志》卷一百六十二《祥异一》 光绪《蒲县续志》卷之九《祥异志》

续 表

纪年	灾区	灾象	应对措施	资料出处
元至大二年(1309)	阳曲	十二月壬戌,阳曲县地震,有声如雷。		雍正《山西通志》卷一百六十二《祥异一》 乾隆《太原府志》卷四十九《祥异》
元至大三年(1310)	冀宁路	十二月戊申,冀宁路地震。		雍正《山西通志》卷一百六十二《祥异一》 乾隆《太原府志》卷四十九《祥异》
		冀宁路地震。至是凡数震矣。		《晋乘蒐略》卷之二十六
元延祐元年(1314)	冀宁路	八月丁未,冀宁路地震坏官民庐舍。		雍正《山西通志》卷一百六十二《祥异一》
		七月,冀宁陨霜杀稼。八月丁未,冀宁路地震,坏官民庐舍。		乾隆《太原府志》卷四十九《祥异》
	寰州	十月庚戌,寰州*地震。		雍正《朔平府志》卷之十一《外志·祥异》
	崞县	八月地震。		乾隆《崞县志》卷五《祥异》 光绪《续修崞县志》卷八《志余·灾荒》
	临汾	地震。		民国《临汾县志》卷六《杂记类·祥异》
元延祐二年(1315)	晋宁等郡	九月己未,晋宁等郡地震。		雍正《平阳府志》卷之三十四《祥异》
	冀宁路	九月己未,冀宁路地震。		乾隆《太原府志》卷四十九《祥异》
	临汾	八月,地震。		民国《临汾县志》卷六《杂记类·祥异》

* 寰州,今山西朔州东。

续　表

纪年	灾区	灾象	应对措施	资料出处
元延祐三年(1316)	冀宁路	九月己未,冀宁等郡地震。		雍正《山西通志》卷一百六十二《祥异一》
	潞州	潞州地震。		光绪《长治县志》卷之八《记一·大事记》
	襄垣	地震。		乾隆《重修襄垣县志》卷之八《祥异志·祥瑞》 民国《襄垣县志》卷之八《旧闻考·祥异》
	阳城	阳城地震。		雍正《泽州府志》卷之五十《祥异》 乾隆《阳城县志》卷之四《兵祥》
		地震		同治《阳城县志》卷之一八《灾祥》
元延祐四年(1317)	冀宁路	正月壬戌,冀宁地震。(秋)七月辛卯,冀宁路地震。		雍正《山西通志》卷一百六十二《祥异一》 光绪《山西通志》卷八十六《大事记四》 乾隆《太原府志》卷四十九《祥异》
元泰定四年(1327)	阳曲	……十一月辛卯,冀宁路阳曲县地震。		雍正《山西通志》卷一百六十二《祥异一》 光绪《山西通志》卷八十六《大事记四》 乾隆《太原府志》卷四十九《祥异》
元至顺二年(1331)	冀宁路	四月,冀宁路地震,声鸣如雷,裂地尺余,民居皆倾,是岁大水连年,水旱祲灾,北边大饥,人相食。	诏令民入粟补官,以备赈济,而恤政不闻。	《晋乘蒐略》卷之二十六
	大同	五月壬申,大同地震有声。(五行志)		乾隆《大同府志》卷之二十五《祥异》 道光《大同县志》卷二《星野·岁时》

续 表

纪年	灾区	灾象	应对措施	资料出处
元至顺二年(1331)	汾阳	秋七月壬午,地震。		光绪《汾阳县志》卷十《事考》
元至元二年(1336)	河东	四月,河东大旱,民多饥死,遣使赈之。五月,河东地坼,泉涌,崩城,陷屋,伤人。(本纪五行志)		光绪《绛县志》卷六《纪事·大事表门》
元至正二年(1342)	平晋、平定州、乐平	……夏四月辛丑,冀宁路平晋县地震,声鸣如雷,裂地尺余,民居皆倾。		雍正《山西通志》卷一百六十二《祥异一》 光绪《山西通志》卷八十六《大事记四》 光绪《平定州志》卷之五《祥异·乐平乡》 民国《昔阳县志》卷一《舆地志·祥异》
	太原	地震,声鸣如雷,裂地尺余,民居皆倾。		道光《太原县志》卷之十五《祥异》
	平晋	春三月,冀宁路饥,赈粜米三万石。夏四月辛丑,平晋县地震,声鸣如雷,裂地尺余,民居皆倾。	八月,冀宁路饥,赈粜米万五千石。	乾隆《太原府志》卷四十九《祥异》
	定襄	四月,地震,声响如雷,裂每尺许,民居多倾。是年秋霜杀禾。		康熙《定襄县志》卷之七《灾祥志·灾异》
	平晋	元至正二年四月初一平晋县地震,民居皆倾仆,地裂尺许。		《山西地震目录》
元至正三年(1343)	崞县	三年、四年,地震如雷,裂数丈。		乾隆《崞县志》卷五《祥异》
		三年、四年,地震如雷。		光绪《续修崞县志》卷八《志余·灾荒》

续　表

纪年	灾区	灾象	应对措施	资料出处
元至正七年(1347)	河东、永济	五月地裂,泉涌崩城陷屋,伤人民。		雍正《山西通志》卷一百六十二《祥异一》 光绪《山西通志》卷八十六《大事记四》 乾隆《蒲州府志》卷之二十三《事纪·五行祥沴》 光绪《永济县志》卷二十三《事纪·祥沴》
	稷山	大旱,人多饥死,其五月地裂湧水,崩城陷屋。		同治《稷山县志》卷之七《古迹·祥异》
元至正十年(1350)	徐沟	七月……徐沟地震。		雍正《山西通志》卷一百六十二《祥异一》 光绪《山西通志》卷八十六《大事记四》 乾隆《太原府志》卷四十九《祥异》 光绪《补修徐沟县志》卷五《祥异》
	寿阳	夏四月,地震,声如雷,圮房屋,压死者甚众。		光绪《寿阳县志》卷十三《杂志·异祥第六》
元至正十一年(1351)	冀宁路、乐平	夏四月壬午,冀宁路属县多地震,半月乃止。(五行志云:汾忻二州,文水、平晋、榆次、寿阳四县,辽州之榆社皆地震,声如雷霆。圮房屋,压死者甚众)		雍正《山西通志》卷一百六十二《祥异一》 乾隆《太原府志》卷四十九《祥异》 光绪《山西通志》卷八十六《大事记四》 光绪《平定州志》卷之五《祥异》 光绪《盂县志·天文考》卷五《祥瑞、灾异》 民国《昔阳县志》卷一《舆地志·祥异》

续 表

纪年	灾区	灾象	应对措施	资料出处
元至正十一年(1351)	太谷	太谷县地震。		雍正《山西通志》卷一百六十二《祥异一》
	忻州	四月,忻州地震,声如雷霆,圮房屋,压死者甚众。		光绪《忻州志》卷三十九《灾祥》
	太谷	辛卯,武村地震。		民国《太谷县志》卷一《年纪》
	汾州	四月,汾州地震,声如雷霆,圮房屋,压死者甚众。		光绪《汾阳县志》卷十《事考》
	石楼、乡宁	地震。		雍正《石楼县志》卷之三《祥异》 民国《乡宁县志》卷八《大事记》
	宁乡	四月,地震。		康熙《宁乡县志》卷之一《灾异》
	曲沃	夏四月,地震,半月乃止。		光绪《续修曲沃县志》卷之三十二《祥异》
	文水、榆次、榆社	文水、榆次、榆社及河南武陟、修武、孟县地震,声如雷霆,圮房屋,压死者甚重。榆社新修文庙殿舍欹斜过半、震中不甚准确。震级(5又二分之一),烈度七。		《山西地震目录》
	榆社	榆社北地震。		《山西地震目录》
元至正十二年(1352)	霍山	二月丙戌,地震。十月丙午,霍山崩,涌石数里。前三日山鸣如雷,禽兽惊散。		雍正《山西通志》卷一百六十二《祥异一》 光绪《山西通志》卷八十六《大事记四》 民国《霍山志》卷之六《杂识志》 道光《直隶霍州志》卷十六《禨祥》

续　表

纪年	灾区	灾象	应对措施	资料出处
元至正十二年(1352)	霍州、灵石	二月丙戌，霍州、灵石县地震。		雍正《山西通志》卷一百六十二《祥异一》 光绪《山西通志》卷八十六《大事记四》 雍正《平阳府志》卷之三十四《祥异》
元至正十三年(1353)	汾州	七月，汾州白彪山坼。		雍正《山西通志》卷一百六十二《祥异一》 光绪《山西通志》卷八十六《大事记四》
元至正十四年(1354)	介休	夏四月癸巳朔，汾州介休县地震泉涌。		雍正《山西通志》卷一百六十二《祥异一》 光绪《山西通志》卷八十六《大事记四》
	孝义	壬午 …… 汾州孝义县地震。		雍正《山西通志》卷一百六十二《祥异一》
		甲子 …… 汾州孝义县地震。		光绪《山西通志》卷八十六《大事记四》
	介休、孝义	秋七月，汾州介休、孝义县地震，泉涌。		《晋乘蒐略》卷之二十六
		夏四月癸巳朔，汾州介休县地震泉涌。秋七月壬午，汾州孝义县地震。		乾隆《汾州府志》卷之二十五《事考》
元至正十五年(1355)	保德州	…… 六月丁丑，保德州地震。		雍正《山西通志》卷一百六十二《祥异一》 光绪《山西通志》卷八十六《大事记四》
元至正十八年(1358)	冀宁路、陵川	二月乙亥，冀宁、陵川地震。		雍正《山西通志》卷一百六十二《祥异一》 雍正《泽州府志》卷之五十《祥异》
	陵川	二月乙亥，地震。		乾隆《陵川县志》卷二十九《祥异》

续 表

纪年	灾区	灾象	应对措施	资料出处
元至正二十一年(1361)	赵城	赵城地震,民饥。		道光《直隶霍州志》卷十六《禨祥》
元至正二十六年(1366)	介休	六月壬子朔,汾州介休县地震。		雍正《山西通志》卷一百六十二《祥异一》 光绪《山西通志》卷八十六《大事记四》
	徐沟	秋七月辛巳朔,徐沟地震,辛亥又震,有压死者。		雍正《山西通志》卷一百六十二《祥异一》 光绪《山西通志》卷八十六《大事记四》 乾隆《太原府志》卷四十九《祥异》 光绪《补修徐沟县志》卷五《祥异》
	徐沟、石州、忻州、临州、孝义、平遥	……辛亥,冀宁路徐沟县,石、忻、临三州,汾之孝义、平遥二县同日地震,有压死者。		雍正《山西通志》卷一百六十二《祥异一》 光绪《山西通志》卷八十六《大事记四》
	忻州	七月,忻州地震,有压死者。		光绪《忻州志》卷三十九《灾祥》
	保德	六月,保德地震,五日不止。		乾隆《保德州志》卷之三《风土·祥异》
	介休、孝义、平遥、石州	六月壬子朔,汾州介休县地震……秋七月辛亥,……汾州之孝义、平遥二县、石州同日地震,有压死者。		乾隆《汾州府志》卷之二十五《事考》

续　表

纪年	灾区	灾象	应对措施	资料出处
元至正二十六年(1366)	临县	地震,有压死者。		民国《临县志》卷三《谱大事》
元至正二十八年(1368)	徐沟	六月,徐沟地震。		雍正《山西通志》卷一百六十二《祥异一》 乾隆《太原府志》卷四十九《祥异》 光绪《补修徐沟县志》卷五《祥异》
		六月庚子朔,徐沟地震。		光绪《山西通志》卷八十六《大事记四》
	临州、保德州	……壬戌,临州、保德州地震,五日不止。(五行志云:冀宁文水、徐沟二县,汾州孝义、介休二县,临州,保德州,隰之石楼,皆地震)		雍正《山西通志》卷一百六十二《祥异一》 光绪《山西通志》卷八十六《大事记四》
	怀仁	……十一月,怀仁县河岸崩。		雍正《山西通志》卷一百六十二《祥异一》
	徐沟	徐沟地震月余,平地迸裂,涌出黑水。		康熙《徐沟县志》卷之三《祥异》 光绪《补修徐沟县志》卷五《祥异》
	临州	临州地震,五日不止。		民国《临县志》卷三《谱大事》
	临汾	巳丑,地震。(大坏,压死人民甚多)是年饥(按:是年即洪武元年也)		民国《临汾县志》卷六《杂记类·祥异》
	翼城	岁饥,八月乙丑地震,平郡尤甚。		民国《翼城县志》卷十四《祥异》

续　表

纪年	灾区	灾象	应对措施	资料出处
元至正二十八年(1368)	徐沟、文水、孝义、介休、临州、保德、石楼	六月壬戌(1368年7月8日)徐沟、文水、孝义、介休地震,有压死者,徐沟平地迸裂,涌出黑水,震级(6),烈度七。徐沟地震月余,六月十六日已震。临州(临县)、保德、石楼及陕西皆震。		《山西地震目录》

(一)时间分布

宋元时期的震灾依地震的活动程度可以分为四个阶段。第一阶段为960—1000年,此阶段以属于地质相对平静阶段,40年间历史地震共记录4次;第二阶段为1001—1150年,此阶段进入山西地震的第四活跃期[①],此间发生了1038年定襄7¼级地震,这也是该活跃期华北地震区内发生的最大地震;第三阶段为1151—1300年,地质活动又进入一个半世纪的蛰伏期;第四阶段为1301—1368年。到第四阶段,也就是所谓的山西第五地震活跃期[②],地震进入突然爆发阶段,68年中共发生地震52次,频度达到0.76。此间爆发了洪洞8级地震。元大德七年(1303)八月,辛卯夕,地震,太原、平阳尤甚。平阳赵城县范宣义郇堡徙十余里,太原、徐沟、祁县及汾州、平遥、介休、西河、孝义等县地裂成渠,泉涌黑沙,汾州北城陷,长一里,东城

①第四地震活跃期的划分,杨理华、李钦祖、马宗晋等人确定为从1022年的应县地震到1068年的沧州地震;武烈、贾宝卿、赵学普编著的《山西地震》确定为从1022年的应县地震到1102年的太原地震。

②第五地震活跃期的划分,杨理华、李钦祖、马宗晋等人确定为从1209年的浮山地震到1368年的徐沟地震;武烈、贾宝卿、赵学普编著的《山西地震》确定为从1181年的临汾地震到1366年的忻州地震。

陷七十余步,平阳震数日不止,大同路地震有声。以地震改平阳路为晋宁,太原路为冀宁[①]。洪洞地震属于震级大、破坏性强的地震,现在已被公认为山西历史上的几次少有的特大地震灾害,并被明确确定震级为8级。

(二) 空间分布

表4-16 宋元时期山西地震灾害空间分布表

今 地	灾区(灾次)	地区数
太 原	太原(18)阳曲(2)徐沟(3)	3
长 治	潞州(3)襄垣(3)沁州(1)武乡(2)潞城(2)	5
晋 城	高平(3)阳城(1)陵川(1)	3
阳 泉	平定(2)盂县(2)	2
大 同	大同(3)	1
雁 北	怀仁(1)朔平(1)左云(1)	3
忻 州	忻州(6)宁化军(1)定襄(4)代州(5)崞县(8)保德(2)	6
晋 中	乐平(2)太谷(3)平遥(1)寿阳(1)祁县(1)介休(3)	6
吕 梁	永宁(3)汾州(3)汾阳(4)孝义(1)石楼(2)宁乡(3)临县(2)	7
临 汾	平阳(4)临汾(8)翼城(2)曲沃(13)吉州(2)蒲县(1)洪洞(2)赵城(2)霍州(1)浮山(1)太平(2)乡宁(2)	12
运 城	解县(2)安邑(2)垣曲(1)绛县(6)稷山(4)芮城(6)夏县(1)永济(2)	8
其 它	河东(13)	1

研究认为,山西境内存在三个地震活动频繁地区,"一为在晋北应县至代县一带,此地区北有五台山,南有系舟山,是原平繁峙凹陷地带。二为太原周围地区,此地区属于太原地带,东有太谷断裂,西有交城断裂。三为汾河谷地及其延长地带,此地区两岸高峙,分别是太行山、吕梁山及其延伸山脉,汾河河谷中陷,是典型的地堑构造,这里的断层形成时代较新,地质构造运动迄今未息,所以地震相当频仍,且强度较烈。"[②]

①雍正《山西通志》卷一百六十二《祥异一》。

②袁祖亮主编,邱云飞著:《中国灾害通史》(宋代卷),郑州大学出版社,2008,第162页。

从地震分布情况看，宋元时期山西地震灾害情况与以上判断基本吻合，临汾、忻州、运城、太原和吕梁依然是地震多发频发区域。此外，从历史地震记录中发现，古人已经意识到地震发生与动物活动间可能存在某种关联，元至正十二年(1352)“十月丙午，赵城县霍山崩，涌石数里，前三日山鸣如雷，禽兽惊散”[①]所以，金正隆五年(1160)“河东地震，禁河东军民网捕禽兽”[②]。

七　农作物病虫害

宋元时期山西常见的农作物病虫害有蝗、蝻、蚜蚄、螟和蝝。农作物灾害记录虽然比较少，但危害程度却不容小觑。其致灾后果严重时，往往遮天蔽日，人马不能行，食禾稼草木俱尽，甚至颗粒无收，致使饥民遍野，饿殍枕道，令人触目惊心，所以农作物病虫害是宋元时期影响山西的一种重要的自然灾害类型。

表4－17　宋元时期山西农作物病虫害年表

<table>
<tr><th>纪年</th><th>灾区</th><th>灾象</th><th>应对措施</th><th>资料出处</th></tr>
<tr><td rowspan="3">宋建隆四年(963)
宋乾德元年(963)</td><td rowspan="2">绛州</td><td>蝗。</td><td>命以牢祭。</td><td>《宋史》卷一《太祖纪一》
光绪《山西通志》卷八十五《大事记三》</td></tr>
<tr><td>六月，绛州有蝗。</td><td></td><td>雍正《山西通志》卷一百六十二《祥异一》
光绪《直隶绛州志》卷之二十《灾祥》</td></tr>
<tr><td>太平、绛州</td><td>夏六月，蝗。</td><td></td><td>光绪《太平县志》卷十四《杂记志·祥异》
民国《新绛县志》卷十《旧闻考·灾祥》</td></tr>
</table>

①雍正《山西通志》卷一百六十二《祥异一》。

②光绪《绛县志》卷六《纪事·大事表门》。

续 表

纪年	灾区	灾象	应对措施	资料出处
宋太平兴国七年（982）	陕州	五月，陕州蝗。		雍正《山西通志》卷一百六十二《祥异一》
宋淳化三年（992）	平定[*]	七月，平定军蝗，蛾抱草自死。		《宋史》卷六十二《五行一下》 雍正《山西通志》卷一百六十二《祥异一》 光绪《山西通志》卷八十五《大事记三》
宋景德三年（1006）	虞乡	蝗飞翳空，及霜寒始毙。		光绪《虞乡县志》卷之一《地舆志·星野·附祥异》
宋大中祥符九年（1016）	河东	（蝗蝻）过京师，群飞翳空，延至江淮南，趣河东，及霜寒始毙。		《宋史》卷六十二《五行一下》
	河东、吉州、稷山	六月，蝗蝻趋河东，及霜寒始毙。		雍正《山西通志》卷一百六十二《祥异一》 光绪《山西通志》卷八十五《大事记三》 光绪《吉州全志》卷七《祥异》 同治《稷山县志》卷之七《古迹·祥异》
	曲沃、安邑	秋七月，蝗。		光绪《续修曲沃县志》卷之三十二《祥异》 乾隆《解州安邑县志》卷之十一《祥异》
	永济	七月，蝗蝻，群飞翳空趋河东，及霜寒始毙。		光绪《永济县志》卷二十三《事纪·祥沴》
宋天禧元年（1017）	河东	蝗蝻复生，多去岁蛰者，和州蝗生卵，如稻粒而细。		《宋史》卷六十二《五行一下》

* 平定，今阳泉东。

续　表

纪年	灾区	灾象	应对措施	资料出处
宋天禧元年(1017)	河北、河东	二月,河北河东蝗蝻复生,多去岁蛰者。旧志载:"咸平九年七月蝗"乃大中祥符九年也。		雍正《山西通志》卷一百六十二《祥异一》 光绪《山西通志》卷八十五《大事记三》 光绪《吉州全志》卷七《祥异》 光绪《绛县志》卷六《纪事·大事表门》
	曲沃、稷山	蝗蝻复生,多去岁蛰者。		光绪《续修曲沃县志》卷之三十二《祥异》 同治《稷山县志》卷之七《古迹·祥异》
	安邑	二月,蝗蝻复生。		乾隆《解州安邑县志》卷之十一《祥异》
	河津、河东	二月,蝗蝻生。		光绪《河津县志》卷之十《祥异》 光绪《永济县志》卷二十三《事纪·祥沴》
	芮城	蝗蝻生。		民国《芮城县志》卷十四《祥异考》
宋天圣六年(1028)	河北*	五月乙卯,河北蝗。		雍正《山西通志》卷一百六十二《祥异一》
宋明道二年(1033)	曲沃、河东、河津、稷山、芮城	蝗。		《宋史》卷十《仁宗纪二》 雍正《山西通志》卷一百六十二《祥异一》 光绪《山西通志》卷八十五《大事记三》 光绪《续修曲沃县志》卷之三十二《祥异》

* 河北,今平陆、芮城。

续　表

纪年	灾区	灾象	应对措施	资料出处
宋明道二年(1033)	曲沃、河东、河津、稷山、芮城	蝗。		民国《浮山县志》卷三十七《灾祥》 光绪《绛县志》卷六《纪事·大事表门》 光绪《河津县志》卷之十《祥异》 同治《稷山县志》卷之七《古迹·祥异》 民国《芮城县志》卷十四《祥异考》
	河东	七月庚辰,河东蝗。		民国《洪洞县志》卷十八《杂记志·祥异》 光绪《永济县志》卷二十三《事纪·祥沴》
宋元丰四年(1081)	河北	……六月,河北蝗。		雍正《山西通志》卷一百六十二《祥异一》
宋徽宗宣和二年(1120)	诸路	诸路蝗。		雍正《山西通志》卷一百六十二《祥异一》 雍正《平阳府志》卷之三十四《祥异》 民国《浮山县志》卷三十七《灾祥》
金正隆二年(1157)	河东	中都、山东、河东蝗。		《金史》卷五《海陵王纪》
	河东、河津、稷山、芮城、荣河	秋,蝗。		雍正《山西通志》卷一百六十二《祥异一》 光绪《山西通志》卷八十五《大事记三》 光绪《吉州全志》卷七《祥异》 光绪《绛县志》卷六《纪事·大事表门》 光绪《河津县志》卷之十《祥异》

续　表

纪年	灾区	灾象	应对措施	资料出处
金正隆二年（1157）	河东、河津、稷山、芮城、荣河	秋，蝗。		同治《稷山县志》卷之七《古迹·祥异》 光绪《永济县志》卷二十三《事纪·祥沴》 民国《芮城县志》卷十四《祥异考》 光绪《荣河县志》卷十四《记三·祥异》
金大定三年（1163）	荣河	金大定三、四年，荣河相继蝗、旱。		乾隆《蒲州府志》卷之二十三《事纪·五行祥沴》
金大定十六年（1176）	河东	中都、河北、山东、陕西、河东、辽东等十路旱，蝗。		《金史》卷二十三《五行志》
		河东路，旱、蝗。（五行志）	十七年三月，诏免河东路前年被灾租税。	雍正《山西通志》卷一百六十二《祥异一》 光绪《山西通志》卷八十五《大事记三》 光绪《吉州全志》卷七《祥异》 光绪《绛县志》卷六《纪事·大事表门》 光绪《永济县志》卷二十三《事纪·祥沴》
金大安三年（1211）	河东	河东旱、蝗。		光绪《永济县志》卷二十三《事纪·祥沴》
元太宗十九年*	汾阳	蝗，大饥。		光绪《汾阳县志》卷十《事考》
元世祖中统八年*	稷山	蝗。		同治《稷山县志》卷之七《古迹·祥异》

* 此处有误，元太宗在位 13 年。

* 此处有误，元世祖中统年号只 5 年。

续 表

纪年	灾区	灾象	应对措施	资料出处
元至元二年(1265)	太原	……太原雹蝗。		雍正《山西通志》卷一百六十二《祥异一》
	平阳	……七月,平阳蝗。		雍正《山西通志》卷一百六十二《祥异一》
	西京	十二月,蝗。		乾隆《大同府志》卷之二十五《祥异》 道光《大同县志》卷二《星野·岁时》
元至元八年(1271)	辽州、和顺、解州、闻喜	……六月,辽州、和顺、解州、闻喜县虸蚄生。		雍正《山西通志》卷一百六十二《祥异一》
	平阳	平阳蝗。		雍正《山西通志》卷一百六十二《祥异一》 雍正《平阳府志》卷之三十四《祥异》
	西京等州县	二月,以去岁西京等州县旱蝗水潦免其租税。	免其租税。	光绪《山西通志》卷八十六《大事记四》
	解州	解州虸蚄生。		光绪《解州志》卷之十一《祥异》 民国《解县志》卷之十三《旧闻考》
元至元十年(1273)	襄垣	蝗。		乾隆《重修襄垣县志》卷之八《祥异志·祥瑞》 民国《襄垣县志》卷之八《旧闻考·祥异》
元至元十七年(1280)	忻州	五月,忻州蝗。		雍正《山西通志》卷一百六十二《祥异一》 光绪《山西通志》卷八十六《大事记四》 光绪《忻州志》卷三十九《灾祥》

续 表

纪年	灾区	灾象	应对措施	资料出处
元至元十九年(1282)	全省	大同、冀宁二郡,文水、榆次、寿阳、徐沟四县,沂、汾二州,及孝义、平遥、介休三县,晋宁潞州及壶关、潞城、襄垣三县,霍州赵城、灵石二县,隰之永和,沁之武乡,辽之榆社、奉元,……皆蝗,食禾稼草木俱尽,所至蔽日,碍人马不能行,填坑堑皆盈。饥民捕蝗以为食,或曝干而积之。又罄,则人相食。		《元史》卷五一《志第三下》
	大同	秋八月,大同路蝗,伤禾稼。		雍正《山西通志》卷一百六十二《祥异一》 乾隆《大同府志》卷之二十五《祥异》 道光《大同县志》卷二《星野·岁时》
	潞城、襄垣	蝗伤稼,草木俱尽。大饥,人相食。		光绪《潞城县志》卷三《大事记》 乾隆《重修襄垣县志》卷之八《祥异志·祥瑞》 民国《襄垣县志》卷之八《旧闻考·祥异》
元至元二十七年(1290)	泽州	蝗。		雍正《山西通志》卷一百六十二《祥异一》 雍正《泽州府志》卷之五十《祥异》
元元贞元年(1295)	平阳府	七月,平阳蝗。(五行志,作八月)		雍正《平阳府志》卷之三十四《祥异》

续 表

纪年	灾区	灾象	应对措施	资料出处
元元贞二年（1296）	太原、曲沃	八月，蝗。		光绪《山西通志》卷八十六《大事记四》 光绪《续修曲沃县志》卷之三十二《祥异》
元大德九年（1305）	太原	自大德以来，连年旱蝗，人民流散。	虽有蠲赈，未足拯患。	《晋乘蒐略》）卷之二十六
元大德十一年（1307）	晋宁	七月，晋宁蝗。		光绪《山西通志》卷八十六《大事记四》
元至大元年（1308）	晋宁	五月，晋宁等处蝗。		雍正《山西通志》卷一百六十二《祥异一》 雍正《平阳府志》卷之三十四《祥异》
	曲沃	夏五月，蝗。		光绪《续修曲沃县志》卷之三十二《祥异》
元至大二年（1309）	解州、绛州	七月，河中解、绛等州蝗。		雍正《山西通志》卷一百六十二《祥异一》 光绪《山西通志》卷八十六《大事记四》
	绛州	七月，蝗。		光绪《直隶绛州志》卷之二十《灾祥》 民国《新绛县志》卷十《旧闻考・灾祥》
	河津、稷山	蝗，旱。		光绪《河津县志》卷之十《祥异》 同治《稷山县志》卷之七《古迹・祥异》
元泰定三年（1326）	荣河	荣河蝗旱相继。		雍正《山西通志》卷一百六十二《祥异一》 乾隆《蒲州府志》卷之二十三《事纪・五行祥沴》 光绪《荣河县志》卷十四《记三・祥异》

续 表

纪年	灾区	灾象	应对措施	资料出处
元至顺元年(1330)	晋宁、稷山	七月,蝗,人多饥死。		雍正《山西通志》卷一百六十二《祥异一》 光绪《山西通志》卷八十六《大事记四》 雍正《平阳府志》卷之三十四《祥异》 同治《稷山县志》卷之七《古迹·祥异》
	临县	是年,又蝗。		民国《临县志》卷三《谱大事》
元至顺二年(1331)	河中府	四月壬戌 ……河中府蝗。		雍正《山西通志》卷一百六十二《祥异一》 光绪《山西通志》卷八十六《大事记四》
	晋宁路属县、河津、稷山	六月,蝗。		雍正《山西通志》卷一百六十二《祥异一》 光绪《山西通志》卷八十六《大事记四》 雍正《平阳府志》卷之三十四《祥异》 光绪《河津县志》卷之十《祥异》 同治《稷山县志》卷之七《古迹·祥异》
元至顺三年(1332)	晋宁	六月乙丑,晋宁桑灾。		雍正《山西通志》卷一百六十二《祥异一》 光绪《山西通志》卷八十六《大事记四》 雍正《平阳府志》卷之三十四《祥异》
元至元十年*	襄垣	顺帝至元十年,蝗食禾。		乾隆《重修襄垣县志》卷之八《祥异志·祥瑞》

* 元顺帝至元仅6年。疑方志误记。

续　表

纪年	灾区	灾象	应对措施	资料出处
元至元十年	襄垣	顺帝至元十年，蝗食禾。		民国《襄垣县志》卷之八《旧闻考·祥异》
元至正十八年(1358)	辽州	五月，辽州蝗。		雍正《山西通志》卷一百六十二《祥异一》 光绪《山西通志》卷八十六《大事记四》
元至正十九年(1359)	襄垣	八月……襄垣县螟蝝。		雍正《山西通志》卷一百六十二《祥异一》 光绪《山西通志》卷八十六《大事记四》
	大同路	八月，大同路蝗。		雍正《山西通志》卷一百六十二《祥异一》 光绪《山西通志》卷八十六《大事记四》
	介休、灵石	秋七月，介休、灵石蝗。		雍正《山西通志》卷一百六十二《祥异一》 光绪《山西通志》卷八十六《大事记四》
	河东	……五月，河东等处蝗飞蔽天，人马不能行，所落沟堑尽，平民大饥。		雍正《山西通志》卷一百六十二《祥异一》 光绪《山西通志》卷八十六《大事记四》 民国《洪洞县志》卷十八《杂记志·祥异》
	襄垣	蝗食禾尽。		乾隆《重修襄垣县志》卷之八《祥异志·祥瑞》 民国《襄垣县志》卷之八《旧闻考·祥异》
	壶关	蝗，禾稼、草木俱尽，民饥相食。		道光《壶关县志》卷二《纪事》

续　表

纪年	灾区	灾象	应对措施	资料出处
元至正十九年（1359）	武乡	武乡大蝗，民饥。（蝗食禾稼、草木尽，所至蔽日碍人马不能行，填坑堑皆满。饥民捕蝗以为食，或曝乾而积之又罄则人相食。是时大都、山东、河东、河南五十余州县皆蝗。右二条并见《元史·五行志》）		乾隆《沁州志》卷九《灾异》
		大蝗民饥。		乾隆《武乡县志》卷之二《灾祥》
	潞城	春夏旱蝗。秋复大水。（并见旧志。案：北宋之末，金元之季，潞州被兵最甚，而县无专志，其府志所载多统属县，言之不备，书）		光绪《潞城县志》卷三《大事记》
	平定州	夏四月，蝗食禾稼。（蝗食禾稼，草木俱尽，所至蔽月，碍人马不能行，填坑堑皆盈，饥民捕蝗以为食，乾而积之，又罄，则人相食。）		光绪《平定州志》卷之五《祥异》
	大同、朔平府	秋八月，蝗。		乾隆《大同府志》卷之二十五《祥异》 道光《大同县志》卷二《星野·岁时》 雍正《朔平府志》卷之十一《外志·祥异》
	崞县	夏，飞蝗蔽天，人马不能行，沟壑尽平。		乾隆《崞县志》卷五《祥异》 光绪《续修崞县志》卷八《志余·灾荒》

续　表

纪年	灾区	灾象	应对措施	资料出处
元至正十九年(1359)	寿阳	夏四月,蝗食禾稼,草木俱尽,所至蔽日,碍人马不能行,填坑堑皆盈。饥民捕蝗以为食,乾而积之又罄,则人相食。		光绪《寿阳县志》卷十三《杂志·异祥第六》
	介休、汾州	秋七月,介休蝗。八月,汾州、孝义、平遥、介休三县蝗,食禾稼,草木俱尽,所至蔽日,碍人马不能行,填坑堑皆盈,饥民捕蝗以为食。		嘉庆《介休县志》卷一《兵祥·祥灾附》 乾隆《汾州府志》卷之二十五《事考》
	灵石	七月,灵石蝗。(五行志云:冀宁、文水、榆次、寿阳、徐沟四县及汾州、孝义、平遥、介休三县,晋宁潞州及壶关、潞城、襄垣三县,霍州、赵城、灵石三州县,隰之永和,沁之武乡,辽之榆社,皆蝗食禾稼,草木俱尽,所至蔽日,碍人马不能行,填坑堑皆盈,饥民捕蝗以为食,或曝乾而积之又罄,则人相食)		雍正《平阳府志》卷之三十四《祥异》
	临汾	蝗,大饥。		民国《临汾县志》卷六《杂记类·祥异》
	翼城	飞蝗蔽天,人马不能行,路沟堑尽被飞蝗填平,民大饥。		民国《翼城县志》卷十四《祥异》
	曲沃、解州、解县、芮城、河东	五月,蝗群飞蔽天,人马不能行,所落沟堑尽平,岁大饥。		光绪《续修曲沃县志》卷之三十二《祥异》 光绪《解州志》卷之十一《祥异》 民国《解县志》卷之十三《旧闻考》

续　表

纪年	灾区	灾象	应对措施	资料出处
元至正十九年(1359)	曲沃、解州、解县、芮城、河东	五月,蝗群飞蔽天,人马不能行,所落沟堑尽平,岁大饥。		民国《芮城县志》卷十四《祥异考》 乾隆《蒲州府志》卷之二十三《事纪・五行祥沴》 光绪《永济县志》卷二十三《事纪・祥沴》
	河津、稷山	五月,蝗。		光绪《河津县志》卷之十《祥异》 同治《稷山县志》卷之七《古迹・祥异》

(一)　时间分布

从时间分布看,宋元时期山西地区农作物病虫害历史记录共 39 次,年频次为 0.10。大致可分为两个阶段,第一阶段从 960 到 1250 年,290 年中农作物病虫害的历史记录共计 15 次,占此间农作物病虫害总量的 38.46%;第二阶段从 1251 到 1368 年,117 年中共计历史记录 24 次,占总量的 61.5%。后一阶段的历史记录全部在蒙古及元朝历史的范围内。

就季节性而言,宋元时期农作物病虫害的历史记录主要集中于五、六、七、八月份,因虫类喜欢暖湿环境之故,所以"待霜寒即毙"。宋景德三年(1006),虞乡"蝗飞翳空,及霜寒始毙"[①];宋大中祥符九年(1016)"六月,蝗蝻趋河东,及霜寒始毙"[②]。

蝗类具有顽强生存能力,尤其是若虫可以越冬。古人也发现了这一现象,并记录了下来。宋天禧元年(1017)"二月,河东蝗蝻复

①光绪《虞乡县志》卷之一《地舆志・星野・附祥异》。

②光绪《吉州全志》卷七《祥异》。

生,多去岁蛰者"[①],"二月,蝗蝻复生。"[②]这也解释了为什么存在农作物病虫害连年发生的现象。

(二) 空间分布

从空间分布看,宋元时期农作物病虫害主要集中发生在山西晋南地区。统计数据显示,宋元时期晋北地区(大同、雁北和忻州)农作物病虫害共发生 5 次,晋中(太原、晋中、阳泉和吕梁)5 次,晋东南(长治和晋城)9 次,晋南(临汾和运城)65 次。而宋元时期最为严重的蝗灾有 2 次:一次是元至元十九年(1282)"大都霸州、通州,真定,彰德,怀庆,东昌,卫辉,河间之临邑,东平之须城、东阿、阳谷三县,山东益都、临淄二县,潍州、胶州、博兴州,大同、冀宁二郡,文水、榆次、寿阳、徐沟四县,沂、汾二州,及孝义、平遥、介休三县,晋宁潞州及壶关、潞城、襄垣三县,霍州赵城、灵石二县,隰之永和,沁之武乡,辽之榆社、奉元,及汴梁之祥符、原武、鄢陵、扶沟、杞、尉氏、洧川七县,郑之荥阳、汜水,许之长葛、郾城、襄城、临颍,钧之新郑、密县,皆蝗,食禾稼草木俱尽,所至蔽日,碍人马不能行,填坑堑皆盈。饥民捕蝗以为食,或曝干而积之。又罄,则人相食。"[③]另一次为元至正十九年(1359)爆发了全省性的蝗灾,以致"草木俱尽,所至蔽日,碍人马不能行,填坑堑皆盈。饥民捕蝗以为食,乾而积之又罄,则人相食。"[④]

八 疫灾

宋元时期山西发生瘟疫的历史记录有 4 次,集中发生于 1341—

①光绪《山西通志》卷八十五《大事记三》。

②乾隆《解州安邑县志》卷之十一《祥异》。

③(明)宋濂:《元史》卷五一《志第三下》,中华书局,1976,第 1108 页。

④光绪《寿阳县志》卷十三《杂志·异祥第六》。

1358 年间，山西北部 3 次，中部 1 次。季节分布为春季 1 次、夏季 1 次、冬季 2 次。

表 4－18 宋元时期山西瘟疫年表

纪年	灾区	灾象	应对措施	资料出处
元至正元年（1341）	怀仁	大疫。		光绪《怀仁县新志》卷一《分野》
元至正十二（1352）	保德	正月，保德大疫。		雍正《山西通志》卷一百六十二《祥异一》 光绪《山西通志》卷八十六《大事记四》
元至正十三（1353）	大同	十二月，大同路疫，死者大半。		乾隆《大同府志》卷之二十五《祥异》
		十二月，疫，死者大半。		道光《大同县志》卷二《星野·岁时》
		冬，大同大疫。		雍正《朔平府志》卷之十一《外志·祥异》
	左云	冬，大疫。		光绪《左云县志》卷一《祥异》
元至正十八（1358）	汾州	六月，汾州大疫。		雍正《山西通志》卷一百六十二《祥异一》 光绪《山西通志》卷八十六《大事记四》 乾隆《汾州府志》卷之二十五《事考》
	汾阳	六月，大疫。		光绪《汾阳县志》卷十《事考》

第二节　宋元山西自然灾害特征及成因

一　宋元山西自然灾害特征

（一）　自然灾害的密度随时间推移在增加

统计数据显示，整个宋元时期的408年间，有关山西自然灾害的历史文献记录达到494次，灾害数量随时间推移，整体上呈“哑铃”状的递增趋势。从960到1150年，灾害的历史记录为133次，其发生呈现震荡性小幅递减态势；从1151到1300年，灾害历史记录达到127次，其发生呈现震荡性小幅递增态势；而1301—1368年间，灾害数量突然增加，数量达到234次，占到整个宋元时期山西自然灾害总量的47.4%。

从发展的视野考察中国历史灾害，其总趋势是：自然灾害的密度随时间推移而逐步增加。我们将本书自然灾害表统计起始的西元前800年作为起点，将宋元及其之前的自然灾害分两个时期进行统计，第一个千年（前800—200）山西自然灾害的历史文献记录数量仅101次；而第二个千年（201—1200），山西自然灾害的历史文献记录数量则达到666次。历史文献灾害记录数量的增加，一方面是由于随着人类活动范围的增大，随着人类对自然干预的增多，自然灾害的种类和数量也在不断增加；另一方面随着自然灾害对人类生活造成愈来愈大的影响和危害，随着社会生产力的提高和文化事业的发展，人类对自然的认识水平和重视程度也在提高。

（二）　自然灾害在元朝中后期集中高发

从历史长时段考察，山西自然灾害发生的总趋势是，随气候的变化和人类对自然环境干预的增加，自然灾害的种类和数量呈现逐渐递增态势。但是,宋元时期自然灾害的发展路径有所不同。整个宋代和元代前期(960—1300),自然灾害的发生呈现震荡性增长趋势。但是进入元朝中后期(1301—1368),各种自然灾害突然爆发。统计数据显示,宋代和元代前期的341年间自然灾害文献记录总量为260次,年频次为0.76。而元代中后期的68年间自然灾害文献记录总量则达到234次,年频次为3.44,呈现集中高发态势。"集中高发"不仅指年际间的连续性,更指同一年内不同地方出现灾情或同一地区一年内多次出现灾情。以雹灾为例,既有同一年内冰雹在不同地方出现的历史记录:如,元皇庆二年(1313)七月,平定州雨雹[①];八月,大同、怀仁县雨雹[②]。又有同一个地方连续几年出现雹情的历史记录:如,大同在元延佑五、六、七和八年都遭受雹灾[③]。自然灾害集中高发于元朝中后期,这里既存在气候变化的因素,也存在历史记录的因素。

(三) 旱涝灾害具有明显的季节特征和地域特征

应当说,山西历史时期常见的自然灾害中的大多数都具有一定的季节性和地域性特征,但最具有鲜明季节性和地域性特征的自然灾害当属水旱灾害。

研究认为,山西历史水旱灾害的发生受到来自于季风气候和河水径流大小的影响,"从山西省干旱的地域分布上,春旱发生面积较广,集中于山西西北,中部地区。夏旱各地区均有发生,……从洪灾的地域分布来看,大洪灾主要集中在我省东部的太行山区,浊漳河南及沁河中下游,其次是中条山北侧涑水河上游,汾河古交区,文峪河中上游,吕梁山西南侧山区以及五台山区等地。晋西北,滹沱河

①光绪《平定州志》卷之五《祥异》。

②雍正《山西通志》卷一百六十二《祥异一》。光绪《左云县志》卷一《祥异》。

③道光《大同县志》卷二《星野·岁时》。

流域较少，桑干河流域以北最少。”[①]

宋元时期山西的水旱灾害与历史时期山西水旱发生的季节性和地域性特征多有吻合，但同时具有其自身的特征。以季节论，宋元时期干旱的主要季节性类型有春旱、夏旱和秋旱，而且发生的概率是：夏旱多于春旱，春旱多于秋旱；而水（洪涝）灾多集中于夏秋两季，一般发生于六—八月，但集中高发于八月份。以地域性分布而言，集中性的干旱，山西中北部发生率高于山西南部；而水（洪涝）灾的高发则南部强于中北部。

（四） 自然灾害伴生现象明显

自然界是一个统一的有机体，各种生命之间形成生物链维持着自然界的平衡。自然灾害之间也存在着这样的内在联系，一种自然灾害出现也很有可能引发其他自然灾害的发生。人们很早就注意到严重的蝗灾往往和严重旱灾相伴而生，我国古书上就有“旱极而蝗”的记载。“蝗灾之发生与旱灾有很高的相关程度，大的蝗灾往往出现在干旱之后，旱蝗饥链接相随的记载很多。”[②]嘉靖七年，临汾、翼城一代发生旱、蝗并灾现象，“秋，大旱，蝗。”[③]旱灾也往往伴随风霾等灾害。嘉靖二十九年，平陆“秋，平陆大旱，风霾……”[④]。诸如此类灾害继发、并发的例子不胜枚举。此外，冰雹与风、霜雪也有相伴而出现的情况；地震与洪灾、瘟疫的产生也有一定的联系。地震发生之后，由于地质原因，最常见的就是会连带发生水（洪涝）灾，同时会出现大量的人员伤亡，极易滋生病菌，通过传播最终形成大范围的疫疾。

---

①任健美、王尚义、刘彩英：《山西省历史时期洪、旱灾害统计特征分析》，《中国气象学会2007年年会气候变化分会场论文集》，2007年，第925页。

②张建民、宋俭：《灾害历史学》，湖南人民出版社，1998，第123页。

③《民国临汾县志》卷六《杂记类·祥异》。

④雍正《山西通志》卷一百六十三《祥异二》。

二　宋元山西自然灾害成因探析

一种灾害的发生往往是由多种因素共同导致的,其中最为重要的就是自然因素和社会因素。自然因素一般主要指自然灾害中天文、气候变化因素,是客观存在的,而社会因素主要是指自然灾害中的人为干预或人类不当活动等因素,带有很大的主观性。本文主要从自然和社会因素两方面来具体探析宋元时期山西自然灾害形成的原因。

(一)　自然因素

首先,近年来天文学家的一些初步研究已经发现,许多自然灾害现象发生与某些天文因素(比如太阳活动、地球自转变化、天体相对位置的变化)存在一定的相关性,天文因素对某些自然灾害的孕育和发生具有调制或诱发、触发作用,因而,应当把天文因素作为我们分析自然灾害的重要因素。学者认为,天文影响自然灾害主要表现在四个方面:

一是太阳活动与旱涝灾害的关联;

二是太阳活动与地震的关联;

三是地球自转与地震的关联;

四是行星、月球运动及其变化对自然灾害的影响[①]。

其次,任何自然灾害的发生都与气候有关,而气候变化是造成自然灾害的重要原因之一。宋元时期的气候总的趋势是变冷,但就在这个寒冷期中,气候又处于相对的冷暖变化中,即 11 世纪相对寒

①杨本有、凌兆芬:《天文因素对自然灾害的影响》,《紫金山天文台台刊》,1996 年第 4 期,第 284 ~ 291 页。

冷,12 和 13 世纪早期有一短暂的转暖时段[①]。从宋元山西自然灾害发生情况来看,从 10 世纪后半期到 12 世纪(960—1100)的 141 年间,灾害的数量较多,总计为 116 次,年频次为 0.82;而整个 12 世纪和 13 世纪前半期(1101—1250)的 150 年间,自然灾害的数量明显减少,总计为 53 次,年频次仅为 0.35。

第三,山西特殊的地理位置也影响自然灾害。山西省地处黄土高原东部,平面轮廓略呈由东北斜向西南的平形四边形,深居内陆,距海较远,处于东亚季风的北部边缘,为温带季风型大陆性气候。同时,境内地形复杂,山峦起伏、沟壑纵横、海拔高低悬殊,各类地形分布全省。东部是太行山系及其山间盆地,西部是吕梁山山地和黄土高原区,中部为盆地。山区、丘陵占全省总土地面积的 80.3%,大小河流 1000 余条,分属黄河、海河两大水系。由于山区面积广大,地形破碎,河流大都短小,河道比降较大,具有季节性强的山地型河流特征,积水容易但排水不畅,加之山西黄土对水的涵养性差,所以易发旱、涝灾害。此外,山西全省位于华北地震带上又多地震。宋元时期山西地区的地震灾害仅次于旱灾,居于第二位,而且这一气候异常期内,历史文献记录了山西有史以来的第一次 8 级特大地震灾害,即元大德七年(1303)洪洞地震。

(二) 社会因素

首先,人类的不当活动,增加致灾因素。宋元时期,由于人口数量的增加,山西生态环境开始遭到严重破坏。"北宋太平兴国五年(980)山西人口数为 1319000,仅有唐宪宗元和八年(813)的一半略强。宋朝大力检举隐漏户口,把户口增减作为地方官员考核和升迁

①布雷特·辛斯基著;蓝勇、刘建、钟春来、严奇岩译:《气候变迁和中国历史》,《中国历史地理论丛》,2003 年第 6 期,第 64 页。

的标准，并实行保甲制度，加强户口管理，对增加人口起了直接的积极作用。神宗元丰二年(1079)山西人口达到3105000，徽宗崇宁元年(1102)又增加到3231910人。金兵的入侵使山西人口总数又有短暂下降，但很快又开始恢复，南宋宁宗嘉定三年(1210)山西人口已发展为7182000人。"①人口的剧增不仅导致人口密度迅速加大，也势必促使大量人口迫于生存压力而加大对自然环境的破坏，如荒地的开垦等等。"即使在自然生态背景一如往昔的情况下，不断增长着的人口势必抵消农业劳动生产率和粮食生产总量提高的积极意义，限制和放慢社会财富的积累和增长的速度，使愈来愈多的人加入到饥饿半饥饿状态的行列，而人类生活的贫困又反地过来影响和限制其抵御自然灾害的能力，并加剧生态环境的恶化。"②有关专家认为，农业垦殖与山争地、与水争田的不合理倾向趋于明显，森林植被的破坏足以影响生态系统平衡的转折大约自宋代开始③。元代在西安修筑王府时，选择在吕梁山、芦芽山砍伐，而后将其编成木筏顺河、汾运出，古文形容当时盛况是"万筏下汾河"。金元时期，大修寺庙，在山西毁林严重，应县木塔就是一例，民间有"砍尽黄花梁，修起应县塔"说法④。修建大型工程，需要大量的森林，导致宋元时期山西的森林覆盖率急剧下降，"平川区已绝无仅有，丘陵区也惨遭破坏，当浅山近山难取巨木时，开始杀向深山、远山。因而山区森林开始遭到较严重破坏，但深山区仍保存不少森林。……估算森林覆被率前期约40％，后期就不足30%了"⑤。森林植被的破坏必然造成水土流失和影响正常的水气循环，进而影响整个地区的气候，引发或加重自然灾害。

①侯春艳：《山西人口数量变迁及思考》，《沧桑》，1998年第6期，第31页。

②王建华：《明清时期上当地区灾害频度加快的成因分析》，《长治学院学报》，2009年第1期，第22页。

③张建民、宋俭：《灾害历史学》，湖南人民出版社，1998，第154页。

④杨茂林：《建国60年山西若干重大成就与思考》，山西人民出版社，2009，第401页。

⑤翟旺：《山西森林变迁史略》，《山西林业科技》，1982年第4期，第15页。

其次，战争直接引发灾害或扩大灾情。山西作为少数民族南下的通道，自五代至元，一直是民族冲突的中心地区。战争对自然灾害的影响主要体现：

一是战争本身危及自然环境和自然资源，如制造装备、扎营驻地等均需要大量的林木等资源，利用火攻焚毁林木等。

二是战争带来的间接危害。如宋朝初期为防备辽朝的进攻，曾多次在山西许多地方实行军屯，仁宗至和二年（1055），韩琦也请求开垦代州、宁化军（今宁武县境内）一带的禁地，得到朝廷的批准。神宗于熙宁八年（1075）下诏，在岢岚、火山军（今河曲县境内）等处，将“西陲等寨，未开官地堪种者渐次招置弓箭手。”[①]虽然当时许多山西北方地区得到了开发，但是，军屯采取的耕种方式是比较粗放的，加上山西北部生态脆弱和季风性气候，极易发生水旱等自然灾害。

三是战争对自然灾害的影响。只要有战争，必有伤亡，因而战争对于普通百姓来说，就是噩魔。大规模的战争之后，死亡者的尸体无法得到及时处理，可能滋生细菌，引发疫疾，同时，影响原居住地的正常生产和生活，百姓被迫迁移，可能将疫病扩散，而造成大规模的疫灾。

第三、政治腐败也是影响自然灾害的重要因素。奢侈腐化是历代统治阶级的通病，宋元统治者也不例外。宋元时期，灾害频仍，统治者较重视救灾工作，并在实践中形成了一套较严密的救灾制度。但制定救灾制度与落实救治措施之间毕竟还是有一定的差距的。虽然大多数时候，地方政府能够尽力施为，但个别时候和个别地方，官僚之间的推诿甚至隐匿灾情也时有发生。宋建中靖国元年（1101）“十一月辛亥，太原府、潞、晋、隰、代、石、岚等州，岢岚、威胜、

①（清）徐松：《宋会要辑稿》兵四之六，中华书局 1957 年影印本，第 6823 页。

保化、宁化军,地震弥旬昼夜不止,坏城壁屋宇,人畜多死,自后有司多抑而不奏"[①]。元至顺二年(1331)"四月,冀宁路地震,声鸣如雷,裂地尺余,民居皆倾,是岁大水连年,水旱祲灾,北边大饥,人相食。诏令民入粟补官,以备赈济,而恤政不闻。"[②]有些地方会因无法得到及时救助而扩大受害面积,从而加重灾情。

第三节 宋元山西自然灾害的危害和社会应对

一 宋元山西自然灾害的危害

自然灾害的发生必然会带来一系列的社会危害,对人们的生产、生活及社会秩序产生影响。严重的自然灾害甚而会引起社会动乱。

(一) 自然灾害影响生产和生活秩序

首先,自然灾害会危害人的生命和财产。自然灾害一旦发生必然影响人们的生活和生产,严重的自然灾害直接造成人员的伤亡和财产的损失。如遇到特别大的旱情,颗粒无收,就会出现饿殍遍野,有的人会因长时间无处觅食而活活饿死。元至元二十八年(1291)"太原饥民流移就食,有饥而死者"[③];元至正七年(1347)"河东大旱,人多饥死。其五月,地裂水涌,崩城陷屋"[④]。而水(洪涝)灾尤其是大河漫溢、决堤,瞬时造成的危害更为严重。宋淳化三年(992)"七月,桑干河溢,漂禾坏屋,溺人甚众"[⑤];元至元二十四年(1287)

---

①雍正《山西通志》卷一百六十二《祥异一》。

②《晋乘蒐略》卷之二十六。

③乾隆《太原府志》卷四十九《祥异》。

④乾隆《蒲州府志》卷之二十三《事纪·五行祥沴》。

⑤雍正《朔州志》卷之二《星野·祥异》。

"太原淫雨,害稼,屋坏,压死者众"[①]。地震因其猝然而至,难以预警,若发生于夜间,其造成的危害难以想像。宋景祐四年(1037)十二月"甲申,忻、代、并三州地震,坏庐舍,覆压吏民,忻州死者万九千七百四十二人,伤者五千六百五十五人,畜扰死者五万余;代州死者七百五十九人;并州千八百九十八"[②];宋建中靖国元年(1101)"十二月,潞州地震弥旬,坏城壁、屋宇,压死人畜不可胜计"[③];元至正十一年(1351)"四月,忻州地震,声如雷霆,圮房屋,压死者甚众"[④]。其它诸如冰雹、雪灾、瘟疫等所造成的危害也比较严重。元大德八年(1304)"五月,白登县大风,雨雹害稼,人有死者。八月,怀仁县雨雹,陨霜杀禾"[⑤];元大德十年(1306)"二月,暴风大雪,坏民庐舍,人畜冻死"[⑥]。元至正十三(1353)"十二月,大同路疫,死者大半"[⑦]。

其次,自然灾害引发物价波动,主要是引发粮价上涨。自然灾害一旦发生,它所引发的反映是连锁的,如旱灾致粮食欠收,引起粮价上升;水(洪涝)灾、地震、大风等不仅损毁生活和生产资料,而且可能致使交通物流中断,使民众生活生产难以为继。自然灾害反应到社会生活中就是造成物质供不应求时,投机商也可能会乘机抬高物价。宋崇宁元年(1102),"崞县大饥,斗米钱数千。"[⑧]金崇庆元年(1212),"临县大饥,斗米数千钱,流莩满野。"[⑨]金崇庆二年(1213),

---

①乾隆《太原府志》卷四十九《祥异》。

②雍正《山西通志》卷一百六十二《祥异一》。

③光绪《长治县志》卷之八《记一·大事记》。

④光绪《忻州志》卷三十九《灾祥》。

⑤乾隆《大同府志》卷二十五《祥异》。

⑥雍正《山西通志》卷一百六十二《祥异一》。

⑦乾隆《大同府志》卷之二十五《祥异》。

⑧乾隆《崞县志》卷五《祥异》。

⑨民国《临县志》卷三《谱大事》。

“七月,河东旱,遣工部尚书高道拉祈雨岳渎,至是雨足时,斗米至万二千者。”[1]正常年景物价的变动尚会影响到人民的正常生活,自然灾害发生时,物价的抬升更尤雪上加霜。

第三,自然灾害致农业生产凋敝。在传统的农业社会中,自然灾害首先冲击农业生产,而在所有的自然灾害中,对山西农业生产危害最大、影响范围较广和出现频次较多的首推旱灾。在历史上,旱灾是山西最为重要的自然灾害,也是山西农业发展的主要制约因素。宋元时期旱灾致农业生产凋敝主要表现在:一是旱灾影响粮食播种,元至元二十四年(1287),“平阳春旱,二麦枯死,秋种不入土。”[2]二是旱灾影响作物生长,元至治三年(1323)五月,“大同路雁门屯田旱,损麦。”[3]三是旱灾直接影响到农业的产量,辽圣宗统和六年(988)“八月,节度使耶律抹只奏今岁霜旱乏食”[4]。当然,其它自然灾害也直接影响农业生产。如农作物生长过程中,由于受到风外力作用拔禾离土或作物高大容易断折,就会导致农业减产。元至正十四年(1354)“秋七月甲子,潞州、襄垣县大风拔禾偃木”[5]。而蝗灾尤其是严重的蝗灾对农作物的生长是致命的。元至正十九年(1359)“夏四月,蝗食禾稼,草木俱尽,所至蔽日,碍人马不能行,填坑堑皆盈。饥民捕蝗以为食,乾而积之又罄,则人相食”[6]。陨霜对农作物的影响也很大,由于冷空气的突然袭击而使农作物遭受冻害无法正常生长。宋淳熙十六年(1189)“秋七月,阳城陨霜,杀稼几尽”[7];元至元二十七年(1290)七月,“大同、平阳、太原陨霜

①雍正《山西通志》卷一百六十二《祥异一》。

②雍正《平阳府志》卷之三十四《祥异》。

③雍正《山西通志》卷一百六十二《祥异一》。

④雍正《山西通志》卷一百六十二《祥异一》。

⑤雍正《山西通志》卷一百六十二《祥异一》。

⑥光绪《寿阳县志》卷十三《杂志·异祥第六》。

⑦同治《阳城县志》卷之一八《灾祥》。

杀禾。”[①]

（二） 自然灾害影响社会及心理秩序

首先，自然灾害致民无序流移。“三十亩地一头牛，老婆孩子热炕头”是传统社会中农民生产的真实写照，也是他们所追求的理想生活。山西地处黄土高原东翼，祖祖辈辈生活在大山褶皱中的农民，他们的乡土观念非常重，往往安土重迁，除非迫不得已，不会轻易背井离乡。而自然灾害发生后，民众在原居的生活和生存无以保障而被迫迁移。元至元二十八年（1291）“三月，平阳等路饥民流移就食，有饥而死者”[②]；元至元二十九年（1292）“高平大饥。……时霖雨、冰雹相兼，夏麦秋禾尽废，百里皆赤地，死者枕籍，流离载道，呻吟之声至不忍闻”[③]。被迫迁徙，沦为流民，在这种情况下，若政府的救济措施不及时、不到位，大量流民就可能由社会不稳定因素转而成为社会动乱因素。为了生存，民众铤而走险，进而引发社会震荡。元至元二十二年（1285 年）夏，“大旱历三月，空无片云，盗贼蜂起。”[④]元至正二十二年（1362）夏，“泽州大旱，三月盗起。”[⑤]

其次，自然灾害致心理畸变和“人相食”。自然灾害除带来一些可见的危害外，还给人们心理造成恐慌，引起心理畸变。在漫长的中国历史中，因为干旱、洪水、蝗灾、暴政、暴民等天灾人祸，经常发生饥荒，特别是政权更迭或战争时期更是灾祸不断。宋元时期“吃人事件”史不绝书。元至元十九年（1282），“潞城大饥，人相食。”[⑥]元至正二年（1342）“夏四月辛丑，地震，声鸣如雷，裂地尺余，民居皆

①雍正《山西通志》卷一百六十二《祥异一》。

②雍正《平阳府志》卷之三十四《祥异》。

③乾隆《高平县志》卷之十六《祥异》。

④乾隆《高平县志》卷之十六《祥异》。

⑤雍正《泽州府志》卷之五十《祥异》。

⑥光绪《潞城县志》卷三《大事记》。

倾,又大旱,自春至秋有人相食者”[①]。元至元十九年(1282),潞城、襄垣“蝗伤稼,草木俱尽。大饥,人相食”[②]。

二 宋元山西自然灾害的社会应对

宋元时期山西自然灾害频仍,为了应对自然灾害,官方和民间都采取了一定的救灾措施。

(一) 积极措施

1. 赈济

赈济是中国古代采取的一种最为广泛的救灾措施,其形式也是多种多样的,就宋元时期山西自然灾害的赈济而言,大体上主要有三种形式,分别为赈给、赈贷、赈粜三种。

赈给,即政府将物资无偿送给灾民,帮助他们渡过临时性的困难,赈给的物资一般是粮食。宋建隆三年(962)“十二月戊戌,晋州饥。命发廪赈之”[③];宋元符二年(1099)“五月癸巳,河东饥。诏帅臣计度赈恤”[④];元至元十五年(1278)“大同饥,发粟一万石,赈之,仍谕阿合马广积贮,以备阙乏”[⑤]。但也有赈钱及其他物品的。元大德九年(1305)“四月己酉,大同路地震,有声如雷,坏官民庐舍五千余间,压死二千余人;怀仁县地震二所,涌水尽黑,漂出松柏朽木。遣使以钞四千锭、米二万五千石赈之。是年租赋税课徭役一切除免”[⑥];元延祐二年(1315)“正月戊辰,晋宁等处民饥。给钞赈之”[⑦]。

---

①光绪《平定州志》卷之五《祥异·乐平乡》。

②光绪《潞城县志》卷三《大事记》。

③雍正《平阳府志》卷之三十四《祥异》。

④光绪《吉州全志》卷七《祥异》。

⑤道光《大同县志》卷二《星野·岁时》。

⑥光绪《山西通志》卷八十六《大事记四》。

⑦雍正《平阳府志》卷之三十四《祥异》。

总的看来,无偿赈给主要是针对灾荒比较严重的情况,同时也是一种普遍施行的赈济方式,且赈给的物品也多样化。

赈贷,是将物品(多是粮、种)以借贷的方式给予受助人,帮助其渡过困难的一种赈济方法。宋熙宁元年(1068),"稷山饥,贷饥民粟。"[①]辽圣宗统和六年(988)"八月,节度使耶律抹只奏今岁霜旱乏食。乞增价折粟,以利贫民,诏从之"[②]。赈给是无偿性质的,由于有时自然灾害受灾面积大、受灾人数众多、灾情严重,国家的财力不济,所以,使用赈贷措施,可以补充赈给的不足。

赈粜,是将赈济之粮米以低于市场价格出售给受灾者的措施,是一种有偿性的赈济。赈粜措施刚开始实行时是以平抑物价为目的,而很少用于赈灾。但是由于自然灾害频发,赈粜就成了比较常用的赈济措施。如元大德七年(1303)"二月,太原、大同饥。减直粜粮以赈之"[③];元至正二年(1342)"春三月,冀宁路饥,赈粜米三万石。夏四月辛丑,平晋县地震,声鸣如雷,裂地尺余,民居皆倾。八月,冀宁路饥,赈粜米万五千石"[④]。赈粜虽是一种有益的赈济措施,但在实施过程中很容易出现官商勾结、营私舞弊现象。

赈济物资来源渠道,一般是直接动用国家及地方的仓储。宋建隆三年(962)"十二月戊戌,晋州饥。命发廪赈之"[⑤];元至正二年(1342)"正月,大同饥,人相食。运京师粮振之"[⑥]。有时则从邻近区域借调。宋天禧元年(1017)"十月,辽南京路饥。转云应等州粟,振之"[⑦]。有时为节省开支,让灾民就食他处。蒙至元七年(1270),

---

①同治《稷山县志》卷之七《古迹・祥异》。

②道光《大同县志》卷二《星野・岁时》。

③雍正《山西通志》卷一百六十二《祥异一》。

④乾隆《太原府志》卷四十九《祥异》。

⑤雍正《平阳府志》卷之三十四《祥异》。

⑥光绪《山西通志》卷八十六《大事记四》。

⑦光绪《山西通志》卷八十五《大事记三》。

"大同饥。敕诸王阿只吉所部就食太原。"[1]

2．蠲免

蠲免,就是政府免除应征的赋役。宋元时期山西每遇大荒之年均实行蠲免。蠲免的范围较广,情况也比较复杂。有免陈年积赋者。宋景祐五年(1038)"正月庚申,并、忻、代三州地震,诏转运使、提举刑狱按所部官吏,除压死民家去年秋粮"[2]。金大安元年(1209)"一月丙申,平阳地震,有声自西北来。戊戌,夜又震,自此时复震动,浮山县尤剧。城廨居民圮者十七八,死者凡二三千人。二年,诏免租税,给钱有差"[3]。有免当年一切赋役者。元大德九年(1305)"四月己酉,大同路地震,有声如雷,坏官民庐舍五千余间,压死二千余人,怀仁县地震,二所涌水尽黑,漂出松柏朽木。遣使以钞四千锭、米二万五千石赈之。是年租赋税课徭役一切除免"[4]。减征的额度视灾情而定。此外,政府还尽量给地方留下足够的物资以防灾,元至元十五年(1278),"大同饥,发粟一万石,赈之,仍谕阿合马广积贮,以备阙乏。"[5]

3．宽刑

古人认为灾害发生是朝廷或者地方官府失职所造成,是上天的惩戒和警示,为此皇帝及官员要反省政策失误之处,并尽快加以改正。宽刑免役,就是在灾荒年份,实行减宽刑罚和免除受灾群众赋税徭役以达到统治者自赎的一种荒政措施,目的在于为赈济灾荒创造一个宽松的政策环境。因为灾荒来临,民众为了生存,常常触犯道德甚至法律底线,违法之事多有发生,若常规处理,势必会激起民

①道光《大同县志》卷二《星野·岁时》。

②光绪《代州志·记三》卷十二《大事记》。

③雍正《山西通志》卷一百六十二《祥异一》。

④光绪《山西通志》卷八十六《大事记四》。

⑤道光《大同县志》卷二《星野·岁时》。

变，造成社会的不稳定。古人认为若犯人含冤也会使阴阳之气不和，招来灾祸，灾害出现往往昭示有冤狱发生，因此要昭雪平反，决滞囚。金皇统四年（1144）“蒲州饥，流民典雇为奴婢者，官给绢，赎为良，放还其家”[①]；金天眷三年（1140）“六月，大旱。使萧彦让、田瑴，决西京囚”[②]；金大安二年（1210）“六月，平阳大旱。赈贫民缺食者。曲赦西京、太原两路杂犯，死罪减一等，徒以下免”[③]。

宽刑政策的出笼，虽然系受儒家天人感应的灾异学说或者宗教影响，但这一措施的实行，在客观上不仅有利于生产的恢复，更有利于社会秩序的安定。

4. 拜粟入官

灾害来临时，国家和社会需要动员一切可能的手段。拜粟入官是政府采取的以官爵换物资或资金的一种应急救助措施。这种方法自西汉文帝时施行以来，历代政府屡试不爽。元至正七年（1347），“大同饥，人相食。令民入粟补官，以备赈。”元至顺二年（1331）“四月，冀宁路地震，声鸣如雷，裂地尺余，民居皆倾，是岁大水连年，水旱祲灾，北边大饥，人相食。诏令民入粟补官，以备赈济。”[④]

5. 减少开支

政府还通过采取减少开支的办法来摆脱困境。元大德七年（1303）“丙寅，以太原、平阳地震，禁诸王阿只吉小薛所部扰民，仍减太原岁饲马之半”[⑤]；元至顺二年（1331）“大同路累岁水旱，民人饥，裁节卫士马刍粟”[⑥]，通过缩减军事开支来渡荒。

①雍正《山西通志》卷一百六十二《祥异一》。

②雍正《山西通志》卷一百六十二《祥异一》。

③光绪《山西通志》卷八十五《大事记三》。

④《晋乘蒐略》卷之二十六。

⑤光绪《山西通志》卷八十六《大事记四》。

⑥光绪《山西通志》卷八十六《大事记四》。

6．食其它以自救

在食物严重短缺的情况下，民众无以果腹，常采食农产品以外的东西来充饥。宋大中祥符五年（1012）“四月，慈州民饥，乡宁县山生石脂如麸，可为饼饵，民用渡荒”[①]；元至正二十一年（1361）“冀宁岁大饥疫，民食草根木壳既尽，人相食”[②]。

（二） 消极措施

1．祈祷祭祀

在科学不大昌明的古代，祈祷是一种较常见的救灾方式。而在历史文献中，祈祷以避害记录连篇累牍、不绝于书。宋景佑三年（1036）“六月，河北久旱。遣使诣北岳祈雨”[③]；元至元元年（1264）“夏四月壬子，太原大旱，民饥。遣西僧祈雨”[④]。元至顺二年（1331）“大同路累岁水旱，民人饥，裁节卫士马刍粟。命西僧于五台及雾灵山作佛寺”[⑤]。

2．更改地名

在神意史观主导下的古代社会，人们认为通过更改地名可以达到消灾避难的效果。元大德九年（1305）“五月癸亥，地震，改太原路为冀宁。六月，冀宁大雨雹，害稼。”[⑥]“以地震改平阳路为晋宁。六月，晋宁等郡大雨雹，害稼，嘉禾生。”[⑦]改名避害的心情虽切切，但改名之效果却不敢恭维。

---

①乾隆《乡宁县志》卷十四《祥异》。

②《晋乘蒐略》卷二十六。

③雍正《山西通志》卷一百六十二《祥异一》。

④乾隆《太原府志》卷四十九《祥异》。

⑤光绪《山西通志》卷八十六《大事记四》。

⑥乾隆《太原府志》卷四十九《祥异》。

⑦雍正《平阳府志》卷之三十四《祥异》。

第五章 明 朝

第一节 明朝山西自然灾害概论

中国古代社会,明代是自然灾害发生较为频繁的一段历史。邓拓先生曾言:“明代共历二百七十六年,而灾害之烦,则竟达一千十一次之多,是诚旷古未有之记录也……当时各种灾害之发生,实表现为同时交织之极复杂状态。”[①]限于统计技术和统计资源的制约,邓先生所言明代历史灾害与后来学者所统计数据存在一定的出入,但有一个事实是勿庸置疑的,那就是从明代开始,自然灾害的历史记录“诚旷古未有之”。以山西自然灾害为例,明代276年(1368—1644)间,发生在山西的自然灾害—旱、水、冰雹、雪(霜寒)、大风、地震、农作物、瘟疫等8种,共计1005次之多,自然灾害年频次3.6。明代如此频繁的自然灾害在山西发生,却并不是平均分布,而是在整体上呈现不断增加的趋势。当然,明代自然灾害的增加有着深刻而复杂的原因,其中天文气候的变化和方志记录的增加是最重要的因素。

天文因素与自然灾害的相关性问题很早就被学者所关注。近代以来,国内外有少数学者开始研究自然灾害与天文的关系,并取得

①邓云特:《中国救荒史》,上海书店,1984年据商务印书馆1937年影印版,第30页。

了一些有意义的初步结果。学者发现,在整个古代有文献记录的文本中,明清时期尤其是明清之际各种自然灾害呈现比较高的峰值,发现这些现象的发生与当时异常的天文背景有关联,并且命名其为“明清宇宙期”(1500—1700)[①]。“明清宇宙期”又称为方志期或者明清小冰期,是中国历史上继“夏禹洪水期”和“两汉宇宙期”之后的又一个低温多灾的时期,即自然灾害的异常期和严重恶化期,它们的共同特点是:气温降低,寒冷加重,自然灾异多发、群发[②]。

当然,山西自然灾害在明清时期突然爆发,除受天文气候之影响外,明清以来地方志的空前普及也是一个不容忽视的因素。中国方志的历史可以追溯到周代,但直到宋代,地方志记述的重点才从地理转到人文历史方面,到明代,方志的修撰基本普及。就山西而论,“现存的471种行政区划性质的方志,约占全国方志数的二十分之一,居全国各省、市、区第八位。按时代分:蒙古、元代1种,明代59种,清代340种,民国71种。”[③]。方志展示微观历史,以灾害书写为己任,这是其它史书无法比拟的。“以二十五史为例,有志者15部:《汉书》、《续汉书》、《晋书》、《宋书》、《南齐书》、《魏书·灵征志上》、《隋书》、《旧唐书》、《新唐书》、《旧五代史》、《宋史》、《金史》、《元史》、《明史》、《清史稿·灾异志》;无志者10部:《史记》、《三国志》、《梁书》、《陈书》、《北齐书》、《周书》、《南史》、《北史》、《新五代史》、《辽史》。无志当然无以记灾异,虽然针对前史无志的情况,后代修史者突破断代体裁,对前史进行补阙,但毕竟去日已久,佚失的内容必然更多。”[④]与传统史籍不同,灾害资料为方志必书内容,大

①徐道一,李树菁,高建国:《明清宇宙期》,《大自然探索》,1984年第4期,第155页。

②张建民,宋俭:《灾害历史学》[M].长沙:湖南人民出版社,1998年,第144页。

③任小燕:《山西古今方志纂修与研究述略》,《晋阳学刊》,2001年第5期,第82页。

④王建华:《文本视阈中的晋东南区域自然灾异——以乾隆版<潞安府志>为中心的考察》,《山西大学学报》(哲学社会科学版),2012年第4期,第78页。

量方志的出现,为自然灾害的书写提供了广阔的平台,同时,也为自然灾害数据在明清时期的骤增起到了决定性作用。

表5-1 明代山西自然灾害间隔50年频次表

时间	旱	水	雹	霜雪寒	风	地震	农作物	瘟疫	总计
1368—1400	6	3	0	2	1	0	4	0	16
1401—1450	26	16	4	8	2	0	5	1	62
1451—1500	38	22	17	6	9	12	4	5	113
1501—1550	42	35	46	24	22	38	15	21	233
1551—1600	65	49	52	39	20	39	21	24	309
1601—1644	71	32	31	33	18	38	30	19	272
合计	248	157	150	112	72	117	79	70	1005
年频次	0.90	0.57	0.54	0.40	0.26	0.42	0.29	0.25	3.64

一　旱灾

明代276年的时间内,山西旱灾的数量不仅在明代所有自然灾害中排列第一,达到空前的248次,而且接近魏晋至元代山西旱灾的总量(257次)。同时,明代山西旱灾发生之频繁,年频次达到0.90,印证所谓“十年九旱”的传统说法。

表5-2 明代山西旱灾年表

纪年	灾区	灾象	应对措施	资料出处
明洪武三年(1370)	丰州、东胜州、兴县	洪武四年正月戊申,山西丰州、东胜州、太原府兴县以去年旱灾诏免其田赋。	洪武四年正月戊申,山西丰州、东胜州、太原府兴县以去年旱灾诏免其田赋。	《明太祖实录》卷六〇“洪武四年正月戊申”
明洪武四年(1371)	山西	八月己酉,河南、陕西、山西及北平、河间、永平、直隶、常州、临濠等府旱。		《明太祖实录》卷六七“洪武四年八月己酉”
			正月,免山西旱灾田租。	光绪《山西通志》卷八十六《大事记四》

续 表

纪年	灾区	灾象	应对措施	资料出处
明洪武七年（1374）	平阳、太原、汾州	二月，平阳、太原、汾州、历城、汲县旱蝗。	免山西等处被灾田租。	《明史》卷二《太祖纪二》
		二月，平阳、太原、汾州旱蝗，并免租税。	并免租税。	光绪《山西通志》卷八十六《大事记四》《晋乘蒐略》卷之二十七
	永和	是岁，平阳府永和县，自春至秋不雨。		《明太祖实录》卷九五"洪武七年二月庚申"
	平阳	嗣平阳告饥。	亟命赈之，命有司查群民无告者，给瓦舍衣食。	《晋乘蒐略》卷之二十七
明洪武九年（1376）	山西		三月，诏免山西今年租赋。	光绪《山西通志》卷八十六《大事记四》
明洪武十一年（1378）	闻喜、万泉*	五月庚子，平阳府闻喜、万泉二县旱，民饥，诏赈济之。	诏赈济之。	《明太祖实录》卷一一八"洪武十一年五月庚子"
	平阳	七月，赈平阳饥。		光绪《山西通志》卷八十六《大事记四》
明永乐十年（1412）	山西		二月，蠲山西逋赋。	光绪《山西通志》卷八十六《大事记四》
	曲沃	饥。		光绪《续修曲沃县志》卷之三十二《祥异》

* 万泉，今山西万荣。

续　表

纪年	灾区	灾象	应对措施	资料出处
明永乐十二年（1414）	泽州	夏，大旱。（州志）秋八月朔甲子，泽州、高平霪雨家害稼。（高平志）		雍正《泽州府志》卷之五十《祥异》
明永乐十三年（1415）	盂县	饥。		光绪《盂县志·天文考》卷五《祥瑞、灾异》
明永乐十四年（1416）	平阳、大同	六月壬申，山西布政司言：平阳、大同二府所属州县，岁旱，民饥。		《明太宗实录》卷一七七“永乐十四年六月壬申”
		二府饥。（本纪·五行志）		光绪《山西通志》卷八十六《大事记四》
	曲沃	六月，曲沃饥。		雍正《山西通志》卷一百六十三《祥异二》 雍正《平阳府志》卷之三十四《祥异》 光绪《续修曲沃县志》卷之三十二《祥异》
	大同府	饥。（五行志）		乾隆《大同府志》卷之二十五《祥异》
	怀仁	饥。		光绪《怀仁县新志》卷一《分野》
明宣德二年（1427）	蒲、泽、解、绛、霍、沁水、岳阳、平陆、临晋、猗氏、曲沃、安邑、襄陵、芮城、稷山、垣曲、翼城、太平	八月甲子，山西布政司蒲、泽、解、绛、霍五州，沁水、岳阳、平陆、临晋、猗氏、曲沃、安邑、襄陵、芮城、稷山、垣曲、翼城、太平、河津、闻喜、汾西、赵城、永和、浮山、临汾、荣河、万泉、夏二十三县，河南府灵宝县各奏：五、六月亢阳不雨，田谷旱伤。		《明宣宗实录》卷一一八“宣德二年八月甲子”

续 表

纪年	灾区	灾象	应对措施	资料出处
明宣德二年(1427)	山西	丁未，山西旱。	八月，免山西被灾税粮。	光绪《山西通志》卷八十六《大事记四》
			八月，免山西州县被灾税粮。	《晋乘蒐略》卷之二十八
	乡宁	旱。		民国《乡宁县志》卷八《大事记》
明宣德三年(1428)	蒲、解、隰、绛、吉、霍、泽、潞、临汾、河津、翼城、曲沃、太平、万泉、岳阳、乡宁、浮山、襄陵、赵城、闻喜、芮城、石楼、荣河、汾西、猗氏	闰四月壬寅，山西布政司奏：平阳府蒲、解、隰、绛、吉、霍、泽、潞八州，临汾、河津、翼城、曲沃、太平、万泉、岳阳、乡宁、浮山、襄陵、赵城、闻喜、芮城、石楼、荣河、汾西、猗氏、蒲，洪洞、垣曲、临晋、稷山、大宁、安邑、平陆、永和、灵石、夏、沁水、阳城、陵川、黎城三十三县，自去年九月不雨，至今年三月麦、豆焦枯，人民缺食。	三年闰四月，免山西旱灾夏税。(《晋乘蒐略》卷之二十八)	《明宣宗实录》卷四二“宣德三年闰四月壬寅”
	离石、平定、忻、保德、代、岢岚、交城、祁、文水、清源、宁乡、乐平、太谷、临、岚、徐沟、太原、榆次、兴、阳曲、寿阳、定襄、静乐、盂、崞、五台、河曲	六月甲午，山西布政司奏：太原府石、平定、忻、保德、代、岢岚六州，交城、祁、文水、清源、宁乡、乐平、太谷、临、岚、徐沟、太原、榆次、兴、阳曲、寿阳、定襄、静乐、盂、崞、五台、河曲、繁峙二十二县，大同府朔州马邑、怀仁、山阴三县，泽州高平县、潞州潞城、屯留、壶关、长子、襄垣五县，辽州并和顺、榆社二县，沁州并武乡县、汾州并孝义、平遥、介休三县，春、夏不雨。麦、谷旱死，人民乏食。		《明宣宗实录》卷四二“宣德三年闰四月壬寅”

续 表

纪年	灾区	灾象	应对措施	资料出处
明宣德三年（1428）	山西	山西大饥，流移十万余口。		雍正《山西通志》卷一百六十三《祥异二》 雍正《平阳府志》卷之三十四《祥异》 民国《浮山县志》卷三十七《灾祥》
			闰三月，免山西旱灾税种。	光绪《山西通志》卷八十六《大事记四》
	崞县、曲沃	饥。		乾隆《崞县志》卷五《祥异》 雍正《平阳府志》卷之三十四《祥异》
	翼城	大饥。		民国《翼城县志》卷十四《祥异》
明宣德四年（1429）	万泉	九月丁巳，山西万泉县丞王琦奏：万泉，山石之地，去年少雨，耕种无收。	今春至夏亦旱，间种菽皆不长，民多艰食，税粮无征。	《明宣宗实录》卷五八“宣德四年九月丁巳”
明宣德五年（1430）	五台	宣德六年四月甲辰，山西太原府代州奏：五台县去岁旱，田谷不收，今民皆缺食。		《明宣宗实录》卷七八“宣德六年四月甲辰”
	山西		三月，免山西旱灾税种。	光绪《山西通志》卷八十六《大事记四》
明宣德六年（1431）	蒲、吉、永和、荣河、猗氏、临晋、太平、稷山、万泉、河津、襄陵	四月癸亥，山西布政司奏：平阳府蒲、吉二州及永和、荣河、猗氏、临晋、太平、稷山、万泉、河津、襄陵九县，自春至今无雨，妨于播种。	命行在户部遣官覆视以闻。	《明宣宗实录》卷七八“宣德六年四月癸亥”

续 表

纪年	灾区	灾象	应对措施	资料出处
明宣德六年(1431)	曲沃、乡宁、芮城	六月己未,山西曲沃、乡宁、芮城三县各奏:自四月至今无雨,田苗枯槁。		《明宣宗实录》卷八〇"宣德六年六月己未"
明宣德七年(1432)	蒲县	宣德八年二月庚戌,山西平阳府蒲县奏:去年六月至八月无雨,田苗干枯,民多逃徙。		《明宣宗实录》卷九九"宣德八年二月庚戌"
明宣德八年(1433)	万泉、稷山	五月乙亥……山西安邑万泉、万泉、稷山三县各奏:春、夏无雨,二麦不实,秋田未种。		《明宣宗实录》卷一〇二"宣德八年五月乙亥"
	解州、屯留、临晋	六月丙申,……山西平阳府解州并屯留、临晋二县……各奏:自宣德七年冬至今年春、夏不雨,田稼旱伤。		《明宣宗实录》卷一〇三"宣德八年六月丙申"
	蔚、浑源、绛、稷山、安邑、夏、万泉、介休	七月癸酉,……山西蔚、浑源、绛三州、稷山、安邑、夏、万泉、介休五县·……各奏:今年春、夏不雨,苗稼旱伤,秋田无收。		《明宣宗实录》卷一〇三"宣德八年七月癸酉"
	猗氏	八月甲午,……山西猗氏县……各奏:去年冬无雪,今年春、夏不雨,田谷旱死。		《明宣宗实录》卷一〇四"宣德八年八月甲午"
	安邑	宣德九年五月癸未……并山西安邑县皆奏所属去年亢旱,田谷无收,今民多饥窘。		《明宣宗实录》卷一一〇"宣德九年五月癸未"
	稷山	六月庚午……山西平阳府稷山县各奏:自春至夏缺雨,田苗旱伤。		《明宣宗实录》卷一一一"宣德九年六月年庚午"
	蒲州	十一月乙未……山西平阳府蒲州各奏:所属自四月至八月不雨,田稼尽枯。	命行在户部遣人覆视宽恤。	《明宣宗实录》卷一一四"宣德九年十一月乙未"
	曲沃	旱。		光绪《续修曲沃县志》卷之三十二《祥异》

续　表

纪年	灾区	灾象	应对措施	资料出处
明宣德八年（1433）	曲沃	夏四月，旱，饥。		光绪《续修曲沃县志》卷之三十二《祥异》
	山西		春，以山西久旱，遣使振恤。四月，蠲被灾逋租杂课，免今年夏税，赐复一年，理冤狱，减殊死以下，赦军匠在逃者罪，有司各举贤良方正一人。	光绪《山西通志》卷八十六《大事记四》
明宣德九年（1434）	山西	七月，遣给事中御史锦衣卫官督办捕蝗。	二月，申山西宽恤之令。	光绪《山西通志》卷八十六《大事记四》
	曲沃	旱。		光绪《续修曲沃县志》卷之三十二《祥异》
明正统二年（1437）	蒲州	五月甲午，山东兖州府、直隶顺德府、山西蒲州俱奏：春、夏亢旱，二麦槁死，黍谷不生，恐负租税。	上命行在户部勘实，蠲之。	《明英宗实录》卷三〇“正统二年五月甲午”
明正统四年（1439）	平定州	十月戊戌，山西太原府平定州奏：本州岁旱伤稼，逃民复业，未成家者一百九十余户。		《明英宗实录》卷六〇“正统四年十月戊戌”
	太原、平阳、大同、偏关	太原、平阳春夏旱。大同、偏头诸关并饥。		光绪《山西通志》卷八十六《大事记四》
	大同	饥。		道光《大同县志》卷二《星野·岁时》
	偏关	大饥。	诏垦塞下荒田以实军储。	乾隆《宁武府志》卷之十《事考》

续 表

纪年	灾区	灾象	应对措施	资料出处
明正统四年（1439）	曲沃	春夏旱。		光绪《续修曲沃县志》卷之三十二《祥异》
	乡宁	旱饥。		民国《乡宁县志》卷八《大事记》
明正统五年（1440）	山西		四月，以山西荒歉，免逋赋。	光绪《山西通志》卷八十六《大事记四》
明正统六年（1441）	大同	七月己亥，巡抚大同宣府右佥都御史罗亨信言：大同今岁春、夏少雨，人皆艰食。		《明英宗实录》卷八一"正统六年七月己亥"
	山西、崞县、和顺、祁县、临汾、翼城、太平、芮城、夏县	大饥。		道光《阳曲县志》卷之十六《志余》 乾隆《崞县志》卷五《祥异》 民国《重修和顺县志》卷之九《风俗·祥异》 光绪《增修祁县志》卷十六《祥异》 民国《临汾县志》卷六《杂记类·祥异》 民国《翼城县志》卷十四《祥异》 光绪《太平县志》卷十四《杂记志·祥异》 民国《芮城县志》卷十四《祥异考》 光绪《夏县志》卷五《灾祥志》
	曲沃	旱，饥。		光绪《续修曲沃县志》卷之三十二《祥异》

续 表

纪年	灾区	灾象	应对措施	资料出处
明正统六年（1441）	山西	民饥。		民国《浮山县志》卷三十七《灾祥》
明正统七年（1442）	平阳府	五月辛巳，山西平阳府奏：所属州、县，春夏不雨，麦苗枯槁，人民缺食。	上命户部覆视以闻。	《明英宗实录》卷九二“正统七年五月辛巳”
	潞州	饥。		雍正《山西通志》卷一百六十三《祥异二》
明正统九年（1444）	绛州	十一月庚辰，巡按山西监察御史下诚奏：平阳府所属绛州等州、县，今年春、夏亢旱，子粒虚秕，人民缺食。		《明英宗实录》卷一二三“正统九年十一月庚辰”
明正统十年（1445）	平阳府、潞州、汾州、沁州	七月壬辰，巡抚河南、山西大理寺左少卿于谦奏：山西平阳府并潞州、汾州、沁州所属地方，自夏至秋亢阳不雨、田禾悉未耕种，收成难望。		《明英宗实录》卷一三一“正统十年七月壬辰”
	平阳府	十月癸卯，直隶凤阳、扬州府，湖广岳州、荆州、常德、长沙、襄阳府、河南南阳府、山西平阳府所属州、县各奏：四月以来旱伤，秋粮无办。		《明英宗实录》卷一三四“正统十年十月癸卯”
明正统十一年（1446）	和顺	旱甚，人食树叶。	蒙赈济银一千五百两，至秋稍熟。	民国《重修和顺县志》卷之九《风俗·祥异》
明正统十二年（1447）	垣曲	六月甲申，山西平阳府绛州垣曲县奏：春、夏不雨，二麦无收，即今田土干燥，难以耕种，民多饥馑、逃窜，税粮无从征纳。		《明英宗实录》卷一五五“正统十二年六月甲申”

续 表

纪年	灾区	灾象	应对措施	资料出处
明正统十四年（1449）	大同	景泰元年十二月丁丑，免河间、沈阳、大同三卫所并河间府去年旱灾无征秋粮。	景泰元年十二月丁丑，免河间、沈阳、大同三卫所并河间府去年旱灾无征秋粮。	《明英宗实录》卷一九九“景泰元年十二月丁丑”
	怀仁	饥。		光绪《怀仁县新志》卷一《分野》
明景泰元年（1450）	大同府、怀仁	饥。		乾隆《大同府志》卷之二十五《祥异》 光绪《怀仁县新志》卷一《分野》
明景泰二年（1451）	平阳、太原、大同	正月丙辰，以山西平阳、太原、大同等府旱灾，民饥，命劝谕富民招商纳粟补官，并货脏罚物易粟以赈济之。	正月丙辰，以山西平阳、太原、大同等府旱灾，民饥，命劝谕富民招商纳粟补官，并货脏罚物易粟以赈济之。	《明英宗实录》卷二〇〇“景泰二年正月丙辰”
	山西	三月庚子……山西地方久旱也。		《明英宗实录》卷二〇二“景泰二年三月庚子”
	解州	五月辛丑，山西解州旱。	发官禀账贷饥民。	《明英宗实录》卷二〇四“景泰二年五月辛丑”
	太原、大同	饥。	十月，免被灾税粮。	光绪《山西通志》卷八十六《大事记四》 道光《大同县志》卷二《星野·岁时》
	大同府	六月戊辰朔，太白犯毕，（天文志）是年，大同饥。（五行志）		乾隆《大同府志》卷之二十五《祥异》

续 表

纪年	灾区	灾象	应对措施	资料出处
明景泰二年（1451）	怀仁	又饥。		光绪《怀仁县新志》卷一《分野》
明景泰三年（1452）	山西		九月，振山西被灾者。十一月，命有司抚恤逃民复赋役五年。	光绪《山西通志》卷八十六《大事记四》
明景泰六年（1455）	平阳	六月戊寅，巡抚山西右佥都御史肖启奏："平阳等府州县今年春夏旱枯麦苗，人民艰食。"		《明英宗实录》卷二五四"景泰六年六月戊寅"
		九月壬寅，……山西平阳府各奏：今年二月至五月不雨，田苗旱伤。		《明英宗实录》卷二五八"景泰六年九月壬寅"
	山西	旱，饥。		光绪《山西通志》卷八十六《大事记四》
		是年，南畿、江西、湖广、山东、山西、河南、陕西三十三府、十五州卫旱。		《中国历史大事年表》
明景泰七年（1456）	蒲*、解、临晋*	五月丁丑，山西平阳府奏：所属蒲解等州、临晋等县今年春夏无雨，麦苗枯槁，税麦九万五千三百一十余石无征。	命户部勘实蠲之。	《明英宗实录》卷二六六"景泰七年五月丁丑"
明天顺元年（1457）	崞县	大饥。		乾隆《宁武府志》卷之十《事考》

* 蒲，今山西永济。

* 临晋，今山西临猗西南。

续　表

纪年	灾区	灾象	应对措施	资料出处
明天顺二年（1458）	崞县	大饥。		雍正《山西通志》卷一百六十三《祥异二》 乾隆《崞县志》卷五《祥异》 光绪《续修崞县志》卷八《志余·灾荒》
	泽州、高平、宁乡	饥。		雍正《山西通志》卷一百六十三《祥异二》
	宁乡	饥。		乾隆《汾州府志》卷之二十五《事考》 康熙《宁乡县志》卷之一《灾异》
明成化二年（1466）	岚县	十月，岚县饥。		乾隆《太原府志》卷四十九《祥异》
		岁凶，民大饥。		雍正《重修岚县志》卷之十六《灾异》
	盂县	岁大凶，人相食。八年，又饥。（明成化）十年。兰若寺黑风起，所过树尽拔。二十年，大旱。		光绪《盂县志·天文考》卷五《祥瑞、灾异》
	浮山	大旱，饿殍盈野。		民国《浮山县志》卷三十七《灾祥》
	襄陵	大饥。		民国《襄陵县新志》卷之二十三《旧闻考》
	临晋	大饥，人相食；次年六月，始雨。		民国《临晋县志》卷十四《旧闻记》
	山西		八月，振山西饥，免今年税粮。	光绪《山西通志》卷八十六《大事记四》
	平定州	大旱。		光绪《平定州志》卷之五《祥异》

续　表

纪年	灾区	灾象	应对措施	资料出处
明成化二年(1466)	乐平	大旱。		民国《昔阳县志》卷一《舆地志·祥异》
明成化八年(1472)	沁州、沁源、武乡	大旱,民饥。	五月,免山西夏税十之二。(光绪《山西通志》卷八十六《大事记四》)	雍正《山西通志》卷一百六十三《祥异二》 乾隆《沁州志》卷九《灾异》 乾隆《武乡县志》卷之二《灾祥》
	沁源	八年大旱,民多饿死。		雍正《沁源县志》卷之九《别录·灾祥》 民国《沁源县志》卷六《大事考》
	寿阳	秋七月,苗尽槁。		光绪《寿阳县志》卷十三《杂志·异祥第六》
	临晋、荣河等县	大旱饥,人相食。		乾隆《蒲州府志》卷之二十三《事纪·五行祥沴》
明成化九年(1473)	平阳府、泽、潞、辽、沁、宁化卫*	二月戊寅,以旱灾免山西平阳府并泽潞、辽沁等州县税粮三十万二千五百余石,草三十一万五千六百余束,及太原宁化等九卫所屯田子粒一万八千六百余石。	二月戊寅,以旱灾免山西平阳府并泽潞、辽沁等州县税粮三十万二千五百余石,草三十一万五千六百余束,及太原宁化等九卫所屯田子粒一万八千六百余石。	《明宪宗实录》卷一一三"成化九年二月戊寅"

* 宁化卫,今静乐北。

续 表

纪年	灾区	灾象	应对措施	资料出处
明成化九年（1473）	平阳府		冬十月壬午，免山西平阳府所属三十五州县夏麦二十五万八千八百四十余石，以山西按察司副使胡滥奏旱灾故也。	《明宪宗实录》卷一二一“成化九年冬十月壬午”
	忻州、泽州、潞州、繁峙、高平	十二月甲申，免山西忻、泽、潞等十一州繁峙、高平等二十九县夏税二十六万八千四百余石，以旱灾故也。	十二月甲申，免山西忻、泽、潞等十一州繁峙、高平等二十九县夏税二十六万八千四百余石，以旱灾故也。	《明宪宗实录》卷一二三“成化九年十二月甲申”
	太原、平阳	成化十年夏四月丙寅，以去年旱灾免山西太原、平阳二府无征秋粮八十二万五百七十七石，马草一百六十四万一千六百三十八束。	成化十年夏四月丙寅，以去年旱灾免山西太原、平阳二府无征秋粮八十二万五百七十七石，马草一百六十四万一千六百三十八束。	《明宪宗实录》卷一二七“成化十年夏四月丙寅”
	泽州	旱。		雍正《山西通志》卷一百六十三《祥异二》 雍正《泽州府志》卷之五十《祥异》
	曲沃	旱。		光绪《续修曲沃县志》卷之三十二《祥异》

续　表

纪年	灾区	灾象	应对措施	资料出处
明成化十一年（1475）	蒲州	五月丁巳，免蒲州千户所去年屯田子粒七百四十石有奇，以旱灾故也。	五月丁巳，免蒲州千户所去年屯田子粒七百四十石有奇，以旱灾故也。	《明宪宗实录》卷一四一“成化十一年五月丁巳”
明成化十二年（1476）	蒲州守御千户所（今山西永济）	春正月甲子，以旱灾蠲直隶、潼关卫、蒲州守御千户所成化十二年子粒一千一百二十余石。	春正月甲子，以旱灾蠲直隶潼关卫蒲州守御千户所成化十二年子粒一千一百二十余石。	《明宪宗实录》卷一六一“成化十三年春正月甲子”
明成化十五年（1479）	太原、潞州、阳曲	秋七月壬戌，以旱灾免山西太原等三府、潞州等十三州、阳曲等四十九县并大同前等一十五卫所去年夏税子粒其二十九万六百五十余石。	秋七月壬戌，以旱灾免山西太原等三府潞州等十三州、阳曲等四十九县并大同前等一十五卫所去年夏税子粒其二十九万六百五十余石。	《明宪宗实录》卷一九二“成化十五年秋七月壬戌”
	代州	夏四月，大旱，五月雨雹。		光绪《代州志·记三》卷十二《大事记》
明成化十六年（1480）	曲沃、文水	曲沃旱，文水大饥。		雍正《山西通志》卷一百六十三《祥异二》
	文水	饥。		乾隆《太原府志》卷四十九《祥异》
	曲沃	旱。		雍正《平阳府志》卷之三十四《祥异》 光绪《续修曲沃县志》卷之三十二《祥异》

续　表

纪年	灾区	灾象	应对措施	资料出处
明成化十八年(1482)	霍州、汾西、寿阳	霍州、汾西、寿阳旱。	四月,免被灾者税粮。(光绪《山西通志》卷八十六《大事记四》)	雍正《山西通志》卷一百六十三《祥异二》
	保德、定州、文水	保德、定州、文水饥。	四月,免被灾者税粮。(光绪《山西通志》卷八十六《大事记四》)	光绪《山西通志》卷八十六《大事记四》
	文水	饥。		乾隆《太原府志》卷四十九《祥异》
	崞县	大风折田,大饥,民多相食,浮莩者半。		乾隆《崞县志》卷五《祥异》
	崞县	大风折禾,民饥。二十年,大饥。	命侍郎何乔新赈济。	光绪《续修崞县志》卷八《志余·灾荒》
	保德	斗米银三钱,逃亡甚众。		乾隆《保德州志》卷之三《风土·祥异》
	永宁	大饥。		康熙《永宁州志》附《灾祥》
	文水	饥。		光绪《文水县志》卷之一《天文志·祥异》
	霍州、汾西	六月,翼城雨伤稼。霍州、汾西旱。		雍正《平阳府志》卷之三十四《祥异》
	汾西	大荒。		光绪《汾西县志》卷七《祥异》
明成化十九年(1483)	太原、平阳		十二月乙亥,蠲山西太原、平阳府诸州县今年夏税九万三千五百余石,以旱灾故也。	《明宪宗实录》卷二四七"成化十九年十二月乙亥"

续 表

纪年	灾区	灾象	应对措施	资料出处
明成化十九年（1483）	孝义、灵石、霍州、临汾、曲沃、汾西、潞州	孝义旱。灵石、霍州、临汾、曲沃、汾西、长治饥。		雍正《山西通志》卷一百六十三《祥异二》 光绪《山西通志》卷八十六《大事记四》
	孝义	大旱。		乾隆《汾州府志》卷之二十五《事考》 乾隆《孝义县志·胜迹·祥异》
	灵石、霍州、临汾、曲沃、汾西	饥。		雍正《平阳府志》卷之三十四《祥异》 民国《临汾县志》卷六《杂记类·祥异》
明成化二十年（1484）	大同		八月癸亥，以旱灾免山西大同等府卫去年秋粮子粒二十三万余石，马草四十三万四千余束。	《明宪宗实录》卷二五五“成化二十年八月癸亥”
	山西		九月庚戌，以旱灾命山西、河南清军御史还京……	《明宪宗实录》卷二五六“成化二十年九月庚戌”
	长子、宁乡、泽州、高平、阳城	大旱，人相食。长子、宁乡、泽州、高平、阳城饥疫。	遣使赈恤，免通省田租之半。	雍正《山西通志》卷一百六十三《祥异二》 光绪《山西通志》卷八十六《大事记四》

续 表

纪年	灾区	灾象	应对措施	资料出处
明成化二十年(1484)	山西	八月,山西旱大饥,人相食。……(旧志云:癸卯甲辰大饥,垣曲巨盗劫掠萃至千余人,巡府叶琪参政刘世忠、平阳知府李琮谕平之)	十二月,免被灾税粮,发帑转粟,鬻僧道度牒,开纳米事例,振饥。	光绪《山西通志》卷八十六《大事记四》
	徐沟	大旱。		康熙《徐沟县志》卷之三《祥异》
	平定	大旱。		光绪《平定州志》卷之五《祥异·乐平乡》
	崞县	大饥。	命侍郎何乔新赈。	乾隆《崞县志》卷五《祥异》
	孝义、宁乡	孝义县旱,大饥。宁乡饥疫。		乾隆《汾州府志》卷之二十五《事考》
	石楼	大饥。		雍正《石楼县志》卷之三《祥异》
	宁乡	大饥。		康熙《宁乡县志》卷之一《灾异》
	曲沃、洪洞、临汾	大旱,人相食。	遣使赈恤,免通省田租之半。	雍正《平阳府志》卷之三十四《祥异》
	临汾	秋,不雨。(次年六月始雨 ,饥殍盈野,人相食)		民国《临汾县志》卷六《杂记类·祥异》
	汾西	大饥。		光绪《汾西县志》卷七《祥异》
	曲沃	夏五月,人相食。	遣官赈,免通省田租之半。	光绪《续修曲沃县志》卷之三十二《祥异》
	洪洞	大旱,饿殍盈野。		民国《洪洞县志》卷十八《杂记志·祥异》

续 表

纪年	灾区	灾象	应对措施	资料出处
明成化二十年（1484）	乡宁	旱，大饥，人相食。		民国《乡宁县志》卷八《大事记》
	解州、解县	秋，大旱，人相食。		光绪《解州志》卷之十一《祥异》 民国《解县志》卷之十三《旧闻考》
	芮城	秋，不雨。		民国《芮城县志》卷十四《祥异考》
	夏县	大饥。		光绪《夏县志》卷五《灾祥志》
	平陆	秋，大旱，人相食。次年六月，始雨。		乾隆《解州平陆县志》卷之十一《祥异》
	蒲州	大旱，民多易子而食，死徙者不可胜数。		光绪《永济县志》卷二十三《事纪·祥沴》
	荣河	大旱，饿死者枕藉于途，老少窜亡，莫可胜计，人相食。		光绪《荣河县志》卷十四《记三·祥异》
	猗氏	大饥，人相食。		雍正《猗氏县志》卷六《祥异》
明成化二十一年（1485）	宁山卫*	八月戊申，以旱灾免直隶宁山卫并湖广郧阳卫前千户所夏麦一万四百五十余石。	以旱灾免直隶宁山卫并湖广郧阳卫前千户所夏麦一万四百五十余石。	《明宪宗实录》卷二六九“成化二十一年八月戊申”
	平阳府、泽、潞、辽、沁	冬十月甲辰，以旱灾免山西平阳府并泽、潞、辽、沁四州所属州县今年税粮四十万七千九百七十余石……	以旱灾免山西平阳府并泽、潞、辽、沁四州所属州县今年税粮四十万七千九百七十余石……	《明宪宗实录》卷二七一“成化二十一年冬十月甲辰”

* 宁山卫，今晋城。

续　表

纪年	灾区	灾象	应对措施	资料出处
明成化二十一年(1485)	平阳府、泽、潞	十二月壬寅,以旱灾免山西平阳府并泽、潞等州县秋粮九十五万三千二百五十余石,草,一百九十万六千五百余束……	以旱灾免山西平阳府并泽、潞等州县秋粮九十五万三千二百五十余石,草,一百九十万六千五百余束……	《明宪宗实录》卷二七三“成化二十一年十二月壬寅”
	隰州	旱。		雍正《山西通志》卷一百六十三《祥异二》
	山西		正月,发京仓米帑金,遣大臣振饥。	光绪《山西通志》卷八十六《大事记四》
	隰州	旱。	振之。	光绪《山西通志》卷八十六《大事记四》
	曲沃	大饥,人相食。		光绪《续修曲沃县志》卷之三十二《祥异》
	隰州	大旱,饿莩盈野。		康熙《隰州志》卷之二十一《祥异》
	直隶绛州	大荒,有食人者。		光绪《直隶绛州志》卷之二十《灾祥》
	浮山	正月朔日,地震者三;是年民大饥,人多相食。		民国《浮山县志》卷三十七《灾祥》
	绛州	大荒,有食人者。		民国《新绛县志》卷十《旧闻考·灾祥》
	垣曲	大旱蝗,人相食。	命抚臣赈之。	光绪《垣曲县志》卷之十四《杂志》
	稷山	春正月,地震。秋,大饥。		同治《稷山县志》卷之七《古迹·祥异》

续 表

纪年	灾区	灾象	应对措施	资料出处
明成化二十一年（1485）	芮城	六月始雨，饿莩盈野，人相食。		民国《芮城县志》卷十四《祥异考》
	万泉	大饥。		民国《万泉县志》卷终《杂记附·祥异》
明成化二十二年（1486）	宁山卫	春正月己巳，以旱灾免直隶宁山卫去年秋粮子粒共九千八百余石。	以旱灾免直隶宁山卫去年秋粮子粒共九千八百余石。	《明宪宗实录》卷二七四“成化二十二年春正月己巳”
		九月丙辰，以夏旱免宁山卫子粒麦四千九百余石。	以夏旱免宁山卫子粒麦四千九百余石。	《明宪宗实录》卷二八二“成化二十二年九月乙卯”
	长治、屯留、稷山、岢岚、神池、万泉	长治、屯留旱。稷山、岢岚、神池饥，万泉无禾。	赈之。	雍正《山西通志》卷一百六十三《祥异二》 光绪《山西通志》卷八十六《大事记四》
	岢岚	岢岚饥。		乾隆《太原府志》卷四十九《祥异》
	潞州	大旱，禾尽槁，人相食。		顺治《潞安府志》卷十五《纪事三·灾祥》
		丙午，大旱，禾尽槁，人相食。		乾隆《潞安府志》卷十一《纪事》
		大旱，禾尽稿，人相食。		光绪《长治县志》卷之八《记一·大事记》
	屯留	秋，禾槁，人相食。二十三年，复大饥。		光绪《屯留县志》卷一《祥异》
	岢岚	大旱，饥，人相食。		光绪《岢岚州志》卷之十《风土志·祥异》

续　表

纪年	灾区	灾象	应对措施	资料出处
明成化二十二年(1486)	闻喜	丙午,大饥。		民国《闻喜县志》卷二十四《旧闻》
	稷山	秋,大饥,人相食。		同治《稷山县志》卷之七《古迹·祥异》
	万泉	秋无禾,人相食。		民国《万泉县志》卷终《杂记附·祥异》
明成化二十三年(1487)	太原	饥。		雍正《山西通志》卷一百六十三《祥异二》 光绪《山西通志》卷八十六《大事记四》 乾隆《太原府志》卷四十九《祥异》
	潞州、屯留	荐饥。		雍正《山西通志》卷一百六十三《祥异二》 光绪《山西通志》卷八十六《大事记四》
明成化二十五年(1489)	永和	饥。		雍正《山西通志》卷一百六十三《祥异二》
		饥,饿死者众。		民国《永和县志》卷十四《祥异考》
明成化二十六年*(1490)	乐平	大旱。		民国《昔阳县志》卷一《舆地志·祥异》
明弘治元年(1488)	平阳	六月丁巳,户部言:山陕河南比岁旱灾,而平阳、西安、河南、怀庆四郡尤甚……		《明孝宗实录》卷一五"弘治元年六月丁巳"

* 明成化仅二十三年,志书中"成化二十五年、二十六年"当为误记。

续　表

纪年	灾区	灾象	应对措施	资料出处
明弘治二年（1489）	宁山卫		十月辛丑，以旱灾免直隶宁山卫弘治二年屯粮二千九百五十九石有奇。	《明孝宗实录》卷三一“弘治二年十月辛丑”
	崞县	崞县饥。		雍正《山西通志》卷一百六十三《祥异二》
		饥。八年，大旱。十五年，大饥。		乾隆《崞县志》卷五《祥异》 光绪《续修崞县志》卷八《志余·灾荒》
明弘治三年（1490）	山西	旱。		光绪《山西通志》卷八十六《大事记四》
	崞县	饥。		光绪《山西通志》卷八十六《大事记四》
	乡宁	三年、十年，旱。		民国《乡宁县志》卷八《大事记》
明弘治四年（1491）	太原	正月甲辰，以旱灾免山西太原等府及太原左等卫弘治三年秋子粒有差。	以旱灾免山西太原等府及太原左等卫弘治三年秋子粒有差。	《明孝宗实录》卷四七“弘治四年正月甲辰”
明弘治六年（1493）	山西	北直、山东、河南、山西及襄阳、徐州旱。		《明史》卷三十《五行三》
			三月己巳，以河南、山东、山西、北直隶等处亢旱，命巡抚等官祷于岳镇海渎之神……	《明孝宗实录》卷七三“弘治六年三月己巳”

续　表

纪年	灾区	灾象	应对措施	资料出处
明弘治七年（1494）	山西	福建、四川、山西、陕西、辽东旱。		《明史》卷三十《五行三》
	平阳府		二月乙酉，以旱灾免山西平阳府所属州县及平阳等六卫所弘治六年粮之半。	《明孝宗实录》卷八五“弘治七年二月乙酉”
	平阳、大同行都司		十二月己未，以旱灾免山西平阳、大同及行都司所属粮十万六千三百五十石有奇。	《明孝宗实录》卷九五“弘治七年十二月己未”
	曲沃	大旱。		雍正《山西通志》卷一百六十三《祥异二》 雍正《平阳府志》卷之三十四《祥异》 光绪《续修曲沃县志》卷之三十二《祥异》
明弘治八年（1495）	山西	京畿、陕西、山西、湖广、江西大旱。		《明史》卷三十《五行三》
	蒲州守御千户所*		二月庚申，以旱灾免直隶潼关卫、蒲州守御千户所弘治七年屯田子粒一百八十七石有奇。	《明孝宗实录》卷九七“弘治八年二月庚申”

* 蒲州守御千户所，今永济。

续　表

纪年	灾区	灾象	应对措施	资料出处
明弘治八年（1495）	太原、平阳、泽、潞		九月癸未，以旱灾免河南彰德、卫辉、怀庆三府并所属州县正官明年朝觐……以旱灾免山西太原、平阳二府及泽潞等州县正官明年朝觐……	《明孝宗实录》卷一〇四“弘治八年九月癸未”
	潞州、宁乡、光绪、曲沃	春，长治旱。……夏，宁乡、崞县、曲沃大旱。	知州马清狱虔祷得雨。	雍正《山西通志》卷一百六十三《祥异二》
	潞州	春夏大旱。	知州马暾斋祷、清狱、断刑、茹素。庖人以乾腊进，挥去之，曰：“欺人能自欺乎?”乃出就外，是夕雨。	顺治《潞安府志》卷十五《纪事三·灾祥》 乾隆《潞安府志》卷十一《纪事》
	高平	夏旱秋复涝。旧志：旱。	时知县杨子器祷于渊灵泉得雨。	乾隆《高平县志》卷之十六《祥异》
	石楼	夏，旱。		雍正《石楼县志》卷之三《祥异》
	宁乡	夏，旱。		康熙《宁乡县志》卷之一《灾异》
	曲沃	夏，曲沃大旱。		雍正《平阳府志》卷之三十四《祥异》
		秋七月，大旱。		光绪《续修曲沃县志》卷之三十二《祥异》

续　表

纪年	灾区	灾象	应对措施	资料出处
明弘治八年（1495）	临晋	旱。		乾隆《蒲州府志》卷之二十三《事纪·五行祥沴》
明孝宗弘治九年（1496）	太原、平阳、泽、潞		正月戊申，以旱灾免山西太原、平阳二府并泽潞等州、磁州守千户所弘治八年夏税十二万一千二百石有奇。	《明孝宗实录》卷一〇八“弘治九年正月戊申”
明弘治十年（1497）	太原、平阳	顺天、淮安、太原、平阳、西安、延安、庆阳旱。		《明史》卷三十《五行三》
	大同府及行都司		二月癸巳，以旱灾免山西大同府属州县及行都司属卫弘治九年秋粮子粒有差。	《明孝宗实录》卷一二二“弘治十年二月癸巳”
	临晋、安邑	临晋旱，安邑盐盛生，积如山阜。		雍正《山西通志》卷一百六十三《祥异二》
	太原、平阳	旱。		光绪《山西通志》卷八十六《大事记四》
	临晋	大旱。		民国《临晋县志》卷十四《旧闻记》
明弘治十一年（1498）	山西	河南、山东、广西、江西、山西府十八旱。		《明史》卷三十《五行三》
	太原、平阳、泽潞、汾	旱灾。	二月辛巳，以旱灾免山西太原、平阳二府，泽、潞、汾三州及平阳、汾州二卫弘治十年夏税子粒有差。	《明孝宗实录》卷一三四“弘治十一年二月辛巳”

续　表

纪年	灾区	灾象	应对措施	资料出处
明弘治十二年（1499）	大同及行都司		二月庚子，以旱灾免山西大同府所属州县、行都司所属卫所及河南开封等府所属州县，宣宗、南阳等卫所弘治十一年粮草子粒有差。	《明孝宗实录》卷一四七“弘治十二年二月庚子”
明弘治十三年（1500）	太原、平阳、汾、潞	太原、平阳、汾、潞旱。		《明史》卷三十《五行三》
	大同府		二月戊子，以旱灾免山西大同府及大同前后等十六卫所弘治十二年税粮十一万九千四百五十余石，草二十九万五千九百六十余束。	《明孝宗实录》卷一五九“弘治十三年二月戊子”
	曲沃	旱。		光绪《续修曲沃县志》卷之三十二《祥异》
明弘治十四年（1501）	山西行都司所属卫所*、大同府		正月丁卯，以旱灾免山西行都司所属卫所及大同府所属州县弘治十三年粮草子粒有差。	《明孝宗实录》卷一七零“弘治十四年正月丁卯”
	太原、平阳、汾、潞		三月甲子，以旱灾免山西太原、平阳二府，汾、潞二州及太原左右等卫所弘治十三年粮草子粒有差。	《明孝宗实录》卷一七二“弘治十四年三月甲子”

＊山西行都司所属卫所，今大同。

续　表

纪年	灾区	灾象	应对措施	资料出处
明弘治十四年(1501)	代州	旱。		光绪《代州志·记三》卷十二《大事记》
	保德	荒。		乾隆《保德州志》卷之三《风土·祥异》
明弘治十五年(1502)	崞县	饥。	十六年三月,免被灾税粮。(光绪《山西通志》卷八十六《大事记四》)	雍正《山西通志》卷一百六十三《祥异二》
明弘治十七年(1504)	榆次、太谷、蒲州	春,榆次、太谷、蒲州旱。荣河、闻喜疫。秋,万泉无禾,地震。宁乡饥。		雍正《山西通志》卷一百六十三《祥异二》
	榆次、太谷	春,榆次、太谷旱。		乾隆《太原府志》卷四十九《祥异》
	太谷	甲子,旱。		民国《太谷县志》卷一《年纪》
	宁乡	饥。		康熙《宁乡县志》卷之一《灾异》
	蒲州府	蒲州旱。荣河疫。万泉无禾。		乾隆《蒲州府志》卷之二十三《事纪·五行祥沴》
	蒲州	旱。		光绪《永济县志》卷二十三《事纪·祥沴》
	万泉	无禾。		民国《万泉县志》卷终《杂记附·祥异》
明弘治十八年(1505)	大同		二月甲子,以旱灾免山西大同府、直隶延庆、保安二州及万全等四十六卫所弘治十七年粮草子粒有差。	《明孝宗实录》卷二二一"弘治十八年二月甲子"

续　表

纪年	灾区	灾象	应对措施	资料出处
明弘治十八年(1505)	洪洞、荣河、榆次、太谷、定襄	旱,禾尽槁。		雍正《山西通志》卷一百六十三《祥异二》
	榆次、太谷	旱,禾尽槁。		乾隆《太原府志》卷四十九《祥异》
	定襄	旱荒,人噉树皮。		康熙《定襄县志》卷之七《灾祥志·灾异》
	榆次	五月不雨,至于七月。苗尽槁,米价腾贵。		同治《榆次县志》卷之十六《祥异》
	太谷	乙丑,旱,大饥。(道殣相望)		民国《太谷县志》卷一《年纪》
	平阳府	洪洞旱,禾尽槁。		雍正《平阳府志》卷之三十四《祥异》
	翼城	乙丑,大旱,麦苗枯死,秋禾未种,米价腾贵,民无食,多剥树皮以充饥。		民国《翼城县志》卷十四《祥异》
	洪洞	乙丑,春夏无雨,河东大旱,麦苗枯死,秋禾未种,米价腾贵,民饥无食,多有剥树皮以充饥者。		民国《洪洞县志》卷十八《杂记志·祥异》
	浮山	十八年乙丑春夏,无雨,河东州县大旱,禾稼枯死,秋田未种,赤地遍野,米价腾涌,民饥,无食,多有剥树皮以充饥者。		民国《浮山县志》卷三十七《灾祥》
	万泉	无禾。		民国《万泉县志》卷终《杂记附·祥异》

续 表

纪年	灾区	灾象	应对措施	资料出处
明正德元年（1506）	蒲州守御千户所		二月壬申，以旱灾免直隶潼关卫、蒲州守御千户所秋粮屯田子粒一千八百七十五石有奇。	《明武宗实录》卷一〇“正德元年二月壬申”
明正德二年（1507）	山西	贵州、山西旱。		《明史》卷三十《五行三》 光绪《山西通志》卷八十六《大事记四》
明正德六年（1511）	永宁	十二月，屯留天鼓鸣，流星如火。永宁饥。		雍正《山西通志》卷一百六十三《祥异二》
		大饥。		康熙《永宁州志》附《灾祥》
	石州	石州饥。		乾隆《汾州府志》卷之二十五《事考》
	蒲县	大饥。（人相食）		光绪《蒲县续志》卷之九《祥异志》
明正德七年（1512）	平阳、太原	凤阳、苏、松、常、镇、平阳、太原、临、巩旱。		《明史》卷三十《五行三》 光绪《山西通志》卷八十六《大事记四》
	长子、壶关	长子大旱。壶关饥。		雍正《山西通志》卷一百六十三《祥异二》
	太原	饥。		光绪《山西通志》卷八十六《大事记四》

续　表

纪年	灾区	灾象	应对措施	资料出处
明正德七年（1512）	长子	大旱，禾苗尽稿。		顺治《潞安府志》卷十五《纪事三·灾祥》 乾隆《潞安府志》卷十一《纪事》 康熙《长子县志》卷之一《灾祥》
	曲沃	夏五月，旱。		光绪《续修曲沃县志》卷之三十二《祥异》
明正德八年（1513）	榆次	六月，榆次旱，忽风雷大作，拔木百余株。		雍正《山西通志》卷一百六十三《祥异二》 同治《榆次县志》卷之十六《祥异》
	大同	旱。		道光《大同县志》卷二《星野·岁时》 乾隆《大同府志》卷之二十五《祥异》
明正德十一年（1516）	大同	北畿及兖州、西安、大同旱。		《明史》卷三十《五行三》
			八月癸丑，以旱灾免顺天、永平、保定、河间四府及陕西西安府所属州县，山西大同州县卫所夏税有差。	《明武宗实录》卷一四〇“正德十一年八月癸丑”
		旱。（五行志）		乾隆《大同府志》卷之二十五《祥异》 道光《大同县志》卷二《星野·岁时》

续　表

纪年	灾区	灾象	应对措施	资料出处
明正德十一年(1516)	定襄、宁乡	定襄旱……宁乡饥。		雍正《山西通志》卷一百六十三《祥异二》
	定襄	旱荒,五谷不登,饿殍载道。		康熙《定襄县志》卷之七《灾祥志·灾异》
	代州	大旱。		光绪《代州志·记三》卷十二《大事记》
	保德	饥。		乾隆《保德州志》卷之三《风土·祥异》
	宁乡	宁乡饥。		乾隆《汾州府志》卷之二十五《事考》 康熙《宁乡县志》卷之一《灾异》
	石楼	饥。		雍正《石楼县志》卷之三《祥异》
明正德十四年(1519)	大同、阳高、石楼	饥。		雍正《山西通志》卷一百六十三《祥异二》 乾隆《大同府志》卷之二十五《祥异》 雍正《朔平府志》卷之十一《外志·祥异》 乾隆《汾州府志》卷之二十五《事考》
	大同	旱。		道光《大同县志》卷二《星野·岁时》

续　表

纪年	灾区	灾象	应对措施	资料出处
明正德十四年（1519）	阳高	春，饥。		雍正《阳高县志》卷之五《祥异》
明正德十六年（1521）	山西	两京、山东、河南、山西、陕西自正月不雨至于六月。		《明史》卷三十《五行三》
	阳高	春，饥。		雍正《阳高县志》卷之五《祥异》
	大同	春，大同大饥。		雍正《朔平府志》卷之十一《外志·祥异》
	保德	春夏，不雨，斗米三钱，人有菜色，野无完树，死者枕籍。自来荒年，莫此为甚。		乾隆《保德州志》卷之三《风土·祥异》
明正德十七年（1522）	大同、阳和、灵丘	饥。（旧书）		乾隆《大同府志》卷之二十五《祥异》 道光《大同县志》卷二《星野·岁时》
明嘉靖二年（1523）	大同	两京、山东、河南、湖广、江西及嘉兴、大同、成都俱旱，赤地千里，殍殣载道。		《明史》卷三十《五行三》 乾隆《大同府志》卷之二十五《祥异》 道光《大同县志》卷二《星野·岁时》
	应州、大同、怀仁、山阴、马邑		免山西应、蔚等州，大同、怀仁等县及大同、玉林等卫，山阴、马邑等所今年租有差。	《明世宗实录》卷三〇“嘉靖二年八月壬寅”

续　表

纪年	灾区	灾象	应对措施	资料出处
明嘉靖二年(1523)	大同府		八月辛酉，以旱灾免山西大同府所属州县及各卫所夏税。	《明世宗实录》卷四二"嘉靖三年八月辛酉"
	泽州、高平、汾西	泽州、高平无麦。……汾西饥。		雍正《山西通志》卷一百六十三《祥异二》 光绪《山西通志》卷八十六《大事记四》
	怀仁	大旱，赤地千里。		光绪《怀仁县新志》卷一《分野》
	偏关	大旱，八月不雨，地干丈余，五谷不能种，饿死盈野。		乾隆《宁武府志》卷之十《事考》
	汾西	大荒。		光绪《汾西县志》卷七《祥异》
明嘉靖四年(1525)	大同	三卫饥。	五年二月，免被灾税粮。	光绪《山西通志》卷八十六《大事记四》
明嘉靖五年(1526)	大同	四月，闰四月，大旱。		道光《大同县志》卷二《星野·岁时》
明嘉靖六年(1527)	山西		九月己卯，以……河南、山西旱灾减免田租有差。	《明世宗实录》卷八〇"嘉靖六年九月己卯"
	代州	无麦。		雍正《山西通志》卷一百六十三《祥异二》 光绪《山西通志》卷八十六《大事记四》

续　表

纪年	灾区	灾象	应对措施	资料出处
明嘉靖六年(1527)	代州	春,旱,夏无麦苗。七年,又旱。		光绪《代州志·记三》卷十二《大事记》
明嘉靖七年(1528)	山西	北畿、湖广、河南、山东、山西、陕西大旱。		《明史》卷三十《五行三》
	代州	旱,疫。		光绪《山西通志》卷八十六《大事记四》
	解州、安邑、平陆、代州、襄陵、太平、翼城、洪洞、赵城、蒲县、汾西等	解州、安邑、平陆旱,代州旱疫。……秋,襄陵、太平、翼城、洪洞、赵城、蒲县、汾西、曲沃、临汾、永和、垣曲、芮城、临晋、猗氏、绛州、夏县、壶关饥。	八年正月,赈山西灾。(光绪《山西通志》卷八十六《大事记四》)	雍正《山西通志》卷一百六十三《祥异二》
	榆次	夏旱,升米百余钱,饿者相枕。		乾隆《太原府志》卷四十九《祥异》同治《榆次县志》卷之十六《祥异》
	徐沟	大旱,无禾。十一年,复大旱,饿殍枕籍。		康熙《徐沟县志》卷之三《祥异》
	临汾	秋,大旱,蝗。		民国《临汾县志》卷六《杂记类·祥异》
	翼城	秋,大旱,蝗。		民国《翼城县志》卷十四《祥异》
	曲沃	旱。		光绪《续修曲沃县志》卷之三十二《祥异》
	赵城	秋,赵城饥。		道光《直隶霍州志》卷十六《禨祥》
	绛州	荒。		光绪《直隶绛州志》卷之二十《灾祥》

续　表

纪年	灾区	灾象	应对措施	资料出处
明嘉靖七年（1528）	襄陵	大旱，蝗。（二麦无收，秋禾失望，民不聊生）	知县张伟开仓赈济，逾岁乃安。	民国《襄陵县新志》卷之二十三《旧闻考》
	乡宁	大旱。		民国《乡宁县志》卷八《大事记》
	解州、解县	自春三月至秋八月，不雨。		光绪《解州志》卷之十一《祥异》 民国《解县志》卷之十三《旧闻考》
	绛州	七年，荒。十三年，大饥。		民国《新绛县志》卷十《旧闻考·灾祥》
	闻喜	戊子，大饥。		民国《闻喜县志》卷二十四《旧闻》
	垣曲	饥。		光绪《垣曲县志》卷之十四《杂志》
	夏县	岁荒，民大饥。		光绪《夏县志》卷五《灾祥志》
	平陆	三月至八月不雨。		乾隆《解州平陆县志》卷之十一《祥异》
	万泉	无禾。		民国《万泉县志》卷终《杂记附·祥异》
	临晋	大旱。		民国《临晋县志》卷十四《旧闻记》
	猗氏	大饥。		雍正《猗氏县志》卷六《祥异》
明嘉靖八年（1529）	万泉、稷山、闻喜、夏县	皆饥。	九年正月，振山西灾。（光绪《山西通志》卷八十六《大事记四》）	雍正《山西通志》卷一百六十三《祥异二》

续　表

纪年	灾区	灾象	应对措施	资料出处
明嘉靖八年（1529）	山西行都司大同府		七月癸卯，以旱灾免山西行都司所属卫所并大同府所属州县夏税有差。	《明世宗实录》卷一〇三“嘉靖八年七月癸卯”
	武乡	大旱，民饥。		乾隆《武乡县志》卷之二《灾祥》
	稷山	秋，无禾，民食树皮殆尽。		同治《稷山县志》卷之七《古迹·祥异》
	荣河、万泉	饥。九年，二县复饥。十年，蒲州大祲。		乾隆《蒲州府志》卷之二十三《事纪·五行祥沴》
	永济	大旱，无麦禾。十一年旱，疫。		光绪《永济县志》卷二十三《事纪·祥沴》
	万泉	无禾。		民国《万泉县志》卷终《杂记附·祥异》
	荣河	八年、九年，饥。		光绪《荣河县志》卷十四《记三·祥异》
明嘉靖九年（1530）	曲沃、万泉、闻喜、稷山、荣河、宁乡	曲沃旱。万泉、闻喜、稷山、荣河、宁乡饥。		雍正《山西通志》卷一百六十三《祥异二》 光绪《山西通志》卷八十六《大事记四》
	祁县	大饥。		光绪《增修祁县志》卷十六《祥异》
	石楼	饥，盗四起。	邑令王仁招抚赈济。	雍正《石楼县志》卷之三《祥异》

续　表

纪年	灾区	灾象	应对措施	资料出处
明嘉靖九年(1530)	宁乡	饥,盗起摽掠攻城。		康熙《宁乡县志》卷之一《灾异》 乾隆《汾州府志》卷之二十五《事考》
	曲沃	夏,有龙起于洪洞文庙右楹。曲沃旱,赵城有年。		雍正《平阳府志》卷之三十四《祥异》
		旱。		光绪《续修曲沃县志》卷之三十二《祥异》
	太平	大旱。		光绪《太平县志》卷十四《杂记志·祥异》
	解县	九年、十年大饥,斗麦银二两四钱。		民国《解县志》卷之十三《旧闻考》
	稷山	秋,大饥。		同治《稷山县志》卷之七《古迹·祥异》
明嘉靖十年(1531)	振武卫*、太原		八月乙巳,以旱灾免山西振武等卫所并太原等所属州县税粮有差。	《明世宗实录》卷一二九"嘉靖十年八月乙巳"
	太平	大旱。(寸草不生,米买斗价银二两,人食蒲根、榆皮,甚食泔生诸物,散者几半,死者枕藉,妖兽作祟,俗疑为獭,约高尺许长三尺余,夜食婴儿无算)		光绪《太平县志》卷十四《杂记志·祥异》

＊振武卫,今代县。

续 表

纪年	灾区	灾象	应对措施	资料出处
明嘉靖十年(1531)	蒲县	大旱。(民多死徙)		光绪《蒲县续志》卷之九《祥异志》
明嘉靖十一年(1532)	太平、临汾、安邑、临晋	旱。		雍正《山西通志》卷一百六十三《祥异二》 光绪《山西通志》卷八十六《大事记四》
	阳城	大旱,七月乃雨。岁大饥。		雍正《泽州府志》卷之五十《祥异》 乾隆《阳城县志》卷之四《兵祥》 同治《阳城县志》卷之一八《灾祥》
	宁武府	三关大饥,死者相枕。	十月赈之。	乾隆《宁武府志》卷之十《事考》
	定襄	大旱,民饥。		康熙《定襄县志》卷之七《灾祥志·灾异》
	太平、临汾	旱,冬灵石星陨如雨,襄陵大祲民饥。		雍正《平阳府志》卷之三十四《祥异》
	临汾	大旱。(民多流亡)		民国《临汾县志》卷六《杂记类·祥异》
	翼城	夏,旱无麦,秋桃李花。		民国《翼城县志》卷十四《祥异》
	太平	大旱。(民饥愈甚)		光绪《太平县志》卷十四《杂记志·祥异》
	解州、解县	大饥。十一月虎入禁垣,踞池神庙。		光绪《解州志》卷之十一《祥异》 民国《解县志》卷之十三《旧闻考》

续　表

纪年	灾区	灾象	应对措施	资料出处
明嘉靖十一年(1532)	万泉	无麦。		民国《万泉县志》卷终《杂记附·祥异》
	临晋	大旱,荐饥。		民国《临晋县志》卷十四《旧闻记》
明嘉靖十二年(1533)	交城、文水、徐沟、太谷、宁乡、汾阳、永宁	冬十月,交城、文水、徐沟、太谷、宁乡、汾阳、永宁大饥,道殣相望。		雍正《山西通志》卷一百六十三《祥异二》 光绪《补修徐沟县志》卷五《祥异》 乾隆《汾州府志》卷之二十五《事考》 光绪《汾阳县志》卷十《事考》
	吉州、翼城、猗氏	五月,祁县空中有声如雷,陨一石,状若犬首。有龙起运城盐池中。吉州、翼城、猗氏旱。		
	祁县	十月,星陨如雨,光若火天,尽赤。是年大饥。		光绪《增修祁县志》卷十六《祥异》
	永宁	秋七月,大旱。		康熙《永宁州志》附《灾祥》
	翼城	旱,桃李秋华。八月临汾、洪洞、霍州星陨如雨,光若火,天尽赤。		雍正《平阳府志》卷之三十四《祥异》
	吉州	旱。		光绪《吉州全志》卷七《祥异》
	乡宁	大饥。		民国《乡宁县志》卷八《大事记》
	猗氏	饥。		雍正《猗氏县志》卷六《祥异》
明嘉靖十三年(1534)	沁州、沁源、洪洞、临汾、霍州、永和、汾西	秋七月五日,长治、长子有星贯月。沁州、沁源、洪洞、临汾、霍州、永和、汾西大饥。		雍正《山西通志》卷一百六十三《祥异二》 光绪《山西通志》卷八十六《大事记四》

续　表

纪年	灾区	灾象	应对措施	资料出处
明嘉靖十三年(1534)	徐沟	大饥，每斗粟银二钱五分。		康熙《徐沟县志》卷之三《祥异》 光绪《补修徐沟县志》卷五《祥异》
	交城、文水	甲午，大饥，饿殍遍野。		光绪《交城县志》卷一《天文门·祥异》 光绪《文水县志》卷之一《天文志·祥异》
	洪洞、临汾、霍州、汾西	秋，洪洞、临汾、霍州、汾西大饥。冬十月，临汾星陨如雨。		雍正《平阳府志》卷之三十四《祥异》
	临汾	大饥。（流亡载道人相食）		民国《临汾县志》卷六《杂记类·祥异》
	汾西	大荒。		光绪《汾西县志》卷七《祥异》
	岳阳	禾稼枯槁，老幼道毙者甚众。		民国《安泽县志》卷十四《祥异志·灾祥》 民国《新修岳阳县志》卷一十四《祥异志·灾祥》
	永和	民饥，死者不知其数。		民国《永和县志》卷十四《祥异考》
	翼城	春大饥，民相食。		民国《翼城县志》卷十四《祥异》
	绛州	大饥。冬十月，星陨如雨。		光绪《直隶绛州志》卷之二十《灾祥》
	荣河	荒。		光绪《荣河县志》卷十四《记三·祥异》
明嘉靖十五年(1536)	永济	饥。		光绪《永济县志》卷二十三《事纪·祥沴》

续 表

纪年	灾区	灾象	应对措施	资料出处
明嘉靖十六年(1537)	河曲	十六年至十九年，大旱，饥。		同治《河曲县志》卷五《祥异类·祥异》
	崞县	夏旱。秋霜，颗粒不收，大饥。		光绪《续修崞县志》卷八《志余·灾荒》
明嘉靖十八年(1539)	蒲县	大旱。冬十月，星陨如雨。（是岁大祲）		光绪《蒲县续志》卷之九《祥异志》
明嘉靖十九年(1540)	保德	饥。	二十年六月，振山西饥。	雍正《山西通志》卷一百六十三《祥异二》 光绪《山西通志》卷八十六《大事记四》
		民饥，多取干泥杂以糠麦食之。久之下坠，面目浮肿，不似人形，有死者。		乾隆《保德州志》卷之三《风土·祥异》
	翼城	夏无麦。		民国《翼城县志》卷十四《祥异》
	太平	秋旱。		光绪《太平县志》卷十四《杂记志·祥异》
明嘉靖二十年(1541)	阳高、应州	饥。		雍正《山西通志》卷一百六十三《祥异二》 光绪《山西通志》卷八十六《大事记四》
	阳高	春饥。八月，霜杀稼。		雍正《阳高县志》卷之五《祥异》
	大同	春，大同饥。		雍正《朔平府志》卷之十一《外志·祥异》
明嘉靖二十二年(1543)	太平	秋大旱。		光绪《太平县志》卷十四《杂记志·祥异》

续　表

纪年	灾区	灾象	应对措施	资料出处
明嘉靖二十三年（1544）	广灵	饥。	二十四年六月，免被灾税粮。	雍正《山西通志》卷一百六十三《祥异二》 光绪《山西通志》卷八十六《大事记四》
		广灵饥。（旧志）		乾隆《大同府志》卷之二十五《祥异》
明嘉靖二十四年（1545）	交城	旱。		雍正《山西通志》卷一百六十三《祥异二》 光绪《山西通志》卷八十六《大事记四》
	榆次	冬无雪。		
	太谷	乙巳，旱。（自正月不雨至于五月）木冰。		民国《太谷县志》卷一《年纪》
	祁县	大旱。自四月至七月不雨。		光绪《增修祁县志》卷十六《祥异》
	交城	乙巳，大旱。		光绪《交城县志》卷一《天文门·祥异》
	文水	乙巳，大旱。四月至七月，不雨。		光绪《文水县志》卷之一《天文志·祥异》
明嘉靖二十七年（1548）	左云	大荒。		光绪《左云县志》卷一《祥异》
明嘉靖二十八年（1549）	文水	己酉，旱。六月八月，雨，冷霜伤稼。		光绪《文水县志》卷之一《天文志·祥异》
明嘉靖二十九年（1550）	山西	旱。		光绪《山西通志》卷八十六《大事记四》
	平阳		闰六月己丑，以旱灾免顺天、河间、真定、保定，山西平阳诸府属夏税有差。	《明世宗实录》卷三六二“嘉靖二十九年闰六月己丑”

续 表

纪年	灾区	灾象	应对措施	资料出处
明嘉靖二十九年(1550)	平陆	秋,平陆大旱,风霾。		雍正《山西通志》卷一百六十三《祥异二》 光绪《山西通志》卷八十六《大事记四》
	寿阳	大饥,人相食。		光绪《寿阳县志》卷十三《杂志·异祥第六》
明嘉靖三十年(1551)	大同		正月庚戌,以旱灾免大同、宣府诸州县、卫所田粮如例。	《明世宗实录》卷三六九"嘉靖三十年正月庚戌"
明嘉靖三十一年(1552)	平阳府		九月丙午,以旱灾免平阳府所属州县夏税有差。	《明世宗实录》卷三八九"嘉靖三十一年九月丙午"
	朔州	饥。		雍正《山西通志》卷一百六十三《祥异二》 光绪《山西通志》卷八十六《大事记四》
	大同	三月赈大同饥,是年,大饥,人相食。	振大同饥。	光绪《山西通志》卷八十六《大事记四》
	大同镇	饥,人相食。(五行志)		乾隆《大同府志》卷之二十五《祥异》
	怀仁	大饥,人相食。		光绪《怀仁县新志》卷一《分野》
	左卫、右卫、朔州	大荒,百姓饿死者众。		雍正《朔平府志》卷之十一《外志·祥异》
	朔州	大荒,贫民饿死者过半。		雍正《朔州志》卷之二《星野·祥异》
	左云	大荒,人民饿死太半。		光绪《左云县志》卷一《祥异》

续　表

纪年	灾区	灾象	应对措施	资料出处
明嘉靖三十一年（1552）	兴县、清源、交城	饥。		光绪《山西通志》卷八十六《大事记四》
	广灵	饥。		雍正《山西通志》卷一百六十三《祥异二》 光绪《山西通志》卷八十六《大事记四》
	潞城、壶关	饥。	讹言采选童女，民间女十三四以上遍行婚配，远近哗然。	雍正《山西通志》卷一百六十三《祥异》
明嘉靖三十三年（1554）	广灵	岁大饥。		光绪《广灵县补志》卷一《方域·灾祥》
明嘉靖三十四年（1555）	太原	陕西五府及太原旱。		《明史》卷三十《五行三》
			十月丙子，以旱灾减免山西太原等府税粮有差。	《明世宗实录》卷四二七"嘉靖三十四年十月丙子"
	河津	大旱。		光绪《河津县志》卷之十《祥异》
明嘉靖三十六年（1557）	平遥	旱。		雍正《山西通志》卷一百六十三《祥异二》
		酷旱，缺食之家三千八百有奇……*		光绪《平遥县志》卷之十二《杂录志·灾祥》

* 嘉靖三十六年，酷旱，缺食之家三千八百有奇。朝廷降宝钞三千八百锭以赈济之，有百姓过房子女者，官为给钱赎还。呜呼，灾伤天数也，赈贷君恩也。因书之于戒石之阴，以示来世。盖旧志所载如此。

续　表

纪年	灾区	灾象	应对措施	资料出处
明嘉靖三十七年（1558）	浑源		五月乙酉，以旱灾蠲山西浑源州等处税粮有差。	《明世宗实录》卷四五九“嘉靖三十七年五月乙酉”
	平陆	旱。		雍正《山西通志》卷一百六十三《祥异二》 光绪《山西通志》卷八十六《大事记四》
	寿阳	秋七月，大旱，至明年夏五月九日方雨，邑民死徙者殆半。		光绪《寿阳县志》卷十三《杂志·异祥第六》
明嘉靖三十八年（1559）	代州	春，代州大旱。		雍正《山西通志》卷一百六十三《祥异二》 光绪《山西通志》卷八十六《大事记四》
	左卫	自春至夏不雨，蚜蛎生，得雨乃死。自是两百余日，垣屋俱坏，八月复雨雹，平地三尺，禾稼尽伤。		雍正《朔平府志》卷之十一《外志·祥异》
	左云	春至夏不雨。		光绪《左云县志》卷一《祥异》
明嘉靖三十九年（1560）	太原	太原、延安、庆阳、西安旱。		《明史》卷三十《五行三》
		（三十九年）太原饥，四十年，大饥，人相食。		道光《太原县志》卷之十五《祥异》
	太原府属、辽州、沁州、宁乡、永宁	太原府属大旱，暨辽、沁、宁乡、永宁皆饥。	四十年四月，振山西饥。（光绪《山西通志》卷八十六《大事记四》）	雍正《山西通志》卷一百六十三《祥异二》

续 表

纪年	灾区	灾象	应对措施	资料出处
明嘉靖三十九年(1560)	太原府	属大旱,岁饥。		乾隆《太原府志》卷四十九《祥异》
	清源	春夏秋不雨,大饥,人相食。		光绪《清源乡志》卷十六《祥异》
	徐沟	大旱,至四十年春,斗粟价银五钱,人民逃窜,饥死太半。		光绪《补修徐沟县志》卷五《祥异》 康熙《徐沟县志》卷之三《祥异》
	壶关	庚申暨辛酉,岁稍祲,斗粟百钱。		道光《壶关县志》卷二《纪事》
	沁州、沁源	沁州及沁源大旱。民大饥,沁源、绵山土贼杨甫等啸聚作乱,州副千户杨复楚死之。	至四十一年巡抚发标兵剿捕盗,始平。	乾隆《沁州志》卷九《灾异》
		荒旱,山贼杨甫聚众作乱,州守御副千户杨复楚死焉。	至四十一年,抚院发标兵始平之。	民国《沁源县志》卷六《大事考》
	平定	大旱,蝗。		光绪《平定州志》卷之五《祥异》
	太原府属	大旱。		光绪《盂县志·天文考》卷五《祥瑞、灾异》
	静乐	岁大饥,人相食。		康熙《静乐县志》四卷《赋役·灾变》
	河曲	大饥。		同治《河曲县志》卷五《祥异类·祥异》
	榆次	大旱无秋,人相食。		同治《榆次县志》卷之十六《祥异》
	乐平	七月,大旱,蝗至。		民国《昔阳县志》卷一《舆地志·祥异》
	辽州	饥。		雍正《辽州志》卷之五《祥异》

续　表

纪年	灾区	灾象	应对措施	资料出处
明嘉靖三十九年（1560）	太谷	庚申旱，洊饥。（人相食）		民国《太谷县志》卷一《年纪》
	寿阳	大旱。（按州志三十九年大旱，蝗。四十年五月方雨，民饥，人相食。注云：州志及各县略同）		光绪《寿阳县志》卷十三《杂志·异祥第六》
	祁县	饥。		光绪《增修祁县志》卷十六《祥异》
	交城	庚申大饥，人相食。		光绪《交城县志》卷一《天文门·祥异》
	文水	庚申，大饥，饿殍盈野，人相食，弃子女。		光绪《文水县志》卷之一《天文志·祥异》
	宁乡	三十九年至四十一年，大饥，贼发。		康熙《宁乡县志》卷之一《灾异》
明嘉靖四十年（1561）	大同府		七月戊戌，以旱灾及虏警免山西大同府所属州县及宣府各州县正官入觐。	《明世宗实录》卷四九九"嘉靖四十年七月戊戌"
	阳曲、榆次、太原、祁、崞、代州、五台、赵城、洪洞、灵石、永和	大饥。冬，平陆无雪。		雍正《山西通志》卷一百六十三《祥异二》
		大饥。		光绪《山西通志》卷八十六《大事记四》
	平定州	五月，方雨，民饥人相食。		光绪《平定州志》卷之五《祥异》

续 表

纪年	灾区	灾象	应对措施	资料出处
明嘉靖四十年（1561）	定襄	旱荒。		康熙《定襄县志》卷之七《灾祥志·灾异》
	代州	大旱，斗米银二钱五分，饿死者枕籍道左。		光绪《代州志·记三》卷十二《大事记》
	崞县	大饥。		乾隆《崞县志》卷五《祥异》
	乐平	五月，方雨，民饥，人相食。		民国《昔阳县志》卷一《舆地志·祥异》
	榆次	旱甚，粟翔贵，民饥死者过半。		同治《榆次县志》卷之十六《祥异》
	寿阳	四十年，大旱，斗米钱二百余。人相食，殍尸枕藉。		光绪《寿阳县志》卷十三《杂志·异祥第六》
	祁县	大饥，人食草木。		光绪《增修祁县志》卷十六《祥异》
	赵城、洪洞、灵石	大饥。		雍正《平阳府志》卷之三十四《祥异》
	翼城	春夏无雨，民大饥，掘食草根。		民国《翼城县志》卷十四《祥异》
	洪洞	春夏无雨，民大饥，剥树皮、掘草根以食。		民国《洪洞县志》卷十八《杂记志·祥异》
	赵城、灵石	大饥。		道光《直隶霍州志》卷十六《禨祥》
	平陆	冬无雪，麦尽死。		乾隆《解州平陆县志》卷之十一《祥异》
明嘉靖四十一年（1562）	辽州	饥，牛大、牛二等寇掠，知州朱倾兵剿捕队长李黄、孙豸等十余人死之。		雍正《辽州志》卷之五《祥异》

续 表

纪年	灾区	灾象	应对措施	资料出处
明嘉靖四十三年(1564)	平陆、广昌、辽州、武乡	平陆旱。广昌、辽州、武乡饥。		雍正《山西通志》卷一百六十三《祥异二》
	永和	旱。		雍正《山西通志》卷一百六十三《祥异二》
		大旱。	夏麦收三分之一,秋禾收十分之二,公税不敷。	民国《永和县志》卷十四《祥异考》
明嘉靖四十四年(1565)	太平	旱。		雍正《山西通志》卷一百六十三《祥异二》光绪《太平县志》卷十四《杂记志·祥异》
	洪洞	夏,大暑,人有病暍而死者。		民国《洪洞县志》卷十八《杂记志·祥异》
明隆庆元年(1567)	曲沃	曲沃旱。荣河、闻喜、稷山大祲。	诏免田租之半。	雍正《山西通志》卷一百六十三《祥异二》光绪《山西通志》卷八十六《大事记四》
		秋,大旱无禾,特免田租之半。		光绪《续修曲沃县志》卷之三十二《祥异》
	平阳府	夏五月五日,临汾雨雹,曲沃旱。	诏免田租之半。	雍正《平阳府志》卷之三十四《祥异》
明隆庆二年(1568)	山西		十月庚辰,以山西旱灾减免本年应输义兵银一万五千两及明年站粮银八万两。	《明穆宗实录》卷二五“隆庆二年十月庚辰”

续 表

纪年	灾区	灾象	应对措施	资料出处
明隆庆二年（1568）	临汾、太平、岳阳、蒲县、朔州、潞城、襄垣、黎城、阳城、曲沃	临汾、太平、岳阳、蒲县、朔州、潞城、襄垣、黎城旱。阳城、曲沃饥。		雍正《山西通志》卷一百六十三《祥异二》 光绪《山西通志》卷八十六《大事记四》
	潞安	旱，秋歉。		顺治《潞安府志》卷十五《纪事三·灾祥》
	黎城	二年戊辰，大旱，自春抵秋不雨。暨九月，遐村、僻疃尚获什之二三，城方各十里，亩无升合之入，诸菜菓皆枯缩不堪食。		康熙《黎城县志》卷之二《纪事》
	潞城	二年旱。		光绪《潞城县志》卷三《大事记》
	朔州左卫、威远卫	大旱，人多饿死。		雍正《朔平府志》卷之十一《外志·祥异》
	朔州	旱魃为虐，五谷不登，百姓饿死者甚众。		雍正《朔州志》卷之二《星野·祥异》
	左云	旱。		光绪《左云县志》卷一《祥异》
	平阳府	六月，临汾、太平、岳阳旱，曲沃饥，赵城蝗。		雍正《平阳府志》卷之三十四《祥异》
	临汾	大旱，无禾。		民国《临汾县志》卷六《杂记类·祥异》
	岳阳	大饥，流移载道。		民国《安泽县志》卷十四《祥异志·灾祥》

续 表

纪年	灾区	灾象	应对措施	资料出处
明隆庆二年（1568）	翼城	旱，蝗。		民国《翼城县志》卷十四《祥异》
	曲沃	春二月，饥。		光绪《续修曲沃县志》卷之三十二《祥异》
	蒲县	大旱，荒。		光绪《蒲县续志》卷之九《祥异志》
	浮山	旱，蝗。		民国《浮山县志》卷三十七《灾祥》
	太平	大旱。		光绪《太平县志》卷十四《杂记志·祥异》
	万泉	秋，无禾。		民国《万泉县志》卷终《杂记附·祥异》
明隆庆三年（1569）	吉州、稷山	春，大饥。		雍正《山西通志》卷一百六十三《祥异二》 光绪《山西通志》卷八十六《大事记四》 光绪《吉州全志》卷七《祥异》 同治《稷山县志》卷之七《古迹·祥异》
明隆庆四年（1570）	沁州、潞安、太原	沁州、潞安、太原六月旱。		《华北、东北近五百年旱涝史料》第五分册
明隆庆六年（1572）	山西		十一月己亥，山西抚臣奏：今年秋禾旱灾，请行分别蠲赈及屯田折征有差，从之。	《明穆宗实录》卷七“隆庆六年十一月己亥”

续表

纪年	灾区	灾象	应对措施	资料出处
明隆庆六年(1572)	赵城、洪洞	冬,赵城、洪洞无冰。		雍正《山西通志》卷一百六十三《祥异二》
明神宗万历元年(1573)	大同		三月己亥,以大同旱荒量蠲民屯本折以客饷积余补给主饷之不敷者,仍酌灾伤轻重随宜赈济。	《明神宗实录》卷一一"万历元年三月己亥"
	平阳府		八月庚申,以山西平阳府旱灾蠲折民屯税粮各有差。	《明神宗实录》卷一三"万历元年八月庚申"
	汾西	十三、十四年饥馑渐至,米价腾贵。		光绪《汾西县志》卷七《祥异》
明万历三年(1575)	太原、代州	太原:旱、川竭、河涸。代州:旱。		《晋乘鬼略》第三十一卷
明万历四年(1576)	代州	旱。		雍正《山西通志》卷一百六十三《祥异二》 光绪《山西通志》卷八十六《大事记四》
		旱。		光绪《代州志·记三》卷十二《大事记》
明万历六年(1578)	交城、文水	饥。		雍正《山西通志》卷一百六十三《祥异二》
	文水	戊寅大旱,岁饥。		光绪《文水县志》卷之一《天文志·祥异》

续　表

纪年	灾区	灾象	应对措施	资料出处
明万历七年（1579）	岳阳	六月，岳阳旱。		雍正《山西通志》卷一百六十三《祥异二》 光绪《山西通志》卷八十六《大事记四》
		六月，岳阳旱，霍州火。		雍正《平阳府志》卷之三十四《祥异》
	永和	万历七、八年，连遭大荒，室如悬磬，野无青草，米珠薪桂，境内饿莩，他乡流离者，不知其数。		民国《永和县志》卷十四《祥异考》
明万历九年（1581）	宁乡、永和	饥。	十年二月，免积年逋赋。六月，赈太原、平阳饥。十一月免被灾税粮。	雍正《山西通志》卷一百六十三《祥异二》 光绪《山西通志》卷八十六《大事记四》 乾隆《汾州府志》卷之二十五《事考》
	榆次	正月，东三曹火，岁大旱，疫大行。		同治《榆次县志》卷之十六《祥异》
明万历十年（1582）	榆次	旱。秋七月，雨至。		雍正《山西通志》卷一百六十三《祥异二》
		旱。		光绪《山西通志》卷八十六《大事记四》
		春二月，祁县地震，榆次旱，秋七月始雨，至十月，无霜，禾大熟。		乾隆《太原府志》卷四十九《祥异》

续 表

纪年	灾区	灾象	应对措施	资料出处
明万历十年(1582)	榆次	秋七月始雨。		同治《榆次县志》卷之十六《祥异》
	闻喜	壬午,大旱,瘟疫。		民国《闻喜县志》卷二十四《旧闻》
明万历十一年(1583)	河东	八月庚戌朔,河东盐臣言,解池旱涸,盐花不生。		《明史》卷三十《五行三》
	壶关	三月,广灵地震,壶流河竭。		雍正《山西通志》卷一百六十三《祥异二》
	洪洞	冬无雪。		雍正《山西通志》卷一百六十三《祥异二》
	永宁、和顺	旱,饥。	赈之。	雍正《山西通志》卷一百六十三《祥异二》 光绪《山西通志》卷八十六《大事记四》
	河东解池	八月,河东解池旱,涸,盐花不生。		光绪《山西通志》卷八十六《大事记四》
	永宁	大饥,民多流亡。		康熙《永宁州志》附《灾祥》
	洪洞	洪洞冬无雪。		雍正《平阳府志》卷之三十四《祥异》
	翼城	秋无雨,冬无雪。次年二麦歉收。		民国《翼城县志》卷十四《祥异》
明万历十三年(1585)	曲沃、洪洞、临汾、太平、稷山、解州、广灵	旱。潞安府属冬无雪。	诏免夏税十之七。	雍正《山西通志》卷一百六十三《祥异二》 光绪《山西通志》卷八十六《大事记四》

续　表

纪年	灾区	灾象	应对措施	资料出处
明万历十三年(1585)	交城、徐沟、兴、岢、辽州	交城、徐沟、兴、岢、辽州大饥。		光绪《山西通志》卷八十六《大事记四》
	徐沟	秋七月,大饥。		光绪《补修徐沟县志》卷五《祥异》
	潞安府	十三年,冬无雪。		顺治《潞安府志》卷十五《纪事三·灾祥》 乾隆《潞安府志》卷十一《纪事》
	襄垣	冬,无雪。		乾隆《重修襄垣县志》卷之八《祥异志·祥瑞》 民国《襄垣县志》卷之八《旧闻考·祥异》
	广灵	二月,大同风霾(旧志)。三月戊寅,山阴县地震,旬有五日乃止。(五行志)五月,广灵旱,七月,大同府谯楼鸱吻青气凌空。		乾隆《大同府志》卷之二十五《祥异》
		春夏不雨。	诏免夏税十分之七。	乾隆《广灵县志》卷一《方域·星野·灾祥附》
	岢县	大饥。		乾隆《宁武府志》卷之十《事考》
	忻州	万历乙酉年,大荒,米珠薪桂,人至相食。	郡人傅参议霖施粥百米费四百斛,所居前后左右诸贫生,赈米银二十锾,知州傅震施粥费米百斛。	光绪《忻州志》卷三十九《灾祥》

续 表

纪年	灾区	灾象	应对措施	资料出处
明万历十三年(1585)	忻州	(明)万历乙酉年,大荒,米珠薪桂,人至相食。	辛丑壬寅年复大饥,霖收宿贫人有死亡者,施棺葬埋复施粥,起冬月至来年熟乃止。	光绪《忻州志》卷三十九《灾祥》
	崞县	大饥。		乾隆《崞县志》卷五《祥异》
		大饥。		光绪《续修崞县志》卷八《志余·灾荒》
	辽州	十三、十四年饥馑渐至,米价腾贵。		雍正《辽州志》卷之五《祥异》
	榆社	巳酉(疑为"己酉")三伏,不雨,秋大饥。		光绪《榆社县志》卷之十《拾遗志·灾祥》
	石楼	饥。		雍正《石楼县志》卷之三《祥异》
	平阳府	夏五月,曲沃、洪洞、临汾、太平旱。	诏免夏税十之七。	雍正《平阳府志》卷之三十四《祥异》
	临汾	大旱 。		民国《临汾县志》卷六《杂记类·祥异》
	曲沃	夏旱。		光绪《续修曲沃县志》卷之三十二《祥异》
	浮山	冬至六月,无雨。		民国《浮山县志》卷三十七《灾祥》
	太平	秋,大旱。		光绪《太平县志》卷十四《杂记志·祥异》

续 表

纪年	灾区	灾象	应对措施	资料出处
明万历十三年(1585)	解州、解县	春,陨霜,大旱……十五年,大饥。	诏免夏税十之七……诏发帑赈济。	光绪《解州志》卷之十一《祥异》 民国《解县志》卷之十三《旧闻考》
	稷山	秋,旱。		同治《稷山县志》卷之七《古迹·祥异》
	万泉	无禾。		民国《万泉县志》卷终《杂记附·祥异》
明万历十四年(1586)	交城	冬无雪。		雍正《山西通志》卷一百六十三《祥异二》
	太原、平阳、汾、泽州、潞安等属	十四年,太原、平阳、汾、泽、潞安等属大旱,赤地千里,饿莩盈野,疫疠死者枕籍。	三月,发帑赈之。	雍正《山西通志》卷一百六十三《祥异二》 光绪《山西通志》卷八十六《大事记四》
	太原郡	属大旱,赤地千里,饿殍盈野,疫病死者枕藉。	三月,发帑赈之。	乾隆《太原府志》卷四十九《祥异》
	太原	旱。是年,大风。	太原守同春吴公祷雨晋祠祭风洞,俄而,反风作雨,遂檄令知县向化建祠。	道光《太原县志》卷之十五《祥异》
	清源	大旱,赤地千里,井涸河干,饥莩遍野,又大疫。	发帑赈之。	光绪《清源乡志》卷十六《祥异》
	阳曲	大饥。(斗米银二钱,瘟疫复作,死者枕藉)	遣官赈济。	道光《阳曲县志》卷之十六《志余》

续 表

纪年	灾区	灾象	应对措施	资料出处
明万历十四年(1586)	徐沟	大旱,五谷未布,至十五年五月内,不雨,粟米一斗价银二钱五分,道殣相望,民以树皮草根充食,襁褓婴儿弃置道傍,至二十七年,又饥。		光绪《补修徐沟县志》卷五《祥异》
		大旱,五谷未布,至十五年五月内不雨。粟米一斗价银二钱五分。道殣相望,流离满目,饥民皆剥树皮、掘草根以充口,甚至父母以襁褓婴儿弃置道旁,浩然逃窜他方,睹之者莫不垂涕。		康熙《徐沟县志》卷之三《祥异》
	潞安府	十四年春霾经旬,五月方雨,民始播百谷。八月即霜,岁大饥。先是襄垣、黎城上县连岁歉,至是斗米银二钱,死者相枕籍。	赈事闻,遣官赈济。	顺治《潞安府志》卷十五《纪事三·灾祥》
		(丙戌)春,霾经旬。五月方雨,民始播百谷。八月即霜,岁大饥。先是襄垣、黎城上县连岁歉,至是斗米银二钱,荒疫并作,四门出尸三万余。	遣户部员外郎王之辅赍帑金赈济。	乾隆《潞安府志》卷十一《纪事》
	长治	春不雨至五月,秋八月霜。岁大饥,疫作,城中死者三万余人。	诏户部员外郎王之辅赍帑金赈济。	光绪《长治县志》卷之八《记一·大事记》
	平定州	大旱。		光绪《平定州志》卷之五《祥异》

续 表

纪年	灾区	灾象	应对措施	资料出处
明万历十四年(1586)	榆次	大旱,赤地,人饿(疑为"饥")死。		同治《榆次县志》卷之十六《祥异》
	平遥	正月,旱,至七月五谷未种,秋后方雨。民有因之种麦者,一冬无雪,又旱,至次年五月麦田尽槁,二岁间饶积之家仅可糊口,余有朝出而夕死者,有就途尸割肉而食者,其转沟壑散四方不可以数计,闻之恻然。		光绪《平遥县志》卷之十二《杂录志·灾祥》
	介休	旱,大饥。		嘉庆《介休县志》卷一《兵祥·祥灾附》
	永宁	又大饥。		康熙《永宁州志》附《灾祥》
	交城	丙戌,大旱,赤地,六畜多死,民食草树、白土,朝廷济赈设厂以济。八月空中有火如斗自西北落东南。冬无雪。		光绪《交城县志》卷一《天文门·祥异》
	文水	丙戌,一岁不雨,大饥,民食草根白土,死者甚众。		光绪《文水县志》卷之一《天文志·祥异》
	孝义	大饥。		乾隆《孝义县志·胜迹·祥异》
	平阳等属	大旱,赤地千里,饿殍盈野,疫疾,死者枕藉。	三月,发帑赈之。	雍正《平阳府志》卷之三十四《祥异》
	临汾	大旱荒。(赤地千里饿殍盈野,瘟疫盛行,死者枕藉)		民国《临汾县志》卷六《杂记类·祥异》

续　表

纪年	灾区	灾象	应对措施	资料出处
明万历十四年(1586)	汾西	大饥。		光绪《汾西县志》卷七《祥异》
	岳阳	大荒,野有饿殍。		民国《安泽县志》卷十四《祥异志·灾祥》
	翼城	大旱,自十三年冬至是年六月不雨,秋无禾,岁饥。		民国《翼城县志》卷十四《祥异》
	曲沃	饥。	开仓赈济。	光绪《续修曲沃县志》卷之三十二《祥异》
	蒲县	大旱荒。(赤地千里,饿殍盈野,瘟疫盛行,死者枕藉)		光绪《蒲县续志》卷之九《祥异志》
	浮山	大旱。赤地千里,饥殍盈野,疫病,死者枕藉。	三月发帑赈之。	民国《浮山县志》卷三十七《灾祥》
	太平	大饥。(野无青草,斗米银三钱,民削树皮以食,饿殍盈野,瘟疫盛行,死者枕藉)		光绪《太平县志》卷十四《杂记志·祥异》
	襄陵	岁大饥。		民国《襄陵县新志》卷之二十三《旧闻考》
	乡宁	十四、十五两年,连遭大饥,民多食石脂,甚或人相食。		乾隆《乡宁县志》卷十四《祥异》
	绛州	十四年、十五年,大荒,米价一两四斗。	发帑金赈之。	民国《新绛县志》卷十《旧闻考·灾祥》
	绛县	大饥。		光绪《绛县志》卷六《纪事·大事表门》
	闻喜	丙戌,大饥。		民国《闻喜县志》卷二十四《旧闻》

续　表

纪年	灾区	灾象	应对措施	资料出处
明万历十四年(1586)	河津	大旱无禾,道殣相望。		光绪《河津县志》卷之十《祥异》
	稷山	大旱。		同治《稷山县志》卷之七《古迹·祥异》
	夏县	是年,岁旱,大饥馑。		光绪《夏县志》卷五《灾祥志》
	蒲州府	大旱,赤地千里,雨沙于猗氏。		乾隆《蒲州府志》卷之二十三《事纪·五行祥沴》
	永济	十四年、十五年大旱,饥且疫,死者甚众。		光绪《永济县志》卷二十三《事纪·祥沴》
	万泉	无麦,民多流亡。		民国《万泉县志》卷终《杂记附·祥异》
	猗氏	亢旱,雨砂。		雍正《猗氏县志》卷六《祥异》
明万历十五年(1587)	山西	四月己卯,户部议:"山西连岁荒旱,预备仓积谷甚少,其鬻粥赈济率多取助于社仓……"		《明神宗实录》卷一八五"万历十五年四月己卯"
		秋七月,山西、陕西、河南、山东旱。		《明史》卷二十《神宗纪一》
		七月,旱饥,蠲赈有差。		光绪《山西通志》卷八十六《大事记四》
	保德、繁峙、泽州、临汾、曲沃、灵石、太平、稷山、沁辽、解州	保德、繁峙、泽州旱。临汾、曲沃、灵石、太平、稷山、沁辽、解州大饥。	诏发帑赈济。	雍正《山西通志》卷一百六十三《祥异二》 光绪《山西通志》卷八十六《大事记四》

续　表

纪年	灾区	灾象	应对措施	资料出处
明万历十五年(1587)	沁州、武乡、泽州、高平、阳城	十五年,大旱。(自春不雨至七月,民多饥死,弃婴儿于原野)		乾隆《沁州志》卷九《灾异》
	繁峙	万历十五年,大旱。		道光《繁峙县志》卷之六《祥异志·祥异》 光绪《繁峙县志》卷四《杂志》
	保德	夏,大旱无麦,斗米二钱,盗大起,城中日西后,不敢独行。		乾隆《保德州志》卷之三《风土·祥异》
	乐平	大旱,饿殍盈野。疫疠,死者枕籍。	拨帑赈之。	民国《昔阳县志》卷一《舆地志·祥异》
	交城	丁亥,春旱,夏中方雨,狼食人,知县张交璧令捕一狼,价谷一石,至次年五月始尽。		光绪《交城县志》卷一《天文门·祥异》
	文水	丁亥春三月,不雨。五月二十七日,大雨,种晚田大熟。		光绪《文水县志》卷之一《天文志·祥异》
	临汾、曲沃、灵石、太平	翼城地震,秋七月,临汾、曲沃、灵石、太平大饥。	诏发帑赈济。汾西禾登。	雍正《平阳府志》卷之三十四《祥异》
	临汾	荒。(自十三年至十六年,民死无算)	廷发帑赈之。	民国《临汾县志》卷六《杂记类·祥异》
	曲沃	大饥。	开仓煮粥赈济。	光绪《续修曲沃县志》卷之三十二《祥异》
	灵石	大饥。	诏发帑赈济。	道光《直隶霍州志》卷十六《禨祥》
	太平	饥。		光绪《太平县志》卷十四《杂记志·祥异》

续　表

纪年	灾区	灾象	应对措施	资料出处
明万历十五年(1587)	稷山	旱,无禾,道殣相望。		同治《稷山县志》卷之七《古迹·祥异》
明万历十六年(1588)	山西	五月,山东、山西、浙江俱大旱疫。		《明史》卷二十八《五行一》
		三月,大饥疫。		光绪《山西通志》卷八十六《大事记四》
	太原	大饥疫,自十年来,无岁不灾。		《晋乘蒐略》卷之三十一
	太平	旱,疫。(历年天灾不绝,死者无算,见方坠地,即弃中野)	上闻,发帑金赈之。	光绪《太平县志》卷十四《杂记志·祥异》
	稷山	无禾。		同治《稷山县志》卷之七《古迹·祥异》
明万历十七年(1589)	襄陵	大旱。(斗米二钱半,山川草木无复寸遗)		民国《襄陵县新志》卷之二十三《旧闻考》
明万历十八年(1590)	山西	五月丁巳,户部尚书石星等奏言:"……今南直、浙江、湖广诸处见被灾疫,淮、扬以北,连河南、山东、北直隶、山西、陕西俱极旱荒……"		《明神宗实录》卷二二三"万历十八年五月丁巳"
	临汾	旱。		雍正《山西通志》卷一百六十三《祥异二》
	崞县	大饥。		雍正《山西通志》卷一百六十三《祥异二》 乾隆《崞县志》卷五《祥异》

续　表

纪年	灾区	灾象	应对措施	资料出处
明万历十八年（1590）	崞县	大饥。		光绪《续修崞县志》卷八《志余·灾荒》
	临汾	夏，旱。		雍正《平阳府志》卷之三十四《祥异》 民国《临汾县志》卷六《杂记类·祥异》
明万历十九年（1591）	夏县	饥。		雍正《山西通志》卷一百六十三《祥异二》 光绪《山西通志》卷八十六《大事记四》
		五月至七月，不雨，七月二十九日至八月十日，大雨，岁饥。		光绪《夏县志》卷五《灾祥志》
明万历二十三年（1595）	临晋	水、旱并灾。		雍正《山西通志》卷一百六十三《祥异二》 光绪《山西通志》卷八十六《大事记四》 乾隆《蒲州府志》卷之二十三《事纪·五行祥沴》 民国《临晋县志》卷十四《旧闻记》
明万历二十四年（1596）	临汾	夏四月，临汾大旱。		雍正《山西通志》卷一百六十三《祥异二》 光绪《山西通志》卷八十六《大事记四》 雍正《平阳府志》卷之三十四《祥异》 民国《临汾县志》卷六《杂记类·祥异》
明万历二十六年（1598）	曲沃、绛县、介休	曲沃、绛县饥。介休旱。		雍正《山西通志》卷一百六十三《祥异二》 光绪《山西通志》卷八十六《大事记四》

续　表

纪年	灾区	灾象	应对措施	资料出处
明万历二十六年(1598)	介休	旱。		乾隆《汾州府志》卷之二十五《事考》
		大旱,至二十七年七月犹不雨。	知县史记事多方赈济,民赖存活。	嘉庆《介休县志》卷一《兵祥·祥灾附》
	曲沃	饥。		雍正《平阳府志》卷之三十四《祥异》 光绪《续修曲沃县志》卷之三十二《祥异》
	绛县	大饥。		光绪《绛县志》卷六《纪事·大事表门》
明万历二十七年(1599)	临汾、襄陵、太平、灵石、蒲州、汾西、河津、沁源、沁州	大旱,民饥。		雍正《山西通志》卷一百六十三《祥异二》 光绪《山西通志》卷八十六《大事记四》 雍正《平阳府志》卷之三十四《祥异》
	徐沟	又饥。		康熙《徐沟县志》卷之三《祥异》
	灵石	大旱。		道光《直隶霍州志》卷十六《禨祥》
	临县	大饥。		民国《临县志》卷三《谱大事》
	临汾	春,大旱,饥。(山川草木无有寸遗,母子夫妻有相随抱立而死者)		民国《临汾县志》卷六《杂记类·祥异》
	汾西	二十七、八年,大荒。		光绪《汾西县志》卷七《祥异》
	太平	大旱。(斗米银二钱半,山川草木无复寸皮,母子夫妻相抱,而毙死者甚众)		光绪《太平县志》卷十四《杂记志·祥异》

续 表

纪年	灾区	灾象	应对措施	资料出处
明万历二十七年（1599）	河津	大旱，民饥。		光绪《河津县志》卷之十《祥异》
	永济	大荒。		光绪《永济县志》卷二十三《事纪·祥沴》
明万历二十八年（1600）	黎城、蒲、解、岢岚、大同、灵丘	黎城、蒲、解、岢岚饥，大同、灵丘饥。		雍正《山西通志》卷一百六十三《祥异二》 光绪《山西通志》卷八十六《大事记四》
	大同、灵丘	五月，大同、灵丘，旱。		乾隆《大同府志》卷二十五《祥异》
	大同各属	秋八月，大同各属大饥。		雍正《朔平府志》卷之十一《外志·祥异》
	岢岚	饥，人相食，死者枕藉。		光绪《岢岚州志》卷之十《风土志·祥异》
	蒲县	是岁，大旱饥。		光绪《蒲县续志》卷之九《祥异志》
	解州、解县	饥。		光绪《解州志》卷之十一《祥异》 民国《解县志》卷之十三《旧闻考》
明万历二十九年（1601）	山西	五月丁未，是日，一贯以畿辅八府及山东、山西、辽东、河南荒旱，斗米银二钱，小米银一钱，野无青草，载道流离，盗贼群行，正昼抢劫……乞涣发明旨以拯民命于既死，销祸变于燃眉。因拟进谕旨一道。不报。		《明神宗实录》卷三五九“万历二十九年五月丁未”
		六月，京师自去年不雨，至是月乙亥始雨。山东、山西、河南皆大旱。		《明史》卷二十一《神宗纪二》

续　表

纪年	灾区	灾象	应对措施	资料出处
明万历二十九年（1601）	山西	畿辅、山东、山西、河南及贵州黔东诸府卫旱。		《明史》卷三十《五行三》
	静乐、武乡、孝义、永宁、汾阳、临县、汾西、朔州、神池、广灵、辽州	皆大饥。		雍正《山西通志》卷一百六十三《祥异二》 光绪《山西通志》卷八十六《大事记四》
	阳曲、寿阳、文水、清源、辽州	崞县城北楼，瓦兽吐烟，占者主旱，果验。阳曲、寿阳、文水、清源、辽州大旱。		雍正《山西通志》卷一百六十三《祥异二》
	山西	六月，大旱。		光绪《山西通志》卷八十六《大事记四》
	阳曲、榆次、文水、清源	大旱。		乾隆《太原府志》卷四十九《祥异》
	徐沟	二十九年，复饥。		光绪《补修徐沟县志》卷五《祥异》
		复饥。		康熙《徐沟县志》卷之三《祥异》
	广灵	大饥。		乾隆《大同府志》卷之二十五《祥异》
		春不雨，夏陨霜。	诏免秋税十分之六。	乾隆《广灵县志》卷一《方域·星野·灾祥附》
	朔州	大饥，流亡载道。	知州屈炜奉文与学正贾铉早晚向东南二关煮粥赈之，饥民就食者日千有余人。	雍正《朔平府志》卷之十一《外志·祥异》

续　表

纪年	灾区	灾象	应对措施	资料出处
明万历二十九年（1601）	朔州	大荒，饿死者载道。	赖知州屈炜奉文与学正贾铉早晚向东南二关□粥济之，饥民就食者日千余人。	雍正《朔州志》卷之二《星野・祥异》
	定襄	夏秋……旱，霜杀禾，年岁不登，斗米二钱。		康熙《定襄县志》卷之七《灾祥志・灾异》
	崞县	北城楼两兽口吐烟，占之主旱，后果验。		乾隆《崞县志》卷五《祥异》 光绪《续修崞县志》卷八《志余・灾荒》
	榆次	春夏大旱，无麦，秋禾不熟，是岁民大饥。		同治《榆次县志》卷之十六《祥异》
	汾阳、孝义、临县、永宁州	大饥。	遣使赈恤，免通省田租之半。	乾隆《汾州府志》卷之二十五《事考》
	文水	辛丑，大旱，岁饥。奸民群聚，以有法得不乱。		光绪《文水县志》卷之一《天文志・祥异》
	汾阳	大饥。		光绪《汾阳县志》卷十《事考》
	孝义	大饥。		乾隆《孝义县志・胜迹・祥异》
	汾西	八月，汾西大饥。	诏免秋税十之六。	雍正《平阳府志》卷之三十四《祥异》
	汾西	大饥。		光绪《汾西县志》卷七《祥异》
	绛县	饥。		光绪《绛县志》卷六《纪事・大事表门》

续 表

纪年	灾区	灾象	应对措施	资料出处
明万历三十年(1602)	阳曲、崞县、保德、定襄	大饥。		雍正《山西通志》卷一百六十三《祥异二》 光绪《山西通志》卷八十六《大事记四》
	阳曲	夏,阳曲大饥。		乾隆《太原府志》卷四十九《祥异》
	清源	大旱,疫。		光绪《清源乡志》卷十六《祥异》
	崞县	春,大饥,斗米数百钱。	县令李年耕,各乡施粥,活人甚多。	乾隆《崞县志》卷五《祥异》
		大饥。	知县李年耕,各乡施粥,全活甚众。	光绪《续修崞县志》卷八《志余·灾荒》
	曲沃	秋,旱无禾,冬十二月,大饥。		光绪《续修曲沃县志》卷之三十二《祥异》
明万历三十三年(1605)	解州	无禾。		雍正《山西通志》卷一百六十三《祥异二》
	解州、解县	无禾。		光绪《解州志》卷之十一《祥异》 民国《解县志》卷之十三《旧闻考》
明万历三十四年(1606)	猗氏、解州、夏县、平陆、临汾	无禾。		雍正《山西通志》卷一百六十三《祥异二》
	阳曲	春夏大旱,无雨。		道光《阳曲县志》卷之十六《志余》
	解州、解县	无禾。		光绪《解州志》卷之十一《祥异》 民国《解县志》卷之十三《旧闻考》

续 表

纪年	灾区	灾象	应对措施	资料出处
明万历三十四年（1606）	夏县	旱，麦不收，民大饥。		光绪《夏县志》卷五《灾祥志》
	猗氏	夏，大旱。五月星昼见。（十余日方灭）	（麦尽枯，知县马逢庆申请预备口谷赈给，民不饥）	雍正《猗氏县志》卷六《祥异》
明万历三十五年（1607）	临汾、夏县、平陆	旱。		雍正《山西通志》卷一百六十三《祥异二》 光绪《山西通志》卷八十六《大事记四》
	临汾	夏四月，临汾旱。秋八月，平阳彗星见于西南。九月，平阳府东南见天开，光芒照耀。		雍正《平阳府志》卷之三十四《祥异》
		夏，旱。（民饥）		民国《临汾县志》卷六《杂记类·祥异》
	夏县	旱，麦不熟，民饥。		光绪《夏县志》卷五《灾祥志》
明万历三十六年（1608）	夏县	饥。		光绪《夏县志》卷五《灾祥志》
明万历三十七年（1609）	山西	是秋，湖广、四川、河南、陕西、山西旱。		《明史》卷二十一《神宗纪二》
		楚、蜀、河南、山东、山西、陕西皆旱。		《明史》卷三十《五行三》
		九月，旱饥。	三十八年，振山西饥。	光绪《山西通志》卷八十六《大事记四》
	河东	九月乙未，河东巡按陈于庭言："……旱魃为灾，不独桑田，盐池一带尽成赤裂，正盐不足，安取余盐……"		《明神宗实录》卷四六二"万历三十七九月乙未年"

续　表

纪年	灾区	灾象	应对措施	资料出处
明万历三十七年（1609）	太原	四月十日，太原府城鼓楼瓦兽出烟，自四月不雨，至明年五月，省郡大饥，火灾四见。		雍正《山西通志》卷一百六十三《祥异二》 光绪《山西通志》卷八十六《大事记四》
	太原府、榆次	四月十日，府城鼓楼瓦兽出烟。自四月不雨，至明年五月。榆次至秋不雨，岁大饥，火灾四见。		乾隆《太原府志》卷四十九《祥异》
	清源	四月至明年五月不雨，大饥。		光绪《清源乡志》卷十六《祥异》
	平定	秋七月，大旱。明年夏五月，方雨，民死徙者殆半。		光绪《平定州志》卷之五《祥异》
	盂县	大荒旱，人相食，邑令贾尚志拯救之，全活甚众。		光绪《盂县志·天文考》卷五《祥瑞、灾异》
	广灵	夏秋旱。		乾隆《广灵县志》卷一《方域·星野·灾祥附》
	定襄	终岁不雨，大荒，穷民啖草根树皮充腹。有掷子女于途与投之井中者，死亡不计其数。		康熙《定襄县志》卷之七《灾祥志·灾异》
	静乐	大旱，岁大饥。		康熙《静乐县志》四卷《赋役·灾变》
	崞县	大荒。	知县刘楫济百方拯救，劝义民秋来觐等四十二人出粟二千石，仍详请发预备仓，设粥场二十七处，存活数万，逃亡尽归，又设药以医病者。	乾隆《崞县志》卷五《祥异》 光绪《续修崞县志》卷八《志余·灾荒》

续　表

纪年	灾区	灾象	应对措施	资料出处
明万历三十七年(1609)	临汾	大旱。		民国《临汾县志》卷六《杂记类·祥异》
	吉州	大旱。		光绪《吉州全志》卷七《祥异》
	蒲县	大旱。		光绪《蒲县续志》卷之九《祥异志》
	绛州	三十七、八、九年,旱。	蠲免秋夏税。	民国《新绛县志》卷十《旧闻考·灾祥》
	垣曲	大旱。	邑令吕恒捐奉煮粥,计口给食,劝施粟两千余石,赈之。	光绪《垣曲县志》卷之十四《杂志》
	夏县	七、八、九三月不雨,大饥。		光绪《夏县志》卷五《灾祥志》
	临晋	大旱,饥。		民国《临晋县志》卷十四《旧闻记》
	猗氏	大旱。		雍正《猗氏县志》卷六《祥异》
明万历三十八年(1610)	太原、平阳、汾州、大同、辽、沁等属	皆旱饥。		雍正《山西通志》卷一百六十三《祥异二》 光绪《山西通志》卷八十六《大事记四》
	平定	旱。		光绪《平定州志》卷之五《祥异》
	大同属县	四月,大同属县旱,饥,九月,疫疠多喉痺,一二日辄死。		乾隆《大同府志》卷之二十五《祥异》 道光《大同县志》卷二《星野·岁时》
	怀仁	四月,旱饥。九月,疫,多喉痹。		光绪《怀仁县新志》卷一《分野》

续 表

纪年	灾区	灾象	应对措施	资料出处
明万历三十八年(1610)	马邑	春,马邑大饥。		雍正《朔平府志》卷之十一《外志·祥异》 民国《马邑县志》卷之一《舆图志·杂记》
	定襄	五月终始雨。黑黍种一升五分。		康熙《定襄县志》卷之七《灾祥志·灾异》
	乐平	旱,民饥,秋九月疫疠,多喉痹,一二月辄死。		民国《昔阳县志》卷一《舆地志·祥异》
	榆社	庚戌夏,麦灾。		光绪《榆社县志》卷之十《拾遗志·灾祥》
	平遥	大旱,一粒不收,饿莩载道。		光绪《平遥县志》卷之十二《杂录志·灾祥》
	介休	秋七月,旱饥。		嘉庆《介休县志》卷一《兵祥·祥灾附》
	汾州	旱饥。		乾隆《汾州府志》卷之二十五《事考》 光绪《汾阳县志》卷十《事考》
	平阳	旱饥。秋八月,疫疠多喉痹,一二日辄死。		雍正《平阳府志》卷之三十四《祥异》
	临汾	大旱。		民国《临汾县志》卷六《杂记类·祥异》
	汾西	大荒。		光绪《汾西县志》卷七《祥异》
	曲沃	春二月,大饥。		光绪《续修曲沃县志》卷之三十二《祥异》
	吉州	大旱。		光绪《吉州全志》卷七《祥异》

续　表

纪年	灾区	灾象	应对措施	资料出处
明万历三十八年（1610）	蒲县	大旱。		光绪《蒲县续志》卷之九《祥异志》
	浮山	旱，饥；秋八年疫病多喉痺，一二日辄死。		民国《浮山县志》卷三十七《灾祥》
	稷山	大旱。		同治《稷山县志》卷之七《古迹·祥异》
	猗氏	大旱。		雍正《猗氏县志》卷六《祥异》
明万历三十九年（1611）	平阳、沁州、武乡、保德	平阳荐饥，沁州、武乡、保德疫。		雍正《山西通志》卷一百六十三《祥异二》 光绪《山西通志》卷八十六《大事记四》
	榆社	辛亥，大饥。		光绪《榆社县志》卷之十《拾遗志·灾祥》
	平阳	平阳荐饥。	蠲免夏秋税。	雍正《平阳府志》卷之三十四《祥异》
	临汾	大旱。	蠲免夏秋税。	民国《临汾县志》卷六《杂记类·祥异》
	吉州	夏，大旱。		光绪《吉州全志》卷七《祥异》
	蒲县	夏，旱。		光绪《蒲县续志》卷之九《祥异志》
	稷山	旱，疫。		同治《稷山县志》卷之七《古迹·祥异》
	猗氏	夏，旱。		雍正《猗氏县志》卷六《祥异》
明万历四十年（1612）	保德	四十年、四十一年夏，大旱。	知州胡枏祖《春秋繁露》法步，祷雨辄应，禾登不饥。	乾隆《保德州志》卷之三《风土·祥异》

续　表

纪年	灾区	灾象	应对措施	资料出处
明万历四十一年（1613）	蒲州、临晋、猗氏、荣河、万泉、安邑、平陆、蒲县	大旱。	赈济有差。	雍正《山西通志》卷一百六十三《祥异二》 乾隆《蒲州府志》卷之二十三《事纪·五行祥沴》 光绪《荣河县志》卷十四《记三·祥异》 民国《临晋县志》卷十四《旧闻记》 雍正《猗氏县志》卷六《祥异》
	蒲、解	蒲、解二属大旱。		光绪《山西通志》卷八十六《大事记四》
	徐沟	大旱。		康熙《徐沟县志》卷之三《祥异》
	临汾	秋，大旱。		民国《临汾县志》卷六《杂记类·祥异》
	蒲县	夏六月，旱，蝗。（食苗至尽）		光绪《蒲县续志》卷之九《祥异志》
明万历四十三年（1615）	广昌	春，广昌旱。		康熙《定襄县志》卷之七《灾祥志·灾异》
	定襄	春夏，大旱。		康熙《定襄县志》卷之七《灾祥志·灾异》
	保德	旱。	祷，又应。	乾隆《保德州志》卷之三《风土·祥异》
	蒲州府	四月，蒲州诸县大旱，蝗。		乾隆《蒲州府志》卷之二十三《事纪·五行祥沴》
	荣河	大旱。		光绪《荣河县志》卷十四《记三·祥异》

续　表

纪年	灾区	灾象	应对措施	资料出处
明万历四十四年（1616）	临汾	夏六月，旱蝗。		民国《临汾县志》卷六《杂记类·祥异》
	芮城	丙辰，旱。夏，飞蝗蔽天，秋，复生蝻，食禾稼立尽，数年为害不已。		民国《芮城县志》卷十四《祥异考》
	永济	春夏大旱，飞蝗蔽日，禾稼一空，官以斗粟易斗蝗，尤不能尽至。秋复生，蝻蝝遍野，人不能捕，多于坌首，掘坑驱瘗之。		光绪《永济县志》卷二十三《事纪·祥沴》
	临晋	春夏大旱，蝗。		民国《临晋县志》卷十四《旧闻记》
明万历四十五年（1617）	蒲、解、绛、隰、沁州、岳阳、万泉、稷山、闻喜、安邑、阳城、长子	复旱，飞蝗头翅尽赤，翳日蔽天。沁源蝗。		雍正《山西通志》卷一百六十三《祥异二》
		复旱，蝗。		光绪《山西通志》卷八十六《大事记四》
	河津	无禾。		光绪《山西通志》卷八十六《大事记四》
	岳阳	夏五月，岳阳旱，飞蝗，头翅尽赤。翌日，蔽天，霍州有年。		雍正《平阳府志》卷之三十四《祥异》
	隰州	春夏大旱。秋，大蝗蝻。		康熙《隰州志》卷之二十一《祥异》
	解州、解县	五月，复旱。四十六年，有年，然大疫死相继。		光绪《解州志》卷之十一《祥异》 民国《解县志》卷之十三《旧闻考》
	垣曲	春蝻生，食麦苗；夏旱，六月终始雨。		光绪《垣曲县志》卷之十四《杂志》
	河津	无禾，夏旱，秋涝，人相食。		光绪《河津县志》卷之十《祥异》

续 表

纪年	灾区	灾象	应对措施	资料出处
明万历四十五年(1617)	稷山	复旱,飞蝗自东南来,十二日不断,虫蝻满池,害苗更虐。		同治《稷山县志》卷之七《古迹·祥异》
明万历四十七(1619)	阳城、陵川	饥。		雍正《山西通志》卷一百六十三《祥异二》
明万历四十八年(1620)	夏县	蝗,饥。		雍正《山西通志》卷一百六十三《祥异二》
明天启四年(1624)	静乐	旱。		光绪《山西通志》卷八十六《大事记四》
		大旱。		康熙《静乐县志》四卷《赋役·灾变》
明天启五年(1625)	交城、文水	交城、文水饥。		雍正《山西通志》卷一百六十三《祥异二》
		文水旱,交城亦饥。		光绪《山西通志》卷八十六《大事记四》
		夏六月,文水旱,交城、文水饥。		乾隆《太原府志》卷四十九《祥异》
	榆次	夏不雨,禾有收。		同治《榆次县志》卷之十六《祥异》
	交城	乙丑,饥,自此饥馑相仍,银一钱糴米不得三升。		光绪《交城县志》卷一《天文门·祥异》
	文水	乙丑六月,不雨,岁饥。		光绪《文水县志》卷之一《天文志·祥异》
明天启七年(1627)	繁峙	五月,大旱。		光绪《繁峙县志》卷四《杂志》
明崇祯元年(1628)	太平、永和、蒲、隰	秋,太平、永和、蒲、隰旱。		雍正《山西通志》卷一百六十三《祥异二》 光绪《山西通志》卷八十六《大事记四》

续 表

纪年	灾区	灾象	应对措施	资料出处
明崇祯元年(1628)	山阴	春夏风,旱。		崇祯《山阴县志》卷之五《灾祥》
	广灵	夏旱,秋霜。		乾隆《广灵县志》卷一《方域·星野·灾祥附》
	朔州	大旱,自春徂秋,涓滴不雨,禾苗不能播种。		雍正《朔平府志》卷之十一《外志·祥异》
		大旱,自春徂秋禾苗不能播种。是岁,兵荒交集,斗粟缗钱,饿死大半。		雍正《朔州志》卷之二《星野·祥异》
	太平	秋,太平旱。		雍正《平阳府志》卷之三十四《祥异》 光绪《太平县志》卷十四《杂记志·祥异》
	隰州	夏旱,八月始雨,民饥。		康熙《隰州志》卷之二十一《祥异》
	永和	春夏大旱,八月始雨		民国《永和县志》卷十四《祥异考》
	蒲州府	秋,大旱。		乾隆《蒲州府志》卷之二十三《事纪·五行祥沴》
	永济	秋旱。		光绪《永济县志》卷二十三《事纪·祥沴》
明崇祯二年(1629)	太平、浑源、广灵	饥。		雍正《山西通志》卷一百六十三《祥异二》 乾隆《大同府志》卷之二十五《祥异》
	朔州	兵荒之后流离饥饿,僧人显明善人华时英捐资倡众,郊外为万人坑,数日填满。是岁亦旱,至秋薄收。	知州翁应祥煮粥救饥,全活颇众。	雍正《朔州志》卷之二《星野·祥异》

续 表

纪年	灾区	灾象	应对措施	资料出处
明崇祯二年（1629）	太平	春三月，岳阳地震，太平饥，汾西有年。		雍正《平阳府志》卷之三十四《祥异》
		大旱。（冬有寇警）		光绪《太平县志》卷十四《杂记志·祥异》
明崇祯三年（1630）	河曲	河曲旱，大饥。		雍正《山西通志》卷一百六十三《祥异二》
		大旱，民饥，死亡甚多。		同治《河曲县志》卷五《祥异类·祥异》
明崇祯四年（1631）	广昌	广昌旱。		雍正《山西通志》卷一百六十三《祥异二》
	太平、河津	饥。		雍正《平阳府志》卷之三十四《祥异》
	文水	大旱，岁饥。		光绪《文水县志》卷之一《天文志·祥异》
	河津	六月，饥。		光绪《河津县志》卷之十《祥异》
明崇祯五年（1632）	汾西、沁源、河曲	大饥，斗米五钱。		雍正《山西通志》卷一百六十三《祥异二》
	河曲	大饥，人相食，时斗米五钱。军民争食死人，有李峥者，杀人而食。事发，立毙杖下。		同治《河曲县志》卷五《祥异类·祥异》
	汾西	大饥，斗米五钱，冀城有鸺鹠数千，飞集南河民社者旬日。		雍正《平阳府志》卷之三十四《祥异》
		五、六年，大饥。		光绪《汾西县志》卷七《祥异》
明崇祯六年（1633）	芮城、平陆、辽、沁、绛	春，芮城、平陆、辽、沁、绛大饥。	赈济。	光绪《山西通志》卷八十六《大事记四》
		春，芮城、平陆、辽、沁、绛大饥。	发帑赈济。	雍正《山西通志》卷一百六十三《祥异二》

续 表

纪年	灾区	灾象	应对措施	资料出处
明崇祯六年(1633)	垣曲、永和、蒲、隰、绛、吉	皆饥。		雍正《山西通志》卷一百六十三《祥异二》
	蒲州	无麦。		
	临县、壶关、临汾、蒲县、临晋、安邑、汾西、永和、蒲、隰	大旱、民饥,壶关黄山生白脂,民取为食。		光绪《山西通志》卷八十六《大事记四》
	平定州	旱。		光绪《平定州志》卷之五《祥异》
	临县	六年八月至七年四月,不雨,大饥。		民国《临县志》卷三《谱大事》
	临汾、太平、汾西	秋,临汾、太平、汾西大旱民饥。		雍正《平阳府志》卷之三十四《祥异》
	临汾	秋,大旱。		民国《临汾县志》卷六《杂记类·祥异》
	隰州	六、七两年并旱,斗米价银伍钱人食草根树皮,死者枕籍于路,且有食人之肉者,郡人李时进自食其子。		康熙《隰州志》卷之二十一《祥异》
	蒲县	大旱。		光绪《蒲县续志》卷之九《祥异志》
	绛州	六、七年,大荒,米麦价银一钱二升。八年,米麦价银一钱四升五合。	发帑金赈济。	光绪《直隶绛州志》卷之二十《灾祥》
	太平	大旱;冬十月,鶗鴂至。		光绪《太平县志》卷十四《杂记志·祥异》
	安邑	秋,大旱。		乾隆《解州安邑县志》卷之十一《祥异》

续 表

纪年	灾区	灾象	应对措施	资料出处
明崇祯六年（1633）	绛州	七年大荒，米麦价银一钱二升，八年，米麦价银一钱四升五合。九年，米麦价银一钱二升五合。	发帑金赈济。	民国《新绛县志》卷十《旧闻考·灾祥》
	芮城	癸卯春，大旱，斗米银六钱，民多饿死。	发帑赈济。	民国《芮城县志》卷十四《祥异考》
	平陆	秋，旱，谷未登。		乾隆《解州平陆县志》卷之十一《祥异》
	蒲州府	夏，无麦；秋，蒲州临晋大旱。		乾隆《蒲州府志》卷之二十三《事纪·五行祥沴》
	永济	夏，麦未登，秋大旱。		光绪《永济县志》卷二十三《事纪·祥沴》
	临晋	夏，麦不登。秋大旱。		民国《临晋县志》卷十四《旧闻记》
	潞安、泽州、沁州	大旱不雨，斗粟钱三钱。黄山之东坡有白土如石脂，居民取以为食，时谓黄山面。		道光《壶关县志》卷二《纪事》
	沁源	次年岁荒，斗米钱半千，复遭瘟疫，死者不可胜数。		民国《沁源县志》卷六《大事考》
	阳城	六年夏，大疫，有一家尽死者。冬无雪。		乾隆《阳城县志》卷之四《兵祥》
明崇祯七年（1634）	山西	三月，山西自去年不雨至于是月，民大饥。人相食。		《明史》卷二十三《庄烈帝纪一》 光绪《山西通志》卷八十六《大事记四》
	阳城、太平、蒲县、安邑、荣河、万泉、垣曲、永和、蒲、隰、绛、吉	皆饥。		雍正《山西通志》卷一百六十三《祥异二》 光绪《山西通志》卷八十六《大事记四》

续　表

纪年	灾区	灾象	应对措施	资料出处
明崇祯七年(1634)	太原	饥民食树皮，野多饿殍。		道光《太原县志》卷之十五《祥异》
	阳城	七年春,不雨,人多死。		乾隆《阳城县志》卷之四《兵祥》
	平定州	饥。		光绪《平定州志》卷之五《祥异》
	乐平	饥。		民国《昔阳县志》卷一《舆地志·祥异》
	太平	夏,有流星参宿间有声,红光如缕,直垂至地,良久方灭,汾州平阳皆见。太平饥。		雍正《平阳府志》卷之三十四《祥异》
	吉州	大饥。		光绪《吉州全志》卷七《祥异》
	永和	六七年,大旱,民间食草饭砂,人相食。惨不堪言,莫甚于此。		民国《永和县志》卷十四《祥异考》
	大宁	饥,人相食,死者以数千计。		光绪《大宁县志》卷之七《灾祥集》
	蒲县	夏,星出参伐有声。(星尾红光如缕,直垂至地,良久乃灭)是年,大饥。(斗米七钱,至人相食)		光绪《蒲县续志》卷之九《祥异志》
	太平	大饥。(民食榆皮、槐豆、蒺藜子,以救须臾)		光绪《太平县志》卷十四《杂记志·祥异》
	解州、解县	夏,有流星出参宿,间有声,红光如缕,直垂至地,良久方灭,大旱。		光绪《解州志》卷之十一《祥异》 民国《解县志》卷之十三《旧闻考》
	垣曲	大饥,人食树皮、草根。	事闻发帑金三千赈之。	光绪《垣曲县志》卷之十四《杂志》

续　表

纪年	灾区	灾象	应对措施	资料出处
明崇祯七年（1634）	夏县	夏，有流星出参宿间，有声，红光如缕，直垂至地，良久方灭，大旱。八年旱，月赤如血。		光绪《夏县志》卷五《灾祥志》
	蒲州	大饥，斗麦银六钱，人争自鬻。		乾隆《蒲州府志》卷之二十三《事纪·五行祥沴》
	永济	饥，斗麦银六钱，人争自鬻。夏熟，饥民思逞。	分手道参政叶廷桂严刑禁之，始止。	光绪《永济县志》卷二十三《事纪·祥沴》
	万泉	旱。		民国《万泉县志》卷终《杂记附·祥异》
	临晋	饥，民剥食树皮殆尽。		民国《临晋县志》卷十四《旧闻记》
明崇祯八年（1635）	介休	正月十四日，介休地震。十九日夜，城东北有声如涛，占者，谓之城吼，是年，秋旱。		雍正《山西通志》卷一百六十三《祥异二》 光绪《山西通志》卷八十六《大事记四》
		秋，旱。		嘉庆《介休县志》卷一《兵祥·祥灾附》
	绛州、万泉、安邑、闻喜、朔州	大饥。	赈之。	雍正《山西通志》卷一百六十三《祥异二》
	安邑	三月，旱。		光绪《山西通志》卷八十六《大事记四》
	榆社	乙亥，大饥。		光绪《榆社县志》卷之十《拾遗志·灾祥》
	太平	大饥。	九年夏四月，奉旨发帑金二万两赈济。	光绪《太平县志》卷十四《杂记志·祥异》

续 表

纪年	灾区	灾象	应对措施	资料出处
明崇祯八年（1635）	解州、解县	旱，月赤如血。		光绪《解州志》卷之十一《祥异》 民国《解县志》卷之十三《旧闻考》
	垣曲	五月，蝗食禾尽，继生蝻，野无青草；秋大旱，麦种未播。		光绪《垣曲县志》卷之十四《杂志》
	绛县	大旱，饥。		光绪《绛县志》卷六《纪事·大事表门》
	稷山	旱，飞蝗弥漫四野，秋禾一过如扫。		同治《稷山县志》卷之七《古迹·祥异》
	万泉	州多狼杀人。万泉大饥。		乾隆《蒲州府志》卷之二十三《事纪·五行祥沴》 民国《万泉县志》卷终《杂记附·祥异》
明崇祯九年（1636）	绛州、闻喜	又饥。	赈之。	雍正《山西通志》卷一百六十三《祥异二》 光绪《山西通志》卷八十六《大事记四》
	保德	九年以后，无岁不荒，至十三年，斗米八钱。人相食，盗贼遍野，村舍丘墟。		乾隆《保德州志》卷之三《风土·祥异》
	安邑	正月壬申癸酉，大风；甲戌，震电；乙亥，雨雪；夏，大旱。		乾隆《解州安邑县志》卷之十一《祥异》
	闻喜	乙亥，大饥，人相食。	九年丙子四月发帑金二万。差官同抚按赈济。	民国《闻喜县志》卷二十四《旧闻》

续 表

纪年	灾区	灾象	应对措施	资料出处
明崇祯九年(1636)	闻喜	乙亥,大饥,人相食。	是年正月,岭西官庄张孟春等杀食席师、曾子席、单凤,乡人首于官。知县杨伟绩据以申报荒灾,抚按题奏晋饥,援入疏内,故有是命。	民国《闻喜县志》卷二十四《旧闻》
	绛县	大饥。	赈之。	光绪《绛县志》卷六《纪事·大事表门》
	夏县	大旱,岁荒。		光绪《夏县志》卷五《灾祥志》
明崇祯十年(1637)	山西	是夏,两畿、山西大旱。		《明史》卷二十三《庄烈帝纪一》
	河东	夏,京师及河东不雨,江西大旱。		《明史》卷三十《五行三》
	武乡、沁源	六月大旱。		光绪《山西通志》卷八十六《大事记四》
	文水、岳阳	文水旱,岳阳饥。		雍正《山西通志》卷一百六十三《祥异二》
	介休	春,不雨。		嘉庆《介休县志》卷一《兵祥·祥灾附》
	岳阳	饥。		雍正《平阳府志》卷之三十四《祥异》
	岳阳	十年、十一年并十三、四年,连遭饥馑,黎民饿死大半。		民国《安泽县志》卷十四《祥异志·灾祥》
明崇祯十一年(1638)	山西	九月,陕西、山西旱饥。		《明史》卷二十四《庄烈帝纪二》

续　表

纪年	灾区	灾象	应对措施	资料出处
明崇祯十一年（1638）	山西	九月，旱饥。	五月，遣使括山西粮以充饥。	光绪《山西通志》卷八十六《大事记四》
	武乡、襄垣、岳阳	二月……武乡、襄垣、岳阳饥。		雍正《山西通志》卷一百六十三《祥异二》 光绪《山西通志》卷八十六《大事记四》
	稷山、灵石、猗氏、阳曲、文水	稷山、灵石、猗氏旱。阳曲、文水大饥，斗米银七钱。		
	阳曲、文水	夏，文水，旱。大饥。（斗米银七钱）		乾隆《太原府志》卷四十九《祥异》 道光《阳曲县志》卷之十六《志余》 光绪《文水县志》卷之一《天文志·祥异》
	平定州	旱。		光绪《平定州志》卷之五《祥异》
	介休	夏旱无麦，秋旱。		嘉庆《介休县志》卷一《兵祥·祥灾附》
	岳阳、襄陵、太平、灵石	岳阳饥，襄陵、太平、灵石旱。		雍正《平阳府志》卷之三十四《祥异》
明崇祯十二年（1639）	山西	六月，畿内、山东、河南、山西旱蝗。		《明史》卷二十四《庄烈帝纪二》
		畿南、山东、河南、山西、浙江旱。		《明史》卷三十《五行三》
		六月，旱，蝗。		光绪《山西通志》卷八十六《大事记四》
	灵石、万泉、稷山	旱，隰州饥。		雍正《山西通志》卷一百六十三《祥异二》 光绪《山西通志》卷八十六《大事记四》

续 表

纪年	灾区	灾象	应对措施	资料出处
明崇祯十二年(1639)	平定州	六月,旱蝗。		光绪《平定州志》卷之五《祥异·乐平乡》
		大饥,人相食。泽发水涸。		光绪《平定州志》卷之五《祥异》
	乐平	六月,旱蝗。		民国《昔阳县志》卷一《舆地志·祥异》
	石楼	十二、十三年,饥。		雍正《石楼县志》卷之三《祥异》
	灵石	太平、翼城、霍州蝗,食禾如扫,灵石旱。		雍正《平阳府志》卷之三十四《祥异》
	隰州	斗米价银四钱,流民死者甚众。		康熙《隰州志》卷之二十一《祥异》
	夏县	连遭大旱,蝗蝻食苗,岁大饥馑,斗麦值钱二两,人相食。		光绪《夏县志》卷五《灾祥志》
	灵石	旱。		道光《直隶霍州志》卷十六《禨祥》
	太平	旱,蝗。		光绪《太平县志》卷十四《杂记志·祥异》
	襄陵	十二年、十三年荐饥。(旱魃奇虐,米麦斗八千,民食树皮草根。死者相枕藉道路,人相食)	知县李用质躬历各乡劝谕,设厂赈粥,饥民多赖以全活。	民国《襄陵县新志》卷之二十三《旧闻考》
	安邑	四月,地震;六月,蝗蝻大伤禾稼;自九年不雨至十三年七月。		乾隆《解州安邑县志》卷之十一《祥异》
	稷山	十一年至十三年,频旱,野无青草,斗米千文,草根树木采食殆尽,人相食,五月,河水干七日,亢旱日甚,风霾不息。		同治《稷山县志》卷之七《古迹·祥异》

续 表

纪年	灾区	灾象	应对措施	资料出处
明崇祯十二年（1639）	万泉	大旱。		民国《万泉县志》卷终《杂记附·祥异》
明崇祯十三年（1640）	山西	是年，两畿、山东、河南、山、陕旱蝗，人相食。		《明史》卷二十四《庄烈帝纪二》
		五月，旱，蝗，人饥，人相食。	命地方官设法赈济。八月，发粟赈河东饥。	光绪《山西通志》卷八十六《大事记四》
	省郡	大饥，甚至斗米千钱。人相食。		雍正《山西通志》卷一百六十三《祥异二》
	绛州、曲沃、太平、汾、潞、漳水	竭。		雍正《山西通志》卷一百六十三《祥异二》 光绪《山西通志》卷八十六《大事记四》
	太原府	阳曲有训狐（恶鸟名）巢于鼓楼西角。榆次旱，秋七月。太谷蝗，是年省郡大饥，斗米千钱，人相食。		乾隆《太原府志》卷四十九《祥异》
	清源	大饥，人相食。		光绪《清源乡志》卷十六《祥异》
	徐沟	大饥，粟米一斗价银五钱六分，百姓流离逃徙，饿死大半。		光绪《补修徐沟县志》卷五《祥异》 康熙《徐沟县志》卷之三《祥异》
	潞城	二月，漳水竭。夏大旱，岁饥，人相食。		光绪《潞城县志》卷三《大事记》
	平定州	十二月，饥，人相食。		光绪《平定州志》卷之五《祥异·乐平乡》
		旱蝗。		光绪《平定州志》卷之五《祥异》

续 表

纪年	灾区	灾象	应对措施	资料出处
明崇祯十三年（1640）	马邑	大饥，斗米银八钱。		民国《马邑县志》卷之一《舆图志·杂记》
	榆次	旱。		同治《榆次县志》卷之十六《祥异》
	乐平	十二月，饥，人相食。		民国《昔阳县志》卷一《舆地志·祥异》
	辽州	庚辰，大饥，米价腾贵。		雍正《辽州志》卷之五《祥异》
	交城	庚辰，大饥，斗米银六钱，饿殍遍地。	知县薛国柱兴工修城，以工代赈，民赖以存。	光绪《交城县志》卷一《天文门·祥异》
	文水	大旱，岁饥。		光绪《文水县志》卷之一《天文志·祥异》
	孝义	大饥。		乾隆《孝义县志·胜迹·祥异》
	曲沃、太平、汾水、潞河、漳河	夏四月，灵石天鼓鸣，自西北流于东北，星陨如雨，曲沃、太平、汾、潞、漳河水竭。		雍正《平阳府志》卷之三十四《祥异》
	临汾	大饥。		民国《临汾县志》卷六《杂记类·祥异》
	汾西	大饥。		光绪《汾西县志》卷七《祥异》
	翼城	大旱，岁洊饥，人相食，大疫。		民国《翼城县志》卷十四《祥异》
	曲沃	春二月大旱，汾浍俱竭，大饥，人相食，死者无数。		光绪《续修曲沃县志》卷之三十二《祥异》
	霍州	五月十三日，汾水竭。		光绪《直隶绛州志》卷之二十《灾祥》
	太平	大旱，汾水竭。（饥民自南而北逃者不绝）		光绪《太平县志》卷十四《杂记志·祥异》

续　表

纪年	灾区	灾象	应对措施	资料出处
明崇祯十三年(1640)	解州、解县	大饥。		光绪《解州志》卷之十一《祥异》 民国《解县志》卷之十三《旧闻考》
	绛州	五月十三日,汾水竭。		民国《新绛县志》卷十《旧闻考·灾祥》
	闻喜	庚辰,大饥,邑境斗米银八钱,人相食。城中居民黄昏不敢独出。知县李严申禁令,日毙数人于市。食人者稍息。次年麦秋乃安。		民国《闻喜县志》卷二十四《旧闻》
	垣曲	三月,天赤,日月无光。夏无麦,秋无禾,斗米一两二钱,人相食。		光绪《垣曲县志》卷之十四《杂志》
	绛县	绛县旱,八月,陨霜。饥民数千,聚垣曲,游击柳如金驱之。		光绪《绛县志》卷六《纪事·大事表门》
	芮城	大饥,人相食。		民国《芮城县志》卷十四《祥异考》
	平陆	大饥。斗米一两三钱,草根树皮剥尽,人相食。		乾隆《解州平陆县志》卷之十一《祥异》
	蒲州	大饥,食草木皆尽……*		乾隆《蒲州府志》卷之二十三《事纪·五行祥沴》

*(明崇祯)十三年,大饥,食草木皆尽,官于城门外为坑,以埋饿死者,埋且满,饥人争就坑割食其肉,至有父子夫妇相食者。明年,麦益贵,斗麦至易银一两六钱,人弃孩幼盈路,知州潘同春立慈幼局,使收养之,颇多全活,又刻饥民图上之。至夏麦熟,人食之多病,黄肿死。

续 表

纪年	灾区	灾象	应对措施	资料出处
明崇祯十三年（1640）	永济	大饥，木皮草根剥掘殆尽……*		光绪《永济县志》卷二十三《事纪·祥沴》
	万泉	大旱。		民国《万泉县志》卷终《杂记附·祥异》
	荣河	大饥，草木皆尽，人相食，死者十之六七，僵尸满野，皆取而食之，至有父子妇夫相食者。明年麦益贵，斗粟值银一两六钱。六畜绝种。次年，麦熟，民食之多病，黄肿死。		光绪《荣河县志》卷十四《记三·祥异》
	临晋	春不雨至于六月。赤地如焚，五姓湖水涸，秋无禾，木皮草根剥掘殆尽，人相食，僻巷无敢独行者。		民国《临晋县志》卷十四《旧闻记》
	猗氏	大饥，人相食。		雍正《猗氏县志》卷六《祥异》
明崇祯十四年（1641）	大同	两京、山东、河南、湖广及宣、大同地旱。		《明史》卷三十《五行三》 乾隆《大同府志》卷之二十五《祥异》 道光《大同县志》卷二《星野·岁时》

*（明怀宗崇祯）十三年大饥，木皮草根剥掘殆尽，四门外掘深坑以瘗死者，随瘗随满，人争就坑剐食其肉。郊垌僻圻，独行者多被鬻食，甚至有父子夫妇相食者。至次年春，麦价益腾踊，银一两六钱始易麦一斗，抛弃子女盈路。知州潘同春立慈幼局于迎熙门外，全活颇众，又刻饥民图上之。夏熟，人食麦，多病黄肿死，自此生聚凋残矣。

续 表

纪年	灾区	灾象	应对措施	资料出处
明崇祯十四年(1641)	阳曲、文水、洪洞、河曲、蒲县、乡宁、河津、垣曲、猗氏、万泉、平陆、芮城、安邑、绛、吉	大饥,斗米麦,自八钱至一两五六钱。稷山疫。介休、平遥水。		雍正《山西通志》卷一百六十三《祥异二》
	阳曲、文水	二月阳曲、文水大饥;六月,榆次蝗。		乾隆《太原府志》卷四十九《祥异》
	阳曲	大饥。		道光《阳曲县志》卷之十六《志余》
	襄垣	二月初四日申时,日光如血,照耀俱成赤色,次日复然,漳河竭。		乾隆《重修襄垣县志》卷之八《祥异志·祥瑞》 民国《襄垣县志》卷之八《旧闻考·祥异》
	怀仁	旱。		光绪《怀仁县新志》卷一《分野》
	宁武府	大饥,斗米银八钱,死者山积,人相食。偏关民王元士施地埋殍,掘坟深广三丈,数日而满。		乾隆《宁武府志》卷之十《事考》
	河曲	大饥,斗米八钱。		同治《河曲县志》卷五《祥异类·祥异》
	洪洞	大饥,斗米麦自八钱至一两五六钱。		雍正《平阳府志》卷之三十四《祥异》
	临汾	秋,大饥。(自十三年大饥,人相食)		民国《临汾县志》卷六《杂记类·祥异》
	汾西	大饥。		光绪《汾西县志》卷七《祥异》
	吉州	饥,斗米麦自八钱至一两五六钱不等。		光绪《吉州全志》卷七《祥异》

续 表

纪年	灾区	灾象	应对措施	资料出处
明崇祯十四年(1641)	洪洞	大旱,粟贵如珠,树皮草根人皆相食,鬻子女仅易一飧,商旅不敢独行。		民国《洪洞县志》卷十八《杂记志·祥异》
	霍州	又大饥,杀人而食。		道光《直隶霍州志》卷十六《禨祥》
	绛州	大荒,米市绝,饿死者四坑皆满。		光绪《直隶绛州志》卷之二十《灾祥》
	浮山	以累岁大旱,洊饥,粟贵如珠。百姓食糟糠、剥树皮、掘草根,甚至人相食;鬻子女仅易一飧;在襁褓者,父母弃之道路,不顾而去;商旅不敢独行。饥殍盈野,惨不忍目。		民国《浮山县志》卷三十七《灾祥》
	太平	大饥。(斗麦银一两,米八钱,城中罢市,人相食)		光绪《太平县志》卷十四《杂记志·祥异》
	乡宁	奇荒,人相食。		民国《乡宁县志》卷八《大事记》 乾隆《乡宁县志》卷十四《祥异》
	绛州	大荒,米市绝,饿死者四坑皆满。		民国《新绛县志》卷十《旧闻考·灾祥》
	垣曲	大饥,斗米一两五钱。	先是巡按赵公文炳有养廉谷二百余石储备,歉岁赈贫生,时巡按陈公纯德按河东,生员杨蕴素、郭洪图等吁赈,公令守道李政修来发仓,每生得谷八斗,赖以存活。	光绪《垣曲县志》卷之十四《杂志》

续 表

纪年	灾区	灾象	应对措施	资料出处
明崇祯十四年(1641)	绛县	大饥。		光绪《绛县志》卷六《纪事·大事表门》
	河津	五月,汾河干。八月,大旱,野无青草,斗米至一两有奇。次年,人相食。		光绪《河津县志》卷之十《祥异》
	芮城	辛巳,连岁旱,蝗,大无禾。是春米麦每斗价一两五钱,人民父子相食、抛弃子女盈路,死亡载道,闾里皆墟。夏麦方秀即捣食,麦熟人饱食,多黄肿死。		民国《芮城县志》卷十四《祥异考》
	万泉	夏,大旱,骨肉相食,人亡大半。		民国《万泉县志》卷终《杂记附·祥异》
	猗氏	十四年春,大饥……*		雍正《猗氏县志》卷六《祥异》
明崇祯十五年(1642)	阳曲、文水、临县	饥。		雍正《山西通志》卷一百六十三《祥异二》 光绪《山西通志》卷八十六《大事记四》
	阳曲、文水	六月,阳曲、文水饥。		乾隆《太原府志》卷四十九《祥异》
	榆社	壬午春,不雨。至六月初二日雨,秋大熟。		光绪《榆社县志》卷之十《拾遗志·灾祥》
	文水	大旱,岁饥。		光绪《文水县志》卷之一《天文志·祥异》

* 自十三年,大饥,到处木皮草根剥掘既尽,复食人,至有父子夫妇昆弟相食者。至是年春,斗米麦自八九钱至一两二钱,一两五六钱者。黄昏人不敢行,油一觔银一钱八九分,猪肉亦如之,麦方秀即捣食,麦熟饱食,得病黄肿而死者甚多,有委麦于野,无人收者。

续 表

纪年	灾区	灾象	应对措施	资料出处
明崇祯十五年(1642)	临县	夏四月,临县饥。		乾隆《汾州府志》卷之二十五《事考》
		斗米银六钱,民多饿莩。		民国《临县志》卷三《谱大事》
明崇祯十六年(1643)	潞安府	冬,潞安府城东南隅入夜,辄闻鬼哭声,是时,饥疫荐臻,流寇肆虐,民生大困。		雍正《山西通志》卷一百六十三《祥异二》
	文水	大旱,岁饥。		光绪《文水县志》卷之一《天文志·祥异》

(一) 时间分布

从年际分布看,明代山西旱灾发生量处于持续增加的动态过程中,在时间维度的走向上并非线性分布,而是在不规则的运动过程中发展变化着。根据表5-1所提供的数据把明朝分为三个时段进行研判,1368—1450年的83年中历史旱灾记录共32年(次),接近旱灾总量的12.9%,年频次仅为0.39,旱灾显示为低发;1451—1550年的100年间中历史旱灾记录共80年(次),占到旱灾总量的32.3%,年频次为0.8,旱灾显示为频发;1551—1644年的93年间历史旱灾记录共136年(次),占到总量的54.8%,年频次为1.46,旱灾显示为多发。

从季节分布来看,历史记录显示,明代山西旱灾多发于春、夏、秋三季。由于春季为农业的播种季节,夏季为农作物生长季节,而秋季为作物的成熟季节,所以这三个季节的干旱对农业生产的影响较大并受到更多的关注。相对而言,冬季旱灾,对农作物和人类活动影响比较小,造成的危害后果相对也不甚严重,故关注和记录较少。在所有的旱灾中,连旱极易对农业生产造成巨大危害,也最易于形成特大干旱。明代的四次特大干旱均系连旱:明宣德二年至三年(1427—1428),山西大旱,造成“大饥,流移十万余口”[①]后果;明成化十八年至二十二年(1482—1486),山西全省连年“大旱,饿死者枕藉于途,老少窜亡,莫可胜计,人相食”[②];明嘉靖七年至十三年(1528—1534),山西大旱,“寸草不生,米买斗价银二两,人食蒲根、榆皮,甚食泄生诸物,散者几半,死者枕藉,妖兽作祟,俗疑为獭,约高尺许长三尺余,夜食婴儿无算。”[③]明万历三十七年至四十年(1609—1612),“终岁不雨,大荒,穷民啖草根树皮充腹。有掷子女于途与投之井中者,死亡不计其数。”[④]

(二) 空间分布

表5-3 明朝山西旱灾空间分布表

今地	灾区(次)	灾区数
太原	阳曲(5)、徐沟(13)、清源(5)	3
长治	长治(2)、襄垣(2)、黎城(1)、壶关(2)、长子(1)、沁州(3)、沁源(3)、武乡(2)、潞城(2)、平顺(1)、屯留(1)	11
晋城	泽州(2)、高平(2)、阳城(3)	3
阳泉	盂县(5)	1
大同	大同(13)	1
雁北	怀仁(8)、山阴(1)、阳高(3)、广灵(5)、朔州(5)、马邑(2)、左云(4)	7
忻州	忻州(1)、定襄(8)、静乐(3)、代州(6)、崞县(14)、繁峙(2)、保德(5)、河曲(5)、岢岚(2)	9
晋中	榆次(11)、乐平(9)、辽州(4)、和顺(2)、榆社(4)、太谷(6)、平遥(2)、寿阳(5)、祁县(6)、介休(6)	10
吕梁	岚县(1)、交城(5)、文水(14)、汾阳(3)、孝义(4)、石楼(6)、宁乡(7)、临县(2)	8

①雍正《山西通志》卷一百六十三《祥异二》。

②光绪《荣河县志》卷十四《记三·祥异》。

③光绪《太平县志》卷十四《杂记志·祥异》。

④康熙《定襄县志》卷之七《灾祥志·灾异》。

续 表

今地	灾区(次)	灾区数
临汾	临汾(21)、汾西(12)、岳阳(4)、翼城(12)、曲沃(24)、吉州(7)、隰州(6)、永和(5)、大宁(1)、蒲县(11)、洪洞(5)、霍州(6)、浮山(10)、太平(20)、襄陵(5)、乡宁(8)	16
运城	解县(12)、安邑(3)、绛州(7)、闻喜(6)、垣曲(8)、绛县(7)、河津(7)、稷山(15)、芮城(8)、夏县(12)、平陆(4)、永济(10)、荣河(6)、万泉(14)、临晋(11)、猗氏(12)	16

明代山西旱灾集中多发于晋南一带的临汾、运城,其次是晋中、忻州、吕梁、雁北等地。晋南地区不仅密度高,而且所属几乎无处不灾,最高发的曲沃县,旱灾次数达到24年(次),曲沃地属临汾地区,临汾本来就是旱灾重镇,曲沃成了重灾区中的重灾区。

二　水(洪涝)灾

明代发生在山西的水(洪涝)灾数量仅次于旱灾,是明代威胁山西民生的第二大灾害。水(洪涝)灾次数达到157次,频度为0.57,为先秦以来文献记录最高数据。

表5-4 明代山西水(洪涝)灾年表

纪年	灾区	灾象	应对措施	资料出处
明洪武十四年(1381)	交城	夏,交城水。		雍正《山西通志》卷一百六十三《祥异二》 乾隆《太原府志》卷四十九《祥异》
		辛酉夏,大雨,河水冲坏城垣,城外东北新建圣母庙,木架已具漂入城内东南隅,乡人遂建庙于此,名曰下庙。		光绪《交城县志》卷一《天文门·祥异》
明太祖洪武十七年(1384)	太原卫	八月甲午,太原卫言:“山水暴涨,冲决城壕堤岸,请以军民协力修治,其侵及民田者,乞除其租。”许之,仍命给钞偿所侵民田。	命给钞偿所侵民田。	《明太祖实录》卷一六四“洪武十七年八月甲午”

续 表

纪年	灾区	灾象	应对措施	资料出处
明洪武十八年（1385）	垣曲	大水圮南城。		光绪《垣曲县志》卷之十四《杂志》 雍正《山西通志》卷一百六十三《祥异二》
明永乐三年（1405）	徐沟	乙酉七月初八日，金嵰二河水涨发，夜入东门，淹没城内居民，人畜死者甚众。		康熙《徐沟县志》卷之三《祥异》
明永乐七年（1409）	徐沟	七月初八日，金嵰二河水涨发，夜入东门，城内居民人畜淹死者甚多。		光绪《补修徐沟县志》卷五《祥异》
明永乐十年（1412）	交城	六月，交城水溢，城多倾圮。曲沃饥。		雍正《山西通志》卷一百六十三《祥异二》 乾隆《太原府志》卷四十九《祥异》
		癸巳六月，城西步浑水与塔莎水泛涨，冲圮城垣。		光绪《交城县志》卷一《天文门·祥异》
明永乐十二年（1414）	临晋*	十月，临晋涑河逆流，决姚暹渠堰，流入硝池，淹没民田，将及盐池。		《明史》卷二十八《五行一》
		七月，临晋涑水逆流，决姚暹渠堰流入硝池，淹没民田，将及盐池。		光绪《山西通志》卷八十六《大事记四》
	泽州、高平	淫雨，害稼。		雍正《山西通志》卷一百六十三《祥异二》
		夏，大旱。（州志）秋八月朔甲子，泽州、高平霪雨害稼。（高平志）		雍正《泽州府志》卷之五十《祥异》
	高平	秋八月朔甲子，淫雨害稼。		乾隆《高平县志》卷之十六《祥异》
	阳城	淫雨害稼。		乾隆《阳城县志》卷之四《兵祥》 同治《阳城县志》卷之一八《灾祥》

＊临晋，今山西临猗西南。

续 表

纪年	灾区	灾象	应对措施	资料出处
明永乐十三年（1415）	辽州*	六月甲申，山西布政司言：辽州淫雨，河水暴溢，坏民田三十余顷，命户部除其租。		《明太宗实录》卷一六五“永乐十三年六月甲申”
	徐沟	徐沟、金峻二水泛，涨入城，淹没甚众。		雍正《山西通志》卷一百六十三《祥异二》 乾隆《太原府志》卷四十九《祥异》
明永乐二十二年（1424）	雁门守御千户*	三月丁酉，山西振武卫雁门守御千户所言：雨水坏城垣。		《明太宗实录》卷二六九“永乐二十二年三月丁酉”
	振武	三月，振武卫雨水坏城。		光绪《山西通志》卷八十六《大事记四》
明洪熙元年（1425）	乐平、介休、辽州	九月戊申，山西布政司奏：乐平、介休、二县及辽州，夏初多雨，没官、民田稼二百九顷，桑一千三百三十株。		《明宣宗实录》卷九“洪熙元年九月戊申”
明宣德七年（1432）	太原	六月，太原河、汾并溢，伤稼。		《明史》卷二十八《五行一》 光绪《山西通志》卷八十六《大事记四》
	河东	二月戊午，行在工部奏：河东盐池堤防雨潦颓坏。		《明宣宗实录》卷八七“宣德七年二月戊午”
明正统十年（1445）	洪洞	三月，洪洞汾水堤决，移置普润驿以远其害。		《明史》卷二十八《五行一》
		三月，洪洞汾水堤决，移置普润驿，以远其害。是岁，山西饥。		光绪《山西通志》卷八十六《大事记四》
明正统十一年（1446）	太原	是岁，太原、兖州、武昌亦俱大水。		《明史》卷二十八《五行一》

---

* 辽州，今左权。

* 雁门守御千户，今代县北。

续 表

纪年	灾区	灾象	应对措施	资料出处
明正统十一年(1446)	太原	九月丙寅朔,直隶徐州并河南南阳、山西太原、山东兖州、登州,湖广武昌府各奏:五月、六月大雨,江河泛溢,淹没禾稼,漂民居舍。		《明英宗实录》卷一四五“正统十一年九月丙寅朔”
		大水。		光绪《山西通志》卷八十六《大事记四》
明景泰二年(1451)	宁山卫	二月癸巳,巡按直隶监察御史李周等奏:直隶宁山卫屯田被河溢冲决六十七顷,不堪耕种。		《明英宗实录》卷一九〇“景泰二年二月癸巳”
明天顺八年(1464)	静乐	水决河堤六十丈,没民田百顷。		雍正《山西通志》卷一百六十三《祥异二》
		六月,碾水涨,决古堤六十丈,冲民田百顷。		康熙《静乐县志》四卷《赋役・灾变》
明成化元年(1465)	山西	八月甲辰,南北直隶及河南、山西、湖广、江西、浙江所属郡县凡一百四十余处各奏水患。	诏户部勘实以闻。	《明宪宗实录》卷二〇“成化元年八月甲辰”
	平阳	二月,洪洞、临汾彗星见,长三丈余,三阅月(疑为“阅三月”)乃没。霍州京山鸡掌门有大蛛与龙。关山水冲没田产树木。		雍正《平阳府志》卷之三十四《祥异》
明成化三年(1467)	汾水	汾水伤稼。		光绪《山西通志》卷八十六《大事记四》
明成化四年(1468)	繁峙	六月,繁峙大水,大峪口山崩,数处水涨平川,高数丈。		雍正《山西通志》卷一百六十三《祥异二》 光绪《山西通志》卷八十六《大事记四》
		六月,大水,大峪口山崩,水溢数丈,其声如雷,木石随下,有巨石横涧中,围五尺,厚二丈余,白色粉质,或疑为老松所化云。		道光《繁峙县志》卷之六《祥异志・祥异》 光绪《繁峙县志》卷四《杂志》

续　表

纪年	灾区	灾象	应对措施	资料出处
明成化五年(1469)	山西	汾水伤稼。		《明史》卷二十八《五行一》
明成化六年(1470)	代州	水。	八月赈山西饥。	雍正《山西通志》卷一百六十三《祥异二》 光绪《山西通志》卷八十六《大事记四》
		六月大雨五日,水涨高数丈。		光绪《代州志·记三》卷十二《大事记》
明成化七年(1471)	灵石	六月,灵石水。	八年五月,免山西夏税十之二。	雍正《山西通志》卷一百六十三《祥异二》 雍正《平阳府志》卷之三十四《祥异》
明成化十一年(1475)	泽州	大水。		雍正《山西通志》卷一百六十三《祥异二》 雍正《泽州府志》卷之五十《祥异》
明成化十二年(1476)	高平	夏旱,秋复涝。		雍正《泽州府志》卷之五十《祥异》
明成化十三年(1477)	潞安府	绛水冲北城。	知县王绅移北门,于旧门东五十余步引绛水,使离城北里许。	乾隆《潞安府志》卷十一《纪事》
明成化十六年(1480)	长治	水。		光绪《长治县志》卷之八《记一·大事记》
明成化十七年(1481)	孝义	夏六月,孝义大水。		雍正《山西通志》卷一百六十三《祥异二》 光绪《山西通志》卷八十六《大事记四》
		大水漂没南关及乡村屋室庐三十余区。		乾隆《孝义县志·胜迹·祥异》

续　表

纪年	灾区	灾象	应对措施	资料出处
明成化十七年(1481)	石楼	八月,大水。		雍正《石楼县志》卷之三《祥异》
明成化十八年(1482)	高平	高平西山有角儿羊者,斗于金峰之麓。山水暴涨,损伤田禾、庐舍无算。	四月,免被灾者税粮。(光绪《山西通志》卷八十六《大事记四》)	雍正《山西通志》卷一百六十三《祥异二》
	翼城	六月,翼城雨,伤禾稼。	四月,免被灾者税粮。(光绪《山西通志》卷八十六《大事记四》)	雍正《山西通志》卷一百六十三《祥异二》
	长治、宁乡	长治、宁乡水。		雍正《山西通志》卷一百六十三《祥异二》
	潞州、高平、长治	壬寅,潞州大雨连旬,高河水涨,漂流民舍数百间,溺死头畜甚众。		《潞州志》卷第三《灾祥志》 顺治《潞安府志》卷十五《纪事三·灾祥》 乾隆《潞安府志》卷十一《纪事》 光绪《长治县志》卷之八《记一·大事记》
	高平	西山有角而羊者,斗于金峰之麓,水忽暴涨,损伤田禾庐舍无算。		雍正《泽州府志》卷之五十《祥异》
		夏六月丁未,大水。旧志:城近西山,时有水患,至是民有见角而羊者斗于金峰之麓,水忽暴涨,而下城郭几为荡没。		乾隆《高平县志》卷之十六《祥异》

续　表

纪年	灾区	灾象	应对措施	资料出处
明成化十八年（1482）	宁乡	六月，宁乡水。		乾隆《汾州府志》卷之二十五《事考》
		八月，大水。		康熙《宁乡县志》卷之一《灾异》
	翼城	六月，雨伤稼。霍州、汾西旱。		雍正《平阳府志》卷之三十四《祥异》
		六月，雨伤稼，坏庐舍。		民国《翼城县志》卷十四《祥异》
	卫河、漳河、滹沱河	是年，卫河、漳河、滹沱河溢；运粮河自清平（在今山东临清东南）至天津间决口八十六处。		《中国历史大事年表》
明成化二十三年（1487）	闻喜	闻喜豢龙池水溢，中有鳞甲，大如桐叶，水有血痕。		雍正《山西通志》卷一百六十三《祥异二》
		闻喜豢龙池水溢，中有鳞甲，大如桐叶。		光绪《山西通志》卷八十六《大事记四》
		豢龙池水溢。		民国《闻喜县志》卷二十四《旧闻》
明弘治三年（1490）	潞州卫*、沁州卫*	五月丙寅，山西潞州卫并沁州卫御千户所屯田被水灾不及三分例不免粮，上以其民饥困，方发仓赈济，不可复征，特免之。	五月丙寅，山西潞州卫并沁州卫御千户所屯田被水灾不及三分例不免粮，上以其民饥困，方发仓赈济，不可复征，特免之。	《明孝宗实录》卷三八"弘治三年五月丙寅"

* 潞州卫，今长治。

* 沁州卫，今沁县。

续 表

纪年	灾区	灾象	应对措施	资料出处
明弘治四年(1491)	文水	河溢,害禾稼、庐舍。		雍正《山西通志》卷一百六十三《祥异二》 乾隆《太原府志》卷四十九《祥异》
		峪河水放溢,害稼及民庐舍。		光绪《文水县志》卷之一《天文志·祥异》
明弘治十年(1497)	太原、榆次	霪雨积旬。榆次县北孙家山南移二十里许。		雍正《山西通志》卷一百六十三《祥异二》 乾隆《太原府志》卷四十九《祥异》 同治《榆次县志》卷之十六《祥异》
	阳曲	秋大雨。(淫雨积旬)		道光《阳曲县志》卷之十六《志余》
明弘治十一年(1498)	泽州	大水。		雍正《山西通志》卷一百六十三《祥异二》
明弘治十二年(1499)	高平	夏旱秋复涝。		乾隆《高平县志》卷之十六《祥异》
明弘治十四年(1501)	山西	闰七月戊戌,南北直隶、山西、山东、河南等处以水灾告户部,请令所司各举行荒改以恤民患……	闰七月戊戌,南北直隶、山西、山东、河南等处以水灾告户部,请令所司各举行荒改以恤民患……	《明孝宗实录》卷一七七"弘治十四年闰七月戊戌"
	清源、孝义、灵石	清源、孝义、灵石大水。七月,太原崇圣寺碑无故吼三日夜,汾水泛涨,碑入汾河中,滨河村落漂没殆尽,大无麦禾。河曲有龙起于县北。		雍正《山西通志》卷一百六十三《祥异二》

续 表

纪年	灾区	灾象	应对措施	资料出处
明弘治十四年(1501)	阳曲	春三月,汾水涨。(初七日,汾水涨高四丈许,临河村落房屋禾麦漂没殆尽,岁大饥)		道光《阳曲县志》卷之十六《志余》
	太原	正月,清源大水。七月,太原崇圣寺碑无故吼三日。夜,汾水泛涨,碑入汾河中,滨河村落湮没殆尽,大无麦禾。		乾隆《太原府志》卷四十九《祥异》
		七月,汾水涨约四丈余,滨河村落房屋及禾黍漂堙殆尽。是岁大饥。		道光《太原县志》卷之十五《祥异》
	清源	大水,漂禾殆尽。		光绪《清源乡志》卷十六《祥异》
	孝义	正月,大水。		乾隆《汾州府志》卷之二十五《事考》 乾隆《孝义县志·胜迹·祥异》
	灵石	大水。		雍正《平阳府志》卷之三十四《祥异》 道光《直隶霍州志》卷十六《禨祥》
明弘治十五年(1502)	榆次	七月,榆次大水。	十六年三月,免被灾税粮。(光绪《山西通志》卷八十六《大事记四》)	雍正《山西通志》卷一百六十三《祥异二》 乾隆《太原府志》卷四十九《祥异》
		七月,大雨,水害稼,败民舍。		同治《榆次县志》卷之十六《祥异》

续　表

纪年	灾区	灾象	应对措施	资料出处
明正德三年(1508)	岢岚、太谷	六月,岢岚、太谷大水,坏城垣及民庐舍。		雍正《山西通志》卷一百六十三《祥异二》 光绪《山西通志》卷八十六《大事记四》 乾隆《太原府志》卷四十九《祥异》
	岢岚	夏,大水,漂没民屋暨人。		光绪《岢岚州志》卷之十《风土志·祥异》
	太谷	大水,井溢。(时夏雨连旬,山水暴注坏城垣,漂没庐舍甚众,居民溺死者千余人,井泉平溢)		民国《太谷县志》卷一《年纪》
	岚县	水灾,漂没民居无数。		雍正《重修岚县志》卷之十六《灾异》
明正德四年(1509)	介休、岢岚南川口	七月介休大水,平地起波丈余,城南长东乡地裂里许,阔二丈,深不可测,水皆下泄。冬十月,岢岚南川口天雨小鱼数千尾,食之杀人。		雍正《山西通志》卷一百六十三《祥异二》 嘉庆《介休县志》卷一《兵祥·祥灾附》 乾隆《汾州府志》卷之二十五《事考》
明正德六年(1511)	赵城	夏六月,赵城大水,城不浸者三版。解州盐花盛生。	巡盐御史疏,请春、秋二祭,御制祭文,镌石。	雍正《山西通志》卷一百六十三《祥异二》
		赵城鸡夜鸣。夏六月,赵城大水,城不浸者三版。		雍正《平阳府志》卷之三十四《祥异》 道光《直隶霍州志》卷十六《禨祥》
明正德七年(1512)	阳高	七月,阳高大水。		雍正《山西通志》卷一百六十三《祥异二》

续 表

纪年	灾区	灾象	应对措施	资料出处
明正德八年(1513)	沁州、沁源、泽州	秋八月,沁州、沁源、泽州无云而震,既而大风雨,平地水深丈余,漂没民田四千顷。		雍正《山西通志》卷一百六十三《祥异二》
	沁源	八月,沁源大水。(时无云而震,既而大风雨,平地水深丈余,漂没民田四千余顷)		乾隆《沁州志》卷九《灾异》
		八月,天无云而震,既而大风雨,随之平地水深丈余,漂没民田千馀顷。		雍正《沁源县志》卷之九《别录・灾祥》 民国《沁源县志》卷六《大事考》
	泽州	秋八月,泽州无云而震,既而大风雨,平地水深丈余,漂没民田四千顷。		雍正《泽州府志》卷之五十《祥异》
明正德十一年(1516)	河曲	六月,河曲霪雨,水出县西南,冲民房。		雍正《山西通志》卷一百六十三《祥异二》
	太原	夏六月,淫雨,水溢榆次县西南,居民沦圮。		乾隆《太原府志》卷四十九《祥异》
	榆次	六月,淫雨,水出县西南等村,屋多沦圮。		同治《榆次县志》卷之十六《祥异》
明正德十二年(1517)	静乐	碾水大涨,决碾河古堤八十丈,冲官桥水磨二十余座。		雍正《山西通志》卷一百六十三《祥异二》 康熙《静乐县志》四卷《赋役・灾变》
明正德十三年(1518)	泽州、阳城、高平	大水。	十四年正月,诏山西流民归业者,官给廪食庐舍牛种,复其赋。	雍正《山西通志》卷一百六十三《祥异二》 光绪《山西通志》卷八十六《大事记四》
		秋大水,丹河涨溢,临丹河村舍数千间多损坏。		雍正《泽州府志》卷之五十《祥异》 乾隆《高平县志》卷之十六《祥异》

续　表

纪年	灾区	灾象	应对措施	资料出处
明正德十三年(1518)	阳城	秋,大水。		乾隆《阳城县志》卷之四《兵祥》 同治《阳城县志》卷之一八《灾祥》
明正德十五年(1520)	灵石	灵石大水,坏城垣。		雍正《山西通志》卷一百六十三《祥异二》 雍正《平阳府志》卷之三十四《祥异》 道光《直隶霍州志》卷十六《禨祥》
明正德十六年(1521)	太原	太原汾河水溢河,旧在史家庄东,一夕倏移西。是岁,保德、河曲、太原、大同、阳高、灵丘饥。		雍正《山西通志》卷一百六十三《祥异二》 乾隆《太原府志》卷四十九《祥异》
	盂县	曹村龙见,风雨,昼晦,拔木毁屋,黑气上彻太虚。		
明嘉靖五年(1526)	万泉	大水。		雍正《山西通志》卷一百六十三《祥异二》 乾隆《蒲州府志》卷之二十三《事纪·五行祥沴》 民国《万泉县志》卷终《杂记附·祥异》
明嘉靖七年(1528)	阳高	九月,大水。	九年正月,赈山西灾。	雍正《山西通志》卷一百六十三《祥异二》 光绪《山西通志》卷八十六《大事记四》 雍正《阳高县志》卷之五《祥异》
明嘉靖八年(1529)	翼城、平陆	大雨,伤禾。		光绪《山西通志》卷八十六《大事记四》

续　表

纪年	灾区	灾象	应对措施	资料出处
明嘉靖八年(1529)	太平	正月,太平雨黄沙。	九年正月,赈山西灾。	雍正《山西通志》卷一百六十三《祥异二》光绪《山西通志》卷八十六《大事记四》
	石楼	正月,大雷雨。		雍正《石楼县志》卷之三《祥异》
	宁乡	正月,大雨。		康熙《宁乡县志》卷之一《灾异》
	翼城	春正月朔,太平雨黄沙。六月,洪洞、临汾、曲沃,螟蝗食稼。秋七月,翼城大雨伤禾。		雍正《平阳府志》卷之三十四《祥异》
		大霖雨四十日,秋无禾。		民国《翼城县志》卷十四《祥异》
	解州、平陆	秋霖雨四旬,伤稼。		乾隆《解州平陆县志》卷之十一《祥异》
明嘉靖九年(1530)	垣曲	大水圮南城。		雍正《山西通志》卷一百六十三《祥异二》光绪《垣曲县志》卷之十四《杂志》
	洪洞	夏,雷电云雨大作,学宫楹柱上有物状若龙,徙殿脊西而去,吻兽毁伤。		民国《洪洞县志》卷十八《杂记志·祥异》
明嘉靖十二年(1533)	永宁州	秋八月,霪雨不止。及晴,霜落如雪,禾尽杀,饥民流移相食。		康熙《永宁州志》附《灾祥》
明嘉靖十三年(1534)	垣曲	垣曲龙见,未几,黄河溢。		雍正《山西通志》卷一百六十三《祥异二》

续　表

纪年	灾区	灾象	应对措施	资料出处
明嘉靖十五年(1536)	临晋	六月,临晋大水,垣曲龙见。		雍正《山西通志》卷一百六十三《祥异二》 光绪《山西通志》卷八十六《大事记四》 乾隆《蒲州府志》卷之二十三《事纪·五行祥沴》 民国《临晋县志》卷十四《旧闻记》
	垣曲	七月七日,大雨如注,平地水深数尺,河溢城圮。		光绪《垣曲县志》卷之十四《杂志》
明嘉靖十六年(1537)	解州、平陆	平陆大雨,溺店头村。		雍正《山西通志》卷一百六十三《祥异二》 光绪《山西通志》卷八十六《大事记四》 乾隆《解州平陆县志》卷之十一《祥异》
	太原	春正月,大水。		乾隆《太原府志》卷四十九《祥异》
	平陆	夏,雨,溺店头镇。		乾隆《解州平陆县志》卷之十一《祥异》
明嘉靖十九年(1540)	临县	八月,临县大水。		雍正《山西通志》卷一百六十三《祥异二》 光绪《山西通志》卷八十六《大事记四》
	榆次	六月,大水。		同治《榆次县志》卷之十六《祥异》
明嘉靖二十年(1541)	寿阳、交城	六月,寿阳、交城雹雨,伤稼。		雍正《山西通志》卷一百六十三《祥异二》 光绪《山西通志》卷八十六《大事记四》
	榆次、清源	涂水漫溢四十余里,清源大水,城西门坏。	诏免田租。	

续 表

纪年	灾区	灾象	应对措施	资料出处
明嘉靖二十年（1541）	清源	清源大水，城西门坏。		雍正《山西通志》卷一百六十三《祥异二》 乾隆《太原府志》卷四十九《祥异》 光绪《清源乡志》卷十六《祥异》
	交城	六月，雷雨，伤稼。	诏免田租。	乾隆《太原府志》卷四十九《祥异》
	榆次	六月，淫雨，涂水溢流四十余里，败田庐。		乾隆《太原府志》卷四十九《祥异》 同治《榆次县志》卷之十六《祥异》
	寿阳	夏六月，淫雨伤稼，居民多热溺。		光绪《寿阳县志》卷十三《杂志·异祥第六》
	文水	辛丑六月，淫雨，文汾水溢，汩民田稼。	诏免田租。	光绪《文水县志》卷之一《天文志·祥异》
明嘉靖二十一年（1542）	吉州、翼城	夏五月，吉州大水。翼城浍水暴涨，漂溺东河庐舍。		雍正《山西通志》卷一百六十三《祥异二》 光绪《山西通志》卷八十六《大事记四》
	翼城	夏五月，翼城浍水暴涨，漂溺东河庐舍。七月朔，日食既。		雍正《平阳府志》卷之三十四《祥异》
		夏，五月浍水瀑涨，漂溺东河庐舍。		民国《翼城县志》卷十四《祥异》
	吉州	夏五月，大水漂没城郭民舍之半。		光绪《吉州全志》卷七《祥异》
明嘉靖二十二年（1543）	襄陵	汾水溢。汾水泛涨异常。（中流覆舟，平阳卫马指挥淹没其中，小民同没者众）		雍正《山西通志》卷一百六十三《祥异二》 雍正《平阳府志》卷之三十四《祥异》 民国《襄陵县新志》卷之二十三《旧闻考》

续 表

纪年	灾区	灾象	应对措施	资料出处
明嘉靖二十二年(1543)	孝义、榆次、文水、祁县、灵丘	大水伤稼。		雍正《山西通志》卷一百六十三《祥异二》 光绪《山西通志》卷八十六《大事记四》
	榆次、文水、祁县	榆次、文水、祁县大水伤稼。		乾隆《太原府志》卷四十九《祥异》
明嘉靖二十三年(1544)	黎城、汾阳、孝义、榆次、文水、祁县、灵丘	黎城山水骤发，伤民庐舍。汾阳、孝义、榆次、文水、祁县、灵丘大水，伤稼。		雍正《山西通志》卷一百六十三《祥异二》
	灵石	汾河溢，坏城。	二十四年六月，免被灾税粮。	光绪《山西通志》卷八十六《大事记四》 道光《直隶霍州志》卷十六《禨祥》
	黎城	(甲辰)七月，黎城县山水溃堤，庐舍，伤人畜。		顺治《潞安府志》卷十五《纪事三·灾祥》 乾隆《潞安府志》卷十一《纪事》
		七月初三日，夜二鼓，忽大水自县城西来，啮堤，由南关延庆寺内溃出，近居者房内水深三尺，至明方泄。圮房约五十余间，溺死男妇九口，伤而未死者甚众。	知县李良能举恤典。	康熙《黎城县志》卷之二《纪事》
	怀仁	七月，大雨七日夜。		光绪《怀仁县新志》卷一《分野》

续　表

纪年	灾区	灾象	应对措施	资料出处
明嘉靖二十三年（1544）	榆次	夏六月，淫雨，坏官舍民庐。		同治《榆次县志》卷之十六《祥异》
	祁县	大水伤稼。		光绪《增修祁县志》卷十六《祥异》
	文水	甲辰，大水没稼。		光绪《文水县志》卷之一《天文志·祥异》
	孝义、汾州	大水，伤稼。		乾隆《汾州府志》卷之二十五《事考》
	汾阳	大水，平地数尺。		光绪《汾阳县志》卷十《事考》
	孝义	大水。		乾隆《孝义县志·胜迹·祥异》
明嘉靖二十五年（1546）	怀仁	十月，大雨。		光绪《怀仁县新志》卷一《分野》
	平遥	大水，本县溺死七千余人。		光绪《平遥县志》卷之十二《杂录志·灾祥》
嘉靖二十九年（1550）	汾河	六月，大水，汾河西徙。		光绪《山西通志》卷八十六《大事记四》 雍正《山西通志》卷一百六十三《祥异二》 乾隆《太原府志》卷四十九《祥异》
明嘉靖三十年（1551）	太原、大同	十月壬戌，以灾伤免山西太原、大同等府诸州县及各卫所税粮如例。	以灾伤免……府诸州县及各卫所税粮如例。	《明世宗实录》卷三七八“嘉靖三十年十月壬戌”
	汾州	水。		乾隆《汾州府志》卷之二十五《事考》
嘉靖三十一年（1552）	文水	壬子，大水伤稼。		光绪《文水县志》卷之一《天文志·祥异》

续　表

纪年	灾区	灾象	应对措施	资料出处
明嘉靖三十二年(1553)	兴县、交城、清源	兴县水，摧西南城隅。六月，文水汾河徙，害稼。清源、交城大水。		雍正《山西通志》卷一百六十三《祥异二》光绪《山西通志》卷八十六《大事记四》
	太原	兴县水摧西南城隅。六月，文水汾河徙，害稼。交城、清源大水，太谷陨霜杀稼。		乾隆《太原府志》卷四十九《祥异》
	清源	汾水、白石水并溢，平地丈余。		光绪《清源乡志》卷十六《祥异》
	静乐	碾水大涨，冲决南郭城垣，堙没民房三百余间，决尽古河堤。		康熙《静乐县志》四卷《赋役·灾变》
	交城	癸丑六月，暴雨移时，沙河水突至，冲坏东门桥、东城垣，城内水深三尺。		光绪《交城县志》卷一《天文门·祥异》
	文水	癸丑夏六月，淫雨，文峪汾河俱徙，害稼，坏官民庐舍太半。冬十一月长至日，风霾。		光绪《文水县志》卷之一《天文志·祥异》
明嘉靖三十三年(1554)	静乐	碾水决城。		雍正《山西通志》卷一百六十三《祥异二》光绪《山西通志》卷八十六《大事记四》
明嘉靖三十四年(1555)	山西	十二月壬寅，山西、陕西、河南地大震，河、渭溢，死者八十三万有奇。		《明史》卷十八《世宗纪二》
	荣河、黄河	溢。		雍正《山西通志》卷一百六十三《祥异二》

续　表

纪年	灾区	灾象	应对措施	资料出处
明嘉靖三十四年（1555）	沁州	夏五月，沁州大风，暴雨，大木折拔。		雍正《山西通志》卷一百六十三《祥异二》
	荣河	秋，大水，黄河溢水至城下，漂没禾稼。		光绪《荣河县志》卷十四《记三·祥异》
明嘉靖三十五年（1556）	阳城、平遥	大水。		雍正《山西通志》卷一百六十三《祥异二》 光绪《山西通志》卷八十六《大事记四》
	阳城	夏六月，阳城大水。		雍正《泽州府志》卷之五十《祥异》
		夏，霖雨，溪水涨溢，漂田舍人畜不可胜纪。		乾隆《阳城县志》卷之四《兵祥》 同治《阳城县志》卷之一八《灾祥》
	平遥	大水。		乾隆《汾州府志》卷之二十五《事考》
明嘉靖三十六年（1557）	泽州、广昌	是年夏，广昌、泽州水，害稼。		雍正《山西通志》卷一百六十三《祥异二》 光绪《山西通志》卷八十六《大事记四》
	汾州	汾川水大涨，霍州郑家沟桥梁冲坏，随即修复。		《晋乘蒐略》卷之三十下
	泽州	夏六月，泽州大水害稼坏民居。（旧州志）		雍正《泽州府志》卷之五十《祥异》
	阳城	夏旱秋淫雨。五谷不登，民大饥。		乾隆《阳城县志》卷之四《兵祥》 同治《阳城县志》卷之一八《灾祥》
明嘉靖三十八年（1559）	大同	十月戊戌朔，以水灾免顺天、河间、保定、永平等府及大同镇税粮有差。	免顺天、河间、保定、永平等府及大同镇税粮有差。	《明世宗实录》卷四七七"嘉靖三十八年十月戊戌朔"

续　表

纪年	灾区	灾象	应对措施	资料出处
明嘉靖三十八年(1559)	山西	夏,大水,上曲村地拆方丈余,泉出如涌,上有五色烟云。山阴县新留村平地涌泉,产鱼。		雍正《山西通志》卷一百六十三《祥异二》
		夏,大水如涌,上有五色烟霞。		光绪《山西通志》卷八十六《大事记四》
	左云	雨百日有余,垣屋俱坏。八月雨雹,平地三尺,禾稼尽伤。		光绪《左云县志》卷一《祥异》
	定襄	秋,淫雨大水,东山多崩坠。		康熙《定襄县志》卷之七《灾祥志·灾异》
	代州	夏大水,上曲村地拆丈余,泉出如涌。		光绪《代州志·记三》卷十二《大事记》
	蒲州	黄河泛溢,分为二道,围大庆关于中,没民舍过半。		乾隆《蒲州府志》卷之二十三《事纪·五行祥沴》
	永济	七月,黄河泛涨,分为二道,围大庆关于中,庐舍冲没大半。		光绪《永济县志》卷二十三《事纪·祥沴》
明嘉靖四十二年(1563)	平陆	夏四月,平陆淫雨。		雍正《山西通志》卷一百六十三《祥异二》
	解州、平陆	四月至七月,淫雨连绵。北城外门圮,三汊涧水高三丈。		乾隆《解州平陆县志》卷之十一《祥异》
明嘉靖四十三年(1564)	崞县	六月,杨武河大水,巡检司坛垣尽毁,漫漶二十余里田禾庐舍。同治十年七八月间霖雨月余。滹沱、阳武等河皆溢,沿河禾稼尽淹。		乾隆《崞县志》卷五《祥异》 光绪《续修崞县志》卷八《志余·灾荒》

续　表

纪年	灾区	灾象	应对措施	资料出处
明嘉靖四十五年(1566)	辽州	水。		雍正《山西通志》卷一百六十三《祥异二》 光绪《山西通志》卷八十六《大事记四》
	洪洞、赵城	秋九月,禾稼已成。洪洞、赵城陡作雷雨,其色如墨,一昼夜方止。沟浍皆盈,禾稼浥烂,次年大饥。		雍正《山西通志》卷一百六十三《祥异二》 光绪《山西通志》卷八十六《大事记四》 雍正《平阳府志》卷之三十四《祥异》 民国《洪洞县志》卷十八《杂记志·祥异》 道光《直隶霍州志》卷十六《禨祥》
	朔平	七月,左卫大雨,有物如蝇而四翅,遍于城市,人皆不识,总督陈其学以闻。		雍正《朔平府志》卷之十一《外志·祥异》
	辽州	大水。		雍正《辽州志》卷之五《祥异》
	翼城	九月,天忽作雷雨一昼夜,其色如墨,沟浍皆盈,禾稼尽烂,次年大饥。		民国《翼城县志》卷十四《祥异》
明隆庆元年(1567)	徐沟	春正月,时雨数次。		康熙《徐沟县志》卷之三《祥异》 光绪《补修徐沟县志》卷五《祥异》
明隆庆三年(1569)	和顺	七月,大雨七昼夜,冲禾稼,存无一二。		民国《重修和顺县志》卷之九《风俗·祥异》

续　表

纪年	灾区	灾象	应对措施	资料出处
明隆庆四年（1570）	解、泽、临晋、夏县、安邑、黎城、荣河	夏，解、泽、临晋、夏县、安邑大水，冲决入盐池。黎城山水溃堤。秋，荣河河溢。蒲州、永济黄河泛涨。自是，河徙而西移大庆关于河东。		雍正《山西通志》卷一百六十三《祥异二》 光绪《山西通志》卷八十六《大事记四》
	黎城	黎城县山水溃堤，坏庐舍，人畜有死者。		顺治《潞安府志》卷十五《纪事三·灾祥》
	黎城、泽州	六月十二日夜初刻，东南西北四河皆大水。其西河坊决水自南关延庆寺后溢出，平地高数尺，圮壁沉龟浮漂没房屋，渰死者甚多。		康熙《黎城县志》卷之二《纪事》
	泽州	夏，泽州大水，漂没庐舍，人多覆压。		雍正《泽州府志》卷之五十《祥异》
	解州	大水冲决盐池。		光绪《解州志》卷之十一《祥异》 民国《解县志》卷之十三《旧闻考》
	解州、安邑	夏五月，十（“十”疑为“大”）水冲决盐池，本县西城门漂入解州境。		乾隆《解州安邑县志》卷之十一《祥异》
	解州、安邑、运城	五月，大水冲决入盐池。		乾隆《解州安邑县运城志》卷之十一《祥异》
	夏县	六月二十六日夜，大雷雨，山水涨发，白沙河堤溃，水溢入城南，冲破盐池、禁墙，数年盐花不结		光绪《夏县志》卷五《灾祥志》

续　表

纪年	灾区	灾象	应对措施	资料出处
明隆庆四年(1570)	蒲州、临晋	黄河溢，入城西门，自是徙道而西移大庆关于河东。是年夏，临晋大水。		乾隆《蒲州府志》卷之二十三《事纪·五行祥沴》
	永济	黄河泛涨，堤岸尽溢，水入城西门及南北，古城门内士民大恐，自是河徙而西移大庆关于河东。		光绪《永济县志》卷二十三《事纪·祥沴》
	荣河	秋，黄河泛涨，水溢入城，漂没禾稼人畜。		光绪《荣河县志》卷十四《记三·祥异》
	临晋	夏，大水，自城以北波涛如雷，官民庐舍倾坏数百。	知县史邦直请塞北门。	民国《临晋县志》卷十四《旧闻记》
明隆庆六年(1572)	阳高	霪雨连月不止，官衙民舍多倒塌者。	时得异人连步云乞晴，乃止。	雍正《阳高县志》卷之五《祥异》
	太原	汾河水泛，漂没禾黍，自东而西。		道光《太原县志》卷之十五《祥异》
明万历元年(1573)	临晋	临晋王官谷二龙相戏，大水暴涨。		雍正《山西通志》卷一百六十三《祥异二》
		临晋大水，山水数丈，浸及王官，谷漂败祠寺。		乾隆《蒲州府志》卷之二十三《事纪·五行祥沴》
		七月，山水数丈自两瀑而下，漂溢王官祠宇，或见风雨之中二龙相戏。		民国《临晋县志》卷十四《旧闻记》
	高平	高平山水浸城。县城逼西山，时有水患，知县筑堤御之，而土疏善溃凿濠引水，由西而东抵龙曲村，入丹河。	因建桥于县南关外以束之。	《晋乘鬼略》卷之三十一

续 表

纪年	灾区	灾象	应对措施	资料出处
明万历二年（1574）	山阴	水。		雍正《山西通志》卷一百六十三《祥异二》 光绪《山西通志》卷八十六《大事记四》
		大雨，平地水深丈余，稼没岁饥。		崇祯《山阴县志》卷之五《灾祥》
明万历三年（1575）	大同、马邑、灵石	大同、马邑水。灵石大雨，溃堤百余丈。		雍正《山西通志》卷一百六十三《祥异二》 雍正《平阳府志》卷之三十四《祥异》 道光《直隶霍州志》卷十六《禨祥》
	静乐、大同、马邑	静乐雨震，伤人畜甚众。大同、马邑水。		光绪《山西通志》卷八十六《大事记四》
	大同	六月，水。		乾隆《大同府志》卷之二十五《祥异》
	山阴	水。		乾隆《大同府志》卷之二十五《祥异》
	朔平	秋七月，马邑大雨四十日，坏城屋庐舍千余。		雍正《朔平府志》卷之十一《外志·祥异》
	马邑	七月，水灾。		民国《马邑县志》卷之一《舆图志·杂记》
明万历六年（1578）	太原	彗星见于西方长竟天，阳曲大风摧折镇朔门第三城楼，交城、文水饥，榆次小峪口山上有声如雷。水骤发，漂民舍溺者四十余人。		乾隆《太原府志》卷四十九《祥异》
	榆次	小峪口山上有声如雷，水骤发，漂民舍，溺者四十余人。		同治《榆次县志》卷之十六《祥异》

续 表

纪年	灾区	灾象	应对措施	资料出处
明万历八年(1580)	怀仁	水。		雍正《山西通志》卷一百六十三《祥异二》 光绪《山西通志》卷八十六《大事记四》
	太原、榆次	秋七月,……榆次涂水涨,毁民庐舍。	诏免秋粮十之七。	乾隆《太原府志》卷四十九《祥异》 同治《榆次县志》卷之十六《祥异》
	怀仁	秋七月,水。		乾隆《大同府志》卷之二十五《祥异》
	蒲州	河决蒲州,民多迁徙。		乾隆《蒲州府志》卷之二十三《事纪·五行祥沴》
	永济	河涨,房舍倾崩入水,居民迁徙散处。		光绪《永济县志》卷二十三《事纪·祥沴》
明万历九年(1581)	平陆	暴雨,山崩水溢。	十年二月,免积年逋赋。六月,振太原、平阳饥。十一月免被灾税粮。	雍正《山西通志》卷一百六十三《祥异二》 光绪《山西通志》卷八十六《大事记四》
明万历十年(1582)	赵城	旱。秋七月,雨至。……赵城汾水溢,啮城西隅。		雍正《山西通志》卷一百六十三《祥异二》 光绪《山西通志》卷八十六《大事记四》 雍正《平阳府志》卷之三十四《祥异》 道光《直隶霍州志》卷十六《禨祥》
明万历十三年(1585)	静乐	汾水大涨,冲没田三百余顷。		康熙《静乐县志》四卷《赋役·灾变》

续　表

纪年	灾区	灾象	应对措施	资料出处
明万历十四年(1586)	夏县	水决北堤。		雍正《山西通志》卷一百六十三《祥异二》光绪《山西通志》卷八十六《大事记四》
		七月初一日,东山大雨暴作,白沙河水涨,北堤崩决,南关房屋墙垣漂没,大石覆压,宛如旷野,人民死者三百有奇。		光绪《夏县志》卷五《灾祥志》
明万历十六年(1588)	赵城、交城	大雨水。		雍正《山西通志》卷一百六十三《祥异二》光绪《山西通志》卷八十六《大事记四》乾隆《太原府志》卷四十九《祥异》雍正《平阳府志》卷之三十四《祥异》道光《直隶霍州志》卷十六《禨祥》
	交城	六月,大雨,文谷水浪高三丈,冲没田庐人畜无算。		光绪《交城县志》卷一《天文门·祥异》
明万历十七年(1589)	榆次	正月,雷雨。		同治《榆次县志》卷之十六《祥异》
明万历十八年(1590)	万泉、猗氏	大水。		雍正《山西通志》卷一百六十三《祥异二》乾隆《蒲州府志》卷之二十三《事纪·五行祥沴》光绪《山西通志》卷八十六《大事记四》民国《万泉县志》卷终《杂记附·祥异》

续 表

纪年	灾区	灾象	应对措施	资料出处
明万历十八年(1590)	猗氏	七月，大水。(平原白波，没民居甚众)		雍正《猗氏县志》卷六《祥异》
明万历十九年(1591)	沁州	河水溢。		雍正《山西通志》卷一百六十三《祥异二》
	沁源	大水。(沁河溢，漂没民田数百顷)		乾隆《沁州志》卷九《灾异》 雍正《沁源县志》卷之九《别录·灾祥》
	解州、安邑	八月久雨败屋。		乾隆《解州安邑县志》卷之十一《祥异》
	夏县	七月二十九日至八月十日，大雨，岁饥。		光绪《夏县志》卷五《灾祥志》
明万历二十一年(1593)	临汾	冬，临汾烈风，雷雨。		雍正《山西通志》卷一百六十三《祥异二》
	翼城	夏，五月浍水瀑涨，漂溺东河庐舍。		民国《翼城县志》卷十四《祥异》
明万历二十二年(1594)	太平、临晋、猗氏、荣河、蒲解、安邑、闻喜	秋八月，太平、临晋、猗氏、荣河、蒲解、安邑、闻喜井水如沸，池水无故自溢，占者谓之水淫，主秋雨，果验。定襄大水。		雍正《山西通志》卷一百六十三《祥异二》
	高平	秋，高平唐安镇暴雨，水溢，坏民居。		雍正《泽州府志》卷之五十《祥异》
明万历二十三年(1595)	临晋	水、旱并灾。		雍正《山西通志》卷一百六十三《祥异二》 光绪《山西通志》卷八十六《大事记四》 乾隆《蒲州府志》卷之二十三《事纪·五行祥沴》 民国《临晋县志》卷十四《旧闻记》

续 表

纪年	灾区	灾象	应对措施	资料出处
明万历二十五年(1597)	太平、蒲县、解县	八月，太平、蒲、解诸县井水如沸，池水自溢。□□淫雨果验。		雍正《山西通志》卷一百六十三《祥异二》
	定襄	大水。		光绪《山西通志》卷八十六《大事记四》
		五月，大水，田庐多没，古城高隔，城中得免。		康熙《定襄县志》卷之七《灾祥志·灾异》
	太平	秋八月，池塘水溢。(说者谓之水淫主秋雨，果应)		光绪《太平县志》卷十四《杂记志·祥异》
	解州	井水如沸，池水无故自溢。		光绪《解州志》卷之十一《祥异》
	解县	井水如沸，池水无故自溢。		民国《解县志》卷之十三《旧闻考》
	闻喜	丁酉八月，井沸池溢，东流数丈，逾时方止。自太平至蒲州皆然，临晋更甚。说者谓之水淫。是秋，果多雨。		民国《闻喜县志》卷二十四《旧闻》
	蒲州、临晋、猗氏、荣河	蒲州、临晋、猗氏、荣河井水如沸，池水自溢。占者曰此之谓水滛，主秋雨，已而验焉。		乾隆《蒲州府志》卷之二十三《事纪·五行祥沴》
	荣河	井水沸，池水溢，占者谓水淫主，秋雨果验。		光绪《荣河县志》卷十四《记三·祥异》
	临晋	八月，井沸，池溢泛滥，横流几数丈，踰时方止。说者谓之水淫，主多雨，是秋果应。		民国《临晋县志》卷十四《旧闻记》

续　表

纪年	灾区	灾象	应对措施	资料出处
明万历二十五年(1597)	猗氏	八月二十六日辰时,井沸池溢。(泛滥横流数丈许,俞辰时方止,自太平至蒲州皆然,说者谓之水淫。是年秋,果多雨)		雍正《猗氏县志》卷六《祥异》
明万历二十六年(1598)	朔平	……六月,大水坏屋宇。		雍正《朔平府志》卷之十一《外志·祥异》
	马邑	……六月,大水,坏民屋宇。		民国《马邑县志》卷之一《舆图志·杂记》
	垣曲	六月,大雨,水深数尺,淹没无算。		光绪《垣曲县志》卷之十四《杂志》
	荣河	大水,明年秋复然,东乡王显庄一带皆被水患。		光绪《荣河县志》卷十四《记三·祥异》
		荣河大水。明年秋七月,复然。		乾隆《蒲州府志》卷之二十三《事纪·五行祥沴》
明万历二十七年(1599)	山阴	秋,平陆、高平雨雹。山阴霪雨。		雍正《山西通志》卷一百六十三《祥异二》 崇祯《山阴县志》卷之五《灾祥》
	荣河	夏,荣河大水。		光绪《山西通志》卷八十六《大事记四》
	榆次	闰四月,榆次牛村大雷雨,水发,漂没男女二十余人。		乾隆《太原府志》卷四十九《祥异》
		闰四月三日,牛村大雷雨发,民郑廷豸等男女二十余人皆没。畜产溺者百余。		同治《榆次县志》卷之十六《祥异》
明万历二十八年(1600)	临汾、绛州、稷山	秋八月,临汾、绛州、稷山池水自溢。		雍正《山西通志》卷一百六十三《祥异二》

续表

纪年	灾区	灾象	应对措施	资料出处
明万历二十八年（1600）	平阳	春正月，灵石天鼓鸣，随有白气一道经天，逾时方散。临汾，大雪平地数尺，伤树。秋八月，临汾池水自溢。		雍正《平阳府志》卷之三十四《祥异》
	临汾	春，大雨雪。秋八月，池水溢。		民国《临汾县志》卷六《杂记类·祥异》
	绛州	秋八月，池水自溢。		光绪《直隶绛州志》卷之二十《灾祥》 民国《新绛县志》卷十《旧闻考·灾祥》
明万历二十九年（1601）	荣河	水溢。	诏免租税十之六。	雍正《山西通志》卷一百六十三《祥异二》 光绪《山西通志》卷八十六《大事记四》
		七月，黄河涨。		光绪《荣河县志》卷十四《记三·祥异》
	永济	黄河泛涨。		光绪《永济县志》卷二十三《事纪·祥沴》
明万历三十年（1602）	高平、绛州	大水。		雍正《山西通志》卷一百六十三《祥异二》 光绪《山西通志》卷八十六《大事记四》
	高平	夏五月，高平店头村大水坏民田，平地忽裂大穴，水入其中已复合如故。		雍正《泽州府志》卷之五十《祥异》
		夏五月，店头村地裂，河水暴涨，村几漂没，村后平地忽裂大穴，水入其中，已复合如故。		乾隆《高平县志》卷之十六《祥异》

续 表

纪年	灾区	灾象	应对措施	资料出处
明万历三十年(1602)	绛州	六月初十日夜,大水,平地高一丈有奇,漂没北董等庄。		《直隶绛州志》卷之二十《灾祥》 民国《新绛县志》卷十《旧闻考·灾祥》
	绛县	大水。		光绪《绛县志》卷六《纪事·大事表门》
明万历三十一年(1603)	永济	夏秋大雨。		光绪《永济县志》卷二十三《事纪·祥沴》
明万历三十二年(1604)	繁峙、平遥	夏六月,繁峙、平遥水。		雍正《山西通志》卷一百六十三《祥异二》 光绪《山西通志》卷八十六《大事记四》 雍正《泽州府志》卷之五十《祥异》
	高平	秋七月,高平唐安里河溢。		
		秋,唐安镇暴雨,水溢坏民居。	有言见鳞而角者,伏水内,村民恐,相与祭之,已复河水如故。	乾隆《高平县志》卷之十六《祥异》
	繁峙	夏六月,大水。		道光《繁峙县志》卷之六《祥异志·祥异》 光绪《繁峙县志》卷四《杂志》
	平遥	城北汾水泛涨,径入沙河,夏秋二禾尽没,农家失望。		光绪《平遥县志》卷之十二《杂录志·灾祥》
		夏六月,平遥水。		乾隆《汾州府志》卷之二十五《事考》
	绛州	六月,大水,地裂,辛安诸村雷雨异常,水深数尺,无所泄,忽地裂,水注之,水尽地复合。又,诸裂外隔而中通,有谷麦陷于此裂者,或漂出于他裂,人坠裂中,复从他裂出。		光绪《直隶绛州志》卷之二十《灾祥》 民国《新绛县志》卷十《旧闻考·灾祥》

续　表

纪年	灾区	灾象	应对措施	资料出处
明万历三十三年(1605)	文水	汾水徙文水县东。		雍正《山西通志》卷一百六十三《祥异二》光绪《山西通志》卷八十六《大事记四》
	马邑、襄陵、介休	水。		
	绛州	大雨,地裂。		
	孝义	夏六月,孝义暴雨,孝河泛,溢水入城,坏庐舍,伤人甚众。		
	文水	汾水徙文水县东。		乾隆《太原府志》卷四十九《祥异》
	马邑	五月十五日、十七日、十九日三日,大雨震电,坏民屋,禾苗皆没。		民国《马邑县志》卷之一《舆图志·杂记》
	介休	介休水。		乾隆《汾州府志》卷之二十五《事考》
		夏,大雨,绵山水涨,夜半入迎翠门,民居多被淹没。		嘉庆《介休县志》卷一《兵祥·祥灾附》
	孝义	大水自东门入城,坏官民房舍无数。	知县刘令誉发粟赈之。	乾隆《孝义县志·胜迹·祥异》
	襄陵	霍州雨雹,大如拳,襄陵水。八月,临汾陨霜杀稼。		雍正《平阳府志》卷之三十四《祥异》
		水灾。(汾河泛溢异常,一时滩地尽皆溃陷,中流忽浪拥起如峰,船坏溺死者殆以百数)		民国《襄陵县新志》卷之二十三《旧闻考》
明万历三十四年(1606)	翼城、荣河	六月,翼城大水,荣河河岸崩。		雍正《山西通志》卷一百六十三《祥异二》光绪《山西通志》卷八十六《大事记四》

续　表

纪年	灾区	灾象	应对措施	资料出处
明万历三十四年（1606）	闻喜	春正月，闻喜雨黄沙，沟岸崩裂，徙地二十余亩，树木如初。		雍正《山西通志》卷一百六十三《祥异二》 光绪《山西通志》卷八十六《大事记四》
	平阳	夏五月，平阳府属星昼见十余日。六月，翼城大水，平阳龙见，掘见一窟，深丈余，中一碣，有“万物遂昌”四字。或曰：主文明之象。霍州大风伤禾；临汾无禾。		雍正《平阳府志》卷之三十四《祥异》
	翼城	大水，漂没民居。		民国《翼城县志》卷十四《祥异》
	闻喜	丙午正月十三日，关村沟岸崩裂二十余亩。树木俨然，沟中流水为崩崖阻塞，水涨数丈，凝冰如楼台、器皿、鸟兽、花卉之状，阴岩冰作数十窍，窍径寸余，若有物出入者及冰泮。县官发民夫排决之，无所有。		民国《闻喜县志》卷二十四《旧闻》
	荣河	河岸崩。		光绪《荣河县志》卷十四《记三・祥异》
明万历三十五年（1607）	太原	太原，汾水涨于府城东二十里，形如环，占者主发科，是岁，隽十人。		雍正《山西通志》卷一百六十三《祥异二》 光绪《山西通志》卷八十六《大事记四》
	五台、马邑、广昌	五台、马邑大水，广昌霪雨，禾生耳。		
	马邑	大水。		光绪《山西通志》卷八十六《大事记四》

续　表

纪年	灾区	灾象	应对措施	资料出处
明万历三十五年(1607)	阳曲	汾水环抱省城。(汾水大涨,环抱城东,是科中式十人)		道光《阳曲县志》卷之十六《志余》
	徐沟	五月二十三日,大水,冲入南关,平地水深丈余,民居物产漂没无算。		康熙《徐沟县志》卷之三《祥异》 光绪《补修徐沟县志》卷五《祥异》
明万历三十六年(1608)	定襄	春,雉雊出谷,鸣晨经云,主水患,后雨涝,果应。		康熙《定襄县志》卷之七《灾祥志·灾异》
明万历三十九年(1611)	汾阳	汾水东徙。		光绪《汾阳县志》卷十《事考》
明万历四十一年(1613)	山西	十一月庚午,山西水灾。		《明神宗实录》卷五一四"万历四十一年十一月庚午"
	阳曲、定襄、临汾、太平、襄陵、洪洞、平遥、曲沃、赵城、夏县、垣曲、乡宁、隰、绛、吉	阳曲、定襄、临汾、太平、襄陵、洪洞、平遥、曲沃、赵城、夏县、垣曲、乡宁、隰、绛、吉俱大水。	赈济有差。	雍正《山西通志》卷一百六十三《祥异二》 光绪《山西通志》卷八十六《大事记四》
	阳曲	春三月,阳曲大水。		乾隆《太原府志》卷四十九《祥异》
		夏,六月至秋七月大雨。(伤人损稼,七府营雷震一人死)		道光《阳曲县志》卷之十六《志余》
	定襄	夏,大水,民庐官舍多倾圮,城圮九十余丈。		康熙《定襄县志》卷之七《灾祥志·灾异》 光绪《定襄县补志》卷之一《星野志·祥异》
	平遥	春三月,平遥大水。		乾隆《汾州府志》卷之二十五《事考》

续　表

纪年	灾区	灾象	应对措施	资料出处
明万历四十一年（1613）	平遥	大水，漂没田苗房屋极多，溺死者甚众。		光绪《平遥县志》卷之十二《杂录志·灾祥》
	平阳	春三月，临汾、太平、襄陵、洪洞、曲沃、赵城俱大水。赈济有差。		雍正《平阳府志》卷之三十四《祥异》
	曲沃	春三月，大水。	赈济有差。	光绪《续修曲沃县志》卷之三十二《祥异》
	吉州	大水。	赈济。	光绪《吉州全志》卷七《祥异》
	赵城	大雨水。		道光《直隶霍州志》卷十六《禨祥》
	太平	大水。		光绪《太平县志》卷十四《杂记志·祥异》
	襄陵	水灾。议赈济，屏霍门外，晋桥冲毁。	议赈济，屏霍门外，晋桥冲毁。	民国《襄陵县新志》卷之二十三《旧闻考》
	绛州	六月二十日，汾水涨，溢入城，民舍倾圮。		光绪《直隶绛州志》卷之二十《灾祥》
		六月二十一日，汾水涨，溢入城，民舍倾圮。		民国《新绛县志》卷十《旧闻考·灾祥》
	垣曲	大水。		光绪《垣曲县志》卷之十四《杂志》
明万历四十二年（1614）	岳阳	涧河水溢。河水大涨，没地甚多。		雍正《山西通志》卷一百六十三《祥异二》 民国《新修岳阳县志》卷一十四《祥异志·灾祥》
	静乐、忻州、定襄	水。	赈之。	雍正《山西通志》卷一百六十三《祥异二》 光绪《山西通志》卷八十六《大事记四》

续　表

纪年	灾区	灾象	应对措施	资料出处
明万历四十二年(1614)	岳阳、洪洞	岳阳、洪洞涧河水溢。		光绪《山西通志》卷八十六《大事记四》
	平阳	秋九月,临汾地震,有声如雷。岳阳涧河水溢。		雍正《平阳府志》卷之三十四《祥异》
	岳阳	涧水大涨,没地甚多。		民国《安泽县志》卷十四《祥异志·灾祥》
明万历四十三年(1615)	忻州	北胡村河水泛滥,冲塌房屋千间,淹死人畜,漂没杂粟无算。		光绪《忻州志》卷三十九《灾祥》
	定襄	七月初二,连日暴雨,河水横溢,田产漂没,溺死男妇十余人。	知县王立爱申请抚院吴公仁庆具奏水灾,尽发仓谷十余石赈济。	康熙《定襄县志》卷之七《灾祥志·灾异》
	静乐	七月,大雨,弥月,堙没南园周家庙。(以下吕新铸抄本)		康熙《静乐县志》四卷《赋役·灾变》
明万历四十七年(1619)	平遥	大水,漂没麦田房屋甚多。		光绪《平遥县志》卷之十二《杂录志·灾祥》
明天启四年(1624)	岳阳	大水。		雍正《山西通志》卷一百六十三《祥异二》
		春,岳阳大水。		雍正《平阳府志》卷之三十四《祥异》
		沁涧水俱涨,田地多成巨浸。		民国《新修岳阳县志》卷一十四《祥异志·灾祥》

续　表

纪年	灾区	灾象	应对措施	资料出处
明天启四年（1624）	阳曲	夏五月，大雷雨击死数人。（自旗纛庙起，就近民居多震塌者，内有火药匠胡天祐，仓卒中谓妻曰：看咱孩子。妻曰且看咱娘。一念孝感，合家无恙）		道光《阳曲县志》卷之十六《志余》
	岳阳	沁、涧水俱涨，田地多成巨浸。		民国《安泽县志》卷十四《祥异志·灾祥》
明天启五年（1625）	芮城	秋，淫雨四十余日，损屋害稼，一望巨津，鱼产盈尺。		民国《芮城县志》卷十四《祥异考》
明崇祯元年（1628）	清源	大水。		雍正《山西通志》卷一百六十三《祥异二》 光绪《山西通志》卷八十六《大事记四》 乾隆《太原府志》卷四十九《祥异》 光绪《清源乡志》卷十六《祥异》
明崇祯四年（1631）	介休	八月，淫雨月余，滰塌东城半壁，民舍倾圮无算。		嘉庆《介休县志》卷一《兵祥·祥灾附》
明崇祯五年（1632）	平阳、垣曲、解州、蒲州、芮城、安邑	六月，平阳大水。垣曲黄河溢。解州水决盐池。蒲州、芮城、安邑、垣曲、阳城雨，害稼。		雍正《山西通志》卷一百六十三《祥异二》
	阳城	秋，阳城雨，两月不止，伤禾稼。		雍正《泽州府志》卷之五十《祥异》
		秋，淫雨害稼，时有盗警，民多死伤。		乾隆《阳城县志》卷之四《兵祥》

续　表

纪年	灾区	灾象	应对措施	资料出处
明崇祯五年（1632）	阳城	秋，淫雨害稼两月不止，时有盗警，民多死伤。		同治《阳城县志》卷之一八《灾祥》
	平阳	汾西大饥，斗米五钱，冀城有鸺鹠数千，飞集南河民社者旬日。六月，平阳大水。		雍正《平阳府志》卷之三十四《祥异》
	翼城	六月初六日大雨，水涨漂溺东河下神沟庐舍数百区，男女多溺死者。		民国《翼城县志》卷十四《祥异》
	解州、解县	七月，大雨四十日，败屋，水决盐池。		光绪《解州志》卷之十一《祥异》 民国《解县志》卷之十三《旧闻考》 乾隆《解州安邑县志》卷之十一《祥异》
	安邑	大雨，三旬，水决盐池。		乾隆《解州安邑县志》卷之十一《祥异》
	垣曲	秋，淫雨四十余日，黄河溢，南城不没者数版。		光绪《垣曲县志》卷之十四《杂志》
	芮城	壬申秋七八月，霪雨四十余日。		民国《芮城县志》卷十四《祥异考》
	蒲州	霖雨，四十余日，损屋害稼，道路成巨浸，产鱼盈尺。		乾隆《蒲州府志》卷之二十三《事纪·五行祥沴》
	永济	秋，霪雨四十余昼夜，损屋害稼，一望俱成巨浸，鱼产盈尺。		光绪《永济县志》卷二十三《事纪·祥沴》
明崇祯六年（1633）	夏县	白沙河决，南堤徙而南，石压民田，永难开垦。		光绪《夏县志》卷五《灾祥志》

续 表

纪年	灾区	灾象	应对措施	资料出处
明崇祯十二年(1639)	介休	秋八月，淫雨。		嘉庆《介休县志》卷一《兵祥·祥灾附》
明崇祯十三年(1640)	静乐	七月，大雨，碾水涨，漂水磨民舍。		康熙《静乐县志》四卷《赋役·灾变》
明崇祯十四年(1641)	介休、平遥	阳曲、文水、洪洞、河曲、蒲县、乡宁、河津、垣曲、猗氏、万泉、平陆、芮城、安邑、绛吉大饥，斗米麦，自八钱至一两五六钱。稷山疫。介休、平遥水。		雍正《山西通志》卷一百六十三《祥异二》
		介休、平遥水。		乾隆《汾州府志》卷之二十五《事考》
	潞安府、潞城	霪雨凡十七日，是岁丰稔。		顺治《潞安府志》卷十五《纪事三·灾祥》 乾隆《潞安府志》卷十一《纪事》 光绪《潞城县志》卷三《大事记》
	平遥	五月至九月，大水，麦一斗四钱，米一斗三钱。		光绪《平遥县志》卷之十二《杂录志·灾祥》
	介休	夏五月，淫雨。秋九月大水。粟麦翔贵。		嘉庆《介休县志》卷一《兵祥·祥灾附》
	平陆	七月，淫雨连绵至九月终止，秋禾伤。		乾隆《解州平陆县志》卷之十一《祥异》
明崇祯十五年(1642)	介休	九月，淫雨。		嘉庆《介休县志》卷一《兵祥·祥灾附》

（一） 时间分布

整个明代发生在山西的水（洪涝）灾共157次，年频次为0.57，不到两年发生一次水（洪涝）灾。所以，明代山西地方政府神经一直处于防治水（洪涝）灾和灾后恢复的紧张状态。分析这一时期山西地区水（洪涝）灾发生的时间分布，大致可以从三个方面着手：阶段性特征、季节性特征和月份特征。

表5－5 明代山西水（洪涝）灾阶段分布表

时间	总年数	灾数	频次	占比
1368—1400	33	3	0.90	2.0%
1401—1450	50	16	0.32	10%
1451—1500	50	22	0.44	14%
1501—1550	50	35	0.70	22%
1551—1600	50	49	0.98	31%
1601—1644	44	32	0.73	20%

从水（洪涝）灾的时段分布看，明代山西水（洪涝）灾和旱灾一样，其数量一直处于持续上升的态势。明初（1368—1400）33年间，历史文献共记录水（洪涝）灾3次，到明末（1601—1644）的44年间，历史记录达到32次。总计明朝前期（1368—1500）为41次，而明朝（1501—1644）后期则达到116次，后期的水（洪涝）灾总量差不多为前期3倍。

从水（洪涝）灾的月分布看，明代山西各地水（洪涝）灾的发生多集中在六月到八月这一阶段。史料中关于这一阶段"霪雨不止"，"暴雨坏民庐舍"的记载十分常见。山西是典型的季风气候区，降水集中出现在七、八月份，且多以暴雨为主。明季发生的几次特大水（洪涝）灾也大体上发生在六到八月间。

明嘉靖二十三年（1544）"七月初三日，夜二鼓，忽大水自（黎城）县城西来，啮堤，由南关延庆寺内溃出，近居者房内水深三尺，至明方泄。圮房约五十余间，溺死男妇九口，伤而未死者甚众”[①]，其间，山西晋中、雁北、长治等地发生水（洪涝）灾；明万历十四年（1586），夏县发生水（洪涝）灾，“七月初一日，东山大雨暴作，白沙河水涨，北堤崩决，南关房屋墙垣漂没，大石覆压，宛如旷野，人民死者三百有奇。”[②]明万历四十三年（1615）忻州定襄县发生水（洪涝）灾，“七月初二，连日暴雨，河水横溢，田产漂没，溺死男妇十余人。”[③]暴雨在短时间内急速冲刷地表，形成瞬时破坏力；而长时间霪雨不止，对明代山西土木结构的民居而言是严峻的考验。

（二） 空间分布

表5-6 明代山西水（洪涝）灾空间分布表

今地	灾区（灾次）	灾区数
太原	太原府（16）阳曲（5）太原（2）徐沟（4）清源（4）	5
长治	潞州（1）潞安府（1）长治（2）黎城（2）沁州（2）沁源（2）潞城（1）屯留（1）	7
晋城	泽州（5）高平（6）阳城（5）	3
阳泉	盂县（1）	1
大同	大同府（2）阳高（2）左云（2）	3
朔州	怀仁（2）山阴（2）马邑（3）	3
忻州	忻州（1）定襄（5）静乐（6）代州（2）崞县（1）繁峙（2）岢岚（1）	7
晋中	榆次（10）辽州（1）和顺（1）太谷（1）平遥（5）寿阳（1）祁县（1）介休（6）	8
吕梁	永宁州（1）岚县（1）交城（4）文水（5）汾州（5）汾阳（2）孝义（4）石楼（2）宁乡（2）	9
临汾	平阳府（3）临汾（1）岳阳（2）翼城（7）曲沃（1）吉州（2）洪洞（2）霍州（8）太平（3）襄陵（3）	10
运城	解县（3）安邑（3）绛州（4）闻喜（3）垣曲（6）绛县（1）芮城（2）夏县（4）平陆（4）永济（6）万泉（2）临晋（5）猗氏（2）	13

①康熙《黎城县志》卷之二《纪事》。

②光绪《夏县志》卷五《灾祥志》。

③康熙《定襄县志》卷之七《灾祥志·灾异》。

从总的空间范围看，明代山西水（洪涝）灾的高发区为晋南的临汾、运城一带，其次为太原、晋中、吕梁。有明一代，太原发生水（洪涝）灾的频率是最高，达 16 次之多，其中明弘治十四年（1501）、明正德十六年（1521）、明万历六年（1578）、明万历三十五年（1607），发生特大水（洪涝）灾。

三 雹灾

就全国范围而言，关于明代雹灾的统计数据由于统计水平和统计技术不同，造成统计结果差异较大。邓拓先生记载明代“雹灾共见一百十二次”[①]；陈高傭先生在《中国历代天灾人祸表》中记载的雹灾有 78 次[②]；桂慕文在《中国古代自然灾害史概述》一文中统计明代雹灾 80 次[③]；吴滔在《明清雹灾概述》一文中指出明代共有雹灾 207 次[④]。根据现有资料，整理明代山西雹灾，共计 150 次，年频次为 0.54。

表 5－7 明代山西雹灾年表

纪年	灾区	灾象	应对措施	资料出处
明洪武八年（1375）	大同、太原、山阴	五月戊子，大同、太原二府，暨山阴诸县雨雹。		《明太祖实录》卷一〇〇“洪武八年正月戊子”
明洪熙元年（1425）	太原府、沁州、潞州、徐沟*、太谷、祁县、屯留	山西布政司奏：今年七月以来，太原府、沁、潞二州，徐沟、太谷、祁、屯留四县屡雹，伤稼者八百五十五顷。		《明宣宗实录》卷七“洪熙元年八月丁丑”

①邓云特：《中国救荒史》，上海书店，1984 年据商务印书馆 1937 年影印版，第 30 页。

②陈高傭等编：《中国历代天灾人祸表》，上海书店，1986，第 1216～1438 页。

③桂慕文：《中国古代自然灾害史概述》，《中国农史》1997 年第 3 期，第 235 页。

④吴滔：《明清雹灾概述》，《古今农业》1997 年第 4 期，第 17～23 页。

＊徐沟，今清徐。

续　表

纪年	灾区	灾象	应对措施	资料出处
明宣德七年（1432）	屯留	四月，山西屯留县疾风、震电、雨雹杀麦。		《明宣宗实录》卷八九“宣德七年四月辛亥”
明正统五年（1440）	山西行都司、蔚州	六月壬申至丙子，山西行都司及蔚州连日雨雹，其深尺余，伤稼。		《明史》卷二十八《五行一》 光绪《山西通志》卷八十六《大事记四》
	大同府	六月壬申至丙子，山西行都司连日雨雹，其深尺余，伤稼，八年七月辛未，大同巡警军至沙沟，风雷骤至，裂肤断指者二百余人。		乾隆《大同府志》卷之二十五《祥异》
明成化六年（1470）	太原	太原雨雹，大如鸡卵，伤稼。		雍正《山西通志》卷一百六十三《祥异二》 光绪《山西通志》卷八十六《大事记四》
		三月朔，太原大雨雹，伤稼。		乾隆《太原府志》卷四十九《祥异》
明成化七年（1471）	辽州、榆次、太谷、寿阳、祁县	五月太原地震，辽州雨雹，榆次、太谷、寿阳、祁县雨雹伤禾，人相食。		光绪《山西通志》卷八十六《大事记四》
明成化八年（1472）	阳曲	春正月，阳曲雨雹。	八年五月，免山西夏税十之二。九年二月，免山西被灾者税粮。六月，振山西饥。（光绪《山西通志》卷八十六《大事记四》）	雍正《山西通志》卷一百六十三《祥异二》
	潞州	三月，长治雨雹，大如鸡卵。		
	辽州、榆次、太谷、寿阳、祁县	辽州雨雹，榆次、太谷、寿阳、祁县雨雹伤禾，人相食。		

续 表

纪年	灾区	灾象	应对措施	资料出处
明成化八年（1472）	太原府	春正月，阳曲雨雹。五月，太原地震。七月又震。榆次、太谷、祁县雨雹伤禾木，岁大饥。人相食。		乾隆《太原府志》卷四十九《祥异》
	阳曲	成化八年春正月，雨雹。（太原府东南，初六日，雨雹大如鸡卵，伤禾苗甚多）		道光《阳曲县志》卷之十六《志余》
	潞、辽、沁	五月初六日，潞、辽、沁雨雹大如鸡卵，伤稼。		《潞州志》卷第三《灾祥志》
	潞州	壬辰三月，雨雹大如鸡卵。		顺治《潞安府志》卷十五《纪事三·灾祥》 乾隆《潞安府志》卷十一《纪事》
		三月，大雨雹。（有大如鸡卵者）		光绪《长治县志》卷之八《记一·大事记》
	榆次	七月，雨雹伤稼。		同治《榆次县志》卷之十六《祥异》
	辽州	五月初六日，雨雹，大如鸡卵。		雍正《辽州志》卷之五《祥异》
	太谷	壬辰，雨雹损禾大饥。（人相食）		民国《太谷县志》卷一《年纪》
	祁县	七月，榆次、太谷、寿阳、祁县雨雹伤禾，人相食。		光绪《增修祁县志》卷十六《祥异》
明成化十年（1474）	壶关	大风拔木，昼晦。壶关雨雹，秋无禾。		雍正《山西通志》卷一百六十三《祥异二》
		壶关雨雹，秋无禾。		光绪《山西通志》卷八十六《大事记四》 道光《壶关县志》卷二《纪事》

续　表

纪年	灾区	灾象	应对措施	资料出处
明成化十八年(1482)	保德、定襄、崞县	冰。		雍正《山西通志》卷一百六十三《祥异二》
明成化十九年(1483)	潞州	六月乙亥,潞州雨雹,大者如碗。		《明史》卷二十八《五行一》 光绪《山西通志》卷八十六《大事记四》
明成化二十年(1484)	榆次	八月,榆次雨雹如鹅卵。岢岚饥。		乾隆《太原府志》卷四十九《祥异》
明成化二十二年(1486)	榆次、五台	八月,榆次、五台雨雹,如鹅卵。		雍正《山西通志》卷一百六十三《祥异二》 光绪《山西通志》卷八十六《大事记四》
明成化二十八年*	榆次	八月,雨雹如鹅卵,岁大饥,民食草木殆尽。		同治《榆次县志》卷之十六《祥异》
明弘治元年(1488)	高平、宁乡	雨雹。		雍正《山西通志》卷一百六十三《祥异二》 光绪《山西通志》卷八十六《大事记四》
	宁乡	秋八月,宁乡雨雹。		乾隆《汾州府志》卷之二十五《事考》 康熙《宁乡县志》卷之一《灾异》
	石楼	秋雹。		雍正《石楼县志》卷之三《祥异》
明弘治六年(1493)	长子	六月丁卯,石州吴城驿无云而雷者再。八月己巳,长子雨雹,大者如拳,伤禾稼,人有击死者。是日,临晋雨虫如雪。辛未,长子复雨雹,大如弹丸,平地壅积。		光绪《山西通志》卷八十六《大事记四》

* 原县志作"二十八年"有误。成化为明宪宗年号,计23年。

续　表

纪年	灾区	灾象	应对措施	资料出处
明弘治八年(1495)	安邑*	六月壬申,山西安邑县雨雹,伤禾。		《明孝宗实录》卷一〇一“弘治八年六月壬申”
明弘治九年(1496)	武乡	五月辛酉,山西武乡县雨冰雹,击人畜有死者。		《明孝宗实录》卷一一三“弘治九年五月辛酉”
明弘治十三年(1500)	朔州	五月庚午,山西朔州风雨冰雹骤下,毙人畜,伤田禾民舍。		《明孝宗实录》卷一六二“弘治十三年五月庚午”
明弘治十四(1501)	平定、辽州	大雨雹。		雍正《山西通志》卷一百六十三《祥异二》
	平定州	雨雹害稼。		光绪《平定州志》卷之五《祥异》
明正德三年(1508)	平定	五月,平定雨雹。		光绪《山西通志》卷八十六《大事记四》 光绪《平定州志》卷之五《祥异》
明正德四年(1509)	阳城、平定	雨雹,伤禾。		雍正《山西通志》卷一百六十三《祥异二》
	阳城	夏四月,阳城雨雹如拳,禾木尽毁,人民饥。		雍正《泽州府志》卷之五十《祥异》 乾隆《阳城县志》卷之四《兵祥》 同治《阳城县志》卷之一八《灾祥》
明正德五年(1510)	阳城	阳城雨雹。		雍正《山西通志》卷一百六十三《祥异二》 雍正《泽州府志》卷之五十《祥异》
	平定	五月,平定雨雹。		雍正《山西通志》卷一百六十三《祥异二》

* 安邑县,今山西运城。

续　表

纪年	灾区	灾象	应对措施	资料出处
明正德八年（1513）	平阳、太原、沁、汾诸属邑	十月戊戌，平阳、太原、沁、汾诸属邑，大雨雹，平地水深丈余，冲毁人畜庐舍。		《明史》卷二十八《五行一》 光绪《山西通志》卷八十六《大事记四》
	平定	雨雹。		雍正《山西通志》卷一百六十三《祥异二》 光绪《平定州志》卷之五《祥异》
	曲沃	十月，大雨雹，平地水深丈余。		光绪《续修曲沃县志》卷之三十二《祥异》
	平陆	十一月，黄河坚冰，明年春二月解。		乾隆《解州平陆县志》卷之十一《祥异》
明正德九年（1514）	平定	雨雹。		雍正《山西通志》卷一百六十三《祥异二》 光绪《平定州志》卷之五《祥异》
明正德十年（1515）	徐沟、太谷	六月壬戌，山西徐沟、太谷二县大雨雹，伤禾稼。		《明武宗实录》卷一二六"正德十年六月壬戌"
	武乡	闰四月丙寅，山西武乡县、山东阳信县冰雹，杀谷及麦。		《明武宗实录》卷一二四"正德十年闰四月丙寅"
	永宁	雨雹伤稼。		雍正《山西通志》卷一百六十三《祥异二》
		大雨雹，伤稼。		康熙《永宁州志》附《灾祥》
明正德十一年（1516）	崞县	七月，雨雹大如拳。		乾隆《崞县志》卷五《祥异》 光绪《续修崞县志》卷八《志余·灾荒》
	保德	雹大如鸡卵，伤木殆尽。		乾隆《保德州志》卷之三《风土·祥异》

续　表

纪年	灾区	灾象	应对措施	资料出处
明正德十一年(1516)	万泉	四月,雨雹伤稼。		民国《万泉县志》卷终《杂记附·祥异》
		万泉雨雹,大如卵。		乾隆《蒲州府志》卷之二十三《事纪·五行祥沴》
明正德十二年(1517)	太原、灵石、武乡	五月庚辰,山西太原、灵石、武乡三县大雨雹。		《明武宗实录》卷一四九“正德十二年五月庚辰”
	沁源	五月己亥,山西沁源县大雨雹。		《明武宗实录》卷一四九“正德十二年五月己亥”
	武乡	五月辛丑,山西武乡县雨雹,大如鸡子,损禾稼。		《明武宗实录》卷一四九“正德十二年五月辛丑”
	高平	三月,高平雨雹。		光绪《山西通志》卷八十六《大事记四》
	阳高	九月,雨雹,是夜,又有星陨之变。		雍正《山西通志》卷一百六十三《祥异二》 雍正《阳高县志》卷之五《祥异》
	阳和	九月,阳和雨雹,星陨大同,大将军砲自鸣。		乾隆《大同府志》卷之二十五《祥异》
		九月,幸阳和卫城。二十七日,獵。天雨冰雹,军士有死者。		《晋乘蒐略》卷之二十九
明正德十三年(1518)	平定、榆次	五月,平定、榆次雨雹害稼。	十四年正月,诏山西流民归业者,官给廪食庐舍牛种,复其赋。	雍正《山西通志》卷一百六十三《祥异二》 光绪《山西通志》卷八十六《大事记四》
	太原府	五月,榆次雨雹害稼。		乾隆《太原府志》卷四十九《祥异》

续 表

纪年	灾区	灾象	应对措施	资料出处
明正德十三年(1518)	平定州	雨雹。		光绪《平定州志》卷之五《祥异》
	榆次	五月,雹害稼。		同治《榆次县志》卷之十六《祥异》
明正德十四年(1519)	潞城	六月乙酉,山西潞城县大雨雹。		《明武宗实录》卷一七五"正德十四年六月乙酉"
	永和	秋,永和雨雹。		雍正《山西通志》卷一百六十三《祥异二》 光绪《山西通志》卷八十六《大事记四》
		秋夜,雨雹小者如拳,大者如杵,水深三尺,城中漂流男女三十余口,禾稼尽灭。		民国《永和县志》卷十四《祥异考》
明正德十五年(1520)	荥河*	夏四月庚辰,山西荥河夏大雨雹,伤禾稼。		《明武宗实录》卷一八五"正德十五年夏四月庚辰"
	阳高、平定	七月,阳高、平定雨雹,大者如杵。		雍正《山西通志》卷一百六十三《祥异二》 光绪《山西通志》卷八十六《大事记四》 雍正《阳高县志》卷之五《祥异》 光绪《平定州志》卷之五《祥异》
明正德十六年(1521)	河曲	正月,不雨至于六月。秋七月,大雨雹,民饥,人食榆屑。		同治《河曲县志》卷五《祥异类·祥异》
明嘉靖二年(1523)	大同	五月丁丑,大同前卫雨雹。		《明史》卷二十八《五行一》

* 荥河县,今万荣西南。

续 表

纪年	灾区	灾象	应对措施	资料出处
明嘉靖二年(1523)	平定	雨雹。		雍正《山西通志》卷一百六十三《祥异二》 光绪《山西通志》卷八十六《大事记四》 光绪《平定州志》卷之五《祥异》
明嘉靖三年(1524)	平定	雨雹,伤稼。		雍正《山西通志》卷一百六十三《祥异二》 光绪《山西通志》卷八十六《大事记四》
	平定州	雨雹,大如砖石,伤禾稼。		光绪《平定州志》卷之五《祥异》
明嘉靖四年(1525)	大同卫	四月丁未,大同卫雨雹。		《明史》卷二十八《五行一》
	太谷、潞城、潞州、屯留	夏四月,太谷雨雹,如鸡卵。六月,潞城、长治、屯留雨雹,大如鹅卵,伤麦禾,岁饥。	五年二月,免被灾税粮。(光绪《山西通志》卷八十六《大事记四》)	雍正《山西通志》卷一百六十三《祥异二》 雍正《山西通志》卷一百六十三《祥异二》
	太原府	夏四月,太谷雨雹如鸡卵。		乾隆《太原府志》卷四十九《祥异》
	潞州	六月,雹大如鹅卵,伤麦,杀秋禾,岁饥。		顺治《潞安府志》卷十五《纪事三·灾祥》
	潞州	(乙酉)六月,雹大如鹅卵,伤麦,杀秋禾,岁饥。		乾隆《潞安府志》卷十一《纪事》
	潞州	六月,大雨雹。		光绪《长治县志》卷之八《记一·大事记》

续　表

纪年	灾区	灾象	应对措施	资料出处
明嘉靖四年（1525）	潞城	六月，雹杀麦伤禾岁饥。		光绪《潞城县志》卷三《大事记》
	屯留	六月，大雹如鹅卵，杀二麦秋禾，岁饥。		光绪《屯留县志》卷一《祥异》
	大同府	四月丁未，大同卫雨雹。是年，大同卫饥。		乾隆《大同府志》卷之二十五《祥异》
	平定	雨雹。		光绪《平定州志》卷之五《祥异》
	太谷	乙酉，雹灾。（大如鸡卵）		民国《太谷县志》卷一《年纪》
明嘉靖五年（1526）	广灵	六月甲寅，山西蔚州及广灵县雨雹杀禾稼。		《明世宗实录》卷六五"嘉靖五年六月甲寅"
	大同县、万全都司	六月丁巳，大同县雨冰雹，俱大如鸡子。丁卯，万全都司及宣府皆雨雹，大者如瓯，深尺余。		《明史》卷二十八《五行一》
	大同府	六月丁巳，大同县，雨冰雹，大如鸡子。	六年九月，免被灾税粮。（光绪《山西通志》卷八十六《大事记四》）	乾隆《大同府志》卷之二十五《祥异》
明嘉靖六年（1527）	平定、屯留	夏，平定、屯留雨雹。		雍正《山西通志》卷一百六十三《祥异二》 光绪《山西通志》卷八十六《大事记四》
	屯留	六月，屯留县雹。七月又雹，伤稼。		顺治《潞安府志》卷十五《纪事三·灾祥》 乾隆《潞安府志》卷十一《纪事》 光绪《屯留县志》卷一《祥异》

续表

纪年	灾区	灾象	应对措施	资料出处
明嘉靖七年（1528）	祁县、文水	五月，祁县、文水雨雹，伤麦。禾复种秋成。		雍正《山西通志》卷一百六十三《祥异二》 光绪《山西通志》卷八十六《大事记四》 光绪《增修祁县志》卷十六《祥异》 光绪《文水县志》卷之一《天文志·祥异》
	霍州	正月，霍州大雷雹。		光绪《山西通志》卷八十六《大事记四》
	太原府	四月有杜鹃鸣于太原晋祠。五月，祁县、文水雨雹伤麦。榆次旱。		乾隆《太原府志》卷四十九《祥异》
明嘉靖八年（1529）	宁乡	春，正月朔，太平雨黄沙。宁乡大雨雹。	九年正月，振山西灾。（光绪《山西通志》卷八十六《大事记四》）	雍正《山西通志》卷一百六十三《祥异二》
		正月朔，宁乡大雨雹。		乾隆《汾州府志》卷之二十五《事考》
明嘉靖十年（1531）	岢岚	夏，岢岚雨雹，大如碌轴，毁民居，毙牲畜，树无遗枝，赤地千里。		雍正《山西通志》卷一百六十三《祥异二》 光绪《山西通志》卷八十六《大事记四》
		夏，岢岚雨雹，大如碌轴，毁民居、毙牲畜，树无遗枝，赤地千里。		乾隆《太原府志》卷四十九《祥异》
		雨雹，大如掌。		光绪《岢岚州志》卷之十《风土志·祥异》
明嘉靖十一年（1532）	泽州、高平	春，泽州、高平雨雹。（州志）		雍正《泽州府志》卷之五十《祥异》

续 表

纪年	灾区	灾象	应对措施	资料出处
明嘉靖十二年(1533)	高平	春三月,高平雨雹。		雍正《山西通志》卷一百六十三《祥异二》 光绪《山西通志》卷八十六《大事记四》
		春三月癸丑,高平雨雹。(省志)		雍正《泽州府志》卷之五十《祥异》
		春三月癸丑,雨雹。(省志)空仓岭有大如辘轴者。		乾隆《高平县志》卷之十六《祥异》
明嘉靖十五年(1536)	阳城、太原	阳城、太平雨雹盈尺,伤禾。		雍正《山西通志》卷一百六十三《祥异二》 光绪《山西通志》卷八十六《大事记四》
	阳城	夏,阳城雨雹盈尺,麦尽伤,民饥。(阳城志)		雍正《泽州府志》卷之五十《祥异》 乾隆《阳城县志》卷之四《兵祥》 同治《阳城县志》卷之一八《灾祥》
	太平	雨雹。(平地尺许,禾稼皆伤)		光绪《太平县志》卷十四《杂记志·祥异》
明嘉靖十六年(1537)	临晋	六月,临晋雨雹。		雍正《山西通志》卷一百六十三《祥异二》 光绪《山西通志》卷八十六《大事记四》
		雨雹,如鸡卵,周二十余里。		民国《临晋县志》卷十四《旧闻记》
明嘉靖十七年(1538)	太谷	六月太谷雨雹,大如斗。		雍正《山西通志》卷一百六十三《祥异二》 光绪《山西通志》卷八十六《大事记四》 乾隆《太原府志》卷四十九《祥异》

续　表

纪年	灾区	灾象	应对措施	资料出处
明嘉靖十七年（1538）	太谷	戊戌，地震。（屋瓦尽鸣）夏五月，黑气弥空，昼晦，雨沙。（飞鸟皆陨）大雨雹。（大者如斗）		民国《太谷县志》卷一《年纪》
	永济	五月，大雨雹。		光绪《永济县志》卷二十三《事纪·祥沴》
明嘉靖十八年（1539）	翼城	六月，翼城大雨雹。秋，沁源陨霜杀稼。		雍正《山西通志》卷一百六十三《祥异二》光绪《山西通志》卷八十六《大事记四》
		六月，大雨雹，凡十八日。		民国《翼城县志》卷十四《祥异》
明嘉靖二十三年（1544）	大同、阳高（光绪《通志》记载为"永和"）	雨雹。	二十四年六月，免被灾税粮。（光绪《山西通志》卷八十六《大事记四》）	雍正《山西通志》卷一百六十三《祥异二》光绪《山西通志》卷八十六《大事记四》
		雨雹。		道光《大同县志》卷二《星野·岁时》
	阳高	六月，雨雹。		雍正《阳高县志》卷之五《祥异》
明嘉靖二十四年（1545）	太谷	丙午，木冰。（凝缀如玉，日晡未消）		民国《太谷县志》卷一《年纪》
明嘉靖二十五年（1546）	太原	五月，太原雨雹如拳。杀人畜。		雍正《山西通志》卷一百六十三《祥异二》光绪《山西通志》卷八十六《大事记四》同治《榆次县志》卷之十六《祥异》

续 表

纪年	灾区	灾象	应对措施	资料出处
明嘉靖二十五年(1546)	太原	夏四月,雨雹。		道光《太原县志》卷之十五《祥异》
	太原府	春正月,榆次城南门火,经夕不灭。五月,太原雨雹如拳,是岁,榆次有狼盛集于野,啮儿童数十。……冬,太原木冰。		乾隆《太原府志》卷四十九《祥异》
	平阳府	太平雨雹,汾西、霍州大稔。		雍正《平阳府志》卷之三十四《祥异》
明嘉靖二十六年(1547)	文水、祁县	八月,文水、祁县雨雹伤稼。		雍正《山西通志》卷一百六十三《祥异二》 光绪《山西通志》卷八十六《大事记四》
		八月,文水、祁县雨雹。		乾隆《太原府志》卷四十九《祥异》
	祁县	雨雹,大如鹅卵,伤稼。		光绪《增修祁县志》卷十六《祥异》
	文水	丁未八月,雨雹,大如鸡卵,深二尺,伤秋稼。		光绪《文水县志》卷之一《天文志·祥异》
明嘉靖二十八年(1549)	平阳府	六月,翼城大雨雹。九月,洪洞大雪深数尺。		雍正《平阳府志》卷之三十四《祥异》
明嘉靖三十年(1551)	崞县	雨雹。		雍正《山西通志》卷一百六十三《祥异二》
明嘉靖三十一年(1552)	崞县	雨雹。		雍正《山西通志》卷一百六十三《祥异二》 光绪《山西通志》卷八十六《大事记四》
明嘉靖三十七年(1558)	榆次	五月,榆次雨雹,损麦。		雍正《山西通志》卷一百六十三《祥异二》

续　表

纪年	灾区	灾象	应对措施	资料出处
明嘉靖三十七年(1558)	屯留	雨雹。		光绪《山西通志》卷八十六《大事记四》
		六月,屯留县大风拔木,雹如卵,杀稼,民饥。		顺治《潞安府志》卷十五《纪事三·灾祥》 光绪《屯留县志》卷一《祥异》
	榆次	二月,榆次雨雹,损麦。交城地震。		乾隆《太原志》卷四十九《祥异》
明嘉靖三十八年(1559)	朔平府	左卫自春至夏不雨,蚜蚄生,得雨乃死,自是雨百余日,垣屋俱坏。八月复雨雹,平地三尺,禾稼尽伤。		雍正《朔平府志》卷之十一《外志·祥异》
	左云	八月,雨雹平地三尺禾稼尽伤。		光绪《左云县志》卷一《祥异》
明嘉靖四十三年(1564)	壶关	壶关雨雹,如鸡卵。		雍正《山西通志》卷一百六十三《祥异二》 光绪《山西通志》卷八十六《大事记四》
		夏,冰雹如鸡子。		道光《壶关县志》卷二《纪事》
明隆庆元年(1567)	临汾	五月五日,临汾雨雹。(深半尺伤稼)	诏免田租之半。	雍正《山西通志》卷一百六十三《祥异二》 光绪《山西通志》卷八十六《大事记四》 雍正《平阳府志》卷之三十四《祥异》 民国《临汾县志》卷六《杂记类·祥异》
	大同	五月甲子,大同大雨雹。		《明穆宗实录》卷八"隆庆元年五月甲子"

续 表

纪年	灾区	灾象	应对措施	资料出处
明隆庆二年(1568)	榆次	榆次雨雹,伤稼。万泉无禾。		雍正《山西通志》卷一百六十三《祥异二》 光绪《山西通志》卷八十六《大事记四》
		阳曲黑眚。六月,兴县龙起,震死人民。榆次雨雹伤稼。		乾隆《太原府志》卷四十九《祥异》
		秋七月,雾伤稼,复雹。		同治《榆次县志》卷之十六《祥异》
明隆庆三年(1569)	交城、代州、崞县	雨雹。		雍正《山西通志》卷一百六十三《祥异二》 光绪《山西通志》卷八十六《大事记四》
	交城	交城雨雹,大风拔木。六月,祁县妖气伤人。		乾隆《太原府志》卷四十九《祥异》
	代州	六月,大雨雹,大风拔木。		光绪《代州志·记三》卷十二《大事记》
	崞县	六月,雨雹,小如鸡卵,大如砧石,大饥。		乾隆《崞县志》卷五《祥异》 光绪《续修崞县志》卷八《志余·灾荒》
明隆庆四年(1570)	大同	四月辛酉,宣府、大同雨雹,厚三尺余,大如卵,禾苗尽伤。		《明史》卷二十八《五行一》 道光《大同县志》卷二《星野·岁时》
	宁乡	大雨雹。		雍正《山西通志》卷一百六十三《祥异二》 光绪《山西通志》卷八十六《大事记四》 康熙《宁乡县志》卷之一《灾异》
明隆庆四年(1570)	石楼	雨雹伤稼。		雍正《石楼县志》卷三《祥异》

续 表

纪年	灾区	灾象	应对措施	资料出处
明隆庆五年(1571)	平陆、蒲县	雨雹。		雍正《山西通志》卷一百六十三《祥异二》 光绪《山西通志》卷八十六《大事记四》
	徐沟	十一月初三日,县西南冰,厚一尺许,有虬自东北掀冰而过,直抵西南城垣,长五十余丈,阔五尺,两旁拥冰高二尺。		光绪《补修徐沟县志》卷五《祥异》 康熙《徐沟县志》卷之三《祥异》
	大同	四月辛酉,大同雨雹,厚三尺余,大如卵,禾苗尽伤。		乾隆《大同府志》卷之二十五《祥异》
	祁县	夏,雨雹伤麦。		光绪《增修祁县志》卷十六《祥异》
	蒲县	六月,雨雹。(禾苗尽伤)		光绪《蒲县续志》卷之九《祥异志》
明隆庆六年(1572)	祁县	六月朔,日食,雨雹,大风拔木。		雍正《山西通志》卷一百六十三《祥异二》
	太原	五月祁县风霾,昼晦如夜,地震有声。六月朔,日食雨雹,大风拔木。十六日酉时,太原见西北天裂,须臾而合;越三日天鼓鸣,又七日,日三环,有妖,数惊人,数月而止。秋,文水蝱。		乾隆《太原府志》卷四十九《祥异》
明隆庆十六年*	太谷	戊子,雨雹。(大如鸡卵)岁祲。		民国《太谷县志》卷一《年纪》

* 隆庆共6年,隆庆十六年疑为隆庆六年。

续 表

纪年	灾区	灾象	应对措施	资料出处
明隆庆二十一年*	太谷	癸巳，雨雹伤稼。		民国《太谷县志》卷一《年纪》
明万历三年(1575)	静乐	六月，静乐雨雹，圆如车轮，片者若扉，崚嶒者若牛马，伤人畜甚众。		雍正《山西通志》卷一百六十三《祥异二》 《晋乘蒐略》卷之三十
		静乐雨雹，伤人畜甚众。		光绪《山西通志》卷八十六《大事记四》
		六月，冰雹异常，圆者若毂，片者若扉，崚嶒者若牛若马。折树如粉，水没演武亭并官民平地五百余顷，行人、牧子、六畜，死者不可计。		康熙《静乐县志》四卷《赋役·灾变》
明万历四年(1576)	定襄	五月乙巳，定襄雨雹，大者如卵，禾苗尽损。		《明史》卷二十八《五行一》 光绪《山西通志》卷八十六《大事记四》
	祁县	七月二十四日，雨雹，大如鹅卵，伤屋瓦、野兽。		雍正《山西通志》卷一百六十三《祥异二》 光绪《山西通志》卷八十六《大事记四》 光绪《增修祁县志》卷十六《祥异》
	太原	夏太原晋祠山移数步。七月，祁县雨雹。		乾隆《太原府志》卷四十九《祥异》
明万历五年(1577)	太原府	七月甲寅，太原府冰雹。		《明神宗实录》卷六四"万历五年 七月甲寅"

* 隆庆共6年，隆庆二十一年疑为错记。

续　表

纪年	灾区	灾象	应对措施	资料出处
明万历八年(1580)	山西	秋七月,雨雹。		雍正《山西通志》卷一百六十三《祥异二》
	和顺	夏四月,和顺雨雹。		民国《重修和顺县志》卷之九《风俗·祥异》
	曲沃	四月雨雹。七月,曲沃雨雹。		光绪《山西通志》卷八十六《大事记四》
		夏五月,曲沃大风拔木,秋七月,雨雹;平阳彗星见;岳阳地震有声。		雍正《平阳府志》卷之三十四《祥异》
		夏五月,大风拔木,秋七月,大雨雹。		光绪《续修曲沃县志》卷之三十二《祥异》
明万历十年(1582)	祁县	六月一日日食。十八日,雨雹,猛风拔木。		光绪《增修祁县志》卷十六《祥异》
明万历十一年(1583)	太平、吉州	雨雹。		雍正《山西通志》卷一百六十三《祥异二》 光绪《山西通志》卷八十六《大事记四》 光绪《太平县志》卷十四《杂记志·祥异》
明万历十二年(1584)	榆次	雨雹伤麦。		雍正《山西通志》卷一百六十三《祥异二》 光绪《山西通志》卷八十六《大事记四》
		五月大雨雹,无麦。		同治《榆次县志》卷之十六《祥异》
		清源城东夜辄见火迁移,明灭不常,越月乃止。五月,榆次雨雹伤麦。		乾隆《太原府志》卷四十九《祥异》
明万历十三年(1585)	高平	三月,高平地震,五月,雨雹如杵。		雍正《山西通志》卷一百六十三《祥异二》 光绪《山西通志》卷八十六《大事记四》

续 表

纪年	灾区	灾象	应对措施	资料出处
明万历十三年(1585)	高平	夏五月壬寅,雨雹,大者如杵,自郭至南乡二十里间禾黍尽坏。		乾隆《高平县志》卷之十六《祥异》
	泽州	夏五月,雨雹如杵,禾黍尽坏。(高平志)		雍正《泽州府志》卷之五十《祥异》
	保德	四月,石堂等村雹,厚尺余,三日乃消。禾不生,民多逃。		乾隆《保德州志》卷之三《风土·祥异》
明万历十四年(1586)	乡宁	乡宁陨霜伤禾。		光绪《山西通志》卷八十六《大事记四》
明万历十五年(1587)	乡宁	临晋、猗氏蝗。乡宁雨雹。		雍正《山西通志》卷一百六十三《祥异二》 光绪《山西通志》卷八十六《大事记四》
		八月内,雨雹杀禾。		乾隆《乡宁县志》卷十四《祥异》
	高平	夏五月,高平雨雹,坏民庐舍。(高平志)		雍正《泽州府志》卷之五十《祥异》
		夏三月丙辰,夜雨雹。旧志:时县令杨应中祷雨于于灵贶工(公),得雨不报祀,乃有白云起自西北,冰雹随降,坏民庐舍。		乾隆《高平县志》卷之十六《祥异》
明万历十六年(1588)	太谷、崞县、朔州、山阴、壶关	雨雹,大如鸡卵,岁祲。		雍正《山西通志》卷一百六十三《祥异二》 光绪《山西通志》卷八十六《大事记四》
	太谷	太谷雨雹,大如鸡卵,岁祲;交城大雨水。九月,岢岚天鼓鸣,三月星陨为石,青黑色,长三尺余,形如枕。榆次大有年。		乾隆《太原府志》卷四十九《祥异》

续　表

纪年	灾区	灾象	应对措施	资料出处
明万历十六年（1588）	壶关	八月，壶关县雹如鸡卵。		顺治《潞安府志》卷十五《纪事三·灾祥》 乾隆《潞安府志》卷十一《纪事》
		秋八月，雹如鸡卵。是冬米价如常。		道光《壶关县志》卷二《纪事》
	长子	六月雨雹。		康熙《长子县志》卷之一《灾祥》
	大同府	山阴雨雹，大如鸡卵，岁祲。		乾隆《大同府志》卷之二十五《祥异》
	朔平府	六月，朔州陨霜，雨雹。		雍正《朔平府志》卷之十一《外志·祥异》
	朔州	六月，陨霜，雨雹。		雍正《朔州志》卷之二《星野·祥异》
	崞县	七月，雨雹禾稼，树木尽伤。		乾隆《崞县志》卷五《祥异》 光绪《续修崞县志》卷八《志余·灾荒》
明万历十七年（1589）	介休	六月，雨雹，蝗啮稼。		嘉庆《介休县志》卷一《兵祥`·祥灾附》
明万历二十年（1592）	曲沃	六月，曲沃雨雹。		雍正《山西通志》卷一百六十三《祥异二》 光绪《山西通志》卷八十六《大事记四》 雍正《平阳府志》卷之三十四《祥异》
明万历二十一年（1593）	荣河、洪洞、太谷	雨雹害稼。		雍正《山西通志》卷一百六十三《祥异二》
	太谷	雨雹伤稼。		乾隆《太原府志》卷四十九《祥异》
	洪洞	洪洞雨雹伤稼。九月，临汾烈风，雷雨。		雍正《平阳府志》卷之三十四《祥异》

续 表

纪年	灾区	灾象	应对措施	资料出处
明万历二十一年（1593）	荣河	七月，荣河大雨雹，如鸡卵，或取视之内有蜗谷草木之物，自午至申，摧大树无数，禾尽压地，为之赤。其年九月，荣河桃李花。		乾隆《蒲州府志》卷之二十三《事纪·五行祥沴》
		七月，大雷雨，冰雹，城周十余里，一时禾稼殆尽。雹大如鹅卵，或取视之，内有蜗谷、草木之物，自午至申，大树摧折无数，地为之赤。是年，秋禾失望。冬桃李复华。		光绪《荣河县志》卷十四《记三·祥异》
明万历二十三年（1595）	赵城	雨雹伤禾。		雍正《山西通志》卷一百六十三《祥异二》 光绪《山西通志》卷八十六《大事记四》 雍正《平阳府志》卷之三十四《祥异》
		二十三年，赵城雨雹伤禾。		道光《直隶霍州志》卷十六《禨祥》
明万历二十四年（1596）	平虏卫*	十一月己酉，户部题：平虏卫破石槽等处冰雹灾伤，乞行蠲免。		《实录》卷三〇四“万历二十四年十一月己酉”
	长子	六月，长子雨雹。		雍正《山西通志》卷一百六十三《祥异二》 光绪《山西通志》卷八十六《大事记四》 顺治《潞安府志》卷十五《纪事三·灾祥》 乾隆《潞安府志》卷十一《纪事》
	绛县	雨雹，大如卵，或如杵，积三尺余，伤人畜。		光绪《山西通志》卷八十六《大事记四》

* 平虏卫，今山西朔州平鲁区北。

续　表

纪年	灾区	灾象	应对措施	资料出处
明万历二十四年(1596)	绛县	六月,绛县有赤星如斗,自西南流入东北。翌日,雨雹,大如卵,或如杵,积三尺余,伤人畜无算。		雍正《山西通志》卷一百六十三《祥异二》光绪《绛县志》卷六《纪事·大事表门》
明万历二十五年(1597)	平陆	春正月,平陆雨雹。		雍正《山西通志》卷一百六十三《祥异二》光绪《山西通志》卷八十六《大事记四》
明万历二十六年(1598)	垣曲、高平、陵川、平鲁	雨雹。		雍正《山西通志》卷一百六十三《祥异二》光绪《山西通志》卷八十六《大事记四》
	高平	秋七月,高平陵川雨雹,坏屋伤禾。(高平志)		雍正《泽州府志》卷之五十《祥异》
	朔平府	四月,马邑大风,麦无苗。六月,大水坏屋宇。秋七月,平远卫雨雹,杀禾坏屋,岁饥。		雍正《朔平府志》卷之十一《外志·祥异》
明万历二十七年(1599)	平陆、高平	秋,平陆、高平雨雹。山阴霪雨。		雍正《山西通志》卷一百六十三《祥异二》光绪《山西通志》卷八十六《大事记四》
	高平	秋七月壬辰,雨雹。		乾隆《高平县志》卷之十六《祥异》
	平陆	大雨雹。		乾隆《解州平陆县志》卷之十一《祥异》
明万历二十八年(1600)	文水、高平	夏五月,文水、高平大雨雹,损麦。		雍正《山西通志》卷一百六十三《祥异二》光绪《山西通志》卷八十六《大事记四》
	文水	春正月,榆次有火光如斗,坠于西南声如鼓。夏五月,文水大雨雹,损麦。		乾隆《太原府志》卷四十九《祥异》

续　表

纪年	灾区	灾象	应对措施	资料出处
明万历二十八年（1600）	泽州	夏六月，高平雨雹，如拳积，盈尺不消，麦熟尽坏。（旧州志）		雍正《泽州府志》卷之五十《祥异》
	高平	夏六月，雨雹，如拳，积盈尺不消，麦熟尽坏。（府志）		乾隆《高平县志》卷之十六《祥异》
明万历二十九年（1601）	五台	雨雹。		雍正《山西通志》卷一百六十三《祥异二》 光绪《山西通志》卷八十六《大事记四》
明万历三十年（1602）	永宁	夏五月，永宁雨雹，大如鸡卵。		雍正《山西通志》卷一百六十三《祥异二》
		永宁雨雹。		光绪《山西通志》卷八十六《大事记四》
		夏五月，永宁州雨雹，大如鸡卵。		乾隆《汾州府志》卷之二十五《事考》
明万历三十一年（1603）	岳阳	雨雹。		雍正《山西通志》卷一百六十三《祥异二》 光绪《山西通志》卷八十六《大事记四》
	保德州	六月初五日申酉时，丛林沟、王家寨等处雹，击地尽赤，城东西沟畦园尽没，下园民居俱为园泽，南沟井浮桥被冲去。		乾隆《保德州志》卷之三《风土·祥异》
	岳阳	岳阳雨雹。		雍正《平阳府志》卷之三十四《祥异》
		冰雹伤禾。		民国《新修岳阳县志》卷一十四《祥异志·灾祥》
		冰雹伤禾。		民国《安泽县志》卷十四《祥异志·灾祥》

续　表

纪年	灾区	灾象	应对措施	资料出处
明万历三十二年(1604)	夏县、万泉、黎城、忻州	广昌旱,夏县、万泉、黎城、忻州雨雹,伤禾。		雍正《山西通志》卷一百六十三《祥异二》 光绪《山西通志》卷八十六《大事记四》
	黎城	(甲辰)六月,黎城县雹如鸡卵。		顺治《潞安府志》卷十五《纪事三·灾祥》 乾隆《潞安府志》卷十一《纪事》
	忻州	六月,雨雹。		光绪《忻州志》卷三十九《灾祥》
	夏县	六月初十日,大雨雹,禾黍、枣果、木棉尽伤。		光绪《夏县志》卷五《灾祥志》
	万泉	万泉雨雹,如鸡子,广十余里,其积如邱。		乾隆《蒲州府志》卷之二十三《事纪·五行祥沴》 民国《万泉县志》卷终《杂记附·祥异》
明万历三十三年(1605)	保德、忻、霍、绛	雨雹,大如拳。		雍正《山西通志》卷一百六十三《祥异二》 光绪《山西通志》卷八十六《大事记四》
	朔平府	五月,马邑三日大雨雹,电坏民屋,禾苗皆没。		雍正《朔平府志》卷之十一《外志·祥异》
	霍州	霍州雨雹,大如拳。		道光《直隶霍州志》卷十六《禨祥》
	绛州	五月,城西雨雹如拳。		光绪《直隶绛州志》卷之二十《灾祥》 民国《新绛县志》卷十《旧闻考·灾祥》
明万历三十四年(1606)	平遥	雨雹。		雍正《山西通志》卷一百六十三《祥异二》 光绪《山西通志》卷八十六《大事记四》

续　表

纪年	灾区	灾象	应对措施	资料出处
明万历三十四年（1606）	平遥	西北乡冰雹大伤，邻河多愁欢之声。		光绪《平遥县志》卷之十二《杂录志·灾祥》
		春正月，平遥雨雹。		乾隆《汾州府志》卷之二十五《事考》
	盂县	盂县雨雹。		雍正《山西通志》卷一百六十三《祥异二》光绪《山西通志》卷八十六《大事记四》
		十二月初六，雨雹。		光绪《盂县志·天文考》卷五《祥瑞、灾异》
	长子	大雨雹，伤禾。		康熙《长子县志》卷之一《灾祥》
明万历三十五年（1607）	稷山	雨雹，大如拳。		雍正《山西通志》卷一百六十三《祥异二》光绪《山西通志》卷八十六《大事记四》
	乡宁	雨雹杀禾，两年连遭大饥，民多食石脂，甚或人相食。		民国《乡宁县志》卷八《大事记》
	稷山	夏大雨雹，形如拳大，人多毙在白口、太阳二村。		同治《稷山县志》卷之七《古迹·祥异》
明万历三十六年（1608）	长子	雨雹，害稼。		雍正《山西通志》卷一百六十三《祥异二》光绪《山西通志》卷八十六《大事记四》康熙《长子县志》卷之一《灾祥》
		五月，长子县雨雹。		顺治《潞安府志》卷十五《纪事三·灾祥》乾隆《潞安府志》卷十一《纪事》
明万历三十七年（1609）	闻喜	闻喜雨雹，长治、襄垣、潞城、长子无蚕。		雍正《山西通志》卷一百六十三《祥异二》光绪《山西通志》卷八十六《大事记四》

续 表

纪年	灾区	灾象	应对措施	资料出处
明万历三十七年（1609）	闻喜	己酉五月雨雹，邑北二十里新庄星宿堡伤妇人一，羊三十有奇。		民国《闻喜县志》卷二十四《旧闻》
明万历三十八年（1610）	清源	二月，天鼓鸣。四月十二日，地震。七月，地震，大雨雹。		光绪《清源乡志》卷十六《祥异》
明万历四十年（1612）	保德	八月十五日，王家寨等处雹伤稼。	知州胡楠各赈谷有差。	乾隆《保德州志》卷之三《风土·祥异》
明万历四十二年（1614）	安邑	安邑雨雹，伤禾。		雍正《山西通志》卷一百六十三《祥异二》
	保德州	六月初四日，大雹。初六日，又雹。俱不离故道。	知州胡楠先动自理谷赈，其无荞菜种者，申允两院，复赈谷五百余石。	乾隆《保德州志》卷之三《风土·祥异》
明万历四十三年（1615）	安邑	雨雹伤禾。		雍正《山西通志》卷一百六十三《祥异二》 光绪《山西通志》卷八十六《大事记四》
		夏四月八日，大雨雹，伤麦。二十一日复雨雹。		乾隆《解州安邑县志》卷之十一《祥异》
明万历四十五年（1617）	夏县	雨雹。		光绪《山西通志》卷八十六《大事记四》
明万历四十六年（1618）	夏县	夏四月，夏县雨雹。		雍正《山西通志》卷一百六十三《祥异二》
		四月，雨雹，二麦损伤。		光绪《夏县志》卷五《灾祥志》
明万历四十八年（1620）	高平	夏五月，高平雨雹，大如杵。屋尽碎。		雍正《山西通志》卷一百六十三《祥异二》

续　表

纪年	灾区	灾象	应对措施	资料出处
明万历四十八年(1620)	高平	夏五月，高平雨雹，大如杵。屋尽碎。		雍正《泽州府志》卷之五十《祥异》 乾隆《高平县志》卷之十六《祥异》
明泰昌元年(1620)	永和	雨雹，伤禾。		雍正《山西通志》卷一百六十三《祥异二》
明天启七年(1627)	沁州	夏五月，沁州雨雹。		雍正《山西通志》卷一百六十三《祥异二》 光绪《山西通志》卷八十六《大事记四》
		五月州雨雹。(大如鹅卵，南北各二十里、东西各十里树木摧折，禾稼尽伤，击死牛羊无数)十月流贼掠武乡西鄙。沁源木冰。(十九日，雨，寒甚，树木凝冰成刀枪形)十二月流贼焚武乡西关。(二十四日)		乾隆《沁州志》卷九《灾异》
	武乡	五月，武乡雨雹。(大如鸡子)		乾隆《沁州志》卷九《灾异》 乾隆《武乡县志》卷之二《灾祥》
明崇祯元年(1628)	永和	雨雹。		雍正《山西通志》卷一百六十三《祥异二》 光绪《山西通志》卷八十六《大事记四》
明崇祯二年(1629)	永和	雨雹。		雍正《山西通志》卷一百六十三《祥异二》
		冰雹，伤禾，连岁灾祲，难已为生。		民国《永和县志》卷十四《祥异考》
明崇祯四年(1631)	襄垣	五月，襄垣雨雹，大如伏牛盈丈，小如拳，毙人畜甚众。		《明史》卷二十八《五行一》 光绪《山西通志》卷八十六《大事记四》

续 表

纪年	灾区	灾象	应对措施	资料出处
明崇祯四年(1631)	沁州	夏五月,沁州雨雹,大如鹅卵。		雍正《山西通志》卷一百六十三《祥异二》 光绪《山西通志》卷八十六《大事记四》
	壶关	雨雹。		光绪《山西通志》卷八十六《大事记四》
明崇祯五年(1632)	静乐	雨雹。		光绪《山西通志》卷八十六《大事记四》
明崇祯六年(1633)	沁州、武乡	雨雹,伤禾。		雍正《山西通志》卷一百六十三《祥异二》 光绪《山西通志》卷八十六《大事记四》
明崇祯八年(1635)	临县	七月乙酉,临县大冰雹三日,积二尺余,大如鹅卵,伤稼。		《明史》卷二十八《五行一》 光绪《山西通志》卷八十六《大事记四》
明崇祯九年(1636)	绛州	米麦价银一钱二升五合。又雨雹,大如鸡卵、核桃。		光绪《直隶绛州志》卷之二十《灾祥》 民国《新绛县志》卷十《旧闻考·灾祥》
明崇祯十年(1637)	武乡	闰四月癸丑,武乡、沁源大雨雹,最大者如象,次如牛。		《明史》卷二十八《五行一》 光绪《山西通志》卷八十六《大事记四》 乾隆《沁州志》卷九《灾异》 乾隆《武乡县志》卷之二《灾祥》
	隰州、永和	夏,隰州、永和雨雹伤禾。		雍正《山西通志》卷一百六十三《祥异二》 光绪《山西通志》卷八十六《大事记四》
	隰州	夏,冰雹如鸡卵,禾苗尽伤,民不甚饥。		康熙《隰州志》卷之二十一《祥异》

续 表

纪年	灾区	灾象	应对措施	资料出处
明崇祯十年(1637)	永和	夏,遭冰雹,大如鸡子,伤禾,民间大饥。		民国《永和县志》卷十四《祥异考》
明崇祯十二年(1639)	沁源	六月十一日丁未,沁源大风雹,拔木、伤稼、毁城楼三座。		雍正《山西通志》卷一百六十三《祥异二》 雍正《沁源县志》卷之九《别录·灾祥》 民国《沁源县志》卷六《大事考》
	沁州、沁源	六月,州及沁源大风雨雹。(十一日风雹大作,击死畜甚众,禾稼尽伤,树木多拔。沁源吹倒城楼三座)		乾隆《沁州志》卷九《灾异》
明崇祯十三年(1640)	大宁	雨雹。		雍正《山西通志》卷一百六十三《祥异二》 光绪《山西通志》卷八十六《大事记四》
		雹大如卵。		光绪《大宁县志》卷之七《灾祥集》
明崇祯十七年(1644)	介休	六月,雨雹,蝗啮稼。		嘉庆《介休县志》卷一《兵祥·祥灾附》

(一) 时间分布

明代发生在山西的冰雹次数总共150次,除1368—1400年未有文献记录外,其它时段均有灾情记录,且时间愈后雹灾记录的频率愈高。1401—1450年的50年间共计4次,仅占雹灾总数的3%,但到1601—1644年间,几乎每年都有雹灾的文献记录。

表 5-8 明代山西雹灾阶段分布表

时间	年数	次数	频次	占比
1368—1400	33	0	0	0
1401—1450	50	4	0.08	3%
1451—1500	50	17	0.34	11%
1501—1550	50	46	0.92	30%
1551—1600	50	52	1.04	35%
1601—1644	44	31	0.70	21%

以季节论，明代山西雹灾多发生在夏季，以六月份最为常见，达到40次之多。夏季雹灾不仅多发，而且有时往往波及的范围很广，危害后果严重。万历三十二年六月，晋南、晋东南地区连降冰雹，蒲州府所属夏县、万泉，潞安府属的黎城等地农作物受到严重损毁，“夏县、万泉、黎城、忻州雨雹，伤禾，”[①]明正德十四年(1519)“秋夜，雨雹小者如拳，大者如杵，水深三尺，城中漂流男女三十余口，禾稼尽灭”[②]。明万历三年(1575)“六月，(静乐)冰雹异常，圆者若毂，片者若扉，峻嶒者若牛若马。折树如粉，水没演武亭并官民平地五百余顷，行人、牧子、六畜，死者不可计”[③]。明崇祯十年(1637)“闰四月癸丑，武乡、沁源大雨雹，最大者如象，次如牛”[④]。但是，明代冰雹灾害也有属于“明清宇宙期”气候异常反应的记录。明万历三十四年(1606)，“十二月初六，(盂县)雨雹”[⑤]。万历二十五年(1597)“春正月，平陆雨雹”[⑥]。

---

①雍正《山西通志》卷一百六十三《祥异二》。

②民国《永和县志》卷十四《祥异考》。

③康熙《静乐县志》四卷《赋役·灾变》。

④乾隆《沁州志》卷九《灾异》。

⑤光绪《盂县志·天文考》卷五《祥瑞、灾异》。

⑥雍正《山西通志》卷一百六十三《祥异二》。

（二） 空间分布

表5－9 明代山西雹灾空间分布表

今地	灾区(灾次)	灾区数
太原	太原府(14)、阳曲(1)、太原(1)、徐沟(1)、清源(1)	5
长治	潞州(1)潞安府(1)长治(2)壶关(2)长子(3)沁州(3)沁源(1)武乡(2)潞城(1)屯留(3)	10
晋城	泽州府(4)高平(8)阳城(2)	3
阳泉	平定州(9)盂县(1)	2
大同	大同府(5)大同(2)阳高(3)左云(1)	3
朔州	朔平府(2)朔州(1)	2
忻州	忻州(1)静乐(1)代州(1)崞县(3)保德州(5)河曲(1)岢岚(1)	7
晋中	榆次(7)辽州(1)和顺(1)太谷(6)平遥(1)祁县(5)介休(2)	7
吕梁	永宁州(1)文水(2)汾州府(3)石楼(2)宁乡(2)	5
临汾	平阳府(3)临汾(1)岳阳(2)翼城(1)曲沃(2)隰州(1)永和(3)大宁(1)蒲县(1)霍州(2)太平(2)乡宁(2)	12
运城	安邑(2)绛州(4)闻喜(1)绛县(1)稷山(1)夏县(2)平陆(2)永济(1)万泉(2)荣河(1)临晋(1)	11

表5－9反映的数据看，明代山西的雹灾空间分布相对比较分散，雹灾记录较多的区域在太原、晋城、大同、榆次。但是就密度而言，晋中和太原相对较高。历史雹灾最高纪录的太原府共14次，其次为平定州和高平。

四　雪(寒霜)灾

明代山西有关雪(寒霜)灾的记载总共112次，年频次为0.40。由于受“明清宇宙期”的影响，极寒天气高频出现，为山西历史自然灾害记录的新特征。

表 5 - 10 明代山西雪(寒霜)灾年表

纪年	灾区	灾象	应对措施	资料出处
明洪武十五年(1382)	朔州	洪武十六年四月甲申,大同府言:所属蔚州、朔州去年陨霜,伤禾稼,民饥。	上命永平侯谢成往发粟赈之。	《明太祖实录》卷一五三"洪武十六年四月甲申"
明洪武二十六年(1393)	榆社	四月丙申,榆社陨霜损麦。		《明史》卷二十八《五行一》 光绪《榆社县志》卷之十《拾遗志·灾祥》
明永乐七年(1409)	静乐	严霜杀稼。		雍正《山西通志》卷一百六十三《祥异二》
		七月初三日,严霜杀禾殆尽。		康熙《静乐县志》四卷《赋役·灾变》
明永乐十一年(1413)	宁乡*	八月,宁乡大雨雪。		雍正《山西通志》卷一百六十三《祥异二》 乾隆《汾州府志》卷之二十五《事考》
明永乐十二年(1414)	宁乡	雨雪。		雍正《山西通志》卷一百六十三《祥异二》
		秋八月,宁乡雨雪。		乾隆《汾州府志》卷之二十五《事考》
		八月,大雨雪。		康熙《宁乡县志》卷之一《灾异》
	石楼	八月,雨雪。		雍正《石楼县志》卷之三《祥异》
明宣德三年(1428)	泽州*、沁水、蒲*、灵石	巡按山西监察御史沈福言:泽州、沁水、蒲、灵石等处八月旱霜,禾稼不实,民食艰难,采拾自给。		《明宣宗实录》卷四七"宣德三年十月乙巳"

* 宁乡,今山西中阳。

* 泽州,今山西晋城。

* 蒲,今山西永济西。

续 表

纪年	灾区	灾象	应对措施	资料出处
明宣德六年（1431）	太原府*、平阳府*、汾州、沁州*	宣德七年三月己巳，山西太原府一十三县、平阳府二州六县、汾州三县及沁州等处奏：去年霜旱，秋田不收，民人饥乏。		《明宣宗实录》卷八八"宣德七年三月己巳"
明宣德十年（1435）	翼城	十年，翼城大雪，深二丈二尺，道路不通，十一年九月平阳尧庙灵芝生，越日，赤蛇见。		雍正《平阳府志》卷之三十四《祥异》
明正统十年（1445）	翼城	大雪，深二丈二尺，道路不通。		光绪《山西通志》卷八十六《大事记四》 雍正《山西通志》卷一百六十三《祥异二》
		大雪，深一丈二尺，树梢皆没，道路不能通，说者以为土木之兆。		民国《翼城县志》卷十四《祥异》
明景泰元年（1450）	泽州、高平、阳城、乡宁	秋，泽州、高平、阳城、乡宁陨霜杀稼。		雍正《山西通志》卷一百六十三《祥异二》
	泽州、高平、阳城	秋七月戊午，泽州、高平、阳城陨霜杀谷。		雍正《泽州府志》卷之五十《祥异》
	高平	秋七月戊午，陨霜杀稼。旧志：米山镇之东几二十里。		乾隆《高平县志》卷之十六《祥异》
	阳城	秋七月，陨霜杀谷。		乾隆《阳城县志》卷之四《兵祥》
		秋七月戊午，陨霜杀谷。		同治《阳城县志》卷之一八《灾祥》

* 太原府，治所在今太原市。

* 平阳府，治所在今临汾市尧都区。

* 沁州，今沁县、沁源、武乡。

续 表

纪年	灾区	灾象	应对措施	资料出处
明景泰元年（1450）	宁乡	陨霜杀稼。	山西巡府朱鉴奏石州、宁乡等处，宜令汾州营守备协守从之。	乾隆《汾州府志》卷之二十五《事考》
		八月，霜。		康熙《宁乡县志》卷之一《灾异》
明成化二年（1466）	代州	十月，代州大雪。		雍正《山西通志》卷一百六十三《祥异二》
	山西	十月，大雪，人相食。		光绪《代州志·记三》卷十二《大事记》
明成化二十二年（1486）	吉州*	八月，大雪，深三四尺。		雍正《山西通志》卷一百六十三《祥异二》 光绪《山西通志》卷八十六《大事记四》 光绪《吉州全志》卷七《祥异》
明弘治六年（1493）	屯留	陨霜杀桑。		雍正《山西通志》卷一百六十三《祥异》 光绪《山西通志》卷八十六《大事记四》
		三月二十日，屯留县陨霜杀桑。		乾隆《潞安府志》卷十一《纪事》
明弘治八年（1495）	榆社、陵川、襄垣、长子、沁源	四月庚申，陨霜，杀麦豆桑。		《明史》卷二十八《五行一》 光绪《榆社县志》卷之十《拾遗志·灾祥》
明弘治九年（1496）	榆次、武乡	四月辛巳，榆次陨霜杀禾。是月，武乡亦陨霜。		《明史》卷二十八《五行一》

* 吉州，今吉县。

续 表

纪年	灾区	灾象	应对措施	资料出处
明弘治十年(1497)	太原、平阳		四月丙戌,以霜灾免山西太原、平阳二府所属州县弘治九年夏秋税粮有差。	《明孝宗实录》卷一二四"弘治十年四月丙戌"
明弘治十五(1502)	山西行都司、大同府		二月己未,以霜灾免山西行都司所属二十卫所及大同府所属州县弘治十四年秋粮子粒十一万四千五十石,草四十一万一百四十束有奇。	《明孝宗实录》卷一八四"弘治十五年二月己未"
明弘治十七年(1504)	定襄	七月十三日,陨霜杀禾。		康熙《定襄县志》卷之七《灾祥志·灾异》
明正德五年(1510)	浑源、朔州、山阴、马邑、大同、云川*		十二月乙酉,以霜灾免山西浑源、蔚朔等州,山阴、马邑等县,大同、云川等卫所秋粮有差。	《明武宗实录》卷七〇"正德五年十二月乙酉"
明正德七年(1512)	万泉	秋八月,万泉雨雪。		雍正《山西通志》卷一百六十三《祥异二》 民国《万泉县志》卷终《杂记附·祥异》
	屯留	四月,屯留陨霜杀桑。		顺治《潞安府志》卷十五《纪事三·灾祥》

* 云川,今左云。

续　表

纪年	灾区	灾象	应对措施	资料出处
明正德十一年（1516）	万泉	雨雪。		雍正《山西通志》卷一百六十三《祥异二》
明嘉靖七年（1528）	榆次	十一月，有白气。		同治《榆次县志》卷之十六《祥异》
明嘉靖八年（1529）	石楼	秋七月，石楼陨霜。	九年正月，赈山西灾。（光绪《山西通志》卷八十六《大事记四》）	雍正《山西通志》卷一百六十三《祥异二》 乾隆《汾州府志》卷之二十五《事考》
明嘉靖十年（1531）	洪洞	春正月，洪洞大雪，四昼夜不息，平地三四尺，壕地皆盈。		雍正《山西通志》卷一百六十三《祥异二》 光绪《山西通志》卷八十六《大事记四》 雍正《平阳府志》卷之三十四《祥异》
	翼城	正月望日，大雪四昼夜不息，平地深三四尺，树枝多有压折者，二麦无收。		民国《翼城县志》卷十四《祥异》
	洪洞	正月望日，大雨雪，昼夜不息，平地深三四尺，濠池皆盈，树枝有压折者，二麦无收。		民国《洪洞县志》卷十八《杂记志·祥异》
明嘉靖十二年（1533）	石楼、永和	八月，石楼、永和陨霜，害稼。		雍正《山西通志》卷一百六十三《祥异二》
	太谷	四月，太谷大雪，百卉冻死。		光绪《山西通志》卷八十六《大事记四》
		十二年四月，太谷大雪，百卉冻死。		乾隆《太原府志》卷四十九《祥异》

续 表

纪年	灾区	灾象	应对措施	资料出处
明嘉靖十二年(1533)	太谷	十二年癸巳夏四月,大雨雪。(百卉尽死)秋八月,陨霜杀稼。冬十月,星陨如雨(其光如火,天尽赤)桃李华,黑眚复见,大饥。		民国《太谷县志》卷一《年纪》
	石楼、永和	八月,陨霜害及禾稼。		乾隆《汾州府志》卷之二十五《事考》 民国《永和县志》卷十四《祥异考》
明嘉靖十八年(1539)	洪洞	九月,洪洞大雪,深数尺。		雍正《山西通志》卷一百六十三《祥异二》
		十八年六月,翼城大雨雹,九月,洪洞大雪深数尺。		雍正《平阳府志》卷之三十四《祥异》
		九月,大雨雪三昼夜,平地深数尺,化水成河,一夕大风尽合为冰,至春始消。		民国《洪洞县志》卷十八《杂记志·祥异》
	沁源	秋,沁源陨霜杀稼。		雍正《山西通志》卷一百六十三《祥异二》
		七月,沁源陨霜杀稼。		光绪《山西通志》卷八十六《大事记四》
		陨霜杀稼,民饥。		乾隆《沁州志》卷九《灾异》 雍正《沁源县志》卷之九《别录·灾祥》 民国《沁源县志》卷六《大事考》
明嘉靖二十年(1541)	大同	陨霜,杀稼。		雍正《山西通志》卷一百六十三《祥异二》 光绪《山西通志》卷八十六《大事记四》
		六月,大同陨霜杀稼。		乾隆《应州续志》卷一《方舆志·灾祥》 乾隆《大同府志》卷之二十五《祥异》
		二十年春,大同饥。秋八月,陨霜杀稼。		雍正《朔平府志》卷之十一《外志·祥异》

续 表

纪年	灾区	灾象	应对措施	资料出处
明嘉靖二十年(1541)	阳高	春饥。八月,霜杀稼。		雍正《阳高县志》卷之五《祥异》
明嘉靖二十四年(1545)	太原府属	秋八月,陨霜损稼。	诏免租。	雍正《山西通志》卷一百六十三《祥异二》
		太原府属蚜蚄生,陨霜杀稼。	诏免租。	光绪《山西通志》卷八十六《大事记四》
		二十四年四月,太原府属蚜蚄生。秋八月,陨霜损稼。诏免租。交城旱。十一月,太原木冰,榆次冬无雪。	诏免租。	乾隆《太原府志》卷四十九《祥异》
	榆次	八月陨霜杀稼,冬无雪。		同治《榆次县志》卷之十六《祥异》
明嘉靖二十五年(1546)	榆次	冬,木介凝缀如玉,日晡未消。		雍正《山西通志》卷一百六十三《祥异二》
		十一月至十二月,木再冰。		同治《榆次县志》卷之十六《祥异》
	太原	二十五年春正月,榆次城南门火,经夕不灭。五月,太原雨雹如拳,是岁,榆次有狼盛集于野,啮儿童数十。…… 冬,太原木冰。		乾隆《太原府志》卷四十九《祥异》
明嘉靖二十六年(1547)	沁源	陨霜杀禾。		雍正《山西通志》卷一百六十三《祥异二》 光绪《山西通志》卷八十六《大事记四》

续 表

纪年	灾区	灾象	应对措施	资料出处
明嘉靖二十六年(1547)	沁源	秋,陨霜杀稼,民饥。		乾隆《沁州志》卷九《灾异》 雍正《沁源县志》卷之九《别录·灾祥》 民国《沁源县志》卷六《大事考》
明嘉靖二十八年(1549)	文水	八月,文水严霜伤稼。		雍正《山西通志》卷一百六十三《祥异二》 光绪《山西通志》卷八十六《大事记四》 乾隆《太原府志》卷四十九《祥异》
明嘉靖二十九年(1550)	洪洞、太谷	八月,洪洞、太谷陨霜,损稼。		雍正《山西通志》卷一百六十三《祥异二》 光绪《山西通志》卷八十六《大事记四》
	壶关	冬,壶关木介折枝。		雍正《山西通志》卷一百六十三《祥异二》
		冬,壶关大冰折枝。		光绪《山西通志》卷八十六《大事记四》
		冬,壶关县木稼折枝。		顺治《潞安府志》卷十五《纪事三·灾祥》
		禾稼折技。		道光《壶关县志》卷二《纪事》
	太谷	夏四月,交城、文水、祁县、岢岚风霾昼晦。六月,大水,汾河西徙。秋八月,太谷陨霜损稼。		乾隆《太原府志》卷四十九《祥异》
		二十九年庚戌,陨霜杀稼。		民国《太谷县志》卷一《年纪》
	洪洞	二十九年八月,洪洞陨霜损稼。		雍正《平阳府志》卷之三十四《祥异》

续　表

纪年	灾区	灾象	应对措施	资料出处
明嘉靖二十九年（1550）	翼城、洪洞	八月，陨霜杀稼，民大饥。		民国《翼城县志》卷十四《祥异》 民国《洪洞县志》卷十八《杂记志·祥异》
明嘉靖三十二年（1553）	太谷	陨霜杀稼。		雍正《山西通志》卷一百六十三《祥异二》
		三十二年，兴县水摧西南城隅。六月，文水汾河徙，害稼。交城、清源大水，太谷陨霜杀稼。		乾隆《太原府志》卷四十九《祥异》
		三十二年癸丑夏六月，陨霜杀稼。		民国《太谷县志》卷一《年纪》
明嘉靖三十六年（1557）	沁州	霜，害稼。		雍正《山西通志》卷一百六十三《祥异二》
	平陆	冬，平陆黄河坚冰，自底柱至潼关，数月不解。		雍正《山西通志》卷一百六十三《祥异二》 乾隆《解州平陆县志》卷之十一《祥异》
	芮城	黄河冰坚。		民国《芮城县志》卷十四《祥异考》
明嘉靖三十七年（1558）	静乐	四月，静乐雪深盈尺。		雍正《山西通志》卷一百六十三《祥异二》
		四月，大雪杀禾。		康熙《静乐县志》四卷《赋役·灾变》
明嘉靖四十一年（1562）	长治、襄垣	夏四月，长治、襄垣大雪，杀桑、害蚕、花果不实。		雍正《山西通志》卷一百六十三《祥异二》 光绪《山西通志》卷八十六《大事记四》 光绪《长治县志》卷之八《记一·大事记》 乾隆《重修襄垣县志》卷之八《祥异志·祥瑞》 民国《襄垣县志》卷之八《旧闻考·祥异》

续 表

纪年	灾区	灾象	应对措施	资料出处
明嘉靖四十一年(1562)	潞安	春二月,雷已发声。夏四月,大雪杀桑,民失蚕,花果不实。		顺治《潞安府志》卷十五《纪事三·灾祥》
	徐沟	十二月初一日,城中及野外树有雪架垂地。次年,禾稼丰登,米三斗银一钱。		康熙《徐沟县志》卷之三《祥异》 光绪《补修徐沟县志》卷五《祥异》
明嘉靖四十五年(1566)	祁县	夏,蝗,秋霜伤稼。		光绪《增修祁县志》卷十六《祥异》
明隆庆元年(1567)	太谷	冬十月,太谷木冰,十日不解。		雍正《山西通志》卷一百六十三《祥异二》 光绪《山西通志》卷八十六《大事记四》
		夏,榆次疫。诏免四年田租。冬十月,太谷木冰,十日不解。		乾隆《太原府志》卷四十九《祥异》
		元年丁卯,俺答寇太谷。木冰。(十日不解)		民国《太谷县志》卷一《年纪》
明隆庆四年(1570)	祁县	冬,祁县木介。		雍正《山西通志》卷一百六十三《祥异二》 乾隆《太原府志》卷四十九《祥异》
	石楼	大雨雹。		雍正《石楼县志》卷之三《祥异》
明隆庆五年(1571)	徐沟	冬十一月,徐沟冰坚尺许,有虬出自冰底,由城东北抵西南城垣,长五十余丈,阔五尺,其旁冰拥高二尺。		雍正《山西通志》卷一百六十三《祥异二》 光绪《山西通志》卷八十六《大事记四》 乾隆《太原府志》卷四十九《祥异》

续　表

纪年	灾区	灾象	应对措施	资料出处
明万历六年(1578)	岳阳	七月,陨霜杀禾。		雍正《山西通志》卷一百六十三《祥异二》 光绪《山西通志》卷八十六《大事记四》 民国《新修岳阳县志》卷一十四《祥异志·灾祥》 民国《安泽县志》卷十四《祥异志·灾祥》
	赵城、洪洞、翼城	冬,大雪,人畜冻死者甚众。		雍正《山西通志》卷一百六十三《祥异二》 民国《洪洞县志》卷十八《杂记志·祥异》 道光《直隶霍州志》卷十六《禨祥》 民国《翼城县志》卷十四《祥异》
	潞安府	十一月,潞安府城西壕中冰成龙形,鳞甲、头、角皆具,状如雕镂,蜿蜒曲折,长竟里许。		雍正《山西通志》卷一百六十三《祥异二》
	赵城	冬,赵城大雪,人畜冻死甚众,霍山树木有冻枯者。		民国《霍山志》卷之六《杂识志》
	岳阳、赵城、洪洞	六年秋七月,岳阳陨霜,杀禾。冬,大雪,人畜冻死者甚众。		雍正《平阳府志》卷之三十四《祥异》
明万历八年(1580)	临晋、猗氏	九月,临晋、猗氏陨霜杀稼。		雍正《山西通志》卷一百六十三《祥异二》
	乡宁	隆庆十四年,山西大旱,赤地千里,乡宁陨霜杀禾。		民国《乡宁县志》卷八《大事记》

续 表

纪年	灾区	灾象	应对措施	资料出处
明万历八年（1580）	临晋	八年九月初一日，陨霜杀稼。		民国《临晋县志》卷十四《旧闻记》
	猗氏	九月，殒霜杀稼。		雍正《猗氏县志》卷六《祥异》
明万历九年（1581）	辽州	八月，辽州陨霜杀稼。	十年二月，免积年逋赋。六月，振太原、平阳饥。十一月免被灾税粮。（光绪《山西通志》卷八十六《大事记四》）	雍正《山西通志》卷一百六十三《祥异二》 光绪《山西通志》卷八十六《大事记四》
		八月朔，霜杀稼。		雍正《辽州志》卷之五《祥异》
	朔州	八月，陨霜杀稼。		雍正《朔平府志》卷之十一《外志·祥异》 雍正《朔州志》卷之二《星野·祥异》
明万历十年（1582）	榆次	十月，无霜，晚禾熟。		同治《榆次县志》卷之十六《祥异》
明万历十一年（1583）	静乐	六月，静乐霜杀禾。		雍正《山西通志》卷一百六十三《祥异二》 光绪《山西通志》卷八十六《大事记四》
		十一年六月初二日霜，杀禾。八月桃李花。		康熙《静乐县志》四卷《赋役·灾变》
	吉州	秋，雨雹伤稼。		光绪《吉州全志》卷七《祥异》
明万历十二年（1584）	平阳、州县	陨霜。		雍正《山西通志》卷一百六十三《祥异二》

续　表

纪年	灾区	灾象	应对措施	资料出处
明万历十三年(1585)	平阳	平阳,州县陨霜。		光绪《山西通志》卷八十六《大事记四》 雍正《平阳府志》卷之三十四《祥异》
	洪洞	三月,陨霜伤麦豆,是年秋无雨,冬复无雪。		民国《洪洞县志》卷十八《杂记志·祥异》
	太平	陨霜。		光绪《太平县志》卷十四《杂记志·祥异》
	解州、解县	春,陨霜,大旱。	诏免夏税十之七。十五年,大饥。诏发帑赈济。	光绪《解州志》卷之十一《祥异》 民国《解县志》卷之十三《旧闻考》
明万历十四年(1586)	乡宁	陨霜,杀禾。		雍正《山西通志》卷一百六十三《祥异二》 民国《乡宁县志》卷八《大事记》
		八月,严霜杀禾。		乾隆《乡宁县志》卷十四《祥异》
	潞安府	春霾经旬,五月方雨,民始播百谷。		顺治《潞安府志》卷十五《纪事三·灾祥》 乾隆《潞安府志》卷十一《纪事》
	长治	春不雨至五月,秋八月霜。		光绪《长治县志》卷之八《记一·大事记》
	洪洞	春,无雨,陨霜杀麦。		民国《洪洞县志》卷十八《杂记志·祥异》
明万历十五(1587)	岢岚	秋七月,岢岚陨霜。		雍正《山西通志》卷一百六十三《祥异二》 光绪《山西通志》卷八十六《大事记四》 乾隆《太原府志》卷四十九《祥异》

续 表

纪年	灾区	灾象	应对措施	资料出处
明万历十五（1587）	岢岚	霜杀禾，大饥，僵尸载道。		光绪《岢岚州志》卷之十《风土志·祥异》
	介休	四月，陨霜杀稼。百姓流徙，饿殍载道。		嘉庆《介休县志》卷一《兵祥·祥灾附》
明万历十六（1588）	静乐、五台	五月，静乐、五台雨雪。		雍正《山西通志》卷一百六十三《祥异二》
	朔州	朔州陨霜杀稼。		雍正《山西通志》卷一百六十三《祥异二》 光绪《山西通志》卷八十六《大事记四》
		十六年六月，朔州陨霜，雨雹。		雍正《朔平府志》卷之十一《外志·祥异》 雍正《朔州志》卷之二《星野·祥异》
	绛县、乡宁	大雪。		雍正《山西通志》卷一百六十三《祥异二》 光绪《山西通志》卷八十六《大事记四》
	乡宁	十六年八月，大雪至秋。		乾隆《乡宁县志》卷十四《祥异》 民国《乡宁县志》卷八《大事记》
	绛县	十六年秋，绛县蝗。八月，大雪，嘉禾一茎三四穗。（同上即旧志）		光绪《绛县志》卷六《纪事·大事表门》
明万历十九年（1591）	静乐	四月，静乐大雪，伤禾。		雍正《山西通志》卷一百六十三《祥异二》 光绪《山西通志》卷八十六《大事记四》 康熙《静乐县志》四卷《赋役·灾变》

续　表

纪年	灾区	灾象	应对措施	资料出处
明万历十九年(1591)	曲沃	霜。		光绪《山西通志》卷八十六《大事记四》
	荣河、乡宁、临晋、猗氏、荣河	荣河、乡宁、临晋、猗氏、荣河大雪三尺。		光绪《山西通志》卷八十六《大事记四》
明万历二十年(1592)	曲沃	夏四月,曲沃严霜成冰。		雍正《山西通志》卷一百六十三《祥异二》
	荣河、宁乡、临晋、猗氏	大雪三尺,不害麦。		雍正《山西通志》卷一百六十三《祥异二》
	沁源	七月,沁源陨霜杀稼。		雍正《沁源县志》卷之九《别录·灾祥》
	曲沃	夏四月,曲沃严霜成冰。六月,曲沃雨雹。		雍正《平阳府志》卷之三十四《祥异》 光绪《续修曲沃县志》卷之三十二《祥异》
	宁乡	夏四月,宁乡大雪三尺,不害麦。		乾隆《汾州府志》卷之二十五《事考》
	临晋、荣河、猗氏	春三月,临晋、荣河、猗氏大雨雪,至三尺。		乾隆《蒲州府志》卷之二十三《事纪·五行祥沴》
	荣河	三月,大雪三四尺。		光绪《荣河县志》卷十四《记三·祥异》
	猗氏	春三月,大雨雪。(四月二十七日,大雪三尺,不害麦,人以为瑞)		雍正《猗氏县志》卷六《祥异》
明万历二十三年(1595)	山阴	夏四月,山阴大雪。		雍正《山西通志》卷一百六十三《祥异二》 光绪《山西通志》卷八十六《大事记四》
		二十三年,山阴大雪。		乾隆《大同府志》卷之二十五《祥异》

续 表

纪年	灾区	灾象	应对措施	资料出处
明万历二十四年(1596)	黎城	大雪。		雍正《山西通志》卷一百六十三《祥异二》
	文水	秋八月，文水陨霜杀禾。		光绪《山西通志》卷八十六《大事记四》
		二十四年秋八月，文水陨霜杀禾。		乾隆《太原府志》卷四十九《祥异》
		二十四年丙申八月朔，霜杀禾。		光绪《文水县志》卷之一《天文志·祥异》
	黎城	四月，黎城县大雪。		顺治《潞安府志》卷十五《纪事三·灾祥》 乾隆《潞安府志》卷十一《纪事》 康熙《黎城县志》卷之二《纪事》
明万历二十五年(1597)	蒲县	秋九月，大雪。(木皆压折，人马多冻死)		光绪《蒲县续志》卷之九《祥异志》
明万历二十六年(1598)	沁源	七月，沁源陨霜杀稼。		雍正《山西通志》卷一百六十三《祥异二》 光绪《山西通志》卷八十六《大事记四》 乾隆《沁州志》卷九《灾异》 雍正《沁源县志》卷之九《别录·灾祥》 民国《沁源县志》卷六《大事考》
	五台、静乐	五月，雨雪。		雍正《山西通志》卷一百六十三《祥异二》 光绪《山西通志》卷八十六《大事记四》

续 表

纪年	灾区	灾象	应对措施	资料出处
明万历二十六年(1598)	静乐	二十六年五月初四日,雨雪。		康熙《静乐县志》四卷《赋役·灾变》
明万历二十七年(1599)	五台、高平	陨霜杀稼。		雍正《山西通志》卷一百六十三《祥异二》光绪《山西通志》卷八十六《大事记四》
	高平	八月庚戌陨霜,岁大饥。		乾隆《高平县志》卷之十六《祥异》
明万历二十八年(1600)	临汾	大雪,平地数尺,伤树。		雍正《山西通志》卷一百六十三《祥异二》
		二十八年春正月,灵石天鼓鸣,随有白气一道经天,逾时方散。临汾大雪,平地数尺,伤树。秋八月,临汾池水自溢。		雍正《平阳府志》卷之三十四《祥异》
		春,大雨雪。		民国《临汾县志》卷六《杂记类·祥异》
明万历二十九年(1601)	辽州	七月,陨霜杀禾。八月,辽州霜,害稼。		雍正《山西通志》卷一百六十三《祥异二》
		五月,不雨。八月,严霜杀稼。	知州钟武瑞详请领布政司正项银二千八百两给赈,并买米设厂煮粥,活饥民五千余口。	雍正《辽州志》卷之五《祥异》
	保德	陨霜杀禾。		雍正《山西通志》卷一百六十三《祥异二》光绪《山西通志》卷八十六《大事记四》

续 表

纪年	灾区	灾象	应对措施	资料出处
明万历二十九年(1601)	保德	明万历辛丑七月二十六日,霜甚,禾尽萎,城中九日无市,民多流亡,鬻男女者甚众,僵尸载道,妻子不相顾。		乾隆《保德州志》卷之三《风土·祥异》
	广灵	春不雨,夏损霜,诏免秋税十分之六。	诏免秋税十分之六。	乾隆《广灵县志》卷一《方域·星野·灾祥附》
	山西	山西诸卫旱,七月陨霜杀禾。静乐、神池,皆大饥。	诏免秋税。	乾隆《宁武府志》卷之十《事考》
	忻州	八月,陨霜杀谷,大饥。		光绪《忻州志》卷三十九《灾祥》
	定襄	夏秋无雨,疫死甚多,旱霜杀禾,年岁不登,斗米二钱。		康熙《定襄县志》卷之七《灾祥志·灾异》
	静乐	七月二十五日,风霜杀禾。岁大饥,人相食。		康熙《静乐县志》四卷《赋役·灾变》
	崞县	北城楼两兽口吐烟,占之主旱,后果验,禾稼尽杀于霜。		乾隆《崞县志》卷五《祥异》 光绪《续修崞县志》卷之八《志余·灾荒》
	山西	山西诸卫旱,七月,陨霜杀禾,静乐、神池皆大饥。	诏免秋税。	光绪《神池县志》卷之九《事考》
明万历三十二年(1604)	阳曲	冬,多雪。		道光《阳曲县志》卷之十六《志余》
明万历三十三年(1605)	临汾	八月,临汾陨霜,杀稼。		雍正《山西通志》卷一百六十三《祥异二》 光绪《山西通志》卷八十六《大事记四》

续　表

纪年	灾区	灾象	应对措施	资料出处
明万历三十三年（1605）	临汾	八月，临汾陨霜，杀稼。		民国《临汾县志》卷六《杂记类·祥异》 雍正《平阳府志》卷之三十四《祥异》
	阳曲	春寒。		道光《阳曲县志》卷之十六《志余》
	潞安	冬大雪。		顺治《潞安府志》卷十五《纪事三·灾祥》 乾隆《潞安府志》卷十一《纪事》
明万历三十四年（1606）	阳曲	雨雪。		雍正《山西通志》卷一百六十三《祥异二》
		三十四年夏五月，阳曲大雨雪。十二月，太原晋邸火，初六日地震。		乾隆《太原府志》卷四十九《祥异》
		春夏，大寒无雨。五月，大雨雪（漂没人畜甚多）。冬十二月，晋府东宫又灾（宝物器玩皆尽）。地震。		道光《阳曲县志》卷之十六《志余》
明万历三十五（1607）	高平	夏四月，高平陨星于东平邨，坠地有声。闰六月，冷气如冬，长河有霜。（高平志）		雍正《泽州府志》卷之五十《祥异》
		闰六月，冷气如冬，长河有霜。		乾隆《高平县志》卷之十六《祥异》
明万历四十二年（1614）	蒲州	大雪。		雍正《山西通志》卷一百六十三《祥异二》
明万历四十三年（1615）	永济	四月，大雪，次日始消，麦大熟。		光绪《永济县志》卷二十三《事纪·祥沴》

续　表

纪年	灾区	灾象	应对措施	资料出处
明万历四十五年(1617)	芮城	冬,芮城木介。		雍正《山西通志》卷一百六十三《祥异二》
明万历四十六年(1618)	高平	高平,秋九月雨雪,凛冽如冬。冬十二月,日晕耳。(高平志)		雍正《泽州府志》卷之五十《祥异》
		秋九月,雨雪落村,皆如冰块,折伤无算,凛冽如冬。		乾隆《高平县志》卷之十六《祥异》
明泰昌元年(1620)	蒲州	元年冬,蒲州大雨雪。		雍正《山西通志》卷一百六十三《祥异二》
		冬,大雪至数十日,河冰,车马可渡,明年正月末始解。是岁,大有年。		乾隆《蒲州府志》卷之二十三《事纪·五行祥沴》
	芮城	河冻冰坚,车马可渡。次年正月,始解。		民国《芮城县志》卷十四《祥异考》
	永济	冬,大雪数十日,河冻冰坚,车马可渡。次年正月始解,是岁有年。		光绪《永济县志》卷二十三《事纪·祥沴》
明天启四年(1624)	静乐、文水	八月静乐、文水严霜杀禾。		雍正《山西通志》卷一百六十三《祥异二》 光绪《山西通志》卷八十六《大事记四》
	潞安	冬,大雪三昼夜,树枝多折。		顺治《潞安府志》卷十五《纪事三·灾祥》 乾隆《潞安府志》卷十一《纪事》 民国《平顺县志》卷十一《旧闻考·兵匪·灾异》
	文水	四年八月,文水严霜杀禾。		乾隆《太原府志》卷四十九《祥异》 光绪《文水县志》卷之一《天文志·祥异》

续　表

纪年	灾区	灾象	应对措施	资料出处
明天启五年（1625）	榆次	五年夏六月，文水旱。交城、文水饥。六月秋，榆次陨霜杀禾。		乾隆《太原府志》卷四十九《祥异》
明天启六年（1626）	榆次	六年秋，陨霜，杀草木禾稼。		同治《榆次县志》卷之十六《祥异》
明天启七年（1627）	蒲州	春三月，蒲州陨霜。		雍正《山西通志》卷一百六十三《祥异二》 光绪《山西通志》卷八十六《大事记四》
		三月，蒲州陨霜，天大寒。		乾隆《蒲州府志》卷之二十三《事纪·五行祥沴》
	永济	三月，严寒陨霜。		光绪《永济县志》卷二十三《事纪·祥沴》
明崇祯元年（1628）	广昌、广灵、山阴	陨霜损稼。		雍正《山西通志》卷一百六十三《祥异二》
	广灵、山阴	陨霜杀稼。		光绪《山西通志》卷八十六《大事记四》
		庄烈帝崇正元年秋，广灵、山阴陨霜损稼。		乾隆《大同府志》卷之二十五《祥异》
	岢岚	五月，岢岚雨雪，岁大饥，民苦加派。		《晋乘鬼略》卷之三十二
	山阴	崇祯元年春夏，风、旱。秋霜杀稼。九月十一日，地震。		崇祯《山阴县志》卷之五《灾祥》
	广灵	夏旱，秋霜。		乾隆《广灵县志》卷一《方域·星野·灾祥附》
明崇祯二年（1629）	岢岚	五月，岢岚雨雪。		雍正《山西通志》卷一百六十三《祥异二》 光绪《岢岚州志》卷之十《风土志·祥异》

续　表

纪年	灾区	灾象	应对措施	资料出处
明崇祯二年(1629)	岢岚	二年三月,交城西山大足村突起横山十余丈。五月,岢岚雨雪。		乾隆《太原府志》卷四十九《祥异》
明崇正四年(1631)	榆社	冬大寒雪,深五六尺,树多冻死。		光绪《榆社县志》卷之十《拾遗志·灾祥》
	沁源	冬十月,沁源木稼。		雍正《山西通志》卷一百六十三《祥异二》
		十月十九日,雨,天寒甚,树木凝冰,成刀枪形。		雍正《沁源县志》卷之九《别录·灾祥》 民国《沁源县志》卷六《大事考》
明崇祯五年(1632)	永和	冬,永和大雪,深丈余。		雍正《山西通志》卷一百六十三《祥异二》
		冬,降雪一十三日,深丈许,遣发营兵六百名城内防守三月,庙宇、民房、高梁大栋胥作灰烬。		民国《永和县志》卷十四《祥异考》
明崇祯九年(1636)	安邑	春正月,安邑大风,震电,雨雪。		雍正《山西通志》卷一百六十三《祥异二》 光绪《山西通志》卷八十六《大事记四》
		正月壬申癸酉,大风;甲戌,震电;乙亥,雨雪;夏,大旱。		乾隆《解州安邑县志》卷之十一《祥异》
明崇祯十年(1637)	右卫	秋七月朔,右卫陨霜杀禾。		雍正《朔平府志》卷之十一《外志·祥异》
明崇祯十二年(1639)	永和	八月,永和陨霜,伤稼。		雍正《山西通志》卷一百六十三《祥异二》
	广灵	夏四月,广灵大雪;泽州豹入城。		光绪《山西通志》卷八十六《大事记四》
	阳城	冬,阳城木稼,凝缀如玉。(阳城志)		雍正《泽州府志》卷之五十《祥异》

续 表

纪年	灾区	灾象	应对措施	资料出处
明崇祯十二年（1639）	阳城	木冰。		乾隆《阳城县志》卷之四《兵祥》 同治《阳城县志》卷之一八《灾祥》
	广灵	十二年四月，广灵大雪。（旧志）		乾隆《大同府志》卷之二十五《祥异》
		春，大风昼晦，四月大雪。		乾隆《广灵县志》卷一《方域·星野·灾祥附》
	永和	八月十五日，陨霜伤禾，饥死人民甚众。		民国《永和县志》卷十四《祥异考》
明崇祯十三年（1640）	朔州、神池	秋七月，朔州、神池陨霜，损稼。		雍正《山西通志》卷一百六十三《祥异二》 光绪《山西通志》卷八十六《大事记四》
	绛县	十三年，绛县旱。八月陨霜，饥民数千聚垣曲，游击柳如金驱之。（同上即通志）		光绪《绛县志》卷六《纪事·大事表门》
	安邑	二月，陨霜杀桑，麦枯，秋无禾，斗米九钱，人相食，死者无算。十四年四月，斗米一两一钱，死亡相继。		乾隆《解州安邑县志》卷之十一《祥异》
明崇祯十五年（1642）	大宁	雨雪。		雍正《山西通志》卷一百六十三《祥异二》 光绪《山西通志》卷八十六《大事记四》
		夏四月，雪。		光绪《大宁县志》卷之七《灾祥集》
	介休	夏四月，介休陨霜杀麦。		雍正《山西通志》卷一百六十三《祥异二》 光绪《山西通志》卷八十六《大事记四》

续　表

纪年	灾区	灾象	应对措施	资料出处
明崇祯十五年(1642)	介休	夏四月,介休陨霜杀麦。		乾隆《汾州府志》卷之二十五《事考》
		夏四月陨霜杀麦,九月淫雨。		嘉庆《介休县志》卷一《兵祥·祥灾附》
明崇祯十七年(1644)	潞城	又十七年二月大风,四月霜。(府志:是年春,李自成伪将刘芳亮拥兵即潞安,置伪官,分布诸贼各县严比捐助)		光绪《潞城县志》卷三《大事记》
	潞安府、襄垣	四月,霜。		乾隆《潞安府志》卷十一《纪事》 民国《襄垣县志》卷之八《旧闻考·祥异》 乾隆《重修襄垣县志》卷之八《祥异志·祥瑞》
	沁州、武乡	四月陨霜。(豆苗冻死)		乾隆《沁州志》卷九《灾异》 乾隆《武乡县志》卷之二《灾祥》

(一)　时间分布

明代山西雪(寒霜)灾的历史记录呈现小幅震荡性递增趋势。1368—1450年的83年中雪(寒霜)灾记录共10次,年频次仅为0.12;1451—1550年的100年间中雪(寒霜)灾记录共30次,年频次为0.3,其中,1451—1500年,雪(寒霜)灾记录比上一个50年有小幅回跌,仅6次记录,但1501—1550年间,灾害总量则骤增,达到24次;1551—1644年的93年间雪(寒霜)灾记录共72次,年频次为0.77,且接近这一时期雪(寒霜)灾总量的64.3%,雪(寒霜)灾显示为多发、群发。

在雪、寒、霜三种自然灾害中,霜冻是对山西农业生产影响最严重的自然灾害，其集中发生在农作物成熟时节的七、八月份，所以，历史记录相对丰富。地方志有关“陨霜杀稼”、“杀麦”、“杀豆”的记载连篇累牍。此外，在有关明代山西自然灾害的记录中有“木冰”、“木稼（介）”的记录。研究认为，“木冰”、“木稼（介）”是一种很严重的冰寒灾害，是史籍对气温极低状态下草木皆冰现象的描述，也是气候极其严寒的一种表现。从明嘉靖二十四年（1545）“太原木冰，榆次冬无雪”[①]到明崇祯十二年（1639）冬“阳城木稼，凝缀如玉”[②]的94年间，明代山西方志的相关记录达12条之多。

（二） 空间分布

雪、寒、霜三类自然灾害在山西的地区分布以山西中南部的临汾和长治数量最多，而且文献中记录的相关灾害中最为严重的大都发生于中南部地区。就霜冻而言，山西中南部尤其是晋南地区，因多种植小麦，故春霜害较多，而其它地区则多秋霜，因为这些地区所种植农作物中的大部分其成熟期一般在秋季，而霜寒灾害又多发于秋季，自然灾害发生的时间和农作物易致害的时间大致相吻合，导致危害概率增大。万历二十九年“七月二十六日，（保德）霜甚，禾尽萎，城中九日无市，民多流亡，鬻男女者甚众，僵尸载道，妻子不相顾”[③]。雪灾一般发生在冬季，山西冬季主要作物冬小麦种植的范围比较小，且雪灾本身对冬小麦危害性有限，所以雪灾致害的程度是三种自然灾害中对农作物危害较小的一种。但雪灾一旦成害，则勿论时间空间，其危害的严重性均不容低估。万历六年（1578）“冬，赵城大雪，人畜冻死甚众，霍山树木有冻枯者”[④]。

---

①乾隆《太原府志》卷四十九《祥异》。

②雍正《泽州府志》卷之五十《祥异》。

③乾隆《保德州志》卷之三《风土・祥异》。

④民国《霍山志》卷之六《杂识志》。

表 5－11 明代山西雪（寒霜）灾空间分布表

今地	雪灾（次）	极寒（次）	霜冻（次）	灾区数
太原	太原（1） 阳曲（2） 徐沟（1）	太原（1） 阳曲（1） 徐沟（1）	太原（2）	3
长治	潞安（3）长治（1） 襄垣（1）黎城（1） 屯留（1）	潞安（1）壶关（1） 沁源（2）沁县（1） 武乡（1）	潞安（1） 长治（1） 襄垣（2） 长子（1） 沁源（7） 沁县（2） 武乡（4） 潞城（1） 屯留（2）	11
晋城	高平（1）	高平（1）阳城（1）	泽州（2） 高平（3） 阳城（1） 陵川（1） 沁水（1）	5
大同	广陵（1）		大同（3） 阳高（1） 广陵（1） 浑源（1） 左云（1）	5
朔州	山阴（1）		朔州（3） 马邑（3） 山阴（2）	3
忻州	静乐（4） 代县（1） 五台（2） 岢岚（2）		静乐（4） 代县（1） 五台（2） 岢岚（2）	4
晋中	榆次（1） 榆社（1） 太谷（1）	榆次（1） 榆社（1） 太谷（2） 祁县（1）	榆次（5） 辽县（2） 榆社（2） 太谷（3） 灵石（1） 祁县（1） 介休（2）	7
吕梁	石楼（1） 宁乡（2）		文水（3） 石楼（2） 宁乡（1）	3
临汾	临汾（1） 岳阳（1） 吉县（1） 翼城（4） 大宁（1） 永和（2） 蒲县（1） 洪洞（4） 赵城（1） 宁乡（3）	岳阳（1） 翼城（1） 曲沃（1） 洪洞（1） 赵城（1）	临汾（3） 岳阳（2） 翼城（1） 曲沃（3） 永和（2） 洪洞（3） 赵城（1） 霍县（1） 太平（1） 乡宁（2）	13
运城	安邑（1） 绛县（1） 蒲州（2） 永济（2） 万泉（3） 临晋（1） 猗氏（2）	芮城（2） 平陆（1） 永济（1）	安邑（1） 绛县（1） 解县（1） 平陆（1） 蒲县（1） 永济（1） 万泉（1） 临晋（1） 猗氏（1）	10

五　风灾

明代山西历史文献记录的风灾共计72次，年频次为0.26，系山西有风灾历史记录以来频次最高者。

表5-12 明代山西风灾年表

纪年	灾区	灾象	应对措施	资料出处
明洪武四年（1371）	太原	洪武四年，太原古城将建晋邸，椽础既具，一夕大风尽坏，乃移建于府城。		雍正《山西通志》卷一百六十三《祥异二》 光绪《山西通志》卷八十六《大事记四》
		太原古城将建，晋邸椽础既具，一夕大风尽坏，乃移建于府城。		乾隆《太原府志》卷四十九《祥异》
		太原风异。（修建晋王府于古城，宫殿木架已具，一夕大风尽颓，遂移建于府城）		道光《阳曲县志》卷之十六《志余》
		古城将建晋府，椽础既具，一夕大风尽坏，遂移建府城。		道光《太原县志》卷之十五《祥异》
明宣德十年（1435）	平陆	七月乙酉，山西平阳府解州平陆县奏：四月戊辰，烈风、雨雹积厚一尺，禾稼千余顷尽损无收。	上命行在户部遣官覆视，蠲其税粮。	《明英宗实录》卷七“宣德十年七月乙酉”
明正统八年（1443）	大同	七月辛未，雷震南京西角门楼兽吻。是日，大同巡警军至沙沟，风雷骤至，裂肤断指者二百余人。		《明史》卷二十八《五行一》

续　表

纪年	灾区	灾象	应对措施	资料出处
明成化二年（1466）	盂县	岁大凶，人相食。八年，又饥。		光绪《盂县志·天文考》卷五《祥瑞、灾异》
明成化六年（1470）	石楼	成化六年三月朔，石楼县风霾。		雍正《山西通志》卷一百六十三《祥异二》 乾隆《汾州府志》卷之二十五《事考》
明成化十年（1474）	盂县	大风拔木，昼晦。壶关雨雹，秋无禾。		雍正《山西通志》卷一百六十三《祥异二》
		兰若寺黑风起，所过树尽拔。		光绪《盂县志·天文考》卷五《祥瑞、灾异》
明成化十六年（1480）	崞县	大风，折禾，民饥。		雍正《山西通志》卷一百六十三《祥异二》 光绪《山西通志》卷八十六《大事记四》
明成化十八年（1482）	崞县	大风折田，大饥，民多相食，浮莩者半，二十年大饥。	命侍郎何乔新赈济。	乾隆《崞县志》卷五《祥异》
		大风折田，大饥，民多相食，浮莩者半。		光绪《续修崞县志》卷八《志余·灾荒》
明成化二十年（1484）	崞县	大饥。	命侍郎何乔新赈济。	光绪《续修崞县志》卷八《志余·灾荒》
明成化二十三年（1487）	定襄	八月，定襄大风折木。		雍正《山西通志》卷一百六十三《祥异二》 光绪《山西通志》卷八十六《大事记四》 康熙《定襄县志》卷之七《灾祥志·灾异》
明弘治元年（1488）	阳城	秋八月，阳城大风拔木。		雍正《山西通志》卷一百六十三《祥异二》 光绪《山西通志》卷八十六《大事记四》

续 表

纪年	灾区	灾象	应对措施	资料出处
明弘治元年(1488)	高平	秋八月壬子,大风折木。旧志:或折其枝,或拔其根,虽乔栋亦然。		乾隆《高平县志》卷之十六《祥异》 乾隆《阳城县志》卷之四《兵祥》 同治《阳城县志》卷之一八《灾祥》
明弘治六年(1493)	忻州	大风昼晦。		雍正《山西通志》卷一百六十三《祥异二》 光绪《山西通志》卷八十六《大事记四》
		三月,大风昼晦。		光绪《忻州志》卷三十九《灾祥》
明弘治十四年(1501)	应州	四月辛未,应州黑风大作。		光绪《山西通志》卷八十六《大事记四》乾隆《大同府志》卷之二十五《祥异》
明正德三年(1508)	大同	二月己丑,大同暴风,屋瓦飞动,三日而止。		《明史》卷三十《五行三》 光绪《山西通志》卷八十六《大事记四》 乾隆《大同府志》卷之二十五《祥异》
		二月己丑,暴风三日而止,屋瓦飞动。		道光《大同县志》卷二《星野·岁时》
明正德五年(1510)	屯留	秋,屯留大风拔木,桃李复华。		雍正《山西通志》卷一百六十三《祥异二》 顺治《潞安府志》卷十五《纪事三·灾祥》 光绪《屯留县志》卷一《祥异》
明正德六年(1511)	潞城	大风颓屋。		顺治《潞安府志》卷十五《纪事三·灾祥》

续 表

纪年	灾区	灾象	应对措施	资料出处
明正德六年(1511)	屯留	春,大风颓屋。		光绪《屯留县志》卷一《祥异》 光绪《潞城县志》卷三《大事记》
明正德七年(1512)	榆次	六月,榆次旱。忽风雷大作,拔木百余株。		雍正《山西通志》卷一百六十三《祥异二》 乾隆《太原府志》卷四十九《祥异》
明正德八年(1513)	太原、介休、孝义、高平、灵石	屯留大风,星陨如矢流如火。夏五月,太原、介休、孝义、高平、灵石黑眚见,五昼夜始灭。		雍正《山西通志》卷一百六十三《祥异二》
	蒲县	库拔山风吼如雷,三日崩。		雍正《山西通志》卷一百六十三《祥异二》 光绪《山西通志》卷八十六《大事记四》
	榆次	六月,旱。已而风雷大作,拔树百余株。		同治《榆次县志》卷之十六《祥异》
明正德十四年(1519)	平阳府	久阴,二月己丑,山西平阳府阴霾障天,昼晦如夜,自未至酉,风作乃散。		《明武宗实录》卷一七一"正德十四年二月己丑"。
明正德十六年(1521)	盂县	曹村龙见,风雨,昼晦,拔木毁屋,黑气上彻太虚。		雍正《山西通志》卷一百六十三《祥异二》 光绪《盂县志·天文考》卷五《祥瑞、灾异》
	代州	黑风蔽日,昼晦。		光绪《代州志·记三》卷十二《大事记》
明嘉靖二年(1523)	泽州、高平	春,泽州、高平大风,飞沙三日,麦苗被压死。		雍正《泽州府志》卷之五十《祥异》 乾隆《高平县志》卷之十六《祥异》

续　表

纪年	灾区	灾象	应对措施	资料出处
明嘉靖五年（1526）	辽州、平定、乐平	大风拔木。		雍正《山西通志》卷一百六十三《祥异二》 光绪《平定州志》卷之五《祥异》 民国《昔阳县志》卷一《舆地志·祥异》
明嘉靖二十年（1541）	泽州	夏六月，泽州大风伤稼。		雍正《泽州府志》卷之五十《祥异》
明嘉靖二十三年（1544）	广昌	大风拔木。		雍正《山西通志》卷一百六十三《祥异二》
明嘉靖二十六年（1547）	朔州、神池	六月，朔州、神池大风，昼晦。		雍正《山西通志》卷一百六十三《祥异二》
	朔州、左云	十一月，狂风大作，遮蔽天日，白昼张灯，民人大惊。		雍正《朔州志》卷之二《星野·祥异》 光绪《左云县志》卷一《祥异》
明嘉靖二十七年（1548）	阳曲	夏四月，阳曲有赤风自县北来，天地晦暝，咫尺不辨，夜一鼓始霁。		雍正《山西通志》卷一百六十三《祥异二》。
		夏四月，有赤风。		道光《阳曲县志》卷之十六《志余》
明嘉靖二十八年（1549）	平鲁	大风拔木。		雍正《山西通志》卷一百六十三《祥异二》
	朔平府	秋八月，平远卫大风拔木，坏屋，伤牛羊。		雍正《朔平府志》卷之十一《外志·祥异》
明嘉靖二十九年（1550）	汾阳、交城、文水、祁县、保德、岢岚、崞县	夏四月，汾阳、交城、文水、祁县、保德、岢岚、崞县风霾，昼晦。		雍正《山西通志》卷一百六十三《祥异二》

续 表

纪年	灾区	灾象	应对措施	资料出处
明嘉靖二十九年（1550）	平陆	秋，平陆大旱、风霾。		雍正《山西通志》卷一百六十三《祥异二》 乾隆《解州平陆县志》卷之十一《祥异》
	朔平府	三月二十二日辰刻，左卫黑风自西来，昼晦如夜，人物咫尺不辨。稍开霁，则红光满空，开而复合，至酉刻始复如旧。房屋多摧，人畜亦伤。		雍正《朔平府志》卷之十一《外志·祥异》
	文水	庚戌四月八日，大风霾，昼昏如夜。六月大水，汾河西徙。		光绪《文水县志》卷之一《天文志·祥异》
	汾州、汾阳	夏四月，风霾昼晦。		乾隆《汾州府志》卷之二十五《事考》 光绪《汾阳县志》卷十《事考》
	左云	三月二十二日辰刻，黑风自西南来，昼晦如夜，人物咫尺不辨。稍开霁则红光满室，开而复合。至酉始复如旧。房屋多摧，人物亦伤。此后一次。前嘉靖辛丑年间视此尤甚，凡三日夜。		光绪《左云县志》卷一《祥异》
明嘉靖三十四年（1555）	武乡	五月，武乡大风雨拔木。		乾隆《沁州志》卷九《灾异》
		五月，大风拔木。		乾隆《武乡县志》卷之二《灾祥》
明嘉靖三十七年（1558）	屯留	六月，屯留大风拔木，雹如卵，杀稼，民饥。		雍正《山西通志》卷一百六十三《祥异二》 顺治《潞安府志》卷十五《纪事三·灾祥》

续　表

纪年	灾区	灾象	应对措施	资料出处
明嘉靖三十七年（1558）	屯留	六月，屯留大风拔木，雹如卵，杀稼，民饥。		光绪《屯留县志》卷一《祥异》
明隆庆二年（1568）	大同府	山阴风霾蔽日，守陴刀仗俱迸火光。		雍正《山西通志》卷一百六十三《祥异二》 乾隆《大同府志》卷之二十五《祥异》
明隆庆三年（1569）	山西	大风拔木。		雍正《山西通志》卷一百六十三《祥异二》
	太原府	交城雨雹，大风拔木。六月，祁县妖气伤人。		乾隆《太原府志》卷四十九《祥异》
明隆庆五年（1571）	祁县	夏，雨雹伤麦。		光绪《增修祁县志》卷十六《祥异》
明隆庆六年（1572）	山西	六月朔，日食，雨雹，大风拔木。		雍正《山西通志》卷一百六十三《祥异二》
	祁县	五月，祁县风霾，昼晦如夜，地震有声。六月朔，日食雨雹，大风拔木。十六日酉时，太原见西北天裂，须臾而合；越三日天鼓鸣，又七日，日三环，有妖，数惊人，数月而止。秋，文水蝨。		雍正《山西通志》卷一百六十三《祥异二》 乾隆《太原府志》卷四十九《祥异》
明万历四年（1576）	岳阳	四年夏，岳阳大风折木。		雍正《山西通志》卷一百六十三《祥异二》 雍正《平阳府志》卷之三十四《祥异》
		大风折木。		民国《新修岳阳县志》卷一十四《祥异志·灾祥》 民国《安泽县志》卷十四《祥异志·灾祥》

续　表

纪年	灾区	灾象	应对措施	资料出处
明万历六年（1578）	阳曲	彗星见，大风。（摧折镇门迤东第三城楼一座）		雍正《山西通志》卷一百六十三《祥异二》 光绪《山西通志》卷八十六《大事记四》 道光《阳曲县志》卷之十六《志余》
	太原府	彗星见于西方，长竟天。阳曲大风，摧折镇朔门第三城楼，交城、文水饥。榆次小峪口山上有声如雷，水骤发，漂民舍，溺者四十余人。		乾隆《太原府志》卷四十九《祥异》
明万历八年（1580）	曲沃	夏五月，曲沃大风拔木。		雍正《山西通志》卷一百六十三《祥异二》 雍正《平阳府志》卷之三十四《祥异》
	大同府	二月，大同风霾；（旧志）三月戊寅，山阴县地震，旬有五日乃止；（五行志）五月，广灵旱，七月，大同府谯楼鸱吻青气凌空。		乾隆《大同府志》卷之二十五《祥异》
明万历九年（1581）	榆次	五月，榆次风雷拔木。		雍正《山西通志》卷一百六十三《祥异二》 乾隆《太原府志》卷四十九《祥异》
明万历十三年（1585）	大同	二月，大同风霾。		雍正《山西通志》卷一百六十三《祥异二》
明万历十四年（1586）	太原	旱。是年，大风。太原守同春吴公祷雨晋祠祭风洞，俄而，反风作雨，遂檄令知县向化建祠。		道光《太原县志》卷之十五《祥异》

续 表

纪年	灾区	灾象	应对措施	资料出处
明万历二十一年（1593）	临汾	九月，临汾烈风雷雨。		雍正《山西通志》卷一百六十三《祥异二》 雍正《平阳府志》卷之三十四《祥异》
		冬，烈风雷雨。（时值冬后）		民国《临汾县志》卷六《杂记类·祥异》
明万历二十三年（1595）	阳曲	大风。（北门外拔树百余株）		雍正《山西通志》卷一百六十三《祥异二》 光绪《山西通志》卷八十六《大事记四》 乾隆《太原府志》卷四十九《祥异》 道光《阳曲县志》卷之十六《志余》
明万历二十六年（1598）	马邑	二十六年夏四月，马邑大风，无麦。		雍正《山西通志》卷一百六十三《祥异二》 民国《马邑县志》卷之一《舆图志·杂记》
	山阴	山阴大风拔木。		雍正《山西通志》卷一百六十三《祥异二》
		七月，大风拔禾。		崇祯《山阴县志》卷之五《灾祥》
	阳曲	二月，阳曲大风，坏城北楼；冬，阳曲沙河街槐树无故火。		乾隆《太原府志》卷四十九《祥异》
	大同府	六月，山阴大风拔禾。九月九日，大同神机库自崩，声如巨雷，烟雾蔽空，砖石飞击，数十里外守军震死，并伤附近居民甚众。		乾隆《大同府志》卷之二十五《祥异》
	朔平府	四月，马邑大风，麦无苗。六月，大水坏屋宇。秋七月，平远卫雨雹，杀禾，坏屋，岁饥。		雍正《朔平府志》卷之十一《外志·祥异》

续　表

纪年	灾区	灾象	应对措施	资料出处
明万历二十八年（1600）	蒲县	蒲县中白村忽大风声，云中有异物，状如桶，长约丈余，色黄，卷尾，落岭杨柳树下，顷刻无踪。		雍正《山西通志》卷一百六十三《祥异二》
		正月，大风。		光绪《蒲县续志》卷之九《祥异志》
明万历三十三年（1605）	闻喜	雨土……冬十二月，大风，雨黄沙，其厚寸许。		雍正《山西通志》卷一百六十三《祥异二》 光绪《山西通志》卷八十六《大事记四》
		乙巳十二月初七日，大风，雨黄土，当昼如冥。		民国《闻喜县志》卷二十四《旧闻》
明万历三十四年（1606）	霍州	大风，伤禾。		雍正《山西通志》卷一百六十三《祥异二》 道光《直隶霍州志》卷十六《禨祥》
	霍州、临汾	夏五月，平阳府属星昼见十余日；六月，翼城大水，平阳龙见，掘见一窟，深丈余，中一碣有“万物遂昌”四字。或曰：主文明之象。霍州大风伤禾，临汾无禾。		雍正《平阳府志》卷之三十四《祥异》
	闻喜	春正月，闻喜雨黄沙，沟岸崩裂，徙地二十余亩，树木如初。		雍正《山西通志》卷一百六十三《祥异二》
明万历三十六年（1608）	阳曲	三十六年二月，阳曲大风，坏城北楼。		雍正《山西通志》卷一百六十三《祥异二》 光绪《山西通志》卷八十六《大事记四》
		夏四月，大风。（摧折北城小楼一座）		道光《阳曲县志》卷之十六《志余》

续 表

纪年	灾区	灾象	应对措施	资料出处
明万历三十八年（1610）	辽州	大风拔木，落雁数千，民攫食之。		雍正《山西通志》卷一百六十三《祥异二》
明万历四十七（1619）	阳曲、广昌、祁县	四十七年春二月，阳曲、广昌风霾，昼晦。夏四月，祁县风霾。		雍正《山西通志》卷一百六十三《祥异二》
	广灵	二月，大风昼晦。		乾隆《广灵县志》卷一《方域·星野·灾祥附》
	左卫	二月二十日巳午间，左卫风沙忽作，日色渐昏。少顷，黄霾从西南方起，遂四塞蔽天，晦暝若暮。风停霾结，天色转红，微落细雨，着衣皆泥，涉申至酉方开，起鼓后，风势转迅疾，吼怒号从来所罕见者。		雍正《朔平府志》卷之十一《外志·祥异》
	左云	二月二十日巳时风沙忽作，日色渐昏，少顷，黄霾从西南方起遂四塞蔽日，晦冥如暮。风停，霾结密凝转红微，落细雨着衣皆泥，历未涉申至酉方开及鼓后风势转迅，疾吼怒号亦从来所罕见者。		光绪《左云县志》卷一《祥异》
明天启元年（1621）	榆社	元年夏五月，榆社大风拔木。		雍正《山西通志》卷一百六十三《祥异二》 光绪《榆社县志》卷之十《拾遗志·灾祥》
明天启六年（1626）	闻喜	六年，夏五月，闻喜大风。		雍正《山西通志》卷一百六十三《祥异二》

续　表

纪年	灾区	灾象	应对措施	资料出处
明天启六年（1626）	闻喜	丙寅五月十九日未时，大风自西来过演武场，吹到墙数堵，将台旗杆拔折。		民国《闻喜县志》卷二十四《旧闻》
明崇祯元年（1628）	山阴	春夏，风，旱。		崇祯《山阴县志》卷之五《灾祥》
明崇祯二年（1629）	闻喜	己巳闰四月二十四日，大风，儒学鸱吻吹落。		民国《闻喜县志》卷二十四《旧闻》
明崇祯八年（1635）	浑源、恒山	浑源、恒山大风拔禾，摧折满山壑。		雍正《山西通志》卷一百六十三《祥异二》 光绪《山西通志》卷八十六《大事记四》 乾隆《大同府志》卷之二十五《祥异》
明崇祯九年（1636）	安邑	春正月，安邑大风、震、电、雨雪。	九月，蠲被灾州县新旧二饷。	光绪《山西通志》卷八十六《大事记四》
		正月壬申癸酉，大风。		乾隆《解州安邑县志》卷之十一《祥异》
明崇祯十一年（1638）	沁州	是年先旱后风，民饥。		乾隆《沁州志》卷九《灾异》 雍正《沁源县志》卷之九《别录·灾祥》 民国《沁源县志》卷六《大事考》
	阳曲	二月大风，贼陷太原府城。（初七日夜大风，次日贼陷城）		道光《阳曲县志》卷之十六《志余》
	保德	崇祯末年，日黑移时。		乾隆《保德州志》卷之三《风土·祥异》
明崇祯十二年（1639）	广昌	春，广昌风霾、昼晦。		雍正《山西通志》卷一百六十三《祥异二》

续　表

纪年	灾区	灾象	应对措施	资料出处
明崇祯十二年(1639)	沁源	六月,沁源大风雷拔木伤稼,毁城楼三座。		光绪《山西通志》卷八十六《大事记四》
	广灵	春,大风昼晦,四月大雪。		乾隆《广灵县志》卷一《方域·星野·灾祥附》
明崇祯十五年(1642)	潞安府、襄垣	元旦,风霾昼晦,道绝往来。		雍正《山西通志》卷一百六十三《祥异二》 顺治《潞安府志》卷十五《纪事三·灾祥》 乾隆《潞安府志》卷十一《纪事》 乾隆《重修襄垣县志》卷之八《祥异志·祥瑞》 民国《襄垣县志》卷之八《旧闻考·祥异》
明崇祯十七年(1644)	燕京以南、大河以北	二月初九日,大风。燕京以南、大河以北同日大风,皇华馆大门榱桶瓴甓忽为掀起。		顺治《潞安府志》卷十五《纪事三·灾祥》 乾隆《潞安府志》卷十一《纪事》
	沁州、武乡	十七年正月,大风蔽日,(初八日、二十七日)二月大风雨土;(初八日,大风复作,阴晦雨土,行人衣尽沾泥)三月大风。(初八日,本年春凡大风者四。正月流寇入晋,二月破太原,三月破大同,羽檄纵横,伪官遍设,变不虚生,信夫)		乾隆《沁州志》卷九《灾异》 乾隆《武乡县志》卷之二《灾祥》

续　表

纪年	灾区	灾象	应对措施	资料出处
明崇祯十七年(1644)	襄垣	二月初九日,大风。		乾隆《重修襄垣县志》卷之八《祥异志·祥瑞》 民国《襄垣县志》卷之八《旧闻考·祥异》

(一) 时间分布

根据5－1统计的数据显示,明代六个时间段山西风灾的发生频率依次为:0.02、0.04、0.18、0.44、0.4、0.36,其发生的曲线呈"橄榄状"总体增长的趋势。1368年之后呈上升趋势,1501—1550年间出现峰值,此后呈现小幅下降。

从季节看,明代山西大风多发生在春夏两季,春季大风多是西北风,系西伯利亚冷气团在高压推促下自北而南影响中国北方地区的结果。在今天的晋北植被较少地区,北风呼啸的场景依然如故。山西的夏季风多伴随雷雨,是区域大气降温后空气密度失衡后的结果。明代山西最典型的风灾系龙卷风天气,文献中关于龙卷风的记载也比较多见,方志中多以"黑风"、"旋风"、"回风"称谓之。成化十年,盂县"兰若寺黑风起,所过树尽拔"[①];嘉靖二十七年左云发生严重的龙卷风灾害,"三月二十日辰刻,黑风自西南来,昼晦如夜,人物咫尺不辨。稍开霁则红光满室,开而复合。至酉始复如旧。房屋多摧,人物亦伤,此后一次。前嘉靖辛丑年间视此甚,凡三日夜。"[②]

①光绪《盂县志·天文考》卷五《祥瑞、灾异》。

②光绪《左云县志》卷一《祥异》。

（二） 空间分布

表 5－13 明代山西风灾空间分布表

今 地	灾区（灾次）	灾区数
太 原	太原府(6)阳曲(5)太原(2)	3
长 治	襄垣(2)沁州(3)沁源(1)武乡(2)潞城(1)屯留(3)	6
晋 城	泽州府(1)高平(3)阳城(1)	3
阳 泉	平定州(1) 盂县(2)	2
大 同	大同府(5) 大同(1) 阳高(1) 广灵(2) 左云(6)	5
朔 州	山阴(2) 朔平府(2) 朔州(1) 马邑(1)	4
忻 州	忻州(1) 定襄(1) 代州(1) 崞县(3) 保德州(2)	5
晋 中	榆次(1) 乐平(1) 榆社(1) 祁县(1)	4
吕 梁	文水(1) 汾州府(2)	2
临 汾	平阳府(1) 临汾(1) 岳阳(2) 蒲县(1) 霍州(1)	5
运 城	安邑(1) 闻喜(3) 平陆(1)	3

山西地处内陆季风气候区，为冬半年寒潮南下必经之途，境内太行、吕梁两大山脉呈现“管形”的东北、西南走向，极易使风速加大并形成大风天气，而“管形”的北部首当其冲。明代山西遭受风灾最多的是中北部区域，其中，太原和左云以各6次风灾位居前列。山西北部地处黄土高原向内蒙草原的过渡地带，地表植被稀少，土层不固定，很容易形成大风天气，甚至扬沙。

六 地震（地质）灾害

地震属于地质灾害范畴，破坏力强大。地震也是明代山西频繁发生的自然灾害种类之一，明代276年间，历史地震记录共117次，年频次为0.42，仅次于雹灾，属于这一时期的第四大类型自然灾害。

表 5-14 明代山西地震(地质)灾害年表

纪年	灾区	灾象	应对措施	资料出处
明成化三年(1467)	大同、威远*、朔州	五月,大同地震有声,威远、朔州亦震,坏墩台墙垣,压伤人。		光绪《山西通志》卷八十六《大事记四》雍正《山西通志》卷一百六十三《祥异二》
	朔县、威远、大同、宣府(宣化)	成化三年壬申,朔县威远堡一带地震,大同、宣府(宣化)同日地震有声。		《山西地震目录》
明成化六年(1470)	霍山	霍山土谷崩。		雍正《山西通志》卷一百六十三《祥异二》光绪《山西通志》卷八十六《大事记四》
明成化八年(1472)	太原	五月,太原地震;七月,太原又震。	五月,免山西夏税十之二。(光绪《山西通志》卷八十六《大事记四》)	雍正《山西通志》卷一百六十三《祥异二》
		春正月,阳曲雨雹;五月,太原地震;七月又震。		乾隆《太原府志》卷四十九《祥异》
明成化九年(1473)	太原、石楼	春三月太原府属及石楼县地震,秋七月再震,有声如雷。	九年二月,免山西被灾者税粮。(光绪《山西通志》卷八十六《大事记四》)	雍正《山西通志》卷一百六十三《祥异二》

* 威远,今山西右玉。

续 表

纪年	灾区	灾象	应对措施	资料出处
明成化九年（1473）	太原府属、阳曲、清源、汾州	春三月，太原府属地震；秋七月再震，声如雷。		乾隆《太原府志》卷四十九《祥异》 光绪《盂县志·天文考》卷五《祥瑞、灾异》 道光《阳曲县志》卷之十六《志余》 光绪《清源乡志》卷十六《祥异》 乾隆《汾州府志》卷之二十五《事考》
	太原	三月初九日，地震；七月再震。		道光《太原县志》卷之十五《祥异》
明成化十七年（1481）	寿阳	十二月辛丑，寿阳县城南山崩，声如牛吼。		《明史》卷三十《五行三》
	代州	五月甲寅，代州地七震。（明史·五行志。州志：是年春夏不雨，人食草木）		光绪《代州志·记三》卷十二《大事记》
明成化二十年（1484）	代州	五月甲申，代州地七震。		光绪《山西通志》卷八十六《大事记四》
明成化二十一年（1485）	临汾、洪洞、赵城、蒲县、稷山	春正月临汾、洪洞、赵城、蒲县、稷山地震，民饥。		雍正《山西通志》卷一百六十三《祥异二》 光绪《山西通志》卷八十六《大事记四》
	临汾、洪洞、赵城	春正月，临汾、洪洞、赵城地震，民饥，太平蝗。	赈之。	雍正《平阳府志》卷之三十四《祥异》
	临汾	正月，地震。		民国《临汾县志》卷六《杂记类·祥异》
	翼城、洪洞	正月朔，地震者三。是年民大饥，人多相食。		民国《翼城县志》卷十四《祥异》 民国《洪洞县志》卷十八《杂记志·祥异》

续 表

纪年	灾区	灾象	应对措施	资料出处
明成化二十一年（1485）	浮山	正月朔日，地震者三。		民国《浮山县志》卷三十七《灾祥》
	稷山	春正月，地震。秋大饥。		同治《稷山县志》卷之七《古迹·祥异》
	芮城	地大震，坏庐舍，五十日而后止，是年大饥。		民国《芮城县志》卷十四《祥异考》
	永济	地大震有声，墙屋倾覆，五十日始止。		光绪《永济县志》卷二十三《事纪·祥沴》
	永济、临汾、洪洞、赵城、蒲县、稷山、浮山	正月初一（阳历1月17日）永济一带地震，震级（5），烈度六至七。蒲州墙屋倾，复震五十日而后止。临汾、洪洞、赵城、蒲县、稷山、浮山亦震。最远记录约180公里。		《山西地震目录》
明弘治六年（1493）	榆次	十月，榆次地震有声。		雍正《山西通志》卷一百六十三《祥异二》 乾隆《太原府志》卷四十九《祥异》
		十月，地震有声，居民动摇。		同治《榆次县志》卷之十六《祥异》
明弘治十年（1497）	太原、屯留	十年正月戊午朔，山西地震。五月……太原、屯留地震，屯留尤甚，如舟将覆，屋瓦皆落。		光绪《山西通志》卷八十六《大事记四》
	榆次	太原淫雨积旬，榆次孙家山南移二十里许。		乾隆《太原府志》卷四十九《祥异》
明弘治十四年（1501）	蒲州	正月朔，蒲州地震有声如雷，地形闪荡如舟在浪中，坏官民屋舍，人畜多死。		雍正《山西通志》卷一百六十三《祥异二》 光绪《永济县志》卷二十三《事纪·祥沴》

续 表

纪年	灾区	灾象	应对措施	资料出处
明弘治十四年(1501)	安邑、荣河、蒲州	正月庚戌,安邑、荣河二县地震有声,蒲州自是日至戊午连震。二月乙未,蒲州地又震,至三月癸亥,凡二十九震。		光绪《山西通志》卷八十六《大事记四》
	河曲	有龙见演武亭中,震死民畜数千。		同治《河曲县志》卷五《祥异类·祥异》
	芮城	地大震。		民国《芮城县志》卷十四《祥异考》
明弘治十五年(1502)	保德	地震有声。	十六年三月,免被灾税粮。(光绪《山西通志》卷八十六《大事记四》)	雍正《山西通志》卷一百六十三《祥异二》
		十月二十五日寅时,地震,门窗有声。		乾隆《保德州志》卷之三《风土·祥异》
	平阳、潞州、应州、朔州、代州、山阴、马邑、阳曲	九月丙戌,平阳、泽、潞地震;十月甲子,应、朔、代三州,山阴、马邑、阳曲等县地俱震如雷。		光绪《山西通志》卷八十六《大事记四》
	应州、山阴	二月甲寅,太白犯昴。(天文志)十月甲子,应州、山阴地俱震,声如雷。(五行志)		乾隆《大同府志》卷之二十五《祥异》
	应州	十月,应州地震,有声如雷。		乾隆《应州续志》卷一《方舆志·灾祥》
	蒲州	正月朔,蒲州地震,有声如雷,地形闪荡如舟在浪中,坏官民屋舍,人畜多死。		乾隆《蒲州府志》卷之二十三《事纪·五行祥沴》

续 表

纪年	灾区	灾象	应对措施	资料出处
明弘治十六年(1503)	山西大部	九月辛丑,蒲、解二州,绛、夏、平陆、荣河、闻喜、芮城、猗氏七县地俱震有声,而安邑万泉尤甚,民有压死者。		光绪《山西通志》卷八十六《大事记四》
明弘治十八年(1505)	万泉	地震。		雍正《山西通志》卷一百六十三《祥异二》 民国《万泉县志》卷终《杂记附·祥异》
	蒲州、解州、绛县、夏县、平陆、荣河、闻喜、芮城、猗氏	山西蒲、解二州,绛、夏、平陆、荣河、闻喜、芮、猗氏七县地震。		《中国历史大事年表》
	安邑、万泉	安邑、万泉特甚,民有压死者。此次地震震级(5),烈度六。		《山西地震目录》
明正德元年(1506)	太原	闲居寺山移数十步。		光绪《山西通志》卷八十六《大事记四》 雍正《山西通志》卷一百六十三《祥异二》
明正德四年(1509)	介休	介休大水,城南东乡地裂里许,阔二丈,深不可测。		雍正《山西通志》卷一百六十三《祥异二》 光绪《山西通志》卷八十六《大事记四》
明正德八年(1513)	沁州、沁源、泽州	秋八月,沁州、沁源、泽州无云而震,既而大风雨,平地水深丈余,漂没民田四千顷。		雍正《山西通志》卷一百六十三《祥异二》 雍正《泽州府志》卷之五十《祥异》
	沁源	八月,天无云而震,既而大风雨,随之平地水深丈余,漂没民田千余顷。		乾隆《沁州志》卷九《灾异》 雍正《沁源县志》卷之九《别录·灾祥》 民国《沁源县志》卷六《大事考》

续 表

纪年	灾区	灾象	应对措施	资料出处
明正德八年(1513)	应州	十月,应州地震有声。(俱见五行志)		乾隆《应州续志》卷一《方舆志·灾祥》
明正德九年(1514)	太原、代州、平定、榆次、山阴、马邑	十月壬辰,太原、代、平、榆次十州县,大同府应州山阴、马邑二县俱地震有声。		光绪《山西通志》卷八十六《大事记四》
	寿阳	地震,声如雷,日震者三。		雍正《山西通志》卷一百六十三《祥异二》
	应州、山阴	十月,大同府应州、山阴县俱地震有声。		乾隆《大同府志》卷之二十五《祥异》
	寿阳	冬十月(通志作夏四月)四日寅初,地震有声如雷,随震随止,顷复震,至卯时又震。		光绪《寿阳县志》卷十三《杂志·异祥第六》
明嘉靖元年(1522)	太原、阳曲、榆次、清源、宁乡	八月,太原、阳曲、榆次、清源,宁乡地震。		雍正《山西通志》卷一百六十三《祥异二》 光绪《山西通志》卷八十六《大事记四》 乾隆《太原府志》卷四十九《祥异》 光绪《补修徐沟县志》卷五《祥异》
	太原	八月二十三日,地屡震,至次年正月乃止。		道光《太原县志》卷之十五《祥异》
	阳曲	秋八月,地震。		道光《阳曲县志》卷之十六《志余》
	徐沟	八月二十三日,地震。		康熙《徐沟县志》卷之三《祥异》
	清源	秋,地震数十次。		光绪《清源乡志》卷十六《祥异》
	榆次	八月,地震者八;十月复震者十三,俱有声。		同治《榆次县志》卷之十六《祥异》

续　表

纪年	灾区	灾象	应对措施	资料出处
明嘉靖元年（1522）	宁乡	地震。		乾隆《汾州府志》卷之二十五《事考》 康熙《宁乡县志》卷之一《灾异》
	河津	冬十二月地震，有声如雷，地裂成沟，水涌出，鱼民遭压死。县北尤甚，月三四次震，日久始息。		光绪《河津县志》卷之十《祥异》
明嘉靖三年（1524）	太谷	佛谷里山崩，居民陷没。先是山谷有声如雷，人畜避徙者得免。	五年二月，免被灾税粮。（光绪《山西通志》卷八十六《大事记四》）	光绪《山西通志》卷八十六《大事记四》
		甲申，佛谷里山崩。（居民陷没无算。先时山谷有声如雷，人畜避徒者获免）		民国《太谷县志》卷一《年纪》
明嘉靖四年（1525）	清源	七月乙酉，清源贾家山崩。		《明史》卷三十《五行三》 光绪《山西通志》卷八十六《大事记四》
明嘉靖五年（1526）	泽州、阳城、高平	冬十月泽州、阳城、高平地震。		雍正《山西通志》卷一百六十三《祥异二》
		五年冬十月三日乙未，泽州、高平、阳城地震，百姓惊恐，相与抱持伏于野外，不敢入室。（高平志）	百姓惊恐，相与抱持，伏于野，不敢入室。	雍正《泽州府志》卷之五十《祥异》
	高平	五年冬十月己未，地震。旧志：山陵皆动，百姓惊恐，相与抱持，伏于野，不敢入室。		乾隆《高平县志》卷之十六《祥异》
	阳城	嘉靖五年，地震。		乾隆《阳城县志》卷之四《兵祥》

续　表

纪年	灾区	灾象	应对措施	资料出处
明嘉靖五年（1526）	阳城	五年冬十月已未，地震。		同治《阳城县志》卷之一八《灾祥》
明嘉靖六年（1527）	万泉	春，万泉地震。		雍正《山西通志》卷一百六十三《祥异二》 光绪《山西通志》卷八十六《大事记四》 民国《万泉县志》卷终《杂记附·祥异》
	蒲州	地震。		乾隆《蒲州府志》卷之二十三《事纪·五行祥沴》
明嘉靖七年（1528）	清源	九月，清源贾家山崩，数十丈。		雍正《山西通志》卷一百六十三《祥异二》
	汾州	八月，孝义县地震。		乾隆《汾州府志》卷之二十五《事考》
明嘉靖八年（1529）	孝义	秋八月，孝义地震。	九年正月，振山西灾。（光绪《山西通志》卷八十六《大事记四》）	雍正《山西通志》卷一百六十三《祥异二》
		地震有声。		乾隆《汾州府志》卷之二十五《事考》
	石楼	十一月初八日，地震。		雍正《石楼县志》卷之三《祥异》
明嘉靖十二年（1533）	邑中	四月，邑中地震。		同治《榆次县志》卷之十六《祥异》
明嘉靖十五年（1536）	平定、辽州	地震。		雍正《山西通志》卷一百六十三《祥异二》 光绪《山西通志》卷八十六《大事记四》

续 表

纪年	灾区	灾象	应对措施	资料出处
明嘉靖十五年(1536)	平定、乐平	十二月初二日,地震。		光绪《平定州志》卷之五《祥异》 民国《昔阳县志》卷一《舆地志·祥异》
明嘉靖十六年(1537)	文水、祁县	春正月,文水、祁县地震。		雍正《山西通志》卷一百六十三《祥异二》 光绪《山西通志》卷八十六《大事记四》
	祁县	春正月,大水,祁县地震。		乾隆《太原府志》卷四十九《祥异》
		春正月二日,地震。		光绪《增修祁县志》卷十六《祥异》
	文水	丁酉春正月三日,地震。		光绪《文水县志》卷之一《天文志·祥异》
明嘉靖十七年(1538)	盂县、阳曲、太谷	地震。(屋瓦皆鸣)		雍正《山西通志》卷一百六十三《祥异二》 光绪《山西通志》卷八十六《大事记四》 乾隆《太原府志》卷四十九《祥异》 民国《太谷县志》卷一《年纪》
	阳曲	夏五月,地震。(屋瓦皆鸣)		道光《阳曲县志》卷之十六《志余》
	盂县	二月二十五日,地震如雷。		光绪《盂县志·天文考》卷五《祥瑞、灾异》
明嘉靖十八年(1539)	阳曲	地再震。		雍正《山西通志》卷一百六十三《祥异二》 光绪《山西通志》卷八十六《大事记四》
		地震。		乾隆《太原府志》卷四十九《祥异》
		夏四月,再震。		道光《阳曲县志》卷之十六《志余》

续 表

纪年	灾区	灾象	应对措施	资料出处
明嘉靖二十一年（1542）	保德	地震有声。		雍正《山西通志》卷一百六十三《祥异二》
		保德州震。		光绪《山西通志》卷八十六《大事记四》
		地大震，房屋有倾颓者。		乾隆《保德州志》卷之三《风土·祥异》
		保德地震，房屋倾颓。震级（5）烈度六。		《山西地震目录》
明嘉靖二十四年（1545）	大同	春正月大同地震。		雍正《山西通志》卷一百六十三《祥异二》
	闻喜	十二月，闻喜地震。		光绪《山西通志》卷八十六《大事记四》
	大同	春正月，大同各属地震。		雍正《朔平府志》卷之十一《外志·祥异》
	永宁	冬十二月，地震，坏城垣、民舍甚多。		康熙《永宁州志》附《灾祥》
	孝义	地震有声如甑鸣，西南乡坏居民屋舍，压死人畜无数。		乾隆《孝义县志·胜迹·祥异》
	解州、解县	十二月，地大震。		光绪《解州志》卷之十一《祥异》 民国《解县志》卷之十三《旧闻考》
	绛州	十二月二十四日夜，地大震，覆墙压人，有死者。地裂涌水。		光绪《直隶绛州志》卷之二十《灾祥》 民国《新绛县志》卷十《旧闻考·灾祥》
	闻喜	乙卯十二月十三日夜，地大震，秦晋皆震，有声如雷，压死人畜无算。		民国《闻喜县志》卷二十四《旧闻》

续 表

纪年	灾区	灾象	应对措施	资料出处
明嘉靖二十八年(1549)	介休	地震。		雍正《山西通志》卷一百六十三《祥异二》 光绪《山西通志》卷八十六《大事记四》
		春三月,地震,居民倾折无算。		嘉庆《介休县志》卷一《兵祥·祥灾附》
		春三月,介休地震。		乾隆《汾州府志》卷之二十五《事考》
		明嘉靖二十八年三月(1549年6月,日期不详)介休地震,震级(5),烈度六,民舍多塌毁。		《山西地震目录》
明嘉靖三十年(1551)	盂县	地震。		雍正《山西通志》卷一百六十三《祥异二》
		正月至五月,不雨,八月、十月、十二月,地屡震。		光绪《盂县志·天文考》卷五《祥瑞、灾异》
明嘉靖三十一年(1552)	岢岚、神池	是年,岢岚、神池地震。		雍正《山西通志》卷一百六十三《祥异二》 光绪《山西通志》卷八十六《大事记四》 光绪《神池县志》卷之九《事考》
		地震。俺答犯三关,纵掠至八角堡,巡抚赵时春御之,战于大虫岭,总兵李涞死焉。明年,入犯得胜堡至神池。		乾隆《宁武府志》卷之十《事考》
	岢岚	地震。		乾隆《太原府志》卷四十九《祥异》 光绪《岢岚州志》卷之十《风土志·祥异》

续 表

纪年	灾区	灾象	应对措施	资料出处
明嘉靖三十二年(1553)	运城、解州	地震,东禁垣倾圮。		雍正《山西通志》卷一百六十三《祥异二》 光绪《山西通志》卷八十六《大事记四》 乾隆《解州安邑县运城志》卷之十一《祥异》
	盂县	地震。		雍正《山西通志》卷一百六十三《祥异二》
	山西	河水大溢,冲坏静乐县古河堤。堤旧在县城东门外二百步,至是大水冲坏,颓毁无迹。	隆庆间,屡筑屡圮,堤址虽复,不能障水。万历二十六年,始甃以石,又于郭门外筑水堤,民赖以安。	《晋乘蒐略》卷之三十下
明嘉靖三十三年(1554)	盂县	地震。		光绪《山西通志》卷八十六《大事记四》
		四月,地震。		光绪《盂县志·天文考》卷五《祥瑞、灾异》
明嘉靖三十四年(1555)	山西	十二月壬寅,地震。		光绪《山西通志》卷八十六《大事记四》
	太原、平阳、汾州、潞安	十二月,太原、平阳、汾州、潞安地震。自蒲解至洪洞有声如雷,蒲州尤甚,地裂水涌,城垣庐舍殆尽,人民压溺死者不可胜纪,月余始息。	三十五年二月,以平阳地震尤甚发银振之,免其税粮。(光绪《山西通志》卷八十六《大事记四》)	雍正《山西通志》卷一百六十三《祥异二》 光绪《山西通志》卷八十六《大事记四》
	蒲、解	十二月十三日夜,蒲、解地大震,潞亦震移时。		顺治《潞安府志》卷十五《纪事三·灾祥》
	壶关、平顺	三十四年,地大震。		道光《壶关县志》卷二《纪事》

续　表

纪年	灾区	灾象	应对措施	资料出处
明嘉靖三十四年（1555）	壶关、平顺	三十四年，地大震。		民国《平顺县志》卷十一《旧闻考·兵匪·灾异》
	长治、潞城	三十四年十二月十三夜，地震。		光绪《长治县志》卷之八《记一·大事记》 光绪《潞城县志》卷三《大事记》
	黎城	三十四年十二月十二日子时分，地震，鸡坠埘、犬惊吠，良久乃已。		康熙《黎城县志》卷之二《纪事》
	沁州	十二月，地震。（声如雷，延接千里，至次年正月方静。朝廷遣户部侍郎邹守愚来祭境内山川）	朝廷遣户部侍郎邹守愚来祭境内山川。	乾隆《沁州志》卷九《灾异》
	沁源	嘉靖三十四年十二月地震，至次年正月中方止。官民衙舍多倾坏。是年终，民间讹传选室女、取红铅，一时婚嫁殆尽。		雍正《沁源县志》卷之九《别录·灾祥》 民国《沁源县志》卷六《大事考》
	武乡、太原、榆次、乐平、汾州	十二月，地震。		乾隆《武乡县志》卷之二《灾祥》 乾隆《太原府志》卷四十九《祥异》 民国《昔阳县志》卷一《舆地志·祥异》 乾隆《汾州府志》卷之二十五《事考》 光绪《汾阳县志》卷十《事考》
	泽州	冬十二月地大震，有声如雷，月凡数震，屋坏垣崩，人畜多压死。（阳城志）		雍正《泽州府志》卷之五十《祥异》

续 表

纪年	灾区	灾象	应对措施	资料出处
明嘉靖三十四年(1555)	阳城	三十四年十二月夜,地大震有声。月数震不止,房舍倾圮,压人畜多死。		乾隆《阳城县志》卷之四《兵祥》 同治《阳城县志》卷之一八《灾祥》
	忻州	十二月,地震,有声自西南来,居室动摇。		光绪《忻州志》卷三十九《灾祥》
	代州	冬,地大震。		光绪《代州志·记三》卷十二《大事记》
	保德	十二月,地震,房屋有声。		乾隆《保德州志》卷之三《风土·祥异》
	榆次	十二月,地震声如雷。		同治《榆次县志》卷之十六《祥异》
	太谷	乙卯,地震。		民国《太谷县志》卷一《年纪》
	祁县	十二月十二日夜,地震。		光绪《增修祁县志》卷十六《祥异》
	交城	乙卯夜,地震,从西南来有声,房屋摇倒,压死人畜。		光绪《交城县志》卷一《天文门·祥异》
	文水	乙卯,地震有声,房屋倾毁至有伤及人口者。		光绪《文水县志》卷之一《天文志·祥异》
	石楼	冬,地震。		雍正《石楼县志》卷之三《祥异》
	宁乡	冬,地震有声,西城垛倾。		康熙《宁乡县志》卷之一《灾异》
	平阳	十二月,平阳地震。自蒲解至洪洞,有声如雷,月余始息。		雍正《平阳府志》卷之三十四《祥异》
	临汾	十二月,地震。(有声如雷,地裂水涌,地垣屋舍殆尽,人民压溺死者不可胜纪)		民国《临汾县志》卷六《杂记类·祥异》

续 表

纪年	灾区	灾象	应对措施	资料出处
明嘉靖三十四年(1555)	汾西	十二月十二日夜,地震。(有声至自西南,屋舍倾,人有压毙者)		光绪《汾西县志》卷七《祥异》
	翼城	十二月,地大震,声如雷,月余始息。坏庐舍,人民压死者甚众。		民国《翼城县志》卷十四《祥异》
	曲沃	冬十二月,地震,有声如雷。		光绪《续修曲沃县志》卷之三十二《祥异》
	永和	十二月十三日子时,地震有声,室庐摇动,穴居者多死。		民国《永和县志》卷十四《祥异考》
	洪洞	十二月,地大震。自蒲解一带房多倾倒,人民压死者甚众,有声如雷,月余始息。		民国《洪洞县志》卷十八《杂记志·祥异》
	霍州	地震有声。		道光《直隶霍州志》卷十六《禨祥》
	浮山	十二月,地大震,声如雷,坏庐舍,压死者甚众,月余始息。		民国《浮山县志》卷三十七《灾祥》
	太平	冬十二月,地大震。是月十一日午时,地震,有声如雷,官民房舍损害十之六,人畜压毙甚众。		光绪《太平县志》卷十四《杂记志·祥异》
	襄陵	十二日夜半,地大震,有声如雷。(坏居舍,压死者九十余人,汾河两岸地裂成渠,宽尺余,或涌沙或涌水,自后频震,无时累月乃息)		民国《襄陵县新志》卷之二十三《旧闻考》
	乡宁	十二月十二日,地震,庙学俱坏。		乾隆《乡宁县志》卷十四《祥异》 民国《乡宁县志》卷八《大事记》

续　表

纪年	灾区	灾象	应对措施	资料出处
明嘉靖三十四年（1555）	解州	十二月十二日夜半，地大震，有声如雷。		光绪《解州志》卷之十一《祥异》 民国《解县志》卷之十三《旧闻考》
	安邑	地大震，城垣庐舍倾覆过半，居民压死者甚多。		乾隆《解州安邑县志》卷之十一《祥异》
	临晋	十二月十二日夜，地震，有声如雷自西北来，地裂井溢，城郭庐舍尽倾，压死人畜无算。嗣微震不止。天寒民露处，抢掠大起。时流言拘刷童男女，不越月，民间嫁娶殆尽。		民国《临晋县志》卷十四《旧闻记》
	稷山	冬，地震，有声如雷，民遭压伤甚众。		同治《稷山县志》卷之七《古迹·祥异》
	芮城	乙卯冬十二月，地大震。		民国《芮城县志》卷十四《祥异考》
	夏县	腊月十二日夜，地震。		光绪《夏县志》卷五《灾祥志》
	河东	十二月十二日，河东夜半地大震，坏城郭庐舍，压死无算，至明年正月未息。		乾隆《解州平陆县志》卷之十一《祥异》
	永济	十二月十二日夜半，地大震，有声如雷，地裂成渠，城郭庐舍尽倾，死者不可胜数，三年余不止。		光绪《永济县志》卷二十三《事纪·祥沴》
	万泉	夜半地震。坏城郭庐舍，人有压死者。		民国《万泉县志》卷终《杂记附·祥异》

续 表

纪年	灾区	灾象	应对措施	资料出处
明嘉靖三十四年(1555)	荣河	十二月十二日,地大震,声如雷。坏城垣及官民屋舍万余,压死人甚多,地裂泉涌,平地水深三四尺,绵绵震动不息,至次年正月方止。		光绪《荣河县志》卷十四《记三·祥异》
	猗氏	十二月二日夜,地大震。(秦晋皆震,有声如雷,冲天土气轰轰然,官民庐舍、祠宇大顷,伤人畜无数)		雍正《猗氏县志》卷六《祥异》
明嘉靖三十五年(1556)	泽州、岳阳、沁州、沁源、武乡、辽州	中条麓介谷,夜半山鸣如雷。秋,泽州、岳阳、沁州、沁源、武乡、辽州地震。		雍正《山西通志》卷一百六十三《祥异二》 光绪《山西通志》卷八十六《大事记四》
	泽州	秋泽州地震。		雍正《泽州府志》卷之五十《祥异》
	岳阳	秋,岳阳地震。霍州、汾西大有年。		雍正《平阳府志》卷之三十四《祥异》
	曲沃	地震。		光绪《续修曲沃县志》卷之三十二《祥异》
明嘉靖三十六年(1557)	太原郡属及平遥	地震。		雍正《山西通志》卷一百六十三《祥异二》 光绪《山西通志》卷八十六《大事记四》
	太原郡属	二月,太原郡属地震。		乾隆《太原府志》卷四十九《祥异》
	清源	地震数次。		光绪《清源乡志》卷十六《祥异》
	沁州、武乡	三十六年二月,天鼓鸣,天开。(十六日夜二更,天鼓鸣,天开数丈,逾时乃合)		乾隆《沁州志》卷九《灾异》 乾隆《武乡县志》卷之二《灾祥》

续　表

纪年	灾区	灾象	应对措施	资料出处
明嘉靖三十四年（1555）	平遥	十二月十二日夜，地震，其声如雷，地裂涌泉，陕西及蒲州等处尤甚，压死人畜不可胜纪。		光绪《平遥县志》卷之十二《杂录志·灾祥》
		二月二十六日，平遥地震。		乾隆《汾州府志》卷之二十五《事考》
	岳阳	霍州、汾西大稔。五月岳阳地震，霍州、汾西大有年。		雍正《平阳府志》卷之三十四《祥异》
明嘉靖三十七年（1558）	交城、岳阳	地震。		雍正《山西通志》卷一百六十三《祥异二》 光绪《山西通志》卷八十六《大事记四》
	交城	二月，榆次雨雹，损麦。交城地震。		乾隆《太原府志》卷四十九《祥异》
		戊午，地震墙倾。		光绪《交城县志》卷一《天文门·祥异》
	岳阳	地震有声。		民国《新修岳阳县志》卷一十四《祥异志·灾祥》 民国《安泽县志》卷十四《祥异志·灾祥》
	交城	嘉靖三十七年五月（1558年六月，日期不详）交城地震，震级（5），烈度六，墙垣倾颓。		《山西地震目录》
明嘉靖四十年（1561）	吉州	夏六月，吉州地震。		雍正《山西通志》卷一百六十三《祥异二》
		地震。		光绪《山西通志》卷八十六《大事记四》
	大同	六月壬午，大同地震。（五行志）		乾隆《大同府志》卷之二十五《祥异》

续 表

纪年	灾区	灾象	应对措施	资料出处
明嘉靖四十年(1561)	大同	六月壬申,地震。		道光《大同县志》卷二《星野·岁时》
	怀仁	地震。		光绪《怀仁县新志》卷一《分野》
	吉州	夏六月,地震。		光绪《吉州全志》卷七《祥异》
明嘉靖四十二年(1563)	武乡	九月,武乡地震。		雍正《山西通志》卷一百六十三《祥异二》 光绪《山西通志》卷八十六《大事记四》 乾隆《武乡县志》卷之二《灾祥》
		四十二年九月,武乡地震。(人民有压死者)		乾隆《沁州志》卷九《灾异》
	泽州、阳城	四十二年春三月,泽州、阳城天鼓鸣。(省志)		雍正《泽州府志》卷之五十《祥异》
	阳城	四十二年三月,天鼓鸣。		乾隆《阳城县志》卷之四《兵祥》 同治《阳城县志》卷之一八《灾祥》
明嘉靖四十四年(1565)	太原	十二月十二日,太原地震。		雍正《山西通志》卷一百六十三《祥异二》 光绪《山西通志》卷八十六《大事记四》 乾隆《太原府志》卷四十九《祥异》
		十二月十二日,地震,大坏房屋。		道光《太原县志》卷之十五《祥异》
明嘉靖四十五年(1566)	太原晋祠	太原晋祠山移,既而市楼火。		乾隆《太原府志》卷四十九《祥异》
明隆庆二年(1568)	永宁州	山崩:五月庚戌,永宁州山崩。		《明史》卷三十《五行三》

续　表

纪年	灾区	灾象	应对措施	资料出处
明隆庆二年（1568）	兴县	六月，兴县龙起，震死人民。		雍正《山西通志》卷一百六十三《祥异二》 乾隆《太原府志》卷四十九《祥异》
	陵川	秋七月，陵川地裂二十余丈，广尺许。		雍正《山西通志》卷一百六十三《祥异二》 光绪《山西通志》卷八十六《大事记四》
	蒲县、安邑	三月甲寅，蒲县、安邑地震。		光绪《山西通志》卷八十六《大事记四》
	石州	五月庚戌，石州山崩。		光绪《山西通志》卷八十六《大事记四》
明隆庆三年（1569）	陵川	七月辛酉，陵川地震三十余步。		光绪《山西通志》卷八十六《大事记四》
明隆庆六年（1572）	祁县	风霾，昼晦如夜，地震有声。		雍正《山西通志》卷一百六十三《祥异二》
	太原	五月祁县风霾，昼晦如夜，地震有声。六月朔，日食雨雹，大风拔木。十六日酉时，太原见西北天裂，须臾而合；越三日天鼓鸣，又七日，日三环，有妖，数惊人，数月而止。秋，文水蝨。		乾隆《太原府志》卷四十九《祥异》
	祁县	五月，风霾昼晦如夜，地震有声。		光绪《增修祁县志》卷十六《祥异》
明万历二年（1574）	保德	九月二十一日，戌时，初刻，地震，自南而来连二次，一道响声，随地动，往北去河东西皆震。至次年，是月是日，孤山副将被围，以无援全军皆没。		乾隆《保德州志》卷之三《风土·祥异》

续 表

纪年	灾区	灾象	应对措施	资料出处
明万历三年(1575)	马邑	七月,水灾,十一年三月,地震		民国《马邑县志》卷之一《舆图志·杂记》
	太原	地震有声。		《晋乘蒐略》卷之三十一
明万历四年(1576)	太原晋祠	夏,太原晋祠山移数步。七月,祁县雨雹。		雍正《山西通志》卷一百六十三《祥异二》 乾隆《太原府志》卷四十九《祥异》
		太原晋祠山移数十步。		光绪《山西通志》卷八十六《大事记四》
明万历八年(1580)	太原、潞城、长治、襄垣、文水、岳阳	地震有声。		雍正《山西通志》卷一百六十三《祥异二》 光绪《山西通志》卷八十六《大事记四》
	井平路	五月,井平路地大震,摧城垣数百丈。		光绪《山西通志》卷八十六《大事记四》
	太原、文水	彗星见于东南,秋七月,雨雹,太原、太谷、文水、岢岚、清源大疫。诏免秋粮十之七。榆次涂水涨,毁民庐舍。太原、文水地震有声。		乾隆《太原府志》卷四十九《祥异》
	岳阳	夏五月,曲沃大风拔木,秋七月,雨雹。平阳彗星见。岳阳地震有声。		雍正《平阳府志》卷之三十四《祥异》
		九月,地震有声。		民国《新修岳阳县志》卷一十四《祥异志·灾祥》 民国《安泽县志》卷十四《祥异志·灾祥》

续　表

纪年	灾区	灾象	应对措施	资料出处
明万历八年（1580）	平鲁	震，震级（$5^{1/2}$），烈度七。		《山西地震目录》
明万历九年（1581）	广灵、广昌	地震，有声如雷。		雍正《山西通志》卷一百六十三《祥异二》
	大同镇堡各州县	九年四月，大同镇堡各州县同时地震有声。	十年二月，免积年逋赋。六月，振太原、平阳饥。十一月免被灾税粮。	光绪《山西通志》卷八十六《大事记四》
		四月己酉，大同镇堡各州县同时地震有声。（五行志）		乾隆《大同府志》卷之二十五《祥异》
	大同县	己酉，地震有声。（五行志）		道光《大同县志》卷二《星野·岁时》
	怀仁县	地震，有声。		光绪《怀仁县新志》卷一《分野》
	广灵	四月，地震有声如雷。		乾隆《广灵县志》卷一《方域·星野·灾祥附》
明万历十年（1582）	高平、祁县、大同、马邑	春二月，高平换马镇北山鸣三日，裂数丈，广尺余……祁县、大同、马邑地震。		雍正《山西通志》卷一百六十三《祥异二》 光绪《山西通志》卷八十六《大事记四》
	祁县	祁地震。地震。震级（5），烈度六。		《山西地震目录》
		春二月，祁县地震，榆次旱，秋七月始雨至十月。无霜，禾大熟。		乾隆《太原府志》卷四十九《祥异》
		三月七日，风霾昼晦。十三日，地震有声。自二月至六月不雨。六月一日日食，十八日，雨雹，猛风拔木。		光绪《增修祁县志》卷十六《祥异》

续 表

纪年	灾区	灾象	应对措施	资料出处
明万历十年(1582)	大同	二月,大同地震。		乾隆《大同府志》卷之二十五《祥异》
		二月,地震。		道光《大同县志》卷二《星野·岁时》
明万历十一年(1583)	广灵、武乡	三月,广灵地震,壶流河竭。……武乡李荘北石山夜崩数十丈。		雍正《山西通志》卷一百六十三《祥异二》 光绪《山西通志》卷八十六《大事记四》 乾隆《大同府志》卷之二十五《祥异》
	山西	八月,桃李花,地震。		雍正《山西通志》卷一百六十三《祥异二》
	广灵	三月地震,壶河竭,自辰至未始流。		乾隆《广灵县志》卷一《方域·星野·灾祥附》
	大同各属	春三月,大同各属地震,坏官民庐舍。		乾隆《朔平府志》卷之十一《外志·祥异》
	静乐、浑源、大同、马邑	地震。		《山西地震目录》
明万历十二年(1584)	山阴、静乐	地震。		雍正《山西通志》卷一百六十三《祥异二》 光绪《山西通志》卷八十六《大事记四》
	山阴	五月,山阴地震。		乾隆《大同府志》卷之二十五《祥异》
		地震有声,月余方止。		崇祯《山阴县志》卷之五《灾祥》
	静乐	地大震,山崩。		康熙《静乐县志》四卷《赋役·灾变》 《山西地震目录》
明万历十三年(1585)	广昌、高平	春正月,广昌雨雹,地震。……三月,高平地震。		雍正《山西通志》卷一百六十三《祥异二》

续 表

纪年	灾区	灾象	应对措施	资料出处
明万历十三年(1585)	高平	三月,高平地震,五月,雨雹如杵。		光绪《山西通志》卷八十六《大事记四》
		十三年春三月丁亥,地震。三月三日,自午至夜地大震者三。		雍正《泽州府志》卷之五十《祥异》 乾隆《高平县志》卷之十六《祥异》
	山阴	三月,山阴县地震,旬又五日乃止。		光绪《山西通志》卷八十六《大事记四》
		二月,大同风霾。(旧志)三月戊寅,山阴县地震,旬有五日乃止。(五行志)五月,广灵旱。七月,大同府谯楼鸱吻青气凌空。		乾隆《大同府志》卷之二十五《祥异》
明万历十五年(1587)	崞县、陵川、翼城、猗氏	地震。		雍正《山西通志》卷一百六十三《祥异二》 光绪《山西通志》卷八十六《大事记四》
	山西	五月,地震。		光绪《山西通志》卷八十六《大事记四》
	陵川	春三月,陵川地震。(陵川)		雍正《泽州府志》卷之五十《祥异》
	崞县	地大震、声如雷。		乾隆《崞县志》卷五《祥异》 光绪《续修崞县志》卷八《志余·灾荒》
	翼城	翼城地震。	诏发帑赈济。	雍正《平阳府志》卷之三十四《祥异》
		五月,地震有声。		民国《翼城县志》卷十四《祥异》
	猗氏	猗氏地震及临晋,皆蝗。		乾隆《蒲州府志》卷之二十三《事纪·五行祥沴》

续 表

纪年	灾区	灾象	应对措施	资料出处
明万历十五年(1587)	猗氏	九月三日,地震。(民屋间有倾颓)		雍正《猗氏县志》卷六《祥异》
	临猗、永济、马邑、安邑、解县	临猗:地震,震级(5),烈度六。永济、马邑、安邑、解县均震。		《山西地震目录》
明万历十六年(1588)	忻、泽	地震。		雍正《山西通志》卷一百六十三《祥异二》
	忻州	六月,地震,有声自西北来,坏垣屋。		光绪《忻州志》卷三十九《灾祥》
	太原、五台、交城	太原、五台、交城:同月均震,震级(5)烈度六。		《山西地震目录》
明万历十七年(1589)	太原	地震。		雍正《山西通志》卷一百六十三《祥异二》
		太原地震,榆次岁稔。		乾隆《太原府志》卷四十九《祥异》
		地震,昼夜数十次,屋瓦皆倾。	邑令陈增美禳祭,止。	道光《太原县志》卷之十五《祥异》
	曲沃	秋九月,地震。		光绪《续修曲沃县志》卷之三十二《祥异》
明万历十九年(1591)	曲沃	秋九月,曲沃地震。		雍正《山西通志》卷一百六十三《祥异二》 光绪《山西通志》卷八十六《大事记四》 雍正《平阳府志》卷之三十四《祥异》
	清源	冬十月,清源地震者一十八。		雍正《山西通志》卷一百六十三《祥异二》 光绪《山西通志》卷八十六《大事记四》 乾隆《太原府志》卷四十九《祥异》

续　表

纪年	灾区	灾象	应对措施	资料出处
明万历十九年（1591）	清源	十一月冬至夜，地震十八次。		光绪《清源乡志》卷十六《祥异》
明万历二十九年（1601）	保德	地震。		雍正《山西通志》卷一百六十三《祥异二》 光绪《山西通志》卷八十六《大事记四》
		九月初十日，地震，有声，移晷乃定。		乾隆《保德州志》卷之三《风土·祥异》
明万历三十二年（1604）	绛州	地裂。		雍正《山西通志》卷一百六十三《祥异二》 光绪《山西通志》卷八十六《大事记四》
明万历三十三年（1605）	绛州	大雨，地裂。		雍正《山西通志》卷一百六十三《祥异二》
		绛地裂。		光绪《山西通志》卷八十六《大事记四》
	陵川	三十四年秋九月，陵川天鼓鸣。（陵川志）		雍正《泽州府志》卷之五十《祥异》
	绛县	绛州绛县地震。（同上即通志）		光绪《绛县志》卷六《纪事·大事表门》
明万历三十四年（1606）	闻喜	春正月，闻喜雨黄沙，沟岸崩裂，徙地二十余亩，树木如初。		雍正《山西通志》卷一百六十三《祥异二》
	太原	冬十二月，太原晋邸火，初六日，地震。		
		太原晋邸火、地震。		光绪《山西通志》卷八十六《大事记四》
		夏五月，阳曲大雨雪。十二月，太原晋邸火，初六日，地震。		乾隆《太原府志》卷四十九《祥异》

续　表

纪年	灾区	灾象	应对措施	资料出处
明万历三十四年（1606）	阳曲	春夏，大寒无雨。五月，大雨雪（漂没人畜甚多）。冬十二月，晋府东宫又灾（宝物器玩皆尽）。地震。		道光《阳曲县志》卷之十六《志余》
明万历三十五年（1607）	潞安府	三十五年二月二十一日，初昏时，有流星坠西方，须臾天鼓鸣。		顺治《潞安府志》卷十五《纪事三·灾祥》 乾隆《潞安府志》卷十一《纪事》
	马邑	十二月，地震有声，先是南乡大水，禾皆漂没。		民国《马邑县志》卷之一《舆图志·杂记》
明万历三十六年（1608）	平遥	十二月十二日，平遥地震。		雍正《山西通志》卷一百六十三《祥异二》 光绪《山西通志》卷八十六《大事记四》 乾隆《汾州府志》卷之二十五《事考》
明万历三十七年（1609）	朔平	马邑、东乡大水。十二月，地震。		雍正《朔平府志》卷之十一《外志·祥异》
明万历三十八年（1610）	山西	夏，四月十二日，地震。		雍正《山西通志》卷一百六十三《祥异二》
	阳曲	夏四月十二日地震，秋七月再震。		光绪《山西通志》卷八十六《大事记四》 道光《阳曲县志》卷之十六《志余》
		春二月，阳曲星陨，大如斗，光烛，夜通明，天鼓大鸣。三月民路汝臣妻一产三男。夏四月十二日，地震。秋七月再震。		乾隆《太原府志》卷四十九《祥异》
	清源	二月，天鼓鸣。四月十二日，地震。七月，地震，大雨雹。		光绪《清源乡志》卷十六《祥异》

续　表

纪年	灾区	灾象	应对措施	资料出处
明万历三十九年（1611）	陵川	三十九年春二月，陵川地震。（陵川志）		雍正《泽州府志》卷之五十《祥异》
明万历四十一年（1613）	长治、潞城、定襄	九月二十一日，长治、潞城地震。……十一月，定襄天鼓鸣，地震。		雍正《山西通志》卷一百六十三《祥异二》 光绪《山西通志》卷八十六《大事记四》
	长治、潞城	四十一年九月二十一日，地震。		顺治《潞安府志》卷十五《纪事三·灾祥》 乾隆《潞安府志》卷十一《纪事》
	定襄	是年九月，地再震。		光绪《定襄县补志》卷之一《星野志·祥异》
	绛县	地震。（同上即通志）		光绪《绛县志》卷六《纪事·大事表门》
明万历四十二年（1614）	阳曲、高平、武乡、榆社、临汾、	阳曲、高平、武乡、榆社、临汾地震，有声有雷，越八日阳曲再震。		雍正《山西通志》卷一百六十三《祥异二》 光绪《山西通志》卷八十六《大事记四》
	阳曲	秋九月，阳曲地震，有声如雷，越八日再震。		乾隆《太原府志》卷四十九《祥异》 道光《阳曲县志》卷之十六《志余》
	榆社	九月二十一日亥初，地大震，轧轧有声，如万车奔放，河南街房塌百余间。十月二十三日子时，复震。		光绪《榆社县志》卷之十《拾遗志·灾祥》
	临汾	秋九月，临汾地震，有声如雷。岳阳涧河水溢。		雍正《平阳府志》卷之三十四《祥异》
		九月，地震。		民国《临汾县志》卷六《杂记类·祥异》

续　表

纪年	灾区	灾象	应对措施	资料出处
明万历四十二年（1614）	沁州、泽州	秋九月，保德、阳曲、高平、武乡、榆社、临汾地震，有声如雷，越八日，阳曲再震。		雍正《山西通志》卷一百六十三《祥异二》
	高平	秋九月，高平地震，声如雷。（省志）		雍正《泽州府志》卷之五十《祥异》 乾隆《高平县志》卷之十六《祥异》
	沁州	四十二年九月，地震。（十三日戌时，从西北向东南，响声如雷。太原、平阳、沁泽地皆震，武乡为甚，城垛几倾，人民有压死者。十月十二日戌时又震，二十四日丑时又震）		乾隆《沁州志》卷九《灾异》
	武乡	四十二年九月，地震。		乾隆《武乡县志》卷之二《灾祥》
明万历四十三年（1615）	平遥、盂县、广昌	地震有声。		雍正《山西通志》卷一百六十三《祥异二》 光绪《盂县志·天文考》卷五《祥瑞·灾异》
	平遥、盂县	地震。		光绪《山西通志》卷八十六《大事记四》
	平遥	九月二十日戌时，地震，塌倒房屋数百余间。		光绪《平遥县志》卷之十二《杂录志·灾祥》
		平遥地震，有声。		乾隆《汾州府志》卷之二十五《事考》
明万历四十五年（1617）	武乡	二月望日，武乡地震。		雍正《山西通志》卷一百六十三《祥异二》

续　表

纪年	灾区	灾象	应对措施	资料出处
明万历四十五年(1617)	武乡	地震。		光绪《山西通志》卷八十六《大事记四》
		四十五年二月,地动。		乾隆《武乡县志》卷之二《灾祥》
	沁州	四十五年二月,武乡地动。(二十五日卯时动,越数日又动)		乾隆《沁州志》卷九《灾异》
明万历四十六年(1618)	平遥、介休、寿阳、静乐、榆社、广灵、广昌、寿阳	平遥、介休、寿阳、静乐地震。六月二十六日榆社地震,有声有雷。秋九月广灵、广昌、寿阳再震。		雍正《山西通志》卷一百六十三《祥异二》
		平遥、介休、寿阳、蒲县地震。九月,广灵、寿阳再震。		光绪《山西通志》卷八十六《大事记四》
	州县一十七	四十六年九月乙卯州县一十七,地震。紫金关、偏头、运城、神池,同日皆震。	加田赋。	光绪《山西通志》卷八十六《大事记四》
	广灵	大同民妇一产四男,(五行志)九月,广灵地震。(旧志)		乾隆《大同府志》卷之二十五《祥异》
		地震,官民庭舍多圮坏。		乾隆《广灵县志》卷一《方域·星野·灾祥附》
	云西	九月三十日午时,云西地震,自西北起向东南去,房屋多动摇。		雍正《朔平府志》卷之十一《外志·祥异》 光绪《左云县志》卷一《祥异》
	偏关、神池	偏关、神池地同日大震。		乾隆《宁武府志》卷之十《事考》
	静乐	四月,地大震。		康熙《静乐县志》四卷《赋役·灾变》
	偏关、神池	偏关、神池同日大震。		光绪《神池县志》卷之九《事考》

续 表

纪年	灾区	灾象	应对措施	资料出处
明万历四十六年(1618)	榆社	六月二十六日卯时，地震，如雷，南有帚星。		光绪《榆社县志》卷之十《拾遗志·灾祥》
	平遥	四月二十六日辰时，地震，屋瓦皆动有声，城垣塌倒数处，是夜，又震。		光绪《平遥县志》卷之十二《杂录志·灾祥》
	介休	四月二十六日卯时，地大震，有声如雷，城垣邑庐倾塌殆尽，民多压死，夜二鼓又震，五月初一日又震。		嘉庆《介休县志》卷一《兵祥·祥灾附》
	平遥、介休	夏四月，平遥介休地震。		乾隆《汾州府志》卷之二十五《事考》
	蒲州、荣河	地震。		乾隆《蒲州府志》卷之二十三《事纪·五行祥沴》 光绪《荣河县志》卷十四《记三·祥异》
明天启三年(1623)	岢岚	地震。		雍正《山西通志》卷一百六十三《祥异二》 光绪《山西通志》卷八十六《大事记四》
		正月甲寅，榆次中昼晦，岢岚地震。		乾隆《太原府志》卷四十九《祥异》
		地震，越三日又震。		光绪《岢岚州志》卷之十《风土志·祥异》
	大同、武乡、榆社、寿阳、襄垣、广昌、灵丘、广灵、浑源、寿阳	六月，大同、武乡、榆社、寿阳、襄垣、广昌、灵丘、广灵、浑源地震，有声如雷。襄垣日中见斗。闰六月，寿阳再震。秋九月，又震。		雍正《山西通志》卷一百六十三《祥异二》

续　表

纪年	灾区	灾象	应对措施	资料出处
明天启四年(1624)	忻州、盂县	地震。		光绪《山西通志》卷八十六《大事记四》
	盂县	地震。		光绪《盂县志·天文考》卷五《祥瑞、灾异》
	忻州	春,地震异常,房屋多毁。		光绪《忻州志》卷三十九《灾祥》
		天启四年春(1624年春)忻州地震,房屋多毁。盂县亦震。震级(5),烈度六。		《山西地震目录》
	岳阳	四月地震。		民国《新修岳阳县志》卷一十四《祥异志·灾祥》 民国《安泽县志》卷十四《祥异志·灾祥》
明天启五年(1625)	襄垣	天启六年六月六日,地震,日中见斗。		乾隆《重修襄垣县志》卷之八《祥异志·祥瑞》 民国《襄垣县志》卷之八《旧闻考·祥异》
	沁州	天启六年六月,武乡地动。(初六日戌时动,十七日丑时又动,二十五日亥时又动)		乾隆《沁州志》卷九《灾异》
	武乡	天启六年六月,地动。		乾隆《武乡县志》卷之二《灾祥》
明天启六年(1626)	大同、武乡、榆社、寿阳、襄垣、广昌、灵丘、广灵、浑源	六月,大同、武乡、榆社、寿阳、襄垣、广昌、灵丘、广灵、浑源地震有声如雷;襄垣日中见斗。		雍正《山西通志》卷一百六十三《祥异二》
		六月,大同、武乡、榆社、寿阳、襄垣、广昌、灵丘、广灵、浑源地震。闰四月,寿阳再震。九月,又震。		光绪《山西通志》卷八十六《大事记四》

续　表

纪年	灾区	灾象	应对措施	资料出处
明天启六年(1626)	大同、灵邱	六月丙子,大同地数震,灵邱昼夜数震,月余方止。城郭庐舍并摧,压死民人无数。		光绪《山西通志》卷八十六《大事记四》
	大同	六月丙子,大同地震数十,死伤惨甚。灵丘昼夜数震,月余方止,城郭庐舍并摧,压死人民无算。(五行志)九月,灵丘猛虎伤人。(旧志)		乾隆《大同府志》卷之二十五《祥异》
		六月丙子,地震数十,死伤惨甚。(五行志)		道光《大同县志》卷二《星野·岁时》
	山阴	六月六,地震有声。		崇祯《山阴县志》卷之五《灾祥》
	广灵	六月,地震有声。		乾隆《广灵县志》卷一《方域·星野·灾祥附》
	大同府属	六月初五日丑时,大同府属地震,从西北起,东南而去,其声如雷,摇塌城楼城墙二十八处。		雍正《朔平府志》卷之十一《外志·祥异》
	榆社	六月初四日子时,地大震,有声如雷。		光绪《榆社县志》卷之十《拾遗志·灾祥》
	寿阳	夏六月五日丑时,地震有声如雷,房屋动撼一连三次。闰六月四日未时,复震。秋九月二十日子时又震。		光绪《寿阳县志》卷十三《杂志·异祥第六》

续 表

纪年	灾区	灾象	应对措施	资料出处
明天启六年(1626)	大同、武乡、榆社、寿阳、襄垣、广昌、灵邱、广灵、浑源	天启六年六月五日(1626年9月28日)灵邱地震。城关尽塌,牌坊颓毁,觉山寺催圮,衙舍民房俱倒,枯井涌黑水。压死五千二百余人。地震月余不止。影响山西、山东、河北、河南等省,破坏面纵长约四百八十公里,震级(7),烈度九。浑源:城垣大墙并四面官墙震倒甚多。仓库、公署、军民屋舍十颓八九,压死多人。王家庄堡遥倒内外女墙及里外大墙二十余丈。大同:摇塌城楼城墙二十八处,震数十次,死伤甚众。崞县:城墙琦圮。河曲:坏民居甚多。山阴、寿阳、襄垣、武乡、广灵、榆社有感面很大(《山西地震目录》)六月灵邱地震,王家庄堡天飞云气一块,明如星色。		《山西地震目录》
明天启七年(1627)	河曲、平定	地震,经三月方止。		雍正《山西通志》卷一百六十三《祥异二》 光绪《山西通志》卷八十六《大事记四》
	平定州	地震,或日一二次或三五日一次,经两月余。(乐平志同)		光绪《平定州志》卷之五《祥异》

续 表

纪年	灾区	灾象	应对措施	资料出处
明天启七年(1627)	河曲	夏五月,地震三月乃止。		同治《河曲县志》卷五《祥异类·祥异》
	乐平	夏,地震。或日一两次,或三、五日一次,经两月余方止。		民国《昔阳县志》卷一《舆地志·祥异》
	乐平、平定	明天启七年夏(1627年夏,日期不详)昔阳地震,坏民房甚多,余震两月余方止。永平(平定)亦震。震级(五又二分之一),烈度七。		《山西地震目录》
明崇祯元年(1628)	山阴	春夏,风,旱。秋霜杀稼。九月十一日,地震。		崇祯《山阴县志》卷之五《灾祥》
明崇祯二年(1629)	岳阳、交城	春三月,岳阳地震。……交城西山大足底村,突起横山十余丈。		雍正《山西通志》卷一百六十三《祥异二》
	交城西山	三月,交城西山大足村突起横山十余丈。五月,岢岚雨雪。		乾隆《太原府志》卷四十九《祥异》
	交城	己巳,西山大足村突起横山十余丈。		光绪《交城县志》卷一《天文门·祥异》
	岳阳	春三月,岳阳地震,太平饥,汾西有年。		雍正《平阳府志》卷之三十四《祥异》
		三月,地震。		民国《安泽县志》卷十四《祥异志·灾祥》
明崇祯五年(1632)	山西	十月,地震。		光绪《山西通志》卷八十六《大事记四》
	太原、文水、闻喜、安邑、岢岚、沁水、陵川、祁县、太平、榆社、长治	地震有声。		光绪《山西通志》卷八十六《大事记四》

续　表

纪年	灾区	灾象	应对措施	资料出处
明崇祯六年(1633)	汾阳	地裂百余丈,井皆竭。		光绪《山西通志》卷八十六《大事记四》《山西地震目录》
明崇祯八年(1635)	临县	冬,地震。		光绪《山西通志》卷八十六《大事记四》
	介休	正月十四日,介休地震。十九日夜,城东北有声如涛,占者,谓之城吼,是年,秋旱。		雍正《山西通志》卷一百六十三《祥异二》光绪《山西通志》卷八十六《大事记四》
		正月十四日卯时,地震。十九日,夜空中东北有声如涛,占者渭之城吼,是年秋旱。		嘉庆《介休县志》卷一《兵祥·祥灾附》
		正月十四日,介休地震。		乾隆《汾州府志》卷之二十五《事考》
明崇祯十年(1637)	岳阳	三月,地震。		民国《新修岳阳县志》卷一十四《祥异志·灾祥》
明崇祯十一年(1638)	沁州	十一年二月,天鼓鸣。(二十三日清明节,天鼓昼鸣如炮声。是年先旱后风,民饥。武乡人相食。邑人巡抚魏光绪东西立厂施粥。又立慈幼局收养路旁弃儿,存活数千人)		乾隆《沁州志》卷九《灾异》
		崇征十一年二月二十三日,清明节,天鼓昼鸣,如炮声。是年,先旱后风,民饥。		雍正《沁源县志》卷之九《别录·灾祥》
		十一年二月二十三日,清明节,天鼓昼鸣如炮声。是年先旱后风,民饥。		民国《沁源县志》卷六《大事考》

续 表

纪年	灾区	灾象	应对措施	资料出处
明崇祯十一年(1638)	武乡	十一年二月,天鼓鸣。		乾隆《武乡县志》卷之二《灾祥》
	安邑	十二月,地震。		乾隆《解州安邑县志》卷之十一《祥异》
明崇祯十二年(1639)	安邑	四月地震。		乾隆《解州安邑县志》卷之十一《祥异》
明崇祯十四年(1641)	静乐	地震。		康熙《静乐县志》四卷《赋役·灾变》
明崇祯十五年(1642)	山西	七月甲申,地震。		光绪《山西通志》卷八十六《大事记四》
	临晋、垣曲、安邑、蒲州、解州、平陆、沁源、阳城	六月,临晋、垣曲、安邑、蒲州、解州、平陆、沁源、阳城地震。		雍正《山西通志》卷一百六十三《祥异二》
	壶关	十五年六月初四日,地震。初八日,东乡崇贤一里冰雹如盌,厚尺许。邑令检踏赈之。		道光《壶关县志》卷二《纪事》
	沁州	十五年六月,沁源地震。(初四日四更地震,从西北向东南,移时乃止)		乾隆《沁州志》卷九《灾异》
	沁源	十五年六月初四日半夜地震,由西北起,移时乃止。		雍正《沁源县志》卷之九《别录·灾祥》 民国《沁源县志》卷六《大事考》
	阳城	十五年六月,地震有声如雷。		乾隆《阳城县志》卷之四《兵祥》 同治《阳城县志》卷之一八《灾祥》

续　表

纪年	灾区	灾象	应对措施	资料出处
明崇祯十五年(1642)	解州、垣曲、夏县	六月，地震。		光绪《解州志》卷之十一《祥异》 民国《解县志》卷之十三《旧闻考》 光绪《垣曲县志》卷之十四《杂志》 光绪《夏县志》卷五《灾祥志》
	荣河	地震，人多死。麦熟至无刈者。		光绪《荣河县志》卷十四《记三·祥异》
	解州、安邑	六月，地大震，从西北起声如雷，官民舍俱倾，数十日方止。		乾隆《解州安邑县志》卷之十一《祥异》
	平陆	六月初三日夜半，地震，坏城垣民居。初九、十三两日，复震。		乾隆《解州平陆县志》卷之十一《祥异》
	蒲州	地震，人多死，麦熟至无刈者。		乾隆《蒲州府志》卷之二十三《事纪·五行祥沴》
	永济	六月四日丑时，地震有声，麦大熟，至无人芟刈。	诏蠲十二年十三年逋税。	光绪《永济县志》卷二十三《事纪·祥沴》
	临晋	六月初四日，地震。		民国《临晋县志》卷十四《旧闻记》
	平陆	地震，平陆坏城垣民居，山崖崩裂。安邑官民庐舍俱倾，有压死者。永济、荣河人多死，震级(6)，烈度八。		《山西地震目录》
明崇祯十七年(1644)	黎城	二月，地震。闯贼伪将管国银等突至邑，名为比饷，缚执乡绅如牲禽，捶楚如土木，呼吁之声上彻于天，立刻就毙者十数人。		康熙《黎城县志》卷之二《纪事》

续 表

纪年	灾区	灾象	应对措施	资料出处
明崇祯十七年（1644）	沁州	八月，天鼓鸣。（从西北起彻东南）		乾隆《沁州志》卷九《灾异》

（一） 时间分布

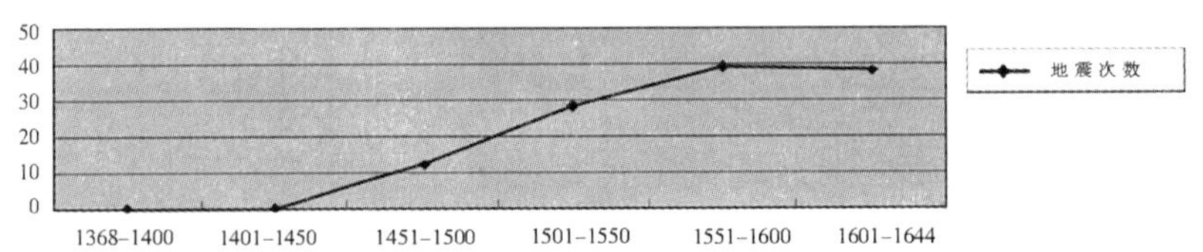

图 5－1 明代山西地震时间折线图

明代发生在山西的地震共计 117 次，第一次地震的文献记录始于明成化三年（1467），即从洪武元年（1368）至明成化三年（1467）的 100 年间没有任何地震记录。此后山西地震的文献记录呈现较大的增长趋势，年际的连续性也比较高。

明代后期山西地震进入新的高发期，即所谓第六地震活跃期（16—17 世纪）。这一时段，山西地震主要是受到来自于山西地震带南段的渭河盆地地震的影响，从 1501—1568 年的 68 年内，发生 6 级以上大震 3 次：明弘治十四年（1501）朝邑（今大荔县朝邑镇）7 级地震；明嘉靖三十四年（1555）华县 8 级地震①；明隆庆二年（1568）年西安6 ¾级地震。“短短的半个世纪，在一个断陷盆地连续发生 3 次6 ¾级以上的强震及一系列 5—6 ½级中强地震，这是有史料记载以

①华县地震发生于明嘉靖三十四年（1555）十二月十二日子时，即西元 1556 年 1 月 23 日夜。

来，在山西地震带的其他断陷盆地所没有的。有史料记载的两千多年中，渭河盆地也只发生过这3次6 3/4级以上的强震。到1618年在山西地震带中部的太原盆地发生了平遥6 ½级，介休6 ½级等地震。紧接着山西地震带北段的蔚县、灵丘、怀安、天镇、原平相继发生了5—7级地震。到1695年迁到南段，在临汾盆地发生了8级地震。”①

（二） 空间分布

表5－15 明代山西地震空间分布表

今地	灾区（灾次）	灾区数
太原	太原府（14）阳曲（7）太原（3）徐沟（1）清源（5）	5
长治	潞安府（2）长治（1）襄垣（1）黎城（2）壶关（2）沁州（10）沁源（4）武乡（7）潞城（1）平顺（1）	10
晋城	泽州府（6）高平（3）阳城（4）	3
阳泉	平定州（2）盂县（5）	2
大同	大同府（4）大同（4）广灵（4）左云（1）	4
朔州	朔平府（4）马邑（2）怀仁（2）山阴（3）应州（2）	5
忻州	左云（3）定襄（1）静乐（3）代州（2）崞县（2）保德州（5）河曲（2）神池（3）岢岚（2）	9
晋中	榆次（4）乐平（4）榆社（4）太谷（3）平遥（3）寿阳（2）祁县（4）介休（3）	8
吕梁	永宁州（1）交城（3）文水（2）汾州府（7）汾阳（1）孝义（1）石楼（2）宁乡（2）	8
临汾	平阳府（1）临汾（4）汾西（1）岳阳（4）翼城（3）曲沃（3）吉州（1）洪洞（2）霍州（1）浮山（2）太平（1）襄陵（1）乡宁（1）	13
运城	解县（3）安邑（6）绛州（1）闻喜（1）垣曲（1）绛县（3）河津（1）稷山（2）芮城（3）夏县（2）平陆（2）蒲州府（1）永济（3）万泉（3）荣河（3）临晋（2）猗氏（2）	17

①武烈、贾宝卿、赵学普编著：《山西地震》，地震出版社，1993年版，第33～34页。

表5－15数据显示，明代地震高发区依然分布于山西历史地震带上。山西中部的太原府以14次的历史记录高居榜首，而晋南一带仍旧处于高发态势。但对比明代山西各地发生地震的次数和密度数据，发现明代山西地震的空间分布较为分散。地震密度小的地区会发生多地共震的现象，比如晋南，地震密度小，但是地震总次数依然很大；但是晋北如大同，地震次数不多，但是密度很大；而处于晋东南的沁州、吕梁的汾州府也处于多发的状态。这是由于明代以降，晋南的汾渭地堑带、太行山拗褶断裂带、燕山拗褶断裂带常年处于活跃状态造成的结果。

七　农作物病虫害

明代发生在山西的农作物病虫害主要有蝗、蝝蝻、螟等几种类型，以蝗灾最常见。整个明代山西农作物病虫害历史记录共79次，年频次为0.29，是历史记录以来频次最高的，但却是明代山西自然灾害发生概率较低的一种。

表5－16　明代山西农作物病虫害年表

纪年	灾区	灾象	应对措施	资料出处
明洪武五年（1372）	大同	七月，徐州、大同蝗。		《明史》卷二十八《五行一》
		七月，大同蝗。（五行志）		乾隆《大同府志》卷之二十五《祥异》
		七月，蝗。		道光《大同县志》卷二《星野·岁时》
明洪武六年（1373）	山西	七月，山西蝗。		《明史》卷二十八《五行一》
明洪武七年（1374）	平阳、太原、汾州	二月，平阳、太原、汾州、历城、汲县旱蝗。		《明史》卷二《太祖纪二》

续 表

纪年	灾区	灾象	应对措施	资料出处
明洪武七年（1374）	乐平乡	六月，蝗。		《明史》卷二《太祖纪二》 《明史》卷二十八《五行一》 光绪《平定州志》卷之五《祥异·乐平乡》
	太原、平阳、汾州	二月，太原、平阳、汾州旱蝗。	并免租税，免山西等处被灾田租。	《晋乘蒐略》卷之二十七
	乐平	六月，蝗。	蠲其租。	民国《昔阳县志》卷一《舆地志·祥异》
	曲沃	二月，蝗。		光绪《续修曲沃县志》卷之三十二《祥异》
明永乐元年（1403）	山西	夏，山西蝗。		《明史》卷二十八《五行一》
明永乐十年（1412）	平阳、荣河、太原、交城	六月戊辰，山西布政司左布政使周璟言：平阳、荣河、太原、交城县蝗，督捕已绝。		《明太宗实录》卷一二九“永乐十年六月戊辰”
明宣德九年（1434）	河津	七月辛卯，……山西平阳府蒲州河津县各奏：蝗蝻生。	命行在户部亟遣官驰驿督捕。	《明宣宗实录》卷一一一“宣德九年七月辛卯”
明正统元年（1436）	平定州	七月癸卯，辽东广宁等卫、直隶高邮州、山西平定州、山东兖州府各奏：蝗蝻生发，扑之未绝。	上命行在户部遣官覆视以闻。	《明英宗实录》卷二〇“正统元年七月癸卯”

续　表

纪年	灾区	灾象	应对措施	资料出处
明正统六年（1441）	太原府	七月丁酉，河南彰德、卫辉、开封、南阳、怀庆五府，山西太原府，山东济南、东昌、青、莱、兖、登六府，辽东广宁前、中屯二卫，直隶东胜、兴州二卫蝗生。	上命行在户部速移文镇守巡按三司官，严督军卫有司捕灭。	《明英宗实录》卷八一"正统六年七月丁酉"
明成化八年（1472）	高平	蝗。	五月，免山西夏税十之二。（光绪《山西通志》卷八十六《大事记四》）	雍正《山西通志》卷一百六十三《祥异二》雍正《泽州府志》卷之五十《祥异》
明成化二十一年（1485）	太平（襄汾）、垣曲	太平（襄汾）、垣曲蝗。		雍正《山西通志》卷一百六十三《祥异二》光绪《山西通志》卷八十六《大事记四》
	太平	春正月，临汾、洪洞、赵城地震，民饥。太平蝗。	赈之。	雍正《平阳府志》卷之三十四《祥异》
		蝗。群飞蔽日，禾穗树叶食之殆尽，民不聊生，多转沟壑。		光绪《太平县志》卷十四《杂记志·祥异》
	垣曲	大旱，蝗，人相食。	命抚臣赈之。	光绪《垣曲县志》卷之十四《杂志》
明成化二十二年（1486）	平阳	三月，平阳蝗。		光绪《山西通志》卷八十六《大事记四》
明弘治八年（1495）	高平	蝗。		雍正《山西通志》卷一百六十三《祥异二》

续　表

纪年	灾区	灾象	应对措施	资料出处
明弘治八年(1495)	高平	蝗。	旧志:时知县杨子器甫下车醵币祀之,蝗乃息。	乾隆《高平县志》卷之十六《祥异》
明正德元年(1506)	河曲	蝗,北乡灾。		同治《河曲县志》卷五《祥异类·祥异》
明正德二年(1507)	荣河	蝗。		光绪《荣河县志》卷十四《记三·祥异》
明正德六年(1511)	太原	蝗。		《晋乘蒐略》卷二十九
明正德八年(1513)	泽州、阳城、荣河	蝗。		雍正《山西通志》卷一百六十三《祥异二》 乾隆《蒲州府志》卷之二十三《事纪·五行祥沴》
	阳城	六月,蝗。		同治《阳城县志》卷之一八《灾祥》
		蝗。		乾隆《阳城县志》卷之四《兵祥》
明正德十二年(1517)	平定	蝗。		雍正《山西通志》卷一百六十三《祥异二》 光绪《平定州志》卷之五《祥异》
明嘉靖七年(1528)	泽州、阳城、稷山	蝗。		雍正《山西通志》卷一百六十三《祥异二》 光绪《山西通志》卷八十六《大事记四》
	泽州、阳城	七月,旱蝗,饥。		雍正《泽州府志》卷之五十《祥异》 同治《阳城县志》卷之一八《灾祥》

续 表

纪年	灾区	灾象	应对措施	资料出处
明嘉靖七年(1528)	临汾、翼城	秋,大旱,蝗。		民国《临汾县志》卷六《杂记类·祥异》 民国《翼城县志》卷十四《祥异》
	稷山	飞蝗蔽天,啮禾稼为赤地。		同治《稷山县志》卷之七《古迹·祥异》
	临晋	大旱,蝗。		民国《临晋县志》卷十四《旧闻记》
明嘉靖八年(1529)	代州、阳城	六月戊寅,以旱蝗减免山西代州、阳城等州县、直隶凤阳、淮安、扬州府属各州县夏税。	六月戊寅,以旱蝗减免山西代州、阳城等州县、直隶凤阳、淮安、扬州府属各州县夏税。	《明世宗实录》卷一〇二"嘉靖八年六月戊寅"
	太原、榆次、寿阳、祁县、汾阳、长治、黎城、潞城、屯留、洪洞、临汾、曲沃、河津、垣曲、荣河	六月,太原、榆次、寿阳、祁县、汾阳、长治、黎城、潞城、屯留、洪洞、临汾、曲沃、河津、垣曲、荣河螟蝗,食稼。	九年正月,振山西灾。(光绪《山西通志》卷八十六《大事记四》)	雍正《山西通志》卷一百六十三《祥异二》
	太原府	春二月二十三日,太原日三珥。六月,太原、榆次、祁县蝗食稼。		乾隆《太原府志》卷四十九《祥异》
	太原县	二月二十三日,日三珥。七月,飞蝗翳日。		道光《太原县志》卷之十五《祥异》
	潞安府	夏,蝗自河南来,食稼。		顺治《潞安府志》卷十五《纪事三·灾祥》 乾隆《潞安府志》卷十一《纪事》

续　表

纪年	灾区	灾象	应对措施	资料出处
明嘉靖八年(1529)	长治	夏,飞蝗自河南入境。		光绪《长治县志》卷之八《记一·大事记》
	黎城	嘉靖八年,蝗自东北来,飞蔽天日。是年大饥,死者无虚日。		康熙《黎城县志》卷之二《纪事》
	潞城	六月,飞蝗入境三日去。七月复至,蝻大生,岁饥。		光绪《潞城县志》卷三《大事记》
	盂县	七月,飞蝗翳日。		光绪《盂县志·天文考》卷五《祥瑞、灾异》
	榆次	六月,蝗食稼。		同治《榆次县志》卷之十六《祥异》
	寿阳、河津	夏六月,蝗螟,岁饥。		光绪《寿阳县志》卷十三《杂志·异祥第六》 光绪《河津县志》卷之十《祥异》
	祁县、汾州	六月,蚁、蝗食稼。		光绪《增修祁县志》卷十六《祥异》 乾隆《汾州府志》卷之二十五《事考》
	汾阳	六月,螟蝗食稼。		光绪《汾阳县志》卷十《事考》
	临汾	六月,蝗。蔽天匝地,食田将尽,自相食。民大饥。		民国《临汾县志》卷六《杂记类·祥异》
	曲沃	夏六月,蝗,大饥。		光绪《续修曲沃县志》卷之三十二《祥异》
	垣曲	秋,螟蝗食稼尽,蝗自相食。	县丞张廷相奏闻,发帑金六千两,粟千石,赈之。	光绪《垣曲县志》卷之十四《杂志》

续 表

纪年	灾区	灾象	应对措施	资料出处
明嘉靖十年(1531)	长子	秋七月,长子蝗。		雍正《山西通志》卷一百六十三《祥异二》 光绪《山西通志》卷八十六《大事记四》 康熙《长子县志》卷之一《灾祥》
明嘉靖十三年(1534)	岳阳	禾稼枯槁,老幼道死者甚众。		民国《新修岳阳县志》卷一十四《祥异志·灾祥》
明嘉靖十四年(1535)	寿阳	大蝗。		雍正《山西通志》卷一百六十三《祥异二》 光绪《山西通志》卷八十六《大事记四》
	清源	秋,飞蝗蔽日,未几,尽投汾水死,百谷用登。		光绪《清源乡志》卷十六《祥异》
	寿阳	大蝗,禾稼殆尽。		光绪《寿阳县志》卷十三《杂志·异祥第六》
明嘉靖十五年(1536)	大同		六月己卯,以旱蝗免山西大同等府税粮有差。	《明世宗实录》卷一八九"嘉靖十五年六月己卯"
			闰十二月戊午,以旱蝗免山西大同等卫所屯粮有差。	《明世宗实录》卷九五"嘉靖十五年闰十二月戊午"
		秋七月,大同蝗,群飞蔽天,食禾殆尽,边境从无蝗,见者大骇。		雍正《朔平府志》卷之十一《外志·祥异》
	大同、阳高、灵丘、广灵	七月,大同、阳高、灵丘、广灵蝗飞蔽天,伤稼。文水蝗,不为灾。		雍正《山西通志》卷一百六十三《祥异二》 光绪《山西通志》卷八十六《大事记四》

续　表

纪年	灾区	灾象	应对措施	资料出处
明嘉靖十五年（1536）	文水	七月，文水蝗，不为灾。榆次大稔。		乾隆《太原府志》卷四十九《祥异》
	大同、阳和、灵丘、广灵	七月，大同、阳和、灵丘、广灵蝗飞蔽空，伤稼。		乾隆《大同府志》卷之二十五《祥异》
	阳高	七月，蝗自境外至，群飞蔽天，食稼殆尽，边土旧无蝗，见者大骇。		雍正《阳高县志》卷之五《祥异》
	广灵	七月，飞蝗蔽天，食稼殆尽。		乾隆《广灵县志》卷一《方域·星野·灾祥附》
	祁县	夏，蝗。		光绪《增修祁县志》卷十六《祥异》
明嘉靖十六年（1537）	太谷、岢岚、保德、临汾、泽州	蝗。		雍正《山西通志》卷一百六十三《祥异二》 光绪《山西通志》卷八十六《大事记四》
	太原府	春正月，大水，祁县地震，太谷、岢岚蝗。		乾隆《太原府志》卷四十九《祥异》
	泽州、岢岚	蝗。		雍正《泽州府志》卷之五十《祥异》 光绪《岢岚州志》卷之十《风土志·祥异》
	保德州	飞蝗蔽天，禾伤，民饥甚。		乾隆《保德州志》卷之三《风土·祥异》
	太谷	丁酉，蝗。（群飞蔽空）		民国《太谷县志》卷一《年纪》
	临汾	夏五月，临汾蝗。		雍正《平阳府志》卷之三十四《祥异》
	临汾	蝗。		民国《临汾县志》卷六《杂记类·祥异》

续　表

纪年	灾区	灾象	应对措施	资料出处
明嘉靖十九年(1540)	大同	十月辛酉,以旱蝗免山东济南等府、德州等州、历城等县、涿鹿等卫、并宣府、大同二镇各民屯军粮有差。	十月辛酉,以旱蝗免山东济南等府、德州等州、历城等县、涿鹿等卫、并宣府、大同二镇各民屯军粮有差。	《明世宗实录》卷二四二"嘉靖十九年十月辛酉"
	灵石	蝗。		雍正《山西通志》卷一百六十三《祥异二》 光绪《山西通志》卷八十六《大事记四》 雍正《平阳府志》卷之三十四《祥异》
明嘉靖二十四年(1545)	太原府	蚜蚄生。	诏免租。(光绪《山西通志》卷八十六《大事记四》)	雍正《山西通志》卷一百六十三《祥异二》 光绪《山西通志》卷八十六《大事记四》
		四月,太原府属蚜蚄生。秋八月,陨霜损稼。交城旱。十一月,太原木冰,榆次冬无雪。	诏免租。	乾隆《太原府志》卷四十九《祥异》
	榆次	夏,蚜蚄生。		同治《榆次县志》卷之十六《祥异》
明嘉靖三十八年(1559)	左卫	左卫自春至夏不雨,蚜蚄生,得雨乃死。自是雨百余日,垣屋俱坏。八月复雨雹,平地三尺禾稼尽伤。		雍正《朔平府志》卷之十一《外志·祥异》
	左云	自春至夏不雨,蚜蚄生。	得雨乃死。	光绪《左云县志》卷一《祥异》

续 表

纪年	灾区	灾象	应对措施	资料出处
明嘉靖三十九年(1560)	定襄	八月四日,定襄星陨如雨,诘朝飞蝗,害稼。		雍正《山西通志》卷一百六十三《祥异二》
		春夏旱。八月初四夜,星辰散落如雨,诘朝蝗从东方飞来,遮翳天日,食尽禾稼,人多窖蝗充食。		康熙《定襄县志》卷之七《灾祥志·灾异》
	平定	大旱,蝗。		光绪《平定州志》卷之五《祥异》
	乐平	七月,大旱,蝗至。		民国《昔阳县志》卷一《舆地志·祥异》
	寿阳	大旱。(按州志三十九年,大旱,蝗。四十年五月方雨,民饥,人相食。注云:州志及各县略同)		光绪《寿阳县志》卷十三《杂志·异祥第六》
明嘉靖四十五年(1566)	祁县	蝗。		雍正《山西通志》卷一百六十三《祥异二》
		蝗。太原晋祠山移,既而市楼火。		乾隆《太原府志》卷四十九《祥异》
		夏,蝗,秋霜伤稼。		光绪《增修祁县志》卷十六《祥异》
	岳阳	蝗虫食穀,岁饥。		民国《新修岳阳县志》卷一十四《祥异志·灾祥》
	左云	七月,天雨蝇而四翅,偏于城市,人皆不识。		光绪《左云县志》卷一《祥异》
明隆庆二年(1568)	翼城、赵城、浮山	蝗。		雍正《山西通志》卷一百六十三《祥异二》 光绪《山西通志》卷八十六《大事记四》 民国《翼城县志》卷十四《祥异》 雍正《平阳府志》卷之三十四《祥异》 民国《浮山县志》卷三十七《灾祥》

续　表

纪年	灾区	灾象	应对措施	资料出处
明隆庆五年（1571）	阳城	八月，有螟。		同治《阳城县志》卷之一八《灾祥》
明隆庆六年（1572）	文水	秋，文水蝨。		雍正《山西通志》卷一百六十三《祥异二》 光绪《山西通志》卷八十六《大事记四》 光绪《文水县志》卷之一《天文志·祥异》
	太原府	五月，祁县风霾，昼晦如夜，地震有声。六月朔，日食雨雹，大风拔木。十六日酉时，太原见西北天裂，须臾而合；越三日天鼓鸣，又七日，日三环，有妖，数惊人，数月而止。秋，文水蝨。		乾隆《太原府志》卷四十九《祥异》
明万历五年（1577）	阳城	八月，阳城螟。		雍正《山西通志》卷一百六十三《祥异二》 雍正《泽州府志》卷之五十《祥异》
		螟。		光绪《山西通志》卷八十六《大事记四》 雍正《泽州府志》卷之五十《祥异》
明万历六年（1578）	保德、交城、文水	蚜蚄害稼。		雍正《山西通志》卷一百六十三《祥异二》 光绪《山西通志》卷八十六《大事记四》
	保德州	夏，蚜蚄害稼，民饥。		乾隆《保德州志》卷之三《风土·祥异》
明万历七年（1579）	稷山	蝗。		同治《稷山县志》卷之七《古迹·祥异》

续 表

纪年	灾区	灾象	应对措施	资料出处
明万历八年(1580)	阳城	螟伤禾。		雍正《山西通志》卷一百六十三《祥异二》
		秋九月,阳城螟伤禾豆。(省志)		雍正《泽州府志》卷之五十《祥异》
		八年,螟伤禾及菽。		乾隆《阳城县志》卷之四《兵祥》
		九月,螟伤禾及菽。		同治《阳城县志》卷之一八《灾祥》
明万历十一年(1583)	霍州	蝗。		雍正《山西通志》卷一百六十三《祥异二》 光绪《山西通志》卷八十六《大事记四》 雍正《平阳府志》卷之三十四《祥异》
		蝗食禾如扫。		道光《直隶霍州志》卷十六《禨祥》
明万历十三年(1585)	榆次	蝗,食禾有声。交城、徐沟、兴、崞、辽州大饥。		雍正《山西通志》卷一百六十三《祥异二》
		蝗。		光绪《山西通志》卷八十六《大事记四》
		多蝗。		同治《榆次县志》卷之十六《祥异》
	榆次	秋七月,榆次蝗;交城、徐沟、兴县大饥。		乾隆《太原府志》卷四十九《祥异》
	保德州	端阳日卯时,微有白云,忽飞蛾,满空纷纷如雨,大如指,其色苍,至巳乃止。城中乡外皆赛鸡祭饭三日。其夕,雷雨大作,明起视蛾尽死,果修禳之说与輿。		乾隆《保德州志》卷之三《风土·祥异》

续 表

纪年	灾区	灾象	应对措施	资料出处
明万历十五年(1587)	临晋、猗氏	临晋、猗氏蝗。		雍正《山西通志》卷一百六十三《祥异二》 光绪《山西通志》卷八十六《大事记四》 乾隆《蒲州府志》卷之二十三《事纪·五行祥沴》
	临晋	蝗,大饥。至有弃婴儿于野者。	朝廷赈之。	民国《临晋县志》卷十四《旧闻记》
	猗氏	蝗,大饥。死者骈首相望,赖知县陈经济停征,大家幸有存者。		雍正《猗氏县志》卷六《祥异》
明万历十六年(1588)	绛县	秋七月,绛县蝗。		雍正《山西通志》卷一百六十三《祥异二》 光绪《山西通志》卷八十六《大事记四》
		秋,绛县蝗,八月大雪,嘉禾一茎三四穗。(同上即旧志)		光绪《绛县志》卷六《纪事·大事表门》
明万历十七年(1589)	安邑	蝗。		雍正《山西通志》卷一百六十三《祥异二》
明万历十八年(1590)	解州、安邑	蝗。		雍正《山西通志》卷一百六十三《祥异二》
明万历十九年(1591)	安邑	小蛤蟆盈野,行者无可驻足。		雍正《山西通志》卷一百六十三《祥异二》
明万历二十六年(1598)	榆次	蚜蚄食苗。		雍正《山西通志》卷一百六十三《祥异二》 光绪《山西通志》卷八十六《大事记四》
		夏,蚜蚄食禾几尽。		同治《榆次县志》卷之十六《祥异》

续 表

纪年	灾区	灾象	应对措施	资料出处
明万历二十六年(1598)	榆次	夏四月,榆次蚜蚄食苗。		乾隆《太原府志》卷四十九《祥异》
	长子	秋螟大饥。		康熙《长子县志》卷之一《灾祥》
明万历四十一年(1613)	蒲县	夏六月,旱,蝗。(食苗至尽)		光绪《蒲县续志》卷之九《祥异志》
明万历四十三年(1615)	翼城、武乡、沁州	翼城、武乡、沁州蝗。		雍正《山西通志》卷一百六十三《祥异二》 光绪《山西通志》卷八十六《大事记四》
	武乡	四月,武乡蝗。(从东南来,飞蔽天日,禾稼大损)		乾隆《沁州志》卷九《灾异》
	闻喜	四月,蝗。		乾隆《武乡县志》卷之二《灾祥》
	翼城	春,蝗。		雍正《平阳府志》卷之三十四《祥异》
	翼城、浮山	蝗蝻害稼。		民国《翼城县志》卷十四《祥异》 民国《浮山县志》卷三十七《灾祥》
	蒲州、万泉	四月,大旱、蝗。		乾隆《蒲州府志》卷之二十三《事纪·五行祥沴》 民国《万泉县志》卷终《杂记附·祥异》
	荣河	大旱,蝗。		光绪《荣河县志》卷十四《记三·祥异》
明万历四十四年(1616)	平阳府、蒲县、解县	六月丁巳,山西平阳府蝗。蒲、解方甚。		《明神宗实录》卷五四六"万历四十四年六月丁巳"

续 表

纪年	灾区	灾象	应对措施	资料出处
明万历四十四年(1616)	文水、长治、潞城、临汾、安邑、闻喜、稷山、临晋、猗氏、万泉、芮城、垣曲、蒲县、解县、绛县	夏四月文水、长治、潞城、临汾、安邑、闻喜、稷山、临晋、猗氏、万泉、芮城、垣曲、蒲县、解、绛诸州县飞蝗蔽天,食禾立尽。		雍正《山西通志》卷一百六十三《祥异二》
	文水、长治、潞城、临汾、蒲县、解县、绛县	文水、长治、潞城、临汾、蒲、解、绛十五州县飞蝗蔽天。		光绪《山西通志》卷八十六《大事记四》
	文水	夏四月,文水飞蝗蔽天,食禾立尽。		乾隆《太原府志》卷四十九《祥异》
	潞安府、绛州、河津	蝗。		顺治《潞安府志》卷十五《纪事三·灾祥》 乾隆《潞安府志》卷十一《纪事》 光绪《长治县志》卷之八《记一·大事记》 民国《新绛县志》卷十《旧闻考·灾祥》 光绪《河津县志》卷之十《祥异》
	文水	丙辰,蝗虫遍野,伤木。		光绪《文水县志》卷之一《天文志·祥异》
	临汾	四月,临汾飞蝗蔽天,食禾立尽。		雍正《平阳府志》卷之三十四《祥异》
	临汾	夏六月,旱蝗。春夏不雨,飞蝗蔽天,蝻孽复生,禾稼立尽。		民国《临汾县志》卷六《杂记类·祥异》
	解州、解县	飞蝗蔽天,食禾立尽。七月,蝻生,寸草不遗。		光绪《解州志》卷之十一《祥异》 民国《解县志》卷之十三《旧闻考》

续 表

纪年	灾区	灾象	应对措施	资料出处
明万历四十四年（1616）	安邑、绛县	飞蝗蔽天，复生蝝，禾稼立尽。		乾隆《解州安邑县志》卷之十一《祥异》 光绪《绛县志》卷六《纪事·大事表门》
	闻喜	六月，飞蝗蔽天，自东来数日不绝，食禾殆尽，瓹底村外望如波涛，照见人物、草木、鸟兽、楼台之影。		民国《闻喜县志》卷二十四《旧闻》
	垣曲	飞蝗蔽日，食苗立尽。	邑令梁纲谕民捕之，纳仓易粟。	光绪《垣曲县志》卷之十四《杂志》
	稷山	飞蝗蔽天，食禾立尽。		同治《稷山县志》卷之七《古迹·祥异》
	芮城	夏，飞蝗蔽天，秋复生蝻，食禾稼立尽，数年为害不已。		民国《芮城县志》卷十四《祥异考》
	永济	春夏大旱，飞蝗蔽日，禾稼一空，官以斗粟易斗蝗，尤不能尽，至秋复生，蝻蝝遍野，人不能捕，多于垄首掘坑驱瘗之。		光绪《永济县志》卷二十三《事纪·祥沴》
	临晋	春夏大旱，蝗。		民国《临晋县志》卷十四《旧闻记》
	猗氏	六月，飞蝗蔽天。（自东来，数日不绝，食禾殆尽）		雍正《猗氏县志》卷六《祥异》
	万泉	四十四、四十五两年蝗蝻为灾，秋无禾。		民国《万泉县志》卷终《杂记附·祥异》
明万历四十五年（1617）	蒲、解、绛、隰、沁州、岳阳、万泉、稷山、闻喜、安邑、阳城、长子、沁源	蒲、解、绛、隰、沁州、岳阳、万泉、稷山、闻喜、安邑、阳城、长子复旱，飞蝗头翅尽赤，翳日蔽天。沁源蝗。		雍正《山西通志》卷一百六十三《祥异二》

续　表

纪年	灾区	灾象	应对措施	资料出处
明万历四十五年（1617）	平陆、蒲州、曲沃、绛州	蝗。		光绪《山西通志》卷八十六《大事记四》 民国《新绛县志》卷十《旧闻考·灾祥》
	长子	七月，蝗食西乡一带谷田。		康熙《长子县志》卷之一《灾祥》
	沁源	七月，沁源蝗。（初七日从东南来，头翅尽赤，蔽天翳日）	知县杜汝悫祷于八腊庙，旋有群鸦食蝗殆尽，禾稼不至大损。	乾隆《沁州志》卷九《灾异》 雍正《沁源县志》卷之九《别录·灾祥》 民国《沁源县志》卷六《大事考》
	阳城	夏，阳城旱蝗，蝗头翅尽赤，翳日蔽天。六月始雨。		雍正《泽州府志》卷之五十《祥异》
		夏，飞蝗蔽天。六月终始雨。		乾隆《阳城县志》卷之四《兵祥》 同治《阳城县志》卷之一八《灾祥》
	岳阳	夏五月，岳阳旱，飞蝗头翅尽赤，翌日蔽天。		雍正《平阳府志》卷之三十四《祥异》
		蝗虫食谷，岁饥。		民国《安泽县志》卷十四《祥异志·灾祥》
	隰州	秋，大蝗蝻。		康熙《隰州志》卷之二十一《祥异》
	安邑	蝗蝝仍为害。		乾隆《解州安邑县志》卷之十一《祥异》
	闻喜	六月，飞蝗蔽天，时久旱苗出寸余，食立尽。		民国《闻喜县志》卷二十四《旧闻》
	垣曲	春，蝻生，食麦苗。		光绪《垣曲县志》卷之十四《杂志》

续 表

纪年	灾区	灾象	应对措施	资料出处
明万历四十五年（1617）	平陆	夏六月，飞蝗蔽日。		乾隆《解州平陆县志》卷之十一《祥异》
明万历四十六年（1618）	平陆、蒲州、曲沃、荣河	蝗。		雍正《山西通志》卷一百六十三《祥异二》 光绪《荣河县志》卷十四《记三·祥异》
	曲沃	夏四月，曲沃蝗。		雍正《平阳府志》卷之三十四《祥异》
明万历四十八年（1620）	曲沃	夏六月，飞蝗蔽天。		光绪《续修曲沃县志》卷之三十二《祥异》
	夏县	蝗蝻大作，岁荒。		光绪《夏县志》卷五《灾祥志》
	蒲州	蝗。		乾隆《蒲州府志》卷之二十三《事纪·五行祥沴》
	永济	六月，蝗。		光绪《永济县志》卷二十三《事纪·祥沴》
明崇祯三年（1630）	榆社	六月，榆社蝗。		光绪《山西通志》卷八十六《大事记四》
明崇祯四年（1631）	静乐、岢岚、河曲、潞安、介休、临晋、陵川、太平、临汾、灵石、汾西、临晋、猗氏、大同、武乡、太谷、定襄、祁县、五台、辽州、朔州、吉县、隰州	静乐、岢岚、河曲、潞安、介休、临晋、陵川、太平、临汾、灵石、汾西临晋、猗氏、大同、武乡、太谷、定襄、祁县、五台、辽、朔、吉、隰州蝗。……交城、徐沟、潞城蝗不食稼。	赈济有差，仍奏免五台钱粮。	雍正《山西通志》卷一百六十三《祥异二》 光绪《山西通志》卷八十六《大事记四》
	榆社	夏六月，大蝗。		光绪《榆社县志》卷之十《拾遗志·灾祥》

续 表

纪年	灾区	灾象	应对措施	资料出处
明崇祯五年(1632)	盂县、永和、蒲县、大同、朔州	螟。		光绪《山西通志》卷八十六《大事记四》
	交城	九月丙子秋,蝗食禾。		光绪《交城县志》卷一《天文门·祥异》
明崇祯八年(1635)	稷山、垣曲	蝗。		雍正《山西通志》卷一百六十三《祥异二》 光绪《山西通志》卷八十六《大事记四》
	辽州	七月,蝗。		雍正《辽州志》卷之五《祥异》
	垣曲	五月,蝗食禾尽,继生蝻,野无青草。		光绪《垣曲县志》卷之十四《杂志》
	稷山	飞蝗弥漫四野,秋禾一过如扫。		同治《稷山县志》卷之七《古迹·祥异》
	荣河	八、九年蝗蝻食禾尤甚。		光绪《荣河县志》卷十四《记三·祥异》
明崇祯九年(1636)	荣河、交城、长治、潞城、襄垣、长子、稷山	安邑旱,荣河、交城、长治、潞城、襄垣、长子蝗蝻,伤稼。稷山蝻害甚于蝗。		雍正《山西通志》卷一百六十三《祥异二》 光绪《山西通志》卷八十六《大事记四》
	阳曲、交城	春三月,阳曲有鹭鸾巢于城树。交城,蝗。		乾隆《太原府志》卷四十九《祥异》
	潞安府	七月,蝗食禾,生蝻。秋,桃李复华。		顺治《潞安府志》卷十五《纪事三·灾祥》
		(丙子)七月,蝗食禾,生蝻。秋,桃李复华。		乾隆《潞安府志》卷十一《纪事》
	长治	七月,蝗食禾,生蝻。		光绪《长治县志》卷之八《记一·大事记》
	屯留	七月,蝗食禾,大饥。		光绪《屯留县志》卷一《祥异》

续　表

纪年	灾区	灾象	应对措施	资料出处
明崇祯九年（1636）	襄垣	七月，蝗食禾，秋桃李复华。		乾隆《重修襄垣县志》卷之八《祥异志·祥瑞》 民国《襄垣县志》卷之八《旧闻考·祥异》
	长子	秋螟食禾，岁饥。		康熙《长子县志》卷之一《灾祥》
	潞城	蝗食禾，生蝻。		光绪《潞城县志》卷三《大事记》
	稷山	蝻害甚于蝗。		同治《稷山县志》卷之七《古迹·祥异》
	荣河、临晋	荣河蝗，明年，复蝗，临晋如之。		乾隆《蒲州府志》卷之二十三《事纪·五行祥沴》
明崇祯十年（1637）	荣河、绛县	荣河蝗……绛县螣。		雍正《山西通志》卷一百六十三《祥异二》
		蝗。		光绪《山西通志》卷八十六《大事记四》
	绛县	秋，绛县螣。（同上即通志）		光绪《绛县志》卷六《纪事·大事表门》
明崇祯十一年（1638）	襄陵、太平、临晋、蒲、解、绛州、安邑、沁水	六月，襄陵、太平、临晋、蒲、解、绛州、安邑、沁水蝗。		雍正《山西通志》卷一百六十三《祥异二》 光绪《山西通志》卷八十六《大事记四》
	沁水、汾西、太平、绛州、永济	蝗。		雍正《泽州府志》卷之五十《祥异》 光绪《沁水县志》卷之十《祥异》 光绪《汾西县志》卷七《祥异》 光绪《太平县志》卷十四《杂记志·祥异》 《直隶绛州志》卷之二十《灾祥》

续 表

纪年	灾区	灾象	应对措施	资料出处
明崇祯十一年(1638)	沁水、汾西、太平、绛州、永济	蝗。		民国《新绛县志》卷十《旧闻考·灾祥》 光绪《永济县志》卷二十三《事纪·祥沴》
	襄陵	飞蝗蔽日,食禾殆尽。		民国《襄陵县新志》卷之二十三《旧闻考》
	解州、安邑	七月,蝗飞蔽天,伤禾立尽。		光绪《解州志》卷之十一《祥异》 民国《解县志》卷之十三《旧闻考》 乾隆《解州安邑县志》卷之十一《祥异》
	垣曲、临晋、猗氏	六月,蝗。		光绪《垣曲县志》卷之十四《杂志》 民国《临晋县志》卷十四《旧闻记》 雍正《猗氏县志》卷六《祥异》
明崇祯十二年(1639)	山西	六月,畿内、山东、河南、山西旱蝗。		《明史》卷二十四《庄烈帝纪二》
		六月,旱,蝗。		光绪《山西通志》卷八十六《大事记四》
	孝义、介休、清源、太平、闻喜、安邑、垣曲、翼城、绛、霍、蒲	秋,孝义、介休、清源、太平、闻喜、安邑、垣曲、翼城、绛、霍、蒲蝗食禾如扫。		雍正《山西通志》卷一百六十三《祥异》 光绪《山西通志》卷八十六《大事记四》
	清源、孝义、大宁、太平、绛州、永济	蝗灾。		光绪《清源乡志》卷十六《祥异》 乾隆《孝义县志·胜迹·祥异》 光绪《大宁县志》卷之七《灾祥集》 光绪《太平县志》卷十四《杂记志·祥异》

续 表

纪年	灾区	灾象	应对措施	资料出处
明崇祯十二年(1639)	清源、孝义、大宁、太平、绛州、永济	蝗灾。		民国《新绛县志》卷十《旧闻考·灾祥》 光绪《直隶绛州志》卷之二十《灾祥》 光绪《永济县志》卷二十三《事纪·祥沴》
	沁水	夏,沁水旱蝗,冬蝝生累累然,蔓延附地如鳞,米贵,民大困。		雍正《泽州府志》卷之五十《祥异》 光绪《沁水县志》卷之十《祥异》
	乐平	六月,旱、蝗。		光绪《平定州志》卷之五《祥异·乐平乡》 民国《昔阳县志》卷一《舆地志·祥异》
	介休	蝗,食禾如扫。		嘉庆《介休县志》卷一《兵祥·祥灾附》
	孝义、介休	秋,蝗食,禾如扫。		乾隆《汾州府志》卷之二十五《事考》
	平阳府	太平、翼城、霍州蝗,食禾如扫。		雍正《平阳府志》卷之三十四《祥异》
	翼城	蝗害稼。		民国《翼城县志》卷十四《祥异》
	霍州	霍州蝗。		道光《直隶霍州志》卷十六《禨祥》
	浮山	蝗蝻食禾。		民国《浮山县志》卷三十七《灾祥》
	解州	蝗蝻大伤禾。		光绪《解州志》卷之十一《祥异》 民国《解县志》卷之十三《旧闻考》
	安邑	六月,蝗蝻大伤禾稼。		乾隆《解州安邑县志》卷之十一《祥异》
	绛县	绛县蝗,食禾如归。(同上即通志)		光绪《绛县志》卷六《纪事·大事表门》

续 表

纪年	灾区	灾象	应对措施	资料出处
明崇祯十二年(1639)	闻喜	七月,蝗。		民国《闻喜县志》卷二十四《旧闻》
	垣曲	六月,蝗蝻生,食禾如扫。		光绪《垣曲县志》卷之十四《杂志》
明崇祯十三年(1640)	山西	五月,两畿、山东、河南、山西、陕西大旱蝗。		《明史》卷二十八《五行一》
	太谷	蝗。		雍正《山西通志》卷一百六十三《祥异二》 光绪《山西通志》卷八十六《大事记四》
		庚辰,蝗。(群飞蔽空,食禾几尽)		民国《太谷县志》卷一《年纪》
		阳曲有训狐(恶鸟名)巢于鼓楼西角,榆次旱,秋七月,太谷蝗,是年省郡大饿,斗米千钱,人相食。		乾隆《太原府志》卷四十九《祥异》
	平定	旱、蝗。		光绪《平定州志》卷之五《祥异》
	霍州	霍州蝻。		道光《直隶霍州志》卷十六《禨祥》
	夏县	连遭大旱,蝗蝻食苗,岁大饥馑,斗麦值钱二两,人相食。		光绪《夏县志》卷五《灾祥志》
明崇祯十四年(1641)	榆次	二月,阳曲、文水大饥;六月,榆次蝗。		乾隆《太原府志》卷四十九《祥异》
		六月,飞蝗蔽日,食禾至尽,民大饥,相食。		同治《榆次县志》卷之十六《祥异》

续　表

纪年	灾区	灾象	应对措施	资料出处
明崇祯十四年(1641)	芮城	十四年辛巳，连岁旱，蝗，大无禾，是春米麦每斗价一两五钱，人民父子相食、抛弃子女盈路，死亡载道，闾里皆墟。夏麦方秀即捣食，麦熟人饱食，多黄肿死。		民国《芮城县志》卷十四《祥异考》
明崇祯十五年(1642)	万泉	蝗。		雍正《山西通志》卷一百六十三《祥异二》 光绪《山西通志》卷八十六《大事记四》 民国《万泉县志》卷终《杂记附·祥异》
明崇祯十七年(1644)	介休	六月，雨雹，蝗啮稼。		嘉庆《介休县志》卷一《兵祥·祥灾附》

（一）　时间分布

明代是农作物病虫害最为严重的一个时期，“在虫灾次数上达到了前所未有的地步，在时间和地理分布上呈现出很强的规律性，其危害也是相当严重的。”[①]明代山西农作物病虫害的历史记录呈现整体上不断增长的态势，但明代前期的1368—1500年间处于低发状态，总计灾情仅为13次，年频次不到0.1；进入16世纪后，灾害呈现突发并持续上升趋势，计1501—1644年间，农作物病虫害的历史记录达到了66次，年频次则接近0.46。所以，明代山西农作物病虫害的峰值也出现于其最后的44年间。

①袁祖亮主编，邱云飞、孙良玉著：《中国灾害通史》（明代卷），郑州大学出版社，2009年，第91页。

从农作物病虫害发生的季节性而言，明代山西的农作物病虫害集中在六月、七月两个月份。造成这种情况的原因有二：一是明代山西农作物病虫害以蝗灾为主，蝗虫性喜高温，而六、七两月是山西一年中温度最高的月份；二是蝗灾的发生和旱灾之间存在着密切的关系，所谓久旱必蝗，而夏秋两季是山西旱灾的高发季节。

（二） 空间分布

表5-17 明代山西农作物病虫害空间分布表

今地	灾区（灾次）	灾区数
太原	太原府（7）清源（2）	2
长治	长治（3）襄垣（1）黎城（1）长子（4）沁州（2）沁源（1）武乡（1）潞城（2）屯留（1）	9
晋城	泽州府（5）高平（1）阳城（5）沁水（2）	4
阳泉	平定州（4）盂县（1）	2
大同	大同府（1）大同（1）阳高（1）广灵（1）左云（1）	5
忻州	定襄（1）保德州（2）河曲（1）岢岚（1）	4
晋中	榆次（5）乐平（3）辽州（1）榆社（1）太谷（2）寿阳（3）祁县（3）	7
吕梁	交城（1）文水（2）汾阳（1）孝义（1）	4
临汾	平阳府（3）临汾（4）汾西（1）岳阳（2）翼城（4）曲沃（3）隰州（1）大宁（1）蒲县（1）霍州（3）浮山（3）太平（2）襄陵（1）	13
运城	解县（3）安邑（4）绛州（2）闻喜（4）垣曲（7）绛县（8）河津（2）稷山（5）芮城（2）夏县（2）平陆（2）永济（4）万泉（3）荣河（5）临晋（4）猗氏（3）	16

明代晋南、太原和晋东南都是农作物病虫害重灾区，究其原因，一方面，蝗虫一般分布于荒坡、草滩等处，所以，靠近黄河滩的河津、万泉、荣河、临猗、永济等地，中部汾河两岸的太原、榆次、介休、汾阳等地，晋东南的山坡地均易产生蝗虫；另一方面，发生在山西的农作物病虫害以蝗灾为主，蝗虫性喜暖，晋南和晋东南纬度相对低，气温高，更适宜蝗虫生存和繁殖，所以灾情相对严重。

八　疫灾

瘟疫是明代山西所有自然灾害中发生概率较小的自然灾害，共70次，年频次为0.25。但是瘟疫的发生有别于其它自然灾害，瘟疫灾害一旦传播并形成危害，轻则危及人的生命，重则导致政权灭亡。其造成的社会影响和带来的社会危害是其它自然灾害无法比拟的。

表5－18 明代山西疫灾年表

纪年	灾区	灾象	应对措施	资料出处
明正统六年（1441）	徐沟	太原、洪洞、临汾、太平、曲沃、解州、和顺岁祲，徐沟黑眚。	民间夜击铜器以捍之。	雍正《山西通志》卷一百六十三《祥异二》 光绪《山西通志》卷八十六《大事记四》 光绪《补修徐沟县志》卷五《祥异》
	解州	明正统六年大饥，黑眚见，民间夜击铜器以捍之。	民间夜击铜器以捍之。	光绪《解州志》卷之十一《祥异》 民国《解县志》卷之十三《旧闻考》
明成化十二年（1476）	平阳、翼城、洪洞	黑眚见。		雍正《山西通志》卷一百六十三《祥异二》 雍正《平阳府志》卷之三十四《祥异》 民国《翼城县志》卷十四《祥异》 民国《洪洞县志》卷十八《杂记志·祥异》 民国《浮山县志》卷三十七《灾祥》
	左云	七月，黑眚见，其物黑小金睛，修尾体状，类犬，行疾如风，多自牖入，遇者昏迷被害。夜张灯持刀防之。	夜张灯持刀防之。	光绪《左云县志》卷一《祥异》
明成化十八年（1482）	山西	山西连年荒歉，疫病流行，死亡无数。		《明宪宗实录》卷二二五"成化十八年三月丁丑"

续 表

纪年	灾区	灾象	应对措施	资料出处
明成化二十年(1484)	长子、潞州、宁乡、泽州、高平、阳城	长子、宁乡、泽州、高平、阳城饥疫。	遣使赈恤,免通省田租之半。	雍正《山西通志》卷一百六十三《祥异二》 光绪《山西通志》卷八十六《大事记四》
	潞州	十九年、二十年,潞州饥,人相食,饿莩盈野,瘟疫大作。	钦差刑部左侍郎何乔新赈给。	《潞州志》卷第三《灾祥志》
	泽州、高平、阳城	大饥,民多疫死,生者至相食。		雍正《泽州府志》卷之五十《祥异》 乾隆《高平县志》卷之十六《祥异》
明成化二十三年(1487)	潞城	十九年大饥。二十二年旱,禾尽槁。明年复饥,疫大作,官赈济。	官赈济。	光绪《潞城县志》一九六五
	潞安府	岁荐饥,瘟疫大作,饿殍盈野。		顺治《潞安府志》卷十五《纪事三・灾祥》 乾隆《潞安府志》 光绪《长治县志》卷之八《记一・大事记》
明弘治十七年(1504)	荣河、闻喜	疫。		《古今图书集成・庶徵典・历象汇编》卷一一四 雍正《山西通志》卷一百六十三《祥异二》 民国《闻喜县志》卷二十四《旧闻》
明弘治十八年(1505)	闻喜、荣河	疫。		雍正《山西通志》卷一百六十三《祥异二》 民国《闻喜县志》卷二十四《旧闻》 光绪《荣河县志》卷十四《记三・祥异》
明正德二年(1507)	左云	黑眚见。		光绪《左云县志》卷一《祥异》

续 表

纪年	灾区	灾象	应对措施	资料出处
明正德五年(1510)	盂县、汾州	夏四月,榆次五色云见。盂县及汾州黑眚。		雍正《山西通志》卷一百六十三《祥异二》
	盂县	正德五年,黑眚。		光绪《盂县志·天文考》卷五《祥瑞、灾异》
	汾州、汾阳	夏四月,黑眚。		乾隆《汾州府志》卷之二十五《事考》 光绪《汾阳县志》卷十《事考》
明正德六年(1511)	太原、交城、盂县、汾阳	黑眚,居民咸鸣钲鼓、燃灯达旦,弥月乃止。	居民咸鸣钲鼓、燃灯达旦,弥月乃止。	雍正《山西通志》卷一百六十三《祥异二》
	太原	时太原诸属有黑眚见,乘暗伤人,民间夜燃火,击金鼓以御。两月,化白云,蔽日西去。	民间夜燃火,击金鼓以御。	《晋乘蒐略》卷之二十九
		六年六月,民间有黑眚,妖形如飞鸢,又或如驴如狗,黑气蒙之。民间恐怖,夜击铜铁以捍之,通宵不寐,经十余日乃息。	夜击铜铁以捍之。	道光《太原县志》卷之十五《祥异》
	太原、交城、盂县	六年,黑眚,居民咸鸣钲鼓,燃灯达旦,弥月乃止。	居民咸鸣钲鼓,燃灯达旦,弥月乃止。	乾隆《太原府志》卷四十九《祥异》 光绪《盂县志·天文考》卷五《祥瑞、灾异》
	汾州、汾阳	黑眚。	居民咸鸣钲鼓燃灯达旦,弥月乃止。	乾隆《汾州府志》卷之二十五《事考》 光绪《汾阳县志》卷十《事考》
明正德七年(1512)	太原、长治、潞城、屯留、霍州、曲沃	六月,长治、潞城、屯留、霍州、曲沃黑眚,乘暗伤人,形如犬,民间夜燃火,击金鼓以御,两月化白气,蔽日西去。	击金鼓以御。	雍正《山西通志》卷一百六十三《祥异二》 光绪《山西通志》卷八十六《大事记四》

续　表

纪年	灾区	灾象	应对措施	资料出处
明正德七年(1512)	潞州	六月,有黑眚乘夜着入,即肤拆血出,太原、交城、盂县或出黄水,皆爪痕入二三分,经月始愈,不受药饵。日暮比屋燃灯,响爆、鸣金鼓以震闻之。凡两月,化为白气,蔽日而去。	日暮比屋燃灯,响爆、鸣金鼓以震闻之。	顺治《潞安府志》卷十五《纪事三·灾祥》 乾隆《潞安府志》卷十一《纪事》
	忻州、文水、太谷、交城、寿阳、祁县	黑眚,亦时见,旬余息。		雍正《山西通志》卷一百六十三《祥异二》
	太原	七年六月,太原黑眚见,五昼夜始灭。		乾隆《太原府志》卷四十九《祥异》
	清源	正德七、八年,黑眚屡见。		光绪《清源乡志》卷十六《祥异》
	屯留	六月丙,眚,其形黑,如人如兽,变態不常,索之,杳无形声,人多被害。夜则鸣锣鼓、然火御之。七月中乃息。	夜则鸣锣鼓、然火御之。	光绪《屯留县志》卷一《祥异》
	太原诸县	七年六月,黑眚乘暗伤人,形如犬。	民间夜然火、击金鼓以御,两月化白气,蔽日西去。	光绪《盂县志·天文考》卷五《祥瑞、灾异》
	忻州	正德七年,黑眚灾。		光绪《忻州志》卷三十九《灾祥》
	崞县	正德七年夏,眚灾。		乾隆《崞县志》卷五《祥异》 光绪《续修崞县志》卷八《志余·灾荒》

续 表

纪年	灾区	灾象	应对措施	资料出处
明正德七年（1512）	榆次	七年六月，黑眚见，居人怖恐。	每夕引刀击鼓以自防，旬余始止。	同治《榆次县志》卷之十六《祥异》
	寿阳	夏六月十二日夜，黑眚见，居民更相震怖，每夕惊扰，皆引刀剑、击鼓钲以自防，旬余始息。	皆引刀剑、击鼓钲以自防，旬余始息。	光绪《寿阳县志》卷十三《杂志·异祥第六》
	祁县	黑眚见，旬余始息。		光绪《增修祁县志》卷十六《祥异》
	文水	正德七年，黑眚时见，旬余始息。		光绪《文水县志》卷之一《天文志·祥异》
	霍州、曲沃	七年六月，黑眚暗伤人，形如犬。民闻，夜燃火、击金鼓以御。两月化白气，蔽日西去。	夜燃火、击金鼓以御。	雍正《平阳府志》卷之三十四《祥异》
	曲沃	旱，夏五月，黑眚见，其形如犬，夜则击伤人，不敢屋居，鸣锣鼓御之，至秋乃止。	鸣锣鼓御之。	光绪《续修曲沃县志》卷之三十二《祥异》
	霍州	黑眚乘暗伤人。		道光《直隶霍州志》卷十六《禨祥》
正德八年（1513）	太原、介休、孝义、高平、灵石	夏五月，太原、介休、孝义、高平、灵石黑眚见，五昼夜始灭。		雍正《山西通志》卷一百六十三《祥异二》
	太原、介休、孝义	八年，黑眚见，五昼夜始灭。		道光《太原县志》卷之十五《祥异》 乾隆《汾州府志》卷之二十五《事考》

续 表

纪年	灾区	灾象	应对措施	资料出处
正德八年(1513)	黎城	民间讹言有黑眚自东北来,号麻狐乘昏暗役瓜伤人。	民皆扃户填牖,或持竹器、鸣金革、秉灯火避其祟。弥月乃止。	康熙《黎城县志》卷之二《纪事》
	高平	黑眚为灾,夜则啸于梁或坐于榻,状似青衣,儿童见之辄惧死,凡五昼夜始灭。		雍正《泽州府志》卷之五十《祥异》
		夏五月,眚,旧志:黑眚为灾,夜入人家,或啸于梁,或坐于榻,如青衣,四境惊惶。儿童辄惧死。凡五昼夜乃灭。		乾隆《高平县志》卷之十六《祥异》
	灵石	五月,灵石黑眚见,五昼夜始灭。		道光《直隶霍州志》卷十六《禨祥》 雍正《平阳府志》卷之三十四《祥异》
	介休	黑眚见于境中,为状不一,伤人辄有血痕,居民咸鸣金鼓、明灯达旦,以警备之,弥月乃止。	居民咸鸣金鼓、明灯达旦,以警备之,弥月乃止。	嘉庆《介休县志》卷一《兵祥·祥灾附》
	孝义	有黑眚乘昏暗辄伤人,居民悉秉烛达旦,弥月乃已。	居民悉秉烛达旦,弥月乃已。	乾隆《孝义县志·胜迹·祥异》
	永济	武宗正德八年,有黑眚,境内大惧,金皷之声彻夜,禁御三月而息,竟未见其状。	金皷之声彻夜,禁御三月而息,竟未见其状。	光绪《永济县志》卷二十三《事纪·祥沴》
明正德十二年(1517)	泽州、阳城	黑眚。		雍正《山西通志》卷一百六十三《祥异二》 雍正《泽州府志》卷之五十《祥异》

续 表

纪年	灾区	灾象	应对措施	资料出处
明正德十二年(1517)	阳城	夏,眚。		乾隆《阳城县志》卷之四《兵祥》 同治《阳城县志》卷之一八《灾祥》
明嘉靖二年(1523)	洪洞	二年,黑眚现,汾西饥。		雍正《山西通志》卷一百六十三《祥异二》 雍正《平阳府志》卷之三十四《祥异》
	翼城、洪洞	黑眚夜见。人有被伤者辄流黄水,一月始息。		民国《翼城县志》卷十四《祥异》 民国《洪洞县志》卷十八《杂记志·祥异》
明嘉靖六年(1527)	代州	是年春,大疫。秋,南北山多虎豹,噬樵采者。冬十月十二日,流星陨,光烛地有声,坠而复起入斗口,至日出方灭。		光绪《代州志·记三》卷十二《大事记》
明嘉靖七年(1528)	代州	旱、疫。		光绪《山西通志》卷八十六《大事记四》
		山西代州大疫。		《古今图书集成·庶徵典·历象汇编》卷一一四
明嘉靖八年(1529)	盂县	七月,飞蝗翳日。九月,大疫。		光绪《盂县志·天文考》卷五《祥瑞、灾异》
明嘉靖九年(1530)	代州、盂县	疫。		雍正《山西通志》卷一百六十三《祥异二》 光绪《山西通志》卷八十六《大事记四》
	代州	春夏大疫。		光绪《代州志·记三》卷十二《大事记》
明嘉靖十一年(1532)	解州、平陆、襄陵、荣河、定襄	大祲,民饥。		光绪《山西通志》卷八十六《大事记四》

续 表

纪年	灾区	灾象	应对措施	资料出处
明嘉靖十一年(1532)	永济	十一年,旱,疫。		光绪《永济县志》卷二十三《事纪·祥沴》
明嘉靖十二年(1533)	太谷	十二年……冬十月……太谷桃李冬华,黑眚复见。		雍正《山西通志》卷一百六十三《祥异二》 乾隆《太原府志》卷四十九《祥异》
		桃李华,黑眚复见,大饥。		民国《太谷县志》卷一《年纪》
明嘉靖十六年(1537)	大同、阳高、广灵	春正月,大同、阳高、广灵、阳和黑眚。		雍正《山西通志》卷一百六十三《祥异二》 乾隆《大同府志》卷之二十五《祥异》
	阳高	十六年,云中黑眚见,远视瑰然,黑气不可仿佛,近人形若毡席,遇之者辄病死,不利于小儿,传言畏马,人多以马逐之。		雍正《阳高县志》卷之五《祥异》
	广灵	十六年六月,有黑眚如斗,百日乃止。		乾隆《广灵县志》卷一《方域·星野·灾祥附》
明嘉靖十七年(1538)	山西	五月黑眚,气蔽空如夜。		雍正《山西通志》卷一百六十三《祥异二》
明嘉靖二十二年(1543)	榆次	夏,榆次大疫。		雍正《山西通志》卷一百六十三《祥异二》 光绪《山西通志》卷八十六《大事记四》 乾隆《太原府志》卷四十九《祥异》
		二十二年,夏大疫,死者数百人。		同治《榆次县志》卷之十六《祥异》 《古今图书集成·庶徵典·历象汇编》卷一一四

续 表

纪年	灾区	灾象	应对措施	资料出处
明嘉靖二十二年(1543)	文水	二十二年,文水疫。		乾隆《太原府志》卷四十九《祥异》
明嘉靖二十三年(1544)	文水	文水疫。	二十四年六月,免被灾税粮。(光绪《山西通志》卷八十六《大事记四》)	雍正《山西通志》卷一百六十三《祥异二》 光绪《山西通志》卷八十六《大事记四》 《古今图书集成·庶徵典·历象汇编》卷一一四
明嘉靖三十五年(1556)	蒲、解、安邑、临晋	六月,蒲、解、安邑、临晋黑眚。		雍正《山西通志》卷一百六十三《祥异二》
	解州、解县	三十五年六月,黑眚见中条麓介谷,夜半山鸣如雷。		光绪《解州志》卷之十一《祥异》 民国《解县志》卷之十三《旧闻考》
	安邑	三十五年黑眚伤人,疾忽如风,虽密室无不至,至则人皆昏迷,被伤即出黄水,遍地惊扰。	夜必张灯持刃,金鼓防之。	乾隆《解州安邑县志》卷之十一《祥异》
	夏县	三十五年黑眚见。		光绪《夏县志》卷五《灾祥志》
	永济	六月,有黑眚,抓人成伤。	居民夜以麻鞭金鼓警之,五十日始息。	光绪《永济县志》卷二十三《事纪·祥沴》
明嘉靖三十九年(1560)	宁乡、永宁、石州	疫。		雍正《山西通志》卷一百六十三《祥异二》 乾隆《汾州府志》卷之二十五《事考》
	石州	山西石州疫大作,十室九空。		《古今图书集成·庶徵典·历象汇编》卷一一四

续　表

纪年	灾区	灾象	应对措施	资料出处
明嘉靖三十九年（1560）	永宁州	三十九年夏，大饥，至十月，疫疠大作，病死饿死者盈野。		康熙《永宁州志》附《灾祥》
明嘉靖四十五年（1566）	沁州、沁源、泽州	黑眚见。	民间昼夜鸣金鼓、持剑戟逐之月余乃止。	雍正《山西通志》卷一百六十三《祥异二》 乾隆《沁州志》卷九《灾异》 雍正《沁源县志》卷之九《别录·灾祥》 民国《沁源县志》卷六《大事考》 雍正《泽州府志》卷之五十《祥异》
	壶关	四十五年，斗米百二十钱。		道光《壶关县志》卷二《纪事》
明隆庆元年（1567）	稷山	大祲，诏免田租之半。夏四月黑眚见，居民每夕惊扰，旬日始息。		雍正《山西通志》卷一百六十三《祥异二》 同治《稷山县志》卷之七《古迹·祥异》
	榆次	夏，榆次疫。	诏免四年田租。	雍正《山西通志》卷一百六十三《祥异二》 乾隆《太原府志》卷四十九《祥异》
		疫。		光绪《山西通志》卷八十六《大事记四》
		县人疫，相染，死十二三。		同治《榆次县志》卷之十六《祥异》
明隆庆二年（1568）	阳曲、稷山	黑眚见。		雍正《山西通志》卷一百六十三《祥异二》 道光《阳曲县志》卷之十六《志余》 同治《稷山县志》卷之七《古迹·祥异》
	阳曲	黑眚。六月，兴县龙起，震死人民。		乾隆《太原府志》卷四十九《祥异》

续 表

纪年	灾区	灾象	应对措施	资料出处
明隆庆三年（1569）	祁县	六月，黑眚见，两月而息。		光绪《增修祁县志》卷十六《祥异》
明隆庆五年（1571）	祁县	疫。		雍正《山西通志》卷一百六十三《祥异二》 光绪《山西通志》卷八十六《大事记四》 乾隆《太原府志》卷四十九《祥异》 《古今图书集成·庶徵典·历象汇编》卷一一四
明隆庆七年[*]	太谷	七年乙卯，疫。		民国《太谷县志》卷一《年纪》
明隆庆八年	太谷	八年乙卯，大疫。（蠲秋粮十之七）		民国《太谷县志》卷一《年纪》
明隆庆九年	大同	秋七月，大疫。		道光《大同县志》卷二《星野·岁时》
明万历二年（1574）	左云	瘟疫。		光绪《左云县志》卷一《祥异》
明万历七年（1579）	孝义、太谷	山西孝义疫，死者甚众。		《古今图书集成·庶徵典·历象汇编》卷一一四
		孝义、太谷疫。		光绪《山西通志》卷八十六《大事记四》
		万历七年，孝义疫。		乾隆《汾州府志》卷之二十五《事考》
		大疫。		乾隆《孝义县志·胜迹·祥异》

* 隆庆共6年。疑为误记。

续 表

纪年	灾区	灾象	应对措施	资料出处
明万历八年(1580)	太谷、岢岚、辽州、太原、保德、定襄、大同、灵丘、忻州、文水、清源、平定	大疫。	免秋粮十之七。	雍正《山西通志》卷一百六十三《祥异二》 光绪《山西通志》卷八十六《大事记四》
	太原、太谷、文水、岢岚、清源	八年彗星见于东南,秋七月,雨雹,太原、太谷、文水、岢岚、清源大疫,诏免秋粮十之七。	诏免秋粮十之七。	乾隆《太原府志》卷四十九《祥异》
	太原、清源	八年,大疫。	诏免秋粮。	道光《太原县志》卷之十五《祥异》 光绪《清源乡志》卷十六《祥异》
	大同、灵丘	八年秋七月。大同、灵丘大疫。		乾隆《大同府志》卷之二十五《祥异》
	太原、太谷、忻州、岢岚、平定、大同、辽	山西太原县、太谷、忻州、岢岚、平定、大同、辽州大疫。		《古今图书集成·庶徵典·历象汇编》卷一一四
	平定、祁县	万历八年,疫。		光绪《平定州志》卷之五《祥异》 光绪《增修祁县志》卷十六《祥异》
	大同、忻州、定襄、岢岚、辽州	大疫。		雍正《朔平府志》卷之十一《外志·祥异》 光绪《忻州志》卷三十九《灾祥》 康熙《定襄县志》卷之七《灾祥志·灾异》 光绪《岢岚州志》卷之十《风土志·祥异》 雍正《辽州志》卷之五《祥异》

续　表

纪年	灾区	灾象	应对措施	资料出处
明万历八年(1580)	保德	大疫流行,舁柩出城者踵相接。		乾隆《保德州志》卷之三《风土·祥异》
	文水	八年庚辰九年辛巳,大疫,咽喉肿溃,至有一家毙绝无遗者。		光绪《文水县志》卷之一《天文志·祥异》
明万历九年(1581)	阳曲、祁县、交城、文水、代州、平定、长治	疫。	十年二月,免积年逋赋。六月,振太原、平阳饥。十一月免被灾税粮。(光绪《山西通志》卷八十六《大事记四》)	雍正《山西通志》卷一百六十三《祥异二》 光绪《山西通志》卷八十六《大事记四》
	阳曲、榆次、祁县、交城、文水、平定	阳曲、榆次、祁县、交城、文水疫。		乾隆《太原府志》卷四十九《祥异》 光绪《平定州志》卷之五《祥异》
	阳曲、长治、祁县、平定、潞安	大疫。		道光《阳曲县志》卷之十六《志余》 光绪《长治县志》卷之八《记一·大事记》 光绪《增修祁县志》卷十六《祥异》 《古今图书集成·庶徵典·历象汇编》卷一一四
	潞安府	四月初一日,郡城北门自关。是岁大疫,肿项,善染,病者不敢问,死者不敢吊。		顺治《潞安府志》卷十五《纪事三·灾祥》 乾隆《潞安府志》

续 表

纪年	灾区	灾象	应对措施	资料出处
明万历九年(1581)	朔州、威远	朔州、威远大疫,吊送者绝迹。八月,朔州陨霜杀稼。		雍正《朔平府志》卷之十一《外志·祥异》
	朔州	传门瘟疫,吊送者绝迹。		雍正《朔州志》卷之二《星野·祥异》
	代州	春夏大疫。		光绪《代州志·记三》卷十二《大事记》
	榆次	九年正月,东三曹火,岁大旱,疫大行。		同治《榆次县志》卷之十六《祥异》
	乐平	疫。		民国《昔阳县志》卷一《舆地志·祥异》
	交城	万历九年辛巳春夏,大疫,至有毙全家者。	知县吴腾龙集医,设惠民局,施药治之,复虔赈,渐安。	光绪《交城县志》卷一《天文门·祥异》
明万历十年(1582)	沁州、武乡、闻喜	疫。		雍正《山西通志》卷一百六十三《祥异二》 光绪《山西通志》卷八十六《大事记四》
	武乡	大疫。(俗名"大头风"。有一家全疫者)		乾隆《沁州志》卷九《灾异》
		大疫。		乾隆《武乡县志》卷之二《灾祥》
	闻喜	万历十年壬午,大旱,瘟疫。		民国《闻喜县志》卷二十四《旧闻》
	沁州	山西沁州大疫。		《古今图书集成·庶徵典·历象汇编》卷一一四
明万历十二年(1584)	长治	七月,山西长治疫。		《古今图书集成·庶徵典·历象汇编》卷一一四

续 表

纪年	灾区	灾象	应对措施	资料出处
明万历十二年(1584)	垣曲	山西垣曲瘟疫大行,传染伤人,亲识不相吊闻。		《古今图书集成·庶徵典·历象汇编》卷一一四
明万历十三年(1585)	垣曲	疫。		雍正《山西通志》卷一百六十三《祥异二》 光绪《山西通志》卷八十六《大事记四》
		万历十三年,大疫。		光绪《垣曲县志》卷之十四《杂志》
明万历十四年(1586)	太原、平阳、汾阳、泽州、潞安	十四年,太原、平阳、汾、泽、潞安等属大旱,赤地千里,饿莩盈野,疫疠死者枕籍。	三月,发帑赈之。	雍正《山西通志》卷一百六十三《祥异二》 光绪《山西通志》卷八十六《大事记四》
	襄垣、黎城	春,霾经旬。五月方雨,民始播百谷。八月即霜,岁大饥。先是襄垣、黎城县连岁歉,至是斗米银二钱,荒疫并作,四门出尸三万余。	遣户部员外郎王之辅赍帑金赈济。	乾隆《潞安府志》卷十一《纪事》
	太原郡属	太原郡属大旱,赤地千里,饿殍盈野,疫病死者枕藉。三月,发帑赈之。	三月,发帑赈之。	乾隆《太原府志》卷四十九《祥异》
	长治	春不雨至五月,秋八月霜。岁大饥,疫作,城中死者三万余人。	诏户部员外郎王之辅赍帑金赈济。	光绪《长治县志》卷之八《记一·大事记》
	平顺	岁大歉,荒疫并作。		民国《平顺县志》卷十一《旧闻考·兵匪·灾异》
	泽州	泽之州县春不雨,夏六月大旱,民间老穉剥树皮以食,疫疠大兴,死者枕相籍。	阅三月,诏发帑赈之。(省志,又见高平志)	雍正《泽州府志》卷之五十《祥异》

续 表

纪年	灾区	灾象	应对措施	资料出处
明万历十四年(1586)	高平	春不雨至夏六月大旱,民剥树皮以食,疫病大兴,死者枕籍。	诏发帑赈之。	乾隆《高平县志》卷之十六《祥异》
	平阳府	平阳等属大旱,赤地千里,饿殍盈野,疫疾,死者枕藉,三月,发帑赈之。	三月,发帑赈之。	雍正《平阳府志》卷之三十四《祥异》
	安邑	万历十四年,大疫,头项腫,死亡相望。		乾隆《解州安邑县志》卷之十一《祥异》
	永济	十四年、十五年,大旱,饥且疫,死者甚众。		光绪《永济县志》卷二十三《事纪·祥沴》
明万历十五年(1587)	长治、长子、潞城	疫。		雍正《山西通志》卷一百六十三《祥异二》 光绪《山西通志》卷八十六《大事记四》
	潞安府	春大疫,死者更众。		顺治《潞安府志》卷十五《纪事三·灾祥》 乾隆《潞安府志》卷十一《纪事》 光绪《长治县志》卷之八《记一·大事记》
	长子	春大疫,死相枕藉。		康熙《长子县志》卷之一《灾祥》
	泽州	州县复大旱,民大饥,疫疠,死亡如故。(旧州志)春三月,陵川地震。(陵川)夏五月,高平雨雹,坏民庐舍。(高平志)十六年春,泽州地震,大疫流行,民户有全家殞殁者。(旧州志)		雍正《泽州府志》卷之五十《祥异》
	高平	复大旱,死亡如故。(旧州志)		乾隆《高平县志》卷之十六《祥异》

续　表

纪年	灾区	灾象	应对措施	资料出处
明万历十五年(1587)	阳城	大旱且疫,岁不登,道馑相望。		乾隆《阳城县志》卷之四《兵祥》 同治《阳城县志》卷之一八《灾祥》
	永济	十四年、十五年,大旱,饥且疫,死者甚众。		光绪《永济县志》卷二十三《事纪·祥沴》
明万历十六年(1588)	山西	三月,山西大饥疫。		《明史》卷二十《神宗纪一》
		五月,山西大旱疫。		《明史》卷二十八《五行一》
	太平、临晋、泽州	太平、临晋、泽州,疫。		光绪《山西通志》卷八十六《大事记四》
	岢岚	十六年,大疫。		光绪《岢岚州志》卷之十《风土志·祥异》
	太平、曲沃	太平、曲沃疫,赵城大雨水。秋八月,曲沃桃杏花。		雍正《平阳府志》卷之三十四《祥异》
	曲沃	夏五月,大疫,死者无算,至冬乃息,秋八月,桃杏花。		光绪《续修曲沃县志》卷之三十二《祥异》
	太平	十六年,旱,疫。(历年天灾不绝,死者无算,见方坠地,即弃中野)	上闻发帑金赈之。	光绪《太平县志》卷十四《杂记志·祥异》
	夏县	春,大疫,死者枕藉。		光绪《夏县志》卷五《灾祥志》
	荣河、临晋	十六年,荣河、临晋疫,人多死。时二麦虽登,至无人收刈者。		乾隆《蒲州府志》卷之二十三《事纪·五行祥沴》
	永济	十六年,疫有年。		光绪《永济县志》卷二十三《事纪·祥沴》

续 表

纪年	灾区	灾象	应对措施	资料出处
明万历十六年(1588)	荣河	夏,大熟,民久饥,饱食死者复众,继以瘟疫,死又无算至不通吊问。		光绪《荣河县志》卷十四《记三·祥异》
	临晋	瘟疫,死者无算,至不相吊问。夏麦虽登,无人收积,饥民偶或饱食,死者复十之三四。		民国《临晋县志》卷十四《旧闻记》
明万历二十六年(1598)	岢岚	疫。		雍正《山西通志》卷一百六十三《祥异二》 光绪《山西通志》卷八十六《大事记四》
		夏四月,榆次虸蚄食苗;岢岚疫。		乾隆《太原府志》卷四十九《祥异》
明万历二十九年(1601)	阳曲	疫大饥。		道光《阳曲县志》卷之十六《志余》
	定襄	夏秋,无雨,疫死甚多,旱霜杀禾,年岁不登,斗米二钱。		康熙《定襄县志》卷之七《灾祥志·灾异》
明万历三十年(1602)	阳曲	疫,大饥。		道光《阳曲县志》卷之十六《志余》
明万历三十八年(1610)	太原、平阳、汾州、大同、辽州	秋九月,疫疠多,喉痹一二日辄死。		雍正《山西通志》卷一百六十三《祥异二》 光绪《山西通志》卷八十六《大事记四》
	太原	三十八年春……夏四月十二日,地震。秋七月再震,府属旱饥。九月,疫病,多喉痺,一二日辄死。		乾隆《太原府志》卷四十九《祥异》

续　表

纪年	灾区	灾象	应对措施	资料出处
明万历三十八年（1610）	阳曲	山西阳曲大疫。		《古今图书集成·庶徵典·历象汇编》卷一一四
		九月，大疫。（死者无算，晋府尤甚）	抚院魏知府关遣医施药救之。	道光《阳曲县志》卷之十六《志余》
	太原	三十八年九月，瘟辄生喉痺，死者无数。		道光《太原县志》卷之十五《祥异》
	大同	四月，旱，饥。九月，疫疠多喉痹，一二日辄死。		道光《大同县志》卷二《星野·岁时》
	广灵	三十八年，大疫。		乾隆《广灵县志》卷一《方域·星野·灾祥附》
	乐平	旱，民饥，秋九月疫疠多喉痹，一二月辄死。		民国《昔阳县志》卷一《舆地志·祥异》
	介休	秋七月，旱饥；九月疫疠，多喉痺，一二日辄死。		嘉庆《介休县志》卷一《兵祥·祥灾附》
	平阳府	平阳旱，饥。秋八月，疫疠多喉痹，一二日辄死。		雍正《平阳府志》卷之三十四《祥异》
	浮山	三十八年，旱，饥秋。八年疫病多喉痺，一二日辄死。		民国《浮山县志》卷三十七《灾祥》
明万历三十九年（1611）	沁州、武乡、保德	平阳荐饥，沁州、武乡、保德疫。	榆社蠲免夏秋税。	雍正《山西通志》卷一百六十三《祥异二》 光绪《山西通志》卷八十六《大事记四》
	沁州、武乡	州及武乡大疫。（逐户传染，俗呼为“黍谷”等症，死者甚众）		乾隆《沁州志》卷九《灾异》
	武乡	大疫。		乾隆《武乡县志》卷之二《灾祥》

续 表

纪年	灾区	灾象	应对措施	资料出处
明万历三十九年（1611）	保德	三十九年、四十年，疫厉甚行，大人小儿多患疹，俗号痳。	知州胡枘设局延医。施人参败毒散及二圣救苦丹，全活者甚众，建药王庙礼祀之。	乾隆《保德州志》卷之三《风土·祥异》
	曲沃	春三月，大疫；夏四月，大火，燔居数百间。		光绪《续修曲沃县志》卷之三十二《祥异》
	安邑	三十九年，大疫，体发斑疹，死者不可胜数。		乾隆《解州安邑县志》卷之十一《祥异》
明万历四十年（1612）	曲沃、翼城	四十年，曲沃、翼城疫。		雍正《山西通志》卷一百六十三《祥异二》 光绪《山西通志》卷八十六《大事记四》 雍正《平阳府志》卷之三十四《祥异》
	翼城、浮山	四十年，大疫。		民国《翼城县志》卷十四 民国《浮山县志》卷三十七《灾祥》
	曲沃	夏四月疫。		光绪《续修曲沃县志》卷之三十二《祥异》
	稷山	疫，夏无麦。		同治《稷山县志》卷之七《古迹·祥异》
明万历四十六年（1618）	安邑	山西安邑大疫，死亡相继。		《古今图书集成·庶徵典·历象汇编》卷一一四
		四十六年有年，然大疫，死亡相继。		乾隆《解州安邑县志》卷之十一《祥异》
明崇祯二年（1629）	广灵	二年，饥，疫。		乾隆《广灵县志》卷一《方域·星野·灾祥附》

续　表

纪年	灾区	灾象	应对措施	资料出处
明崇祯五年（1632）	沁源	四月，流寇入东关烧毁民房数百间。村落残破，止留孤城数百家。次年岁荒，斗米钱半千，复遭瘟疫，死者不计其数。		雍正《沁源县志》卷之九《别录·灾祥》
明崇祯六年（1633）	高平、辽州	高平、辽州大疫。		《古今图书集成·庶徵典·历象汇编》卷一百一十四
	武乡、沁源、辽州	四月，流寇入东关，烧毁民房数百间，村落残破，止留孤城数百家。次年岁荒，斗米钱半千，复遭瘟疫，死者不可胜数。		民国《沁源县志》卷六《大事考》
	武乡	正月，大疫。		乾隆《武乡县志》卷之二《灾祥》
	高平、阳城、沁水	夏，大疫，冬无雪。		雍正《泽州府志》卷之五十《祥异》 乾隆《高平县志》卷之十六《祥异》
	阳城	夏，大疫，有一家尽死者。冬无雪。		乾隆《阳城县志》卷之四《兵祥》 同治《阳城县志》卷之一八《灾祥》
	沁水	崇祯六年，猛虎食人，瘟疫大作。		光绪《沁水县志》卷之十《祥异》
	辽州	六年癸酉，大疫。		雍正《辽州志》卷之五《祥异》
	垣曲	六年夏，大疫。		光绪《垣曲县志》卷之十四《杂志》
明崇祯七年（1634）	兴县	大疫。		光绪《山西通志》卷八十六《大事记四》

续　表

纪年	灾区	灾象	应对措施	资料出处
明崇祯七年(1634)	兴县	夏,流星出参宿间,有声,红光如缕,直垂至地,良久乃灭。文水无云而雷,兴县大疫。		乾隆《太原府志》卷四十九《祥异》
	左云	瘟疫相继,禾稼蹂躏。		光绪《左云县志》卷一《祥异》
明崇祯八年(1635)	临晋	八年,大疫,狼群行食人。		民国《临晋县志》卷十四《旧闻记》
		山西临晋大疫,三四两月尤甚。		《古今图书集成·庶徵典·历象汇编》卷一一四
明崇祯十年(1637)	朔平	(明怀宗崇正)十年,瘟疫流行,右卫牛亦疫。		雍正《朔平府志》卷之十一《外志·祥异》
	左云	瘟疫。		光绪《左云县志》卷一《祥异》
明崇祯十三年(1640)	翼城	大旱,岁洊饥,人相食,大疫。		民国《翼城县志》卷十四《祥异》
明崇祯十四年(1641)	朔平	瘟疫大作,吊问绝迹,岁大饥,斗米一两五钱,人相食。		雍正《朔平府志》卷之十一《外志·祥异》
	左云	十四年,瘟疫大作,吊者绝迹,米价每斗银一两五钱,死者十之八九。		光绪《左云县志》卷一《祥异》
	翼城	十四年,粟贵如珠,树皮草根皆尽,人相食,鬻子女仅易一飧,商旅不敢独行,又大疫。		民国《翼城县志》卷十四《祥异》
	稷山	瘟疫流行,死者相枕藉。		同治《稷山县志》卷之七《古迹·祥异》

续 表

纪年	灾区	灾象	应对措施	资料出处
明崇祯十四年（1641）	猗氏	十四年春，大饥。自十三年，大饥，到处木皮草根剥掘既尽，复食人，至有父子夫妇昆弟相食者。至是年春，斗米麦自八九钱至一两二钱，一两五六钱者。黄昏人不敢行，油一觔银一钱八九分，猪肉亦如之，麦方秀即捣食，麦熟饱食，得病黄肿而死者甚多，有委麦于野，无人收者。		雍正《猗氏县志》卷六《祥异》
	稷山	山西稷山疫，死亡者相枕藉。		《古今图书集成·庶徵典·历象汇编》卷一一四
明崇祯十六年（1643）	潞安府	冬，潞安府城东南隅入夜，辄闻鬼哭声，是时，饥疫荐臻，流寇肆虐，民生大困。		雍正《山西通志》卷一百六十三《祥异二》
	潞安、黎城、浑源	秋八月，大祲，都中每夜舁尸，侯门夹集如茨，至有鬼自行买棺者，验之日纸钱。长安市家受钱皆杀之木盆。黎境之阖门而死不舁尸者，不可胜数。		康熙《黎城县志》卷之二《纪事》
	浑源	十六年九月，应州树再花，浑源疫。（旧志）		乾隆《大同府志》卷之二十五《祥异》
	天镇	疫。		光绪《天镇县志》卷四《记三·大事记》

续　表

纪年	灾区	灾象	应对措施	资料出处
明崇祯十七年(1644)	潞安、襄垣、长治、潞城	四月霜，秋大疫。病者先于腋下股间生一核，或吐啖血即死，不受药饵。虽亲友不敢问吊，有阖门死绝无人收葬者。		顺治《潞安府志》卷十五《纪事三·灾祥》 乾隆《潞安府志》卷十一《纪事》
	襄垣	秋大疫。		乾隆《重修襄垣县志》卷之八《祥异志·祥瑞》 民国《襄垣县志》卷之八《旧闻考·祥异》
	长治	夏四月霜，秋七月大疫。(病者先于腋下、股间生核或吐淡血即死，不受药饵)		光绪《长治县志》卷之八《记一·大事记》
	潞城	六月，大兵底定潞安。(旧志：是年秋大疫，病者多腋下、股间生一核或吐淡血即死。不受药饵，虽亲友不敢问吊)		光绪《潞城县志》卷三《大事记》
	阳高	崇正十七年，瘟疫至，国朝顺治元年方息。		雍正《阳高县志》卷之五《祥异》
	广灵	顺治元年七月，疫。		乾隆《广灵县志》卷一《方域·星野·灾祥附》
	朔平	十七年，瘟疫又作。		雍正《朔平府志》卷之十一《外志·祥异》
	马邑	十七年，疫大作。		民国《马邑县志》卷之一《舆图志·杂记》
	保德	国朝顺治间，瘟疫，州民王虎山家数十余口尽死，城外霍家塔诸村亦多死者。		乾隆《保德州志》卷之三《风土·祥异》
	潞安	山西潞安大疫，有阖家死绝不敢葬者。		《古今图书集成·庶徵典·历象汇编》卷一一四

（一） 时间分布

把明代山西瘟疫分为两个阶段进行考察，明前期的1368—1500年间，疫情明显处于低发状态，133年间，文献仅保留6条历史记录，年频次不足0.05；而1501—1644年间，瘟疫突然爆发并呈平衡态势发展，历史文献共计64条记录，年频次达到0.44。此外，这一时期山西瘟疫的发生在时间上存在明显特点，即瘟疫集中高发于明代中后期，尤其是一些重大的疫情发生于万历、崇祯年间。

（二） 空间分布

瘟疫一旦发生，很难在短时间内得到有效控制，每次瘟疫发生后都会有疫情扩散的现象出现，所以，波及范围广、延续时间长和危害程度深是所有大瘟疫均具备的特征。

表5－19 明代山西疫灾空间分布表

今 地	灾区（灾次）	灾区数
太 原	太原府（3）阳曲（5）太原（4）徐沟（1）清源（1）	5
长 治	潞州（1）长治（4）襄垣（1）黎城（2）壶关（1）长子（1）沁州（3）沁源（3）武乡（3）潞城（1）平顺（1）屯留（1）	12
晋 城	高平（5）阳城（3）沁水（1）	3
阳 泉	平定州（2）盂县（4）	2
大 同	大同府（1）大同（2）天镇（1）	3
雁 北	阳高（2）广灵（4）朔平府（2）朔州（3）左云（6）	5
忻 州	忻州（2）定襄（2）代州（3）崞县（1）保德州（3）岢岚（2）	6
晋 中	榆次（4）乐平（1）辽州（3）太谷（3）寿阳（1）祁县（3）介休（2）	7
吕 梁	永宁州（2）交城（1）文水（2）汾州府（1）汾阳（2）孝义（2）	6
临 汾	平阳府（2）翼城（5）曲沃（4）洪洞（2）霍州（2）浮山（3）	7
运 城	解县（2）安邑（4）闻喜（3）垣曲（2）稷山（3）夏县（2）永济（6）荣河（2）临晋（2）猗氏（1）	10

明代山西瘟疫灾害年表及空间分布表显示，发生瘟疫次数较多和疫情较重的区域为运城、长治、临汾、雁同地区，阳曲、长治、左云、

榆次、翼城和永济等地是高发县区。值得关注的是，万历年之前，虽有疫情出现，但都是零星的，也不具有时间和空间上的连贯性。从万历七年（1579）之后的疫情则不同，大疫首先发生在山西的中部，并向四周扩散，流布全国，持续时间达10年之久，直至明万历十六年（1588）。到崇祯六年（1633），新一轮疫情又一次在山西出现。这两次瘟疫几乎沿着同样的路径在一些重要的交通枢纽和商业活动中心如潞安府、大同府爆发并形成辐射，造成全国性的灾害，一直到明朝灭亡。

第二节　明朝山西自然灾害特征及成因

一　明朝山西自然灾害特征

（一）　自然灾害发生的频次前所未有、危害空前严重

如前文所述，在明代，不管是自然灾害的总量，还是单一的自然灾害类型，不仅单位时间内的数量和频次都大大超过前代，而且自然灾害的总量也接近前代的总和。以灾害总量计，从先秦时期的前800年到元政权退居漠北的1368年，山西历史文献记录灾次计1099次，频次接近0.51；而整个明代276年间，自然灾害的历史记录总数达到空前的1005次，年频次也达到创纪录的3.64。而且，任何一种自然灾害均能够造成严重的危害，危及人的生命安全。

成化二年（1466），盂县“岁大凶，人相食”[①]；正德三年（1508），太谷“大水，井溢。时夏雨连旬，山水暴注坏城垣，漂没庐舍甚众，居民溺死者千余人，井泉平溢”[②]；万历三年（1575），“六月，（静乐）冰

①光绪《盂县志·天文考》卷五《祥瑞、灾异》。

②民国《太谷县志》卷一《年纪》。

雹异常，圆者若毂，片者若扉，崚嶒者若牛若马。折树如粉，水没演武亭并官民平地五百余顷，行人、牧子、六畜，死者不可计。”[①]万历六年(1578)，赵城、翼城、洪洞“冬，大雪，人畜冻死者甚众”[②]等等不一而足。尤其是万历和崇祯间的连年持续大疫，不仅出现潞安府城“四门出尸三万余”[③]的惨烈后果，而且以潞安府为中心向四围扩散，最终形成全国性大疫，并祸及明政权。

(二)自然灾害的历史记录呈现阶梯性增长态势

从灾害数量和发生频次来看，明代山西自然灾害异常多发和频发，而且，这些频繁发生的自然灾害并非平均分布于各时段，而是在各时段呈现出较大的差异性。在本书所列的8种自然灾害中，任何一种类型的自然灾害在数量和年频次上均超过了前代，历史记录的总量呈现3个阶梯：1368—1450年的83年中计78次，不到灾害总量的7.8%，年频次接近0.35，自然灾害显示为低发；1451—1550年的100年间历史旱灾记录达到346次，占到旱灾总量的34.4%，年频次达到3.46，灾害的总量和年频次基本处于此间的平均水平；1551—1644年的93年间历史灾害的记录骤增至581次，占到总量的57.8%，年频次为6.25，灾害总量是第一梯次的7倍多，频次为第一梯次的近18倍。

(三) 疫灾在明朝中后期集中连续高发

明代山西各种自然灾害在明代中后期集中高发，尤其是瘟疫在明朝中后期集中连续高发。“大疫致明亡”的说法在史界有着广泛的影响并引发很多争论。但不可否认的是，明代后期，山西瘟疫的

①康熙《静乐县志》四卷《赋役·灾变》。

②雍正《山西通志》卷一百六十三《祥异二》。

③乾隆《潞安府志》卷十一《纪事》。

确存在着集中高发并蔓延全国的鲜明特征。明代前期的1368—1500年间，山西瘟疫文献记录的总量仅6次，而后期的1501—1644年间，总量则达到64次，后期的数量是前期数量的10.6倍还多。尤其是从万历七年（1579）到明万历十六年（1588）长达10年的疫情，以及崇祯六年（1633）到崇祯十七年（1644）长达12年的疫情，是山西历史瘟疫仅见。万历、崇祯大疫的影响不仅仅表现在历时长，而且还表现在幅射范围广，向南传入河南，向西南传入陕西，向东传入山东，向东、向北传入京师，最终形成为影响全国的大疫。尤其崇祯大疫，形成以北京为中心的顺天府大疫，以致于李自成兵临城下，崇祯皇帝几无可调之兵将，只得悬颈而亡。

二　明朝山西自然灾害成因探析

（一）　自然因素

正如本章开始所述，明代山西自然灾害多发频发，“明清宇宙期”和明代以降历史文献记录增多是主要因素。此外，自然灾害的变化还受到来自于气候变化及自然环境的影响。

1. 气候环境的变化影响自然灾害的波动

气候变化是影响自然界运动的一个很重要的因素，全球气候变化与自然灾害的发生有着不可分割的内在关联。竺可桢先生中国5000年“四暖四寒”的气候模式①的观点得到学术界的广泛认同和支持。根据竺可桢先生的理论，明清500余年的历史恰好处于中国历史气候第四个寒冷期。但是，在这个漫长的寒冷期内，整个气候又并非一成不变。张家诚先生根据我国物候记录研究后认为，中国

①竺可桢：《中国近五千年来气候变迁的初步研究》，《考古学报》，1972年第1期，第18～31页。

从15世纪到20世纪的500余年间的寒冷期内,气候又存在一个相对的冷暖变化过程[①]。《中国灾害通史》根据张家诚先生的500年温度变化曲线得出明代存在气候相对变化的冷暖期,即两个趋暖期:1368—1430年和1521—1600年;两个趋冷期:1431—1520年和1601—1644年[②]。

表5-20 明代气候变迁和山西水旱灾害对照表

时间	气候特征	气候状况	旱灾次数	年频次	水灾次数	年频次	水旱频次比
1368—1430	趋暖	趋湿	20	0.32	14	0.22	0.69:1
1431—1520	趋冷	趋干	70	0.78	42	0.47	0.60:1
1521—1600	趋暖	趋湿	87	1.09	70	0.88	0.81:1
1601—1644	趋冷	趋干	71	1.61	32	0.73	0.45:1

明代气候变化对山西自然灾害的影响是十分显著的,在明代气候寒冷变化这一大的背景之下,山西自然灾害也呈现出动态变化的走势。研究显示,地球表面平均温度下降,气候恶化,气候变冷,降水就可能减少,则可能导致旱情的出现;而地球表面平均温度升高,气候变暖,气候条件可能改善,降水就可能增加,则可能导致水(洪涝)灾的增多[③]。而历史史实也证明,每当气候进入寒冷期,生态环境就会恶化,不仅影响北方少数民族生存,而且迫使其南下进行掠夺,引发民族冲突的事件也大大增加。而"表5-20明代气候变迁和山西水旱灾害对照表"中显示的明代山西水旱灾害的发生情况与明代气候变化的发展路径高度地吻合,在气候趋暖时,水(洪涝)灾的频次则升高而旱灾频次则下降,气候趋冷的时候,水(洪涝)灾的

①张家成、朱明道:《气候变迁及其原因》,科学出版社,1996年,第60~61页。

②袁祖亮主编,邱云飞、孙良玉著:《中国灾害通史》(明代卷),郑州大学出版社,2009年,第172页。

③陈关龙、高帆:《明代农业自然灾害之透视》,《中国农史》,1991年第4期,第8~15页。

频次则下降旱灾的频次则升高。

2. 特殊的地理环境也为自然灾害发生提供了土壤

山西境内地形多样,山地、丘陵、台地、谷地、平原等交错分布,地形整体上呈现出自东北向西南倾斜的趋势;最高处五台山的北台顶,海拔3058米,最低处的垣曲县黄河谷地西阳河口海拔不足180米,高低相差近2900米;两侧的吕梁山、太行山等山脉纵列,容易阻隔东南季风,形成旱灾;而较差的涵水性的黄土,极易形成洪水;山地、丘陵、谷地、河滩又易于滋生农作物病虫;加之山西位于华北地震带内,致使明代地震不仅高发频发,且多次出现6级以上大震。有的学者研究认为,山西明代疫情连续出现,可能暗示着这一区域存在自然疫源地的可能性。崇祯"七年、八年,兴县盗贼杀伤人民,岁馑日甚。天行瘟疫,朝发夕死。至一夜之内,一家尽死孑遗。百姓惊逃,城为之空"[①]。史料记载,1928年鼠疫流行时,兴县逃疫的居民返回后,在屋内发现大量死鼠,且有显著生理改变。据此可判断自明代后期开始,兴、临两县属于鼠疫的原发地区,与其他被鼠疫波及的县的性质有显著区别。当然,有关这些判断仍有待于进行深入研究。

(二) 社会因素

1. 人口增多对自然界的承受力形成新的挑战

随着人口的增加和人类活动范围的扩大,人类不断地开拓着自己生存的周遭环境,越来越多地向自然界索取能量和物质资源,这就使得人与自然的平衡关系一次次被打破,从而使得大自然承受能力一次次加重。

①康熙《辽州志》卷七《祥异》。

表 5 - 21 明代山西地区人口与耕地统计[1]

年代	人口数量	人口密度	耕地面积(顷)	人均耕地面积(亩)
洪武二十四年(1391)	4873946	33.28	445918	9.15
永乐十年(1412)	4074563	27.82	425673	10.45
成化八年(1472)	4631197	27.84	390134	8.42
万历六年(1578)	5319359	36.32	457244	8.60

元朝末年,正值中原地区大闹灾荒战乱之时,山西却是另一番景象。一方面由于山西易守难攻,义军虽多次进攻,可终因地势险要而屡攻不下;另一方面,由于地理环境因素,与中国其它地方相比,山西虽然也遭受自然灾害和战争的打击,但相对受害程度轻。所以在全国人口锐减的情况下,山西人口在元明之际不仅呈现持续增长态势,而且山西相对安定的环境也成为邻近省份民众逃亡的避难所。在这样的背景下,山西人口大增。人口增多必然需要更多的自然资源,开垦更多的耕地。正是在山西地区人地关系渐趋紧张的形势下,明朝政府于洪武三年至永乐十五年组织移民 18 次,山西移民所涉太原、平阳、泽、潞、辽、沁、汾、平阳、大同、蔚州、广灵等府、州。可见山西人地矛盾突出,已经影响到自然之承受力。

2. 屯田政策加重荒漠化

明朝是从元末动乱和荒废中脱胎换骨而来的,所以明朝初期的社会资源比较零散,统治者为了稳定民心、巩固江山,大力支持垦荒工作以解决当时面临的严重社会问题。明初的屯田大致可以分为三种情况:民屯、军屯和商屯。其中军屯是明朝政府为解决卫所粮饷而在驻军地实行的屯田。为防止蒙古军队南下滋扰,明朝先后设置了九个重镇[2],其中山西北部有大同镇(治所在今山西大同)、山西

①韩晓莉:《明清山西人地关系的衍变及调整》,《沧桑·专题研究》,2002 年第 6 期,第 52 页。

②九个重镇统称九边镇,即:辽东镇(治广宁,今辽宁北镇)、蓟州镇(治三屯营,今河北迁西县西北)、宣府镇(治宣府,今河北宣化)、大同镇(治所在今山西大同)、山西镇(治所在今山西宁武)、延绥镇(治所在今陕西榆林)、宁夏镇(治所在今银川)、固原镇(治所在今宁夏固原)、甘肃镇(治所在今甘肃张掖)。

镇(治所在今山西宁武)。各镇封疆大吏统领的兵力,多时达百万,少时也有几十万。而随着"开中法"的实行,商人为了追求更多的利润,就雇佣劳动力在北方军事前线种植粮食换取盐引,从而引发商屯模式。屯田"对巩固北方的国防和社会安定起到了重要作用,然而客观上在黄土高原地区对自然环境产生了非常深远的恶劣影响。土地资源的大面积破坏,土壤肥力降低,严重的水土流失不仅使耕地支离破碎,而且引起大面积沙化,使黄河中游各支流的含沙量急剧增加","它对黄河流域自然环境产生了非常深远的恶劣影响,直至现代仍难以消除其后患。"①

3. 滥砍滥伐破坏生态环境

明代对森林植被的破坏是相当严重的。一开始为了满足中央政府大兴土木的需求,各地每年必须把质地优良的楠木、杉木送到京城。最初由于是全国均摊,各省的负担还可以勉强接受,但是到了王朝后期,不考虑供给量的无限制征用各省木材的行为使得北方大片森林遭到毁坏。如,藩王立国后,建设王宫急剧增加了木材消耗量。明代分封到山西的藩王总共有三位:大同的代王、太原的晋王和潞安的沈王,为了建造藩王宫邸,整个山西的森林资源几乎全部被派上用场,林木更新换代受到了极大的影响,甚至到明朝中后期,由于北方森林资源匮乏,朝廷所需的木材只能到南方调运,路途遥远,消耗甚巨,劳民伤财。所以,"明朝初时,山西森林还是相当繁茂的。但到明清间,山西平原地区的森林几乎完全消失,丘陵地区也相当稀少了。明代中叶后,雁北、偏关之间长城附近的森林被大量采伐,每年送往北京不下百十余万株。"②以山西为代表的北方地区的森林资源在明代遭受了毁灭性的的消耗,气候调节失去媒介而受

①梁四宝:《明代"九边"屯田引起的水土流失问题》,《山西大学学报》(哲学社会科学版),1992年第3期,第63~65页。

②《山西自然灾害》编辑委员会:《山西自然灾害》,山西科学教育出版社,1989年8月,第19页。

到了严重影响。大片土地直接暴露，干旱时土壤沙化，风沙漫天，多雨时水土流失，生态系统受到严重考验。这是明代山西地区自然灾害频繁发生的又一重要原因。

4. 政治腐败制约荒政水平

应当说，明朝政府是十分重视救灾工作的，出身农民的开国皇帝朱元璋的民本思想对后继者的影响也是明显的。而且，明朝政府制定的比较完备的救灾制度和管理程序，对明代救灾工作起到了正面效应。但是，到了万历时期，已经呈现出国库空虚、金兵入侵的内忧外患的局面，虽然神宗皇帝登基时满心抱负，希望通过完成一系列改革以图自强，但是迫于各方压力和面对难以挽回的颓势，从万历九年开始，皇帝以怠政的办法对抗着庞大官僚机构的压力，直接后果就是中央核心政治运作机制的停摆，致使地方事务搁置，更致命的是，万历以降，明朝中央又形成了“阁部之争”、言官活跃的政治现实。天启、崇祯皇帝虽然都寄希望于改革，并采取了一些措施，但还是没有扭转急速下滑的局势。政治的腐败使政府在预防、应对灾害时很难凝聚力量。地方社会力量在应对灾害时虽然付出了很多，但赈务的积极意义常常被政治腐败产生的流弊相抵消。崇祯年间，潞安大疫爆发后，明朝政府应对灾害几乎乏术和无为，最后只能接受败亡的结果。

第三节　明朝山西自然灾害的危害和社会应对

一　明朝山西自然灾害的危害

（一）　自然灾害滋扰生产和生活秩序

首先，自然灾害致农业生产凋敝，影响人们的日常生活。自然环境决定山西绝大多数地区的农作物一年一熟，仅晋南地区可以达到两年三熟。所以，农作物在播种、生长、收获的任何一个环节出现问题，对于普通百姓，其后果都是灾难性的。进入明季，山西自然灾害空前高发、频发，灾害的年频次达到3.64，也就是说，山西每年平均要面临3.64次自然灾害，在这些自然灾害中，和农业生产密切相关的旱灾、水（洪涝）灾、雹灾及农作物病虫害更是频繁发生，历来位居所有自然灾害的前列。明代以降，受到气候变冷的影响，旱灾更是连年高发，年频次达到创纪录的0.90，正所谓“十年九旱”。自然灾害的多发尤其是农业自然灾害的多发，使得本来发展水平不高的农业生产雪上加霜。传统农业社会中，物价波动受到来自粮食价格变化的影响最直接，也最常见，而决定粮食价格的是每年的粮食产量。自然灾害影响农业生产，最终影响粮食产量。若灾害频发，收成不好时，物价波动，人心惶恐；若收成全无，民众生活出现问题，轻则出现饥荒，滋扰民众正常的生产和生活秩序，重则产生社会问题，影响政权稳定。

其次，严重的自然灾害危及人的生命和财产安全。严重的自然灾害，轻则损毁财物，重则致人非命。水（洪涝）灾会淹没官衙民舍，严重危及人的生命。嘉靖二十三年（1544），“七月初三日，夜二鼓，忽大水自（黎城）县城西来，啮堤，由南关延庆寺内溃出，近居者房内水深三尺，至明方泄。圮房约五十余间，溺死男妇九口，伤而未死者甚众。”[①]旱灾在一般情况下均可造成饥荒，但严重饥荒时后果不堪设想。成化二十一年(1485)绛州“大荒，有食人者”[②]。而“陨霜杀稼”，冰雹伤及人畜，蝗灾致“无禾”更是常态。地震和瘟疫虽然在发生的频次上不及水旱灾害，但是严重的地震和瘟疫造成的危害和影响的范围却是难以估量的。研究认为，“1303 年洪洞 8 级地震，1556 年华县 8 级地震，1695 年临汾 8 级地震，在 IX 度以上的极震区死亡率高达 70%，形成人多死亡而无人埋葬的悲局。”[③]

最后，严重的自然灾害对人们旧有的价值观念形成冲击，使人心理畸变。没有任何其它事情能像饥饿一样击破人们的道德底线。当基本的生计问题不能解决，当正常求生途径丧失，经过几千年构筑的价值观念的大厦在顷刻间坍塌。为了生存，传统的忠、孝、慈、悌之类的道德已被丢在一边，活命成为人们的第一要务，当通过任何努力之后再也无法获得食物的时候，“人相食”的现象就发生了。明代山西因旱灾引发饥荒导致“人相食”的历史记录达 40 次之多。

表 5－22 明代史志记录“人相食”年次表

年号	成化					正德	嘉靖				
时间(年)	二	八	十二	二十一	二十二	六	十三	二十九	三十一	三十九	四十
次数	2	1	10	3	7	2	1	1	3	8	2

(二) 自然灾害破坏社会秩序

首先，自然灾害引发流民问题。灾害发生之后尤其是重大自然灾害发生后，普通民众所面临的首要问题便是乏食的问题，而一旦他们在原住地失去生存的来源，流亡便成为其不二的选择。在山西

①康熙《黎城县志》卷之二《纪事》。

②光绪《直隶绛州志》卷之二十《灾祥》。

③武烈、贾宝卿、赵学普编著:《山西地震》，地震出版社，1993，第 33～34 页。

历史灾害文献中,关于民众流移的现象史不绝书。宣德三年(1428)"山西大饥,流移十万余口";正德十三年(1518)"大水,十四年正月,诏山西流民归业者,官给廪食庐舍牛种,复其赋";明正德十四年(1519),永和"秋夜雨雹,小者如拳,大者如杵,水深三尺,城中漂流男女三十余口,禾稼尽灭。"[①];嘉靖十二年(1533),永宁州"秋八月,霪雨不止。及晴,霜落如雪,禾尽杀,饥民流移相食"[②];明万历十五年(1587)"四月,陨霜杀稼。百姓流徙,饿殍载道"[③],等等不一而足。

几乎每一种自然灾害均可能造成百姓流移的后果。而"走西口"则是明代以降山西民众流移的代表性事件。"口"原指明长城的关口。张家口以西,晋北、陕北与内蒙交界的长城沿线各关口皆称为"西口";其中山西省右玉县的杀虎口是旧时山西省中北部居民通往内蒙古中西部(绥远省)的一条必经之路,为西口中之最有影响。明中前期,被朱元璋赶到漠北的北元政权长期与明朝敌对,长城各关口戒备森严,到明隆庆五年(1571),蒙古土默特部首领俺答汗与明朝达成隆庆合议,双方始通关互市,与此同时,开始有少量内地汉人私自越过长城去蒙古谋生。而越境移民主要来自山西西部、北部和陕西北部,这些地区属于黄土高原,自然环境恶劣:植被鲜少,土壤贫瘠,天灾频繁。所谓"河曲保德州,十年九不收;男人走口外,女人挖野菜。"而长城外的口外草原,土地肥沃,水草丰茂,地广人稀,于是大量灾民迁往现在的内蒙古中西部河套平原一带(绥远省)的归化城(今呼和浩特市)、伊克昭盟(今鄂尔多斯市)、乌兰察布、包头、巴彦淖尔等,内蒙古最大的城市包头市就是因为走西口的移民较多而形成的城市。当然,明代走西口虽然没有形成规模,但是它

①雍正《山西通志》卷一百六十三《祥异二》。

②康熙《永宁州志》附《灾祥》。

③嘉庆《介休县志》卷一《兵祥·祥灾附》。

引发的此后500余年的山西移民潮,却成为生态环境恶化和自然灾害频发的历史证据。

其次,自然灾害可能引发社会冲突与社会动乱。古代社会,自然经济主导下的小民之家势单力薄,一旦灾害使他们失去生存的寄托,如果救灾不力或处置不当,便会引起社会动乱。成化二十年山西全省大旱,民众无以为生,成化十一年(1475)"沁州及沁源大旱。民大饥,沁源、绵山土贼杨甫等啸聚作乱,州副千户杨复楚死之"[①];成化二十年(1484)"癸卯甲辰大饥,垣曲巨盗劫掠萃至千余人,巡抚叶琪、参政刘世忠、平阳知府李琮谕平之"[②]。灾荒之后急需赈抚,一旦官方对民众生计情绪照顾不周,游走在生死边缘的顺民很可能走上抢劫为恶的道路,严重时直接对抗统治势力,衍变成改朝换代的重大政治事件。

(三) 明代山西大疫与明朝灭亡

明代山西所有的自然灾害中,瘟疫是发生次数最少和年频次最低的灾害类型,但是,其造成的后果却是最为严重的。明代山西瘟疫在前期呈现小规模的零星状态,但到万历之后,突然爆发。根据山西省各县县志瘟疫发生年表统计,明朝后期山西瘟疫的骤增,起始于万历七年(1579)的孝义、太谷。"七年孝义、太谷疫"[③],此后疫情呈现大规模的扩散态势,"八年,彗星见于东南,秋七月,雨雹,太原、太谷、文水、岢岚、清源大疫。"[④]瘟疫传播先后形成了四条路线:向北经由忻州、大同传入京师;向南传入晋东南的潞安府属各县区及邻省河南;向西南经由晋南的曲沃、侯马、蒲州传至陕西境内;向

①乾隆《沁州志》卷九《灾异》。

②光绪《山西通志》卷八十六《大事记四》。

③光绪《山西通志》卷八十六《大事记四》。

④乾隆《太原府志》卷四十九《祥异》。

东经由平定，先是传入河北、山东，然后传入京师、北直隶，并与由来自大同的瘟疫合为一流，到万历十四年至十六年之间达到高峰。风雨飘摇的大明王朝经受住了这场瘟疫的考验。此后，山西乃至北方地区少有瘟疫的历史记录，但在平静的状态下却孕育着一次更大的瘟疫风暴。崇祯年间的大疫肇始于六年(1633)沁源的民变，而民变的背后隐藏着连续不断的水、旱、蝗、雹的自然灾害背景。“六年四月，流寇入东关，烧毁民房数百间，村落残破，止留孤城数百家。次年岁荒，斗米钱半千，复遭瘟疫，死者不可胜数。”[①]这次民变引发了沁源、高平、武乡、垣曲等多地发生瘟疫，形成以潞安府为中心的疫区。从崇祯七年开始，大疫几乎沿着万历年间的行进路线，先扫荡山西全省，然后向全国流布，形成为蔓延全国的重大灾害。

明代后期的这两次瘟疫均以山西为中心向外扩散，其造成的后果是极其严重的。两次大疫不仅影响普通百姓的生产、生活，造成“阖家死绝不敢葬者”的惨绝人寰的历史灾难及引发整个社会心理恐慌，而且大疫对明朝政权体系的影响十分重大，尤其是明朝军队在瘟疫的打击下形同虚设。天启三年(1623)，明军在平定奢寅叛乱时，因大疫降临，只能“分布各将据险固守，相机擒剿，迟速殊难豫定”[②]；明朝文秉所撰《烈皇小识》卷四云，崇祯八年(1635)，总兵尤世威统兵防守潼关、朱阳关等隘口，“露宿凡十旬，皆患疫疠不能军，闯贼大至，遂溃。”军队战斗力削弱，政府无力应付民变，当李自成兵临北京城下时，明朝的历史自然走向尽头。

二　明朝山西自然灾害的社会应对

明代统治者从立国之初就十分重视荒政，在276年的统治过程

①民国《沁源县志》卷六《大事考》。

②《明熹宗实录》卷三六，天启三年七月己酉，中央研究院历史语言研究所校印，第1843页。

中建立并逐步完善各项救灾措施,形成了比较完备的救灾制度。而且,从中央到地方建立健全了分层管理机构,在灾害来临时,充分发挥中央地方乃至民间救济效能,积极应对自然灾害。

(一) 官方救灾

官方救灾是政府实现政治职能,巩固统治的行为之一。政府救灾一般通过户部、特使(巡抚及巡按御史)和分散在全国的州县官吏进行实施,其措施主要包括蠲免、缓征、遣使、赈济、劝分赏格、施粥、祭祀、祈祷等。

1. 蠲免

蠲免指政府为减轻灾民负担免除灾区赋税、徭役及其他杂税的行为。明代,蠲免措施不仅用于救荒,同时也是恢复国民经济的措施。立国之初,朱元璋要求各级政府勘验各地灾害,根据国之储积,优免租粮。明朝历代帝王和各级政府承继太祖恤民思想,按受灾情况,实行蠲免的救灾措施。明代山西自然灾害频发,政府对山西的蠲免记录也屡见史书。成化八年(1472),"沁州、沁源、武乡大旱民饥。五月,免山西夏税十之二。"[①]嘉靖七年(1528),"襄陵大旱,蝗。(二麦无收,秋禾失望,民不聊生)知县张伟开仓赈济,逾岁乃安。"[②]同时,政府根据每次灾情程度,蠲免政策灵活有差,且对于因各种原因应交而未交的赋税,政府视灾情进行蠲免。万历九年(1581)"八月,辽州陨霜杀稼。十年二月,免积年逋赋。六月,振太原、平阳饥。十一月免被灾税粮。"[③]

2. 赈济

灾荒时期,赈济是最迅速的救灾手段。直接将钱粮等救灾物资

①雍正《山西通志》卷一百六十三《祥异二》。

②民国《襄陵县新志》卷之二十三《旧闻考》。

③光绪《山西通志》卷八十六《大事记四》。

转运至灾区,可以及时有效地缓解灾情。明代山西赈济方式仍主要有三种:一是赈粜,即在灾荒缺粮或粮价上涨时,以平价或低于市场价售于受灾者的措施,是有偿赈济;二是赈给,一般是将物品无偿送给灾民,以帮助其渡过灾荒时期。“万历九年辛巳,春夏大疫,至有毙全家者。知县吴腾龙集医,设惠民局,施药治之,复虔赈,渐安。”[①]三是赈贷,即在灾荒发生之时或青黄不接之际,将钱款粮种等以计息的方式支付给受赈人。景泰二年,解州旱情危及百姓生活,“发官禀账贷饥民,”[②]助其渡过了难关。

3. 劝分

劝分是中国古代荒政中常见的手段。劝分又称劝粜,指国家于灾荒年间劝谕有力之家无偿赈济贫乏,或使富户减价出粜所积米谷以惠贫者的做法。劝分一般以赏格为前提,即制定相应的奖励措施,一般为“纳粟补官”。万历三十七年,崞县大旱,田野俱荒,知县刘楫亲自参与救灾,并鼓励当地富户捐善,“劝义民秋来觐等四十二人出粟二千石,仍详请发预备舍,设粥场二十七处,存活数万,逃亡尽归,又设药以医病者,”[③]

4. 立厂施粥

政府施粥又叫煮赈,属于临时性救灾措施。大的自然灾害发生后,灾民严重乏食,政府在灾区立厂施粥暂时解决灾民吃饭问题,稳定灾民情绪。万历十三年(1585)忻州大旱时,“知州傅震施粥费米百斛。”[④]万历二十九年,朔州饥荒,流亡遍野,“知州屈炜奉文与学正贾铉早晚向东南二关煮粥赈之,饥民就食者日千有余人。”[⑤]施粥行

---

①光绪《交城县志》卷一《天文门·祥异》。

②《明英宗实录》卷二〇四,景泰二年五月辛丑,中央研究院历史语言研究所校印,第4357页。

③乾隆《崞县志》卷五《祥异》。

④光绪《忻州志》卷三十九《灾祥》。

⑤雍正《朔平府志》卷之十一《外志·祥异》。

为是政府赈灾措施的重要组成部分,它对灾后民众情绪的舒缓及社会稳定具有重要意义。

5. 祭祀祈祷

在应对灾害的过程中,古人认为蠲免、赈济是有效的行为,而祭祀、祈祷等活动也能产生奇效。祭祀的方式主要是斋戒和祭告,祭祀的对象有山神、水神、雷神、蝗神、八蜡、城隍神等。以城隍庙为例,明初首次将城隍神纳入国家祀典,旱来祷雨,雨而祈晴。"凡圣诞节及五月十一日神诞,皆遣太常寺上官行礼。国有大灾则告庙。在王国者王亲祭之,在各府州县者守令主之。"[①] 明弘治八年(1495),潞安府大旱,"知州马暾斋祷、清狱、断刑、茹素。庖人以乾腊进,挥去之,曰:'欺人能自欺乎?'乃出就外,是夕雨。"[②] 万历四十年,保德大旱,"知州胡柟祖《春秋繁露》法步,祷雨辄应,禾登不饥。"[③] 不惟旱灾发生时祈祷灵验,地震、蝗灾也会出现"祷则应"的现象。万历十七年,太原发生地震,"昼夜数十次,屋瓦皆倾。邑令陈增美禳祭,止。"[④] 万历四十五年七月沁源蝗,"初七日从东南来,头翅尽赤,蔽天翳日。知县杜汝悫祷于八蜡庙,旋有群鸦食蝗殆尽,禾稼不至大损。"[⑤]"八蜡"信仰起源可追溯到《周礼》、《礼记》。八蜡之神无所不主,后来八蜡庙多成为祭祀蝗虫或者驱蝗神的庙宇。

6. 其他

当灾情严重时,皇帝往往派出使节代行圣职,以加大救灾力度,甚而通过理冤、减刑、赦罪、举贤等方式来安抚民众。宣德八年"春,以山西久旱,遣使振恤。四月,蠲被灾逋租杂课,免今年夏税,赐复一年,理冤狱,减殊死以下,赦军匠在逃者罪,有司各举贤良方正一

①张廷玉等:《明史》卷49《礼三》,中华书局,1947,第1286页。

②顺治《潞安府志》卷十五《纪事三·灾祥》。

③乾隆《保德州志》卷之三《风土·祥异》。

④道光《太原县志》卷之十五《祥异》。

⑤乾隆《沁州志》卷九《灾异》。

人。”[①]宣德九年(1433)“七月,遣给事中御史锦衣卫官督办捕蝗。”[②]政府抗灾的终极目的不仅仅是渡过难关,而是恢复社会正常的生产生活秩序,故招揽流民回乡也是不可忽视的工作。明代山西历史文献记录的政府大量招抚流民的活动主要有两次:一是正统四年(1439),“偏关大饥,诏垦塞下荒田以实军储。”[③]二是正德十三年(1518),“泽州、阳城、高平大水。十四年正月,诏山西流民归业者,官给廪食庐舍牛种,复其赋。”[④]当大疫来临时,政府采取实际措施,进行针对性的救治。万历三十八年(1610),“九月,大疫。(死者无算,晋府尤甚)抚院魏知府关遣医施药救之。”[⑤]鬻卖僧道度牒也是政府施行荒政的手段。成化二十年,旱灾发生在山西,晋民大饥,乡间巨盗劫掠,政府一方面扫荡匪盗,转粟赈济,另一方面,“鬻僧道度牒”[⑥],以缓解流民问题。由是观之,政府在应对自然灾害时可以说是无所不用其极。

(二)民间自救

明朝政府制订了一系列的救灾制度,这些制度对实施救灾工作所起效用是勿庸置疑的。但是,政府救灾需要经历“奏报—勘察—廷议—赈济”系列繁琐的程序,加之政府救灾的覆盖面有限。所以,民间自救作为政府救灾的补充就显得尤为重要。明代山西民间自救行为具体表现在以下方面。

1. 积极措施

灾害来临时,民众自发地采取一些有效的措施以应对。

---

①光绪《山西通志》卷八十六《大事记四》。

②光绪《山西通志》卷八十六《大事记四》。

③乾隆《宁武府志》卷之十《事考》。

④雍正《山西通志》卷一百六十三《祥异二》。

⑤道光《阳曲县志》卷之十六《志余》。

⑥光绪《山西通志》卷八十六《大事记四》。

一是食其他以自救。旱灾连年时，民间颗粒无收，连岁饥馑，只能食用粮食以外的东西用以充饥。正统十一年，“和顺旱甚，人食树叶”[①]万历十四年，泽州久旱，“民间老穉剥树皮以食，疫疠大兴，死者枕相籍。”[②]崇祯十四年，翼城“粟贵如珠，树皮草根皆尽，人相食。”[③]

二是击器物以御疫。瘟疫是一种致命性的自然灾害，加之其传播迅速，所以令人闻之色变。记录明代历史疾疫的文献中，有一个来无影去无踪的超自然物质，名曰“黑眚”，因“其物黑小金睛，修尾体状，类犬，行疾如风，多自牖入，遇者昏迷被害”[④]，所以防不胜防。故民众敲击器物以驱之。正统六年，徐沟发生黑眚灾害，民间“夜击铜器以捍之”[⑤]；明正德六年（1511）“六月，民间有黑眚，妖形如飞鸢，又或如驴如狗，黑气蒙之。民间恐怖，夜击铜铁以捍之，通宵不寐，经十余日乃息”[⑥]。有关黑眚的问题，学术界至今未形成统一的认识，有待于进行深入研究。

三是积极参与捐赈、施粥、施药和掩埋尸体等活动。万历十三年（1585），忻州“大荒，米珠薪桂，人至相食。郡人傅参议霖施粥百日，米费四百斛，所居前后左右诸贫生赈米银二十镘，知州傅震施粥费米百斛。辛丑壬寅年复大饥，霖收宿贫人有死亡者，施棺葬埋复施粥，起冬月至来年熟乃止”[⑦]；万历三十七年，“崞县大荒，知县刘楫济百方拯救，劝义民秋来觐等四十二人出粟二千石，仍详请发预备舍，设粥场二十七处，存活数万，逃亡尽归，又设药以医病者。”[⑧]

---

①民国《重修和顺县志》卷之九《风俗・祥异》。

②雍正《泽州府志》卷之五十《祥异》。

③民国《翼城县志》卷十四《祥异》。

④光绪《左云县志》卷一《祥异》。

⑤光绪《补修徐沟县志》卷五《祥异》。

⑥道光《太原县志》卷之十五《祥异》。

⑦光绪《忻州志》卷三十九《灾祥》。

⑧乾隆《崞县志》卷五《祥异》。

2. 消极措施

灾害作为一种自然现象,不以人的意志为转移,面对灾难,人们常常难以抗拒和无可奈何,只能束手无策地消极应对。历史文献记录明代山西相关内容有三种情况:

一是祭祀。万历三十二年“秋,(高平)唐安镇暴雨,水溢坏民居。有言见鳞而角者,伏水内,村民恐,相与祭之,已复河水如故。”[①]

二是买卖人口。中国古代,由于生产力水平较低,加上战乱,官府的敛财尤其自然灾害等多方面的影响,人口买卖成为一种普遍现象。洪武三十二年,山西大荒旱,“命官赎还民间所卖子女,减田租。”[②]

三是遗弃子女。崇祯十四年,山西芮城旱蝗连灾,“米麦每斗价一两五钱,人民父子相食、抛弃子女盈路。”[③]

①乾隆《高平县志》卷之十六《祥异》。

②光绪《续修崞县志》卷八《志余·灾荒》。

③民国《芮城县志》卷十四《祥异考》。

山西灾害史（下）

王建华／著

山西出版传媒集团
三晋出版社

图书在版编目（CIP）数据

山西灾害史／王建华著. --太原：三晋出版社，2014. 6
ISBN 978-7-5457-0970-4

Ⅰ. ①山… Ⅱ. ①王… Ⅲ. ①自然灾害—史料—山西省 Ⅳ. ①X432.25

中国版本图书馆 CIP 数据核字（2014）第 130701 号

山西灾害史（上下）

著　　者：王建华
责任编辑：董润泽

出 版 者：山西出版传媒集团·三晋出版社（原山西古籍出版社）
地　　址：太原市建设南路 21 号
邮　　编：030012
电　　话：0351-4922268（发行中心）
0351-4956036（综合办）
0351-4922203（印制部）
E-mail：sj@sxpmg.com

网　　址：http://sjs.sxpmg.com
经 销 者：新华书店
承 印 者：山西力新印刷科技开发有限公司

开　　本：787mm×1092mm 1/16
印　　张：79.75
字　　数：953 千字
印　　数：1-1000 套
版　　次：2014 年 6 月 第 1 版
印　　次：2014 年 6 月 第 1 次印刷
书　　号：ISBN 978-7-5457-0970-4
定　　价：198.00 元（全两册）

目　录

第六章　清　朝

第一节　清朝山西自然灾害概论

和明代一样,清代也是中国古代自然灾害发生较频繁的时期。同样,清代山西自然灾害呈现多发群发态势,连篇累牍的自然灾害记录反映了山西自然灾害多发群发的基本事实。

正如前文所述,方志记述内容虽然缺失很多,但是方志资料在展示微观历史和灾异历史方面显示出独特的能量。通过与正史资料分阶段比对,元代及其以前,方志史料与其它史籍尤其正史在表达灾异内容方面,其书写节奏和文本容量基本是一致的,但明代以降,由于方志的兴盛,尤其是雍正元年(1723),清廷严谕各省府州县修志,清代形成了60年一修地方志书的传统,方志得以迅速发展。就全国范围而言,修志最盛的清代,方志达6500余种,占我国现存方志的70%;就山西而言,现存的471种行政区划性质的方志,清代340种,占全部方志总量的72%[①]。方志史学资源井喷现象的出现,使正史中很难容纳的区域灾异内容被其收纳。正因如此,20世纪后半期,面对大量的方志灾异史料,史家遭遇到统计学上的难题,但同时发现,由于灾异史料的丰富,研究灾害史使用定量分析方法与使

①任小燕:《山西古今方志纂修与研究述略》,《晋阳学刊》,2001年第5期,第82页。

用定性分析方法变得一样容易，且通过比较研究发现，尽管单个方志的灾异文本记录模糊而有许多断点，但通过对相关方志的整合，历史灾异信息变得愈益清晰；方志不仅能够补充传统史籍的不足，而且能够互相补正、参证。史家在研究明清史料时，正是通过对方志中大量的所谓"祥瑞"和"物象异常"的研究，提出了明清宇宙期的概念。[①]

表6-1 清代山西自然灾害间隔50年频次表

时间	旱	水	雹	霜雪寒	风	地震	农作物	瘟疫	总计
1644—1700	71	112	79	58	31	61	33	18	463
1701—1750	37	43	54	21	14	28	9	13	219
1751—1800	36	53	25	11	25	13	8	5	176
1801—1850	36	60	36	23	26	16	12	16	225
1851—1900	41	78	73	43	35	41	24	31	366
1901—1911	8	4	9	4	3	1	2	1	32
总计	229	350	276	160	134	160	88	84	1481
频次	0.86	1.31	1.03	0.60	0.50	0.60	0.33	0.31	5.55

一 旱灾

历史灾害记录统计显示，清代山西旱灾记录共229年(次)，年频次为0.86。与明朝的0.90的年频次相比有所降低。虽然如此，旱灾仍然是清代山西自然灾害中成害范围最广、影响后果最重的自然灾害。

①王建华：《文本视阈中的晋东南区域自然灾异——以乾隆版 <潞安府志> 为中心的考察》，《山西大学学报》(社会科学版)，2012年第4期，第78页。

表6－2 清代山西旱灾年表

纪年	灾区	灾象	应对措施	资料出处
清顺治二年（1645）	解州、安邑、垣曲	……解州、安邑旱。……垣曲饥。		雍正《山西通志》卷一百六十三《祥异二》
	文水	夏四月，文水旱。		乾隆《太原府志》卷四十九《祥异》
	安邑、解州	大旱，自三月不雨至七月。		乾隆《解州安邑县志》卷之十一《祥异》 民国《解县志》卷之十三《旧闻考》
	垣曲	饥。		光绪《垣曲县志》卷之十四《杂志》
	万泉	无禾。		民国《万泉县志》卷终《杂记附·祥异》
清顺治三年（1646）	万泉	无禾。		雍正《山西通志》卷一百六十三《祥异二》
		饥。		乾隆《蒲州府志》卷之二十三《事纪·五行祥沴》
清顺治四年（1647）	沁水	沁水大旱。		雍正《泽州府志》卷之五十《祥异》
		大旱，六月始雨。		光绪《沁水县志》卷之十《祥异》
	马邑	岁饥。		民国《马邑县志》卷之一《舆图志·杂记》
	祁县	夏六月二十二至二十七，连日飞蝗，长亘六十里、阔四十里，集树枝干，臃肿委垂，或为之折。是年，大饥。	赈之。	光绪《增修祁县志》卷十六《祥异》
清顺治五年（1648）	蒲县	秋，蝗，大饥。		光绪《蒲县续志》卷之九《祥异志》

续 表

纪年	灾区	灾象	应对措施	资料出处
清顺治六年（1649）	吉州	吉州自春徂夏旱。		《清史稿》卷四十三《灾异志四》
清顺治七年（1650）	万泉	夏，万泉旱。		《清史稿》卷四十三《灾异志四》
	大宁	……大宁饥。		雍正《山西通志》卷一百六十三《祥异二》
	保德	夏，斗米值银四钱，秋则大熟。		乾隆《保德州志》卷之三《风土·祥异》
	河曲	春夏，旱。		同治《河曲县志》卷五《祥异类·祥异》
	永宁	夏，大旱。秋七月，蝗为灾，大饥。		康熙《永宁州志》附《灾祥》
	宁乡	夏，大旱。七月，蝗，大饥。		康熙《宁乡县志》卷之一《灾异》
	万泉	春夏，旱；秋，霪雨。民不得稼。		民国《万泉县志》卷终《杂记附·祥异》
清顺治八年（1651）	河曲、偏关、寿阳、静乐	……河曲、偏关、寿阳、静乐饥。		雍正《山西通志》卷一百六十三《祥异二》
	宁武府	大饥，偏关民妇范氏诱杀人而食之。		乾隆《宁武府志》卷之十《事考》
	静乐	岁饥。		康熙《静乐县志》四卷《赋役·灾变》
	河曲	饥，斗米四钱，乡民枕籍道路。	幸赈，不至靡遗。	同治《河曲县志》卷五《祥异类·祥异》
	寿阳	夏五月，大旱。饥民多鬻子女给食。		光绪《寿阳县志》卷十三《杂志·异祥第六》

续 表

纪年	灾区	灾象	应对措施	资料出处
清顺治九年(1652)	沁水	……沁水旱。		雍正《山西通志》卷一百六十三《祥异二》
		沁水大旱。(州志)		雍正《泽州府志》卷之五十《祥异》
		大旱。		光绪《沁水县志》卷之十《祥异》
	解州	大旱,自三月不雨至秋七月。		光绪《解州志》卷之十一《祥异》
清顺治十年(1653)	陵川	六月,陵川旱,荒岁歉收。(陵川志)		雍正《泽州府志》卷之五十《祥异》
清顺治十一年(1654)	襄垣、沁州	七月,襄垣,沁州旱。		《清史稿》卷四十三《灾异志四》
	襄垣、沁州、陵川	……襄垣旱。沁州、陵川饥。		雍正《山西通志》卷一百六十三《祥异二》
	襄垣	四月旱至七月初八日方雨,斗米银五钱,民大饥。		民国《襄垣县志》卷之八《旧闻考·祥异》
	沁州	大旱。(四月至七月不雨,斗米银五钱。民大饥)		乾隆《沁州志》卷九《灾异》
	武乡	大旱。		乾隆《武乡县志》卷之二《灾祥》
	陵川	夏,陵川旱,秋七月人民饥。(陵川志)		雍正《泽州府志》卷之五十《祥异》
清顺治十二年(1655)	文水、辽州	……文水旱。辽州饥。		雍正《山西通志》卷一百六十三《祥异二》
	潞安	旱。		顺治《潞安府志》卷十五《纪事三·灾祥》
		(乙未)旱,八月雹。		乾隆《潞安府志》卷十一《纪事》

续 表

纪年	灾区	灾象	应对措施	资料出处
清顺治十二年（1655）	长治、襄垣	旱，八月，雹。		光绪《长治县志》卷之八《记一·大事记》 乾隆《重修襄垣县志》卷之八《祥异志·祥瑞》 民国《襄垣县志》卷之八《旧闻考·祥异》
	平顺	六月，大旱岁饥，斗米钱五钱。		康熙《平顺县志》卷之八《祥灾志·灾荒》
	辽州	乙未，大旱，升米钱一百五十。		雍正《辽州志》卷之五《祥异》
	文水	乙未，大旱，岁饥。		光绪《文水县志》卷之一《天文志·祥异》
	安邑	四月，条山有积雪，自四月不雨至七月。		乾隆《解州安邑县志》卷之十一《祥异》
清顺治十三年（1656）	潞城、高平、沁水	潞城、高平、沁水旱。		《清史稿》卷四十三《灾异志四》
	潞城、壶关、高平、沁水	潞城、壶关、高平、沁水旱饥。		雍正《山西通志》卷一百六十三《祥异二》
	壶关	大旱饥，斗粟千钱。		道光《壶关县志》卷二《纪事》
	平顺	大旱饥，斗米银五钱。		民国《平顺县志》卷十一《旧闻考·兵匪·灾异》
	高平、沁水	高平、沁水大旱无麦，人民饥。		雍正《泽州府志》卷之五十《祥异》
	高平	夏，大旱，无麦，斗米一千五百文，人民饥。		乾隆《高平县志》卷之十六《祥异》

续　表

纪年	灾区	灾象	应对措施	资料出处
清顺治十三年(1656)	沁水	地震,大旱,无麦。		光绪《沁水县志》卷之十《祥异》
	榆社	丙申,大饥。九月,开果花。		光绪《榆社县志》卷之十《拾遗志·灾祥》
清顺治十四年(1657)	沁水	……沁水旱。		雍正《山西通志》卷一百六十三《祥异二》
		夏,沁水旱。(省志)		雍正《泽州府志》卷之五十《祥异》
		旱。		光绪《沁水县志》卷之十《祥异》
	霍州	……霍州饥。	……是年,奉旨蠲免。	雍正《山西通志》卷一百六十三《祥异二》
		饥。	奉旨蠲免本年钱粮。	道光《直隶霍州志》卷十六《禨祥》
清顺治十七年(1660)	浑源州	旱。		乾隆《浑源州志》卷七《祥异》
清顺治十八年(1661)	蒲州	蒲州旱。		《清史稿》卷四十三《灾异志四》
		……六月,蒲州旱。		雍正《山西通志》卷一百六十三《祥异二》
	霍州	霍州饥。	奉旨蠲免。	雍正《平阳府志》卷之三十四《祥异》
	芮城	旱,极热,人有渴死。		民国《芮城县志》卷十四《祥异考》
	蒲州	五月,猗氏大雨雹。蒲州旱甚之,炎如火,人有渴死者,八月,黑虫食禾。		乾隆《蒲州府志》卷之二十三《事纪·五行祥沴》

续　表

纪年	灾区	灾象	应对措施	资料出处
清顺治十八年（1661）	永济	六月旱，极熟，人有暍死者。		光绪《永济县志》卷二十三《事纪·祥沴》
清康熙元年（1662）	繁峙	康熙元年，旱。	祷泰华池，雷电大作，空中坠冰，长丈三尺，阔七尺，厚四尺，上覆茅土。	道光《繁峙县志》卷之六《祥异志·祥异》光绪《繁峙县志》卷四《杂志》
清康熙三年（1664）	太原、岢岚、静乐、保德、五台、朔州、马邑	太原、岢岚、静乐、保德、五台、朔州、马邑饥。	奉旨蠲免本年地丁钱粮，仍发帑赈济。	雍正《山西通志》卷一百六十三《祥异二》
	长治	旱。		
	太原、岢岚、清源	饥。	奉旨蠲免本年地丁钱粮，仍发帑赈济。蠲本年地丁钱粮，发仓赈济。	乾隆《太原府志》卷四十九《祥异》道光《太原县志》卷之十五《祥异》光绪《清源乡志》卷十六《祥异》
	朔州	夏，旱，秋潦早霜，次年大饥。	阳和兵备道曹溶详请捐赈，巡抚杨熙以闻，奉上发帑开仓赈济，并蠲免本年丁粮，民赖以甦。	雍正《朔州志》卷之二《星野·祥异》
	保德	荒旱。		乾隆《保德州志》卷之三《风土·祥异》

续 表

纪年	灾区	灾象	应对措施	资料出处
清康熙三年(1664)	岢岚	大饥。	上赐赈,蠲本年田租。	光绪《岢岚州志》卷之十《风土志·祥异》
清康熙四年(1665)	文水、平定、寿阳、孟县、代州、蒲县	七月,文水、平定、寿阳、孟县、代州、蒲县旱。		《清史稿》卷四十三《灾异志四》
	蒲县、寿阳	……蒲县旱……寿阳旱大饥。	免本年税粮。	雍正《山西通志》卷一百六十三《祥异二》
	平定州	旱,六月,方雨,大饥。	免本年税粮。	光绪《平定州志》卷之五《祥异》
	寿阳	自正月不雨至于秋七月。八月初六日,严霜遍地,秋禾立槁,大饥。	免本年税粮。	光绪《寿阳县志》卷十三《杂志·异祥第六》
	蒲县	大旱。	蠲粮。	光绪《蒲县续志》卷之九《祥异志》
清康熙六年(1667)	文水	……冬,文水无雪。		雍正《山西通志》卷一百六十三《祥异二》
		夏六月,雨伤禾。冬,文水无雪。		乾隆《太原府志》卷四十九《祥异》
清康熙七年(1668)	岢岚	……岢岚旱。		雍正《山西通志》卷一百六十三《祥异二》
	壶关	……壶关雨雹。		
	岢岚	春,阳曲白气亘天,从庚方指巽位,形如匹练,有星如斗。冬十月,地震。岢岚旱。		乾隆《太原府志》卷四十九《祥异》
		夏,不雨,伤稼。		光绪《岢岚州志》卷之十《风土志·祥异》
清康熙八年(1669)	猗氏、文水	……猗氏、文水旱。		雍正《山西通志》卷一百六十三《祥异二》

续　表

纪年	灾区	灾象	应对措施	资料出处
清康熙八年（1669）	文水	己酉，大旱，岁饥。		光绪《文水县志》卷之一《天文志·祥异》
	猗氏	夏，猗氏旱，既而雨雹。		乾隆《蒲州府志》卷之二十三《事纪·五行祥沴》
		旱。		雍正《猗氏县志》卷六《祥异》
清康熙九年（1670）	文水	春，文水旱。		雍正《山西通志》卷一百六十三《祥异二》
	黎城	自春徂夏不雨，岁复饥。	太守章公钦文、县令邓公文诏、邑绅李鼎、黄占、黄芳、黄口、李馥衿、李士琦各捐粟煮粥，全活甚众。	康熙《黎城县志》卷之二《纪事》
	文水	庚戌，正月至六月方雨，晚田颇熟。		光绪《文水县志》卷之一《天文志·祥异》
清康熙十年（1671）	黎城	夏，复大饥。七月始雨，诸谷不播，惟荞麦可收，民苦无种。	太守顾公岱、县令邓文诏，同邑绅李鼎黄等出粟设粥，日就食者几千人，存活甚众。	康熙《黎城县志》卷之二《纪事》
	文水	辛亥夏，旱。七月方雨，岁复再稔。		光绪《文水县志》卷之一《天文志·祥异》

续 表

纪年	灾区	灾象	应对措施	资料出处
清康熙十年(1671)	垣曲	六月,旱。	邑令纪宏谟步祷三日,雨,岁大稔。	光绪《垣曲县志》卷之十四《杂志》
	芮城	辛亥夏,大热,人有渴死者,至八月犹热。秋有五色虫,谷歉收。		民国《芮城县志》卷十四《祥异考》
	荣河	夏,大热,人有暍死者。冬有虎入,人遇之弗顾,惟啮数犬而去。		光绪《荣河县志》卷十四《记三·祥异》
清康熙十一年(1672)	芮城、解州	春,芮城,解州旱。		《清史稿》卷四十三《灾异志四》
	芮城	旱。		雍正《山西通志》卷一百六十三《祥异二》
	黎城	……黎城饥。		
	平陆	……冬,平陆无雪。		
	文水	壬子二月,大风雪,严寒,途人多冻死者。春夏大雨。秋旱,田薄收。		光绪《文水县志》卷之一《天文志·祥异》
	芮城	壬子春,旱,自二月至五月。秋七月,有蝗自灵宝来,旋飞而南不为灾。		民国《芮城县志》卷十四《祥异考》
	猗氏	大饥。(野有饿殍,流亡载道)		雍正《猗氏县志》卷六《祥异》
清康熙十二年(1673)	阳曲	……冬,阳曲无雪。		雍正《山西通志》卷一百六十三《祥异二》 乾隆《太原府志》卷四十九《祥异》
	平陆	夏,无雨,麦田槁。		乾隆《解州平陆县志》卷之十一《祥异》
清康熙十三年(1674)	和顺	……夏,和顺旱,秋大熟。		雍正《山西通志》卷一百六十三《祥异二》

续　表

纪年	灾区	灾象	应对措施	资料出处
清康熙十三年(1674)	和顺	甲寅,正月至六月四日始雨,无豆麦,秋禾大熟。		民国《重修和顺县志》卷之九《风俗·祥异》
	岳阳	旱。		民国《新修岳阳县志》卷一十四《祥异志·灾祥》
	垣曲	饥。		光绪《垣曲县志》卷之十四《杂志》
清康熙十五年(1676)	霍山	丁丑,晋南大饥,霍属民死过半,山土寺僧众亦有死散者。		民国《霍山志》卷之六《杂识志》
清康熙十六年(1677)	和顺	饥。		民国《重修和顺县志》卷之九《风俗·祥异》
清康熙十八年(1679)	临县	九月,临县大旱。		《清史稿》卷四十三《灾异志四》
	保德、临县	……保德、临县旱。		雍正《山西通志》卷一百六十三《祥异二》
	大同	……大同饥。		
	阳高	……饥。		雍正《阳高县志》卷之五《祥异》
	阳曲	自春正至首夏不雨。	巡抚土公率文武,太原天龙山祷雨。	道光《阳曲县志》卷之十六《志余》
	大同	十八年,饥。	奉旨免夏税之三。	道光《大同县志》卷二《星野·岁时》
	怀仁	饥。		光绪《怀仁县新志》卷一《分野》
	广灵、代州、保德、临县、曲沃、太平*	大旱。		乾隆《广灵县志》卷一《方域·星野·灾祥附》

* 太平,今山西襄汾西南部。

续 表

纪年	灾区	灾象	应对措施	资料出处
清康熙十八年(1679)	广灵、代州、保德、临县、曲沃、太平	大旱。		光绪《代州志·记三》卷十二《大事记》 乾隆《保德州志》卷之三《风土·祥异》 民国《临县志》卷三《谱大事》 雍正《平阳府志》卷之三十四《祥异》
	临汾	春,正月不雨至夏四月。		民国《临汾县志》卷六《杂记类·祥异》
	曲沃	夏旱。秋霪雨二十五日,坏城垣庐舍无数。		光绪《续修曲沃县志》卷之三十二《祥异》
	绛州	春正月不雨至夏四月。秋霪雨二十五日。		光绪《直隶绛州志》卷之二十《灾祥》
	临晋、霍州、猗氏	……荣河河水溢,败民田。九月,临晋大雪,深数尺,木尽折,自霍州以南皆然。明年及猗氏皆旱。		乾隆《蒲州府志》卷之二十三《事纪·五行祥沴》
	绛州	春正月不雨至夏四月。秋淫雨二十五日。		民国《新绛县志》卷十《旧闻考·灾祥》
清康熙十九年(1680)	广灵	……广灵旱。		雍正《山西通志》卷一百六十三《祥异二》
	太原、大同	……太原、大同饥。		
	保德、忻州、定襄	……保德、忻州、定襄饥,奉旨免夏税之三。	奉旨免夏税之三。	
	大同、天镇、广灵	大同、天镇饥,广灵旱。	奉旨免夏税之三。	乾隆《大同府志》卷之二十五《祥异》

续　表

纪年	灾区	灾象	应对措施	资料出处
清康熙十九年(1680)	阳高	十九年,大饥,民间探食蓬子、苦菜,皆鸠面鹄形,卖儿鬻女。		雍正《阳高县志》卷之五《祥异》
	广灵	春、夏大旱。	诏免夏税十分之三。	乾隆《广灵县志》卷一《方域·星野·灾祥附》
	朔州	春甲子日雨,后是岁大旱,夏秋俱未收。		雍正《朔州志》卷之二《星野·祥异》
	马邑	旱,岁大饥。		民国《马邑县志》卷之一《舆图志·杂记》
	左云	大饥,人民多逃亡。	免粮赈济。	光绪《左云县志》卷一《祥异》
	偏关	大饥,民掘白泥而咽之。		乾隆《宁武府志》卷之十《事考》
	忻州	六月无雨,霜旱,岁祲,斗米四钱。煮粥赈饥,蠲免本年地丁钱粮,又遣官散赈,大口四钱八分,小口二钱四分。	煮粥赈饥,蠲免本年地丁钱粮,又遣官散赈,大口四钱八分,小口二钱四分。	光绪《忻州志》卷三十九《灾祥》
	定襄	大歉。	百姓播迁粮米,奉旨免七征三。	康熙《定襄县志》卷之七《灾祥志·灾异》
	静乐	彗星见西北,岁饥。		康熙《静乐县志》四卷《赋役·灾变》
	代州	饥,春、夏大疫。		光绪《代州志·记三》卷十二《大事记》
	崞县	大饥。	上司差官赈济。	乾隆《崞县志》卷五《祥异》

续　表

纪年	灾区	灾象	应对措施	资料出处
清康熙十九年(1680)	崞县	大饥。	遣官赈济。	光绪《续修崞县志》卷之八《志余·灾荒》
	保德	荒,斗米三钱三分,民多逃亡,鬻男女者有之。		乾隆《保德州志》卷之三《风土·祥异》
	岚县	岁荒,民大饥。		雍正《重修岚县志》卷之十六《灾异》
清康熙二十年(1681)	五台	……五台旱。		雍正《山西通志》卷一百六十三《祥异二》
	广灵	……广灵饥。	奉诏遣使赈济,仍全蠲历年逋赋并本年地丁钱粮。	雍正《山西通志》卷一百六十三《祥异二》
	曲沃	夏……曲沃旱。		雍正《山西通志》卷一百六十三《祥异二》
	大同	饥。	奉诏遣使赈济,仍全蠲历年逋赋并本年地丁钱粮。	乾隆《大同府志》卷之二十五《祥异》
	阳高	春,饥。秋大稔,民始安集。		雍正《阳高县志》卷之五《祥异》
	广灵	大饥。	诏赈二次,仍全蠲屡年逋赋并本年地丁钱粮。	乾隆《广灵县志》卷一《方域·星野·灾祥附》

续 表

纪年	灾区	灾象	应对措施	资料出处
清康熙二十年(1681)	大同	春,大同属又饥。	特遣大臣同巡抚分行赈济,并蠲免本年钱粮、房税等项,仍移京师例于大同捐米,民赖以甦,逃亡者渐归故土。	雍正《朔平府志》卷之十一《外志·祥异》
	朔州	大饥,人食草根木皮,死亡者众。	知州张光午申请各宪具题,特遣大臣同巡抚雁平道张道祥煮粥银赈济,并蠲免本年丁粮,仍移京师例于大同捐米,民赖以活,逃亡渐归。是年夏田未种,秋禾自发,岁大稔。	雍正《朔州志》卷之二《星野·祥异》
	万泉	无麦。		民国《万泉县志》卷终《杂记附·祥异》
清康熙二十二年(1683)	曲沃、太平	夏,曲沃旱。七月,太平旱。		《清史稿》卷四十三《灾异志四》
	静乐	岁大饥。		康熙《静乐县志》四卷《赋役·灾变》
	岳阳、曲沃	旱。		雍正《平阳府志》卷之三十四《祥异》 民国《新修岳阳县志》卷一十四《祥异志·灾祥》

续 表

纪年	灾区	灾象	应对措施	资料出处
清康熙二十二年（1683）	岳阳、曲沃	旱。		民国《安泽县志》卷十四《祥异志·灾祥》
	曲沃	夏大水，秋大旱。池水赤。		光绪《续修曲沃县志》卷之三十二《祥异》
	绛州	夏大水，秋大旱。		光绪《直隶绛州志》卷之二十《灾祥》
		秋，大旱。		民国《新绛县志》卷十《旧闻考·灾祥》
清康熙二十三年（1684）	安邑	六月，安邑旱。		《清史稿》卷四十三《灾异志四》
	大同	饥。	奉诏遣使赈济，仍全蠲历年逋赋并本地丁钱粮，是秋大稔。	道光《大同县志》卷二《星野·岁时》
清康熙二十五年（1686）	沁州	六月，沁州旱。		《清史稿》卷四十三《灾异志四》
		夏，州大旱。自四月至六月亢阳六十余日。	知州杨茂英率官绅士民露顶赤足，步行赴伏牛山祷雨。回州斋宿于坛所月余。三伏大雨沾足。岁竟丰收。	乾隆《沁州志》卷九《灾异》
	临县	夏大旱，秋暴雨，湫河水涨，冲坏东城数十丈并东瓮城，平地禾黍淹没无数。		民国《临县志》卷三《谱大事》
清康熙二十七年（1688）	天镇	冬，天镇无雪。		乾隆《大同府志》卷之二十五《祥异》

续 表

纪年	灾区	灾象	应对措施	资料出处
清康熙二十七年(1688)	广灵	饥。		乾隆《广灵县志》卷一《方域·星野·灾祥附》
	代州	冬无雪。		光绪《代州志·记三》卷十二《大事记》
清康熙二十八年(1689)	广昌、马邑	……夏,广昌、马邑旱。		雍正《山西通志》卷一百六十三《祥异二》
	保德、定襄、襄垣	……保德、定襄、襄垣饥。	奉旨蠲免本年通省地丁钱粮。	
	平定州	大旱。蠲免地丁钱粮。		光绪《平定州志》卷之五《祥异》
	怀仁	又饥。		光绪《怀仁县新志》卷一《分野》
	阳高	春,饥。		雍正《阳高县志》卷之五《祥异》
	朔平府	旱,岁大饥。	冬十一月发帑大赈,并免田租。	雍正《朔平府志》卷之十一《外志·祥异》
	马邑	大旱,经年不雨,粒谷不登。		民国《马邑县志》卷之一《舆图志·杂记》
	左云	大饥。		光绪《左云县志》卷一《祥异》
	定襄	荒旱,补种荞麦,又被霜灾,人民逃散,鬻妻卖子。	知县赵公申请赈济。	康熙《定襄县志》卷之七《灾祥志·灾异》
	保德	荒,斗米二钱八分。		乾隆《保德州志》卷之三《风土·祥异》
	夏县	夏,麦不收。	奉旨免地丁银五万八千四百四十五两五千一分有奇。	光绪《夏县志》卷五《灾祥志》

续 表

纪年	灾区	灾象	应对措施	资料出处
清康熙二十八、二十九年（1689、1690）	平顺	两年连岁大旱，五谷未登，民多饥荒，卖儿鬻女者不可胜数，平北乡尤急。	邑侯杜公讳之昂，捐已赀施米施粥，又屡详申请发仓谷四千石赈济饥民，全活者甚众。	康熙《平顺县志》卷之八《祥灾志·灾荒》
清康熙二十九年（1690）	广昌	春正月，广昌饥。	奉旨赈济。	雍正《山西通志》卷一百六十三《祥异二》
	闻喜	……闻喜旱。		
	襄垣、长子、平顺	……襄垣、长子、平顺饥。	发谷四千石赈之。	雍正《山西通志》卷一百六十三《祥异二》
	代州	饥。		光绪《代州志·记三》卷十二《大事记》
	榆次	春旱至六月乃雨。秋淫雨，晚禾不熟多荼，民采食之。		同治《榆次县志》卷之十六《祥异》
	岚县	亢旱，岁饥。		雍正《重修岚县志》卷之十六《灾异》
	闻喜	旱。		民国《闻喜县志》卷二十四《旧闻》
	垣曲	七月，地震；秋旱，麦种未播。		光绪《垣曲县志》卷之十四《杂志》
	夏县	夏，麦不收，荒更甚。		光绪《夏县志》卷五《灾祥志》
清康熙三十年（1691）	介休	五月，介休旱。		《清史稿》卷四十三《灾异志四》
	平阳府、泽州、沁水、介休	平阳府属及泽州、沁水、介休俱旱蝗，民饥。	诏发谷赈济，仍蠲免田租有差。	雍正《山西通志》卷一百六十三《祥异二》

续　表

纪年	灾区	灾象	应对措施	资料出处
清康熙三十年（1691）	介休	三月朔，雨雪杀麦。五月，旱，大风折木。闰七月淫雨，东城圮数十丈，岁大饥，诸粟翔贵，饿殍载道。		嘉庆《介休县志》卷一《兵祥·祥灾附》
	平阳府	俱旱蝗，民饥。	诏发谷赈济，仍蠲免田租有差。	雍正《平阳府志》卷之三十四《祥异》
	临汾	旱。		民国《临汾县志》卷六《杂记类·祥异》
	岳阳	三十年，自正月至六月不雨，夏麦尽枯。		民国《新修岳阳县志》卷一十四《祥异志·灾祥》
		正月至六月不雨夏，麦尽枯……*		民国《安泽县志》卷十四《祥异志·灾祥》
	曲沃	夏大旱。秋七月，蝗、雹、疫、霪雨，饥。		光绪《续修曲沃县志》卷之三十二《祥异》
	吉州	旱蝗。	赈济。	光绪《吉州全志》卷七《祥异》
	蒲县	蝗，旱。	赈济。	光绪《蒲县续志》卷之九《祥异志》
	绛州	大旱。秋七月，蝗。		光绪《直隶绛州志》卷之二十《灾祥》

*（康熙）三十年自正月至六月不雨，夏麦尽枯。六月中旬，降雨播谷，播谷之后，飞蝗入境，继遭蝻子，弥山遍野绿苗一空。知县卢振先报荒，士庶上府具呈。蒙太守元善转详抚宪，具题蠲账，将本县钱粮每两免银一钱四分。次年钱粮宽，至秋季开徵，又拨五台、崞县二处米，共运到县一千二百有余石。一面煮粥，一面给散，贫丁一次折米价银二千二百八十两，每丁分银四钱一分，一次折米价银二千四百九十四两，每丁分银四钱八分。一次折米价银一千二百两，照丁给散。

续　表

纪年	灾区	灾象	应对措施	资料出处
清康熙三十年（1691）	浮山	六月，大旱，蝗。	发谷赈济，仍蠲免田租。	民国《浮山县志》卷三十七《灾祥》
	襄陵	旱。六月，蝗。	发帑赈济。	民国《襄陵县新志》卷之二十三《旧闻考》
	绛州	夏，大旱。		民国《新绛县志》卷十《旧闻考·灾祥》
	闻喜	旱。六月蝗。七月蝻，大饥。	发谷赈济。	民国《闻喜县志》卷二十四《旧闻》
	绛县	旱。	奉旨将五台等县储米借给，又贷太原、大同二府捐米。	光绪《绛县志》卷六《纪事·大事表门》
	芮城	大饥。		民国《芮城县志》卷十四《祥异考》
	平陆	饥民逃亡塞路。		乾隆《解州平陆县志》卷之十一《祥异》
清康熙三十一年（1692）	平阳	……平阳又旱、蝗，民饥。	奉旨蠲赈，仍诏所司抚。	雍正《山西通志》卷一百六十三《祥异二》
		又旱蝗，民饥。奉旨蠲赈，仍诏所司抚恤。	奉旨蠲赈，仍诏所司抚。	雍正《平阳府志》卷之三十四《祥异》
	马邑	夏，旱，秋大水，谷不登。		民国《马邑县志》卷之一《舆图志·杂记》
	临汾	旱蝗大饥。	蠲粮。	民国《临汾县志》卷六《杂记类·祥异》

续 表

纪年	灾区	灾象	应对措施	资料出处
	岳阳		二月，知府亲临赈济。四月，奉旨差户部郎中、兵部员外、兵科给事等官到县查荒。	民国《安泽县志》卷十四《祥异志·灾祥》
	曲沃	春大饥。		光绪《续修曲沃县志》卷之三十二《祥异》
	吉州	旱蝗，大饥。	免粮有差。	光绪《吉州全志》卷七《祥异》
清康熙三十一年（1692）	蒲县	旱。	蠲粮。	光绪《蒲县续志》卷之九《祥异志》
	绛州	大饥并疫。		光绪《直隶绛州志》卷之二十《灾祥》
	浮山	又旱，上年蝗生子名蝻，为灾，无禾，民饥。		民国《浮山县志》卷三十七《灾祥》
	河津	旱蝗，民饥。	以免田租。	光绪《河津县志》卷之十《祥异》
	介休	四月，大旱。		嘉庆《介休县志》卷一《兵祥·祥灾附》
	临县	大饥。		民国《临县志》卷三《谱大事》
	永宁州*、临县	秋，永宁州、临县旱。		《清史稿》卷四十三《灾异志四》
清康熙三十三年（1694）	怀仁	饥。		光绪《怀仁县新志》卷一《分野》
	保德	三十三年至三十七年俱夏旱秋霜。斗米至四钱，黑豆三钱以上。	俱奉旨蠲赈。	乾隆《保德州志》卷之三《风土·祥异》

* 永宁州，今山西离石县。

续 表

纪年	灾区	灾象	应对措施	资料出处
清康熙三十五年（1696）	静乐	五月，静乐旱。		《清史稿》卷四十三《灾异志四》
	闻喜、汾阳、永宁、岚县、临县	夏，闻喜、汾阳、永宁旱……岚县饥。冬，临县无雪。		雍正《山西通志》卷一百六十三《祥异二》
	静乐	五月朔，日食，昼晦。夏大旱。秋雨两月不止。八月，冰霜杀禾殆尽，岁大饥。		康熙《静乐县志》四卷《赋役·灾变》
	永宁	夏、秋大旱，禾尽槁，民大饥，流亡无数。		康熙《永宁州志》附《灾祥》
	岚县	岁饥馑，民食树皮草根，野多饿殍。		雍正《重修岚县志》卷之十六《灾异》
	汾阳、永宁州	夏，汾阳、永宁州旱。		乾隆《汾州府志》卷之二十五《事考》 光绪《汾阳县志》卷十《事考》
	永和	三十五六年，连年大旱。		民国《永和县志》卷十四《祥异考》
	闻喜	夏，旱。		民国《闻喜县志》卷二十四《旧闻》
清康熙三十六年（1697）	沁源、盂县	……沁源、盂县饥，赈之。		雍正《山西通志》卷一百六十三《祥异二》
	汾阳、宁乡、临县、永宁、临汾、永和、蒲县	……汾阳、宁乡、临县、永宁、临汾、永和、蒲县旱、疫。	八月，奉上谕康熙三十六年大同府属州县卫所应征地丁银米，着令全与蠲免。	

续　表

纪年	灾区	灾象	应对措施	资料出处
清康熙三十六年（1697）	沁州	复大旱。四月、五月不雨。	知州刘民瞻率官绅士民步行赴伏牛山祈祷。六月初旬大雨。是岁无麦有秋。	乾隆《沁州志》卷九《灾异》
	高平	夏六月，旱，二十日至二十五日，飞蝗蔽日，自南而北，落地积五寸，田禾一空。起自东南刘庄、双井、李门，至西北高良、柳村、通义三十五里被灾独甚。		乾隆《高平县志》卷之十六《祥异》
	平定州	春，大饥，人相食。	蠲免通省二年地丁钱粮，拨米谷赈济。	光绪《平定州志》卷之五《祥异》
	盂县	春，饥，斗米五百。		光绪《盂县志·天文考》卷五《祥瑞、灾异》
	静乐	夏，大旱，交寇出山，掳掠无数。		康熙《静乐县志》四卷《赋役·灾变》
	辽州	戊寅，饥。		雍正《辽州志》卷之五《祥异》
	介休	夏，大旱。		嘉庆《介休县志》卷一《兵祥·祥灾附》
	永宁州	夏，大旱，草皆枯死。秋，瘟疫盛行，民死亡殆尽。连岁奇灾。	巡抚委公竟未入告。	康熙《永宁州志》附《灾祥》
	交城	三十六年丁丑至次年大饥。	奉蠲二岁钱粮。	光绪《交城县志》卷一《天文门·祥异》

续 表

纪年	灾区	灾象	应对措施	资料出处
清康熙三十六年（1697）	汾阳、宁乡、临县、永宁州	旱、疫。		乾隆《汾州府志》卷之二十五《事考》 光绪《汾阳县志》卷十《事考》
	宁乡	夏，大旱。		康熙《宁乡县志》卷之一《灾异》
	临县	大旱，斗米七钱余，民饥相食，南城外掘男女坑，日填饿殍，时瘟疫大作。		民国《临县志》卷三《谱大事》
	隰州	春、夏大旱，米价腾贵。	民多就食他方。	康熙《隰州志》卷之二十一《祥异》
	闻喜	旱，饥。		民国《闻喜县志》卷二十四《旧闻》
清康熙三十七年（1698）	临汾	临汾旱。		雍正《山西通志》卷一百六十三《祥异二》
		旱。	是年，奉旨蠲免通省二年钱粮。仍拨榆次、文水仓谷赈济。	雍正《平阳府志》卷三十四《祥异》
	保德、交城	……保德、交城频歉。	奉旨蠲免通省二年钱粮，仍拨榆次、文水仓谷赈济。	雍正《山西通志》卷一百六十三《祥异二》
	保德		蠲通省地丁钱粮。	乾隆《保德州志》卷之三《风土·祥异》
	乐平	春，大饥，人相食，蠲免二年地丁钱粮，仍拨谷赈济。		民国《昔阳县志》卷一《舆地志·祥异》
	翼城	夏，旱，民饥，瘟疫盛行。		民国《翼城县志》卷十四《祥异》

续　表

纪年	灾区	灾象	应对措施	资料出处
清康熙三十七年(1698)	蒲县	大饥。	(蠲粮赈济)	光绪《蒲县续志》卷之九《祥异志》
	洪洞	大旱民饥,瘟疫盛行。		民国《洪洞县志》卷十八《杂记志·祥异》
	浮山	夏,旱,民饥,瘟疫盛行。	乃蠲免二年钱粮,仍发仓谷赈济。	民国《浮山县志》卷三十七《灾祥》
	襄陵	旱饥。	奉恩诏,钱粮全免。	民国《襄陵县新志》卷之二十三《旧闻考》
	闻喜	旱。		民国《闻喜县志》卷二十四《旧闻》
清康熙三十八年(1699)	阳高	大旱。七月陨霜。		雍正《阳高县志》卷之五《祥异》
	乐平	大旱。	蠲免地丁钱粮。	民国《昔阳县志》卷一《舆地志·祥异》
清康熙四十年(1701)	宁乡	……宁乡旱。		雍正《山西通志》卷一百六十三《祥异二》
	平定州	大旱;风,雹如碗大,积尺余,禾俱无。		光绪《平定州志》卷之五《祥异》
	宁乡	夏、秋俱旱。五月十二日,西北十余村大雹。		康熙《宁乡县志》卷之一《灾异》
清康熙四十三年(1704)	绛县	六月,绛县旱。		《清史稿》卷四十三《灾异志四》
	马邑、荣河	马邑、荣河旱。		雍正《山西通志》卷一百六十三《祥异二》
	徐沟	亢旱,不雨,至立秋日乃雨,方种黍谷,农人皆以迟虑,后却丰收,老农谓顺治元年亦然。		康熙《徐沟县志》卷之三《祥异》 光绪《补修徐沟县志》卷五《祥异》

续　表

纪年	灾区	灾象	应对措施	资料出处
清康熙四十三年（1704）	马邑	夏大旱，二麦俱槁。		雍正《朔平府志》卷之十一《外志·祥异》
	闻喜	旱。		民国《闻喜县志》卷二十四《旧闻》
	绛县	夏，绛县旱。		光绪《绛县志》卷六《纪事·大事表门》
	蒲州	荣河旱，万泉麦秀两岐。		乾隆《蒲州府志》卷之二十三《事纪·五行祥沴》
	荣河	旱。		光绪《荣河县志》卷十四《记三·祥异》
清康熙四十四年（1705）	沁州	夏大旱。自四月初十日至六月十八日三伏将尽，犹亢阳不雨。	知州张兆麟诣伏牛山恳祷，愿减己寿以活万民。十九日夜雨，二十日大雨滂沱，州境暨两县并皆沾足。州人德之，为立祷雨碑。	乾隆《沁州志》卷九《灾异》
		夏大旱。五月初旬至六月望后不雨。	知州张兆麟率官绅士民步祷于青龙冈龙泉神行祠，三步一拜，涕泣哀请。二十三日大雨，州境遍浃。	
		冬不雨。自九月二十日至次年正月二十五日明月乃雨。麦苗死者过半。		

续 表

纪年	灾区	灾象	应对措施	资料出处
清康熙四十五年（1706）	闻喜	……闻喜旱。		雍正《山西通志》卷一百六十三《祥异二》 民国《闻喜县志》卷二十四《旧闻》
	平定州、乐平	大旱，风。		光绪《平定州志》卷之五《祥异·乐平乡》 民国《昔阳县志》卷一《舆地志·祥异》
清康熙四十七年（1708）	泽州	泽州旱。		雍正《山西通志》卷一百六十三《祥异二》 雍正《泽州府志》卷之五十《祥异》
	武乡	冬不雨。		乾隆《武乡县志》卷之二《灾祥》
清康熙五十一年（1712）	吉州、蒲县、乡宁	吉州、蒲县、乡宁旱。	……是年，蠲免通省地丁并历年旧欠钱粮有差。	雍正《山西通志》卷一百六十三《祥异二》
	平定、乐平	旱。	蠲免地丁钱粮，竝节年旧欠有差。蠲免地丁钱粮有差。	光绪《平定州志》卷之五《祥异·乐平乡》 民国《昔阳县志》卷一《舆地志·祥异》
	吉州	有大旱。	钱粮全免。	光绪《吉州全志》卷七《祥异》
康熙五十三年（1714）	长治	大旱。		光绪《长治县志》卷之八《记一·大事记》

续　表

纪年	灾区	灾象	应对措施	资料出处
清康熙五十三年(1714)	沁州	大旱。自正月至四月不雨,麦苗枯槁,收不及三分。五六月雨,民始播种,秋复旱,岁歉。		乾隆《沁州志》卷九《灾异》
	武乡	大旱。		乾隆《武乡县志》卷之二《灾祥》
清康熙五十四年(1715)	翼城、解州	春,翼城,解州旱。		《清史稿》卷四十三《灾异志四》 民国《翼城县志》卷十四《祥异》
清康熙五十九年(1720)	岳阳、曲沃、临汾	夏,岳阳,曲沃,临汾旱。		《清史稿》卷四十三《灾异志四》
	沁州	秋,沁州旱。		
	平阳、汾州	平阳、汾州等属旱无禾。	蠲免钱粮有差。	雍正《山西通志》卷一百六十三《祥异二》
	武乡、沁州	七月,旱。		乾隆《武乡县志》卷之二《灾祥》 乾隆《沁州志》卷九《灾异》
	榆次	六月八日,邑中地震,岁旱饥。		同治《榆次县志》卷之十六《祥异》
	介休、平阳、曲沃	旱无禾。	蠲免钱粮有差。	嘉庆《介休县志》卷一《兵祥·祥灾附》 雍正《平阳府志》卷之三十四《祥异》 道光《直隶霍州志》卷十六《禨祥》 光绪《续修曲沃县志》卷之三十二《祥异》

续 表

纪年	灾区	灾象	应对措施	资料出处
清康熙五十九年(1720)	交城	庚子,大旱,无禾。		光绪《交城县志》卷一《天文门·祥异》
	汾州府等	屡旱无禾。	免税粮有差。	乾隆《汾州府志》卷之二十五《事考》
	汾阳	旱。	免税粮有差。	光绪《汾阳县志》卷十《事考》
	孝义	岁旱。		乾隆《孝义县志·胜迹·祥异》
	临汾	大旱无禾。		民国《临汾县志》卷六《杂记类·祥异》
	岳阳	本县自六月至九月不雨,秋苗尽枯。知县方邃申文报荒。九月中旬,落雨播麦。自播麦后,三冬无雪,种仍枯,民有忧色。		民国《新修岳阳县志》卷一十四《祥异志·灾祥》
		本县自六月至九月不雨,秋苗尽枯……九月中旬落雨,播麦播后三冬无雪,麦种仍枯,民有饥色。	知县方遂申文报荒。	民国《安泽县志》卷十四《祥异志·灾祥》
	吉州	旱。	免粮有差。	光绪《吉州全志》卷七《祥异》
	永和	五十九年至六十年,晋省连遭大旱,永邑更甚。米麦石至十金,盗贼遍地,饿莩盈野,性命贱如草菅,骨肉等于泥沙,颠沛流离,大为惨伤。		民国《永和县志》卷十四《祥异考》
	蒲县	自夏不雨,饥。		光绪《蒲县续志》卷之九《祥异志》

续　表

纪年	灾区	灾象	应对措施	资料出处
清康熙五十九年（1720）	洪洞	秋不雨，苗皆槁死，冬复无雪。		民国《洪洞县志》卷十八《杂记志·祥异》
	绛州	旱无禾。		光绪《直隶绛州志》卷之二十《灾祥》
	浮山	秋，不雨，无禾，冬复无雪。		民国《浮山县志》卷三十七《灾祥》
	襄陵	春，大霾尘积见钱形；是岁旱，秋无禾，至六十年六月不雨，斗米八九钱不等，木皮草根剥掘殆尽。总宪朱奉旨赈济。六月二十七日，大雨；秋禾大稔，民有起色。	总宪朱奉旨赈济。	民国《襄陵县新志》卷之二十三《旧闻考》
	乡宁	旱。		乾隆《乡宁县志》卷十四《祥异》 民国《乡宁县志》卷八《大事记》
	安邑	大旱，无禾。		乾隆《解州安邑县志》卷之十一《祥异》
	绛州、垣曲	旱，无禾。	蠲免钱粮有差。	民国《新绛县志》卷十《旧闻考·灾祥》 光绪《垣曲县志》卷之十四《杂志》
	河津、稷山	秋，旱，无禾。	蠲免钱粮。	光绪《河津县志》卷之十《祥异》 同治《稷山县志》卷之七《古迹·祥异》
	万泉	大旱无禾。		民国《万泉县志》卷终《杂记附·祥异》

续　表

纪年	灾区	灾象	应对措施	资料出处
清康熙五十九年（1720）	猗氏	自六月不雨，至于九月。禾尽枯死。		雍正《猗氏县志》卷六《祥异》
清康熙五十九年、六十年（1720、1721）	沁州	六十年，大旱，民饥。自五十九年八月不雨至次年五月终，麦苗尽死，颗粒无收，秋籽不得入土，南乡尤苦。	六月微雨，田多改种荞黍，立秋后大雨沾足，荞黍菁芥颇收。是岁民饥，奏闻免夏田钱粮十分之三，仍遣大臣发帑赈济，饥民赖以全活。	乾隆《沁州志》卷九《灾异》
清康熙六十年（1721）	平阳、汾州、大同	平阳、汾州、大同等属旱，无麦，斗米至八九钱。	奉特旨遣左都御史朱轼赍帑散赈，仍蠲免钱粮，有差。	雍正《山西通志》卷一百六十三《祥异二》
	潞安	（辛丑）旱，米价每斗银四钱，民大饥。		乾隆《潞安府志》卷十一《纪事》
	长治	旱饥。		光绪《长治县志》卷之八《记一·大事记》
	沁源	晋省荒旱，斗米半千。		雍正《沁源县志》卷之九《别录·灾祥》 民国《沁源县志》卷六《大事考》
	襄垣	旱，斗米银四钱，民大饥。	赈恤免粮。	乾隆《重修襄垣县志》卷之八《祥异志·祥瑞》 民国《襄垣县志》卷之八《旧闻考·祥异》
	武乡	大旱。		乾隆《武乡县志》卷之二《灾祥》
	沁水	自六月旱至九月始雨。		光绪《沁水县志》卷之十《祥异》

续　表

纪年	灾区	灾象	应对措施	资料出处
清康熙六十年（1721）	大同属县	旱。	奉特旨遣左都御史朱轼赍帑散赈，仍蠲免钱粮。六月，大同澍雨，民获补种，秋禾大熟。	乾隆《大同府志》卷之二十五《祥异》 道光《大同县志》卷二《星野·岁时》
	怀仁	旱。六月，澍雨，秋禾大熟。		光绪《怀仁县新志》卷一《分野》
	榆次	岁旱，饥。		同治《榆次县志》卷之十六《祥异》
	太谷	辛丑，饥。		民国《太谷县志》卷一《年纪》
	介休、汾阳、临县	旱无麦，斗米至八九钱。	奉旨谴左都御史朱轼赀帑赈恤，仍免税粮有差。	嘉庆《介休县志》卷一《兵祥·祥灾附》 光绪《汾阳县志》卷十《事考》 民国《临县志》卷三《谱大事》
	孝义	大饥。	都御使朱轼奉命来赈，抚恤有方，各富室咸出银粟，赡其乡里，存活甚众。	乾隆《孝义县志·胜迹·祥异》

续　表

纪年	灾区	灾象	应对措施	资料出处
清康熙六十年(1721)	平阳、汾州府	平阳、汾州府等属旱,无麦。斗米至八九钱。……*	奉旨遣左都御史朱轼赍帑赈恤,仍免税粮有差。	雍正《平阳府志》卷之三十四《祥异》 乾隆《汾州府志》卷之二十五《事考》
	临汾	大旱无麦。		民国《临汾县志》卷六《杂记类·祥异》
	岳阳	本县自正月至六月不雨,二麦不收。	阖邑士庶报荒。蒙恩发仓借赈。每丁给谷二斗,给银九分六厘。一次赈银七百五十两,每丁给银一钱七分;一次赈银八百八十两;一次赈银一千七百八十两,量米分给饿民。时米价每石腾贵七两,百姓流移载道,途有饿莩,六月二十九日,都察院至县查荒赈济。	民国《新修岳阳县志》卷一十四《祥异志·灾祥》

*(康熙)六十年,平阳等属大旱无麦,斗米至八九钱。知县魏重煌设赈,以乡绅王名彀、郑维纲、王名辂、亢嗣鼎、祝君礼、张廷鑑、贺洪章、李统、姜勇腾等分司赈事,旋蒙特旨,遣左都御史朱轼赍帑散赈,仍蠲免钱粮有差。一时绅士如亢在时、亢孳时、刘公楷、范泓、范演、范沄、亢嗣鼎、亢汴、王名彀、王名辂、樊沽、李统、祝君礼、张廷鑑等感激踊跃,各捐银粟不等。至夏六月,澍雨,民获补种,秋禾大熟。

续 表

纪年	灾区	灾象	应对措施	资料出处
清康熙六十年(1721)	岳阳	正月至六月不雨,二麦不收,阖邑士庶报荒。	蒙恩发仓借赈,每丁给谷二斗,给银九分六厘。一次赈银七百五十两。每丁给银一钱七分;一次赈银八百八十两,一次赈银一千七百八十两。量米分给饥民,时米价每石腾贵七两。百姓流移载道,途有饿殍。六月二十九日,督察院至县查荒赈济。	民国《安泽县志》卷十四《祥异志·灾祥》
	翼城	春不雨,六月天泣,是岁大饥,斗米银八钱,民剥树皮、掘草根殆尽,滦水涸。		民国《翼城县志》卷十四《祥异》
	曲沃	春二月,天鼓鸣,三月,又鸣,是岁大旱,无麦,大饥,斗米银八九钱。	遣官赈恤,仍蠲免钱粮有差。	光绪《续修曲沃县志》卷之三十二《祥异》
	吉州	大旱。	免粮有差。	光绪《吉州全志》卷七《祥异》
	大宁	旱荒,发帑赈济,全活甚众。	旱荒,发帑赈济,全活甚众。	光绪《大宁县志》卷之七《灾祥集》
	蒲县	六十年至六十一年,大旱荒。斗米八钱,民食草根树皮,饿殣载道。	发帑赈济。	光绪《蒲县续志》卷之九《祥异志》
	洪洞	春,不雨,米价腾贵,每石银八九两不等。民饥乏食,树皮草根剥掘殆尽,甚至食干泥以充饥,转徙流亡,母子夫妇有相抱立死者。	发帑赈恤如例。	民国《洪洞县志》卷十八《杂记志·祥异》

续 表

纪年	灾区	灾象	应对措施	资料出处
清康熙六十年(1721)	绛州	天鼓鸣，岁大旱，民饥，斗米价银一两。	遣官赈恤，蠲免钱粮有差。	光绪《直隶绛州志》卷之二十《灾祥》 民国《新绛县志》卷十《旧闻考·灾祥》
	浮山	大旱，自春至夏，无雨……*		光绪《汾阳县志》卷十《事考》
	太平	夏，旱，无麦，去年谷豆薄收，至是比舍饥甚啼嚎，而死者日有之。		光绪《太平县志》卷十四《杂记志·祥异》
	乡宁	大旱，至六月十六日雨，有秋未种而自出者，皆收。		乾隆《乡宁县志》卷十四《祥异》 民国《乡宁县志》卷八《大事记》
	安邑	无麦，民多流徙，秋大稔。		乾隆《解州安邑县志》卷之十一《祥异》
	河津、稷山	旱，无麦。发帑散赈。是年，大有秋。	发帑散赈。	光绪《河津县志》卷之十《祥异》 同治《稷山县志》卷之七《古迹·祥异》
	闻喜	旱。差京官二员赈济，蠲免钱粮十分之三。	差京官二员赈济，蠲免钱粮十分之三。	民国《闻喜县志》卷二十四《旧闻》

* 六十年大旱，自春至夏，无雨，赤地数千里，洊饥，市斗米五钱，府大斗米八钱。民饥，乏食，树皮草根剥掘殆尽。合邑绅士各捐粟银不等，在城隍庙择亟贫不能举火者，按吊口按日散米济赈，更赖商贩粟米自湖广、江南、山东、河南輓运至清化，复资骡驴由太行山路一带，昼夜络绎不绝，运至平属，民得以生。旋蒙遣左都御史朱工轼赍帑散赈。维时，浮邑百姓无流离逃窜之苦。至六月初旬始雨，二十六日大雨，四野霑足，谷黍广布，嗣是夜雨，昼晴，秋禾大稔。

续 表

纪年	灾区	灾象	应对措施	资料出处
清康熙六十年(1721)	垣曲	旱,无麦,斗米九钱。	发帑散赈,仍蠲免钱粮有差。	光绪《垣曲县志》卷之十四《杂志》
	平陆	大饥,逃亡大半。		乾隆《解州平陆县志》卷之十一《祥异》
	万泉	大旱无麦,民多流徙。秋,大稔,黍六十日熟,多一稃二粒者。		民国《万泉县志》卷终《杂记附·祥异》
	永济、猗氏	大饥。		光绪《永济县志》卷二十三《事纪·祥沴》 雍正《猗氏县志》卷六《祥异》 乾隆《蒲州府志》卷之二十三《事纪·五行祥沴》
清康熙六十一年(1722)	太平	……太平夏旱,秋螽。		雍正《山西通志》卷一百六十三《祥异二》
	平定州	冰雹。历三月不雨,大旱,开仓赈济。(乐平志同)七月朔,甘露降。	开仓赈济。	光绪《平定州志》卷之五《祥异》
	榆次	岁旱饥。		同治《榆次县志》卷之十六《祥异》
	乐平	三月,不雨,大旱。		民国《昔阳县志》卷一《舆地志·祥异》
	平遥	秋,旱,斗米价至九钱有零。		光绪《平遥县志》卷之十二《杂录志·灾祥》
	介休	夏秋,大旱。疫死民人无算。		嘉庆《介休县志》卷一《兵祥·祥灾附》
	岳阳	秋,仍大旱。		民国《新修岳阳县志》卷一十四《祥异志·灾祥》

续　表

纪年	灾区	灾象	应对措施	资料出处
清康熙六十一年（1722）	太平	夏，旱。秋蝱。冬十一月十五日冬至二十二日，雨。		光绪《太平县志》卷十四《杂记志·祥异》
	襄陵	旱，饥。		民国《襄陵县新志》卷之二十三《旧闻考》
	闻喜	旱。		民国《闻喜县志》卷二十四《旧闻》
	猗氏	饥。民多流亡。		雍正《猗氏县志》卷六《祥异》
清雍正元年（1723）	平定、寿阳、徐沟、祁县	平定、寿阳、徐沟、祁县旱饥。	诏内阁学士田文镜同巡抚赈济。	雍正《山西通志》卷一百六十三《祥异二》光绪《增修祁县志》卷十六《祥异》
	徐沟、祁县、清源	饥。	诏赈济。	乾隆《太原府志》卷四十九《祥异》光绪《清源乡志》卷十六《祥异》光绪《补修徐沟县志》卷五《祥异》
	平定州	元年春，饥。	遣官赈恤。	光绪《平定州志》卷之五《祥异》
	榆次	夏六月始雨，晚禾大熟，八月，桃李华。		同治《榆次县志》卷之十六《祥异》
	乐平	春，民饥。	遣官赈恤。	民国《昔阳县志》卷一《舆地志·祥异》
	寿阳	饥。		光绪《寿阳县志》卷十三《杂志·异祥第六》

续　表

纪年	灾区	灾象	应对措施	资料出处
清雍正元年（1723）	太平	夏，旱。		光绪《太平县志》卷十四《杂记志·祥异》
清雍正四年（1726）	乡宁	旱。		乾隆《乡宁县志》卷十四《祥异》
清雍正六年（1728）	榆次	春夏旱，秋淫雨。		同治《榆次县志》卷之十六《祥异》
清雍正八年（1730）	大同属县	旱。	奉旨蠲免钱粮。	乾隆《大同府志》卷之二十五《祥异》
	代州	大旱，南川尤甚。	知县陈际熙详请捐赈，又发本府大有仓并本县仓米四千五百二十三石四斗，按户给发。	光绪《代州志·记三》卷十二《大事记》
清雍正十年（1732）	沁州	复大旱。自正月至五月不雨，闰五月初二日始雨。先于三月初旬微雪，麦苗多被药死。其秀而实者仅得一分。	雨后农人毁麦种谷及黍，至秋大熟，赖以不饥。	乾隆《沁州志》卷九《灾异》
	沁源	夏，大旱，自正月至五月不雨。闰五月初二日始雨。先于三月初旬微雨雪，麦苗多被药死。	雨后毁麦种谷，秋大熟，赖以不饥。	民国《沁源县志》卷六《大事考》
	武乡	十年夏，大旱。		乾隆《武乡县志》卷之二《灾祥》
	吉州	五月，旱。		光绪《吉州全志》卷七《祥异》
清雍正十一年（1733）	灵邱	旱，疫。		光绪《灵邱县补志》第三卷之六《武备志·灾祥》

续　表

纪年	灾区	灾象	应对措施	资料出处
清雍正十三年(1735)	岢岚	岁大饥。		光绪《岢岚州志》卷之十《风土志·祥异》
	临县	岁荒。		民国《临县志》卷三《谱大事》
	曲沃	饥。		光绪《续修曲沃县志》卷之三十二《祥异》
	猗氏	夏,大旱,无禾。八月多阴雨并灌,谷皆伤。	赖陕西莞豆救饥。	同治《续猗氏县志》卷四《祥异》
清乾隆二年(1737)	沁水	秋旱。		光绪《沁水县志》卷之十《祥异》
	临县、永宁州	旱。	缓征赈恤有差。赈恤有差。	乾隆《汾州府志》卷之二十五《事考》 民国《临县志》卷三《谱大事》
清乾隆四年(1739)	榆次	旱。		同治《榆次县志》卷之十六《祥异》
清乾隆七年(1742)	灵邱	饥。		光绪《灵邱县补志》第三卷之六《武备志·灾祥》
清乾隆八年(1743)	岳阳、太平	饥。		民国《安泽县志》卷十四《祥异志·灾祥》 光绪《太平县志》卷十四《杂记志·祥异》

续 表

纪年	灾区	灾象	应对措施	资料出处
清乾隆八年(1743)	浮山	夏五月,大热……*		民国《浮山县志》卷三十七《灾祥》
	夏县	旱。	奉旨免地丁银五百一十六两一钱三分有奇。	光绪《夏县志》卷五《灾祥志》
清乾隆十年(1745)	乐平、代县	秋,乐平,代县旱,晚禾皆秕。		《清史稿》卷四十三《灾异志四》
	太原府	秋,郡属旱。		乾隆《太原府志》卷四十九《祥异》
	清源	秋,旱。东湖涸。		光绪《清源乡志》卷十六《祥异》
	大同府	大同所属各州县旱,秋禾被灾。	奉旨抚恤,复分别加赈两月或一月有差。	乾隆《大同府志》卷之二十五《祥异》
	怀仁	旱,秋禾被灾。		光绪《怀仁县新志》卷一《分野》
	代州	春、夏无雨,岁大旱。	知县方凤领帑银二万七千两,修理县城,以工代赈。	光绪《代州志·记三》卷十二《大事记》
	崞县	同川、五都歉秋。	发赈。	乾隆《崞县志》卷五《祥异》
	崞县	铜川、五都歉秋。	发赈。	光绪《续修崞县志》卷之八《志余·灾荒》
	榆次	秋旱。		同治《榆次县志》卷之十六《祥异》
清乾隆十一年(1746)	平遥	夏,旱。		光绪《平遥县志》卷之十二《杂录志·灾祥》

*(清乾隆八年)夏五月,大热,道路行人多有毙者,京师更甚。浮人在京贸易亦有热毙者;六月大雨,迅雷城内,幼童年十六,被电击死,西乡亦有震毙人畜者;是岁,邻封被雷震死者甚多,秋彗星见西方色白,长三丈余,阅月乃没。

续　表

纪年	灾区	灾象	应对措施	资料出处
清乾隆十二年(1747)	安邑、垣曲	秋,安邑,垣曲旱。		《清史稿》卷四十三《灾异志四》
	榆次	旱。十五年以后祥异多,不可考,故未及详载。		同治《榆次县志》卷之十六《祥异》
	岳阳	岁歉,谷价腾贵。		民国《安泽县志》卷十四《祥异志·灾祥》
	安邑	五月初七日,天鼓鸣,秋旱无禾。		乾隆《解州安邑县志》卷之十一《祥异》
	垣曲	五月,天鼓鸣。夏无麦,秋旱,麦种未播。		光绪《垣曲县志》卷之十四《杂志》
	万泉	五月,天鼓鸣,秋旱无禾。		民国《万泉县志》卷终《杂记附·祥异》
清乾隆十三年(1748)	芮城	六月,芮城旱。		《清史稿》卷四十三《灾异志四》
	崞县		蠲租。	乾隆《崞县志》卷五《祥异》 光绪《续修崞县志》卷之八《志余·灾荒》
	曲沃	夏无雨,饥。		光绪《续修曲沃县志》卷之三十二《祥异》
	乡宁	旱,歉收。		乾隆《乡宁县志》卷十四《祥异》 民国《乡宁县志》卷八《大事记》
	安邑	大旱,无麦。		乾隆《解州安邑县志》卷之十一《祥异》

续 表

纪年	灾区	灾象	应对措施	资料出处
清乾隆十三年(1748)	垣曲、平陆	饥。		光绪《垣曲县志》卷之十四《杂志》 乾隆《解州平陆县志》卷之十一《祥异》
	万泉	旱,无麦,每京仓* 斗粟贵至四百钱。		民国《万泉县志》卷终《杂记附·祥异》
	荣河	岁大歉。夏秋俱无收。	赈济。	光绪《荣河县志》卷十四《记三·祥异》
	猗氏	麦秋俱无。	邑令李本杼详请赈饥。	同治《续猗氏县志》卷四《祥异》
清乾隆十四年(1749)	大同府属	十月,大同府属旱。		《清史稿》卷四十三《灾异志四》
清乾隆十五年(1750)	大同府	夏四月,府属旱。详奉蠲缓。无霜,晚禾成。	详奉蠲缓。	乾隆《大同府志》卷之二十五《祥异》
清乾隆十七年(1752)	解州	春,解州自五月至七月不雨。		《清史稿》卷四十三《灾异志四》
	潞安	大旱。		乾隆《潞安府志》卷十一《纪事》
	乡宁	旱灾歉收。		乾隆《乡宁县志》卷十四《祥异》
	解州	夏五月不雨至秋八月。无禾。		光绪《解州志》卷之十一《祥异》

* 清朝在北京设有十三个粮仓,通称"京仓"。其中:禄米、南新、旧太、富新、兴平五仓在朝阳门内,海运、北新二仓在东直门内,太平、万安二仓在朝阳门外,本裕、丰益二仓在德胜门外,储济、裕丰二仓在东便门外。见《清会典·仓廒》。

续　表

纪年	灾区	灾象	应对措施	资料出处
清乾隆十七年（1752）	解州安、邑县、解县、万泉	旱，无禾。		乾隆《解州安邑县志》卷之十一《祥异》 民国《解县志》卷之十三《旧闻考》 民国《万泉县志》卷终《杂记附·祥异》
	垣曲	秋无禾。		光绪《垣曲县志》卷之十四《杂志》
	夏县	旱。	奉旨免地丁银二千七十三两有奇。	光绪《夏县志》卷五《灾祥志》
	平陆、蒲州、永济	饥。	筹赈备至，陆运仓粟、河运豫米，自冬及春迄于夏初，凡仰食数月，赖以存活者甚众。	乾隆《解州平陆县志》卷之十一《祥异》 乾隆《蒲州府志》卷之二十三《事纪·五行祥沴》 光绪《永济县志》卷二十三《事纪·祥沴》
	虞乡	秋，无禾。	奉文发粟，计口赈恤。	光绪《虞乡县志》卷之一《地舆志·星野·附祥异》
	荣河	秋，旱无收。	赈济。	光绪《荣河县志》卷十四《记三·祥异》
清乾隆十八年（1753）	广灵、平阳	广灵自五月至九月不雨。秋，平阳旱。		《清史稿》卷四十三《灾异志四》
清乾隆十九年（1754）	岳阳	饥。		民国《安泽县志》卷十四《祥异志·灾祥》

续 表

纪年	灾区	灾象	应对措施	资料出处
清乾隆十九年（1754）	太平	饥。		光绪《太平县志》卷十四《杂记志·祥异》
清乾隆二十三年（1758）	盂县	旱。秋，饥，幸莜熟，民赖以活。		光绪《盂县志·天文考》卷五《祥瑞、灾异》
	平定、乐平、盂县	平定、乐平、盂县春、夏大旱。		《清史稿》卷四十三《灾异志四》
	太原	六月，太原旱。		
	代州、翼城、安邑、绛县、垣曲、潞安、河津、应州、大同、怀仁、山阴、灵丘	秋，代州、翼城、安邑、绛县、垣曲、潞安、河津、应州、大同、怀仁、山阴、灵丘旱。		
	太原	大旱。阳曲小返村，平地起山，井中生莲。		乾隆《太原府志》卷四十九《祥异》
清乾隆二十四年（1759）	太原、清源	大旱。		道光《太原县志》卷之十五《祥异》光绪《清源乡志》卷十六《祥异》
	潞安、潞城	三月不雨，漳水几绝。	至七月大雨，九月始晴，桃李复华，斗米钱四百文。	乾隆《潞安府志》卷十一《纪事》光绪《潞城县志》卷三《大事记》
	长治	旱饥。时斗米银五钱。	知县吴九龄劝富民输粟平粜。	光绪《长治县志》卷之八《记一·大事记》
	襄垣	三月旱，七月始雨，斗米钱四百文。		乾隆《重修襄垣县志》卷之八《祥异志·祥瑞》民国《襄垣县志》卷之八《旧闻考·祥异》

续 表

纪年	灾区	灾象	应对措施	资料出处
清乾隆二十四年（1759）	武乡、沁水	大旱。		乾隆《武乡县志》卷之二《灾祥》光绪《沁水县志》卷之十《祥异》
	高平	秋，蚄蚄伤稼，是年四五月旱，六七月涝，继之以虫，秋成薄甚，谷价腾踊，民食维艰。		乾隆《高平县志》卷之十六《祥异》
	平定州	春夏大旱，秋冬大饥。		光绪《平定州志》卷之五《祥异》
	怀仁	旱霜，秋禾尽杀。		光绪《怀仁县新志》卷一《分野》
	左云	岁，大饥。		光绪《左云县志》卷一《祥异》
	乐平	二十四年春，大旱，至闰六月二十日始雨。是月，侯家坻、黄得寨等村有蝗。	知县陶镛、把摠（总）杨锡义督兵役民大扑灭之。秋冬大饥，斗米价钱五百文，斗糠价钱四十文，人多出境谋衣食，知县陶镛劝邑中义士捐谷施粥、出粟平难。	民国《昔阳县志》卷一《舆地志·祥异》
	平遥	二月至六月，无雨，斗米至八钱有零，多受饿，肿足而死者。		光绪《平遥县志》卷之十二《杂录志·灾祥》
	寿阳	大蝗，不害秋稼。（以上兹旧志）又是年春夏不雨，至六月二十四日大雨。是秋，丰稔异常。		光绪《寿阳县志》卷十三《杂志·异祥第六》
	介休	夏秋大旱无禾，斗米一两三钱。		嘉庆《介休县志》卷一《兵祥·祥灾附》

续　表

纪年	灾区	灾象	应对措施	资料出处
清乾隆二十四年（1759）	临县、石楼、永宁、宁乡	旱饥。	免征有差。	乾隆《汾州府志》卷之二十五《事考》
	孝义	大旱，民饥。	时知县张乃会误报收成分数，民饿死相继而官仓贮数万石不敢复请借粜，又奉文荤运陕西米脂县赈米四千石，邑民至今犹不忍言。	乾隆《孝义县志·胜迹·祥异》
	临县	大旱，民饥，赈恤免征。	赈恤免征。	民国《临县志》卷三《谱大事》
	翼城	春夏大旱，无麦。		民国《翼城县志》卷十四《祥异》
	永和	大旱。		民国《永和县志》卷十四《祥异考》
	绛州	二月旱，至七月初九日乃雨。民饥。		光绪《直隶绛州志》卷之二十《灾祥》
	太平	旱。		光绪《太平县志》卷十四《杂记志·祥异》
	乡宁	旱灾歉收。		乾隆《乡宁县志》卷十四《祥异》
	乡宁	旱，歉收。		民国《乡宁县志》卷八《大事记》
	安邑	秋，大旱无禾。		乾隆《解州安邑县志》卷之十一《祥异》
	绛州	二月，旱，至七月初九乃雨，民饥。		民国《新绛县志》卷十《旧闻考·灾祥》

续　表

纪年	灾区	灾象	应对措施	资料出处
清乾隆二十四年（1759）	垣曲	饥，米麦踊贵。		光绪《垣曲县志》卷之十四《杂志》
	绛县	旱。		光绪《绛县志》卷六《纪事·大事表门》
	河津	秋，旱。	发帑散赈。	光绪《河津县志》卷之十《祥异》
	稷山	秋，旱。	蠲免田租有差。	同治《稷山县志》卷之七《古迹·祥异》
	芮城	春三月，大风霾，是年大旱。		民国《芮城县志》卷十四《祥异考》
	夏县	旱。	奉旨免地丁银一千二百十九两有奇，随免耗羡银一百五十八两有奇。	光绪《夏县志》卷五《灾祥志》
	平陆	饥。		乾隆《解州平陆县志》卷之十一《祥异》
	荣河	秋，大旱。		光绪《荣河县志》卷十四《记三·祥异》
	临晋、猗氏	秋，旱无禾。	邑令刁才斗平粜，民乃苏。	民国《临晋县志》卷十四《旧闻记》 同治《续猗氏县志》卷四《祥异》
清乾隆二十五年（1760）	平定州	春大饥，疫大作，十月乃止，死尸相枕藉。		光绪《平定州志》卷之五《祥异》
	和顺	大疫，大饥，斗米钱五百，东乡民死亡过千。		民国《重修和顺县志》卷之九《风俗·祥异》

续 表

纪年	灾区	灾象	应对措施	资料出处
清乾隆二十五年(1760)	交城	庚辰春,民食草根树皮,至秋,大稔。		光绪《交城县志》卷一《天文门·祥异》
清乾隆二十六年(1761)	虞乡	大饥。	发仓赈恤。	光绪《虞乡县志》卷之一《地舆志·星野·附祥异》
清乾隆二十七年(1762)	荣河	秋,大旱年。		光绪《荣河县志》卷十四《记三·祥异》
清乾隆三十年(1765)	荣河	麦秽,夏大旱无秋。		光绪《荣河县志》卷十四《记三·祥异》
清乾隆三十三年(1768)	沁水	旱。		光绪《沁水县志》卷之十《祥异》
清乾隆三十六年(1771)	岳阳	歉。		民国《安泽县志》卷十四《祥异志·灾祥》
	芮城、永济	饥。		民国《芮城县志》卷十四《祥异考》 光绪《永济县志》卷二十三《事纪·祥沴》
清乾隆三十七年(1772)	岳阳		诏免通省地丁钱粮。	民国《安泽县志》卷十四《祥异志·灾祥》
	荣河	春旱。		光绪《荣河县志》卷十四《记三·祥异》
清乾隆四十一年(1776)	平定、乐平	秋,平定、乐平旱。		《清史稿》卷四十三《灾异志四》 光绪《平定州志》卷之五《祥异·乐平乡》

续 表

纪年	灾区	灾象	应对措施	资料出处
清乾隆四十三年(1778)	太原	太原自正月至五月不雨。		《清史稿》卷四十三《灾异志四》 乾隆《太原府志》卷四十九《祥异》
	清源	春夏旱,秋大风伤禾。		光绪《清源乡志》卷十六《祥异》
	沁水	大旱。		光绪《沁水县志》卷之十《祥异》
清乾隆四十五年(1780)	霍州	大饥。	煮赈。	道光《直隶霍州志》卷十六《禨祥》
清乾隆四十六年(1781)	汾阳、岳阳	大旱。		光绪《汾阳县志》卷十《事考》 民国《新修岳阳县志》卷一十四《祥异志·灾祥》 民国《安泽县志》卷十四《祥异志·灾祥》
	荣河	春,旱。秋,大获。		光绪《荣河县志》卷十四《记三·祥异》
清乾隆四十七年(1782)	太平	饥。		光绪《太平县志》卷十四《杂记志·祥异》
清乾隆四十八年(1783)	岢岚	岁大饥。		光绪《岢岚州志》卷之十《风土志·祥异》
	乡宁	歉收。		民国《乡宁县志》卷八《大事记》
清乾隆四十九年(1784)	榆次	旱。		同治《榆次县志》卷之十六《祥异》
	永和、临晋、猗氏	大饥。		民国《永和县志》卷十四《祥异考》 民国《临晋县志》卷十四《旧闻记》 同治《续猗氏县志》卷四《祥异》

续 表

纪年	灾区	灾象	应对措施	资料出处
清乾隆四十九年(1784)	乡宁	歉收。		乾隆《乡宁县志》卷十四《祥异》
	荣河	岁歉。		光绪《荣河县志》卷十四《记三·祥异》
清乾隆五十年(1785)	太平	秋,太平旱。		《清史稿》卷四十三《灾异志四》
	曲沃、襄陵	旱,麦禾歉收。		光绪《续修曲沃县志》卷之三十二《祥异》 民国《襄陵县新志》卷之二十三《旧闻考》
	太平、万泉	饥。	贫民口给银五钱。	光绪《太平县志》卷十四《杂记志·祥异》 民国《万泉县志》卷终《杂记附·祥异》
	芮城	岁歉。	奉请发赈,用银三千四百五十八两零。	民国《芮城县志》卷十四《祥异考》
	猗氏	岁大饥。		同治《续猗氏县志》卷四《祥异》
清乾隆五十一年(1786)	代州	饥。	知州王秉韬设粥厂济贫民,并劝士绅出粟助振。采访册。州民祁丕昭出粟三十余石赈饥。	光绪《代州志·记三》卷十二《大事记》 民国《临汾县志》卷六《杂记类·祥异》
清乾隆五十二年(1787)	大同	大饥。		道光《大同县志》卷二《星野·岁时》
	灵邱	夏,旱。		光绪《灵邱县补志》第三卷之六《武备志·灾祥》
	怀仁	岁大荒。		光绪《怀仁县新志》卷一《分野》

续 表

纪年	灾区	灾象	应对措施	资料出处
清乾隆五十二年(1787)	广灵、代州	夏,旱,大饥。		光绪《广灵县补志》卷一《方域·灾祥》 光绪《代州志·记三》卷十二《大事记》
	荣河	秋,旱。		光绪《荣河县志》卷十四《记三·祥异》
清乾隆五十三年(1788)	左云	岁又饥。		光绪《左云县志》卷一《祥异》
清乾隆五十五年(1790)	潞城		普免钱粮。	光绪《潞城县志》卷三《大事记》
	荣河	春,旱。		光绪《荣河县志》卷十四《记三·祥异》
清乾隆五十七年(1792)	沁水	大旱,饥馑相望,民卖子女而食。		光绪《沁水县志》卷之十《祥异》
	大同	秋,旱。		道光《大同县志》卷二《星野·岁时》
	汾阳、岳阳、太平、垣曲	大饥。		光绪《汾阳县志》卷十《事考》 民国《安泽县志》卷十四《祥异志·灾祥》 光绪《太平县志》卷十四《杂记志·祥异》 光绪《垣曲县志》卷之十四《杂志》
清乾隆五十八年(1793)	沁州、沁源	乾隆五十八年,春夏大旱。	自春至六月二十八日始得雨,民种蘼黍、莜荞麦、菜根,至秋大熟,兆姓赖以全活。	光绪《沁州复续志》卷四《灾异》 民国《沁源县志》卷六《大事考》
	屯留	旱甚,米贵民饥。		光绪《屯留县志》卷一《祥异》

续 表

纪年	灾区	灾象	应对措施	资料出处
清乾隆五十八年(1793)	河津	秋夏旱无禾。免粮。五十九年，大有。秋十二月，黄河清。	免粮。	光绪《河津县志》卷之十《祥异》
	稷山	旱，道殣相望，树皮剥食殆尽，瘟疫流行。		同治《稷山县志》卷之七《古迹·祥异》
清乾隆五十九年(1794)	永和	岁歉。		民国《永和县志》卷十四《祥异考》
	永济	无麦，秋歉收。		光绪《永济县志》卷二十三《事纪·祥沴》
	荣河	岁歉。		光绪《荣河县志》卷十四《记三·祥异》
	临晋、猗氏	岁饥。		民国《临晋县志》卷十四《旧闻记》 同治《续猗氏县志》卷四《祥异》
清乾隆六十年(1795)	平陆	大饥。		光绪《平陆县续志》卷之下《杂记志·祥异》
清嘉庆元年(1796)	榆社	丙辰春，大旱，两伏无雨。		光绪《榆社县志》卷之十《拾遗志·灾祥》
	垣曲	大饥。	蠲免钱粮十分之二；二年，稔。	光绪《垣曲县志》卷之十四《杂志》
	荣河	春，大旱。		光绪《荣河县志》卷十四《记三·祥异》
清嘉庆二年(1797)	榆次、榆社	榆次：春、夏大旱。榆社：春、夏旱。		《清史稿》卷四十三《灾异志四》
	沁州	饥。		光绪《沁州复续志》卷四《灾异》
	沁源	秋旱，岁歉收。		民国《沁源县志》卷六《大事考》

续 表

纪年	灾区	灾象	应对措施	资料出处
清嘉庆二年(1797)	榆社	丁巳春、夏,旱。		光绪《榆社县志》卷之十《拾遗志·灾祥》
清嘉庆四年(1799)	荣河	秋,旱。		光绪《荣河县志》卷十四《记三·祥异》
清嘉庆五年(1800)	永和	秋,禾被旱成灾,人民死亡甚众。		民国《永和县志》卷十四《祥异考》
	荣河	春旱。秋大获。		光绪《荣河县志》卷十四《记三·祥异》
清嘉庆六年(1801)	荣河	夏,旱。		光绪《荣河县志》卷十四《记三·祥异》
清嘉庆七年(1802)	高平	秋七月旱。		光绪《续高平县志》卷之十二《祥异》
清嘉庆八年(1803)	高平	旱如故。		光绪《续高平县志》卷之十二《祥异》
清嘉庆九年(1804)	高平	六月不雨,至于八月,旱饥,斗米元银一两二钱。东社庙有鬻人市。		光绪《续高平县志》卷之十二《祥异》
	凤台	无禾,人食草根,多逃亡。		光绪《凤台县续志》卷之四《纪事》
	阳城	旱,岁大饥。		同治《阳城县志》卷之一八《灾祥》
	沁水	旱,岁大歉。		光绪《沁水县志》卷之十《祥异》
	榆次、汾阳、岳阳	旱。		同治《榆次县志》卷之十六《祥异》 光绪《汾阳县志》卷十《事考》 民国《新修岳阳县志》卷一十四《祥异志·灾祥》

续　表

纪年	灾区	灾象	应对措施	资料出处
清嘉庆九年(1804)	介休	岁饥。		嘉庆《介休县志》卷一《兵祥·祥灾附》
	临汾	饥。		民国《临汾县志》卷六《杂记类·祥异》
	翼城	大旱,岁洊饥,饿莩满路。		民国《翼城县志》卷十四《祥异》
	曲沃	大饥,石麦二十金,人食树皮、蒲根以充饥。		光绪《续修曲沃县志》卷之三十二《祥异》
	吉州	九年、十年大饥,米麦豆价二千四百文。		光绪《吉州全志》卷七《祥异》
	霍州	大饥。十年,大饥。	城乡煮赈,又给予贫民粟米。	道光《直隶霍州志》卷十六《禨祥》
	绛州	大旱,饥。		光绪《直隶绛州志》卷之二十《灾祥》
	浮山	旱,麦不熟,平阳饥,乃缓征,仍给赈有差。	乃缓征,仍给赈有差。	民国《浮山县志》卷三十七《灾祥》
	襄陵	旱饥,奉旨开仓平粜,秋停征。		民国《襄陵县新志》卷之二十三《旧闻考》
	乡宁	九年、十年,大旱。		民国《乡宁县志》卷八《大事记》
	解州	九年、十年大饥,斗麦银二两四钱。		光绪《解州志》卷之十一《祥异》
	安邑	岁歉。十年六月,旱,粮价昂贵。		光绪《安邑县续志》卷六《祥异》
	绛州	嘉靖(疑为“庆”)九年,大旱饥。		民国《新绛县志》卷十《旧闻考·灾祥》
	绛县	春大雪,麦生蝥。夏秋旱,民多饥。		光绪《绛县志》卷六《纪事·大事表门》
	夏县	大旱;十年复旱,大饥。		光绪《夏县志》卷五《灾祥志》

续　表

纪年	灾区	灾象	应对措施	资料出处
清嘉庆九年（1804）	稷山	九年至十一年，频旱，野无青草，斗谷千钱。	开仓赈恤，蠲免钱粮有差。	同治《稷山县志》卷之七《古迹·祥异》
	万泉	夏无麦，秋无禾，粮价腾长，麦石价银二十五两，人民离散。		民国《万泉县志》卷终《杂记附·祥异》
	荣河	大旱饥，赈济。	赈济。	光绪《荣河县志》卷十四《记三·祥异》
	临晋	九年至十二年，大饥。		民国《临晋县志》卷十四《旧闻记》
清嘉庆十年（1805）	阳曲	春夏无雨，大饥。		道光《阳曲县志》卷之十六《志余》
	高平	夏，旱，斗米千钱。		光绪《续高平县志》卷之十二《祥异》
	忻州	春夏，无雨岁大饥。		光绪《忻州志》卷三十九《灾祥》
	榆次	旱。十一年斗米一千二百。		同治《榆次县志》卷之十六《祥异》
	介休、曲沃	岁饥。		嘉庆《介休县志》卷一《兵祥·祥灾附》 光绪《续修曲沃县志》卷之三十二《祥异》
	临汾	饥。		民国《临汾县志》卷六《杂记类·祥异》
	汾西	大饥。（斗米千钱）		光绪《汾西县志》卷七《祥异》
	绛州	大旱，饥。米麦每市斗银二两。		光绪《直隶绛州志》卷之二十《灾祥》 民国《新绛县志》卷十《旧闻考·灾祥》
	襄陵	秋，复旱。	奉恩诏抚恤，赈济蠲缓钱粮。	民国《襄陵县新志》卷之二十三《旧闻考》

续　表

纪年	灾区	灾象	应对措施	资料出处
清嘉庆十年(1805)	闻喜	大饥。		民国《闻喜县志》卷二十四《旧闻》
	垣曲	秋,大饥。	奉拨徐沟县谷一千石,动用本仓谷一百八十三石七斗五升,散给贫民。	光绪《垣曲县志》卷之十四《杂志》
	绛县	大饥。	奉旨免征钱粮计口授银,大口二钱四分,小口一钱二分,极贫一月一领,次贫两月一领。	光绪《绛县志》卷六《纪事·大事表门》
	芮城	秋,禾被旱成灾。	奏请发赈,计散谷二千六百三十五石有奇,又用银二千五百三十余两。另设粥厂,用谷四千八百三十六石零,并奉旨蠲免地丁银五千四百六十六两一钱五分一厘。	民国《芮城县志》卷十四《祥异考》
	万泉	无麦无禾,饿死逃亡过半,食麦秸、树皮、草根以充饥。	蠲粮四分。	民国《万泉县志》卷终《杂记附·祥异》
	猗氏	岁饥		同治《续猗氏县志》卷四《祥异》
清嘉庆十一年(1806)	垣曲	饥。		光绪《垣曲县志》卷之十四《杂志》

续　表

纪年	灾区	灾象	应对措施	资料出处
清嘉庆十一年(1806)	绛县	春,绛县麦槁死,米麦斗值银十二两。		光绪《绛县志》卷六《纪事·大事表门》
清嘉庆十一年(1806)	平陆	大饥,人相食。		光绪《平陆县续志》卷之下《杂记志·祥异》
清嘉庆十一年(1806)	猗氏	十一年至十三年,大饥,斗粟两余,饿殍遍野。		同治《续猗氏县志》卷四《祥异》
清嘉庆十二年(1807)	太原	旱,斗米一千三百文。		道光《太原县志》卷之十五《祥异》
清嘉庆十二年(1807)	清源	大旱,米值甚昂。		光绪《清源乡志》卷十六《祥异》
清嘉庆十二年(1807)	榆次	三月二十八日雨雪。是年大旱,斗米千钱。		同治《榆次县志》卷之十六《祥异》
清嘉庆十二年(1807)	交城	丁卯,春旱,夏大雨,斗米一千三百文。		光绪《交城县志》卷一《天文门·祥异》
清嘉庆十二年(1807)	垣曲	麦种未播。		光绪《垣曲县志》卷之十四《杂志》
清嘉庆十三年(1808)	汾阳	大旱。		光绪《汾阳县志》卷十《事考》
清嘉庆十四年(1809)	沁州、沁源	秋旱,岁歉收。		光绪《沁州复续志》卷四《灾异》 民国《沁源县志》卷六《大事考》
清嘉庆十四年(1809)	武乡	连岁大饥。斗米钱七百,道馑相望。	东村段元壮出所储粟以济饿者。又转粜外郡,计口贷韩口魏牧籴粟数百石,减价以粜邻村,赖以全活者无算。	民国《武乡新志》卷之四《旧闻考》

续 表

纪年	灾区	灾象	应对措施	资料出处
清嘉庆十五年(1810)	沁州	春旱。斗米钱七百有零。	及五六月得雨,民始耕种,粟价微减。	光绪《沁州复续志》卷四《灾异》
	沁源	春旱,斗米钱八百文。	五六月得雨,民始耕种,粟价微减。	民国《沁源县志》卷六《大事考》
	阳城	正月壬申,昼晦,渐变赤色。春旱,斗米钱一千五百。	六月初得雨,始下种。九月刈谷,十月种麦。	同治《阳城县志》卷之一八《灾祥》
	沁水	正月壬申,昼晦。春旱,米翔贵。		光绪《沁水县志》卷之十《祥异》
	绛州	岁饥。		民国《新绛县志》卷十《旧闻考·灾祥》
	荣河	秋,旱。		光绪《荣河县志》卷十四《记三·祥异》
清嘉庆十六年(1811)	太原	饥,彗星见于斗柄。		道光《太原县志》卷之十五《祥异》
	忻州、怀仁	饥。		光绪《忻州志》卷三十九《灾祥》 光绪《怀仁县新志》卷一《分野》
	岢岚	岁大饥。		光绪《岢岚州志》卷之十《风土志·祥异》
	交城	辛未春,旱。夏彗星见,岁大饥。		光绪《交城县志》卷一《天文门·祥异》
	临县	大旱。		民国《临县志》卷三《谱大事》
清嘉庆十七年(1812)	高平	秋,不雨,至于来年六月大旱。		光绪《续高平县志》卷之十二《祥异》
	代州	秋,旱,无禾。		光绪《代州志·记三》卷十二《大事记》

续 表

纪年	灾区	灾象	应对措施	资料出处
清嘉庆十七年(1812)	垣曲	麦未种;十八年,荒。		光绪《垣曲县志》卷之十四《杂志》
	闻喜	大饥。		民国《闻喜县志》卷二十四《旧闻》
清嘉庆十八年(1813)	平定州	十八年、十九年,荒旱,岁饥。		光绪《平定州志》卷之五《祥异》
	翼城	岁大饥,民剥树皮、掘草根而食。		民国《翼城县志》卷十四《祥异》
	绛县	旱,有赤眚,自北而南,现白气十余道。		光绪《绛县志》卷六《纪事·大事表门》
	荣河	春,旱。		光绪《荣河县志》卷十四《记三·祥异》
清嘉庆十九年(1814)	阳城	岁歉,米价腾贵。冬无雪。		同治《阳城县志》卷之一八《灾祥》
	沁水	岁歉。冬无雪。		光绪《沁水县志》卷之十《祥异》
清嘉庆二十二年(1817)	太原、清源	旱。		道光《太原县志》卷之十五《祥异》 光绪《清源乡志》卷十六《祥异》
	屯留	旱,自春至立秋不雨,秋收甚歉。		光绪《屯留县志》卷一《祥异》
	阳城	夏秋旱,岁大歉。仲冬始得雨。		同治《阳城县志》卷之一八《灾祥》
	沁水	夏秋旱,岁歉。		光绪《沁水县志》卷之十《祥异》
	广灵	旱。		光绪《广灵县补志》卷一《方域·灾祥》
	榆次	自六月至秋不雨。二十三年稔。		同治《榆次县志》卷之十六《祥异》
	洪洞	岁,大祲,民剥树皮、掘草根而食。		民国《洪洞县志》卷十八《杂记志·祥异》

续　表

纪年	灾区	灾象	应对措施	资料出处
清嘉庆二十四年(1819)	汾西	大饥。斗米千钱。		光绪《汾西县志》卷七《祥异》
	荣河	秋，旱。		光绪《荣河县志》卷十四《记三·祥异》
清嘉庆二十五年(1820)	凤台	大旱。		光绪《凤台县续志》卷之四《纪事》
	阳城、沁水	夏，大旱。		同治《阳城县志》卷之一八《灾祥》 光绪《沁水县志》卷之十《祥异》
	永和	岁饥。		民国《永和县志》卷十四《祥异考》
	垣曲	秋无禾。		光绪《垣曲县志》卷之十四《杂志》
清道光元年(1821)	绛州	夏，欠收，秋旱，麦未种。		民国《新绛县志》卷十《旧闻考·灾祥》
清道光四年(1824)	荣河	春，旱。		光绪《荣河县志》卷十四《记三·祥异》
清道光六年(1826)	荣河	春，旱。		光绪《荣河县志》卷十四《记三·祥异》
清道光七年(1827)	长治、沁水	夏，旱。		光绪《长治县志》卷之八《记一·大事记》 光绪《沁水县志》卷之十《祥异》
	阳城	夏，旱，秋歉。		同治《阳城县志》卷之一八《灾祥》
清道光八年(1828)	高平	五月不雨至于六月始播种。		光绪《续高平县志》卷之十二《祥异》

续 表

纪年	灾区	灾象	应对措施	资料出处
清道光九年(1829)	荣河	春,旱。		光绪《荣河县志》卷十四《记三·祥异》
清道光十年(1830)	怀仁	夏,旱,秋霜,流亡甚众。		光绪《怀仁县新志》卷一《分野》
	左云	大旱。		光绪《左云县志》卷一《祥异》
	忻州	大饥,冬寒甚,枣椿等木多有冻死者。		光绪《忻州志》卷三十九《灾祥》
	代州	饥。		光绪《代州志·记三》卷十二《大事记》
	崞县	旱,霜杀禾,大饥。		光绪《续修崞县志》卷之八《志余·灾荒》
	繁峙	大饥。	县令林倡劝士民出钱粟助赈,各村所输尤多,赖以全活者无算。	光绪《繁峙县志》卷四《杂志》
	神池	八角一带恒阳杀稼。	本堡绅士郭仪鸣捐粟济之,堡中有施济碑。	光绪《神池县志》卷之九《事考》
	岢岚	岁大饥。		光绪《岢岚州志》卷之十《风土志·祥异》
	寿阳	春夏大旱。秋七月,淫雨弥月。八月十四日,陨霜杀禾,米谷存昂。	知县钟公有方山祈雨歌见艺文下。时承屡丰,后邑中存粮二三十万石,而斗米钱一千五百。	光绪《寿阳县志》卷十三《杂志·异祥第六》

续　表

纪年	灾区	灾象	应对措施	资料出处
清道光十二年（1832）	榆次	十二年大旱，斗米钱一千五百。		同治《榆次县志》卷之十六《祥异》
	繁峙	道光十二年，大荒，境内粟贵。	道光十二年，大荒，境内粟贵……*	道光《繁峙县志》卷之六《祥异志·祥异》
清道光十三年（1833）	盂县	十三年、十四年，连岁大饥。		光绪《盂县志·天文考》卷五《祥瑞、灾异》
	灵邱	大饥。		光绪《灵邱县补志》第三卷之六《武备志·灾祥》
	汾阳、岳阳	饥。		光绪《汾阳县志》卷十《事考》 民国《安泽县志》卷十四《祥异志·灾祥》
清道光十四年（1834）	平定州	十四、五年，亢旱，斗米一千二百文。（乐平志斗米千钱）	天宁寺设饭厂、城隍庙立平粜厂救饥。	光绪《平定州志》卷之五《祥异》
	繁峙	大旱。		道光《繁峙县志》卷之六《祥异志·祥异》 光绪《繁峙县志》卷四《杂志》
	榆次	旱，斗米钱一千二三百。		同治《榆次县志》卷之十六《祥异》
清道光十五年（1835）	沁水	春旱，夏无麦，秋旱霜杀谷，民大饥。		光绪《沁水县志》卷之十《祥异》

＊道光十二年，大荒，境内粟贵。林邑候劝捐助赈，各乡绅士勇跃捐资，除以捐数较多者详请议叙外，其余沙河绅士捐粟数石至数十石，捐钱数千至数十千者甚众。是年，饥民赖以生活，洵为好义，其捐施各绅士姓名暨钱粟数目，沙河本镇庙宇已有梁记永垂不朽，志内不及填载，外有永兴三会各村自行捐施，本村赖以生活者不少，至今称之。

续 表

纪年	灾区	灾象	应对措施	资料出处
清道光十五年(1835)	壶关、平顺	旱,秋八月,陨霜伤稼。		光绪《壶关县续志》卷上《疆域志·纪事》 民国《平顺县志》卷十一《旧闻考·兵匪·灾异》
	沁州	自春徂夏旱……*		光绪《沁州复续志》卷四《灾异》
		自春徂夏旱。二月,赵城县土匪曹顺等作乱……*		民国《沁源县志》卷六《大事考》
	屯留	道光十五年,旱,斗米钱七百余。六月雨雹,大如鸡卵,民饥。		光绪《屯留县志》卷一《祥异》
	阳城	十五年,春旱夏无麦。六月得雨始下种。秋旱霜杀谷,民饥。		同治《阳城县志》卷之一八《灾祥》
	凤台	十五年,彗星见。夏旱秋涝,禾尽黑。		光绪《凤台县续志》卷之四《纪事》
	河曲	旱,饥。		同治《河曲县志》卷五《祥异类·祥异》
	乐平	连年亢旱,斗米千钱,民争市米。	有相欧者乃别置五升斗以分给之。附贡生宋从龙设粥厂赈救,二年乃止。	民国《昔阳县志》卷一《舆地志·祥异》

* 自春徂夏旱。时赵城县教匪曹顺等作乱,与州城邻近,日夜戒严。六月十七日雨,民始耕种。八月十四日,微雨,十五日大风,十六日严霜害稼,民饥,至十六年夏,麦大熟。六七月间斗米钱犹七百有零余。粟称是。

* 自春徂夏旱。二月,赵城县土匪曹顺等作乱,与沁邑邻近,日夜戒严。嗣贼匪四窜,官兵跟剿,过沁,居民震恐。六月十七日雨,民始耕种。八月十六日,严霜害稼,民饥,斗米价钱七百有零。

续　表

纪年	灾区	灾象	应对措施	资料出处
清道光十五年(1835)	榆社	大饥,斗米一千二百文。		光绪《榆社县志》卷之十《拾遗志·灾祥》
	岳阳	大饥。四月,大风。		民国《安泽县志》卷十四《祥异志·灾祥》
	翼城	夏,旱,无麦。		民国《翼城县志》卷十四《祥异》
	曲沃	夏,大旱,斗米银一两。		光绪《续修曲沃县志》卷之三十二《祥异》
	绛州	岁饥。		光绪《直隶绛州志》卷之二十《灾祥》
	太平	春,旱。是年三月,山东教匪曹顺,由赵城作乱,邑人戒严,士子赴郡城应试者,咸登城首陴以助声势。		光绪《太平县志》卷十四《杂记志·祥异》
	绛县	旱,有蝗。		光绪《绛县志》卷六《纪事·大事表门》
	芮城	岁歉。		民国《芮城县志》卷十四《祥异考》
	永济	夏,大旱,无麦。		光绪《永济县志》卷二十三《事纪·祥沴》
	荣河	春,旱,麦成灾。		光绪《荣河县志》卷十四《记三·祥异》
	临晋	岁歉。		民国《临晋县志》卷十四《旧闻记》
	猗氏	岁歉,斗粟六钱。		同治《续猗氏县志》卷四《祥异》

续　表

纪年	灾区	灾象	应对措施	资料出处
清道光十六年(1836)	左云	大旱。		光绪《左云县志》卷一《祥异》
	繁峙	十六年大旱。		道光《繁峙县志》卷之六《祥异志·祥异》
	河曲	小麦收。夏秋旱,蝗蝻自县西入境,大雨雹,益饥。		同治《河曲县志》卷五《祥异类·祥异》
	荣河	春,旱,麦成灾。		光绪《荣河县志》卷十四《记三·祥异》
清道光十七年(1837)	阳城	旱蝗,多狼患。		同治《阳城县志》卷之一八《灾祥》
	崞县	春夏,旱。七月滹沱河大水。是岁大饥。		光绪《续修崞县志》卷之八《志余·灾荒》
	河曲	夏秋,旱蝗。岁大饥,斗米一两有余。		同治《河曲县志》卷五《祥异类·祥异》
清道光十九年(1839)	怀仁、忻州	大饥。		光绪《怀仁县新志》卷一《分野》 光绪《忻州志》卷三十九《灾祥》
	广灵	旱,饥。		光绪《广灵县补志》卷一《方域·灾祥》
	岢岚	岁大饥。		光绪《岢岚州志》卷之十《风土志·祥异》
	太平	旱。六月朔,后亢阳,地热如炉,人多暍死。		光绪《太平县志》卷十四《杂记志·祥异》
	荣河	春,旱。		光绪《荣河县志》卷十四《记三·祥异》
	猗氏	六月,大旱。初三至初五日,暍死者村率数丁,至初六日得雨乃止。		同治《续猗氏县志》卷四《祥异》

续表

纪年	灾区	灾象	应对措施	资料出处
清道光二十一年(1841)	解州	夏，酷暑，居民死者无数。		光绪《解州志》卷之十一《祥异》 民国《解县志》卷之十三《旧闻考》
清道光二十二年(1842)	屯留、夏县	旱。		光绪《屯留县志》卷一《祥异》 光绪《夏县志》卷五《灾祥志》
清道光二十四年(1844)	永和	大旱，死人无算。		民国《永和县志》卷十四《祥异考》
清道光二十五年(1845)	高平	旱。		光绪《续高平县志》卷之十二《祥异》
	曲沃	岁荒，麦石银十两。		光绪《续修曲沃县志》卷之三十二《祥异》
	垣曲	秋无禾。		光绪《垣曲县志》卷之十四《杂志》
清道光二十六年(1846)	阳城	旱，秋未种麦。		同治《阳城县志》卷之一八《灾祥》
	高平、沁水	旱。		光绪《续高平县志》卷之十二《祥异》 光绪《沁水县志》卷之十《祥异》
	临汾	饥。	人剥榆皮以食。	民国《临汾县志》卷六《杂记类·祥异》
	汾西	大旱。(民饥)		光绪《汾西县志》卷七《祥异》四《祥异》
	曲沃	夏麦秋禾俱无，粮价石银十二两有零。		光绪《续修曲沃县志》卷之三十二《祥异》
	吉州	岁饥，麦斗价一千二三百文。		光绪《吉州全志》卷七《祥异》

续 表

纪年	灾区	灾象	应对措施	资料出处
清道光二十六年(1846)	永和	夏、秋,大旱。		民国《永和县志》卷十四《祥异考》
	绛州	夏,歉收。秋旱,麦未种。		光绪《直隶绛州志》卷之二十《灾祥》
	浮山	秋,饥,二十七年夏,无麦,秋大熟。		民国《浮山县志》卷三十七《灾祥》
	太平	大旱。冬麦未能播种。		光绪《太平县志》卷十四《杂记志·祥异》
	乡宁	大饥。		民国《乡宁县志》卷八《大事记》
	安邑	夏秋大旱,斗麦易银七钱余。		光绪《安邑县续志》卷六《祥异》
	解州	夏,歉收。五月至冬不雨,饥。		光绪《解州志》卷之十一《祥异》 民国《解县志》卷之十三《旧闻考》
	闻喜、芮城	大饥。		民国《闻喜县志》卷二十四《旧闻》 民国《芮城县志》卷十四《祥异考》
	垣曲	大饥,夏无麦、秋无禾,兼雨雹。	奉文蠲免钱粮十分之七。	光绪《垣曲县志》卷之十四《杂志》
	绛县	旱。		光绪《绛县志》卷六《纪事·大事表门》
	夏县	旱,岁歉。		光绪《夏县志》卷五《灾祥志》
	平陆	大饥,人多饿死。		光绪《平陆县续志》卷之下《杂记志·祥异》
	永济	秋,大旱,麦未种,秋无获。		光绪《永济县志》卷二十三《事纪·祥沴》

续 表

纪年	灾区	灾象	应对措施	资料出处
清道光二十六年(1846)	虞乡	大饥。	发仓赈恤。	光绪《虞乡县志》卷之一《地舆志·星野·附祥异》
	万泉	大旱,麦未播种,民乏食。		民国《万泉县志》卷终《杂记附·祥异》
	临晋	夏秋,大旱。二麦未种。		民国《临晋县志》卷十四《旧闻记》
	猗氏	六月,大旱,至来岁二月十二日始雨,二麦未播,民大恐。	赖知县傅猷著减价平粜,开仓放赈,民困乃苏。	同治《续猗氏县志》卷四《祥异》
清道光二十七年(1847)	凤台	夏,旱。秋,霖雨数十日,岁大饥,民多逃亡。		光绪《凤台县续志》卷之四《纪事》
	高平	自五月不雨至于七月,大饥,人多死亡。		光绪《续高平县志》卷之十二《祥异》
	阳城	夏,旱无麦,秋霖伤禾,岁大饥。		同治《阳城县志》卷之一八《灾祥》
	沁水	夏,旱无麦,秋霖雨,伤稼岁歉。		光绪《沁水县志》卷之十《祥异》
	临汾、解州	饥。		民国《临汾县志》卷六《杂记类·祥异》 光绪《解州志》卷之十一《祥异》 民国《解县志》卷之十三《旧闻考》
	太平	饥。每石麦银八九两,人食榆皮、蒲根。秋禾大熟。		光绪《太平县志》卷十四《杂记志·祥异》
	垣曲	仍饥。	奉文,胡村等四十五村蠲免钱粮有差;二十八年,夏稔。	光绪《垣曲县志》卷之十四《杂志》

续　表

纪年	灾区	灾象	应对措施	资料出处
清道光二十七年(1847)	芮城、永济	无麦秋歉。		民国《芮城县志》卷十四《祥异考》 光绪《永济县志》卷二十三《事纪·祥沴》
	虞乡	无麦。		光绪《虞乡县志》卷之一《地舆志·星野·附祥异》
清咸丰元年(1851)	垣曲	六月,旱,蝗。	邑令晏宗望率众民扑灭,不为灾。	光绪《垣曲县志》卷之十四《杂志》
清咸丰三年(1853)	荣河	秋,旱		光绪《荣河县志》卷十四《记三·祥异》
清咸丰五年(1855)	荣河	旱。		光绪《荣河县志》卷十四《记三·祥异》
清咸丰六年(1856)	阳城	夏旱,秋蝗害稼。		同治《阳城县志》卷之一八《灾祥》
	长治	七月,旱。九月飞蝗入境。		光绪《长治县志》卷之八《记一·大事记》
	沁水	夏旱,秋多蝗。		光绪《沁水县志》卷之十《祥异》
	翼城	夏,旱,无麦。		民国《翼城县志》卷十四《祥异》
	曲沃	夏,麦薄收。		光绪《续修曲沃县志》卷之三十二《祥异》
	绛州	汾水几竭,乘舆可济。		光绪《直隶绛州志》卷之二十《灾祥》 民国《新绛县志》卷十《旧闻考·灾祥》

续 表

纪年	灾区	灾象	应对措施	资料出处
清咸丰六年(1856)	虞乡	饥。		光绪《虞乡县志》卷之一《地舆志·星野·附祥异》
	荣河	旱。秋,蝗蝻遍野,食麦苗,有种二三次者。		光绪《荣河县志》卷十四《记三·祥异》
清咸丰七年(1857)	平定州	旱蝗,测鱼等郇灾。	开仓放谷。	光绪《平定州志》卷之五《祥异》
	平定州乐平乡	秋,旱蝗,米价腾贵,行铁制钱;天鼓鸣,日珥;七月十三日,大雷雨,西城楼毁。		光绪《平定州志》卷之五《祥异·乐平乡》
清咸丰八年(1858)	高平	夏,旱至九年五月始雨。		光绪《续高平县志》卷之十二《祥异》
	榆次	旱。		同治《榆次县志》卷之十六《祥异》
	临汾	饥。		民国《临汾县志》卷六《杂记类·祥异》
	荣河	岁歉。		光绪《荣河县志》卷十四《记三·祥异》
清咸丰九年(1859)	屯留	旱,斗米钱五百余,民饥。		光绪《屯留县志》卷一《祥异》
	凤台	夏,雨雹。秋旱,岁大饥。		光绪《凤台县续志》卷之四《纪事》
	榆次、绛县	旱。		同治《榆次县志》卷之十六《祥异》 光绪《绛县志》卷六《纪事·大事表门》
	荣河	岁歉。		光绪《荣河县志》卷十四《记三·祥异》
清咸丰十年(1860)	榆次	四月十九日,大风拔木,屋脊多坏。是年大旱,人畜饿死甚众。		同治《榆次县志》卷之十六《祥异》

续　表

纪年	灾区	灾象	应对措施	资料出处
清咸丰十年(1860)	寿阳	春二月六日，雨雪弥月，至三月八日乃晴。夏旱，斗米钱一千二百文。		光绪《寿阳县志》卷十三《杂志・异祥第六》
	汾阳	正月，雨土如雪，秋饥。	知县吴辉珇捐赈贫民四月，有差。	光绪《汾阳县志》卷十《事考》
	汾西	民饥。		光绪《汾西县志》卷七《祥异》
	平陆	春，大荒，人食麦根。		光绪《平陆县续志》卷之下《杂记志・祥异》
	荣河	岁歉。		光绪《荣河县志》卷十四《记三・祥异》
清咸丰十一年(1861)	汾阳	旱，斗米值钱一千二百文。		光绪《汾阳县志》卷十《事考》
清同治元年(1862)	翼城	四月夏，大旱，无麦。		民国《翼城县志》卷十四《祥异》
	芮城	旱，麦歉无秋。		民国《芮城县志》卷十四《祥异考》
	永济	旱，麦歉收，秋未种。四年旱。六年大旱无麦。		光绪《永济县志》卷二十三《事纪・祥沴》
清同治三年(1864)	岳阳	歉。		民国《安泽县志》卷十四《祥异志・灾祥》
清同治五年(1866)	高平	夏四月，陨霜，冬无雪。		光绪《续高平县志》卷之十二《祥异》
	岳阳、曲沃	岁歉。		民国《安泽县志》卷十四《祥异志・灾祥》 光绪《续修曲沃县志》卷之三十二《祥异》

续 表

纪年	灾区	灾象	应对措施	资料出处
清同治五年(1866)	临晋	麦歉收。		民国《临晋县志》卷十四《旧闻记》
	猗氏	麦歉收,秋熟,斗粟犹银六钱。		同治《续猗氏县志》卷四《祥异》
清同治六年(1867)	黎城	春,大旱。六月末始雨。时池竭泉涸,缘山诸村皆汲水漳河。雨后百谷失时,农家惟种荞麦御饥。		光绪《黎城县续志》卷之一《纪事》
	屯留	大旱,民大饥。		光绪《屯留县志》卷一《祥异》
	沁州	春、夏大旱。未播种。	六月初三始雨,民种谷、豆、莜麦,至秋颇熟。	光绪《沁州复续志》卷四《灾异》
	高平	春三月,不雨至于五月。		光绪《续高平县志》卷之十二《祥异》
	壶关	岁饥,奸民乘间劫掠,聚党数百人,据莲花山。	知县李捕其魁,置诸法,余众解散。	光绪《壶关县续志》卷上《疆域志·纪事》
	襄垣	三伏亢旱,禾苗尽槁。	忽大雨崇朝,越日又雨,连绵数日,苗渐发秀,乃转歉为丰。	民国《襄垣县志》卷之八《旧闻考·祥异》
	凤台	春,旱,无麦。	六月雨,始种禾,秋半收。	光绪《凤台县续志》卷之四《纪事》
	浑源	五月,大旱,夏至后始雨,秋熟。		光绪《浑源州续志》卷二《星野·祥异》
	和顺	正月至五月,不雨,六月初三日,微雨,农人幸沾薄润,种晚禾,后三日,甘霖大沛,苗兴勃然,是岁大熟。		民国《重修和顺县志》卷之九《风俗·祥异》

续 表

纪年	灾区	灾象	应对措施	资料出处
清同治六年(1867)	曲沃	春旱,夏无麦。粮价石银十六七两。秋大获。		光绪《续修曲沃县志》卷之三十二《祥异》
	吉州	夏,旱。涧中蝌蚪脱尾成蛙,密布道旁,朝暮尤甚。		光绪《吉州全志》卷七《祥异》
	绛州	旱,无麦。秋大熟。		光绪《直隶绛州志》卷之二十《灾祥》
	解州	麦旱死。		光绪《解州志》卷之十一《祥异》 民国《解县志》卷之十三《旧闻考》
	绛州	旱无麦,秋大熟。		民国《新绛县志》卷十《旧闻考·灾祥》
	绛县	饥。秋,民多疫,冬地震。		光绪《绛县志》卷六《纪事·大事表门》
	芮城	大旱。		民国《芮城县志》卷十四《祥异考》
	虞乡	大饥,大疫。		光绪《虞乡县志》卷之一《地舆志·星野·附祥异》
清同治七年(1868)	壶关	夏,旱。		光绪《壶关县续志》卷上《疆域志·纪事》
	文水	戊辰,麦秋一茎滋十二三茎,大熟。六月大雨。九月二十七日,大星坠于东方,随有白气如练,逾时始散。自八月至八年五月,不雨。		光绪《文水县志》卷之一《天文志·祥异》
清同治八年(1869)	长治	四月旱。		光绪《长治县志》卷之八《记一·大事记》

续　表

纪年	灾区	灾象	应对措施	资料出处
清同治八年(1869)	阳城	秋无雨。		同治《阳城县志》卷之一八《灾祥》
	沁水	秋旱。		光绪《沁水县志》卷之十《祥异》
	平定州	夏,大旱。		光绪《平定州志》卷之五《祥异·乐平乡》
	乐平	夏,大旱。		民国《昔阳县志》卷一《舆地志·祥异》
	汾西	大旱,六月朔始雨,岁歉,冬无雪。		光绪《汾西县志》卷七《祥异》
	荣河	旱。		光绪《荣河县志》卷十四《记三·祥异》
清同治九年(1870)	平定州	夏,旱,秋,淫雨。		光绪《平定州志》卷之五《祥异·乐平乡》
	荣河	春,旱。		光绪《荣河县志》卷十四《记三·祥异》
清同治十一年(1872)	文水	壬申夏,旱,禾尽槁。		光绪《文水县志》卷之一《天文志·祥异》
	阳城	秋无雨,未宿麦。		同治《阳城县志》卷之一八《灾祥》
	沁水	夏,大风。秋旱。		光绪《沁水县志》卷之十《祥异》
清同治十二年(1873)	岢岚	夏六月,雨雹;冬,无雪。		光绪《岢岚州志》卷之十《风土志·祥异》
清同治十三年(1874)	阳城	夏无麦。桑被客冬冻损。鬻叶一斤价至六十文。恒有埋其蚕者。	芒种始雨,民方布谷。	同治《阳城县志》卷之一八《灾祥》

续 表

纪年	灾区	灾象	应对措施	资料出处
清同治十三年(1874)	文水	甲戌夏,旱,田薄收。五月十九日,彗星见。		光绪《文水县志》卷之一《天文志·祥异》
	虞乡	春夏,旱。		光绪《虞乡县志》卷之一《地舆志·星野·附祥异》
清光绪元年(1875)	黎城	冬无雪。		光绪《黎城县续志》卷之一《纪事》
	榆次	仍岁旱荒,至三年大祲,滨河居民争掘蒲根充饥。次年春,禾苗畅茂,蚜蚄旋生。		光绪《榆次县续志》卷四《纪事·祥异》
	岢岚	夏,无雨。		光绪《岢岚州志》卷之十《风土志·祥异》
	临汾	旱。		民国《临汾县志》卷六《杂记类·祥异》
	汾西	旱,夏秋薄收。		光绪《汾西县志》卷七《祥异》
	吉州	夏秋,歉收。		光绪《吉州全志》卷七《祥异》
	太平	六月,旱。	幸宫保爵部堂曾来抚山西……*	光绪《太平县志》卷十四《杂记志·祥异》
	河津	元、二年,连遭荒歉,民间已无盖盖藏。三年大旱,遂成大祲,饥民九万余口,流亡情状惨目伤心。		光绪《河津县志》卷之十《祥异》

* 宫保爵部堂曾来抚山西,奏请劝捐转运,共发赈银五万余两,赈粮七千余石;并蒙宫保爵阁部堂、直隶总督李不分畛域,极力佽助;复蒙前任部堂阎平粜济贫,严查弊窦,全晋之民生始遂,河津之民命亦甦。然三四年之间,人多离散,地尽荒芜。

续表

纪年	灾区	灾象	应对措施	资料出处
清光绪元年（1875）	夏县	秋，旱。		光绪《夏县志》卷五《灾祥志》
	虞乡	麦大熟。秋旱。冬牛瘟。		光绪《虞乡县志》卷之一《地舆志·星野·附祥异》
清光绪二年（1876）	清源	旱。		光绪《清源乡志》卷十六《祥异》
	屯留	旱，秋收甚歉。		光绪《屯留县志》卷一《祥异》
	黎城	冬无雪。		光绪《黎城县续志》卷之一《纪事》
	襄垣	雨泽不时，岁歉收。		民国《襄垣县志》卷之八《旧闻考·祥异》
	马邑	大旱。		民国《马邑县志》卷之一《舆图志·杂记》
	交城	丙子，夏旱，大饥。		光绪《交城县志》卷一《天文门·祥异》
	文水	夏，无麦，秋薄收。		光绪《文水县志》卷之一《天文志·祥异》
	汾阳	饥。	冬十二月，署知县方龙光集绅倡捐助赈凡三月，有差。	光绪《汾阳县志》卷十《事考》
	临汾	大旱荒。人食树皮、草根、干泥等物。		民国《临汾县志》卷六《杂记类·祥异》
	汾西	大旱，民饥。		光绪《汾西县志》卷七《祥异》
	岳阳	大旱岁歉。		民国《新修岳阳县志》卷一十四《祥异志·灾祥》

续　表

纪年	灾区	灾象	应对措施	资料出处
清光绪二年(1876)	岳阳	大旱岁歉。		民国《安泽县志》卷十四《祥异志·灾祥》
	吉州	旱。		光绪《吉州全志》卷七《祥异》
	大宁	秋,禾歉收。		光绪《大宁县志》卷之七《灾祥集》
	洪洞	春,县南有火自田间出,远望如毬,光敷天东西无定向,时灭时见,占者谓旱徵,果大旱数年。		民国《洪洞县志》卷十八《杂记志·祥异》
	绛州	日有重珥。六七月浍水竭两次,各旬余。		光绪《直隶绛州志》卷之二十《灾祥》
	太平	夏,麦歉收;六月,旱。		光绪《太平县志》卷十四《杂记志·祥异》
	解州、解县、安邑、绛县、夏县	旱。		光绪《解州志》卷之十一《祥异》 民国《解县志》卷之十三《旧闻考》 光绪《安邑县续志》卷六《祥异》 光绪《绛县志》卷六《纪事·大事表门》 光绪《夏县志》卷五《灾祥志》
	垣曲	饥。		光绪《垣曲县志》卷之十四《杂志》
	芮城	麦歉收。		民国《芮城县志》卷十四《祥异考》
	永济	麦歉收。		光绪《永济县志》卷二十三《事纪·祥沴》

续 表

纪年	灾区	灾象	应对措施	资料出处
清光绪二年(1876)	荣河	秋,旱。		光绪《荣河县志》卷十四《记三·祥异》
清光绪三年(1877)	徐沟	光绪三、四年连岁大旱……*		光绪《补修徐沟县志》卷五《祥异》
	清源	大旱,赤地千里,斗米值银二两余。	蠲免钱粮,发帑赈济。	光绪《清源乡志》卷十六《祥异》
	襄垣	四月旱。入秋益旱,禾稼俱伤,民大饥,人食糠粃、草根、树皮。		民国《襄垣县志》卷之八《旧闻考·祥异》
	潞城	光绪三年五月十四日,大雨雹。七月十三日复雨雹,前后被灾五十六村,又秋旱成灾者三十四村。		光绪《潞城县志》卷三《大事记》
	壶关	大旱,秋无禾,麦皆失种,斗米钱千六百文,民大饥。		光绪《壶关县续志》卷上《疆域志·纪事》
	黎城	自春徂冬,雨泽稀少。晋省秋禾未登,遂至大祲。县秋收歉薄,尚未成灾,惟四邻荒旱,粮价昂贵,斗米千钱,贫民买粮惟艰。		光绪《黎城县续志》卷之一《纪事》

* 光绪三、四年连岁大旱,西至陕,南至豫,赤地数千里,粜米一斗银二三两,民苦无食,往往衣履完整,行走之间一蹶不起,又多疫疾传染,合村有全家病死无人问者,牛马鸡犬宰杀无余,村落房屋拆毁一大半,鬻地一亩得银不及一两,仅粜粮数升,兼有豺狼遇人輒噬,丁壮不敢独行。大刼奇荒,从来未有。及冬,连得瑞雪。

续　表

纪年	灾区	灾象	应对措施	资料出处
清光绪三年(1877)	平顺	夏,雨雹,大旱,秋无禾,斗米制钱一千六百文,死者无算。		民国《平顺县志》卷十一《旧闻考·兵匪·灾异》
	屯留	六月,平村三峻庙鐘自鸣。三日城内二郎庙、二仙庙钟亦自鸣。是岁大祲,斗米千钱,树皮草根剥掘殆尽,饿殍遍野。		光绪《屯留县志》卷一《祥异》
	高平	自六月不雨。	至四年五月方雨,大祲,市斗米钱千余文,他食物称是,人相食。	光绪《续高平县志》卷之十二《祥异》
	沁水	大旱,饥馑相望,民多饿死。		光绪《沁水县志》卷之十《祥异》
	沁州	沁郡自三月二十五日至六月十二三日,连得透雨,民间秋禾业已种齐,是时田禾被野。七月初二日得雨二寸,禾皆吐穗,天忽亢旱,连月不雨,禾悉枯槁,不能成实,幸宿粮未尽。	逾格施恩,不拘成例,故晋省此次之旱为历来未有之灾,而晋省此次之赈亦历来未有之恩也。	光绪《沁州复续志》卷四《灾异》
	凤台	大旱,野无青草,人食树皮草根,牛马鸡犬皆尽,继食人肉。斗米值钱二千五百文,斤麦值钱一百四十文,他物称是,房地衣物俱无售主,良田一亩易钱数百文或数十文。无贫无富,一概啼饥。室家流离,饿莩盈野,有全室俱毙者,有阖村同尽者。统计西南乡户口,约损十之八,东北乡户口约损十之七。		光绪《凤台县续志》卷之四《纪事》

续 表

纪年	灾区	灾象	应对措施	资料出处
清光绪三年(1877)	平定州	三月初十日……秋,大旱……*	恩诏蠲免本年秋粮、来年春粮。	光绪《平定州志》卷之五《祥异》
		四月至八月,不雨,是岁大祲。	恩诏蠲免本年秋粮、来年春粮。	光绪《平定州志》卷之五《祥异》
	怀仁	三年,夏旱秋霜……		光绪《怀仁县新志》卷一《分野》
	浑源州	夏旱,秋歉收,粟腾贵。	本地捐输赈济,设厂放粥,并因关南大祲,捐米一千石有奇,解赴省局助赈。	光绪《浑源州续志》卷二《星野·祥异》
	马邑	大旱。四年,春夏,斗粟银一两,人死被野。		民国《马邑县志》卷之一《舆图志·杂记》
	左云	秋,大旱,人民相食,道路饿殍盈途。		光绪《左云县志》卷一《祥异》
	忻州	饥,斗粟千余钱。	绅民好义者,各村立局捐赈全活甚众。	光绪《忻州志》卷三十九《灾祥》
	代州	关北诸村秋旱伤稼。	奉旨分别振恤豁免地丁钱粮。是岁,省南大饥,州人输银八千五百六十五两助振。	光绪《代州志·记三》卷十二《大事记》

* 三月初十日,雷雨雹,沟水暴涨,柏井驿漂去车马客商十数人,娘子关及井陉冲没水磨八十余盘,伤人甚多。四月至六月,不雨,有邪说自东来,剪幼壮发辫,以致昏迷。秋,大旱。是岁大祲,人相食,斗米价一千六百文。爵抚宁曾奏闻(晋省八十余州厅)奉旨赈恤,开仓赈济,蠲免三年下忙钱粮,四年上忙钱粮(乐平志同),拨发东南省捐助赈米一千二百石、小米三千石、棉衣五百件、续发耕牛三百头、马四百匹,以恤贫民。

续　表

纪年	灾区	灾象	应对措施	资料出处
清光绪三年（1877）	崞县	夏旱。秋霜杀禾，大饥。	冬遣官开仓赈济，复于城内设立义店二所，以宿流民。而城乡饿死者犹枕藉，复施苇席卷瘗之。	光绪《续修崞县志》卷之八《志余·灾荒》
	神池	大旱，岁不及三分，民多流亡。	邑宰田金峰捐银二百两，复捐绅商之稍裕者赈之。	光绪《神池县志》卷之九《事考》
	岢岚	谷不成实，米价昂贵。斗米价值三千余。		光绪《岢岚州志》卷之十《风土志·祥异》
	乐平	四月至八月，不雨，大祲，人相食。来年，春粮斗米一千二百文，饥殍载道。	蠲免本年。发仓济赈，又拨发籼米，续发耕牛五十头、马四十匹、寒衣五百件以恤贫民。	民国《昔阳县志》卷一《舆地志·祥异》
	和顺	自春至夏不雨。六月，微雨。七月初七日，复下冰雹。二十三日，严霜杀稼。八月，牛大疫。秋末，获。	十一月，知县夏公京珊奉抚台曾谕开仓放赈。	民国《重修和顺县志》卷之九《风俗·祥异》
	榆社	饥馑，斗米二千，人死无算。		光绪《榆社县志》卷之十《拾遗志·灾祥》
	平遥	光绪三四年，连岁大祲，颗粒不收，城乡男女死伤十余万而逃荒在外者尚不计其数，真从未有之灾也。		光绪《平遥县志》卷之十二《杂录志·灾祥》
	灵石	三年丁丑，大旱。夏秋之交，山川焦灼，草木枯萎，至秋颗粒未收。		光绪《灵石县志》卷十二《大赍（赉）志·祥异》

续　表

纪年	灾区	灾象	应对措施	资料出处
清光绪三年（1877）	灵石	清代光绪三年，岁在丁丑，山西大旱，灵石尤甚。		民国《灵石县志》卷之十二《祥异·灾异》
	寿阳	五月，大风拔苗，是岁大旱，秋收仅二三分，斗米钱二千四百余。		光绪《寿阳县志》卷十三《杂志·异祥第六》
	祁县	丁丑，大饥，人食草木。	诏免征，发帑赈济，差前工部侍郎阎敬铭会同巡抚曾国荃督办赈务救饥民。	光绪《增修祁县志》卷十六《祥异》
	交城	丁丑春，岁旱，民食草根树皮，小米斗价二千文，夏大疫，伤人几半。		光绪《交城县志》卷一《天文门·祥异》
	文水	丁丑，大饥。冬，人相食。	知县杨恩溥禀请开仓赈济。爵抚曾伯国荃奏请诏免秋季税粮。	光绪《文水县志》卷之一《天文志·祥异》
	汾阳	旱，大饥，麦禾枯死，斗米值钱两千四百文，民掘食草木，甚有掺和泥土食者。	秋八月署知县方龙光复集绅筹捐倡赈，冬请发常平仓、社仓、义仓。全省皆荒，得旨，命前工部侍郎阎来晋稽查赈务，山西巡抚曾合词奏请停征钱粮，汾阳乃以十月十六日起赈。	光绪《汾阳县志》卷十《事考》
	汾西	大旱。是岁自春至于九月不雨，麦枯，禾未播种，米斗两千四百，流亡载道，始赈。	赈之。	光绪《汾西县志》卷七《祥异》

续 表

纪年	灾区	灾象	应对措施	资料出处
清光绪三年(1877)	翼城	夏,麦薄收,天旱,滦水涸,秋无禾,岁大饥。		民国《翼城县志》卷十四《祥异》
		栾河涸。三年、四年,岁大饥,人相食。		民国《翼城县志》卷十四《祥异》
	曲沃	春旱,夏无麦。六月汾浍几竭,秋八月雨雹,冬大饥,人相食。米麦石二十余金。	设慈幼堂煮粥以养婴儿,集合邑绅商书捐放赈。	光绪《续修曲沃县志》卷之三十二《祥异》
	永和	德宗光绪三年,荒旱异常……*		民国《永和县志》卷十四《祥异考》
	大宁	大旱,禾尽槁,民饥,斗米价银一两三钱,人食树皮草根。		光绪《大宁县志》卷之七《灾祥集》
	洪洞	大祲,斗米麦制钱三千六七百文不等。树皮草根剥食殆尽,人相食,饿殍盈途,目不忍睹。		民国《洪洞县志》卷十八《杂记志·祥异》
	浮山	光绪三年,大旱,麦薄收,秋大饥。		民国《浮山县志》卷三十七《灾祥》
	太平	夏大旱;六月荧惑星见;秋大祲。被旱成灾,赤地千里,民食柿叶、蒺藜、蔴糁、蒲面、树皮、草根等物,至冬月,骨肉相食,饿殍盈野,斗麦银二两余。		光绪《太平县志》卷十四《杂记志·祥异》

* 德宗光绪三年,荒旱异常,饥馑并臻,家无儋石,野无寸草,民苦乏食,艰辛备尝。始则出售产业,继则鬻卖妻子,草根树皮掘剥亦尽,甚至饥民相噬,残及骨肉,僻巷无敢独行者,并有衣裳楚楚肆行抢夺,一蹶辄不复起,而倒毙半途者当道。虽奏免钱粮,开放仓谷,多方赈济,而人民仍死亡枕藉,约有十之七八。

续 表

纪年	灾区	灾象	应对措施	资料出处
清光绪三年（1877）	襄陵	光绪三年，大旱，二麦不登，秋无禾。米麦斗三两有奇，民饥乏，食树皮、草根，挖剥殆尽，甚有食干泥者，饿殍盈野，道路人相食。	爵抚宪会，奉旨赈济，蠲免本年下忙*钱粮。	民国《襄陵县新志》卷之二十三《旧闻考》
	乡宁	三、四年，大旱，饿死人民无数，人相食。	放仓谷一万余石。前后领到赈粮共八千七百余石，赈银八千两，牛马驴二百五十余头。	民国《乡宁县志》卷八《大事记》
	解州	丁丑，大旱。		光绪《解州志》卷之十一《祥异》 民国《解县志》卷之十三《旧闻考》
	安邑	三年，大旱，二麦不登，遂大饥，全晋成灾者七十余州县，而省南被灾为尤酷。赤地千里，山童水枯。		光绪《安邑县续志》卷六《祥异》
	绛县	六、七月，浍水竭，两次各旬余。		民国《绛县志》卷十《旧闻考·灾祥》
	闻喜	三年、四年，大饥。		民国《闻喜县志》卷二十四《旧闻》
	绛县	绛属大旱，县民多流亡。六七月，饥民大肆劫掠，知县孟词宗捕首盗两人，寘之法，乃安。继而，旱益甚，人相食，道馑相望。	知县设局劝捐，专赈本县。十月初八日开赈，计口授粮，继以常平仓谷三千九百六十二石，奉旨蠲免。	光绪《绛县志》卷六《纪事·大事表门》

* 清代征收田赋分上下两期，规定地丁钱粮在农历二月开征，五月截止，叫做上忙。下期从八月到十一月，叫下忙。

续 表

纪年	灾区	灾象	应对措施	资料出处
清光绪三年(1877)	绛县	县民捐赈银一万三千四十五两有奇,钱一百八十一千文,又奉旨给常平仓谷五千七百八十四石五斗有奇,并蠲免下忙钱粮。		光绪《绛县志》卷六《纪事·大事表门》
	芮城	……三年大旱,五月至十二月不雨,秋无禾,斗麦价值二两零。		民国《芮城县志》卷十四《祥异考》
	夏县	大旱,二麦不登,遂大饥。		光绪《夏县志》卷五《灾祥志》
	平陆	自春徂冬,两百余日无雨。秋夏不收,宿麦未种,斗米五两零,草根树皮剥尽,父子相食,人死十之八九。		光绪《平陆县续志》卷之下《杂记志·祥异》
	永济	三年,麦歉收,大旱,麦未种。四年,大祲,人相食,流亡过半。		光绪《永济县志》卷二十三《事纪·祥沴》
	万泉	大旱,人相食,斗粟白金四两。		民国《万泉县志》卷终《杂记附·祥异》
	荣河	三年,麦歉收,室内鼠绝。夏秋旱,麦未种,大饥。		光绪《荣河县志》卷十四《记三·祥异》
	临晋	夏秋,不雨,西至陕,南至豫,东北至省,赤地千里,荒旱异常,民苦无食,往往衣履完整,一蹶輙不复起。又多疫疾,传染几于全家,加以盗贼蜂起,肆行抢掠,民不堪命,鬻妻卖子,去产变业,艰苦情形不堪言状。	当道奏免钱粮,开放仓谷,并发帑劝捐,多方赈济,民有不及至赈所而倒毙半途者。	民国《临晋县志》卷十四《旧闻记》

续　表

纪年	灾区	灾象	应对措施	资料出处
清光绪四年(1878)	盂县	大荒旱,人相食,道殣相望。	邑令雷棣荣捐富户银粟,立平粜局,寻斗米腾贵二千二百文。	光绪《盂县志·天文考》卷五《祥瑞、灾异》
	左云	春,又旱。		光绪《左云县志》卷一《祥异》
	忻州	蠲免,上忙钱粮,九月寒露前五日大雪二尺余压禾折树枝,五年狼多伤人。		光绪《忻州志》卷三十九《灾祥》
	定襄	春大饥,人食草根、木皮,死亡者众。	知县郑继修申报抚院曾公国荃发仓赈济。九月九日,大雪杀禾折木,五年奉旨蠲免,通省借谷,豫邀盛典,民亦有秋。	光绪《定襄县补志》卷之一《星野志·祥异》
	岢岚	春,饥民沿途至死无归。	知州姜振岐设局舍棺给钱,掩埋其尸,秋岁大熟。	光绪《岢岚州志》卷之十《风土志·祥异》
	和顺	春,斗米价昂至二千零,杂粟价皆一千余。流离失散,死亡相籍,储亦空。	邑令夏肇庸禀请赈米五百石,署任陈承嫣又请米三百石,在城隍庙督同绅士散赈。秋有获,民心稍安。五年春,粮价虽稍减,饥民尚苦艰食,署任陈守中俊请赈米七百五十石以续赈,请发耕牛四十九头给无力贫民,以资开垦。	民国《重修和顺县志》卷之九《风俗·祥异》

续 表

纪年	灾区	灾象	应对措施	资料出处
清光绪四年(1878)	太谷	戊寅,岁大饥,道殣相望。	捐粟赈济。	民国《太谷县志》卷一《年纪》
	灵石	四年戊寅,旱荒尤甚,民间剥树皮、挖草根,研石为面,和土为丸,老弱转沟壑,少壮之四方。	奉旨,发来秈米一千一百七十八石,高粱二百石,麦种银二千两。	光绪《灵石县志》卷十二《大赍(赉)志·祥异》
	祁县	戊寅,复大旱。	赈如初。	光绪《增修祁县志》卷十六《祥异》
	交城	戊寅春,旱疫并行,斗米价至钱三千文,秋大有。		光绪《交城县志》卷一《天文门·祥异》
	文水	自三年四月至四年夏,尽不雨,大地无禾,斗米钱三千五百文。人相食,途无敢独行者,严捕之,稍戢,弃子女,道殣相望,四郊掘坑掩尸,旋掘旋盈,被疫病者全家多殁。		光绪《文水县志》卷之一《天文志·祥异》
	翼城	夏,无麦,人相食。全县人民饿死过半,是岁秋大熟。		民国《翼城县志》卷十四《祥异》
	曲沃	春,大饥,米麦昂贵,石至三十余金,秋九月,霪雨三十余日。麦稍有种,狼虫伤人无算。		光绪《续修曲沃县志》卷之三十二《祥异》
	吉州	大祲,夏无麦。人食树皮、草根。食人肉,死者数万。		光绪《吉州全志》卷七《祥异》
	大宁	岁荐饥,斗米三两,饿殍盈野,人相食。	赈济,全活甚重。	光绪《大宁县志》卷之七《灾祥集》

续　表

纪年	灾区	灾象	应对措施	资料出处
清光绪四年（1878）	浮山	六月旱。	幸蒙曾公申奏，仍行拔款加赈，以纾积困，闾阎渐有起色，一邑遗民实蒙再造。	民国《浮山县志》卷三十七《灾祥》
	太平	春正月二十二日，日有二圆光。二十八日，日晕，粮价极昂。三月初五日，始雨，大疫。夏六月，旱禾受伤，惟小黍子稔收。豺狼为灾。九月霪雨；冬十月二十二日，日有重珥。		光绪《太平县志》卷十四《杂记志·祥异》
	绛县	县境旱益甚，疾疫大作。	奉旨给麦九百石，高粱一千石，南漕米两千五百五十九石，东漕米三千三百石。七月，给麦种银三千两，荞麦籽五十石。十月，给棉衣袴六百件。	光绪《绛县志》卷六《纪事·大事表门》
	芮城	荒旱。	巡抚曾国荃连章奏请拔发赈。	民国《芮城县志》卷十四《祥异考》
	虞乡	三月，雨。五月，虫食苗，疫。七月，旱无禾。		光绪《虞乡县志》卷之一《地舆志·星野·附祥异》
	万泉	冬严寒，牛羊树木多冻死。		民国《万泉县志》卷终《杂记附·祥异》
	万泉	人民饿死过半，乡里成墟，田亩银三钱，绮衣一袭不能易一饱。五月，秋大熟，瘟疫流行，死人无算。		民国《万泉县志》卷终《杂记附·祥异》

续 表

纪年	灾区	灾象	应对措施	资料出处
清光绪四年(1878)	临晋	春夏荒旱尤甚,卖地一亩不得一金,而籴粟一斗需三四金。三月,四乡设局平粜,而户口已流亡过半矣。		民国《临晋县志》卷十四《旧闻记》
清光绪五年(1879)	沁州	春,旱,未成灾。是春,二麦俱已种齐,冬雪深透。虽春雨愆期,土脉未甚干燥,麦苗不至大伤。		光绪《沁州复续志》卷四《灾异》
	沁水	秋禾始薄收。		光绪《沁水县志》卷之十《祥异》
	崞县	三四月间,有旱魃之谣。	乡民以麸为猪羊祭之即雨。秋七月大雨,滹沱、阳武等河皆溢。	光绪《续修崞县志》卷之八《志余·灾荒》
	灵石		发来东漕小米二千七百石,耕牛三百头。	光绪《灵石县志》卷十二《大赉(赍)志·祥异》
	曲沃	春,旱,麦禾俱歉收。		光绪《续修曲沃县志》卷之三十二《祥异》
	浮山	春,旱,麦薄收。	乃缓征并给民牛马籽种,令垦荒田,秋熟,仍免田租之半。	民国《浮山县志》卷三十七《灾祥》
	乡宁	秋,薄收。		民国《乡宁县志》卷八《大事记》
	闻喜		十一月,蒙恩蠲免下忙钱粮,又支义仓谷一千二百九十一石,领收平阳局米麦高粱六千六百五十石,领收翼城局小麦一千九百石,领收良马局籼米三百石。	民国《闻喜县志》卷二十四《旧闻》

续 表

纪年	灾区	灾象	应对措施	资料出处
清光绪五年(1879)	绛县	县境春旱,夏秋多螟,鼠尤甚,食田禾立尽。	二月,奉旨蠲免四年两忙钱粮,三月,拨给农马十匹,八月,拨给耕牛两百只,十一月,蠲免下忙钱粮。	光绪《绛县志》卷六《纪事·大事表门》
	虞乡	麦歉登,多鼠害稼。秋旱,狼益甚,邑侯县赏捕治。八月,蝗捕痊乃退。		光绪《虞乡县志》卷之一《地舆志·星野·附祥异》
清光绪六年(1880)	沁水	夏有麦。秋旱禾减收。		光绪《沁水县志》卷之十《祥异》
清光绪九年(1883)	临晋	岁歉。		民国《临晋县志》卷十四《旧闻记》
清光绪十年(1884)	榆次	夏,旱甚。		光绪《榆次县续志》卷四《纪事·祥异》
清光绪十一年(1885)	永济	麦歉收,秋后旱。		光绪《永济县志》卷二十三《事纪·祥沴》
清光绪十二年(1886)	沁源	夏,大旱,麦苗半枯。		民国《沁源县志》卷六《大事考》
清光绪十八年(1892)	马邑	壬辰五月,旱后,大雨,洃河水溢,淹没十余村。十九年春,大饥,人多死。		民国《马邑县志》卷之一《舆图志·杂记》
	岳阳	旱,大饥,斗麦制钱千余。	发丰备仓赈贷穷黎。	民国《安泽县志》卷十四《祥异志·灾祥》

续 表

纪年	灾区	灾象	应对措施	资料出处
清光绪十八年(1892)	永和	夏旱,蝗飞蔽日,食苗殆尽,至冬无收成。甚奇寒,黄河结冰,行人往来可渡,直至次年仲春始解。		民国《永和县志》卷十四《祥异考》
	襄陵	荒旱岁歉。尔时风气未开,人民以久旱不雨系由电线杆所致,群起拔毁,嗣将首倡者惩治,事遂息。		民国《襄陵县新志》卷之二十三《旧闻考》
	万泉	无麦。		民国《万泉县志》卷终《杂记附·祥异》
	临晋	夏,旱。		民国《临晋县志》卷十四《旧闻记》
清光绪十九年(1893)	临汾	天旱,瘟疫盛行。人相传染,牛羊多死。		民国《临汾县志》卷六《杂记类·祥异》
清光绪二十二年(1896)	岳阳	旱,歉收。		民国《新修岳阳县志》卷一十四《祥异志·灾祥》民国《安泽县志》卷十四《祥异志·灾祥》
清光绪二十五年(1899)	临汾	春夏,瘟疫,无雨,麦禾未收。		民国《临汾县志》卷六《杂记类·祥异》
	襄陵	麦熟,秋大旱。		民国《襄陵县新志》卷之二十三《旧闻考》
	荣河	旱,麦未种。		光绪《荣河县志》卷十四《记三·祥异》

续　表

纪年	灾区	灾象	应对措施	资料出处
清光绪二十六年(1900)	平顺	夏,大旱饥。		民国《平顺县志》卷十一《旧闻考·兵匪·灾异》
	襄垣	春夏,亢旱,六月方雨,民始播谷,秋又落霜,晚秋未熟,近县各村被灾较重。		民国《襄垣县志》卷之八《旧闻考·祥异》
	沁源	大旱,自春至夏无雨。六月二日始雨。米价每斗制钱八二百文。(王和一千二百文)		民国《沁源县志》卷六《大事考》
	临县	春,旱,六月方雨,禾稼歉收。		民国《临县志》卷三《谱大事》
	临汾	雨亦缺,大饥。旱乡之民壮者,多逃于外,老弱妇女四出拾槐树豆、扫蒺藜以食,树皮都刮尽,椽屋器物等鬻价极贱,无人过问矣。		民国《临汾县志》卷六《杂记类·祥异》
	翼城	大旱,秋无禾,岁饥;夏六月,彗星见于北斗。		民国《翼城县志》卷十四《祥异》
	曲沃	岁大荒。		民国《新修曲沃县志》卷之三十《从志·灾祥》
	永和	春,大旱。		民国《永和县志》卷十四《祥异考》
	浮山	大旱,麦仅数寸,亩收二三升;秋霜杀稼,斗粟千五百。人有饿毙者。		民国《浮山县志》卷三十七《灾祥》
	乡宁	京师义和拳红灯罩作乱,晋省效尤,乡宁亦有习之者,未解散(邑人吴庚有感事闻警西望长安各诗)是年,大旱。	开放仓谷一万五千余石,领到赈银八千两。(光绪)二十七年仍旱。	民国《乡宁县志》卷八《大事记》

续　表

纪年	灾区	灾象	应对措施	资料出处
清光绪二十六年（1900）	绛州	旱。		民国《新绛县志》卷十《旧闻考·灾祥》
	闻喜	二十六、七、八年，无麦，饥。		民国《闻喜县志》卷二十四《旧闻》
	芮城	大饥。自二十四五两年，连岁歉收，是岁全无麦禾，嗷嗷遍野。西北乡一带苦困尤甚，有逃亡饿毙者。	知县刘瀛亟劝富家纳损赈民，又委邑绅散仓，躬亲莅事不惮劳苦。每遇放赈时遍察领谷之民，有迹近无赖希图混领者，即摘出严究，有贫民格于里胥不获，与领者访闻即以名补入，而杖责里胥，以故上下皆惮，其严明，罔敢弄私舞弊，民赖全活无算。	民国《芮城县志》卷十四《祥异考》
	万泉	旱。		民国《万泉县志》卷终《杂记附·祥异》
	荣河	大旱。太白昼见，日赤无光，麦未收，斗粟银二两四钱。八月，八国联军陷北京。		光绪《荣河县志》卷十四《记三·祥异》
	临晋	自夏徂秋无雨泽，赤地千里，旱荒异常。六月拳匪起。德宗及太后西巡。八月下旬，经临晋，供亿颇繁，信宿去。	九月，知县姚楷开仓赈济，设平粜局于城内。	民国《临晋县志》卷十四《旧闻记》
清光绪二十六、七、八年	武乡	二十六七八三年，连岁饥馑。		民国《武乡新志》卷之四《旧闻考》

续 表

纪年	灾区	灾象	应对措施	资料出处
清光绪二十七年(1901)	沁源	春旱,夏六月大雨雹。		民国《沁源县志》卷六《大事考》
	武乡	二十六七八三年,连岁饥馑。		民国《武乡新志》卷之四《旧闻考》
	乐平	旱。		民国《昔阳县志》卷一《舆地志·祥异》
	曲沃	大荒,石麦价元银二十一二两不等。		民国《新修曲沃县志》卷之三十《从志·灾祥》
	浮山	二十七年、二十八年均报旱灾,缓征田赋。		民国《浮山县志》卷三十七《灾祥》
	襄陵	大旱,麦不登,秋歉薄。		民国《襄陵县新志》卷之二十三《旧闻考》
	绛县	秋,旱蝗为灾。		民国《新绛县志》卷十《旧闻考·灾祥》
	荣河	旱甚,无麦禾,多蝗蝻。		光绪《荣河县志》卷十四《记三·祥异》
清光绪二十八年(1902)	沁源	夏,旱,麦歉收。秋八月,陨霜,禾稼尽杀。		民国《沁源县志》卷六《大事考》
	太谷	壬寅春,旱。六月方雨,秋歉收。		民国《太谷县志》卷一《年纪》
	绛县	旱。		民国《新绛县志》卷十《旧闻考·灾祥》
清光绪三十年(1904)	乐平	旱。		民国《昔阳县志》卷一《舆地志·祥异》

（一） 时间分布

从时间上划分，清代（1644—1911）共计268年中，山西发生的229年（次）的旱灾，处于整个山西历史时期旱灾的峰值。以表6-1所示50年频次为单元对清代山西自然灾害六个时段进行细化分析发现，山西旱灾又存在相对的峰值和谷值。

第一时段，从顺治元年至康熙三十九年（1644—1700），这57年中，旱灾共计71年（次），频次达到1.25，并且从顺治元年到顺治十年（1644—1653）的10年中发生了15年（次），旱灾频次更是达到1.5，为清代山西旱灾的频次极值，这57年有12年无旱灾记载。第二时段，从康熙四十年至清乾隆十五年（1701—1750），这50年旱灾共计37年（次），频次为0.8，其中有8年无旱灾历史记录。第五时段，从清咸丰元年至清光绪二十六年（1851—1900），旱灾共计41年（次），频次为0.82，此间光绪二年（1876）至四年（1878）之间华北发生了一场罕见的特大旱灾饥荒“丁戊奇荒”。以上三个时段是清代山西旱灾的相对高发、多发、频发的时期。累计157年中旱灾共发生149年（次），年均频次达到0.94，接近年均一次旱灾。

第三时段，从清乾隆十六年至清嘉庆五年（1751—1800），旱灾共计36年（次），频次为0.71。其中有20年没有旱灾的历史记录。第四时段，从清嘉庆六年至清道光三十年（1801—1850）共计36年（次），频次为0.71，其间有16年无旱灾发生记录。第六时段，从清光绪二十七年至宣统三年（1901—1911），共计8年（次），频次为0.73。

可以看出，第一时段，即从顺治元年至康熙三十九年（1644—1700）的57年间，处于山西旱灾峰值的高位；第三、四时段，即从清乾隆十六年至清道光三十年（1751—1850）的100年间，是清代山西旱灾发生的相对低位。从大旱发生的时间节奏来看，清代山西大旱也呈现逐步加快的特征，清康熙五十九年（1720）至六十一年大旱，间隔82年后发生了嘉庆九年（1804）至嘉庆十年（1805）大旱；又过了71年，发生了“丁戊奇荒”，而仅仅21年，光绪二十六年就发生了全省性的大旱。以上这些情况说明，历史旱灾的发生既存在长时段的分布不均衡性，也有短时段的不均衡性。而不均衡总体表现为旱灾在时间上的波动性，这种波动在短时段上呈现出不规则的高位或低位变化，长时段则表现逐增、加剧的特性。有清一代山西“全省一次受灾面积在10州县以上的较大的旱灾共有16次，前期200年间8次，后期70年间8次”①，而“丁戊奇荒”则是旱灾长时段演化的极端个案。

（二） 空间分布

表6-3 清代山西旱灾空间分布表

今地	灾区（次）	灾区数
太原	太原（7） 阳曲（2） 徐沟（1） 清源（5）	4
长治	潞安（3） 长治（5） 襄垣（7） 黎城（7） 壶关（6） 沁源（5）沁州（5） 武乡（4） 平顺（3） 潞城（3） 平顺（2） 屯留（5）	12
晋城	泽州（2） 凤台（3） 高平（7） 阳城（12） 陵川（2） 沁水（14）	6
阳泉	平定（8） 盂县（3）	2
大同	大同（7） 阳高（5） 广灵（6） 灵丘（1） 浑源（3） 左云（4）	6
朔州	朔州（4） 马邑（7） 怀仁（6） 朔平（2）	4
忻州	忻州（3） 宁武（2） 定襄（3） 静乐（5） 代州（8） 崞县（3）繁峙（1） 保德（7） 河曲（2） 岢岚（4） 偏关（1）	11
晋中	榆次（7） 乐平（7） 辽州（2） 和顺（6） 榆社（4） 平遥（2）寿阳（4） 祁县（3） 介休（4）	9
吕梁	永宁（3） 岚县（3） 交城（2） 文水（12） 汾阳（8） 孝义（1）宁乡（2） 临县（7）	8
临汾	平阳（2） 临汾（12） 汾西（5） 岳阳（12） 翼城（6） 曲沃（13）吉州（7） 隰州（1） 永和（8） 大宁（4） 蒲县（5） 洪洞（3）赵城（1） 霍州（9） 浮山（8） 太平（9） 襄陵（7）′乡宁（7）	18
运城	解州（2） 解县（4） 安邑（6） 闻喜（8） 垣曲（10） 绛县（18）河津（4） 芮城（13） 夏县（7） 平陆（8） 蒲州（2） 永济（8）虞乡（8） 万泉（10） 荣河（34） 临晋（9） 猗氏（8）	17

①刘建生、刘鹏生：《山西近代经济史》，山西经济出版社，1997，第204页。

统计数据显示,绝对数量分区域排列,清代山西旱灾发生较多的区域依次分别为运城、临汾、长治、忻州、晋城、晋中和吕梁,而阳泉、太原、朔州和大同则居于后列。其中,运城和临汾出现的次数最多,灾害分布区域也最广。仅荣河1县的旱灾数量就达到34次,这个数字高居山西全省的榜首,甚至超过太原、大同、阳泉和朔州的区域总量。当然,运城和临汾旱灾的数量相对较大是建立在所属州县数量较大的基础上的,所反映的灾害数据仅仅是一个绝对量。而能够比较客观地反映各地旱灾权重的结论应当是以县作为计量单位进行统计的相对量,即县域旱灾的总量(含同一时期不同区域发生旱灾的次数)与区域所属县数之比。与旱灾绝对发生数量分区域排列相比,以县作为计量单位进行统计的相对量所示的次序有微小的变化:运城、临汾、晋城居于前三位,而朔州、太原则居于后列。

总结清代旱灾发生的情况,山西清代旱情呈现由北向南逐渐递增的态势。处于山西南部的运城、临汾和晋城三地则是旱灾的高发地,既是旱灾次数最多的,也是旱灾集中发生程度最高的。当然史料记录所反映的历史旱灾事实可能与灾害发生的实际有出入。造成山西南部地区旱灾数量奇高的原因除了灾害本身事实之外,还应当与以下两个因素有关系:

一是山西南部地区系中国历史文化较发达地区,相对于文化欠发达的山西北部更重视灾害的记录,这在方志文献记录中有直接的反映;

二是明清以来,记录灾害虽然没有完全消除用阴阳五行学说来推验祸福并影响政治的因素,但历史"灾异"记录已经大大增加了关注民生、关注农业的内容,而旱灾是自然灾害中影响农业最直接且最大的因素,所以农业生产和自然灾害的关联性也通过历史文献得以反映。

二　水(洪涝)灾

在清代所有的自然灾害类型中,水(洪涝)灾是最为频繁的自然灾害。有清一代,山西水(洪涝)灾共计发生350次,年频次为1.31,数量和频次不仅是清代所有自然灾害中最高的,也是山西有史以来所有自然灾害中数据最高的。

表6-4 清代山西水(洪涝)灾年表

纪年	灾区	灾象	应对措施	资料出处
清顺治二年(1645)	介休	闰六月,大水自迎翠门冲入,平地高五六尺,民房淹塌无算。		嘉庆《介休县志》卷一《兵祥·祥灾附》
清顺治三年(1646)	高平	七月,高平大水。		《清史稿》卷四十《灾异志一》
	高平、闻喜	……高平、闻喜水。		雍正《山西通志》卷一百六十三《祥异二》
	高平	秋七月,高平大水。		雍正《泽州府志》卷之五十《祥异》
		秋七月,大水,唐安村河水横决倍甚,男妇有溺死。		乾隆《高平县志》卷之十六《祥异》
	闻喜	丙戌五月二十四日,大水。六月初三日,复大水,姚村、宋村及西关淹毁民房甚多。		民国《闻喜县志》卷二十四《旧闻》
清顺治四年(1647)	安邑	安邑大雨。		《清史稿》卷四十二《灾异志三》
	解州	大雨水,虾、蟆盈路,蝗不为灾,有年。		光绪《解州志》卷之十一《祥异》 民国《解县志》卷之十三《旧闻考》
清顺治五年(1648)	沁水	沁水霪雨两月余。		《清史稿》卷四十二《灾异志三》

续 表

纪年	灾区	灾象	应对措施	资料出处
清顺治五年（1648）	太原、文水、闻喜、安邑、岢岚、沁水、陵川、祁县、太平	……太原、文水、闻喜、安邑、岢岚、沁水、陵川、祁县、太平水。		雍正《山西通志》卷一百六十三《祥异二》
	沁水、陵川	夏，沁水河溢，南城垣坏。（沁水志）秋，陵川霪雨杀稼，山头尽水。（陵川志）沁水霪雨月余，民间屋壁多颓损。（沁水志）		雍正《泽州府志》卷之五十《祥异》
	沁水	夏，河水溢，冲坏南城墙垣。秋淫雨，房屋多塌损。		光绪《沁水县志》卷之十《祥异》
	祁县	大水伤稼。		光绪《增修祁县志》卷十六《祥异》
	太平	秋七月，大雷雨。（汾水涨溢，两岸树梢皆没）		光绪《太平县志》卷十四《杂记志·祥异》
	解州	雨水多，盐池被害。		光绪《解州志》卷之十一《祥异》 民国《解县志》卷之十三《旧闻考》
	安邑	大雨水，盐池被害。		乾隆《解州安邑县志》卷之十一《祥异》
		大雨，堤堰冲决，盐池被患。		乾隆《解州安邑县运城志》卷之十一《祥异》
	闻喜	戊子六月初五日，大水，岭西、官庄、姚王等村水深丈余。		民国《闻喜县志》卷二十四《旧闻》
清顺治六年（1649）	沁水	秋，沁水霪雨两月余，民舍倾倒。		《清史稿》卷四十二《灾异志三》

续 表

纪年	灾区	灾象	应对措施	资料出处
清顺治七年（1650）	解州、万泉	七月，解州、万泉霪雨。		《清史稿》卷四十二《灾异志三》
	平阳	五月，平阳霪雨四十余日。		
	安邑	安邑大雨二十余日，倾圮民舍。		
	安邑	……安邑大雨。		雍正《山西通志》卷一百六十三《祥异二》
	定襄	……定襄滹沱水溢。		
	沁水	大雨，河水溢，伤禾稼。		光绪《沁水县志》卷之十《祥异》
	盂县	滹沱水溢。		光绪《盂县志·天文考》卷五《祥瑞、灾异》
	定襄	滹沱河水溢，将四营、小羊房村、北关等地淤浸，民皆流离。		康熙《定襄县志》卷之七《灾祥志·灾异》
	安邑	自七月十二日大雨，至八月初十日止，禾伤屋倒。		乾隆《解州安邑县志》卷之十一《祥异》
	万泉	秋，霪雨，民不得稼。		民国《万泉县志》卷终《杂记附·祥异》
清顺治八年（1651）	潞安	五月，潞安霪雨八十余日，伤禾稼，房舍倾倒甚多。		《清史稿》卷四十二《灾异志三》
	沁水	秋，沁水大雨。		《清史稿》卷四十二《灾异志三》
	洪洞、沁水、河津	洪洞、沁水、河津水溢。		雍正《山西通志》卷一百六十三《祥异二》

续 表

纪年	灾区	灾象	应对措施	资料出处
清顺治八年（1651）	长治、潞城、平顺	夏五月，长治、潞城、平顺雨，伤禾。		雍正《山西通志》卷一百六十三《祥异二》
	沁源	连被水灾，塌毁民田六百八十七顷有奇。	至十四年，粮银奉旨蠲免开除。	雍正《沁源县志》卷之九《别录·灾祥》
		八九十等年，连被水灾，淹没民田六百八十七顷有奇。	十四年奉旨蠲免粮银。	民国《沁源县志》卷六《大事考》
	沁水	秋沁水大雨，河水溢，伤禾稼。		雍正《泽州府志》卷之五十《祥异》
		秋，大雨，河涨，伤稼。		光绪《沁水县志》卷之十《祥异》
	介休	夏六月，大水冲入迎翠门。		嘉庆《介休县志》卷一《兵祥·祥灾附》
	洪洞	洪洞水溢。		雍正《平阳府志》卷之三十四《祥异》
		六月十三日夜，雷电大雨，汾涧雨水暴涨，浪高二丈，直冲城下，郭外西南隅庙宇庐舍漂没无踪，十余日水始退。		民国《洪洞县志》卷十八《杂记志·祥异》
	绛州	九月六月十三日，汾水涨溢，冲南门、桂安两坊，水深丈许，街巷结筏以济，房舍大半倾圮，西北诸村多遭漂没，行莊为甚。		光绪《直隶绛州志》卷之二十《灾祥》
	河津	汾河溢，涌至南门外，高数尺，数日始平。		光绪《河津县志》卷之十《祥异》
清顺治九年（1652）	平定、乐平、寿阳	五月，平定，乐平，寿阳大水，村落多淹没。		《清史稿》卷四十《灾异志一》

续 表

纪年	灾区	灾象	应对措施	资料出处
清顺治九年（1652）	寿阳、襄陵、稷山	六月，寿阳霪雨四十余日；襄陵霪雨两匝月，民舍漂没甚多；稷山霪雨。		《清史稿》卷四十二《灾异志三》
	乐平、岳阳、平阳、荣河	六月，乐平，岳阳，平阳，荣河大水。		《清史稿》卷四十《灾异志一》
	平遥、蒲县、闻喜、绛州、岳阳、大宁、平定、寿阳、稷山、荣河	……平遥、蒲县、闻喜、绛州、岳阳、大宁、平定、寿阳、稷山、荣河水。		雍正《山西通志》卷一百六十三《祥异二》
	平定、乐平、太谷	大水。		光绪《平定州志》卷之五《祥异》 民国《昔阳县志》卷一《舆地志·祥异》 民国《太谷县志》卷一《年纪》
	平遥	大水泛滥，汾河禾稼淹没殆尽。		光绪《平遥县志》卷之十二《杂录志·灾祥》
		平遥水。		乾隆《汾州府志》卷之二十五《事考》
	寿阳	夏六月，淫雨四十余日，水溢，民居倾毁殆尽。		光绪《寿阳县志》卷十三《杂志·异祥第六》
	祁县	夏，雨四旬余，水溢漂没田庐，荡徙林木。		光绪《增修祁县志》卷十六《祥异》
	介休	夏六月十六日，大雨，至七月初三日乃止。		嘉庆《介休县志》卷一《兵祥·祥灾附》
	临县	五月十六日，雨雹如卵，积冰尺余，麻麦尽殒。		民国《临县志》卷三《谱大事》

续 表

纪年	灾区	灾象	应对措施	资料出处
清顺治九年(1652)	平阳	岳阳水。秋九月,翼城地震。		雍正《平阳府志》卷之三十四《祥异》
	岳阳	九月,各处水涨,上下川中冲地数千顷。		民国《新修岳阳县志》卷一十四《祥异志·灾祥》民国《安泽县志》卷十四《祥异志·灾祥》
	大宁	六月,大水,冲民田数十顷。		光绪《大宁县志》卷之七《灾祥集》
	蒲县	大水。(大雨如注,横水暴涨,山谷崩陷,人畜多溺死者)		光绪《蒲县续志》卷之九《祥异志》
	襄陵	霪雨浃月,汾流泛涨,民舍多漂没。		民国《襄陵县新志》卷之二十三《旧闻考》
	闻喜	壬辰六月,大水,姚王等村及西关水深数尺余。		民国《闻喜县志》卷二十四《旧闻》
	稷山	六月,淫雨,河水横溢至城下,淹没庐舍田苗无数,泥内有车轮,又有巨人踪,大二尺许。		同治《稷山县志》卷之七《古迹·祥异》
	荣河	大水。		乾隆《蒲州府志》卷之二十三《事纪·五行祥沴》
		大雨,河水泛溢,汾自双营西入于黄河,人被冲去有至三门不死者。		光绪《荣河县志》卷十四《记三·祥异》
清顺治十年(1653)	沁水、寿阳	五月,沁水,寿阳大水。		《清史稿》卷四十《灾异志一》
	沁州	……五月甲申,雷击潞安郡城,西楼铲削如洗,瓴甓木石有飞至二三里外者。沁州水。		雍正《山西通志》卷一百六十三《祥异二》

续　表

纪年	灾区	灾象	应对措施	资料出处
清顺治十年（1653）	平遥	大水泛滥，汾河禾稼淹没殆尽。		光绪《平遥县志》卷之十二《杂录志·灾祥》
	广灵	六月大雨。		乾隆《广灵县志》卷一《方域·星野·灾祥附》
	太谷	积雨，县城坏。		民国《太谷县志》卷一《年纪》
	岳阳	涧河大泛，冲地。		民国《新修岳阳县志》卷一十四《祥异志·灾祥》民国《安泽县志》卷十四《祥异志·灾祥》
	夏县	白沙河北堤决，水入东门，城隍庙、官衙俱被浸没。		光绪《夏县志》卷五《灾祥志》
清顺治十一年（1654）	沁源、和顺、辽州	……沁源、和顺、辽州水。		雍正《山西通志》卷一百六十三《祥异二》
	平遥	大水泛滥，汾河禾稼淹没殆尽。		光绪《平遥县志》卷之十二《杂录志·灾祥》
	辽州	甲午，山崩蛟发，漂冲民田、村落甚多。		雍正《辽州志》卷之五《祥异》
	和顺	六月，霪雨，漂没民田。		民国《重修和顺县志》卷之九《风俗·祥异》
	灵石	雨。		道光《直隶霍州志》卷十六《禨祥》
清顺治十二年（1655）	垣曲	……垣曲大雨。		雍正《山西通志》卷一百六十三《祥异二》
		夏，大雨，东南河移故道。		光绪《垣曲县志》卷之十四《杂志》

续 表

纪年	灾区	灾象	应对措施	资料出处
清顺治十四年(1657)	和顺、沁源	……和顺、沁源河塌荒地一千五百顷有奇,又蠲本年钱粮。	又蠲本年钱粮。	雍正《山西通志》卷一百六十三《祥异二》
	文水	……文水汾、峪二河水溢伤稼。		雍正《山西通志》卷一百六十三《祥异二》
		春正月,文水汾、峪二河水溢。		乾隆《太原府志》卷四十九《祥异》
		丁酉六月,淫雨,汾峪二河水溢伤禾。		光绪《文水县志》卷之一《天文志·祥异》
	猗氏	七月一日辰时,涑河水溢。		雍正《猗氏县志》卷六《祥异》
清顺治十五年(1658)	万泉	二月,万泉霪雨伤麦。		《清史稿》卷四十二《灾异志三》
	垣曲	秋,垣曲霪雨。		
	曲沃	八月,曲沃霪雨二十日,坏城垣庐舍无算。		
	吉州	吉州大雨,坏城垣庐舍。		
	解州、猗氏	解州大雨四十日;猗氏大雨二十余日,民舍倾圮。		
	垣曲、文水	……垣曲、文水雨伤禾。		雍正《山西通志》卷一百六十三《祥异二》
	文水	夏五月,文水雨伤禾。		乾隆《太原府志》卷四十九《祥异》
		戊戌七月,大水伤禾。		光绪《文水县志》卷之一《天文志·祥异》
	垣曲	六月朔,暴风雨,伤禾拔木,秋淫雨水溢。		光绪《垣曲县志》卷之十四《杂志》

续 表

纪年	灾区	灾象	应对措施	资料出处
清顺治十六年(1659)	孝义	闰三月,孝义水。		乾隆《汾州府志》卷之二十五《事考》
	荣河	三月十五日,盖谷雨后三日也,雨霜连三日,二麦俱枯。因多雨,复发芽至熟日,每亩尚有获四五斗者。		光绪《荣河县志》卷十四《记三·祥异》
清顺治十七年(1660)	清源	……六月,清源大水,冲圮城北门楼。		雍正《山西通志》卷一百六十三《祥异二》 乾隆《太原府志》卷四十九《祥异》
		大水,冲圮北城门楼,城官梁名宪淹毙。		光绪《清源乡志》卷十六《祥异》
清顺治十八年(1661)	曲沃、太平、解州、安邑、夏县、大宁、猗氏、临晋、武乡	……曲沃、太平、解州、安邑、夏县、大宁、猗氏、临晋、武乡水。		雍正《山西通志》卷一百六十三《祥异二》
	壶关	八月望日,大雨至九月望日方止。官舍民房倾塌无数,城垣倒颓殆尽。	知县章经修筑完固。	道光《壶关县志》卷二《纪事》
	武乡	九月,武乡地震、大水。(魏家窑、监张等村田园尽被淹没)		乾隆《沁州志》卷九《灾异》
	平顺	八月初,陨雪继霪雨。		民国《平顺县志》卷十一《旧闻考·兵匪·灾异》
清康熙元年(1662)	临汾、太平、曲沃、临晋、稷山、猗氏、荣河、解州、平陆、芮城、安邑	……秋八月,临汾、太平、曲沃、临晋、稷山、猗氏、荣河、解州、平陆、芮城、安邑大雨。		雍正《山西通志》卷一百六十三《祥异二》

续　表

纪年	灾区	灾象	应对措施	资料出处
清康熙元年(1662)	辽州、大宁	……辽州、大宁水。		雍正《山西通志》卷一百六十三《祥异二》
	阳曲	秋八月,大雨。(弥月连绵,汾水泛涨,漂没稻田无数)		道光《阳曲县志》卷之十六《志余》
	徐沟	三河涨发,平地水深丈余,直抵半城,四门壅塞,田苗尽坏。		康熙《徐沟县志》卷之三《祥异》光绪《补修徐沟县志》卷五《祥异》
	辽州	壬寅五月,淫雨。六月,漳水涨泛,淹没民田无数。		雍正《辽州志》卷之五《祥异》
	平阳	夏五日乙亥初昏,月在兑,有星贯月而出,太平县皆见。秋八月,临汾、太平、曲沃大雨。		雍正《平阳府志》卷之三十四《祥异》
	临汾	秋八月,大雨。(大雨如注,连绵弥月,城垣半倾,桥梁尽圮,山有崩处,庐舍多坏,民有溺死者)		民国《临汾县志》卷六《杂记类·祥异》
	曲沃	秋八月,霪雨,二十日,坏城垣庐舍无数。		光绪《续修曲沃县志》卷之三十二《祥异》
	吉州	大雨数月,毁坏城庐舍。		光绪《吉州全志》卷七《祥异》
	大宁	六月,大水。		光绪《大宁县志》卷之七《灾祥集》
	太平	秋八月,霪雨。(墙屋塌陷,或建寺庙以居)		光绪《太平县志》卷十四《杂记志·祥异》
	安邑	八月,大雨如注者半月,墙屋倾圮强半,人多僦居庙宇。		乾隆《解州安邑县志》卷之十一《祥异》

续　表

纪年	灾区	灾象	应对措施	资料出处
清康熙元年(1662)	运城	八月，大雨连旬，盐池被害。		乾隆《解州安邑县运城志》卷之十一《祥异》
	闻喜	秋八月，大雨如注，连绵弥月，城垣半圮，庐舍十坏六七。		民国《闻喜县志》卷二十四《旧闻》
	稷山	秋，淫雨四旬不止，庐舍倾圮，十去八九。		同治《稷山县志》卷之七《古迹·祥异》
	芮城	壬寅秋八月，淫雨两旬，屋垣多倾，城东北路村平地水出如河。		民国《芮城县志》卷十四《祥异考》
	平陆	壬寅，淫雨四旬，山崩涧徙，坏民田舍。		乾隆《解州平陆县志》卷之十一《祥异》
	蒲州	临晋、猗氏、荣河大雨。是秋，蒲州大雨弥月，城垣半倾，坏桥梁民舍，山有崩处。		乾隆《蒲州府志》卷之二十三《事纪·五行祥沴》
	永济	八月、九月，大雨如注，连绵弥月，城垣半倾，桥梁尽圮，山有崩处，庐舍十坏六七，民有溺死者。		光绪《永济县志》卷二十三《事纪·祥沴》
	荣河	七月，雨至九月初方止，城中井溢，平地泉涌，城垣庐舍塌毁甚多。		光绪《荣河县志》卷十四《记三·祥异》
	临晋	秋，霖雨弥月，城垣庐舍十倾六七。		民国《临晋县志》卷十四《旧闻记》
	猗氏	八月，大雨霖。（自初九至二十五，大雨如注，昼夜不绝，墙屋倾圮殆尽）		雍正《猗氏县志》卷六《祥异》
清康熙二年(1663)	灵石	……灵石水，头镇北东山岭陨石如泉涌，又若鼎沸，一年乃止。		雍正《山西通志》卷一百六十三《祥异二》

续　表

纪年	灾区	灾象	应对措施	资料出处
清康熙二年(1663)	交城	秋七月,交城水。		乾隆《太原府志》卷四十九《祥异》
		癸卯七月十六日,大雨,磁瓦二河交涨,城中水深二尺,北门圮。		光绪《交城县志》卷一《天文门·祥异》
清康熙三年(1664)	偏关	六月,偏关河水爆发,坏民舍甚多,城内水深丈余。		《清史稿》卷四十《灾异志一》
	汾州府	十二月,汾州府属大水。		
	长子、平顺、汾州、偏关	……长子、平顺、汾州、偏关潦。		雍正《山西通志》卷一百六十三《祥异二》
	长子	大潦,谷草、煤炭腾贵一时。		康熙《长子县志》卷之一《灾祥》
	平顺	霪雨月余,田园房屋塌毁八九,山亦崩颓甚多。		康熙《平顺县志》卷之八《祥灾志·灾荒》
	马邑	潦,大水,民饥。阳和道曹公韩溶,详请蠲赈,后道缺,裁归时,民攀卧流而送之。		民国《马邑县志》卷之一《舆图志·杂记》
	偏关	六月,偏关河水暴溢,坏民舍,多溺死者,城内水深丈余。		乾隆《宁武府志》卷之十《事考》
	汾州	汾州府潦。		乾隆《汾州府志》卷之二十五《事考》
	汾阳	潦。		光绪《汾阳县志》卷十《事考》
	临县	汾属大水。		民国《临县志》卷三《谱大事》
清康熙四年(1665)	平定	七月,平定嘉水溢。		《清史稿》卷四十《灾异志一》

续　表

纪年	灾区	灾象	应对措施	资料出处
清康熙四年（1665）	平定	七月，嘉水溢，居民被患。		光绪《平定州志》卷之五《祥异》
清康熙五年（1666）	襄垣、武乡	十一月，襄垣，武乡大雨。		《清史稿》卷四十二《灾异志三》
	武乡	……十一月，武乡漳水溢城，可行舟。		雍正《山西通志》卷一百六十三《祥异二》
	文水	……夏六月，文水雨，伤禾。		雍正《山西通志》卷一百六十三《祥异二》
		丁未六月，大水伤禾。冬无雪。		光绪《文水县志》卷之一《天文志·祥异》
	太原	夏六月，雨伤禾。		乾隆《太原府志》卷四十九《祥异》
	曲沃	春正月，曲沃雨黑水。		雍正《平阳府志》卷之三十四《祥异》
		春正月，雷发声，雨黑水。		光绪《续修曲沃县志》卷之三十二《祥异》
	垣曲	正月二十六日，雷电大作，雨黑水；二月初八日，雨沾衣成泥。		光绪《垣曲县志》卷之十四《杂志》
清康熙十年（1671）	吉州	春二月，吉州雨泥。		雍正《山西通志》卷一百六十三《祥异二》
清康熙十一年（1672）	霍州	……霍州河决。		雍正《山西通志》卷一百六十三《祥异二》
		秋七月，霍州河决。		道光《直隶霍州志》卷十六《禨祥》

续　表

纪年	灾区	灾象	应对措施	资料出处
清康熙十一年(1672)	文水	壬子二月,大风雪,严寒途人多冻死者。春夏大雨。秋旱,田薄收。		光绪《文水县志》卷之一《天文志·祥异》
	平阳	六月,灵石绵山鸣如雷,移时乃已。秋七月,霍州河决。太平瑞谷一茎二三穗。有星昼见,蝗多,不食稼。		雍正《平阳府志》卷之三十四《祥异》
清康熙十二年(1673)	榆社	癸丑春,大雨,夏,大雨雹,如鸡子。		光绪《榆社县志》卷之十《拾遗志·灾祥》
	万泉	夏,淫雨害麦。		民国《万泉县志》卷终《杂记附·祥异》
清康熙十四年(1675)	榆次	八月,霖雨二十日。		同治《榆次县志》卷之十六《祥异》
清康熙十七年(1678)	岳阳	秋雨,伤稼。		民国《新修岳阳县志》卷一十四《祥异志·灾祥》
		秋,雨伤禾。		民国《安泽县志》卷十四《祥异志·灾祥》
	太平	秋七月,霪雨。		光绪《太平县志》卷十四《杂记志·祥异》
	稷山	雨,伤稼。		同治《稷山县志》卷之七《古迹·祥异》
	平陆	八月,霖雨四旬,城郭民居塌毁无算。		乾隆《解州平陆县志》卷之十一《祥异》
	荣河	河水溢,败民田。		乾隆《蒲州府志》卷之二十三《事纪·五行祥沴》

续 表

纪年	灾区	灾象	应对措施	资料出处
清康熙十七年(1678)	荣河	河水溢,败民田。		光绪《荣河县志》卷十四《记三·祥异》
清康熙十八年(1679)	曲沃、太平、临晋、猗氏、解州、安邑、夏县、广灵	八月,曲沃霪雨二十五日,城垣庐舍倾倒无算;临晋雨二十余日,民舍尽圮;猗氏霪雨弥月不止;解州、安邑霪雨连旬;夏县霪雨月余,城垣倾倒,民居损坏,田禾淹没;广灵霪雨匝月不止;汉中霪雨四十日,如倾盆者一昼夜,淹没民居。		《清史稿》卷四十二《灾异志三》
	曲沃、太平、解州、安邑、夏县、大宁、猗氏、临晋、武乡	……曲沃、太平、解州、安邑、夏县、大宁、猗氏、临晋、武乡水。		雍正《山西通志》卷一百六十三《祥异二》
	大宁	秋八月九日,阴雨三旬。		光绪《大宁县志》卷之七《灾祥集》
	太平	秋八月,霪雨。		光绪《太平县志》卷十四《杂记志·祥异》
	安邑	秋,霖浃旬,水决盐池。		乾隆《解州安邑县志》卷之十一《祥异》
	运城	西水入盐池,盐不生。		乾隆《解州安邑县运城志》卷之十一《祥异》
	绛州	秋霪雨二十五日。		光绪《直隶绛州志》卷之二十《灾祥》
		春正月,不雨,至夏四月秋,淫雨二十五日。		民国《新绛县志》卷十《旧闻考·灾祥》

续 表

纪年	灾区	灾象	应对措施	资料出处
清康熙十八年(1679)	夏县	八月十五日大雨,至九月二十一日止。白沙河水冲入盐池,盐花不生,夏邑城垣倾倒,民居损坏,田禾淹没,民饥。		光绪《夏县志》卷五《灾祥志》
	临晋	秋,大雨霖二十余日,墙屋尽圮。		民国《临晋县志》卷十四《旧闻记》
	猗氏	八月,大雨霖,弥月不止。		雍正《猗氏县志》卷六《祥异》
清康熙十九年(1680)	襄垣	二月,襄垣大雨四十余日。		《清史稿》卷四十二《灾异志三》
	长子、蒲县	长子大雨四十日不止,城垣倾圮;蒲县霪雨四旬,伤禾。		
	蒲县	霪雨四旬,伤禾。		光绪《蒲县续志》卷之九《祥异志》
清康熙二十二年(1683)	太原、文水	秋大水,堙没禾黍殆尽。	免山西太原、文水二县水灾额赋有差。	道光《太原县志》卷之十五《祥异》
	曲沃	夏,大水。		光绪《续修曲沃县志》卷之三十二《祥异》
	绛州	夏,大水。		光绪《直隶绛州志》卷之二十《灾祥》民国《新绛县志》卷十《旧闻考·灾祥》
清康熙二十三年(1684)	临县、太平	七月十三日,临县大雨,至八月初八日止,平地水溢;太平霪雨四十余日。		《清史稿》卷四十二《灾异志三》
	隰州	八月,隰州霪雨五十余日,坏民舍甚多。		《清史稿》卷四十二《灾异志三》

续 表

纪年	灾区	灾象	应对措施	资料出处
清康熙二十三年(1684)	汾阳、临县、隰州	汾阳、临县、隰州水。		雍正《山西通志》卷一百六十三《祥异二》
	交城	……交城，汾河泛涨，平地水涌数尺。		
	交城	交城汾河泛涨，平地水涌数尺。		乾隆《太原府志》卷四十九《祥异》
	辽州	甲子六月二十三日，大水，漂冲城西南角数十丈，民田、村落甚多。		雍正《辽州志》卷之五《祥异》
	介休	秋七月，淫雨月余，民舍多倾倒。		嘉庆《介休县志》卷一《兵祥・祥灾附》
	交城	甲子，汾河涨，郑段、辛北等村平地水深三尺。		光绪《交城县志》卷一《天文门・祥异》
	临县	汾阳临县水。		乾隆《汾州府志》卷之二十五《事考》
	汾阳	水。		光绪《汾阳县志》卷十《事考》
	临县	七月十三日，大雨，于八月初九日止，平地水溢，田河被淹。		民国《临县志》卷三《谱大事》
	隰州	秋，霪雨五十余日，伤稼坏庐舍甚多。		康熙《隰州志》卷之二十一《祥异》
	大宁	秋七月，霪雨二旬，谷黍伤，岁饥。		光绪《大宁县志》卷之七《灾祥集》
	太平	秋，霪雨(四十余日)。		光绪《太平县志》卷十四《杂记志・祥异》
清康熙二十四年(1685)	和顺	十二月，和顺大雨连月。		《清史稿》卷四十二《灾异志三》

续 表

纪年	灾区	灾象	应对措施	资料出处
清康熙二十五年(1686)	临县	秋暴雨,湫河水涨,冲坏东城数十丈并东瓮城,平地禾黍淹没无数。		民国《临县志》卷三《谱大事》
清康熙二十六年(1687)	孝义	大雨,河水入城。		乾隆《孝义县志·胜迹·祥异》
	曲沃	夏六月,大雨,冲毁北门上西门、中西门吊桥。		光绪《续修曲沃县志》卷之三十二《祥异》
清康熙二十七年(1688)	高平	八月,高平大水。		《清史稿》卷四十《灾异志一》
	泽州	五月,泽州大水。		
	泽州	……六月,泽州水。		雍正《山西通志》卷一百六十三《祥异二》
		六月,泽州大水。		雍正《泽州府志》卷之五十《祥异》
清康熙二十八年(1689)	平定	六月,嘉水涨,坏民居。		光绪《平定州志》卷之五《祥异》
清康熙二十九年(1690)	榆次	春旱至六月乃雨。秋,淫雨,晚禾不熟,多荼,民采食之。		同治《榆次县志》卷之十六《祥异》
清康熙三十年(1691)	介休	闰七月,介休霪雨,东城圮数十丈。		《清史稿》卷四十二《灾异志三》
		闰七月,淫雨。东城圮数十丈,岁大饥,诸粟翔贵,饿殍载道。		嘉庆《介休县志》卷一《兵祥·祥灾附》
	曲沃	秋七月,蝗、雹、疫、霪雨,饥。		光绪《续修曲沃县志》卷之三十二《祥异》
清康熙三十一年(1692)	徐沟	徐沟三河水溢。		雍正《山西通志》卷一百六十三《祥异二》

续 表

纪年	灾区	灾象	应对措施	资料出处
清康熙三十一年（1692）	徐沟	徐沟三河水溢。	奉旨诏所司抚恤。	乾隆《太原府志》卷四十九《祥异》
		三河并发，竟入北关，淹倒驿丞堂宅以及民房。	奉府给银修房，每间房发银五钱。	康熙《徐沟县志》卷之三《祥异》
		三河并发，冲入北关，淹没驿丞堂宅以及民房。	本府檄发帑修房，每间银五钱。	光绪《补修徐沟县志》卷五《祥异》
	清源	大水。		光绪《清源乡志》卷十六《祥异》
清康熙三十二年（1693）	阳高	七月，阳高大水。		《清史稿》卷四十《灾异志一》轴 雍正《山西通志》卷一百六十三《祥异二》
		七月初二夜，水徙城壕，逆入西瓮城，庐舍、庙宇俱坏，人避城上得免。		雍正《阳高县志》卷之五《祥异》
	徐沟	……徐沟水伤禾，免本年钱粮之三。	免本年钱粮之三。	雍正《山西通志》卷一百六十三《祥异二》
		秋七月，徐沟水伤禾。	免本年钱粮之三。	乾隆《太原府志》卷四十九《祥异》
		三河仍发，水势较前更危，地雍泥沙，田禾伤尽。	奉旨赈灾，本年粮钱除十分之三。	康熙《徐沟县志》卷之三《祥异》
			本府檄发帑修房，每间银五钱。	光绪《补修徐沟县志》卷五《祥异》
	阳高	七月，阳高水伤禾。	免本年钱粮之三。	乾隆《大同府志》卷之二十五《祥异》
	平遥	二月十七日午时，有云一片，其色不一，旋有大水，淹民房屋多坏。		光绪《平遥县志》卷之十二《杂录志·灾祥》

续　表

纪年	灾区	灾象	应对措施	资料出处
清康熙三十二年（1693）	介休	五月，淫雨，水溢淹。		嘉庆《介休县志》卷一《兵祥·祥灾附》
	孝义	大雨，河水入城。		乾隆《孝义县志·胜迹·祥异》
	万泉	夏，霪雨害麦。		民国《万泉县志》卷终《杂记附·祥异》
清康熙三十四年（1695）	介休	五月，淫雨，水溢淹稼。		嘉庆《介休县志》卷一《兵祥·祥灾附》
	曲沃	冬，甘泉涌。		光绪《续修曲沃县志》卷之三十二《祥异》
清康熙三十五年（1696）	乐平、沁州	六月，乐平大雨弥月，沁州霪雨，三月方止。		《清史稿》卷四十二《灾异志三》
	静乐	八月，静乐大雨两昼夜。		
	平定、乐平	六月二十六日雨，至八月十二日方止，禾稼俱朽。		光绪《平定州志》卷之五《祥异》 民国《昔阳县志》卷一《舆地志·祥异》
	静乐	五月朔，日食昼晦。夏大旱。秋雨，两月不止。		康熙《静乐县志》四卷《赋役·灾变》
清康熙三十六年（1697）	孝义	六月，孝义水。		雍正《山西通志》卷一百六十三《祥异二》 乾隆《汾州府志》卷之二十五《事考》
		大水。		乾隆《孝义县志·胜迹·祥异》

续 表

纪年	灾区	灾象	应对措施	资料出处
清康熙三十六年(1697)	榆次	六月,淫雨。		同治《榆次县志》卷之十六《祥异》
清康熙三十八年(1699)	阳高、马邑	阳高、马邑水。		雍正《山西通志》卷一百六十三《祥异二》
	阳高	水。		乾隆《大同府志》卷之二十五《祥异》
清康熙三十九年(1700)	夏县	正月,夏县大雨,坏城。		《清史稿》卷四十二《灾异志三》
		大雨,白沙河水冲决北堤,进城南门外铺店漂没,各村被灾。		光绪《夏县志》卷五《灾祥志》
	临县、夏县	夏五月,临县暴水坏城。……夏县水。		雍正《山西通志》卷一百六十三《祥异二》
	静乐	雹伤禾,大雨。		康熙《静乐县志》四卷《赋役·灾变》
	临县	夏五月,临县暴水坏城。		乾隆《汾州府志》卷之二十五《事考》
		五月初四日,大水自东崖至城内,普化寺西廊下约高数丈,越数日复暴涨,东城一带城郭俱没。		民国《临县志》卷三《谱大事》
	岳阳	涧水泛涨,冲没城外水地。		民国《新修岳阳县志》卷一十四《祥异志·灾祥》民国《安泽县志》卷十四《祥异志·灾祥》

续 表

纪年	灾区	灾象	应对措施	资料出处
清康熙四十二年（1703）	平遥	五月，平遥大水。		《清史稿》卷四十《灾异志一》
		仁庄诸村水灾，民困甚。	县令王受履亩踏勘，钱粮俱为缓征，至于耗羡一概全免，任民随便输纳，仍于被害之家借给谷石牛种籽粒，民始有起色。	光绪《平遥县志》卷之十二《杂录志·灾祥》
	平遥、定襄	……平遥、定襄水。		雍正《山西通志》卷一百六十三《祥异二》
	定襄	大水，田禾伤损，奉院司批委代州卞踏勘后疏成灾。	奉旨全免。	康熙《定襄县志》卷之七《灾祥志·灾异》
清康熙四十三年（1704）	榆次	春，淫雨，平地出水。	免租赋。	同治《榆次县志》卷之十六《祥异》
清康熙四十六年（1707）	永济	大水。		光绪《永济县志》卷二十三《事纪·祥沴》
清康熙四十七年（1708）	清源	大水，南关城西门毁。		光绪《清源乡志》卷十六《祥异》
清康熙四十八年（1709）	徐沟	三月甲申，徐沟雨泥如珠，暴风晦台。		雍正《山西通志》卷一百六十三《祥异二》 光绪《补修徐沟县志》卷五《祥异》
		三月甲申，徐沟雨泥如珠。		乾隆《太原府志》卷四十九《祥异》

续　表

纪年	灾区	灾象	应对措施	资料出处
清康熙四十八年（1709）	清源	雨泥如珠。		光绪《清源乡志》卷十六《祥异》
	乡宁	河水涨溢，溺人无数。		乾隆《乡宁县志》卷十四《祥异》 民国《乡宁县志》卷八《大事记》
清康熙五十年（1711）	平阳	十月，平阳大雨，漂没居民数百人。		《清史稿》卷四十《灾异志一》
清康熙五十五年（1716）	宁武	五月，宁武大水。		《清史稿》卷四十《灾异志一》
	乡宁	四月二十八日，雨雹。船窝镇莫回窑沟水涨发，冲毙人畜。		乾隆《乡宁县志》卷十四《祥异》
清康熙五十六年（1717）	翼城	五月二十九日，大雷雨，浍河夜涨，漂溺死者百十余人。		民国《翼城县志》卷十四《祥异》
清康熙五十九年（1720）	翼城	二月二十六日夜，大风雨。		民国《翼城县志》卷十四《祥异》
清康熙六十年（1721）	文水	乙卯，大雨，文水溢，决堤伤稼。		光绪《文水县志》卷之一《天文志·祥异》
清雍正元年（1723）	北关	北关漳水溢。		乾隆《重修襄垣县志》卷之八《祥异志·祥瑞》 民国《襄垣县志》卷之八《旧闻考·祥异》
	屯留	六月十九日，绛水骤民，浪头数仞，傍水居民迁避之。		光绪《屯留县志》卷一《祥异》
	偏关	六月，偏关大水，西城门内水深二丈，斗米三百钱。		乾隆《宁武府志》卷之十《事考》

续 表

纪年	灾区	灾象	应对措施	资料出处
清雍正元年(1723)	临县	六月十九日,黄河溢。		民国《临县志》卷三《谱大事》
清雍正二年(1724)	清源	大水。		光绪《清源乡志》卷十六《祥异》
	太平	春,愆雨。		光绪《太平县志》卷十四《杂记志·祥异》
清雍正三年(1725)	太原	汾水溢。		乾隆《太原府志》卷四十九《祥异》
		七月,汾水溢,平地四五尺,东莊、野场等村禾黍漂没,房屋塌毁。		道光《太原县志》卷之十五《祥异》
	闻喜	六月初五日夜,大水,北乡、小张等十村被灾。	布政使高赈银二百两,署本府刘赈银四十两。	民国《闻喜县志》卷二十四《旧闻》
	稷山	大水淹没田庐人口。	发帑赈恤。	同治《稷山县志》卷之七《古迹·祥异》
清雍正四年(1726)	平鲁	夏六月,平鲁县大雨,山水暴涨,城西詹家窑漂没民舍。	郡守徐荣畤、参将徐元勋倡议捐赈。	雍正《朔平府志》之十一《外志·祥异》
清雍正五年(1727)	平鲁	六月,平鲁山水爆发,漂没民居。		《清史稿》卷四十《灾异志一》
	平遥	河浸三里。		光绪《平遥县志》卷之十二《杂录志·灾祥》
清雍正六年(1728)	榆次	秋淫雨。		同治《榆次县志》卷之十六《祥异》
清雍正七年(1729)	文水	六月,文水大雨,青高村至尹家社汾河水溢,自辟引渠二道,袤二十五里。		雍正《山西通志》卷一百六十三《祥二》

续　表

纪年	灾区	灾象	应对措施	资料出处
清雍正七年（1729）	文水	六月，文水大雨，汾水没自青高村至尹家社，辟渠二道，袤二十五里。时方以县境河形纡曲，中隔乾滩，率多水患，甫议疏浚，而河流倏涌，引渠直达漕河，经流无滞，居民行旅，咸称瑞应。		乾隆《太原府志》卷四十九《祥异》
清雍正九年（1731）	石楼	……九月丁丑，石楼缘城东北隅溪河将冲城址，忽涌沙堆，改向北流，自辟支河一道，袤一百九十丈，广六七丈，深七尺，不劳疏浚。		雍正《山西通志》卷一百六十三《祥异二》
清雍正十一年（1733）	吉州	夏，大水，禾不伤，扶风桥冲决无存。		光绪《吉州全志》卷七《祥异》
清雍正十三年（1735）	猗氏	夏，大旱无禾。八月多阴雨并灌，谷皆伤，赖陕西莞豆救饥。		同治《续猗氏县志》卷四《祥异》
清乾隆二年（1737）	平阳	八月，平阳大风雨七昼夜，田禾尽没。		《清史稿》卷四十二《灾异志三》
	长子	九月，长子大雨，禾尽没。		
	交城	丁巳夏，大雨，平地水深尺余，禾尽漂没。		光绪《交城县志》卷一《天文门·祥异》
清乾隆五年（1740）	绛县	七月，绛县大雨害稼。		《清史稿》卷四十二《灾异志三》
清乾隆八年（1743）	浮山	六月大雨迅雷，城内幼童年十六被电击死。		民国《浮山县志》卷三十七《灾祥》
	蒲州	岁多雨。		乾隆《蒲州府志》卷之二十三《事纪·五行祥沴》

续 表

纪年	灾区	灾象	应对措施	资料出处
清乾隆八年(1743)	虞乡	岁多雨。		光绪《虞乡县志》卷之一《地舆志·星野·附祥异》
清乾隆九年(1744)	浮山	六月初二日午刻,大雨。		民国《浮山县志》卷三十七《灾祥》
清乾隆十年(1745)	曲沃	七月,浍河大涨,淹没田庐人畜无算。		光绪《续修曲沃县志》卷之三十二《祥异》
	永和	六月,大雨,房屋倾圮甚多。		民国《永和县志》卷十四《祥异考》
	解州	冬十月,雷电大雨。		光绪《解州志》卷之十一《祥异》民国《解县志》卷之十三《旧闻考》
	绛州	七月,浍河涨。		光绪《直隶绛州志》卷之二十《灾祥》民国《新绛县志》卷十《旧闻考·灾祥》
	闻喜	乙丑七月十四日夜,大雨如注,涑河涨溢,东西南关厢旅店、民舍冲塌十分之三,城内东南巷及城隍庙左右垣墙俱倒。		民国《闻喜县志》卷二十四《旧闻》
	垣曲	秋七月,大雨河溢。		光绪《垣曲县志》卷之十四《杂志》
	夏县	大雨,白沙河北堤决,水入城东门,门楼尽圮,城隍庙西牌坊坏,民居漂没甚多。		光绪《夏县志》卷五《灾祥志》
	临晋	涑水大溢。		民国《临晋县志》卷十四《旧闻记》

续 表

纪年	灾区	灾象	应对措施	资料出处
清乾隆十年(1745)	猗氏	涑水大溢,近河高头等村,谷禾、房屋皆伤。		同治《续猗氏县志》卷四《祥异》
清乾隆十一年(1746)	绛县	二月,大水,人有淹毙者。		光绪《绛县志》卷六《纪事·大事表门》
清乾隆十二年(1747)	应州、浑源、大同	六月,应州,浑源,大同三州县大水。		《清史稿》卷四十《灾异志一》
清乾隆十三年(1748)	太原	五月,太原汾水溢。		《清史稿》卷四十《灾异志一》
		汾水溢,麦熟,一夕穗皆空。		道光《太原县志》卷之十五《祥异》
清乾隆十四年(1749)	临晋	五月,大雨,波水入城,墙屋倾圮无数。		民国《临晋县志》卷十四《旧闻记》
清乾隆十六年(1751)	永乐*	七月,永乐大水。		《清史稿》卷四十《灾异志一》
	沁水	大水。		光绪《沁水县志》卷之十《祥异》
	安邑	自闰五月至七月中旬,雨水连绵河涨,人有伤者。		乾隆《解州安邑县志》卷之十一《祥异》
	平陆	河水大溢,河壖田崩塌。		乾隆《解州平陆县志》卷之十一《祥异》
清乾隆十八年(1753)	高平	高平自七月至十月霪雨。		《清史稿》卷四十二《灾异志五》
	解州	九月,解州阴雨连旬。		

* 永乐,今山西洪洞县内。

续　表

纪年	灾区	灾象	应对措施	资料出处
清乾隆十八年(1753)	解县	九月，阴雨连旬，涑水涨发，淹没西王等村。		光绪《解州志》卷之十一《祥异》 民国《解县志》卷之十三《旧闻考》
	运城	姚暹渠决，客水入池，盐畦不生。		乾隆《解州安邑县运城志》卷之十一《祥异》
	虞乡	阴雨连旬，涑水涨发。		光绪《虞乡县志》卷之一《地舆志·星野·附祥异》
清乾隆十九年(1754)	孝义	大水。		乾隆《孝义县志·胜迹·祥异》
清乾隆二十一年(1756)	介休	五月，介休霪雨，淹田禾六十余倾。		《清史稿》卷四十二《灾异志三》
	曲沃、芮城、和顺	七月，曲沃霪雨数十日，庐舍多坏；芮城霪雨四旬，房舍多圮；和顺霪雨二十余日，害稼。		
	繁峙	八月，大水，李牛村被灾。		道光《繁峙县志》卷之六《祥异志·祥异》
		六月，地震，八月大水。		光绪《繁峙县志》卷四《杂志》
	介休	夏五月，淫雨，东西大期席村淹田禾六十余顷。		嘉庆《介休县志》卷一《兵祥·祥灾附》
	汾阳、介休	汾阳、介休二县水。	滨汾居民照例缓征。	乾隆《汾州府志》卷之二十五《事考》
	汾阳	水。	滨汾居民照例缓征。	光绪《汾阳县志》卷十《事考》
	曲沃	秋，霪雨历数十日，庐舍多坏。		光绪《续修曲沃县志》卷之三十二《祥异》

续 表

纪年	灾区	灾象	应对措施	资料出处
清乾隆二十一年(1756)	安邑	自七月初旬雨,至九月中止,平地出泉,盐池被水。		乾隆《解州安邑县志》卷之十一《祥异》
	垣曲	黄河溢水至南门。		光绪《垣曲县志》卷之十四《杂志》
	芮城	秋,淫雨四旬,房屋倾圮甚多。		民国《芮城县志》卷十四《祥异考》
	荣河	秋,大雨月余,伤民居。		光绪《荣河县志》卷十四《记三·祥异》
清乾隆二十二年(1757)	介休	七月,介休霪雨,淹田禾八十余倾,庐舍冲蹋大半。		《清史稿》卷四十二《灾异志三》
		秋七月,淫雨,汾河溢,淹中街辛武等八村田禾八十余顷,庐舍大半冲塌。		嘉庆《介休县志》卷一《兵祥·祥灾附》
	汾阳	水。	滨汾居民照例缓征。	光绪《汾阳县志》卷十《事考》
	解州	八月,雨溢硝池,侵败盐池。		光绪《解州志》卷之十一《祥异》民国《解县志》卷之十三《旧闻考》
清乾隆二十三年(1758)	介休、陵川	六月,介休大雨三日,淹没田禾;陵川霪雨连月不止,房舍多圮。		《清史稿》卷四十二《灾异志三》
	长子	秋,长子大雨伤禾。		
	太原	秋七月,太原大雨河水涨溢。		乾隆《太原府志》卷四十九《祥异》
	介休	六月望,大雨三日,汾河溢。淹礼城盐场等十八村田禾三百余倾。		嘉庆《介休县志》卷一《兵祥·祥灾附》

续　表

纪年	灾区	灾象	应对措施	资料出处
清乾隆二十三年(1758)	平遥、介休	平遥、介休二县水。	免滨汾居民税粮。	乾隆《汾州府志》卷之二十五《事考》
清乾隆二十四年(1759)	潞安	七月,潞安大雨两月。		《清史稿》卷四十二《灾异志三》
	和顺	秋,霪雨。		民国《重修和顺县志》卷之九《风俗·祥异》
	寿阳	……至六月二十四日,大雨。是秋,丰稔异常。		光绪《寿阳县志》卷十三《杂志·异祥第六》
	交城	巳卯,夏三月不雨,秋大雨月余,民饥。		光绪《交城县志》卷一《天文门·祥异》
清乾隆二十五年(1760)	运城	水退,盐生如旧。		乾隆《解州安邑县运城志》卷之十一《祥异》
清乾隆二十六年(1761)	平遥	六月,汾水西堰决。七月东堰决,沿河一带屯民多受水害。		光绪《平遥县志》卷之十二《杂录志·灾祥》
	太谷	辛巳夏,潦,南城垣圮。	知县高继允复修之。	民国《太谷县志》卷一《年纪》
	垣曲	秋,垣曲霪雨四昼夜不止,城垣尽圮。		《清史稿》卷四十二《灾异志三》
		秋,大雨四昼夜不止,两川水溢,城垣尽圮。		光绪《垣曲县志》卷之十四《杂志》
	介休	秋七月,大水。		嘉庆《介休县志》卷一《兵祥·祥灾附》
	临晋	七月,涑水溢。		民国《临晋县志》卷十四《旧闻记》
	猗氏	七月,涑河溢,漫南滩,自此成膏壤。		同治《续猗氏县志》卷四《祥异》

续　表

纪年	灾区	灾象	应对措施	资料出处
清乾隆二十七年（1762）	平定	夏六月，大水。		光绪《平定州志》卷之五《祥异》
	盂县	是岁，雨涝。		光绪《盂县志·天文考》卷五《祥瑞、灾异》
清乾隆二十八年（1763）	太谷	癸未，浚城隍。（自是城中无阴雨积潦之患）		民国《太谷县志》卷一《年纪》
清乾隆三十二年（1767）	平遥	七月，汾水大涨，官地屯水深丈余，男女栖身无所。	宋璨、宋琅兄弟作筏，拯救。月余，水退，方各归，县令德贵每一间房给银五钱赈之。	光绪《平遥县志》卷之十二《杂录志·灾祥》
清乾隆三十三年（1768）	太原	七月，太原大水。		《清史稿》卷四十《灾异志一》
		七月，大雨，汾水涨溢。风峪暴水，坏城四十余丈。		道光《太原县志》卷之十五《祥异》
	阳曲	秋七月，大雨，汾水涨溢。		道光《阳曲县志》卷之十六《志余》
	清源	秋，大雨，河溢。		光绪《清源乡志》卷十六《祥异》
	介休	夏六月，淫雨，汾河溢。		嘉庆《介休县志》卷一《兵祥·祥灾附》
	平陆	六月初九午时，车村陂池水忽溢出，南路稍低约流百余步，其北尚高，亦溢，至二十余步，约食顷乃止。（外纪附）		光绪《平陆县续志》卷之下《杂记志·祥异》

续　表

纪年	灾区	灾象	应对措施	资料出处
清康熙三十四年(1769)	岚县	夏潦,麦荳歉收。八月十五夜,忽降严霜,禾皆冻死,民大饥。		雍正《重修岚县志》卷之十六《灾异》
清乾隆三十六年(1771)	长子	七月,长子大雨伤禾。		《清史稿》卷四十二《灾异志三》
清乾隆四十年(1775)	河津	八月,河津汾水溢,近城高数尺,次日退。		《清史稿》卷四十《灾异志一》
	太原	二月二十二日,日旁两珥。夏,风峪水漂没城西南数村田庐,并没尹公祠。		道光《太原县志》卷之十五《祥异》
	榆社	辛巳闰六月十四日,雨,伤禾稼,惟荞麦杂蔬有收。次年春,饿死人无算。		光绪《榆社县志》卷之十《拾遗志·灾祥》
	交城	六月,淫雨。		光绪《交城县志》卷一《天文门·祥异》
	太平	夏,大雨。		光绪《太平县志》卷十四《杂记志·祥异》
	绛州	大水,平地深丈余,范庄一带更甚。		光绪《直隶绛州志》卷之二十《灾祥》 民国《新绛县志》卷十《旧闻考·灾祥》
	河津	汾河水溢近城,高数尺,次日平。		光绪《河津县志》卷之十《祥异》
清乾隆四十一年(1776)	代州	秋,代州秋峪口河决,田庐多没。		《清史稿》卷四十《灾异志一》

续　表

纪年	灾区	灾象	应对措施	资料出处
清乾隆四十一年（1776）	代州	秋，峪口河溢，沙窊村田庐多塌没。	知州施敬胜捐振灾民，每口给米二斗。	光绪《代州志·记三》卷十二《大事记》
	介休	夏五月，汾河溢，淹北张家庄等十四村禾稼。		嘉庆《介休县志》卷一《兵祥·祥灾附》
清乾隆四十二年（1777）	代州	四月，代州大雨六日，水深数尺。		《清史稿》卷四十二《灾异志三》
		大雨六日，水涨数尺。		光绪《代州志·记三》卷十二《大事记》
	汾阳	大雨，文水溢。		光绪《汾阳县志》卷十《事考》
	岳阳	大雨。		民国《新修岳阳县志》卷一十四《祥异志·灾祥》
清乾隆四十六年（1781）	介休	夏六月，淫雨经旬，汾河溢，淹下庄等三十六村禾稼。		嘉庆《介休县志》卷一《兵祥·祥灾附》
	芮城	大水。		民国《芮城县志》卷十四《祥异考》
清乾隆四十七年（1782）	沁水	大水，西关临河房屋皆冲没。		光绪《沁水县志》卷之十《祥异》
	文水	壬寅，大雨，文水溢。		光绪《文水县志》卷之一《天文志·祥异》
清乾隆四十八年（1783）	荣河	九月十三日，河水涨溢，抵东西两崖者三昼夜，入城漂没民居县署几为泽国。		光绪《荣河县志》卷十四《记三·祥异》
清乾隆五十二年（1787）	榆次	五月初四日，中郝村井中水溢，天大雨，雷电，屋宇多圮。		同治《榆次县志》卷之十六《祥异》

续　表

纪年	灾区	灾象	应对措施	资料出处
清乾隆五十四年（1789）	虞乡	霖雨四十余日，平地水溢。		光绪《虞乡县志》卷之一《地舆志·星野·附祥异》
清乾隆五十八年（1793）	汾阳	大雨十余日，文水溢。		光绪《汾阳县志》卷十《事考》
	岳阳	夏，大雨十余日。		民国《新修岳阳县志》卷一十四《祥异志·灾祥》民国《安泽县志》卷十四《祥异志·灾祥》
清乾隆五十九年（1794）	繁峙	大水。	凡被灾村庄发帑赈济。	道光《繁峙县志》卷之六《祥异志·祥异》
		大水被灾诸村。	赈恤如例。	光绪《繁峙县志》卷四《杂志》
清乾隆六十年（1795）	霍州	汾河决，冲没退沙等村田亩。		道光《直隶霍州志》卷十六《禨祥》
	文水	乙卯，大雨，文水溢，决堤伤稼。		光绪《文水县志》卷之一《天文志·祥异》
清嘉庆元年（1796）	榆社	秋，淫雨。		光绪《榆社县志》卷之十《拾遗志·灾祥》
清嘉庆二年（1797）	沁水、榆社	沁水：大水。榆社：秋淫雨。		《清史稿》卷四十二《灾异志三》
	榆社	秋，多雨。		光绪《榆社县志》卷之十《拾遗志·灾祥》
清嘉庆三年（1798）	阳曲	五月，黄土寨龙王沟等八村，大雨山水冲民房禾苗，伤人口。	知县郭，捐银抚恤。	道光《阳曲县志》卷之十六《志余》

续 表

纪年	灾区	灾象	应对措施	资料出处
清嘉庆四年(1799)	榆社	己未七月二十三日,水,成水无年。		光绪《榆社县志》卷之十《拾遗志·灾祥》
清嘉庆六年(1801)	长治	五月,漳河涨,冲毁店上村民居。		光绪《长治县志》卷之八《记一·大事记》
	大同	六月,大雨六日,坏居民房屋。		道光《大同县志》卷二《星野·岁时》
	天镇	六月,大雨,河水涨溢,坏民田舍。		光绪《天镇县志》卷四《记三·大事记》
	广灵	大雨,坏民田庐。		光绪《广灵县补志》卷一《方域·灾祥》
	忻州	大雨水。		光绪《忻州志》卷三十九《灾祥》
	定襄	雨,潦河水涨溢,滨河地亩水冲沙压。	奉旨豁除粮额,并赈济。	光绪《定襄县补志》卷之一《星野志·祥异》
	繁峙	大水。	凡□坏地亩,发帑修复。	道光《繁峙县志》卷之六《祥异志·祥异》
		大水,坏民庐舍、田亩。赈恤如例。	赈恤如例。	光绪《繁峙县志》卷四《杂志》
	永济	大水,黄河西徙。		光绪《永济县志》卷二十三《事纪·祥沴》
	临晋	涑河大决。		民国《临晋县志》卷十四《旧闻记》
	猗氏	涑河大决,田庐多有损伤。		同治《续猗氏县志》卷四《祥异》
清嘉庆七年(1802)	文水	文水溢,马寨被灾。		光绪《文水县志》卷之一《天文·祥异》
	介休	秋七月大雨河溢,淹田禾。		嘉庆《介休县志》卷一《兵祥·祥灾附》

续 表

纪年	灾区	灾象	应对措施	资料出处
清嘉庆七年(1802)	汾阳	七月,阴雨连旬,文水溢,马寨等邨被灾。		光绪《汾阳县志》卷十《事考》
	岳阳	七月阴雨连旬。		民国《新修岳阳县志》卷一十四《祥异志·灾祥》
清嘉庆十年(1805)	大同	五月,大水,南门吊桥坏。六月,大水,兴云桥坏。七月,大雨五日。		道光《大同县志》卷二《星野·岁时》
清嘉庆十一年(1806)	河曲	秋,大雨伤禾。		同治《河曲县志》卷五《祥异类·祥异》
	介休	夏六月,秋七月,大水淹张家庄等十八村禾稼。		嘉庆《介休县志》卷一《兵祥·祥灾附》
	汾阳、岳阳	秋,大水,斗米钱千七百。		光绪《汾阳县志》卷十《事考》 民国《新修岳阳县志》卷一十四《祥异志·灾祥》
	猗氏	涑河大决,田庐多有损伤。		同治《续猗氏县志》卷四《祥异》
清嘉庆十二年(1807)	介休	夏六月,大雨汾河溢。		嘉庆《介休县志》卷一《兵祥·祥灾附》
	汾阳	夏,大雨,文水溢,马寨等邨被灾。		光绪《汾阳县志》卷十《事考》
	交城	丁卯,春旱,夏大雨,斗米一千三百文。		光绪《交城县志》卷一《天文门·祥异》
	岳阳	夏,大雨。		民国《新修岳阳县志》卷一十四《祥异志·灾祥》
清嘉庆十三年(1808)	河曲	复大雨,坏民庐,长滩水灾。		同治《河曲县志》卷五《祥异类·祥异》

续　表

纪年	灾区	灾象	应对措施	资料出处
清嘉庆十六年(1811)	临县	五月初五日,雨,岁饥。		民国《临县志》卷三《谱大事》
	平陆	九月,河水大涨。北侵沙口、窑头二村数十步,坏田舍甚众。	知县陆樟祭之始息。	光绪《平陆县续志》卷之下《杂记志·祥异》
清嘉庆十八年(1813)	寿阳	六月,羊头崖河水大溢,漂没民居。		光绪《寿阳县志》卷十三《杂志·异祥第六》
	岳阳	秋八月,淫雨连旬。		民国《新修岳阳县志》卷一十四《祥异志·灾祥》
		八月,霪雨。		民国《安泽县志》卷十四《祥异志·灾祥》
	曲沃	秋七月大雨,城东水泛溢,冲坏民居。		光绪《续修曲沃县志》卷之三十二《祥异》
	太平	秋八月,霪雨。(自二十四日迄九月初四日簷滴方息)		光绪《太平县志》卷十四《杂记志·祥异》
	河津	八月,霖雨十日。		光绪《河津县志》卷之十《祥异》
	临晋	大雨十昼夜,前后绵延二十余日。		民国《临晋县志》卷十四《旧闻记》
	猗氏	八月,大雨十昼夜如注,前后共二十余日,墙屋多倾塌。		同治《续猗氏县志》卷四《祥异》
清嘉庆十九年(1814)	岢岚	七月,大雨,损坏民屋。		光绪《岢岚州志》卷之十《风土志·祥异》
	安邑	六月,淫雨,山水暴涨,姚暹渠决,冲压民房无算。		光绪《安邑县续志》卷六《祥异》
	河津	六月,大水漂没庐舍无数。		光绪《河津县志》卷之十《祥异》

续　表

纪年	灾区	灾象	应对措施	资料出处
清嘉庆二十年(1815)	阳曲	新城村东关被水,漂没居民铺户房屋。	知县武捐银抚恤。	道光《阳曲县志》卷之十六《志余》
	忻州	六月朔,大雨水,牧马河溢。		光绪《忻州志》卷三十九《灾祥》
	平陆	八月,阴雨连绵四旬有余。		光绪《平陆县续志》卷之下《杂记志·祥异》
	虞乡	八月,霪雨连绵四十日。		光绪《虞乡县志》卷之一《地舆志·星野·附祥异》
清嘉庆二十四年(1819)	平定	夏,嘉水溢,居民被患。		光绪《平定州志》卷之五《祥异》
	大同	七月,大雨七日夜。		道光《大同县志》卷二《星野·岁时》
	河曲	秋,霪雨,河水溢,坏民庐甚多。		同治《河曲县志》卷五《祥异类·祥异》
	岳阳、太平	秋,霪雨。		民国《新修岳阳县志》卷一十四《祥异志·灾祥》 民国《安泽县志》卷十四《祥异志·灾祥》 光绪《太平县志》卷十四《杂记志·祥异》
	安邑	八月,大雨,姚暹渠决,冲坏任村民房数十座。		光绪《安邑县续志》卷六《祥异》
	夏县	秋,雨暴作,白沙河水涨,南堤崩决,损伤民田无数。		光绪《夏县志》卷五《灾祥志》

续　表

纪年	灾区	灾象	应对措施	资料出处
清嘉庆二十五年(1820)	盂县	五月二十七日,香河溢,坏教场河堤,人被漂没者甚多。		光绪《盂县志·天文考》卷五《祥瑞·灾异》
	大同	十月,大雨五日夜。		道光《大同县志》卷二《星野·岁时》
	代州	七月,大雨伤稼。		光绪《代州志·记三》卷十二《大事记》
	大宁	六月,大水。		光绪《大宁县志》卷之七《灾祥集》
清道光元年(1821)	榆次	五月二十八日,洞涡涨发,麦皆没。		同治《榆次县志》卷之十六《祥异》
清道光二年(1822)	平定	夏,北河暴涨,辛南庄五龙庙,距河高数十丈钟楼倾没,民屋坍塌无算。		光绪《平定州志》卷之五《祥异》
	大同	闰三月,大水。		道光《大同县志》卷二《星野·岁时》
	盂县	六月十三日,南韩莊文谷水溢,街巷水深数尺,湮没房田原无算。		光绪《盂县志·天文考》卷五《祥瑞、灾异》
	霍州	春,涧水泛滥溢,冲塌北桥。秋,义成峪水泛溢,义成村田庐被淹。		道光《直隶霍州志》卷十六《禨祥》
	安邑	八月,淫雨,姚暹渠决,坍塌民房四五百间。		光绪《安邑县续志》卷六《祥异》
	芮城、永济	大水。		民国《芮城县志》卷十四《祥异考》光绪《永济县志》卷二十三《事纪·祥沴》
	夏县	大雨,白沙河南堤决,溢入盐池。		光绪《夏县志》卷五《灾祥志》

续 表

纪年	灾区	灾象	应对措施	资料出处
清道光二年(1822)	虞乡	涑水涨发。		光绪《虞乡县志》卷之一《地舆志·星野·附祥异》
清道光五年(1825)	榆次	五月十五日,大雷雨,东南乡等村平地水数尺,屋宇多圮。		同治《榆次县志》卷之十六《祥异》
清道光八年(1828)	解州、解县	五龙峪水大发,高与城平,南门外居民被灾极重。		光绪《解州志》卷之十一《祥异》 民国《解县志》卷之十三《旧闻考》
	汾阳	六月初八日,大雷雨自辰讫午,西北山水猝入郡城西门,平地深数尺,南郭居民淹没无算。		光绪《汾阳县志》卷十《事考》
清道光十年(1830)	汾阳	六月,大雨,山水复入郡城府县学,水深数尺,火药局圮,城东被灾尤甚。	奉文散赈。	光绪《汾阳县志》卷十《事考》
	岳阳	六月大雨。		民国《新修岳阳县志》卷一十四《祥异志·灾祥》 民国《安泽县志》卷十四《祥异志·灾祥》
清道光十二年(1832)	寿阳	春夏,大旱。秋七月,淫雨弥月。		光绪《寿阳县志》卷十三《杂志·异祥第六》
	襄陵	秋,大水。(南关庙屯里村被害较重)		民国《襄陵县新志》卷之二十三《旧闻考》
	安邑	七月,大雨,姚暹渠决。至八月,淫雨不止,涑水河涨发,北相镇等村冲倒民房,禾亦大伤。	县令韩宝锷捐廉抚恤。	光绪《安邑县续志》卷六《祥异》

续 表

纪年	灾区	灾象	应对措施	资料出处
清道光十二年(1832)	夏县	七月二十一日,大雨,山水陡发,白沙河南北堤皆决,冲破东关,漂没集场,漫入云路门,损伤民房甚多,南流冲破盐池。		光绪《夏县志》卷五《灾祥志》
清道光十三年(1833)	翼城	六月二十三日夜,浍水大涨,东至后土庙,西至东门内半坡沿河一带。淹死人不计其数。南河下民舍冲塌者极多,自是南河下人多迁徙焉。		民国《翼城县志》卷十四《祥异》
清道光十四年(1834)	安邑	六月,姚暹渠决,水由东关漫至南关,冲倒铺舍及附近民房无数。七月,姚暹渠、白沙河水涨,冲破黑龙堰。	县令李孔醇捐廉抚恤。	光绪《安邑县续志》卷六《祥异》
清道光十五年(1835)	太原	夏六月,大雨,汾水溢,淹没古寨等八十四村,浸塌民房一千四百四十一间,斗米一千五百文。		光绪《续太原县志》卷下《祥异》
	和顺	霪雨伤禾。		民国《重修和顺县志》卷之九《风俗·祥异》
	文水	乙未夏五月,汾水西徙,与文水合,决堤伤稼。		光绪《文水县志》卷之一《天文志·祥异》
	汾阳	夏五月,汾水西徙与文水合,自百金堡决口,淹没东南五十余邨。		光绪《汾阳县志》卷十《事考》
	解州	大水侵败盐池。		光绪《解州志》卷之十一《祥异》 民国《解县志》卷之十三《旧闻考》

续　表

纪年	灾区	灾象	应对措施	资料出处
清道光十五年（1835）	安邑	六月，大雨，姚暹渠决。七月，姚暹渠、通惠桥决。八月朔，急雨如注，姚暹渠水入盐池。		光绪《安邑县续志》卷六《祥异》
	虞乡	水涨又发。		光绪《虞乡县志》卷之一《地舆志·星野·附祥异》
清道光十六年（1836）	屯留	冬，金龙池冰高起丈余，人咸异之。		光绪《屯留县志》卷一《祥异》
清道光十八年（1838）	吉州	六月，河水暴发，漂没民房庙宇甚多。昌济桥漂没无存，扶风桥石栏冲决。		光绪《吉州全志》卷七《祥异》
清道光十九年（1839）	阳城	夏大水。		同治《阳城县志》卷之一八《灾祥》
	汾阳	夏六月，黄芦岭山水猝发，自向阳峡而东，宣柴堡、雷家堡等邨被灾。		光绪《汾阳县志》卷十《事考》
清道光二十年（1840）	阳城	六月，濩水暴涨，城北水壅流，通济桥圮，园田多被湮。		同治《阳城县志》卷之一八《灾祥》
清道光二十二年（1842）	河曲	七月，霪雨，河水溢。		同治《河曲县志》卷五《祥异类·祥异》
清道光二十三年（1843）	汾阳	汾水西徙入县境，与文水合流东乡，二十六村庄被灾。	照例缓征，内申家堡等十邨正赈一月。	光绪《汾阳县志》卷十《事考》
	垣曲	六月，淫雨二十余日；七月黄河溢至南城砖垛，次日始落，淹没无算。		光绪《垣曲县志》卷之十四《杂志》
	绛县	夏，绛县大雨。		光绪《绛县志》卷六《纪事·大事表门》

续 表

纪年	灾区	灾象	应对措施	资料出处
清道光二十三年（1843）	平陆	七月十四日，河水暴涨，溢五里余，太阳渡居民半溺水中，沿河地亩尽为沙盖，河干庐舍塌毁无算，葛赵村西，河水大涨，有禹王庙外四面皆水，内数十人不得出，俄见水势视墙高丈余而不入，人得无恙，俗传庙内有避水珠云。		光绪《平陆县续志》卷之下《杂记志·祥异》
清道光二十四年（1844）	清源	汾水由东门入城，东街房屋损塌甚多。		光绪《清源乡志》卷十六《祥异》
	安邑	三月，苦池村滩水涨发，生虫，麦尽伤。		光绪《安邑县续志》卷六《祥异》
	绛县	夏，地震、大雨。		光绪《绛县志》卷六《纪事·大事表门》
清道光二十五年（1845）	榆次	六月，洞涡水溢，西南乡诸村屋宇多圮。		同治《榆次县志》卷之十六《祥异》
清道光二十七年（1847）	徐沟	六月初五日壬子，大雨。初六日，又雨，嵰峪、洞涡二河大发，从庄子营等村泛涨，新庄、东关、南关、小北关水深数尺，淹塌房屋无数，每间官给钱四百文，令民修理。南门外石桥短畛地皆水，深数尺。	每间官给钱四百文，令民修理。	光绪《补修徐沟县志》卷五《祥异》
	安邑	三月，雨，秋大熟。八月，淫雨四十日。		光绪《安邑县续志》卷六《祥异》

续　表

纪年	灾区	灾象	应对措施	资料出处
清道光二十九年(1849)	徐沟	六月初十日丙子,微雨,十一日,大雨,十二日,嵃峪河发,洞涡河大发,仍从庄子营等村泛涨,水深数尺,直至东城根,水从小东门入北关,水深三四尺,淹塌房屋无数。		光绪《补修徐沟县志》卷五《祥异》
	武乡	六月十一日夜,漳河溢。		民国《武乡新志》卷之四《旧闻考》
	高平	六月大雨,河水溢。		光绪《续高平县志》卷之十二《祥异》
	榆次	六月,洞涡水溢,西南乡诸村屋宇多圮。		同治《榆次县志》卷之十六《祥异》
	寿阳	夏四月至七月,阴雨,禾苗不秀。是年,惟菜及荞麦丰稔。		光绪《寿阳县志》卷十三《杂志·异祥第六》
	平陆	夏,大雨,秋大熟。		光绪《平陆县续志》卷之下《杂记志·祥异》
清道光三十年(1850)	河津	冬,汾水屡涨,沿河井水较前深数尺。识者以为登科之兆。		光绪《河津县志》卷之十《祥异》
清咸丰元年(1851)	长治	六月,大雨,山水涨发,西火村冲塌民屋甚众。		光绪《长治县志》卷之八《记一·大事记》
清咸丰二年(1852)	平河*	六月,平河大水。		《清史稿》卷四十《灾异志一》

* 平河,今山西临汾市境内。

续 表

纪年	灾区	灾象	应对措施	资料出处
清咸丰三年(1853)	徐沟	五月二十四日戊辰,大雨终日。二十五日,嵺峪、涧涡二河大发,嵺峪河涨至南关石桥长短畛等地,涧涡河从庄子营等村直至新庄东城根,水深五七尺,幸未淹塌房屋,绕小北关、武家庄西关。		光绪《补修徐沟县志》卷五《祥异》
	襄陵	夏六月,南梁村关帝庙钟不击自鸣,是日午大雷雨,河水暴发。秋八月,粤匪寇平阳陷郡城逼襄陵,汾水暴涨数尺,贼始去。		民国《襄陵县新志》卷之二十三《旧闻考》
清咸丰四年(1854)	平遥	七月,大雨七日。		光绪《平遥县志》卷之十二《杂录志·灾祥》
	汾阳	八月初九日,文峪河决由东雷家堡,淹没义安村、潴城村、申家堡、北庄村。		光绪《汾阳县志》卷十《事考》
清咸丰五年(1855)	清源	八月十三日,白石水冲西门。		光绪《清源乡志》卷十六《祥异》
	榆次	五月十五日,大雷雨,东南乡等村平底水数尺,屋宇多圮。		同治《榆次县志》卷之十六《祥异》
		六月初四日,蜻蜓结伴以数千计。初六日,大雨雹杀稼,大水损民屋。		同治《榆次县志》卷之十六《祥异》
	安邑	六月,大雨,中条山水暴发,漫入从善等村。冲倒民房,压死人畜无算。		光绪《安邑县续志》卷六《祥异》

续　表

纪年	灾区	灾象	应对措施	资料出处
清咸丰五年（1855）	垣曲	黄河溢南门。		光绪《垣曲县志》卷之十四《杂志》
清咸丰六年（1856）	曲沃	秋七月中元大雷雨，东西两关各水深五六尺，淹塌民房甚众。		光绪《续修曲沃县志》卷之三十二《祥异》
清咸丰七年（1857）	乐平	七月十三日，大雷雨，西城楼毁。		光绪《平定州志》卷之五《祥异·乐平乡》
清咸丰八年（1858）	太平	夏六月二十二日，大雨，风，雷电。（历二时许，县城东南、西南皆塌陷，长约三四十丈）		光绪《太平县志》卷十四《杂记志·祥异》
清咸丰九年（1859）	岳阳	夏大雨，冲毁护城河堤。		民国《新修岳阳县志》卷一十四《祥异志·灾祥》民国《安泽县志》卷十四《祥异志·灾祥》
清咸丰十年（1860）	屯留	六月，绛河骤发，水至北城根。		光绪《屯留县志》卷一《祥异》
	临汾	六月，大雨。（民间庐舍坍毁无数）		民国《临汾县志》卷六《杂记类·祥异》
	岳阳	夏六月十八日午，大雨无注。至翌辰始霁。涧水泛涨，自东山底至城根，汪洋一片，冲毁护城河堤六十余丈并南城一角，牛羊漂没无数。		民国《新修岳阳县志》卷一十四《祥异志·灾祥》民国《安泽县志》卷十四《祥异志·灾祥》
	太平	夏六月十八日，大雨水。（晚大雨倾盆，历四时许，平地水深数尺，邑内桥梁十坏八九，报灾者六十余村）		光绪《太平县志》卷十四《杂记志·祥异》

续 表

纪年	灾区	灾象	应对措施	资料出处
清咸丰十年(1860)	绛州	六月十八日,大雨,平地水深五六尺,自泽掌、三泉、水西一带,桥梁俱坏。		光绪《直隶绛州志》卷之二十《灾祥》民国《新绛县志》卷十《旧闻考·灾祥》
	稷山	秋,大水,村中坏庐舍极多,邻县东口尤甚。水势有高过房庐者,至数月不能尽。		同治《稷山县志》卷之七《古迹·祥异》
清咸丰十一年(1861)	文水	辛酉五月,大雨数日,麦穗生芽。		光绪《文水县志》卷之一《天文志·祥异》
清同治元年(1862)	清源	正月初六日,雨黄土如雪,自辰至午乃止。是年,疫大作,秋收穈黍。		光绪《清源乡志》卷十六《祥异》
	榆次	闰八月,多霖雨。		同治《榆次县志》卷之十六《祥异》
	平遥	是秋汾水大发,东北乡禾稼淹坏,房屋倒塌,长寿尤甚。		光绪《平遥县志》卷之十二《杂录志·灾祥》
	翼城	八月,霪雨伤禾。		民国《翼城县志》卷十四《祥异》
	荣河	七月初三日,雨,去立秋仅十日,禾收三分。		光绪《荣河县志》卷十四《记三·祥异》
	临晋	二月十一日,大雨,麦复旁生。		民国《临晋县志》卷十四《旧闻记》
	猗氏	正月十一日大雨,麦复生芽,未成灾。		同治《续猗氏县志》卷四《祥异》
清同治二年(1863)	太平	秋八月,霪雨。		光绪《太平县志》卷十四《杂记志·祥异》
	榆次	六月初九日,洞涡涨发,西南乡沿河等村冲塌民屋数百间,淹没田禾数百顷。		同治《榆次县志》卷之十六《祥异》

续　表

纪年	灾区	灾象	应对措施	资料出处
清同治三年(1864)	沁水	大水。		光绪《沁水县志》卷之十《祥异》
	高平	五月水,雨雹。		光绪《续高平县志》卷之十二《祥异》
	阳城	夏五月,西河暴涨。六月芦河大涨,村庄多被湮毁。黄崖庙圮,山崩盘亭河。		同治《阳城县志》卷之一八《灾祥》
	岢岚	春三月,大水漂没河岸。		光绪《岢岚州志》卷之十《风土志·祥异》
清同治四年(1865)	平遥	七月,东北乡大水,长寿镇尤甚,坏民居二千有余。		光绪《平遥县志》卷之十二《杂录志·灾祥》
清同治五年(1866)	平遥	七月十四至十八日,昼夜大雨,惠济桥堤决,北门外大水。		光绪《平遥县志》卷之十二《杂录志·灾祥》
	吉州	秋,大雨四十余日,浸伤民房窑甚多。		光绪《吉州全志》卷七《祥异》
清同治六年(1867)	代州	六月,大雨,羊头河暴涨,坏民庐舍。		光绪《代州志·记三》卷十二《大事记》
	临汾	大雨。		民国《临汾县志》卷六《杂记类·祥异》
	洪洞	八月,淫雨连绵亘月,禾尽伤。		民国《洪洞县志》卷十八《杂记志·祥异》
	太平	秋八月,小黍子大稔;霪雨(约近四旬)。		光绪《太平县志》卷十四《杂记志·祥异》
清同治七年(1868)	襄垣	六月,西门外甘泉暴发,沿河园蔬尽皆漂没。		民国《襄垣县志》卷之八《旧闻考·祥异》

续　表

纪年	灾区	灾象	应对措施	资料出处
清同治七年(1868)	凤台	六月初九,丹水涨溢,漂没民房、田禾,人畜亦伤。		光绪《凤台县续志》卷之四《纪事》
	河曲	六月,河水溢,侯家口、许家口灾,坏边墙数十丈。		同治《河曲县志》卷五《祥异类·祥异》
	文水	戊辰,麦秋一茎滋十二三茎,大熟。六月大雨。九月二十七日,大星坠于东方,随有白气如练,逾时始散。自八月至八年五月,不雨。		光绪《文水县志》卷之一《天文志·祥异》
	汾阳	六月朔,有五日大雨,淹没东南数村,阳城人有淹死者。		光绪《汾阳县志》卷十《事考》
	大宁	大水,浸城五尺余,冲民田数顷。		光绪《大宁县志》卷之七《灾祥集》
清同治九年(1870)	乐平	秋淫雨。		光绪《平定州志》卷之五《祥异·乐平乡》 民国《昔阳县志》卷一《舆地志·祥异》
	文水	庚午,田薄收。十月阴雨连旬,木介多折。		光绪《文水县志》卷之一《天文志·祥异》
	永和、芮城、永济	夏,大水。		民国《永和县志》卷十四《祥异考》 民国《芮城县志》卷十四《祥异考》 光绪《永济县志》卷二十三《事纪·祥沴》
清同治十年(1871)	屯留	六月,水溢,漂没民房甚多。		光绪《屯留县志》卷一《祥异》

续　表

纪年	灾区	灾象	应对措施	资料出处
清同治十年(1871)	阳城	六月,濩水暴涨,窑头村园田有被湮毁者。		同治《阳城县志》卷之一八《灾祥》
	乐平	四月二十七日,雨,至八月乃止。		光绪《平定州志》卷之五《祥异·乐平乡》
	天镇	七月丙辰,大雨,至八月壬戌止。		光绪《天镇县志》卷四《记三·大事记》
	灵邱	七月,大雨七昼夜,民舍塌毁无数。		光绪《灵邱县补志》第三卷之六《武备志·灾祥》
	怀仁	七月二十七日,大雨七昼夜不止。平地水流成河,居民房屋浸倒无数。十二月初,夜四更,红光满天,如日初升,自丑至寅经时方散。		光绪《怀仁县新志》卷一《分野》
	广灵	七月丙辰,大雨至八月壬戌止,屋舍多塌损。		光绪《广灵县补志》卷一《方域·灾祥》
	浑源	七月,大雨七日,伤稼,民间房屋俱有坍塌。		光绪《浑源州续志》卷二《星野·祥异》
	马邑	七月二十四,大雨连十日,房屋塌者十八九。		民国《马邑县志》卷之一《舆图志·杂记》
	左云	七月二十八日,大雨昼夜不止,至八月初十后始晴。城堡有坍塌者,民房皆倒。		光绪《左云县志》卷一《祥异》
	神池	七月,大雨七日乃止。禾生耳,民屋半坏。利民有山崩之异。		光绪《神池县志》卷之九《事考》
	乐平	四月二十七日,雨至八月止。		民国《昔阳县志》卷一《舆地志·祥异》

续　表

纪年	灾区	灾象	应对措施	资料出处
清同治十年(1871)	平遥	八月,西北乡大水。		光绪《平遥县志》卷之十二《杂录志·灾祥》
	寿阳	四月七日,大风拔木,房屋倾圮。七月十八日大雨,寿水横流二十一日,大风。二十六日又大风,禾穗多损。		光绪《寿阳县志》卷十三《杂志·异祥第六》
	汾阳	五月十二日,文峪河决唐兴庄堰,淹没东家堡等五村;二十七日,决东河头堰,淹没东马寨村等四村;三十日,决东雷家堡堰,淹没宣柴堡等八村。		光绪《汾阳县志》卷十《事考》
	解州	六月五龙峪水暴发破堰,西门外被灾甚重。		光绪《解州志》卷之十一《祥异》民国《解县志》卷之十三《旧闻考》
	芮城、永济	大水。		民国《芮城县志》卷十四《祥异考》光绪《永济县志》卷二十三《事纪·祥沴》
清同治十一年(1872)	清源	五月初二日,城西大雨雹,损折树木。秋,大水,汾河移动数里。		光绪《清源乡志》卷十六《祥异》
	广灵	六月大雨。		光绪《广灵县补志》卷一《方域·灾祥》
清同治十二年(1873)	寿阳	六月十二日,羊头崖河水大溢,漂没民居。		光绪《寿阳县志》卷十三《杂志·异祥第六》

续 表

纪年	灾区	灾象	应对措施	资料出处
清同治十二年(1873)	文水	癸酉四月臁食麦。闰六月,大水伤稼,未伤者复被雹灾。		光绪《文水县志》卷之一《天文志·祥异》
	汾阳	六月,文峪河决唐兴庄堰,淹没大相村等十一村。		光绪《汾阳县志》卷十《事考》
清同治十三年(1874)	太原	夏四月二十三夜,大雨,马房峪涧水暴发,平地顷刻丈许,淹没晋祠镇南堡外田园民庐无算,淹毙人民五十余口。		光绪《续太原县志》卷下《祥异》
	虞乡	秋,霪雨。		光绪《虞乡县志》卷之一《地舆志·星野·附祥异》
清光绪元年(1875)	临县	夏六月十五日,迟明,大雨如注,连日湫河暴涨,漫岁无涯,冲没河堤,河神祠水不及女牆者数尺,城内二道街房屋均被水伤。		民国《临县志》卷三《谱大事》
清光绪二年(1876)	翼城	六月十八日,大风、雷雨拔木。		民国《翼城县志》卷十四《祥异》
清光绪三年(1877)	绛州	九月初六日,连雨,十有八日,汾水涨溢,冲没桥梁无数。	蠲三年下忙及四年钱粮,并发省局及平阳、翼城良马,运城诸局粟米,赈之。	民国《新绛县志》卷十《旧闻考·灾祥》
	虞乡	八月,雨大浸,斗米数金,田亩鬻钱百余文,民屋拆毁殆尽,食树皮草根,饥民乘夜肆掠,邑侯捕治,始敛迹。饿殍枕藉,人相食。	冬初,发币截漕赈之,诏免地丁银。	光绪《虞乡县志》卷之一《地舆志·星野·附祥异》

续 表

纪年	灾区	灾象	应对措施	资料出处
清光绪四年（1878）	平定	九月，霖雨，谷穗尽黑，味亦变。		光绪《平定州志》卷之五《祥异》
	马邑	六月西南乡高升庄一带水灾，夏秋禾稼皆伤。		民国《马邑县志》卷之一《舆图志·杂记》
	左云	春，又旱，五月蚜蚄生，至六月大雨霖。		光绪《左云县志》卷一《祥异》
	乐平	雨伤稼，谷皆黑。		民国《昔阳县志》卷一《舆地志·祥异》
	寿阳	是年秋八月，淫雨连旬，禾多霉烂。		光绪《寿阳县志》卷十三《杂志·异祥第六》
	曲沃	秋九月，霪雨三十余日。		光绪《续修曲沃县志》卷之三十二《祥异》
	太平	九月，霪雨。		光绪《太平县志》卷十四《杂记志·祥异》
	绛州	九月初六日，连雨，十有八日，汾水涨溢，冲没桥梁无数。	蠲三年下忙及四年钱粮，并发省局及平阳、翼城良马，运城诸局粟米，赈之。	民国《新绛县志》卷十《旧闻考·灾祥》
	虞乡	八月，霪雨连绵四十日，麦晚种。		光绪《虞乡县志》卷之一《地舆志·星野·附祥异》
清光绪五年（1879）	徐沟	夏，甘霖普遍，岁乃大熟，而户口已去十之四五矣。		光绪《补修徐沟县志》卷五《祥异》
	清源	秋九月，大水。		光绪《清源乡志》卷十六《祥异》

续　表

纪年	灾区	灾象	应对措施	资料出处
清光绪五年（1879）	平遥	八月，惠济桥堤决，水尽奔东小官道，北门外水深数尺，房屋湮没殆尽，盖城壕桥高捍卫城垣不至损坏。		光绪《平遥县志》卷之十二《杂录志·灾祥》
	文水	八月，汾水西溢，与文水合流，决堤伤稼，禾伤者复被鼠灾。		光绪《文水县志》卷之一《天文志·祥异》
	汾阳	夏五月，徐沟广汇渠决。汾水由渠溢，经和穆里入经西南流注，裴家会、狄家社等十五村被灾。其支流由文水县与文水合入境，决百金堡堰，百金堡、冀村镇等十余村被灾。		光绪《汾阳县志》卷十《事考》
	曲沃	秋八月，霪雨二十余日。		光绪《续修曲沃县志》卷之三十二《祥异》
	洪洞	十月淫雨，连绵亘月。		民国《洪洞县志》卷十八《杂记志·祥异》
	永济	八月，阴雨连旬麦多种。		光绪《永济县志》卷二十三《事纪·祥沴》
清光绪六年（1880）	清源	八月望日，大雨半月，东南沿河村庄水灾。		光绪《清源乡志》卷十六《祥异》
	文水	庚辰，麦秋，收获不一，秋稼半稔。八月，阴雨连旬，文水溢。		光绪《文水县志》卷之一《天文志·祥异》
	岳阳	秋八月，阴雨连旬。		民国《新修岳阳县志》卷一十四《祥异志·灾祥》
清光绪七年（1881）	太平	冬十二月，天鼓鸣，汾水涨溢。		光绪《太平县志》卷十四《杂记志·祥异》

续　表

纪年	灾区	灾象	应对措施	资料出处
清光绪七年（1881）	永济	麦歉收，秋后雨雪多。		光绪《永济县志》卷二十三《事纪·祥沴》
清光绪八年（1882）	沁源	六月，沁水水涨，淹没交口、洪林、官军、石渠、孔家坡、河西、北园、瓦窑庄、琴泉沟、有义村、罗家庄、韩洪沟、阎寨、南石等十四村民田数十余顷。		民国《沁源县志》卷六《大事考》
清光绪九年（1883）	榆次	八月，大雨，涂河涨发，滨河、演武等十九村冲塌民屋千余间，田禾淹没者百余顷。时直东均被水灾。	晋省设东赈局，令各州县量捐以济，邻省邑令张奉文劝捐，不数日富绅捐银八千余两，以四千两解东赈局，其余四千九百两禀请散给本邑灾民，民赖以安。	光绪《榆次县续志》卷四《纪事·祥异》
清光绪十二年（1886）	太谷	秋七月，大霖雨。（三昼夜不止，傍河诸村多被淹者）井水溢。		民国《太谷县志》卷一《年纪》
清光绪十五年（1889）	翼城	秋大雨，浍水暴涨，冲坏东门外河堤三十余丈。		民国《翼城县志》卷十四《祥异》
	荣河	秋，霪雨四十日。		光绪《荣河县志》卷十四《记三·祥异》
清光绪十六年（1890）	长治	五月，暴雨，平地水涨数尺，北呈一带漂没民居，甚众，十月地震。		光绪《长治县志》卷之八《记一·大事记》
	沁源	六月大雨，沁河大涨，两岸土地湮没殆尽。		民国《沁源县志》卷六《大事考》

续 表

纪年	灾区	灾象	应对措施	资料出处
清光绪十七年(1891)	岳阳	六月大水。		民国《新修岳阳县志》卷一十四《祥异志·灾祥》民国《安泽县志》卷十四《祥异志·灾祥》
	荣河	秋,霖雨。		光绪《荣河县志》卷十四《记三·祥异》
清光绪十八年(1892)	沁源	秋雨连绵,河水溢涨,教场杨芦滩、宋家湾、田家泉、阴家湾等地完全为沁河淹没。		民国《沁源县志》卷六《大事考》
	马邑	壬辰五月,旱。后大雨,浰河水溢,淹没十余村。		民国《马邑县志》卷之一《舆图志·杂记》
	翼城	六月十八日,浍水陡涨,淹漫南河下民舍。		民国《翼城县志》卷十四《祥异》
	曲沃	闰六月二十三夜,大雨,县属东北山水暴发,下坞、北城不没者仅三版。沙压田地颇多,杨庄村已为泽国,村人正惊慌间,南门及墙被水冲塌,流入柴村滩一带。今之南门即从新重建者也。		民国《新修曲沃县志》卷之三十《从志·灾祥》
清光绪十九年(1893)	岳阳	四月,霪雨连旬,麦在地生芽,歉收。		民国《新修岳阳县志》卷一十四《祥异志·灾祥》民国《安泽县志》卷十四《祥异志·灾祥》
	绛州	六月初八日,大雨,汾水暴涨,民房漂没,田禾尽伤,北董庄房屋有被雨水冲坏者。		民国《新绛县志》卷十《旧闻考·灾祥》

续　表

纪年	灾区	灾象	应对措施	资料出处
清光绪二十一年(1895)	岳阳	秋,阴雨连旬,房屋倒塌无数,上谷村一带有倚山为屋庐者,夜半醒觉,屋动摇亦不介意。次早启户,不得开,毁门视之,则屋已为水平驱至沟,并无塌损,遂大惊异。		民国《新修岳阳县志》卷一十四《祥异志·灾祥》民国《安泽县志》卷十四《祥异志·灾祥》
	襄陵	夏,汾流泛涨,山水暴发,汾东邓庄、小郭、南梁、北梁一带淹没田禾庐室甚多。		民国《襄陵县新志》卷之二十三《旧闻考》
	绛州	六月十八日,汾浍暴涨,房屋倒塌无算,城内水冲府君巷北。		民国《新绛县志》卷十《旧闻考·灾祥》
	临晋	六月,大雨。坡水暴发,毁官民庐舍数百间。		民国《临晋县志》卷十四《旧闻记》
清光绪二十二年(1896)	沁源	夏,大雨,沁河溢塌东北乡阳城村、下柳村、洪林村、交口村、张壁村、曹家园、牧花园、南石、北石沿河一带民田三十余顷。		民国《沁源县志》卷六《大事考》
	马邑	六月,桑干河溢四关,一村为水湮溺,死人男女老幼共三十七口。		民国《马邑县志》卷之一《舆图志·杂记》
	荥河	六月,黄河崩溢,滩岸多崩。		光绪《荣河县志》卷十四《记三·祥异》
清光绪二十三年(1897)	岳阳	五月,大雨,河水泛涨,汪洋一片,冲伤人畜无算。		民国《新修岳阳县志》卷一十四《祥异志·灾祥》民国《安泽县志》卷十四《祥异志·灾祥》

续 表

纪年	灾区	灾象	应对措施	资料出处
清光绪二十三年(1897)	荣河	春,淫雨,麦黄疸。		光绪《荣河县志》卷十四《记三·祥异》
清光绪二十四年(1898)	荣河	秋,淫雨,棉豆瓜果俱坏烂,房舍损毁甚多。		光绪《荣河县志》卷十四《记三·祥异》
清光绪二十八年(1902)	荣河	正月,暴雨,各村池波涨溢。		光绪《荣河县志》卷十四《记三·祥异》
清光绪二十九年(1903)	浮山	是年六月十九夜,霹雳一声,风雨骤至,邑家杨家坡大风拔木,禾尽偃;某家狗被风吹至天空,赵姓小车不翼而飞。		民国《浮山县志》卷三十七《灾祥》
清光绪三十年(1904)	荣河	河水涨入旧城。		光绪《荣河县志》卷十四《记三·祥异》
清宣统二年(1910)	岳阳	六月,大水,冲伤人畜牛羊。		民国《新修岳阳县志》卷一十四《祥异志·灾祥》民国《安泽县志》卷十四《祥异志·灾祥》

(一) 时间分布

从年际分布看,第一时段,从顺治元年至康熙三十九年(1644—1700)的57年中发生水(洪涝)灾计112次,灾害频次达到1.96,其中清顺治九年(1652)发生的全省性特大水(洪涝)灾,是清代山西影响范围最大的一次,清顺治十五年(1658)山西全境发生水(洪涝)灾7次,是该时段年际发生最多的一年。第二时段,从康熙四十年至清乾隆十五年(1701—1750)的50年间发生水(洪涝)灾43次,频次为0.86,其中清乾隆十年(1745)气候反常,“冬十月,雷电大雨。”①第三时段,从清乾隆十六年至清嘉庆五年(1751—1800)的50年间发生53次水(洪涝)灾,频次为1.06,其中33个年份有水(洪涝)灾的历史文献记录,清乾隆二十一年(1756)出现4次较大范围的降水,波及区域北到繁峙南到芮城,是这一时段影响范围最广和年际灾情最重的一年。第四时段,从清嘉庆六年至清道光三十年(1801—1850)50年中,共计60次,频次为1.2,其中32个年份有水(洪涝)灾的历史文献记录;清嘉庆二十五年(1820)和清道光二年(1822)各发生4次/地局部区域水(洪涝)灾,是这一时段影响范围较大的水(洪涝)灾。第五时段,从清咸丰元年至清光绪二十六年(1851—1900)的50年共计发生78次,频次为1.56,其中42个年份有水(洪涝)灾的历史文献记录,清咸丰十年(1860),发生在山西南部区域范围较广的水(洪涝)灾为害甚巨,“夏六月十八日午,大雨如注,至翌辰始霁。涧水泛涨,自东山底至城根汪洋一片,冲毁护城河堤六十余丈并城南一角,牛羊漂没无数。”②而清同治十年(1871)六、七月间发生的水(洪涝)灾则是这一时期波及范围最广的,山西地方有10余县志记述了这一灾情。

清代山西虽然较少出现大范围水(洪涝)灾,但水(洪涝)灾年际分布范围广、区域水(洪涝)灾频发多发。从顺治元年至康熙三十九年水(洪涝)灾呈现出的峰值,也是清代水(洪涝)灾的极值,此后,水(洪涝)灾的频次有所降低,但其多发频发的态势依然十分明显,即从康熙四十年至光绪二十六年(1701—1900)这200年内,水(洪涝)灾数量为234次,频次达到1.17,依然是有史以来最强的。

①光绪《解州志》卷之十一《祥异》。

②民国《安泽县志》卷十四《祥异志·灾祥》。

（二） 空间分布

表6－5 清代山西水(洪涝)灾空间分布表

今地	灾区(次)	灾区数
太原	太原(7)阳曲(3)清源(8)徐沟(3)	4
长治	长治(2)襄垣(1)长子(2)沁源(7)武乡(2)平顺(2)屯留(2)	7
晋城	凤台(1)泽州(1)高平(4)沁水(7)	4
阳泉	平定(6)盂县(2)	2
大同	阳高(2)天镇(1)广灵(3)灵丘(1)浑源(1)左云(2)	6
朔州	马邑(5)	1
忻州	定襄(1)静乐(2)代县(3)崞县(2)河曲(1)神池(1)岢岚(1)偏关(1)	8
晋中	榆次(6)乐平(5)辽县(2)和顺(4)榆社(7)太谷(5)平遥(13)灵石(2)寿阳(5)祁县(2)介休(14)	11
吕梁	岚县(1)交城(4)文水(12)汾阳(7)孝义(5)临县(6)	6
临汾	临汾(5)平阳(2)岳阳(14)翼城(4)曲沃(11)吉县(3)隰县(2)大宁(4)永和(1)蒲县(2)洪洞(3)霍县(3)太平(11)襄陵(2)	14
运城	安邑(8)解县(4)绛县(4)闻喜(4)垣曲(5)河津(2)稷山(3)芮城(3)夏县(3)平陆(4)永济(1)虞乡(3)万泉(3)荣河(7)临晋(3)猗氏(6)	16

历史时期山西的旱灾和水(洪涝)灾均是多发频发的自然灾害类型,但水(洪涝)灾的发生与旱灾不同,旱灾中的多数是以大范围、长时段为其特征的,而水(洪涝)灾的发生则正好相反,是以小范围、短时段为其特征。所以,历史时期很少有一种水(洪涝)灾能够造成全省范围的影响。明清时期是自然灾害的群发期,山西也不例外。在空间分布上,清代山西水(洪涝)灾的发生率呈现“橄榄”状:中部的太原、吕梁、晋中三地发生最为频繁,南部的运城、临汾和长治居次。从县域灾情来看,高发灾害的地区基本上也分布在中部和南部地区,如介休、平遥、岳阳等地。

三　雹灾

雹灾也是清代山西多发频发的自然灾害类型，清代 268 年中，共计雹灾 276 次，频次为 1.03，在数量和年频次上超过了旱灾，是清代山西第二大类型自然灾害。

表 6－6 清代山西雹灾年表

纪年	灾区	灾象	应对措施	资料出处
清顺治二年（1645）	武乡	五月二十四日，武乡雨雹，大如鹅卵；南雄雹，拔木。		《清史稿》卷四十《灾异志一》
	介休、武乡	……夏五月，介休、武乡雨雹，伤麦。襄垣、祁县、介休地震。		雍正《山西通志》卷一百六十三《祥异二》
	武乡	五月，武乡大雨雹。（连三日冰雹，大如鹅卵，越户牖捶人，击死牛羊无数，伤麦七百余顷。高岸崩析，化为巨浸。人哭声震天，流亡载道）	知县李芳莎申请蠲赈。	乾隆《沁州志》卷九《灾异》
		五月大雨雹连三日，大如鹅卵越户牖搥人，击死牛羊无数，伤麦七百余倾，高岸蹦折，化与巨浸。人民哭声震天，流亡载道自西北转东南。		乾隆《武乡县志》卷之二《灾祥》
	汾州	夏五月，介休雨雹，伤麦。		乾隆《汾州府志》卷之二十五《事考》
	介休	夏五月，地震，雨雹伤麦。闰六月，大水自迎翠门冲入，平地高五六尺，民房淹塌无算。五月雨雹。		嘉庆《介休县志》卷一《兵祥・祥灾附》
清顺治三年（1646）	介休	四月十三日，太白经天，五月雨雹。		嘉庆《介休县志》卷一《兵祥・祥灾附》

续 表

纪年	灾区	灾象	应对措施	资料出处
清顺治三年(1646)	万泉	七月雨雹。		民国《万泉县志》卷终《杂记附·祥异》
清顺治四年(1647)	壶关	……壶关雨雹。		雍正《山西通志》卷一百六十三《祥异二》
清顺治五年(1648)	静乐	……静乐雨雹。		雍正《山西通志》卷一百六十三《祥异二》
		七月,冰雹伤禾。		康熙《静乐县志》四卷《赋役·灾变》
清顺治七年(1650)	武乡	六月,武乡雨雹,其形如刀。		《清史稿》卷四十《灾异志一》
	长治、屯留、长子、武乡、陵川	……秋,长治、屯留、长子、武乡、陵川雨雹。		雍正《山西通志》卷一百六十三《祥异二》
	潞安	七月二十七日,雨雹,大如鸡卵,杀稼。免屯留夏租税。	因冰雹灾伤,知县毓和申请蠲免过粮银九千余两。	乾隆《潞安府志》卷十一《纪事》
	襄垣	蝗食禾,岁大饥,六月冰雹。		乾隆《重修襄垣县志》卷之八《祥异志·祥瑞》 民国《襄垣县志》卷之八《旧闻考·祥异》
	长子	秋七月,禾已熟,狂风大作,合抱树拔起,驾屋而过,坠于地,屋瓦列埙颂之。黑云蔽天,雹大如斗,愈时不止,伤禾稼。东北之乡,野无青草。王坡河旧有金鲤长尺许,自被雹之后,遂绝其种。是年秋桃李复花。		康熙《长子县志》卷之一《灾祥》

续　表

纪年	灾区	灾象	应对措施	资料出处
清顺治七年（1650）	武乡	六月，武乡雨雹。蝗。（雹形如刀，禾稼大损，稍存者，蝗又入食之。斗米银三钱）		乾隆《沁州志》卷九《灾异》
		六月，雨雹，蝗。		乾隆《武乡县志》卷之二《灾祥》
	屯留	七月二十七日，雨雹大如斗，秋禾尽杀，六木斯拨，民大困。		光绪《屯留县志》卷一《祥异》
	陵川	七月二十七日，陵川雨雹如鸡卵，伤人杀稼，岁大祲。（陵川志）		雍正《泽州府志》卷之五十《祥异》
清顺治八年（1651）	汾西	五月，邱县大雨雹，汾西雨雹，大者如拳，小者如卵，牛畜皆伤，麦无遗茎。		《清史稿》卷四十《灾异志一》
	黎城	七月，黎城雨雹，大如鹅卵。		《清史稿》卷四十《灾异志一》
	祁县、壶关	……祁县、壶关雨雹，大如拳。		雍正《山西通志》卷一百六十三《祥异二》
	祁县、太原府	夏五月，雨雹，大如拳。		雍正《山西通志》卷一百六十三《祥异二》 光绪《增修祁县志》卷十六《祥异》 乾隆《太原府志》卷四十九《祥异》
清顺治九年（1652）	临县、阳曲	六月，临县雨雹，阳曲雨雹，大如鹅卵。		《清史稿》卷四十《灾异志一》
	潞安、长治	四月二十三日，潞安雨雹，大如鸡卵，屋瓦俱碎；长治雨雹，大如鸡卵。		

续　表

纪年	灾区	灾象	应对措施	资料出处
清顺治九年（1652）	临县	五月十六日，临县雨雹，大如鸡卵，积地尺许。		《清史稿》卷四十《灾异志一》
	岚县	岚县大雨雹，伤禾。		
	长治、阳曲、祁岚、临县	长治、阳曲、祁岚、临县雨雹。		雍正《山西通志》卷一百六十三《祥异二》
	太原府	阳曲、祁县、岚县雨雹。		乾隆《太原府志》卷四十九《祥异》
	长治、阳曲、临县	四月二十三日，雨雹，大如鸡卵，屋瓦俱碎。		顺治《潞安府志》卷十五《纪事三·灾祥》 乾隆《潞安府志》卷十一《纪事》
	长治	四月二十有三日，雨雹，大如鸡卵，屋瓦俱碎。		光绪《长治县志》卷之八《记一·大事记》
	阳曲	夏，雨雹。（大如鸡子）		道光《阳曲县志》卷之十六《志余》
	介休	夏四月，雨雹。		嘉庆《介休县志》卷一《兵祥·祥灾附》
	汾州	九年，临县雨雹。		乾隆《汾州府志》卷之二十五《事考》
	临县	五月十六日，雨雹如卵，积冰尺余，麻麦尽殒。		民国《临县志》卷三《谱大事》
清顺治十二年（1655）	介休、襄垣、灵石	……介休、襄垣、灵石雨雹。		雍正《山西通志》卷一百六十三《祥异二》
	灵丘	四月，灵丘雨雹。		乾隆《大同府志》卷之二十五《祥异》

续 表

纪年	灾区	灾象	应对措施	资料出处
清顺治十四年(1657)	猗氏	六月初三,猗氏大雨雹。		《清史稿》卷四十《灾异志一》
	寿阳、猗氏	……寿阳、猗氏雨雹。		雍正《山西通志》卷一百六十三《祥异二》
	潞安	……八月,雹。		顺治《潞安府志》卷十五《纪事三·灾祥》
		旱,八月雹。		乾隆《潞安府志》卷十一《纪事》
	长治、襄垣	旱,八月雹。		光绪《长治县志》卷之八《记一·大事记》 乾隆《重修襄垣县志》卷之八《祥异志·祥瑞》 民国《襄垣县志》卷之八《旧闻考·祥异》
	寿阳	夏六月,大雨雹,苌榆等村雹,消三日始尽,居民流亡。		光绪《寿阳县志》卷十三《杂志·异祥第六》
	猗氏	六月三日,大雨雹。(小杨村尤甚,冰雹填塞沟渠)		雍正《猗氏县志》卷六《祥异》
清顺治十五年(1658)	长治、襄垣、壶关	……夏五月,长治、襄垣、壶关雨雹。		雍正《山西通志》卷一百六十三《祥异二》
		五月二十七日,长治、襄垣、壶关三县雹。		顺治《潞安府志》卷十五《纪事三·灾祥》 乾隆《潞安府志》卷十一《纪事》

续 表

纪年	灾区	灾象	应对措施	资料出处
清顺治十五年(1658)	长治、壶关	五月,雨雹。		光绪《长治县志》卷之八《记一·大事记》 道光《壶关县志》卷二《纪事》
	襄垣	五月二十七日,冰雹。		乾隆《重修襄垣县志》卷之八《祥异志·祥瑞》 民国《襄垣县志》卷之八《旧闻考·祥异》
清顺治十六年(1659)	吉州、襄垣、平顺	……夏,吉州、襄垣、平顺雨雹。		雍正《山西通志》卷一百六十三《祥异二》
	襄垣、长治、壶关、长子、黎城	四月初四日,襄垣雨雹。十二日,长治、壶关二县雨雹。二十日,长子、黎城二县雨雹。六月初一日,潞城县雨雹,杀秋禾,大风拔木,民舍有漂没者。		乾隆《潞安府志》卷十一《纪事》
		四月初四日,襄垣雨雹。十二日,长治、壶关二县雨雹。二十日,长子、黎城二县雨雹。		
	潞城	六月初一日,潞城县雨雹,杀秋禾,大风拔木,民舍有漂没者。		光绪《潞城县志》卷三《大事记》
	襄垣	四月初四日,冰雹伤稼。		乾隆《重修襄垣县志》卷之八《祥异志·祥瑞》 民国《襄垣县志》卷之八《旧闻考·祥异》

续 表

纪年	灾区	灾象	应对措施	资料出处
清顺治十六年(1659)	壶关	四月,雨雹。		道光《壶关县志》卷二《纪事》
	潞城	六月朔,雨雹杀禾,大风拔木,民舍有漂没者。		光绪《潞城县志》卷三《大事记》
	平顺	六月,雨雹伤禾,大风拔木,民舍有漂没者。		康熙《平顺县志》卷之八《祥灾志·灾荒》
		大雨雹,大风。		民国《平顺县志》卷十一《旧闻考·兵匪·灾异》
清顺治十七年(1660)	临汾	……夏五月,临汾雨雹。		雍正《山西通志》卷一百六十三《祥异二》 雍正《平阳府志》卷之三十四《祥异》
		夏五月,大风雹。		民国《临汾县志》卷六《杂记类·祥异》
	岳阳	五月,冰雹。大风拔树,将农器吹至空中。		民国《新修岳阳县志》卷一十四《祥异志·灾祥》 民国《安泽县志》卷十四《祥异志·灾祥》
清顺治十八年(1661)	猗氏	……夏五月,猗氏雨雹。		雍正《山西通志》卷一百六十三《祥异二》 乾隆《蒲州府志》卷之二十三《事纪·五行祥沴》
		五月二十日,大雨雹。(杜村尤甚)		雍正《猗氏县志》卷六《祥异》

续 表

纪年	灾区	灾象	应对措施	资料出处
清康熙元年（1662）	榆社	榆社大雨雹，人畜多伤。		《清史稿》卷四十《灾异志一》
		壬寅五月，大雹，无年。		光绪《榆社县志》卷之十《拾遗志·灾祥》
	襄垣	秋七月，襄垣雨雹。		乾隆《潞安府志》卷十一《纪事》
清康熙二年（1663）	襄垣	……秋七月，襄垣雨雹。		雍正《山西通志》卷一百六十三《祥异二》
		七月，冰雹，禾稼俱伤。		乾隆《重修襄垣县志》卷之八《祥异志·祥瑞》 民国《襄垣县志》卷之八《旧闻考·祥异》
清康熙三年（1664）	朔平府	夏旱秋潦，早霜。	次年大饥。阳和兵备道口口详请蠲赈，巡抚杨熙以闻，奉旨发帑，开仓赈济，并蠲免本年丁粮，民赖以甦。	雍正《朔平府志》卷之十一《外志·祥异》
清康熙四年（1665）	壶关、长子、长治、平顺	壶关、长子、长治、平顺雨雹伤禾。	奉旨蠲免钱粮，有差。	雍正《山西通志》卷一百六十三《祥异二》
			诏免灾黎地税。	乾隆《潞安府志》卷十一《纪事》
	壶关	雨雹伤禾。	勘查免粮有差。	道光《壶关县志》卷二《纪事》
	长子	八月四日，雨雹。		康熙《长子县志》卷之一《灾祥》

续 表

纪年	灾区	灾象	应对措施	资料出处
清康熙四年(1665)	平顺	六月,雹大如拳,伤禾破屋,岁大歉。		民国《平顺县志》卷十一《旧闻考·兵匪·灾异》
清康熙五年(1666)	长子	五年八月,又雹,禾微伤。		康熙《长子县志》卷之一《灾祥》
清康熙七年(1668)	壶关	……壶关雨雹。		雍正《山西通志》卷一百六十三《祥异二》
		冬十月,壶关雨雹。		乾隆《潞安府志》卷十一《纪事》
		冬十月,雨雹。		道光《壶关县志》卷二《纪事》
	平顺	冬十月,大雨雹。		民国《平顺县志》卷十一《旧闻考·兵匪·灾异》
清康熙八年(1669)	黎城、猗氏、汾西	……黎城、猗氏、汾西雨雹。		雍正《山西通志》卷一百六十三《祥异二》
	黎城	黎城雨雹。		乾隆《潞安府志》卷十一《纪事》
		七月,雹如鸡卵,杀稼岁饥。		康熙《黎城县志》卷之二《纪事》
	汾西	夏四月,汾西雨雹。		雍正《平阳府志》卷之三十四《祥异》
		夏,大雨雹。八月,复雨雹,民饥,赈之。是年五月二十三日,冰雹异常,大者如拳,小者如卵,牛畜皆伤,麦无遗茎。八月十六日,复然,民不聊生。	知县蒋鸣龙申详告赈。九年三月,巡抚达给粟,赈济未遍者,蒋领捐粟补给,民多获继。	光绪《汾西县志》卷七《祥异》

续 表

纪年	灾区	灾象	应对措施	资料出处
清康熙八年（1669）	猗氏	夏，猗氏旱，既而雨雹。		乾隆《蒲州府志》卷之二十三《事纪·五行祥沴》
		四月，大雨雹。（时，因旱祈雨，四月十日辰刻，暴风骤雨，雹大如弹，庙檀屋飞崩裂。至午后，大雨雹，王村尤甚）八月十五初昏，大风迅雷雨雹。（前数日民讹言，中秋大水至，谋避者甚众。是日初昏，大风雷自西北来，乌云四合，大雨雹，民大警乱，顷刻风息雨止，皎月后出）		雍正《猗氏县志》卷六《祥异》
清康熙十年（1671）	垣曲	……夏四月，垣曲雨雹。		雍正《山西通志》卷一百六十三《祥异二》
		四月朔，大雨雹，经日不消。		光绪《垣曲县志》卷之十四《杂志》
清康熙十一年（1672）	潞城	潞城雨雹。		雍正《山西通志》卷一百六十三《祥异二》 乾隆《潞安府志》卷十一《纪事》
		六月十日，城西北雨雹。		光绪《潞城县志》卷三《大事记》
清康熙十二年（1673）	榆社、屯留	……榆社、屯留雨雹。		雍正《山西通志》卷一百六十三《祥异二》
	屯留	（夏四月），屯留雨雹。		乾隆《潞安府志》卷十一《纪事》
	平顺	雹伤禾。		民国《平顺县志》卷十一《旧闻考·兵匪·灾异》

续 表

纪年	灾区	灾象	应对措施	资料出处
清康熙十二年(1673)	陵川	夏六月十六日,陵川雨雹。(陵川志)		雍正《泽州府志》卷之五十《祥异》
	榆社	夏,大雨雹,如鸡子。		光绪《榆社县志》卷之十《拾遗志·灾祥》
清康熙十五年(1676)	壶关	……壶关雨雹伤稼。		雍正《山西通志》卷一百六十三《祥异二》
		壶关雨雹。		乾隆《潞安府志》卷十一《纪事》
		雨雹伤稼。		道光《壶关县志》卷二《纪事》
	平定州	雨雹,地震。		光绪《平定州志》卷之五《祥异》
	寿阳	秋七月,大雨雹。		光绪《寿阳县志》卷十三《杂志·异祥第六》
	闻喜	夏四月,雨雹伤麦。		民国《闻喜县志》卷二十四《旧闻》
	万泉	四月,雨雹伤麦。		民国《万泉县志》卷终《杂记附·祥异》
清康熙十六年(1677)	襄垣	夏四月,襄垣雨雹。		乾隆《潞安府志》卷十一《纪事》
		冰雹。		乾隆《重修襄垣县志》卷之八《祥异志·祥瑞》 民国《襄垣县志》卷之八《旧闻考·祥异》
	闻喜、万泉、襄垣、武乡、寿阳、平定	……夏四月,闻喜、万泉、襄垣、武乡雨雹。秋七月,寿阳、平定雨雹。		雍正《山西通志》卷一百六十三《祥异二》

续　表

纪年	灾区	灾象	应对措施	资料出处
清康熙十六年(1677)	武乡	雨雹。		乾隆《武乡县志》卷之二《灾祥》
		武乡雨雹。(四月至六月,凡六次)		乾隆《沁州志》卷九《灾异》
清康熙十七年(1678)	荣河	……荣河雨雹。		雍正《山西通志》卷一百六十三《祥异二》
	武乡	九月,大雨雹。		乾隆《武乡县志》卷之二《灾祥》
清康熙十八年(1679)	大同府	大同饥,天镇卫雨雹。		乾隆《大同府志》卷之二十五《祥异》
	天镇	雨雹。		光绪《天镇县志》卷四《记三・大事记》
	定襄	麦将秀,董村等处大雨雹,二麦仅留半。		康熙《定襄县志》卷之七《灾祥志・灾异》
清康熙十九年(1680)	阳曲	七月,阳曲雨雹,大如鸡卵,有大如碓礳者,击死人畜甚多。		《清史稿》卷四十《灾异志一》
		秋七月,大雨雹。		道光《阳曲县志》卷之十六《志余》
	阳曲、辽州	秋七月,阳曲、辽州雨雹,有如碓礳者,地为之白。		雍正《山西通志》卷一百六十三《祥异二》
	太原府	秋七月,阳曲雨雹,府属饥。	奉旨免夏税之三。	乾隆《太原府志》卷四十九《祥异》
	清源	雨雹。		光绪《清源乡志》卷十六《祥异》

续 表

纪年	灾区	灾象	应对措施	资料出处
清康熙十九年(1680)	沁州	八月,州雨雹,大风拔木。(十四日晚,城中郭外,迅雷骤雨,继以狂风,冰雹随之,州衙老树一时摧折殆尽。人以为知州孙鸿业慢神之应)		乾隆《沁州志》卷九《灾异》
	高平	八月三日,雨雹,大者如拳,小者如卵。西南乡东宅、回山、唐安、冯村、马村六里,计十五村落,禾稼俱伤。		乾隆《高平县志》卷之十六《祥异》
	朔平府	秋,大同属又饥,麦谷尽枯,平远卫大风雹,田禾伤尽。	巡抚穆借帑金二十万两赈济,题请江南例捐纳补库。	雍正《朔平府志》卷之十一《外志·祥异》
清康熙二十三年(1684)	榆次	五月,雨雹如拳,损麦。		同治《榆次县志》卷之十六《祥异》
清康熙二十五年(1686)	隰州	夏,隰州雨雹。		雍正《山西通志》卷一百六十三《祥异二》
		夏,雨雹,伤稼。		康熙《隰州志》卷之二十一《祥异》
清康熙二十七年(1688)	万泉、忻州	……万泉、忻州雨雹。	奉旨蠲免石岭关以北本年地丁钱粮,又全免广昌次年粮税。	雍正《山西通志》卷一百六十三《祥异二》
	忻州	大雨雹。	蠲免石岭关以北地丁钱粮。	光绪《忻州志》卷三十九《灾祥》
	万泉	雨雹伤禾。		民国《万泉县志》卷终《杂记附·祥异》

续 表

纪年	灾区	灾象	应对措施	资料出处
清康熙二十八年(1689)	荣河	……荣河雨雹。		雍正《山西通志》卷一百六十三《祥异二》
清康熙三十年(1691)	沁州	风雹、禾稼大损,民大饥。		乾隆《沁州志》卷九《灾异》
	曲沃	夏大旱。秋七月,蝗、雹、疫、霪雨,饥。		光绪《续修曲沃县志》卷之三十二《祥异》
清康熙三十二年(1693)	定襄	……定襄雨雹。		雍正《山西通志》卷一百六十三《祥异二》
		七月十五日,冰雹大降。官庄、中小霍等处树无绿叶、野无青草,一望如冬景焉。		康熙《定襄县志》卷之七《灾祥志·灾异》
清康熙三十三年(1694)	保德州	夏六月,吕家峁晴天雨冰块三,大如间屋。		乾隆《保德州志》卷之三《风土·祥异》
清康熙三十四年(1695)	襄垣	七月初九,雨雹,神头等二十六村灾。·		乾隆《重修襄垣县志》卷之八《祥异志·祥瑞》 民国《襄垣县志》卷之八《旧闻考·祥异》
	沁州	七月十八日复雨雹,荞尽损。		乾隆《沁州志》卷九《灾异》
清康熙三十六年(1697)	襄垣	七月十六日,雨雹,崔家庄等村灾。		乾隆《重修襄垣县志》卷之八《祥异志·祥瑞》 民国《襄垣县志》卷之八《旧闻考·祥异》
清康熙三十八年(1699)	襄垣、静乐	……襄垣、静乐雨雹。		雍正《山西通志》卷一百六十三《祥异二》

续 表

纪年	灾区	灾象	应对措施	资料出处
清康熙三十八年(1699)	襄垣	闰七月初五日,西川等村冰雹,禾稼俱伤。		乾隆《重修襄垣县志》卷之八《祥异志·祥瑞》 民国《襄垣县志》卷之八《旧闻考·祥异》
	高平	闰七月五日戌时,大风陡起,冰雹随至,魏庄东等村十八里,禾稼伤损八九。		乾隆《高平县志》卷之十六《祥异》
	静乐	雹,伤禾。		康熙《静乐县志》四卷《赋役·灾变》
	介休	闰七月,雨雹杀稼。		嘉庆《介休县志》卷一《兵祥·祥灾附》
清康熙三十九年(1700)	静乐	雹伤禾,大雨。		康熙《静乐县志》四卷《赋役·灾变》
清康熙四十年(1701)	宁乡	……五月(宁乡)雨雹。		雍正《山西通志》卷一百六十三《祥异二》
	平定	大旱,风,雹如碗大,积尺余,禾俱无。		光绪《平定州志》卷之五《祥异》
清康熙四十一年(1702)	蒲县	……蒲县雨雹。		雍正《山西通志》卷一百六十三《祥异二》
清康熙四十二年(1703)	蒲县	三月,蒲县雨雹。		《清史稿》卷四十《灾异志一》
		……蒲县雨雹。		雍正《山西通志》卷一百六十三《祥异二》
	宁乡	……五月十二日,西北十余村大雹。		康熙《宁乡县志》卷之一《灾异》

续 表

纪年	灾区	灾象	应对措施	资料出处
清康熙四十二年（1703）	蒲县	夏四月，雨雹伤禾。	蠲粮。	光绪《蒲县续志》卷之九《祥异志》
清康熙四十五年（1706）	襄垣	正月十二日，三环套日。五月雹。		乾隆《重修襄垣县志》卷之八《祥异志·祥瑞》 民国《襄垣县志》卷之八《旧闻考·祥异》
清康熙四十七年（1708）	广灵	六月，雨雹。		乾隆《广灵县志》卷一《方域·星野·灾祥附》
	保德	六月，雨雹大如拳，贾家梁、墕墩梁、天桥子等处树无完枝，种植俱尽。		乾隆《保德州志》卷之三《风土·祥异》
清康熙四十八年（1709）	代县	秋，代县雨雹。		《清史稿》卷四十《灾异志一》
	代州	秋，大雨雹，伤禾稼。		光绪《代州志·记三》卷十二《大事记》
清康熙四十九年（1710）	武乡	六月，大雨雹。		乾隆《武乡县志》卷之二《灾祥》
清康熙五十一年（1712）	沁源	沁源雨雹，大如鸡卵。		《清史稿》卷四十《灾异志一》
	解州	五月，解州雨雹。		《清史稿》卷四十《灾异志一》
	沁源	雨雹大如卵，琴山望之似雪。		雍正《沁源县志》卷之九《别录·灾祥》 民国《沁源县志》卷六《大事考》
清康熙五十三年（1714）	朔平府	七月，右卫雨雹伤禾稼。		雍正《朔平府志》卷之十一《外志·祥异》

续　表

纪年	灾区	灾象	应对措施	资料出处
清康熙五十五年(1716)	浮山	夏，浮山雨雹，大如鸡卵，田禾尽伤。		《清史稿》卷四十《灾异志一》
		夏五月，杨村河史壁一带冰雹如鹅卵，打禾殆尽。		民国《浮山县志》卷三十七《灾祥》
	乡宁	四月，雨雹。船窝镇莫回窑，沟水涨发，冲毙人畜。		民国《乡宁县志》卷八《大事记》
		四月二十八日，雨雹。船窝镇莫回窑沟水涨发，冲毙人畜。		乾隆《乡宁县志》卷十四《祥异》
清康熙五十七年(1718)	灵邱	夏月，雨雹。		光绪《灵邱县补志》第三卷之六《武备志·灾祥》
	绛县	五月，绛县地震、雨雹。		光绪《绛县志》卷六《纪事·大事表门》
清康熙五十八年(1719)	神池	……神池雨雹。		雍正《山西通志》卷一百六十三《祥异二》
清康熙六十年(1721)	太原府	七月，太原大雨雹。		乾隆《太原府志》卷四十九《祥异》
	清源	七月，大雨雹。		光绪《清源乡志》卷十六《祥异》
清康熙六十一年(1722)	平定、乐平	四月，平定、乐平冰雹。		《清史稿》卷四十《灾异志一》
	平定	四月，冰雹。历三月不雨，大旱，开仓赈济。		光绪《平定州志》卷之五《祥异》
清雍正四年(1726)	武乡	五月大风雨雹。		乾隆《武乡县志》卷之二《灾祥》
清雍正五年(1727)	介休	夏六月，雨雹杀稼。		嘉庆《介休县志》卷一《兵祥·祥灾附》

续 表

纪年	灾区	灾象	应对措施	资料出处
清雍正六年（1728）	大同	七月，大同雨雹。		乾隆《大同府志》卷之二十五《祥异》 道光《大同县志》卷二《星野·岁时》
清雍正七年（1729）	高平	四月，高平雨雹，树皆折。		《清史稿》卷四十《灾异志一》
		夏五月十七日，雷雨交作，内带冰雹，秋禾损，是岁大稔。		乾隆《高平县志》卷之十六《祥异》
清雍正八年（1730）	沁州	八月，沁州大雨雹，毁屋舍。		《清史稿》卷四十《灾异志一》
		八月，陨霜，雷雨雹。*		乾隆《沁州志》卷九《灾异》
	武乡	八月，陨霜，雷雨雹。		乾隆《武乡县志》卷之二《灾祥》
清雍正十一年（1733）	曲沃	夏雨雹。		光绪《续修曲沃县志》卷之三十二《祥异》
清雍正十二年（1734）	广灵	六月，雨雹。		乾隆《广灵县志》卷一《方域·星野·灾祥附》
清乾隆元年（1736）	长子	九月，长子大雨雹，片片著禾如刈。		《清史稿》卷四十《灾异志一》
	方山	三月，方山大雨雹。		

* 二十一日大风寒。二十二日陨霜，荞菽尽死，谷茎尚活。忽于二十六日迅雷雨雹，自午自夜遍及四乡，轻重不等。二十七八九日，无分昼夜，雷雹时作，方所不一。农民惶惧竞刈谷苗，止得半熟，每谷一斗碾米三四升，其不及刈者反得成熟。是岁霜祲未甚，因惧雹速刈而遂成其灾也。

续 表

纪年	灾区	灾象	应对措施	资料出处
清乾隆二年(1737)	长子	长子县西大雨雹,片片下,着禾如刈。既而大雨,平原出水,禾尽漂没。九月,地动。		乾隆《潞安府志》卷十一《纪事》
	高平	秋七月二十六日,雨雹,韩村、高良二里被灾,民所借仓粮,题请缓至次年免息还仓。		乾隆《高平县志》卷之十六《祥异》
清乾隆三年(1738)	高平	闰六月十八日,雨雹,柳村掘山至十里铺,秋禾微伤。		乾隆《高平县志》卷之十六《祥异》
	榆社	戊午清明日,雨雹盈尺。		光绪《榆社县志》卷之十《拾遗志·灾祥》
清乾隆五年(1740)	绛县	六月,绛县雨雹,伤禾。		《清史稿》卷四十《灾异志一》
		绛县雹,伤禾。		光绪《绛县志》卷六《纪事·大事表门》
清乾隆六年(1741)	广灵	雨雹,伤稼。		《清史稿》卷四十《灾异志一》
清乾隆七年(1742)	高平	八月三日,雨雹,长平、德义、管寨、掘山等村,秋禾微伤。		乾隆《高平县志》卷之十六《祥异》
清乾隆九年(1744)	高平	夏六月十七日,雨雹,府下里府底村,秋禾微伤。		乾隆《高平县志》卷之十六《祥异》
清乾隆十年(1745)	高平	秋七月六日,雨雹,换马等四村庄稼微伤。		乾隆《高平县志》卷之十六《祥异》
	繁峙	五月初十日,大雨雹,河以南树木一空。	邑令周急发仓助粒,秋乃稔。	道光《繁峙县志》卷之六《祥异志·祥异》
		五月十日,大雨雹,滹沱河以南,树木皆空。	县令周发仓赈贷,并给籽粒,秋稔。	光绪《繁峙县志》卷四《杂志》

续 表

纪年	灾区	灾象	应对措施	资料出处
清乾隆十一年(1746)	曲沃	五月，曲沃雨雹，大如车轮。		《清史稿》卷四十《灾异志一》
	怀仁、应州、山阴	怀仁、应州、山阴雹。	奉旨蠲缓钱粮。	乾隆《大同府志》卷之二十五《祥异》
	怀仁	怀仁雨雹。		光绪《怀仁县新志》卷一《分野》
	广灵	六月，雨雹，二麦被灾。		乾隆《广灵县志》卷一《方域·星野·灾祥附》
清乾隆十二年(1747)	高平	六月十一日，高平大雨雹，伤禾。		《清史稿》卷四十《灾异志一》
		夏六月十一日，雨雹，李村西等二十九村庄秋稼伤损。		乾隆《高平县志》卷之十六《祥异》
	天镇	西南乡大雨雹。		光绪《天镇县志》卷四《记三·大事记》
	解州	六月，雹。		光绪《解州志》卷之十一《祥异》
清乾隆十三年(1748)	乐平	六月，乐平雨雹，伤稼。		《清史稿》卷四十《灾异志一》
	高平	夏六月，雨雹，赵庄等四村未报灾。		乾隆《高平县志》卷之十六《祥异》
	乐平	六月，东黄龙等三村雨雹，伤稼。	借给口粮，以八年恩诏，普免天下钱粮。山西于是年轮免。	光绪《平定州志》卷之五《祥异·乐平乡》
		六月，县东黄龙辿、安阳沟、王家山三村雨雹伤稼。	借给口粮。	民国《昔阳县志》卷一《舆地志·祥异》

续　表

纪年	灾区	灾象	应对措施	资料出处
清乾隆十四年(1749)	乐平、稷山	十月,乐平、稷山雨雹,伤禾。		《清史稿》卷四十《灾异志一》
	平定	六月,东黄岩等村,雨雹伤稼。	赈贷有差。	光绪《平定州志》卷之五《祥异·乐平乡》
	乐平	六月,县东黄岩等村,雨雹伤稼。	赈贷有差。	民国《昔阳县志》卷一《舆地志·祥异》
清乾隆十五年(1750)	沁水	大雨雹。		光绪《沁水县志》卷之十《祥异》
	大同府	山阴雹。	详奏蠲缓。	乾隆《大同府志》卷之二十五《祥异》
清乾隆十七年(1752)	介休	秋八月,雨雹杀稼。		嘉庆《介休县志》卷一《兵祥·祥灾附》
清乾隆二十年(1755)	高平	五月十七日,高平大雨雹,人有击毙者。		《清史稿》卷四十《灾异志一》
		五月十七日,大风发屋拔木,翠屏山二仙庙中铁香炉吹起,与殿檐齐,盘旋数四而下碎之。是日龙尾、丹水、姬万等村大雨雹,有为雹击死者。		乾隆《高平县志》卷之十六《祥异》
清乾隆二十一年(1756)	长子	六月十六,长子大雨雹,十一日方止。		《清史稿》卷四十《灾异志一》
	解县	六月,雹。		民国《解县志》卷之十三《旧闻考》
清乾隆二十三年(1758)	长子	六月六日,长子城北大雨雹,至十一日止。每午后即雹,数十里中,树皆无叶,望如铺雪在地,数日始消。		乾隆《潞安府志》卷十一《纪事》
	沁水	雨雹。		光绪《沁水县志》卷之十《祥异》

续 表

纪年	灾区	灾象	应对措施	资料出处
清乾隆二十三年（1758）	平定	六月十七日，东南赵壁等邨雨雹伤稼。	借给口粮。	光绪《平定州志》卷之五《祥异·乐平乡》
	大同府	雹。	详奉蠲缓。	道光《大同县志》卷二《星野·岁时》
	乐平	六月十七日，县东南赵壁、丰稔等村雨雹伤稼。	借给口粮。	民国《昔阳县志》卷一《舆地志·祥异》
	平遥	六月初十日酉时，雨雹大如拳或如卵，约有尺余。		光绪《平遥县志》卷之十二《杂录志·灾祥》
	长子	六月十六，长子大雨雹，十一日方止。		《清史稿》卷四十《灾异志一》
清乾隆二十五年（1760）	陵川	四月，陵川雨雹，大如鸡卵，深盈尺。		《清史稿》卷四十《灾异志一》
	介休	夏四月，雨雹杀稼。		嘉庆《介休县志》卷一《兵祥·祥灾附》
	文水	庚辰五月朔，雨雹，大如鸡卵，深二尺余，伤禾，后禾一茎二三穗，晚田大熟。		光绪《文水县志》卷之一《天文志·祥异》
清乾隆三十年（1765）	乐平	六月二十四日，乐平雨雹，伤稼。		《清史稿》卷四十《灾异志一》
		六月十四日，西梁庄等邨雨雹，伤禾。		光绪《平定州志》卷之五《祥异·乐平乡》
		六月十四日，县西梁庄等村，雨雹伤稼禾。		民国《昔阳县志》卷一《舆地志·祥异》
清乾隆三十三年（1768）	平遥	八月二十日，雨雹大如鹅卵。		光绪《平遥县志》卷之十二《杂录志·灾祥》

续 表

纪年	灾区	灾象	应对措施	资料出处
清乾隆三十九年(1774)	乐平	二月，乐平雨雹，伤麦。		《清史稿》卷四十《灾异志一》
		东黄龙等都雨雹，伤稼。		光绪《平定州志》卷之五《祥异·乐平乡》
		六月，县东黄龙廷(辿)、安阳沟、建都、白叶、成南、北界都等村，雨雹伤稼。	酌免麸草有差	民国《昔阳县志》卷一《舆地志·祥异》
清乾隆四十一年(1776)	乐平	……五月，县东南盂壁、小石坡、东沟、长身岭、郭玻角、毕家庄、横水、刘庄、闫家庄、窝桥、王井沟、土巷、刘红骏、落雁头、孔家沟、武家平等村雨雹伤稼。	知县李早荣酌免麸草有差。以上旧志载。	民国《昔阳县志》卷一《舆地志·祥异》
清乾隆四十二年(1777)	寿阳	六月二日，寿阳雨雹，深者四尺，浅者二尺，月余方消。		《清史稿》卷四十《灾异志一》
清乾隆五十三年(1788)	定襄	七月，大雨雹，西乡一带尤甚，打禾黍殆尽，民大饥。		光绪《定襄县补志》卷之一《星野志·祥异》
清乾隆五十九年(1794)	介休	秋八月，复冰雹伤稼。		嘉庆《介休县志》卷一《兵祥·祥灾附》
清乾隆六十年(1795)	沁水	大雨雹。		光绪《沁水县志》卷之十《祥异》
	大同	雨雹。		道光《大同县志》卷二《星野·岁时》
清嘉庆四年(1799)	万泉	四月，大雨雹，如鸡卵，厚六七寸，麦苗花果毁伤几尽。		民国《万泉县志》卷终《杂记附·祥异》
清嘉庆九年(1804)	高平	夏五月，雨雹大如卵。		光绪《续高平县志》卷之十二《祥异》

续 表

纪年	灾区	灾象	应对措施	资料出处
清嘉庆十一年(1806)	壶关	六月二十九日,雨雹大如鸡卵。		光绪《壶关县志》卷二《纪事》
清嘉庆十二年(1807)	崞县	七月,雨雹,大风拔木。		光绪《续修崞县志》卷八《志余·灾荒》
清嘉庆十七年(1812)	稷山	夏,雨雹。		同治《稷山县志》卷之七《古迹·祥异》
清嘉庆二十一年(1816)	阳曲	苏村等四村雨雹伤木。	知县邱捐廉借给籽种。	道光《阳曲县志》卷之十六《志余》
清嘉庆二十四年(1819)	灵邱	秋,雨雹。		光绪《灵邱县补志》第三卷之六《武备志·灾祥》
清嘉庆二十五年(1820)	阳曲	会城北大雨雹如鸡卵。		道光《阳曲县志》卷之十六《志余》
	大同	六月,大雨雹。		道光《大同县志》卷二《星野·岁时》
	忻州	立秋前三日,董村雨雹,伤稼、人,种晚禾,秋大熟。		光绪《忻州志》卷三十九《灾祥》
	文水	庚辰五月朔,雨雹,大如鸡卵,深二尺余,伤木后,禾一茎二三穗,晚田大熟。		光绪《文水县志》卷之一《天文志·祥异》
清道光五年(1825)	壶关	雨雹伤禾。		光绪《壶关县志》卷二《纪事》
	襄垣	五月,雹如鸡卵,伤麦,秋禾熟。		民国《襄垣县志》卷之八《旧闻考·祥异》
清道光七年(1827)	长治	八月,辛呈诸村雨雹。		光绪《长治县志》卷之八《记一·大事记》

续 表

纪年	灾区	灾象	应对措施	资料出处
清道光九年（1829）	高平	夏四月，雨雹，大如盂。		光绪《续高平县志》卷之十二《祥异》
	大同	雷雨雹，六月城东南雨雹，七月又雹。八月海星村杏花重开。多雷雨雹。		道光《大同县志》卷二《星野·岁时》
	绛州	四月二十五日，大雨雹如鸡卵，二麦尽伤。		光绪《直隶绛州志》卷之二十《灾祥》
		四月二十五日，大雨雹，如鸡卵二，麦尽伤。		民国《新绛县志》卷十《旧闻考·灾祥》
		四月，绛县大雨雹。		光绪《绛县志》卷六《纪事·大事表门》
清道光十年（1830）	临县	六月，雷电雨雹，大风拔树。		民国《临县志》卷三《谱大事》
清道光十一年（1831）	高平	夏四月，雨雹。		光绪《续高平县志》卷之十二《祥异》
清道光十二年（1832）	浑源	秋，陨霜杀谷。大饥。		光绪《浑源州续志》卷二《星野·祥异》
清道光十三年（1833）	长治	六月，圪窝诸村雨雹。		光绪《长治县志》卷之八《记一·大事记》
	平定、乐平	雨雹如卵。		光绪《平定州志》卷之五《祥异·乐平乡》 民国《昔阳县志》卷一《舆地志·祥异》

续 表

纪年	灾区	灾象	应对措施	资料出处
清道光十三年(1833)	怀仁	雨雹。		光绪《怀仁县新志》卷一《分野》
清道光十四年(1834)	清源	五月,雨雹三日,大水,漂禾殆尽。		光绪《清源乡志》卷十六《祥异》
	阳城	夏大雨雹伤麦。		同治《阳城县志》卷之一八《灾祥》
清道光十五年(1835)	屯留	六月雨雹,大如鸡卵,民饥。		光绪《屯留县志》卷一《祥异》
清道光十六年(1836)	河曲	夏秋旱,蝗蝻自县西入境,大雨雹益饥。		同治《河曲县志》卷五《祥异类·祥异》
清道光十八年(1838)	凤台	雹损禾。		光绪《凤台县续志》卷之四《纪事》
	沁水	夏,雨雹杀禾。		光绪《沁水县志》卷之十《祥异》
清道光二十年(1840)	乐平	雨雹大如卵。		民国《昔阳县志》卷一《舆地志·祥异》
清道光二十一年(1841)	凤台	西方指白气经天,鼠害禾。夏,雨雹伤麦,地大震。		光绪《凤台县续志》卷之四《纪事》
清道光二十五年(1845)	寿阳	六月朔,韩村大雨雹,形如鸡卵。		光绪《寿阳县志》卷十三《杂志·异祥第六》
清道光二十六年(1846)	凤台	夏,雨雹,伤麦禾。		光绪《凤台县续志》卷之四《纪事》
	代州	七月二十一日,雨雹。		光绪《代州志·记三》卷十二《大事记》

续　表

纪年	灾区	灾象	应对措施	资料出处
清道光二十六年(1846)	垣曲	大饥，夏无麦秋无禾，兼雨雹，奉文蠲免钱粮十分之七。	奉文蠲免钱粮十分之七。	光绪《垣曲县志》卷之十四《杂志》
清道光二十八年(1848)	吉州	戊申夏五月初四，大雨雹，深二尺许，损麦二十余村，八九日后有雹冰未消者。		光绪《吉州全志》卷七《祥异》
清道光三十年(1850)	河曲	六月庚寅，大雨雹形如鸡卵，县南一带灾。		同治《河曲县志》卷五《祥异类·祥异》
清咸丰元年(1851)	高平	夏四月，雨雹，三尺许。		光绪《续高平县志》卷之十二《祥异》
	寿阳	六月九日太安镇等村大雨雹损禾。		光绪《寿阳县志》卷十三《杂志·异祥第六》
清咸丰二年(1852)	高平	夏四月，雨雹，深一尺。		光绪《续高平县志》卷之十二《祥异》
清咸丰三年(1853)	崞县	五月二十日，雨雹，铜川乡雹积厚与墙齐。		光绪《续修崞县志》卷八《志余·灾荒》
清咸丰四年(1854)	广灵	六月，雨雹。		光绪《广灵县补志》卷一《方域·灾祥》
清咸丰五年(1855)	潞城	四月雨雹。		光绪《潞城县志》卷三《大事记》
	榆次	六月初四日，蜻蜓结伴以数千计，初六日大雨雹，杀稼，大水损民屋。		同治《榆次县志》卷之十六《祥异》
	岳阳	夏，大雨雹。邑东乡十余村，麦禾全毁，木叶尽脱。		民国《新修岳阳县志》卷一十四《祥异志·灾祥》民国《安泽县志》卷十四《祥异志·灾祥》

续 表

纪年	灾区	灾象	应对措施	资料出处
清咸丰五年(1855)	太平	秋八月初二日,大雨雹。(大如鸡子,半时乃止)		光绪《太平县志》卷十四《杂记志·祥异》
清咸丰六年(1856)	沁州	夏,大雨雹。(五月十三日,城西二十五里仁胜村以北雨雹,有大过于牛象者,有如猪羊者,其余如盆如碗,不计其数。自午至申始止。十八日,州牧庆公讳亮亲往勘验,冰积未消者犹四五寸,夏麦秋禾根株尽毁。	十八日,州牧庆公讳亮亲往勘验,……民皆补种荞麦、䵚黍幸获成熟。	光绪《沁州复续志》卷四《灾异》
	高平	六年夏六月,雨雹。		光绪《续高平县志》卷之十二《祥异》
	榆次	三月初三日,大雨雹。		同治《榆次县志》卷之十六《祥异》
清咸丰七年(1857)	临县	秋七月十三日,县南三郎所雨雹如拳,积冰三尺许,禾稼荡然。		民国《临县志》卷三《谱大事》
	虞乡	四月,雨雹,县治南北计七里,东西计十里。		光绪《虞乡县志》卷之一《地舆志·星野·附祥异》
清咸丰九年(1859)	凤台	夏,雨雹。		光绪《凤台县续志》卷之四《纪事》
	解州	四月初三日,雨雹,杜府村南厚八九寸。		光绪《解州志》卷之十一《祥异》 民国《解县志》卷之十三《旧闻考》
清咸丰十一年(1861)	武乡	二月雷雨雹(初七日午后)。		民国《武乡新志》卷之四《旧闻考》

续　表

纪年	灾区	灾象	应对措施	资料出处
清咸丰十一年(1861)	文水	辛酉五月,大雨数日,麦穗生芽。八月朔,日月合璧,五星连珠聚于张。八日雨雹四寸,伤稼三十余里。		光绪《文水县志》卷之一《天文志·祥异》
清同治元年(1862)	高平	闰八月雨雹,河水溢。		光绪《续高平县志》卷之十二《祥异》
	榆次	同治元年五月初九日,雨雹伤人二。		同治《榆次志》卷之十六《祥异》
清同治二年(1863)	吉州	五月初六日,雨雹,近城十里,麦伤殆尽。		光绪《吉州全志》卷七《祥异》
	解州	七月,雨冰雹,大者如鸡卵。		光绪《解州志》卷之十一《祥异》 民国《解县志》卷之十三《旧闻考》
清同治三年(1864)	高平	五月水,雨雹。		光绪《续高平县志》卷之十二《祥异》
	绛县	四月,绛县雹,伤禾。		光绪《绛县志》卷六《纪事·大事表门》
清同治四年(1865)	高平	夏四月,雨雹,秋禾头生耳。		光绪《续高平县志》卷之十二《祥异》
	定襄	六月六日,冰雹大降,禾伤,风声如雷,拔树折碑,伤禽鸟甚众。		光绪《定襄县补志》卷之一《星野志·祥异》
清同治五年(1866)	文水	丙寅四月三十日,雨雹。五月三日,日红无光。		光绪《文水县志》卷之一《天文志·祥异》
	绛县	正月,绛县天鼓鸣,夏,雨雹、大风拔木。		光绪《绛县志》卷六《纪事·大事表门》

续　表

纪年	灾区	灾象	应对措施	资料出处
清同治七年(1868)	寿阳	夏大雨雹，被灾数十村。		光绪《寿阳县志》卷十三《杂志·异祥第六》
清同治八年(1869)	潞城	七月，雨雹伤稼。	西青、北大铎诸村分别赈恤蠲缓如例。	光绪《潞城县志》卷三《大事记》
	寿阳	三月八日，天鼓鸣，声从东南起至西北而止。六月二十九日申时，大雨雹。自黄岭起，东南行广袤，经数十村，伤禾稼殆尽。有更种荞麦者，至秋大获。		光绪《寿阳县志》卷十三《杂志·异祥第六》
	平陆	八年六月，大雨雹，张店镇后土庙谢雨演剧，卓(疑为"中")午，雷电交作，大雨，火龙扑入乐楼，优伶震死三人，伤如火烁者四五人。旋从乐楼后揭瓦三片，穿小孔而升枢棁间有爪迹，天旋霁野，树枝折留爪迹甚多。		光绪《平陆县续志》卷之下《杂记志·祥异》
清同治九年(1870)	长治	七月，附郭村被雹，赈恤如例。		光绪《长治县志》卷之八《记一·大事记》
	黎城	秋七月十七日，雨雹，大如鸡卵，戚里店等二十四村秋禾并伤。	知县陈仲贵详请赈恤，动用常平仓谷一千七十八石八斗有奇。其各村应完钱粮一千五百十九两一钱全别蠲缓。(陈令捐廉加赈极贫，复筹款散借各村籽种)	光绪《黎城县续志》卷之一《纪事》

续 表

纪年	灾区	灾象	应对措施	资料出处
清同治九年(1870)	高平	七月十六日午后,雨冰雹。马村等五里十三村秋禾伤损。		光绪《续高平县志》卷之十二《祥异》
	阳城	秋,雨雹如卵,累日不消。		同治《阳城县志》卷之一八《灾祥》
	沁水	秋,雨雹。		光绪《沁水县志》卷之十《祥异》
清同治十一年(1872)	清源	五月初二日,城西大雨雹,损折树木。秋大水,汾河移动数里。		光绪《清源乡志》卷十六《祥异》
	河曲	四月巳卯,大雨雹,状如鸡卵略小,平地积厚五寸。		同治《河曲县志》卷五《祥异类·祥异》
清同治十二年(1873)	长治	四月,大雨雹。		光绪《长治县志》卷之八《记一·大事记》
	岢岚	夏六月,雨雹。		光绪《岢岚州志》卷之十《风土志·祥异》
	文水	癸酉四月螣食麦。闰六月,大水伤稼,未伤者复被雹灾。		光绪《文水县志》卷之一《天文志·祥异》
清同治十三年(1874)	忻州	雨雹。		光绪《忻州志》卷三十九《灾祥》
清光绪元年(1875)	平定	光绪元年,岭西冀家黑邨、椿头等村雨雹。秋八月,禾稼生螣。		光绪《平定州志》卷之五《祥异》
清光绪三年(1877)	襄垣	五月,雹伤麦田,东北乡一带被灾更重。入秋益旱,禾稼俱伤,民大饥,人食糠粃、草根、树皮。		民国《襄垣县志》卷之八《旧闻考·祥异》
	壶关	五月十四日,大雨雹,东乡诸村麦皆失刈。		光绪《壶关县续志》卷上《疆域志·纪事》

续 表

纪年	灾区	灾象	应对措施	资料出处
清光绪三年(1877)	潞城	五月十四日,大雨雹。七月十三日复雨雹,前后被灾五十六村,又秋旱成灾者三十四村。		光绪《潞城县志》卷三《大事记》
	平顺	夏,雨雹,大旱,秋无禾,斗米制钱一千六百文,死者无算。		民国《平顺县志》卷十一《旧闻考·兵匪·灾异》
	盂县	三月,张赵韩马莊一带大雨雹,深二尺许,沟洫壅塞。七月,庆丰、三都石店十三村雹,深尺余,风吼若雷,屋瓦飞掷,大树斯拔,田禾损伤殆尽,遂至大祲。		光绪《盂县志·天文考》卷五《祥瑞、灾异》
	平定	三月初十日,雷雨雹,沟水暴涨,柏井驿漂去车马客商十数人,娘子关及井陉冲没水磨八十余盘,伤人甚多。		光绪《平定州志》卷之五《祥异》
	曲沃	春,旱夏无麦。六月汾浍几竭,秋八月雨雹,冬大饥,人相食。米麦石二十余金。	设慈幼堂煮粥以养婴儿,集合邑绅商书捐放赈。	光绪《续修曲沃县志》卷之三十二《祥异》
清光绪四年(1878)	沁源	春,大旱。夏雹。九月大雨,初五至初九大雨昼夜不止,十五六日始霁。田禾尽压,米粒霉烂。		民国《沁源县志》卷六《大事考》
	代州	六月,大雨雹。		光绪《代州志·记三》卷十二《大事记》
	崞县	夏六月,县西北乡雨雹,北桥河大水,冲坏民田无数。		光绪《续修崞县志》卷八《志余·灾荒》

续 表

纪年	灾区	灾象	应对措施	资料出处
清光绪五年(1879)	太原	夏七月,雨雹尺许,大寺等十余村灾,是年冬,桃李花。		光绪《续太原县志》卷下《祥异》
	沁州	秋七月,大雨雹。初五日,段庄、泊立等村雨雹。初九日交口、漳源等村复雨雹,禾稼皆伤。		光绪《沁州复续志》卷四《灾异》
	沁源	夏,又有被雹数村,除领给籽种外,尚有赢余,存储仓廒,另册报销。		民国《沁源县志》卷六《大事考》
	高平	四月初十日,雨雹。南庄等七里二十四村,二麦俱被伤。五月初三日,雨冰雹,大如核桃,魏庄东等五里二十一村,二麦及秋禾俱被伤。六月十五日,沙壁等五里十三村风雨顿作,间以冰雹,大如桃李,经二时方止。是年耕者少田愈荒,狼鼠为害。		光绪《续高平县志》卷之十二《祥异》
	灵邱	六月,雨雹。		光绪《灵邱县补志》第三卷之六《武备志·灾祥》
	寿阳	四月二十八日申时,大雨雹,西北乡被灾十数村,段王、上峪、北燕竹诸村尤甚。田苗荡然,改种糜黍,至秋大获。		光绪《寿阳县志》卷十三《杂志·异祥第六》
	交城	乙卯七月,冰雹盈尺,伤禾。		光绪《交城县志》卷一《天文门·祥异》
清光绪六年(1880)	沁源	六月二十大雨雹十余日,任家庄等村禾稼皆伤。		民国《沁源县志》卷六《大事考》

续 表

纪年	灾区	灾象	应对措施	资料出处
清光绪六年(1880)	凤台	夏雨雹。		光绪《凤台县续志》卷之四《纪事》
	高平	四月二十日雨雹,陈庄等处麦伤甚。五月十三日,雨雹,孝义里等处麦被伤。六月十八日县属北乡雨冰雹,秋禾被伤。		光绪《续高平县志》卷之十二《祥异》
	和顺	六月十八、九等日,西、南、北各乡柳林、团壁等二十七村先后被雹,计平坡地四万三千三百九十七亩杀稼被伤。	勘灾散银*。	民国《重修和顺县志》卷之九《风俗·祥异》
	临汾	六月雨雹(东西邻尤甚)。		民国《临汾县志》卷六《杂记类·祥异》
	汾西	五、六月,雨雹。(五月,雹大者如卵,小者如豆,柏子原等三十一村呈报,知县锡良亲诣勘,不成灾,时查放荒地、牛、种,亩三钱,择其尤者照给,以资补种。六月,雹更大,时更久,惟城中为甚,邑东北一带一线波及,未据呈报。		光绪《汾西县志》卷七《祥异》
	太平	六月十八日,大雨雹。(大如拳,报灾者二十余村)		光绪《太平县志》卷十四《杂记志·祥异》
	太平	六年、七年夏五月初八日,雨雹。		光绪《太平县志》卷十四《杂记志·祥异》

* 知县鲁变光逐亩履勘,据情申请给发补种籽粒银两,蒙本州宪陈转奉抚宪葆藩宪松批准,发动前储州库谷价银六百一十五两零七分四厘七毫七线五忽,均匀散给被雹农民,造册详报在案。秋后,晚禾成熟,民皆忘灾。

续　表

纪年	灾区	灾象	应对措施	资料出处
清光绪七年（1881）	清源	六月十九日，城左右雨雹数寸，成灾。七月，彗星见西北，月余乃止。		光绪《清源乡志》卷十六《祥异》
清光绪十七年（1891）	沁源	六月十一日未时，大雨雹，大者如鸡卵，小者如弹丸，麦苗尽伤，禾秋半折，毁种莜荞，亦未成熟。		民国《沁源县志》卷六《大事考》
	临汾	五月一日，大雨雹西自吴老坡起，南北广约十五里，斜折而东北峪口、姑射等村，平地三尺许。时麦熟，禾割者尚多穗，麦尽脱。越二三日，人焚其遗杆扫土粒，簸扬以食。		民国《临汾县志》卷六《杂记类·祥异》
清光绪十九年（1893）	长治	四月夜，雨雹，大如拳，击毙狼畜。		光绪《长治县志》卷之八《记一·大事记》
清光绪二十年（1894）	岳阳	五月，大雨雹，深三尺，伤人。		民国《新修岳阳县志》卷一十四《祥异志·灾祥》
		五月，大雨雹，深三尺伤稼。		民国《安泽县志》卷十四《祥异志·灾祥》
	翼城	九月二十六日，大雨雹。		民国《翼城县志》卷十四《祥异》
清光绪二十一年（1895）	武乡	四月，雨雹大如卵，禾麦尽伤。		民国《武乡新志》卷之四《旧闻考》
清光绪二十七年（1901）	沁源	春旱，夏六月大雨雹。		民国《沁源县志》卷六《大事考》
	万泉	春三月，雨雹伤麦。秋七月，西乡大雨雹，屋瓦皆破。		民国《万泉县志》卷终《杂记附·祥异》

续　表

纪年	灾区	灾象	应对措施	资料出处
清光绪二十七年(1901)	临晋	三月,雨雹,大如卵。		民国《临晋县志》卷十四《旧闻记》
清光绪二十八年(1902)	武乡	五月,大雨雹。		民国《武乡新志》卷之四《旧闻考》
	岳阳	大雨雹。		民国《新修岳阳县志》卷一十四《祥异志·灾祥》
		大雨雹,秦王庙一带打伤牛羊无算,甚有成群打死者。		民国《安泽县志》卷十四《祥异志·灾祥》
清光绪三十二年(1906)	襄垣	阎村等三十二村被雹伤禾,下忙缓徵。	下忙缓徵。	民国《襄垣县志》卷之八《旧闻考·祥异》
	岳阳	大雨雹,伤稼枝,叶尽脱。岁歉。		民国《新修岳阳县志》卷一十四《祥异志·灾祥》
		大雨雹伤稼,枝叶尽脱。		民国《安泽县志》卷十四《祥异志·灾祥》
清宣统元年(1909)	武乡	雨雹。		民国《武乡新志》卷之四《旧闻考》
清宣统三年(1911)	武乡	辛亥六月六日,雨雹。闰六月六日复雨雹。		民国《武乡新志》卷之四《旧闻考》
	万泉	四月十五日,东南乡大雨雹,伤麦苗屋瓦。		民国《万泉县志》卷终《杂记附·祥异》

(一)　时间分布

与水旱灾害一样,清代山西雹灾也处于历史时期的峰值,而就清代山西雹灾以50年间隔作个案分析,其又明显存在着3个峰值和2个谷值。

第一时段，从顺治元年至康熙三十九年（1644—1700）的57年中，雹灾共计79次，频次为1.39，此间历史文献共记录39个年份的雹情，系清代雹灾的第一个峰值期，此间，清顺治二年（1645），武乡“五月大雨雹连三日，大如鹅卵，越户牖搥人，击死牛羊无数，伤麦七百余倾，高岸蹦折，化与巨浸。人民哭声震天，流亡载道自西北转东南。”[①]系清代为害最巨的雹灾记录，顺治九年（1652），为历史时期山西雹灾分布较广且为害较为严重的一年。第二时段，从康熙四十年至清乾隆十五年（1701—1750）的50年，共计雹灾54次，频次为1.08，此间34个年份有历史文献记录，为第二峰值期。第五时段，从清咸丰元年至清光绪二十六年（1851—1900），此时段雹灾共计73次，频次为1.46，其中有30年份历史文献记录，清光绪三年（1877），山西中部和南部连续降雹，“三月，（盂县）张赵韩马莊一带大雨雹，深二尺许，沟洫壅塞。七月，庆丰、三都石店十三村雹，深尺余，风吼若雷，屋瓦飞掷，大树斯拔，田禾损伤殆尽，遂至大祲。”[②]为此阶段雹灾的极端事件。第五时段雹灾达到清代山西雹灾峰值的极点。

第三时段，从清乾隆十六年至清嘉庆五年（1751—1800）共计25次，频次为0.5，有15个年份的历史文献记录，是清代山西雹灾谷值的极点，但也不乏一些极端事件的发生，清乾隆二十三年（1758），“六月六日，长子城北大雨雹，至十一日止。每午后即雹，数十里中，树皆无叶，望如铺雪在地，数日始消。”[③]第四时段，从清嘉庆六年至清道光三十年（1801—1850），24个年份记录雹灾36次，频次0.72，与第三时段相比，雹灾呈现明显增长趋势。清道光二十八年（1848），吉州“戊申夏五月初四，大雨雹，深二尺许，损麦二十余村，

①乾隆《武乡县志》卷之二《灾祥》。

②光绪《盂县志·天文考》卷五《祥瑞、灾异》。

③乾隆《潞安府志》卷十一《纪事》。

八九日后有雹冰未消者。”[1]属于这一时段区域范围气候变化影响下发生重害的表征。

第六时段，从清光绪二十七年至宣统三年（1901—1911）的11年间共计雹灾9次，频次为0.82，其中有5个年份雹灾历史文献记录，清光绪二十八年（1902），岳阳“大雨雹，秦王庙一带打伤牛羊无算，甚有成群打死者”[2]，系该时段雹灾的极端事件。

对比各时段分布状况发现，清代山西雹灾呈现“总体平衡，阶段波动”的特征。其一，清代雹灾年际覆盖范围广，存在相对高发时段和相对低发时段。其中第五时段达到高发的极值，而第三时段则处于谷值的极限；其二，清代山西雹灾的发生是有明显波动和起伏的，清代前期雹灾明显多发频发，中期略有下降，后期则呈现逐步上升的态势。

（二） 空间分布

从现实情况看，受地理环境和气候的影响，山西雹灾在地域分布上，北部多于南部，山区多于盆地，东部山区多于西部山区。北部和中部的东西山区年平均2—4次，五台山顶年平均可达16次，最多可达32次。忻定盆地、太原盆地、吕梁山区南部、黄河沿岸和晋东南较少，临汾盆地和运城为本省少雹区[3]。

但就历史文献记录而言，清代山西雹灾的发生却大不相同。统计数据显示，雹灾的发生主要集中于山西南部和中部地区，尤其以长治地区最为频繁。而大同、朔州则居于后列。历史文献记录的缺失可见一斑。

---

①光绪《吉州全志》卷七《祥异》。

②民国《安泽县志》卷十四《祥异志·灾祥》。

③《山西自然灾害》编辑委员会：《山西自然灾害》，山西科学教育出版社，1989年8月，第28页。

表 6－6 清代山西雹灾空间分布表

今 地	灾区（次）	灾区数
太 原	太原（3）阳曲（2）清源（2）	3
长 治	潞安（1）长治（6）襄垣（12）黎城（3）壶关（8）长子（6）沁源（5）沁州（5）武乡（9）潞城（5）平顺（5）屯留（2）	12
晋 城	高平（11）阳城（1）陵川（3）沁水（3）凤台（2）	5
阳 泉	平定（6）盂县（1）	2
大 同	大同（4）天镇（1）广灵（1）灵丘（2）	4
朔 州	朔平（2）	1
忻 州	忻州（1）宁武（5）定襄（4） 崞县（2）保德（1）河曲（1）岢岚（2）	7
晋 中	榆次（4）乐平（4）和顺（1） 榆社（2）平遥（2）灵石（1）寿阳（3）祁县（4）介休（7）	9
吕 梁	交城（1）文水（5）临县（2）	3
临 汾	临汾（3）汾西（3）岳阳（5）翼城（1）曲沃（2）吉州（1）隰州（1）襄陵（2）	8
运 城	解县（3）闻喜（1）垣曲（1）平陆（1）河津（2）虞乡（1）万泉（6）荣河（2） 临晋（1） 猗氏（3）	10

四 雪（寒霜）灾

清代山西雪（寒霜）灾共计发生了 160 次，年频次为 0.6。

表 6－7 清代山西雪（寒霜）灾年表

纪年	灾区	灾象	应对措施	资料出处
清顺治元年（1644）	长治	夏四月霜，秋七月大疫。（病者先于腋下、股间生核或吐淡血即死，不受药饵）		光绪《长治县志》卷之八《记一·大事记》
清顺治二年（1645）	垣曲	八月，垣曲陨霜。		《清史稿》卷四十《灾异志一》
		饥，八月陨霜。		光绪《垣曲县志》卷之十四《杂志》

续　表

纪年	灾区	灾象	应对措施	资料出处
清顺治五年（1648）	泽州	六年正月十一日，雨雪，雷电交作。		雍正《泽州府志》卷之五十《祥异》
清顺治六年（1649）	沁水	……沁水大雪。		雍正《山西通志》卷一百六十三《祥异二》
	潞安	（已丑），正月十一日，雨雪，雷电交作，飏风大起。太白昼见。		顺治《潞安府志》卷十五《纪事三·灾祥》
		正月十一日，雨雪雷电交作，飙风大起。		乾隆《潞安府志》卷十一《纪事》
	潞城	六年正月十一日，雨雪，雷电交作。		光绪《潞城县志》卷三《大事记》
	高平	春正月，高平大雷，雨雪，有星自西北坠于地，光芒数丈。		雍正《泽州府志》卷之五十《祥异》
		春正月，雨雪，大雷，有星自西北坠于地，光芒数丈。		乾隆《高平县志》卷之十六《祥异》
	沁水	三月，大雪。		光绪《沁水县志》卷之十《祥异》
清顺治七年（1650）	吉州	自春徂夏旱，赈济有差。		光绪《吉州全志》卷七《祥异》
清顺治九年（1652）	静乐	黑雪蔽空，昼晦。		康熙《静乐县志》四卷《赋役·灾变》
清顺治十年（1653）	广灵	六月大雨，九月大雪，十一月疫作。		乾隆《广灵县志》卷一《方域·星野·灾祥附》
	介休	春三月朔，雨雪；冬月，城中井冻。		嘉庆《介休县志》卷一《兵祥·祥灾附》

续　表

纪年	灾区	灾象	应对措施	资料出处
清顺治十一年（1654）	灵石、临县	春正月，灵石雨冰，积寸……夏四月，临县雪深三尺。		雍正《山西通志》卷一百六十三《祥异二》
	太谷	十一年甲午春正月，雷，雨雪。（上元日五刻鸣雷，雨雪，倏忽开霁）		民国《太谷县志》卷一《年纪》
	临县	夏四月，临县雪，深三尺。		乾隆《汾州府志》卷之二十五《事考》
	平阳	十一年春正月，灵石雨冰积寸。太平见流星贯月。六月襄陵城南荷香亭莲开并头，是年士多隽。岁亦大稔。		雍正《平阳府志》卷之三十四《祥异》
清顺治十二年（1655）	永宁	夏四月，永宁雨雪盈尺。		雍正《山西通志》卷一百六十三《祥异二》
		四月雨雪伤稼。		光绪《永宁州志》志余
		顺治十二年夏四月，雪盈尺。		康熙《永宁州志》附《灾祥》
	永宁、介休	夏四月，永宁州雨雪盈尺。介休雨雹。		乾隆《汾州府志》卷之二十五《事考》
	临晋	四月初六日，夜雨雪三尺，树枝尽压折。后閲三月不雨，近城秋禾只收一二分，滨河一带，蔬刍皆无。		民国《临县志》卷三《谱大事》
清顺治十五年（1658）	广灵	四月，陨霜。		乾隆《广灵县志》卷一《方域·星野·灾祥附》
清顺治十六年（1659）	荣河	三月，荣河陨霜杀麦。		《清史稿》卷四十《灾异志一》

续 表

纪年	灾区	灾象	应对措施	资料出处
清顺治十六年(1659)	荣河	三月,荣河陨霜杀麦。		雍正《山西通志》卷一百六十三《祥异二》
	吉州	……冬,吉州大雪月余。		雍正《山西通志》卷一百六十三《祥异二》
	荣河	三月,荣河陨霜杀物。明年三月,万泉如之。		乾隆《蒲州府志》卷之二十三《事纪·五行祥沴》
		三月十五日,盖谷雨后三日也,雨霜连三日,二麦俱枯。因多雨,复发芽至熟日,每亩尚有获四五斗者。		光绪《荣河县志》卷十四《记三·祥异》
清顺治十七年(1660)	岳阳	春谷雨后,岳阳霜屡降。		《清史稿》卷四十《灾异志一》
		十七年春三年,岳阳陨霜。夏五月,临汾雨雹。		雍正《平阳府志》卷之三十四《祥异》
		三月,陨霜杀禾。		民国《新修岳阳县志》卷一十四《祥异志·灾祥》
	万泉、岳阳	春三月,万泉、岳阳陨霜。		雍正《山西通志》卷一百六十三《祥异二》
	岳阳	三月,陨霜杀禾。五月,冰雹,大风拔树,将农器吹至空中。		民国《安泽县志》卷十四《祥异志·灾祥》
	吉州	冬,大雨雪,连绵月余。		光绪《吉州全志》卷七《祥异》
	万泉	春三月,陨霜杀麦。		民国《万泉县志》卷终《杂记附·祥异》
	荣河	冬,大雪十余日。		光绪《荣河县志》卷十四《记三·祥异》

续 表

纪年	灾区	灾象	应对措施	资料出处
清康熙三年（1664）	解州、芮城	解州、芮城大寒。		《清史稿》卷四十《灾异志一》
	广灵	夏霜秋饥，彗星见，诏发内帑赈济，全免地丁钱粮。		乾隆《广灵县志》卷一《方域·星野·灾祥附》
	朔平府	夏旱秋潦，旱霜。	次年（即康熙四年），大饥，阳和兵备道口口详请蠲赈，巡抚杨熙以闻，奉旨发帑，开仓赈济，并蠲免本年丁粮，民赖以甦。	雍正《朔平府志》卷之十一《外志·祥异》
	朔州	圣祖康熙三年秋，潦，早霜。		雍正《朔州志》卷之二《星野·祥异》
	静乐	康熙三年七月，霜杀禾。		康熙《静乐县志》四卷《赋役·灾变》
清康熙四年（1665）	潞安	……八月，潞安陨霜。		雍正《山西通志》卷一百六十三《祥异二》 乾隆《潞安府志》卷十一《纪事》
	长治	八月陨霜。		光绪《长治县志》卷之八《记一·大事记》
	寿阳	康熙……八月初六日，严霜遍地，秋禾立槁，大饥。免本年税粮。		光绪《寿阳县志》卷十三《杂志·异祥第六》
清康熙五年（1666）	平定	四月初八日，雪深二尺。		光绪《平定州志》卷之五《祥异》
	乐平	四月八日，雪。		民国《昔阳县志》卷一《舆地志·祥异》

续 表

纪年	灾区	灾象	应对措施	资料出处
清康熙六年(1667)	安邑	……三月,安邑大雨雪。		雍正《山西通志》卷一百六十三《祥异二》
		三月二十六日,大雪。		乾隆《解州安邑县志》卷之十一《祥异》
清康熙八年(1669)	吉州	……三月,吉州黄河复冰。		雍正《山西通志》卷一百六十三《祥异二》
	太谷	……太谷雨雪,山尽白。		
	辽州	……夏四月,辽州陨霜。		
		己酉四月十三日至十五日,连霜陨苗。二十日至二十三日,大风雪,树木压折,凛冽如冬,牛羊冻死。		雍正《辽州志》卷之五《祥异》
	榆次、太谷	八年夏四月,榆次、太谷雨雪。		乾隆《太原府志》卷四十九《祥异》
	榆次	四月十八日雨雪,深五尺,禾皆死。		同治《榆次县志》卷之十六《祥异》
	太谷	八年己酉夏四月,雨雪。(四山尽白)		民国《太谷县志》卷一《年纪》
清康熙九年(1670)	长子	二月,大雪,厚尺许,计二十日始晴。		康熙《长子县志》卷之一《灾祥》
	芮城	庚戌冬,大寒,黄河冻。		民国《芮城县志》卷十四《祥异考》
	荣河	河清三日。冬,大寒,冰合,车马行其上如陆。		光绪《荣河县志》卷十四《记三·祥异》
清康熙十一年(1672)	岢岚、吉州	七月,岢岚州,吉州陨霜杀禾。		《清史稿》卷四十《灾异志一》

续 表

纪年	灾区	灾象	应对措施	资料出处
清康熙十一年（1672）	文水	三月，文水大雨严寒，人多冻死。冬，昌化大雪，平地深三尺。		《清史稿》卷四十《灾异志一》
		二月，文水大风雪。		雍正《山西通志》卷一百六十三《祥异二》
	岢岚	……秋七月，岢岚霜，杀禾。		雍正《山西通志》卷一百六十三《祥异二》
		……夏，岢岚雨雪，无麦。		
	平陆	……冬，平陆无雪。		
	岢岚	夏，雨雪，无麦。是秋七月，陨霜杀禾，饥。		光绪《岢岚州志》卷之十《风土志·祥异》
	文水	十一年壬子二月，大风雪，严寒途人多冻死者。		光绪《文水县志》卷之一《天文志·祥异》
	吉州	秋，陨霜杀稼。		光绪《吉州全志》卷七《祥异》
清康熙十六年（1677）	武乡	武乡大雨雪，禾稼冻死。		《清史稿》卷四十《灾异志一》
清康熙十七年（1678）	霍州、临晋	……九月，霍州至临晋大雪深数尺。		雍正《山西通志》卷一百六十三《祥异二》
	襄垣	九月，大雪，豆禾俱冻。		乾隆《重修襄垣县志》卷之八《祥异志·祥瑞》 民国《襄垣县志》卷之八《旧闻考·祥异》
	武乡	九月，武乡大雨雪。（禾稼俱冻死）		乾隆《沁州志》卷九《灾异》

续 表

纪年	灾区	灾象	应对措施	资料出处
清康熙十七年(1678)	霍州	十七年九月,霍州大雪深数尺。		雍正《平阳府志》卷之三十四《祥异》
		霍州大雪,深数尺。		道光《直隶霍州志》卷十六《禨祥》
	临汾	秋九月,大雨雪。(深数尺,树木皆折)		民国《临汾县志》卷六《杂记类·祥异》
	太平	九月,大雪折木。		光绪《太平县志》卷十四《杂记志·祥异》
	绛州	十七年秋九月,大雨雪,深数尺,树木皆折。		光绪《直隶绛州志》卷之二十《灾祥》
		秋九月,大雨雪,深数尺,树木皆折。		民国《新绛县志》卷十《旧闻考·灾祥》
	蒲州	荣河河水溢,败民田。九月,临晋大雪,深数尺,木尽折,自霍州以南皆然。明年及猗氏皆旱。		乾隆《蒲州府志》卷之二十三《事纪·五行祥沴》
	临晋	十七年,大雪深数尺。		民国《临晋县志》卷十四《旧闻记》
清康熙十八年(1679)	平顺	八月初旬,降雪压禾。		康熙《平顺县志》卷之八《祥灾志·灾荒》
		八月初,陨雪继霪雨。		民国《平顺县志》卷十一《旧闻考·兵匪·灾异》
	蒲县	大雪。(深数尺,树木皆折)		光绪《蒲县续志》卷之九《祥异志》

续 表

纪年	灾区	灾象	应对措施	资料出处
清康熙十九年(1680)	榆社	四月,榆社陨霜杀菽。		《清史稿》卷四十《灾异志一》
清康熙二十年(1681)	榆社	辛酉夏四月,陨霜,杀菽。		光绪《榆社县志》卷之十《拾遗志·灾祥》
清康熙二十一年(1682)	太平	秋八月,太平霜杀谷。		雍正《山西通志》卷一百六十三《祥异二》 雍正《平阳府志》卷之三十四《祥异》
清康熙二十二年(1683)	静乐	七月,静乐陨霜杀禾。		《清史稿》卷四十《灾异志一》
	平顺	八月,陨霜,禾不熟,饥。		民国《平顺县志》卷十一《旧闻考·兵匪·灾异》
	太平	夏四月,有霜。		光绪《太平县志》卷十四《杂记志·祥异》
	临县	十一月初六日,雨雪至初十方止,雪深四尺许,冻死树木无数。		民国《临县志》卷三《谱大事》
清康熙二十六年(1687)	临县	夏四月,临县大风雪,积二尺许。		雍正《山西通志》卷一百六十三《祥异二》
		四月,临县大风雪,积二尺许。		乾隆《汾州府志》卷之二十五《事考》
		四月初九日午时,大风雨雪,城西北山坡白文镇等处积雪二尺许。		民国《临县志》卷三《谱大事》
清康熙二十七年(1688)	岳阳	七月,岳阳陨霜杀禾。		《清史稿》卷四十《灾异志一》

续 表

纪年	灾区	灾象	应对措施	资料出处
清康熙二十七年（1688）	岳阳	……秋七月，岳阳陨霜。		雍正《山西通志》卷一百六十三《祥异二》 民国《安泽县志》卷十四《祥异·灾祥》
清康熙二十八年（1689）	长治	四月，长治陨霜。		《清史稿》卷四十《灾异志一》
清康熙二十九年（1690）	静乐	霜杀禾。		康熙《静乐县志》四卷《赋役·灾变》
清康熙三十年（1691）	长治	五月，长治陨霜。		《清史稿》卷四十《灾异志一》
	襄垣	三月十四日，雪。		民国《襄垣县志》卷之八《旧闻考·祥异》
		五月十一日夜，霜。		乾隆《重修襄垣县志》卷之八《祥异志·祥瑞》 民国《襄垣县志》卷之八《旧闻考·祥异》
	武乡	五月，武乡陨霜。（十一日夜）		乾隆《沁州志》卷九《灾异》
		三月，武乡大雪。		乾隆《沁州志》卷九《灾异》
		三月，大雪。		乾隆《武乡县志》卷之二《灾祥》
		三月，大雪。五月，陨霜。		乾隆《武乡县志》卷之二《灾祥》
	介休	三月朔，雨雪杀麦。五月旱，大风折木。		嘉庆《介休县志》卷一《兵祥·祥灾附》

续 表

纪年	灾区	灾象	应对措施	资料出处
清康熙三十一年(1692)	泽州、沁水	……泽州、沁水疫。		雍正《山西通志》卷一百六十三《祥异二》
清康熙三十二年(1693)	平远卫	三十二年夏五月,平远卫大雨雪,人以为异,秋大稔。马邑夏旱,秋潦,禾不登。		雍正《朔平府志》卷之十一《外志·祥异》
清康熙三十三年(1694)	盂县	七月,盂县陨霜杀禾。		《清史稿》卷四十《灾异志一》
	岚县、永宁州、绛县、垣曲	八月十五日,岚县,永宁州,绛县,垣曲陨霜杀禾。		《清史稿》卷四十《灾异志一》
	保德州	霜早降。		乾隆《保德州志》卷之三《风土·祥异》
清康熙三十四年(1695)	沁州、沁源	八月,州及沁源陨霜。(十五日夜,浓霜杀稼,阖州乡村无一遗者)		乾隆《沁州志》卷九《灾异》
	和顺	霪雨连月。七月二十三日,严霜杀稼。		民国《重修和顺县志》卷之九《风俗·祥异》
	盂县	太原等处地震,盂微震,七月,陨霜杀禾。		光绪《盂县志·天文考》卷五《祥瑞、灾异》
	静乐	三十四年四月初六日,地震,塌西郭门。七月,霜杀禾。		康熙《静乐县志》四卷《赋役·灾变》
	保德	三十四、五年,霜,大杀禾。		乾隆《保德州志》卷之三《风土·祥异》
	辽州	丙子八月朔,严霜杀稼。		雍正《辽州志》卷之五《祥异》
	介休	八月,陨霜杀稼。		嘉庆《介休县志》卷一《兵祥·祥灾附》

续 表

纪年	灾区	灾象	应对措施	资料出处
清康熙三十四年(1695)	永宁州	四月初六日,地大震两旬不止。秋八月,旱、霜杀稼,民饥。		康熙《永宁州志》附《灾祥》
	隰州	八月十六日,降霜,伤秋禾。		康熙《隰州志》卷之二十一《祥异》
	永和	八月,陨霜,禾稼尽杀。		民国《永和县志》卷十四《祥异考》
	临晋	四月初六日,地震旬余,秋旱霜、冬无雪。		民国《临县志》卷三《谱大事》
清康熙三十五年(1696)	介休、沁州、沁源、临县、陵川、和顺	八月,介休、沁州、沁源、临县、陵川、和顺各处陨霜杀稼。		《清史稿》卷四十《灾异志一》
	沁州、沁源	八月,州及沁源陨霜,大饥。*		乾隆《沁州志》卷九《灾异》
	沁源	五年、六年,连被霜灾,米价腾贵,民大饥,多逃亡死者。		雍正《沁源县志》卷之九《别录·灾祥》 民国《沁源县志》卷六《大事考》
	盂县	秋,早霜杀禾。		光绪《盂县志·天文考》卷五《祥瑞、灾异》
	静乐	三十五年五月朔,日食昼晦。夏大旱。秋雨两月不止。八月,冰霜杀禾殆尽,岁大饥。		康熙《静乐县志》四卷《赋役·灾变》
	辽州	丁丑八月朔一日,严霜杀稼,斗米钱五百。		雍正《辽州志》卷之五《祥异》

* 自三十三四年,连岁荒歉,至是禾未熟复遭严霜,斗米钱三百五十文,士民流散,饿莩相望。次年春,各乡村木皮草根剥掘无遗,卖弃男女者不可胜纪。奸棍杨士威、霍肇生诱众饥民于西乡、开村等处掠食。时知州刘民瞻因公赴大同,吏目冯祉单骑至乡谕令饥民解散,仍设法捕获杨、张二贼。州守回州,杨霍毙。

续　表

纪年	灾区	灾象	应对措施	资料出处
清康熙三十五年（1696）	和顺	八月一日，严霜杀稼，大饥。		民国《重修和顺县志》卷之九《风俗·祥异》
	介休	秋，陨霜杀稼。		嘉庆《介休县志》卷一《兵祥·祥灾附》
	岳阳	陨霜杀禾。		民国《新修岳阳县志》卷一十四《祥异志·灾祥》民国《安泽县志》卷十四《祥异志·灾祥》
	蒲县	秋八月，陨霜殺禾。		光绪《蒲县续志》卷之九《祥异志》
	临晋	早霜冬无雪。		民国《临县志》卷三《谱大事》
清康熙三十六年（1697）	乐平、保德州、岳阳	七月，乐平、保德州陨霜杀禾。八月，岳阳陨霜杀禾；沁霜灾。		《清史稿》卷四十《灾异志一》
	武乡	春，有苦雪。		乾隆《武乡县志》卷之二《灾祥》
	平定	七月，陨霜杀稼。		光绪《平定州志》卷之五《祥异·乐平乡》
	保德	霜早降。		乾隆《保德州志》卷之三《风土·祥异》
	榆次	八月望，雨霜杀草，斗米值钱五百六十。		同治《榆次县志》卷之十六《祥异》
	乐平	七月，桃李花开，秋陨霜杀稼，民饥。		民国《昔阳县志》卷一《舆地志·祥异》
	岳阳	陨霜杀禾较前更酷。		民国《新修岳阳县志》卷一十四《祥异志·灾祥》

续　表

纪年	灾区	灾象	应对措施	资料出处
清康熙三十六年(1697)	岳阳	陨霜杀禾较前更酷。		民国《安泽县志》卷十四《祥异志·灾祥》
清康熙三十七年(1698)	阳高	七月,阳高陨霜杀禾。		《清史稿》卷四十《灾异志一》
	静乐	三十七年二月,大风雪至月余不止。		康熙《静乐县志》四卷《赋役·灾变》
清康熙三十八年(1699)	和顺	大旱。七月,陨霜。		民国《重修和顺县志》卷之九《风俗·祥异》
清康熙四十三年(1704)	交城	……交城木稼。		雍正《山西通志》卷一百六十三《祥异二》
清康熙四十四年(1705)	沁州	八月,陨霜。(初五日寒风,夜陨霜,荞麦尽死,谷粟皆秕)		乾隆《沁州志》卷九《灾异》
	武乡	八月,陨霜。		乾隆《武乡县志》卷之二《灾祥》
清康熙四十七年(1708)	沁州	二月,大雷雨雪。(十四日,惊蛰,夜,震电雨雪。二十二日大雨雪,一日夜深四五尺。街衢消融竟成洪波。旅客不行者数日)		乾隆《沁州志》卷九《灾异》
	永和	九月二十一日,大雪。		民国《永和县志》卷十四《祥异考》
清康熙四十八年(1709)	保德	霜早降,菜豆多萎。		乾隆《保德州志》卷之三《风土·祥异》
	永和	九月十二日巳时,地震自西南来,十二月除夕,大雪。		民国《永和县志》卷十四《祥异考》

续　表

纪年	灾区	灾象	应对措施	资料出处
清康熙五十七年（1718）	曲沃	夏六月，雨雪于北山。秋八月，地震。		光绪《续修曲沃县志》卷之三十二《祥异》
清雍正三年（1725）	灵丘	雍正三年秋，霜。		光绪《灵邱县补志》第三卷之六《武备志·灾祥》
清雍正五年（1727）	屯留	冬大雪，严寒异常，井底结冰，树多冻死。		光绪《屯留县志》卷一《祥异》
清雍正八年（1730）	沁州	八月，陨霜，雷雨雹。（二十一日大风寒。二十二日陨霜，荞菽尽死，谷茎尚活。忽于二十六日迅雷雨雹，自午自夜遍及四乡，轻重不等。二十七八九日，无分昼夜，雷雹时作，方所不一。农民惶惧竞刈谷苗，止得半熟，每谷一斗碾米三四升，其不及刈者反得成熟。是岁霜祲未甚，因惧雹速刈而遂成其灾也）		乾隆《沁州志》卷九《灾异》
	武乡	八月，陨霜，雷雨雹。		乾隆《武乡县志》卷之二《灾祥》
清雍正九年（1731）	沁州	八月陨霜。（较八年为甚，杀稼岁歉）		乾隆《沁州志》卷九《灾异》
	沁源	八月，陨霜杀稼，岁歉。		民国《沁源县志》卷六《大事考》
	武乡	八月，陨霜。		乾隆《武乡县志》卷之二《灾祥》
清雍正十二年（1734）	沁水	春大雪。		光绪《沁水县志》卷之十《祥异》

续 表

纪年	灾区	灾象	应对措施	资料出处
清乾隆八年(1743)	榆社	癸亥正月,大雪。		光绪《榆社县志》卷之十《拾遗志·灾祥》
清乾隆九年(1744)	和顺	八月十九日,霜灾。		民国《重修和顺县志》卷之九《风俗·祥异》
	曲沃	春正月,大寒,汾原井中有冰,是月,乔村获豹。		光绪《续修曲沃县志》卷之三十二《祥异》
	浮山	十一月初三日,大雪。		民国《浮山县志》卷三十七《灾祥》
清乾隆十年(1745)	平定	八月,东木克栳会等郙陨霜伤稼,借给口粮籽种。		光绪《平定州志》卷之五《祥异·乐平乡》
	广灵	霜灾。		乾隆《广灵县志》卷一《方域·星野·灾祥附》
	乐平	秋,旱。八月县东木克栳会等村陨霜伤稼,借给口粮籽种。		民国《昔阳县志》卷一《舆地志·祥异》
	浮山	正月朔日,雨雪,十二日有大星,晨坠自东而西,顷之,有声;四月初四日,地微震。		民国《浮山县志》卷三十七《灾祥》
清乾隆十一年(1746)	曲沃	秋,雨冰紫金山之麓,大如车。		光绪《续修曲沃县志》卷之三十二《祥异》
	解州	十一年,春陨霜。		光绪《解州志》卷之十一《祥异》民国《解县志》卷之十三《旧闻考》
	绛县	十一年正月,绛县大雪。(同上即旧志)		光绪《绛县志》卷六《纪事·大事表门》

续 表

纪年	灾区	灾象	应对措施	资料出处
清乾隆十七年（1752）	平陆	十七年，饥。有星大如斗，赤而有芒，陨于东北。十二月，河冰结六十余里，明年正月始解。		乾隆《解州平陆县志》卷之十一《祥异》
清乾隆二十年（1755）	岢岚	秋七月，陨霜杀禾，饥。上赐赈蠲。		光绪《岢岚州志》卷之十《风土志·祥异》
清乾隆二十一年（1756）	和顺	七月，阴雨。二十八日，陨霜杀稼。		民国《重修和顺县志》卷之九《风俗·祥异》
清乾隆二十四年（1759）	应州、大同、怀仁、山阴、灵丘、丰镇	二十四年，应州、大同、怀仁、山阴、灵丘、丰镇各属蚤霜，秋禾被灾。	奉旨蠲缓赈恤有差。二十六年，钦奉恩诏，将二十四年夏秋被灾案内缓征地丁钱粮蠲免十分之三。乾隆二十一、二、三等年，缓征地丁钱粮全行蠲免。	乾隆《大同府志》卷之二十五《祥异》
	大同	旱霜秋禾被灾，奉旨蠲缓赈恤。	二十六年，钦奉恩诏，将二十四年夏秋被灾案内缓徵地丁钱粮蠲免十分之三，并二十一、二、三等年缓征地丁钱粮全行蠲免。	道光《大同县志》卷二《星野·岁时》
	怀仁	二十四年，怀仁旱霜，秋禾尽杀。		光绪《怀仁县新志》卷一《分野》
清乾隆二十五年（1760）	临晋	二十五年，麦秀已齐，大雪尺许，卒无害。		民国《临晋县志》卷十四《旧闻记》
	猗氏	二十五年，麦大熟，穗已秀齐，会大雪尺许，人皆恐，卒无害。		同治《续猗氏县志》卷四《祥异》

续　表

纪年	灾区	灾象	应对措施	资料出处
清乾隆二十八年（1763）	和顺	五月二日，陨霜伤苗。六月始雨，至秋，大熟。		民国《重修和顺县志》卷之九《风俗·祥异》
清乾隆四十三年（1778）	襄垣	七月，霜杀禾稼，斗米银四钱，次年荒，民食树皮。		乾隆《重修襄垣县志》卷之八《祥异志·祥瑞》 民国《襄垣县志》卷之八《旧闻考·祥异》
	壶关	七月，严霜陨禾，饥。		道光《壶关县志》卷二《纪事》
	武乡、盂县	七月，陨霜。		乾隆《武乡县志》卷之二《灾祥》 光绪《盂县志·天文考》卷五《祥瑞、灾异》
	平顺	七月，陨霜杀禾。		民国《平顺县志》卷十一《旧闻考·兵匪·灾异》
	代州	七月二十七日，陨霜。八月朔，雨雪。		光绪《代州志·记三》卷十二《大事记》
	榆社	戊戌闰六月、八月初一日夜，冻，五谷皆坏。		光绪《榆社县志》卷之十《拾遗志·灾祥》
	霍州	霍州八月霜，大饥。		道光《直隶霍州志》卷十六《禨祥》
清嘉庆元年（1796）	榆社	八月二十三日，大雪，五谷歉收。		光绪《榆社县志》卷之十《拾遗志·灾祥》

续 表

纪年	灾区	灾象	应对措施	资料出处
清嘉庆二年(1797)	榆社	八月十七日,地冻十月。		光绪《榆社县志》卷之十《拾遗志·灾祥》
清嘉庆六年(1801)	榆社	十月,雪深三尺。		光绪《榆社县志》卷之十《拾遗志·灾祥》
清嘉庆十年(1805)	凤台	冬大雪,檐冰长挂至地。		光绪《凤台县续志》卷之四《纪事》
清嘉庆十二年(1807)	榆次	三月二十八日雨雪。是年大旱,斗米千钱。		同治《榆次县志》卷之十六《祥异》
清嘉庆十九年(1814)	临县	秋,旱霜,大祲,民食树皮草根。		民国《临县志》卷三《谱大事》
清嘉庆二十一年(1816)	阳城	春,大寒,果木冻损。		同治《阳城县志》卷之一八《灾祥》
	沁水	春大寒。		光绪《沁水县志》卷之十《祥异》
清嘉庆二十四年(1819)	平定、乐平	冬十二月,雪深三尺。		光绪《平定州志》卷之五《祥异·乐平乡》 民国《昔阳县志》卷一《舆地志·祥异》
清嘉庆二十五年(1820)	大同	六月,大雨雹。十月,大雨五日夜。(嘉庆)二十四年七月,大雨七日夜。九月木冰。		道光《大同县志》卷二《星野·岁时》
清道光三年(1823)	临晋	秋,早霜。		民国《临县志》卷三《谱大事》
清道光五年(1825)	阳城	春,大雪,树冻死而复甦。		同治《阳城县志》卷之一八《灾祥》

续 表

纪年	灾区	灾象	应对措施	资料出处
清道光五年(1825)	沁水	春,大雪,树多冻死。		光绪《沁水县志》卷之十《祥异》
清道光六年(1826)	临晋	四月八日,冻殒麦苗、豆荚、蔬果。		民国《临县志》卷三《谱大事》
清道光七年(1827)	大同	春,大疫。三月晦,大雪三日夜,平地深三尺许。冬,大疫,有绝户者。		道光《大同县志》卷二《星野·岁时》
清道光八年(1828)	高平	八月,霜陨稼。		光绪《续高平县志》卷之十二《祥异》
	岢岚	三月,大雨雪。四日,冻伤生(牲)畜。		光绪《岢岚州志》卷之十《风土志·祥异》
清道光十年(1830)	清源	十年秋,地震;冬,大雪三尺。		光绪《清源乡志》卷十六《祥异》
	阳城	四月,陨霜。		同治《阳城县志》卷之一八《灾祥》
清道光十一年(1831)	清源	十一年冬,大雪,果木多冻死。		光绪《清源乡志》卷十六《祥异》
	沁源、武乡	十二月,大雪。		民国《沁源县志》卷六《大事考》 民国《武乡新志》卷之四《旧闻考》
	阳城	冬,大雪,树木冻损,多狼患。		同治《阳城县志》卷之一八《灾祥》
	沁水、岳阳	冬大雪。		光绪《沁水县志》卷之十《祥异》 民国《新修岳阳县志》卷一十四《祥异志·灾祥》

续　表

纪年	灾区	灾象	应对措施	资料出处
清道光十一年(1831)	岳阳	冬大雪。		民国《安泽县志》卷十四《祥异志·灾祥》
	盂县	十二月十二日,雪深数尺,路几塞。		光绪《盂县志·天文考》卷五《祥瑞·灾异》
	定襄	冬,大雨雪,枣树多冻死。		光绪《定襄县补志》卷之一《星野志·祥异》
	榆次	十一月初十日,大雪深数尺,道路壅塞,枣树多枯。		同治《榆次县志》卷之十六《祥异》
	寿阳	冬十二月十一日,大雨雪,平地深三四尺。		光绪《寿阳县志》卷十三《杂志·异祥第六》
	曲沃	冬,雪深三尺,冻死树木无算。		光绪《续修曲沃县志》卷之三十二《祥异》
	太平	夏五月二十五日,大风,雷雨(平地水深数尺,屋倒塌,大木折拔);冬十一月,大雪。(厚三尺余,树木冻死甚多)		光绪《太平县志》卷十四《杂记志·祥异》
	解州	十一年冬,大冻,人畜毙者甚众,果木尽伤。		光绪《解州志》卷之十一《祥异》 民国《解县志》卷之十三《旧闻考》
	绛州	十一年冬,大雪平地深四尺,行旅人畜多冻毙者,果木冻死几尽。		光绪《直隶绛州志》卷之二十《灾祥》
		十一年冬,绛县大雪。(同上即旧志)		光绪《绛县志》卷六《纪事·大事表门》
		冬,大雪,平地深四尺,行旅人畜多冻死者,果木冻死几尽。		民国《新绛县志》卷十《旧闻考·灾祥》

续 表

纪年	灾区	灾象	应对措施	资料出处
清道光十一年（1831）	河津	十二月，雨雪数尺，冻死柿树无数。		光绪《河津县志》卷之十《祥异》
	稷山	十一月，大雪连日，平地深三尺。十二月又大雪。是冬，寒甚，北乡数百年之柿树尽被冻枯，禽兽饿死无数。		同治《稷山县志》卷之七《古迹·祥异》
清道光十二年（1832）	阳城	春，柿树多死，秋霖伤稼。		同治《阳城县志》卷之一八《灾祥》
	盂县	七月，霜冻杀禾，大饥。		光绪《盂县志·天文考》卷五《祥瑞·灾异》
	灵丘	十二年秋，霜。		光绪《灵邱县补志》第三卷之六《武备志·灾祥》
	怀仁	十二年，夏旱秋霜，流亡甚众。		光绪《怀仁县新志》卷一《分野》
	定襄	霜杀禾，大饥，斗米千余钱。	奉旨缓征钱粮，抚院尹饬地方官劝捐赈济。	光绪《定襄县补志》卷之一《星野志·祥异》
	寿阳	春夏大旱。秋七月，淫雨弥月。八月十四日，陨霜杀禾，米谷存昂。……时承屡丰，后邑中存粮二三十万石，而斗米钱一千五百。	知县钟公有方山祈雨歌见艺文下。	光绪《寿阳县志》卷十三《杂志·异祥第六》
	汾阳、岳阳	秋，陨霜杀稼。		光绪《汾阳县志》卷十《事考》 民国《安泽县志》卷十四《祥异志·灾祥》
	岳阳	秋，陨霜杀禾。十三年饥。		民国《新修岳阳县志》卷一十四《祥异志·灾祥》

续 表

纪年	灾区	灾象	应对措施	资料出处
清道光十三年(1833)	阳城	秋,陨霜杀晚禾,民多疫。		同治《阳城县志》卷之一八《灾祥》
	寿阳	十三年、十四年、十五年,连岁早霜,斗米钱一千六百余。	是时存粮渐尽,兼之连岁早霜不得稔,故价昂若是。	光绪《寿阳县志》卷十三《杂志·异祥第六》
清道光十五年(1835)	襄垣	八月十五日夜,大风霜,禾稼俱伤。		民国《襄垣县志》卷之八《旧闻考·祥异》
	壶关	秋八月,陨霜伤稼。		光绪《壶关县续志》卷上《疆域志·纪事》
	沁州	自春徂夏旱。(时赵城县教匪曹顺等作乱,与州城邻近,日夜戒严。六月十七日雨,民始耕种。八月十四日,微雨,十五日大风,十六日严霜害稼,民饥,至十六年夏,麦大熟。六七月间斗米钱犹七百有零余。粟称是)		光绪《沁州复续志》卷四《灾异》
	沁源	自春徂夏,旱二月。赵城县土匪曹顺等作乱,与沁邑邻近,日夜戒严。嗣贼匪四窜,官兵跟剿,过沁,居民震恐。六月十七日雨,民始耕种。八月十六日,严霜害稼,民饥,斗米价钱七百有零。		民国《沁源县志》卷六《大事考》
	平顺	夏旱,秋八月,陨霜杀禾。		民国《平顺县志》卷十一《旧闻考·兵匪·灾异》

续 表

纪年	灾区	灾象	应对措施	资料出处
清道光十五年(1835)	阳城	春旱夏无麦。六月得雨始下种。秋早霜杀谷,民饥。		同治《阳城县志》卷之一八《灾祥》
	沁水	春旱,夏无麦,秋早霜杀谷,民大饥。		光绪《沁水县志》卷之十《祥异》
清道光十六年(1836)	马邑	十六年七月,霜,人多饿死。		民国《马邑县志》卷之一《舆图志·杂记》
清道光十九年(1839)	阳城、沁水	三月,霜,桑叶冻损。		同治《阳城县志》卷之一八《灾祥》 光绪《沁水县志》卷之十《祥异》
清道光二十六年(1846)	榆次	二十六年四月二十六日,陨霜杀蔬菜花卉,禾稼不害。		同治《榆次县志》卷之十六《祥异》
清道光三十年(1850)	榆次	二月,大雨雪,雷电。		同治《榆次县志》卷之十六《祥异》
清咸丰四年(1854)	榆次	二月二十五日,大雨雪。		同治《榆次县志》卷之十六《祥异》
清咸丰六年(1856)	高平	冬十二月,大雪平地深数尺。		光绪《续高平县志》卷之十二《祥异》
清咸丰七年(1857)	临县	秋七月十三日,县南三郎所,雨雹如拳,积冰三尺许,禾稼荡然。		民国《临县志》卷三《谱大事》
清咸丰八年(1858)	高平	秋八月陨霜。		光绪《续高平县志》卷之十二《祥异》
	左云	八年春,雨雪四十余日。		光绪《左云县志》卷一《祥异》
	曲沃	春三月,陨霜冻麦……八月民大疫。		光绪《续修曲沃县志》卷之三十二《祥异》

续 表

纪年	灾区	灾象	应对措施	资料出处
清咸丰十年(1860)	灵丘	十年春正二月,大雪四十余日。		光绪《灵邱县补志》第三卷之六《武备志·灾祥》
	怀仁	十年春二月,雨雪四十日,平地雪深三尺。岁大熟。		光绪《怀仁县新志》卷一《分野》
	崞县	十年春,雨雪月余。		光绪《续修崞县志》卷之八《志余·灾荒》
	寿阳	十年春二月六日,雨雪弥月,至三月八日乃晴。夏旱,斗米钱一千二百文。		光绪《寿阳县志》卷十三《杂志·异祥第六》
清咸丰十一年(1861)	凤台	冬大雪,树多冻死。		光绪《凤台县续志》卷之四《纪事》
清同治元年(1862)	榆次	八月霜。		同治《榆次县志》卷之十六《祥异》
	文水	壬戌七月十五日夜,西南星陨如雨。二十四日,彗星见紫微垣,芒长丈许,月余始散。八月二十三日,陨霜杀稼。		光绪《文水县志》卷之一《天文志·祥异》
	解州、解县	元年正月十五日,天雨白虫于南庄村,细如线,长分许。二月初九日,陨霜麦冻。十一月,地震。		光绪《解州志》卷之十一《祥异》 民国《解县志》卷之十三《旧闻考》
	临晋	元年二月初,陨黑霜杀麦。		民国《临晋县志》卷十四《旧闻记》
	猗氏	正月初六日,雨土,内有小虫,二月初七日大风陨霜,杀麦,叶尽干。十一日,大雨,麦复生芽,未成灾。		同治《续猗氏县志》卷四《祥异》

续　表

纪年	灾区	灾象	应对措施	资料出处
清同治二年(1863)	凤台	春三月,雪,蝗蝻冻死。		光绪《凤台县续志》卷之四《纪事》
	交城	癸亥二月初七日,雪深三尺。		光绪《交城县志》卷一《天文门·祥异》
	曲沃	春二月,陨霜冻麦。		光绪《续修曲沃县志》卷之三十二《祥异》
	虞乡	二月,陨霜伤麦。二年三月,大疫,至八月止。		光绪《虞乡县志》卷之一《地舆志·星野·附祥异》
	荣河	二月初八日,陨霜,麦叶尽枯。越三日雨,芽复生,不为灾。		光绪《荣河县志》卷十四《记三·祥异》
清同治三年(1864)	清源	三年十一月初五日夜,大雪三尺,路壅。		光绪《清源乡志》卷十六《祥异》
	盂县	七月二十二日,霜冻杀禾。		光绪《盂县志·天文考》卷五《祥瑞、灾异》
	平遥	十一月初四日,汾州合属,大雪三尺。		光绪《平遥县志》卷之十二《杂录志·灾祥》
	文水	三年甲子十一月五日,大雪数尺,途人多冻死。		光绪《文水县志》卷之一《天文志·祥异》
	汾阳	冬,大雪,深五尺余,人多冻死。		光绪《汾阳县志》卷十《事考》
清同治四年(1865)	文水	四月二十一陨霜杀麦。		《清史稿》卷四十四《灾异志五》

续 表

纪年	灾区	灾象	应对措施	资料出处
清同治四年(1865)	襄汾	太平(襄汾):雪中闻雷。		《清史稿》卷四十四《灾异志五》
	文水	四年乙丑四月二十一日,陨霜杀麦。		光绪《文水县志》卷之一《天文志·祥异》
清同治五年(1866)	泽州	四月,陨霜,冬无雪。		《清史稿》卷四十四《灾异志五》
	高平	夏四月,陨霜,冬无雪。		光绪《续高平县志》卷之十二《祥异》
清同治七年(1868)	崞县	同治七年十一月,天冷异常,行人多冻死者。		光绪《续修崞县志》卷之八《志余·灾荒》
清同治八年(1869)	岳阳	三月,大雪伤麦民饥。九年饥。		民国《新修岳阳县志》卷一十四《祥异志·灾祥》
		三月,大雪伤麦民饥。		民国《安泽县志》卷十四《祥异志·灾祥》
清同治九年(1870)	长治	二月,大雪,麦多冻死。		光绪《长治县志》卷之八《记一·大事记》
	汾西	二月,晦,大雪。夏五月始雨,岁有秋。		光绪《汾西县志》卷七《祥异》
	平陆	九年三月初一,雪大如掌。夏秋瘟疫盛行。十一月十一日戌时,大星自北陨南,有声,光芒烛天。		光绪《平陆县续志》卷之下《杂记志·祥异》
清同治十年(1871)	忻州	八月,陨霜伤稼。		光绪《忻州志》卷三十九《灾祥》

续　表

纪年	灾区	灾象	应对措施	资料出处
清同治十年(1871)	曲沃	冬十二月,大雨雪。		光绪《续修曲沃县志》卷之三十二《祥异》
	平陆	十年十月初一薄暮,大雪疾风,张店一带民居雪拥户,越三两日,始能出入,平地雪厚二尺余,道路坎坷,雪尽盖平,行人陷入冻死,雪消人见。		光绪《平陆县续志》卷之下《杂记志·祥异》
清同治十一年(1872)	永和	冬大雪。		民国《永和县志》卷十四《祥异考》
	绛州	十一年三月,寒甚,陨霜杀麦,旬余复生,不为灾。		光绪《直隶绛州志》卷之二十《灾祥》 民国《新绛县志》卷十《旧闻考·灾祥》
清同治十二年(1873)	洪洞	冬,似雪非雪,树条尽封,自晨至午始散。		民国《洪洞县志》卷十八《杂记志·祥异》
	太平	春三月,霜陨如秋。(麦苗受伤,农人有刈之而种秋禾者,其未刈者四月内节上复生萌芽,秀而且实)		光绪《太平县志》卷十四《杂记志·祥异》
	沁州	九月,大雪。(深数尺,未刈秋禾俱被压损,所坏树木无数)		光绪《沁州复续志》卷四《灾异》
	阳城、沁水	冬大雪,柿树冻死无数。		同治《阳城县志》卷之一八《灾祥》 光绪《沁水县志》卷之十《祥异》
清同治十三年(1874)	襄垣	九月,大雪三昼夜,压折树枝。		民国《襄垣县志》卷之八《旧闻考·祥异》

续　表

纪年	灾区	灾象	应对措施	资料出处
清同治十三年(1874)	壶关	九月,大雪。人畜多冻毙者。有平阳商东行过古风岭,主仆四人并所策骑同时僵死。安阳村有娶妇者,中途妇及舆夫皆毙。越夜始苏。东坡村,张姓二人肩货鬻之林县,久不归,家人寻之得其尸于关东岭,窖雪中。(同上)		光绪《壶关县续志》卷上《疆域志·纪事》
	曲沃	冬十一月,大雨雪,冻死花木无数。		光绪《续修曲沃县志》卷之三十二《祥异》
清光绪元年(1875)	神池	四月二十七日,大雪。是年岁颇熟。		光绪《神池县志》卷之九《事考》
清光绪二年(1876)	平定	四月二十日,大雪。		光绪《平定州志》卷之五《祥异·乐平乡》
	乐平	四月二十四日,大雪。		民国《昔阳县志》卷一《舆地志·祥异》
	太谷	二年丙子八月,陨霜杀稼。		民国《太谷县志》卷一《年纪》
	吉州	旱,秋九月,陨霜杀稼。		光绪《吉州全志》卷七《祥异》
清光绪三年(1877)	怀仁	夏旱秋霜,五谷不登。怀地山村较甚,斗粟市钱千余,人食草实树皮,死亡甚众。	县候陈鸿翥详请赈恤,爵抚部院宫保曾奏闻,奉旨开仓赈济,蠲免本年及次年丁粮,民赖以甦。	光绪《怀仁县新志》卷一《分野》
	定襄	八月十七日,陨霜杀禾,米珠贵,每斗价银一两有奇。		光绪《定襄县补志》卷之一《星野志·祥异》

续 表

纪年	灾区	灾象	应对措施	资料出处
清光绪三年(1877)	和顺	自春至夏,不雨。六月,微雨。七月初七日,复下冰雹。二十三日,严霜杀稼。八月,牛大疫。秋末,获。	十一月,知县夏公京珊奉抚台曾谕开仓放赈。	民国《重修和顺县志》卷之九《风俗·祥异》
清光绪四年(1878)	沁州	九月,大雨雪。(初五日大雨,昼夜不止,至初九日忽变为雪,积厚尺余,至十五六日始霁。时木叶未脱,老树皆摧折,秋禾方熟,收未及半,为雪所压,谷皆变黑,有生芽者。……)		光绪《沁州复续志》卷四《灾异》
	忻州	九月寒露前五日,大雪二尺余,压禾折树枝,五年狼多伤人。		光绪《忻州志》卷三十九《灾祥》
	定襄	九月九日,大雪杀禾折木。		光绪《定襄县补志》卷之一《星野志·祥异》
清光绪五年(1879)	洪洞	正月朔,大雨雪。三月,雨雪。		民国《洪洞县志》卷十八《杂记志·祥异》
清光绪六年(1880)	左云	雨水日雪,惊蛰节又雨雪,皆深二寸。		光绪《左云县志》卷一《祥异》
清光绪七年(1881)	永济	麦歉收,秋后雨雪多。		光绪《永济县志》卷二十三《事纪·祥沴》
清光绪八年(1882)	临晋	冬十二月,大雪,以风平地深数尺,车马不通者逾月。		民国《临晋县志》卷十四《旧闻记》
清光绪十五年(1889)	和顺	四月二十八日,大雪杀禾,农人补种黍荞,秋小获。		民国《重修和顺县志》卷之九《风俗·祥异》

续 表

纪年	灾区	灾象	应对措施	资料出处
清光绪十八年（1892）	长治	冬，大雪，冰冻地裂。		光绪《长治县志》卷之八《记一·大事记》
	岳阳	冬月大寒，窑内水缸冻冰。		民国《新修岳阳县志》卷一十四《祥异志·灾祥》
	霍赵	冬，霍赵大雪，柿树完全冻枯，山中花椒树冻死无遗。		民国《霍山志》卷之六《杂识志》
	浮山、绛县	冬，大寒，树木冻毙。		民国《浮山县志》卷三十七《灾祥》民国《新绛县志》卷十《旧闻考·灾祥》
	芮城	饥。冬，大寒，黄河冰坚。		民国《芮城县志》卷十四《祥异考》
	荣河	冬，雨雪三尺，严寒，牛羊果树多冻死。		光绪《荣河县志》卷十四《记三·祥异》
	临晋	冬奇寒，黄河结冰，自龙门至于底柱，行人车马履冰渡，柘榴柿树多冻死。		民国《临晋县志》卷十四《旧闻记》
清光绪二十五年（1899）	永和	正月十六日，大雪，满渠约深五六尺，路径不通旬余。		民国《永和县志》卷十四《祥异考》
	临县	早霜，歉收。		民国《临县志》卷三《谱大事》
清光绪二十六年（1900）	岳阳	陨霜杀禾，岁歉。		民国《新修岳阳县志》卷一十四《祥异志·灾祥》民国《安泽县志》卷十四《祥异志·灾祥》

续 表

纪年	灾区	灾象	应对措施	资料出处
清光绪二十六年(1900)	浮山	大旱,麦仅数寸,亩收二三升,秋霜杀稼,斗粟千五百人,有饿毙者。		民国《浮山县志》卷三十七《灾祥》
	临晋	十二月,冻雾弥漫,草木尽白,俗号龙霜。		民国《临晋县志》卷十四《旧闻记》
清光绪二十八年(1902)	沁源	秋八月,陨霜,禾稼尽杀。		民国《沁源县志》卷六《大事考》
清光绪三十一年(1905)	岳阳	冬大雪,平地三尺,人畜冻死甚多。行人多有误入雪窟而死者。		民国《新修岳阳县志》卷一十四《祥异志·灾祥》民国《安泽县志》卷十四《祥异志·灾祥》
清光绪三十三年(1907)	襄陵	冬,陨霜,白如雪景。		民国《襄陵县新志》卷之二十三《旧闻考》
清光绪三十四年(1908)	浮山	夏四月,大雨雪,麦已秀,为之冻槁。		民国《浮山县志》卷三十七《灾祥》

(一)时间分布

清代山西雪(寒霜)灾分布呈现哑铃状,前期和后期出现两个峰值,而中期呈现谷值。前期从顺治元年至康熙三十九年(1644－1700)的57年中,共计雪(寒霜)灾58次,年频次为1.01,其间,清康熙十一年(1672)有5次历史记录。后期从清咸丰元年至清光绪二十六年(1851－1900)的50年中,共计雪(寒霜)灾43次,年频次为0.86,有27个年份的历史记录。清代山西雪(寒霜)灾谷值出现于康熙四十年至清道光三十年(1701－1850),150年中发生55次,年频次仅为0.36。

（二） 空间分布

表6-8 清代山西雪（寒霜）灾空间分布表

地 区	雪灾灾区（次）	极寒灾区（次）	霜冻灾区（次）	灾区数
太原	清源（2）		太原（1）	2
长治	潞安（1） 长治（3） 襄垣（3） 壶关（1） 沁源（2） 武乡（5） 潞城（1） 平顺（1） 沁州（3）	屯留（1）	潞安（2） 长治（4） 平顺（3） 襄垣（3） 武乡（5） 沁州（5） 沁源（4） 壶关（2）	18
晋城	凤台（3） 泽州（1） 高平（2） 阳城（2） 沁水（6）	阳城（2） 沁水（1）	陵川（1） 高平（3） 阳城（4） 沁水（2） 泽州（1）	12
阳泉	平定（4） 盂县（1）		盂县（6） 平定（2）	4
大同	大同（1） 广灵（1） 灵丘（1） 左云（1）	大同（1）	广灵（3） 阳高（1） 灵丘（3） 大同（1） 左云（1）	10
朔州	朔平府（1） 怀仁（1）		朔平府（1） 朔州（1） 应州（1） 怀仁（3） 山阴（1） 马邑（1）	8
忻州	忻州（1） 定襄（2） 静乐（2） 代州（1） 崞县（1） 神池（1） 岢岚（2）	崞县（1）	忻州（1） 静乐（5） 岢岚（4） 保德（5） 代州（1） 定襄（2）	14
晋中	榆次（6） 乐平（4） 辽州（1） 和顺（1） 榆社（3） 太谷（5） 平遥（1） 寿阳（3） 介休（2）	介休（1） 辽州（1） 榆社（2）	灵石（1） 寿阳（3） 辽州（5） 榆社（2） 和顺（7） 介休（2） 乐平（1） 榆次（3） 昔阳（2） 寿阳（1） 太谷（1）	23
吕梁	永宁州（1） 交城（1） 文水（2） 汾阳（1） 临县（1）	文水（2）	岚县（1） 永宁（2） 临县（2） 汾阳（1） 文水（3）	11

续 表

地 区	雪灾灾区(次)	极寒灾区(次)	霜冻灾区(次)	灾区数
临汾	临汾(1)平阳(1)汾西(1)岳阳(3)曲沃(4)吉州(1)永和(3)洪洞(2)赵城(1)霍州(3)浮山(3)太平(2)襄陵(1)	浮山(1)岳阳(1)吉州(1) 曲沃(1)	吉州(3)太平(3)隰州(1)永和(2)岳阳(7)霍州(1)曲沃(3)浮山(1)襄陵(1)	26
运城	安邑(2)绛县(5)河津(1)稷山(1)平陆(2)蒲县(1)永济(1)荣河(2)临晋(6)猗氏(1)绛州(1)	芮城(1)临晋(4)平陆(1)解州(2)芮城(2)荣河(1)解县(1) 绛县(1)	垣曲(2)荣河(2)万泉(1)绛县(2)临晋(5)蒲县(1)虞乡(1)解州(2)解县(2)猗氏(1)绛州(1)	30

清代雪(寒霜)灾空间分布的基本走向是一致的,呈现由南向北递减的趋势。区域分布的广泛性而言,晋城地区的所属县均出现雪灾的历史记录,而太原所属区域仅一个县域有2次记录;清代极寒天气出现的频率与明代大体相若,只是在地区的分布上不似明代那样相对平均,清代21次极寒天气有8次出现在运城地区,这在山西自然灾害历史上是仅见的。相比历史霜冻天气,清代霜冻天气在雪、寒、霜三种自然灾害中的比值是比较低的。历史霜冻天气一般占三种灾害的一半以上,但清代霜冻天气仅与同期的雪灾天气相当。

五 风灾

清代山西风灾共计134次,年频次为0.5,是山西自然灾害中相对较少的一种。

表6-9 清代山西风灾年表

纪年	灾区	灾象	应对措施	资料出处
清顺治六年(1649)	潞安	正月,潞安飙风大作。		《清史稿》卷四十四《灾异志五》
	安邑	……三月,安邑大风拔木。		雍正《山西通志》卷一百六十三《祥异二》
	安邑、运城	大风拔木,连城崩数十丈。		乾隆《解州安邑县运城志》卷之十一《祥异》
		三月,大风拔木,运城无故崩数十丈。		乾隆《解州安邑县志》卷之十一《祥异》
	荣河	十二月,荣河大风,夕自北来,凡木物并见,火光随风焰起,按之弗热。		雍正《山西通志》卷一百六十三《祥异二》 乾隆《蒲州府志》卷之二十三《事纪·五行祥沴》 光绪《荣河县志》卷十四《记三·祥异》
清顺治七年(1650)	垣曲、临汾	垣曲、临汾大风拔木。		雍正《山西通志》卷一百六十三《祥异二》 民国《临汾县志》卷六《杂记类·祥异》
		四月,大风拔木。		光绪《垣曲县志》卷之十四《杂志》

续 表

纪年	灾区	灾象	应对措施	资料出处
清顺治七年(1650)	平阳府	临汾大风拔木,汾西有鹳集泮宫柏树,信宿乃去。		雍正《平阳府志》卷之三十四《祥异》
清顺治十四年(1657)	阳城	二月,阳城黄霾蔽天,屋瓦皆飞。		《清史稿》卷四十四《灾异志五》
		……大风,拔木。		雍正《山西通志》卷一百六十三《祥异二》
		二月,大风拔木,黄霾蔽天,檐瓦皆落。		雍正《泽州府志》卷之五十《祥异》 乾隆《阳城县志》卷之四《兵祥》 同治《阳城县志》卷之一八《灾祥》
清顺治十六年(1659)	长子	长子大风拔木。		雍正《山西通志》卷一百六十三《祥异二》
		夏夜,大风忽起,合抱树拔飞过屋,居民惊异。		康熙《长子县志》卷之一《灾祥》
	潞城	六月初一日,潞城县雨雹,杀秋禾,大风拔木,民舍有漂没者。		顺治《潞安府志》卷十五《纪事三·灾祥》 乾隆《潞安府志》卷十一《纪事》
		六月朔,雨雹杀禾,大风拔木,民舍有漂没者。		光绪《潞城县志》卷三《大事记》

续　表

纪年	灾区	灾象	应对措施	资料出处
清顺治十六年(1659)	平顺	大雨雹,大风。		民国《平顺县志》卷十一《旧闻考·兵匪·灾异》
		六月,雨雹伤禾,大风拔木,民舍有漂没者。		康熙《平顺县志》卷之八《祥灾志·灾荒》
	汾西	大风。(风霾飚发,弥天蔽日,树大数围者,悉拔折)		光绪《汾西县志》卷七《祥异》
	岳阳	五月,冰雹。大风拔树,将农器吹至空中。		民国《新修岳阳县志》卷一十四《祥异志·灾祥》
	吉州	十六年四月,大风雨雹折木。		光绪《吉州全志》卷七《祥异》
清顺治十七年(1660)	临汾	夏五月,大风雹。(大风拔木并农器吹至空中)。		民国《临汾县志》卷六《杂记类·祥异》
清康熙四年(1665)	太原府	七月乙酉朔,文水大风。		乾隆《太原府志》卷四十九《祥异》
清康熙五年(1666)	蒲县	……蒲县大风拔木。		雍正《山西通志》卷一百六十三《祥异二》
		秋,大风。(拔木飘瓦,禾苗伤折殆尽)		光绪《蒲县续志》卷之九《祥异志》
清康熙十年(1671)	太平	夏四月二十五日,大风折先师庙栢。		光绪《太平县志》卷十四《杂记志·祥异》
清康熙十一年(1672)	榆社	七月,榆社大风杀稼。		《清史稿》卷四十四《灾异志五》
	文水	……二月,文水大风雪。		雍正《山西通志》卷一百六十三《祥异二》

续 表

纪年	灾区	灾象	应对措施	资料出处
清康熙十一年(1672)	榆社	……榆社大风。		雍正《山西通志》卷一百六十三《祥异二》
清康熙十二年(1673)	泽州	春二月,泽州大风拔木,屋瓦飞。		雍正《泽州府志》卷之五十《祥异》
清康熙十三年(1674)	屯留	……屯留、大风拔木。		雍正《山西通志》卷一百六十三《祥异二》
清康熙十五年(1676)	泽州	二月,泽州大风拔木。		雍正《山西通志》卷一百六十三《祥异二》 雍正《泽州府志》卷之五十《祥异》
清康熙十六年(1677)	万泉	四月,雨雹伤麦。七月大风伤禾。		民国《万泉县志》卷终《杂记附·祥异》
清康熙十八年(1679)	朔平府*	三月初一日,左卫狂风大作,白昼张灯。		雍正《朔平府志》卷之十一《外志·祥异》
	左云	三月初一日狂风大作,白日张灯。		光绪《左云县志》卷一《祥异》
清康熙二十五年(1686)	岳阳	六月,大风拔树,屋瓦飘落。		民国《新修岳阳县志》卷一十四《祥异志·灾祥》 民国《安泽县志》卷十四《祥异志·灾祥》

* 朔平府,治所在今右玉县。

续 表

纪年	灾区	灾象	应对措施	资料出处
清康熙二十五年(1686)	临晋	二月,西关龙王庙会,有书贾携书就庙内布席待售,忽旋风自门入,尽卷其书入空中,仰视片片飞扬以次而上,倾之不见。其旁尚有同贾者,所摊书端然不动,人莫测所以然。		民国《临晋县志》卷十四《旧闻记》
清康熙二十六年(1687)	汾州	四月,临县大风雪,积二尺许。		乾隆《汾州府志》卷之二十五《事考》
	临县	四月初九日午时,大风雨雪,城西北山坡白文镇等处积雪二尺许。		民国《临县志》卷三《谱大事》
清康熙二十七年(1688)	沁水	六月,沁水大风拔木。		《清史稿》卷四十四《灾异志五》
清康熙二十九年(1690)	广昌	春正月,广昌饥,奉旨赈济。三月,大风伤麦。	又赈,秋大获。	雍正《山西通志》卷一百六十三《祥异二》
清康熙三十年(1691)	平遥	五月初一日午时,忽从正东,黄沙漫天,须臾,转正北,少顷,遍天。至酉时戌时方止。		光绪《平遥县志》卷之十二《杂录志·灾祥》
	介休	三月朔,雨雪杀麦。五月旱,大风折木。		嘉庆《介休县志》卷一《兵祥·祥灾附》
清康熙三十一年(1692)	潞安府	三月,黄风,屋瓦及平地有刀剑金钱形。		乾隆《潞安府志》卷十一《纪事》
	襄垣	正月初一日,狂风大作,黄昏始息。二十二日,天雨泥,窗屋纸壁照耀如金。		乾隆《重修襄垣县志》卷之八《祥异志·祥瑞》 民国《襄垣县志》卷之八《旧闻考·祥异》

续　表

纪年	灾区	灾象	应对措施	资料出处
清康熙三十一年(1692)	沁州	正月朔,日食大风。(五更起,初昏始息。尘埃蔽天。元旦拜祭不能成礼)		乾隆《沁州志》卷九《灾异》
	武乡	武乡黄土蔽天。(二十一日卯时大风。黄土蔽天,从空至地映照窗牖、屋壁如金,至辰时大风、微雨,黄土始散)		
	沁水	元日大风,自春至夏不雨,疫作。		光绪《沁水县志》卷之十《祥异》
	武乡	正月朔,日食,大风,黄土蔽天。		乾隆《武乡县志》卷之二《灾祥》
	泽州	泽州、沁水元月大风,春不雨,疫大作,死者甚众。		雍正《泽州府志》卷之五十《祥异》
清康熙三十五年(1696)	太原府	夏,风,岚县饥。		乾隆《太原府志》卷四十九《祥异》
清康熙三十七年(1698)	静乐	二月,大风雪至月余不止。六月,瘟疫大作,人畜死者甚众。		康熙《静乐县志》四卷《赋役·灾变》
清康熙四十年(1701)	平定	大旱,风,雹如碗大,积尺余,禾俱无。		光绪《平定州志》卷之五《祥异》
清康熙四十五年(1706)	平定	大旱,风。		光绪《平定州志》卷之五《祥异·乐平乡》
清康熙四十八年(1709)	太原	四月,太原大风毁牌坊。		《清史稿》卷四十四《灾异志五》
	徐沟	春三月十四日未时,黄风暴起,赤土障天,相对不识人面,屋皆掌灯,后雨泥如珠,至酉时始晴。		光绪《补修徐沟县志》卷五《祥异》 康熙《徐沟县志》卷之三《祥异》

续　表

纪年	灾区	灾象	应对措施	资料出处
清康熙五十五年(1716)	解州	闰三月朔，解州大风拔木。		《清史稿》卷四十四《灾异》
	翼城	春，大风寒无麦，又大疫。		民国《翼城县志》卷十四《祥异》
清康熙五十七年(1718)	广灵	二月，大风昼晦。		乾隆《广灵县志》卷一《方域·星野·灾祥附》
	朔平府	七月二十日未刻，左卫有风自东南来，将南门东巷居民于姓者括起数十丈，掷地骨骸如绵，风向西北而去。		雍正《朔平府志》卷之十一《外志·祥异》
	左云	七月二十二未刻，旋风自东南来，将城南门东巷居民于姓者括起数十丈掷地，骸骨如绵，风向西北而去。此时，龙尾正现形西北。		光绪《左云县志》卷一《祥异》
清康熙五十九年(1720)	翼城	二月二十六日夜，大风雨。		民国《翼城县志》卷十四《祥异》
清康熙六十年(1721)	天镇	大风损禾稼。		光绪《天镇县志》卷四《记三·大事记》
清康熙六十一年(1722)	沁州	大旱风霾，牛疫，民大饥。		光绪《沁州复续志》卷四《灾异》
	武乡	三、四、五月，大风。(禾稼尽无)十一月，大星晨陨。		乾隆《武乡县志》卷之二《灾祥》
清雍正四年(1726)	武乡	五月，大风雨雹。		乾隆《武乡县志》卷之二《灾祥》
清乾隆元年(1736)	翼城	五月，翼城大风拔木。		《清史稿》卷四十四《灾异志五》

续　表

纪年	灾区	灾象	应对措施	资料出处
清乾隆元年（1736）	翼城	大有麦；夏五月，大风拔木。		民国《翼城县志》卷十四《祥异》
清乾隆六年（1741）	平定、乐平	四月，平定、乐平大风拔木。		《清史稿》卷四十四《灾异志五》
		四月二十五日，大风。		光绪《平定州志》卷之五《祥异》民国《昔阳县志》卷一《舆地志·祥异》
	沁水	大风拔木。		光绪《沁水县志》卷之十《祥异》
	盂县	四月二十五日，大风。		光绪《盂县志·天文考》卷五《祥瑞、灾异》
清乾隆十一年（1746）	荣河	二月，大风，黄河坏船伤人。		光绪《荣河县志》卷十四《记三·祥异》
清乾隆十七年（1752）	长子	五月十一日，长子县王婆村大风雷，田禾如爇，屋瓦、车轮有飞至数里外者。		《清史稿》卷四十四《灾异志五》
		五月十一日，长子县王婆村大风雷。（此日近午，西北有赤云夹黑云坠地而驰，风雷挺急，合抱大树，或碎如委薪，或倒根向上而立。垣墙或自西移东，田苗如爇，屋瓦、车轮有飞至数里外者，不伤一人）		乾隆《潞安府志》卷十一《纪事》
	潞安府	七月十五、六、七日，大风，禾尽杀。		乾隆《潞安府志》卷十一《纪事》

续　表

纪年	灾区	灾象	应对措施	资料出处
清乾隆十九年(1754)	太原府	夏四月,太原地震。县鼓楼簷角毁。秋八月,太原大风拔木。		乾隆《太原府志》卷四十九《祥异》
	太原	夏四月,地震,鼓楼簷角毁。秋八月,大风拔木。		道光《太原县志》卷之十五《祥异》
	交城	甲戌,地震,八月,大风拔禾。		光绪《交城县志》卷一《天文门·祥异》
清乾隆二十年(1755)	高平	五月,高平大风拔木。		《清史稿》卷四十四《灾异志五》
		五月十七日,大风,发屋拔木,翠屏山二仙庙中铁香炉吹起,与殿檐齐,盘旋数四而下碎之。		乾隆《高平县志》卷之十六《祥异》
	潞安府	七月十四日,大风,至十五止。(禾将熟,皆磨落。岁歉)		乾隆《潞安府志》卷十一《纪事》
	乐平	七月二十三、四等日,大风伤稼。		民国《昔阳县志》卷一《舆地志·祥异》
清乾隆二十二年(1757)	乐平	七月,乐平大风伤稼。		《清史稿》卷四十四《灾异志五》
	沁水	大风伤稼。		光绪《沁水县志》卷之十《祥异》
	高平	二月初二日,丁壁村时近黄昏,忽起狂风一阵,见有二火球,大如斗,其色红黄绿相兼,从北滚滚而来,向南徐徐而去,就地行走,久视渐远,不见归落。七月二十七日,大风伤稼,落粒满地。		乾隆《高平县志》卷之十六《祥异》

续 表

纪年	灾区	灾象	应对措施	资料出处
清乾隆二十二年(1757)	平定	七月,大风,伤稼。		光绪《平定州志》卷之五《祥异·乐平乡》
	盂县	八月,大风损禾。		光绪《盂县志·天文考》卷五《祥瑞、灾异》
	平定	八月,大风,害禾。		光绪《平定州志》卷之五《祥异》
清乾隆二十三年(1758)	潞安府	二月,大风昼晦。		乾隆《潞安府志》卷十一《纪事》
	和顺	七月二十八日,大风三日,百禾偃扑伤穗。		民国《重修和顺县志》卷之九《风俗·祥异》
	平陆	六月,大风拔木。		乾隆《解州平陆县志》卷之十一《祥异》
清乾隆二十四年(1759)	芮城、平定	秋,芮城大风霾。八月,平定大风害稼。		《清史稿》卷四十四《灾异志五》
	代州	三月大风昼晦,是年旱饥。		光绪《代州志·记三》卷十二《大事记》
清乾隆二十五年(1760)	平陆	大风拔木。		乾隆《解州平陆县志》卷之十一《祥异》
清乾隆三十三年(1768)	潞安	二月,潞安大风损麦。		《清史稿》卷四十四《灾异志五》
清乾隆三十四年(1769)	太原府	夏六月,祁县大风拔禾。		乾隆《太原府志》卷四十九《祥异》
	祁县	六月七日,大风拔木。		光绪《增修祁县志》卷十六《祥异》
清乾隆三十五年(1770)	祁县	六月,祁县大风拔木。		《清史稿》卷四十四《灾异志五》

续　表

纪年	灾区	灾象	应对措施	资料出处
清乾隆三十六年(1771)	太原	二月朔，太原大风昼晦。		《清史稿》卷四十四《灾异志五》乾隆《太原府志》卷四十九《祥异》
		二月朔，大风昼晦。		道光《太原县志》卷之十五《祥异》
清乾隆三十八年(1773)	岳阳	冬十一月朔，大风。		民国《新修岳阳县志》卷一十四《祥异志·灾祥》
		冬十一月朔，大风。	诏免通省地丁钱粮。	民国《安泽县志》卷十四《祥异志·灾祥》
	太平	冬十一月朔，大风拔木。		光绪《太平县志》卷十四《杂记志·祥异》
清乾隆三十九年(1774)	武乡	大风。		乾隆《武乡县志》卷之二《灾祥》
	灵邱	春三月，大风昼晦。		光绪《灵邱县补志》第三卷之六《武备志·灾祥》
清乾隆四十三年(1778)	太原府	太原，正月至五月不雨。八月，大风。		乾隆《太原府志》卷四十九《祥异》
	清源	春夏旱，秋大风伤禾。		光绪《清源乡志》卷十六《祥异》
清嘉庆元年(1796)	和顺	夏，雨，大风杀禾，有偃于陇背，秋结实。是岁，大有年。		民国《重修和顺县志》卷之九《风俗·祥异》
清嘉庆十五年(1810)	忻州	五月，大风拔木。		光绪《忻州志》卷三十九《灾祥》
清嘉庆十八年(1813)	阳曲	秋九月十六日，大风拔木。		道光《阳曲县志》卷之十六《志余》

续 表

纪年	灾区	灾象	应对措施	资料出处
清嘉庆十八年(1813)	太原	九月十六日,大风伤稼。		道光《太原县志》卷之十五《祥异》
	沁源	是秋,禾熟未刈,忽大风,禾尽偃。		民国《沁源县志》卷六《大事考》
	武乡	夏五月,暴雨侵稼。秋淫雨,大风。		民国《武乡新志》卷之四《旧闻考》
	沁州	是秋,禾熟未刈,忽大风,颗粒俱落,贫民携箕帚扫拾,有多至十数石者。		光绪《沁州复续志》卷四《灾异》
	寿阳	六月,羊头崖河水大溢,漂没民居。秋八月,大风损木。		光绪《寿阳县志》卷十三《杂志·异祥第六》
清嘉庆二十一年(1816)	大同	三月,大风。		道光《大同县志》卷二《星野·岁时》
清嘉庆二十五年(1820)	襄垣	七月二十九日申时,大风拔木,屋瓦皆飞,北关阁折去半截。		民国《襄垣县志》卷之八《旧闻考·祥异》
	壶关	四月二十九日,大风折木。		道光《壶关县志》卷二《纪事》
	岳阳	春三月初三日,大风霾。夏麦大熟。		民国《新修岳阳县志》卷一十四《祥异志·灾祥》
		春三月初三日,大风霾。		民国《安泽县志》卷十四《祥异志·灾祥》
清道光五年(1825)	翼城	三月,黑风昼晦,对面人不相见。		民国《翼城县志》卷十四《祥异》
	洪洞	三月,黑风昼晦。		民国《洪洞县志》卷十八《杂记志·祥异》

续 表

纪年	灾区	灾象	应对措施	资料出处
清道光六年(1826)	阳曲	二月大风,天赤昼晦。		道光《阳曲县志》卷之十六《志余》
	太原	二月二十五日,大风天赤,连日昼晦。		道光《太原县志》卷之十五《祥异》
	清源	六月二十五日大风昼晦。		光绪《清源乡志》卷十六《祥异》
	忻州	二月,大风天赤昼晦。		光绪《忻州志》卷三十九《灾祥》
	崞县	三月,大风昼晦,瘟疫流行。		光绪《续修崞县志》卷之八《志余·灾荒》
	文水	丙戌二月二十五日,大风昼晦。		光绪《文水县志》卷之一《天文志·祥异》
	汾阳	二月二十五日,大风昼晦。		光绪《汾阳县志》卷十《事考》
	岳阳	二月二十五日,大风昼晦。		民国《新修岳阳县志》卷一十四《祥异志·灾祥》民国《安泽县志》卷十四《祥异志·灾祥》
清道光八年(1828)	盂县	二月,大风拔树,屋瓦多坏。		光绪《盂县志·天文考》卷五《祥瑞、灾异》
清道光十年(1830)	临县	六月,雷电雨雹,大风拔木。		民国《临县志》卷三《谱大事》
清道光十一年(1831)	太平	夏五月二十五日,大风,雷雨。(平地水深数尺,屋倒塌,大木折拔)		光绪《太平县志》卷十四《杂记志·祥异》
清道光十四年(1834)	汾阳	夏,大风。		光绪《汾阳县志》卷十《事考》

续　表

纪年	灾区	灾象	应对措施	资料出处
清道光十四年（1834）	岳阳	大饥。四月大风。		民国《新修岳阳县志》卷一十四《祥异志·灾祥》民国《安泽县志》卷十四《祥异志·灾祥》
清道光十五年（1835）	盂县	八月十三日，禾熟未收，大风，损伤殆尽，斗米一千二百文。		光绪《盂县志·天文考》卷五《祥瑞、灾异》
	翼城	六月二十八日午，陡有黑风从河上翁山来，拔大木无算。		民国《翼城县志》卷十四《祥异》
	襄陵	三月，霾风四起。		民国《襄陵县新志》卷之二十三《旧闻考》
清道光十八年（1838）	文水	戊戌五月二十九日申时，大风，毁墙拔木。		光绪《文水县志》卷之一《天文志·祥异》
清道光二十年（1840）	文水	庚子正月二十五日午后，大风霾昼晦，越翼日丑时方晴。		光绪《文水县志》卷之一《天文志·祥异》
	临县	正月二十日，通夜黑风不辨方向，达旦方息。		民国《临县志》卷三《谱大事》
清道光二十三年（1843）	吉州	癸卯夏六月，大风拔禾，折民房甚多。		光绪《吉州全志》卷七《祥异》
清道光二十四年（1844）	阳城	夏大风损麦。		同治《阳城县志》卷之一八《灾祥》
清道光二十八年（1848）	文水	戊申二月二十五日，大风霾。		光绪《文水县志》卷之一《天文志·祥异》
清咸丰元年（1851）	崞县	三月二十日，风霾。		光绪《续修崞县志》卷八《志余·灾荒》

续 表

纪年	灾区	灾象	应对措施	资料出处
清咸丰二年(1852)	绛县	绛县红雾弥天,晴,霾终日。		光绪《绛县志》卷六《纪事·大事表门》
清咸丰三年(1853)	榆次	三月十七日,霾。有年。		同治《榆次县志》卷之十六《祥异》
	翼城	春夜半,大风拔木,赤气灼天。		民国《翼城县志》卷十四《祥异》
	洪洞	春夜半大风猛起,树多拔,赤气烛天,若有物自卑而南坠地有声。		民国《洪洞县志》卷十八《杂记志·祥异》
	太平	春正月二十一日子刻,大风,天赤如火。		光绪《太平县志》卷十四《杂记志·祥异》
	垣曲	五月,大风拔木。		光绪《垣曲县志》卷之十四《杂志》
清咸丰六年(1856)	平遥县	二月初九日,大风,昼晦三日。		光绪《平遥县志》卷之十二《杂录志·灾祥》
清咸丰八年(1858)	文水	戊午四月十三日午后,大风霾,昼晦。		光绪《文水县志》卷之一《天文志·祥异》
	太平	夏六月二十二日,大雨,风,雷电。(历二时许,县城东南、西南皆塌陷,长约三四十丈)		光绪《太平县志》卷十四《杂记志·祥异》
清咸丰九年(1859)	平陆	正月,风霾挟旬,无秋。		光绪《平陆县续志》卷之下《杂记志·祥异》
清咸丰十年(1860)	榆次	四月十九日,大风拔木,屋脊多坏。是年大旱,人畜饿死甚众。		同治《榆次县志》卷之十六《祥异》
清咸丰十一年(1861)	凤台	夏,大风拔木。		光绪《凤台县续志》卷之四《纪事》

续　表

纪年	灾区	灾象	应对措施	资料出处
清咸丰十一年(1861)	左云	大风拔树,城内火神庙旗杆折为两段。		光绪《左云县志》卷一《祥异》
	平陆	大有年,六月二十四,大风拔木。		光绪《平陆县续志》卷之下《杂记志·祥异》
清同治元年(1862)	定襄	六月六日,冰雹大降,禾伤,风声如雷,拔树折碑,伤禽鸟甚众。		光绪《定襄县补志》卷之一《星野志·祥异》
	祁县	二月初七日,大风连日。		光绪《增修祁县志》卷十六《祥异》
	绛县	正月,绛县天鼓鸣,夏,雨雹、大风拔木。		光绪《绛县志》卷六《纪事·大事表门》
清同治六年(1867)	平陆	七月十六日,大风拔木,摧折平垣营旗杆。		光绪《平陆县续志》卷之下《杂记志·祥异》
清同治七年(1868)	和顺	四月十三日烈风骤起,吹折云龙山松数八百余株,甚有连根拔者,南城楼屋脊俱倾,民房损失尤多,东南关更甚。		民国《重修和顺县志》卷之九《风俗·祥异》
清同治十年(1871)	寿阳	四月七日,大风拔木,房屋倾圮。七月十八日大雨,寿水横流。二十一日大风,二十六日又大风,禾穗多损。		光绪《寿阳县志》卷十三《杂志·异祥第六》
清同治十二年(1873)	沁水	夏,大风。		光绪《沁水县志》卷之十《祥异》
	阳城	夏,大风拔木。		同治《阳城县志》卷之一八《灾祥》
清光绪元年(1875)	盂县	六月十四日,大风拔木无数,损坏墙屋甚多。		光绪《盂县志·天文考》卷五《祥瑞、灾异》

续　表

纪年	灾区	灾象	应对措施	资料出处
清光绪元年（1875）	岳阳	七月初四日，大风拔树。有秋。		民国《新修岳阳县志》卷一十四《祥异志·灾祥》民国《安泽县志》卷十四《祥异志·灾祥》
清光绪二年（1876）	翼城	六月十八日，大风、雷雨拔木。		民国《翼城县志》卷十四《祥异》
	虞乡	五月，大风。		光绪《虞乡县志》卷之一《地舆志·星野·附祥异》
清光绪三年（1877）	盂县	三月，张赵韩马莊一带大雨雹，深二尺许，沟洫壅塞。七月，庆三都十三村雹，深尺余，风吼若雷，屋瓦飞掷，大禾斯拔，田禾损伤殆尽。		光绪《盂县志·天文考》卷五《祥瑞、灾异》
	寿阳	五月，大风拔苗，是岁大旱，秋收仅二、三分，斗米钱二千四百余。		光绪《寿阳县志》卷十三《杂志·异祥第六》
	平陆	十月，大风，奇冷，井冰。		光绪《平陆县续志》卷之下《杂记志·祥异》
清光绪四年（1878）	文水	戊寅，旱，大疫。三月二十八日，大风霾。		光绪《文水县志》卷之一《天文志·祥异》
清光绪五年（1879）	左云	春闰三月二十一日，风，飞沙白昼如夜，城内居民张灯，自辰至未，风转天飞黄沙。		光绪《左云县志》卷一《祥异》
	永济	六月二十四日申酉时，大风拔木。		光绪《永济县志》卷二十三《事纪·祥沴》

续 表

纪年	灾区	灾象	应对措施	资料出处
清光绪六年(1880)	解县	三月,大风拔木。		民国《解县志》卷之十三《旧闻考》
清光绪七年(1881)	文水	五月二十五日,彗星见庚方,指东南逆行入紫薇,逾月始灭。二十日申时,东南乡雷电,以风拔木偃禾。		光绪《文水县志》卷之一《天文志·祥异》
清光绪十年(1884)	沁源	大风拔木,折损灵空山松树一千余株。		民国《沁源县志》卷六《大事考》
清光绪十六年(1890)	翼城	六月初八日,大风拔木,坏房屋。		民国《翼城县志》卷十四《祥异》
清光绪十七年(1891)	武乡	五月,大风。		民国《武乡新志》卷之四《旧闻考》
清光绪十八年(1892)	荣河	四月,暴风,大木斯拔。		光绪《荣河县志》卷十四《记三·祥异》
清光绪二十一年(1895)	荣河	芒种,即暴风拔木,麦穗尽被折落。		光绪《荣河县志》卷十四《记三·祥异》
清光绪二十七年(1901)	临晋	三月,雨雹,大如卵。		民国《临晋县志》卷十四《旧闻记》
清光绪二十九年(1903)	临县	九月初三日初更,黑风霾雾,不辨东西,三交南有红光忽现,冬冷冻麦苗。		民国《临县志》卷三《谱大事》
	浮山	大有麦;是年六月十九夜,霹雳一声,风雨骤至,邑家杨家坡大风拔木,禾尽偃,某家狗被风吹至天空,赵姓小车不翼而飞。		民国《浮山县志》卷三十七《灾祥》

（一） 时间分布

大风在山西较多见，风灾大多系在综合作用下形成，单独大风天气成灾的情况较少[①]。清代大风主要有寒潮大风、雷电大风及局部龙卷风。清代大风在时间分布上总体看来是平衡的，其中清咸丰元年至清光绪二十六年（1851—1900）间出现了一次峰值，其间有25个年份的风灾历史记录，计风灾35次，年频次为0.7。其余时间虽然风灾频次较低，但却有龙卷风的历史记录。康熙五十七年（1718）左云发生了龙卷风灾害，"七月二十二未刻，旋风自东南来，将城南门东巷居民于姓者括起数十丈，掷地，骸骨如绵，风向西北而去。此时，龙尾正现形西北。"[②]清乾隆十七年（1752）"五月十一日，长子县王婆村大风雷。此日近午，西北有赤云夹黑云坠地而驰，风雷挺急，合抱大树，或碎如委薪，或倒根向上而立。垣墙或自西移东，田苗如爇，屋瓦、车轮有飞至数里外者，不伤一人"[③]。光绪二十九年（1903），浮山发生龙卷风，"六月十九夜，霹雳一声，风雨骤至，邑家杨家坡大风拔木，禾尽偃，某家狗被风吹至天空，赵姓小车不翼而飞。"[④]

研究认为，山西大风日数的地域分布差异很大，一般呈现由南向北逐渐递增的趋势，南部的临汾、运城为少大风区，而北部大同、朔州为多大风区。但清代风灾的记录历史显示，山西中南部的运城、临汾、长治和晋中地区为主要大风受灾区域，而大同涉灾区仅2个，朔州竟无历史记录。

---

①《山西自然灾害》编辑委员会：《山西自然灾害》，山西科学教育出版社，1989年8月，第29页。

②光绪《左云县志》卷一《祥异》。

③乾隆《潞安府志》卷十一《纪事》。

④民国《浮山县志》卷三十七《灾祥》。

（二） 空间分布

表6－10 清代山西风灾空间分布表

今地	灾区(次)	灾区数
太原	太原(6)清源(1)	2
长治	潞安(6)长治(1)襄垣(1)长子(1)沁源(1)沁州(1)武乡(3)潞城(1)平顺(1)屯留(1)	10
晋城	泽州(1)高平(2)阳城(2)沁水(4)凤台(1)	5
阳泉	平定(1)盂县(3)	2
大同	广灵(1)左云(2)	2
忻州	定襄(1)静乐(1)代州(1)崞县(1)	4
晋中	榆次(3)乐平(1)和顺(3)平遥(2)寿阳(2)祁县(3)介休(1)	7
吕梁	交城(1)文水(4)汾州(1)临县(2)	4
临汾	临汾(2)平阳(1)汾西(1)岳阳(4)翼城(3)吉州(1)蒲县(1)洪洞(1)浮山(1)太平(4)	10
运城	安邑(1)解县(1)绛县(1)垣曲(2)河津(1)芮城(1)平陆(6)永济(1)虞乡(2)万泉(1)荣河(3)临晋(1)	12

六 地震(地质)灾害

就山西地震灾害而言，清季处于山西第六地震(16—17世纪)活跃期末端和第七地震活跃期(19世纪至今)。清代山西地震的文献记录160次，年频次为0.6，此间发生了山西地震带历史有记录以来的第三次8级地震——清康熙三十四年(1695)临汾地震。

表6－11 清代山西地震(地质)灾害年表

纪年	灾区	灾象	应对措施	资料出处
清顺治元年(1644)	翼城	九月,翼城地震。		《清史稿》卷四十四《灾异志五》
		河津黄河清。夏五月,蒲州、芮城、万泉天鼓鸣。九月,翼城地震。冬月,大兵取太原,日有五色祥光。		雍正《山西通志》卷一百六十三《祥异二》
		黄河清。九月,翼城地震。		雍正《平阳府志》卷之三十四《祥异》
		九月,地震。		民国《翼城县志》卷十四《祥异》
清顺治二年(1645)	祁县	祁县地震三次。		《清史稿》卷四十四《灾异志五》 光绪《增修祁县志》卷十六《祥异》
	襄垣、祁县、介休	……襄垣、祁县、介休地震。		雍正《山西通志》卷一百六十三《祥异二》
	襄垣	襄垣县地震。闰六月二十九日,又震。		顺治《潞安府志》卷十五《纪事三·灾祥》
		五月二十五日,地震。闰六月二十九日,又震。		乾隆《重修襄垣县志》卷之八《祥异志·祥瑞》 民国《襄垣县志》卷之八《旧闻考·祥异》
	介休	夏五月,地震,雨雹伤麦。闰六月,大水自迎翠门冲入,平地高五六尺,民房淹塌无算。		嘉庆《介休县志》卷一《兵祥·祥灾附》
		夏五月,介休地震。		乾隆《汾州府志》卷之二十五《事考》

续 表

纪年	灾区	灾象	应对措施	资料出处
清顺治三年（1646）	静乐	……静乐地震。		雍正《山西通志》卷一百六十三《祥异二》
		九月二十五日夜，地震。		康熙《静乐县志》四卷《赋役·灾变》
清顺治四年（1647）	宁乡	六月初一日，地震。		康熙《宁乡县志》卷之一《灾异》
清顺治五年（1648）	潞安、榆社	八月，潞安地震有声。四月二十四日，榆社地震。		《清史稿》卷四十四《灾异志五》 顺治《潞安府志》卷十五《纪事三·灾祥》 乾隆《潞安府志》卷十一《纪事》 光绪《榆社县志》卷之十《拾遗志·灾祥》
	榆社、长治	……地震有声。		雍正《山西通志》卷一百六十三《祥异二》 顺治《潞安府志》卷十五《纪事三·灾祥》 乾隆《潞安府志》卷十一《纪事》
	长治	八月夜，地震有声。		光绪《长治县志》卷之八《记一·大事记》
	潞城	五年八月夜，地震有声。		光绪《潞城县志》卷三《大事记》
清顺治六年（1649）	高平、阳城	四月，高平，阳城地震。		《清史稿》卷四十四《灾异志五》

续　表

纪年	灾区	灾象	应对措施	资料出处
清顺治六年（1649）	高平、阳城	四月，高平，阳城地震。		雍正《泽州府志》卷之五十《祥异》 同治《阳城县志》卷之一八《灾祥》
	高平	……夏四月，高平地坼。		雍正《山西通志》卷一百六十三《祥异二》 雍正《泽州府志》卷之五十《祥异》 乾隆《高平县志》卷之十六《祥异》
	芮城、文水	……秋，芮城、文水地震。		雍正《山西通志》卷一百六十三《祥异二》
	文水	秋，文水地震。己丑，地震，山贼破城。		乾隆《太原府志》卷四十九《祥异》 光绪《文水县志》卷之一《天文志·祥异》
	沁水	四月地震。		光绪《沁水县志》卷之十《祥异》
	解州	秋，地震。		光绪《解州志》卷之十一《祥异》 民国《解县志》卷之十三《旧闻考》
	芮城	己丑秋，地震。		民国《芮城县志》卷十四《祥异考》
	夏县	秋，地震。		光绪《夏县志》卷五《灾祥志》
清顺治七年（1650）	绛县	六月，绛县地震。（同上即旧志）		光绪《绛县志》卷六《纪事·大事表门》
清顺治八年（1651）	高平	六月，高平地震。		《清史稿》卷四十四《灾异志五》

续　表

纪年	灾区	灾象	应对措施	资料出处
清顺治八年（1651）	高平	……六月，宁乡天鼓鸣。高平地震。		雍正《山西通志》卷一百六十三《祥异二》
		夏六月，高平地震。		雍正《泽州府志》卷之五十《祥异》
		夏六月，地震。		乾隆《高平县志》卷之十六《祥异》
清顺治九年（1652）	翼城	……秋九月，翼城地震。		雍正《山西通志》卷一百六十三《祥异二》 雍正《平阳府志》卷之三十四《祥异》
清顺治十年（1653）	汾阳	三月，汾阳地震。		雍正《山西通志》卷一百六十三《祥异二》 乾隆《汾州府志》卷之二十五《事考》 光绪《汾阳县志》卷十《事考》
	汾河	夏六月，地震。秋七月，汾河西移二十里。		嘉庆《介休县志》卷一《兵祥·祥灾附》
	介休	夏六月，介休地震。		乾隆《汾州府志》卷之二十五《事考》
	翼城	六月，地震。		民国《翼城县志》卷十四《祥异》
	蒲州	蒲州地震有声。		乾隆《蒲州府志》卷之二十三《事纪·五行祥沴》
	永济	六月，地震有声，鸡犬皆惊。		光绪《永济县志》卷二十三《事纪·祥沴》

续 表

纪年	灾区	灾象	应对措施	资料出处
清顺治十一年(1654)	介休	……六月,介休地震。		雍正《山西通志》卷一百六十三《祥异二》
清顺治十二年(1655)	灵丘	(五月)辛丑,灵丘县地震有声。		《清史稿》卷五《世祖本纪二》
	蒲州	阳城、隰州天鼓鸣;蒲州地震。		雍正《山西通志》卷一百六十三《祥异二》
	榆次	四月,邑中地震。		同治《榆次县志》卷之十六《祥异》
清顺治十三年(1656)	阳曲	(夏四月)壬戌,太原阳曲地震。		《清史稿》卷五《世祖本纪二》
	沁水	地震。		雍正《山西通志》卷一百六十三《祥异二》 雍正《泽州府志》卷之五十《祥异》
		地震、大旱、无麦。		光绪《沁水县志》卷之十《祥异》
清顺治十四年(1657)	云镇	(二月)壬寅,山西云镇地震有声。		《清史稿》卷五《世祖本纪二》
	浑源、广灵	……秋九月,浑源、广灵、地震。		雍正《山西通志》卷一百六十三《祥异二》
	蒲州	春正月,蒲州地震。		
	广灵	九月,地震。		乾隆《广灵县志》卷一《方域·星野·灾祥附》
	浑源	九月,地震。(时广昌、广灵皆震)		乾隆《浑源州志》卷七《祥异》
	辽州	丁酉正月十四,雷电,大震。		雍正《辽州志》卷之五《祥异》

续 表

纪年	灾区	灾象	应对措施	资料出处
清顺治十五年(1658)	平陆	秋,平陆山崩。		《清史稿》卷四十四《灾异志五》
	蒲州	地震。是年有秋。		乾隆《蒲州府志》卷之二十三《事纪·五行祥沴》
清顺治十六年(1659)	永济	正月二十八日,地震,是岁有年。		光绪《永济县志》卷二十三《事纪·祥沴》
清顺治十八年(1661)	浑源	春二月,浑源地震。		雍正《山西通志》卷一百六十三《祥异二》
		春二月,地震。		乾隆《浑源州志》卷七《祥异》
清康熙二年(1663)	长子、平顺	……长子、平顺地震。		乾隆《潞安府志》卷十一《纪事》
清康熙三年(1664)	安邑、解州	二十三日,安邑,解州地震。		《清史稿》卷四十四《灾异志五》
	安邑、忻、代	……安邑、忻代地震。		雍正《山西通志》卷一百六十三《祥异二》
	代州	地震。(通志)		光绪《代州志·记三》卷十二《大事记》
	安邑	秋八月二十二日,地震,冬十二月又连震二次。		乾隆《解州安邑县志》卷之十一《祥异》
清康熙四年(1665)	潞安	九月,天鼓响。		乾隆《潞安府志》卷十一《纪事》
清康熙五年(1666)	阳曲	……冬,阳曲地震。		雍正《山西通志》卷一百六十三《祥异二》
		冬十月,地震。大饥。		道光《阳曲县志》卷之十六《志余》

续 表

纪年	灾区	灾象	应对措施	资料出处
清康熙五年（1666）	榆次	四月，榆次地震。		乾隆《太原府志》卷四十九《祥异》
		四月，邑中地震。		同治《榆次县志》卷之十六《祥异》
清康熙七年（1668）	阳曲、太平、绛解、安邑、翼城、陵川、潞城、阳曲	……夏六月，阳曲、太平、绛解、安邑、翼城、陵川、潞城地震。……冬十月，阳曲再震。		雍正《山西通志》卷一百六十三《祥异二》
	阳曲	春，阳曲白气亘天，从庚方指巽位，形如匹练，有星如斗。冬十月，地震。岢岚旱。		乾隆《太原府志》卷四十九《祥异》
		夏六月，地震。冬十月，地震。		道光《阳曲县志》卷之十六《志余》
	潞城	夏六月，潞城地震。		乾隆《潞安府志》卷十一《纪事》
		六月七日，地震。		光绪《潞城县志》卷三《大事记》
	长子	六月十七日，地微动，自西北而东南。		康熙《长子县志》卷之一《灾祥》
	陵川	夏六月十七日，陵川地震。		雍正《泽州府志》卷之五十《祥异》
	太平、翼城	春，临汾、太平彗星见。夏六月，太平、翼城地震。		雍正《平阳府志》卷之三十四《祥异》 民国《翼城县志》卷十四《祥异》
		春正月，彗星见；夏六月太白经天；十七日，地震。		光绪《太平县志》卷十四《杂记志·祥异》
	安邑	六月十七日，地震。		乾隆《解州安邑县志》卷之十一《祥异》

续 表

纪年	灾区	灾象	应对措施	资料出处
清康熙七年(1668)	绛州	正月,彗星见。六月十七日,地震。		光绪《直隶绛州志》卷之二十《灾祥》
		六月十七日,地震。		民国《新绛县志》卷十《旧闻考·灾祥》
清康熙八年(1669)	榆社	……九月,榆社地震。		雍正《山西通志》卷一百六十三《祥异二》
	榆次	三月,邑中地震。		同治《榆次县志》卷之十六《祥异》
		九月九日,地震。		光绪《榆社县志》卷之十《拾遗志·灾祥》
清康熙十年(1671)	榆次	榆次地震;文水大有年。		乾隆《太原府志》卷四十九《祥异》
		邑中屡震。		同治《榆次县志》卷之十六《祥异》
清康熙十一年(1672)	阳曲	三月初三日,阳曲地震。		《清史稿》卷四十四《灾异志五》
		……三月,阳曲地震。		雍正《山西通志》卷一百六十三《祥异二》
		春三月,地震。		道光《阳曲县志》卷之十六《志余》
清康熙十二年(1673)	天镇	九月初九日,天镇地震。		《清史稿》卷四十四《灾异志五》
		九月九日,地震自西起至东南止,边垣房屋塌毁甚多。		光绪《天镇县志》卷四《记三·大事记》
	保德、阳曲、临县、广昌、广灵	……保德、阳曲、临县、广昌、广灵地震。		雍正《山西通志》卷一百六十三《祥异二》

续 表

纪年	灾区	灾象	应对措施	资料出处
清康熙十二年(1673)	阳曲	秋九月,地震。三冬无雪。		道光《阳曲县志》卷之十六《志余》
	广灵	九月,地震二次有声。		乾隆《广灵县志》卷一《方域·星野·灾祥附》
	朔平府	九月九日,地震有声。		雍正《朔平府志》卷之十一《外志·祥异》
	左云	九月初九日,地震有声。		光绪《左云县志》卷一《祥异》
	保德	二月十二日戌时,地震。九月九日清晨,地震,天昏地惨,地中有声如风,厓倒墙倾,半时方止。夜,其震五次,二更地震,时地中亦有声。嗣后屡震几月余,然不似九日之甚也。		乾隆《保德州志》卷之三《风土·祥异》
	临县	夏四月,临县地震。		乾隆《汾州府志》卷之二十五《事考》
		九月初九日,太白经天,同日地震。		民国《临县志》卷三《谱大事》
	天镇、保德、广灵、右玉、临县	天镇、保德:地震,边垣、房屋塌毁甚多。广灵、右玉、左云亦震。临县:地震。		《山西地震目录》
清康熙十三年(1674)	保德州	二月初七日夜半,保德州地震。		《清史稿》卷四十四《灾异志五》 乾隆《保德州志》卷之三《风土·祥异》
	保德、阳泉、陵川	……保德、阳泉、陵川地震。		雍正《山西通志》卷一百六十三《祥异二》

续　表

纪年	灾区	灾象	应对措施	资料出处
清康熙十三年(1674)	阳曲	夏五月,阳曲地震。		乾隆《太原府志》卷四十九《祥异》
		夏五月,地震。		道光《阳曲县志》卷之十六《志余》
清康熙十四年(1675)	乡宁	四月,地震。		民国《乡宁县志》卷八《大事记》
	平陆	五月,地震。		乾隆《解州平陆县志》卷之十一《祥异》
		平陆:地震,土窑间有震圮,震级$4\frac{3}{4}$,烈度六。		《山西地震目录》
清康熙十六年(1677)	平定州	雨雹,地震。		光绪《平定州志》卷之五《祥异》
清康熙十七年(1678)	襄垣	地震。		乾隆《潞安府志》卷十一《纪事》
清康熙十八年(1679)	潞安、襄垣、武乡、徐沟	九月,襄垣,武乡,徐沟地震数次,民舍尽颓。……十月,潞安地震。		《清史稿》卷四十四《灾异志五》
		地连动,有水流声。		乾隆《潞安府志》卷十一《纪事》
	阳曲、徐沟、汾阳、平遥、介休、广昌、广灵、襄垣、武乡	阳曲、徐沟、汾阳、平遥、介休、广昌、广灵、襄垣、武乡地震。		雍正《山西通志》卷一百六十三《祥异二》
	长治	七月,地震,九月十月复连动,有水流声。		光绪《长治县志》卷之八《记一·大事记》
	襄垣	九月,地震。		乾隆《重修襄垣县志》卷之八《祥异志·祥瑞》

续　表

纪年	灾区	灾象	应对措施	资料出处
清康熙十八年(1679)	襄垣	九月,地震。		民国《襄垣县志》卷之八《旧闻考·祥异》
	武乡	九月,武乡地震、大水。(魏家窑、监张等村田园尽被淹没)		乾隆《沁州志》卷九《灾异》
		九月,地震大水。		乾隆《武乡县志》卷之二《灾祥》
	徐沟	七月二十八日,地震,九月,复震,昼夜数次,城垣敌台女墙尽皆塌坏。		光绪《补修徐沟县志》卷五《祥异》
	广灵	大旱,七月始雨,地震有声。		乾隆《广灵县志》卷一《方域·星野·灾祥附》
	榆次	邑中屡震。		同治《榆次县志》卷之十六《祥异》
	平遥	七月二十八日,地震。		光绪《平遥县志》卷之十二《杂录志·灾祥》
	介休	七月十八日巳时,地震。		嘉庆《介休县志》卷一《兵祥·祥灾附》
	汾州	汾阳、平遥、介休地震。		乾隆《汾州府志》卷之二十五《事考》
	汾阳	地震。		光绪《汾阳县志》卷十《事考》
	徐沟、长治、襄垣、武乡	清康熙十八年九月(1679年10月)徐沟地震,城头垛口、女墙尽皆崩,长治、襄垣、武乡亦震,震级($5\frac{1}{2}$),烈度七。		《山西地震目录》

续 表

纪年	灾区	灾象	应对措施	资料出处
清康熙十九年(1680)	岢岚、孝义、介休	……岢岚、孝义、介休地震。		雍正《山西通志》卷一百六十三《祥异二》
	阳曲	是年不时地震。		道光《阳曲县志》卷之十六《志余》
	介休	二月十九日,地震。		嘉庆《介休县志》卷一《兵祥·祥灾附》
	汾州	孝义、介休地震。		乾隆《汾州府志》卷之二十五《事考》
	孝义	二月,地震。五月,复震。十月,又震。		乾隆《孝义县志·胜迹·祥异》
清康熙二十年(1681)	潞城	十月初十日,潞城地震。		《清史稿》卷四十四《灾异志五》 乾隆《潞安府志》卷十一《纪事》 光绪《潞城县志》卷三《大事记》
	平顺	二月二日,天鼓鸣。		民国《平顺县志》卷十一《旧闻考·兵匪·灾异》
清康熙二十一年(1682)	襄垣、潞安、介休	十月初五日,襄垣地震。初六日,潞安地震。初十日,介休地震,民舍多倾倒。		《清史稿》卷四十四《灾异志五》
	潞安府	十月初六日,地震有声。		乾隆《潞安府志》卷十一《纪事》
	长治	十月六日,地震。		光绪《长治县志》卷之八《记一·大事记》

续 表

纪年	灾区	灾象	应对措施	资料出处
清康熙二十一年(1682)	介休	…… 十月癸未，介休地震。		雍正《山西通志》卷一百六十三《祥异二》 乾隆《汾州府志》卷之二十五《事考》
		十月初十日申时，地震。钟堕楼下，民房毁塌无算。		嘉庆《介休县志》卷一《兵祥·祥灾附》
清康熙二十二年(1683)	定襄、保德州	七月初五日，定襄地震，压毙千余人。十月初五日，保德州地震，人有压毙者。		《清史稿》卷四十四《灾异志五》
	平遥、临晋、临县、灵丘、广昌、广灵、神池、马邑、襄垣、武乡、交城、忻州、定襄、静乐、五台	……冬十月，平遥、临晋、临县、灵丘、广昌、广灵、神池、马邑、襄垣、武乡、交城、忻州、定襄、静乐、五台地震。	奉旨赈并免次年钱粮三之一。	雍正《山西通志》卷一百六十三《祥异二》
	榆次、交城	冬十月，榆次、交城地震。	奉旨赈恤，并免次年钱粮三之一。	乾隆《太原府志》卷四十九《祥异》
	太原	夏，地数震。		道光《太原县志》卷之十五《祥异》
	襄垣	冬十月，襄垣地震。		乾隆《潞安府志》卷十一《纪事》
		十月初五日，地震有声。初六初七不时震，人心恐怖。		乾隆《重修襄垣县志》卷之八《祥异志·祥瑞》 民国《襄垣县志》卷之八《旧闻考·祥异》

续　表

纪年	灾区	灾象	应对措施	资料出处
清康熙二十二年(1683)	长子	十月初未时，太原以北、原平等处地大震，本邑亦微震有声。		康熙《长子县志》卷之一《灾祥》
	沁州	十月，地震。(初五日未时也，武乡更甚，房屋倒毁，居民有压死者。初六七八日，不时地动)		乾隆《沁州志》卷九《灾异》
	武乡	十月，地震。		乾隆《武乡县志》卷之二《灾祥》
	盂县	十月，地震，坏城垛。		光绪《盂县志·天文考》卷五《祥瑞、灾异》
	灵丘、广灵	十月，灵丘、广灵地震。	奉旨赈恤并免次年钱粮三之一。	乾隆《大同府志》卷之二十五《祥异》 乾隆《广灵县志》卷一《方域·星野·灾祥附》
	朔平	十月初五日申时，地大震，坏民庐舍，马邑城垣倒塌。		雍正《朔平府志》卷之十一《外志·祥异》
	朔州	十月初五日申时，地震，坏民庐舍。		雍正《朔州志》卷之二《星野·祥异》
	马邑	十月，地震，坏民庐舍，摇塌东城墙半面。		民国《马邑县志》卷之一《舆图志·杂记》
	左云	十月初五日申时地震屋宇多倾塌。		光绪《左云县志》卷一《祥异》
	忻州	十月初五日，地震，官舍民房多毁，压伤人畜。		光绪《忻州志》卷三十九《灾祥》

续 表

纪年	灾区	灾象	应对措施	资料出处
清康熙二十二年(1683)	定襄	十月初五未时,地大震。其声如雷,平地绝裂涌水或出黄黑沙。县治前旌善、申明亭俱倒,四面城楼垛口尽裂,村疃屋垣塌倒,压死人千余、畜类无数。而横山及原平等处尤甚。		康熙《定襄县志》卷之七《灾祥志·灾异》
	静乐	十月初五日,地大震,塌毁山城数丈。		康熙《静乐县志》四卷《赋役·灾变》
	代州	十月初五日,地大震,坏庐舍,人民压死者众。		光绪《代州志·记三》卷十二《大事记》
	崞县	十月初五日未时,地大震。初四西北声若震霜,黄尘遍野,树梢几至委地,毁坏民房,人多压死,神山三泉、原平大阳等处尤甚,地且迸裂,或出泉或出黑沙,人皆露处,屋虽存,不时摇动,至十月中乃定。是冬,天气颇燠。	抚院奏疏,奉旨委工部亲勘。每口给棺银一两二钱。次年,粮免三分之一。是冬大震,后时或动摇,每日夜十数次。五六年内一日数次或数日一次,渐复其常。	乾隆《崞县志》卷五《祥异》 光绪《续修崞县志》卷八《志余·灾荒》
	保德	十一月初五日,地震,有压死者。		乾隆《保德州志》卷之三《风土·祥异》
	榆次	十月,地震,邑中有声。		同治《榆次县志》卷之十六《祥异》
	平遥、临县	十月初五申时,地震甚急,房屋多坏,间有伤人。		光绪《平遥县志》卷之十二《杂录志·灾祥》

续 表

纪年	灾区	灾象	应对措施	资料出处
清康熙二十二年(1683)	平遥、临县	冬十月，平遥、临县地震。		乾隆《汾州府志》卷之二十五《事考》
	交城	癸亥十日，地震，压没田庐人畜。		光绪《交城县志》卷一《天文门·祥异》
	临县	彗星长竟半天，冲参井，五月初三日，龙见于生员田中芙家，震死高养敬，十月初五日，地震，城头女墙倾圮，山川濛气且有声。		民国《临县志》卷三《谱大事》
	临晋	临晋地震。		乾隆《蒲州府志》卷之二十三《事纪·五行祥沴》
		十月，地震。		民国《临晋县志》卷十四《旧闻记》
	平遥、临县、临晋、灵邱、广灵、神池、马邑、襄垣、武乡、交城、忻州、定襄、静乐、五台、三泉、大阳、崞县、代县、右玉、宁武、榆次、盂县、潞城、左云、介休、保德、沁县、长子、太原	十月平遥、临晋、临县、灵邱、广灵、神池、马邑、襄垣、武乡、交城、忻州、定襄、静乐、五台地震十月初五(阳历十一月二十二日)原平附近地震，原平及神山、三泉、大阳、横山等处尤甚。屋垣塌倒，民屋毁坏，人皆露处，平地绝裂，涌水或出黑沙，压死千余人，畜类无数。崞县城内文庙殿屋、寺庙倾圮。定襄四面城楼垛口尽裂，旌善、申明二亭俱倒。五台城垣、楼橹、女墙、衙宇、仓库、寺观尽圮，压死多人。	赈恤，免次年钱粮三之一	《山西地震目录》

续 表

纪年	灾区	灾象	应对措施	资料出处
清康熙二十二年(1683)	平遥、临县、临晋、灵邱、广灵、神池、马邑、襄垣、武乡、交城、忻州、定襄、静乐、五台、三泉、大阳、崞县、代县、右玉、宁武、榆次、盂县、潞城、左云、介休、保德、沁县、长子、太原	马邑(今朔县)坏儒学庐舍,摇塌东城半面及四围女墙。代县坏庐舍,人民压死者甚众。朔县、右玉、宁武、临县、静乐、榆次、盂县、潞城、左云、介休等县均有城垣塌毁,坏民庐舍。保德、交城、平遥、武乡等县有压死人畜。烈度九,震级(7)。沁县、长子、太原。陕西、河南、河北、山东等省不少县均有感。大震后,仍时或动摇,每日夜数十次,五、六年内或一日数次,或数日一次,此后渐复其常。	赈恤,免次年钱粮三之一。	《山西地震目录》
清康熙二十九年(1690)	临汾、襄垣、襄陵	七月,临汾,襄垣地震。九月,襄陵地震。		《清史稿》卷四十四《灾异志五》
	临汾	……秋七月,临汾地震。		雍正《山西通志》卷一百六十三《祥异二》 雍正《平阳府志》卷之三十四《祥异》
		九月,地震。		民国《临汾县志》卷六《杂记类·祥异》
	襄陵	九月二十五日,地微动。		民国《襄陵县新志》卷之二十三《旧闻考》
	垣曲	七月,地震;秋旱,麦种未播。		光绪《垣曲县志》卷之十四《杂志》

续 表

纪年	灾区	灾象	应对措施	资料出处
清康熙二十九年(1690)	临汾、垣曲	临汾、垣曲七月地震。		《山西地震目录》
清康熙三十年(1691)	翼城	夏,地震。		民国《翼城县志》卷十四《祥异》
	夏县	四月朔,地震。		光绪《夏县志》卷五《灾祥志》
康熙三十三年(1694)	徐沟、太平、孟县、交城、临汾、翼城、浮山、安邑、平陆、平阳府	四月初六日,徐沟,太平,孟县,交城地大震;临汾,翼城,浮山,安邑,平陆震尤甚,坏庐舍十之五,压毙万余人。夏四月丁酉,平阳府地震。		《清史稿》卷四十四《灾异志五》卷七《圣祖本纪二》
	孝义	四月癸酉,孝义地震。		雍正《山西通志》卷一百六十三《祥异二》 乾隆《孝义县志·胜迹·祥异》
	汾州	癸酉,孝义地震。		乾隆《汾州府志》卷之二十五《事考》
	襄陵	四月初六日戌时,地震。有声如雷,城垣、学宫、公署、民居,倾覆殆尽,死者不可胜计。	知府王祥请奉旨发帑赈济,又给贫民盖房,银每间一两,又给埋瘗银,大口二两,小口七钱五分。	民国《襄陵县新志》卷之二十三《旧闻考》

续 表

纪年	灾区	灾象	应对措施	资料出处
清康熙三十四年（1695）	太原、平阳、潞安、汾、泽、临汾、洪洞、襄陵、浮山	四月，太原、平阳、潞安、汾、泽等属地震，临汾、洪洞、襄陵、浮山尤甚。	奉旨发帑散赈，又给贫民修葺银，每间与一两，并发西安库帑，修筑城垣、官廨、学舍。	雍正《山西通志》卷一百六十三《祥异二》
	潞城	四月初六日，地震有声，自西北来，移时方止。城垣庐舍多所颓坏。是夜五鼓又震。	五月，户部员外郎登德奉旨勘灾至县。	光绪《潞城县志》卷三《大事记》
	太原、榆次	四月，太原地震。六月，榆次地震。	奉旨发帑散赈，又给贫民修葺屋银，每间一两。	乾隆《太原府志》卷四十九《祥异》
	徐沟	四月初六日酉时，地震甚急，有声如雷。		康熙《徐沟县志》卷之三《祥异》 光绪《补修徐沟县志》卷五《祥异》
	右卫杀虎堡	右卫杀虎堡地震。		雍正《朔平府志》卷之十一《外志·祥异》
	静乐	四月初六日，地震，塌西郭门。		康熙《静乐县志》四卷《赋役·灾变》
	保德	四月初六日，地大震。		乾隆《保德州志》卷之三《风土·祥异》
	榆次	四月六日，地震，邑中井溢。		同治《榆次县志》卷之十六《祥异》
	平遥	四月初六日酉时，地震，甚急有声如万马奔腾，房屋多坏，平阳各处尤甚。		光绪《平遥县志》卷之十二《杂录志·灾祥》

续　表

纪年	灾区	灾象	应对措施	资料出处
清康熙三十四年（1695）	介休	四月初六日酉时，地震。		嘉庆《介休县志》卷一《兵祥·祥灾附》
	永宁	四月初六日，地大震两旬不止。秋八月，旱、霜杀稼，民饥。		康熙《永宁州志》附《灾祥》
	汾州	四月初六日，永宁州地震，两旬不止。		乾隆《汾州府志》卷之二十五《事考》
	孝义	地震。		乾隆《孝义县志·胜迹·祥异》
	石楼	四月初六日戌时，地震，房窑倒塌，城乡压伤二百余人。	邑令鱼详报题达，奉旨赏给棺木，大口三两，小口二两。	雍正《石楼县志》卷之三《祥异》
	宁乡	四月初六日戌时，戌时地大震，后月余尤微震不止。是年八月十三日，霜，秋禾俱不熟。		康熙《宁乡县志》卷之一《灾异》
	平阳府属	四月，平阳等属地震，临汾、洪洞、襄陵、浮山尤甚。	奉旨以帑散赈，又给贫民修葺银每间一两，并发西安库文为帑修筑城垣、官舍、学舍。	雍正《平阳府志》卷之三十四《祥异》
	临汾	夏四月地大震。初六日戌时，有声如雷，城垣衙署民舍尽行倒塌，压死人民数万。		民国《临汾县志》卷六《杂记类·祥异》

续 表

纪年	灾区	灾象	应对措施	资料出处
清康熙三十四年(1695)	岳阳	四月初六日,地震。房屋倒塌,人畜压死无数,东池尤甚。	蒙上赈济棺木银两,每一大口给银一两,每一小口给银八钱。	民国《新修岳阳县志》卷一十四《祥异志·灾祥》
	翼城	四月初六日,地大震,声如雷,城楼庐舍半为倾倒,人民压死者甚众。		民国《翼城县志》卷十四《祥异》
	曲沃	夏四月,地大震,数十日乃止。		光绪《续修曲沃县志》卷之三十二《祥异》
	隰州	四月初六夜,地震,伤人畜,坏房窑无数,奉旨赈济。	奉旨赈济。	康熙《隰州志》卷之二十一《祥异》
	大宁	四月初六日,地震。		光绪《大宁县志》卷之七《灾祥集》
	蒲县	夏四月六日,地震。		光绪《蒲县续志》卷之九《祥异志》
	洪洞	四月,地大震,声如雷,是日地裂湧水,官廨民舍半为倾倒,压死人民甚众。		民国《洪洞县志》卷十八《杂记志·祥异》
	浮山	四月初六日亥时,地大震,临汾、洪洞、翼城、浮山尤甚,坏庐舍十之五,压死者数万余,人民皆野处。	乃发帑散赈,又给贫民修葺银,每间一两,并发西安库帑修筑城垣、官廨、学舍,百姓困苦者数十年。	民国《浮山县志》卷三十七《灾祥》
	太平	夏四月,地大震(初六之夕忽有声,自西北来,俄顷,屋多倾圮,尘涨迷天,人有压死者)。		光绪《太平县志》卷十四《杂记志·祥异》

续 表

纪年	灾区	灾象	应对措施	资料出处
清康熙三十四年(1695)	乡宁	四月初六日戌时,地震。		乾隆《乡宁县志》卷十四《祥异》
	安邑	地震如雷。		乾隆《解州安邑县志》卷之十一《祥异》
	绛县	夏四月,地大震,数日乃止。		民国《新绛县志》卷十《旧闻考·灾祥》
	闻喜	四月初六日戌时,地震。		民国《闻喜县志》卷二十四《旧闻》
	垣曲	四月,地震,房舍多圮。		光绪《垣曲县志》卷之十四《杂志》
	绛县	绛县地震。	发帑赈之,又给贫民修葺房屋银两。(同上即旧志)	光绪《绛县志》卷六《纪事·大事表门》
	平陆	四月,地震如雷。		乾隆《解州平陆县志》卷之十一《祥异》
	万泉	四月六日,地大震。旬日数次,城堞房屋多倾坏。		民国《万泉县志》卷终《杂记附·祥异》
	猗氏	四月初六日,平阳地震。(本邑同日亦震)		雍正《猗氏县志》卷六《祥异》
	长子	四月初六日戌时,地震。		康熙《长子县志》卷之一《灾祥》
	沁州	四月,地震。(初六日戌时,声如雷,房屋有震倒者)		乾隆《沁州志》卷九《灾异》
	沁源	四月初六日戌时地震,人间有压死者。		雍正《沁源县志》卷之九《别录·灾祥》 民国《沁源县志》卷六《大事考》

续 表

纪年	灾区	灾象	应对措施	资料出处
清康熙三十四年（1695）	武乡	四月，地震。		乾隆《武乡县志》卷之二《灾祥》
	泽州、高平、阳城、陵川、沁水	夏四月，六月，泽州、高平、阳城、陵川、沁水地震。（与原平、汾、潞同日地震）旬日凡数次，城堞屋宇多倾坏。	奉旨发帑散赈，又给贫民修葺银每间一两，并发西安库帑修筑城垣、官廨、学舍。	雍正《泽州府志》卷之五十《祥异》
	太原、平汾、潞泽	夏四月六日，地震，太原、平汾、潞泽同日震，旬日凡数次，城堞屋宇多倾坏。	奉旨发帑散赈，又给贫民修葺银两，并发帑修筑城垣、官廨、学宫。	乾隆《高平县志》卷之十六《祥异》
	阳城、泽州、高平、陵川、沁水	地与泽州、高平、陵川、沁水同日震。		乾隆《阳城县志》卷之四《兵祥》 同治《阳城县志》卷之一八《灾祥》
	沁水	地震，城堞倾毁，与太原、平汾潞同日。		光绪《沁水县志》卷之十《祥异》
清康熙三十五年（1696）	保德州	十二月二十七日，保德州康家山崩。		《清史稿》卷四十四《灾异志五》
清康熙三十六年（1697）	襄垣	……夏四月，襄垣地震。		雍正《山西通志》卷一百六十三《祥异二》
		夏四月，地震。		乾隆《重修襄垣县志》卷之八《祥异志·祥瑞》

续　表

纪年	灾区	灾象	应对措施	资料出处
清康熙三十六年(1697)	襄垣	夏四月,地震。		民国《襄垣县志》卷之八《旧闻考·祥异》
清康熙三十八年(1699)	静乐	……冬十月,静乐地震。		雍正《山西通志》卷一百六十三《祥异二》
清康熙四十年(1701)	长子	三月十二日,长子地震。		《清史稿》卷四十四《灾异志五》
		春三月,长子地震。		雍正《山西通志》卷一百六十三《祥异二》
		三月十二日巳时,地震。		康熙《长子县志》卷之一《灾祥》
清康熙四十二年(1703)	太原	四月初六日,太原奉圣寺山移数步。		《清史稿》卷四十四《灾异志五》
		四月,太原奉圣寺山移数步。		乾隆《太原府志》卷四十九《祥异》
	灵邱	地震。		光绪《灵邱县补志》第三卷之六《武备志·灾祥》
清康熙四十四年(1705)	平遥	正月十三日,平遥地震。		《清史稿》卷四十四《灾异志五》
清康熙四十七年(1708)	曲沃	正月朔,曲沃地震		《清史稿》卷四十四《灾异志五》
		春正月朔,地震。		光绪《续修曲沃县志》卷之三十二《祥异》
	绛州	春正月,地震。		光绪《直隶绛州志》卷之二十《灾祥》
	绛县	春正月,地震。		民国《新绛县志》卷十《旧闻考·灾祥》

续　表

纪年	灾区	灾象	应对措施	资料出处
清康熙四十八年（1709）	保德州	九月初二日，保德州地震。		《清史稿》卷四十四《灾异志五》
	保德、永和	……保德、永和地震。		雍正《山西通志》卷一百六十三《祥异二》
		九月十二，地震，房屋动摇，墙垣之不坚固者，多倒塌。		乾隆《保德州志》卷之三《风土·祥异》
		九月十二日巳时，地震自西南来，十二月除夕，大雪。		民国《永和县志》卷十四《祥异考》
清康熙四十九年（1710）	解州	二月解州地震。		雍正《山西通志》卷一百六十三《祥异二》
	临县	夏六月，地大震。		民国《临县志》卷三《谱大事》
	曲沃	夏六月，地大震。		光绪《续修曲沃县志》卷之三十二《祥异》
	绛州	夏六月，地大震。		光绪《直隶绛州志》卷之二十《灾祥》 民国《新绛县志》卷十《旧闻考·灾祥》
清康熙五十四年（1715）	阳曲	春三月，地震。		道光《阳曲县志》卷之十六《志余》
清康熙五十五年（1716）	曲沃	二月，曲沃地震。		《清史稿》卷四十四《灾异志五》 光绪《续修曲沃县志》卷之三十二《祥异》
	潞安府	地动。		乾隆《潞安府志》卷十一《纪事》

续　表

纪年	灾区	灾象	应对措施	资料出处
清康熙五十五年（1716）	长子	八月，地震。		光绪《长治县志》卷之八《记一·大事记》
	忻州	春三月，地震。		光绪《忻州志》卷三十九《灾祥》
	翼城	三月、五月、七月地微震。		民国《翼城县志》卷十四《祥异》
	绛州	春二月，地震。		光绪《直隶绛州志》卷之二十《灾祥》
		春二月，地震。		民国《新绛县志》卷十《旧闻考·灾祥》
清康熙五十六年（1717）	翼城	五月二十七日，翼城地震。		《清史稿》卷四十四《灾异志五》
清康熙五十七年（1718）	翼城	五月二十一日寅时，地动许久乃已。八月二十一日寅时，地复震。		民国《翼城县志》卷十四《祥异》
	曲沃	秋八月，地震。		光绪《续修曲沃县志》卷之三十二《祥异》
	绛县	五月，绛县地震、雨雹。（同上即旧志）		光绪《绛县志》卷六《纪事·大事表门》
	万泉	五月，地震。		民国《万泉县志》卷终《杂记附·祥异》
清康熙五十八年（1719）	大同	……六月，大同地震。		雍正《山西通志》卷一百六十三《祥异二》
	广灵	六月朔，广灵地震。		《清史稿》卷四十四《灾异志五》
	榆次	七月十六日，榆次地震。		《清史稿》卷四十四《灾异志五》

续 表

纪年	灾区	灾象	应对措施	资料出处
清康熙五十八年(1719)	潞安	地动。		乾隆《潞安府志》卷十一《纪事》
	交城	己亥,地震。		光绪《交城县志》卷一《天文门·祥异》
清康熙五十九年(1720)	榆次	六月,榆次地震。		乾隆《太原府志》卷四十九《祥异》
		六月八日,邑中地震,岁旱饥。		同治《榆次县志》卷之十六《祥异》
	天镇	六月初八日酉时,地大震,城楼城垣坍塌甚多,自是微动,月余方息。		光绪《天镇县志》卷四《记三·大事记》
	广灵	六月,地震有声。		乾隆《广灵县志》卷一《方域·星野·灾祥附》
	朔平	夏六月,地震。		雍正《朔平府志》卷之十一《外志·祥异》
	翼城	六月初八日申时,地动无声。		民国《翼城县志》卷十四《祥异》
清康熙六十年(1721)	和顺	地震有声。		民国《重修和顺县志》卷之九《风俗·祥异》
清雍正三年(1725)	介休	十一月,地大震。		嘉庆《介休县志》卷一《兵祥·祥灾附》
	交城	乙巳二月十九日,天鼓鸣。十一月,地震。		光绪《交城县志》卷一《天文门·祥异》
清乾隆二年(1737)	高平	九月初七日,高平地震。十月二十四日,长子地震。		《清史稿》卷四十四《灾异志五》
	潞安府	九月,地动。		乾隆《潞安府志》卷十一《纪事》等
	长治县	九月,地震。		光绪《长治县志》卷之八《记一·大事记》

续　表

纪年	灾区	灾象	应对措施	资料出处
清乾隆三年(1738)	芮城、襄垣、安邑、天镇	十一月二十四日,芮城、襄垣、安邑、天镇地震。		《清史稿》卷四十四《灾异志五》
	天镇	十一月二十四日酉时,地震有声。		光绪《天镇县志》卷四《记三·大事记》
	平遥	十一月,地震,其声如雷,屋多损坏。		光绪《平遥县志》卷之十二《杂录志·灾祥》
	宁乡	十一月,宁乡县地震。		乾隆《汾州府志》卷之二十五《事考》
	解州	岁稔。十月,地大震。		光绪《解州志》卷之十一《祥异》 民国《解县志》卷之十三《旧闻考》
	安邑	十一月,地震。		乾隆《解州安邑县志》卷之十一《祥异》
	垣曲	十一月,地震。		光绪《垣曲县志》卷之十四《杂志》
	芮城	十一月二十四日,地震。		民国《芮城县志》卷十四《祥异考》
	夏县	十月,地震。		光绪《夏县志》卷五《灾祥志》
	虞乡	岁稔。十月,地震。		光绪《虞乡县志》卷之一《地舆志·星野·附祥异》
	荣河	十一月十四日,地震。		光绪《荣河县志》卷十四《记三·祥异》
清乾隆四年(1739)	岳阳	二月,地震。		民国《新修岳阳县志》卷一十四《祥异志·灾祥》

续 表

纪年	灾区	灾象	应对措施	资料出处
清乾隆四年(1739)	岳阳	二月,地震。		民国《安泽县志》卷十四《祥异志·灾祥》
	太平	春二月二十四日夜,地震。		光绪《太平县志》卷十四《杂记志·祥异》
	万泉	十一月,地震。		民国《万泉县志》卷终《杂记附·祥异》
清乾隆五年(1740)	繁峙	十一月,地震。		道光《繁峙县志》卷之六《祥异志·祥异》 光绪《繁峙县志》卷四《杂志》
清乾隆七年(1742)	曲沃	春,地震。		光绪《续修曲沃县志》卷之三十二《祥异》
	绛州	春,地震。		光绪《直隶绛州志》卷之二十《灾祥》 民国《新绛县志》卷十《旧闻考·灾祥》
清乾隆十年(1745)	浮山	四月初四日,浮山地震。		《清史稿》卷四十四《灾异志五》
		四月初四日,地微震。		民国《浮山县志》卷三十七《灾祥》
清乾隆十九年(1754)	太原	四月,太原地震。		《清史稿》卷四十四《灾异志五》
		夏四月,太原地震。县鼓楼簷角毁。秋八月,太原大风拔木。		乾隆《太原府志》卷四十九《祥异》
		夏四月,地震,鼓楼簷角毁。		道光《太原县志》卷之十五《祥异》

续　表

纪年	灾区	灾象	应对措施	资料出处
清乾隆十九年（1754）	交城	甲戌，地震，八月，大风拔禾。		光绪《交城县志》卷一《天文门·祥异》
清乾隆二十一年（1756）	繁峙	六月，地震。		道光《繁峙县志》卷之六《祥异志·祥异》 光绪《繁峙县志》卷四《杂志》
清乾隆二十二年（1757）	高平	七月，下沙壁地陷，坏人室庐数十所。		乾隆《高平县志》卷之十六《祥异》
清乾隆二十五年（1760）	长治	长治：地震有声。		光绪《长治县志》卷之八《记一·大事记》
	潞安、长子	十一月二十日，潞安，长子地震。		《清史稿》卷四十四《灾异志五》
清乾隆三十年（1765）	荣河	七月十八日，地微震。		光绪《荣河县志》卷十四《记三·祥异》
清乾隆三十八年（1773）	陵川	七月二十九日，陵川地震。		《清史稿》卷四十四《灾异志五》
清乾隆四十年（1775）	陵川	十一月十一日，陵川地震。		《清史稿》卷四十四《灾异志五》
清乾隆四十二年（1777）	祁县	四月初七日，祁县地震。		《清史稿》卷四十四《灾异志五》 光绪《增修祁县志》卷十六《祥异》
清乾隆四十八年（1783）	稷山	秋，地震。		同治《稷山县志》卷之七《古迹·祥异》

续　表

纪年	灾区	灾象	应对措施	资料出处
清乾隆五十三年(1788)	武乡	十一月，地震。		乾隆《武乡县志》卷之二《灾祥》
清乾隆五十四年(1789)	武乡	十月，地震。		乾隆《武乡县志》卷之二《灾祥》
清嘉庆二年(1797)	河津	十二月，地震。		光绪《河津县志》卷之十《祥异》
清嘉庆十五年(1810)	忻州	正月，地震有声。五月，大风拔木。		光绪《忻州志》卷三十九《灾祥》
清嘉庆十八年(1813)	壶关	十二月十九日，地震。是年，河南滑县不靖。	自九月至十一月，壶关河郊口、玉峡关等处戒严。邑令汪请兵、团练、乡勇防御。凯旋后阖邑为悬“绥靖蒙庥”匾额于大堂。	道光《壶关县志》卷二《纪事》
	屯留	地动，天鼓鸣。		光绪《屯留县志》卷一《祥异》
	凤台	四月，地大震。		光绪《凤台县续志》卷之四《纪事》
	襄陵	地震。(塌损民房甚众)		民国《襄陵县新志》卷之二十三《旧闻考》
	河津	十二月十九日，地震。		光绪《河津县志》卷之十《祥异》
清嘉庆十九年(1814)	大同	冬，地震。		道光《大同县志》卷二《星野·岁时》

续　表

纪年	灾区	灾象	应对措施	资料出处
清嘉庆十九年(1814)	河津	九月,地震。		光绪《河津县志》卷之十《祥异》
清嘉庆二十年(1815)	阳城	九月,地震,县西更甚。		同治《阳城县志》卷之一八《灾祥》
	解县	九月,地大震,房屋及庙宇多倾,居民压死无数。		民国《解县志》卷之十三《旧闻考》
	安邑	地震,压毙居民甚多,坍塌官民房舍。		光绪《安邑县续志》卷六《祥异》
	芮城	九月二十一日,地大震,地簸如舟,坏屋舍无数。	奉旨缓征银粮。	民国《芮城县志》卷十四《祥异考》
	平陆	九月十九日夜,有彤云自西北直亘东南,少顷,始散。地大震如雷。*		光绪《平陆县续志》卷之下《杂记志·祥异》
	荣河	九月十九日,地震,声如雷。		光绪《荣河县志》卷十四《记三·祥异》
	大同	三月,地震。		道光《大同县志》卷二《星野·岁时》
	曲沃	秋九月,地震弥月。		光绪《续修曲沃县志》卷之三十二《祥异》
	太平	秋九月二十日辛亥,地震。(有声如风自西北来,屋似欲倾)		光绪《太平县志》卷十四《杂记志·祥异》

* 天地通红,大树扫地复起,房屋摇动,平地忽裂数十丈,涌出黑沙水,开而复合,损坏房屋无数,凡傍崖居者多压死。邑内惟西牛、下牛、王家沟、越冀、軨轿等村灾最重。嗣后,或一日数震,数月一震,如此者约四五年。

续 表

纪年	灾区	灾象	应对措施	资料出处
清嘉庆二十年(1815)	稷山	九月二十日亥时,地震移时。		同治《稷山县志》卷之七《古迹·祥异》
	夏县	九月二十一日,地震。压毙大小口十五名,坍塌民房八十余间、土窑二十余孔。	有司详报,蒙恩抚恤,由河东道发给掩埋骸骨、修理房屋银九十六两六钱五分。	光绪《夏县志》卷五《灾祥志》
	永济	九月二十日夜半,地大震,声如雷,地形簸荡如舟在浪中,至天明连震二三次,坏屋舍不计其数。		光绪《永济县志》卷二十三《事纪·祥沴》
	虞乡	九月,地大震,民屋倾塌,死伤无算数,发币赈济。		光绪《虞乡县志》卷之一《地舆志·星野·附祥异》
	临晋	九月十九日,地大震,北城门楼倾塌。十月,地震。		民国《临晋县志》卷十四《旧闻记》
	猗氏	九月十九日,地震声如雷,墙屋多有损伤,惟解州、平芮,压死人民数万,月余乃止。		同治《续猗氏县志》卷四《祥异》
	河东、解州、安邑、虞乡、平陆、芮城、夏县、猗氏、荣河、临晋、永济	河东地震,解州、安邑、虞乡、平陆、芮城五城较重,而平陆尤甚。山崩崖倾,平地开裂,倒塌房屋二万余间,窑洞二万余孔,压死者达一万三千余人。为二百年未有此奇灾也。		《山西省地震目录》震级[6.75]

续 表

纪年	灾区	灾象	应对措施	资料出处
清嘉庆二十年(1815)	河东、解州、安邑、虞乡、平陆、芮城、夏县、猗氏、荣河、临晋、永济	平陆城垣、仓狱、衙署坍塌,民居、窑洞震倒十之三四。平地忽裂数十丈,开而复合,涌出黑沙水。县内以西牛、下牛、王家沟、越冀、辚轿等村最重,崖倾,傍崖居者多压死。平陆压死数千名,茅津镇共压死八千六百七十七人。		《山西省地震目录》震级[6.75]
清道光七年(1827)	阳曲	连日地震。		道光《阳曲县志》卷之十六《志余》
	永和	九月二十日,地大震。		民国《永和县志》卷十四《祥异考》
	解州	九月,地大震,房屋及庙宇多倾,居民压死无数。		光绪《解州志》卷之十一《祥异》
	猗氏	九月十九日,地震声如雷,墙屋多有损伤,惟解州、平、芮压死人民数万,月余乃止。		同治《续猗氏县志》卷四《祥异》
清道光八年(1828)	平陆	二月五日戌时,地震三,越月而安。		光绪《平陆县续志》卷之下《杂记志·祥异》
清道光九年(1829)	高平	夏四月,地震。		光绪《续高平县志》卷之十二《祥异》
	永宁州	地震,庙宇、民居多坍塌。		光绪《永宁州志》卷三十一《灾祥》
	榆次	四月,地震。		同治《榆次县志》卷之十六《祥异》
清道光十年(1830)	长治	闰四月,地震。		光绪《长治县志》卷之八《记一·大事记》

续 表

纪年	灾区	灾象	应对措施	资料出处
清道光十四年(1834)	清源	秋,地震;冬,大雪三尺。		光绪《清源乡志》卷十六《祥异》
	长治	四月,地连震月余,坏民居甚众。		光绪《长治县志》卷之八《记一·大事记》
	襄垣	四月二十二日,地震有声。越日又震,人有不敢入室处者,数日乃止。		民国《襄垣县志》卷之八《旧闻考·祥异》
	壶关	闰四月二十二日,地大震有声,压毙者四。城垛俱倾。后间一日震或连日频震,两月方止。	县令茹补修城垣完固。	道光《壶关县志》卷二《纪事》
	沁州	地大震。(闰四月二十二日,天将夕,地忽震动,人皆眩晕颠仆,屋宇倾侧,居民惶骇,至初更始定)		光绪《沁州复续志》卷之四《灾异》
	沁源	地大震。闰四月二十三日,天将夕,地忽动,人几颠仆,屋宇倾侧,居民恐惶,移时始定。		民国《沁源县志》卷六《大事考》
	武乡	闰四月,地震。		民国《武乡新志》卷之四《旧闻考》
	潞城	四月二十二日,地震坏东城垣,次日复震。		光绪《潞城县志》卷三《大事记》
	平顺	闰四月,地大震,或间日,或连日两月乃止,毙人无算。		民国《平顺县志》卷十一《旧闻考·兵匪·灾异》
	凤台	地大震,人不敢屋居,一昼夜震十八度。		光绪《凤台县续志》卷之四《纪事》
	高平	四月,地震 。		光绪《续高平县志》卷之十二《祥异》

续　表

纪年	灾区	灾象	应对措施	资料出处
清道光十四年(1834)	忻州	闰四月二十二日,地连次大震。		光绪《忻州志》卷三十九《灾祥》
	乐平	四月二十四日,地震,民房倾圮,月余乃止。		民国《昔阳县志》卷一《舆地志·祥异》
清道光二十年(1840)	黎城	四月中旬,地大震,数日乃止。		光绪《黎城县续志》卷之一《纪事》
清道光二十一年(1841)	代州	六月十九日,地震。七月二十一日,雨雹。(采访册)		光绪《代州志·记三》卷十二《大事记》
清咸丰元年(1851)	凤台	西指白气经天,鼠害禾。夏雨雹伤麦,地大震。		光绪《凤台县续志》卷之四《纪事》
清咸丰二年(1852)	平陆	十二月初八夜,地震如雷,食顷方止。		光绪《平陆县续志》卷之下《杂记志·祥异》
清咸丰三年(1853)	平河	六月朔,平河大雨,山崩,压倒民房无数。		《清史稿》卷四十四《灾异志五》
清咸丰五年(1855)	沁源	十一月二十四日未刻,地微震。		民国《沁源县志》卷六《大事考》
	武乡	十一月,地震。(二十四日未刻)		民国《武乡新志》卷之四《旧闻考》
	垣曲	二月,地震。		光绪《垣曲县志》卷之十四《杂志》
清咸丰六年(1856)	汾阳	七月地震。		光绪《汾阳县志》卷十《事考》
	襄陵	冬,地震。(日三四次)		民国《襄陵县新志》卷之二十三《旧闻考》

续　表

纪年	灾区	灾象	应对措施	资料出处
清咸丰七年(1857)	河曲	八月夜半,地震一刻。		同治《河曲县志》卷五《祥异类·祥异》
清咸丰八年(1858)	平定	八月初七日,地震,彗星见。		光绪《平定州志》卷之五《祥异》
清咸丰十一年(1861)	岢岚	八月,地震。		光绪《岢岚州志》卷之十《风土志·祥异》
清同治元年(1862)	吉州	十一月,地震。		光绪《吉州全志》卷七《祥异》
清同治二年(1863)	凤台	冬地震。		光绪《凤台县续志》卷之四《纪事》
	阳城	十月初七夜地震。十一月地屡震。		同治《阳城县志》卷之一八《灾祥》
	沁水	十月地震。		光绪《沁水县志》卷之十《祥异》
	临汾	旱,九月地震。十一月复震。		民国《临汾县志》卷六《杂记类·祥异》
	翼城	十月地震。		民国《翼城县志》卷十四《祥异》
	曲沃	壬戌七月既望,星陨如雨,见于西北,蝗飞蔽日。冬十月初地大震,自是不时地震。十一月又大震,历四旬余日乃止。摇坏房屋无数,民人多避处野外。		光绪《续修曲沃县志》卷之三十二《祥异》

续　表

纪年	灾区	灾象	应对措施	资料出处
清同治二年（1863）	太平	九月初六日丑刻，地震。冬十月初八日寅刻，地大震。（嗣后日震数次，月余乃止）		光绪《太平县志》卷十四《杂记志·祥异》
	乡宁	地震。		民国《乡宁县志》卷八《大事记》
	解州	正月十五日，天雨白虫于南庄村，细如线，长分许。二月初九日，陨霜麦冻。十一月，地震。		光绪《解州志》卷之十一《祥异》 民国《解县志》卷之十三《旧闻考》
	绛州	十月，地震日夜三四次，凡月余乃止。		光绪《直隶绛州志》卷之二十《灾祥》
	绛县	六月，绛县蝗，冬地震，房屋多圮，人畜有压毙者。（同上即旧志）		光绪《绛县志》卷六《纪事·大事表门》
	平陆	十月，地震。		光绪《平陆县续志》卷之下《杂记志·祥异》
	稷山	秋，旱蝗腾空而飞，聚集于北山下，食禾苗殆尽，至十月初八夜，地震移时，十一月初五日初六日又连震。		同治《稷山县志》卷之七《古迹·祥异》
	夏县	冬月，地震。		光绪《夏县志》卷五《灾祥志》
	虞乡	十月初七日地震，十一月七日又震。		光绪《虞乡县志》卷之一《地舆志·星野·附祥异》
	荣河	十一月初六日午后，地震，夜半又震。		光绪《荣河县志》卷十四《记三·祥异》

续 表

纪年	灾区	灾象	应对措施	资料出处
清同治三年(1864)	太平	春正月二十九日未刻,地震。二月初三日未刻,地震。初八日,早霜陨如秋。十一日戌刻,地震。		光绪《太平县志》卷十四《杂记志·祥异》
清同治六年(1867)	凤台	三年地震。		光绪《凤台县续志》卷之四《纪事》
	岢岚	六年七月十五,天鼓昼鸣,地震,不为灾。		光绪《岢岚州志》卷之十《风土志·祥异》
清同治七年(1868)	垣曲	十一月,地连震。		光绪《垣曲县志》卷之十四《杂志》
	绛县	绛县饥,秋,民多疫,冬地震。(同上即旧志)		光绪《绛县志》卷六《纪事·大事表门》
清同治九年(1870)	襄垣	五月,地震。		民国《襄垣县志》卷之八《旧闻考·祥异》
清同治十年(1871)	河津	冬,地震。		光绪《河津县志》卷之十《祥异》
清同治十二年(1873)	沁水	十月,地震。		光绪《沁水县志》卷之十《祥异》
	绛县	十月,地震,日夜三四次余震,凡月余乃止。		民国《新绛县志》卷十《旧闻考·灾祥》
清光绪元年(1875)	左云	五月初八日城内太平楼无故自崩,黄雾避开,居民震动。		光绪《左云县志》卷一《祥异》
清光绪二年(1876)	文水	乙亥二月二十五日,地震。三月朔,日食。		光绪《文水县志》卷之一《天文志·祥异》
清光绪三年(1877)	怀仁	九月二十六日,地震。		光绪《怀仁县新志》卷一《分野》

续 表

纪年	灾区	灾象	应对措施	资料出处
清光绪五年(1879)	解州	丁丑,大旱。五月初二日,地震。初十日夜,复震。		光绪《解州志》卷之十一《祥异》 民国《解县志》卷之十三《旧闻考》
清光绪六年(1880)	怀仁	五月十三日,地震。		光绪《怀仁县新志》卷一《分野》
	浑源	五月,地震三次。		光绪《浑源州续志》卷二《星野·祥异》
	太平	五月十二日寅刻,地震。		光绪《太平县志》卷十四《杂记志·祥异》
	洪洞	正月朔,大雨雪。三月,雨雪。五月,地震。		民国《洪洞县志》卷十八《杂记志·祥异》
	曲沃	春旱,麦禾俱歉收。夏五月太白经天,地震。		光绪《续修曲沃县志》卷之三十二《祥异》
	永济	麦歉收,五月十二日寅时,地震。		光绪《永济县志》卷二十三《事纪·祥沴》
	翼城	五月,地震。		民国《翼城县志》卷十四《祥异》
	夏县	五月十一月,两次地震皆自东北而南。		光绪《夏县志》卷五《灾祥志》
清光绪七年(1881)	文水	……九月……十九日戌时,地震。二十八日,雷又鸣。十月九日戌时,火球见于南方,半明半暗,燄腾数丈,逾时始散。越半月,省垣臬署有回禄之灾。		光绪《文水县志》卷之一《天文志·祥异》
	翼城	八月,地震。		民国《翼城县志》卷十四《祥异》

续 表

纪年	灾区	灾象	应对措施	资料出处
清光绪七年(1881)	洪洞	八月,地震。		民国《洪洞县志》卷十八《杂记志·祥异》
	芮城	正月二十六日,地震。		民国《芮城县志》卷十四《祥异考》
清光绪八年(1882)	太平	六月二十五日亥刻,地震。		光绪《太平县志》卷十四《杂记志·祥异》
	岳阳	三月,地震。		民国《新修岳阳县志》卷一十四《祥异志·灾祥》民国《安泽县志》卷十四《祥异志·灾祥》
清光绪九年(1883)	天镇	五月丙午,地震。		光绪《天镇县志》卷四《记三·大事记》
	沁源	九年十月二十三日申时,地震由北而南。		民国《沁源县志》卷六《大事考》
清光绪十二年(1886)	天镇	三月丙辰,地震。(采访册)		光绪《天镇县志》卷四《记三·大事记》
	榆次	五月十九日酉刻,地震有声。		光绪《榆次县续志》卷四《纪事·祥异》
	荣河	地震。		光绪《荣河县志》卷十四《记三·祥异》
清光绪十四年(1888)	永济	六月十四日,地微震,麦秋歉收。		光绪《永济县志》卷二十三《事纪·祥沴》
清光绪十六年(1890)	沁源	四月,地大震,屋瓦有声。		民国《沁源县志》卷六《大事考》

续　表

纪年	灾区	灾象	应对措施	资料出处
清光绪十六年(1890)	长治	十月地震。		光绪《长治县志》卷之八《记一·大事记》
	武乡	大地震。人民惊恐,屋宇倾圮者无数。		民国《武乡新志》卷之四《旧闻考》
清光绪十七年(1891)	长治	三月,地震。		光绪《长治县志》卷之八《记一·大事记》
	岳阳	三月,地震,屋瓦飘落。		民国《新修岳阳县志》卷一十四《祥异志·灾祥》民国《安泽县志》卷十四《祥异志·灾祥》
	永和	春,地震。		民国《永和县志》卷十四《祥异考》
清宣统元年(1909)	马邑	正月,地震。		民国《马邑县志》卷之一《舆图志·杂记》
	和顺	二月初二日,地震有声,房屋不固者门多倾颓。		民国《重修和顺县志》卷之九《风俗·祥异》

(一)　时间分布

清代山西地震灾害与雪(寒霜)灾的时间分布类同,呈现哑铃状,前后期呈现峰值,而中期则处于谷值。清代地震的第一个峰值出现在顺治元年至康熙三十九年间(1644—1700),其间地震61次,年频次为1.07;第二个峰值出现于清咸丰元年至清光绪二十六年间(1851—1900),其中地震41次,年频次为0.82。这两次地震的频次高于清代0.60的年均频次。而康熙四十年至清道光三十年间(1701—1850),清代山西地震处于相对谷值,年频次为0.38。

（二） 空间分布

表 6－12 清代山西地震空间分布表

今 地	灾区(灾次)	灾区数
太 原	太原(3)阳曲(7)徐沟(3)	3
长 治	潞安(5)长治(6)襄垣(6)长子(4)沁源(4)武乡(7)潞城(3)平顺(2)	8
晋 城	高平(5)阳城(4)陵川(3)沁水(4)凤台(2)	5
阳 泉	平定(2)盂县(1)	2
大 同	天镇(3)广灵(4)灵丘(2)浑源(3)左云(3)	5
朔 州	朔州(1)朔平(1)马邑(2)怀仁(2)	4
忻 州	忻州(1)定襄(1)代州(1)崞县(1)繁峙(1)保德(5)河曲(1)岢岚(2)	8
晋 中	榆次(8)辽州(1)和顺(1)榆社(2)平遥(3)祁县(2)介休(7)	7
吕 梁	永宁(2)交城(2)文水(3)汾阳(3)孝义(3)石楼(1)宁乡(1)临县(2)	8
临 汾	临汾(4)岳阳(3)翼城(9)曲沃(3)吉州(1)隰州(1)大宁(1)永和(1)蒲州(1)洪洞(3)浮山(1)太平(6)襄陵(3)乡宁(2)	14
运 城	安邑(3)解州(3)绛州(4)绛县(4)闻喜(1)垣曲(4)河津(2)稷山(2)芮城(2)夏县(4)平陆(4)蒲州(4)永济(4)虞乡(1)荣河(3)临晋(1)猗氏(1)	17

进入 17 世纪，山西地震仍然活跃，此间，在全省范围内连续不断发生小震，分布区域主要在晋南、晋东南、晋中及忻代地区，最后在山西南北两极爆发，发生了清康熙二十二年（1683）原平 7 级地震和清康熙三十四年（1695）临汾地震。此后，山西地震相对平静，一些震级较小地震主要出现在山西地震带南段，且震源一般不在山西境内。直到清嘉庆二十年（1815）平陆发生了 6 级地震，标志着华北地震区又一个地震活跃期开始。总之，“除第六活跃期外，其余各活跃期，山西地震带的地震活动，只是局部地区的地震活动增强。”“在经历过的 7 个地震活跃期，从每个活动期中地震活动的主要场所及最

大强震发生的部位来看，山西地震带的强震活动有着由北而南的迁移趋势。”①

七 农作物病虫害

清代山西农作物病虫害的历史记录共计88次，年频次为0.33，系清代山西自然灾害中较少的一种。

表6－13 清代山西疫灾年表

纪年	灾区	灾象	应对措施	资料出处
清顺治元年（1644）	保德	飞蝗二次，禾伤亦甚。		乾隆《保德州志》卷之三《风土·祥异》
清顺治二年（1645）	岳阳	岳阳蝗。		雍正《山西通志》卷一百六十三《祥异二》 雍正《平阳府志》卷之三十四《祥异》
		三月，飞蝗食禾兼虸蚄食豆菜，大饥。		民国《新修岳阳县志》卷一十四《祥异志·灾祥》 民国《安泽县志》卷十四《祥异志·灾祥》
清顺治三年（1646）	浑源、洪洞	浑源州蝗。九月，洪洞蝗。		《清史稿》卷四十《灾异志一》 乾隆《浑源州志》卷七《祥异》
	宁乡、洪洞、长治、襄垣、文水、祁县	……宁乡、洪洞、长治、襄垣、文水、祁县蝗。		雍正《山西通志》卷一百六十三《祥异二》

① 武烈、贾宝卿、赵学普编著：《山西地震》，地震出版社，1993年版，第34页。

续　表

纪年	灾区	灾象	应对措施	资料出处
清顺治三年（1646）	太原府	文水、祁县蝗，榆次大稔。		乾隆《太原府志》卷四十九《祥异》
	潞安	三年七月，飞蝗蔽天，向西南去。		顺治《潞安府志》卷十五《纪事三·灾祥》 乾隆《潞安府志》卷十一《纪事》
	长治、襄垣	七月，飞蝗蔽天。		光绪《长治县志》卷之八《记一·大事记》 乾隆《重修襄垣县志》卷之八《祥异志·祥瑞》 民国《襄垣县志》卷之八《旧闻考·祥异》
	陵川	陵川蝗飞蔽天，食苗几尽，民多流亡。（陵川志）	诏赈济。	雍正《泽州府志》卷之五十《祥异》
	祁县	蝗。		光绪《增修祁县志》卷十六《祥异》
	文水	丙戌，飞蝗蔽日，禾稼多伤。		光绪《文水县志》卷之一《天文志·祥异》
	宁乡	蝗。		乾隆《汾州府志》卷之二十五《事考》 康熙《宁乡县志》卷之一《灾异》
	洪洞	洪洞蝗。		雍正《平阳府志》卷之三十四《祥异》
	翼城	秋，飞蝗蔽日。		民国《翼城县志》卷十四《祥异》

续 表

纪年	灾区	灾象	应对措施	资料出处
清顺治三年(1646)	洪洞	秋,飞蝗蔽日,绵亘三十里,所过田畦铮铮若裂冰声,穗叶立尽。	赛禳半月方息。	民国《洪洞县志》卷十八《杂记志·祥异》
清顺治四年(1647)	介休、太谷、祁县、徐沟、岢岚、静乐、定襄、吉州、武乡、陵州、辽州、大同、广灵、潞安、长治、灵石	六月,介休蝗。七月,太谷,祁县,徐沟,岢岚蝗;静乐飞蝗蔽天,食禾殆尽;定襄蝗,坠地尺许;吉州,武乡,陵州,辽州,大同蝗;广灵,潞安蝗,长治飞蝗蔽天,集树拆枝;灵石飞蝗蔽天,杀稼殆尽。		《清史稿》卷四十《灾异志一》
	静乐、岢岚、河曲、潞安、介休、临县、陵川、太平、临汾、灵石、汾西、临晋、猗氏、大同、武乡、太谷、定襄、祁县、五台、辽朔、蒲吉、隰州、交城、徐沟、长治、潞城	……静乐、岢岚、河曲、潞安、介休、临县、陵川、太平、临汾、灵石、汾西、临晋、猗氏、大同、武乡、太谷、定襄、祁县、五台、辽朔、蒲吉、隰州蝗。……交城、徐沟、长治、潞城蝗,不食稼。	赈济有差,仍奉免五台本年钱粮。	雍正《山西通志》卷一百六十三《祥异二》
	太谷、祁县、岢岚	太谷、祁县、岢岚蝗。赈恤有差。太谷桃李秋华。	赈恤有差。	乾隆《太原府志》卷四十九《祥异》
	徐沟	七月,蝗,由寿阳过徐,向西南飞去,遮天蔽日,惟集义、楚王等村遗蝗伤损禾稼,余不为害。		光绪《补修徐沟县志》卷五《祥异》 康熙《徐沟县志》卷之三《祥异》

续　表

纪年	灾区	灾象	应对措施	资料出处
清顺治四年（1647）	潞安府	七月二十五日，飞蝗入境，集树枝俱折，未食禾。		顺治《潞安府志》卷十五《纪事三·灾祥》
		七月，飞蝗入境，集树枝俱折，未食禾。		乾隆《潞安府志》卷十一《纪事》
	长子	顺治四年，飞蝗蔽日，集树折枝。		康熙《长子县志》卷之一《灾祥》
	武乡	四年七月，武乡蝗。（飞蔽天日，禾稼尽啮。民食草根树皮几尽。死者无数）		乾隆《沁州志》卷九《灾异》
		四年七月，蝗。		乾隆《武乡县志》卷之二《灾祥》
	平顺	顺治四年初秋，飞蝗蔽空，入田食禾罄尽。岁大凶。斗米银四钱。		康熙《平顺县志》卷之八《祥灾志·灾荒》
		顺治四年秋，蝗食禾尽。		民国《平顺县志》卷十一《旧闻考·兵匪·灾异》
	大同	蝗。	奉旨赈济。	乾隆《大同府志》卷之二十五《祥异》 道光《大同县志》卷二《星野·岁时》
	阳高	（顺治）四年、五年蝗，至七年方绝。		雍正《阳高县志》卷之五《祥异》
	怀仁	蝗。		光绪《怀仁县新志》卷一《分野》
	广灵	七月，飞蝗。		乾隆《广灵县志》卷一《方域·星野·灾祥附》
	朔平府	蝗，大饥。		雍正《朔平府志》卷之十一《外志·祥异》

续　表

纪年	灾区	灾象	应对措施	资料出处
清顺治四年（1647）	朔州	飞蝗入境，秋禾食尽，大饥。		雍正《朔州志》卷之二《星野·祥异》
	左云	七月，飞蝗蔽日，食尽秋禾。		光绪《左云县志》卷一《祥异》
	定襄	七月初七日，午后飞蝗从东南窑头口来，遮天蔽日，坠地寸许，所落处苗稼皆尽。次年五月间，遗种复生无翅，麦穗颇伤。		康熙《定襄县志》卷之七《灾祥志·灾异》
	静乐	飞蝗食禾殆尽，岁大饥。		康熙《静乐县志》四卷《赋役·灾变》
	河曲	蝗蝻，四月丙，自西北入境，食禾殆尽。		同治《河曲县志》卷五《祥异类·祥异》
	岢岚州	夏，蜚蝗蔽天，伤禾，凡三载。		光绪《岢岚州志》卷之十《风土志·祥异》
	辽州	飞蝗蔽日，食禾几尽。		雍正《辽州志》卷之五《祥异》
	太谷	丁亥，蝗。		民国《太谷县志》卷一《年纪》
	祁县	夏六月二十二至二十七，连日飞蝗，长亘六十里、阔四十里，集树枝干，臃肿委垂，或为之折。	是年，大饥，赈之。	光绪《增修祁县志》卷十六《祥异》
	介休	夏六月，飞蝗蔽天，食禾黍，叶皆尽。		嘉庆《介休县志》卷一《兵祥·祥灾附》
	交城	蝗蝻从西南来，蔽日遮天有声，伤稼。		光绪《交城县志》卷一《天文门·祥异》

续 表

纪年	灾区	灾象	应对措施	资料出处
清顺治四年(1647)	文水	丁亥四月,蝻虫复生,民掘坎,捕之立尽。		光绪《文水县志》卷之一《天文志·祥异》
	汾州	介休、临县蝗。	赈恤有差。	乾隆《汾州府志》卷之二十五《事考》
	临县	秋蝗。		民国《临县志》卷三《谱大事》
	平阳府	太平、临汾、灵石、汾西蝗。	赈济有差。	雍正《平阳府志》卷之三十四《祥异》
	临汾	夏六月,蝗。		民国《临汾县志》卷六《杂记类·祥异》
	汾西	蝗食苗。		光绪《汾西县志》卷七《祥异》
	吉州	六月,蝗。	赈济有差。	光绪《吉州全志》卷七《祥异》
	灵石	灵石蝗。	奉赈。	道光《直隶霍州志》卷十六《禨祥》
	太平	蝗。		光绪《太平县志》卷十四《杂记志·祥异》
	芮城	六月,蝗灾。		民国《芮城县志》卷十四《祥异考》
	永济	六月,蝗。		光绪《永济县志》卷二十三《事纪·祥沴》
	蒲州	有蝗。		乾隆《蒲州府志》卷之二十三《事纪·五行祥沴》
	万泉	有蝗。		民国《万泉县志》卷终《杂记附·祥异》

续　表

纪年	灾区	灾象	应对措施	资料出处
清顺治四年（1647）	临晋	六月，蝗。		民国《临晋县志》卷十四《旧闻记》
	猗氏	六月，蝗。		雍正《猗氏县志》卷六《祥异》
清顺治五年（1648）	盂县、永和、蒲县、大同、朔州	……盂县、永和、蒲县、大同、朔州蝗。		雍正《山西通志》卷一百六十三《祥异二》
	阳城	五年春，阳城蝝生，不害稼。（阳城志）		雍正《泽州府志》卷之五十《祥异》
		五年春，蝝生，不害稼。		乾隆《阳城县志》卷之四《兵祥》 同治《阳城县志》卷之一八《灾祥》
	盂县	秋，蝗。		光绪《盂县志·天文考》卷五《祥瑞、灾异》
	天镇	蚂蚱。		光绪《天镇县志》卷四《记三·大事记》
	广灵	蝗子炽盛。		乾隆《广灵县志》卷一《方域·星野·灾祥附》
	朔州	蝗蝻为灾，夏秋禾苗食尽，又饥。		雍正《朔州志》卷之二《星野·祥异》
	隰州	秋，飞蝗蔽日，一过而谷黍尽食，惟留乔麦小豆二种，民饥而未死徙。		康熙《隰州志》卷之二十一《祥异》
	永和	秋，蝗飞蔽日，一过而黍谷无存，止留荞麦、黑豆二种，民饥，而死徙者大半。		民国《永和县志》卷十四《祥异考》
	蒲县	秋，蝗，大饥。		光绪《蒲县续志》卷之九《祥异志》

续 表

纪年	灾区	灾象	应对措施	资料出处
清顺治五年(1648)	朔平府	又蝗。		雍正《朔平府志》卷之十一《外志·祥异》
清顺治六年(1649)	阳曲、灵石	……阳曲、灵石蝗。		雍正《山西通志》卷一百六十三《祥异二》
	阳曲	三月,阳曲蝗。秋,文水地震。		乾隆《太原府志》卷四十九《祥异》
		蝗见。(飞可蔽日)		道光《阳曲县志》卷之十六《志余》
	盂县	蚱蜢生食禾。		光绪《盂县志·天文考》卷五《祥瑞、灾异》
	平阳府	灵石蝗。		雍正《平阳府志》卷之三十四《祥异》
清顺治七年(1650)	太平、岢岚、介休、宁乡	七月,太平,岢岚蝗,介休,宁乡蝗。		《清史稿》卷四十《灾异志一》
	岢岚、永宁、太谷、介休、宁乡	……岢岚、永宁、太谷、介休、宁乡蝗。		雍正《山西通志》卷一百六十三《祥异二》
	武乡	七年六月,武乡雨雹。蝗。(雹形如刀,禾稼大损,稍存者,蝗又入食之。斗米银三钱)		乾隆《沁州志》卷九《灾异》
		七年六月,雨雹,蝗。		乾隆《武乡县志》卷之二《灾祥》
	襄垣	七年,蝗食禾,岁大饥,六月冰雹。		乾隆《重修襄垣县志》卷之八《祥异志·祥瑞》 民国《襄垣县志》卷之八《旧闻考·祥异》

续　表

纪年	灾区	灾象	应对措施	资料出处
清顺治七年（1650）	太谷	庚寅，蝗。		民国《太谷县志》卷一《年纪》
	介休	夏五月，有蝗。	四境击金鼓驱逐，如御贼状。	嘉庆《介休县志》卷一《兵祥·祥灾附》
	永宁州	夏，大旱。秋七月，蝗为灾，大饥。		康熙《永宁州志》附《灾祥》
	汾州	介休、宁乡蝗。		乾隆《汾州府志》卷之二十五《事考》
清顺治八年（1651）	武乡	八年五月，武乡虫。（初五日是，白蛾群起，生细虫无数，食豌扁豆荚）		乾隆《沁州志》卷九《灾异》 乾隆《武乡县志》卷之二《灾祥》
	襄垣	八年，白蛾陡至，细虫咬破豆荚。		乾隆《重修襄垣县志》卷之八《祥异志·祥瑞》 民国《襄垣县志》卷之八《旧闻考·祥异》
	大宁	野蛾生，青虫食秋菜一空。		光绪《大宁县志》卷之七《灾祥集》
清顺治十二年（1655）	徐沟、盂县	徐沟、盂县蝗，不为害。		雍正《山西通志》卷一百六十三《祥异二》
	曲沃	……曲沃蝗。		雍正《山西通志》卷一百六十三《祥异二》
		夏，曲沃蝗		雍正《平阳府志》卷之三十四《祥异》 光绪《续修曲沃县志》卷之三十二《祥异》

续　表

纪年	灾区	灾象	应对措施	资料出处
清顺治十三年（1656）	徐沟、盂县	……徐沟、盂县蝗，不为害。		雍正《山西通志》卷一百六十三《祥异二》
	徐沟	徐沟蝗，不为害。文水大稔。		乾隆《太原府志》卷四十九《祥异》
		六月，飞蝗食苗。	民以木偶祭赛，后，禾不为害。	光绪《补修徐沟县志》卷五《祥异》 康熙《徐沟县志》卷之三《祥异》
	盂县	蝗不为害。		光绪《盂县志·天文考》卷五《祥瑞、灾异》
清顺治十八年（1661）	蒲州	……八月，蒲州黑虫食苗。		雍正《山西通志》卷一百六十三《祥异二》
		八月，黑虫食禾。		乾隆《蒲州府志》卷之二十三《事纪·五行祥沴》
	永济	八月黑虫灾，长寸余，食禾殆尽。		光绪《永济县志》卷二十三《事纪·祥沴》
清康熙六年（1667）	垣曲	六月，飞蝗东来。	邑令纪宏谟祭之，蝗不为害。	光绪《垣曲县志》卷之十四《杂志》
清康熙十年（1671）	猗氏	秋，猗氏螣，青、黑二色，遇微雨愈多，冬化为蝇，额有须，蛰入土囊。		雍正《山西通志》卷一百六十三《祥异二》
		秋，螣生。（青黑二色，食麦叶尽，遇微雨虫愈多，及冬化为苍蝇，额前有须，蛰入土囊）		雍正《猗氏县志》卷六《祥异》
	安邑	秋，田生黑虫如蚕，食谷叶。		乾隆《解州安邑县志》卷之十一《祥异》

续　表

纪年	灾区	灾象	应对措施	资料出处
清康熙十一年(1672)	长治、黎城、芮城、解州	六月，长治蝗。七月，黎城、芮城、解州蝗。		《清史稿》卷四十《灾异志一》
	长治	长治，蝗不入境。		雍正《山西通志》卷一百六十三《祥异二》
	长子	长子，蝗不入境。		乾隆《潞安府志》卷十一《纪事》
	黎城	十一年秋七月，飞蝗自东来，蔽天翳日，临境禾为赤地。知县邓文诏虔祭于境外。蝗悉分飞而去不入邑境。秋大有。	知县邓文诏虔祭于境外。	康熙《黎城县志》卷之二《纪事》
	屯留	康熙十一年，飞蝗入境，知县孙枝蕃督民捕捉。	知县孙枝蕃督民捕捉。	光绪《屯留县志》卷一《祥异》
	潞城	七月飞蝗入境，踰月方没，蝻生伤麦苗尽。		光绪《潞城县志》卷三《大事记》
	平阳府	秋七月，霍州河决。太平瑞谷一茎二三穗。有星昼见，蝗多，不食稼。		雍正《平阳府志》卷之三十四《祥异》
	临晋	虫。		民国《临晋县志》卷十四《旧闻记》
清康熙十二年(1673)	屯留	十二年四月，生蝻，食禾麦。	知县屠直戴星率民捕捉。	光绪《屯留县志》卷一《祥异》
	平陆	八月，飞蝗入境，食禾尽，又霖雨浃旬，花田脱落。		乾隆《解州平陆县志》卷之十一《祥异》
清康熙十八年(1679)	马邑	马邑田鼠食禾。		雍正《山西通志》卷一百六十三《祥异二》
		田鼠食禾苗，形与仓鼠同而渺小，精怪遍生田野，道旁穴累累，人过之则翘足而立，食夏秋禾苗无数，至三十年以后始减。		民国《马邑县志》卷之一《舆图志·杂记》

续　表

纪年	灾区	灾象	应对措施	资料出处
清康熙十八年（1679）	朔平府	三月初一日，左卫狂风大作，白昼张灯。夏秋，大同府属大饥，马邑田鼠食禾苗。（鼠形与仓鼠同而渺小精怪，遍生田野而道旁穴窟累累，人过之则翘足而立，食夏秋田苗无算，至三十年以后始减）	是年，巡抚土借帑金赈济劝捐补库。	雍正《朔平府志》卷之十一《外志·祥异》
清康熙二十二年（1683）	潞城	二十二年地生黑虫，食谷叶。		光绪《潞城县志》卷三《大事记》
清康熙二十五年（1686）	平定	六月，平定蝗。		《清史稿》卷四十《灾异志一》
		四月，蝗。	知州张慎祭固关，蝗不入境。	光绪《平定州志》卷之五《祥异》
清康熙二十九年（1690）	平陆	七月，平陆蝗。		《清史稿》卷四十《灾异志一》
	介休	……介休蚜虸伤黍。		雍正《山西通志》卷一百六十三《祥异二》
	泽州、沁水	……泽州、沁水有黑虫食禾结茧。		
	长子	二十九年秋，有黑蟲食谷苗，岁饥。		康熙《长子县志》卷之一《灾祥》
	沁州	二十九年秋，州及武乡虸蚄害稼。（始为白蛾，后为黑虫，食禾叶殆尽）		乾隆《沁州志》卷九《灾异》
	武乡	二十九年秋，虸蚄害稼。		乾隆《武乡县志》卷之二《灾祥》
	襄垣	二十九年七月，白蛾生，忽变黑虫，尽食禾叶。		乾隆《重修襄垣县志》卷之八《祥异志·祥瑞》

续　表

纪年	灾区	灾象	应对措施	资料出处
清康熙二十九年（1690）	襄垣	二十九年七月，白蛾生，忽变黑虫，尽食禾叶。		民国《襄垣县志》卷之八《旧闻考·祥异》
	泽州、沁水	二十九年，泽州、沁水有黑虫食禾结网，网大小各异形。（州志）		雍正《泽州府志》卷之五十《祥异》
	沁水	康熙二十九年，黑虫食禾，牛生瘟。		光绪《沁水县志》卷之十《祥异》
	介休	蚜蚄伤黍。		乾隆《汾州府志》卷之二十五《事考》 嘉庆《介休县志》卷一《兵祥·祥灾附》
	平陆	六月，蝗蝻，食禾尽。		乾隆《解州平陆县志》卷之十一《祥异》
	蒲县	蝗。（飞蝗蔽日，自西而东，禾苗伤其半）		光绪《蒲县续志》卷之九《祥异志》
清康熙三十年（1691）	沁州、高平、平阳、猗氏、安邑、河津、蒲县、稷山、绛县、垣曲、宁乡、曲沃、临汾、浮山、翼城、岳阳、万泉、沁州	六月，浮山，翼城，岳阳蝗，万泉飞蝗蔽天，沁州，高平落地积五寸。七月，平阳，猗氏，安邑，河津，蒲县，稷山，绛县，垣曲，宁乡蝗。 七月，曲沃，临汾蝗。		《清史稿》卷四十《灾异志一》
	平阳府、泽州、沁水、介休、长子	平阳府属及泽州、沁水、介休俱旱蝗民饥……长子蝗飞十日，禾不为灾。	诏发谷赈济，仍蠲免田租有差。	雍正《山西通志》卷一百六十三《祥异二》

续 表

纪年	灾区	灾象	应对措施	资料出处
清康熙三十年(1691)	沁州	六月州蝗。(从西南来,飞蔽天日,清河等村禾稼大损)八月,州蛹。(州境禾稼啮食几尽,民饥。次年春,知州刘民倡率绅衿捐米煮粥赈之)	知州刘民倡率绅衿捐米煮粥赈之。	乾隆《沁州志》卷九《灾异》
	长治	六月旱蝗。		光绪《长治县志》卷之八《记一·大事记》
	长子	三十年秋,蝗飞十日,禾不为灾。		康熙《长子县志》卷之一《灾祥》
	沁源	康熙三十年,蝗入沁境,知县王容德率士民祷于州西岭。随即远去。	知县王容德率士民祷于州西岭。	雍正《沁源县志》卷之九《别录·灾祥》 民国《沁源县志》卷六《大事考》
	泽州	六月蝗食苗,七月蝝蔓生入人家,与民争熟食,人民死徙者半。	奉诏免租,发粟赈济。(州志)	雍正《泽州府志》卷之五十《祥异》
	沁水	三十年五月,旱无麦,蝗食苗,人民死徙殆半。		光绪《沁水县志》卷之十《祥异》
	平遥	蝗虫为灾,邑大荒。		光绪《平遥县志》卷之十二《杂录志·灾祥》
	介休	七月,蚜蚄食苗。		嘉庆《介休县志》卷一《兵祥·祥灾附》
		介休,旱蝗民饥。		乾隆《汾州府志》卷之二十五《事考》
	平阳府	平阳府属俱旱蝗,民饥。	诏发谷赈济,仍蠲免田租有差。	雍正《平阳府志》卷之三十四《祥异》

纪年	灾区	灾象	应对措施	资料出处
清康熙三十年（1691）	临汾	六月，蝗。		民国《临汾县志》卷六《杂记类·祥异》
	岳阳	飞蝗入境，继遭蝻子，遍山遍野，绿苗一空。		民国《新修岳阳县志》卷一十四《祥异志·灾祥》
	翼城	夏，地震；秋，旱、蝗无禾，岁饥。		民国《翼城县志》卷十四《祥异》
	曲沃	夏，大旱，秋七月，蝗、雹、疫、霪雨，饥。		光绪《续修曲沃县志》卷之三十二《祥异》
	吉州	旱蝗。	赈济。	光绪《吉州全志》卷七《祥异》
	蒲县	蝗，旱。	赈济。	光绪《蒲县续志》卷之九《祥异志》
	霍州	平阳府属俱旱蝗民饥。	奉赈仍蠲免田租有差。	道光《直隶霍州志》卷十六《禨祥》
	襄陵	六月，蝗发。	帑赈济。	民国《襄陵县新志》卷之二十三《旧闻考》
	乡宁	蝗食秋苗。		乾隆《乡宁县志》卷十四《祥异》
	安邑	秋，飞蝗弊天，禾立尽。		乾隆《解州安邑县志》卷之十一《祥异》
	绛州	秋七月，蝗。		民国《新绛县志》卷十《旧闻考·灾祥》
	闻喜	六月蝗，七月蝻。大饥。	发谷赈济。	民国《闻喜县志》卷二十四《旧闻》
	垣曲	饥，蝗蝻食禾尽。		光绪《垣曲县志》卷之十四《杂志》

续 表

纪年	灾区	灾象	应对措施	资料出处
清康熙三十年（1691）	河津	蝗。		光绪《河津县志》卷之十《祥异》
	稷山	蝗。		同治《稷山县志》卷之七《古迹·祥异》
	夏县	秋，蝻蝗为灾，大伤民禾，农人急种，晚秋高未盈尺，遗蝻复生，尽食禾苗。人民卖妻鬻子，道殣相望，奔窜河南者数千家。	奉旨免地丁银二万五十三两一钱八分有奇，又发赈济银四千三百一十八两六钱，赈济米一千三百四十石。	光绪《夏县志》卷五《灾祥志》
	万泉	六月，飞蝗蔽天，禾立尽。七月，蝝生，人民流殍。		民国《万泉县志》卷终《杂记附·祥异》
	猗氏	蝗蝻损禾。		雍正《猗氏县志》卷六《祥异》
清康熙三十一年（1692）	洪洞、临汾、襄陵、河津、浮山	春，洪洞、临汾、襄陵、河津蝗。夏，浮山蝗。		《清史稿》卷四十《灾异志一》
	平阳	平阳又旱蝗，民饥。	奉旨蠲赈，仍诏所司抚恤。	雍正《山西通志》卷一百六十三《祥异》 雍正《平阳府志》卷之三十四《祥异》
		旱、蝗大饥。	蠲粮。	民国《临汾县志》卷六《杂记类·祥异》
	吉州	旱蝗，大饥，免粮有差。	免粮有差。	光绪《吉州全志》卷七《祥异》

续　表

纪年	灾区	灾象	应对措施	资料出处
清康熙三十一年（1692）	襄陵	旱、蝗，大饥。	蠲粮有差。	民国《襄陵县新志》卷之二十三《旧闻考》
	河津	旱，蝗，民饥。	以免田租。	光绪《河津县志》卷之十《祥异》
	稷山	旱，蝗。	饥民蠲免田租。	同治《稷山县志》卷之七《古迹·祥异》
清康熙三十五年（1696）	翼城	秋，蚜蝣害稼。		民国《翼城县志》卷十四《祥异》
清康熙三十六年（1697）	高平	三十六年夏六月，旱，二十日至二十五日，飞蝗蔽日，自南而北，落地积五寸，田禾一空。起自东南刘庄、双井、李门，至西北高良、柳村、通义三十五里被灾独甚。		乾隆《高平县志》卷之十六《祥异》
清康熙三十八年（1699）	太平	夏，螽。		光绪《太平县志》卷十四《杂记志·祥异》
清康熙四十二年（1703）	汾阳	汾阳蚜蝣食黍谷。		雍正《山西通志》卷一百六十三《祥异二》 乾隆《汾州府志》卷之二十五《事考》
	和顺	蝗。		民国《重修和顺县志》卷之九《风俗·祥异》
	平遥	五月，蚜蝣食麦谷黍，近城堡为尤甚。蚜蝣初起尤盛，遍地如织，及祭后，竟不食苗，俱一一上路，或走集闲埠下，在田苗者悉去。	土人相传，以为蚜蝣之生每祭必应，盖蜡神之灵也。县令王绶率僚属祭之。	光绪《平遥县志》卷之十二《杂录志·灾祥》

续　表

<table>
<tr><th>纪年</th><th>灾区</th><th>灾象</th><th>应对措施</th><th>资料出处</th></tr>
<tr><td>清康熙四十二年（1703）</td><td>汾阳</td><td>蚜蚄食黍谷。</td><td></td><td>光绪《汾阳县志》卷十《事考》</td></tr>
<tr><td>清康熙四十四年（1705）</td><td>广灵</td><td>飞蝗。</td><td></td><td>乾隆《广灵县志》卷一《方域·星野·灾祥附》</td></tr>
<tr><td>清康熙四十八年（1709）</td><td>马邑</td><td>……马邑田鼠食禾。</td><td></td><td>雍正《山西通志》卷一百六十三《祥异二》</td></tr>
<tr><td>康熙五十六年（1717）</td><td>天镇</td><td>二月，天镇蝗。</td><td></td><td>《清史稿》卷四十《灾异志一》</td></tr>
<tr><td>清康熙五十七年（1718）</td><td>天镇</td><td>北川蚂蚱。</td><td></td><td>光绪《天镇县志》卷四《记三·大事记》</td></tr>
<tr><td rowspan="4">清康熙六十一年（1722）</td><td rowspan="2">太平</td><td>……太平夏旱，秋蝨。</td><td></td><td>雍正《山西通志》卷一百六十三《祥异二》</td></tr>
<tr><td>秋蝨。</td><td></td><td>光绪《太平县志》卷十四《杂记志·祥异》</td></tr>
<tr><td rowspan="2">乡宁</td><td>蝗。</td><td></td><td>民国《乡宁县志》卷八《大事记》</td></tr>
<tr><td>生蝗。</td><td></td><td>乾隆《乡宁县志》卷十四《祥异》</td></tr>
<tr><td>清雍正十年（1732）</td><td>猗氏</td><td>虫伤禾，早种而硕者食尽，后种者次之，晚种者未食。</td><td></td><td>同治《续猗氏县志》卷四《祥异》</td></tr>
<tr><td rowspan="2">清乾隆五年（1740）</td><td rowspan="2">繁峙</td><td>邑东山会等村飞蝗食禾。</td><td>孙令躬率邑民急捕方止。</td><td>道光《繁峙县志》卷之六《祥异志·祥异》</td></tr>
<tr><td>东乡三会诸村飞蝗食禾。</td><td>县令孙率民捕之，不为灾。</td><td>光绪《繁峙县志》卷四《杂志》</td></tr>
</table>

续 表

纪年	灾区	灾象	应对措施	资料出处
清乾隆十一年(1746)	解州	春,陨霜,七月蝗。		光绪《解州志》卷之十一《祥异》 民国《解县志》卷之十三《旧闻考》
	虞乡	七月,蝗。		光绪《虞乡县志》卷之一《地舆志·星野·附祥异》
清乾隆十八年(1753)	天镇	边墙蚂蚱。		光绪《天镇县志》卷四《记三·大事记》
清乾隆二十三年(1758)	垣曲	秋,螣食禾。		光绪《垣曲县志》卷之十四《杂志》
清乾隆二十四年(1759)	高平	夏旱,秋淫雨,秋虫蚄食禾。		乾隆《高平县志》卷之十六《祥异》
	和顺	秋霪雨,蝗蝻。		民国《重修和顺县志》卷之九《风俗·祥异》
	寿阳	大蝗。不害秋稼。		《寿阳县志》卷十三《杂志·异祥第六》
清乾隆三十年(1765)	榆次	秋,县东南等村有蝗。		同治《榆次县志》卷之十六《祥异》
清乾隆三十八年(1773)	乐平	春三月,县南里许忽生虫蝻。	知县陈正烈督率民夫当时扑灭。	民国《昔阳县志》卷一《舆地志·祥异》
清乾隆五十一年(1786)	垣曲	闰七月,飞蝗蔽天,食禾十分之九仅存豆苗。		光绪《垣曲县志》卷之十四《杂志》
清乾隆五十九年(1794)	介休、交城	秋八月虸蚄食禾。		嘉庆《介休县志》卷一《兵祥·祥灾附》

续　表

纪年	灾区	灾象	应对措施	资料出处
清乾隆五十九年(1794)	介休、交城	秋八月虸蚄食禾。		光绪《交城县志》卷一《天文门·祥异》
清嘉庆十六年(1811)	垣曲	飞蝗入境。	蠲免钱粮十分之二。	光绪《垣曲县志》卷之十四《杂志》
清道光四年(1824)	平定	秋七月,蝗,禾稼尽伤。		光绪《平定州志》卷之五《祥异》
清道光五年(1825)	阳曲	七月,杨兴贾庄等二十余村飞蝗入境,损伤禾稼。	知县文捐廉收捕。	道光《阳曲县志》卷之十六《志余》
	乐平	秋,飞蝗翳日。		光绪《平定州志》卷之五《祥异·乐平乡》 民国《昔阳县志》卷一《舆地志·祥异》
清道光六年(1826)	阳曲	二月大风,天赤昼晦。四月,贾庄等六村飞蝗复生。	知县文扑灭。	道光《阳曲县志》卷之十六《志余》
	虞乡	七月蝗害稼。		光绪《虞乡县志》卷之一《地舆志·星野·附祥异》
清道光十二年(1832)	马邑	旱,蝗。		民国《马邑县志》卷之一《舆图志·杂记》
	代州	七月,旱、蝗。		光绪《代州志·记三》卷十二《大事记》

续　表

纪年	灾区	灾象	应对措施	资料出处
清道光十二年(1832)	神池	蝗蔽日。是年，合邑大饥。富绅宫孔彦目极神伤，禀请邑侯凌宇班捐粟普济。事闻，题请直隶州知州加二级，记录一次。	富绅宫孔彦目极神伤，禀请邑侯凌宇班捐粟普济。事闻，题请直隶州知州加二级，记录一次。	光绪《神池县志》卷之九《事考》
清道光十五年(1835)	绛县	绛县旱，有蝗。(同上即旧志)		光绪《绛县志》卷六《纪事·大事表门》
清道光十六年(1836)	天镇	飞蝗入境。		光绪《天镇县志》卷四《记三·大事记》
	怀仁	飞蝗入境，秋禾尽食。百姓卖妻鬻子，流离死亡者过半焉。		光绪《怀仁县新志》卷一《分野》
	广灵	飞蝗入境，旱。		光绪《广灵县补志》卷一《方域·灾祥》
	浑源州	六月，蝗入境伤稼。大饥。		光绪《浑源州续志》卷二《星野·祥异》
	河曲	小麦收。夏秋旱，蝗蝻自县西入境，大雨雹益饥。		同治《河曲县志》卷五《祥异类·祥异》
	岳阳	蝗。		民国《安泽县志》卷十四《祥异志·灾祥》
	垣曲	蝗蔽天，食禾立尽。	邑令李世瑜会同委员分厂收买蝗一万五千余斤。	光绪《垣曲县志》卷之十四《杂志》
清道光十七年(1837)	河曲	夏秋旱蝗，岁大饥，斗米一两有余。		同治《河曲县志》卷五《祥异类·祥异》

续　表

纪年	灾区	灾象	应对措施	资料出处
清道光十七年(1837)	曲沃	六月,飞蝗蔽日。		光绪《续修曲沃县志》卷之三十二《祥异》
	垣曲	春,蝗生,食麦苗,兼食秋苗如扫。	邑令卢绅分厂收买蝻子二万斤有奇。	光绪《垣曲县志》卷之十四《杂志》
	芮城	秋,蝗害禾。		民国《芮城县志》卷十四《祥异考》
	平陆	七月,飞蝗入境,食尽田苗,秋无粟。		光绪《平陆县续志》卷之下《杂记志·祥异》
	永济	秋,蝗虫害稼。		光绪《永济县志》卷二十三《事纪·祥沴》
清道光二十四年(1844)	安邑	三月,苦池村滩水涨发,生虫,麦尽伤。六月,西北乡岳滩等村,虫伤禾。		光绪《安邑县续志》卷六《祥异》
清咸丰五年(1855)	潞城	七月,飞蝗入境。		光绪《潞城县志》卷三《大事记》
清咸丰六年(1856)	长治	……九月,飞蝗入境。		光绪《长治县志》卷之八《记一·大事记》
	阳城	夏旱,秋蝗害稼。		同治《阳城县志》卷之一八《灾祥》
	沁水	六年,夏旱,秋多蝗。		光绪《沁水县志》卷之十《祥异》
	荣河	秋蝗蝻遍野,食麦苗,有种二三次者。		光绪《荣河县志》卷十四《记三·祥异》
清咸丰七年(1857)	壶关	咸丰七年七月,飞蝗自陵川入境,伤稼。次年四月,蝻生。有乌鸦无数,自西飞集啄食及半,人以为神。	县令吴有《驱蝗记》。	光绪《壶关县续志》卷上《疆域志·纪事》

续 表

纪年	灾区	灾象	应对措施	资料出处
清咸丰七年（1857）	黎城	七年七月，有蝗自东来，食秋禾麦苗，知县吴载飏率村民扑捕，灾少减。次年春复收买蝻子，蝗乃灭。	知县吴载飏率村民扑捕，灾少减。	光绪《黎城县续志》卷之一《纪事》
	平顺	咸丰七年七月，蝗。八年四月，蝻生。		民国《平顺县志》卷十一《旧闻考·兵匪·灾异》
	平定	旱、蝗，测鱼等村灾。	开仓放谷。	光绪《平定州志》卷之五《祥异》
	乐平	秋，旱、蝗，米价腾贵，行铁制钱。		光绪《平定州志》卷之五《祥异·乐平乡》
	灵邱	蝗。		光绪《灵邱县补志》第三卷之六《武备志·灾祥》
	榆次	七月，有蝗，不为灾。		同治《榆次县志》卷之十六《祥异》
	乐平	秋，蝗。*		民国《昔阳县志》卷一《舆地志·祥异》
	和顺	八月初，飞蝗入境，	祷于八蜡庙，乃止。	民国《重修和顺县志》卷之九《风俗·祥异》
	交城	夏，城南四、五里飞蝗遍野，伤禾。		光绪《交城县志》卷一《天文门·祥异》
	永和	蝗飞害稼。		民国《永和县志》卷十四《祥异考》

* 咸丰七年秋，蝗，米价腾贵，同行铁制钱。平定产铁，即设炉铸于河底村，商人因以为利尽，尽以铜钱市铁钱。既而，诸口壅遏不行，诸物腾贵，民苦之，遂变为对半、三七、一九、二八，盖以铜铁钱，言铜多而铁少也，厥后铁钱尽废，商民并受其害。

续　表

纪年	灾区	灾象	应对措施	资料出处
清咸丰七年(1857)	垣曲	六月,飞蝗蔽日。	邑令钱溶率兵民扑灭,冬大雪,蝻尽毙。	光绪《垣曲县志》卷之十四《杂志》
	芮城	蝗飞害稼。		民国《芮城县志》卷十四《祥异考》
	平陆	飞蝗蔽日,大伤禾苗。		光绪《平陆县续志》卷之下《杂记志·祥异》
	永济	蝗飞蔽日,虫害稼。		光绪《永济县志》卷二十三《事纪·祥沴》
清咸丰八年(1858)	虞乡	八月,虫食苗。		光绪《虞乡县志》卷之一《地舆志·星野·附祥异》
清咸丰九年(1859)	乐平	蝗食禾几尽。		民国《昔阳县志》卷一《舆地志·祥异》
	垣曲	七月,蝗食禾。		光绪《垣曲县志》卷之十四《杂志》
清咸丰十一年(1861)	解州	五月,彗星见。六月,飞蝗蔽天,食秋禾立尽。		光绪《解州志》卷之十一《祥异》 民国《解县志》卷之十三《旧闻考》
	芮城、永济	六月,蝗。		民国《芮城县志》卷十四《祥异考》 光绪《永济县志》卷二十三《事纪·祥沴》
清同治元年(1862)	长治	同治元年六月,蝗入境,七月旱。		光绪《长治县志》卷之八《记一·大事记》

续　表

纪年	灾区	灾象	应对措施	资料出处
清同治元年(1862)	潞城	同治元年七月,有蝗,不为害。		光绪《潞城县志》卷三《大事记》
	壶关	同治元年七月,飞蝗自林县入境。		光绪《壶关县续志》卷上《疆域志·纪事》
	平顺	同治元年七月蝗。六年饥。		民国《平顺县志》卷十一《旧闻考·兵匪·灾异》
	凤台	同治元年,蝗。冬地震。		光绪《凤台县续志》卷之四《纪事》
	阳城	同治元年,飞蝗蔽天,官绅督民力捕,计斤给赏。	官绅督民力捕,计斤给赏。	同治《阳城县志》卷之一八《灾祥》
	高平	六月蝗。七月蝻孳生,至于十一月。		光绪《续高平县志》卷之十二《祥异》
	沁水	同治元年,飞蝗遍野。		光绪《沁水县志》卷之十《祥异》
	浑源州	秋,大疫,死者多人,螟螽伤稼。		光绪《浑源州续志》卷二《星野·祥异》
	翼城	秋,蝗蝻害稼。		民国《翼城县志》卷十四《祥异》
	太平	秋八月,蝗生。		光绪《太平县志》卷十四《杂记志·祥异》
	安邑	七月,张良、斐郭、苦池等村,有飞蝗自东南来,未伤禾。		光绪《安邑县续志》卷六《祥异》
	绛县	六月,绛县蝗,冬地震,房屋多圮,人畜有压毙者。(同上即旧志)		光绪《绛县志》卷六《纪事·大事表门》

续　表

纪年	灾区	灾象	应对措施	资料出处
清同治元年(1862)	垣曲	六月,蝗食田稺。		光绪《垣曲县志》卷之十四《杂志》
	稷山	秋,旱蝗腾空而飞,聚集于北山下,食禾苗殆尽。		同治《稷山县志》卷之七《古迹·祥异》
	夏县	蝗伤稼。		光绪《夏县志》卷五《灾祥志》
	平陆	六月,飞蝗食禾殆尽。		光绪《平陆县续志》卷之下《杂记志·祥异》
	虞乡	六月旱,飞蝗害稼。		光绪《虞乡县志》卷之一《地舆志·星野·附祥异》
	猗氏	六月,飞蝗蔽日,食禾始尽。		同治《续猗氏县志》卷四《祥异》
清同治二年(1863)	临汾	七月,大蝗。		民国《临汾县志》卷六《杂记类·祥异》
清同治三年(1864)	平陆	六月,飞蝗蔽日。		光绪《平陆县续志》卷之下《杂记志·祥异》
	猗氏	六月,飞蝗蔽日,食禾殆尽。		同治《续猗氏县志》卷四《祥异》
清同治四年(1865)	阳城	四年,秋螟伤禾。		同治《阳城县志》卷之一八《灾祥》
	沁水	四年,秋螟伤稼。		光绪《沁水县志》卷之十《祥异》
清同治十一年(1872)	平定	秋七月,蚄蚄害稼。		光绪《平定州志》卷之五《祥异》
	荣河	秋,蝗。		光绪《荣河县志》卷十四《记三·祥异》

续　表

纪年	灾区	灾象	应对措施	资料出处
清同治十二年(1873)	文水	癸酉四月𧌄食麦。		光绪《文水县志》卷之一《天文志·祥异》
清光绪三年(1877)	太谷	丁丑六七月间,硕鼠成群,自县西门出。岁大饥,人相食。	诏令捐资赈济。(县曹培义、王兆蘭、武模、武聊奎暨阖邑富户等,共捐银十五万三千八百二十六两有零)诏蠲免下芒正赋。	民国《太谷县志》卷一《年纪》
清光绪四年(1878)	沁州	秋有蚜蚄。(自五月初八日得雨后,又六十余日不雨,禾中生虫如小蚕,食谷叶殆尽,间有伤及禾杆者)	同城官绅祷于蚜蚄山,并议塑刘猛将军像。当日大雨,虫灾遂息。民间传言雨水甚苦,虫被杀为得神佑云。	光绪《沁州复续志》卷四《灾异》
	左云	春又旱,五月蚜蚄生,至六月大雨霖。		光绪《左云县志》卷一《祥异》
	文水	夏,……七月杪大雨,有禾之处又被蚜蚄食之。		光绪《文水县志》卷之一《天文志·祥异》
	汾阳	秋有五色蠡虫食谷心,高粱不实,穗尽,夜狼遍野食人,饥民亦有剥尸食者。	九月奉文,光绪四年以前钱粮一律豁免。	光绪《汾阳县志》卷十《事考》
	荣河	秋,稍获,有鼠灾。		光绪《荣河县志》卷十四《记三·祥异》
清光绪五年(1879)	榆次	夏,雨霑足,晚禾初插,复被田鼠伤害。		光绪《榆次县续志》卷四《纪事·祥异》

续 表

纪年	灾区	灾象	应对措施	资料出处
清光绪五年(1879)	文水	乙卯,多狼灾,揭赏令,民捕捉殆尽,麦秋薄收。八月,汾水西溢,与文水合流,决堤伤稼,禾伤者复被鼠灾。		光绪《文水县志》卷之一《天文志·祥异》
	临汾	秋鼠为灾*。		民国《临汾县志》卷六《杂记类·祥异》
	汾西	(光绪)五年,麦有秋。(是岁,民困少苏,狼鼠相继为灾,奉文搜捕,甚多,按历年蠲赈,轶古震今,另作记恩附后)		光绪《汾西县志》卷七《祥异》
	翼城	田鼠食苗。		民国《翼城县志》卷十四《祥异》
	大宁	田鼠食麦殆尽,至八月,大有。		光绪《大宁县志》卷之七《灾祥集》
	洪洞	八月,禾将成,徧地生黄尾鼠害稼。		民国《洪洞县志》卷十八《杂记志·祥异》
	太平	秋七月初二日,大雾,硕鼠为灾。*		光绪《太平县志》卷十四《杂记志·祥异》
	襄陵	秋,田鼠食禾。	奉旨蠲免本年下忙钱粮。	民国《襄陵县新志》卷之二十三《旧闻考》

* 初,城南人晨起往田中,见禾伤如刈,以为邻人窃也,于是夜伺之,倏忽闻齿啮声,潜击毙杖下。重斤许,睛吐喙锐,尾黄过身。黎明谛归视之,被食者已数亩也。急归,率子弟搜其穴而之深尺余,中分数孔,豆菽稷粱各不相紊。既而四乡閧传,食啮几遍,计亩所获,不过斗许,甚者或三五升。上宪驰檄严捕,重加赏格,其患始息。

* 五年夏有麦,豺狼为灾,鼷鼠横行。秋七月初二日,大雾,硕鼠为灾。(秋禾半为窃食,农人有斩鼠穴者,积粟至三五斗,色微黑,食之,人多受病)

续 表

纪年	灾区	灾象	应对措施	资料出处
清光绪五年（1879）	解州、解县	鼠无数，为害居民，室无完器，间伤苗稼。秋，飞蝗伤禾，狼出为患，白昼伤人。		光绪《解州志》卷之十一《祥异》 民国《解县志》卷之十三《旧闻考》
	绛州	鼠多，甚食禾穗，一夜尽数亩，室内几无完器。		光绪《直隶绛州志》卷之二十《灾祥》
		县境春旱，夏秋多螟，鼠尤甚，食田禾立尽。二月，奉旨蠲免四年两忙钱粮；三月，拨给农马十匹；八月，拨给耕牛两百只；十一月，蠲免下忙钱粮。（同上即旧志）	奉旨蠲免四年两忙钱粮；三月，拨给农马十匹；八月，拨给耕牛两百只；十一月，蠲免下忙钱粮。	光绪《绛县志》卷六《纪事·大事表门》
		鼠多，甚食禾穗，一夜尽数亩。		民国《新绛县志》卷十《旧闻考·灾祥》
	垣曲	秋时，鼠食禾殆尽。		光绪《垣曲县志》卷之十四《杂志》
	平陆	三月，大雨雹，歉收；五月，遍地生蚱蜢；六月，田鼠食苗，无秋。		光绪《平陆县续志》卷之下《杂记志·祥异》
	永济	秋多鼠害，啮食谷豆。		光绪《永济县志》卷二十三《事纪·祥沴》
	虞乡	麦歉登，多鼠害稼。秋旱，狼益甚，邑侯悬赏捕治。八月蝗，捕瘗乃退。		光绪《虞乡县志》卷之一《地舆志·星野·附祥异》
	荣河	五月十二日辰时，地震，鼠千百成群穴处，食苗一夜尽数亩，室内几无完器。狼食人无算。		光绪《荣河县志》卷十四《记三·祥异》
	临晋	田中多鼠害粟，兼有狼犬相率噬人。村市无敢独行者。连岁奇灾，为数百年所未有。		民国《临晋县志》卷十四《旧闻记》

续 表

纪年	灾区	灾象	应对措施	资料出处
清光绪六年(1880)	凤台	六年,鼠害稼,黑虫食禾及诸树叶。		光绪《凤台县续志》卷之四《纪事》
清光绪十八年(1892)	临晋	夏,多蝗。		民国《临晋县志》卷十四《旧闻记》
清光绪十九年(1893)	荣河	秋,禾尽被虫食。		光绪《荣河县志》卷十四《记三·祥异》
清光绪二十三年(1897)	岳阳	虫害稼。		民国《新修岳阳县志》卷一十四《祥异志·灾祥》 民国《安泽县志》卷十四《祥异志·灾祥》
清光绪二十五年(1899)	绛州	五月,蝗。		民国《新绛县志》卷十《旧闻考·灾祥》
清光绪二十七年(1901)	绛州	秋,旱、蝗为灾。		民国《新绛县志》卷十《旧闻考·灾祥》
	荣河	旱,甚无麦禾,多蝗蝻。		光绪《荣河县志》卷十四《记三·祥异》
清光绪二十八年(1902)	和顺	七月中,白蛾遍野,遗种于草,不数日化为蚱蜢,伤我禾稼。	邑人大警,虔祷于神,次日降霜,悉灭。	民国《重修和顺县志》卷之九《风俗·祥异》

(一) 时间分布

统计显示,清代山西农作物病虫害的年际分布呈现两个峰值和一个平缓发生期。第一个峰值出现在顺治元年至康熙三十九年间(1644—1700),其间农作物病虫害共计33次,年频次为0.58;第二个峰值出现于清咸丰元年至清光绪二十六年间(1851—1900),其间农作物病虫害共计24次,年频次为0.48。而从康熙四十年至清道光三十年(1701—1850)的150年时间内,农作物病虫害分布比较平均,累计发生29次,年频次为0.19,远远低于两个峰值时段。对清代山西农作物病虫害在各时段分布状况以及每个时段内各项指标的分析比较,可以看出,清代农作物病虫害年际覆盖范围相对小,高发时段较短而低发时段较长,发生的年频次存在较大差距。

值得注意的是,清代有一项山西历史时期农作物病虫害连续8年不间断书写的纪录,时间从清顺治元年(1644)到清顺治八年(1651),其实这一过程从明崇祯八年(1635)就已经开始,前后相加长达22年,其间仅明崇祯十六年(1643)未见明确记载。

表6-14 清代山西农作物灾害空间分布表

今地	灾区(灾次)	灾区数
太原	太原(2)阳曲(1)徐沟(2)	3
长治	潞安(2)长治(5)襄垣(4)黎城(2)壶关(2)长子(4)沁源(1)沁县(1)武乡(4)潞城(4)平顺(3)屯留(2)	12
晋城	泽州(2)高平(3)阳城(4)陵川(1)沁水(5)	5
阳泉	平定(4)盂县(4)	2
大同	大同(1)阳高(1)天镇(2)广灵(2)灵丘(1)浑源(2)左云(2)	7
朔州	朔州(2)马邑(1)朔平(3)怀仁(1)	4
忻州	定襄(1)静乐(1)保德(1)岢岚(1)	4
晋中	榆次(3)乐平 (4)辽县(1)和顺(3)太谷(3)平遥(1)灵石(2)寿阳(1)祁县(2)介休(5)	10
吕梁	永宁(1)交城(3)文水(6)汾阳(1)宁乡(2)临县(1)汾州(1)	7
临汾	临汾(5)平阳(1)汾西(2)岳阳(3)翼城(5)曲沃(2)吉州(3)隰县(1)大宁(2)永和(2)蒲县(3)洪洞(2)霍州(1) 太平(4)襄陵(3)乡宁(1)	16
运城	解县(2)安邑(3)绛县(6)绛州(1)闻喜(1)垣曲(8)河津(2)稷山(3)芮城(3)夏县(2)平陆(6)永济(4)虞乡(3) 万泉(2)荣河(6)临晋(2)猗氏(5)	17

（二） 空间分布

山西山地较多，南北气候差异较大。研究表明，山西可能发生的农作物病虫害数量达千余种，而历史时期农作物病虫害主要是蝗、螟、蚜虫、鼠等，清代山西也是如此。而且，受技术条件制约，对灾害发生的地域和程度的文献记录比较简略，尤其是对农作物病虫害的遗漏十分严重。所以，从这个意义上讲，历史记录在反映农作物病虫害方面显得捉襟见肘。

从历史记录反映的清代山西农作物病虫害情况看，其覆盖面是有史以来最为广泛的，全省 11 个地区均有农作物病虫害的历史记录，涉灾的区域达到了前所未有的 89 个。就灾害记录的全面性和均衡性而言，相比前代有了很大的进步，但与实际情况对比，应当仍然存在不小差距。此间，农作物病虫害分布范围较广、数量最多的依旧是处于山西南部的晋南地区和晋东南地区，表现出历史文献记录的一贯性。

八 疫灾

疾疫是一种自然消长的灾害，清代山西疫病历史记录 84 次，年频次 0.31 次，是清代所有自然灾害数量和频次最低的。

表 6－15 清代山西疫灾年表

纪年	灾区	灾象	应对措施	资料出处
清顺治元年（1644）	永宁州	顺治元年十二月，瘟疫大行，病者辄毙，死亡过半。		康熙《永宁州志》附《灾祥》
清顺治三年（1646）	武乡	……武乡疫。		雍正《山西通志》卷一百六十三《祥异二》

续 表

纪年	灾区	灾象	应对措施	资料出处
清顺治三年（1646）	武乡	武乡大疫。（朝病夕死，有一家数口死绝者）	数月不止，阖县人民避居深山。城市虚无人焉。	乾隆《沁州志》卷九《灾异》
		大疫。		乾隆《武乡县志》卷之二《灾祥》
清顺治七年（1650）	陵川	七年七月二十七日，陵川雨雹如鸡卵，伤人杀稼，岁大疫。		雍正《泽州府志》卷之五十《祥异》
清顺治八年（1651）	朔平	八年，岁饥，瘟疫传流，人畜多毙。		雍正《朔平府志》卷之十一《外志·祥异》
	朔州	又饥，瘟疫传流，人畜多毙。		雍正《朔州志》卷之二《星野·祥异》
	左云	八年饥疫。		光绪《左云县志》卷一《祥异》
清顺治十年（1653）	广灵	十年，六月大雨，九月大雪，十一月疫作。		乾隆《广灵县志》卷一《方域·星野·灾祥附》
	朔平	十年，右卫瘟疫。		雍正《朔平府志》卷之十一《外志·祥异》
	安邑	十年夏，大热，民多疫病。秋，田生黑虫如蚕，食穀叶。		乾隆《解州安邑县志》卷之十一《祥异》
清顺治十一年（1654）	榆次、交城、文水	……榆次、交城、文水疫。		雍正《山西通志》卷一百六十三《祥异二》
		春正月，阳曲见流星贯月。秋七月，榆次、交城、文水疫。		乾隆《太原府志》卷四十九《祥异》
	榆次	十一年大疫，有一家尽死者，始正月至十一月止。		同治《榆次县志》卷之十六《祥异》

续　表

纪年	灾区	灾象	应对措施	资料出处
清顺治十一年(1654)	交城	十一年甲午,疫盛。	知县高纯忠祷而止。	光绪《交城县志》卷一《天文门·祥异》
	文水	瘟疫大行南武等都,至有灭门无遗者,儒医武承业、晋凤翔广用良药起之,全活甚众。		光绪《文水县志》卷之一《天文志·祥异》
清顺治十五年(1658)	阳城	春,牛疫,死十七八。		乾隆《阳城县志》卷之四《兵祥》
		春,牛疫,十死七八。		同治《阳城县志》卷之一八《灾祥》
清顺治十六年(1659)	沁水	沁水牛大瘟。		雍正《泽州府志》卷之五十《祥异》
		黑虫食禾,牛生瘟。		光绪《沁水县志》卷之十《祥异》
	阳城	春,阳城耕牛瘟。		雍正《泽州府志》卷之五十《祥异》
		耕牛瘟。		同治《阳城县志》卷之一八《灾祥》
清康熙七年(1668)	榆次	七年夏,小儿多疹死。		同治《榆次县志》卷之十六《祥异》
清康熙八年(1669)	垣曲	……垣曲疫。		雍正《山西通志》卷一百六十三《祥异二》
		八年,疫,牛多喘死。		光绪《垣曲县志》卷之十四《杂志》
清康熙十九年(1680)	天镇	大饥,疫。		光绪《天镇县志》卷四《记三·大事记》
	代州	饥,春夏大疫。		光绪《代州志·记三》卷十二《大事记》

续　表

纪年	灾区	灾象	应对措施	资料出处
清康熙二十年（1681）	忻州、阳曲	忻州、阳曲疫。		雍正《山西通志》卷一百六十三《祥异二》
	阳曲	二十年，阳曲疫。	奉诏遣使赈济，仍全蠲历年逋赋并本年地丁钱粮。秋，府属大稔。	乾隆《太原府志》卷四十九《祥异》
		大疫。（死伤无数）		道光《阳曲县志》卷之十六《志余》
	清源	二十年，大疫。赈济，仍蠲历年逋赋并本年钱粮地丁，秋大稔。	赈济，仍蠲历年逋赋并本年钱粮地丁，秋大稔。	光绪《清源乡志》卷十六《祥异》
	大同	二十年春，大同属又饥。特遣大臣同巡抚分行赈济，并蠲免本年钱粮、房税等项，仍移京师例于大同捐米，民赖以甦，逃亡者渐归故土。平远卫春瘟疫作，地未耕种，夏田苗自发，即上年雹伤之种，秋岁大稔，人庆天赐。	特遣大臣同巡抚分行赈济，并蠲免本年钱粮、房税等项，仍移京师例于大同捐米，民赖以甦。	雍正《朔平府志》卷之十一《外志·祥异》
清康熙二十一年（1682）	榆次	五月，榆次疫。		《清史稿》卷四十《灾异志一》
		二十一年，榆次疫。		乾隆《太原府志》卷四十九《祥异》
		二十一年疫。		同治《榆次县志》卷之十六《祥异》
清康熙三十年（1691）	曲沃	夏，大旱。秋七月，蝗、雹、疫、霪雨，饥。		光绪《续修曲沃县志》卷之三十二《祥异》
清康熙三十一年（1692）	泽州、沁水	……泽州、沁水疫。		雍正《山西通志》卷一百六十三《祥异二》

续 表

纪年	灾区	灾象	应对措施	资料出处
清康熙三十一年（1692）	泽州、沁水	泽州、沁水元月大风，春不雨，疫大作，死者甚众。		雍正《泽州府志》卷之五十《祥异》
		元日大风，自春至夏不雨，疫作。		光绪《沁水县志》卷之十《祥异》
	安邑	三十一年，大饥，死者相枕籍，瘟疫盛行。		乾隆《解州安邑县志》卷之十一《祥异》
	绛县	三十一年，大饥并疫。		民国《新绛县志》卷十《旧闻考·灾祥》
	闻喜	大疫。		民国《闻喜县志》卷二十四《旧闻》
	夏县	二麦收，瘟疫大作，死者枕藉。	奉旨发赈济籽种银，一千三百六十五两七千五分。	光绪《夏县志》卷五《灾祥志》
	平陆	夏，瘟疫，盛行。		乾隆《解州平陆县志》卷之十一《祥异》
清康熙三十二年（1693）	猗氏	三十二年，麦有秋，猗氏疫。		乾隆《蒲州府志》卷之二十三《事纪·五行祥沴》
		三十二年，大疫。（饥民病死者甚众）		雍正《猗氏县志》卷六《祥异》
清康熙三十六年（1697）	介休	夏，介休大疫。		《清史稿》卷四十《灾异志一》
	汾阳、宁乡、临县、永宁、临汾、永和、蒲县	……汾阳、宁乡、临县、永宁、临汾、永和、蒲县旱、疫。	八月，奉上谕康熙三十六年大同府属州县卫所应征地丁银米，着令全与蠲免。	雍正《山西通志》卷一百六十三《祥异二》

续　表

纪年	灾区	灾象	应对措施	资料出处
清康熙三十六年（1697）	永宁州	三十六年夏，大旱，草皆枯死。秋，瘟疫盛行，民死亡殆尽。连岁奇灾，巡抚委公竟未入告。		康熙《永宁州志》附《灾祥》
	临县	三十六年，大旱，斗米七钱余，民饥相食，南城外掘男女坑，日填饿殍，时瘟疫大作。		民国《临县志》卷三《谱大事》
清康熙三十七年（1698）	浮山、隰州	夏，浮山疫，隰州疫。		《清史稿》卷四十《灾异志一》
	隰州、永和	……隰州、永和疫。		雍正《山西通志》卷一百六十三《祥异二》
	沁州	春，州牛疫。死者无数，耕种皆以人驴代。	知州刘民瞻量给价值俾民市牛力田，秋成偿价于官，民困全苏，国赋无缺。	乾隆《沁州志》卷九《灾异》
	静乐	三十七年二月，大风雪至月余不止，六月，瘟疫大作，人畜死者甚众。		康熙《静乐县志》四卷《赋役·灾变》
	宁乡	三十七年，瘟疫，死亡甚多。		康熙《宁乡县志》卷之一《灾异》
	翼城	夏，旱，民饥，瘟疫盛行。		民国《翼城县志》卷十四《祥异》
	隰州	疫。		康熙《隰州志》卷之二十一《祥异》
	永和	病疫，逃亡几尽。	知县王辅详请发翼城仓米，煮粥赈济。	民国《永和县志》卷十四《祥异考》
清康熙四十一年（1702）	泽州	泽州病疫，喉肿即死。		雍正《泽州府志》卷之五十《祥异》

续　表

纪年	灾区	灾象	应对措施	资料出处
清康熙四十四年（1705）	沁州	闰三月，州疫。城市乡村传染甚众。	知州张兆麟仲弟兆麒精于医学，立方施，全活多人。	乾隆《沁州志》卷九《灾异》
清康熙四十七年（1708）	沁源	三月，沁源大疫。		《清史稿》卷四十《灾异志一》
清康熙五十五年（1716）	翼城	五十五年春，大风寒无麦，又大疫。		民国《翼城县志》卷十四《祥异》
	乡宁	牛疫，沿山峪牛毙，皆剥皮弃肉，人无敢食者。		乾隆《乡宁县志》卷十四《祥异》
清康熙五十七年（1718）	乡宁	五十七年，牛疫。		民国《乡宁县志》卷八《大事记》
清康熙六十一年（1722）	沁州	大旱风霾，牛疫，民大饥。（正二月不雨，牛疫，死者甚众。三月微雨，民以人驴代耕，播种驴亦多死。入夏不雨，镇日大风，干苗吹积路旁如落叶。至秋又旱，收成不及三分，南乡尤苦。是年斗米银五钱。民食草根木皮，饿莩相望）		乾隆《沁州志》卷九《灾异》
	介休	夏秋，大旱。疫死民人无算。		嘉庆《介休县志》卷一《兵祥·祥灾附》
清雍正四年（1726）	曲沃	四月，曲沃疫。		《清史稿》卷四十《灾异志一》
		夏疫。		光绪《续修曲沃县志》卷之三十二《祥异》
清雍正五年（1727）	平定	五年，大疫。		光绪《平定州志》卷之五《祥异》

续　表

纪年	灾区	灾象	应对措施	资料出处
清雍正五年(1727)	榆次	五年四月,疫大行。		同治《榆次县志》卷之十六《祥异》
清雍正六年(1728)	太原、沁源	四月,太原疫,沁源疫。		《清史稿》卷四十《灾异志一》
	太原	六年四月,疫,大有年。		道光《太原县志》卷之十五《祥异》
	沁州	六年夏疫。(疫气自南而北,传染无遗,人各病三五日而复。间有毙者)		乾隆《沁州志》卷九《灾异》
	沁源	四月初旬,疫传染迅速,鲜能免者。		雍正《沁源县志》卷之九《别录·灾祥》
		四月初旬,大疫,传染迅速,鲜能免者。		民国《沁源县志》卷六《大事考》
	武乡	夏,疫。		乾隆《武乡县志》卷之二《灾祥》
	翼城	六年,春大疫,岁大熟。		民国《翼城县志》卷十四《祥异》
	浮山	六年春,疫,大熟。		民国《浮山县志》卷三十七《灾祥》
清雍正十年(1732)	乡宁	十一年,人疫病。		民国《乡宁县志》卷八《大事记》
清雍正十一年(1733)	灵丘	十一年,旱,疫。		光绪《灵邱县补志》第三卷之六《武备志·灾祥》
	乡宁	人疫。		乾隆《乡宁县志》卷十四《祥异》
清乾隆十一年(1746)	榆次	县人大疫。		同治《榆次县志》卷之十六《祥异》
	沁水	大疫。		光绪《沁水县志》卷之十《祥异》

续 表

纪年	灾区	灾象	应对措施	资料出处
清乾隆二十二年(1757)	陵川	七月,陵川大疫。		《清史稿》卷四十《灾异志一》
	沁水	大疫。		光绪《沁水县志》卷之十《祥异》
清乾隆二十五年(1760)	平定	春,平定大疫。		《清史稿》卷四十《灾异志一》
	乐平	春,因上年饥馑兼瘟疫大作,死尸枕籍,逃亡过半。		民国《昔阳县志》卷一《舆地志·祥异》
	和顺	二十五年,大疫,大饥,斗米钱五百,东乡民死亡过千。		民国《重修和顺县志》卷之九《风俗·祥异》
清乾隆三十三年(1768)	高平	三十三年夏,有蜮,一名射工,不知其所自来,喜见灯火,人中其毒则死,或有掩得之者,传观以为异。		乾隆《高平县志》卷之十六《祥异》
清乾隆五十三年(1788)	大同	春,大疫。		道光《大同县志》卷二《星野·岁时》
清乾隆五十八年(1793)	稷山	旱,道殣相望,树皮剥食殆尽,瘟疫流行。		同治《稷山县志》卷之七《古迹·祥异》
清嘉庆七年(1802)	繁峙	春大疫,秋多虎灾。		光绪《繁峙县志》卷四《杂志》
清嘉庆十八年(1813)	绛县	绛县旱,有赤眚,自北而南,现白气十余道。(同上即旧志)		光绪《绛县志》卷六《纪事·大事表门》
清嘉庆二十三年(1818)	阳城	多瘟疫。		同治《阳城县志》卷之一八《灾祥》
清道光元年(1821)	平定	道光元年,大疫。		光绪《平定州志》卷之五《祥异》

续　表

纪年	灾区	灾象	应对措施	资料出处
清道光元年(1821)	太平	道光元年春二月朔，日有食之；夏四月朔，日月合璧五星连珠；秋大疫。*		光绪《太平县志》卷十四《杂记志·祥异》
	垣曲	道光元年八月，大疫，死者无算。		光绪《垣曲县志》卷之十四《杂志》
	夏县	道光元年，大疫，死者枕藉。		光绪《夏县志》卷五《灾祥志》
	临晋	瘟疫。		民国《临晋县志》卷十四《旧闻记》
	猗氏	瘟疫大作。		同治《续猗氏县志》卷四《祥异》
清道光二年(1822)	凤台	安南贡象，道经邑，民多疫。		光绪《凤台县续志》卷之四《纪事》
	阳城	民多疫。		同治《阳城县志》卷之一八《灾祥》
	大同	闰三月，大水。七月，疫。		道光《大同县志》卷二《星野·岁时》
	永和	宣宗道光二年，瘟疫。		民国《永和县志》卷十四《祥异考》
清道光三年(1823)	灵丘	大疫。		光绪《灵邱县补志》第三卷之六《武备志·灾祥》
	吉州	大疫。		光绪《吉州全志》卷七《祥异》
清道光六年(1826)	崞县	道光六年三月，大风昼晦，瘟疫流行。		光绪《续修崞县志》卷之八《志余·灾荒》

---

* 医书名乌鸦翻，其症沈晕吐泄，四肢发搐，指甲先青，缓治即死，治法看舌根，下有青红紫泡急用针刺，见血粘以雄黄，蒙头出汗，忌风三日，或用平安散及藿香正气丸。又避疫佩戴方：羌活、白芷、柴胡、细辛、吴茱萸、大黄，各一钱。

续　表

纪年	灾区	灾象	应对措施	资料出处
清道光七年(1827)	大同	大同:春大疫。		乾隆《大同府志》卷之二十五《祥异》
		七年春,大疫。三月晦,大雪三日夜,平地深三尺许。冬,大疫,有绝户者。		道光《大同县志》卷二《星野·岁时》
	广灵	大疫。		光绪《广灵县补志》卷一《方域·灾祥》
清道光八年(1828)	汾阳	大疫,彗星见。		光绪《汾阳县志》卷十《事考》
清道光十年(1830)	阳曲	春正月,大瘟疫。		道光《阳曲县志》卷之十六《志余》
清道光十二年(1832)	广灵	大饥,知县李和春奉发协济银五百两,并劝捐米石,于十三年二月赈恤(碑文见艺文志),是年大疫。	赈恤。	光绪《广灵县补志》卷一《方域·灾祥》
清道光十三年(1833)	沁水	民多疫。		光绪《沁水县志》卷之十《祥异》
	阳城	秋,陨霜杀晚禾,民多疫。		同治《阳城县志》卷之一八《灾祥》
	浑源	十三年春,大疫,秋大熟。		光绪《浑源州续志》卷二《星野·祥异》
清道光十六年(1836)	沁水	大瘟。		光绪《沁水县志》卷之十《祥异》
	凤台	疫。		光绪《凤台县续志》卷之四《纪事》
	阳城	大瘟。		同治《阳城县志》卷之一八《灾祥》
清道光二十三年(1843)	河曲	春大疫,秋复大疫。		同治《河曲县志》卷五《祥异类·祥异》

续　表

纪年	灾区	灾象	应对措施	资料出处
清道光二十九年(1849)	凤台	春夏间疫。		光绪《凤台县续志》卷之四《纪事》
清咸丰八年(1858)	清源	八年,大疫,殒人无数。		光绪《清源乡志》卷十六《祥异》
	阳城	春多瘟,秋未种麦。		同治《阳城县志》卷之一八《灾祥》
	天镇	七月,疫。		光绪《天镇县志》卷四《记三·大事记》
	灵丘	八年七月,大疫。		光绪《灵邱县补志》第三卷之六《武备志·灾祥》
	怀仁	八年秋七月,传门瘟疫,吊送者绝迹。八月,地震。		光绪《怀仁县新志》卷一《分野》
	广灵	七月,大疫。		光绪《广灵县补志》卷一《方域·灾祥》
	代州	七月疫。		光绪《代州志·记三》卷十二《大事记》
	曲沃	八年春三月,陨霜冻麦……秋八月,民大疫。		光绪《续修曲沃县志》卷之三十二《祥异》
清咸丰九年(1859)	垣曲	九年七月,蝗食禾;八月瘟疫。		光绪《垣曲县志》卷之十四《杂志》
清同治元年(1862)	清源	同治元年正月初六日,雨黄土如雪,自辰至午乃止。是年,疫大作,秋收穰黍。		光绪《清源乡志》卷十六《祥异》
	平定	秋,疫疠盛行。		光绪《平定州志》卷之五《祥异·乐平乡》
	天镇	七月,大疫。		光绪《天镇县志》卷四《记三·大事记》

续 表

纪年	灾区	灾象	应对措施	资料出处
清同治元年(1862)	灵丘	大疫。		光绪《灵邱县补志》第三卷之六《武备志·灾祥》
	广灵	七月,大疫。		光绪《广灵县补志》卷一《方域·灾祥》
	浑源	同治元年秋,大疫,死者多人。		(清)光绪《浑源州续志》卷二《星野·祥异》
	代州	七月,疫。		光绪《代州志·记三》卷十二《大事记》
	乐平	有五色蜨蝶,大如掌,群飞蔽日,是年疫疠盛行,死者无算。		民国《昔阳县志》卷一《舆地志·祥异》
	寿阳	同治元年夏,瘟疫大作。至于秋七月乃渐止,病死者无算。(验其形,证即医经,所谓转筋霍乱也)		光绪《寿阳县志》卷十三《杂志·异祥第六》
	太平	同治元年夏,疫。	居民于八月初一日张灯彩以禳之。	光绪《太平县志》卷十四《杂记志·祥异》
	夏县	同治元年,蝗伤稼,瘟疫作。		光绪《夏县志》卷五《灾祥志》
	猗氏	六月,飞蝗蔽日,食禾始尽。七月,星陨如雨,民病瘟疫。		同治《续猗氏县志》卷四《祥异》
清同治二年(1863)	岢岚	夏,大疫。		光绪《岢岚州志》卷之十《风土志·祥异》
	虞乡	二月,陨霜伤麦。二年三月,大疫,至八月止。		光绪《虞乡县志》卷之一《地舆志·星野·附祥异》

续 表

纪年	灾区	灾象	应对措施	资料出处
清同治四年（1865）	凤台	大疫。喉肿多死。		光绪《凤台县续志》卷之四《纪事》
清同治五年（1866）	清源	五年，大疫。		光绪《清源乡志》卷十六《祥异》
	垣曲	五年五月，大疫。		光绪《垣曲县志》卷之十四《杂志》
清同治六年（1867）	怀仁	瘟疫流行，牛羊多毙。		光绪《怀仁县新志》卷一《分野》
	汾阳	大疫，初得疾似喉痹，颈肿多致死，传染。		光绪《汾阳县志》卷十《事考》
	乡宁	六年，疫。		民国《乡宁县志》卷八《大事记》
	绛州	饥，秋民多疫。		光绪《绛州志》
	垣曲	六年八月，天有光，数十丈，数夜始散，又大疫。		光绪《垣曲县志》卷之十四《杂志》
	绛县	六年，绛县饥，秋，民多疫，冬地震。（同上即旧志）		光绪《绛县志》卷六《纪事·大事表门》
	虞乡	大饥，大疫。		光绪《虞乡县志》卷之一《地舆志·星野·附祥异》
清同治七年（1868）清同治八年（1869）	永和	七年五月，瘟疫甚烈，阁底村一月内，死人七十余。		民国《永和县志》卷十四《祥异考》
	荣河	南乡蔡高村牛生犊两头，自后牛病，疫遍四境，累年弗绝。		光绪《荣河县志》卷十四《记三·祥异》
	垣曲	八年八月，瘟疫。		光绪《垣曲县志》卷之十四《杂志》

续 表

纪年	灾区	灾象	应对措施	资料出处
清同治九年(1870)	曲沃	冬,大疫。		光绪《续修曲沃县志》卷之三十二《祥异》 民国《新修曲沃县志》卷之三十《从志·灾祥》
	虞乡	冬,牛疫。		民国《虞乡县新志》卷十《旧闻考》
		冬,牛瘟。		光绪《虞乡县志》卷之一《地舆志·星野·附祥异》
清同治十年(1871)	文水	十年辛未五月,大雨,伤麦。七月,大雨,文水溢,决堤伤稼。冬,大瘟疫,咽喉肿溃,毙人甚多。		光绪《文水县志》卷之一《天文志·祥异》
清同治十一年(1872)	襄垣	正月,下黄土,人多喉疾。		民国《襄垣县志》卷之八《旧闻考·祥异》
	黎城	有以妖术阴截人发辫者,人即痴迷无识,恹恹待毙。盖魂为所摄也。	其术传是役纸人为之,凡受害者急以水噀地,则发与纸人立见,可无恙,或以朱书"龁齿龌龊"四字佩之,邪即远避不能侵矣。	光绪《黎城县续志》卷之一《纪事》
清同治十二年(1873)	凤台	牛疫,死十之七。		光绪《凤台县续志》卷之四《纪事》
清同治十三年(1874)	壶关	春,牛疫。		光绪《壶关县续志》卷上《疆域志·纪事》

续 表

纪年	灾区	灾象	应对措施	资料出处
清同治十三年(1874)	凤台	牛大疫。		光绪《凤台县续志》卷之四《纪事》
清光绪元年(1875)	虞乡	麦大熟,秋,旱。冬,牛瘟。		光绪《虞乡县志》卷之一《地舆志·星野·附祥异》
		麦大热,秋旱冬瘟。		民国《虞乡县新志》卷十《旧闻考》
清光绪二年(1876)	曲沃	夏四月,雨雾,……秋七月大疫。		光绪《续修曲沃县志》卷之三十二《祥异》
清光绪三年(1877)	太原	春秋大旱,大饥,斗米二千八百余文,民死于饿死者十之三四,岁大疫,死于病者枕籍。		道光《太原县志》卷之十五《祥异》
	解州	三年丁丑,大旱。五月初二日,地震。初十日夜,复震。秋大疫。		光绪《解州志》卷之十一《祥异》
	绛州	光绪三年四年,岁大祲,人相食,甚有骨肉相残者,饿殍遍野,坑坎皆满,村庄户绝半,人十毙六七,米麦市斗银三两六钱。四五月,粟绝,市草籽蒲根,每斗银一两余,秋,大疫。		光绪《直隶绛州志》卷之二十《灾祥》
	绛县	秋,大疫。		民国《新绛县志》卷十《旧闻考·灾祥》
	虞乡	春,疫。		光绪《虞乡县志》卷之一《地舆志·星野·附祥异》
	荣河	夏,大疫。秋稍获,有鼠灾。		光绪《荣河县志》卷十四《记三·祥异》

续 表

纪年	灾区	灾象	应对措施	资料出处
清光绪三年（1877）	临晋	光绪三年夏秋，不雨，西至陕，南至豫，东北至省，赤地千里，荒旱异常，民苦无食，往往衣履完整，一蹶辄不复起。又多疫疾，传染几于全家。		民国《临晋县志》卷十四《旧闻记》
清光绪四年（1878）	平定	四年，又大疫，人民流离，饿殍载道，斗米一千二百文。	发仓谷赈，又两次拨发籼米、小米赈恤，续发耕牛六十头，马四十匹，寒衣五百件以恤贫民。	光绪《平定州志》卷之五《祥异·乐平乡》
		四年，大疫，人民流离，道殣相望，田园荒芜，庐舍多墟。		光绪《平定州志》卷之五《祥异》
	寿阳	四年春夏疫，贫民饥、疾死者凡二三万人。（元年，近河之地蒲草丛生，至是人掘根食之，或以蒲生，即饥之兆云）	恩诏蠲免税粮。*	光绪《寿阳县志》卷十三《杂志·异祥第六》
	交城	四年戊寅春，旱疫并行，斗米价至钱三千文，秋大有。		光绪《交城县志》卷一《天文门·祥异》
	文水	四年戊寅，旱，大疫。		光绪《文水县志》卷之一《天文志·祥异》

* 恩诏蠲免税粮，发常平仓一万三千六百五十石有奇以赈之；又富户捐赈谷一万四千一百五十石有奇，议叙有差；又赈官漕米一千三百石。（按统计，先后查报贫民七万六百二十三口，其赈法：大口月给仓斗谷一斗二升，小口减半。自正月起为日一百四十二，设局经费捐自官绅富商，在局办赈官绅皆自备资斧。有碑记在马首郡坊内东）是年秋八月，淫雨连旬，禾多霉烂。

续　表

纪年	灾区	灾象	应对措施	资料出处
清光绪四年(1878)	临汾	大祲人相食。(赤地千里,饿殍盈野,瘟疫盛行,死亡过半,事实见救荒记)		民国《临汾县志》卷六《杂记类·祥异》
	浮山	春,大疫。		民国《浮山县志》卷三十七《灾祥》
	太平	四年春正月二十二日,日有二圆光。二十八日,日晕,粮价极昂。三月初五日,始雨,大疫。		光绪《太平县志》卷十四《杂记志·祥异》
	襄陵	四年春大瘟,民间死亡甚众。夏无麦,秋成复歉。	奉恩诏钱粮全免,加赈恤灾民。	民国《襄陵县新志》卷之二十三《旧闻考》
	绛州	秋,大疫。		民国《新绛县志》卷十《旧闻考·灾祥》
	虞乡	大疫,人民流离,饿殍载道。		民国《虞乡县新志》卷十《旧闻考》
		三月,雨。五月,虫食苗,疫。		光绪《虞乡县志》卷之一《地舆志·星野·附祥异》
	万泉	人民饿死过半,乡里成墟,田亩银三钱,绮衣一袭不能易一饱。五月,秋大熟,瘟疫流行,死人无算。		民国《万泉县志》卷终《杂记附·祥异》
清光绪五年(1879)	左云	五年春闰三月二十一日,风飞沙白昼如夜,城内居民张灯自辰至未,风转天飞黄沙,夏有瘟疫。		光绪《左云县志》卷一《祥异》
清光绪七年(1881)	沁水	春,牛生瘟。		光绪《沁水县志》卷之十《祥异》

续 表

纪年	灾区	灾象	应对措施	资料出处
清光绪八年(1882)	榆次	光绪八九年间,多患缠喉症,医疗稍缓,即成不治,城乡男女小儿伤者甚伙。		光绪《榆次县续志》卷四《纪事·祥异》
清光绪十五年(1889)	闻喜	白喉疫,伤者无数,或灭其门。		民国《闻喜县志》卷二十四《旧闻》
清光绪十九年(1893)	临汾	天旱,瘟疫盛行。(人相传染,牛羊多死)		民国《临汾县志》卷六《杂记类·祥异》
清光绪二十二年(1896)	沁源	冬十月,牛瘟沿南北幹路二十余村为烈,至翌年二月止。		民国《沁源县志》卷六《大事考》
清光绪二十五年(1899)	临汾	春夏,瘟疫,无雨,麦禾未收。		民国《临汾县志》卷六《杂记类·祥异》
清光绪二十八年(1902)	马邑	二十八年,瘟疫大行,城关死人四十余口。		民国《马邑县志》卷之一《舆图志·杂记》
清光绪二十九年(1903)	临晋	喉症流行,小儿尤甚,夭伤者众。		民国《临晋县志》卷十四《旧闻记》

(一) 时间分布

清代山西疫灾的发生,在时间上可以分为三个阶段:第一时段从顺治元年至乾隆十五年(1644—1750),在107年的时间内,共计31次瘟疫历史记录,年频次为0.29,接近整个清代山西疾疫灾害年频次的均值;第二时段从乾隆十六年至道光三十年(1751—1850),150年历史时期内,疾疫灾害记录共22次,年频次不足0.15,为整个清代的谷值;第三时段从咸丰元年至光绪二十六年(1851 - 1900),疾疫达到整个清代山西疾灾的峰值,50年共计31次,年频次为0.62,为整个清代疾疫年频次的2倍。

（二） 空间分布

表 6－16 清代山西疾疫空间分布表

今 地	灾区（灾次）	灾区数
太 原	阳曲（2）清源（4）	2
长 治	长治（1）襄垣（1）黎城（1）壶关（1）沁源（1）沁州（1）武乡（1）潞城（1）	8
晋 城	泽州（1）高平（1）阳城（3）陵川（2）沁水（3）凤台（3）	6
阳 泉	平定（3）	1
大 同	大同（2）天镇（3）广灵（3）灵丘（2）浑源（1）左云（2）	6
朔 州	朔州（2）朔平（1）怀仁（2）	3
忻 州	忻州（2）静乐（1）代州（2）岢岚（1）	4
晋 中	榆次（4）乐平（2）和顺（1）灵石（1）寿阳（2）介休（1）	6
吕 梁	永宁（1）交城（2）文水（3）汾阳（1）宁乡（1）临县（1）	6
临 汾	临汾（3）翼城（1）曲沃（4）吉州（1）隰州（1）永和（2）浮山（1）太平（2）襄陵（1）乡宁（1）	10
运 城	安邑（2）解县（1）绛县（1）绛州（3）闻喜（2）垣曲（5）稷山（1）夏县（2）平陆（1）虞乡（6）万泉（1）荣河（2）临晋（2）猗氏（2）	14

清代山西疾疫空间分布表显示，山西所有地区均有疾疫的文献记录，是清代山西自然灾害中分布较为均衡的自然灾害类型。从数量上看，运城、晋城、大同位居前列；从覆盖面看，晋东南的长治和晋南的运城最为广泛。从县域发生的数量看，运城的虞乡、垣曲，临汾的曲沃，晋中的榆次，太原的清源等，是疾疫灾害发生次数最多的县区。

第二节　清朝山西自然灾害特征及成因

一　清朝山西自然灾害特征

进入清代,随着历史文献的增加和人类对自然环境干扰幅度的增大,自然灾害益加频繁。和山西历史灾害所具有的特征一样,清代山西自然灾害的发生也具有伴生性、多发频发性及明显的季节特征和地域特征。此外,还有一些新特征。

(一)　灾害数量和频次增多、连发性增强

清代自然灾害发生频率之高,远远超过前朝。统计资料显示,山西历代自然灾害的发生年频次为:先秦秦汉时期0.101,魏晋南北朝时期0.89,隋唐五代时期0.44,宋元时期1.21,明代3.64,而到清代则上升到5.55,是先秦到宋元灾害年频次的2倍,是明代的1.5倍。清代山西所有自然灾害中,水(洪涝)灾年频次最高,达到1.31,这个数据超过先秦至宋元时期所有自然灾害的年频次。就单一自然灾害而论,水(洪涝)灾、雹灾、旱灾的连续性非常突出;就整体而言,清代山西自然灾害几乎没有中断,而且各种自然灾害相互交织,迭次发生。群发性自然灾害即多灾并发的趋势明显增强,这是造成清代山西8种自然灾害发生频率居高的主要原因。以清初为例,清顺治元年(1644)雪(寒霜)灾、震灾、蝗灾、疾疫齐集,而清顺治二年(1645),8种自然灾害中,仅未见风灾、疾疫的历史记录。而8种自然灾害并发的记录则多有出现、屡见不鲜,如清顺治七年(1650)。

清代山西自然灾害不仅迭次发生、形式多样,而且多灾并发,即指一个地区在同一年度内受多种自然灾害的侵袭。如水旱、水旱蝗、水旱风虫雹等。根据自然灾害年表统计,清代山西每年发生自然灾害频次达到5.55,也就是说,每年在不同区域至少有5次以上

各种不同类型的自然灾害发生。而同一区域发生不同自然灾害的情况也屡有出现。如乾隆二十四年高平地区,“秋,蚄伤稼,是年四五月旱,六七月涝,继之以虫,秋成薄甚,谷价腾踊,民食维艰。”[1]同治十二年阳城、沁水地区,“夏,大风。秋旱。冬大雪,柿树多冻死者。”[2]

(二) 旱灾退为第三大灾害,但仍为成害范围最广之灾害

明代及其之前,旱灾是山西发生最为频繁的自然灾害,旱灾历史记录的数量和频次一直位列各种自然灾害之首,有时甚至几倍于其它自然灾害。但清代山西旱灾位列水(洪涝)灾、雹灾之后为该时期第三大高发自然灾害。从总量上讲,在清代山西自然灾害的总量中,旱灾占15.5%;水旱灾占23.6%;雹灾占18.6%。以年频次计,旱水雹分别为0.86;1.31;1.03。虽然如此,与其它自然灾害相比,旱灾依然是山西自然灾害中成害范围最广且为害较重的自然灾害。从时间上讲,旱灾连续发生率较高,从空间分布来说,旱灾本身幅射面广,可以说清代只要存在方志的县域,没有不记录旱灾者。清代山西旱灾不仅频次高、范围广,而且危害严重,旱灾的发生不似水(洪涝)灾和雹灾,来势汹汹、去势匆匆,旱灾一旦来临,持续时间往往很长,分布范围且广。大旱之年,常常田土龟裂,赤地千里,饿殍遍野。光绪二年(1876)至光绪五年(1879)的“丁戊奇荒”,“大旱,二麦不登,遂大饥,全晋成灾者七十余州县,而省南被灾为尤酷。赤地千里,山童水枯。”[3]“西至陕,南至豫,赤地数千里,籴米一斗银二三两,民苦无食,往往衣履完整,行走之间一蹶不起,又多疫疾传染,

①乾隆《高平县志》卷之十六《祥异》。

②光绪《沁水县志》卷之十《祥异》。

③光绪《安邑县续志》卷六《祥异》。

合村有全家病死无人问者，牛马鸡犬宰杀无余，村落房屋拆毁一大半，鬻地一亩得银不及一两，仅籴粮数升。兼有豺狼遇人辄噬，丁壮不敢独行。大劫奇荒，从来未有。"①清政府山西赈济官员阎敬铭在报告中说："臣敬铭奉命周历灾区，往来二三千里，目之所见皆系鹄面鸠形，耳之所闻无非男啼女哭。冬令北风怒号，林谷冰冻，一日再食，尚不能以御寒，彻旦久饥，更复何以度活？甚至枯骸塞途，绕车而过，残喘呼救，望地而僵。统计一省之内，每日饿毙何止千人！目睹惨状，夙夜忧惶，寝不成眠，食不甘味者已累月。"②

（三） 自然灾害在两个时段集中高发

清代山西自然灾害统计数据表明，各种自然灾害在清代前后期集中高发。清代前期从顺治元年至康熙三十九年（1644—1700）的57年中共计自然灾害463次，年频次达到前所未有的8.12；后期从清咸丰元年至清光绪二十六年（1851—1900），50年间自然灾害的总量达到366次，年频次也高达7.32。而且，值得注意的是，两个时段中，自然灾害的高发是一种普遍存在，在这两个时段中，所有的自然灾害的数量和频次均超过其它时段。相对而言，旱灾发生的频次在1851—1900时段相对较低，但是，正是在这一时段发生了山西历史时期影响范围最广、受害程度最烈的"丁戊奇荒"。

①光绪《补修徐沟县志》卷五《祥异》。

②（清）朱寿朋编、张静庐等校点：《光绪朝东华录》（第1册），北京：中华书局，1958，总第514～515页。

二　清朝山西自然灾害成因探析

（一）“清末宇宙期”与清代山西自然灾害

1.“清末宇宙期”因素

“清末宇宙期”是指19世纪以来，“大洪水、大地震、大旱灾、大瘟疫、大风、奇寒似乎不期而遇地汇聚在一起，交相并发，并在七八十年代达于极点”①的自然灾害状况。关于清末宇宙期的具体起讫时间，研究者仍然存在较大分歧，但是，一个不争的事实是“清末宇宙期”自然灾害发生特征尤其明显，一是灾害频次加剧、持续时间拉长；二是灾害空间分布扩散，成害空间扩大；三是特大灾害交相出现、集中爆发。和“夏禹洪水期”、“两汉宇宙期”和“明清宇宙期”比，“清末宇宙期”最长的持续时间至多是整个19世纪和20世纪初期，在时间上是一个较短的灾害群发期，但在危害程度上却不输于任何历史时期，其造成的惨绝人寰的严重恶果无可比拟。“清末宇宙期”的出现，和太阳活动有一定关联。正如本书第三章第一节所论，根据测算，中国五千年来温度变迁与九星会聚的季节和张角大小是相吻合的。而1844年冬半年，出现史上第7次地心张角＜70°的九星会聚。这应当是影响“清末宇宙期”出现的一个至关重要的因素。而且清代山西自然统计数据显示，在“明清宇宙期”的后期即17世纪和“清末宇宙期”内，山西自然灾害出现了两个高发频发时段（即1644—1700时段和1851—1900时段），这与上述讨论的结果是一致的。

①夏明方：《从清末灾害群发期看中国早期现代化的历史条件——灾荒与洋务运动研究之一》，《清史研究》，1998年第1期，第70～82页。

2. 气候变化因素

明代以降,寒冷成为中国气候发展的基本趋势。研究表明,在15—19世纪中叶,中国进入"小冰期",相对寒冷天气持续至1520年,1500—1600年间有一个短期寒冷天气,随后在1620—1720年气候再次转冷,这次转冷与中原明王朝的崩溃及满族的兴起时间相一致①。1720—1830年气候再一次转暖,随后1840—1890年间气候又普遍变冷,而这一最后寒冷期开始于1840年②。以寒冷为特征的明清时期气候与欧洲及大西洋周边曾经出现的"小冰期"状况一致,致使我国东部冬半年平均气温较今约低0.4℃,其中最冷时段出现在清后期(1861—1890),冬半年平均气温较今约低0.7℃③。

清代山西自然灾害受气候变化因素的影响非常明显,表6-1清代山西自然灾害间隔50年频次所呈现的峰值期与清代气候寒冷期高度吻合。

3. 地质活动因素

山西地震带是属于大陆内部的一个板内地震带,是我国历史上强震较多的一个地震带。有史料记载以来,即前780年—1989年,山西地震带共发生$M \geq 4\frac{3}{4}$级地震200多次,其中6—6.9级地震25次,6—7.9次地震5次,8级地震3次④。清季处于山西第六地震活跃期(16—17世纪)末端和第七地震活跃期(19世纪至今)⑤,所以,整个清代地震多发,且5级以上地震达到了6次:一是康熙十二年

①布雷特·辛斯基著,蓝勇、刘建、钟春来、严奇岩译:《气候变迁和中国历史》,《中国历史地理论丛》,2003年第2辑,第63页。

②竺可桢:《中国近五千年来气候变迁的初步研究》,《考古学报》,1972年第1期,第18~35页。

③何凡能、李柯、刘浩龙:《历史时期气候变化对中国个古代农业影响研究的若干进展》,《地理研究》,2010年第12期,第2292页。

④1303年洪洞地震,1556年华县地震,1695年临汾地震。

⑤武烈、贾宝卿、赵学普编著:《山西地震》,地震出版社,1993年版,第21页。

(1673)九月初九日天镇 5.75 级地震;二是康熙十八年(1679)九月徐沟5 .5 级地震;三是康熙二十二年(1683)十月五日原平 7 级地震;四是乾隆十九年(1754)四月太原 5 级地震;五是嘉庆二十年(1815)九月二十一日平陆 6.75 级地震。

(二) 清朝山西自然灾害的社会因素分析

1. 人口增长导致生态系统破坏

自然灾害是天灾更是人祸,“是自然生态平衡被破坏的结果。即森林被砍伐、荆棘榛莽被砍除、荒草原野被开垦,造成植被覆盖率迅速减少,大地裸露日益严重,水土日益流失和日益沙漠化,于是旱则赤地千里,黄沙滚滚;潦则洪水横流,浊水滔天。这才是灾害频仍、饥馑荐臻的根本原因。”[①]

自然灾害之所以成为灾害,必然是和人的活动相关联的,而自然灾害数量和频次的增加也必然是以人的增长为前提的。顺治十八年(1661)山西人口为 5758407 人,至乾隆二十七年(1762)达到 10239907 人,突破 1000 万大关。此后,山西人口继续增长,光绪三年(1877)达到了 16430000 的最高峰。[②]而随着人口的增长,人们赖以生存的耕地资源显得愈来愈不足,据腾崇德、张启耀统计,隋时山西人均耕地 42. 2 亩,唐时 27 亩,明时 11. 5 亩,但到清时只有 2. 3 亩。为了缓解人地矛盾,政府以减税免税等办法来鼓励人们开荒种田。康熙以来,土地拓殖进度加快,无休止地盲目扩大耕地,鼓励拓垦烧荒,焚烧山林。到后来,“山石尽拓为农田,犹不敷耕种。”同时,滥砍滥伐、樵采、烧炭、冶炼和建筑宫殿等也加速了森林植被资源的破坏。更有甚者,清康熙帝(1662—1722)三上五台山,恐被人暗害,

①傅筑夫:《中国经济史论丛》(续集),北京:人民出版社,1988 年版,第 80 ~ 81 页。

②侯春燕:《山西人口数量变迁及思考》,《沧桑》,1998 年第 6 期,第 31 ~ 32 页。

下令烧毁路旁和驻地台怀附近的山林。到清末山西森林植被覆盖率锐减为10%[①]。

森林植被减少,直接导致水土流失,促成洪涝灾害,其间接影响是破坏森林对区域小气候的调节作用,使地表涵水作用降低和地下水得不到有效补充,并进一步促成干旱。由此循环往复,形成恶性循环。因为森林是陆地生态系统中面积最大,结构最复杂,功能最稳定,生物总量最高的生态系统。植被的分布与湿度、降水、地形、土壤等条件的变化相适应,其本身处在一个生物圈中,环环相扣。植被少了,必然影响到动植物,生态平衡被打破,生物链有了缺口。动植物种类减少,多样性受到破坏,整个农业环境以至于整个生存环境都或多或少地发生了变化[②]。

2. 兵燹增加致灾因素

战争从来是残酷的,战争同时增加致灾因素。近世以来,清政府处于内忧外患之中,自1840年以后,战争接连不断。而同时期的山西也兵燹连连,战火不断。1853年9月2日太平军从王屋山小径进入山西境内,在先后历时25天战斗中,太平军克垣曲城、占绛县,与清胜保军战于曲亭,失利后由岳阳县之古县镇(今古县)进入晋东南屯留、长子境内,攻占黎城不久经东阳关进入涉县(今属河北)。太平天国运动失败以后,西捻军进入山西,前后虽然不到一个月,但是在山西活动范围广泛,波及十八个州县,与清军展开了生死搏斗。1900年6月,义和团斗争从榆次兴起,仅仅一月有余,立即遍及全省。而八国联军侵华,为追击皇室清军,曾分兵向山西进军。北路经张家口进攻大同,南路经保定进攻娘子关,在进攻娘子关时,清军防线全线溃退,平定、盂县、乐平(今昔阳)等地人民遭受一场兵祸洗

①腾崇德、张启耀:《山西植被的历史变迁》,《河东学刊》,1998年第2期,第33页。

②山西省水利厅水旱灾害编委会:《山西水旱灾害》,黄河水利出版社,1996,第272~279页。

劫。战争首先对于人类本身是一种摧毁，对自然界也是灭顶之灾。战争过后，一片狼藉，满目疮痍。曾国藩言："近年从事戎行，每驻扎之处，周历城乡，所见无不毁之屋，无不伐之树。"[①]森林被砍伐，田地被踩踏，房屋被摧毁，所有物质的非物质的财产都受到了损坏，并且在短时期内不能恢复。

3. 政治腐败加重灾情

自然灾害的发生固然可怕，但是如果政府采取积极有效的措施，官员把百姓的痛苦当成自己的痛苦，竭尽全力抗灾救弱，灾难也可得以缓解。"伏思救荒无奇策，惟督抚及有司亲民之官实心实力方克有济。"[②]但若政治腐败会带来多重危机。首先经济不景气，那么国家没有充裕的钱粮来赈济，荒政无法开展贯彻，人们在经历了灾难后，也无法开展重建家园活动。其次，若朝廷官员明哲保身，对灾情熟视无睹，对灾民置若罔闻，则天灾可变为人祸并加剧灾情。清康熙三十六年（1697）夏，永宁州大旱，"秋，瘟疫盛行，民死亡殆尽。连岁奇灾，巡抚委公竟未入告。"[③]而清代中期以后，朝廷日渐腐败，与民争富，与民争利，并且把大量国库用到了战争和营建上去，无暇顾及百姓死活。所以每遇灾情百姓只能听天由命。

---

①（清）李瀚章编辑、李鸿章校勘：《曾文正公全集·书札》，近代中国史料丛刊本，台北：文海出版社，民国二十七年，第14095页。

②赵尔巽主编：《清史稿》卷336《顾光旭传》，中华书局，1977，第11039页。

③康熙《永宁州志》附《灾祥》。

第三节 清朝山西自然灾害的危害和社会应对

一 清朝山西自然灾害的危害

（一） 自然灾害破坏生产要素和扰乱生活秩序

1. 生产力遭受破坏

自然灾害之于社会，尤大病之于人，必伤及元气，祸及生产要素。清代山西自然灾害的发生也不例外。以水（洪涝）灾为例，山西的大水具有季节性特征，多发于夏秋季节，一旦成灾，损失巨大。轻则毁禾坏田，重则致人非命。清顺治八年（1651），沁源“连被水（洪涝）灾，塌毁民田六百八十七顷有奇。”[①]清顺治三年（1646）高平发生大水，“秋七月，大水，唐安村河水横决倍甚，男妇有溺死。”[②]而重大的旱灾所造成的后果更是惨烈。光绪三年（1877）成了山西近代人口史上的一个巨大的转折点。是年，山西出现历史上罕见的大灾荒，旱瘟迭加，饿死与逃亡者甚众，户口锐减。光绪四年山西人口即由16430000减至15557000人，而到光绪十三年山西人口总数骤减至10658000，较光绪三年减少了31.3%，个别重灾县甚至减少一半以上。如临汾县，光绪三年有户47294，口174564，至光绪十年只剩户23846，口73716，减少了57.8%。宣统三年（1911）山西人口总数再降至10099135人，退回到乾隆二十七年（1762）的人口总量[③]。

自然灾害对农业生产要素的破坏还表现在生产资料方面，灾害发生后，灾民为求得生存，常常屠牛杀马，变卖生产资料。光绪大

①雍正《沁源县志》卷之九《别录·灾祥》。

②乾隆《高平县志》卷之十六《祥异》。

③侯春燕：《山西人口数量变迁及思考》，《沧桑》，1998年第6期，第31～32页。

旱,徐沟县灾民"牛马鸡犬宰杀无余,村落房屋拆毁一大半",但"鬻地一亩得银不及一两,仅籴粮数升"[①],"种麦时牲畜既缺,佣工较少,贫者苦无籽种,富者亦未能尽种。"[②]

2. 物价波动,民食非农产品以度日甚至"人相食"

首先,灾害的发生影响到人们生活的方方面面。灾荒来临,首要的问题是食物短缺,进而引发粮价上涨。清康熙二十八年(1689)保德"荒,斗米二钱八分[③]";康熙三十三年(1694)至三十七年(1698),"夏旱秋霜,斗米至四钱,黑豆三钱以上。"[④]清康熙六十年(1721)"平阳、汾州、大同等属旱,无麦,斗米至八九钱"[⑤]。

其次,灾民无力承受物价上涨的压力,无以为生,只能食用非农产品。或"食草根木皮"[⑥];或"民间探食蓬子、苦菜,皆鸠面鹄形,卖儿鬻女"[⑦];或"晚禾不熟多荼,民采食之"[⑧];或"多掘观音白泥以充饥者,苟延一息之残喘,不数日间,泥性发胀,腹破肠摧,同归于尽"[⑨],其惨烈之状,无以复加。甚至"草木绿叶者拾掇殆尽,饥殍遍野。斗粟重四十八斤,市银七两零。柿叶、豆萁、蒲根、榆皮麺每斤钱四五十文"[⑩]。民国《灵石县志》卷之十二《祥异·灾异》记录光绪三年大旱之后民食艰阻之惨状,兹录如下:

清代光绪三年,岁在丁丑,山西大旱,灵石尤甚,夏至以后,秋禾

①《补修徐沟县志》卷五《祥异》。

②李用清:《大荒记》,民国《昔阳县志》卷之四《艺文志》。

③乾隆《保德州志》卷之三《风土·祥异》。

④乾隆《保德州志》卷之三《风土·祥异》。

⑤雍正《山西通志》卷一百六十三《祥异二》。

⑥雍正《朔州志》卷之二《星野·祥异》。

⑦雍正《阳高县志》卷之五《祥异》。

⑧同治《榆次县志》卷之十六《祥异》。

⑨(清)曾国荃:《曾忠襄公奏议》卷5《请饬技西征军饷疏》,载《近代中古史料丛刊》第431册,台北:文海出版社,民国五十年版,第486页。

⑩光绪《荣河县志》卷十四《记三·祥异》。

均安，讵料雨泽愆期，旱魃为虐，豆苗开花而复落，高粱出穗而即枯，秋无升斗，定受今冬之饥饿，麦未下穗，更兆来年之凶荒。嗷嗷待哺者，日多一日；区区救济者，施无可施。藜肠苋肚，人人愁眉，鹄面鸠形，个个枵腹。剥树皮而作食，瘦似黑面夜叉；挖坩泥以解饥，肿如大肚弥佛。始而杀牛羊宰鸡犬，谁能为满腹之充？继而掘地鼠罗飞禽，亦不过燃眉之计。尸骸满道旁，葬于豺狼之腹；饿殍填沟壑，充乎狐狸之饥。甚而至于父食其子，夫食其妻，惨矣哉！真令人耳不忍闻。

第三，非农业产品食用殆尽，灾民则突破道德底线，开始人吃人。有的诱食他人：清顺治八年（1651）“大饥，偏关民妇范氏诱杀人而食之”①；“甚而至于父食其子，夫食其妻”②；光绪年间大旱，“全晋成灾者七十余州县，而省南被灾为尤酷，赤地千余里，山童川竭，树死土焦，越四年三月，犹不雨，谷麦价倍昂，陕豫接坏概属灾区，商贩不通，斗米价至五千钱，居民竞变产迄无受者卖妻鬻儿女，每得值不足供数，日餐草根树皮掘剥殆尽，道殣相望，暴骨邻邻，疫病复乘之，一村一镇死亡日以数千计，民不聊生，每有举室闭门仰药，或投环赴井者，邻里不及过问，辄数日无人知，愚民易子而食，甚则骨肉相残，人心汹汹莫知。”③

（二）自然灾害影响社会秩序

1. 走西口

自然灾害尤其是重大自然灾害除了直接造成人口死亡，还容易引发人口流移。任何一次大的自然灾害必然造成人口流移，任何一次大的人口流移的背后都有自然灾害因素。而且，重大自然灾害造

①乾隆《宁武府志》卷之十《事考》

②光绪《灵石县志·大赉志·祥异》。

③光绪《夏县志》卷五《灾祥志》。

成的人口流移的状况是普遍存在的，而且往往是较大规模的跨省区的人口流动。如明清以来的“闯关东”、“走西口”、“湖广填四川”、“移台湾”等现象。清代山西自然灾害的文献资料中，有关“民多逃亡”、“饿莩盈野”、“颠沛流离”、“皆迁徙”等记录俯拾皆是。面对生存危机，面对灾后的一片狼藉，灾民无以为食，无以为居，不得温饱，只能走上背井离乡之路。而清代影响最大的人口流移是自明代开始的“走西口”。

研究认为，清代山西“走西口”现象是多种因素造成的，如人口问题、土地问题、政策问题。但自然灾害频发是极为重要的诱因。而入清季以后，受地丁银的实施及“盛世滋丁，永不加赋”政策影响，隐丁匿口情况减少和新增人口出现，使山西人口大增，人均耕地减少，人地关系紧张，土地价格大涨，以致造成无处不开垦，无田不耕种的后果。“人民渐增，开垦无遗。或沙石堆积，难于耕种者，亦间有之，而山谷崎岖之地，已无弃土，尽皆耕种矣。由此观之，民之生齿实繁。”[①]正如前文所述，山西北部的黄土高原本来就沟壑纵横、土地贫瘠，土地能够承载人口的能力非常有限，而人口的增长，使本来就突出的人地矛盾更加严重。人地矛盾当然不仅出现在山西北部，山西中部南部的人地问题也开始凸现，“由于人口激增，已超过当时生产力所能承受的水平。晋中平遥、太谷、榆次、祁县一带即是如此。”[②]而正是在这样的背景下，才出现对土地的过度开发，造成生态环境的破坏和生态系统的失衡，使本来就自然灾害尤其是水旱灾害频发的山西雪上加霜。在这样的背景下，晋陕饥民每遇荒年则向北流移，造成大量晋民外流。据统计，从光绪元年（1875）到1945年，仅河曲县走西口到内蒙古定居者近10万，山西右玉、左云、平

①《清圣祖实录》卷二，中华书局，1985，第469页。

②韩巍：《清代“走西口”的路线及成因》，《内蒙古师范大学学报》（哲学社会科学版），2009第3期，第43页。

鲁、山阴、朔县走口外人数也很多。清末民初右玉县走口外的贫民有四五万人。学者安介生认为，光绪末年走口外人数有数百万，有清一代山西全省前往口外地区耕商人数累计起来是一个庞大数字，清代山西外出移民数有1300万之众。[①]

2. 人口买卖与社会动乱

自然灾害发生后，灾民为了生计，“始则出售产业，继则鬻卖妻子。”[②]反映清代山西自然灾害的文献中，有关人口买卖的记述比比皆是。清光绪十七、十八年山西大旱，赈灾的江南义绅如此描绘山西人口买卖的景象：

山西此次奇灾，各村妇女卖出者不计其数，价亦甚廉。且妇人卖出，不能带其年幼子女同去，贩子立将其子女摔在山洞之中，生生碰死。其夫既将其妻卖出，仅得数串铜钱，稍迟数日，即已净尽，便甘心填沟壑矣。灾民一见查赈人至，环跪求食，涕泣不已。许已早晚放赈，而彼皆苦苦哀告云：但求先舍些微，稍迟便不能待矣。往往查赈之时有此人，放赈之时即无此人。更可惨者，各人皆如醉如痴。询以苦况，伊便详述，或父死，或夫死，或妻女已卖出，家室无存而毫无悲痛之状，惟互相叹息云：死去是有福也。盖彼既无生人之乐，亦自知其不能久存矣。嘻嘻！田园既荒，房屋又毁，器具尽卖，妻子无存，纵有赈济，而一两银仅买米二斗，但敷一月之食，一月之外，仍归一死，况放赈并不及一两乎！[③]

更为甚者，“草根树皮掘剥亦尽，甚至饥民相噬，残及骨肉，僻巷无敢独行者，并有衣裳楚楚肆行抢夺。”[④]有关灾后社会动乱的情况

①安介生：《清代归化土默特地区的移民文化特征》，《复旦学报》（社会科学版），1999年第5期，第79～80页。

②民国《永和县志》卷十四《祥异考》。

③转引自夏明方：《“旱魃为虐”——中国历史上的旱灾及其成因》，《光明日报》，2010年4月27日第012版《理论周刊》。

④民国《永和县志》卷十四《祥异考》。

在史书中也有许多记录。由于“饥民大肆劫掠”,“山僻处成群结伙持械而行”,“各路行人提心吊胆,惟出门把刀带在身边”。清道光十五年(1835),“赵城县土匪曹顺等作乱,与沁邑邻近,日夜戒严。嗣贼匪四窜,官兵跟剿,过沁,居民震恐。”[①]清光绪三年(1877),“绛属大旱,县民多流亡。六七月,饥民大肆劫掠,知县孟词宗捕首盗两人,宪之法,乃安。继而,旱益甚,人相食,道馑相望。”[②]

二 清朝山西自然灾害的社会应对

进入清代,虽然中国荒政体系建立起相对健全的报灾、勘灾、救灾、灾后重建制度,但在完备的救济程序和制度下,中央和地方政府没有专门救灾机构,君主临时委派各级官员负责应对灾情的传统方式仍旧是主要救灾方式。清代山西应对自然灾害措施正是在这样的体系中生成并运作的。

(一) 祷祝祈雨

祷祝祈雨是中国传统的救灾方式,到清代早期仍然是地方政府应对灾情的重要手段。祷祝祈雨是否有效暂且不论,但就其形式而言,在一定程度上可以缓解因灾情给民众造成的焦虑情绪,所以为官员和民众所认可。《沁州志》记述了沁州官员三次祷雨活动,可以说是清代地方政府祷祝祈雨的代表。康熙二十五年(1686)“夏,州大旱(自四月至六月亢阳六十余日)。知州杨茂英率官绅士民露顶赤足,步行赴伏牛山祷雨。回州斋宿于坛所月余。三伏大雨沾足。岁竟丰收。”清康熙三十六年(1697),沁州“复大旱。四月、五月不雨。知州刘民瞻率官绅士民步行赴伏牛山祈祷。六月初旬大雨。

①民国《沁源县志》卷六《大事考》。

②光绪《绛县志》卷六《纪事·大事表门》。

是岁无麦有秋。”康熙四十四年(1705),“夏大旱。自四月初十日至六月十八日三伏将尽,犹亢阳不雨。知州张兆麟诣伏牛山恳祷,愿减己寿以活万民。十九日夜雨,二十日大雨滂沱,州境暨两县并皆沾足。州人德之,为立祷雨碑。”①虽然运用祈祷方式以获上天眷顾的手段为当代学者所诟病,但是,从《沁州志》的作者来看,这种方式不仅是有效的,而且收效是明显的。

(二) 蠲免与缓征

蠲免就是按照受灾的程度对灾民应纳赋税进行部分或者全部免除。蠲免是历代救荒的基本措施,也是清代山西救荒的重要措施。蠲免的形式根据实际情况拟定。有全部免除地丁钱粮者:清康熙三年(1664),“太原、岢岚、静乐、保德、五台、朔州、马邑饥。奉旨蠲免本年地丁钱粮,仍发帑赈济”②;清康熙四年(1665),“太原、岢岚饥,奉旨蠲免本年地丁钱粮,仍发帑赈济”③。有免某一项赋税者:清康熙四年(1665),“朔州夏旱,秋潦早霜,次年大饥。阳和兵备道曹溶详请捐赈,巡抚杨熙以闻,奉上发帑开仓赈济,并蠲免本年丁粮,民赖以甦。”④有免除某项赋税中的部分税额者:清康熙十九年(1680),“大同、天镇饥,广灵旱。奉旨免夏税之三。”⑤同年,定襄“大歉。百姓播迁粮米,奉旨免七征三。”⑥当然,如果灾情严重,不仅蠲免当年赋税,而且免历年灾欠的钱粮。清康熙二十年(1681),“……广灵饥,奉诏遣使赈济,仍全蠲历年逋赋并本年地丁钱粮。”⑦

①乾隆《沁州志》卷九《灾异》。

②雍正《山西通志》卷一百六十三《祥异二》。

③乾隆《太原府志》卷四十九《祥异》。

④雍正《朔州志》卷之二《星野·祥异》。

⑤乾隆《大同府志》卷二十五《祥异》。

⑥雍正《定襄县志》卷之七《灾祥志·灾异》。

⑦雍正《山西通志》卷一百六十三《祥异二》。

同年"大同属县饥。奉诏遣使赈济,仍全蠲历年逋赋并本年地丁钱粮。"①

与蠲免相关的措施还有缓征。缓征就是将应征钱粮暂缓征收,于以后年份带征完纳。清康熙四十二年(1703),平遥"仁庄诸村水(洪涝),民困甚,县令王受履亩踏勘,钱粮俱为缓征,至于耗羡一概全免,任民随便输纳,仍于被害之家借给谷石牛种籽粒"②;清乾隆二十一年(1756),"汾阳、介休二县水。滨汾居民照例缓征。"③

为了防止官员在蠲免的时候徇私舞弊,贪赃枉法,侵吞蠲赋,清政府制定了一套查赈制度,并派遣官员深入灾区视察灾情、落实救灾措施。清康熙六十年(1721),岳阳县"自正月至六月不雨,二麦不收。阖邑士庶报荒。蒙恩发仓借赈。每丁给谷二斗,给银九分六厘。一次赈银七百五十两,每丁给银一钱七分;一次赈银八百八十两;一次赈银一千七百八十两,量米分给饿民。时米价每石腾贵七两,百姓流移载道,塗有饿莩,六月二十九日,都察院至县查荒赈济。"④清光绪三年(1877),汾阳大旱,"秋八月署知县方龙光复集绅筹捐倡赈,冬请发常平仓、社仓、义仓。全省皆荒,得旨,命前工部侍郎阎来晋稽查赈务,山西巡抚曾合词奏请停征钱粮,汾阳乃以十月十六日起赈。"⑤

(三) 赈济和施粥等

自然灾害的发生一旦危及人们的生命,迅速解决燃眉之急,惟有依赖政府的及时救助。赈济和施粥便是救急的重要手段。

赈济的手段也是因地制宜,因情设法。一般是开常平仓放赈。

①乾隆《大同府志》卷二十五《祥异》。

②光绪《平遥县志》卷之十二《杂录志·灾祥》。

③乾隆《汾州府志》卷之二十五《事考》。

④民国《新修岳阳县志》卷一十四《祥异志·灾祥》。

⑤光绪《汾阳县志》卷十《事考》。

清雍正八年(1730),代州“大旱,南川尤甚。知县陈际熙详清捐赈,又发本府大有仓并本县仓米四千五百二十三石四斗,按户给发”[①];除开仓赈济外,还根据灾情进行综合施救。清光绪三年(1877),崞县“夏旱,秋霜杀禾,大饥。冬遣官开仓赈济,复于城内设立义店二所,以宿流民。而城乡饿死者犹枕藉,复施苇席卷瘗之”[②]。同年乐平“四月至八月不雨,大祲,人相食。来年,春粮斗米一千二百文,饥殍载道。蠲免本年,发仓济赈,又拨发籼米,续发耕牛五十头、马四十匹、寒衣五百件以恤贫民”[③]。“绛属大旱,县民多流亡。六七月,饥民大肆劫掠,知县孟词宗捕首盗两人,寘之法,乃安。继而,旱益甚,人相食,道馑相望。知县设局劝捐,专赈本县。十月初八日开赈,计口授粮,继以常平仓谷三千九百六十二石,奉旨蠲免。县民捐赈银一万三千四十五两有奇,钱一百八十一千文,又奉旨给常平仓谷五千七百八十四石五斗有奇,并蠲免下忙钱粮。”[④]康熙三十一年(1692),“三河并发,竟入北关,淹倒驿丞堂宅以及民房。奉府给银修房,每间房发银五钱。”[⑤]清乾隆三十二年(1767)“七月,汾水大涨,官地屯水深丈余,男女栖身无所。宋璨、宋琅兄弟作筏拯救。月余,水退,方各归,县令德贵每一间房给银五钱赈之。”[⑥]

立厂施粥既是一种应急的救命措施,同时也体现古代政府在赈济方面的人文关怀精神。施粥费用来源也是多种多样。

一是由政府官员和邑绅捐施。清康熙九年(1670),黎城大旱,“自春徂夏不雨,岁复饥。太守章公钦文,县令邓公文诏,邑绅李鼎、黄占、黄芳、黄口、李馥衿、李士琦各捐粟煮粥,全活甚众。”第二年

①光绪《代州志·记三》卷十二《大事记》。

②光绪《续修崞县志》卷之八《志余·灾荒》。

③民国《昔阳县志》卷一《舆地志·祥异》。

④光绪《绛县志》卷六《纪事·大事表门》。

⑤康熙《徐沟县志》卷之三《祥异》。

⑥光绪《平遥县志》卷之十二《杂录志·灾祥》。

(1671)“夏,复大饥。太守顾公岱、县令邓文诏,同邑绅李鼎黄等出粟设粥,日就食者几千人,存活甚众。”①

二是由政府出面组织施粥。清康熙二十年(1681),朔州“大饥,人食草根木皮,死亡者众。知州张光午申请各宪具题,特遣大臣同巡抚雁平道张道祥煮粥赈济,并蠲免本年丁粮,仍移京师例于大同捐米,民赖以活,逃亡渐归。”②

三是政府官员出面劝捐或乡绅自行施救。清乾隆五十一年(1786),代州“饥。知州王秉韬设粥厂济贫民,并劝士绅出粟助赈”③;清道光十五年(1835),昔阳“连年亢旱,斗米千钱,民争市米。有相欧者乃别置五升斗以分给之。附贡生宋从龙设粥厂赈救,二年乃止。”④

①康熙《黎城县志》卷之二《纪事》。

②雍正《朔州志》卷之二《星野·祥异》。

③光绪《代州志·记三》卷十二《大事记》。

④民国《昔阳县志》卷一《舆地志·祥异》。

第七章　民　国

第一节　民国山西自然灾害概论

本书所讨论的民国灾害史的时间断限为民国元年(1912)至民国三十八年(1949)。中国历史时期,民国是一段自然灾害与兵燹交集历史,也是自然灾害相对频繁的一个时期。虽然历史已经进入近代,但是,由于战乱,许多自然灾害文献没有能够保留下来,以致前贤在记录这段历史的自然灾害时,遭遇难以穷尽史料的困惑。邓云特先生所著《中国救荒史》"据民国《政府公报》及各种新闻纸"等统计了1912年民国肇始至1937年抗日战争爆发这段历史的灾害频次,"二十六年中,各种灾害之大者,统计其频数,竟亦达七十七次之多。"[①]但孟昭华先生的《中国灾荒史记》认为"整个民国期间,各种自然灾害频发、从未稍敛"[②],据孟先生统计,除瘟疫之外,本书所列出的8种自然灾害,在民国时期,几乎每年都有发生,仅以年(次)统计,民国时期自然灾害的数量达200次以上。反映山西历史时期自然灾害的史料浩如烟海,信实史料达168(年(次))条。我们相信,这多达168(年(次))条的材料也仅仅是山西民国自然灾害的冰山

①邓云特:《中国救荒史》,上海书店,1984年据商务印书馆1937年影印版,第40页。

②孟昭华:《中国灾荒史记》,北京:中国社会出版社,第732页。

一角。当然，这些史料能够得以保存，并成为人类记忆的重要组成部分，至少说明自然灾害在山西不仅真实发生过，而且反映了某一时期、某一区域自然灾害的真实状况，反映了这些自然灾害在一定的时间和空间范围内，不仅在肉体上而且在心灵上给当时的人们造成难以磨灭的印象。当然，由于民国只有短短37年的时间，本书所辑录的灾害范围也仅仅限于山西一省，就其绝对数量是不多的，加之民国时期兵燹连连，灾害的记录缺失也在所难免。从表7-1的统计情况来看，也反映了这一问题。

历史时期，对灾害进行系统而完整的记录是从明朝开始的，而到清代，则无志不载灾异。这种情况的出现是和方志的发生、发展紧密关联的。“方志展示微观历史，以灾害书写为己任。”[①]所以到明清时期，有关灾害的历史记录与此前相比，不仅在数量上有了很大的增量，而且在内容上大大地丰富了。以灾害的频次计，明代的灾害年频次为3.64，清代则达到5.55，而民国则回落到4.42。造成民国灾害统计回落的原因有二：

一是民国社会动荡不安，兵燹连连，在民不聊生的社会环境中，关注战争和活命在一定程度上影响到对自然灾害的记录和保存；

二是本书对于语焉不详的二手史料一般不予采信，这在很大程度上影响到民国灾害的频次。

表7-1 民国时期山西自然灾害频次表

时间	旱	水	雹	霜雪寒	风	地震	农作物	瘟疫	总计
1912-1949	32	34	34	19	9	16	16	10	168
年频次	0.86	0.92	0.92	0.51	0.24	0.43	0.43	0.27	4.42

①王建华：《文本视阈中的晋东南区域自然灾异——以乾隆版〈潞安府志〉为中心的考察》，《山西大学学报》2012年第4期，第76页。

一 旱灾

历史资料显示,民国期间,山西旱灾记录共32年(次),旱灾频次与清代相同,均为0.86,与明代的0.90相比,则有所降低。

表7-2 民国时期山西旱灾年表

纪年	灾区	灾象	应对措施	资料出处
民国元年(1912)	曲沃	秋大旱,麦多干种。次年颗粒无收。		民国《新修曲沃县志》卷三十《灾祥》
	闻喜	元年旱,麦未种。		民国《闻喜县志》卷二十四《旧闻》
	荣河	秋旱,麦未种。		民国《荣河县志》卷十四《祥异》
	临晋	麦秋减收。		民国《临晋县志》卷十四《旧闻记》
民国三年(1914)	永和	夏麦,秋禾均歉收。		民国《永和县志》卷十四《祥异考》
民国五年(1916)	武乡	五年旱。		民国《武乡新志》卷之四《旧闻考》
	雁北	春、夏,雁北旱。		《华北、东北近五百年旱涝史料》第五分册
民国六年(1917)	新绛	六月初二日,河水涸,至十六日殆有尺水,不意二十一日雨,仅一犁,越日,水竟暴涨,平地八、九尺,中村北、台上等村房屋淹没殆尽,四野尽成泽国,人民数日不炊,号泣之声惨不忍闻。	县长捐资,并令各县各村出粟银赈之,民始稍苏,后中村北另迁于旧村之北,他村亦多筑河堤。	民国《新绛县志》卷十《旧闻考·灾祥》
	临晋	麦歉收。六月,陕西土匪郭坚渡河,居民奔避,牲畜被掠者甚众。		民国《临晋县志》卷十四《旧闻记》

续　表

纪年	灾区	灾象	应对措施	资料出处
民国八年（1919）	安泽	亢旱，饥。		民国《安泽县志》卷十四《祥异志·灾祥》
	临晋	夏秋苦旱。		民国《临晋县志》卷十四《旧闻记》
民国九年（1920）	全省	九年（西元一九二零），陕、豫、冀、鲁、晋五省大旱，灾区三百十七县，灾民二千万人，占全国五分之二，死亡五十万人。		《中国救荒史》
	襄垣	民国九年，久旱不雨，并被雹灾，麦收甚薄，秋禾更歉，景遭荒劫，共计一百八十五村，第一区最重，二三区次之，合县平均收获不过三成之数。饥民枵腹，待哺嗷嗷。	屡请上宪，派委员查勘，筹拨赈款。	民国《襄垣县志》卷之八《旧闻考·祥异》
	武乡	九年大旱。冬十一月，地震。		民国《武乡新志》卷之四《旧闻考》
	平顺	九年春夏，大旱，饥馑。		民国《平顺县志》卷十一《旧闻考·兵匪·灾异》
	介休	九年秋，大旱，张蘭镇等三十余村秋禾未获。		民国《介休县志》卷三《大事谱》
	临汾	旱。（南社、田村、景家庄、燕家庄、晋王坟、南庄、明见沟、东羊、李件九村，久旱成灾，灾地一万七百十亩。）		民国《临汾县志》卷六《杂记类·祥异》
	襄陵	大旱，被灾重者为一区之井头、三区之京安、西王等七村。	奉令蠲缓下忙钱粮，发帑赈济。	民国《襄陵县新志》卷之二十三《旧闻考》
	芮城	九年春，雨缺，麦歉收。旧历五月至七月大旱，秋无禾，粟价陡贵，饥民嗷嗷。	多项赈济措施……	民国《芮城县志》卷十四《祥异考》

续 表

纪年	灾区	灾象	应对措施	资料出处
民国九年（1920）	荣河	天旱。十一月地大震。		民国《荣河县志》卷十四《祥异》
	临晋	旱，麦禾歉收。	知事俞家骥开仓放赈，八月得雨，种麦。	民国《临晋县志》卷十四《旧闻记》
民国十年（1921）	沁源	十年，旱，麦禾皆歉收。小章等村尤甚。		民国《沁源县志》卷六《大事考》
民国十一年（1922）	安泽	五月，亢旱。		民国《安泽县志》卷十四《祥异志·灾祥》
	翼城	秋，大旱无禾。		民国《翼城县志》卷十四《祥异》
	曲沃	十一年大旱，秋夏无获，麦未播，冬十月，粮价陡增。	民食均自岭北运输接济，奉自省令筹办赈务。	民国《新修曲沃县志》卷三十《灾祥》
	襄陵	麦歉，秋旱，被灾者为一区井头、鄢礼、三区之京安、东王等五十四村，又太柴、东柴等村，虫食稻禾。	报请赈济，蠲缓钱粮。	民国《襄陵县新志》卷之二十三《旧闻考》
民国十二年（1923）	翼城	夏，二麦薄收，岁饥。		民国《翼城县志》卷十四《祥异》
	曲沃	南北汽路成，夏无麦，秋大获。		民国《新修曲沃县志》卷三十《灾祥》
	襄陵	麦收歉薄。		民国《襄陵县新志》卷之二十三《旧闻考》
民国十三年（1924）	武乡	十三年，旱荒成灾。		民国《武乡新志》卷之四《旧闻考》

续　表

纪年	灾区	灾象	应对措施	资料出处
民国十三年(1924)	永和	大旱,夏麦收入十分之二、三。秋禾多未下种,草木均行枯干。冬十月梨花重开,奇新可异。		民国《永和县志》卷十四《祥异考》
民国十七年(1928)	雁北、大同、忻州、太原、运城、泽州	阳高、天镇、左云、大同、怀仁、浑源大旱。右玉、平鲁、山阴、朔州大旱。河曲、保德大旱。太原、太谷、孝义大旱。岳阳麦歉收。荣河大旱,秋未收,麦未种。泽州旱。		《华北、东北近五百年旱涝史料》第五分册
	太谷	戊辰四月,大雨雹(大如鸡卵,积水尺余,二麦尽伤,禾苗亦皆毁)。秋,大旱,歉收。		民国《太谷县志》卷一《年纪》
	荣河	十七年旱,秋未收,麦未种。		民国《荣河县志》卷十四《祥异》
民国十八年(1929)	全省	民国十八年(公元1929年)春,大同、怀仁、浑源旱,不能种。临县大旱,李家湾村树皮草根剥完。祁县旱灾。平遥、介休、昔阳大旱。岳阳麦秋收成五分,南路各县遭荒。乡宁、汾西、临汾、曲沃旱。万泉大旱。荣河大旱,麦秋俱无,斗麦洋四元。临晋、猗氏、安邑旱。四至七月,茵城大旱。平陆旱。绛州大旱,上年秋减产,麦未种,本年自春至夏无雨,因而赤地遍野,民有饥色。春,沁源大旱。武乡、长治旱。		《华北、东北近五百年旱涝史料》第五分册
	全省	十八年(西元一九二九),晋大旱,虫害。		《中国救荒史》
	沁源	十八年二月,陨霜。春大旱,斗米银洋一元四五角。		民国《沁源县志》卷六《大事考》

续　表

纪年	灾区	灾象	应对措施	资料出处
民国十八年(1929)	荣河	十八年大旱,麦秋俱无。斗麦洋四元。冬大雪严寒,牛羊树木多冻死,自禹门至潼关冰冻成桥,车马能渡,明年二月冰始开。		民国《荣河县志》卷十四《祥异》
民国十九年(1930)	全省	十九年,晋,水、旱灾。		《中国救荒史》
民国二十年(1931)	陵川	二十年,城关井水涸乏,居民极感困难,二十一年春,掏官泊池。		《陵川县志》卷十《杂录》
	安泽	岁歉。		民国《安泽县志》卷十四《祥异志·灾祥》
	赵城	民国十八年、十九年暨二十年夏,赵城饥,霍山有年。		民国《霍山志》卷之六《杂识志》
民国二十三年(1934)	全省	忻县、五台、阳曲、太原、徐沟、交城、孝义、太谷、寿阳、昔阳等县干旱,并且还有水、雹灾害。永和、隰州、霍州、岳阳、洪洞、临汾、曲沃、河津、万泉、荣河、临晋、猗氏、绛州、闻喜、安邑、永济、虞乡、平陆、垣曲人夏之后旱,夏末秋初得雨,秋作物生长欠佳。武乡、沁州、襄垣、黎城、潞城、长治、长子、陵川、阳城、泽州入夏以后旱,灾情不重,并有水、雹灾。全省共有36县有灾情,总计受灾面积2199平方千米,有104930户受灾,计505413十三人,因灾死亡76人,迁走4950户,财产损失6412.5万元,以永济、晋城等县最重。		民国二十三年《山西省统计年编》*

*《山西省统计年编》,由山西省公署秘书处编,现藏山西省图书馆共三册。张杰编写的《山西自然灾害史年表》(山西省地方志编纂委员会办公室出版1988年1月)对该年编进行了统计整理。本书在整理《山西省统计年编》的内容时,参考了《山西自然灾害史年表》的研究成果及其相关内容,在此特表感谢。

续　表

纪年	灾区	灾象	应对措施	资料出处
民国二十三年(1934)	浮山	夏七月大热,人有热毙者,其酷热为数十年所未有。		民国《浮山县志》卷三十七《灾祥》
民国二十四年(1935)	全省	自春至阳历七月,阳高、天镇、大同、怀仁、广灵、灵丘、右玉、平鲁、朔县无雨,禾苗干枯。春、夏,奇岚、静乐、忻县、定襄不雨。春、夏,兴县、文水、石楼不雨。太原旱灾。春、夏,介休、榆社、寿阳、昔阳、和顺不雨。自春至七月上旬,晋南未下透雨。自春至夏,蒲县、乡宁、霍县、赵城、临汾、浮山、翼城、曲沃不雨。自春至夏,河津、荣河不雨。临晋树木禾苗均枯萎,棉花未下种。自春至夏,安邑、解州、虞乡、永济、芮城、平陆不雨。新绛麦均枯萎,棉未下种。自春至夏,绛县、闻喜不雨。沁县全县亢旱,棉苗冻死,自春至七月上旬未下透雨。潞城、长治、泽州旱。		《华北、东北近五百年旱涝史料》第五分册
民国二十五年(1936)	全省	山西全省持续大旱。		民国二十五年《山西省统计年编》
民国二十八年(1939)	全省	旱灾:太原(75%)太谷(80%)交城(60%)徐沟(80%)孝义(50%)平遥(90%)介休(70%)中阳(80%)和顺(70%)昔阳(70%)盂县(70%)寿阳(70%)临汾(80%)安泽(60%)曲沃(50%)汾城(70%)襄陵(60%)解县(80%)安邑(50%)新绛(67%)绛县(50%)宁武(90%)定襄(80%)静乐(70%)代县(90%)五台(80%)崞县(90%)。		民国二十八年《山西省统计年编》

续 表

纪年	灾区	灾象	应对措施	资料出处
民国二十八年(1939)	全省	旱灾:繁峙(81%)。损失牲畜18785头,损失价值按当时为7285.5万余元 。*		民国二十八年《山西省统计年编》
民国二十九年(1940)	全省	阳曲、榆次、岢岚、沁水、和顺、沁县、临汾、浮山、安泽、翼城、襄陵、安邑、新绛、稷山、灵石、神池、五寨有1554村大旱受饥。	当时政府从民国二十八年十一月至二十九年三月设粥厂救济灾民。	民国二十九年《山西省统计年编》
民国三十年(1941)	全省	阳曲、祁县、文水、徐沟、和顺、昔阳、寿阳、临汾、洪洞、曲沃、汾城、永济、解县、安邑、新绛、稷山、汾西、五台共1226村,54071户,388226人受灾。		民国三十年《山西省统计年编》
	太行革命根据地	秋冬季雨雪稀少。		《太行革命根据地史稿1937－1949》
民国三十一年(1942)	全省	岚县、介休、昔阳、浮山、安邑、芮城、垣曲、神池等18州县遭受旱灾,3158村受灾;有45县遭受水灾,受灾面积共1255480亩。		民国三十一年《山西省统计年编》
	太行革命根据地	一九四二年的旱灾在春季已经出现,旱情严重的地区,有的根本不能下种,有的禾苗出土后就枯死了。春发生干旱,全年粮食大幅度减产,太行区军民的粮食供应发生困难,灾民达到三十六万人。	七月,八路军各部队根据野战政治部的紧急训令,帮助群众补种杂粮,抢种蔬菜。	《太行革命根据地史稿1937－1949》

* 括号内为各县受灾面积百分率。

续　表

纪年	灾区	灾象	应对措施	资料出处
民国三十一年（1942）	太行革命根据地	从一九三九年到一九四二年，陵川县敌占区和国民党统治区死亡人口占人口总数的百分之十九点零四；其中十三个灾情严重的村庄，饿死和逃亡者达二千七百二十三人，占总人口的百分之三十六点九。由于自然灾害的侵袭，粮食成为最宝贵的物资，日伪军更加疯狂地在太行区抢夺粮食。例如一九四二年八月，长治的日本侵略军分十路包围三十多个村庄，大肆抢粮，使严重的灾荒更加严重。从一九四二年秋末开始，旱灾继续蔓延，直到一九四三年才下了透雨。持续的旱灾从冀西、豫北发展到晋东南。太行区许多水井干涸，不少河流断源，土地龟裂，禾苗枯死，人畜用水都很困难。伴随旱灾而来的是疾病蔓延，不少村庄流行着传染病。九月以后大雨连绵，清漳河、浊漳河猛涨，冲破堤岸，毁坏两岸一万五千多亩良田。一九四三年太行区秋收平均只有三成左右，全区灾民占总人口的百分之五十。六专区的缺粮户达到百分之六十到七十。	七月，八路军各部队根据野战政治部的紧急训令，帮助群众补种杂粮，抢种蔬菜。	《太行革命根据地史稿 1937－1949》
民国三十二年（1943）	太行革命根据地	一九四三年灾荒蔓延到太行全区。山西太行区的左权、黎城、潞城、平顺也遭受了严重灾害。蝗虫又遮天蔽日袭来，疾病流行。有的人拍卖家产，以求一顿饱餐；有的人出卖青苗换粮吃；有的人屠杀出卖耕畜。		《太行革命根据地史稿 1937－1949》

续 表

纪年	灾区	灾象	应对措施	资料出处
民国三十六年(1947)	全省	今春以来,华北普遍缺雨,五月黄河流域雨水仍感不足,六月河北全省荒旱已成,河南、山西、宁夏、绥远、察哈尔旱象皆严重,大旱成灾,民不聊生。		《三十六年夏季国内水旱灾区雨量分析》
	太行革命根据地	一九四七年春耕播种后,旱情很严重。四、六、七三个月连续遭受严重的雹灾、蝗灾、虫灾。全区遭受旱灾地区的人口在二百万以上,占全区人口的五分之二左右。最严重的是林县、武安、涉县、平定、昔阳、寿阳、榆次、太谷等地。七月底大部分地区才降透雨,但为时已晚,形成灾荒。		《太行革命根据地史稿 1937 - 1949》
民国三十七年(1948)	太行革命根据地	一九四八年太行区干旱继续蔓延。山西南部旱,余较正常。		《太行革命根据地史稿 1937 - 1949》

(一) 时间分布

由于旱灾是山西自然灾害的主要灾种,所以旱灾历史文献在总量上一般居于所有灾种之首,且记录的连续性也优于其它灾种。但是民国时期山西自然灾害年际记录的连续性却无法与明清旱灾史料比拟。

表 7 - 3 民国干旱季节分布表

季节	春季	夏季	秋季	冬季	连旱	不明确
次数(年/次)	4	6	5	0	12	5
占总量比(%)	12.5	18.8	15.6	0	37.5	15.6

根据表7－3民国干旱季节分布表显示，民国时期山西发生的32年（次）灾害中，居于首位的是连旱，连旱占到全部旱灾总量的37.5%，这说明连旱是造成山西重大灾情的主要干旱类型。需要指出的是，春季是山西各种主要作物播种的季节，一旦出现春旱，对农作物的生长造成的影响是不可挽回的。而史料显示，一旦发生严重春旱，可能出现连旱现象，其对山西农业生产和人民生活造成的影响是灾难性的。“一九四七年春耕播种后，旱情很严重。四、六、七三个月连续遭受严重的雹灾、蝗灾、虫灾。全区遭受旱灾地区的人口在二百万以上，占全区人口的五分之二左右。最严重的是林县、武安、涉县、平定、昔阳、寿阳、榆次、太谷等地。七月底大部分地区才降透雨，但为时已晚，形成灾荒。”① 如果单纯分季节进行讨论，山西民国时期干旱发生的数量次序则依次为夏旱、秋旱、春旱、冬旱。表7－3干旱季节分布表中没有显示冬季发生旱灾的情况，是由于两种情况造成的，一是为避免重复统计，已经计入连旱的数据不再进行单独统计，如民国三十年（1941）秋冬干旱；二是虽然民国时期的历史灾害文献记录较为具体，但由于春、夏、秋三季是山西农业生产的主要季节，而冬旱对农业生产影响相对小，因而对冬旱的关注度不足。历史文本所记录的历史现象有时能够反映历史的真实，但有时历史记录却无法完全再现历史的真实。如民国三十一年（1942）山西发生全省性大旱，史书记录“一九四二年的旱灾在春季已经出现”②，但实际上，这一年的旱情始于民国三十年（1941）秋冬干旱。

①太行革命根据地史总编委会：《太行革命根据地史稿1937～1949》，山西人民出版社，1987，第345页。

②太行革命根据地史总编委会：《太行革命根据地史稿1937～1949》，山西人民出版社，1987，第171页。

（二） 空间分布

民国时期自然灾害的资料来源与明清之前的资料来源有所不同。明清时期山西自然灾害史料主要源自地方志及正史。而民国时期的资料来源比起明清之前要复杂一些。民国前期的资料来源主要是地方志，而实际上，可以收集到的反映山西民国时期灾害的地方志仅30余种，这些资料反映的均是局部的地方灾害情况，碎片化、个别化的情况十分明显，所以，以30余种地方志反映山西百余县的自然灾害显然不能达到“管窥全豹”的效果；民国后期资料的类型相对多一些，记述的内容则更关注山西全省的自然灾害状况，整体性、全局性的倾向比较明显。资料来源的不同造成的不仅仅是灾害表述的差异，更重要的是，民国旱灾的空间表达仅存在文本的意义而不具有历史的真实意义。所以，据现有史料，我们把民国的旱灾划分为局部和全局性的两种空间进行表述。局部的旱灾影响有限，已经列表，兹不论述；而全局性的旱灾则事关重大，兹列如下：

民国37年间，山西共发生特大旱灾3次：第一次是民国九年(1920)全省性的干旱；第二次是民国十七年(1928)至十九年(1930)遍及黄河流域的特大旱灾；第三次旱灾则是民国三十一年(1942)至三十二年(1943)全省大干旱。

民国九年的特大干旱是遍布“陕、豫、冀、鲁、晋五省大旱，灾民二千万人，占全国五分之二，死亡五十万人，灾区三百十七县。”[①]关于涉及此次山西大旱的资料主要见于山西地方志，目前共查到9种，灾害记录涉及区域遍布山西全省。对于这次旱灾的状况，1996年版《山西通志》综合历史资料有比较详细的介绍：

①邓云特：《中国救荒史》，上海书店，1984年据商务印书馆1937年影印版，第42页。

春，全省少雨，地墒干旱，夏麦秋禾或未播，或虽播而出苗稀疏，遇夏季大旱，枯萎而死。全省成灾县56个，其中，8成灾以上的有平陆、临汾、祁县、垣曲等20县，7成灾以上的有榆社、夏县、怀仁、临晋、沁水等19县，6成灾以上的有长治、文水、永济、灵丘、朔县、阳城、山阴等15县，5成灾以上的有洪洞、太原。重灾村镇2942个，其中，平定、临县、五台、代县、洪洞、晋城、霍县、平遥、猗氏等县重灾村均在100个以上。全省共有灾民3439540人，其中极贫断炊的140700户，461200人。平定、平遥、猗氏3县各有重灾民11.46万、5.5万和3.8万人。由于无粮少炊，灾民或变卖家产、背井离乡，或成群结队摘树叶、挖草根，充饥度荒。产棉区虞乡县，有490人缺衣穿，常年赤身不出门户。次年，全省饥荒严重，极次贫人口达30万。[①]

1996年版《山西通志》所引用资料的来源虽然没有标明出处，但这些资料所反映的灾害状况与“表7－2 民国时期山西旱灾年表”所透露的信息是一致的，在一定程度上反映了民国九年山西大旱的基本状况，即民国九年发生的山西特大干旱和当时山西南部旱象的程度超过北部的基本事实是统一的。当然，民国九年山西特大干旱的事实通过当时的救灾情况也可以得到印证。民国《襄垣县志》卷之八《旧闻考·祥异》和民国《芮城县志》卷十四《祥异考》对当年救灾的活动有大量的文字进行叙述，有关这些情节将在后文救灾措施中作陈述。

民国十七年，特大干旱再次来袭。此次大旱是从春旱开始的，成灾的区域比之民国九年更加严重。“春，全省少雨，秋禾未播，小麦收成甚微，秋后连续亢旱，晋南、晋中产麦区冬麦未播。重灾县有交

①山西省史志研究院：《山西通志·民政志》，中华书局，1996，第221～222页。

城、介休、荣河、安邑、芮城、夏县、平陆等 58 县。”[①]《山西水旱灾害》对此次大旱进行研究认为:此次大旱“先在省南部出现,逐渐向北发展。受灾最严重的是南部地区,”并且测算出南部的降水量“只有 200 - 300mm,不足历年均值的一半。尤其是 4 - 7 月份,旱情最为严重”[②]。到民国十八年,旱象未见有缓解的迹象,以致“夏秋俱无”[③],甚至许多河流断流。当年,“全省成灾的 54 县,其中,晋南县县成灾,永济、安邑、河津、稷山、应县、朔县、大同、河曲等县多数村庄,收成全无。”[④]到民国十八年冬,全省的旱情有所缓解,但个别地区的旱象仍然持续,以致到民国十九年,晋南各县及邻近晋南的沁水、阳城等地部分村镇旱情仍然严重。“3 年大旱,全省累计(不重复计)共 84 个县遭灾,灾民 601.78 万人。”民国前期(1912 - 1936)的山西人口基本上在 1000 万 - 1200 万之间徘徊[⑤],因此,这一时期的旱灾造成山西人口总量的一半以上均成为灾民,而其中,被买卖或瘗旅者难以计算。

民国时期的第三次特大干旱发生在民国三十一年到三十二年。民国三十一年,汉水流域、海河流域、黄河流域和淮河流域出现大旱,其中山西和河南旱象严重。这次旱灾其实起始于民国三十年秋季的太行根据地。“一九四一年,秋、冬季,雨雪稀少,一九四二年春发生干旱,全年粮食大幅度减产,太行根据地军民的粮食供应发生困难,灾民达到三十六万人。”[⑥]而日伪对太行区的围攻和抢夺粮食使灾区雪上加霜。同时“阳曲、祁县、文水、徐沟、和顺、昔阳、寿阳、

①山西省史志研究院:《山西通志·民政志》,中华书局,1996,第 222 页。

②山西省水利厅水旱灾害委员会:《山西水旱灾害》,黄河水利出版社,1996,第 311 页。

③民国《荣河县志》卷十四《祥异》。

④山西省史志研究院:《山西通志·民政志》,中华书局,1996,第 222 页。

⑤山西省史志研究院:《山西通志·人口志》,中华书局,1999,第 24 页。

⑥太行革命根据地史总编委会:《太行革命根据地史稿 1937—1949》,山西人民出版社,1987,第 170 页。

临汾、洪洞、曲沃、汾城、永济、解县、安邑、新绛、稷山、汾西、五台共1226村,54071户,388226人受灾。”因灾害逃亡和饿死者无以算计。“从一九三九年到一九四二年,陵川县敌占区和国民党统治区死亡人口占人口总数的百分之十九点零四;其中十三个灾情严重的村庄,饿死和逃亡者达二千七百二十三人,占总人口的百分之三十六点九。”[①]民国三十一年夏季,旱灾继续蔓延,全省夏粮歉收,旱情最严重的晋东南秋粮绝收。由于晋东南处于抗日战争前沿,日本侵略者疯狂抢夺粮食,致使灾荒更加严重。到民国三十二年,灾害蔓延至整个太行区,晋东南出现局部的特大干旱,同时蝗虫、疾病来袭,“有的人拍卖家产,以求一顿饱餐;有的人出卖青苗换粮吃;有的人屠杀出卖耕畜。七月二十八日下了小雨。八月四、五日雨量增大。时已立秋,许多庄稼枯死,有的已无收成。”[②]相比前两次旱灾,本次旱灾虽然重灾的成害覆盖面要小,但是,局部的旱情十分严重,尤其是对太行革命根据地的影响非常大。

二　水(洪涝)灾

由于旱灾是山西自然灾害的主要灾种,所以历史时期文献,旱灾记录在总量上一般居于所有灾种之首,且连续性也优于其它灾种。但是从民国的自然灾害记录看,山西旱灾记录的连续性与水(洪涝)灾记录相比几无优势。山西旱灾记录,民国四年、七年、十四至十六年、二十一年至二十二年、二十六年至二十七年、三十三年至三十五年计有12年的记录空白;山西水(洪涝)灾记录,民国十三年、十四年、十八年、二十年、二十六年至二十七年、三十年、三十四

①太行革命根据地史总编委会:《太行革命根据地史稿1937—1949》,山西人民出版社,1987年,第171页。

②太行革命根据地史总编委会:《太行革命根据地史稿1937—1949》,山西人民出版社,1987年,第175~180页。

年至三十六年计有10年的存在跨年间断记录。与旱灾相比,民国的水(洪涝)灾总量达到34次,比旱灾多2次。造成这一现象的原因,一方面是由于民国历史相对较短,灾害的绝对数量不可能造成大的悬距,另一方面,由于山西的旱灾虽然主要发生夏、秋、春三季,但冬季旱灾也时有发生,且全局性的、连续性旱灾相对较多,而全局性和连续性的旱灾仅以年(次)统计;与旱灾相比,水(洪涝)灾以局部发生居多,而局部水(洪涝)灾在统计上分次进行,故造成水(洪涝)灾的绝对数量较大的后果。

表7-4 民国山西水(洪涝)灾年表

纪年	灾区	灾象	应对措施	资料出处
民国元年(1912)	雁北(天镇)	雁北区内南洋河大水,是年黄河发大水。		《华北、东北近五百年旱涝史料》第五分册
	介休	元年九月,汾河溢,淹没禾稼。小圪塔、北张家庄、南桥头等村尤剧。		民国《介休县志》卷三《大事谱》
民国二年(1913)	平顺	民国二年八月一号(阴历六月二十九日)县东暴雨灾。		民国《平顺县志》卷十一《旧闻考·兵匪·灾异》
	榆次	民国二年夏历七月十三日,涂水暴涨,沿河一带,如王家村、怀仁、西长寿、演武、永康、史家庄、郝村等五十余村均被水成灾,而郝村尤甚,民舍农田淹没殆尽,水向村中奔流,村竟分而为二。水退后,黑沙淤积,民多失所,一时啼饥号寒、惨然可悯。同时,县郭官甲渠亦溃决,水势汹汹,直冲小东关门。幸事先以土石堵塞,始向南北分流。北抵县城东南隅魁星楼底,南则泛滥于县郭门外。多数农田尽成泽国,秋禾一无所余。洵为近五十年未有之巨灾也。		民国《榆次县志》上编卷十四《旧闻考·祥异》

续　表

纪年	灾区	灾象	应对措施	资料出处
民国二年（1913）	太谷	七月涂水暴涨，五十余村被灾，秋禾一无所余，为近五十年未有之巨灾也。		民国《太谷县志》卷一《年纪》
	介休	八月，山水暴涨，汾河水出岸，淹没北乡桥头等十余村，西乡师屯等村，东乡孟村等十余村。		民国《介休县志》卷三《大事谱》
	和顺	七月二十日，松烟镇雷庄村西崖下有水一潭，是日大雨，雨集后偶现一物，望之甚异，及近，视之有角鳞，疑若龙，然顷刻溯遊而逝，莫知所终。		民国《重修和顺县志》卷之九《风俗·祥异》
民国三年（1914）	榆次	三年夏历六月初三日，黑河水暴发，合以涧水，沿河各村多被其害，李村尤甚。庐舍田园悉遭淹没。水退后，民悲失所，农田积沙三尺，久不得复种。		民国《榆次县志》上编卷十四《旧闻考·祥异》
	太谷	甲寅夏，乌马河决水，由县城北门入。（沿河诸村多被淹者）		民国《太谷县志》卷一《年纪》
	介休	七月汾河、交峪河二水出岸，北张家庄等四十三村秋禾淹没。		民国《介休县志》卷三《大事谱》
民国四年（1915）	介休	次年夏季，涧水又涨发，秋村被灾惨状与鸣李相等。		民国《介休县志》卷三《大事谱》
民国五年（1916）	安泽	五年大水，田地冲没，自五马村迤南，沿河水磨冲毁无余。		民国《安泽县志》卷十四《祥异志·灾祥》
民国六年（1917）	全省	六年（西元一九一七），冀、鲁、晋水，冀为最重。		《中国救荒史》
	介休	八月，汾、文两河水溢，席村等村秋禾淹没。		民国《介休县志》卷三《大事谱》
	永和	八月，大雨，坡水暴至城关，街道尽成泽国，损害房屋不少。		民国《永和县志》卷十四《祥异考》

续　表

纪年	灾区	灾象	应对措施	资料出处
民国六年（1917）	绛县	五月初七，绛县雨雹，大水雹来势凶猛，风电交加，倒屋拔木，人畜被打死者甚多，平地水深数尺，田地大部分冲毁，禾苗淹没殆尽，损失之大空前未有。		《华北、东北近五百年旱涝史料》第五分册
民国七年（1918）	榆次	七年秋，大雨倾注，经旬不止，路辙多和鱼，霁后凡各村水汇之处潜伏充牣，县西南乡人多挑桶携筐满捕归家作食，或于街市售卖。虽严寒冰结，鱼犹聚伏其下，取不竭焉。		民国《榆次县志》上编卷十四《旧闻考·祥异》
	新绛	五月二十一日，浍水大涨，平地水深五六尺，中村北、台上等村，淹没房屋数百间。		民国《新绛县志》卷十《旧闻考·灾祥》
民国八年（1919）	介休	六月，北张家庄等村冰雹伤禾，又被水淹。		民国《介休县志》卷三《大事谱》
民国九年（1920）	临汾	六月十六日，大雨，潏河漫。（樊家河、西王、东西孔郭、上下康庄、北王、十东王、涧头、练李、千伏、赵下、合里、靳李、老母、古贤、东李、陈堰、庞土、下陈坡子、王雅、王村等二十三村，田禾多被淹没。）六月二十二日大雨。（樊家河等二十三村复被水成灾，灾地五千三百二十亩，落河地四百八十九亩。）		民国《临汾县志》卷六《杂记类·祥异》
	翼城	六月二十一日夜，大雨，平地水深数尺，淹塌房舍无算。		民国《翼城县志》卷十四《祥异》
	曲沃	五月，浍河暴涨，淹没无算。		民国《新修曲沃县志》卷三十《灾祥》
	襄陵	七月三十一日即阴历六月十六日，大雷雨，山水暴发，冲损邓庄街民商房屋、货物及上西梁等村田禾甚多，报灾有卷。		民国《襄陵县新志》卷之二十三《旧闻考》

续 表

纪年	灾区	灾象	应对措施	资料出处
民国九年（1920）	新绛	六月初二日，河水涸，至十六日殆有尺水，不意二十一日雨，仅一犁，越日，水竟暴涨，平地八、九尺，中村北、台上等村房屋淹没殆尽，四野尽成泽国，人民数日不炊，号泣之声惨不忍闻。	县长捐资，并令各县各村出粟银赈之，民始稍苏。后中村北另迁于旧村之北，他村亦多筑河堤。	民国《新绛县志》卷十《旧闻考·灾祥》
民国十年（1921）	全省	十年（西元一九二一），大水……鲁、豫、晋三省被灾区域一四八县，灾民九、八一四、三三二人。		《中国救荒史》
	临晋	六月，大雨如注，坡水暴至城关，尽成泽国。		民国《临晋县志》卷十四《旧闻记》
民国十一年（1922）	介休	十一年六月朔，大雨，辰刻山水暴涨，自迎翠门入城，水势甚大猛，城不没者寸许，八坊被劫甚众，义棠、孙畅、大小宋曲等村淹没亦多，常乐村阖村全没，房屋、牛马、积粮损失无算，伤人百十余。		民国《介休县志》卷三《大事谱》
	安泽	五月，亢旱。二十日黎明，雷电交作，大雨倾盆。西北一带山水暴发，小河沟河水高数丈，河不能容，水势直从桥上冲过，冲没炼石桥南牌坊一座。有客黄姓，其妻有桥东赁屋而居，被水冲去。又有山东人赵连城与其孙在田间守瓜，均被冲去。尸身寻至洪洞范村始得。又有不识姓名数人，皆随波逐浪而没。上游暨河堤一带田亩树株冲刷几尽。真非常之奇灾欤！		民国《安泽县志》卷十四《祥异志·灾祥》

续　表

纪年	灾区	灾象	应对措施	资料出处
民国十一年(1922)	荣河	五月二十一日暴雨。东北乡平地水高四五尺,被灾者甚众。冲毁北新城墙、关岳庙等处。又城南平地冲为沟壑者约三里。		民国《荣河县志》卷十四《祥异》
民国十二年(1923)	荣河	秋棉未收。六月二十九日河水涨入旧城,房屋倒塌无算。居民乘船载物奔坡上。		民国《荣河县志》卷十四《祥异》
民国十五年(1926)	永和	春三月二十五,大雨,河水暴涨,漂没猪羊无数。		民国《永和县志》卷十四《祥异考》
	翼城	十一月初旬,连日大雨,溜簷水声不断。		民国《翼城县志》卷十四《祥异》
民国十六年(1927)	翼城	六月……十五日,大雨,浍水暴发,沿河地亩全被淹没。七月初一日,天又大雨,平地水深数尺,浍水洋溢两岸,东至贾家崖根,西至东门半坡,冲坏地亩庐舍无算。		民国《翼城县志》卷十四《祥异》
	曲沃	六月,浍水暴涨,高一丈余,河岸菜禾全没,人畜均有被伤者。十二月初二日,雨自黎明至午后始息。淅历有声,气候暖,黄河开。		民国《新修曲沃县志》卷三十《灾祥》
民国十七年(1928)	全省	十七年(西元一九二八)绥、晋、赣、黔、湘、皖、川、浙、滇大水……		《中国救荒史》
	武乡	十七年七月十八日夜,漳河暴涨。		民国《武乡新志》卷之四《旧闻考》
民国十九年(1930)	全省	十九年,晋水、旱灾。		《中国救荒史》

续　表

纪年	灾区	灾象	应对措施	资料出处
民国二十一年(1932)	全省	二十一年(西元一九三二),晋、陕、豫均霜雹,灾区达数十县,晋尤重。五县损害甚巨。十二省大水,晋尤重,淹没七百余万亩,灾民达数千万人。		《中国救荒史》
	沁源	二十一年三月十一日,雨土。夏秋雨涝,河水大涨,漂没民田数十顷。雨雹五次,被雹灾者二三十村。南坪、大栅、铁水沟、任家庄等村最甚。		民国《沁源县志》卷六《大事考》
	陵川	二十一年,淫雨为灾,冲没民田房屋颇多。		《陵川县志》卷十《杂录》
	安泽	夏六月二十一二等日大雨,府城镇一带沁河涨发,古县镇一带涧河涨发,冲没田亩、树株、人畜、车辆无数。二十七至二十九等日,大雨,城西北一带,涧河屡涨。自东山至城根河堤一片汪洋,冲毁田亩,树株几尽,人畜亦冲毙无算。		民国《安泽县志》卷十四《祥异志·灾祥》
民国二十二年(1933)	荣河	二十二年,大水漂没东南乡村民舍甚众,河涨溢至旧城东门底。		民国《荣河县志》卷十四《祥异》
民国二十三年(1934)	大同、朔州、左云	雁北区御河、桑干河、十里河、淤泥河发水。		《华北、东北近五百年旱涝史料》第五分册
民国二十八年(1939)	全省38县	是年,神池等三十八县水灾,合计受灾1537村,受灾土地1656918亩,毁房37174间,伤亡43人。仅太原近郊区受灾土地2548亩,毁房207间,受灾人口1371人。	当时政府从民国二十八年十一月至二十九年三月设粥厂救济灾民。	民国二十八年《山西省统计年编》

续　表

纪年	灾区	灾象	应对措施	资料出处
民国二十八年（1939）	全省36县	这36县为：神池、宁武、繁峙、代县、忻县、阳曲、太原、清源、徐沟、交城、文水、汾阳、孝义、盂县、寿阳、平定、昔阳、和顺、榆次、太谷、祁县、平遥、介休、灵石、霍县、洪洞、赵城、临汾、襄陵、曲沃、稷山、新绛、绛县、解县、虞乡、安邑。	当时政府从民国二十八年十一月至二十九年三月设粥厂救济灾民。	民国二十八年《山西省统计年编》
	绛州、雁北、大同、朔州、左云、广灵、灵丘、阳高	绛州八月大水，山洪暴发，原地水溢，群众生命财产受到极大损失，田禾损伤尤其严重。雁北区御河、十里河、桑干河、壶流河、唐河发大水。这次大河泛滥，致使大同盆地及汾河冬灌区沙河一带的土壤渍化进一步恶化。严重影响了矿区人民的生产发展与基本生活条件。如当时仅阳高一县就有盐渍沼泽地四十多万亩，占全县总耕地面积的百分之三十六。		《当代山西水利事业》*
民国二十九年（1940）	全省	五寨、代县、崞县、阳曲、太原、徐沟、文水、汾阳、孝义、太谷、平遥、介休、灵石、临汾、河津、荣河、临晋、猗氏、安邑、绛县、长治等21个县遭水灾，有414个村受饥。		民国二十九年《山西省统计年编》

* 山西水利志编纂委员会：《当代山西水利事业》，山西水利志编纂委员会，1985年10月，第172页。

续　表

纪年	灾区	灾象	应对措施	资料出处
民国三十一年（1942）	全省	有45县遭水灾，受灾面积共125.5480亩。水灾严重的县有五台、阳曲、徐沟、岚县、交城、文水、汾阳、太谷、祁县、平遥、介休、洪洞、临汾、汾城、曲沃、河津、稷山、新绛、永济、芮城、晋城等21个县，太原因汾河大水决堤，洪水冲入旱西关、水西关和大南门。		民国三十一年《山西省统计年编》
民国三十二年（1943）	太行革命根据地	从一九四二年秋末开始，旱灾继续蔓延，直到一九四三年才下了透雨。持续的旱灾从冀西、豫北发展到晋东南。太行区许多水井干涸，不少河流断源，土地龟裂，禾苗枯死，人畜用水都很困难。伴随旱灾而来的是疾病蔓延，不少村庄流行着传染病。九月以后大雨连绵，清漳河、浊漳河猛涨，冲破堤岸，毁坏两岸一万五千多亩良田。一九四三年太行区秋收平均只有三成左右，全区灾民占总人口的百分之五十。六专区的缺粮户达到百分之六十到七十。		《太行革命根据地史稿1937—1949》
民国三十三年（1944）	雁北（宁武、朔州、广灵）	恢河、浑河、壶流河发大水。		《华北、东北近五百年旱涝史料》第五分册
民国三十七年（1948）	榆社	七月中、下旬，榆社阴雨连绵半个月，沿浊漳河两岸村庄田禾都被水浸坏，尤以荞麦、豆类损失最重，全县八十二个行政村即有六十个行政村被水浸，成灾面积四千九百三十七亩，减收粮食四千零五石。		榆社县档案馆，历史卷1948年1号

(一)时间分布

山西位于大陆东岸的内陆,外缘有山脉环绕,几不受海风的影响,形成了比较强烈的大陆性气候。全省降雨季节分布不均匀,夏秋两季降水高度集中且多暴雨,易形成洪涝。

表7-5 民国山西水(洪涝)灾季节分布表

季节	春季	夏季	秋季	冬季	不明确
次数(年/次)	2	17	4	1	10
占总量比(%)	6	50	12	3	29

从表7-5民国山西水(洪涝)灾年表来看,民国山西水(洪涝)灾,在春季较少发生,所谓"春雨贵如油";秋季次之仅占总量的12%;以夏季居多,占到总量的一半,这与历史时期水(洪涝)灾发生的趋向是一致的,但相对而言,民国时期夏季水灾的历史记录占整个民国时期总量的比例较大。而且,民国时期水(洪涝)灾发生的区域,前期主要是区域性的,发生地集中于山西中部和南部,后期则多全局性。造成这一情况的原因有三:

一是民国历史水(洪涝)灾记录来源缺少系统性和一致性,前期水(洪涝)灾的资料来源以县志为主,后期虽然来源的途径较多,但这些资料大都仅能提供阶段性而非系统性的数据,这在一定程度上影响到灾害统计的精确性和系统性。

二是一些不明确的历史灾害记录具有内容的不确定性,尤其是民国后半期的灾害历史记录中的一部分是以统计方式呈现的,多数没有精确的灾害发生时间记载,记录的精确度与民国前期地方志的记录不可同日而语,基于这些不确定的记录,对民国水(洪涝)灾作任何的季节性的推论都是失当的。

三是民国历史灾害的记录不完整,且缺乏系统性,使灾害历史的精确性和全面性受到影响。虽然中华人民共和国建国以来也有一些县志反映民国历史灾害情况者,但这些县志均未注明灾害资料来源出处。谨慎起见，本书对这些资料未加采信，这多少会影响到民国水(洪涝)灾的统计结论。

(二) 空间分布

民国水(洪涝)灾的空间分布与民国自然灾害的记录有着密切的关联。

民国二十二年(1933)之前的水(洪涝)灾的记录主要来源系地方志(县志)，辅之以《中国救荒史》，区域灾害为这一时期的记录主要特征。

表7-6 民国时期山西水(洪涝)灾空间分布表

今地	灾区(灾次)	灾区数
太原	太原(3)阳曲(3)清源(1)徐沟(3)	4
长治	长治(2)沁源(1)平顺(1)	3
晋城	晋城(1)陵川(1)	2
阳泉	平定(1)盂县(1)	2
大同	大同(2)天镇(2)左云(2)广灵(2)灵丘(1)	5
朔州	朔州(3)	1
忻州	宁武(2)忻县(1)代县(2)繁峙(1)五寨(1)	5
晋中	榆次(4)昔阳(1)和顺(2)太谷(5)平遥(3)灵石(2)寿阳(1)祁县(2)介休(10)	9
吕梁	交城(2)文水(3)汾阳(3)孝义(2)	4
临汾	临汾(4)安泽(3)翼城(3)曲沃(4)永和(2)洪洞(2)赵城(1)霍县(1)襄陵(2)	9
运城	解县(1)安邑(2)绛州(4)新绛(4)河津(2)稷山(2)芮城(1)虞乡(1)荣河(4)临晋(2)猗氏(1)	11

从现有数据看，整个民国期间，山西全省106个县中有50县发生较严重的水(洪涝)灾，有的水患涉及的地区比较广，如民国二十八年(1939)“雁北区御河、十里河、桑干河、壶流河、唐河发大水。这次大河泛滥，致使大同盆地及汾河冬灌区沙河一带的土壤渍化进一步恶化。严重影响了矿区人民的生产发展与基本生活条件。如当

时仅阳高一县就有盐渍沼泽地四十多万亩，占全县总耕地面积的百分之三十六。”[①]此次水患涉及到大同、朔州、左云、广灵、灵丘、阳高及大同城区等多地。从现存资料上判断，这次水（洪涝）灾是连续降雨造成的，但民国时期的有关文献无法查证这一判断的可靠性，1993 年的《广灵县志》和 2000 年的《灵丘县志》虽有相关记录，但未载其详。由此来看，民国时期有关历史灾害记录的缺漏情况不仅是存在的，而且是比较严重的。

民国山西水（洪涝）灾多发区域仍然为晋南地区、晋中地区，其多发的区域和发生的趋势是一致的。但就各地区灾害的发生比例而言，这两个地区水（洪涝）灾发生的比例显得异乎寻常，尤其是晋中地区，若仅以单县次数而不以年（次）进行统计，涉灾的 9 个县共计发生水（洪涝）灾 30 次之多，其中介休县积水（洪涝）灾达到 10 次之多，不仅居晋中全区之首，且居于全省之首。历史水（洪涝）灾的重害区如临汾、运城地区也分别达到 22 次和 24 次。正如前文所述，晋中和晋南地区成为水（洪涝）灾的重害区域，是和当地的气候条件及地形条件密切关联的。此外，历史资料保存的完善与否也是造成这一现象的一个重要因素。民国时期山西百余县中，已见现存记述民国时期水（洪涝）灾县志约 17 种，所以，这些记录在反映山西民国水（洪涝）灾方面所具有的代表性和反映灾害的普遍性方面是存在问题的；而在这 17 个山西地方中，有 12 县志是来自晋中和晋南地区，占到记录山西水（洪涝）灾县志总量的 2/3 还强。所以，表 7－6 显示的晋中、晋南水（洪涝）灾总量会出现远远高于其它地区的情况就不足为奇了。

①山西水利志编纂委员会：《当代山西水利事业》，山西水利志编纂委员会，1985，第 172 页。

三　雹灾

与其它灾害不同的是，冰雹作为一种强对流天气，大多出现在夏季，所以，本书以月为单位对民国雹灾进行统计。

表 7－7 民国山西雹灾年表

纪年	灾区	灾象	应对措施	资料出处
民国元年（1912）	岳阳	五月，大雨雹，古县镇一带禾稼受伤。	报灾。	民国《安泽县志》卷十四《祥异志·灾祥》
	万泉	三月，地震。五月二十日，雨雹。七月地震。义良乡麦多干种，明年收六、七分，南乡未种，无颗粒。		民国《万泉县志》卷终《杂记附·祥异》
	荣河	元年三月，地震；五月雨雹；七月地震。		民国《荣河县志》卷十四《祥异》
	曲沃	五月雨雹，秋旱麦未种。		民国《新修曲沃县志》卷三十《灾祥》
民国三年（1914）	翼城	五月间，大雨雹，如核桃状。		民国《翼城县志》卷十四《祥异》
民国四年（1915）	沁源	六月，大雨雹。青杨湾、赤石桥、师庄等村被雹成灾。	缓征钱粮，开仓放赈。设劝学所。	民国《沁源县志》卷六《大事考》
	乡宁	雨雹，大如鸡子。		民国《乡宁县志》卷八《大事记》
民国五年（1916）	介休	五年……七月，仙台、北盐场、南盐场、朱家堡、穆家堡、张蘭镇、张原村、涧里村、上下岭、后强、南村、大甫村、上梁村、桑儿峪冰雹伤禾。		民国《介休县志》卷三《大事谱》
	曲沃	六月十日，雨雹，大者如瓜，次者如碗如卵，东北三十余村受害甚烈。		民国《新修曲沃县志》卷三十《灾祥》

续 表

纪年	灾区	灾象	应对措施	资料出处
民国六年（1917）	绛县	五月初七，绛县雨雹，大冰雹来势凶猛，风电交加，倒屋拔木，人畜被打死者甚多，平地水深数尺，田地大部分冲毁，禾苗淹没殆尽，损失之大空前未有。		《华北、东北近五百年旱涝史料》第五分册
	榆次	六年夏历七月初二，王杜村天降冰雹，大者如鸡卵，田禾树木俱被伤害。		民国《榆次县志》上编卷十四《旧闻考·祥异》
	介休	六年四月，乐善等村冰雹，形如枣杏，伤麦。		民国《介休县志》卷三《大事谱》
	临县	六月十六日夜，城西雨雹，地积尺许，西门外山水入城，冲伤河渠房舍数处，十七日，城南雨雹被灾村庄共七十余处。		民国《临县志》卷三《大事谱》
	翼城	夏五月，大雨雹。		民国《翼城县志》卷十四《祥异》
民国七年（1918）	虞乡	民国七年六月，大雨雹，伤秋禾一百余亩。		《虞乡县新志》卷之十《旧闻考·祥异》
	临晋	七年六月，雨雹，南乡城子埒诸村棉花摧残无遗，田间多鼠，食苗殆尽。		民国《临晋县志》卷十四《旧闻记》
	解县	七年秋八月十二日夜，雨雹，大者如拳，小者如鸡子，大井村、候村、赤社村西、西王村东极重，秋禾一齐毁伤。幸本年棉花种甚多，尔时，花已摘过多半，余虽被打落，业成熟见日亦摊开，受伤颇少。人家屋上瓦均被打破，禽鸟夜宿者打死无数，老树枝均打秃，幸是夜间，若白日，伤人必不少。		民国《解县志》卷之十三《旧闻考》

续　表

纪年	灾区	灾象	应对措施	资料出处
民国八年（1919）	沁源	八年六月，大雨雹，县城、候王、马家园、北石、南石、赵寨、柏木、麻巷、狼尾河、罗家庄、阎寨、石渠、鹿耳迴、长乐、杨泉、北园村、韩洪沟、有义村、牧花园、琴泉沟、河西村、霍登、董家村、李家庄等村，禾麦皆伤。		民国《沁源县志》卷六《大事考》
	介休	八年五月，洪山等村冰雹伤禾。六月，北张家庄等村冰雹伤禾，又被水淹。		民国《介休县志》卷三《大事谱》
民国九年（1920）	永和	五月十一日，雨雹，南庄、阁底诸村麦苗摧残无遗。		民国《永和县志》卷十四《祥异考》
	襄垣	民国九年，久旱不雨，并被雹灾，麦收甚薄，秋禾更歉，景遭荒劫，共计一百八十五村，第一区最重，二三区次之，合县平均收获不过三成之数。饥民枵腹，待哺嗷嗷。	屡请上宪，派委员查勘，筹拨赈款……	民国《襄垣县志》卷之八《旧闻考·祥异》
民国十年（1921）	武乡	夏六月，雨雹。		民国《武乡新志》卷之四《旧闻考》
民国十六年（1927）	曲沃	浍水暴涨高一丈余，河岸菜禾全没，人畜均有被伤者，八月二十七日地震。二十九日雨雹。		民国《新修曲沃县志》卷三十《灾祥》
民国十七年（1928）	平顺	十七年八月，大雨雹。		民国《平顺县志》卷十一《旧闻考·兵匪·灾异》
	太谷	戊辰四月，大雨雹（大如鸡卵，积水尺余，二麦尽伤，禾苗亦皆毁）。秋，大旱，歉收。		民国《太谷县志》卷一《年纪》
民国二十一年（1932）	沁源	二十一年三月十一日，雨土。夏秋雨涝，河水大涨，漂没民田数十顷。雨雹五次，被雹灾者二三十村。南坪、大栅、铁水沟、任家庄等村最甚。		民国《沁源县志》卷六《大事考》

续 表

纪年	灾区	灾象	应对措施	资料出处
民国二十一年(1932)	全省	二十一年(西元一九三二),晋、陕、豫均霜雹,灾区达数十县,晋尤重。五县损害甚巨。十二省大水,晋儿重,淹没七百余万亩,灾民达数千万人。雨雹大如镰。黄河决口,绥、晋、冀、豫、湘等省影响颇巨。晋省太原附近冰雹大如鸡卵,毁损农作物甚重。		《中国救荒史》
民国二十八年(1939)	榆次、太谷、文水、介休、平定、盂县、寿阳	榆次、太谷、文水、介休、平定、盂县、寿阳等7县遭雹灾,受灾共31村,受灾土地282390亩,以寿阳、盂县、榆次、介休等县较重。		民国二十八年《山西省统计年编》
民国二十九年(1940)	阳曲、榆次、太谷、徐沟、和顺、沁县、盂县、寿阳、浮山、灵石、宁武、神池、五寨、忻县、定襄、代县、崞县、繁峙	阳曲、榆次、太谷、徐沟、和顺、沁县、盂县、寿阳、浮山、灵石、宁武、神池、五寨、忻县、定襄、代县、崞县、繁峙遭雹灾,受灾面积546898亩。		民国二十九年《山西省统计年编》
民国三十年(1941)	阳曲、太原、中阳、离石、屯留、襄垣、晋城、高平、和顺、沁县、武乡、盂县、寿阳、翼城、解县、新绛、霍县、汾西、宁武、神池、五寨、忻县、定襄、五台	阳曲、太原、中阳、离石、屯留、襄垣、晋城、高平、和顺、沁县、武乡、盂县、寿阳、翼城、解县、新绛、霍县、汾西、宁武、神池、五寨、忻县、定襄、五台30县遭受雹、虫、风、冻灾害。雹灾面积599847亩,其中有18县的36657户,共计192898人因灾无法生活。		民国三十年《山西省统计年编》

续　表

纪年	灾区	灾象	应对措施	资料出处
民国三十一年（1942）	岚县、徐沟、中阳、昔阳、汾西、五寨	雹灾。受灾面积164397亩。遭灾共119845户，568606人。		民国三十一年《山西省统计年编》
民国三十三年（1944）	祁县	夏收前，祁县冰雹袭击了柳家巷、下南沿等八个自然村部分麦苗被打坏无法补种，六月半，二区山地五个村遭受严重雹灾，麦子一粒未收，秋苗被打坏，群众痛苦非常。		祁县档案馆，案卷号5
	和顺	五月末至六月初，和顺猛雨冰雹袭击四区之南坡、部家庄等，庄稼被砸坏，冲毁二千余亩，人畜家屋用具亦有被冲走者。		和顺县档案馆，案卷号18
民国三十五年（1946）	神池	九月十七日降雹，打死田间农民一人。		《山西自然灾害史年表》
民国三十六年（1947）	平定、昔阳、寿阳、榆次、太谷	一九四七年春耕播种后，旱情很严重。四、六、七三个月连续遭受严重的雹灾、蝗灾、虫灾。全区遭受旱灾地区的人口在二百万以上，占全区人口的五分之二左右。最严重的是林县、武安、涉县、平定、昔阳、寿阳、榆次、太谷等地。七月底大部分地区才降透雨，但为时已晚，形成灾荒。		《太行革命根据地史稿1937—1949》
	祁县	夏收后，祁县洪雹袭击了六个自然村，其中二个自然村灾情极重，农作物全部被打平绝收，其余四个自然村灾情较轻，共计被洪水冲毁土地（三至五年不能耕种）一百八十三亩，淤漫土地九十七亩，冲走土地三百亩。		祁县档案馆，案卷号3

续 表

纪年	灾区	灾象	应对措施	资料出处
民国三十七年(1948)	榆社	六月中旬,榆社县有一、三、四区的八个行政村遭受冰雹灾害,雹大如鸡蛋,秋苗被打毁打坏的占秋田面积的百分之二十五至百分之五十,绝收面积达五千五百九十一亩,灾情最严重者如偏良庄,共有一百七十九户、二千二百亩秋田,被打毁打坏的达一千二百三十五亩,其中被水浸河漂不能毁种的一百三十亩,雹大风更大,连根拔起大树二十余株,禾苗严重受损。		榆社档案馆,1948 年 1、2 号

(一) 时间分布

表 7 – 8 民国山西雹灾(月)分布表

月	四	五	六	七	八	九	不明确	合计
次数	2	7	8	3	3	1	10	34
占总量比(%)	6	21	23	9	9	3	29	100

表 7 – 8 统计数据显示,山西雹灾发生的时段从四月到九月,长达 6 个月的时间,但集中于夏季的五月和六月的两个月中,五月和六月份的雹灾数量占到全年雹灾总量的 44%。七月以降,雹灾的数量呈现骤减之势,九月仅有 1 次。此外,有 10 次雹灾没有明确的时间记录,主要出自《山西省统计年编》,所涉及年份从民国二十八年到三十一年。应当说,这些资料对民国时期山西雹灾时间分布的统计是有一定影响的,而且从明代后期雹灾统计结果来看,山西几乎每年都有雹灾的记录,但民国时期雹灾的发生有间隔时间,民国二年、十一至十五年、十八年至二十年、二十二年至二十七年、三十二年、三十四年计有 17 年的记录空白,其间隔的时间比起同时期的水旱灾

害的10年和12年的时间间隔要长，同时也比明清时期相同的单位时间内雹灾记录的间隔时段要多，这也从另外一个方面证实，民国山西雹灾的历史记录的不完整性和不系统性。

（二） 空间分布

表7－9 民国时期山西雹灾空间分布表

今 地	灾区（灾次）	灾区数
太 原	太原（2）阳曲（2）徐沟（2）	3
长 治	襄垣（2）沁源（3）沁县（2）武乡（2）平顺（1）屯留（1）	6
晋 城	晋城（1）高平（1）	2
阳 泉	平定（2）盂县（3）	2
忻 州	忻县（2）宁武（2）定襄（2）代县（1）五台（1）崞县（1）繁峙（1）神池（3）五寨（3）	9
晋 中	榆次（4）昔阳（2）和顺（3）榆社（1）太谷（4）灵石（1）寿阳（3）祁县（2）介休（5）	9
吕 梁	离石（1）岚县（1）文水（1）中阳（2）临县（1）	5
临 汾	汾西（2）安泽（1）翼城（3）曲沃（3）永和（1）霍县（1）浮山（1）乡宁（1）	8
运 城	解县（2）绛县（1）新绛（1）虞乡（1）万泉（1）临晋（1）荣河（1）	7

从表7－9民国时期山西雹灾空间分布表来看，山西雹灾的发生一如明清两代，其主要集中在晋中、临汾、运城、长治和太原地区。从本书所采集的数据来看，民国时期，雹灾的主要发生地仍然是这些地区，所以我们考虑，上述这些区域当是历史时期山西雹灾的主要发生区域。大同、朔州地区的雹灾数量在民国时期为零记录，这虽然仅仅体现了文本记录，不能反映历史的实际，但历史时期，这些地区的雹灾的记录数量在大体上也是居后的。这说明，民国时期的雹灾记录虽然不系统、不全面，但大体上反映了当时山西雹灾的历史实际。

四　雪(寒霜)灾

民国山西有关雪、寒、霜的灾害记录共19次,年频次为0.51。分类统计,在这19次灾害中,其中雪灾4次,年频次为0.1;极寒天气出现5次,年频次为0.14;霜害10次,年频次为0.27。相比同时期水旱灾害,民国时期的雪、寒、霜灾害的发生率要低得多。尤其是雪灾和极寒天气出现的几率为十年一遇,且这些灾害的发生往往是局部的,全省性发生的情况比较少。

表7-10 民国山西雪(寒霜)灾年表

纪年	灾区	灾象	应对措施	资料出处
民国三年(1914)	武乡	中华民国三年五月,雨雪。		民国《武乡新志》卷之四《旧闻考》
	平顺	三年,端阳雨雪,深三寸,牲畜冻毙。		民国《平顺县志》卷十一《旧闻考·兵匪·灾异》
	万泉	春,霜杀果木菜花。		民国《万泉县志》卷终《杂记附·祥异》
民国四年(1915)	乡宁	八月陨霜杀禾。		民国《乡宁县志》卷八《大事记》
民国五年(1916)	临县	丙辰五年九月初三日初更,黑风霾雾,不辨东西,三交南有红光忽现,冬冷冻麦苗。		民国《临县志》卷三《大事谱》
民国六年(1917)	沁源	秋,陨霜杀稼。		民国《沁源县志》卷六《大事考》
民国七年(1918)	永和	春损霜杀麦。		民国《永和县志》卷十四《祥异考》
民国八年(1919)	新绛	三月二十一日,陨霜,伤麦苗、菜籽不实。		民国《新绛县志》卷十《旧闻考·灾祥》

续 表

纪年	灾区	灾象	应对措施	资料出处
民国八年(1919)	曲沃	八年四月初一,霜杀麦菜果木。		民国《新修曲沃县志》卷三十《灾祥》
	临晋	八年春,陨霜杀麦。		民国《临晋县志》卷十四《旧闻记》
民国十六年(1927)	平顺	十六年夏,陨霜杀麦。		民国《平顺县志》卷十一《旧闻考·兵匪·灾异》
	永和	朔日,大雪。		民国《永和县志》卷十四《祥异考》
民国十八年(1929)	沁源	十八年二月,陨霜。春大旱,斗米银洋一元四五角。		民国《沁源县志》卷六《大事考》
	临汾	十一月,大风数日,严寒。(树木鸟兽多冻死)		《临汾县志》卷六《杂记类·祥异》
	浮山	十一月,大雪,地厚二三尺,树木又冻毙。		民国《浮山县志》卷三十七《灾祥》
	荣河	冬大雪严寒,牛羊树木多冻死,自禹门至潼关冰冻成桥,车马能渡,明年二月冰始开。		民国《荣河县志》卷十四《祥异》
	赵城	十八年冬,赵城大雪,大杨树、槐树冻裂,人畜均有冻毙者,山上树木无恙。		民国《霍山志》卷之六《杂识志》
民国十九年(1930)	安泽	夏四月,第二区公所内秋菊盛开,蜂蝶纷飞,人以为异。是年夏,有麦。秋歉收。是冬大雪七八尺,柿、石榴、花椒等树全行冻死,人畜亦有冻死者。		民国《安泽县志》卷十四《祥异志·灾祥》

续 表

纪年	灾区	灾象	应对措施	资料出处
民国二十一年(1932)	全省	二十一年(西元一九三二),晋、陕、豫均霜雹,灾区达数十县,晋尤重。五县损害甚巨。		《中国救荒史》
	安泽	清明节后,大风,春寒,核桃花冻死。本邑出产桃仁为大宗,本年桃仁收成无望。		民国《安泽县志》卷十四《祥异志·灾祥》
	霍山	二十一年阴二月二十一日,天气异常寒冷,霍山核桃树冻枯。		民国《霍山志》卷之六《杂识志》
民国三十年(1941)	夏县	有30县遭受雹、虫、风、冻灾害,其中有18县的36657户,共192898人因灾无法生活。夏县遭受冻灾。面积1101425亩。		《山西省统计年编》
民国三十五年(1946年)	榆社	秋,榆社遭受严重初霜冻灾害,全县四个区八十二个编村中有六十三个编村受冻害,成灾面积八万九千一百四十六亩,全县总平均受灾作物减产四成。		榆社县档案馆,历史卷1946年2号

(一) 时间分布

雪灾一般发生在冬季,在一个以农业生产为主业的生产区域,雪灾对农业的危害主要是对冬小麦生长的危害。在民国37年的历史时期内,山西共发生雪灾4次,既有发生于冬季者,如在民国十八年十一月的浮山、荣河、赵城的雪灾和民国十九年冬季发生在安泽的雪灾,也有发生于初夏的雪灾,如民国三年端阳发生在晋东南武乡县和平顺县的雪灾。这些雪灾造成了树木冻毙甚至“人畜亦有冻死者”[1]的严重后果。民国山西雪灾成害的几率为十年一遇,但从实

①民国《安泽县志》卷十四《祥异志·灾祥》

际发生的时间间隔来看,其分布的规律显然是不规则的:自民国三年武乡、平顺雪灾之后间隔15年时间,至民国十八年、十九年才出现为害甚巨的雪灾。

表7-11 民国时期山西雪灾时空分布表

时 间	民国三年五月端阳	民国十六年朔日	民国十八年十一月	民国十九年冬
地 点	武乡、平顺	永和	临汾、浮山、荣河	安泽
危 害	深三寸,牲畜冻毙。	朔日,大雪。	牛羊树木多冻死。	是冬大雪七八尺,柿、石榴、花椒等树全行冻死,人畜亦有冻死者。

民国时期的极寒记录除雪灾造成的极寒天气外,共发生5次,这5次极寒天气发生于民国中后期,分别是:民国五年冬,发生于临县;民国十八年十一月,发生于临汾;民国二十一年,发生于安泽和霍山;民国三十年,发生于夏县。从极寒天气的发生情况来看,极寒天气的出现的时间,除民国三十年夏县遭受冻灾不甚严重外,其它地区极寒天气造成了冻死树木甚至冻毙鸟兽的严重后果,而且这几次极寒灾害均发生在雪灾年的附近,所以,极寒天气的形成与大雪天气的出现可能有着某种关联。

山西由于处于相对高纬度地区,霜灾是经常出现的一种自然灾害类型。民国时期,山西历史文献记录的10次霜害中,春季3次,秋季3次,夏季发生2次,其余2次没有明确的时间记录。从记录的情形看,除冬季无发生霜害可能外,春夏秋三季中,均可能发生霜害,而且,历史文献显示,山西秋霜发生的几率较大。当然,由于民国历史相对短,加之各种自然灾害的记录不甚详尽,所以,仅仅依靠这部分资料去推断山西霜害的历史节奏显然是不客观的,结论的可靠性也会大打折扣。

（二） 空间分布

表 7－12 民国时期山西雪(寒霜)灾空间分布表

今地	雪灾(次)	极寒(次)	霜(次)	灾区数
长治	武乡(1)平顺(1)		沁源(2) 平顺(1)	3
晋中			榆社(1)	1
吕梁		临县(1)		1
临汾	安泽(1)赵城(1) 浮山(1) 永和(1)	临汾(1)安泽(1) 霍山(1)	乡宁(1)永和(1) 曲沃(1)	8
运城	荣河(1)	夏县(1)	万泉(1)新绛(1) 临晋(1)	5

历史时期,霜雪寒三类自然灾害在山西地区的分布以中南部居多。从表 7－12 中可以看出,民国时期三种自然灾害所涉及区域仍然以山西中南部为主,主要集中于长治、临汾和运城地区,而太原、晋城、阳泉、大同、朔州、忻州地区则没有相关的记录。当然,这并不能反映民国时期雪(寒霜)灾的全部真实。但根据历史时期山西雪(寒霜)灾的记录情况,可以看出,民国历史的雪(寒霜)灾记录基本上反映了历史时期山西雪(寒霜)灾发生在区域上的基本趋向。

五 风灾

民国时期,山西风灾共 9 次,发生年频次为 0.24,是民国所有自然灾害发生次数最少和发生频次最低的。从理论上讲,山西处于高纬度区域,大风出现的几率应当是比较高的,但是,历史灾害一般以成害为记录原则,除了历史记录的缺漏之外,这也是不能忽视的一个重要因素。

表7－13 民国山西风灾年表

纪年	灾区	灾象	应对措施	资料出处
民国三年（1914）	虞乡	民国三年三月二十二日，暴风覆巢，毁瓦，大木摧折。		《虞乡县新志》卷之十《旧闻考·祥异》
民国十一年（1922）	襄陵	六月大风折木。		民国《襄陵县新志》卷之二十三《旧闻考》
	芮城	夏历二月二十四日夜，大风坏屋拔木。		民国《芮城县志》卷十四《祥异考》
民国十二年（1923）	永和	春三月，昼大风，坏墙拔树甚多。		民国《永和县志》卷十四《祥异考》
民国十六年（1927）	翼城	四月二十四日，辰刻地动。六月初七日晚，大风拔木。		民国《翼城县志》卷十四《祥异》
民国十八年（1929）	临汾	十一月，大风数月，严寒。（树木、鸟兽多冻死）		《民国临汾县志》卷六《杂记类·祥异》
民国十九年（1930）	临汾	夏四月初四日，城南大风作。		《民国临汾县志》卷六《杂记类·祥异》《中国救荒史》
	浮山	四月初，又大旋风起，临邑尧庙宫人尽伏，互相抱搂，牲畜有被风卷去无踪者，邑交头河小庙为风吹塌，砖瓦被风卷之数里外，香惯、惯礼数村，麦稽积多为风吹倒，四散飞去。		民国《浮山县志》卷三十七《灾祥》
		四月初，有大旋风起，临邑尧庙宫人尽伏，互相抱楼，牲畜有被风卷去无踪者。邑交头河小庙为风吹塌，砖瓦被风卷之数里外，数村麦稽堆多为风吹倒，四散飞去。		《中国救荒史》

续　表

纪年	灾区	灾象	应对措施	资料出处
民国三十年(1941)	平陆	有30县遭受雹、虫、风、冻灾害。其中有18县的36657户,共192898人因灾无法生活。平陆遭受风灾。面积34村。		《山西省统计年编》
民国三十七年(1948)	榆社	六月中旬……雹大风更大,连根拔起大树二十余株,禾苗严重受损。		榆社档案馆,1948年1,2号

(一)　时间分布

民国时期的9次风灾,资料来源主要是地方志。在年际时段上,除民国十一年、十二年和十八年、十九年有连续记录外,其余年际间隔比较复杂,最少的年际间隔仅1年,最长的间隔为11年。从风灾发生的月际来看,除1次没有明确时间记录外,其余8次,三月、四月和六月各发生2次,二月和十一月各发生1次,时间的分布比较分散。历史风灾统计资料显示,山西大风多发生在春夏两季,民国时期风灾的记录从节奏上基本与历史灾害记录相吻合。此外,民国时期,山西历史文献有龙卷风的记载。民国十九年"四月初,又大旋风起,临邑尧庙宫人尽伏,互相抱搂,牲畜有被风卷去无踪者。邑交头河小庙为风吹塌,砖瓦被风卷之数里外,香惯、惯礼数村麦稭积多为风吹倒,四散飞去。"①

(二)　空间分布

历史灾害统计数据显示,山西风灾呈现由北向南递减的趋势,北部系遭受风灾比较严重的地区,而南部相对较少,晋南的临汾和

①民国《浮山县志》卷三十七《灾祥》。

运城地区是遭受风灾最少的地区。但民国时期的资料统计数据却与历史记录完全不相吻合。民国时期，山西北中部尤其是北部地区没有任何风灾的记录，中部仅榆社1例记录，其余8次记录全部集中在临汾地区和运城地区。所以，这些记录仅仅可以视为文本的真实，而不完全反映民国时期山西风灾的历史真实。依据这些历史记录去讨论民国时期山西风灾的空间分布也仅仅存在文本的意义而没有真实的意义。

表7－14 民国时期山西风灾空间分布表

今 地	灾区（灾次）	灾区数
晋 中	榆社（1）	1
临 汾	临汾（2）翼城（1）永和（1）浮山（1）襄陵（1）	5
运 城	芮城（1）平陆（1）虞乡（1）	3

六 地震（地质）灾害

地震作为一种自然现象，虽然不是灾害中最频繁的，但由于它猝然而至，难以预测和防范，所以，一旦形成灾害，其危害程度无法想象。所以，在许多古籍中将地震列入灾异的范畴。民国时期，仍然是山西地震活动比较频繁的时期，但相对明清时期要低。在民国37年中，共发生地震16次，频度为0.43。

表1－15 民国山西地震（地质）灾害年表

纪年	灾区	灾象	应对措施	资料出处
民国元年（1912）	万泉	三月，地震。五月二十日，雨雹。七月地震。		民国《万泉县志》卷终《杂记附·祥异》
	荣河	元年三月，地震；五月雨雹；七月地震。		民国《荣河县志》卷十四《祥异》
民国三年（1914）	荣河	地震。		民国《荣河县志》卷十四《祥异》

续　表

纪年	灾区	灾象	应对措施	资料出处
民国五年(1916)	乡宁	地震。		民国《乡宁县志》卷八《大事记》
	新绛	地震声如雷,或如重车,日一二次或三四次,房屋圮坏,民多露宿。		民国《新绛县志》卷十《旧闻考·灾祥》
	万泉	有年。七月,日晕现三环,地震。		民国《万泉县志》卷终《杂记附·祥异》
民国八年(1919)	曲沃	十月十八日地震。		民国《新修曲沃县志》卷三十《灾祥》
民国九年(1920)	襄垣	十二月十六日,地震有声。		民国《襄垣县志》卷之八《旧闻考·祥异》
	武乡	九年大旱。冬十一月,地震。		民国《武乡新志》卷之四《旧闻考》
	陵川	九年十二月十六日下午八钟地震。		《陵川县志》卷十《杂录》
	安泽	十一月初七日夜,大地震。从前县东北一带不宜种棉,自地震后,气候较前骤暖,种棉遂多,收量且不亚于洪赵二县云。		民国《安泽县志》卷十四《祥异志·灾祥》
	翼城	十一月初七日下午八钟时,地震有声,约十五分钟之久乃已。		民国《翼城县志》卷十四《祥异》
	曲沃	五月,浍河暴涨,淹没无算。十二月十六日,地震时间约十分钟,震动颇烈,严墙危厦倒塌颇多。		民国《新修曲沃县志》卷三十《灾祥》

续 表

纪年	灾区	灾象	应对措施	资料出处
民国九年（1920）	永和	十一月初七日戌时，地大震。*		民国《永和县志》卷十四《祥异考》
	浮山	冬十一月，地大震，房舍摇动，鸡犬惊吠。		民国《浮山县志》卷三十七《灾祥》
	新绛	十二月十六日，地震，延时甚久，约至十分钟许，移时又震，声如巨雷，民房圮毁者不少。		民国《新绛县志》卷十《旧闻考·灾祥》
	荣河	天旱。十一月地大震。		民国《荣河县志》卷十四《祥异》
	临晋	十月，地震，墙房有倾圮者。		民国《临晋县志》卷十四《旧闻记》
	芮城	夏历八月，月食。既十一月初七日戌时，地大震，自东南而西北，墙屋有倾倒者。		民国《芮城县志》卷十四《祥异考》
民国十年（1921）	临汾	十一月初八日夜地震。（房屋树林摇撼不止，约二小时，城中大中楼椽瓦坠落，民间草舍倾覆无算。）		《民国临汾县志》卷六《杂记类·祥异》
民国十二年（1923）	太谷	地震。（历时二刻许。年久房屋有倾圮者）		民国《太谷县志》卷一《年纪》
	岢岚	四川泸县、山西岢岚灾异迭见。泸县山崩，岢岚地震。		《新闻报》，上海，民国十年一月五日

*（民国）九年五月十一日，雨雹，南庄、阁底诸村麦苗摧残无遗。九月十六日，月食既。十一月初七日戌时，地大震，飞沙扬石，黑气冲天，室庐为之摇动，倾塌压死人畜甚众，一连二三次约二三十分钟，旋天鼓鸣，声音如雷，自东南至西北，真空前来有之奇事。

续 表

纪年	灾区	灾象	应对措施	资料出处
民国十六年(1927)	太谷	八月,地震。		民国《太谷县志》卷一《年纪》
	翼城	四月二十四日,辰刻地动。八月二十七日卯时,地动有声。		民国《翼城县志》卷十四《祥异》
	曲沃	浍水暴涨高一丈余,河岸菜禾全没,人畜均有被伤者,八月二十七日地震。二十九日雨雹。		民国《新修曲沃县志》卷三十《灾祥》
民国十九年(1930)	陵川	十九年七月二十日夜十时地震。		民国《陵川县志》卷十《杂录》
民国二十一年(1932)	太原	十月十五日丑时,地震颇烈,室中器具震荡作声,历二分钟始息。		民国二十一年十月十六日《中央日报》
民国二十三年(1934)	太原	(一月二十一日,内蒙五原)地震涉及山西,晨一时,本市发生地震,其势甚烈……历时约两分钟。(七月十九日)下午五时四十分,太原地震,约五分钟,房屋什物动摇,尚不剧烈。		民国二十三年一月二十二日《世界日报》民国二十三年七月二十日《中央日报》
民国二十五年(1936)	太原	(本报太原二十二日下午十一分专电)此间二十二日晚七时半地震。		民国二十五年十二月二十三日《世界日报》
民国二十六年(1937)	太原	并市(一月)十四日晨五时许发生地震,地层颠簸,门户作响,时市民多由梦中惊醒,幸为甚短。		民国二十六年一月十五日《中央日报》
		并市(九月)十五日晨五时十二分至八时半,地震三次,均为时甚暂,房屋震动,隆然作声。		民国二十六年九月十六日《中央日报》

续　表

纪年	灾区	灾象	应对措施	资料出处
民国三十七年(1948)	太原	(四月)十七日下午六时十五分,此间发生地震,历时甚短。		民国三十七年四月十八日《新闻报》

(一)　时间分布

地震活动在时间上表现出活跃时段和平静时段两种状态。学者通过对华北地区地震活动研究后认为,华北地震区的地震存在着一个300年左右的活动周期。但是,这种活动周期并不是如假想一般泊松①分布规律,而是表现出非线性上升的特性。从历史地震记录来看,除第六活跃期山西地震几乎所有断陷均发生6级以上地震外,其它时期只是局部地区地震活动增强。民国时期,山西地震处于第七活跃期②,以局部地震活跃为其特点。从时间上讲,一是民国五年的新绛地震,而此前,发生于民国万泉、荣河的地震应当视为此次地震的前兆;二是民国九年,受宁夏海原8.5级地震的波及,山西晋南和晋东南地区受到广泛的影响,这次地震也成为民国时期山西地震记录范围最广和影响最大的一次。从季节看,民国时期的地震主要发生在秋冬两季,尤以七月和十月居多,这两个月共发生地震7次,占到这一时期地震总量的差不多一半。

①是一种统计与概率学里常见到的离散概率分布,由法国数学家西莫恩·德尼·泊松(Siméon - Denis Poisson)在1838年时发表。泊松分布适合于描述单位时间内随机事件发生的次数的概率分布。

②武烈、贾宝卿、赵学普编著:《山西地震》,地震出版社,1993年版,第32页。

（二） 空间分布

表 7－16 民国时期山西震灾空间分布表

今地	灾区(灾次)	灾区数
太原	太原(5)	1
长治	襄垣(1)武乡(1)	2
晋城	陵川(2)	1
忻州	岢岚(1)	1
晋中	太谷(2)	1
临汾	临汾(1)安泽(1)翼城(2)曲沃(3)浮山(1)乡宁(1)	6
运城	新绛(2)芮城(1)永济(1)临晋(1)万泉(2)荣河(3)	6

山西历史地震的空间分布，总的特点是以断陷带延展，而断陷盆地是地震的主要发生地：北部斜交大同盆地的北西向地震带；中部横穿太原盆地的东西向地震带；南部斜交临汾、运城盆地的北西向地震带[①]。民国时期山西地震记录的空间分布基本上反映了这一事实。表 7－16 数据显示，民国时期地震分布主要在晋南的临汾、运城地区和太原地区，但这一时期，阳泉、大同、朔州、吕梁地区，尤其是处于地震活动频繁的大同一带没有地震活动记录，这种情况的出现，除了受山西地震带强震活动由北向南的迁移趋势[②]影响之外，历史文献记录的缺失也是重要因素。

七 农作物病虫害

民国时期山西农作物病虫害主要有虫害和鼠害两种，其中蝗灾最常见。研究认为，大旱之年的出现与蝗灾的出现之间有某种关联，但同时，农作物生长提供的生态环境和虫类生长的生态环境基

①武烈、贾宝卿、赵学普编著：《山西地震》，地震出版社，1993 年版，第 27 页。

②武烈、贾宝卿、赵学普编著：《山西地震》，地震出版社，1993 年版，第 33～34 页。

本趋于一致，所以，大稔之年，也存在发生蝗灾的环境条件。民国时期，农作物病虫害共计16次，频度为0.43。

表7－17 民国山西农作物病虫害年表

纪年	灾区	灾象	应对措施	资料出处
民国三年（1914）	介休	三年六月，乐善村、万户堡等十二村麦生黄疸，秋禾虫伤。		民国《介休县志》卷三《大事谱》
民国五年（1916）	虞乡	民国五年六月，飞蝗过境。		《虞乡县新志》卷之十《旧闻考·祥异》
	临晋	蝗。滨河一带其飞蔽天。	知事贾孝斌派巡警率民捕除，数日净尽。	民国《临晋县志》卷十四《旧闻记》
民国七年（1918）	榆次	七年蝗灾突起，由县东北飞向西南，弥天蔽日，北田、东阳等村农田大受其害。土人以为即鱼子化生云。		民国《榆次县志》上编卷十四《旧闻考·祥异》
	临晋	六月，南乡城子埒诸村，棉花摧残无遗，田间多鼠，食苗殆尽。		民国《临晋县志》卷十四《旧闻记》
民国九年（1920）	襄垣	十年，虫食禾叶，籽粒不完，各乡轻重不一。		民国《襄垣县志》卷之八《旧闻考·祥异》
	榆次	九年夏历十一月初七日下午八钟，地震有声，自东北来，向西南云。全县庙宇庐舍均大动摇。牕棂亦多震破。树间宿鸟惊飞扑地。空际亦呈异色经十余分钟始息。		民国《榆次县志》上编卷十四《旧闻考·祥异》
民国十年（1921）	襄陵	秋蚜虸食禾，三区京安、西王等十余村被灾最烈。		民国《襄陵县新志》卷之二十三《旧闻考》
民国十二年（1923）	太谷	秋，蝗，歉收。		民国《太谷县志》卷一《年纪》

续 表

纪年	灾区	灾象	应对措施	资料出处
民国十五年(1926)	永和	冬十月,田间多鼠,伤禾甚厉。	署内捐款过重,人民不堪其苦,上宪尚可呈请体减,当时知事不察民隐,执幻为之。	民国《永和县志》卷十四《祥异考》
民国十八年(1929)	全省	十八年(西元一九二九),晋大旱,虫害。		《中国救荒史》
民国二十八年(1939)	阳曲、祁县、文水、孝义、介休、平定	虫灾。受灾共63村,受灾土地256701亩,以阳曲、孝义二县较重。		《山西省统计年编》
民国二十九年(1940)	阳曲、榆次、介休、和顺、临汾、浮山、新绛	受灾面积72258亩。		《山西省统计年编》
民国三十年(1941)	介休、洪洞、解县、五台	有30县遭受雹、虫、风、冻灾害。其中有18县的36657户,共192898人因灾无法生活。虫害面积1410亩。		《山西省统计年编》
民国三十一年(1942)	太谷、祁县、文水、徐沟、平遥、介休、昔阳	有9县虫灾,受灾面积共280824亩;虫灾严重的县有太谷、祁县、文水、徐沟、平遥、介休、昔阳。		《山西省统计年编》
民国三十二年(1943)	左权、黎城、潞城、平顺	一九四三年灾荒蔓延到太行全区。山西太行区的左权、黎城、潞城、平顺也遭受了严重灾害。蝗虫又遮天蔽日袭来,疾病流行。	有的人拍卖家产,以求一顿饱餐;有的人出卖青苗换粮吃;有的人屠杀出卖耕畜。	《太行革命根据地史稿1937—1949》

续 表

纪年	灾区	灾象	应对措施	资料出处
民国三十三年（1944）	平顺、黎城、潞城	一九四四年四月，五、六、七专区出现蝗虫，大批麦苗被吃掉。从平汉线向五、六、七区飞来的第一批蝗虫，波及平顺、黎城、潞城。打蝗运动一直延续到秋后才结束。		《太行革命根据地史稿1937—1949》
	泽州	连年旱，又遭蝗灾，全县人民饿死外逃者约八万余人。		《山西自然灾害史年表》
民国三十六年（1947）	太行革命根据地	一九四七年春耕播种后，旱情很严重。四、六、七三个月连续遭受严重的雹灾、蝗灾、虫灾。全区遭受旱灾地区的人口在二百万以上，占全区人口的五分之二左右。最严重的是林县、武安、涉县、平定、昔阳、寿阳、榆次、太谷等地。七月底，大部分地区才降透雨，但为时已晚，形成灾荒。		《太行革命根据地史稿1937—1949》

（一）时间分布

农作物病虫害是与农作物成长共生的一种自然灾害，一般发生于农作物生长的夏、秋两季。而历史资料和研究显示，山西蝗灾的主要发生季节在夏、秋两季。民国时期山西16次农作物病虫害，有时间记录的仅反映民国前期与灾害相关的地方志和引自《太行革命根据地史稿1937－1949》内容的有具体时间记录，共7次，其中夏、秋季各3次，冬十月1次，另外9次没有时间记录。

（二） 空间分布

表 7－18 民国时期山西农作物病虫害空间分布表

今 地	灾区(灾次)	灾区数
全 省	全省(1)	1
太行区	太行革命根据地(1)	1
太 原	阳曲(2)徐沟(1)	2
长 治	襄垣(1)黎城(2)潞城(2)平顺(2)	4
晋 城	泽州(1)	1
阳 泉	平定(1)	1
忻 州	五台(1)	1
晋 中	榆次(1)昔阳(1)辽县(1)和顺(1)太谷(2)平遥(1)祁县(2)介休(5)	8
吕 梁	文水(2)孝义(1)	2
临 汾	临汾(1)永和(1)洪洞(1)浮山(1)襄陵(1)	5
运 城	解县(1)新绛(1)虞乡(1)临晋(2)	4

民国时期山西农作物病虫害除大同和朔州地区外，山西全省各地均有不同程度的发生。与历史时期农作物发生的空间分布相比，其地理区位没有根本的变化，依灾害严重程度来看，农作物受灾较为严重的区域仍然是晋中、长治、临汾和运城地区，只是在受害程度的排序上有所变化。

八　疫灾

民国时期的疾疫是这一时期发生数量较少的一种自然灾害，37年中历史记录共10年（次），灾害年频次为0.27。

表7－19 民国山西疫灾年表

纪年	灾区	灾象	应对措施	资料出处
民国七年（1918）	武乡	七年二月，县属分水岭一带发生鼠疫。		民国《武乡新志》卷之四《旧闻考》
	马邑	正月，鼠疫作，路断人行，马邑被瘟者二三村。		民国《马邑县志》卷之一《舆图志·杂记》
	解县	至九月，瘟疫大起，无人不病，幸无死亡之虑。		民国《解县志》卷之十三《旧闻考》
民国八年（1919）	荣河	春天大瘟，十岁下小儿死者十之八九。		民国《荣河县志》卷十四《祥异》
	解县	八年秋，西门外关帝庙内井水赤，连淘数日始清。十月至十二月，喘疫复作，一来即发，咳嗽无法可救，伤人甚剧。		民国《解县志》卷之十三《旧闻考》
	永和	八年秋，鼠疫甚厉，死人不少。		民国《永和县志》卷十四《祥异考》
	襄陵	八年冬，瘟疫流行，县城关尤甚。		民国《襄陵县新志》卷之二十三《旧闻考》
民国十三年（1924）	曲沃	冬，大疫病。		民国《新修曲沃县志》卷三十《灾祥》
民国十四年（1925）	武乡	十四年春，瘟疫。		民国《武乡新志》卷之四《旧闻考》

续 表

纪年	灾区	灾象	应对措施	资料出处
民国十四年（1925）	荣河	大饥，疫盛行，东南乡最甚。		民国《荣河县志》卷十四《祥异》
民国二十二年（1933）	全省	晋西中一带，疫病几遍全省。		《中国救荒史》
民国三十二年（1943）	太行革命根据地	一九四三年灾荒蔓延到太行全区。山西太行区的左权、黎城、潞城、平顺也遭受了严重灾害。蝗虫又遮天蔽日袭来，疾病流行。		《太行革命根据地史稿 1937－1949》

从时间上看，10 次疾疫分布于 6 年中。其中，两次鼠疫均发生在民国七年（1918），这两次鼠疫虽然在同一年发生，但从其发生的地区空间分析，应当是孤立事件，两者之间不存在关联性。此外的 8 次历史记录为“疫”或“瘟疫”，民国八年（1919）发生的四次瘟疫，虽然时间上有由春到冬的变化，但从疾疫传播理论来看，也应当视为同一种疫疾在相对同一空间内，因传染速度不一而造成了在不同时间的爆发。而民国十三年、十四年发生于晋东南武乡县和晋南曲沃县、荣河县的三次瘟疫，从学理上讲，它们之间存在某种关联。

从空间上看，民国疫灾主要集中于山西南部尤以晋南为重。民国时期有具体灾区记录共 8 年（次），其中，发生在临汾和运城地区计有 5 年（次），朔州地区 1 年（次），长治地区 2 年（次）。其余 2 年（次）发生于山西中部和太行革命根据地，而太行根据地在山西的区域主要是晋东南。太原、晋城、大同、忻州、吕梁则没有疾疫的记录。

第二节　民国山西自然灾害的特征及成因

一　民国山西自然灾害特征

（一）　灾害过程描述更加具体

“受文献资料和书写逻辑的限制，灾害史料很少记忆细节甚至无法提供真实情况……，历史灾异书写是与政治生活伴生的，其叙事竭尽淡化情节之能事，重在揭示现象背后的政治因素，并且在很长一段时间内，沿着这一叙事逻辑行进。灾害虽然是志书必载之内容，但内容的增删并不一定以编纂者拥有资料的品种和数量为转移。作者在书写过程中，视写作需求必然有所载有所不载。”① 从基本的历史灾害记录情况来看，早期灾害史籍提供灾害细节的情况很少，书写的内容往往是以“大旱”、“大水”、“大雨”等词语加以概述。但是民国以来，新的政治体制的建立，新的思想的传播，白话文学影响的逐步扩大，灾害文本的书写更加细化，灾情的描绘也更加具体，历史文献尤其是地方志中的大多数灾情的书写都给出了详尽的时间、地点及灾害详情。如石璜等撰写的民国《平顺县志》记述民国二年该县县东暴雨的情况时写到：“民国二年八月一号（阴历六月二十九日）县东暴雨灾。”② 不仅给出了详细的西历和夏历时间，而且在志书中有二段附录文字，对当时的水（洪涝）灾情况进行了详细的描述。现将其中一段文字摘录如下：

尝读诗至“高岸为谷，深谷为陵”，每疑为诗人之溢词，及观癸丑

①王建华：《文本视阈中的晋东南区域自然灾异——以乾隆版〈潞安府志〉为中心的考察》，《山西大学学报》2012 年第 4 期，第 78 页。

②民国《平顺县志》卷十一《旧闻考 · 兵匪 · 灾异》。

水灾，始知古人之不我欺也。是年春夏间，旱魃为虐，阳元燠恒，不可言喻。阴历六月二十八日午，彤云密布，雷电交作，大雨滂沱，昼夜连绵，方喜不自胜，忽至二十九日，历寅卯辰三时，风驰电掣，雷震云屯，暴水如注，势如银河倒泻，巨海翻波，晦冥之中，咫尺莫辨，惟闻滔天并塌地齐来，风声与雨声并骤，轰轰之音震撼耳鼓，纵聪如师旷亦莫能辨其孰为风声、雨声、雷声、河声、地塌声、鸟啼声、畜嗥声、人哭声也噫。酷矣。迨雨停天霁，水落石出，陵鲜苍苍，谷皆皓皓，一切树木，大至十围、小至而拱把者，数十里间，几无遗株矣，而山麓平峦、高岸大壑。县东六七十村庄皆成磷磷之白石焉。陵谷变迁，古今同慨，暴雨为祸遽至此乎。灾前一日，有大鸟如羊来集槐树坪村东之崖头，雨已始去，或曰商羊，未识是否。呜呼，连年亢旱，又遭水灾，百姓前途填沟填壑在所不免，幸邑宰晋城李公孟绰志切民瘼，不事呈请，竟效长孺之智，拨大粮以赈饥民，是何异生死人而肉白骨。事闻上峰，嘉可准予拨赈，获救颇多。是诚数百年未有之奇灾，亦数万人难忘之纪念也。谨详志之，俾生斯土者览焉，而知所留意云。①

（二）灾害历史文献记录缺乏系统性

进入近代，随着国际交往的增加，西方科学文化不断传播，各种新式传媒工具如报纸、杂志及电报等相继出现，加之文献的不断增加和各种历史资料的丰富，灾害资料显示的频次应当逐步增加。但正如前文所述，由于多种因素致使近代史料包括灾害史料相对缺失。

旱灾是山西的主要灾害类型，也是历史文献记录最多和最具连续性的灾害类型。但是，民国旱灾历史记录相比同期的其它灾种及

---

①民国《平顺县志》卷十一《旧闻考·兵匪·灾异》。

元代之前的记录虽然有着较为显著的连续性,但与明清时期的历史记录相比,其间断性比较明显,且记录的相对时间单位的绝对数量也劣于明清两代。民国37年中,民国四年、七年、十四至十六年、二十一年至二十二年、二十六年至二十七年、三十三年至三十五年计有12年的记录空白。出现这种情况的原因在于,民国政局动荡,历史灾害没有形成完整的记录体系。如民国早期的资料来源,主要是民国时期山西方志文献,山西百余县中已见存世的仅《平顺县志》、《榆次县志》等36种,其它地方县志则阙如。而在这些存世志书中,其记录灾害的时段不一,时间较短者如张夔典修、王玉汝纂《重修和顺县志》为民国三年(1914)石印本;时间较长者如张敬颢修、常麟书纂《榆次县志》为民国三十一年(1942)铅印本。即使是这些现存的志书中,记录灾害的时段也有长有短,甚至,有的志书如李钟珩修、王之哲纂《新修岳阳县志》卷一十四《祥异志·灾祥》,民国四年石印本,对民国间有关的历史灾害只字未著。如果说民国前期的资料可以视为原始资料的话,民国后期的资料来源多系二手资料,这些资料的系统性上存在严重的缺陷,且可信度也存在不足。

由于资料收集的不完整性,自然灾害的历史记录与自然灾害的实际之间存在着悬距是确定无疑的。当然,对历史时期发生的所有自然灾害进行完整的表述也是一种奢望。由于本书资料收集的相对广泛性和资料来源的一致性,基本上能够反映每个历史时期自然灾害的基本轮廓。所以,民国时期历史记录与自然灾害总量的一致性应当是这一时期山西水旱灾害历史真实的基本写照。

二 民国山西自然灾害成因探析

(一) 自然因素

民国时期山西自然灾害除山西所处地理与山西气候影响外,森林植被的破坏是一个重要的因素。研究显示,森林植被的破坏直接导致生态环境的恶化。山西森林植被大面积消亡首先是基于区域人口的增加。“中国成为饥荒恶神常临之地者,其根本之原因,实由于人口之过挤。”[①]民国时期,社会动荡不安,时局不稳,造成人口统计困难和不确切。据有关学者研究,除北伐战争和抗日战争时期人口有短暂的下降外,民国时期山西人口数量总体呈现上升趋势。学者认为,民国时期人口增殖的原因有两个因素:一是未经兵燹的区域人口的增加补充了战区人口损失的缺口;二是现代战争不像古代战争,一般情况下,古代战争对农业生产破坏并引发重大饥荒,造成人口大量死亡,现代战争虽然也可能造成这样的局面,但现代产业结构并不会使生产全部停顿,大面积的屠戮和饥荒对人口造成的威胁远不似古代,故人口总体趋向增殖存在可能。民国时期,山西人口状况亦如此。据统计,民国元年,山西人口突破1000万,到民国八年达到1100万,民国十八年左右达到1200万,此后山西人口有较大波动,到民国38年,山西人口突增到1524万[②]。人口的增加必然要拓殖土地、大兴土木、乱砍滥伐。民国时期,战争和枕木的采伐使本身就已经千疮百孔的山西森林植被资源雪上加霜。山西的生态环境自秦汉以来逐步恶化,到明清时期山西森林植被遭受摧毁性的破坏。据统计,清初,山西森林面积由前2700年占土地面积的63%下降到18.8%,此后,森林破坏持续加剧,到1937年,山西森林面积又从占土地面积18.8%下降到6%[③]。“森林毁坏已到了平川、丘陵林地尺寸不留,边山林灌一扫无存,深山老林亦所剩无几的景状。”[④]

山西位于中国北部的黄土高原中部,“黄土一方面能够不需肥

①Walter H·Mallory:《饥荒之中国》,转引自邓拓《中国救荒史》,第88页。

②赵文林、谢淑君:《中国人口史》,人民出版社,1988,第486~488页。

③《山西自然灾害》编辑委员会:《山西自然灾害》,山西科学教育出版社,1989,第19页。

④朱俊峰、曹才瑞、郭继奋:《山西中部地区近500年来生态环境劣变与气象灾害加剧的分析研究》,《山西气象》,2006年第1期,第14~16页。

料,作物即能生长,它自身能够制造肥料,易于摄取水与空气,而恢复其生产力;同时能渗透地下水,由毛细管作用以吸取其下层所蕴蓄的极为丰富的混合肥料。但另一方面,黄土自身所具有的此等最鲜明特色,惟有和充足而适宜的水分相配合,才能实现。"①但黄土土层疏松,涵水性极差,如果没有丰富的森林植被的覆盖和保护,非常容易遭受水流的侵袭。千万年来,随着气候变化和人类的破坏,森林植被的面积在慢慢地减少,沟谷发育,形成了沟壑纵横、梁峁广布的破碎地表。"近代以来,山西中部地区的水土流失愈趋严重,尤以吕梁山区更为突出,水土流失面积占到当地总面积的70%以上,年均侵蚀模数达1500 t/k ㎡,年均土壤侵蚀量达2000万t以上。"②森林植被破坏不仅加剧水土流失,反过来又恶化其发育生长的环境,形成恶性循环。同时,森林植被减少,使其具有的调节区域小气候的功能降低,使其防风固沙等防灾减灾功能减弱,一方面增大了自然灾害发生的可能性,另一方面增强了自然灾害的破坏能力。如,森林植被破坏造成汾河和沁河泛滥,"辽代每94年泛滥一次,金代22年一次,明代13年一次,清代3年半一次,民国时不到两年就有一次。"③

(二) 社会因素

民国时期,政权更迭,天下大乱,山西成为各种力量汇聚的焦点地区。不完全统计,整个民国37年间,在山西境内发生的较大战争

①冯和法编:《中国农村经济资料》(续编),上海黎明书局,民国二十四年八月初版,第243页。

②朱俊峰、曹才瑞、郭继奋:《山西中部地区近500年来生态环境劣变与气象灾害加剧的分析研究》,《山西气象》,2006年第1期,第15页。

③转引自腾崇德、张启耀:《山西植被的历史变迁》,《河东学刊》,1998年第2期,第34页。

（战役）27次[①]，几乎每一年半的时间就有一次大的战役。而“自1937年八路军129师进入晋冀鲁豫边区，到1942年6月底的五年中，共对敌作战10012次，平均每年约两千次。而1942年7月至年底的半年中，大小战斗次数为3013次。到1943年作战次数累计已达19777次。”[②]同时期，山西共发生自然灾害156年（次），平均每年发生4次还多，有的年份各种自然灾害与兵燹交织，致使山西自然灾害雪上加霜。如民国初年，山西执政当局为了巩固自己的地位，卷入北洋政府的政治斗争和军阀混战，无暇顾及民生，当时山西的雁北地区和晋南部分地区成为军阀大战的战场。战事一起，部队的军需给养一应由山西民众负担，而战争期间良田变为焦土，影响粮食生产和民众生活。

抗日战争期间，日军对山西实行“三光”政策，对全省的自然生态环境造成严重的破坏。据不完全统计，“8年间，日军在各地大面积掠夺土地资源，仅晋东南14县修建封锁沟、墙、碉堡、公路等就占用土地121464.6亩，尚不包括因战争破坏和劳动力缺乏等因素而荒芜的大片土地。”[③]日军还大量砍伐树木，修筑武乡至榆社公路时砍

①北洋军阀统治时期发生在山西境内的战役（战争）：民国十五年（1926）阎锡山、吴佩孚联合在雁门关进攻冯玉祥；民国十六年（1927），张作霖奉军与阎锡山大战于大同、朔州及忻州。南京国民政府统治时期发生在山西境内的战役（战争）：民国十八年（1929）蒋介石军队与阎锡山部队混战于晋南地区；民国三十一年（1942）至民国三十二年（1943）日本侵略者对八路军太行太岳抗日根据地、晋察冀抗日根据地、晋西北抗日根据地进行不下7次扫荡；民国三十三年（1944）至民国三十四年（1945）八路军对日伪军进行不下5次规模性的攻势作战。民国三十四年（1945）至民国三十七年（1948）人民解放战争时期的主要战役有上党战役、晋北战役、大同集宁战役、临浮战役、吕梁战役、汾孝战役、晋南攻势、乡宁战役、解放运城战役、临汾战役、晋中战役、太原战役等。

②齐武编著：《一个革命根据地的成长》，人民出版社出版，1957，第99页。

③成二平：《战时日军对山西土地资源的破坏与农村生态变迁》，山西大学2005届研究生学位论文，2005年6月1日。

伐沿线树木80000余株[1];襄垣8年间被砍伐树木达14040株[2]。同时,日军侵华期间大肆抓捕壮丁,进行"扫荡",制造无人区,致使大量土地荒芜,树木大面积砍伐,森林植被日益减少,地表涵水性日益下降,造成严重的水土流失。民国三十二年(1943)山西全省大部自上年即发生严重的旱灾,"旱情严重的地区,有的根本不能下种,有的禾苗出土后就枯死了。"同时,民国四十二年后,全省各地水旱、蝗虫灾害多有发生,加之当时全省疾病流行,百姓流离,民不聊生。"从一九三九年到一九四二年,陵川县敌占区和国民党统治区死亡人口占人口总数的百分之十九点零四;其中十三个灾情严重的村庄,饿死和逃亡者达二千七百二十三人,占总人口的百分之三十六点九。由于自然灾害的侵袭,粮食成为最宝贵的物资,日伪军更加疯狂地在太行区抢夺粮食。例如一九四二年八月,长治的日本侵略军分十路包围三十多个村庄,大肆抢粮,使严重的灾荒更加严重。"[3]

灾荒虽然因自然灾害而发生,但苛政、兵燹等"人灾"常使天灾加剧。近代以来,社会动荡不安,由于战乱,使本来已经千疮百孔的社会雪上加霜,政府虽然全力施为,但灾害发生过程中和放赈过程中的混乱现象仍然在所难免。民国十年(1921),河东道道尹马骏报称:"经查芮城县新卓村村长党履谦掺放土谷,灾民不堪食用。猗氏县区助理员时志仁,滥用职权,侵吞赈款。"[4]所谓天不为灾,人自为之。当自然灾害来临时,假如政府举措失当,天灾会变为人祸;当政府全力施救且科学施救,则灾害的影响可以降到最低的限度。抗战时期,华北地区旱、蝗灾害,根据地、国统区和沦陷区都采取了一系

①《太行二专各县八年抗战损失统计表及阎伪顽军罪行材料》,山西革命历史档案A128-2-11,山西省档案馆。

②《襄垣八年来民力消耗调查表》,山西革命历史档案A128-4-37,山西省档案馆。

③太行革命根据地史总编委会:《太行革命根据地史稿1937—1949》,山西人民出版社,1987,第171页。

④山西省史志研究院:《山西通志·民政志》,中华书局,1996,第236页。

列措施进行施赈救灾,但荒政效果却大相迥异。“中共在创建革命根据地民主政权和实行局部执政的过程中,主张变更生产关系,建立新的社会制度和经济制度,进行社会财富的合理分配,收到了史无前例的效果”①。

第三节 民国山西自然灾害的危害和社会应对

一 民国山西自然灾害的危害

(一) 对人的生命和财产安全的危害

作为社会的主体,每当自然灾害来临的时候,人也是最容易受到伤害的。灾害无论何时以何种方式发生,首先是与社会及人联系在一起的,而比较重大的灾害一般都会造成人口伤亡。有的人口伤亡是由灾害直接造成的,而有的伤亡则是衍生灾害造成的。在自然灾害中,洪涝是最常见且又危害最大的一种。由于洪水来势凶猛,所以破坏性极大。洪水不但淹没房屋和人口,造成大量人员伤亡,而且还卷走粮食,淹没农田,毁坏作物,导致粮食大幅度减产,从而造成饥荒。“民国二年夏历七月十三日,涂水暴涨,(榆次)沿河一带,如王家村、怀仁、西长寿、演武、永康、史家庄、郝村等五十余村均被水成灾,而郝村尤甚,民舍农田淹没殆尽,水向村中奔流,村竟分而为二。水退后,黑沙淤积,民多失所,一时啼饥号寒、惨然可悯。同时,县郭官甲渠亦溃决,水势汹汹,直冲小东关门。幸事先以土石堵塞,始向南北分流。北抵县城东南隅魁星楼底,南则泛滥于县郭

①李新艳:《中共太行抗日根据地灾荒救治工作研究——以一九四二至一九四五的旱、蝗灾为中心的考察》,天津师范大学硕士研究生论文,2009年6月。

门外。多数农田尽成泽国，秋禾一无所余。洵为近五十年未有之巨灾也。”[①]民国时期的山西蝗灾虽不及水（洪涝）灾数量之众，但其危害程度也相当严重，民国三十二年（1943）晋东南的左权、黎城、潞城、平顺等县遭遇灾害后，“蝗虫又遮天蔽日袭来，疾病流行。有的人拍卖家产，以求一顿饱餐；有的人出卖青苗换粮吃；有的人屠杀出卖耕畜。”[②]其它诸如旱、雹、霜、风、雪等灾害对人的生命和财产安全也会造成严重危害。民国“七年秋八月十二日夜，（解县）雨雹，大者如拳，小者如鸡子，大井村、候村、赤社村西、西王村东极重，秋禾一齐毁伤。幸本年棉花种甚多，尔时，花已摘过多半，余虽被打落，业成熟见日亦撦开，受伤颇少。人家屋上瓦均被打破，禽鸟夜宿者打死无数，老树枝均打秃，幸是夜间，若白日，伤人必不少。”[③]由于民国灾害史料统计过程缺乏足够的量化数据，我们无法确切了解各种灾害造成的人员伤亡的数字，但有一点是可以肯定的，那就是因灾害造成的人口死亡的数字是庞大的，因灾害造成的财产损毁数量是无以计数的。

（二） 对农业生态环境的破坏

农业时代，农业生产是国民经济重要的和主要的生产部门，而农业生产也最易遭受自然灾害的侵袭。灾害对农业生产的影响主要体现于对农业生产及生态环境的破坏[④]。首先，灾害对农业生产的破坏主要体现在对农作物的危害，如农作物的生长、粮食产量等，而重大的自然灾害一般影响粮食的产出。在各种自然灾害中，气象

---

①民国《榆次县志》上编卷十四《旧闻考·祥异》。

②太行革命根据地史总编委会：《太行革命根据地史稿 1937—1949》，山西人民出版社，1987，第 175 ~ 180 页。

③民国《解县志》卷之十三《旧闻考》。

④王建华：《上党古代灾异的社会考察》，《长治学院学报》，2008 年第 3 期，第 29 页。

灾害对农业生产的影响最严重，而旱灾则是山西所有气象灾害中致灾频繁和灾害后果较为严重的灾害，是造成粮食歉收和绝收的最重要农业灾害。民国元年(1912)曲沃“秋大旱，麦多干种。次年颗粒无收。”[①]民国“九年秋，(介休)大旱，张兰镇等三十余村秋禾未获。”[②]其它灾害也可能造成严重的不良影响，如雹灾虽然成害面积较小，但一旦成害则后果严重。民国九年(1920)“五月十一日，(永和)雨雹，南庄、阁底诸村麦苗摧残无遗。”[③]雪灾虽然出现较少，但有时却为害甚巨，民国十九年(1930)安泽“冬大雪七八尺，柿、石榴、花椒等树全行冻死，人畜亦有冻死者。”[④]

其次，灾害破坏生产资源。进入民国时期，山西许多地方植被条件差，黄土裸露，耕地多呈坡地状态，活土层很薄，水源涵养条件极差，一旦暴雨骤降，就会致使水土流失，土壤肥力减退，给农业生产和生态环境造成很大的破坏。民国十六年(1927)，“六月……十五日，大雨，浍水暴发，沿河地亩全被淹没。七月初一日，天又大雨，平地水深数尺，浍水洋溢两岸，东至贾家崖根，西至东门半坡，冲坏地亩庐舍无算。”[⑤]自然灾害对其它农业生产资料的破坏也是极其严重的，民国十一年(1921)，介休发生水(洪涝)灾，“六月朔，大雨，辰刻山水暴涨，自迎翠门入城，水势甚大猛，城不没者寸许，八坊被劫甚众，义棠、孙畅、大小宋曲等村淹没亦多，常乐村阖村全没，房屋、牛马、积粮损失无算，伤人百十余。”[⑥]

①民国《新修曲沃县志》卷三十《灾祥》。

②民国《介休县志》卷三《大事谱》。

③民国《永和县志》卷十四《祥异考》。

④民国《安泽县志》卷十四《祥异志·灾祥》。

⑤民国《翼城县志》卷十四《祥异》。

⑥民国《介休县志》卷三《大事谱》。

（三） 对社会正常生活秩序的破坏

自然灾害一旦发生并形成后果，其影响和危害是全方位的。在传统的农业社会中，灾害发生后，普通百姓所面临的首要问题就是食物短缺的问题，“没有别的灾难能像饥饿那样地伤害和破坏人类的品格”，“饥饿残害人类不仅在身体方面使身材变小，肌肉萎缩，内脏腐蚀，皮肤损伤，而且影响他的精神，他的心理情况和他的社会行为”[①]。由于粮食的匮乏，灾民不得不出卖土地房屋及生产资料如牛马、农具，换取少量的食物以维持生命。但当所有财物买卖殆尽、可食之物荡然无存之时，求生的欲望使他们失去理智，以致做出种种极端的事情来，于是惨绝人寰的“人食人”事件就变得司空见惯了。“民国17、18年（山西）大旱，农业无收，群众疾苦，遍地饥民载道，死亡日增……甚至人相屠食，惨不忍睹。某地一饥民饿毙倒地后，方未气绝，即有十数饥民操刀拥争割其肉煮食……。”[②]此外，在传统的农业社会中，生活物资比较匮乏，百姓年无蓄积，家少余粮，年景丰裕时普通百姓安贫乐道，一旦灾害来临，如果救灾不力，粮食问题不能解决，民众只好远走他乡就食。民国十九年（1930），山西全省遭受水、旱、雹灾，灾民外逃无以算计；民国二十一年（1932）至二十三年，山西遭受水（洪涝）灾和雹灾，灾民达数千万人，被迫流徙异乡的灾民达到12025户[③]。相对明清时期方志，民国时期的历史文献中有关“人相食”的历史记录减少了许多，但是却无法掩盖在自然灾害冲击下民生多艰的历史事实。“考吾邑自清以来，迭遭巨荒，而民生

---

①（巴西）约绪·德·卡斯特罗著、黄秉镛译：《饥饿地理》，上海：三联书店，1959年，第63页。

②载《中国农村经济资料》，转引自山西省史志研究院：《山西通志·民政志》，中华书局，1996年，第222页。

③山西省史志研究院：《山西通志·民政志》，中华书局，1996年，第222页。

存死亡情形迥不相侔，岂非系于办理赈务者之善不善耶？语云：救荒无善策，皆为办赈不善，令民饿殍满野者，强相慰解耳，安得信为笃论哉？呜呼！天变难测，下民可悯，苟不幸饥馑复来，司赈者无论若何办理，总期民沾实惠不至流离死亡，则吾民幸甚。若徒事张皇赈济之声满天下，而灾黎饥饿如故，将必为神人所共愤，慎哉慎哉。"[①]

（四） 自然灾害与民国山西人口流移

人口流移是多种因素造成的，例如自然灾害、战争爆发、土地兼并、宗族裂变以及地区人口压力过大等都会造成人口流移的现象。但是其中最为直接的因素莫过于灾荒。民国时期人口流移问题普遍存在于全国的穷乡僻壤之中，山西长期以"地瘠民贫"著称，是华北地区主要的移民输出之地。从明初开始，山西人口流移开始了向河南、荆襄之地的迁移。这种情况在"丁戊奇荒"之后发生了改观。

1. 民国时期山西人口的迁出

山西农村人口在民国时期大量迁徙之因是多方面的。据1935年中央农业实验所统计，本省农民离土诸种原因分布比例大致为天灾22.2%，战乱4.0%，经济压力58.9%，人口压力4.4%，经济吸引1.0%，求学3.0%，其他4.0%，不明2.5%[②]。迁徙人口中的绝大多数则是被迫离村的，其中经济压力占58.9%，高于全国平均数39.4%，而经济压力之形成与天灾、战乱不无关系。民国时期，山西自然灾害频频发生，几乎无年不灾。在严重的灾荒面前，相当一部分农民无家可守，相继离村逃荒。据统计，1919年至1926年八年间，山西省共迁出人口34994人，净迁出10923人。其中

①民国《芮城县志》卷十四《祥异考》。

②鲁西奇：《中国近代农民离村现象浅析》，《中国经济史研究》1995年第3期，第98页。

1921年山西各地人口迁出情形大致如此：雁北2410人，忻州493人，吕梁20人，晋中324人，晋东南203人，临汾525人，运城586人，太原101人，总计4662人[①]。日寇侵华期间，山西农村人口流亡外地亦很多，如太行太岳两区流亡在外的难民128.7万余人[②]，晋西北流徙难民67717人[③]。

民国时期山西人口流移的变化轨迹与同时期全国其他地区人口流移一样，受到战乱灾荒的影响表现出流动的频繁性与无序性特征。人口流移的分布区域，以晋北较多，晋南、晋中较少。人口流移构成，以成年人为主，男性多于女性。流移的去向，一是晋北地区的民众在民初迁往蒙古及绥远等地；二是在30年代“闯关东”大潮中移居东北，山西移居东北的人数仅次于山东、河北，与河南人数相当；三是迁往周边省份，就近迁往河南、河北、陕西、甘肃等地。与此同时本省之内的迁移也在进行。

2. 民国时期邻省人口的迁入

民国时期，华北各省人口流移现象普遍，且出现原因大致相似。频繁的自然灾害是人口流移潮出现的直接原因。人地矛盾突出，土地兼并严重，高额地租，沉重的高利贷，苛捐杂税等经济因素是人口流移潮出现的深层原因。加之连年战乱、兵匪横行，在自然因素与社会因素的双重作用下，广大农民失去土地，生活无以为继，被迫离乡背井，到外地谋生。

20世纪初，山西省与周边省份相比，灾害发生率稍低。同时，受清末“丁戊奇荒”的影响，山西绝大部分地区（尤其是晋中、晋南、晋东南等）在19世纪末到20世纪初，开始面临土地荒芜，劳动力缺乏

①李玉文：《山西近现代人口统计与研究》，中国经济出版社，1992，第456页。

②山西省史志研究院：《山西通志》（民政志），中华书局，1999，第265页。

③李玉文：《山西近现代人口统计与研究》，中国经济出版社，1992，第456页。

的严峻问题。受此影响,清末民初以后,山西成为邻近各省人口迁入的目的地之一。民国时期发生的由周边省份向山西境内的人口流动是一种从农村到农村的横向流动,是一种离乡不离土的流动形式。这与中国农民素有的恋土情结和传统农业经济占主导地位以及城市化水平低的地域环境有直接关系。

民国时期,河南频受灾荒冲击,政府救济不力,造成了大量灾民的流移和死亡。民国九年河南旱灾,导致旱灾地区有 8 个县流行霍乱等传染病;民国二十年,百年来前所未有的水(洪涝)灾;民国二十七年,国民党军队在花园口自决大堤;民国三十一年至三十二年的河南大旱荒。一次次的灾荒给当地百姓带来了极大的危害,百姓不得不抛弃家乡,向外去寻找生路。其流向在 1928 年至 1931 年间以东北地区为主,“九一八事变”以后,大批的灾民将西北看作他们逃难的方向。“长垣、封邱、阳武、延津、滑县,每年往往有整批的农民离乡背井,携妻带子往山西去”[①]。“滑县、封丘、阳武、原武、延津诸县,每年总有大批农民,成群结队往山西去,多数当雇农,少数租地耕种。”[②]

1927 年、1928 年,山东出现连续性灾荒,禾苗全枯,屋舍尽毁。根据金陵大学农学院 1928 - 1933 年对全国 16 个省人口死亡情况的调查, 山东这一阶段人口死亡率为 29‰,这是高于全国平均死亡率的(全国平均死亡率为 25‰)。究其原因,除医疗卫生条件差之外,绵延不断的灾荒、疾疫、战乱等是祸之根源。在此情形下,大多数人选择外逃度日。据记载,此时山东“定陶、嘉祥、范县、寿张、朝城、堂邑、馆陶、博平、高唐、德县等灾民投奔山西、陕西、河北的很多”。[③]

①冯和法:《中国农村经济资料续编》(下册),上海黎明书局,1933,第 737 页。

②张锡昌:《河南农村经济调查》,《中国农村》第一卷第二期,第 62 页。

③章有义编:《中国近代农业史资料》,三联书店,1957,第 899 页。

二　民国山西自然灾害的社会应对

民国时期天下大乱，山西也不例外，救灾是政治职能得以实现的方式之一，民国政府也不例外。无论是高居庙堂的高级官员还是身居下层的州县长官，在山西自然灾害救治方面都做出了一定努力，最典型的如蠲免、遣使等措施。除此之外，灾荒时期民间民众的自救行为，如流亡、买卖人口、食树皮以充饥等，也是不可忽视的社会应对灾害的方式。无论是消极措施还是积极对策，这些抗灾行为都对历史产生了很大的影响。

（一）　民国山西政府救灾活动

民国时期虽然天下大乱，但民国山西政府为安辑民心，保障社会稳定和实现社会治安，在灾害来临之时也大多举办赈务以防灾救灾。

民初，赈灾无固定机构。民国九年（1920）十月，北洋政府派浑源人田应璜来山西办理赈务，山西遂有赈务处。民国十九年，山西省据南京国民政府颁布的《各省赈务会组织章程》成立山西省赈务会。二十一年，赈务会改称山西省赈灾委员会。抗战爆发后，山西省的救灾事务则由省政府民政厅管理，后事权归省政府社会处。概括民国时期山西各级政府举办赈务，可归纳为以下几个方面：

一是上报灾情，设立赈务机构。民国九年，“陕、豫、冀、鲁、晋五省大旱，灾区三百十七县，灾民二千万人，占全国五分之二，死亡五十万人。”[①]山西各地遭受旱、雹及地震灾害，被灾甚重。[②]面对严重的灾情，芮城“知事牛照藻履勘合邑被灾情形，露夜分电阎省长、马道

①邓云特：《中国救荒史》，上海书店，1984 年据商务印书馆 1937 年影印版，第 42 页。

②民国《芮城县志》卷十四《祥异考》。

尹”，[①]全省各地也电告上级政府，要求拨款救灾。同时，各地方政府也成立救灾机构，“又设立筹赈事务所，官绅协办筹赈一切事宜。”“九年九月，设立慈善救济会”[②]处理捐款事宜。

二是及时散放仓谷。灾害尤其是重大气象灾害发生后，粮食欠收或绝收，粮价陡贵，饥民枵腹，嗷嗷待哺，开仓赈济便成为当务之急。民国九年芮城“麦歉收。旧历五月至七月大旱，秋无禾，粟价陡贵，饥民嗷嗷。”全县绅士及37村村长议定开仓放赈，“重灾六编村散谷七次，自九年旧十月起至十年旧四月止，次灾十六编村散谷六次；自九年旧十一月起至十年四月止，又次灾十五编村，散谷五次；自九年旧十二月起至十年旧四月止，其间十月至三月，不分极次贫，每月大口二斗、小口一斗，旧四月一月改放极贫大口一斗五升、小口八升，次贫大口一斗、小口五升，共计各村丰备社仓，散过谷三千九百二十九石三斗九升。此外，各稍贫在丰备仓借过谷七千六百六十四石七斗五升；同善义仓借过谷一千六百七十石，常平仓借过谷一百八十石零四斗。”[③]

三是吁请和筹集赈款、物资并散赈。民国九年，襄垣“久旱不雨，并被雹灾，麦收甚薄，秋禾更歉，景遭荒刼”，“屡请上宪，派委员查勘，筹拨赈款。九月由华北救灾协会寄来大洋二千元，放赈极贫户。八月，由前存义赈款余，购买麦籽五十石，借给灾民播种，翌年麦收后照价偿还。”[④]请赈不仅会获得政府的响应，而且社会捐助也十分响应。民国九年和民国十一年，山西全省遭灾，不仅当时的北京政府和南京民国政府均下拨赈灾款项，而且，“国际统一救灾会、

①民国《芮城县志》卷十四《祥异考》。

②民国《襄垣县志》卷之八《旧闻考》。

③民国《芮城县志》卷十四《祥异考》。

④民国《襄垣县志》卷之八《旧闻考》。

华北救灾协会、山西旱灾救济会,先后筹给赈款。”[①]除获得赈款外,灾区还获得其它急需的救灾物资。“由山西旱灾救济会发给单赈衣一千二百件。遵照散放赈衣规则,随即散放或给全套或给衣裤,并蒙日本学生捐助灾童棉衣二百七十套,随时散给确实无衣之学童。”[②]

四是购置农资,借给播种。民国九年“三月,由山西赈务处转给襄垣灾民籽种玉黍高粱二百石,由邯郸接收,艰于转运,变价回县,由邻近采买,按有地无力之户放给。”[③]

五是以工代赈。民国九年,芮城获得“华北救灾协会请工赈款一千五百元,共计一千七百九十元零二角五分,悉数修理陌南镇北桥,并朱吕沟管道坡及中条山路,以工代赈。”[④]

六是蠲免与缓征。“民国九年,因旱成灾,由县会同委员勘明襄垣县属城关等一百二十三村,应请蠲缓钱粮,将灾户本年下忙应征地丁,原纳正赋作十分计算,被灾七分者,正赋十分之二,被灾五分六分者,蠲正赋十分之一,其蠲余钱粮分作二年带征,以舒民力。”[⑤]

当然,由于地方经济发展水平的不一,地方官员赈灾力度的不一,各地遭灾后所表现赈务活动可能存在差异。但是,民国期间,山西各地的赈务活动一直持续进行,民国二十一年,山西遭受水(洪涝)灾,“南京国民政府拨发山西省赈灾款58560元,赈灾粮6150公斤。黄河水(洪涝)灾救济委员会下拨徐沟、大同、崞县、阳高、安邑等5县赈款6200元”,民国三十六年,山西遭灾,“国民政府拨赈款、农业贷款各30亿元(法币)”[⑥]。民国《芮城县志》和《襄垣县志》所

---

①民国《芮城县志》卷十四《祥异考》。

②民国《襄垣县志》卷之八《旧闻考》。

③民国《襄垣县志》卷之八《旧闻考》。

④民国《芮城县志》卷十四《祥异考》。

⑤民国《襄垣县志》卷之八《旧闻考》。

⑥山西省史志研究院:《山西通志·民政志》,中华书局,1996,第242页。

记录的放赈情况并非个案，这可视为山西地方政府救灾的一个缩影。

（二） 太行、太岳革命根据地抗灾救灾述略

太行、太岳革命根据地是抗日战争时期，中国共产党以太行山和太岳山为依托创建的根据地，其初创期，称晋冀豫抗日根据地。1940 年 8 月，晋冀豫抗日根据地以白晋路为界，分成两个战略区：东为太行区，西为太岳区和晋豫区。

太行革命根据地，又称太行区。其所辖区域东起平汉线（今京广铁路石家庄至安阳段），南达黄河边，西迄同蒲路，北到正太路。包括今山西、河北、河南的部分市、县，鼎盛时期全区设 8 个专署，面积达到 8 万平方千米左右，人口大约 300 万。1941 年 9 月至 1948 年 5 月隶属于晋冀鲁豫边区政府（1941 年 9 月 －1945 年 11 月）领导，期间，改称太行行署；1948 年 5 月至 1949 年 8 月隶属于华北人民政府（1948 年 9 月 －1949 年 8 月）。太行革命根据地在山西所管辖的县大约相当于今天的晋中、长治和晋城三市的部分县区，它们是：平（定）西、平（定）东、昔（阳）西、昔（阳）东、和（顺）西、和（顺）东、寿阳、榆次、太谷、祁县、榆社、辽县（今左权）长治市、武乡、襄垣、武（乡）西、辽（县）西、黎城、平（顺）西、潞城、长治（县）、壶关、陵川、晋（城）东。

太岳革命根据地也是晋冀鲁豫革命根据地的一部分，为抗日战争和解放战争时期华北重要根据地之一。太岳革命根据地行政设置和区划历史变化较大，1937 年 10 月太岳抗日根据地创建，包括山西中南部的同蒲铁路以东、白晋公路以北的三角地带。此时，在曲高公路以南、晋豫两省交界的中条山和王屋山地区，建立有晋豫抗日根据地。1942 年冬至 1943 年春，晋豫抗日根据地与太岳抗日根据地合并为统一的太岳革命根据地，太岳区的辖区南伸到黄河北岸。太岳革命根据地包括晋东南的一部分、晋南的大部和豫北地

区，区位在吕梁山和太行山之间。其全盛时期的1943年辖四区32个县。即第七专区辖沁县、沁源、绵上（今山西介休东南）、屯留、襄漳[①]、平遥、介休、灵石、霍县、安泽、赵城计11县；第八专区辖士敏[②]、高平、晋沁[③]、长子、晋北[④]计5县；第九专区辖洪洞、临汾、襄曲（今襄陵和曲沃接壤地区）浮山、青城[⑤]、冀氏（今安泽县南）计6县；豫晋联办区辖阳（城）南、阳（城）北、沁（水）南、垣曲、绛县、曲沃、翼城、孟县、王屋（今河南济源西）济源计10县[⑥]。

太行、太岳区境内除晋南盆地为平原外，余多山地和丘陵。民国时期兵燹连连，生态环境被破坏，抵御自然灾害的能力大大降低，给根据地的生产和生活造成了极大困难。从民国三十年（1941）到民国三十八年，太行区和太岳区遭受日伪疯狂扫荡和严重的自然灾害，民国三十二年的旱蝗灾害“太行区秋收只有三成左右，军需民食濒临枯竭的边沿”，“全区灾民占总人口的百分之五十”[⑦]，“洪洞就吃掉秋禾3/10，翼城四区秋禾全被吃掉。”[⑧]百姓严重缺粮，青黄不接

①中共太岳区党委根据对敌斗争的需要，于1942年3月，将襄垣县西南部分区域与屯留县东北与襄垣接壤区域划分为襄漳县，该县于1946年1月被撤消。

②中共太岳区党委根据对敌斗争的需要，于1941年在沁水县东部设立士敏县，属太岳区三专署管辖，1947年与沁南县合并仍称沁水县。1941年8月，国民党九十八军军长武士敏抗日牺牲于此，故名。

③1942年由晋城县与河南省北部沁阳县部分地区组成。约治今晋城市西土河、卫山、黄碘、漏道底、李河等地。1945年并入晋城县。

④1941年由河北省晋县北部析置因名。1941年撤销并入晋县。

⑤中共党于1941年，在翼城、浮山、沁水之间，以青城为中心设置青城县。1945年撤销。

⑥民国三十三年（1944），太岳行署将第七专区更名为第一专区；第八专区更名为第二专区；第九专区更名为第三专区；豫晋联办区更名为第四专区。同时增加了稷麓、垣南、闻喜、夏县、平陆、安邑6县为第五专区。

⑦太行革命根据地史总编委会：《太行革命根据地史稿1937—1949》，山西人民出版社，1987，第170页。

⑧《太岳行署山西革命历史档案》A71－1－6，山西省档案馆馆藏档案。

时以榆皮、谷糠等度日。沁水县端氏之高庄村“共有65人家，除两户的粮食可吃到麦收外，其余都是缺粮户。一天以三顿米汤度日者22户，以两顿米汤度日者15户，半月不见一粒米者21户，经常断炊者5户。”[①]严重的灾害不仅影响到普通民众的生活，而且，影响到根据地的政权建设。“如不采取有效办法，一旦人民元气耗尽，一旦军需民食没有保障，敌后抗战的坚持是不能想象的。”[②]恶劣的自然与社会环境不仅影响到民众的生产和生活，而且影响到根据地建设和革命政权的巩固。因此，太行区按照中央“积极救灾”的指示精神，在“不饿死一个人”口号下，开展了全方位的救灾活动。

一是生产自救。1942年，根据地大旱，七月份太行区部分地区出现降水，八路军各部队积极帮助群众补种杂粮和蔬菜；同时华北《新华日报》也发表《抢种、锄苗、防旱》的社论，动员全区人民进行抗旱自救。1943年，灾荒蔓延到太行全区，9月，晋冀鲁豫边区临时参议会召开以发动群众开展生产渡荒斗争为中心议题的会议，动员各地区群众生产渡荒。这次会议“决定发放一千九百万元贷款，扶持太行区的生产建设，发展和提高农村生产力。这笔贷款以九百万元直接用于农业生产，以三百万元用于水利贷款，以三百万元用于支持纺织，以四百万元扶持手工业合作事业。”[③]在根据地军民的共同努力下，当年秋季杂粮和蔬菜获得较好收成，次年小麦和秋粮也获得丰收，使根据地的军需民用得到了保障。

二是发放粮款。灾害出现之后，食物短缺成为摆在根据地政府面前的首要问题。为此，根据地政府通过开放义仓、调拨物资、拨发款项及禁止粮食出口等措施以舒缓食物缺乏的困境。民国三十年

---

①张国祥：《山西抗日战争史》（下），山西人民出版社，1987，第430页。

②《邓小平文选》（第一卷），人民出版社，1994年10月，第78页。

③太行革命根据地史总编委会：《太行革命根据地史稿1937—1949》，山西人民出版社，1987，第176页。

旱灾出现后，晋冀鲁豫边区政府及时制定粮食及农副产品统制政策，发布了《关于禁止粮食出口与粮食专卖问题的指示》，指示“原则上禁止粮食出口，但政府有组织有计划出口，能换回必需品者可以出口”[①]。根据指示精神，边区政府成立了粮食调剂所，对全边区的粮食与农副产品实行统一调剂，并积极筹措粮食包括从敌战区筹措粮食。并对如何救济作出了较为详细的规定，以保证把有限的粮食发放到最需要粮食的灾民手中。根据地在发放救灾粮款时，“尽先以受灾最重又无生产力，到目前不能维持生活之抗属及赤贫民众为对象”。[②]以保证把有限的救灾粮款发放给最困难的地区和最急需的群众。1942 年，晋冀鲁豫边区政府“拨发救灾款 3 万、粮 300 石。至 4 月又从外地买回粮 21 万余石，调剂糠面 9 万公斤”，“又开放义仓争赈，仅平顺县就动用全部仓谷 245.3 万公斤，解决了 1.5 万灾民 3 个月的渡荒口粮”，部分地解决了太行区缺少粮食的问题。1943 年太岳区从各地急调各种救灾物资运往重灾区。“全区共调剂救灾粮 7.75 万石”。同时“发放蚕丝、纺织、水利贷款各 40 万元、15 万元和 15 万元”。1944 年，“又发放贷款 8650260 元，贷出棉花 131750 公斤”[③]。

三是“以工代赈”。根据地政府在财政极度困难的情况下发放粮款解决部分地区和民众的生活问题，虽然解决了民众生活的急需，但仅仅依靠政府的救济并不能解决全部问题。中共在总结 1942 年救灾经验的基础上，纠正了过去主要靠政府救灾的倾向，发动全社会进行全方位救灾，以工代赈就是其中一项重要措施。以工代赈是指灾民通过参加根据地组织的生产劳动，获得基本的生活资料的

①太行革命根据地史总编委员会编：《太行革命根据地史料丛书之六：财政经济建设》（下），山西人民出版社，1987，第 873 页。

②晋察冀边区财政经济史编委会编：《晋察冀边区财政经济史资料选编》农业编，南开大学出版社，1984，第 674 页。

③山西省史志研究院：《山西通志·民政志》，中华书局，1996，第 243 页。

一种救济方式。通过这种方式,不但能够在一定程度上减轻政府的财政负担,而且利于根据地建立防治自然灾害和争取农业生产发展的长效机制。这个政策实施后,根据地的很多青壮劳力积极参加诸如水利建设、开滩修渠等劳动。1942—1943 年太行区共发放贷款 235 万元,粮食 20 万斤,“组织灾民在漳河两岸修筑了固新、清泉等十几条大堤,开出一万余亩滩地,并开通二十二里长的黎城漳北大渠和二十六里长的涉县南大渠,增加水浇地六千七百八十三亩”[①]。以工代赈不仅解决了灾民的生活和就业问题,而且推动了根据地经济的发展。

四是节衣缩食、反对浪费。根据地在开源的同时,更注意节流的问题。灾害发生之后,中共中央北方局发出《关于救灾工作的指示》:“军队要尽量节省,部队要逐渐节省到每日食 1 斤 2 两小米,机关 1 斤,以蔬菜、野菜、树叶、树皮混食。”[②]根据这一指示精神,各级政府和官兵节衣缩食,与群众共度时艰。1942 到 1943 两年中,一二九师发出指示,停发 3 个月办公、津贴费用,棉衣穿 2 年,后方机关的日食粮由 1 斤 6 两小米减为 1 斤 2 两,战斗部队由 1 斤半减到 1 斤 4 两。在长达半年的时间内,节约粮食和物资共折合小米 141.4 万多斤[③]。各地政府也因地制宜,制定切实有效的节约制度,如洪洞县政府制定财物制度规定:一是写信时尽可能利用废纸,开收条写便条时,尽可能利用印刷文件时剩下的纸条;二是一个信封用两次;三是包裹文件一律用废纸;四是个人学习笔记本,一律不得用公家的纸;

---

①太行革命根据地史总编委会:《太行革命根据地史稿 1937—1949》,山西人民出版社,1987,第 170 页。

②河南省财政厅、河南省档案馆编:《晋冀鲁豫抗日根据地财经史料选编》河南部分(一),档案出版社,1985,第 24 页。

③河南省财政厅、河南省档案馆编:《晋冀鲁豫抗日根据地财经史料选编》河南部分(一),档案出版社,1985,第 672 页。

五是厨房黑夜不准点灯；六是每科每月发洋火一盒，不准吸烟用等[①]。

党政军机关厉行节约的成果是显著的，仅1942年度的"不完全统计，（太行）全区节约一百二十六万一千七百多斤小米，其中边区一级党政军民直属单位节约了三万九千九百八十余斤。"[②]

根据地"生产自救完全不同于中国历史上任何一个时期的救灾体系，它第一次将饥饿与政治紧密地联系在一起，是在频仍的自然灾害和抗战的严峻形势下，所采取的一项全民动员的生产渡荒运动。"[③]它不仅在最大范围内遏制了灾荒的蔓延，保障了民众生活和生产稳定，同时也使根据地度过了时艰，为山西乃至华北抗战奠定了物质基础。

---

①《洪洞县府制定节约办法》，《太岳日报》1943年8月16日。

②太行革命根据地史总编委会：《太行革命根据地史稿1937—1949》，山西人民出版社，1987，第174页。

③郝平：《论太行山区根据地的生产自救运动》，《山西大学学报》（哲学社会科学版），2005年第5期，第42页。

附表 新中国成立以来(1949—2010)山西自然灾害年表

附表1 1949—2010年山西旱灾年表

纪年	灾区	灾象	应对措施	资料出处
1949	太行区	灾情更加严重。开始是春旱少雨,以后是持续无雨。		《太行革命根据地史稿》
	全省	1949年全省因旱成灾面积71万亩,因水成灾面积18万亩,总计受灾面积674万亩,成灾面积141.4万亩,成灾人口31.9万。		《民政工作三十五年》(1949—1984)
	祁县	春,祁县旱,大秋作物播种困难,采取担水点种等措施抢种,秋苗出土又遭霜冻、虫害,缺苗断垄十分严重。	又进行补种、毁种,有些地方补种4次仍未捉住苗。	祁县档案馆,案卷号13
	榆社	春,榆社旱,小麦被旱减产,大秋作物播种困难,全县谷子播种面积10.599万亩,大部分因旱无法下种,已播种的谷苗刚出土即被旱烧芽致死。		榆社县档案馆,1949年3号卷
	榆次	春至立秋,榆次未降透雨,至5月17日全县春播面积仅有三分之一,其中担水点种1.119万亩。		榆次区档案馆,案卷号9
	寿阳	春,寿阳严重干旱,大秋作物播种困难,担水点种2409亩。此外,全县小麦6.7875万亩,受虫害即达5.199万亩,其中4905亩不抽穗。		寿阳县档案馆,案卷号2、5

续　表

纪年	灾区	灾象	应对措施	资料出处
1950	太原、晋南	春夏之交未落透雨，出现旱象。		山西省人民政府《关于紧急动员群众战胜雹灾的决定》
	平遥	入伏后，平遥亢旱不雨，并持续旱至秋收，致使秋歉收，全县仅有7成年景。		平遥县档案馆，案卷号30
	介休	伏秋，介休干旱，8—9月缺雨，加之其它自然灾害，全年不达7成年景。		介休市档案馆，案卷号2
1951	全省	一九五一年，我省遭受了旱、雹、水、冻、霜等灾害，遭灾土地面积达一千八百余万亩。灾民达四百二十万人。其中重灾区灾民约计一百二十万人。形成了严重灾荒，尤以兴、忻两专区的灾情最为严重。	普遍制定了生产救灾计划……将救灾工作方针和主要措施，一直贯彻到村。	《关于一九五一年冬灾救灾工作总结》
	晋中	自春至夏，晋中地区亢旱。春大旱，小麦生长受抑制，麦苗低矮叶黄，山地及平川旱地已有3—4片叶枯死。直至8月中旬，除榆社、左权、和顺外，其余各地旱象持续。		晋中地区档案馆，案卷号24
	祁县	春季，祁县干旱少雨，气候较冷，春播困难，全县抗旱播种，至5月下旬初全县尚有8.5455万亩秋田未能下种。		祁县档案馆，案卷号24
1952	全省	平顺、黎城、晋城、安泽、方山、静乐等县秋旱日益严重。	7月16日省人民政府发出《关于受灾区紧急动员起来，开展抗灾救灾的紧急指示》	山西省政府《一九五二年九月十三日灾情报告》

续　表

纪年	灾区	灾象	应对措施	资料出处
1952	平遥	1952年春，平遥严重干旱，大秋作物播种困难，出苗不齐，缺苗断垄。6—8月又大旱，秋作物减产，对小麦播种形成了威胁。		平遥县档案馆，案卷号36,65
	太谷	入夏至7月底，太谷全县有98个村出现大旱，重灾为四、五区的77个村，农作物部分已被旱死。全县受旱成灾面积达26.553万亩。		太谷县档案馆，案卷号10
	祁县	入夏至三伏期，祁县严重干旱，二、三区秋苗有严重枯死现象。		祁县档案馆，案卷号31
	灵石	伏天，灵石旱，秋作物色黄，部分枯死，全县普遍受旱成灾，同时干旱引发虫灾猖獗。		灵石县档案馆，案卷号21,47
	寿阳	伏旱严重，受灾面积达37.239万亩，秋作物减产10%。		寿阳县档案馆，案卷号50
	榆次	榆次严重干旱，至8月上旬全县100多个村的秋庄稼因旱受损害，部分秋苗开始枯死，如源涡村玉米已枯死50%。潇河水量大减，水地灌溉面积缩小三分之二，地下水位下降，部分村人畜饮水困难。		榆次区档案馆，案卷号39,65
	介休	介休除高寒山区和水地外，其余均受旱，庄稼叶黄枯萎；平遥、离石、汾阳三县有189.9万亩秋作物受旱，部分已枯死。		介休市档案馆，案卷号10
1953	晋南、晋东南	5月初始雨。绛县受五二年灾害严重，春荒。8月以来，长治、运城、临汾、榆次四个专区普遍遭受旱象，以长治专区最为严重。最重者地中五寸内找不到湿垧，部分秋禾已无收成。		山西省政府民政厅《一九五三年夏末至秋季灾情报告》

续　表

纪年	灾区	灾象	应对措施	资料出处
1953	晋南、晋东南	屯留、潞城、阳城、高平、长治、长子、沁水等九个县全旱，陵川、壶关、平顺、黎城、沁县等五县大部地区呈旱，晋城、襄垣、武乡、沁源四县较轻。		山西省政府民政厅《一九五三年夏末至秋季灾情报告》
	晋中	8月中旬至9月中旬，晋中全区40天未降雨，太谷、祁县、灵白、孟县、左权等地严重干旱。榆社立秋后50余天无透雨，且气温偏高，严重干旱，对秋作物后期授粉、灌浆极为不利，全县粮食减产30%。持续秋旱，影响麦播，直至10月上旬，麦田仍干硬无法耕种，大小土块坷拉满地，墒情很差，小麦适播期已过仍不能下种，播期延误。		晋中地区档案馆，案卷号164 榆社县档案馆，案卷号20，16
1954	祁县	入春后至4月28日，严重干旱，土壤干土层3—6厘米，部分地区达10厘米以上，旱地秋作物不能下种。		祁县档案馆，案卷号45
	平遥	春，平遥严重干旱，雨水奇缺，春播困难。		平遥县档案馆，案卷号98
	介休	介休入春后风大雨缺，旱象显著，土壤墒情差，大秋作物播种困难。		《介休水利志大事记》
	灵石	春，灵石严重干旱，大秋作物播种困难。		灵石县档案馆，案卷号50
	榆社	春，榆社干旱不雨，已经播种的24.3945万亩大秋作物普遍缺苗断垄，尤其是玉米、高粱缺苗更甚，至5月中旬，全县仍有3.1995万亩因旱不能下种。		榆社县档案馆，卷案号28
	和顺	春，和顺干旱少雨，大秋作物播种困难，至4月底全县还有54%的秋田未能下种，旱象仍在加剧，坡沙地旱更甚。		和顺县档案馆，案卷号63，67

续　表

纪年	灾区	灾象	应对措施	资料出处
1954	平顺	春，平顺县干旱，奥治、王家庄、上五井等乡村旱情尤甚。入伏前50天未降雨，致使秋禾趋于枯死状态。3000亩受灾粮田减产105万千克。		1997年《平顺县志》
	浮山	春、夏，浮山大旱，河水断流，井枯地裂，夏秋歉收。		2001年《浮山县志》
	安邑	入夏，安邑雨量奇缺，大部分地区旱象明显，部分早秋作物和玉米、高粱等在上午即呈现枯萎状态，棉苗亦遭受干旱的严重威胁。		1977年《运城县灾情调查表》
	浑源、左云	夏，浑源县干旱面积60.68万亩，左云县干旱面积19.94万亩。		2001年1月《大同博览》
1955	全省	1955年春、夏，全省大部地区干旱无雨，天镇、河曲、保德、左云、右玉、平鲁等县春夏天旱不雨。雁北、忻县、榆次受旱严重。晋南、晋东南春夏连旱。全省有66个县2326个乡受灾，占全省6451个乡的36.5%。全省干旱成灾面积1842.8万亩。	中央拨给山西救灾款1500元，粮食1.4亿公斤等。	《山西自然灾害》
	晋中	本年晋中地区春、夏大旱，旱灾严重。4月至6月中旬的80余天基本无雨，丘陵旱地干土层达10—17厘米厚，给大秋作物播种造成严重威胁，已经播种的12.999万亩棉花不能出苗或出苗很少，999万亩大秋作物缺苗率达1100亩，更严重的是截止6月下旬初全区还有39.9万亩秋田未能下种，其中有3万亩尚属硬茬地。		榆次区档案馆，案卷号19

续 表

纪年	灾区	灾象	应对措施	资料出处
1955	晋中	6月25日,部分地区降了透雨,但此后至8月上旬干旱愈烈,地下水位下降,汾河水流量仅0.8立方米/秒,且流不出太原南郊,潇河、文峪河断流。因大旱玉米株高仅70—130厘米即抽雄穗,但雌穗却迟迟抽不出来。谷子穗小,棉花蕾铃严重脱落,直至8月16日全区旱象才得以缓解。		榆次区档案馆,案卷号19
	运城	春、夏,涑水盆地各县严重干旱,小麦遭受干热风,棉花播种困难。8月份降雨量仅为上年同期降雨量的一半,伏旱严重,致使全年粮食减产。		《运城地区大事记》
	朔县	久旱不雨,歉收严重。利民、偏坡等十七乡、一百零四个村只有二至四成年景,因此群众曾一度悲观失望,怨天尤人,走口外和准备走口外者甚多。		朔县民政科《关于生产救灾工作情况的报告》
1956	左云	春夏连旱。		1999年《左云县志》
1957	晋东南	长治6至7月旱,特点是旱期长,至7月15日始缓。7月下旬至8月底全省95个县除高平、壶关、陵川、潞安等绝大部分地区普遍干旱。		《山西自然灾害史年表》
	雁北、忻州	河曲、保德、偏关、兴县、神池、五寨、岢岚、山阴、朔县、应县等10个县从6月初到8月20日的80天内仅降雨50毫米左右,致井水下降,河川干涸,农作物大片枯死。		山西省委、省人委《关于全省干旱情况和抗旱备荒措施的报告》

续　表

纪年	灾区	灾象	应对措施	资料出处
1957	昔阳	春旱,小麦减产,平均每亩产量仅32.5千克。又遇伏期大旱,全县为灾荒之年。		昔阳县档案馆,案卷号79,93
	介休	晚春、伏秋大旱。4月25日至6月8日,全县基本无雨,严重干旱,春播困难。7月20日至11月底无透雨,出现伏、秋大旱,全县有17个乡92个农业社18.222万亩秋作物受旱成灾。		介休市档案馆,案卷号120
	运城	7月下旬以后,绛县大旱,干土层达9—15厘米,11月上旬大部分地方仍旱,全县粮食减产800万千克。芮城因干旱缺雨,全县20.5005万亩棉花受灾,22.8万亩秋粮减产4.7成。春、夏、秋,万荣连旱。临猗、稷山小麦干籽寄种。		1994年《运城市志》
	吕梁	发生20年未遇之大旱,7—9月降水仅为历年同期的28%,三伏无透雨,秋季连续干旱,全年平均降雨量仅276.4毫米。		1989年《吕梁地区志》
	高平	7月25日至8月25日,北诗、石末等12个乡的134个高级社遭受旱灾,5.1017万亩秋作物受旱,造成粮食减产115万千克。		1992年《高平县志》
	晋北、晋西北	北起偏关,南至吉县,降雨量逐渐减少,旱象开始呈现,直到七月下旬雨量更加稀少,地温增高,旱区扩大,灾荒威胁日趋严重。今年我省旱灾是十分严重的,比1955年还重。成灾人口达735万人左右,地区广,灾情重,减产13亿斤。		《山西自然灾害史年表》摘自九月三日《省民政厅给内务部的报告》

续　表

纪年	灾区	灾象	应对措施	资料出处
1958	晋中	初春，榆次严重干旱，部分麦田小麦开始枯萎。		榆次区档案馆，案卷号119
	襄垣	入夏后，未落一场透雨，21个乡的庄稼因旱几乎枯死。		1998年《襄垣县志》
	吕梁	伏天，严重干旱，临县、离石、中阳、方山等县50%的秋田受旱，汾阳、文水、交城20%—30%的秋田受旱。		《吕梁地区志》1989年10月
	晋南	去年秋旱，入秋后雪少，今春又少雨雪，春旱较重。		《山西自然灾害史年表》
1959	晋东南、晋南	6、7月份以来，晋南、晋东南一连50—80天未落透雨，有的滴雨未落。运城地区最高温度达到40.2℃。干土层达到15—18厘米，最深在30厘米之上。酿成大面积旱灾，受灾作物1163万亩。		《山西自然灾害》
	雁北	春播期，雁同一带干旱，4月份降水量比常年同期偏少40%—80%。		2001年1月《大同博览》
1960	晋东南	长治旱。晋城（晋城是年1至2月和12月基本无雨。三伏较旱，冬雪少）、阳城、长治一带旱情也在迅速发展。	九月七日省委根据节约渡荒，一切粮食消费水平从低的原则，对全省城乡人民的生活用粮进行减配。	《山西自然灾害史年表》据山西省人委《关于恢复生产救灾办公室的通知》整理
	晋北	4至5月干旱，尤以阳高、浑源、应县、广灵为重。6月晋北大部地区只降雨15到20毫米。7到8月干旱严重。		
	晋南	绛县大旱，春夏二季无雨，干土层5至7寸。运城、芮城（芮城县从59年6月到今年7月中旬没有落过一次透雨）、万荣、侯马、闻喜、翼城等县五月中旬以来缺雨。		

续 表

纪年	灾区	灾象	应对措施	资料出处
1960	晋中	自上年11月至本年6月,全区降雨量比历年同期均值偏少20%—50%,尤其是5月中、下旬全区降雨量仅0—9毫米,潇河、漳河等较大河流流量减少50%,有的已断流,小河流全部干枯,土壤干土层10—15厘米厚,大秋作物播种极其困难,至6月底全区重旱面积达669万亩,有30万亩晚秋作物不能下种,84万亩已经播种的大秋作物经多次毁种、补种,缺苗仍十分严重。		晋中地区档案馆,案卷号672,665
	吕梁	伏天严重干旱,河溪断流,水库干涸,井水下降,干土层达9—15厘米。从5月5日至7月4日,临县滴雨未落,粮收4成。中阳县257天未降透雨。岚县特大旱灾,死人556人。		1989年《吕梁地区志》
1961	全省	去冬少雪,连续3年严重干旱,底墒不足,年初一开始就出现全省性干旱。吕梁大量死苗的面积达12600亩,占百分之48.5%。	全省有400多万亩春播作物推迟了半个月左右播种或改为夏种。	《山西自然灾害史年表》
	晋南	降水量只有68毫米,特别返青初期,麦田干土层普遍达3寸左右,造成分蘖季大量死亡。	棉田采取干土寄种办法。	
	阳泉	春夏干旱持续到7月底,受灾大队301个,受灾面积21.4万亩,全市有20个重灾大队1.653万人,减产粮食202.5万千克。		《阳泉市历代水旱灾害纪实》

续 表

纪年	灾区	灾象	应对措施	资料出处
1962	全省	上年度雨量特少,从1月到6月上旬累计降雨量最多的为50毫米,有的地区只有14毫米,一般为20到30毫米,特别是3到5月农作物播种正需雨水时候,仅降雨10毫米左右,春旱严重时期是从3月下旬到7月初长达100天,全省受旱地区达87县。		山西省民政厅一九六三年一月十九日《关于一九六二年自然灾害工作报告》
	晋北	发生了严重的“卡脖旱”,从入伏到9月中旬,一直干旱不雨,干旱面积达1363万亩,山药和荞麦等晚秋作物发生了严重的干枯死亡现象,有50万亩晚播作物没有收成。		
	绛县	4月3日到5月28日共55天未降雨,干土层5至7寸,小麦受严重影响。		
	晋中	1—5月中旬,全区平均降雨量仅23.3毫米,比历年同期均值偏少60%以上,6月部分地区降好雨,但大部分地区仍无雨,平川的灵石、介休、平遥等县降雨量仅6毫米,旱象更趋严重。入秋后又大旱,各地干土层10厘米厚。	改种小晚秋作物。	晋中地区档案馆,案卷号762,238
1963	灵丘、左云	灵丘县严重干旱,全县1060个生产队中有619个减产30%以上。5月下旬至7月10日,左云县50多天全县基本无雨。		《雁北自然灾害》
	吕梁	7月上旬至8月下旬,临县、离石、中阳、兴县、岚县、方山等县50天未落一场透雨。		1989年《吕梁地区志》
1964	灵丘	春,灵丘县旱,受灾面积2.07万亩。		《雁北自然灾害》

续 表

纪年	灾区	灾象	应对措施	资料出处
1964	陵川	发生较为严重的干旱。西河底公社4月下旬至6月中旬有55天点雨未落。附城公社4月中旬至6月中旬有60天未下过一场透雨。		中共陵川县委1964年7月《关于全县十一个公社遭受旱灾雹灾的专题报告》
1965	全省	全省降水普遍偏少,旱象日趋严重。继去冬,雨雪偏少、气温偏高后,4月少雨,5月之后雨量减少,旱情由雁北向晋中、晋东南地区发展。特别是入伏后伏雨、秋雨特少,夏旱(包括伏旱)迭秋旱。是建国以来现有资料中旱情最重的一年。5—9月份,晋中、太原地区,降水只有往年的1/5—2/5;晋东南为历年同期的2/5—1/3;晋南地区也比往年少2成。7月中旬至8月中旬,各地未下过一场普雨,雁北、忻专、晋东南和晋中的西山,累计降雨仅有44—73毫米,为历年的2/5—1/3。晋中以北地区,9月份绝大多数地区累计月雨量4—8毫米,尤甚是晋西北地区几乎无雨。	各级政府组织大批车辆远距离运水、运冰的解决缺水问题。60多个缺水县投入运水的劳力就超过10万人,各种车辆达5000余辆。(《当代山西水利事业》)	山西省气象局一九六五年十月二十一日《对一九六五年特旱的初步分析报告》
		去冬至今年4月少雨,晋城、阳城、高平、陵川、长子5到6月及三伏无雨,干旱持续到处暑。旱象最严重的襄垣、平顺、陵川,入秋后雨水较大。晋城从4月底到7月初,连续70天未下过一次透雨,部分公社发生严重旱象。壶关县20万人缺水吃,县城和东井岭一带自由市场水价一担高达8角至1元。		《山西自然灾害史年表》

续 表

纪年	灾区	灾象	应对措施	资料出处
1965	全省	3月无雨或少雨。4月大同、右玉、左云、平鲁、河曲、保德、繁峙持续干旱。5月至6月全省一直无雨或少雨,雁北大部向严重干旱发展,整个三伏天无雨或少雨。到8月底,受旱最严重的有左云、右玉、平鲁、灵邱、广灵、繁峙、宁武、神池、五寨、岢岚、兴县、河曲、保德、偏关、大同等22个县市。		《山西自然灾害史年表》
		春夏连旱,尤以伏旱为甚。从去年11月到今年1月,曲沃、万荣、临猗、芮城、垣曲受旱。旱象持续到4月中旬。中下旬有小雨。5到6月旱象又有发展,三伏不雨,旱象十分严重。		
		沁河一度发生断流。		
1966	平定	春季严重干旱,桃河、南川河、温河断流。近8万人口发生水荒,8万亩秋田干土层在半尺以上,城镇自来水位下降7米,居民发生水荒。		《平定县自然灾害纪实》
	壶关	前半年旱,全县250个大队13.23万人闹水荒,至6月底始解。		1999年《壶关县志》
	交城	开春至7月17日,连续干旱。秋,岚县旱。		1991年《交城县志》
	清徐	春旱,粮食减产484万千克。		1999年《清徐县志》
1967	祁县	春夏连旱,4—7月降雨量仅113.2毫米,比历年同期均值偏少近50%,入夏后,干旱加剧,灾情愈甚。		祁县档案馆,案卷号1104,1115

续　表

纪年	灾区	灾象	应对措施	资料出处
1967	洪洞	7月下旬至8月上旬,20天无一场有效降水。		《洪洞气候与农业》
	晋南	有伏秋旱。		《山西自然灾害》
1968	寿阳	1—6月,降雨量仅55.3毫米,比历年同期均值偏少61%,其中5月降雨量7.5毫米,入夏后干旱持续发展。		寿阳县气象局《灾情资料》
	太谷	3月26日至4月23日,春旱28天,7月9日至8月20日,夏旱43天。		《太谷县水利志》
	雁北	春,右玉旱严重,从4月25日至6月20日旱期长达56天。春、夏,平鲁大旱,全县成大灾。4—6月,左云、阳高、浑源、广灵、灵丘等县降雨少,受旱严重,夏粮减产。		《雁北自然灾害》
	阳城	春旱56天,夏旱61天,秋旱47天,平均亩产仅127千克。		1994年《阳城县志》
	潞城市	伏期无雨,有3.4万亩复播作物未下种,12个公社49个生产大队人畜严重缺水。		1999年《潞城市志》
1970	全省	晋、冀、鲁、豫大部地区从上年的10月至今年2月雨雪稀少干旱,入秋后,晋、冀、鲁、豫一带又开始少雨雪,其中旱情较重的豫北、冀南、晋南、晋东南分别从6、7月少雨干旱。晋东南旱情则接近历史上的1936年。		中央气象台《建国二十年来农业生产气候条件总结》
1971	全省	山西从去年6月至今,全省降雨量仅329毫米,比正常年减少3成左右。其中10至12月降雨更少,比正常年减少7成。		一月四日省农业水利局在太原召开的抗旱座谈会报告

续　表

纪年	灾区	灾象	应对措施	资料出处
1971	全省	特别是运城、临汾地区已连续2年少雨，在此期间降雨量又比常年分别减少53—68%，旱情更重。		一月四日省农业水利局在太原召开的抗旱座谈会报告
	临猗	上年冬无雪，入春降雨极少，各村池塘、旱井干枯。		1993年《临猗县志》
	雁北	4月至6月25日，降雨很少，旱情较重。		《雁北自然灾害》
1972	全省	1—8月，全省平均降雨量222毫米，比常年同期减少44%，汾河断流2月余。111个县（市）中，重灾39个，次重灾40个，较轻灾32个。		1996年《山西通志·民政志》
		上年冬至本年春，全省大部地区雨雪偏少，忻县、晋中、吕梁三地区及其他地区的部分县市3—5月无一场中雨以上降水，7—8月降水仍然偏少，不及常年一半；晋南、晋东南地区年雨量分别比常年偏少3—5成和1—3成，形成全省连续干旱。省内主要河流，如汾河、桑干河、滹沱河、漳河、桃河等均先后断流，汾河下游季节断流竟达2个月之久。全省43座大中型水库，有24座是空库。	10月31日省委发出紧急通知要求各地进行抗旱。	《山西自然灾害史年表》
	雁北	因干旱粮食总产比上年减产0.9亿千克，平均单产减少15%。3月份，雁北区除浑源降雨6毫米外，其余县只降3毫米以下，4月全区持续干旱，各县降雨量在4—9毫米左右，6—8月全区降雨量只有常年同期的20%—60%。		《雁北自然灾害》

续　表

纪年	灾区	灾象	应对措施	资料出处
1972	晋城	4月8日至8月7日，晋城县120天没有一场透雨，全县降雨量仅为92.3毫米，大部分地区河流断水，井水枯干，全县近39万亩大秋作物奄奄一息。		晋城县《灾情通报》
	晋中	大旱，平均年雨量仅298.8毫米，为有气象资料以来的最低值，旱象十分严重，并因干旱虫害猖獗。榆次县受旱面积达10.95万亩，有3.1995万亩秋田不能下种，入夏后干旱愈甚，又连秋旱，出现罕见的全年大旱。		榆次区档案馆，案卷号45，106
	阳泉	全年严重干旱，年降水量240多毫米，不足正常年份的一半，是历史上特旱年。受灾面积91.4万亩，干旱使农业严重减产，并给人畜吃水造成很大困难。		《阳泉市历代水旱灾害纪实》
	运城	长期干旱，河水断流，井水下降，特别是三伏大旱，致使部分田禾死亡。全区有46.6万亩秋作物没有收成，占实播秋田面积的17%，受灾4—5成以上的117.6万亩，占实播秋田面积的50%。		1999年《山西通志·气象志》
1973	晋中	继上年大旱，又出现春旱和伏旱，夏粮作物比上年减产49%，大秋作物受灾面积达150万亩以上。		晋中地区档案馆，案卷号628
	雁北	7月，雁北全区降水偏少5成以上，遭严重“卡脖旱”，秋粮减产严重。		《山西自然灾害史年表》
	大同	7月之前，未落透雨，遭严重的“卡脖旱”。		《雁北自然灾害》

续　表

纪年	灾区	灾象	应对措施	资料出处
1974	全省	1974年2—5月，全省平均降水量为45毫米，比正常年同期减少44%；4月—5月中旬，全省平均降雨量19毫米，比常年同期减少66%，大同、阳高、偏关、五寨、清徐、榆次、介休、离石、交城、安泽、隰县、黎城等38个县（市）降雨量不足10毫米。		1999年《山西通志·水利志》
	昔阳	上年11月至本年6月，全县降雨量仅63.1毫米，春旱严重，人畜吃水困难。		昔阳县档案馆，案卷号248
	洪洞	3月下旬至5月中旬，连续2个月无有效降水。		《洪洞气候与农业》
	晋城	6到7月少雨，伏天大旱，发生干旱的有12个公社。巴公、北石店等有83个大队严重干旱。		《山西自然灾害史年表》
1975	雁北	春夏连旱。春旱使春播和出苗都受到影响。6月中旬和7月底2次普雨，使旱情缓解，但广灵、灵丘、浑源等县旱情仍较重。全区总计旱灾面积366万亩。		《雁北自然灾害》
	运城	7月下旬后，旱象持续发展，受旱的棉秋田作物面积已达177.5万亩，占到棉秋田总面积的44%，晚秋无收成的有20万亩。不少地方发生人畜吃水困难。河津、万荣、永济、闻喜、夏县等县伏旱严重，棉花减产。		《运城地区大事记》
1977	全省	上年冬至本年春，全省大部地区干旱少雨，受旱面积3000多万亩，占耕地面积的一半以上。一些地方河水断流，井水下降，人畜吃水困难。		1999年《山西通志·水利志》

续 表

纪年	灾区	灾象	应对措施	资料出处
1977	雁北	上年冬至本年春,干旱少雨。全区旱灾面积达221.42万亩。		《雁北自然灾害》
	榆次	上年冬至本年春,200余天无雪雨,出现春季大旱,全县小麦因干旱和冻灾死苗面积达40%。		榆次区档案馆,案卷号723
	黎城	上年9月至是年6月,连续10个月未降过一次透雨,总降雨量不达20毫米。夏末秋初又发生"卡脖旱"。		1994年《黎城县志》
	永和	春季低温干旱,全县4.4369万亩小麦死苗严重,占小麦播种面积的73.9%。		1999年《永和县志》
1978	全省	12月18日国务院批转十一省抗旱工作会议报告中指出:今年我国遇到了历史上罕见的大旱,受灾面积之大,时间之长,程度之重,都是建国以来所没有的。全国受灾面积6亿亩,大于严重干旱的1955、1960、1965和1972年。		1978年12月18日《国务院批转十一省抗旱工作会议公报》
		从1977年10月至1978年4月,全省210天未降一场透雨,20个县基本无雨,10个县至8月初只降过一次30毫米的中雨。4月份,汾河、桑干河、滹沱河、肖河、浊漳河、沁河、三川河等主要河道的流量,比历年平均值减少71%,进入5月以后,开始出现河水断流,泉水减少,部分水井干涸。严重干旱。	省革委报请国务院《关于我省农业遭灾减产要求减免农业税的请示报告》	《民政工作三十五年》(1949—1984)
	运城	冬春连旱。7月23日以后,运城地区除垣曲、绛县、河津三县降雨7.5毫米以上外,其余各县近1个月降雨极少。		《山西自然灾害》

续 表

纪年	灾区	灾象	应对措施	资料出处
1978	榆社	1—6月大旱,全县所有河流全部断流,土壤表层5—20厘米基本上为干土,6万亩秋苗成片枯死,人畜吃水困难。		榆社县档案馆,案卷号56
	潞城	2—6月,潞城县持续干旱,地下水位普遍下降3—5米,浊漳河断流,大面积麦苗死亡,7—8月无雨,8600亩复播玉米颗粒无收。		1999年《潞城市志》
	偏关	受旱面积54万亩,减产600万千克。		1994年《偏关县志》
	岚县	春夏连旱。		1991年《岚县志》
1979	全省	晋东南、晋中、临汾、运城30多个县市8月间发生"卡脖旱"。平陆县从去年8月至今年6月干旱严重。		《山西自然灾害》
	晋城	城区和泽州县遭受特大旱灾。3月15日至6月17日共降雨82.8毫米,比历年同期平均降雨量减少一半。河道断流,库池干枯。		晋城县民政局1979年9月《关于全县受灾救灾情况的报告》
	运城	4月中旬至7月上旬,雨量比常年减少60%,闻喜、新绛、万荣等许多乡村基本无雨,形成"卡脖旱",出现了汾河断流。		《运城地区大事记》
	榆次	5月大旱,降雨量7.7毫米,旱象严重。8月下旬至9月,秋旱愈趋严重。		榆次区档案馆,案卷号125,174
	黎城	入伏后遭"卡脖旱",雨量不及常年同期的四分之一。		1994年《黎城县志》

续　表

纪年	灾区	灾象	应对措施	资料出处
1980	全省	从1979年秋季到1980年秋收,由南至北干旱一年之久。全省11个地市全部受灾。其中晋中、临汾、晋东南、吕梁等地区从7月6日以来,20天中几乎无雨。晋中较大的蒲河、漳河基本断流。主产夏粮的运城、临汾两个地区南部,7月1日到8月20日,50多天中降雨很少。全省因灾损失粮食40亿斤。		《山西自然灾害》
	介休	上年秋至本年春持续干旱,全县小麦比上年减产41%。入夏后又伏、秋大旱,致使秋粮歉收。		介休市档案馆,案卷号660,185
	运城	自上年10月至本年3月底,降水量只有43毫米,比历年同期少63毫米。全区200万亩棉花仅有39万亩全苗;小麦总产和亩产均比上年减少3成以上。		1980年5月运城地区《防汛抗旱灾情》
	大同	7月降水量为22.3毫米,比上年少78,夏秋降水量比上年少31%。		《雁北自然灾害》
	黎城	因缺雨少雪,全县有32个大队1.1万人、1673头牲畜、2.2291万头(只)猪羊无水吃,夏粮减产。		1994年《黎城县志》
1981	全省	上年冬至本年春连续干旱,大秋作物播种困难,全省小麦受灾面积达450万亩。3—5月降水较常年偏少5成,全省粮田受灾面积3080万亩。晋东南全区45座水库干涸,10万人靠拉水供应。		1999年7月《山西通志·气象志》

续 表

纪年	灾区	灾象	应对措施	资料出处
1981	晋中	春季大旱，多数县出现了有气象资料以来雨量最少值，全区水库大多干涸，境内所有大小河流均断流涸竭，地下水位下降8—10米，人畜吃水困难。	有的出土幼苗被旱死毁种成小晚秋作物。	晋中地区档案馆，案卷号64,950
	阳泉	严重春旱，有83个大队无水源，人畜吃水困难。		《阳泉市历代水旱灾害纪实》
	襄垣	1—6月中旬，未降过一场雨雪，干土层0.3米以上，人畜吃水困难。		1998年8月《襄垣县志》
	临汾	小榆、龙祠、一平垣公社遭旱灾，粮食减产。		2000年12月《临汾市志》
	陵川	连续干旱7个月，全县33万亩粮田，大秋作物玉米、谷子出苗率不达一半，人畜吃水困难。		陵川县人民政府《关于1981年生产自救的情况报告》
	运城	春旱接7月下旬至8月上旬近20天的“卡脖旱”。		《运城地区大事记》
1982	榆社	上年秋冬至本年春，连续干旱，河流干涸，井水下降，人畜吃水困难。		晋中地区档案馆，案卷号993
	壶关	连续干旱，5万人缺水。		1999年《壶关县志》
	晋城、阳城	6月10日至7月20日，晋城、阳城遭受有史以来最严重的“卡脖旱”，地下水和地面水奇缺，水库、水池大部分没有水，人畜吃水发生困难，秋作物减产5成以上。		晋城市民政局1982年7月《关于晋城市遭受严重旱灾和抗旱情况报告》
1983	晋中、吕梁	偏旱。		《山西自然灾害史年表》

续　表

纪年	灾区	灾象	应对措施	资料出处
1984	全省	截至3月底,全省由于冬春雨雪稀少,气温偏高,受旱面积约3000万亩。受旱较重的有晋东南、吕梁、忻州、雁北等地区。		山西省民政厅1984年4月《灾情快报》第2期
	晋东南	上年11月至本年3月底,5个月降雨量仅有11毫米,比往年同期减少6—8成,形成冬天土地不封冻,春天播种无墒情的反常状态。由于干旱,山区、半山区人畜吃水困难。		山西省民政厅1984年4月《灾情快报》第3期
	阳泉、忻州	7月到8月阳泉、平定、盂县及忻州地区11个县发生严重伏旱。7月到8月,繁峙县地表50公分土壤含水量为1%到4%,是历史上伏旱最重一年。		《山西自然灾害史年表》
	雁北	广灵、灵丘大旱,粮食总产分别比上年减少45%和51%。6—8月,大同市降雨仅164毫米,较常年偏少三分之一。		《雁北自然灾害》
	汾西	7月19日至9月4日,汾西县出现严重伏旱,降水量仅49.6毫米。临汾市伏旱严重。		2000年12月《临汾市志》
	晋中	自7月上旬至8月中旬持续干旱,颗粒无收的33.9万亩。		晋中地区档案馆,案卷号108
1985	全省	入春以来,全省降雨极少,3月到4月中旬,平均降雨量比常年同期减少,出现我省建国以来第二个春旱严重月份。4月下旬统计,全省干旱面积近3000万亩,占应播面积的30.5%。水库蓄水量也比上年同期减少1/3到1/2左右,机井水位下降,有的已经枯竭,水地保浇面积减少了一半以上。	省委、省政府召开紧急会议进行部署,全区掀起了抗旱春播高潮。	1986年《山西年鉴》

续 表

纪年	灾区	灾象	应对措施	资料出处
1985	运城	1—4月少雨干旱,全区530万亩小麦,其中有303万亩受旱,有的甚至发生死苗现象。5月下旬至7月中旬,全区基本无雨,出现60天大旱,发生水荒。		运城地区防汛抗旱办公室1986年5月《防汛抗旱灾情》
	吕梁	4月,春旱,有697个村庄人畜吃水发生困难,入夏后旱情未缓,伏旱严重。		《吕梁地区志》1989年10月
	雁北	严重春旱、伏旱,加之风雹、洪涝、病虫等自然灾害,为重灾年。尤其是大同市、怀仁、左云、右玉、天镇、阳高、大同县3月份降雨量为0.0—2.5毫米。6月中旬至7月中旬,人畜吃水困难。		《雁北自然灾害》
	晋东南	6至8月,春旱使150万亩夏播作物无法下种,全省夏旱受旱面积达1850万亩,对大秋作物威胁最大,使玉米抽穗困难,谷子不长穗,豆类不结荚,棉花脱蕾脱铃严重,为历史上少见的严重夏旱。晋东南地区最为严重,全区受旱面积达266.9万亩,占总耕地面积的64%,总减产5亿多斤,其中晋城市管区五个县受灾面积191.8万亩,占总耕地面积的79%,减产4.7亿斤。阳城县6月至8月10日降水量只有115毫米,最严重的尹庄乡大片的玉米干枯发黄而死。近六、七十年未有过的大旱。		《山西自然灾害史年表》

续 表

纪年	灾区	灾象	应对措施	资料出处
1986	全省	冬春夏秋四季有程度不同的干旱。除灵丘、吉县、兴县、垣曲、长治、阳城、晋城等县降水量多于400毫米以外,其余地区均少于400毫米。全年干旱时间之长,受旱面积之大,是建国以来仅次于1972年的第二个重灾年。其中,临汾、忻州、雁北等地则是建国以来的第一个重灾年。	省各级政府组织了抗旱工作。省财政厅和省民政厅于1986年2月24日向下拨800万元春荒救灾款。	1987《山西年鉴》
	襄汾	自上年10月16日至本年2月16日,襄汾县基本无降水。伏雨仅一场大于5毫米的雨量,气温高于30℃的日数达70天。造成全县秋粮总产比上年减产2109万千克。		襄汾县气象局《1986年度气候影响评价》
	晋城	又遭旱、风、雹、洪、虫等自然灾害的袭击。从上年入冬至本年8月近10个月中,晋城市大部分地区未降过一次透雨,其中1—4月份平均降雨量为17毫米。全市受灾面积达139万亩,成灾面积达101万亩,占秋作物总面积的58%和42%。		晋城市政府1986年10月《关于遭受各种自然灾害的情况报告》
	晋中	1—8月,太谷降雨量仅92毫米,比历年同期均值偏少72%,形成罕见的大旱灾,秋作物枯死现象普遍发生,尤其是6个山区、丘陵乡镇旱灾最重,大秋作物濒临干枯,小秋作物多被旱死。		晋中地区民政局1986年《救灾》卷
		现建国以来最严重的大旱灾,全区农作物受旱成灾面积达337.95万亩,占播种面积的62.5%,人畜吃水严重困难。		晋中地区档案,案卷号1220

续　表

纪年	灾区	灾象	应对措施	资料出处
1986	运城	春夏伏秋，运城地区 13 个县（市）的 202 个乡镇 2849 个行政村连续干旱。全区棉秋田受旱面积达 140 万亩，其中 80 万亩晚秋叶片萎蔫，停止生长。全区因旱灾严重缺粮。		《运城地区大事记》
	雁北	春旱接伏旱，时间长、范围广、灾情重。受旱较重的县有左云、右玉、平鲁、朔县、浑源、大同、阳高，旱情从 4 月份延续到 6 月底。		《雁北自然灾害》
	阳泉	夏秋连旱，降水量比正常年少三分之一以上，因干旱河水断流，人畜用水、工业用水严重困难，娘子关瀑布断流 18 个月。		1998 年《阳泉市志》
1987	全省	自 1985 年以来连续第三个旱年。开春中北部地区严重干旱，晚春南部地区降雨较少，6 月份曾一度降雨较多，7 月中旬至 8 月上旬，绝大部分地区滴雨未降，出现了严重的"卡脖子"旱。全省受旱面积达 3786 万亩，占秋作物播种总面积 4387 万亩的 86.3%，严重受旱粮田面积达到 1687 万亩，占粮田总面积 3442 万亩的 49%。严重受旱的有大同市、阳高、天镇、平鲁、定襄、交城、文水、汾阳、孝义、离石、柳林、石楼、岚县、榆社、灵石、祁县、太谷、平遥、榆次市、汾西、霍县、隰县、大宁、永和、侯马市、临汾市、太原南部、清徐、古交、娄烦、平定、阳城、晋城、沁水等 34 个县市区。全省绝收面积达 518 万亩，占秋作物总面积的 11.8%。	省政府下拨抗旱经费 1150 万元，增供抗洪抗旱柴油 1.2 万吨，下拨抗旱钢管 1100 吨；9、10 月份增供电力 10 万千瓦；抗旱春浇投入的机电井达 50390 眼，夏浇 49874 眼，完成春浇面积 1251 万亩，夏浇面积 981 万亩，合计 3668 万亩次。使全省粮食总产达到 140 亿斤，基本与 1986 年持平。	1988《山西年鉴》

续 表

纪年	灾区	灾象	应对措施	资料出处
1987	全省	全省有657个村庄、227万人、37.62万头大牲畜饮水非常紧张。不少地方学生停课、农民停工、乡镇企业停产。	省政府下拨抗旱经费1150万元,增供抗洪抗旱柴油1.2万吨,下拨抗旱钢管1100吨;9、10月份增供电力10万千瓦;抗旱春浇投入的机电井达50390眼,夏浇49874眼,完成春浇面积1251万亩,夏浇面积981万亩,合计3668万亩次。使全省粮食总产达到140亿斤,基本与1986年持平。	1988《山西年鉴》
	雁北	上年7月至本年5月3日前,朔县9个月未降雨雪,旱地干土层0.3米以上。		《雁北自然灾害》
	临汾	春,临汾市旱,汾河断流。		2000年《临汾市志》
	忻州	进入7月,忻州地区没有降过一次透雨,除河曲、原平、五台外,其余各县滴雨未下。形成了严重的“卡脖旱”。全区受旱面积547.7万亩,占总播种面积的73.5%。滹沱河、牧马河、云中河等干涸。		山西省民政厅1987年8月《灾情快报》第20期

续 表

纪年	灾区	灾象	应对措施	资料出处
1987	晋城	夏至以后，晋城市降水偏少，7月份降水量只有20毫米，较历年同期偏少87%左右，8月上旬也只有10毫米，较正常年份偏少76%，遭严重"卡脖旱"，人畜吃水困难。		晋城市民政局1987年9月《关于1987年遭受自然灾害情况的报告》
1988	全省	出现严重春旱，三、四月降水比多年平均减少近五成，河道来水减少70—80%，大中型水库蓄水只有常年的50%，为历史最低记录。地下水位持续下降，全省受旱面积达到1200万亩，缺水人口180万人，为严重的一次春旱年。	1988年2月6日和6月27日，省财政先后拨出春荒、夏荒救灾款共计1948万元。	1989《山西年鉴》
	晋中	1—4月干旱，且风大风多，气温偏低，小麦绝收1.95万亩，共计小麦减产5万吨。		晋中地区民政局《关于我区夏粮受灾和春荒情况的报告》
	临汾	1—5月，17个县（市）小麦普遍受旱，受灾面积261万亩，成灾面积197万亩。		山西省民政厅1988年6月《灾情快报》第4期
	运城	上年秋季小麦播种期干旱，本年3月份，又遇到长期低温，使小麦返青晚、起身迟。4月份，无有效降雨，大面积旱地小麦拔节、抽穗、授粉和灌浆受到影响，使小麦个体发育不良，群体结构受到破坏。全区小麦受旱面积达279万亩，成灾面积达166万亩。		山西省民政厅1988年6月《灾情快报》第5期

续　表

纪年	灾区	灾象	应对措施	资料出处
1988	晋城	市郊小麦因干旱受灾面积达35.4万亩，其中成灾面积29.6万亩，占受灾面积的83.6%。总产比上年减产一半以上。		山西省民政厅1988年6月《灾情快报》第8期
1989	全省	春旱，全省受旱面积达1425万亩。忻州、长治等地（市）受旱面积大，旱情较重。一些山区的人畜吃水也发生困难。		山西省气候中心《1989年度山西省气候影响评价》
	运城	春旱，永济、万荣、临猗、垣曲等县小麦受灾，有60万亩棉花的播种受到影响。		1999年《运城地区志》
	临汾	旱灾，受灾面积18万亩。		2000年《临汾市志》
	永济	7月24日至8月15日为伏天大旱，降雨量仅有8毫米。县北部3万余亩秋作物绝收。		1990《山西年鉴》
	晋中	春夏旱，全区受灾面积达195万亩，占播种面积的40%，1—5月全区平均降雨量44.3毫米，比历年同期均值偏少43%。		晋中行署民政局行发〔1989〕55号文件
	长子	春夏秋旱。		1998年《长子县志》
	雁北、大同	春旱接夏旱，伏旱严重。1—4月份降雨6—23毫米。入夏后7—8月降雨量比常年偏少，出现“卡脖旱”。		《雁北自然灾害》
1990	运城	7月份，山西部分地区出现了伏旱，旱灾最严重的是运城地区，有80万亩棉花蕾铃大量脱落；100余万亩复播玉米叶片打扭卷曲发干。		1991《山西年鉴》

续　表

纪年	灾区	灾象	应对措施	资料出处
	阳城	晋城市有83万亩秋作物受旱较重。阳城县40万亩作物全部受旱,作物叶片卷曲不展,严重的已枯萎。		
	五寨	因干旱造成68个村的2.3万人、3300头大牲畜吃水困难,有的村用一半以上劳力到5—15公里的地方拉水。		1991《山西年鉴》
1990	芮城	7月份降水量仅有7毫米,其中有12个乡镇滴雨未落,全县有30.7万亩棉秋作物不同程度受旱,秋粮减产2500万公斤;棉花减产350万公斤。		
	运城	7月6日至8月14日,平均仅降雨39毫米,比上年少79毫米,比历年同期少83毫米。尤以河津、临猗、永济、芮城、运城等县市旱情严重。		1999年《运城地区志》
1991	全省	全省发生的干旱为建国以来少有。1、2月份中南部小麦主产区基本无降水,麦田受旱面积840万亩,占播种面积的56%。4月始,旱情日趋严重,6—9月连续90多天未降普雨、透雨。全省111个农业县(区)比上年增产的仅有3个,与上年持平的只有6个,其它县区全部减产。	利用水利设施投入抗旱。中央和省财政支援抗旱资金1600万元,贷款4000万元。18个县组建抗旱服务队。	1992《山西年鉴》
	运城、吕梁、忻州、晋中	干旱较重。运城420万亩棉、秋作物普遍受旱,成灾面积300万亩,绝收62万亩,全区50万人,12万头牲畜吃水困难;晋中地区受旱面积286万亩,严重的110万亩。		

续 表

纪年	灾区	灾象	应对措施	资料出处
1991	运城、吕梁、忻州、晋中	吕梁地区受旱564万亩,占春播面积的92.5%,521万亩旱象严重,103万亩绝收,24万人和3万头大牲畜饮水发生困难。曲沃县夏旱最重,全县受灾面积20.4万亩,绝收12万亩。	利用水利设施投入抗旱。中央和省财政支援抗旱资金1600万元,贷款4000万元。18个县组建抗旱服务队。	1992《山西年鉴》
	泽州	入夏后,降水量偏少,旱情十分严重,全县有327眼水井干涸,1031眼旱井无水,127处泉水断流,14座水库无水,16座塘坝干涸,井水、地下水水位下降6米。		泽州县民政局1991年8月《关于我区遭受严重干旱灾害的情况报告》
	长治	冬旱、伏旱加秋旱,旱灾面积206.9万亩。7月19日至8月17日,全市降水明显少于往年,中伏滴雨未降,造成大秋作物严重缺水。		长治市气象局1991《气象年鉴》
1992	全省	1至7月份、全省平均降水量只有219毫米,比常年同期减少21%。汾河中下游及大部分河流多次出现断流,不少小泉小水干枯。4月份,全省又连续20多天未下雨,10个城市缺水,有5047个村庄、382.3万人,59万头大牲畜吃水困难,特别是壶关、陵川、阳城、中阳、盂县、沁水。全省冬春连旱面积3844万亩,占农田总面积的69%,其中小麦受旱面积1180万亩,占小麦总面积的78%。7月份全省受旱面积有3000万亩。	山西省增拨特大抗旱款700万元;省财政先后4次下拨抗旱1455万元;省农行投放农田水利专项贷款3.38亿元。3月21日,向各地下拨救灾款2150万元,用于解决灾区群众的口粮困难。	1993《山西年鉴》

续 表

<table>
<tr><th>纪年</th><th>灾区</th><th>灾象</th><th>应对措施</th><th>资料出处</th></tr>
<tr><td rowspan="5">1992</td><td>岢岚</td><td>3—6 月,全县仅降雨 96 毫米,全县有 27 万亩耕地受灾,占耕地总面积的 67%。</td><td rowspan="2">山西省增拨特大抗旱款 700 万元;省财政先后 4 次下拨抗旱 1455 万元;省农行投放农田水利专项贷款 3.38 亿元。3 月 21 日,向各地下拨救灾款 2150 万元,用于解决灾区群众的口粮困难。</td><td rowspan="2">1993《山西年鉴》</td></tr>
<tr><td>吕梁</td><td>60 万亩因旱无法下种或下种后没有出苗。</td></tr>
<tr><td>运城</td><td>从上年 7 月至本年 7 月上旬共一年零 10 天内,总雨量为 422 毫米,比常年减少 25%,对春播、复播和秋田前期生长不利。</td><td></td><td>运城地区气象局《1992 年度运城地区气候影响评价》</td></tr>
<tr><td>晋中</td><td>本年 1—7 月全区平均降雨量比历年同期均值偏少 40%,其中榆次、太谷、祁县、平遥、榆社、昔阳 6 个县、市偏少 60%,出现严重干旱 。</td><td></td><td>晋中行署民政局《晋中灾情》第 2 期</td></tr>
<tr><td>侯马</td><td>冬、春降水比常年偏少 4 成。7—8 月因干旱导致病虫害发生,有一半以上的秋作物绝收。</td><td></td><td>侯马市气象局《1992 年地面气象记录年报表》</td></tr>
<tr><td>1993</td><td>全省</td><td>除南部地区外,全省发生了严重的春旱,2 至 4 月份降水仅 29 毫米,受旱面积达到 3200 万亩,占总耕地的 60%。</td><td>各级政府组织抗旱灌溉。下拨抗旱款 1070 万元。</td><td>1994《山西年鉴》</td></tr>
</table>

续 表

纪年	灾区	灾象	应对措施	资料出处
1993	长治	上年12月上旬至本年4月中旬连续140多天,没有降过一次有效雨雪,导致越冬小麦大面积干旱,春耕春播难度加大,人畜吃水发生困难。		长治市气象局《1993年气象年鉴》
	大同	1—5月,大同市平均降雨44毫米,比历年同期减少23毫米。秋季没下一次透雨,导致严重秋旱,人畜饮水困难。		大同市气象局1993年《灾情报告》
	运城	2月21日至4月29日,各地降水仅0—29毫米,较历年同期偏少5—6成。同时,旱地小麦也普遍受旱,部分旱源地区人畜吃水困难。		运城市农业局《运城农牧信息》
1994	全省	1至10月份降雨345毫米,比历年同期均值减少144.9毫米。上年11月中旬至今年3月底,基本无雨雪,春旱面积达2000万亩。从7月中旬至10月上旬,南部、东南部有近3个月没降有效雨,发生伏秋连旱。农作物受灾面积3974万亩,占播种面积的68.5%,绝收面积288万亩。全省秋粮产量比上年减产6亿公斤。近30年来罕见。	省委省政府高度重视。先后下拨1500万元支持抗旱,1600万元用于抗旱补贴,150万元用于人工降雨。	1995《山西年鉴》
	芮城	冬春无雪缺雨,伏秋干旱,使小麦减产,秋粮未收。		1994年《芮城县志》
	怀仁	3月1日至5月1日,无有效降雨,进入伏天降水仍然偏少,出现了中伏旱。持续干旱,作物缺水严重,生长受到威胁,部分枯死。		怀仁县气象局《1994年度气候影响评价》

续 表

纪年	灾区	灾象	应对措施	资料出处
1994	晋中	部分县、市春旱较重，全区120万亩大秋作物受旱。7月中旬至8月中旬全区平均降雨量仅83.5毫米，比历年均值偏少48%。全区中小河流全部干涸，绝收面积达49.62万亩。		晋中行署民政局1994年《灾情报告》
	阳泉	90%的耕地不同程度地出现了春旱，使春播工作受到很大影响。境内多条河流断流，缺水致工业生产、人民日常生活也受到不同程度的影响。		阳泉市气象局《1994年度气候影响评价》
	侯马	7月17日至10月13日，降水量仅34.0毫米，7月下旬至8月上旬20天里高于35℃气温天气达18天，持续高温干旱使1.3万亩绝收。		侯马市气象局《1994年度气候影响评价》
1995	全省	1—6月份平均降水量67毫米，许多地方水库干涸，河水断流，地下水位下降，人畜吃水困难。3900万亩春播农田中，严重受旱达2810万亩，占到总面积的71%。吕梁、阳泉、大同、朔州、临汾、运城等地市是1954年有气象记载或建国以来降水最少的一年。	领导深入抗旱一线，组织抗旱工作。省政府先后下拨1427万元支援抗旱。	1996《山西年鉴》
1996	全省	从1995年11月至1996年4月，平均降雨量仅为13.4毫米，基本无有效雨雪，旱情最严重时，全省受旱面积达2859万亩，成灾730亩，绝收57.1亩。		1997《山西年鉴》

续 表

纪年	灾区	灾象	应对措施	资料出处
1997	全省	遭受百年不遇的干旱,全省大范围遭受了春夏秋三季连旱,旱灾造成的影响为历年来罕见。4—5月份,全省平均降水量仅35毫米,比历年同期减少33毫米,全省农田受灾面积达到2000多万亩。6—7月份,晋城、长治、运城三个地市平均降水只有85毫米。7月份,汾河、浊漳河、沁河等河道来水量分别只有1.39、0.88和0.34立方米/秒,比常年同期减少87.5%、97.6%和94.4%。全省有13座大中型水库干涸,10座中型水库只剩库底水,26座中型水库来水量为零,403座小型水库干涸。截止7月中旬,全省受旱面积达3580万亩,280多万亩作物干枯绝收,226万人、70多万头大牲畜吃水困难。	省地县三级财政投入4800多万元,群众自筹11024万元,抢修上年水毁的灌溉工程设施。大力开展科技抗旱。	1998《山西年鉴》
1998	全省	8月以后全省降水量明显减少,9月至12月,全省平均降雨量仅为39毫米,比历年同期偏少6成以上,造成严重伏秋旱、“卡脖子旱”,全省作物受旱面积2495万亩, 成灾面积1218万亩。	各地、市、县充分发动群众,采取有效措施奋力抗旱救灾。	1999《山西年鉴》
1999	全省	1998年10月至1999年3月全省基本无有效降水,且温度偏高,造成小麦大量死亡。春季气温继续偏高,4、5月份除朔州市和运城地区多雨外,其他地区仍然旱情严重,使小麦返青、拔节、孕穗受到严重影响。	人工增雨工作,全年365天无节假日随时作业。	2000《山西年鉴》

续 表

纪年	灾区	灾象	应对措施	资料出处
1999	吕梁地区	一年没有一次有效降雨,土地干裂,全区地下水位下降4—10米,10条主要河道全部断流。全区878万亩耕地中,除65万亩保浇地外,剩余800多万亩严重干旱。		2000《山西年鉴》
2000	全省	2000年春旱严重,全省70%县(市)达重旱或极旱。2月—5月中旬,全省大部分县(市)无有效降水。平均降水量20毫米。朔州、太原、阳泉、晋中三个月累计降水量分别为9.7,8.2,4.5,9.6毫米,较历年同期偏少7—9成,实属罕见。春播受旱面积达3100万亩。夏季部分县(市)旱象仍较为严重,出现了伏旱。秋季北部县(市)仍然偏旱。全年因干旱造成全省农作物受灾面积达3075万亩,其中成灾面积2045万亩,绝收面积674万亩。	省政府下拨救灾款1.26亿元,各地定购下拨救灾粮1.2亿公斤;各地共收到捐款341.2万元。积极推进救灾救济信息管理网络建设,11个市地和85%以上的县(市、区)实现了与省救灾指挥中心的联网。	2001《山西年鉴》
2001	全省	上半年,全省降水持续偏少,干旱严重发生。特别是4月中旬至6月中旬连续60多天无有效降雨,而且30℃以上的持续高温和大风天气不断出现,土壤失墒严重其中严重受旱148万公顷。忻州、大同、朔州、晋中和吕梁地区旱象严重。汾阳、石楼、中阳、柳林、繁峙、广灵、大同等县市下种面积不足应播种面积的60%。	省财政拨付抗旱救灾专项经费1.07亿元,下达农业税灾情减免指标1.7亿元。	2002《山西年鉴》

续　表

纪年	灾区	灾象	应对措施	资料出处
2002	全省	2002 年 1—4 月,山西平均降水量仅 39 毫米,与历年同期均值比较偏少 24%,全省旱地冬小麦普遍出现旱情。其中灵邱、长治旱灾较重。7 月以后,连续 2 个月降水量明显偏少,出现了严重的伏旱。	投入抗旱资金 31124 万元。人工增雨(雪)继续成为缓解旱情的重要手段。	2003《山西年鉴》
2003	吕梁、忻州、朔州、大同	1—8 月全省受旱面积 86.71 万公顷,其中严重受旱面积 56.03 公顷。尤其是吕梁地区受旱较重。		2004《山西年鉴》
2005	全省	2005 年 1 月—4 月份,降水量仅 23 毫米,比历年同期偏少 27 毫米,偏少近 6 成。到 4 月底全省受旱面积达 218 万公顷,其中春播田严重缺墒 72 万公顷,因旱不能下种 48.67 万公顷。全省有 5.33 万公顷小麦近于绝收。进入 7 月份,在秋作物生长关键时期,降水又持续偏少,秋作物遭受严重“卡脖旱”,导致秋作物减产。		2006《山西年鉴》
2006	全省	3 月—5 月上旬,基本无降雨,发生较重的春夏连旱。严重时,全省耕地受旱面积达到 168.33 万公顷,91.3 万人、18.4 万头大牲畜发生临时饮水困难。	下达抗旱资金 3200 万元。	2007《山西年鉴》
2007	全省	春季山西南部地区降水量严重偏少,造成夏收作物严重受旱。夏、秋季北部地区降水严重不足,形成卡脖子旱。	投入抗旱人数 336.78 万人,开动机电井 6.85 万眼,泵站 2534 处,机动抗旱设备 7326 台套。动用机动运水车辆 1.7236万辆。	2008《山西年鉴》

续　表

纪年	灾区	灾象	应对措施	资料出处
2007	运城	4、5月全市平均降水量仅9.0毫米，比历年同期平均值偏少37.6毫米，是有完整资料记录(1957年)以来同期降水量最少的一年。		2008《山西年鉴》
2008	全省	6月下旬以来发生严重旱灾，7月平均降水量常年偏少5—6成，突破有气象资料记录以来的历史最低值。全省有80个县(市)出现不同程度的干旱，43个县为重度干旱，农作物受旱面积3379万亩，其中严重受旱1650万亩，绝收101万亩。干旱持续时间长、危害程度之重，为近十多年来所罕见。		2009《山西年鉴》
2009	全省	从2008年10月中旬至2009年1月，3个月没有大范围的有效降水，1月平均降水量为0.2毫米，比多年均值少94.7%，3月份的旱情发展造成严重的冬春夏连旱，是1961年以来历史同期第二个少雨年，属30年一遇，局部地区达到了50年一遇。	投入近1亿元抗旱资金和55万台(套)抗旱机械，并出台灌溉电价水价补贴政策。	2010《山西年鉴》
2010	全省	1月，全省平均降水量0.6毫米，比多年同期平均值少84.2%；3月份降水量较多年同期平均值少28.3%；出现春季干旱。		2011《山西年鉴》

附表 2 1949—2010 年山西水(洪涝)灾年表

纪年	灾区	灾象	应对措施	资料出处
1949	晋东南	9 月下旬至 10 月上旬阴雨连绵 20 多天,发生秋涝。晋城:先旱后涝,秋,阴雨连绵,发生秋涝。		《民政工作三十五年》(1949—1984)
	祁县	祁县遭水灾。因水成灾面积 18 万亩。		《民政工作三十五年》(1949—1984)
1950	绛县	8 月 30 日下午 4 时至 8 时雨雹,发大水。		山西省人民政府《关于紧急动员群众战胜雹灾的决定》
	大同	七、八月降雨 270 毫米。		
1951	全省	水灾 43000 亩。	灾情发生后,十月间由省到县普遍制定了生产自救计划。	山西省救灾委员会《关于一九五一年冬灾救灾工作总结》
1952	怀仁	7 月 9 日大峪河山洪暴发,洪水冲毁新家园,倒塌房屋 500 间,淹没土地 2000 亩,死亡 35 人。北同蒲铁路中断 7 天。	7 月 16 日省人民政府发出《关于受灾区紧急动员起来,开展抗灾救灾的紧急指示》	山西省政府一九五二年九月十三日灾情报告
1953	全省	全省 6 个专区的 73 个县及大同市共 1737 个村又 58 个乡受涝、水灾。雁北专区和大同市最为严重。其次为运城、临汾两专区。再次为忻县、榆次、长治三区,共受灾 28 个县,122 个村又 58 个乡。		山西省政府民政厅《一九五三年夏末至秋季灾情报告》

续　表

纪年	灾区	灾象	应对措施	资料出处
1953	全省	受灾秋田四十八万五千八百一十三亩,倒塌房屋六万三千一百八十四间,窑洞九千八百五十三孔,圈棚草房冲走二万三千二百八十六间,粮食三十三万零一百三十斤,死亡八十八人,伤一百三十人,死耕畜七十七头,其它家畜、用具损失无计。		山西省政府民政厅《一九五三年夏末至秋季灾情报告》
1954	全省	全省洪、雹灾遍及80县、市,共338个乡的1911个村,受灾秋田1103821亩。尤以雁北专区及长治专区的高平县最为严重。		山西省政府农办五四年八月三十日《山西省夏季灾情及抢救情况初步综合》
	长治专区	6月21日至24日每天都有冰雹、洪水及风、雨之袭击,除黎城县外,均遭受不同程度的雹灾和风灾,几乎遍及全区。		长治专署一九五四年七月五日遭受雹、洪灾情的报告
	怀仁、灵邱	怀仁、灵邱发大水,淹没村庄、土地等。		《山西自然灾害史年表》
	文水县	8月29日至9月5日,因雨水过大,山洪暴发,汾、文、潇三河决口出埝,淹没和淹坏了秋禾全部或一部。		省供销合作社《关于支援文水灾民生产自救的报告》
	新绛	6月22日下午新绛县连降两次暴雨,且夹冰雹,致使山洪暴发,河水水头高达8尺,有3个乡29个村遭灾。		一九五四年九月十一日新绛县防汛指挥部《关于救灾工作的报告》
1955	灵邱	6月25日,主要是水灾,伴有少量冰雹,就地起水,冲走庄稼。		《山西自然灾害史年表》综合自《山西省灾情简报》
	绛县	七月一日上午大交北浍河发生特大洪水。		

续　表

纪年	灾区	灾象	应对措施	资料出处
1955	平鲁	8月18日下午4时钟牌村一带降大雨,时间短促,雨猛急,造成钟牌、向阳堡、马家窊、平反城等4村的洪水灾害。		《山西自然灾害史年表》综合自《山西省灾情简报》
	襄汾	6月30日下午9时倾盆大雨,历五时之久,沿东西两山之水漫地滚流。群众反映这是数十年来未有之大水。水利工程31座全被冲毁,土地、秋禾、乡民财产均遭较大损失。冲毁土地3000余亩,塌房274间(孔),死3人。		
	垣曲	7月29日后连降三次暴雨,河水暴涨,冲毁秋田甚多。9月秋雨连绵,9月6日暴雨大风,造成粮食减产。		
1956	晋东南	山西全省涝甚至大涝,晋东南尤甚,暴雨引起山洪,灾情较重。晋城6月22日暴雨将农作物冲毁,灾情严重。7月30日到31日又遭暴雨洪水灾害。陵川府城8月3日一次特大暴雨,24小时降水273毫米。平顺县8月上旬连降暴雨6天,为往年全年降雨量的54.4%,引发山洪爆发。全县49个乡均受灾,死104人,伤53人,倒房22300间。车当村受灾最重,死98人,死绝户是12。		一九五六年十一月二日山西省民政厅《关于我省今年遭灾情况的报告》
	平定	8月2、3两日连降暴雨,山洪暴发。14个村受灾,死120人,伤51人,死牲畜73头,倒塌房屋12400间。汪里村死98人受灾最严重。		

续 表

纪年	灾区	灾象	应对措施	资料出处
1956	榆次专区	7月中旬至8月初,七县平均降雨量达212毫米,约为全年雨量的百分之54,造成严重的洪灾。		一九五六年十一月二日山西省民政厅《关于我省今年遭灾情况的报告》
	繁峙	8月3至5日连降大雨,山洪暴发。15个乡受灾,子坪村受灾最重,塌房40余间,压死36人。东山底村两条护村坝被冲走,村子成了河道,房屋被毁200余间。		
	绛县	5月下旬至6月末,阴雨连绵40余日,8月4日至15日,阴雨连绵,山洪暴发。		
1957	全省	6月至7月15日,全省遭受雹、洪灾害。受灾严重的长治区之阳城、沁水;忻县区之五台、神池;雁北区之大仁(怀仁);晋南区之闻喜、永济、稷山;榆次区之离山等县。		《山西自然灾害史年表》摘自山西省民政厅《关于六、七月份灾情简要综合报告》
1958	忻州	代县,连续降雨,部分地区受到洪水灾害。特别是8月8日下午2至4时,全县普降暴雨。		代县人委一九五八年八月十日《关于抢救洪灾报告》
		崞县,8月中旬至月底崞县20分钟降雨46.7毫米,并伴有大风、冰雹。		崞县生产办公室一九五八年九月九日《灾情简报》
		保德普降大雨两次,5小时降雨115毫米,134个社受不同程度山洪侵袭,有个别乡损失较严重。		保德县委一九五八年八月三十一日《关于夏季以来受灾情况的报告》(58)生简字第6号

续 表

纪年	灾区	灾象	应对措施	资料出处
1958	运城	中条山区域,7月16日1天降雨达366.5毫米,据闻喜吕庄水文站记载,当月15至19日5天降雨218毫米。由于暴雨集中,涑水河和姚暹渠上游的白沙河等渠道洪水暴发,下游泄洪不畅,沿河多处决口造成严重水灾。		《当代山西水利》
		垣曲,7月16日华峰镇降暴雨,24小时降水365.5毫米。7月17日出现日降水量达252.5毫米暴雨。		《山西自然灾害史年表》
		绛县,七、八月雨量较大,又连续大暴雨数次。7月17日横岭关降暴雨,24小时降水238.2毫米。大水冲坏房屋田禾很多。		
		8月28日万荣县普降暴雨,两小时降雨67.6至100毫米,由于雨势过猛,引起山洪暴发。死6人,伤11人。		山西省人委《关于万荣县遭受洪水灾害情况的报告》
1959	太原、晋中、晋北	41个县(市)普遍受到不同程度的洪水、雨涝和风雹灾害。严重的有汾阳、灵邱等10县。因灾多有伤亡人畜。汾河、文峪河、磁窑河、瓦窑河、斜河、绕义河、阳城河、禹门河、孝河等九条河系共决口260处,致使汾阳、介休、平遥等五县34村庄被淹,因灾死23人。		《山西自然灾害史年表》
1960	太谷	8月多暴风雨,洪雹成灾。9月25日至10月上旬普遍连阴雨。		《山西自然灾害史年表》
	平陆	平陆县7月5日、15日、22日分别降三次暴雨,造成洪水灾害。伤亡男女群众13人。晋南秋季洪水暴发。		

续　表

纪年	灾区	灾象	应对措施	资料出处
1961	晋东南	9月25日至10月4日晋东南地区阴雨连绵。8月13日陵川甘河降特大暴雨,24小时降水量295.9毫米。		《山西自然灾害史年表》
1962	全省	全省从4月下旬到9月中旬,共发生雹、洪灾55天次。7月份的水灾危害更大,全省有30个县(市)遭受了洪水灾害,水灾严重的地区有长治县、长子、壶关、长治市、屯留、榆次等。因灾死亡117人,伤1415人。7月15日长子县降特大暴雨。		《山西自然灾害史年表》
	绛县	6月12日受洪水灾害。		
	朔县	7月5日大尹庄降特大暴雨。		
	原平	7月15日段家堡降特大暴雨。		
	太原	7月16日太原地区连续2天降暴雨。		
	万荣	10月出现连续19天阴雨天气。		
1963	陵川	4月上旬至10月上旬多雷暴雨,为期30至59天,城关降雨18天,其中雷雨占11天。琵琶河8月间降2次特大暴雨。6日一次日降水量249.7毫米。		《山西自然灾害史年表》
	平定	8月23日降特大暴雨,24小时降水286.7毫米;娘子关连续五天暴雨,总降水量633.3毫米。		
	昔阳	8月上旬遭受一次特大洪灾,从6月2日至9日降雨500多毫米,8月4日昔阳县的一次特大暴雨,24小时降水量为243.6毫米。	8月8日省委、省人委派出慰问团慰问。	

续 表

纪年	灾区	灾象	应对措施	资料出处
1963	绛县	绛县阴雨成灾。4 月 1 日至 5 月 26 日降雨 167.9 毫米,阴雨 47 天。5 月 18 日至 26 日连续降水 103.7 毫米。		《山西自然灾害史年表》
1964	中阳	7 月 6 日余家庄出现特大暴雨。		《山西自然灾害史年表》
1966	阳泉	8 月 23 日,郊区出现日降水量达 261.5 毫米的特大暴雨,桃河暴涨,冲毁房屋。		《山西自然灾害史年表》
	平定	8 月 22 日,床泉出现日降水量 580 毫米的特大暴雨。		
1968	昔阳	7 月初大寨下了一场特大冰雹,鸡蛋大的冰雹下了十几秒钟,伴有狂风暴雨。地势低的窑洞被洪水淹没。		《山西自然灾害史年表》
1969	夏县	8 月 21 日降特大暴雨。24 小时降水量 350—400 毫米。		《山西自然灾害史年表》
1970	屯留、娄烦	暴雨。		《山西自然灾害史年表》
	晋城	7 月 9 日晚,冰雹大雨引起洪灾。		
	霍县	陶村堡 8 月 10 日出现 6 小时降雨量为 600 毫米的特大暴雨。		
1971	太原	古郊区梅洞沟 7 月 1 日出现暴雨。		《山西自然灾害史年表》
	屯留	6 月 23 日西河庄降特大暴雨。		
	娄烦	7 月 30 日出现 24 小时降水量 567 毫米的特大暴雨。		
	闻喜	瓮村 8 月 20 日出现 24 小时降水量为 268 毫米特大暴雨。		
1973	晋城	6 月 10 日至 11 日降大到暴雨。		《山西自然灾害史年表》

续 表

纪年	灾区	灾象	应对措施	资料出处
1973	雁北	阴雨连绵,作物在田间生芽、霉烂,严重影响场上收打。		《山西自然灾害史年表》
	繁峙	8 月 12 日白坡头降暴雨。		
1974	晋城	7 月 16 日、8 月 8 日和 29 日降暴雨年引起洪灾。		《山西自然灾害史年表》
1975	壶关	桥上 8 月 6 日一天降雨量达 395.5 毫米的特大暴雨,同日平顺县杏城出现 24 小时 550 毫米降水的特大暴雨。		《山西自然灾害史年表》
	蒲县	7 月 20 日井儿上发现 24 小时降水 457.2 毫米的特大暴雨。		
1976	晋东南	壶关县从 8 月 4 日到 9 日,东部山区桥上连续降雨 112 小时,降水量为 809.7 毫米。6 日降水 4 小时降雨 222.6 毫米,一天最大降水量 392.2 毫米。8 月 21 日潞城、平顺地区浊漳河洪水暴发。晋城 7 月下旬连降 2 次暴雨,洪雹交加。		《山西自然灾害史年表》
	昔阳	7 月 12 日,阎庄、瓦邱、凤居、皋落、赵壁、白羊峪、三都公社 86 个大队遭受洪、风灾害。		
	天镇、阳高	8 月 11 日,两县 29 个公社 245 个大队遭暴雨袭击。		
1977	晋中	8 月上旬,以平遥为中心发生罕见暴雨洪水,形成平地起水,河川洪水暴涨,致使晋中、汾、孝、文等县洪水汇集。5、6 两日降雨历时 40 个小时,雨区范围平均降雨 107 毫米,最大雨量 350 毫米,最小也在 50 毫米以上。平遥城关一天降雨量最大为 355 毫米。8 月 5 日至 7 日平遥降大暴雨。地面平地起水,洪水暴涨,使晋中、吕梁地区部分县遭到十分严重的洪涝灾害。这次平遥暴雨是公元 1318 年以来最大的一次。		《当代山西水利事业》《山西气象公报》

续　表

纪年	灾区	灾象	应对措施	资料出处
1977	静乐	长坪一带降特大暴雨,日降水量为300毫米。		《当代山西水利事业》《山西气象公报》
	石楼	7月5日至6日普降暴雨,5个公社14小时降雨量为100多毫米。		
	运城	7月29日,稷王山东、北侧发生历史上罕见的暴雨。		
1978	晋中、雁北	全省大旱的情况下,8月25日至9月8日,中北部地区出现阴雨连绵。文水、汾阳、孝义、太谷、兴县、平定、阳高等15个县降雨量在200毫米以上。离石县降雨量达364毫米。		山西省气象局《一九七八年旱情及自然灾害》
1979	晋中	7月间全省有不少地县遭受暴雨袭击,晋中局部地方半小时降雨92毫米,使4万多亩 秋田水淹受灾。8月6日平遥降暴雨,日降水量为358毫米。		《山西自然灾害史年表》
	灵邱	10月10日,狼牙沟、下关、上寨三个公社发生洪灾,个别村庄土地全部冲光。		
	离石	6月29日离石县田家会红眼川一带发生特大暴雨,102分钟降雨230毫米。		
1981	全省	自6月份以来,全省进入汛期。到8月上旬,全省55个县市遭洪灾。大同市冲垮一座库容为13万米^{3}的水库。		《山西自然灾害史年表》
	雁北、忻县、吕梁、晋中	雁北、忻县、吕梁、晋中等四个地区灾情比较严重,洪灾面积在10万亩以上,冲毁各种工程设施较多。其中应县、山阴、偏关、繁峙、中阳、石楼、岚县、灵石、盂县等县灾情较重。应县7月24日、8月5日两次降暴雨,南山各峪洪水爆发。灵石县6月30日洪灾,水淹两渡镇。		

续　表

纪年	灾区	灾象	应对措施	资料出处
1982	全省	6月初到7月底,全省因冰雹、大雨致洪,涉及全省半数以上。8月2日至9月8日,全省又有16个县市受暴雨、冰雹、大风灾害。垣曲县冲走拖拉机1台,10人死亡;平陆县连续4天暴雨,死12人;襄汾县连续六天降暴雨,有5人死亡;黎城县连续五天降雨,造成山洪爆发,8人死亡;陵川县连续降雨5昼夜,死牛12头,死1人;阳城县冲走汽车6两,拖拉机7台,死23人,大小牲畜死亡无数。7月29日至8月3日,一连6日降暴雨和大暴雨,全省平均降雨量115.9毫米。生命财产受到严重损失。成为建国以来最严重的一次洪水灾害。重灾县共13个:石楼、柳林、交口、永和、大宁、吉县、和顺、昔阳、平定、盂县、平陆、河津、阳泉郊区.沁水县全县受灾,8月1日至2日降水量达287.3毫米,自7月29日至8月4日总降水量411.6毫米,连续5昼夜特大暴雨。2日凌晨,洪水冲进沁水县城,水深1.5米至2米,当时死亡15人,房倒屋塌,县城遭受毁灭性破坏。	沁水县城灾后全部重新规划建设。	《山西自然灾害史年表》综合自《山西省灾情简报》
1983	晋东南、晋中、晋南	阳泉、黎城、襄垣、清徐、灵石、阳曲、新绛、临漪、运城、河津、万荣、大同、榆次、定襄、屯留、五寨、沁县、平顺、阳城等县均遭受了不同程度的风雹引起的山洪灾害。		《山西自然灾害史年表》
	雁北	广灵县5月11日暴雨冰雹天气,出现了罕见的山洪灾害。浑源县5月11日的大风暴雨伴随冰雹,致使19人死亡。		

续　表

纪年	灾区	灾象	应对措施	资料出处
1984	清徐	5月10日，遭冰雹、大风暴雨袭击，13个公社96000多亩农田受灾。		《山西自然灾害史年表》综合自《山西省灾情简报》
	晋南	垣曲等7县6月3日，降水量115毫米的特大暴雨，局部出现洪水，3人死亡。6月20至27日，出现麦收连阴雨，有8个县4600万斤小麦发生霉烂。7月10日至17日暴雨，霍县北关小学两孔窑式教室倒塌，使22名师生当场死亡。交口县发生日降水量127毫米的特大暴雨，塌窑63孔，3人死亡，3头牛砸死。9月12日至27日，13个县连阴雨，降水120至260毫米，突破历史九月降水最高记录。有七县降水超过100毫米。永济县和运城县因涝洼积水，有44000多亩小麦未种。9月20至27日，出现了连阴雨天气，运城等地连续8天阴雨连绵，严重影响小麦播种和大秋作物收打，大批未摘棉花发生烂桃。		
1985	太原市	5月11日暴雨，太原古交矿区淹死86人，伤1人。		《山西自然灾害史年表》综合自《山西省灾情简报》
	静乐	5月11日的暴雨，静乐县成灾农田5.7万亩，倒屋50间，死3人，死牛羊626头(只)。		
	晋南	7月28日的暴雨，芮城县倒屋3000间，死4人，伤38人。河津县倒屋67间。临猗县倒屋161间，死伤各1人，死牛羊131头(只)。8月1日，万荣县冲毁农田80000亩，倒屋1329间，冲毁坝80000米，桥41座，死3人，伤10人，死牛羊99头(只)。		

续　表

纪年	灾区	灾象	应对措施	资料出处
1985	长治、晋城、晋中、吕梁、临汾、运城	9月7日至17日,有67个县(市)阴雨成灾,受灾面积200万亩,因灾死亡53人,伤107人,死亡大牲畜712头,猪、羊5631(头)。		《山西自然灾害史年表》综合自《山西省灾情简报》
1986	全省	7月24日出现全省范围的暴雨。8月5日晋城市遭特大雹灾,造成山洪爆发,冲毁土地4.7万亩。5月28日霍县的冰雹,降雨量37毫米,洪水流量140立方/秒。		1987《山西年鉴》
1987	全省	6月4—6日全省出现了一次大到暴雨天气,全省有20多个县市100多个乡镇、500多个村庄,41.13万亩庄稼遭受暴雨冰雹。	下拨救灾款。	1988《山西年鉴》
1988	全省	汛期雨洪频繁,均降雨495毫米,是建国以来历年同期降雨最多的一年。74个县市发生暴雨或大暴雨。96个县市受灾,倒塌房屋7900间(孔),冲毁河堤256公里、灌溉渠5879公里,交通、电力也受到影响。汾河流量达到980秒立方米,同蒲铁路和太风公路曾一度中断。	各级政府加强防汛检查,落实抢险措施。9月22日,财政部门下拨800万元救灾款。	1989《山西年鉴》
	汾阳	7月15日、7月20日、7月23日、8月6日连降特大暴雨、狂风严重袭击。6日降水总量达1.19亿立方米。县城东关、南关等村庄积洪水1米多深,严重地区达2米多深,57人丧命,876人受伤,8145间房屋倒塌,22057人无家可归。		
	灵石	8月6日特大暴雨,洪水涌入县城,造成9人死亡。		

续　表

纪年	灾区	灾象	应对措施	资料出处
1989	曲沃	7月18日24时与23日凌晨3时左右，北山一带2次突降暴雨，山洪成灾，倒塌房屋（窑洞）1606间（孔）、围墙13120米，冲走、淹没粮食128万斤，化肥200多吨；冲没农作物34900亩，绝收17850亩；7条供电干线和1条通讯干线中断；冲毁柏油公路2280米；乡镇企业16个被淹没。是50年来罕见的特大山洪灾害。	县委、县政府带领群众，进行生产自救。省政府下拨救灾款。	1990《山西年鉴》
	方山	7月23日、8月6日，发生特大洪灾，死亡4人。		
1990	文水、方山、离石、交城、岚县	7月11日凌晨，文水、方山、离石、交城、岚县遭受暴雨洪灾。		1991《山西年鉴》
1991	吕梁地区	7月份以前，全省46个县出现不同程度的洪灾，受灾面积558万亩，其中成灾289万亩，受灾人口100万人，死亡29人，倒塌房窑9789间（孔），冲毁河坝392处188公里，毁坏渠道56公里，通讯线路31公里，冲走粮食1052万公斤，直接经济损失1.48亿元。	计委和财政部门对防汛物质和建设投资给予及时下拨。清淤清障。发动群众生产自救。	1992《山西年鉴》
	潞城市	浊漳河石梁站，6月7日洪峰流量698秒立方米，是近10年最大的一次洪水。		
	永和	7月27日晚9时，特大暴雨。47分钟降雨量达91毫米，倾刻山洪暴发，洪水泛滥，流经县城的芝河水流量达1800立方米/秒。洪水横溢县城街道，以致部分机关和居民房屋进水，被冲毁倒塌。农田受灾面积达11358亩。		
	吕梁	西朱庄站，7月28日西朱庄站测洪峰流量780秒立方米，是最近10年较大的一次洪水。		

续 表

纪年	灾区	灾象	应对措施	资料出处
1991	榆次市	7月8日下午,遭受冰雹、大风、暴雨袭击,历时1个多小时,14.4万亩农作物受灾严重,绝收1.41万亩。	计委和财政部门对防汛物质和建设投资给予及时下拨。清淤清障。发动群众生产自救。	1992《山西年鉴》
	屯留	7月10日下午4时10分,遭受冰雹、狂风、大雨袭击,下雹20分时,大风瞬间达9级以上,40分钟降雨100毫米,14.7万亩农作物受灾。		
1992	岢岚	7月20日至9月15日,50天阴雨连绵。因洪灾死亡5人,洪水冲走羊138只,倒塌房屋84间。		1993《山西年鉴》
	沁县	7月23—24日,持续降水13.5小时,降水量145毫米,受灾面积4万亩。冲毁桥涵53座,毁坏公路130处1.1万米,冲毁树木、电杆6171根,电击变压器3个,倒塌房屋315间,造成危房837间,死2人。		
	晋城、大同	8月11—13日,晋城、大同等11个县(市)遭受暴雨灾害。8月12日,晋城市降水113.2毫米,受灾面积面积8.5万亩。		
	临猗	8月31日—9月1日,洪涝灾害,倒塌房屋4459间,造成危房1500间,死3人,伤7人。		
1993	大同市	7月2号15时,大同市遭受了一场罕见的暴雨和洪水的袭击,105645亩农田严重受灾,其中36042亩蔬菜和粮油作物濒临绝收。	保险公司拨付防灾费10万元,帮助政府组织农民恢复生产。	1994《山西年鉴》

续 表

纪年	灾区	灾象	应对措施	资料出处
1993	昔阳	7月25日下午,遭受特大暴雨、冰雹袭击,冰雹最大直径4厘米,县城一带积雹厚约16厘米,迎风面积雹竟达52厘米,2000亩蔬菜和7000亩大秋作物几近绝收。	研究部署生产救灾工作。拨500万元专项款用于抗灾救灾。	1994《山西年鉴》
	长治市	8月3日夜间至6日凌晨,襄垣、沁县、黎城大暴雨。8月3日晚至4日晚,沁源发生特大洪水,沁源县冲塌房屋1779间,冲走大牲畜873头,冲毁农田8000余亩,受灾农田总面积达11万亩,县城9个厂矿进水,2个焦化厂被冲毁,全县供电、供水和交通全部中断。潞城县洪水进入县城,城内水深达1米。8月4日漳河水泛滥,通过采空区灌入矿井,造成潞安矿务局五阳矿发生一起特大地陷塌方、矿井透水事故。		
	安泽、灵石	8月3日晚至4日晚暴雨,洪水进入县城,安泽城内最深处达3米。		
1995	雁北、运城	7月17至18日,天镇、阳高、河津、万荣、闻喜、绛县、夏县等县42个乡镇遭暴雨袭击。冲毁农田15.3万亩,倒塌房屋9万间,死亡2人,冲走3人。阳高从7月12日至9月9日,60天内降雨量达579.8毫米,超过历史上任何一年。8月31日至9月9日,广灵境内持续降雨10昼夜,霪雨成灾。	开展生产自救和社会互助活动。中央和省财政下拨救灾款1.36亿元,调拨救灾粮指标2150万公斤。	1996《山西年鉴》

续　表

纪年	灾区	灾象	应对措施	资料出处
1995	忻州市	8月28日到9月7日，静乐县连降大雨11天，山洪暴发，河水泛滥，冲毁淹没农田4.75万亩，倒塌房窑4100间(孔)，1.3万余人无家可归。7月28至29日，保德、河曲、偏关3县遭暴雨袭击，7小时雨量达176毫米，最高达190毫米。倒塌房屋2500间，15人死亡，4人失踪，251人受伤，80公里公路、13座桥梁、5座水库被冲毁。	开展生产自救和社会互助活动。中央和省财政下拨救灾款1.36亿元，调拨救灾粮指标2150万公斤。	1996《山西年鉴》
	大同、朔州、忻州	8月下旬至9月上旬，三个地市的雨涝灾害比历史上嘉庆5年还严重，三个地市房屋倒塌46万间，损坏61万间，死亡67人，有40万人无家可归，造成直接经济损失40多亿元。连续10天之久阴雨连绵，造成山西省北部历史上罕见的特大涝灾。		
1996	灵丘、太原、太谷、河津、屯留、长子、高平	5月26日，暴雨、冰雹、大风。		1997《山西年鉴》
	阳城	7月8日至18日降雨量达111.5毫米，7月31日1时至18时大暴雨降雨量达245.5—298毫米，8月2日至5日又降雨107.2—196.5毫米，从7月31日至8月5日短短6天内，全县平均降雨量达254.1毫米，受灾人口101730人，占全县总人口的29.1%，死亡14人，受伤17人。	抗灾自救，捐款捐物。	
	垣曲、绛县	7月31日，大暴雨。		
	万荣、临猗	7月12日的冰雹、暴雨、大风。		

续　表

纪年	灾区	灾象	应对措施	资料出处
1996	盂县	8 月 3 日至 5 日,部分地区遭受特大暴雨和洪水袭击。		1997《山西年鉴》
	和顺	8 月 3 日至 4 日,全县 24 小时降雨 180 毫米,15 个乡镇、330 个行政村、2.6 万户、10 余万口人普遍遭灾,其中许村、青城、土岭、松烟、平松、瓦房等乡镇受灾严重。	县委、政府带领全县人民抗震救灾。	
	永济市	1 月 20 日,风陵渡大桥冰块堵塞,造成河水暴涨,淹没永济市韩阳镇滩涂 2 万多亩,其中小麦 1 万多亩,果树 3000 余亩,鱼池 700 余亩,直接经济损失 1280 万元。2 月 6 日,永济市的蒲州、韩阳、首阳 3 乡镇共计淹没土地 6 万多亩,其中小麦、油菜 4.5万亩,果树、芦笋 1.1 万亩,鱼池 4150 亩,水井 300 眼。	水利部及省市组织抢险救灾。	
1997	寿阳	6 月 25 日 4 个乡镇受到洪水冰雹的严重袭击,2 个小时降水量达 200 毫米,16.6 万亩作物严重受灾,其中绝收 3 万亩,毁房屋 30 多间,损坏房屋 140 间,冲毁公路 135 公里,堤坝 7 万余米。		1998《山西年鉴》
1998	榆社、左权	6 月 30 日—7 月 1 日,榆社、左权先后遭受到洪水袭击,受灾面积分别为 5161 亩和 37995 亩。7 月 11 日 21 时,榆社县遭受暴雨袭击,全县 7 个乡镇、45 个村庄遭受洪灾。		1999《山西年鉴》
	乡宁	7 月 5 日 18:15—19:30,遭受暴雨袭击,县城部分单位进水二尺。		
	兴县	7 月 12 日 15 时—13 日 5 时,发生长达 7 个多小时的三次强降雨过程,冲走汽车 8 辆、大牲畜 87 头,死 2 人。		

续　表

纪年	灾区	灾象	应对措施	资料出处
1998	绛县、黎城	7月5日—10日连续降雨，导致灾情发生。		1999《山西年鉴》
	黎城	7月10日全县252个村、1.9万人受灾。受灾面积11万亩，倒塌房屋520间。		
	交城	7月12日20:00—13日8:00，大范围内降大到暴雨，直接经济损失2300万元。		
	浑源	温庄乡7月16日下午16:30，暴雨引发山洪，受灾人口3951人，倒塌房屋76间。		
	临县	8月1日12时，洪雨夹冰雹袭击，农作物1.5万亩绝收，冲走牲畜100多头（只）。		
	泽州	8月21日—22日，东下村乡降雨160毫米，洪水冲走汽车2辆，失踪1人。大箕乡上河村死2人。		
	阳城	町店乡8月21日6:00—11:00，大雨，导致倒塌房屋162间。		
1999	盂县	8月13日晚至15日下午，北部和东部及西部的榆林坪、梁家寨、北峪口、庄里、下社、上社、西潘、王村、东庄头、冬木口、仙人、北下庄、土塔等13个乡镇受到特大暴雨袭击，受灾人口7.5万人，死亡6人。	政府及时组织了抗灾救灾工作。	2000《山西年鉴》
2000	陵川、阳城	6月15日至6月21日，两县的秦家庄、礼义、平城、横河等4个乡镇46个村先后遭受暴雨、冰雹袭击，农作物受灾面积达6.17万亩。其中成灾面积5.16万亩，倒塌房屋8间，造成直接经济损失550万元。		2001《山西年鉴》
	阳泉市	8月2日暴雨，阳泉至石家庄的公路中断15公里，冲毁乡村公路14公里。		

续 表

纪年	灾区	灾象	应对措施	资料出处
2000	昔阳	8月9日、10日洪雹。8月9日历时20多分钟的狂风暴雨、冰雹,使8个村的3210亩玉米倒伏基本绝收,2390亩果园平均落果50%,2638株红枣树平均落枣30%,1000多株木材树被狂风折拔卧地,直接经济损失700.5万元。8月10日的冰雹造成19个村的14240亩晚秋作物成灾,2400亩经济作物和1800亩苹果树严重受灾。		2001《山西年鉴》
2003	长子、高平	4月17日,两县出现暴雨天气,平了本省暴雨出现时间最早的历史记录。		2004《山西年鉴》
	垣曲	王茅镇白水村6月30日~7月6日连续降雨天气,致使大面积山体滑坡。全村657间房屋,287眼窑洞全部受到损害。		
	运城、临汾、长治、晋城	8月23日~10月13日,4市的大多数县及吕梁、晋中部分县持续阴雨天气,平均降水量达318毫米,比2002年同期多243毫米,比常年同期偏多219毫米。其中,运城市9月8日至10月24日,阴雨天气长达20天,平均降水量高达389毫米,是有记载以来所没有的。		
2004	柳林	6月30日凌晨2时,陈家湾乡贺家社村降大雨,由于公路积水流到屋顶,致使3孔砖结构窑洞倒塌2孔,1人死亡。		2005《山西年鉴》
	石楼	6月29日,裴沟乡大雨持续8个多小时,淹没农田1905亩,倒塌房屋5间,冲走低压电杆4根,冲毁焦化厂炼焦炉1座。		

续 表

纪年	灾区	灾象	应对措施	资料出处
2004	新绛	6月29日晚8时至30日凌晨5时,暴雨,北张镇马首官庄、西南董2村庄遭到洪水袭击,冲垮排洪渠堤,洪水进村,马首官庄村中街道水深0.8米左右,西南董村洪水漫过堤顶,大片农田被淹没。		2005《山西年鉴》
	平陆	7月25日凌晨4:30时至早晨8:30时,常乐、张树、杜马、部官等10个乡镇突降暴雨,28094亩绝收,大水冲走和淹没粮食共计10.75万斤,冲走及砸死牲畜、家禽共计3300头(只)。		
	泽州	7月24日下午14:20时至16:00,晋庙镇突降暴雨,并伴有雷电和冰雹,受灾面积2150亩,死亡牲畜16只。		
	中阳	7月29日0:30时,暴雨历时8小时,冲毁刘家坪河坝200米,淹没农田200余亩,冲毁枝柯镇河坝200米,冲毁交通局围墙20米,冲毁中阳第一中学砌石护坡40米。		
2005	沁水	6月8日20时,十里乡突降大雨河道涨水形成山洪,孝良村中心小学的两名小学生,被突发洪水冲走死亡。		2006《山西年鉴》
	绛县	6月8日20时,十里乡突降大雨,河道涨水,形成山洪,孝良村中心小学的两名小学生,被突发洪水冲走死亡。		
	阳城、沁水	7月17日晚12时至18日上午9时,阳城、沁水等县的部分地区连降暴雨,降雨量达266毫米,致使山洪暴发,农作物大面积受灾,损失严重。		

续　表

纪年	灾区	灾象	应对措施	资料出处
2005	太原市	8月11日,大雨,造成39处城市道路及低洼地带严重积水,550余户房屋商铺进水受淹。		2006《山西年鉴》
	岢岚	8月6日下午13时30分左右,宋家沟乡、水峪贯乡、西豹峪乡等3乡镇遭遇雷雨袭击,造成4人雷击死亡。		
	稷山	8月13日16时30分左右,县城区出现强雷暴天气,大佛寺内文殊殿雷击失火。		
	壶关	9月20日,因降雨引发山体滑坡,倒塌房屋3间,死亡3人。		
2006	灵丘	6月24日,中部普降暴雨并引发洪水、风雹灾害,受灾人口达40241人,农作物受灾面积7853.8公顷,其中绝收2755.33公顷,死羊542只。		2007《山西年鉴》
	河津市	7月2日,暴雨致使遮马峪、瓜峪山洪突发,遮马峪洪峰流量达每秒40立方米,历时4—5小时,农作物受灾面积470公顷,绝收面积260公顷,3人死亡。		
	阳城	7月14日,蟒河镇政府所在地降雨48毫米,造成两镇22个村受灾,受灾人口2225人。		
	榆社	7月15日,突降暴雨引发洪水致使河峪、西马、箕城3个乡镇的26个行政村受灾,冲走羊230余只,牛20余头。7月23日下午6时左右时,北寨乡郭家社附近遭受雷雨大风袭击,致使北寨乡郭家社、温泉、怀沟、堡下等8个行政村受灾,死亡牲畜1803头(只)。		

续 表

纪年	灾区	灾象	应对措施	资料出处
2007	全省	7月29日至31日,受连续降雨和局部暴雨共同影响,亳清河、洮水河、汾河、沁河、榆社河等河流发生不同程度洪水。黄河一级支流亳清河洪峰流量1040立方米/秒,超过百年一遇洪水,大庙、孔家坡为接近十年一遇,榆社站为五年一遇。垣曲县24小时降雨量高达380毫米,为30年来之最。9月26日开始到10月12日,全省有81%的县市降水日数超过10天,38%的县市降水日数达到了15天以上。此次连阴雨过程持续时间之长为我省历史罕见。	出动公安、武警3005人次,组织抢险救灾干部群众6万人次。	2008《山西年鉴》
	阳泉市、太谷、兴县	7月22日,降暴雨,石太铁路阳泉段因暴雨中断;兴县魏家滩镇煤矿11名矿工被困井下。		
	垣曲、绛县	7月29日,特大暴雨。垣曲日降雨量达303.4毫米,为山西省有气象资料记载以来首次。	有关部门连夜救灾。	
	侯马市	7月28日—31日,特大暴雨,降水量达135毫米以上,30日上午,浍河流域又突遭从绛县和曲沃县下泻的特大山洪。造成巨大损失。		
	灵丘	8月2日,南村镇大雨,30分钟降雨50毫米,引起长白两峪山洪暴发,冲走羊44只。1260亩绝收。		
	文水	8月6日,文水县5小时内降雨量19.4毫米,南安镇、胡兰镇的大部分地区降雨达到94毫米。		
	岚县	8月31日,界河口镇突降50年一遇的局地特大暴雨,东口子村1名男孩被洪水冲走溺亡。		
	祁县	9月25日—10月10日,降雨量达143.9毫米,致8个乡镇全部遭受洪涝灾害。	县委、县政府紧急转移安置灾民。	

续 表

纪年	灾区	灾象	应对措施	资料出处
2008	全省	4月8日出现的夏季最大降水,共有81个县(市)出现中到大雨。榆次暴雨为有气象纪录以来的最早暴雨日;右云降水量是其有气象记录以来历史同期最大值。		2009《山西年鉴》
	垣曲	5月17日00:30左右,降水引发山洪,一辆面包车被冲走,造成两人死亡。		
	全省	9月下旬,出现连阴雨天气,中部地区,20日至27日连续8天出现降雨天气。大同市9月21—25日,连续5天阴雨连绵,较常年同期平均值偏多6.5倍,是1971年以来同期最高值。		
2009	全省	5月9日至9月19日,大部分地区暴雨频繁发生,较大范围的暴雨主要发生在5月9日、7月6—8日、7月16日、7月19—21日和8月20—21日。9月3—10日全省出现连续八天的连阴雨,有8个县市降暴雨,其中北部、中部大部分地区降水量在50毫米以上,部分地区降水量在100毫米以上。		2010《山西年鉴》
	运城市	7月23日—24日,运城市出现中到大雨,垣曲县毛家镇过程降水量达191.3毫米。		
	榆社	8月8日,社城镇西崖底、社城等7个村均遭暴雨侵袭。		
	洪洞	8月9日凌晨5时,山头乡、堤村乡出现特大暴雨,6小时雨量达124.0毫米。		
	大同市	9月16—21日,连续6天阴雨连绵,过程降水量全市平均达93.6毫米,为1971年以来同期最大值。		

附表 3 1949—2010 年山西雹灾年表

纪年	灾区	灾象	应对措施	资料出处
1949	晋中	昔阳:雹灾。祁县:旱灾并遭水、虫、雹、风灾。全省因雹成灾面积524000亩。		《民政工作三十五年》(1949—1984)
1950	全省	自四月份以来,连续雹灾,受灾之重,面积之广,为六、七十年来所未见。受灾者达37县(共下雹16次),雹大如碗如拳,次如鸡蛋、核桃,小则如豆。全省约计:受灾麦秋田130多万亩,死10人,伤291人,死牲畜11头,毁房333间。		山西省人民政府《关于紧急动员群众战胜雹灾的决定》
		从3月29日至6月17日先后降雹110次,受灾面积广达64个县,最严重一次为5月25日,降雹小如鸡蛋,大如拳头、碗口,打坏24个县的130多万亩麦田,打死2人,打伤200多人,毁坏房屋极多。		《山西自然灾害史年表》
1951	全省	山西遭受了旱、雹、水、冻、霜灾,雹灾621000亩。	十月间由省到县普遍制定了生产自救计划。	山西省救灾委员会《关于一九五一年冬灾救灾工作总结》
1952	全省	8月18日至9月4日,山西5个专区的地区均受雹灾,共有29个县1个市(长治市)240个行政村,142317亩秋田受到轻重不同的损害。忻专有五台、阳曲、忻县、崞县、静乐、宁府、岢岚7县,142村受害。如五台西关、古城等20个村,其中有8个村的秋田全打光。榆次专区有和顺、离石、昔阳、盂县、寿阳、灵石、交城等7县,33个村的15000余亩秋田受灾。长治专区8月30日晋城、高平、襄垣、长治、长治市5个县、市40个村受灾。	7月16日省人民政府发出《关于受灾区紧急动员起来,开展抗灾救灾的紧急指示》	《山西省政府一九五二年九月十三日灾情报告》

续　表

纪年	灾区	灾象	应对措施	资料出处
1952	全省	运城专区有荣河、万泉、绛县、安邑、夏县、闻喜6县25个村的3000余亩秋田遭灾。临汾专区9月4日有吉县、乡宁、永和、汾西、曲沃等5县受灾。	7月16日省人民政府发出《关于受灾区紧急动员起来,开展抗灾救灾的紧急指示》	《山西省政府一九五二年九月十三日灾情报告》
	祁县	阴历六月初八古贤、申村、小韩、阎漫、南北建安等三十多村遭受雹灾,冰雹大如鸡蛋,庄稼损失严重。六月上旬城关等村降雹三寸多厚,大如鸡蛋。	大秋作物全部打光,改种晚秋作物。	《山西自然灾害史年表》
1953	岢岚	六月五日端午节全县大部分地区降雹二十分钟,大如拳,小如大豆,为当地历史上最严重一次。雹后地面皆白,数日小化,夏田无收大减产。		山西省政府民政厅《一九五三年夏末至秋季灾情报告》
1954	全省	全省洪、雹灾遍及80县、市,共338个乡的1911个村,受灾秋田1103821亩。尤以雁北专区及长治专区的高平县最为严重。		山西省政府农办五四年八月三十日《山西省夏季灾情及抢救情况初步综合》
	长治专区	6月21日至24日每天都有冰雹、洪水及风、雨之袭击,除黎城县外,均遭受不同程度的雹灾和风灾,几乎普及全区。		《长治专署一九五四年七月五日遭受雹、洪灾情的报告》
	新绛	6月22日下午新绛县连降两次暴雨,且夹冰雹,致使山洪暴发,河水水头高达8尺,有3个乡29个村遭灾。		一九五四年九月十一日新绛县防汛指挥部《关于救灾工作的报告》
	绛县	5月31日下午7时30分钟第一、二区降雹历时十分,城关、西吴高地等9个村棉花被雹打严重。		

续　表

纪年	灾区	灾象	应对措施	资料出处
1955	太原市	7月相继发生雹、水、虫、风等灾害,使50个乡的261个村遭灾。		《山西自然灾害史年表》综合自《山西省灾情简报》
	襄垣	入夏以来3次受雹灾,尤以6月15日下午3时最重。		
	晋城	6月9日下午3时,天气燥热,突起黄风,黑云布天,7个乡突降冰雹,历时1小时,大如杏仁,地面积雹2至4寸,秋禾成灾。		
	灵邱	6月24日下午1时和4时,连续降雹两次;6月25日,主要是水灾,伴有少量冰雹,就地起水,冲走庄稼。7月16日降雹,有4个乡77个村受灾。		
	五台	旱、雹、洪、风、虫等灾及39个乡,有11300亩农田受灾。		
	翼城	5月6日下午2时突然狂风暴雨,夹降冰雹,大如核桃,小如豆,不足一小时降雹二寸余,有30个乡受灾。		
	闻喜	5月6日下午3时30分至4时10分雹灾,大如杏核,地面积雹盈寸。		
1956	榆次专区	寿阳、盂县、平定、昔阳、和顺、左权、榆社七县遭受冰雹、洪水、地震灾害。		《山西自然灾害史年表》
1957	全省	6月至7月15日,全省遭受雹、洪灾害。受灾严重的长治区之阳城、沁水;忻县区之五台、神池;雁北区之大仁(怀仁);晋南区之闻喜、永济、稷山;榆次区之离山等县。		《山西自然灾害史年表》摘自山西省民政厅《关于六、七月份灾情简要综合报告》
	晋东南	6月8日至11日,晋城、屯留、黎城等13县也遭不同程度雹灾。		《山西自然灾害史年表》

续 表

纪年	灾区	灾象	应对措施	资料出处
1957	榆次专区	寿阳县8天连续降雹6次。离山县降雹地区积雹3至5寸。清徐县徐沟一带雹雨持续达一小时之久,小麦几乎被打光。		《关于农业生产情况报告》
	灵邱	7月间一次降雹大如锅台,数日始融。		《山西自然灾害史年表》
1958	崞县	8月中旬至月底崞县20分钟降雨46.7毫米,并伴有冰雹。		《山西自然灾害史年表》
	昔阳	雹灾。		
1959	全省	正当农作物成熟收割之际,9月17日至28日,保德、黎城、浮山、昔阳等33个县(市)先后遭到5次严重雹灾。		一九五九年十月八日山西省生产救灾委员会《关于山西一九五九年自然灾害情况的报告》
	太原、晋中、晋北	41个县(市)普遍受到不同程度的风雹灾害。		
1960	全省	雹灾发生早,次数多,从5月初到9月上旬降雹15次,主要有灵邱、应县、兴县、忻定、保德、五寨、阳曲、平遥、左权、运城、临猗、长治市、武乡、沁县、陵川、阳城等县(市)。如兴县降雹7次。全省因洪、雹、冻死亡82人,伤94人。		山西省生产救灾委员会六零年九月九日《关于山西省一九六零年自然灾害情况的初步综合报告》
	晋东南	6月23日下午5到6时降中等强度的冰雹,最大直径2.5厘米。		《山西自然灾害史年表》
	太谷	8月多暴风雨,洪雹成灾。		
1961	晋南	入夏以来雹灾不断出现,各地遭受较大的雹灾已有20余次,5月22日晋南区的芮城、闻喜、洪桐等11县一次雹打88万亩。棉秋作物有80%打成秃顶,瓜类、油料全被摧毁。		山西省农业厅六一年八月给农业部的《山西省春季以来自然灾害情况综合报告》

续 表

纪年	灾区	灾象	应对措施	资料出处
1961	晋北	7月26日至29日晋北的天镇、左云、灵邱、五寨、忻县等28县(市)连续受到风雹灾的严重袭击。天镇县7月27日一天降雹3次,同日,灵邱县也受到雹灾袭击,雹大如鸡蛋。天镇县7月27日一天降雹三次,有的生产队积雹厚达一尺,受灾面积平均减产50%左右。同日,灵邱县也受到雹灾袭击,雹大如鸡蛋,有的重达1斤。		山西省农业厅六一年八月给农业部的《山西省春季以来自然灾害情况综合报告》
1962	全省	从4月下旬到9月中旬,共发生雹、洪灾55天/次。		《山西自然灾害史年表》
1963	晋城	6月2日雹灾严重。雹块最重者50克,如馒头(直径二十四厘米)。		《山西自然灾害史年表》
1964	晋城	6月7日下午3时,降雹1小时左右,南岭等5个公社,60个大队降雹。绝收492亩。		《山西自然灾害史年表》
	神池	秋间一场冰雹把即将成熟的胡麻、莜麦打成光杆,田间积雹五、六寸。		
1965	晋城	6月11至19日全县3次受雹灾。		《山西自然灾害史年表》
1968	晋城	7月18日柳口、白洋泉河公社13个大队遭雹灾。		《山西自然灾害史年表》
	昔阳	7月初大寨下了一场特大冰雹,鸡蛋大的冰雹下了十几秒钟,伴有狂风暴雨。地势低的窑洞被洪水淹没。		
1970	全省	7月9日全省有86个县降雹。其中沁县降雹如拳、核桃,积雹一尺多厚,并伴有大风。7月9日晚,追山等21个公社,364个大队降冰雹。		《山西自然灾害史年表》

续　表

纪年	灾区	灾象	应对措施	资料出处
1971	长治市	7月3日降大冰雹，直径达6厘米，重40克，伴有暴风骤雨，雷电交加，灾情严重。		《山西自然灾害史年表》
1972	晋城	6月23日下午2时左右，下村、东沟、川底等公社降雹遭灾。		《山西自然灾害史年表》
1973	晋城	6月3日下村、南岭、陈沟等3个公社降雹遭灾。4日东沟公社等6个公社受雹、洪、风等灾害。6月26日，7月19日，9月20日又遭3次雹灾，受害较重。		《山西自然灾害史年表》
	交城	6月24降雹2次。		
1974	晋城	7月15日有15个公社遭雹灾，川底等10个公社的67个大队受灾较重。		《山西自然灾害史年表》
	运城县	7月21日的上郭、泓芝驿、北相等3个公社，26个大队遭冰雹危害。		
1975	雁北	8月中旬后遭洪雹灾害。		《雁北自然灾害》
1976	晋城	7月25、31日的两次降雹，洪雹交加。		《山西自然灾害史年表》
	代县	年内降雹15次。		
	交城	7月12日降雹30分钟，积雹一寸。		
1978	沁水	6月20日至21日，郑庄、必底、中村、杏峪降雹，雹体如核桃。		沁水县白气象局《1978地面气象记录年报表》
	昔阳	5月17日至9月28日，遭受雹灾18次。雹大如杏，禾木尽毁。		昔阳县气象局《科技档案12215》

续 表

纪年	灾区	灾象	应对措施	资料出处
1978	神池	6月28日，韩家洼等地雨夹雹下，最大者如小孩拳头。受灾面积7235亩。		神池县革委会1978年7月、8月《关于我县遭受雹灾的情况报告》
1979	榆次、太谷、洪洞、霍县、浦县、汾西、汶水、岚县、襄垣、灵石、榆社、左权、平遥、介休、娄烦、屯留、祁县	6月14、15日，大风伴随冰雹。榆次小麦成片倒伏，受灾面积达80万亩。		《山西自然灾害史年表》
1980	全省	全省各地均有不同程度的雹灾。		《山西自然灾害史年表》
	晋东南	8月10日到16日晋东南地区连续数次遭受雹、洪袭击，全区除平顺、潞城外，其余14个县，有85个公社，727个大队的642000亩面积上遭受不同程度的灾害。因灾死亡2人，伤120人。		
1981	偏关	两次洪雹灾，受灾面积达二十四万亩。		《山西自然灾害史年表》
	平遥、大同	570000亩农田遭到冰雹袭击。		
1982	全省	冰雹天气频繁，范围大、来势猛、强度大、灾情重，致使庄稼、人畜均受到不同程度的损失。5月26日至6月25日，全省80多个县的部分社队降了冰雹，沁水、壶关等16县降雹2次以上。		《山西自然灾害史年表》综合自《山西省灾情简报》

续 表

纪年	灾区	灾象	应对措施	资料出处
1982	全省	浑源县连降 8 次，怀仁县连降 4 次，最严重的陵川县六泉公社 1 次降雹 2 小时。多数县有被雹击死人的记录。5 月 25 日至 26 日，寿阳、榆社、太谷、长子县和太原市降冰雹暴雨，大如鸡蛋。沁县 7 个公社 41 个大队重灾，打死家畜家禽无数，还砸死女社员 1 人。长子县也被冰雹砸死 1 人。杨家庄积雹一尺多厚。壶关县 6 个公社受灾，冰雹最大直径 20 毫米。沁水县暴雨、冰雹时间 1 小时零 2 分，冰雹最大直径 43 毫米。武乡县 7 月 3 日一次冰雹暴雨山洪爆发。沁源县 19 个公社受灾，雹大如鸡蛋，韩洪、王和两公社部分地方积雹一尺厚。安泽县，满山遍野冰雹覆盖，犹如严冬，因灾死亡 3 人。芮城县 3 个公社受灾最重，近万亩棉田打落正顶、旁顶，小麦减产 400000 斤。7 月 3 日，又一次冰雹来袭。壶关县 6 个公社受灾，冰雹最大直径 20 毫米。潞城县冰雹暴雨天气，县级 10 多个单位淹没，水深一米左右，死亡 3 人。沁水县暴雨、冰雹时间 1 小时零 2 分，冰雹最大直径 43 毫米，沁河洪峰流量达最大实测流量，雷击死大牲畜五头。武乡县 7 月 3 日冰雹暴雨致山洪爆发，冲毁风车和拖拉机一辆，3 人死亡。寿阳县冰雹直径 15 毫米。侯马市 7 月 3 日冰雹 4 个公社受灾严重。朔县 7 月 3 日雷雨大风伴随冰雹天气、大雷暴把赵十八庄 1 人和一头驴砸死。垣曲县 7 月 3 日一次冰雹大如鸡蛋。		《山西自然灾害史年表》综合自《山西省灾情简报》

续　表

纪年	灾区	灾象	应对措施	资料出处
1983	晋东南、晋中、晋南	阳泉、黎城、襄垣、清徐、灵石、阳曲、新绛、临猗、运城、河津、万荣、大同、榆次、定襄、屯留、五寨、沁县、平顺、阳城等县均遭受不同程度的风雹。		《山西自然灾害史年表》
	雁北	广灵县5月11日暴雨冰雹天气，出现了罕见的山洪灾害。浑源县5月11日的大风暴雨伴随冰雹，使19人死亡。		
	运城地区	七月二日，出现区域性雹灾，庄稼受损，雹灾损失严重。		
1984	太原	5月10日，清徐遭冰雹、大风、暴雨袭击。5月25日，阳曲县7个公社受雹灾，面积达31800多亩。5月25日，古交区13个公社受雹灾，面积4.5万亩。		《山西自然灾害史年表》综合自《山西省灾情简报》
	忻州市	5月25日，7个公社降雹，受灾面积94300多亩。		
	榆次市	5月25日雹灾，雹大如鸡蛋，受灾12个乡147个村，受灾面积62500多亩。		
	介休	5月26日，雹灾。		
	交城	5月27日，4个公社受雹灾。		
	长治市	6月4日降雹，受灾面积近2万亩。		
	盂县	6月11日，有六个乡雹灾，受灾面积四万九千多亩。		
	天镇、交城	6月12至18日，雹灾，天镇县死亡3人。		
	交城、天镇、山阴、繁峙	七月二十二日至二十七日，雹灾。		

续　表

纪年	灾区	灾象	应对措施	资料出处
1984	离石、临县、汾阳、孝义、中阳、柳林、方山	8月23日,46乡镇,783个大队冰雹大风,降雹历时3个小时,最大雹重1斤6两,打死1人。		《山西自然灾害史年表》综合自《山西省灾情简报》
1985	晋中、吕梁、临汾	6月14日至19日,25个县遭受暴雨、冰雹、大风袭击,晋中地区受灾面积130万亩,占播种面积的27%,成灾面积97.2万亩,重灾面积80.3万亩,其中小麦受灾面积55.16万余亩,仅榆次东阳镇减产小麦就达600万斤,经济损失达355.6万元。6月17日榆次县降雹,受灾农田9.8万亩,死伤各1人。		1986《山西年鉴》
	汾西	6月15日,降雹,雹大如拳,有9.6万亩农田受灾,死20人,伤37人,死牛羊50头(只)。		
	沁县	6月15日,有12个乡镇40分钟降雨达70毫米,冰雹厚度达30公分,同时伴随8至11级大风,受灾面积9.3万亩,其中小麦受灾2.7万亩,有一半左右颗粒无收,大风刮断成材树500余株,水泥电杆30余根。		
	平定	8月1日降雹,受灾农田2万亩,倒屋22间,冲毁路443公里,死牛羊100头(只)。		
1986	全省	5月27日至28日、6月20日至24日、7月5日至8日、8月5日发生较大范围的冰雹灾害。		1987《山西年鉴》
	晋城	8月5日遭特大雹灾,在长达一个小时的时间里,拳头大的冰雹铺天盖地,风力达8级,山洪随之爆发。地面积雹20厘米厚,最大雹块重达2公斤。雹后38小时仍有直径4厘米的冰雹布满地面。		

续 表

纪年	灾区	灾象	应对措施	资料出处
1986	霍县	5月28日降雹时间长达半小时，下暴雨历时40分钟，降雨量37毫米，洪水流量140立方／秒。冰雹直径3至7厘米，地上雹厚21厘米。受灾农田面积10.7万亩。		1987《山西年鉴》
1987	清徐	7月6日下午，下雹大如鸡蛋，并出现了洪水，致使3万亩葡萄等水果和粮食、蔬菜遭受冰雹袭击。		1988《山西年鉴》
	长子	7月6日下午，长子县受冰雹、大风和洪水严重袭击，据统计全县受灾面积13万亩，成灾面积11万亩，其中无收成面积4.7万余亩。		
	兴县	9月6日兴县降雹45分钟，冰雹直径3厘米，积雹中心地带雹厚达1尺左右，玉米被打成光杆，高粱茎折穗断，黍子铺卧在地。		
	灵石	9月21日下午，中部地区有近百个村庄2.3万亩麦田遭冰雹袭击。灵石县降雹30分钟，最大的冰雹直径有6厘米，刚出土的麦苗被打入土中。		
1989	永济	6月30日20时10分至30分，黄河沿岸的韩阳、蒲州、文学、栲栳4个乡镇、34个村庄和县农场、部队农场、地区农牧场等单位遭受风、雹袭击。7级大风、大雨夹雹持续20分钟，雹块大如鸡蛋，地面积雹厚度3—10厘米。致使8万亩农田及林木遭受灾害，其中重灾面积5万亩，有2万亩绝收，直接经济损失达1500万元。		1990《山西年鉴》
1990	晋中地区	5月30日，冰雹袭击该区7县（市）共32个乡镇的247个村，冰雹最大的直径为3厘米，降雹时间最长达30分钟，地面积雹最厚达8厘米，有40多万亩农作物受灾，直接经济损失达3000多万元。		1991《山西年鉴》

续　表

纪年	灾区	灾象	应对措施	资料出处
1990	吕梁地区、晋中地区	7月11日，吕梁地区和晋中地区东山一带附近降暴雨，同时伴有冰雹、大风。降水量达到10—138毫米。吕梁地区5县有45个乡镇的464个村受灾，死亡18人，重伤48人，轻伤23人；倒塌房屋508间（孔）。		1991《山西年鉴》
1991	榆次市	7月8日下午，遭受冰雹、大风、暴雨袭击，历时1个多小时，14.4万亩农作物受灾严重，绝收1.41万亩。		1992《山西年鉴》
	屯留	7月10日下午4时10分，遭受冰雹、狂风、大雨袭击，下雹20分时，大风瞬间达9级以上，40分钟降雨100mm，14.7万亩农作物受灾。		
1992	昔阳、河曲、武乡	6月21—23日，昔阳、河曲、武乡等16个县（市）遭到冰雹袭击，个别县还伴有大风、洪水灾害，受灾面积57.2万亩，经济损失3284万元。		1993《山西年鉴》
	河曲	6月21日下午，河曲县城关等8个乡镇105个村遭受冰雹袭击，阵雹45分钟，农作物受灾面积9.6万亩。		
	岢岚	从7月9日至8月20日，先后有12个乡（镇），96个行政村遭受冰雹袭击。城关镇、马跑泉、阳坪、大涧、大巨会乡连续三次受灾。		
1993	昔阳	7月25日下午，遭受特大暴雨、冰雹袭击，冰雹最大直径4厘米，县城一带积雹厚约16厘米，迎风面积雹竟达52厘米，2000亩蔬菜和7000亩大秋作物几近绝收。		1994《山西年鉴》
1995	绛县、蒲县、洪洞、霍州、古县、汾阳、垣曲、临猗	6月上旬，8个县33个乡遭到冰雹袭击，受灾面积47.3万亩。		1996《山西年鉴》

续 表

纪年	灾区	灾象	应对措施	资料出处
1995	吕梁、长治	6月30日至7月3日，两地区16个县市遭到冰雹袭击，所下冰雹大似鸡蛋，小似杏核，受灾面积83.9万亩，经济损失1.94亿元。		1996《山西年鉴》
1997	寿阳	6月25日4个乡镇受到洪水冰雹的严重袭击，2个小时降水量达200毫米，16.6万亩作物严重受灾，其中绝收3万亩，毁房屋30多间，损坏房屋140间，冲毁公路135公里，堤坝7万余米。		1998《山西年鉴》
1998	长治、临汾、晋城	8月30号—31号，3个地市8个县的局部地区发生了大风、冰雹灾害，受灾严重的有37个乡镇，农作物受灾面积29万亩。		1999《山西年鉴》
2000	陵川、阳城	6月15日至6月21日，两县的秦家庄、礼义、平城、横河等4个乡镇46个村先后遭受暴雨、冰雹袭击，农作物受灾面积达6.17万亩。其中成灾面积5.16万亩，倒塌房屋8间，造成直接经济损失550万元。		2001《山西年鉴》
	昔阳	8月9日、10日洪雹。8月9日历时20多分钟的狂风暴雨、冰雹，使8个村的3210亩玉米倒伏基本绝收，2390亩果园平均落果50%，2638株红枣树平均落枣30%，1000多株木材树被狂风折拔卧地，直接经济损失700.5万元。8月10日的冰雹造成19个村的14240亩晚秋作物成灾，2400亩经济作物和1800亩苹果树严重受灾。		

续 表

纪年	灾区	灾象	应对措施	资料出处
2001	运城市	6月23日—24日，永济、盐湖、万荣、临猗、新绛、闻喜六县（市、区）先后遭受冰雹袭击。雹灾持续时间25分钟左右，受灾面积1.65万公顷，成灾面积0.85万公顷，造成的直接经济损失达1.65亿元。在重灾区，棉花等大秋作物被打成光杆。其中，永济市6月23日晚7时遭受长达25分钟的冰雹袭击，最大冰雹直径达8厘米，积雹厚度达到10厘米—12厘米。		2002《山西年鉴》
2007	隰县	6月26日15时55分，石家庄降冰雹，冰雹粒径15毫米，历时35分钟。		2008《山西年鉴》
	屯留	6月25日15时，北张店降冰雹，冰雹粒径15毫米，历时10分钟。		
2008	运城市	5月17日午后，垣曲、夏县、万荣、平陆遭受大风、冰雹袭击，农作物受灾面积25366公顷。		2009《山西年鉴》
	陵川	6月3日13时多，崇文镇冰雹持续9分钟，最大冰雹直径4毫米；礼义镇持续约30分钟左右，冰雹堆积厚度5—6厘米。冰雹大多状似雪团，主要为软冰雹。		
2010	运城市	6月3日下午，万荣、临猗、永济、河津出现冰雹，持续时长2分钟—5分钟不等。造成经济损失5亿元。		2011《山西年鉴》
		6月20日下午，阳城县的北留、驾岭等7个乡镇的39个村遭遇特大冰雹袭击；泽州县的周村和李寨两乡镇也遭受冰雹的袭击。		

续　表

纪年	灾区	灾象	应对措施	资料出处
2010	运城市	由于冰雹持续时间长,对未收获的小麦和正在生长的农作物造成巨大损失,小麦、蔬菜、西瓜、薯类作物近乎绝收,暴雨冲毁道路3000米;4个砖厂严重受灾,冲毁砖坯180余万块;房屋受损73间;家用电器遭雷电损坏50余台。直接经济损失达5079余万元。		2011《山西年鉴》
	长治市、吕梁地区、晋中	6月22日,三县市的潞城市石梁、沁县南头、平顺龙镇持续降雹,其中龙镇的冰雹粒径达到30毫米。同时,吕梁、晋中汾阳境内出现冰雹。		
	偏关	7月10日,出现雹灾。		
	沁县	8月8日,里庄遭受雹灾。		

附表4 1949—2010年山西雪(寒霜)灾年表

纪年	灾区	灾象	应对措施	资料出处
1949	晋东南	祁县并遭水、虫、雹、风灾。		《民政工作三十五年》(1949—1984)
1950	全省	因霜冻成灾面积258000亩。		《山西自然灾害史年表》
1951	全省	山西遭受了旱、雹、水、冻、霜灾。	灾情发生后,十月间由省到县普遍制定了生产自救计划。	十二月一日山西省救灾委员会《关于一九五一年冬灾救灾工作总结》
1952	绛县	去年后期雨水大,播种较晚,气温高,大部分小麦拔节早,今春气温低,麦苗受冻害。	7月16日省人民政府发出《关于受灾区紧急动员起来,开展抗灾救灾的紧急指示》	《山西自然灾害史年表》
1953	晋南	4月12日冬小麦严重春霜冻害,以闻喜、曲沃、河津等县受灾较重。	四月二日省政府发出《关于大力组织群众战胜小麦虫害与冻灾的紧急指示》	山西省政府民政厅《一九五三年夏末至秋季灾情报告》
1954	晋南	一九五四年四月十九日午夜和四月二十日黎明,全省普降晚霜,小麦和刚出土的瓜、豆、蔬菜、棉花及出芽、开花的果木树有的被冻死,有的严重冻伤。晋南临汾小麦正处孕穗至露苞阶段,最低气温降至-6.8℃;南部运城小麦正处露苞至出穗期,气温最低降至-1.3℃,低温持续时间近8小时之久。		华北农业科学研究所《山西小麦春霜冻害的调查研究》

续表

纪年	灾区	灾象	应对措施	资料出处
1954	晋南	临汾专区最烈。主要产麦区的临汾、洪洞、赵城、曲沃、襄汾、翼城、霍县、浮山、汾西等九县的3230000亩小麦有2470000亩受冻较重。运城专区17县有12县遭冻害,以闻喜、新绛、河津、稷山等县较重。共麦田1800000亩,受灾132000亩。并发生棉苗冻死,造成毁种现象。		华北农业科学研究所《山西小麦春霜冻害的调查研究》
1956	忻县专区	五寨、神池等地降雪三到四寸。		《山西自然灾害史年表》
	雁北专区	左云、右玉、平鲁等地降雪三到四寸。天镇县地冻一尺多厚。		
1958	全省	4月12日我省受到寒流的袭击,气温开始下降,到13日早晨普遍下降到零度以下,最低温度-8℃,出现霜冻。长治、晋南、榆次等三个专区均受到不同程度的冻害。		省人委春耕生产办公室一九五八年四月十六日《关于四月十三日小麦受冻初步情况》
1959	晋北	阳高、大同、左云、浑源、灵邱等5县228个管区5月21日遭霜冻。	改种9000余亩。	一九五九年十月八日山西省生产救灾委员会《关于山西一九五九年自然灾害情况的报告》
1960	全省	四、五月间发生了4次冻灾,受冻面积480万亩。特别是5月上旬的雪冻,损失更重,仅晋中地区就有10万亩棉苗冻死70%以上。临县冻坏小麦36万亩,有11.8亩完全毁种,瓜菜冻坏12万亩。		山西省生产救灾委员会六零年九月九日《关于山西省一九六零年自然灾害情况的初步综合报告》

续表

纪年	灾区	灾象	应对措施	资料出处
1960	晋南	运城、芮城、万荣、侯马、闻喜、翼城等县春季出现霜冻。冬小麦发生不同程度的冻害。		《山西自然灾害史年表》
1961	晋南	全省遭受冻灾的作物有120余万亩,其中以4月9日一次为较重。晋南108万亩小麦冻坏穗脱,造成减产。		山西省农业厅六一年八月五日给农业部的《山西省春季以来自然灾害情况综合报告》
1962	晋南绛县	绛县4月3日到18日连续4次冷空气入侵。		《山西自然灾害史年表》
	运城	春霜冻,小麦受灾36万亩。		
1964	中南部	4月间中南部遭受春霜冻害。		《山西自然灾害史年表》
1971	右玉	1月21日由于强寒潮的袭击,出现摄氏零下40.4度的极端最低气温。		《山西自然灾害史年表》
1975	神池	春霜冻害谷苗。	改种其它作物。	《山西自然灾害史年表》
1976	怀仁	7月4日严重秋霜冻,地温降至零下1.4度。		《山西自然灾害史年表》
1977	怀仁	5月14日冻害,气温零下0.4度,地温降至零下2.8度。		《山西自然灾害史年表》
	繁峙	大营公社遭秋霜冻为害,大秋作物冻害,造成严重损失。		
1978	雁北、吕梁、晋中、忻州	阴雨后不久,9月18、19两日,37个县发生秋霜冻害。左云、右玉、天镇、五寨、静乐气温降至零下三度到六度。		《山西自然灾害史年表》

续表

<table>
<tr><th>纪年</th><th>灾区</th><th>灾象</th><th>应对措施</th><th>资料出处</th></tr>
<tr><td>1979</td><td>雁北、忻州、晋中</td><td>1979年春季，由于春雨多、光照少、地温比常年低，5月上旬，忻州地区和临汾地区又降大雪，有的公社降雪2尺多厚，不少地方的地温降到零下5度，已出土的禾苗全部冻死。8月27日，雁北、忻州、晋中等地区遭到建国以来未出现过的早霜。9月1日、2日、6日接连出现霜冻。仅雁北因灾减产粮食1亿多斤。</td><td></td><td rowspan="3">《山西自然灾害史年表》</td></tr>
<tr><td rowspan="2">1984</td><td>全省</td><td>12月14至16日全省范围内降雪，南部较大，出现了历史最多值。超过20毫米的有侯马、曲沃、翼城、浮山、稷山、沁水、阳城、黎城等8县，雪深5至8寸。</td><td></td></tr>
<tr><td>清徐</td><td>4月26日至27日，受春霜冻害，使3000多亩蔬菜受损。</td><td></td></tr>
<tr><td>1986</td><td>全省</td><td>9月15日的霜，11月23日的覆冰。11月23日，忻州地区的神原线（神头至原平）和神新线（神头至新店）两条220千伏高压输电线路恒山段出现覆冰，覆冰区间为15公里左右，导线上均匀覆冰直径为110至130毫米，个别处为210毫米（包括雪松）。铁塔覆冰厚度达210毫米。致使导线严重下坠，输电线路中断，铁搭倒塌，中断了山西电网由北向南输送电达45万千瓦，迫使忻州地区及以南太原市等6个地区4个市大量限电，给工农业生产带来严重损失。</td><td></td><td>1987《山西年鉴》</td></tr>
</table>

续表

纪年	灾区	灾象	应对措施	资料出处
1987	雁北、忻州	6 月 5 日，雁北地区和忻州部分县普降中到大雨后，气温下降达 16 摄氏度，许多地方出现了少见的 6 月黑霜。天镇县出现了多年罕见的“六月雪”。部分山区还降了大雪，积雪深度 8—10 厘米，刚出土的莜麦、豌豆、胡麻被冻死，全区共冻死羊 2255 只，冻死大牲畜 6 头。*	油料类、瓜类、豆类等全部毁种。	1988《山西年鉴》
1990	运城、临汾、晋城	4 月中旬，最低气温降到 4—6 摄氏度，3 个地市受冻麦田达 354 万亩，占麦田总面积的 23.6% 以上。有些地方有冰雪压断通讯电杆、线路等现象。		1991《山西年鉴》
1993	山西中南部	11 月 16 日起，全省受强冷空气袭击，普遍出现了急剧降温和降雪天气，中南部的部分地区降了暴雪，雪深达 10—13 厘米。		1994《山西年鉴》
1994	长治市	4 月 8 日至 9 日，武乡、沁县、襄垣、沁源、黎城遭受了历史上罕见的暴雪袭击，大雪持续了 30 多个小时，降雪量平均 55 ㎜，电线通讯线路出现大面积覆冰，造成断杆、倒杆、断线等，砸毁变压器 14 台，沁县 19 条高压线路全部停运，造成直接经济损失 330 多万元。	组织了人工增雨防雹作业，运用气象科技手段进行防灾减灾。	1995《山西年鉴》

* 这种罕见的灾情，据 80 岁的老人回忆从未见过。除在《云中郡志》、《大同府志》上记有“六、七月，霜杀禾”的现象外，还没有看到冻死牛羊的记载。

续表

纪年	灾区	灾象	应对措施	资料出处
1994	绛县	3月中下旬,中条山前沿山区10多个乡镇的麦田遭受寒流侵袭,返青麦苗发生大面积的冻害,受灾面积4.1万亩,减产300万公斤左右,油料作物减产20万公斤。		1995《山西年鉴》
1995	大同、忻州、朔州、太原、晋中、吕梁	9月11日凌晨,6地市气温骤然下降10—15℃,最低气温下降到0.7—2.4℃,较常年提前7—10天出现早霜冻天气,720万亩良田发生冻害。		1996《山西年鉴》
	全省	9月23—25日又连续三次出现大范围霜冻天气。气温下降到零下5℃。这次霜冻涉及9个地市的2400万亩玉米、谷子、高粱等粮食作物。因霜冻、秋作物叶片干枯,大面积死亡,忻州、大同和朔州三地市粮食减产幅度在30%以上。		
1997	忻州、吕梁	5月28—31日,神池、交城、中阳等11个县的65个乡镇、589个村的137.6万亩农田发生霜冻灾害,其中绝收15万亩。		1998《山西年鉴》
2001	临汾、运城	3月上旬一4月上旬,全省连续3次出现大范围的降温天气。临猗、万荣、盐湖区、吉县、乡宁、大宁、翼城、襄汾等县市,梨、桃、杏受冻严重,旱地小麦因冻影响产量。		2002《山西年鉴》
	祁县	4月11—15日连续5天低温天气,22—25日又遇低温天气。果品产量大幅度下降,总产量只有6692万公斤,比常年减少2000万公斤。		

续表

纪年	灾区	灾象	应对措施	资料出处
2001	晋城市	3月27—29日出现大风降温天气和阶段性0℃以下的结冰现象,使返青麦苗受到了霜冻灾害,小麦、油菜发生黄叶、干枯现象。		2002《山西年鉴》
2002	忻州、太原、吕梁、临汾	四月上旬和中旬出现两次大的降温过程(6—10日和15—17日),使忻州、太原、吕梁和临汾西山个别县市的4万公顷梨、杏和桃等果树遭受严重冻害。		2003《山西年鉴》
	大同、朔州、忻州、太原	12月24—28日,全省降温,北部部分县(市)和中部大部最低气温下降了9.0℃—11.0℃,其余县(市)下降了6.0℃—9.0℃。右玉、五寨、河曲、离石、兴县、太原、隰县等县(市)最低气温均突破了历史同期极值。		
2003	大同、朔州、临汾	2003年1—2月,全省降温达4.0℃—9.0℃。个别县(市)极端最低气温突破极值。		2004《山西年鉴》
	晋北部分地区	6月上旬先后三次受到冷空气袭击,最低气温-2℃,造成0.63万公顷农作物受灾。		
	朔州市	10月份以来,北部气温骤然下降,最低气温-2℃—4℃,除甜菜和大白菜以外,其他作物基本全被冻死。		
2005	全省	3月中旬,山西省自北向南出现大范围寒潮天气。		2006《山西年鉴》
2006	全省	受西伯利亚强冷空气的影响,4月11日至12日全省普降小到中雨雪,同时伴随着5—6级的大风天气,气温下降20℃左右。		2007《山西年鉴》

续表

纪年	灾区	灾象	应对措施	资料出处
2006	全省	全省有近30个县最低气温至0℃以下，其中隰县最低气温为-4.8℃，零度以下的低温持续时间达12小时之长。降温对农业生产特别是小麦和果树造成了极大危害。		2007《山西年鉴》
2007	全省	3月上旬，全省有68个县（市）48小时降温幅度达10℃以上。6日凌晨广灵最低气温-29.9℃，突破有气象记录以来3月份的最低气温值。4月2日—4日，全省大部分地区降温到0℃以下，最低温度降至-6℃，中南部大部分地区遭受了低温冻害侵袭。		2008《山西年鉴》
2008	全省	1、2月份出现5次大范围降雪：1月11—12日、1月16—20日、1月27日；2月17日—18日和23—24日。1月11—21日几乎每天均有降雪且强度较大，如此大范围连续降雪为山西历史罕见。运城1月中下旬，出现持续阴雪低温寡照天气，局地积雪20多厘米，造成部分地区绝收。		2009《山西年鉴》
	大同市、朔州市	右玉1月23日的最高气温仅有-15.7℃，24日早晨最低气温达到-35.2℃。24日，大同县、天镇县极端气温达-30.9℃，是有气象记录以来的第二低值。		
	五台山	3月20日，暴雪。		

续表

纪年	灾区	灾象	应对措施	资料出处
2009	全省	11月9—13日，大部分地区出现强降雪天气过程。全省有86个县市出现历史同期最大值，18个县市出现历史同期次大值。阳泉市降雪量达到67.8厘米，为百年不遇。雪灾使高速公路、机场封闭，造成道路交通事故530起，死亡24人。雪灾直接经济损失约17.5亿元。11月份全省平均气温为－1℃，较常年均值偏低3.2℃，是1971年以来历史同期最低气温。	出台雪灾恢复农业生产有关政策办法。	2010《山西年鉴》
2010	大同市、阳高	1月2日暴雪，阳高3日降雪量为12.9毫米，积雪深度25厘米。		2011《山西年鉴》
	大同、吕梁、晋中	1月3—5日，出现强降雪和寒潮天气，48小时降温幅度达到11.4℃—24.1℃；5日气温降到最低，尤其是天镇－37.4℃、阳高－31.8℃，均突破该站历史最低气温极值。		
	运城市	2月10—11日，普降中到大雪，新绛和垣曲降暴雪，雪灾造成蔬菜大棚受损。4月13日晨，运城全市出现霜冻；14日，全市出现雨夹雪。低温冻害给农作物造成巨大损失。		

附表5 1949—2010年山西风灾年表

纪年	灾区	灾象	应对措施	资料出处
1949	祁县	并遭水、虫、雹、风灾。		《山西自然灾害史年表》摘自山西《民政工作三十五年》
1952	长治、屯留	遭风灾,玉米损失20—30%。	七月十六日山西省人民政府发出《关于受灾区紧急动员起来,开展抗灾救灾的紧急指示》	山西省政府《一九五二年九月十三日灾情报告》
	榆次全区	7月8日遭受严重雹灾、风灾,暴风吹倒树株、房屋。		《山西自然灾害史年表》
	绛县	受霜、虫、风灾害。小麦扬花时又遇大风影响。		
1954	长治专区	从六月二十一日至二十四日每天都有冰雹、洪水及风、雨之袭击,除黎城县外,均遭受不同程度的雹灾和风灾,几乎普及全区。据高平、屯留、壶关等十五县了解,遭灾一百八十一个乡。		长治专署《一九五四年七月五日遭受雹、洪灾情的报告》
1957	晋东南	8月17日发生暴雨,伴有8级大风,农田遭灾严重。		《山西自然灾害史年表》
1958	崞县	8月中旬至月底,20分钟降雨46.7毫米,并伴有大风。		崞县生产办公室一九五八年九月九日《灾情简报》
	临汾、运城	小麦干热风为害。		《山西自然灾害史年表》

续 表

纪年	灾区	灾象	应对措施	资料出处
1960	全省	正当小麦成熟之际,有24个县(市)的83个公社,889个管区遭受大风灾害。		《山西自然灾害史年表》
	晋南	5月下旬的一次重干热风危害小麦,晋南曾持续达20天,其中5月27日一次最强。临汾前一天最高温度升至32.5℃,最小相对湿度为12—16%以下,午间有5米/秒的西北风,使小麦籽粒干缩,严重影响产量。		
1961	晋北	晋北区在7月下旬降雹的同时,全区大部分地区夹有6到8级的大风,山阴、朔县、繁峙、河曲、神池六县风力达8级以上。繁峙县大营、沙河两公社已割的3700余亩莜麦等作物全被风吹走。		《山西自然灾害史年表》
	晋南	晋南地区5月2日和6月2日两次风灾。五月二日和六月二日两次风灾,小麦严重折株落粒。出现小麦干熟风为害。		
1963	运城	6月27日出现大风,每秒瞬间最大风速达40米,伴有雷电大雨。		《山西自然灾害史年表》
1966	运城	5月21日至24日大风4天,使小麦减产。6月21日出现42.7℃的历史高温极值。		《山西自然灾害史年表》
1968	代县	春间8级大风刮30多天。		《山西自然灾害史年表》
1969	代县	秋季磨谷风,神岗大队糜黍掉粒基本无收。高粱穗码扯落。		《山西自然灾害史年表》
1973	怀仁	9月27日一次大风,造成大秋作物倒伏,籽粒脱落,重灾区减产30%。		《山西自然灾害史年表》
	繁峙	9月上旬侍倚堡、后河、大营等大队遭大风灾害,糜黍掉粒减产5成以上。		

续 表

纪年	灾区	灾象	应对措施	资料出处
1976	昔阳	7月12日，阎庄、瓦邱、风居、皋落、赵壁、白羊峪、三都公社86个大队遭受洪、风灾害。8月17日再遭大风。		《山西自然灾害史年表》
1977	忻县	1977年8月14日城区发生龙卷风，损失惨重。		《山西自然灾害史年表》
	昔阳	8月11下午遭到一次历年来较重的一次倒伏风危害。		
1979	晋东南、晋中、晋南	6月14、15日，榆次、太谷、洪洞、霍县、浦县、汾西、汶水、岚县、襄垣、灵石、榆社、左权、平遥、介休、娄烦、屯留、祁县大风伴随冰雹。7月18日下午，新绛城以东汾河两岸遭到一次雷雨大风袭击约20分钟。刮倒高压电杆数根，高杆作物全部倒伏。		《山西自然灾害史年表》
1982	太原市、沁水、晋城、长子、怀仁	5月2日至3日，太原市、沁水、晋城、长子县出现寒潮大风降温灾害性天气。清徐县9至10级大风连续4天。晋城县大风降温使正在抽穗的小麦叶片变灰、干枯和断茎倒伏，春谷灌耳埋苗，出土的幼苗被挂断死亡。长子县刮断树木80000棵，倒屋7间。怀仁县322根电杆被大风刮倒。		《山西自然灾害史年表》
1983	太原	太原市4月28日瞬间风速27米/秒，化肥厂七号晾水塔被大风刮倒，造成工厂减产。清徐县瞬间风速达30米/秒，大部社员房顶烟囱被刮倒。西红柿等菜苗全部冻死，大风刮坏塑料大棚十个，一百间温室的塑料布刮破。		《山西自然灾害史年表》
	晋东南	晋城县4月29日一次大风平均风力9至10级，瞬间最大12级。阳城县4月28日连续3天大风，水泥厂五米高的烟囱被刮倒。		

续 表

纪年	灾区	灾象	应对措施	资料出处
1983	阳城	连续三天大风,农业损失严重。		《山西自然灾害史年表》
1984	临猗、永济、运城、平陆、河津	4月16日大风,使一万亩地膜田掀膜,千条供电线路掉闸,损失电量42000度。		《山西自然灾害史年表》综合自《山西省灾情简报》
	太原、长治市	6月3日长治、太原大风,瞬间风速每秒20米。8月7日下午4时30分左右,长治市区出现龙卷风。将高15米,直径41米圆形铁架大棚刮倒,砸死2人,受伤百人;17米的帆布围子卷到空中无影无踪。直径三尺、高二丈的四棵大树连根拔起,十余棵大柳树刮倒后砸坏吉普车、自行车、电杆,并当场砸死6人,伤近百人。		
	山阴	7月22日至27日,大风,风速每秒二十米,雷雨大风使正在本县演出的河北马戏团大帐篷被风刮倒,造成重伤2人,轻伤16人,生命垂危1人。		
1985	榆次市	8月13日下午3时30分,沛霖乡大峪口村发生了陆上少见的龙卷风,拔百年老树,毁伤庄稼,房屋倒塌、揭顶612间。		《山西自然灾害史年表》
	沁县	6月15日,有12个乡镇40分钟降雨达70毫米,冰雹厚度达30公分,同时伴随8至11级大风,受灾面积9.3万亩,其中小麦受灾2.7万亩,有一半左右颗粒无收,大风刮断成材树500余株,水泥电杆30余根。		

续　表

纪年	灾区	灾象	应对措施	资料出处
1987	长治市	5月15日，13县(区)内，刮了一场罕见的大风，历时1小时，最大风力达9—10级，全市117万亩小麦减产3成以上。毁坏电杆1179根，刮倒树木1.16万株，刮倒房屋179间，死牲畜56头，损毁菜园115处。		1988《山西年鉴》
	屯留	6月30日、7月6日、7月15日遭暴雨、狂风、冰雹严重袭击，50分钟降雨量为100毫米，风力达10级，雹粒大如拳头。这次暴雨，受灾面积9.3万亩，倒塌房屋481间，受伤人数254人，重伤35人，死大牲畜44头。		
1988	文水	7月17日下午5时30分左右，苏家堡村遭到了罕见的狂风袭击，大风持续了10分钟。3000多公斤重的井架被移动1米多远。钢筋水泥结构的舞台被推倒了后墙，直径为30厘米的柳树被连根拔起，直径为20厘米左右的150多株树被拦腰折断，100多户房顶被刮烂。		1989《山西年鉴》
1990	吕梁地区、晋中地区	7月11日，吕梁地区和晋中地区东山一带附近降暴雨，同时伴有冰雹、大风。降水量达到10—138毫米。吕梁地区5县有45个乡镇的464个村受灾，死亡18人，重伤48人，轻伤23人；倒塌房屋508间(孔)。		1991《山西年鉴》
1991	榆次市	7月8日下午，遭受冰雹、大风、暴雨袭击，历时1个多小时，14.4万亩农作物受灾严重，绝收1.41万亩。		1992《山西年鉴》

续　表

纪年	灾区	灾象	应对措施	资料出处
1991	屯留	7月10日下午4时10分,遭受冰雹、狂风、大雨袭击,下雹20分时,大风瞬间达9级以上,40分钟降雨100mm,14.7万亩农作物受灾。		1992《山西年鉴》
1992	河曲	6月21日下午,城关等8个乡镇105个村遭受冰雹袭击,阵雹45分钟,农作物受灾面积9.6万亩。阵雹时伴有8级大风,刮倒大树480株,电杆120根,烟囱147座。		1993《山西年鉴》
1995	昔阳	6月30日下午5时30分至50分,昔阳县遭受龙卷风袭击。受灾最严重的巴洲乡17个村,123间房屋倒塌,拔掉数木2.83万株,电力通讯、水利设施遭到严重破坏。		1996《山西年鉴》
	清徐	8月1日下午4点40分,清徐王答乡董家营村出现龙卷风,该村铸造厂3个大车间摧毁,砸死2人、重伤8人、轻伤12人。		
1998	怀仁	9月8日15时,河头村特大龙卷风,河头中学校训碑被狂风摧倒,致11名男学生被捂盖,6人死亡。同时造成7个乡镇80个村6.2万亩农作物大面积倒伏。		1999《山西年鉴》
2001	大同市	从3月下旬开始,每天遭受5级以上大风侵袭,并伴有浮尘、扬沙,局地出现了沙尘暴。4月9日上午,市区风力强劲,沙石横飞,多处的广告牌等宣传物体被毁,能见度极差。		2002《山西年鉴》

续 表

纪年	灾区	灾象	应对措施	资料出处
2001	朔州市	3、4、5月份分别出现大风天气6、12、8次,为近10年来所少见的。4月18日—21日大风连刮4天,出现了沙尘暴天气。		2002《山西年鉴》
	太原市	3—5月份,各地共出现≥17米/秒的大风扬沙日数为11—19天,瞬时最大风速达29.1米/秒,危害程度创历史同期最高记录。		
	吕梁地区	春季大风、沙尘暴天气频繁。中阳出现大风天气22次。汾阳出现大风天气12次,沙尘暴天气9次。3月27日,沙尘暴瞬时最大风速26.0米/秒,造成百余根通信电杆被刮断,城关镇冯家庄牌楼被刮倒,砸死一人。		
	闻喜	8月7日,桐城镇韩家庄一线遭受雷雨、大风袭击,大风吹倒玉米、油葵等作物上千亩,40棵大树连根拔起,5根电杆拦腰折断,死亡1人。		
2005	全省	4月18日—20日,北、中部大部和南部东部地区出现7级—8级、局部达9级—10级的大风天气,北、中部共25个县(市)出现了大风扬沙天气。4月19日,全省共有54个县(市)出现大风,大部分县(市)的瞬时风速为7级—8级,局部达到9级。陵川县瞬时最大风速达24米/秒,县网通分公司的曹庄至附城线路段有32根线杆被刮倒、折断。		2006《山西年鉴》

续 表

纪年	灾区	灾象	应对措施	资料出处
2005	全省	高平市最大风速达到19米/秒，寺庄、河西、建宁、原村、永录等12个乡22个行政村的108栋温室大棚棚膜被撕成碎片，棚架被吹散。		2006《山西年鉴》
2006	全省	2月1日—2日，自北向南气温开始明显降低，过程降温10℃—12℃，同时伴有5级—6级大风；7日—9日，全省大部分地区出现了5级、阵风7级的大风降温天气，并伴有扬沙、浮尘。		2007《山西年鉴》
2008	运城市	12月21日凌晨1点48分，盐湖区遭受一次大风降温天气，持续时间达3个半小时。大部分乡（镇）蔬菜大棚被损坏，多家房脊被刮塌。		2009《山西年鉴》
2010	晋中市	1月12日，昔阳、和顺、左权大风，风速18米/秒左右。		2011《山西年鉴》
	晋城市	1月12日，极大风速达到21.5米/秒。		
	阳高	3月19日—20日，境内持续出现大风、扬沙天气，极大风速达27.1米/秒。严重影响人民生活并致财产损失。		
	太原市	3月12日、22日全市出现浮尘天气；3月19日全市出现大风沙尘暴天气，平均风力6级以上，瞬时风力8级~10级，供电线路受损，北营新村三层工棚被大风吹倒。		

附表6 1949—2010年山西地震(地质)灾害年表

纪年	灾区	灾象	应对措施	资料出处
1952	崞县、五台、代县	10月8日地震。崞县房屋倒塌4000余间,窑洞倒900余孔,墙倒1万余堵。黄土陡崖崩塌,道路破坏,河流阻塞。河滩沙土及碱地均有裂缝,冒出沙水。五台倒房116间,窑17孔。崞县、五台、代县三县死亡170多人。		《山西省地震目录》
1956	平定、介休	8月19日平定东北方向地震。山坡崩滑、裂缝。和顺草坪村倒房20间,地裂一段,震级5,烈度7。9月3日至25日平定、介休西亦震。姚家山煤窑地面裂缝,井水流失,震级5。		《山西省地震目录》
1957	太原	6月6日太原南地震。太原城区部分房屋倒塌,有裂缝。南郊狄家村倒房,有裂缝。晋祠一门楼檐角震落。北格和小北格村倒墙两堵,庙内钟、鼓楼塌下。辛村围墙倒塌或开裂。阳曲一古庙房顶塌下。		《山西省地震目录》
	太谷	房子有倒塌下沉,震级4—5,烈度六。		
	平陆一带	发生四级以上地震。		
1959	河津	8月11日河津西南约16公里处地震。九龙山上庙宇砖花墙大部倒塌,城关倒旧房3间,万荣县机械厂三间房裂缝,全县破坏房30间,窑10孔。荣河寨子沟等处黄土崖大量崩塌,震级5.4、烈度6至7。		《山西地震目录》

续 表

纪年	灾区	灾象	应对措施	资料出处
1961	临汾、宁武	3月27日,临汾附近发生四级地震,城关及县西黑龙关、土门、桥家湾地震较大。10月27日宁武南发生4.5级地震。		《山西地震目录》
1962	左云	6月5日左云附近发生4级地震。		《山西地震目录》
1964	夏县	9月2日夏县发生4.7级地震。		《山西地震目录》
	代县	11月18日代县南发生$4\frac{3}{4}$级地震。		
1965	垣曲	1月13日垣曲发生5.5级地震。4月29日,垣曲、蒲县又震,震级4—5。		《山西地震目录》
	夏县	1月10日,夏县东南发生5.2级地震。		
1967	晋中	4月29日昔阳附近发生4级地震。9月26日又震。和顺是日震级4.5。		《山西地震目录》
	晋南	12月18日蒲县发生5.4级地震。12月20日蒲县又震,震级5。不少县均出现房塌窑裂。		
1968	昔阳	5月14日发生$4\frac{3}{4}$级地震。9月19日又震。		《山西自然灾害史年表》
	应县	11月30日发生$4\frac{3}{4}$级地震。		
1969	昔阳、平鲁、灵邱、繁峙	1月4日、4月24日发生4—4.6级地震。		《山西自然灾害史年表》
1970	垣曲	8月17日发生4.7级地震。		《山西自然灾害史年表》
1971	和顺、介休、平鲁	4月27至12月24日和顺、介休、平鲁发生4—4.7级地震。		《山西自然灾害史年表》
1976	右玉、平鲁	4月6日右玉、平鲁等县地震,震级6.3,波及左云、朔县、偏关、神池。死亡12人,重伤25人。		《山西自然灾害史年表》

续 表

纪年	灾区	灾象	应对措施	资料出处
1976	全省	7月28日,河北唐山地震山西有感。		《山西自然灾害史年表》
1979	介休、汾阳、孝义、平遥、灵石	1979年6月19日上午12时,介休发生了5.75级地震,波及汾阳、孝义、平遥、灵石等县的16个公社。因灾死亡3人,伤161人。		《山西自然灾害史年表》
1985	祁县	5月2日4.6级地震。		1986《山西年鉴》
	新绛	5月7日3.9级地震。		
1986	运城	从1986年11月7日开始至12月31日止,运城市发生710次地震,最高震级为11月21日5时40分发生在王范乡的4.7(ML)地震。		1987《山西年鉴》
1988	大同、阳高	7月23日,河北阳原与大同、阳高三县交界处的阳原境内发生4.8级地震。		1989《山西年鉴》
1989	太原市	2月3日22时37分,北郊丈子头发生4级地震。		1990《山西年鉴》
	大同、阳高一带	1989年10月18日22时57分,发生5.7级地震,死亡17人(男10人,女7人),受伤145人。	抑制谣传,运送物资,组织救灾。	
1991	忻州市	1月29日6时28分,山西忻州市西上社村和合索村之间发生5.1级地震。少数老旧房屋受到轻微破坏,未有人员伤亡。	组织抗震救灾。向雁北地区下拨救灾款50万元。	1992《山西年鉴》
	大同—阳高	3月26日2时大同、阳高发生5.8级地震,本次地震给大同、阳高、浑源、广灵、天镇等5县造成不同程度损失,死1万人,伤679人。		

续　表

纪年	灾区	灾象	应对措施	资料出处
1992	榆次市	2月26日9时17分鸣谦乡一带发生4.3级地震，个别房屋轻微裂缝或旧缝加长，墙上个别悬挂物震落，墙皮或屋顶掉尘落土。	震后省市地震局派员赴现场考察。	1993《山西年鉴》
	代县	8月26日20时15分阳明堡乡一带发生4.1级地震，震中区明显有感，上下颠簸摇晃。		
	临猗	9月2日6时38分孙吉至北辛之间发生4.3级地震，震中区少数房屋轻微损坏，个别危房倒塌。		
	运城市	12月27日20时38分王范乡发生4级地震，有感范围北起新绛阳王、南至中条山，西起临猗嵋阳，东至闻喜，面积大约150平方公里。运城市北城中学学生盲目避震造成18名学生受伤。		
1993	太原市	6月26日，发生4.5级地震。	有关部门检查震害防御和地震应急工作。	1994《山西年鉴》
	五寨	9月11日，发生4.8级地震。		
1994	灵石	4月26日3时31分，灵石县两渡乡发生4.8级地震。下坊庄96孔窑洞受损。		1995《山西年鉴》
1995	朔州市	1995年11月13日14时33分，东南榆林乡发生ML4.5级地震。		1996《山西年鉴》
1999	应县	5～6月发生4.6级地震为主的群震。	各级政府组织救灾和重建。	2000《山西年鉴》
	大同—阳高	11月1日发生5.6级破坏性地震。		

续 表

纪年	灾区	灾象	应对措施	资料出处
2000	大同—阳高	11 月 5 日,发生 4.3 级地震,震区强烈有感并有轻微破坏。	震前预报,未造成不良影响。	2001《山西年鉴》
2002	太原市	9 月 3 日,郝庄一带发生的 5 级地震。物品掉落,门窗作响,影响较大。	宣传地震知识。消除影响。	2003《山西年鉴》
2003	洪洞	2003 年 11 月 25 日甘亭镇发生 5 级地震。	启动地震应急预案。	2004《山西年鉴》
2009	原平	3 月 28 日,4.7 级地震。		2010《山西年鉴》
2010	河津	1 月 24 日,4.8 级地震。		2011《山西年鉴》
	大同—阳高	4 月 4 日,4.5 级地震。		
	阳曲	6 月 5 日,4.6 级地震。		

附表 7 1949—2010 年山西农作物病虫害年表

纪年	灾区	灾象	应对措施	资料出处
1949	祁县	旱灾,9000 多亩减产,并遭水、虫、雹、风灾。		山西《民政工作三十五年》
	太行区	6 月初,在一、四、五专区,全区有 7 万多亩青苗被蝗虫吃光。		《太行革命根据地史稿》
1950	全省	因虫病成灾面积八十万零八千亩。		《山西自然灾害史年表》
1951	全省	病虫灾四十六万亩。	十月间由省到县普遍制定了生产自救计划。	山西省救灾委员会《关于一九五一年冬灾救灾工作总结》
1952	绛县	受霜、虫、风灾害。四月又普遍发生蚜虫。		《山西自然灾害史年表》
1953	全省	病虫灾十七万八千亩。	四月二日省政府发出《关于大力组织群众战胜小麦虫害与冻灾的紧急指示》。	山西省政府民政厅《一九五三年夏末至秋季灾情报告》
1954	全省	从 5 月下旬开始,全省产棉区普遍发生了棉蚜、红蜘蛛,杂粮区相继发生了玉米钻心虫、行军虫、蝗虫、马铃薯二十八星瓢虫、晚疫病及谷子白发病等。据七十二县、市初步统计,为害面积达 10710000 余亩,仅棉蚜即达 3700000 亩,占棉田总面积的 66.5%。玉米螟为害的有 450000 亩。		山西省政府农办五四年八月三十日《山西省夏季灾情及抢救情况初步综合》
	雁北、忻县两专区	行军虫集中于雁北、忻县两专区的 25 个县、市,面积达 160000 余亩。		

续　表

纪年	灾区	灾象	应对措施	资料出处
1954	左云、浑源、朔县、应县、灵邱、天镇	谷子白发病、山药晚疫病在杂粮区为害严重，仅左云、浑源、朔县、应县、灵邱、天镇等六县即有1370000余亩，其中尤以山药晚疫病为害甚巨。		山西省政府农办五四年八月三十日《山西省夏季灾情及抢救情况初步综合》
1955	平定	全县百分之77.3的乡遭虫灾。昔阳县百分之63发生虫灾。盂县虫灾面积为44.5%。		《山西自然灾害史年表》综合自《山西省灾情简报》
	应县	虫灾严重。		
	夏县	4月中旬发生麦杆蝇虫害。		
1957	晋南	棉区三百八十万亩棉田普遍发生棉蚜，受害率一般为80%，严重者达100%。		六月二十九日山西省委《关于农业生产情况报告》
1958	晋城	县南晋庙铺一带发生了木尺蠖虫危害。		《山西自然灾害史年表》
1959	全省	病虫害发生早，种类多，数量大，来势猛，蔓延快，危害重。全省有1700万亩秋作物发生虫害，其中严重的有520万亩，成灾36.5万亩。		一九五九年十月八日山西省生产救灾委员会《关于山西一九五九年自然灾害情况的报告》
1960	阳泉郊区	8月份发生军虫（粘虫）害，面积达52239亩。		阳泉市民政科《六零年八月十日虫灾报告》
1961	全省	因谷瘟病、高粱蚜虫、谷子钻心虫、山药旦晚疫病、豆荚螟虫和其它病虫害造成的损失在1亿斤以上。大秋黑穗病和谷子白发病造成的损失达2亿斤左右。玉米螟和地下虫为害造成减产损失3.3亿斤粮食。		《山西自然灾害史年表》

续　表

纪年	灾区	灾象	应对措施	资料出处
1961	晋南	棉花苗期遭受棉蚜为害,晋南还发生造桥虫。		《山西自然灾害史年表》
1964	晋南	小麦发生锈病。		《山西自然灾害史年表》
1967	全省	晋东南、晋中、忻县、晋南发生小麦干热风危害。		《山西自然灾害史年表》
1968	临汾	5月30日至6月6日出现严重干热风危害小麦。		《山西自然灾害史年表》
1972	晋中	因春、夏大旱致使高粱蚜虫十分猖獗,严重时地块几乎颗粒无收。		榆次区档案馆,案卷号45,106
1974	运城、临汾、祁县、汾阳、忻县	小麦严重遭受干热风危害。		《山西自然灾害史年表》
1975	晋南、晋中、忻县、晋东南	大暑到立秋期间,发生严重粘虫害。部分县有重干热风危害小麦。		《山西自然灾害史年表》
1978	晋中、吕梁、雁北	80万亩倒伏,部分高粱在穗上生了牙,谷穗变黑发霉。在春夏持续大旱的同时,麦田红蜘蛛、麦蚜和小麦病毒病大量发生。秋作物前期地下虫害发生1800多万亩,后期高粱蚜又严重发生。晋中地区有70%以上的高粱受害,影响产量。		山西省气象局《一九七八年旱情及自然灾害》
1979	太原、五台、左权	9月15日,省植保检疫站经考察,发现太原市北郊区、五台、左权等县发生水稻百叶枯病。		山西省气象局《一九七八年旱情及自然灾害》
1983	全省	从6月以来,59个县的780万亩农作物发生棉蚜、草地螟、粘虫和黄枯萎病。蔓延时期较长的晋中地区从5月下旬到6月下旬才全部扑灭。		《山西自然灾害史年表》

续 表

纪年	灾区	灾象	应对措施	资料出处
1983	全省	平遥县14个公社79个大队的5万亩作物受灾,其中棉花、高粱、大豆的叶子被全部吃光。		《山西自然灾害史年表》
1987	全省	蝗虫发生面积达279万亩。土蝗主要发生在北部地区,飞蝗主要发生在运城地区的黄河滩。小麦吸浆虫在晋南主产麦区普遍发生,面积达272万亩。麦蚜面积达611万亩,比上年高5倍。农田鼠害面积达2341万余亩。	由于防治及时,抑制了飞蝗的起飞,控制了土蝗的危害。	1988《山西年鉴》
1988	全省	蝗虫发生面积448.5万亩,其中飞蝗发生100万亩,稻蝗发生10万亩,土蝗发生338.5万亩。发生麦蚜645.3万亩,棉蚜发生288.1万亩;玉米螟发生320万亩。各种病虫草鼠害发生面积1.4亿亩次,防治面积0.96亿亩次。	各地都采取了防治措施。	1989《山西年鉴》
	晋南	发生小麦吸浆虫害:运城地区发生150万亩,临汾地区发生60万亩。		
	雁北、大同、忻州	发生508万余亩粘虫病害。		
1989	运城、临汾	小麦吸浆虫属于中度偏重,两地区发生210万亩。	防治175万亩。	1990《山西年鉴》
	运城、晋城	蝗虫发生204.8万亩,多年罕见。	防治251.05万亩。	
	忻州、吕梁、晋中、太原、长治、晋城、临汾	高粱蚜发生面积达142.73万亩。	防治得力,使高粱蚜得到了控制。	

续 表

纪年	灾区	灾象	应对措施	资料出处
1990	长治市	7月份,长治市13个县区出现了不同程度的病虫害,屯留县粘虫发生面积达10万余亩。		1991《山西年鉴》
1992	全省	棉铃虫危害范围和严重程度历史罕见。全省受灾面积4472万亩,占播种面积的77%。成灾面积3443万亩,占受灾面积的76.9%。		1993《山西年鉴》
1997	大同、朔州、忻州	6月下旬以来,25个县相继发生土蝗危害,发生面积达738万亩。因灾造成绝收4万多亩。	春播保苗、蝗虫歼灭、主要农作物病虫防止。	1998《山西年鉴》
2000	大同、朔州、忻州	草地螟在25个县暴发,面积达350万亩。从5月8日始见成虫以来,5月下旬进入成虫盛发期,应县局部地块百步惊蛾高达10万头。是山西近20年来发生最重的一年。		2001《山西年鉴》
2003	大同、忻州、朔州、吕梁	草地螟成虫在四市地发生面积达43.36余万公顷,田间百步惊蛾一般在3000—5000头,高者达万头,甚至10万头,是自1983年以来的又一次大暴发。	各地进行防治。	2004《山西年鉴》
	忻州区	5月下旬—6月上旬,奇村镇辛庄村全村180.09公顷农作物不同程度遭受到核桃虫害袭击。		
	代县	8月中旬,上馆镇63个村发生不同程度的虫灾。		
	太原市	9月,小店区、晋源区水稻遭受病虫害。经济损失约2000万元。		

续　表

纪年	灾区	灾象	应对措施	资料出处
2006	长治市	玉米丝黑穗病发生态势加重，发生面积12.6万公顷，长治市局部重病田发病株率高达25%～30%；果树腐烂病呈中等偏重流行，发生面积13.06万公顷；苹小卷叶蛾为大发生，是近5年来发生最重的一年。	加强病虫监测；推广新技术。	2007《山西年鉴》

附表 8 1949—2010 年山西疫灾年表

纪年	灾区	灾象	应对措施	资料出处
1960	全省 四十三个县	外流、浮肿。浮肿病人最高达到六万一千九百一十九人。		《山西自然灾害史年表》
1979	全省	疫病发生严重的太原市 6 个县(区)和阳泉市、大同市、高平、长子、晋城、沁水、闻喜、左云、阳高、方山、交城、忻县、太谷、平定、榆次、垣曲等 22 个县、市(区)。	封锁疫区;组织力量定期消灭疾病。	四月十一日省革委批转省农业局《关于迅速制止牲口蹄疫病流行的报告》
1999	灵丘	牲畜发生 W 疫病。	安排部署 W 疫病的扑杀、隔离、消毒、卫生防疫工作。	2000《山西年鉴》
2003	太原	3 月 7 日,山西出现首例非典型肺炎病例,并逐步发展成为重疫区。	沉着冷静,积极应对。	2004《山西年鉴》
2005	孝义市	11 月 17 日,发生了高致病性禽流感疫情。	扑杀家禽,阻断疫情蔓延。	2006《山西年鉴》
2006	阳泉市郊区、长子	2006 年 2 月 6 日和 6 月 17 日,发生了高致病性禽流感疫情。	调拨禽流感疫苗,对疫区彻底消毒。	2007《山西年鉴》
2009	全省	秋冬季发生甲型 H1N1 流感疫情。	全省安排部署流感防控工作。	2010《山西年鉴》

参考文献

一 历史文献

（一） 正史

1.（汉）司马迁:《史记》,中华书局,1959。
2.（汉）班固:《汉书》,中华书局,1962。
3.（南朝宋）范晔:《后汉书》,中华书局,1965。
4.（西晋）陈寿:《三国志》,中华书局,1964。
5.（唐）房玄龄:《晋书》,中华书局,1974。
6.（北齐）魏收:《魏书》,中华书局,1974。
7.（唐）李百药:《北齐书》,中华书局,1972。
8.（唐）魏徵:《隋书》,中华书局,1973。
9.（唐）李延寿:《北史》,中华书局,1974。
10.（后晋）刘昫:《旧唐书》,中华书局,1975。
11.（宋）欧阳修、宋祁:《新唐书》,中华书局,1975。
12.（宋）薛居正:《旧五代史》,中华书局,1976。
13.（宋）欧阳修:《新五代史》,中华书局,1974。
14.（明）宋濂:《元史》,中华书局,1976。
15.（清）张廷玉:《明史》,中华书局,1974。
16. 赵尔巽:《清史稿》,中华书局,1976。

（二） 方志

1.（清）觉罗石麟修，储大文纂：《山西通志》，清雍正十二年刻本。

2.（清）曾国荃、张煦等修，王轩、杨笃等纂：《山西通志》，清光绪十八年刻本。

3.（清）康基田：《晋乘蒐略》，山西古籍出版社，2006。

4.（清）费淳、沈树声纂修：《太原府志》，清乾隆四十八年刻本。

5.（清）李培谦、华典修，阎士骧、郑起昌纂：《阳曲县志》，清道光二十三年葛英繁刻本。

6.（清）员佩兰修，杨国泰纂：《太原县志》，清道光六年刻本。

7.（清）薛远钊修，王效尊纂：《续太原县志》，清光绪八年刻本。

8.（清）王嘉谟纂修：《徐沟县志》，清康熙五十一年刻本。

9.（清）王勋祥修，秦宪纂：《补修徐沟县志》，清光绪七年刻本。

10.（清）王勋祥修，王效尊纂：《清源乡志》，清光绪八年梗阳书院藏板。

11.（明）马暾辑，长治市旧志整理委员会整理：《潞州志》，中华书局，1995。

12.（清）杨晙修，李中白、周再勋纂：《潞安府志》，清顺治十六年刻本。

13.（清）张淑渠、姚学瑛等修，姚学甲等纂：《潞安府志》，清乾隆三十五年刻本。

14.（清）李桢、马鉴修，杨笃纂：《长治县志》，清光绪二十年刻本。

15.（清）李廷芳修，徐珏、陈于廷纂：《重修襄垣县志》，清乾隆四十七年刻本。

16.（民国）严用琛、鲁宗藩修，王维新、连笃敬等纂：《襄垣县志》，民国十七年铅印本。

17. (清)程大夏修,李御、李吉纂:《黎城县志》,清康熙廿一年刻本。

18. (清)郑灏等修,杨恩树纂:《黎城县续志》,清光绪九年刻本。

19. (清)茹金修,吕鸣歧等纂:《壶关县志》,清道光十四年刻本。

20. (清)胡燕昌,杨笃纂:《壶关县续志》,光绪七年刻本。

21. (清)郭守邦修、霍燝纂,徐飏廷增修、徐介增纂:《长子县志》,清康熙四十四年刻本。

22. (清)叶士宽修、吴正纂,姚学瑛续修、姚学甲续纂:《沁州志》,清乾隆三十六年增刻本。

23. (清)吴承恩修,骈沁、卫子良纂:《沁州复续志》,清光绪六年刻本。

24. (清)韩瑛纂修,王廷抡续纂修:《沁源县志》,清光绪七年刻本。

25. (民国)孔兆熊、郭蓝田修,阴国垣纂:《沁源县志》,民国二十二年铅印本。

26. (清)白鹤修,史传远纂:《武乡县志》,清乾隆五十五年刻本。

27. (民国)张扬祚修,郝世祯纂:《武乡新志》,民国十八年铅印本。

28. (清)崔晓然、曾云章修,杨笃纂:《潞城县志》,清光绪十一年刻本。

29. (清)杜之昂修,路跻垣、申昌先纂:《平顺县志》,清康熙三十二年刻本。

30. (民国)石璜纂修:《平顺县志》,民国间修稿本。

31. (清)刘钟麟、何金声修,杨笃、任来朴纂:《屯留县志》,清光绪十一年刻本。

32. (清)朱樟修,田嘉谷纂:《泽州府志》,清雍正十三年刻本。

33. (清)林荔修,姚学甲纂:《凤台县志》,乾隆四十九年刻本。

34. (清)张贻琯修,郭维垣等纂:《凤台县续志》,清光绪八年刻本。

35. (清)傅德宜修,戴纯纂:《高平县志》,清乾隆三十九年刻本。

36. (清)陈学富、庆钟修,李廷一纂:《续高平县志》,清光绪六年刻本。

37. (清)杨善庆修,田懋纂:《阳城县志》,清乾隆二十年刻本。

38. (清)赖昌期修,谭澐、卢廷棻纂:《阳城县志》,清同治十三年刻本。

39. (清)程德炯纂修:《陵川县志》,清乾隆四十四年刻本。

40. (清)秦丙煃修,李畴纂:《沁水县志》,清光绪七年刻本。

41. (清)赖昌期、张彬等纂修:《平定州志》,清光绪八年刻本。

42. (清)张岚奇、刘鸿逵等修,武缵绪、刘懋功等纂:《盂县志》,清光绪七年刻本。

43. (清)吴辅宏修,王飞藻纂:《大同府志》,清乾隆四十七年重校刻本。

44. (清)黎中辅纂修:《大同县志》,清道光十年刻本。

45. (清)洪汝霖、鲁彦光修,杨笃纂:《天镇县志》,清光绪十六年刻本。

46. (清)雷棣荣、严润林修,陆泰元纂:《灵邱县补志》,清光绪七年刻本。

47. (清)房裔兰修,苏之芬纂:《阳高县志》,清雍正七年刻本。

48. (清)郭磊等纂修:《广灵县志》,清乾隆十九年刻本。

49. (清)杨亦铭等纂修:《广灵县补志》,清光绪七年刻本。

50. (清)桂敬顺纂修:《浑源州志》,清乾隆二十八年刻本。

51. (清)贺澍恩修,程续等纂:《浑源州续志》,清光绪七年刻本。

52.（清）李翼圣原本，余卜颐、蔺炳章增纂：《左云县志》，清光绪七年增修嘉庆本，民国石印本。

53.（清）李长华修、姜利仁纂，汪大浣续修、马蕃续纂：《怀仁县新志》，清光绪九年刻，清光绪三十一年增补续刻本。

54.（明）刘以守纂修：《山阴县志》，明崇祯二年刻本。

55.（清）吴炳纂修：《应州续志》，清乾隆三十四年刻本。

56.（清）刘士铭修，王霷纂：《朔平府志》，清雍正十三年刻本。

57.（清）汪嗣圣修，王霷纂：《朔州志》，清雍正十三年刻本。

58.（民国）陈廷章修，霍殿鳌纂：《马邑县志》，民国七年铅印本。

59.（清）魏元枢、周景桂纂修：《宁武府志》，清乾隆十五年刻本。

60.（清）方戊昌修，方渊如纂：《忻州志》，清光绪六年刻本。

61.（清）王时炯原本、王会隆续修：《定襄县志》，清康熙五十一年刻本，清雍正五年增补本。

62.（清）郑继修等修，邢澍田纂：《定襄县补志》，清光绪六年刻本。

63.（清）黄图昌纂修：《静乐县志》，清康熙三十九年刻本。

64.（清）俞廉三修，杨笃纂：《代州志》，清光绪八年刻本。

65.（清）徐继畬纂，孙汝明、王步墀续修，杨笃续纂：《五台新志》，清光绪九年续修刻本。

66.（清）邵丰鍭、顾弼修，贾瀛纂：《崞县志》，清乾隆二十二年刻本。

67.（清）赵冠卿、龙朝言修，潘肯堂等纂：《续修崞县志》，清光绪八年刻本。

68.（清）吴其均纂修：《繁峙县志》，清道光十六年刻本。

69.（清）何才价修，杨笃纂：《繁峙县志》，清光绪七年刻本。

70. （清）王克昌原本，王秉韬续纂修：《保德州志》，清乾隆四十九年刻本。

71. （清）金福增修，张兆魁、金钟彦纂：《河曲县志》，清同治十一年刻本。

72. （清）崔长清修，谷如墉纂：《神池县志》，清光绪六年钞本。

73. （清）吴光熊修，史文炳纂：《岢岚州志》，清光绪十年刻本。

74. （清）俞世铨、陶良骏修，王平格、王序宾纂：《榆次县志》，清同治二年刻本。

75. （清）吴师祁、张承熊修，黄汝梅、王儆纂：《榆次县续志》，清光绪十一年刻本。

76. （民国）皇甫振清修，李光宇纂：《昔阳县志》，民国四年石印本。

77. （清）徐三俊修，刘澐纂：《辽州志》，雍正十一年刻本。

78. （民国）张夔典修，王玉汝纂：《重修和顺县志》，民国三年石印本。

79. （清）王家坊修，葛士达纂：《榆社县志》，清光绪七年刻本。

80. （民国）安恭己等修，胡万凝纂：《太谷县志》，民国二十年铅印本。

81. （清）恩端修，武达材、王舒萼纂：《平遥县志》，清光绪九年刻本。

82. （清）赵冠卿、李汝霖修，何庆澜纂：《灵石县志》，清光绪七年修旧抄本。

83. （民国）李凯朋修，耿步蟾纂：《灵石县志》，民国二十三年铅印本。

84. （清）马家鼎、白昶修，张嘉言、祁世长纂：《寿阳县志》，清光绪八年刻本。

85. （清）刘发岏修，李芬纂：《增修祁县志》，清光绪八年刻本。

86. （清）徐品山、陆元鏸修，熊兆占等纂：《介休县志》，清嘉庆二十四年刻本。

87.（清）谢汝霖纂修：《永宁州志》，清康熙四十一年刻本。

88.（清）沈继贤修，常大昇纂：《重修岚县志》，清雍正八年刻本。

89.（清）夏肇庸修，许惺南纂：《交城县志》，清光绪八年刻本。

90.（清）范启堃、王炜修，阴步霞纂：《文水县志》，清光绪八年刻本。

91.（清）孙和相修，戴震纂：《汾州府志》，清乾隆三十六年刻本。

92.（清）方家驹、庆文修，王文员纂：《汾阳县志》，清光绪十年刻本。

93.（清）邓必安修，邓常纂：《孝义县志》，清乾隆三十五年刻本。

94.（清）袁学谟修，秦燮纂：《石楼县志》，清雍正十年刻本。

95.（清）吕履恒纂修：《宁乡县志》，清康熙四十一年刻本。

96.（民国）胡宗虞修，吴命新等纂：《临县志》，民国六年铅印本。

97.（清）章廷珪修，范安治等纂：《平阳府志》，清雍正十三年修，清乾隆元年刻本。

98.（民国）刘玉玑、关世熙修，张其昌等纂：《临汾县志》，民国二十二年铅印本。

99.（清）曹宪修，周凰翙纂：《汾西县志》，清光绪八年刻本。

100.（民国）李钟珩修，王之哲纂：《新修岳阳县志》，民国四年石印本。

101.（民国）杨世瑛、史标青监修，王锡祯、王之哲纂：《重修安泽县志》，民国二十一年铅印本。

102.（民国）马继桢、邢翙桐修，吉延彦、马毓琛纂：《翼城县志》，民国十八年铅印本。

103.（清）张鸿逵、茅丕熙修，韩子泰纂：《续修曲沃县志》，清光绪六年刻本。

104.（民国）邬汉章修，仇汝功纂：《新修曲沃县志》，民国十七年铅印本。

105.（清）吴葵之修，裴国苞纂：《吉州全志》，民国间铅印本。

106.（清）钱以垲纂修：《隰州志》，清康熙四十九年刻本。

107.（民国）阎佩礼修，段金成纂：《永和县志》，民国十九年铅印本。

108.（清）崔同绂修，李华棠纂：《大宁县志》，清光绪九年刻本。

109.（清）巫慧修，王居正纂：《蒲县志》，清乾隆十八年刻本。

110.（清）托克托欢续修，曹和钧、罗良柱纂：《蒲县续志》，清光绪六年刻本。

111.（民国）孙奂仑、贺椿寿修，韩垧等纂：《洪洞县志》，民国五年铅印本，上海商务印书馆代印。

112.（清）杨延亮纂修：《赵城县志》，清道光七年刻本。

113.（清）崔允昭修，李培谦纂：《直隶霍州志》，清道光六年刻本。

114.（民国）任耀先、乔本情修，张桂书、卫怀仁纂：《浮山县志》，民国二十四年铅印本。

115.（清）劳文庆、朱光绶修，娄道南纂：《太平县志》，清光绪八年刻本。

116.（民国）李世佑修，刘师亮纂：《襄陵县新志》，民国十二年刻本。

117.（清）葛清等纂修：《乡宁县志》，清乾隆四十九年刻本。

118.（民国）赵祖抃修，吴庚、赵意空纂：《乡宁县志》，民国六年刻本。

119.（清）马丕瑶、魏象乾修，张承熊纂：《解州志》，清光绪七年刻本。

120.（民国）徐嘉清修，曲乃锐纂：《解县志》，民国九年石印本。

121.（清）言如泗修，吕瀶、郑必扬纂：《解州安邑县志》，乾隆二十九年刻《解州全志》本。

122.（清）赵辅堂修，张承熊纂：《安邑县续志》，清光绪六年刻本。

123.（清）言如泗修，熊名相、吕瀶等纂：《解州安邑县运城志》，清乾隆二十九年刻《解州全志》本。

124.（清）李焕扬修，张于铸纂：《直隶绛州志》，清光绪五年刻本。

125.（民国）徐昭俭修，杨兆泰纂：《新绛县志》，民国十八年铅印本。

126.（民国）余宝滋修，杨韨田等纂：《闻喜县志》，民国七年石印本。

127.（清）薛元钊修，张于铸纂：《垣曲县志》，清光绪五年刻本。

128.（清）胡延纂修：《绛县志》，清光绪二十五年刻本。

129.（清）茅丕熙、杨汉章修，程象濂、韩秉钧纂：《河津县志》，清光绪六年刻本。

130.（清）沈凤翔修，邓嘉绅等纂：《稷山县志》，清同治四年刻本。

131.（民国）牛照藻、吴耀月修，张亘、萧光汉、马鸣凤纂：《芮城县志》，民国十二年铅印本。

132.（清）黄缙荣、万启钧修，张承熊纂：《夏县志》，清光绪六年刻本。

133.（清）言如泗、韩夔典修，杜若拙、荆如棠纂：《解州平陆县志》，清乾隆二十九年《解州全志》刻本。

134.（清）刘鸿逵修，沈承恩纂：《平陆县续志》，清光绪六年刻本。

135.（清）周景柱等纂修：《蒲州府志》，清乾隆十九年刻本。

136.（清）李荣和、刘钟麟修，张元懋纂:《永济县志》，清光绪十二年刻本。

137.（清）崔铸善修，陈鼎隆、全谋慥纂:《虞乡县志》，清光绪十二年刻本。

138.（民国）徐贯之、周振声修，李无逸等纂:《虞乡县新志》，民国九年石印本。

139.（民国）何桑、程瑶阶修，冯文瑞、王景命纂:《万泉县志》，民国七年石印本。

140.（清）马鉴、王希濂修，寻銮炜纂:《荣河县志》，清光绪七年刻本。

141.（民国）张柳星、范茂松修，郭廷瑞纂:《荣河县志》，民国二十五年铅印本。

142.（民国）俞家骥、许铿观修，赵意空、于廷梁纂:《临晋县志》，民国十二年铅印本影印。

143.（清）潘钺修，吴启元、高绍烈纂；宋之树续修，何世勋、陈倜仪续纂:《猗氏县志》，清雍正七年续修刻本。

144.（清）周之桢修，崔曾颐纂:《续猗氏县志》，清同治六年刻本。

145.（清）徐浩修，潘梦龙纂:《续猗氏县志》，清光绪六年刻本。

146.（民国）释力空:《霍山志》，山西人民出版社，1986。

（三） 其他

1.（清）董诰等编:《全唐文》，中华书局，1983。

2.《明实录》，中央研究院历史语言研究所校印，民国五十一年。

3.（西汉）刘向集录:《战国策》，上海古籍出版社，1985。

4.《清实录》，中华书局影印版，1985。

5.（宋）司马光编著:《资治通鉴》，中华书局，1956。

6. 杨伯峻:《春秋左传注》，中华书局，1990。

7. 中国历史研究社编著:《烈皇小识》,上海书店,1982。

二　当代文献

(一) 著作

1. 陈高傭等编:《中国历代天灾人祸表》,上海书店,1986。

2. 陈业新:《灾害与两汉社会研究》,上海人民出版社,2004。

3. 邓云特:《中国救荒史》,上海书店,1984 年据商务印书馆 1937 年影印版。

4.《邓小平文选》(第一卷),人民出版社,1994 年 10 月。

5. 冯和法:《中国农村经济资料》(续编),上海黎明书局,民国二十四年。

6. 费孝通:《乡土中国》,生活·读书·新知三联书店,1985。

7. 耿怀英、曹才瑞:《自然灾害与防灾减灾》,气象出版社,2000。

8. 黄怀信:《<逸周书>校补注译》,西北大学出版社,1996。

9. 河南省财政厅、河南省档案馆编:《晋冀鲁豫抗日根据地财经史料选编》河南部分(一),档案出版社,1985。

10. 晋察冀边区财政经济史编委会编:《晋察冀边区财政经济史资料选编》(农业编),南开大学出版社,1984。

11. 刘建生、刘鹏生:《山西近代经济史》,山西经济出版社,1997。

12. 李善邦:《中国地震》,地震出版社,1981。

13. 孟昭华:《中国灾荒史记》,中国社会出版社,1999。

14. 齐武:《一个革命根据地的成长》,人民出版社,1957。

15. 钱林清:《黄土高原气候》,气象出版社,1991。

16. 山西省水利厅水旱灾害委员会:《山西水旱灾害》,黄河水利出版社,1996。

17. 山西水利志编纂委员会:《当代山西水利事业》,山西水利志编纂委员会,1985。

18. 山西省史志研究院:《山西通志·地震志》,中华书局,1991。

19. 山西省史志研究院:《山西通志·民政志》,中华书局,1996。

20. 山西省史志研究院:《山西通志·人口志》,中华书局,1999。

21. 山西省史志研究院:《山西通志·气象志》,中华书局,1999。

22.《山西自然灾害》编辑委员会:《山西自然灾害》,山西科学教育出版社,1989。

23. 施雅风主编:《中国自然灾害灾情分析与减灾对策》,湖北科学技术出版社,1992 年版。

24. 孙绍骋:《中国救灾制度研究》,商务印书馆,2004。

25. 宋正海、高建国、孙关龙等:《中国古代自然灾异——动态分析》,安徽教育出版社,2002。

26. 宋正海、高建国、孙关龙等:《中国古代自然灾异——群发期》,安徽教育出版社,2002。

27. 宋正海、高建国、孙关龙等:《中国古代自然灾异——相关性年表总汇》,安徽教育出版社,2002。

28. 史念海:《中国历史地理纲要》(上册),山西人民出版社,1991。

29. 沈起炜编著:《中国历史大事年表》,上海辞书出版社,2001。

30. 山西省地震局:《山西地震目录》,山西省地震局,1984。

31. 太行革命根据地史总编委会:《太行革命根据地史稿 1937——1949》,山西人民出版社,1987。

32. 太行革命根据地史总编委员会:《太行革命根据地史料丛书之六:财政经济建设》(下),山西人民出版社,1987。

33. 陶澍:《陶文毅公全集》卷九《陈奏湖南山田旱歉情形折子》,《续修四库全书》(1502),上海古籍出版社,1995。

34. 武烈、贾宝卿、赵学普编著:《山西地震》,地震出版社,1993。

35. 王国维:《今本竹书纪年疏证》,载方诗铭、王修龄:《古本竹书纪年辑证》附三,上海古籍出版社,1981。

36. 吴毓江撰,孙啟治点校:《墨子校注》(上),中华书局,2007。

37. (巴西)约绪·德·卡斯特罗著,黄秉镛译:《饥饿地理》,三联书店,1959。

38. 袁祖亮主编:《中国灾害通史》(八卷),郑州大学出版社,2008—2009。

39. 杨伯峻:《列子集释》,中华书局,1985。

40. 杨伯峻:《春秋左传注》,中华书局,1990。

41. 杨茂林:《建国60年山西若干重大成就与思考》,山西人民出版社,2009。

42. 张国祥:《山西抗日战争史》(下),山西人民出版社,1987。

43. 张建民、宋俭:《灾害历史学》,湖南人民出版社,1998。

44. 赵文林、谢淑君:《中国人口史》,人民出版社,1988。

45. 中国科学报社编:《国情与决策》,北京出版社,1990。

46. 《中国气象灾害大典》编委会编:《中国气象灾害大典》(山西卷),气象出版社,2005。

47. 邹逸麟主编:《黄淮海平原历史地理》,安徽教育出版社,1997。

48. 张杰:《山西自然灾害史年表》,山西省地方志编纂委员会办公室,1988。

49. 中国气象局研究所、华北东北十省(市区)气象局、北京大学地球物理系编辑:《华北、东北近五百年旱涝史料》(第五分册山西省),内部资料,1975。

(二) 论文

1. 布雷特·辛斯基著,蓝勇、刘建、钟春来、严奇岩译:《气候变迁和中国历史》,《中国历史地理论丛》,2003 年第 2 辑。

2. 成二平:《战时日军对山西土地资源的破坏与农村生态变迁》,山西大学 2005 届研究生学位论文,2005 年 6 月 1 日。

3. 郭太平:《两千多年来山西主要气象灾害浅析》,《山西师大学报》(自然科学版),1996 年第 3 期。

4. 高建国:《两汉宇宙期的初步探讨》,《历史自然学进展》,海洋出版社,1988 年。

5. 桂慕文:《中国古代自然灾害史概述》,《中国农史》,1997 年第 3 期。

6. 郝平:《论太行山区根据地的生产自救运动》,《山西大学学报》(哲学社会科学版),2005 年第 5 期。

7. 郝平:《山西“丁戊奇荒”的受灾强度》,《山西区域社会史研讨会论文集》,2003 年。

8. 何凡能、李柯、刘浩龙:《历史时期气候变化对中国古代农业影响研究的若干进展》,《地理研究》,2010 年第 12 期。

9. 侯春燕:《山西人口数量变迁及思考》,《沧桑》,1998 年第 6 期。

10. 韩延本、赵娟:《天文学与自然灾害研究》,《地球物理学进展》,1998 年第 3 期。

11. 韩延本、赵娟、李志安:《天文灾害学刍议》,《自然灾害学报》,2001 年第 4 期。

12. 韩晓莉:《明清山西人地关系的演变及调整》,《沧桑》,2002 年第 6 期。

13. 赫治清:《我国古代的救灾赈灾》,《廉政瞭望》,2008 年第 8 期。

14. 景广学:《历史时期山西地区森林植被之概观》,《山西大学学报》,1993 年第 3 期。

15. 李新艳:《中共太行抗日根据地灾荒救治工作研究——以一

九四二至一九四五的旱、蝗灾为中心的考察》,天津师范大学硕士研究生论文,2009 年 6 月。

16. 刘清泉、赵森新:《山西生态经济问题初探——森林与人口、土地》,《生态经济》,1995 年第 5 期。

17. 刘洪升:《明清滥伐森林对海河流域生态环境的影响》,《河北学刊》,2005 年第 5 期。

18. 刘明清等:《山西中南部地区地壳深部地球物理场异常与地震》,《地震学报》,1999 年第 3 期。

19. 凌大燮:《我国森林资源的变迁》,《中国农史》,1983 年第 2 期。

20. 廖德春、廖新浩:《太阳活动影响地球自转长周期变化的新证据》,《科学通报》,2001 年第 1 期。

21. 马雪芹:《历史时期黄河中游地区森林与草原的变迁》,《宁夏社会科学》,1999 年第 6 期。

22. 任健美、王尚义、刘彩英:《山西省历史时期洪、旱灾害统计特征分析》,《中国气象学会 2007 年年会气候变化分会场论文集》,2007 年。

23. 任振球:《中国近五千年来气候的异常期及其天文成因》,《农业考古》,1986 年第 1 期。

24. 任振球、李致森:《行星运动对中国五千年来气候变迁的影响》,全国气候变化讨论会文集,科学出版社,1981 年。

25. 任小燕:《山西古今方志纂修与研究述略》,《晋阳学刊》,2001 年第 5 期。

26. 任美锷:《4280aB. P. 太行山大震与大禹治水后(4070aB. P.)的黄河下游河道》,《地理科学》,2002 年第 5 期。

27. 苏同卫:《太阳长期活动的地球响应》,中国科学院研究生院硕士论文,2006 年 6 月。

28. 滕崇德、张启耀:《山西植被的历史变迁》,《河东学刊》,

1998 年第 2 期。

29. 王建华、段建宏、陈华:《古代上党灾异成因分析》,《长治学院学报》,2007 年第 3 期。

30. 王建华:《上党古代灾异的社会考察》,《长治学院学报》,2008 年第 3 期。

31. 王建华:《明清时期上党地区灾害频度加快的成因分析》,《长治学院学报》,2009 年第 1 期。

32. 王建华:《文本的历史与真实的历史——历史认识论考实层面的解析》,《历史教学问题》,2011 年第 3 期。

33. 王建华:《文本视阈中的晋东南区域自然灾异——以乾隆版 <潞安府志> 为中心的考察》,《山西大学学报》(哲学社会科学版),2012 年第 4 期。

34. 王林旺:《山西省洪水干旱灾害及减灾措施》,《山西水利》,2003 年第 3 期。

35. 吴滔:《明清雹灾概述》,《古今农业》,1997 年第 4 期。

36. 徐道一、李树菁、高建国:《明清宇宙期》,《大自然探索》,1984 年第 4 期。

37. 肖树文:《山西的干旱问题》,《山西师大学报》(社会科学版),1978 年第 3 期。

38. 夏正楷、杨晓燕:《我国北方 4kaB. P. 前后异常洪水事件的初步研究》,《第四纪研究》,2003 年第 6 期。

39. 夏明方:《“旱魃为虐”——中国历史上的旱灾及其成因》,《光明日报》,2010 年 4 月 27 日第 012 版《理论周刊》。

40. 杨学祥、陈殿友、宋秀环、罗毅:《太阳系行星公转速度变化与低温灾害》,《长春科技大学学报》,1999 年第 4 期。

41. 姚善友:《公元前 206 年到 1911 年中国历史上水旱灾害的地理分布》,《远东季刊》,1943 年。

42. 杨本有、凌兆芬:《天文因素对自然灾害的影响》,《紫金山天文台台刊》,1996 年第 4 期。

43. 竺可桢:《中国近五千年来气候变迁的初步研究》,《考古学报》,1972 年第 1 期。

44. 朱俊峰、曹才瑞、郭继奋:《山西中部地区近 500 年来生态环境劣变与气象灾害加剧的分析研究》,《山西气象》,2006 年第 1 期。

45. 张永国、亢晋勇、李秀英:《全球气候变暖背景下山西旱涝灾害研究》,《忻州师范学院学报》,2005 年第 2 期。

46. 张梅、马心红、马志正、张馥琴:《1303 年洪洞大地震的启迪》,《山西师范大学学报》(自然科学版),2004 年第 4 期。

47. 翟旺:《山西森林变迁史略》,《山西林业科技》,1982 年第 4 期。

(三) 其他

1.《洪洞县府制定节约办法》,《太岳日报》1943 年 8 月 16 日。

2.《山西年鉴》编辑部:《山西年鉴》(1986—2012),山西人民出版社,方志出版社。

3.《山西省统计年编》,山西省公署秘书处编,现藏山西省图书馆,共三册。

4.《太行二专各县八年抗战损失统计表及阎伪顽军罪行材料》,山西革命历史档案 A128—2—11,山西省档案馆。

5.《太岳行署山西革命历史档案》A71—1—6,山西省档案馆馆藏档案。

6.《襄垣八年来民力消耗调查表》,山西革命历史档案 A128—4—37,山西省档案馆。

后　记

接受《山西灾害史》写作任务时，我正在撰写一部有关晋东南区域灾害方面的著作。这篇稿子其实搁置在我的电脑中已经有些时日了。

2004年，我考入北京师范大学历史系（现为历史学院）攻读在职硕士学位。能够进入北师大这所具有百年历史的高等学府聆听木铎金声，自然是一件十分幸运的事，而能够师从宁欣先生学习中国古代史则是幸中之幸。北师大历史系有着悠久的历史和深厚的学术传统，历史上李大钊、钱玄同、邓之诚、楚图南、陈垣、侯外庐、白寿彝、赵光贤等蜚声海内外的学者曾在此辛勤耕耘，而我入读师大时，作为国家重点学科的中国古代史研究中心同样汇聚了国内中国古代史研究方面的诸如何兹全、晁福林、王子今、赵世瑜等一批顶尖学者。作为何先生的学生，宁先生是何先生家的常客，而宁先生也因此经常带着她的学生到何先生的私邸——北师大小红楼二幢，使学生有机会与大师近距离接触，让学生亲聆大师的教诲、感受大家的风范。时届耄耋之年的何先生精神矍铄、非常健谈，热情风趣、平易质朴的他给大家讲做学问、做人的道理。现在想来，宁先生这样做真的是用心良苦且用意深邃。研究生授课人数较少，与其他听课的学生相比，我的年龄要大许多，甚至比有的任课老师的年纪还要大一些，在学生中显得极其“出众”甚至很扎眼。当时已过不惑之年的我走在校园中时常被学生称之为老师，甚至有时在课堂上被老师误以为是管理人员来听课。自惭之余只能加倍努力，每每上课必然坐在教室的前排。为了不引起误会，上课之前，我必然要进行自我介绍，老师自然也是非常宽厚仁和，说我不必像其他同学一样每节课都来听讲，可以自行安排自己的课程。

和其他高校一样，师大因扩招，许多学生被安排在校外住宿，研究生被安排在海淀区知春路大运村公寓。大运村公寓到师大约3公里左右的路程，车程和脚程均差不多在半个小时左右，所以上学时，或与同学抄近道沿元大都城墙遗址海淀区段捷径而往，感受世事之不恒常、历史之如烟云；或则挤上喷着青黑尾气的公共汽车，放眼人头攒动的乘客，叹息民生之多艰、时光之易逝。在师大的大部分时间，中午不再回大运村，有时就坐在树林间小憩，或坐在教室里发呆，思考人生的价值，思考历史研究的意义。在师大学习期间，宿舍之外，图书馆是我逗留时间最长的地方，有一天，在查阅地方志时，乾隆《潞安府志》卷十一《纪事》中的一条史料吸引了我，这条文献讲到，万历十四年(1586)潞安府属“荒疫竝作，四门出尸三万余”。进一步查找其他历史文献，发现在万历十四年前后，明朝所属的许多州县均发生大疫。而在2004年，越南、泰国、中国、韩国等国局部地区暴发高致病性禽流感疫情，此前一年SARS疫情则刚刚被控制。就是从那个时候起，我工作的重点转移到自然灾害资料的收集上，区域自然灾害由此进入我的研究视野。

逝者如斯，算来关注区域灾害也有近10年的时间了，这10年里收获着研究的艰辛和快乐。从北师大回到长治学院，在硕士论文的大框架下，我开始构思晋东南地方灾害方面的著作。实际上这个构思在写作硕士论文时已经开始。论文答辩时，老师提出意见，认为论文的框架有点大，其实这是我的一个小小的“预谋”。当时我是想在毕业论文的框架下用二三年的时间完成这个创作。但没曾想这个“预谋”却变得如此漫长。重新回到工作岗位，在教授《史学概论》过程中，我发现中国史学理论方面存在着不少的问题，尤其是史学认识论方面的缺失非常严重，故而开始思考史学理论方面的问题，并撰写相关文章。当然,区域灾害方面的资料也在收集整理,起初以硕士论文作为蓝本进行构架,在历史学的视野下,借鉴自然科学的研究理论,运用定量分析和定性分析的方法,从区域自然灾害基本概况、成因、社会影响等方面进行讨论。但是,在研究过程中,通过梳理历史文献和田野调查资料发现,灾害所涉及的问题不仅是分析数据或对其影响的讨论,灾害所涉及的基本和核心问题其实是民生的问题。所以,从2012年开始,区域灾害的研究指向发生变化,由社会问题转向民生问题,随之一系列资料的收集和整理也紧紧围绕这一主题进行。在此基础之上,2013年以"历史时期晋东南区域自然灾害与民生研究"为主题申报国家社会科学基金项目,当年6月接到立项通知书后,开始着手立项后的创作。正是在这样的背景下接受了本书的创作任务。

接受《山西灾害史》的写作任务心里是有点忐忑的。除了已经存在的完成国家社科基金任务可能与《山西灾害史》创作在时间上产生冲突外,我发现,研究区域灾害及其历史的著述虽然比较多,但从整体上用历史学的方法系统地对山西历史时期的自然灾害进行研究的著作还没有,加之可以预见的如谋篇布局、资料录入问题等等,都是在写作过程中必然要遭遇的具体困难。虽然手头正在整理的晋东南区域灾害的资料,和山西灾害史有许多关联,但毕竟写作的立意、角度及内容还是有很大的差异的。任务是艰巨的,但相对写作过程可能出现的困难,更有一些有利的和积极的因素促使我接受这一任务。一是对于山西历史灾害,前人的研究从个别的灾害事件和个别灾害类型研究比较多,而缺乏从整体上系统地来进行研讨的史著,从资料性的角度去收集整理历史灾害的史籍比较多,而对灾害进行定量、定性分析的史著比较少,从自然科学的视野去研究的比较多,而从历史学和社会学的角度去分析的比较少。对我来说,这些挑战是我愿意接受的。二是长期以来,长治学院及其历史文化与旅游管理系对区域文化和历史研究给予大力支持。近10年来，在学院的支持下，参与区域历史文化研究的同道不仅进行了大量的田野调查，而且收集和购置了历史时期山西方志200余种，校释碑刻拓片300余幅，校注民间抄本20余万字。在近10年的区域文化历史研究过程中，我本人也收集整理了数以百万言的灾害史料。凡此种种，都为写作《山西灾害史》奠定了较为丰厚的资料和研究基础。

当我写作后记的时候，心中有一种如释重负的感觉，尽管我并不感到它的圆满，但我还是享受这份喜悦的心情。眺望时的漫长，回首时的短暂，当文稿付梓的那一刻，我是多么希望这只是开始。过去的日子，无法简单地画上句号，它注定会在未来的岁月中不断地延伸。感谢三晋出版社社长张继红先生，给我提供了在更为广阔的视野下去研讨区域灾害的平台，使我获得从历史学、社会学的角度对山西区域灾害的整体历史进行一次全面梳理的机会。感谢我的学生张娜、张瑞霞、原敏楠、贾爱、贾碧真、宋加佳等同学，2013年暑期，酷热难当，40多个日日夜夜，六位同学夜以继日地工作，对山西历史时期的百多部方志及相关历史文献资料进行录入，每人整理了数以万言的文字材料，不仅保证了历史文献资料的录入进度，而且为最后的写作打下了良好的基础。感谢我的同事卫崇文、段建宏、李晓红、赵丽萍、李拉利、杨振华、赵艳霞、宋惠娟等老师，在我写作过程中给予的帮助。感谢那些与我素未谋面的学者专家，使我能够分享他们多年的学术经验和研究成果。感谢我的妻子赵亚莉和女儿王诗昆，在我遭遇困难时，给予我的温暖和一贯的无私付出，让这份艰苦的工作变成一种愉快的体验。

感谢所有使这机会成为可能的人。

王建华

2013年11月于长治